近代日本の郊外住宅地

片木篤＋藤谷陽悦＋角野幸博＝編

鹿島出版会

目次

4. 京阪神　角野幸博――241

表紙
「町田邸」
設計＝遠藤新
撮影＝田淵裕一

近代日本の郊外住宅地

片木篤

1. はじめに

本書は、明治維新（一八六八、明治元年）から第二次世界大戦終戦（一九四五、昭和二〇年）に至るまで、日本及びその植民地に建設された郊外住宅地についての論考をまとめたアンソロジーである。ここでは、日本全土を便宜上、北海道、関東、中部、京阪神、中国・四国、九州、旧植民地という七つの地域に分け、地域ごとに特徴ある郊外住宅地事例を取り上げて、それぞれにおける開発事業と開発された物理的―社会的環境の総体を浮き彫りにしようとしている。東京や大阪という大都市の郊外住宅地については、既に著作も刊行されたり展覧会が開催されたりしており、人口に膾炙している。[*1] しかしながら、都市の近代化が必然的に郊外化を促すのであるならば、地方都市、特に工業都市にも郊外住宅地が建設されるのは必至で、事実、そうした事例が日本各地に見られるのである。ここでは、地方都市における郊外住宅地を丹念に採集しているが、収録できなかった事例も数多い。それはひとえに事例研究が進んでいない証拠である。本書は悉皆調査の成果ではなく、むしろ今後の事例研究の進捗を促す一つの契機たらんことを期待するものである。

郊外住宅地を、都市近郊に建設された中流階級向けの住宅地であると定義してみよう。そこでは都市近郊とはどのような場所なのか、中流階級とはどのような階級なのかについて明らかにされておらず、定義になっていないことがわかる。都市近郊とは都市と田園の「中間」であり、都市の膨脹に従って田園へと移動していく領域であるし、中流階級とは有閑階級と労働者階級の「中間」であり、上

脚註

＊1――東京については、山口廣編『郊外住宅地の系譜』鹿島出版会、一九八七年／長谷川徳之輔『東京の宅地形成史』住まいの図書館出版局、一九八八年／『田園と住まい展』世田谷美術館、一九八九年など参照。大阪については、『大正住宅改造博覧会の夢』INAX、一九八八年／安田孝『郊外住宅の形成』INAX、一九九二年／『阪神間モダニズム』淡交社、一九九七年など参照。

方を志向しつつ下方を取り込んでいく階級である。つまり、郊外住宅地とは地域構造における「中間」の領域、社会構造における「中間」の階級から成り立っているがゆえに、明示され得ないのである。しかし、ひるがえってみると、この「中間」のダイナミックな運動そのものが、近代都市であり、近代社会であると言えないだろうか。エンゲルスが『住宅問題』（一八七二年）[*2]において喝破していたように、郊外住宅地が近代の都市―社会をつき動かすエンジンなのであって、そこから近代という枠組みを見直すことができるのではないだろうか。このことを郊外住宅地研究全体の目標として掲げておきたい。

本書においても、戦前の郊外住宅地を通して、日本における都市―社会の近代化とはどのようなものであったのか、その普遍性と特殊性をとらえようとしている。現状では、かたやバブルという土地本位経済の崩壊と阪神・淡路大震災という土地そのものの崩壊により、戦前に建設された郊外住宅地の物理的―社会的環境が急速に失われつつあり、かたや新しいビジネスや社会風俗の温床として語られる郊外論[*3]において、戦前の郊外住宅地が等閑視されつつある。戦前に郊外住宅を購入した第一世代はもとより、そこで成長した第二世代が高齢化しつつあり、第三世代への相続時に宅地の細分化や住宅の建替えが盛んに行われている。それとともに家ごとに保管されていた図面や写真も捨て去られている。現地踏査、資料収集、ヒアリングを通じて、これら郊外住宅地の記録を書き留めておけるのは、今しかなく、またそのサステイナビリティを見ることにより、戦後から現在まで開発されてきた郊外のサステイナビリティを検討するのも、今しかない。その緊急性こそが本書をまとめるきっかけを与えてくれたと言えよう。

＊2――フリードリヒ・エンゲルス『住宅問題』岩波書店、一九四九年

＊3――宮台真司『まぼろしの郊外』朝日新聞社、一九九七年／小田光雄『郊外の誕生と死』青弓社、一九九七年など参照。

2. 背景

さて、明治維新から第二次世界大戦終戦までの近代日本史を、戦争とそれに伴う経済変動という観点から見ると、㈠明治期＝明治維新（一八六八、明治元年）～日露戦争終戦（一九〇五、明治三八年）㈡大正期＝日露戦争終戦（一九〇五、明治三八年）～金融恐慌（一九二七、昭和二年）㈢昭和期＝金融恐慌（一九二七、昭和二年）～第二次大戦終戦（一九四五、昭和二〇年）の三期に大きく分けることができる。

明治期は、政府の殖産興業政策により産業革命が遂行され、資本主義経済が確立された時期に当たる。地租改正（一八七三年）により、土地所有権が確立されて農業生産拡大への途が拓かれる一方、地租を財源とする工業生産育成が図られた。西南戦争（一八七七年）の戦費支出、国立銀行条例改正（一八七六年）による国立銀行設立ブーム、大隈重信の積極財政により、一八七八年頃からインフレーションとなり士族の無産化が進んだが、大隈の下野後、大蔵卿に就任した松方正義は日本銀行設立（一八八二年）と同時に緊縮財政を採ったため、激しいデフレーションに転じ、農民が所有地を手放し小作農化した。かくして資本主義に不可欠な賃金労働者が供給されることとなった。一八八七年頃には景気は回復、翌一八八八年頃にはいわゆる「企業勃興」期を迎え、大阪紡績会社による大規模紡績工場開業（一八八三年）、日本鉄道会社による上野―熊谷間開業（一八八三年）の成功がそれに拍車をかけた。他方、政府所有となっていた鉱山が民間に払い下げられ、鉱業条例公布（一八九〇年）以降、筑豊炭田などでは地方資本家や財閥によって炭坑の大規模化と機械化が競われるようになった。

大正期は、資本主義経済の主力が軽工業から重工業へと代わり、寡占化が進行した時期である。日清戦争の戦後恐慌（一八九七―九八年及び一九〇〇―〇一年）、日露戦争の戦後恐慌（一九〇七―〇八年）を経て、紡績業では企業合併が進められ、中間景気と転じた一九一〇年頃には上位企業による独占体制が築かれたし、同じ頃三井、三菱、住友の財閥は、それぞれ三井合名会社、三菱合資会社、住友総本店を中心として傘下の関連会社を統括するコンツェルン形態を整えた。第一次大戦（一九一四―一八年）の影響によって、化学、鉄鋼、機械などの重工業が発達、一九一八年の米騒動の後、一九一九年には再び好景気に転じ土地や株式投機ブームを招いたが、一九二〇年には第一次大戦の戦後恐慌が勃発、投機市場が崩壊して商社などが大損失を被った。しかしながら、一九二〇年代には衣（洋服）、食（パン、洋菓子、洋食）、住（文化住宅）における個人消費が拡大、一九二〇年代後半には五大電力会社（東京電燈、宇治川電気、大同電力、東邦電力、日本電力）の発電量が飛躍的に伸び、肥料、ソーダ、アルミニウム、人絹、紙パルプ、ガラス等電力関連工業が発達し、鉄道業でも既存路線の電化が進められるとともに、新路線の開通が相次いだ。他方、労働者・農民に対して、普通選挙法（一九二五年）により政治参加が認められた他、工場法改正（一九二三年）、小作調停法（一九二四年）、労働争議調停法（一九二六年）などにより宥和が図られた。

昭和期は、金融恐慌（一九二七年）と世界恐慌（一九二九年）に打撃を受けた後、日華事変（一九三七年）以降、ブロック経済下での経済統制が進み、ついにそれが戦争で破綻した時期である。関東大震災（一九二三年）の救済措置として発行された震災手形の処理法案審議中に片岡直温蔵相が失言をし、それを契機として東京渡辺銀行が休業、各地で銀行の取付けが相次いだ。この金融恐慌を機に銀行が淘汰され、五大銀行（三井、第一、住友、安田、三菱）の寡占体制が確立された。一九二九年蔵相に就任した井上準之助は金解禁を断行したが、世界恐慌と重なって未曾有の不況を招来、特に製糸業が打撃を受け、繭価格暴落により農村が窮乏化した。国際金本位制が崩壊したのを受けて、一九三一年に蔵相に再就任した高橋是清は即刻金輸出を禁止、軍事費の抑制、財政健全化、産業統制などを推進したが、二・二六事件（一九三六年）で暗殺された。翌年の日華事変により日満支ブロック経済への拡張が図られるとともに、経済統制が本格的に開始され、国家総動員法（一九三八年）により政府がすべての人的、物的資源を統制することとなり、一九四一年には東南アジアを含む大東亜共栄圏への拡張を目指した太平洋戦争が開始されたのであった。

こうした社会—経済の背景を念頭に置いて、住宅地開発を拾っていくと、大まかな傾向をつかむことができる。明治期には、維新の動乱に乗じて富を集めた新旧資本家が江戸の大名屋敷地を所有するにいたり、それを本邸や別邸として用いるだけでなく、住宅地としても開発した。また私設鉄道条例（一八八七年）、鉄道敷設法（一八九二年）による私設—官設鉄道網の拡大に伴って、箱根や日光などのリゾート地に別荘を建設した。

大正期には、鉄道会社と土地会社による開発が急増するが、そこには一九一〇年頃、一九二二年頃という二つのピークを読み取ることができる。第一のピークは、大阪周辺で鉄道国有化（一九〇六年）後に軌道条例（一八九〇年）を援用した私鉄が相次いで開業、それが沿線の住宅地開発に着手した時期である。第二のピークは、東京周辺で土地会社が住宅地開発を始め、地方鉄道法（一九一九年）・軌道法（一九二一年）という私鉄保護策が打ち出されたことと相俟って、私鉄の設立・合併が進められた時期に当たる。しかも時を同じくして関東大震災がおき、東京西郊への人口移動に拍車がかけられた。いずれのピークも鉄道業再編に影響を受けたものである。またこの二つのピークにはさまれた第一次大戦期に、都市計画法・市街地建築物法の公布（一九一九年）、住宅組合法及び借地・借家法の公布（一九二一年）が相次ぎ、「住宅改良会」（一九一六年）、「生活改善同盟会」（一九二〇年）、「文化生活研究会」（一九二〇年）などによって住宅改善運動が展開されたが、そのことは日本における中流階級の消費拡大を物語っている。

昭和期になっても、日華事変までは鉄道会社や土地会社による開発が続けられたが、それに代わって、土地区画整理組合や住宅組合による開発が盛んになった。都市近郊の農地が、耕地整理法（一八九九年制定・一九〇九年改正）に基づく耕地整理、都市計画法第一二条に基づく土地区画整理によって住宅地に転用され、それまで近郊に点在していた旧村落や新住宅地が土地区画整理設計標準（一九三三年）に基づき一様につなげられた。そればかりか部落会・町内会等整備要綱（一九四〇年）により新住宅地で形成されていたコミュニティが解体され、大政翼賛会へと一様に吸収された。住宅営団（一九四一年）による型設計が、戦後の住宅公団（一九五五年）による標準設計に影響を与えたことは言うまでもない。

このように、明治―資本主義確立期には資本家が、大正―資本主義寡占期には鉄道会社・土地会社が、昭和―帝国主義期には組合が住宅地開発の中心的な担い手となっていた。その他の主体として、企業や大学などの教育機関が挙げられる。これら様々な主体が、どのような住宅地を開発したのか、順次詳しく見ていくことにしよう。

3. 資本家による開発

鈴木博之によると、明治期の東京では土地が寡占され、岩崎家、阿部家、渡辺家のように大きなひとまとまりの土地を所有する者が、市街地・住宅地開発を行い、三井家、峯島家のように比較的小さい土地を膨大に所有する者が、借地経営を行ったという。[*4] 例えば、福山藩主であった阿部家は、一八七一年に一族郎党とともに本郷にあった福山藩中屋敷に移り住み、翌年以降それを西片町として開発

＊4――鈴木博之『見える都市／見えない都市』岩波書店、一九九六年、二六～三六頁／鈴木博之『都市へ』中央公論新社、一九九九年、一六八～一七九頁

したし、[*5]岩崎家では、一八九〇年に払い下げられた陸軍練兵場跡地を神田三崎町として開発した。[*6]時代は下るが、渡辺治右衛門による渡辺町（一九一六年）[*7]、岩崎久弥による大和郷（一九二〇年）[*8]の建設も、それぞれ所有していた佐竹家の屋敷地、藤堂・安藤・前田諸家の屋敷地を住宅地に解放したという点では、軌を一にする。

　創設当初の江戸は、武蔵野台地の東端に江戸城を構え、東の沖積平野に町人地、西の洪積台地に武家地、外郭に寺社地を配するという典型的な城下町であったが、寛永期に参勤交代と妻子在府が制度化され、巨大な消費（小売）都市へと変貌を遂げた。ことに明暦大火（一六五七年）以降、築地、本所、深川など低湿地の埋立、外堀の内にあった武家屋敷と寺社の郊外移転などにより、都市域が半径五キロメートルに拡大、一七一九年には九三三町、人口一〇〇万人を数えるに至った。[*9]町人は、堀割の掘削により出た土砂を埋立てた文字通り海に浮かぶ「シマ」に住んでいた。武士、ことに大名は、上野、本郷、小石川・目白、牛込、四谷・麴町、赤坂・麻布、芝・白金という七つの台地上に屋敷を構え、その面積は都市域全体の七割弱にも及んだという。川添登は「幕末の江戸を、もし上空から眺めることができたなら、大小さまざまな庭園が、人家の群れとモザイク状に組み合わさった都市として、眺められたであろう」[*10]と評するが、実際、屋敷地は町人が入ることも見ることも許されぬ囲い地、すなわち「シマ」であった。江戸とは、海の「シマ」の密な集合と陸の「シマ」の疎な分散との寄せ集めであり、それらが水路と陸路とで結ばれた都市であったと言えよう。白幡洋三郎が説くように、大名屋敷に営まれた庭園は時代を経るにつれ陸の「シマ」から海の「シマ」へと変化し[*11]、商人たちの寮——別邸も海の「シマ」に営まれた。

　逆に、明治期の資本家たちは陸の「シマ」を買い占め、もともと住んでいた海の「シマ」からそこに移り住むことで、職—住分離を果たした。例えば、第一国立銀行頭取渋沢栄一は、一八八八年に兜

*5——稲葉佳子「阿部様の造った学者町—西片町」山口廣編、前掲書、四七～六〇頁

*6——鈴木理生「神田三崎町」同右、六一～七六頁

*7——森田伸子「日暮里渡辺町消滅」同右、一一九～一三二頁

*8——藤谷陽悦「大和郷住宅地の開発」同右、一三三～一五二頁

*9——高橋康夫他編『図集日本都市史』東京大学出版会、一九九三年、一九二～二〇一頁

*10——川添登『東京の原風景』NHKブックス、一九七九年、九八頁

*11——白幡洋三郎『大名庭園』講談社選書メチエ、一九九七年、二二六～二三〇頁

町の突端にそびえる銀行の傍らに本邸を構えたが、一九〇一年には飛鳥山に別邸を建て移り住んだし、[*12] 三菱の岩崎弥之助は、一八七五年に駿河台の後藤象次郎邸を購入して本邸とした後、一九〇八年には高輪別邸を新築して移り住んだ。[*13] 近代の健康観では、海の「シマ」における湿潤な空気は悪、陸の「シマ」における乾燥した空気は善とされた。前者の低湿地には労働の場すなわち工場が建てられ、より良い水と空気が求められた。また人や物の主たる輸送手段が船から鉄道へ切り替えられたことも手伝って、城下町の沖積平野―洪積台地という二元構造が、町人地―武家地という身分制ゾーニングから工業地―住宅地という用途制ゾーニングに転換されるとともに、大きく拡大されていくことになった。

一方、城下町大坂の構造は、江戸とは全く違っていた。豊臣秀吉は、まず上町台地の南北にある大坂城と四天王寺を寺町と平野町で結び、大川（淀川）の北を埋立てて天満としたが、後になって上町台地の西縁に沿って東横堀川を掘削、その西側を埋立てて新しい町人地、船場を作った。つまり、洪積台地の南北に武家地と寺町を、北側の沖積平野に天満寺内町を配した後、西側の沖積平野に町人地を伸ばしたのである。徳川幕府による大坂復興でも、西すなわち海に向かって島之内、西船場という町人地の造成が続けられ、これらと天満を合わせて「三郷」と呼ばれる町人地が作り上げられた。大坂は、都市域は一六平方キロメートル弱、その八割以上を町人地が占めるコンパクトな流通（卸売）都市であった。[*14]

明治期以降、大阪は急速に工業化されていき、造幣寮、砲兵工廠の建設を契機にして工場地が東部低湿地に伸びる一方、川口居留地周辺の西部低湿地にも紡績工場などが矢継ぎ早に建てられた。第一次市域拡張（一八九七年）、市営路面電車の花園橋―築港桟橋間開業（一九〇三年）を見ても、西の埋立地への都市拡張を想定していたことが読み取れる。新しい海の「シマ」が工場地化される中で、大阪の

*12――佐野眞一『渋沢家三代』文春新書、一九九八年参照。

*13――鈴木博之他監修、『鹿鳴館の建築家ジョサイア・コンドル展』東日本鉄道文化財団、一九九七年、一二九頁及び一四四～一四七頁

*14――高橋康夫他編、前掲書、二一二～二一三頁／大阪市都市住宅史編集委員会編『まちに住まう―大阪都市住宅史』平凡社、一九八九年、一一七～一三三頁

資本家たちは、上町台地を桃山、天下茶屋、帝塚山へと南に下り、そこに別邸や本邸を構えて移住した。例えば住友家では、一八九五年に茶臼山に別荘を買入れ、一九一五年には島之内・鰻谷にあった本邸をそこに移した。[15]かつての海の「シマ」―島之内から出て、上町台地南方に新しく陸の「シマ」を築いたと言えよう。しかし上町台地の南斜面からは、当然ながら大阪の市街地を眺めることはできない。つまり、健康と眺望すなわち風景の視覚的支配とが相反するのである。このジレンマを解消するには、大阪の物心両面でのエッジたる淀川あるいは新淀川（一九〇三年開通）を北に越え出なければならない。一九〇〇年頃、朝日新聞社主村山龍平は、六甲南麓・御影町に数千坪の土地を取得して移り住み、このコペルニクス的転換を成し遂げた。以後、住友総理事を務めた鈴木馬左也、住友銀行支配人を務めた田辺貞吉もそれに従い、一九二五年には住友家が田辺邸に本邸を移すことになる。

六甲南麓は、花崗岩の堅固な地盤、豊かな赤松林、酒造にも使われる清らかな水に恵まれ、南東に向かえば、陽光に輝く大阪湾の向こうに、東洋のマンチェスターと謳われた煙の都、大阪を遠望することができる。清潔な水と空気に囲まれた陸の「シマ」から、海の「シマ」の汚濁した水や空気に触れることなく、その風景だけを支配し得ること。そのことを、村山は発見し、実践した。国木田独歩著『武蔵野』（一八九八年）による風景の発見とほぼ同時期のことであった。[16]この地はまた山の幸、海の幸の狩猟採集にとって最適地であって、実際、当時の遺跡が数多く残されている。逆に、御影石とも称される花崗岩の産地は水田農業に不適であった。[17]狩猟採集社会の消費の場は、農業社会の生産の場とはなり得ず、ながらく打ち捨てておかれたが、工業社会の資本家たちがそれを再び消費の場として発見したと言うことができよう。ちなみに東京の資本家たちの陸の「シマ」は互いに離散していたのに対し、大阪の資本家たちは御影・住吉に陸の「シマ」の密なる集合を作った上で、倶楽部や教育施設の充実を図ったり、近世・堺の豪商が編み出した茶の湯による社交を復興したりして、[18]会社ではな

＊15――鈴木博之『見える都市／見えない都市』前掲、三六～四〇頁／鈴木博之『都市へ』前掲、二一六～二二八頁

＊16――国木田独歩『武蔵野』岩波文庫、一九三九年、五～二九頁。また国木田による「風景の発見」については、柄谷行人『日本近代文学の起源』講談社、一九八〇年、第一章参照。

＊17――原武史は、旧淀川以南は古代以来の王権を中心とする歴史に彩られているのに対し、旧淀川以北が「歴史の空白地帯」であると対比しているが（原武史『民都大阪対帝都東京』講談社選書メチエ、一九九八年、七六頁）、彼は旧淀川以北に先史時代の遺跡があることを見過ごしている。

＊18――中村昌生「近代和風庭園の展開と茶室」『阪神間モダニズム』前掲、五六～六二頁

く地縁による新しいコミュニティを創出したのであった。

蛤御門の変（一八六四年）により焼け野原となり、また遷都（一八六九年）で天皇を東京に奪われた京都では、近代化の一環として輸送、工場動力、農業灌漑、飲料水などに供される多目的用水、琵琶湖疎水が計画され、一八九〇年に第一期工事が完了した。この工業動力を見越して、疎水沿線に紡績・織物工場が建設されたり、計画されたりしていたが、疎水完成前後に風致保存が打ち出されて、東山山麓は工業地から別邸地へと変貌していった。元勲山縣有朋の第三「無隣庵」（一八九二年）建設に続き、一九〇六年頃から塚本與三次が京都織物株式会社所有の南禅寺下河原の地所を買収し始め、そこに自ら別邸を営むばかりでなく、野村徳七、岩崎小弥太などの資本家へ転売した。京都・東山山麓でもまた、六甲山麓と同様、資本家たちが茶会に興ずるコミュニティが形成されたのであった。[*19]

京都のみならず、天皇の行幸先―箱根離宮（一八八六年）、日光・山内御用邸（一八九〇年）など―周辺に、華族や資本家がこぞって別荘・別邸を構え、集住地を生み出したことも特筆すべきであろう。[*20] 大分藩主であった大給家は、明治維新以降、鵠沼海岸一帯の不在地主となり、そこへ御用邸の誘致を働きかけるとともに、華族や資本家に土地購入を斡旋、さらには自ら開発に乗り出した。その結果、蜂須賀家などの華族、益田孝など三井物産の重役たちがこぞって別荘を営むようになったのは、その一例である。

4. 鉄道会社による開発

住宅地開発のピークは、鉄道再編の時期に重なっている。一八七二年に新橋―横浜間の開業以来、

＊19――矢ヶ崎善太郎「近代京都の東山地区における別荘群の初期形成事情」『日本建築学会計画系論文集』第五〇七号、一九九八年、二一三～二一九頁及び「東山大茶会の会場となった建築・庭園の所在地と造営時期」『日本建築学会計画系論文集』第五一五号、一九九九年、二四三～二五〇頁

＊20――安島博幸・十代田朗『日本別荘史ノート』住まいの図書館出版局、一九九一年参照。

明治政府は官設鉄道の建設を推進したが、その一方で日本鉄道会社（一八八一年設立）などにより多くの私設鉄道が敷かれ、それらは私設鉄道条例（一八八七年）により認可された。また軌道条例（一八九〇年）により、軌道が専用でなく路面上に舗設される鉄道も認可されることになったが、阪神電気鉄道は軌道の一部だけを路面上に舗設することで許可を得て、一九〇五年には出入橋―三宮間に電車を走らせた。翌一九〇六年には鉄道国有法が公布され、私設鉄道の大半が国有化されるに至ったが、阪神電気鉄道のような軌道条例に基づく電気鉄道はそのまま残された。また最初の私設鉄道、阪堺鉄道は一八八五年に難波―大和川間に開業し、二年後堺まで路線を延伸させていたが、一八九八年南海鉄道がそれを合併、一九〇三年に難波―和歌山市全線を開通させた。この南海鉄道も国有化を免れた後、電化を推し進め、一九一一年には全線の電化を完了させた。大阪周辺では、日露戦争の戦後恐慌を一時的に脱した一九一〇年以降、梅田―箕面・宝塚間を結ぶ箕面有馬電気軌道（一九一〇年）、天満橋―五条間を結ぶ京阪電気鉄道（一九一〇年）、上本町―奈良を結ぶ大阪電気軌道（一九一四年）などが相次いで開業し、鉄道会社主導で沿線の住宅地開発が進められたのである。[*21]

特に小林一三率いる箕面有馬電気軌道は、池田室町（一九一〇年）を皮切りに、櫻井（一九一一年）、豊中（一九一三年）と次々と住宅地を開発したが、それは、会社設立が戦後恐慌時に当たり、「会社の生命」を救うために採られた策であったという。さらに同社は一九一八年に阪神急行電鉄と改称、第一次大戦後の好景気下で、神戸線（一九二〇年）、伊丹線（一九二〇年）、西宝線（一九二一年）、甲陽線（一九二四年）などを開業、その沿線に岡本（一九二一年）、甲東園（一九二三年）、仁川（一九二四年）、稲野（一九二五年）などを開発していった（図❶）。

小林はまず淀川を越え出て、沖積平野（武庫平野）と洪積台地（千里―長尾山塊）の境に鉄道を通し、その台地側の「百姓のおらん雑地」を住宅地として開発する。格子状に区画された土地と和風住宅を中

＊21――原武史、前掲書、第二章参照。

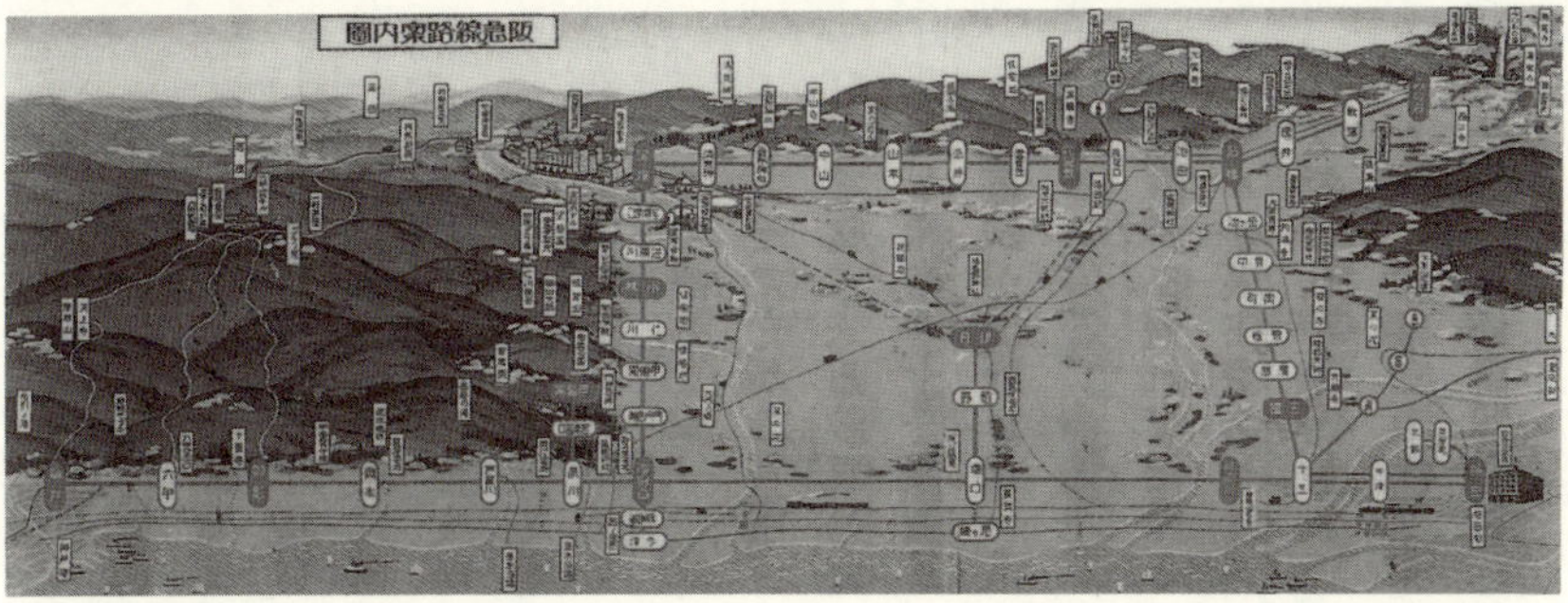

図１　阪急線路案内図，1931年

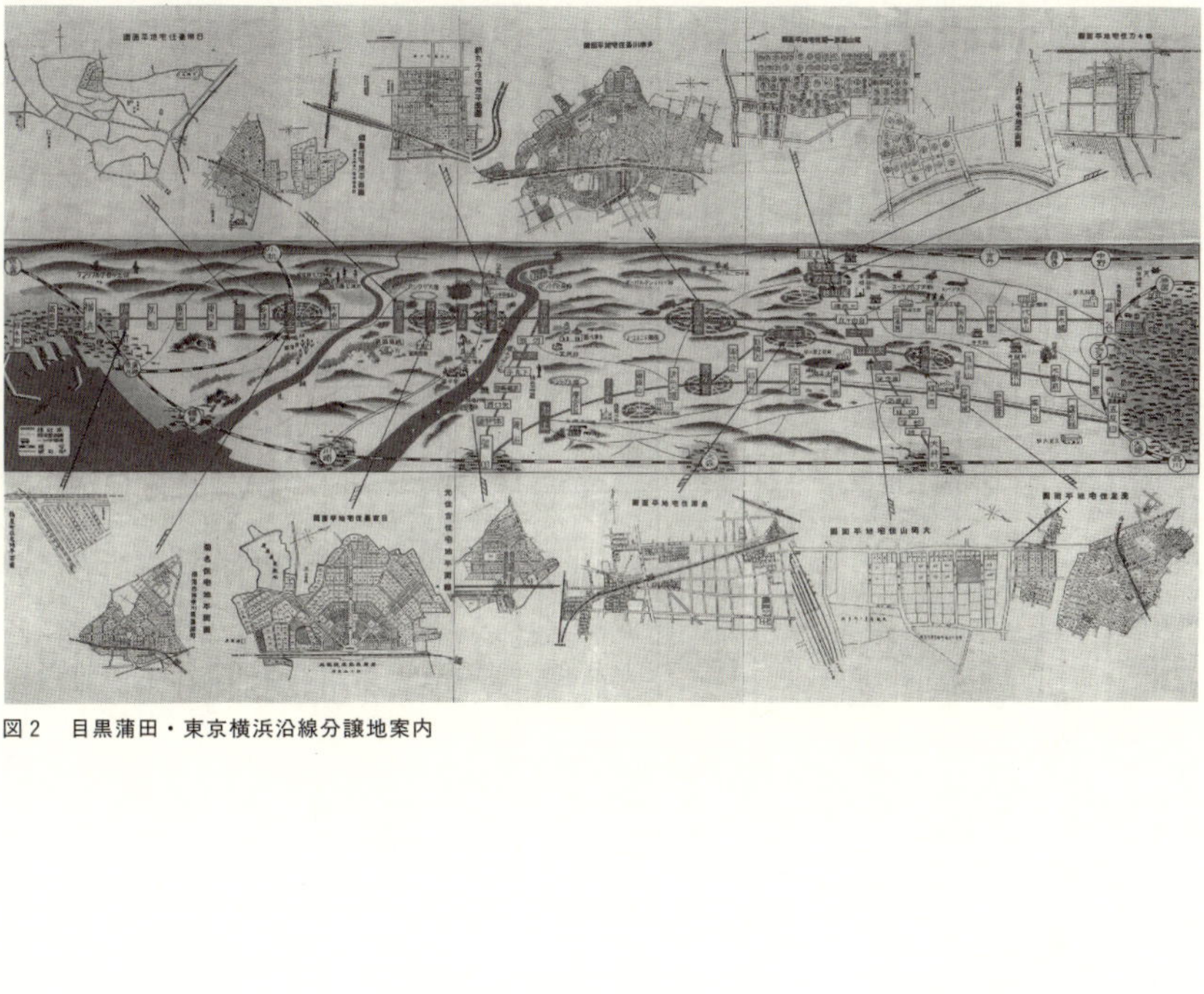

図２　目黒蒲田・東京横浜沿線分譲地案内

流階級に向けて月賦で分譲販売し、それをパンフレットで広告する。そこかしこに関西学院大学などの大学を誘致する。鉄道の田園側のターミナル―宝塚には新温泉と遊園地を作り、婦人博、婚礼博、家庭博などのイベントを催し、少女歌劇を公演する。他方、都市側のターミナル―梅田には百貨店を作り、最上階の食堂まで人を呼び込む。小林は言う。「鉄道が敷ければ、人が動く。人には住宅もいる。食料品もいる。娯楽機関も社交機関もいる」[*22]。

近代以前は、農家であろうが町家であろうが、住宅は労働と余暇が循環する自給自足的な場であったのに対し、近代資本主義では労働―余暇が時間上で分離され、それによって両者の空間上での分離が促される。しかも鉄道という大量輸送機関の速度、つまり空間／時間の増大が、マルクスの言う「時間による空間の絶滅」[*23]をもたらす。都市には労働のための工場が、田園には余暇のためのリゾートが作られ、その「中間」の郊外に建てられた住宅が、労働―余暇の中継地となる。そこから鉄道を利用して、労働者―有閑階級の「中間」としての中流階級が、労働と余暇とを交互に繰り返す生活を営むようになる。小林は、この職―住分離のポテンシャルを引き出して、鉄道を夫が労働の場へ移動する手段ばかりでなく、妻子が様々な余暇の場へ移動する手段へと変えた。つまり鉄道を余暇の循環路としたと言えよう。

また商品の生産―消費は、身体の再生産―消費と表裏の関係にある。すなわち、都市での労働においていて、商品は生産されるが身体は消費されて不健康になり、逆に田園での余暇において、商品は消費されるが身体は再生産されて健康を回復すると見なされる。かくして田園と健康は分かちがたく結ばれることになる。小林は、早くも箕面有馬電気軌道開業前に、「住宅地御案内―如何なる土地を選ぶべきか、如何なる家屋に住むべきか」「最も有望なる電車」と題する二冊のパンフレットを配布し[*24]、前者では「美しき水の都は夢と消えて、空暗き煙の都に住む不幸なる我が大阪市民諸君よ！」と呼び

*22――高碕達之助「小林一三さんを偲ぶ」『小林一三翁の追想』小林一三追想録編纂委員会、一九六一年

*23――カール・マルクス『マルクス資本論草稿集』第2分冊 大月書店、一九九三年、二一六頁

*24――小林一三『逸翁自叙伝』図書出版社、一九九〇年、一九二～一九五頁

掛け、後者では「飲料水の清澄なること、冬は山を北に背にして暖かく、夏は大阪湾を見下ろして吹き来る汐風の涼しく、春は花、秋は紅葉と申し分なきこと」[*25]を訴えた。つまり、小林は、郊外住宅地における清潔な水と空気、豊かな緑が「疲労したる身体を慰安」するものととらえ、その健康イメージを、住宅地だけでなく宝塚歌劇や百貨店も含むありとあらゆる余暇に、メディアを通じて浸透させていったのである。

箕面有馬電気軌道による諸事業を皮切りにして、東京電燈の再建、昭和肥料（昭和電工の前身）の創設、東宝映画の創設と続く小林一三の履歴を追うと、彼が終始一貫して電気消費に関わっていたことがわかる。事実、猪苗代発電所（一九一四年）によって大型水力発電と長距離送電が確立されて以来、五大電力会社による電源開発が進み、一九二〇年代の一〇年間で発電量が四倍強に増加した。そこからすると、住宅地開発は汎用エネルギーとしての電気消費拡大の一環に数えられるだろうし、そこでの健康イメージは清潔なエネルギーとしての電気に支えられていると言えなくもない。

先発の阪神電気鉄道は、一九〇八年に「市外居住のすすめ」というパンフレットを刊行し、一九一〇年に鳴尾村に住宅を建設、翌年には御影で住宅を分譲したが、本格的な住宅地開発は甲子園（一九二八年）を待たねばならなかった。阪神電気鉄道は、武庫川改修で生じた広大な河川敷を取得、そこに住宅地の他、球場やホテルなどのスポーツ・娯楽施設を併設した。箕面有馬電気軌道が都市―田園の両極に娯楽施設を、その「中間」に住宅地を分散して開発したのに対し、阪神電気鉄道は、都市と都市の「中間」に全てを包摂した一極集中型開発を行ったという点で対照的である。この甲子園では、造園家・大屋霊城の「花苑都市」構想は受入れられず、代わって野球場、グラウンド、教材園を擁した大阪鐵道の藤井寺（一九二七年）で、部分的にではあるが実現されることとなった。

北大阪電気鉄道は、十三―千里山間開業（一九二一年）に先立ち、関西大学を誘致、千里山遊園地を

*25――同右、一九一頁

建設した他、千里山以外の沿線各地で住宅地開発を行ったが、千里山では、一九二〇年に大阪商工会議所会頭山岡順太郎が設立した大阪住宅経営株式会社が住宅分譲と賃貸住宅建設を合わせた総合的な開発・経営を行った。しかし両社の経営はともに振るわず、京阪電気鉄道系の新京阪鉄道と京阪土地株式会社に吸収され、この新京阪鉄道もまた戦時統制下での合併と戦後の分離独立によって、京阪神急行電鉄、後の阪急電鉄の手に帰することとなった。

一八九八年、南海鉄道が浜寺—難波間を結ぶや、浜寺府立公園内に旅館や別荘が建てられるようになり、また一九〇五年には大衆向けの海水浴場が開設されたが、[*26]ここでは鉄道会社ではなく地元の土地会社によって住宅地開発がなされただけである。一九一一年に愛知電気鉄道が神宮—大野間に開業するのに伴って、地元の土地会社によって大野の北側に海水浴場を中心とした遊園地—舞子園が開発された。愛知電気鉄道二代目社長藍川清成は「関西の五大電鉄の経営方針を取り入れ」、一九二二年に経営の傾いていた舞子園を買収して、新舞子文化村—松浪園（一九二五年）を建設した。また鳴海では、甲子園を手本にして野球場を中心とした住宅地—なるみ荘（一九二九年）を開発した。

堤康次郎は、一九一七年から軽井沢で、一九一九年から箱根で別荘地開発に乗り出していたが、一九二〇年には箱根土地株式会社を設立し、目白文化村（一九二二年）の開発を進める傍ら、[*27]小滝園や久世山など華族が解放した旧大名屋敷地を買収して住宅地として分譲した。箱根土地株式会社は、一九二八年に国分寺—村山貯水池間を結ぶ多摩湖鉄道を設立、大泉学園（一九二四年）の開発に際して、池袋—飯能間を結ぶ武蔵野鉄道の株式を取得し始め、一九二七年には同社を傘下に収めた。終戦直後、この武蔵野鉄道と一九四三年に買収した旧西武鉄道、同年に設立した食料増産鉄道とを合併して、西武鉄道となった。

一方、渋沢栄一を相談役、息子・秀雄を取締役とする田園都市株式会社は一九一八年に設立され、

＊26——橋爪紳也『海遊都市』白地社、第七章参照。

＊27——藤谷陽悦「堤康次郎の住宅地経営第一号—目白文化村」山口廣編、前掲書、一五三〜一七四頁／野田正穂・中島明子編『目白文化村』日本経済評論社、一九九一年参照。

洗足（一九二二年）や多摩川台（一九二三年）の開発を進めた[*28]（図❷）。五島慶太は田園都市株式会社から鉄道部門を分離して、一九二二年に目黒蒲田電気鉄道を設立、自社が得た免許線に武蔵電気鉄道の免許線を加えて、一九二三年には目黒―蒲田間を開業した。目黒蒲田電気鉄道は翌一九二四年に武蔵電気鉄道を傘下に収めて東京横浜電鉄とし、それに渋谷―横浜間の路線建設を進めさせる一方で、同社は一九二七年に親会社田園都市株式会社を合併、一九三九年に東京横浜電鉄を合併して、新制の東京横浜電鉄となった。一九四二年に東京横浜電鉄が京浜電気鉄道、小田急電鉄を合併して東京急行電鉄となったが、戦後この「大東急」は元通りに分離された。

堤や五島は、好況時に土地会社を設立、不況と戦時統制を利して鉄道会社を合併した。これは小林一三が不況時に鉄道会社を興したがために、住宅地開発に乗り出さざるを得なかったことと対極をなすが、最終的に西武、東急という鉄道―土地の一大コンツェルンを築いたという点では同様であって、実際、彼らは小林の事業手法を踏襲しているのである。例えば、堤は小平（一九二四年、図❸）に津田英学塾を、国立（一九二五年）に東京商科大学をそれぞれ誘致し、学園都市と銘打って分譲を行い[*29]、五島は日吉台（一九三〇年）に慶應義塾大学予科を誘致した他、一九二五年には多摩川に遊園地、一九三四年には渋谷に東横百貨店を開設した。

東京の陸の「シマ」は、大正期になって解放され始めたが、それだけで東京の人口増が接収されるはずはなく、江戸の都市域にほぼ相当する東京一五区の周縁部に「乱雑無秩序な迷路型」[*30]市街地がスプロールした。武蔵野台地はもともと、多摩川の浸食により国分寺崖線、府中崖線などで東西方向に分節された河岸段丘であって、貝塚爽平によると「国分寺崖線にそっては、古くは先土器文化時代からの先史時代遺跡があり、野川谷頭の近くには武蔵野の国分寺が営まれ、また野川沿いには古くから水田が作られたなど、この崖線ぞいはいわば古代武蔵の銀座通りであった[*31]」。この狩猟採集社会の古

＊28――渡辺俊一『都市計画の誕生』柏書房、一九九三年、第一章参照。

＊29――松井晴子「箱根土地の大泉・小平・国立の郊外住宅地開発」山口廣編、前掲書、二二一〜二三六頁

＊30――飯沼一省『都市計画』常磐書房、一九三四年、四頁

＊31――貝塚爽平『東京の自然史』五七頁

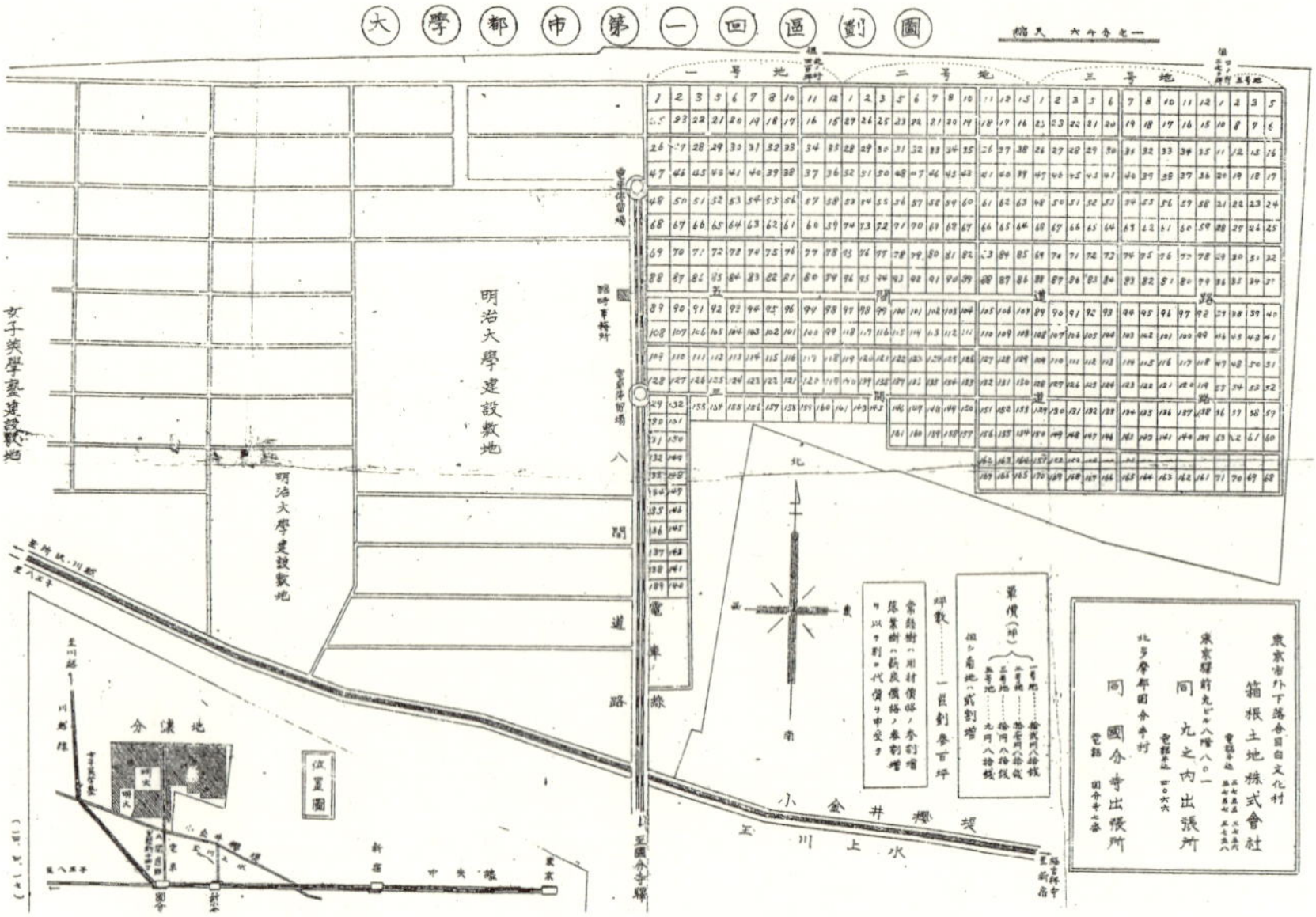

図 3　小平大学都市第 1 回區劃圖

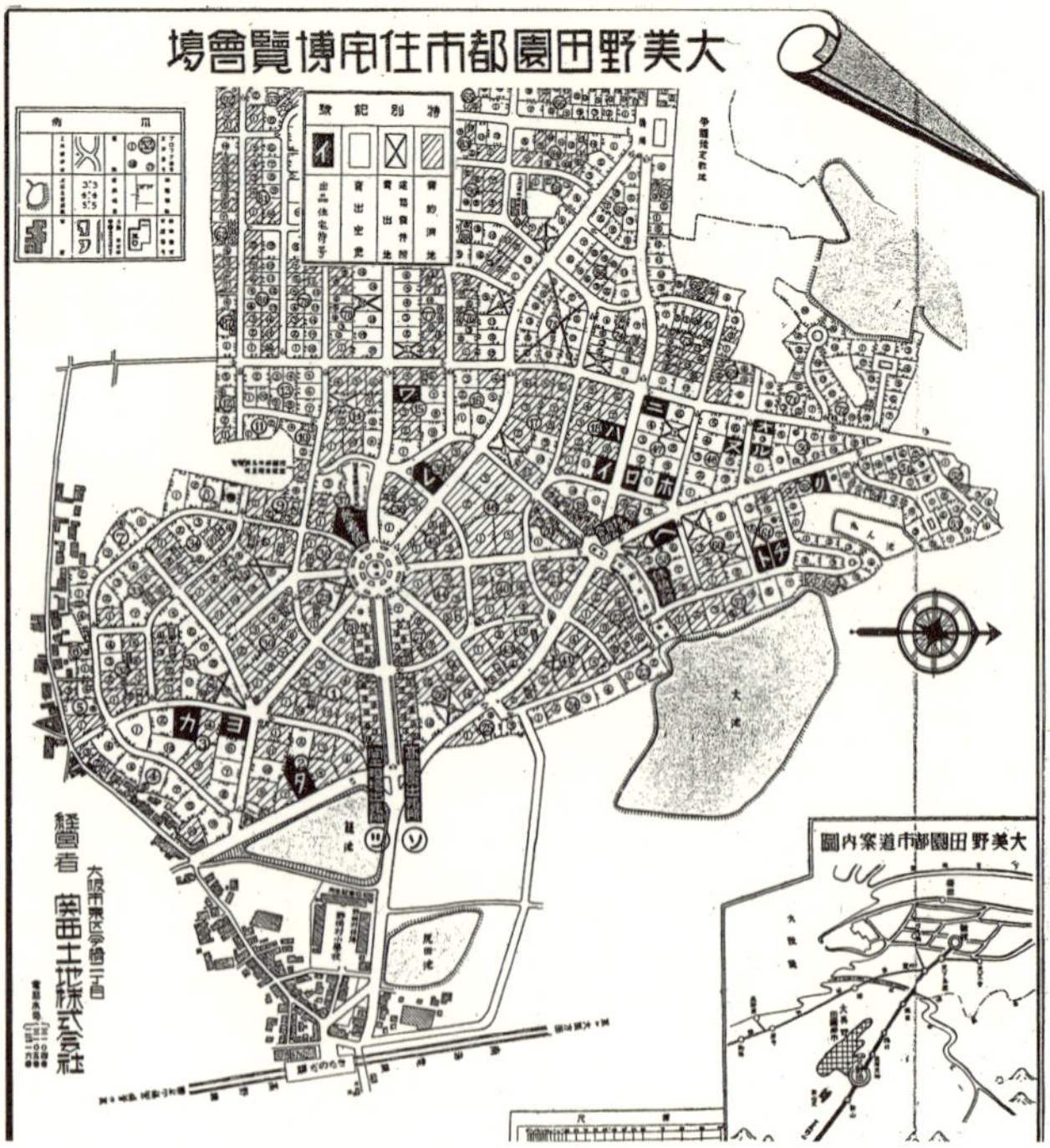

図 4　大美野田園都市住宅博覧會場，1932年

代人の住んでいた南斜面の段丘は、国木田独歩により発見されてはいたが、それから二〇年余りを経てようやく堤がそこでの住宅地開発に乗り出した。また五島の開発は、より起伏の激しい武蔵野台地南側で進められた。「渋谷から多摩川までの東横線は、まず、淀橋台をきざむ渋谷川の谷の中ほどにある渋谷駅に始まり、淀橋台—目黒川沖積地—目黒台—荏原台（この中に呑川のいくつかの支谷がある）を横切り久が原台と田園調布台の境めを通って多摩川沖積地にでる。……同じような関係は、目黒—田園調布間の目蒲線でも、五反田—蒲田間の池上線でもみられるものである」[*32]。多摩丘陵まで開発が及ぶのは「丘陵に学問の本山を造りたい」とする小原国芳の玉川学園など昭和期になってからである。

鉄道会社と土地会社の相補的な関係は、一九二六年に堀内良平が設立した富士山麓電気鉄道と富士山麓土地にも見られる。両社は協同して、山中湖畔に山中湖ホテル、テニスコート、スケートリンクを中心とした旭日丘分譲地を開発、そこに在京大学の学生寮を誘致した。渡辺家が一九二一年に設立した大船田園都市株式会社は、大船駅前に「新鎌倉」住宅地を開発したが、金融恐慌で母体の東京渡辺銀行が倒産したのを受けて同社も倒産、その主任技師、山田馨が富士山麓鉄道に迎えられて、山中湖ホテルの他、個人別荘の設計を手掛けることとなった。

5. 土地会社による開発

一九二二年刊『会社通覧』によると、東京、名古屋、京阪神などの都市には約二九〇社の土地会社が存在しており、その六割以上が一九一七年以降に設立されたことがわかる。第一次大戦の戦中・戦後好況時に土地会社が急増したのであった。前述したように、単なる余暇の場となった住宅は娯楽施

＊32——同右、三七〜三八頁

設や別荘と同類と見なされるが、土地会社は住宅地を遊園地と抱き合わせで作ったり、別荘地から転用したりして、その名称に遊園地の「園」、別荘地の「荘」を付けて、宣伝・販売するようになった。

大神中央土地会社（一九一八年設立）は、一九〇七年に香野蔵治と櫨山喜一が開設し、その後荒廃していた遊園地「香櫨園」の地所を入手して、「夙川香櫨園」を開発した。一九一三年に中村伊三郎はラジウム温泉場、旅館、住宅地を合わせた「苦楽園」を開設したが、一九一九年以降は西宮土地株式会社がその開発を引き継いだ。甲陽土地株式会社（一九一八年設立）は、「甲陽園」でキネマ撮影所などを含む「東洋一の大公園」に住宅地を抱き合わせた総合的な開発を行った。株式会社六麓荘（一九二九年設立）は、海抜一〇〇メートル以上の丘陵に広がる国有林の払い下げを受け、地形を生かして不規則な道路や小川を蛇行させ、かつ都市基盤を完備した住宅地「六麓荘」を開発した。このように六甲山麓の住宅地開発は、時代を経るごとに麓から中腹とかけ上っていき、「園」から「荘」へと名称が変化していくが、いずれも花崗岩の露出した痩せた松林を種地としていた。「苦楽園」（標高一〇〇メートル）は、もともと「芦屋猿丸又左衛門の石材採掘をなせるのみ」[*33]であり、「甲陽園」（標高一〇〇メートル）は、「昔時より石材に名高く、大阪城築城の巨石の一部は此所より搬出せられたしとの口碑あり」[*34]と称された所であった。「六麓荘」（標高一〇〇―二〇〇メートル）は、赤松の茂った花崗岩の丘に過ぎなかったが、株式会社六麓荘は「家を建てるのに松を切るな、建てるところだけ切ってそれ以上は切るな」[*35]という方針を貫き、一九三一年には「青松其他の緑樹を以って経営地全体を満たし、……且つ寂びたる庭石の散在無数でありまして、其自然の風致は一大庭園をなして居ります」[*36]と案内するに至った。

阿部元太郎は、一九〇五年頃から住吉村、観音林・反高林の土地を分譲し始めたが、もともと「松樹雑木の林と化し不毛の地として開拓もされず、……一體は松林と石屋の帳場であった」[*37]所に、「道路をつけ整地しては、自然の松林を邸内に取り入れ」[*38]、また出土した石材を石垣・擁壁などの造成に

*33――大社村誌編纂委員会『大社村誌』一九三六年、一六七頁
*34――同右、一七二頁
*35――芦屋市六麓荘町内会『六麓荘四十年史』一九七三年、二五頁
*36――株式会社六麓荘『六麓荘住宅案内』一九三一年
*37――武庫郡住吉村『住吉村誌』一九四六年、七三五頁
*38――財団法人住吉学園『住吉学園誌』一九六八年、二〇三～二〇四頁

利用する他、大阪港築港用に搬出した。その後、阿部は「地価の安い市内へ往復に便利な、気候のよい、水質の良好な、風景のよい土地」[*39]を急峻な斜面地に求め、一九一六年から箕面有馬電気軌道沿線の長尾山南麓で「雲雀丘」の開発に着手、一九二二年に日本住宅株式会社社長に就任した後には、同社を通じて開発を進めた。また同社は、大阪府立高等医学校校長、佐多愛彦が一九〇七年から「健康地」として開発を進めていた地所を、一九二八年に引継ぎ「松風山荘」の開発を行った。他方、河川改修によって生じた旧河川敷も住宅地開発の種地となり、阪神間の仁川沿いでは、大西定商店による「仁川旭ヶ丘」（一九三二年）など、支多々川沿いでは、平塚土地株式会社による「寿楽荘」（一九三二年）などが開発された。

京都では、長瀬伝三郎が、一九一七年認可された加茂川・高野川の改修に際し、工事費を寄付する見返りに旧河川敷約七二・八万坪を無償で取得、同年京洛土地株式会社を設立して、一九一九年から住宅地分譲を開始した。藤井善助は、一九二五年、京都・岡崎にあった遊園地「京都パラダイス」を買収、それを住宅地として分譲した他、日本土地商事株式会社（一九二五年設立）を通じて、北白川・小倉町の開発を進めた。多田次平率いる別府観海寺土地株式会社は、関西財界の支援を受けて、一九二〇年から既に温泉地として名を馳せていた別府の一湯、観海寺に「療養邸宅地としての模範郷」を開発したが、結局は芸伎で賑わう旅館街に堕し、同時に丘陵中腹に建設を進めていた荘園文化村も失敗に終わる。

一九二三年の信託法・信託業法施行により有象無象の信託会社が整理され、多くは土地会社へと改組された。大阪では竹原友三郎率いる帝国信託株式会社（一九二〇年設立）が関西土地会社（一九二三年設立）へと改組され、一九三一年より、南海鉄道高野線――南海鉄道は一九二二年に大阪高野鉄道を吸収、一九二五年には難波からの直通電車を走らせた――沿線、北野田駅西方に大美野田園都市を開発、

＊39――箕面有馬電気軌道『山容水態』第三巻第七号、一九一六年

「大美野田園都市住宅博覧会」（一九三二年）、「健康本位特選住宅展覧会」（一九三三年）を開催して宣伝に努めた（図❹）。東京では、既に一九〇六年に三井銀行地所部岩崎一を中心として創設された東京信託株式会社が、一九一一年より玉川電気鉄道沿線に桜新町を開発していた。[*40] しかし上記の法改正により三井系の不動産関連会社が再編され、一九二四年には米山梅吉により三井信託株式会社が創設されたのを受け、一九二七年に東京信託株式会社は日本不動産株式会社に改組された。そして前者が、華族所有の大名屋敷地を代理事務によって整地分割して分譲するという新たな業務を展開、麻布笄町（一九二六年）などの分譲を行ったのである。

6. 組合による開発

耕地整理法（一八九九年制定、一九〇九年改正）は、水田を整形化し、かつ一枚の面積を大きくとって水田の生産性を向上することを目的とするものであった。それに対して、都市計画法（一九一九年）で定められた土地区画整理は、市街地周縁部において、街区・区画を整形化しながら、道路・公園などの都市基盤を整備するためのものであったが、地主の組合を事業主とするなど、その手続や手法は前者を準用したものであった。土地区画整理では、耕地整理での農道よりも広幅員の道路や公園の設置が要求されており、かつ耕地整理での低利融資や国庫補助がなかったために、あまり利用されなかった。そこで一九三一年には、原則として市域内では耕地整理ができないよう耕地整理法が改正され、ようやく土地区画整理が増加するようになった。また並行して内務省では「土地区画整理私案」（一九二四年）から「土地区画整理設計標準」（一九三三年）へと設計基準が整えられていった。[*41] 水田を改良して農

*40——山岡靖「東京の軽井沢—桜新町」山口廣編、前掲書、九三～一〇八頁

*41——鶴田佳子「近代都市計画初期における土地区画整理を中心とした市街地開発に関する研究」学位論文、一九九五年参照。

業を振興させるための制度が逆に水田の住宅地化を促し、近郊農業を衰退せしめるものとして機能していったのである。

東京では、舎人耕地整理組合（一九〇一年設立）を皮切りに、農業用の耕地整理が進められたが、田園都市株式会社が一人施行の耕地整理により洗足や多摩川台の開発を行ったように、一九二〇年代には住宅地開発に応用された。それを契機として、井荻村耕地整理組合（一九二三年設立）や玉川全円耕地整理組合（一九二五年設立）により町村全体の耕地整理が始められ、一九三二年に東京市が周辺八二町村を合併して市域を拡張するまで各所で耕地整理が続けられた。例えば、井荻では一九二六年に町制が実施されたのを受けて、井荻町土地区画整理組合に改組され、八四〇ヘクタール余りの大規模な土地区画整理が行われたのであった。[*42] そしてそれらにより、武蔵野の田畑の中に「シマ」状に分散していた住宅地が一様につなげられることになった。

大阪では、一九一九年に制定された都市計画法と市街地建築物法に基づき、一九二二年に大阪都市計画区域が公示された。一九二三年大阪市長に就任した関一は、大阪市域の拡張に着手、一九二五年には、先の大阪都市計画区域とほぼ等しい範囲を市域とし、周辺四四町村を合併する第二次市域拡張を実現した。第一次市域拡張が西方すなわち海への拡張であったのに対し、第二次市域拡張は、北は神崎川、南は大和川に至る南北方向への拡張であって、この方向転換は、ミナミとキタを結ぶ御堂筋（一九三七年）、地下鉄梅田—心斎橋開業（一九三三年）により補強されることになる。また一九二五年に決定された用途地域では、上町台地南部—大和川以北が住居地域に、木津川から神崎川にかけての西部と北部が工業地域に指定され、前者を中心にして耕地整理、土地区画整理が盛んに行われた。

大阪では、今宮村第一耕地整理組合（一九一〇年設立）以来、耕地整理が市街地開発に利用されており、帝塚山では、住吉第一耕地整理組合（一九一三年設立）が整理した土地を東成土地建物株式会社（一九一一

＊42——池端裕之、藤岡洋保「東京市郊外における耕地整理法準用の宅地開発について」『日本建築学会計画系論文集』第五一八号、一九九九年、二六九～二七六頁／越沢明『東京の都市計画』岩波新書、一九九一年、一四一～一四九頁等参照。

年設立）が買収、住宅地として分譲した。同社はまた帝塚山学院（一九一六年設立）を誘致、帝塚山は「学生とインテリ人種の安息所」[*43]となった。しかしながら他の耕地整理では、耕地区画を細分化して宅地区画とすることが行われたため、随所に過密市街地が発生した。大阪初の土地区画整理組合、阪南土地区画整理組合（一九二四年設立）では、東西六〇間、南北二〇間弱の矩形街区がとられ、そこに間口二間、奥行一〇間弱の二階建長屋住宅が二列、規則的に並べられた。これが以後の土地区画整理での街区―住宅のプロトタイプとなるが、住宅の意匠は真壁造の和風から大壁造へと変化した。[*44]一般的には、建売大工が地主から借りた土地の上に長屋を建てて家主に売り、家主が各戸を賃貸するという方式がとられ、大阪市社会部の調査（一九四〇年）[*45]から、新市域に年間一万戸以上建設された住宅の大半が、この長屋の借家であったことが読み取れる。大阪市内では、近世以来の伝統的町家、すなわち長屋の借家が意匠を変えただけで労働者用住宅に供され、その長屋の大群によって上町台地南部の陸の「シマ」が飲み込まれていった。またそのことはミナミとキタの階級分化を促し、新世界ルナパーク（一九一二年）[*46]を擁する天王寺から楽天地（一九一四年）を擁する難波にかけてのミナミが庶民向けの繁華街、中之島・堂島のオフィス街をひかえたキタは社用向けの繁華街となったのである。

京都市では、一九一八年に市域を拡張、翌一九一九年の都市計画法・市街地建築物法公布を受けて、東山から洛北にかけての北東部が住宅地域に、南西部が工業地域に指定された。また一九二六年には、外周幹線道路沿いが土地区画整理区域に指定された。白川通沿いでは、平井高原土地区画整理組合（一九二三年施行）、北白川土地区画整理組合（一九二四年施行）により、京都市の土地区画整理道路計画及び敷地割基準（一九二七年）に則った土地区画整理が進められ、日本土地商事株式会社の小倉町でも第二回分譲以降上記基準に従った結果、周辺地区と一様に連続してしまった。また北大路沿いの洛北土地区画整理組合（一九三〇年施行）、下鴨土地区画整理組合（一九三一年施行）による土地区画整理により、京

*43――『大大阪』一九三一年九月号

*44――寺内信『大阪の長屋』ＩＮＡＸ出版、一九九二年／大阪市都市住宅史編集委員会編、前掲書、三三一～三四三頁

*45――大阪市企画部『昭和十六年大阪市住宅調査書』一九四二年

*46――橋爪紳也『大阪モダン』ＮＴＴ出版、一九九六年参照。

洛土地株式会社の住宅地も飲み込まれてしまった。

城下町名古屋は、那古野台地北端に名古屋城が築かれ、その東に武家地、南に碁盤割の町人地が、さらにその外側に寺町が配されており、東海道の一宿、熱田とは本町筋と堀川によって南北方向に結ばれていた。一八八六年名古屋駅開設、一八八九年東海道全線開通に続いて、一九〇〇年には中央線名古屋―多治見間開通に伴い千種駅が開設された。そして広小路が延伸されて名古屋駅と千種駅が東西方向に結ばれた結果、それに沿って市街地が東部丘陵地へ拡張していった。名古屋市では、一九二一年に周辺一六町村を合併して市域を拡張、一九二四年に都市計画を決定、名古屋環状線の北東・南西部を工業地域に、その他を住居地域に指定した。名古屋市では、土地区画整理を街路、運河、公園等の都市基盤整備の最も能率的な手段として活用し、また地形を「丘陵地」「高燥地」「平坦地」「低湿地」の四つに分類して、それぞれの地形に応じた土地区画整理を試みた。ことに江戸時代からの名所で、一九一一年には「八事保勝会」が設立されていた八事丘陵地では、道路を丘や谷のうねりに沿って等高線になるべく平行につくること、樹木はできるだけ残すこと、地形に応じた敷地割を設定することなどを設計指針として土地区画整理が行われ、「空気清澄、景致豊饒、交通至便、高原的気分横溢せる丘陵地六十余万坪に亘る、優雅的安静の住宅地建設」[*47]が行われた。しかしながら、道徳地区のような低湿地では、東西六〇間、南北約一二〇間の矩形街区が規則的に配され、それを分割した間口五間、奥行一〇間の区画が労働者用住宅に供されたし、名古屋環状線沿いの平坦地・高燥地でも同様の土地区画が施行された結果、新市域の大半に碁盤割の区画が連綿と続くことになった。

住宅組合法及び借地・借家法の公布（一九二一年）以降、住宅組合による開発も行われるようになった。東京では、小鷹利三郎を中心とする「城南田園住宅組合」（一九二四年設立）が、現豊島園西隣二万坪余りの土地を地主から借り受け、そこに「田園生活の一大楽園を創設」[*48]した。また東京・団子坂の

＊47――『都市創作』第四巻第八号、一九二八年

＊48――内田青藏「城南田園住宅組合住宅地について」山口廣編、前掲書、二〇七～二二〇頁

盆栽業者は「日本盆栽発展の根拠地たるにふさわしい土地」を大宮・源太郎山に求め、当地の地主が耕地整理をした三万坪の土地を借りて盆栽村を建設した。さらに一九二六年には盆栽村借地組合を、一九二八年には盆栽村組合を設立し、盆栽を一〇鉢以上持つことなどを盛り込んだ組合規約に基づき、全国からの移住者を募集した。[*49]

地方に眼を向けよう。山内修一など福岡県庁職員有志は、一九二一年に福岡住宅組合を設立、八幡村・野間の敷地を購入したが、敷地規模を拡大して耕地整理をする方が有利と考え、翌一九二二年に野間第二耕地整理組合を設立して耕地整理を進める一方、野間住宅組合を通じて住宅を建設した。一九二五年に完成した野間文化村は、模範的住宅組合と称されることになった。また軍港呉では、一九三〇年以降、海軍共済組合からの融資で五〇近くの住宅組合が設立された他、平原土地区画整理組合（一九三〇年設立）などにより海軍将校向けの住宅地開発が進められたのであった。

*49——鈴木博之『都市へ』前掲、三〇九〜三一九頁

7. その他の開発

資本主義確立期には、資本は専ら商品生産のための設備に投ぜられ、労働者は劣悪な環境下での過酷な労働により搾取されるのに対し、寡占期には、資本を労働者の身体再生産のための設備に回すことで、間接的に商品生産の拡大を図ろうとする宥和策が採られるようになる。こうして日露戦争後、政府・財閥の興した重工業の工場付近に、社宅や福利施設が建設された。しかし、日本製タイプライターの草分け黒沢貞次郎が、一九一二年蒲田に建設した「黒沢村」[*50]などを除いて、日本では工業モデル・ヴィレッジあるいはカンパニー・タウンと呼ばれる啓蒙的企業主による父権主義的コミュニティ

*50——山口廣「蒲田の『五等が村』」山口廣編、前掲書、一〇九〜一一八頁

が形成されることはなかった。

官営八幡製鉄所は、一九〇一年に操業を開始、一九〇七年からの製鉄所拡張に伴い、敷地内の官舎や公余クラブという福利施設が大蔵川に南面する敷地に移転され、高見住宅となった。敷地の高い所から順に長官及び雇い外国人、高等官、判任官と並べられた住棟配置は、官職をそのまま反映しているが、後二者については、一九一六年から一九二〇年にかけて鉱滓レンガを用いた棟割長屋「ロンドン長屋」が建設され、柳の並木と相俟って特徴的な街並を形成した。他方、一九二七年に住友別子鉱山株式会社常務取締役に就任した鷲尾勘解治は、別子の銅鉱脈が尽きるのを見越し、積出港に過ぎなかった新居浜の都市基盤を整備し、そこに重機械・化学工業を興すという壮大な計画を実行に移した。併せて、新居浜―別子の中間に位置する谷地を選鉱所から出る「尾鉱」で埋め立てて、新居浜に新設される重機械・化学工業会社の社宅地とすることを立案、一九二九年から実施した。この山田団地でも、役職により住宅の立地と規模が割り振られているのは、同様である。

日本経済の帝国主義的拡大に伴い、植民地では国策会社が設立されたが、これら国策会社は、社宅を単に社員用福利施設としてではなく、新市街地の建設・経営の一部として、また欧米列強や被支配住民に対する示威としてとらえたため、本土よりも高水準の社宅が建設された。南満州鉄道株式会社は一九〇六年に設立された国策会社で、ロシアから譲渡された大連・旅順―長春間の鉄道経営の他、鉄道付属地の行政など幅広い事業を展開した。一九〇七年、満鉄は本社を大連に移転した後、大連・大広場に程近い丘陵地―南山麓に煉瓦造クィーン・アン様式の社宅を建設、さらに南山麓東側には、組合員を満鉄社員のみに限定した住宅組合―大連共栄住宅組合が、庭付き戸建住宅を建設した。朝鮮銀行は一九〇九年に設立された朝鮮及び関東州における中央銀行であり、一九一二年にソウルに本店を構え、一九二一年には本店にも徒歩通勤ができるソウル旧城壁外・南山麓に、フラットルーフを頂く鉄筋コンクリートブロック造社宅、公園、各種スポーツ施設を建設した。

社宅では、企業の社員構成が、直接、地区から住宅に至る空間構成に翻案され、役職により住宅の立地や規模が割り振られる。当然、給与所得者の多くはそのシステムに編入されたが、資本主義の外部にいる教育者は、それとは異なるより民主的で「文化」的なシステムを志向し、彼らのカウンター・プロポーザルを軸にして生活改善運動が展開された。しかし、生活改善が消費経済の合理化、つまり身体再生産の経済的効率化に基づくものであったがゆえに、たちまち資本主義の内部へ吸収され、それが標榜した「文化」は住宅地開発の中で商品化されることになった。

一八九九年以降、札幌農学校（一八七六年創立）が札幌駅北側に移転されるにつれ、教官の集住地が自然発生的に形成され、東北帝国大学農科大学への改称時（一九〇七年）には農科大学教授たちによって「桑園博士町」が、北海道帝国大学への昇格時（一九一八年）には新設された医学部教授たちによって「医学部文化村」が作られた。そこでの新しい生活様式の基を築いたのが、北海道帝国大学教授森本厚吉であった。彼は一九二〇年に吉野作造、有島武郎とともに「文化生活研究会」を創設、翌年から月刊誌『文化生活』を出版して一般大衆への文化生活の普及を目指した。彼は消費経済学の立場から住宅における消費軽減を掲げ、集中暖房やユーティリティの共同利用、屋根裏や地下室の活用、堅牢かつ不燃の建材使用、畳の撤廃と板床の推奨、居間・台所を中心とした間取りなどの住宅改良を説き、それが「桑園博士町」「医学部文化村」で実践されたのであった。

羽仁吉一、もと子夫妻は、一九〇三年に『家庭之友』、一九〇八年に『婦人之友』を出版、因習を打破した家庭生活の改良、家政・育児・調理などの合理化を主婦に訴えた。また一九一四年に『子供の友』、一九一五年に『新少女』を創刊、以後これら雑誌において自由で実生活に役立つ教育の必要を説き、それを実践すべく、一九二一年目白に自由学園を創設、来日していたライトに校舎の設計を委ねた。さらに一九二四年には武蔵野鉄道沿線、南沢の土地を入手、翌年から自由学園の農場を作るとともに、その周辺を住宅地として分譲し始め、一九三三年には自由学園全体を移転した。他方、一九一九年成城小学校主事に就任した小原国芳は、自ら唱える全人教育を実践すべく、一九二五年に成城学園全体を小田原急行鉄道沿線、砧村喜多見に移転、学園後援会地所部により周辺を住宅地として分譲して、その差益で校舎を建設することに成功した。しかし、小原は成城学園が帝国大学への進学校と化していくのに反発し、一九二七年に玉川学園を創設、同じく小田原急行鉄道沿線、町田町の丘陵地三〇万坪を買収して、一九二九年に玉川学園を開校、住宅地分譲を開始した。[*51] 理想教育を目指す教育者自らが、校舎建設費の捻出という学校経営の必要性から住宅地開発の事業主体となって、資本主義に取り込まれていく。その結果、小林、堤、五島などによる学校誘致と抱き合わせた住宅地開発、いわゆる「学園町」との違いがなくなってしまう。住宅地開発における学校の存在は、「文化」の実質的な育成を促すものではなく、むしろそのイメージを伝播させる目玉商品と化したのであった。

*51——酒井憲一「成城・玉川学園住宅地」山口廣編、前掲書、二三七～二六〇頁

8. 理念

日本における住宅地開発の理念には、田園都市論の受容と変容を見て取ることができる。興味深いことに、日本人による田園都市への言及は、内務省地方局有志による『田園都市』（一九〇七年）に始まり、飯沼一省による『都市計画の理論と実際』（一九二七年）辺りでほぼ終わっている。つまり、都市計画法・市街地建築物法などが制定され、民間会社による住宅地開発が進行した大正期に、田園都市が大いに論じられたのである。続く昭和期には、地方自治体主導による土地区画整理事業が推進される

一方で、大都市市街地を緑地帯で取り囲んでその膨脹を抑制しつつ、その外側に衛星都市を配置するという大都市圏計画が論じられ、防空法（一九三七年）の制定以降、防空を主目的とした緑地計画——例えば東京緑地計画（一九三九年）など——が立てられたのであった。[*52]

ここで改めてエベネザー・ハワードが『明日の田園都市』（一九〇二年、『明日—真の改革に至る平和な道』一八九八年の改訂）[*53]で提唱した田園都市を復習してみよう。ハワードの言う田園都市とは、田園から成る都市であると同時に田園の中にある都市である。つまり工業の行われる都市部（一〇〇〇エーカー、三万人）と農業の行われる田園部（五〇〇〇エーカー、二千人）との組み合わせ全体が田園都市であって、そこでは社会的・経済的自立が可能であり、またその職‐住近接の生活では「きわめて精力的で活動的な都市生活のあらゆる利点と農村のすべての美しさとたのしさとの完全な融合」[*54]が可能であるとした。またこの都市部—田園部の組み合わせをいくつか大都市周辺に分配することにより、田園の空地帯を予め担保した上で都市域の限定された工業都市を分散させ、大都市における郊外の無限定な拡散を改めることができるとした。この意味から言うと、田園都市とは「郊外の対立物」なのであった。

ハワードの提案では、環状と放射の道路を通した上で、同心円状に公共・商業ゾーン、居住ゾーン、工業ゾーンの三つに分節した都市部のダイアグラムだけが参照されがちであるが、そうしたハードウエアにもまして、田園都市の建設・管理・運営のソフトウェアを示した点で画期的であった。田園都市の建設に際しては、株式会社たる市営企業が抵当社債を発行して土地買収資金を調達し、買収後、市営企業はその土地全部を所有し、それを住民に貸して地代を徴収する。一方商店の経営に関しては半市営企業が、個人の住宅建設に関しては代市営企業がとり行う。特に土地買収と住宅建設とを分け、それぞれを別会社の社債によって資金調達するという提案は現実的であった。

イギリスでは、この田園都市実現のための運動が展開され、ついに一九〇三年から第一田園都市レ

*52——越沢明、前掲書、第四章参照。

*53——本稿では、'garden city' の訳語として「田園都市」を用いる。Ebenezer Howard, *Garden Cities of To-Morrow*, MIT Press, 1965. E・ハワード『明日の田園都市』鹿島出版会、一九六八年

*54——E・ハワード、前掲書、七九頁

ッチワースの建設が開始され、パーカー&アンウィンは、ハワードのダイアグラムに基づきながらも、敷地の自然条件を考慮した巧みな計画を行った。また一九〇五年に同じくパーカー&アンウィンによる田園郊外、ハムステッド・ガーデン・サバーブの開発も始められ、彼らの都市計画手法は『都市計画の理論と実践』（一九〇九年）[*55]にまとめられた。これらは、民間会社が田園都市・田園郊外単体を建設するという実験にとどまっていたが、第一次大戦をはさんでアンウィンが地方自治体都市計画主任調査官（一九一四年）に就任し、C・B・パードム著『戦後の田園都市』（一九一七年）、F・J・オズボーン著『戦後のニュータウン』（一九一八年）が相ついで出版されたのを受け、戦後、地方自治体が衛星都市やニュータウン建設に乗り出すことになった。そしてここで目論まれた衛星都市、ニュータウン群のネットワーク化が、アムステルダム国際都市計画会議（一九二四年）において大都市圏計画と地方計画としてまとめられるに至ったのである。

日本を振り返ってみると、大正期には第一次大戦前のイギリスで行われた「民」による田園都市単体の実験が、昭和期には第一次大戦後の「官」による衛星都市群のネットワーク化が、変形されて実践されたと見做すことができよう。ここでは内務省地方局有志の「田園都市」、関一の「花園都市」、大屋霊城の「花苑都市」、黒谷了太郎の「山林都市」を取り上げ、それらが原典をどのように理解し、どのように変形したかを順次見ていくことにしたい。

1　内務省地方局有志「田園都市」

内務省地方局有志著『田園都市』[*56]が出版されたのは一九〇七年、当時イギリスで第一田園都市レッチワースの建設が進行中であったことからすると、かなり早い時期に田園都市が日本に紹介されたことがわかる。渡辺俊一によると、一九〇六年頃、内務省地方局府県課長、井上友一が中心となってA・

＊55——Raymond Unwin, *Town Planning in Practice*, 1909, reprint, Princeton Architectural Press, 1994. なおアンウィンの都市計画については、片木篤『イギリス郊外住宅』住まいの図書館出版局、一九八七年参照。

＊56——内務省地方局有志『田園都市』一九〇七年。ここでは内務省地方局有志『田園都市と日本人』講談社学術文庫、一九八〇年版を用いた。

R・セネット著『田園都市の理論と実際』（一九〇五年）の翻訳を行い、それを換骨奪胎して地方局の持論を展開した結果が、『田園都市』であると言う。[*57] 本書で田園都市に直接言及しているのは、「田園都市の理想」（第一章）、「田園都市の範例」（第二章）のみである。しかもハワードの田園都市論は紹介されているものの、ハワードが多数の頁を割いていた田園都市の建設・管理・運営に関わるソフトウェアには触れられず、ましてや土地・建物の市有・市営は論じられていない。またレッチワースの事例は挙げられているものの、それと以前の工業モデル・ヴィレッジ、ボーンヴィルやポートサンライトの事例と同様に取り扱われている。

ここで言う都市農村の複本位論とは、ハワードの唱えるような「都市＋田園」の組み合わせではなく、都市と農村とをそれぞれ別個のものとして、都市の農村化と農村の都市化を説くものである。「清新なる農村の趣味を活用して現都市を改良し、または新都市を造りて、大都会にまぬかれがたきの弊風を絶たんとすることその一なり。健全なる田園生活を尊重して、これに加味するに都市各般の文明事業をもってし、ますます農村の培養とその改良とを図らんとすることその二なり」。健康と風景という観点から、工業─都市は否定的な評価を受ける。「工業地区を蔽うの煤煙は事業の殷盛にともないてますます都市の天空を掩蓋し、これをして朦朧たる淡暗色を呈せしめ、都人の大半は挙げて塵埃の混じりたる、不潔汚濁の空気を呼吸せざるなし」。それに対して農業─村落は肯定的に評価される。「みわたすかぎり香ばしく匂える青緑の色彩、美わしく隈なく輝ける日光、野の末、森の端までも続ける天の光、雲の影、さては飛びかう鳥の姿までも、みなこれ都会に見慣れざるの光景たり」。それゆえ「都会に密集せる職工を移して、まったく新たなる一農村を造り、これに土地を分貸して、工業に従事するの余暇を利用し、あわせて農業生活を営ましめんとする」田園都市が必要とされるが、それは西洋からの移入ばかりでなく日本の伝統に則ったものと見なされる。「わが邦の都市農村は、

＊57──渡辺俊一、前掲書、第二章参照。

その形より言えば、つとに泰西人士の唱道せる田園都市、花園都市に比してむしろ優れることありとも、決して劣るところなきをみるべし」。

都市の農村化、農村の都市化は、従事するのが工業、農業の違いはあるものの、近代的労働者として教化するという点では共通している。家族レベルでは、労働者家族の「住居家庭」（第四章）に「田園生活」（第三章）を取り込むことで「保健」（第五章）が達成されるが、そのためには各人が自助・進取の精神をもって「勤労」（第六章）しなければならず、また社会レベルでは、「嬌風節酒」（第七章）・「間時利導」（第八章）施設の充実、「共同組合」（第一〇章）の活用、「民育」（第一一章）の強化が図られるが、そのためには各人が「協同推譲」（第九章）の精神をもたなければならない。そうすれば、国家全体が豊かになり、「救貧防貧」（第一二章）が成し遂げられよう。

ここで問われているのは、日露戦争後の日本を「一等国」ならしめるための生産性の高い工業―農業労働者の育成であり、そのための地方自治のあり方である。井上友一は『西洋自治の大観』（一九〇六年）の中で「国力の充実が一に地方自治の力に俟つべき」[*58]とし、さらに『自治要義』（一九〇九年）では「都市農村の改造は二者両存併立の策を促すに至れり。都鄙何れを問わず自治の精神に至りては将来力を尽くして作興せざるべからず」[*59]と述べ、国家―地方団体、名望家―専門家、富者―貧者の「協同主義」を骨子とした地方自治制の改正（一九一一年）へと向かい[*60]、この「地方改良運動」が後年「報徳運動」へと展開されていくことになる。

2　関一「花園都市」

東京高等商業学校の教授を経て、一九一四年に大阪市の高等助役に就任、一九二三年から一九三五年まで大阪市長を務めた関一は、田園都市と都市計画の紹介者の一人である。

＊58――井上友一『西洋自治の大観』一九〇六年。ここでの引用は、『井上博士と地方自治』一九四〇年、二一頁による。
＊59――井上友一『自治要義』一九〇九年。ここでの引用は、『井上博士と地方自治』前掲、五六頁による。
＊60――小路田泰直『日本近代都市史研究序説』柏書房、一九九一年、一九一～一九六頁

彼の主著である『工業政策』（一九一一年）[*61]では、農―工分離と職―住分離とを同一視して、「工業は家族経済の制限を脱し、農と分離したる以後著しき発達をなし、消費生活と職業的生活の分岐は、漸次工業の発達を促し」たと言う。また彼は当時の工業を「商業販売事情に基きたる合成」が図られる段階、即ち大企業によりカルテル・トラストが組織される寡占化の段階にあるとし、それを支えるためには「各種工業ノ需要ニ順応シテ各地ニ労働者ヲ迅速ニ分配セシムル」[*62]交通が必要となるが、「電気力の応用と共に分散の体制は著しく促進された。此住居分散の結果は、都市の構造上に一大変化を齎らし、周囲に著しく膨脹すると共に、中央部の改造が起つた」[*63]と見る。要約すると、関は職―住分離によって工業が発達し、発達した工業の「合成」が都市の商業・交通によって促された結果、都市中心部における商業集中と周縁部における住宅分散が生じたと見ているのである。この点で彼の工業政策は都市政策とわかちがたく結ばれる一方、内務省地方局とは対照的に、農業―村落が等閑視されることになる。

関は一九一三年に「花園都市ト都市計畫」[*64]を著し、イギリス、ドイツにおける田園都市運動の展開とバーンズ法と呼ばれるイギリスの住宅・都市計画法（一九〇九年）の正確な知識を披瀝している。特に「花園都市トハ工業、農業竝ニ住居ノ目的ニ適ヒタル獨立セル都市ニシテ市ト田舎トノ利益ヲ併有シ現今ノ人口集中ノ大勢ヲ飜ス」ものと定義し、花園近郊、花園村落と明確に区分し、さらにその花園都市運動が「大都市ノ近郊ノ秩序的計畫ヲ促カシタルノ效多ク」、その結果としてバーンズ法が発布されたとしている。

「英國住宅政策及都市計畫」（一九二一年）[*65]では、公衆衛生法（一八四八年）及び労働者住宅法（一八五一年）から新住宅及都市計画法（一九一九年）までを順次概説した後で、イギリスの都市計画が保健―住宅政策の延長であり、「市民中ノ下層階級ニ愉快ニシテ健康ナル家庭ヲ與フルコトヲ目的トスルモノ」

*61――関一『工業政策』一九一一年

*62――関一「工場の地方的集中及分散」『国民経済雑誌』第九巻第五号、一九一〇年

*63――関一『住宅問題と都市計画』一九一三年

*64――関一「花園都市ト都市計畫」『法学新報』第二三巻第一号、一九一三年

*65――関一「英國住宅政策及都市計畫」『国民経済雑誌』第三一巻第五号、一九二一年

であると特徴付ける。また「田園都市ガ田園郊外トナリ、都市計畫トナツテ住宅改良ヲ促シタ」ので、イギリスの都市計画は「將來發達スベキ市外ニ對シテノミ將來ノ統一的計畫ヲ立テル傾向ガアル」のに対し、フランスやアメリカの都市計画は「都市ヲ美化シ偉觀ヲ増スコトヲ主トスルモノ」であって「都市ノ既成部分ノ統一的改善ヲ骨子トシテ居ル」とし、両者を対比している。

「近世都市の發展と都市計畫」（一九二四年）[*66]では、上記イギリス式の「衛生」に基づく都市周縁部の水平拡張とフランス式の「美観」に基づく都市中心部の垂直拡張と対比して、両者の特質を論じている。田園都市に関しては、「其の思想の根本は一種の社会主義的の考へである」として、これをそのまま日本で実現するのは困難であり、「田園都市流の都市計畫」による衛星都市の建設と地方計画への進展に着目している。しかしながら、日本における都市計画着手の順序としては、「現在中央部を改良するのが最經濟的で比較的安く行く」とし、「郊外開発の爲には先づ都市の行政區域を擴張する必要がある」としており、以前とは異なっている。この主張は、御堂筋と市営高速鉄道の建設、第二次市域拡張で実現されたが、関は「英國の『タウン、プランニング』ハ寧ロ我國ノ區劃整理事業ト見ル方ガ却テ眞相ヲ得テ居ル」[*67]と見なしていたので、後者の新市域においては単に区画整理事業が促進されただけに終わったのであった。

3　大屋霊城「花苑都市」

大屋霊城は、一九一八年東京帝国大学農学部卒業、一九一九年に大阪府技師、翌年から都市計画大阪地方委員会技師に就任、関西を中心に活躍した造園家・都市計画家であり、一九二一年から一年間にわたる欧米視察において「エベネザー・ハワードと肝胆あい照らす」[*68]仲となり、帰国後「花苑都市」と称する独自の田園都市論を展開する。

*66——関一「近世都市の發展と都市計畫」『都市公論』第七巻第一二号、一九二四年

*67——関一「英國住宅政策及都市計畫」前掲、一五頁

*68——「都市計画 Who was Who」『都市計画』第一四四号、一九八六年、六五頁

連載論文「進め過群より花園へ」（一九二三年）[*69]で、大屋は「四圍の状態は人の保健上重大な関係を持つものであるが、就中濕氣、日照、通風、空気清淨の四つは人身に大なる影響を及ぼすものである」という立場から、「宅地を出來るだけ高くして、道や周圍の空地を十分に取る事に注意」した上で庭を作れば、「疲れたる精神に慰安を與へ倦怠の氣分を一掃してくれるのは十分の日照と通風によること乍ら、木々の緑葉、芝草の翠滴、青々たる水面等の美的情緒が預かって力あるものと思はれる」。正しく「庭は空氣の料理場」であって、植物により空氣が浄化されるばかりか、「植樹が濕地を乾燥させ、延いては蚊の發生を防止」すると言う。

彼はガーデンシチー、ガーデンサバーブ、ガーデンビレージの差異を正しく認識しながらも、「これら總てを總括した所謂自然本位の住宅、庭本位の住宅」を唱導する。また田園都市の「要點は建物を主とせず空地を主として居る。立體的の延長を止めて平面的の生成をとつて居る。過群を離れて自然に親しまんとして居る。一建物中に數家族が住む事を止めて一家族で一つの家持つ事を前提として居る」と見て、その延長上に「五階建から平屋へ！　建物本位の住宅から庭本位の住宅へ！　不自然な市内より自然な郊外へ！　賃貸長屋より自分の家へ！　過群の生活より花園の生活へ！」という標語を打ち立てる。最後に「都市の田園化、田園の都市化、これ私の爲さんとする理想である。都市と田舎とが其の性質において相接近して、そこに都市にてもなき田舎にてもなき一つのものが形成されるのである。私はこれを花園都市と呼びたい」と結論付けている。

ここでの「花園都市」は、「二つの花苑都市建設について」（一九二六年）[*70]で「花苑都市」に改名される。「花園都市と云ってもよからうかと思ふが花園と書くと花園（ハナゾノ）とも読まれ何だか固有名詞であるような感じもあるのでこの苑の字を借りてきたのである」。またそこに、住宅だけではなく田園レジャー施設を付加して、建物密度を疎にしようとした。[*71]　それが甲子園での園芸場付き住宅地、

＊69——大屋霊城「進め過群より花園へ（一）〜（畢）」『建築と社会』第六巻第一号〜八号、一九二三年

＊70——大屋霊城「二つの花苑都市建設について」『建築と社会』第九巻第一二号、一九二六年

＊71——橋爪紳也「大屋霊城の『花苑都市』構想について」『都市計画学会学術研究論文集』一九八八年、四九三〜四九七頁参照。

藤井寺での「教材園」付き住宅地、スラム全体を農耕地に改め細民を帰農させるという不良地区改良の提案に結実した。昭和期になって、以前の遊園地を核とした住宅地に代わって、阪神急行電鉄の石橋・温室村（一九三二年）、伊丹・養鶏村（一九三三年）に見られるような農園を核とした住宅地が開発されたが、それにも大屋の「花苑都市」が少なからず影響を与えたに違いない。

4　黒谷了太郎「山林都市」

大屋は「進め過群より花園へ」の中で、「人は山へ山へ森へ森へと自分の住宅を移して行く」[*72]傾向があるとし、また「集中と分散」（一九二五年）[*73]と題する論文では、放射状の鉄道網により母都市―大阪と結ばれる森林の中の小都市群―「分散都市」の構想を提示していた。それとほぼ同時期に、山林に着目していたのが黒谷了太郎であった。黒谷は東京専門学校専修英語科卒業、台湾総督府、北海道庁勤務の後、一九二〇年から都市計画愛知地方委員会初代幹事を務めた。同委員会・土木技師であった石川栄耀は、当初黒谷を素人として軽んじたが、「いつしか本質的な都市計画指導家となり、英国のアンウィン氏と文通し、英国都市計画の正統を導入」[*74]したと評価するに至る。

黒谷は台湾総督府に勤務していた頃、熱帯植民地におけるサナトリウムやサマータウンの話を聞き、「山上都市もしくは丘陵都市」[*75]の構想を抱いており、それとアンウィンの都市計画理論とが合体されて、「山林都市（一名林間都市）」（一九二六年）[*76]が生み出された。黒谷によると、都市計画では既存の「都市の田園化」と「田園の都市化」は不可能であり、しかも土地が高価であるため新しく田園都市を建設することも困難である。ところが、日本では「山林は……極めて豊富である爲めに一括して廣い地面を得るに便利なるのみならず、其の價も亦甚だ低廉である。加ふるに山林に於いては風景も佳く、自然の聲色を味ひ得る所が頗る多く、……此處に都市の敷地を需むることは經濟的でもあり、衛生的

＊72――大屋霊城「進め過群より花園へ(三)」『建築と社会』第六巻第三号、一九二三年、六四頁

＊73――大屋霊城「集中と分散」『大大阪』第二巻第一号、一九二五年

＊74――石川栄耀「私の都市計画史」『新都市』第六巻第五号、一九五二年。ここでの引用は『余談亭らくがき』一九五六年、一四〇～一四一頁による。

＊75――黒谷了太郎「台湾のサナトーリアムとしての山岳都市の計画」『区画整理』土地区画整理研究会、第三巻第四号、一九三七年、一二頁

＊76――黒谷了太郎「山林都市（一名林間都市）(一)～(六)」『都市創作』第二巻第二～五号、一九二六年

でもあり、文化と天然とを楽しむ上に於いても最も得策」であるとして、「山林都市」の建設を訴えるのである。

黒谷は、分配された工業と農業の組み合わせという田園都市の考えを正しく理解した上で、その敷地を平地ではなく山林に求める。従って、工業都市を囲むのは農業地帯ではなく山林地帯となり、農業に代わって林業が工業と結合される。具体的には、水力を利用して「林産物を原料とする工業は勿論、生糸や絹織物や時計や細貨物等の製造業を起」こし、「更に之を電力に變形すれば、電燈も點けられ、電車も廻され、ケーブルカーも動かされ、谷間谷間に電力の分配も出來」ると言う。

他方、「ランヅケープ　アーキテクトの手を借りてロマンティシズムに従つて、うまく街路や家屋を配置」するという都市計画は、アンウィンの『都市計画の理論と実践』の影響を強く受けている。住宅に関しては、「地形に應じ合理的の宅地割をなし、其處に宅地に相當する住宅を設けしめねばならぬ」。街路に関しては、平地部では「文芸復興式」、平地以外では「築庭的」でありしかも「不整形的で自然的」とせねばならない。具体的には、「其の系統は大体高低に従ひ楓葉の葉脈状に計畫せられなければなるまいが、可成直線を避けて曲線に依り、天然の風致を維持すると同時に繪畫的な曲線街路の價値を發揮せしめなければならぬ。而して傾斜の緩なる場合の外は直角交叉は宜しくない。水の流れの落合ふ場合の自然的な有様に鑑みて、街路の角度をも自然的に定むべきである」。

黒谷は「山林都市」の候補地として、東京周辺では横浜―八王子間、大山―青梅間、青梅―鴻巣間の丘陵地方を、大阪周辺では武庫川・池田川上流域、泉南海岸地方、紀伊川流域を挙げている。実際には、黒谷が「山林都市」を発表して間もなく、名古屋の八事耕地整理組合からその構想を八事山で実現できないかという相談があり、黒谷が都市計画愛知地方委員会に引っ張ってきた造園技師・狩野力の設計により、「山林都市」の都市部を除いたものが八事で実現された。そこでの区画整理は概ねアンウィン―黒谷の設計法に則ってはいたが、結局は六麓荘と同様の「山林郊外」でしかなく、黒谷自身は「其の外形は私の所謂山林都市に似ていても其の精神は甚だ遠いもの」[*77]と述懐した。

*77――黒谷了太郎「台湾のサナトーリアムとしての山岳都市の計画」前掲、一二頁

9．まとめ

工業の工場制機械生産は、多数の労働者を一定の時間と場所に拘束するものであり、それゆえ労働―余暇はまず時間的に分離されることになる。人の様々な営みは限定された労働時間を中心として分節され、居住という営みは労働とは切り離され、余暇としてのみ取り扱われる。余暇の場としての住宅は、労働の場としての工場やオフィスと近接している必要はなく、土地の私有制とそれに対する投機、鉄道という安価な高速大量輸送機関の発達に伴い、両者は空間的にも分離されることになる。資本主義にあっては、農―工分離と職―住分離は相補的な関係にあり、技術の進歩がそれを無限定に助長することになる。

これに対するアンチテーゼがハワードの田園都市であって、土地の共有制に基づき農―工の結合、職―住の近接を図り、地域均衡を求めるものであった。ハワードの炯眼は、田園都市の前提として土地の共有が必須であるとした点であり、日本で田園都市が受け入れられた際、それが切り捨てられた。内務省では、田園都市は農業―工業労働者の教化による地方改良の一環として取り扱われ、住宅は持家が推奨された。「けだし『自己の所有する家屋に居住す』との観念は、人をして自尊の念、独立の心を養成せしむるに与かりて力あるものなればなり」[*78]。また同省では「都市研究会」（一九一七年）において都市―住宅一元化論が審議され、「社会事業調査会」（一九二一年）による住宅組合法と住宅会社

*78――内務省地方局有志、前掲書、一〇三～一〇四頁

法の答申へと至るが、後者は国会に提案されず放置され、結局、土地・建物の公有・公営は、同潤会(一九二四年)—住宅営団(一九四一年)で、一団地住宅経営という方式で実現されるにとどまった。関は、資本主義寡占化追認の立場から「分散主義」を採り、「田園都市流の都市計画」を評価するが、田園都市そのものは「オーエン主義の生んだ子供」[*79]として実現不可能と見る。大屋は「賃貸長屋に棲むと云ふ事は人間を生き乍らにして牢獄につなぐと等しい事である」として「賃貸長屋より自分の家へ!」[*80]と訴え、さらに「ガーデン、シチー」の経営が苦しい現状にあって、「ガーデン、サバーブ」は「工場の存在を必要とせず、大都市の附近にその一部として無限の發展を許し、建設物の數を制限して自然に近づくを計る等總て現代の思潮に最もよく合致せる」[*81]と言う。黒谷の「山林都市」では「其の土地は必ず市民の共有か将た信託会社の所有」[*82]であり、「徳政主義」「協働主義」に立脚しているが、この精神が、土地区画整理という地主による所有地再編に生かされるべくもなかったのは、当然であろう。

土地の私有制下で土地が商品として流通・売買されるようになり、しかも産業構造の変化に伴って土地の商品価値が変化したことは特筆すべきであろう。労働者の身体から見れば、労働つまり工場での「機械」とのインターフェイスにより身体が消費されるのに対して、余暇つまり「自然」とのインターフェイスにより身体が再生産される。労働における商品の生産性を向上させるためには、余暇における身体の再生産性を上げなくてはならない。そこで「自然」のうち衛生(見えない「自然」)と風景(見える「自然」)が身体再生産に最も有用なるものとして重要視されるようになる。衛生については、身体の消費たる結核(consumption)が標的となり、[*83]明治期には内務省衛生局(一八七五年)や大日本私立衛生会(一八八三年)を中心にして結核予防が唱導され、一八八〇年代末に鉄道網が拡張するに及んで海浜での転地療法が盛んとなる。大正期には、結核を貧困による社会病とする立場から日本結核予防協会

*79——関一「近世都市の發展と都市計畫」前掲、一五頁

*80——大屋霊城「進め過群より花園へ(四)」『建築と社会』第六巻第四号、一九二三年、四二～四三頁

*81——大屋霊城「進め過群より花園へ(五)」『建築と社会』第六巻第五号、一九二三年、六九頁

*82——黒谷了太郎「山林都市(一名林間都市)(二)」『都市創作』第二巻第三号、一九二六年、一〇頁

*83——福田眞人『結核の文化史』名古屋大学出版会、一九九五年参照。

（一九一三年）による肺結核療養所設立が進められ、山岳に富士見高原療養所（一九二六年）などのサナトリウムが建設される。昭和期には、健康保険法施行（一九二七年）、保健所法制定（一九三七年）、厚生省設置（一九三八年）など身体の国家統制が進められると共に、「国民体位向上」のため、それまでの日光浴などの受動的な健康から、体操・スポーツなどの能動的な健康が求められるようになる。[*84] 風景についても、志賀重昂『日本風景論』（一八九四年）[*85] による単体の地理学的知覚から、田村剛『国立公園講話』（一九四八年）[*86] による群のパノラマ的知覚へと変化する。このような動きの中で、身体再生産のためには、乾燥した土地にあって、新鮮な水と空気、十分な日照を身体が補給し、豊かな緑を愛でることで精神の安寧を得ることが肝要とされ、住宅の適地として高燥地が選ばれることになる。

内務省地方局有志著『田園都市』では、「地をトすることまた山野樹林の勝景に富める郊外の区寰をもってし、四周の光景と風土をして、すべて彼らの健康と衛生とに適せしめんと勉め」[*87] ることを田園都市の精髄として挙げる一方、関はレッチワースにおいて「市ノ内外ノ空地ハ新鮮ナル空氣ヲ供給シ體育娯樂ノ場所トナリ市民ノ衛生状態ニ著シキ效果ヲ奏シ其死亡率殊ニ小児死亡率ハ驚クヘキ減少ヲ示シタリ」[*88] と紹介している。大屋は「若し家の到るところが明るいとすれば不潔物の貯へられる場所がなくなる。室内に直射光線を取り入れる爲には家はどうしても、いくらかの庭や空地で取り圍まれなくてはならぬ。我國では昔から庭は一種の贅澤物扱ひに成つて居つたが、これも日本人が衛生思想に欠けて居た結果である。庭に緑樹や緑草が育てられて居るのは見るだに氣持よきもので、何よりの精神刷新劑であるが、其の上庭の木々は空氣の清浄作用に大いなる関係を有つ」[*89] と言うが、これは、ル・コルビュジエ―CIAMの都市計画の標語「太陽、空間、緑」に相当していると見てよかろう。黒谷もまた、日本人は「支那人の様に日光や空地に就いて無頓着であるのみならず、暗い家でなければ金が儲からぬと云つて、態々家屋を不衛生となし」てきたのだが、「若し出來るなら、相當の庭園

*84――坂上康博『権力装置としてのスポーツ』講談社選書メチエ、一九九八年参照。

*85――志賀重昂『日本風景論』一八九四年。ここでは志賀重昂『日本風景論』（上）（下）講談社学術文庫、一九七六年版を用いた。

*86――田村剛『国立公園講話』明治書院、一九四八年

*87――内務省地方局有志、前掲書、三九頁

*88――関一「花園都市ト都市計畫」前掲、二八頁

*89――大屋霊城「進め過群より花園へ（一）」『建築と社会』第六巻第一号、一九二三年、二九頁

も持ち度い。餘裕だにあらば山水の眺も得度いと思ふ心は、何人にも潜んで居ると私は信ずるのである」[*90]と述べ、日本人の本性への回帰を説く。

衛生と風景という基準により高燥地を住宅地とすることと、土質の豊度、水利などの基準により低湿地に水田を営むこととは、相反する。実際、大正期の住宅地は、農地が高価であったこともあり、農地を避けて開発された。田園都市株式会社を興した渋沢栄一でさえ、「田園都市と言うのは、簡単に申せば自然を多分に取り入れた都会の事であつて、農村と都会とを折衷したやうな田園趣味の豊かな町をいふのである」[*91]と述べたことからも、本来の田園都市ではなく、周囲に十分な農地を残した田園郊外を意図していたことがわかる。しかもその外見の「図」としてのまとまりは、農地という「地」を前提にしてかろうじて保たれていたに過ぎない。そこでは、ハワードの提唱した土地の共有、アンウィンの腐心した道路・広場等共有空間のデザインが正しく理解され、導入されたとは言えない。社会制度上でも、都市計画上でも共有のまとまりがない以上、核家族は私有の囲い地に閉じこもらざるを得ず、地縁コミュニティの形成は困難となろう。そして昭和期の農業恐慌下で、耕地整理、土地区画整理によって農地が住宅地に転用されるや、住宅地全体の当初のまとまりさえも失われてしまう。しかしながら、実際に「シマ」としての戦前の郊外住宅地が都市化の大波に洗われるのは、戦後の農地改革（一九四六年）後のことである。

*90――黒谷了太郎「山林都市（一名林間都市）(二)」、前掲、三頁

*91――澁澤栄一述『澁澤栄一自叙傳』澁澤翁頌徳會　一九三七年、九五二頁

1 北海道

桑園博士町、医学部文化村
旭川
生田原
砂川
上砂川
美唄
江別
小樽
札幌
夕張
帯広
清水
釧路
苫小牧
室蘭
函館
みどり町通り、平和村、文化村

明治に入って本格的な開拓が始まった北海道だが、第一次世界大戦終了後の大正九年人口統計によると、函館、小樽、札幌の三区がすでに人口一〇万人を抱える中堅都市となっていた。

北海道における初期の郊外住宅地事例は、富裕階級の郊外移住によるものがほとんどである。小樽市富岡町、室蘭市西小路町は明治三〇年代後半より有力企業の幹部住宅が軒を連ねた地区として知られている。いずれも日照と眺望に恵まれた丘陵地であり、高い塀と豊かな植栽に囲まれた住宅群が特色ある景観を呈し、現在も自然環境に恵まれた住宅地のイメージが定着している。

明治四〇年代に入ると、国内重工業の進展により、各企業は室蘭などの港湾都市や夕張などの産炭地に莫大な資金を投入し、工場を核にした新しい都市づくりを行なった。工場の立地は既存市街地や集落から離れるため、社宅街は必然的に職住近接形態をとり、産業と結びついた郊外的性格を帯びる住宅地へと進展した。特に職員居住区は高燥な地区や工場や駅に近い場所など、立地的に有利な場所に形成された。代表的な事例として北海道炭礦汽船が開発主体となった夕張鹿ノ谷地区や、室蘭の日本製鋼所の茶津地区などをあげることができる。

一方、都市部における郊外住宅地開発の様子はどうであったのか。各都市ごとに見ていくことにしたい。

札幌では大正一〇年を過ぎた頃から、西側に隣接する円山村（昭和一六年に札幌市に合併）で宅地開発が始まった。その嚆矢といえるのが、大正一一年設立の札幌温泉土地㈱による円山南山麓の温泉経営と宅地分譲である。分譲は一区画一〇〇～二〇〇坪で二期に分けて計画され、大正一二年より売却を始めた。大正一三年までに温泉浴場と娯楽施設を完成し、昭和三年春には札幌温泉電気軌道会社が分譲地と温泉浴場までの電車路線を敷設した。しかし昭和五年秋に変電所が焼失したため、電車が廃止され、温泉経営、宅地分譲ともに頓挫した。

時を同じく、大正一一年に、円山村中心部では円山地区の地主全員が「円山地主会」を結成し、在来の土地所有境界にとらわれない札幌市の碁盤目状街区格子に則った道路網整備と土地区画事業を計画した。同会は大正一四年に「円山振興会」と改組、宣伝ビラやポスターを作成し、住宅誘致を行なった。円山村の北西の外れでは宇野秀次郎（後に衆議院議員）による「円山分譲地」開発があった。一区画平均約一二〇坪、道路に沿って整然と並んだ五〇区画から構成されている。円山地区ではこの他に、耕北合資会社札幌出張所、長谷川土地、円山宅地分譲事務所などの宅地分譲会社があった。

昭和以降は札幌市街南側の山鼻地区でも宅地分譲が盛んになる。一例として、札幌市の所有地を分譲した「伏見花園街」をとりあげよう。生花店「大正園」が、造園サービス付き宅地分譲計画の広告を作成し、代理分譲したものである。幅三〇間、全長五町余、総面積一万坪の線形住宅街で、四二区画が昭和四年から分譲された。一区画一三〇坪の宅地が大半で、昭和七年までに売却が完了し、戦前期までに一五棟の住宅が建築された。

また、札幌の郊外住宅地形成に少なからず影響を与えたと考えられるものに住宅組合がある。大正一〇年制定の住宅組合法に則ったもので、全六四組合が設立、五八八戸が建設されている。同法では、敷地の選定が自由であったため、まとまった街区を形成することは稀であったが、いくつかの組合は世間の耳目を集める住宅街を形成した。特に昭和六年以降は、宅地分譲会社小林商会から分譲地を購入する組合員が大半で、結果として複数の組合からなる組合住宅街ができあがった。

北垣国道と榎本武揚の所有地であった小樽市富岡では、明治二五年に同地の管理人であった寺田省帰が合資会社北辰社を結成、ここの開発事業に着手し、明治末までに小樽在住の豪商達の大邸宅地となった。続いて大正初期には日本銀行、北海道炭礦汽船などの社宅が数多く建設され、大正六年に市街地から富岡へ通じる陸橋が布設されると、集中的に中規模の住宅が建つようになった。

函館では大正二年の電車「湯ノ川線」の開通以降、五稜郭南側の函館東部旧開發地区が郊外住宅地としての発展をみせた。ここでは大正四年から「みどり町通り」、同九年から「平和村」、同一〇年頃から「文化村」と呼ばれた三カ所の住宅街が開発された。これらは知識階級やインテリなどの住む、いわゆる「文化住宅」が軒を連ねた郊外住宅地として知られていた。東部地区ではこの他に「お役所町」、「東進町」、「桜ヶ丘通り」、「桜ヶ丘」などの愛称で呼ばれた住宅地がある。

「みどり町通り」と「桜ヶ丘」は、函館の実業家三代目渡邊熊四郎が一種ユートピア思想をもって開発した住宅地、「平和村」は地元の青果物問屋勝木照松による土地分譲および貸地貸家経営である。また「文化村」をはじめとする東部地区の住宅街のほとんどは、住宅組合による住宅建設をきっかけとして形成された。

又北海道における住宅組合による住宅地形成の最大規模の事例として昭和六年設立の室蘭住宅組合による「小橋内文化住宅」を紹介しよう。日本製鋼所の役職、衆議院議員を歴任した岡本幹輔の尽力で元海軍省用地の払下げを受け、室蘭在住の会社役員、代議士や教師など当時の中流階級を中心に組合を設立し、昭和八年末までに住宅三五棟、クラブハウス兼事務所一棟を完成した。一区画が平均二〇〇坪、上下水道が完備され、道路敷設、河川改修も同時に行なわれた。また、二カ所に公園が設けられた。一方の公園にはクラブハウスの他、テニスコート一面、鉄棒、ブランコ、滑り台などの遊具が備えられた。当時の新聞には「全体が一つの公園であり、一つの区画が小庭園となるように構成された本道初の試み」とそのユニークさが紹介されている。（池上重康）

図1　札幌市北海道帝国大学周辺図（昭和7年『札幌市統計一班』より一部転載）（左頁左下）

1

北海道帝国大学大学村／札幌

「桑園博士町」と「医学部文化村」に見る文化生活の実践

池上重康

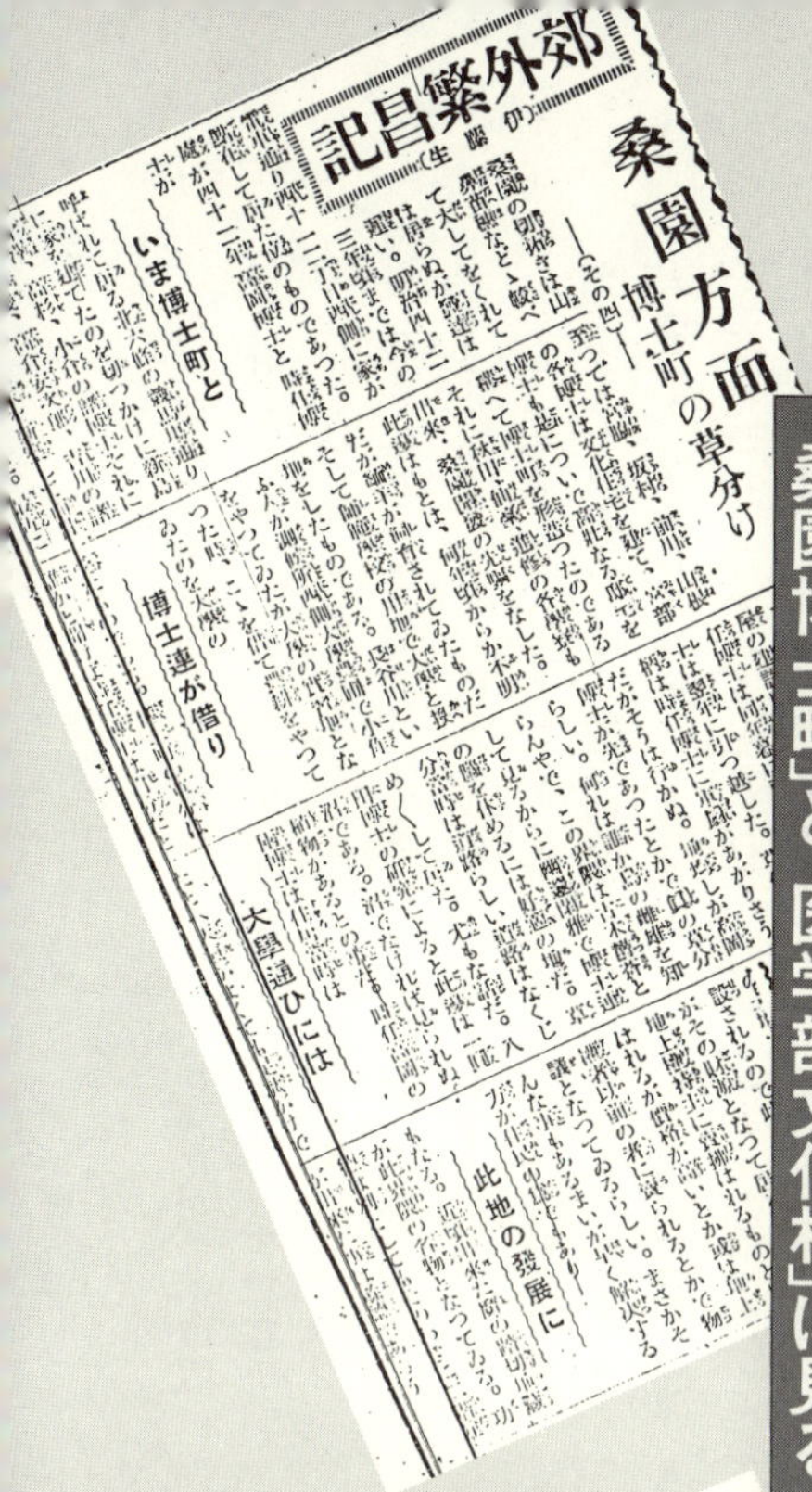

郊外繁昌記

桑園方面 博士町の草分け

いま博士町と

博士達が借り

大學通ひには

此地の發展に

雪國に相應しい新しい建築

有島武郎氏が建て、森本博士が引受る

此家に

近代化

上と下

一つは

主婦室

人口一八〇万人を超える大都市に成長した札幌だが、北海道の首府として無人の原野に開拓の鋤が入ったのは、わずか一三〇年ほど前の明治二年のこと。明治・大正期の札幌は、政治的中心地とはいえ、経済的には商業で栄えた函館、小樽の後塵を拝する街であった。札幌駅以南の市街地はそれなりに発展していたが、駅裏にあたる北に位置する北海道大学――当時は札幌農学校――の周辺には、寮生のストームに「荒れ野に建てたる大校舎～」と歌われるように人家もまばらで、鉄道駅至近とはいえ、当時はまだ郊外としての性格を備えていたといえる。

ところで北大の前身である札幌農学校は、時計台（旧札幌農学校演武場、重要文化財）のある北一条西二丁目に明治九年に創立した。しかし二〇年ほどの間に周辺市街が成熟し、さらに敷地が狭いなどの理由からキャンパスの移転が画策された。明治三二年から三六年にかけて、現在地である北八条キャンパスに移転し、新校舎が建設されていった。また、教官や事務官用の官舎は、校舎工事の終了後、明治四〇年までに、新築ではなく移築された。[*1] この時点で学校所有の官舎はわずか一四棟二八戸。当然これだけで教官達の住宅需要を充足できるはずがなく、公共交通がまだ未整備であった時勢、キャンパスのそばに自宅を構える必要にかられることになる。貸家に住まう者や個人で土地住宅を取得する者がいる一方で、学校の提供する土地に持家を構える者もいた。こうして自然発生的に教官達が集まって住むコロニーが何カ所か形成され、そのうちのいくつかは一般市民から憧憬をもって「大学村」と呼ばれるようになった。

ここではその代表格といえる、農学部教授を主体とする「桑園博士町」[*2]、そして大正七年に北海道帝国大学昇格にあたって新設された医学部の教授達による「医学部文化村」[*3]の二カ所をとりあげたい（図❶）。これらコロニーは大学からの土地提供があったとはいえ、宅地開発全体に対する計画はなく、本書で扱われている他の事例とは性格を異にする。しかし、彼らの留学経験をもとにした洋風の住宅や生活は、大正・昭和初期の文化生活の一事例といえるし、コロニー内で長年にわたり培ったコミュニティもあわせて特筆されるべきものである。

文化生活とコミュニティ、本章ではこの二つの言葉を頼りに、北大教授達による二カ所の「大学村」を見ていくことにしたい。ここで、彼らの生活思想の根底を担ったともいうべきキーパーソンを紹介しよう。大正末に文化生活運動を展開した森本厚吉（図❷）である。

森本厚吉の文化生活運動

森本厚吉（一八七七～一九五〇）と彼が展開した文化生活運動は、橋口信助の「住宅改良会」や文部省主導による生活改善同盟会に比べ、建築界においては今ひとつ認知されていないように思われる。そこでまず、森本の簡単な経歴と、文化生活運動の内容についてふれておきたい。

明治一〇年、京都府舞鶴に生まれた森本は、新渡戸稲造を慕い明治二七年に来札、翌年札幌農学校予科に編入、同三〇年本科へ入学した。在学中は同期生である有島武郎と親交を深めた。[*4]明治三四年卒業と同時に東北学院へ赴任、二年間の奉職の後、三六年から三九年まで渡米、ジョンスホプキンス大学大学院で経済学と政治学を専攻した。帰朝後すぐに札幌農学校講師として英語の教鞭をとり、さらに四一年には東北帝国大学農科大学（札幌農学校より昇格、北海道帝大の前身）助教授となり、大正四年から七年までの再度の米国留学を経て、大正七年八月に北海道帝大教授に就任した。

彼は文化生活に関する最初の著書"The Standard of Living in Japan"[*5]（一九一八）の中で、住宅の改良について、「和洋両式の長所を採用し短所を排除した和洋折衷様式が理想的な住宅の創造に向かうものである」（原文は英語）と語っている。また、和室と洋室を工夫なく隣合わせに建てる住宅は和洋混合式といって、あらゆる面において二重の消費になるので、彼の専門である消費経済学的見地からも好ましいものではないと述べている。そして日本の住宅の改良点として以下の五点をあげている。

図２　森本厚吉肖像（昭和７年当時）

・集合居住の推奨
・天井と屋根、床と地面の間の有効利用
・建築法の改良
・畳の排除
・間取りの改良

それぞれの項目について、かいつまんで説明しよう。「集合住宅の推奨」では寒冷地における集中暖房の必要性や、ユーティリティの共同利用を奨めている。「天井と屋根、床と地面の間の有効利用」は地下室や屋根裏の活用を述べ、「建築法の改良」では堅牢でかつ不燃性の建材を用いることを強調し、「畳の排除」では畳は不衛生でかつ不経済なので、板張りの床を採用することを主張している。最後に「間取りの改良」では客間や玄関を飾らずに、居間や台所中心の実用性と便役性を考えた間取りにするべきとしている。生活改善同盟会の「住宅改善の方針」と重複する部分があるように思われるが、森本はこれを大正六年に留学先のアメリカで著していたことを強調しておきたい。

文化生活と北海道

森本は二度目の米国留学から帰朝して間もなく、大正九年に吉野作造、有島武郎と共に「文化生活研究会」を組織し[*6]、同年五月から翌一〇年五月にかけて大学教育普及事業として通信教育講義録『文化生活研究』を出版した。執筆者には、森本、吉野、有島はもちろん、与謝野晶子、有島生馬、佐野利器などの著名人に加え、森本の妻静子（せいこ）、森本と同期の当時北海道帝大農学部教授であった半澤洵（じゅん）や、星野勇三などを挙げることができる。当時の札幌は、ひとつの文化発信地としての役割を担っていたと言えるだろう。

さらに大正一〇年六月からは月刊雑誌『文化生活』を公刊し、広く一般大衆への文化生活の普及を目指した。これには農学部教授に加え、新設まもない医学部の教授達もさかんにエッセイを投稿していた。大正一四年七月号巻末には興味深い統計が掲載されている。同年六月現在の同誌愛読者の道府県別分布率で、東京都内の五割は別格として、朝鮮八・四％、北海道四・九％と続く。京都で一・四％、大阪でも二％しかいないので、北海道民の読者の多さを指摘できる。多くの道民がこの運動に関心を持ち、参加していたようだ[*7]。

桑園博士町

北大キャンパスから鉄道線路を越えて南西へ五〇〇メートルほど、北六条西十二丁目の界隈は、いつの頃からか桑園の「博士町」と呼ばれていた。管見であるが、最も古い記述として昭和二年九月の『北海タイムス』記事に、その文字を見ることができる。

> 処が（明治）四十二年高岡博士と時任博士がいま博士町と呼ばれて居る北六条の競馬場通りに家を建てたのを切つかけに新島、半澤、高杉、小倉の諸博士それに伊藤廣幾、高倉安次郎、吉川の諸氏が相次いで家を新築して面目を一新するやうになつた。最近に至つては宮脇、坂村、前川、山根の各博士は文化住宅を建て、宮部博士も是について高壮なる邸宅を構へて博士町を形造つたのである[*8]。（括弧内註記および傍線引用者）

農学部の博士達を中心に形成されている住宅地なので「博士町」と呼ばれていること、そして最近建てられた家は文化住宅の外観を呈していることなどが書かれている。また、博士町の居住者を正確に伝えるものに、実際にここに住んでいた半澤洵による次の文章がある。

> この大学村（博士町）というのは、札幌市北六条西十二丁目と十三丁目の一角、オンコの生籬をめぐらした大学教授を中心にする古めかしい文化住宅の一群である。こゝに現在住んでいるのは、高岡、時任、星野、半澤各北大農学

部名誉教授、高桑（工学部）、高倉（農学部）教授などであるが、過去には今は亡き宮部博士を始め、小倉、新島（農学部）、香宗我部（こうそかべ）（医学部）、井伊谷（いいのや）、久次米（くじめ）（工学部）、長尾（理学部）、和田（水産専門部）、高杉（予科）、伊藤廣幾（代議士）の諸氏なども住み、また現在の九大名誉教授田中義麿氏（農学部）や帯広畜大の宮脇富学長もこゝに住んでいた。なお大学に関係ない人でこゝに住んだ人々には奥村（医博）、善波（文学士）氏などがある。[*9]（ルビ引用者）

このコラムのタイトルが「大学村」であること、最初の記述に「大学村（博士町）」とあることから、居住者の間では「大学村」が通称で、世間一般には「博士町」と呼ばれていたと推察される。もっとも、自ら「博士町」と呼ぶことに対する照れがあったのかもしれない。

ところで、桑園のこの土地は開拓当初は緬羊の飼育場で、その後、師範学校用地となり、明治末には大学農場の一部に属していた。少し湿地めいた牧草地だったという。明治四二年に宅地に地目変更され、同年一二月、薔薇の品種改良で知られる農学部教授時任一彦が最初に転居してきた。新居の建設にあたり、大学の実験室にトランシットを据えて工事の監督を行なった逸話がのこっている。続いて明治末までに、後に北大第三代総長になる高岡熊雄、林学博士の新島善直、和田健三、医学博士の奥村某、田中義麿、森本厚吉と同期の納豆博士として知られた半澤洵が転居し、村としての様相を呈しはじめた。

その後も獣医学博士の小倉鉀（こう）太郎、森本や有島武郎とともに予科で英語の教鞭をとっていた高杉栄次郎、森本と同期で『文化生活研究』では「家庭園芸論」を執筆した星野勇三、内村鑑三や新渡戸稲造とともに札幌農学校三巨人として知られた宮部金吾など錚々たるメンバーが次々と博士町へ居を移してきた。

『村会日誌』にみる博士町の様子

博士町では村会という居住者が寄り合う特殊な会があった。大正元年一二月に第一回の会合を開いて以来、月一回のペースで開催された。そんな村会の様子を第一回から記録した『村会日誌』（図❸）があり、そこには、その日の議題や開催時刻、参会者、入退会などが記録されている。これによると、村会は北大教授を中心に常時一〇人程度で構成され、戦前期までに延べ二〇人がここに居を構えたことがわかる（表❶）。大正一〇年一一月の第百回には夫人も参加して会を祝い、以降百回毎の節目には夫人同伴で盛大に祝賀会を催した。昭和三年九月に二百回、昭和一八年一一月に三百回、昭和二八年九月に四百回と回を重ねていった。

村会日誌のページを繰りながら、その歴史を繙いてみたい。第一回の会合は大正元年一二月、博士町の草分け的存在である時任宅で、高岡、新島、時任、和田、奥村、田中、半澤（本人出張中のため厳父出席）の七氏が集まり、会則めいた申し合わせ

氏名	生年出身地	学歴	職業
時任　一彦	M4鹿児島	M30札幌農学校	農・農芸物理学
高岡　熊雄	M4島根	M28札幌農学校	農・農政学
新島　善直	M4東京	M29札幌農学校	農・林学
和田　健三	万延元長野	M20札幌農学校	農・水産学
奥村某	不明	不明	医学博士
伊藤　廣幾	不明	不明	代議士
田中　義麿	M17長野	M42東北帝大農科大	農・動物学
半澤　洵	M12北海道	M34札幌農学校	農・応用細菌学
善波　功	M9福島	M36東京帝大・文	庁立札幌第二中学校長
小倉　鉀太郎	慶応元岐阜	M28東京帝大・農	農・獣医学
大岡　叢	M14和歌山	M41東京帝大・法	大学事務官
高杉　栄次郎	慶応3青森	M26ボストン大Ph.D	予科・英語
星野　勇三	M8山形	M34札幌農学校	農・園芸学
宮脇　富	M16島根	M35札幌農学校	農・畜産学
香宗我部　寿	M15滋賀	M41京都帝大福岡医科大	医・耳鼻咽喉科
井伊谷　春平	M14静岡	M40東京帝大・工	工・機械工学
宮部　金吾	万延元江戸	M14札幌農学校	農・植物学
久治米　三夫	M26徳島	T10東京帝大・工	工・機械工学
長尾　巧	M24福岡	T10東北帝大・理	理・地質学
高桑　健	M30石川	T11東京帝大・工	工・鉱山工学
高倉　新一郎	M35滋賀	T15北海道帝大・農	農・農業経済学

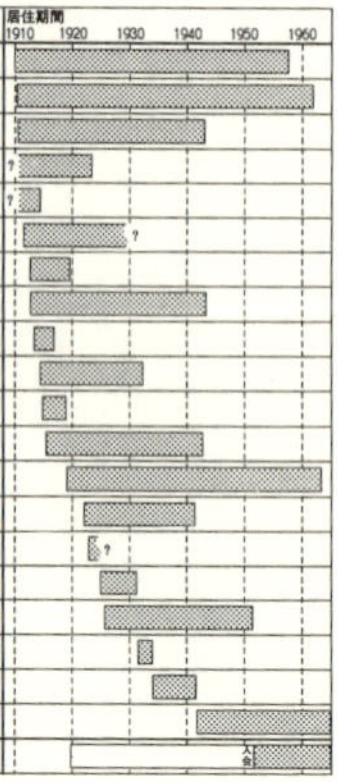

表1　桑園博士町居住者一覧

図3　『村会日誌』表紙（星野家所蔵）

を取り決めた。

・集会費は当番負担で一回五〇銭を出ざること
・会日は毎月第三又は第四土曜日とすること
・会場は居住の順によって各自もちまわること

主に親善を目的としたこの会では、肩の荷をおろして心おきなくよもやま話をすることが中心となっていた。

親睦以外に、会としての申し合わせ事項も審議された。例えば、大正二年三月に街灯の設置が懸案になり、同四年八月に設置を決定したり、大正五年頃には沢庵や醤油の共同購入が議題に上がったりしている。また大正五年七月以降、宅地問題がしばしば議題に取り上げられる。同年一一月に大学へ賃貸土地払下げを請願したが、翌六年に札幌区へ譲与予定になったことを知り、村会敷地をこれから除外もしくは払い下げて欲しい旨陳情している。大正一〇年に物価上昇にともなう借地代の更正を大学村だけ特別扱いするよう総長へ談判したこともあった。先の『北海タイムス』記事にも以下のように書かれている。

博士町から植物園西北四条にかけ一円は大学の土地である。理学部が北大に新設されるので此土地を売却し代金がその財源となつて居る。明年は地上権持主に売払はれるものと思はれるが価格が高いとか或は地上権者以前の者に売られるとかで物議となつてゐるらしい。まさかそんな事もあるまいが早く解決する方が住民の為でもあり此地の発展にもなる。

その後も宅地問題は解決を見ずにいたが、昭和二七年秋にようやく払い下げが実施された。

生活文化的な側面もたまに議題に上がった。大正一〇年一〇月には屋根を亜鉛葺きに変更する件が話題となる。それまで、柾など非耐火材が屋根葺材であったことが想像できる。昭和七年頃より行事のひとつにラジオ放送を楽しむことが加わる。その他特筆すべきことに、昭和一二年四月の「近年の新案に係るストーブを据付ける研究」があげられる。冬の防寒対策の切実さを物語ってくれる。

昭和二五年二月、森本厚吉の逝去が話題にあがる。残念ながら『村会日誌』には森本や文化生活について直接言及している記録はみあたらない。しかし旧友の葬儀をあえて書き留めたことは、博士町住民と森本厚吉との固い絆を感じさせてくれるに足るものであろう。

半澤のコラムの結びに書かれた言葉が、往時の博士町の様子をよく表現している。

> 老学者たちの清談和楽、そして年経りし深き交友と稀に見る師弟の厚き結ばれ、かゝる世に、かゝる微笑しき集いがつゞいていたのである。

博士町の家並みと住宅

北六条西十二丁目の一町角の大半とこれに接する三町の一部が、博士町の範囲であった（図❹）。宅地は二〇〇余坪から最大五四〇坪と、当時の札幌の持家層の標準に比べて圧倒的に広い。大半の敷地は札幌市の碁盤の目に従った矩形になっていて、中小路で分割された半町角の四分の一（四〇五坪）が平均的な敷地面積である。北六条西十三丁目の宅地が不整形なのは、間を小川が流れているため。この川は時任邸と星野邸の庭も横切っていた。

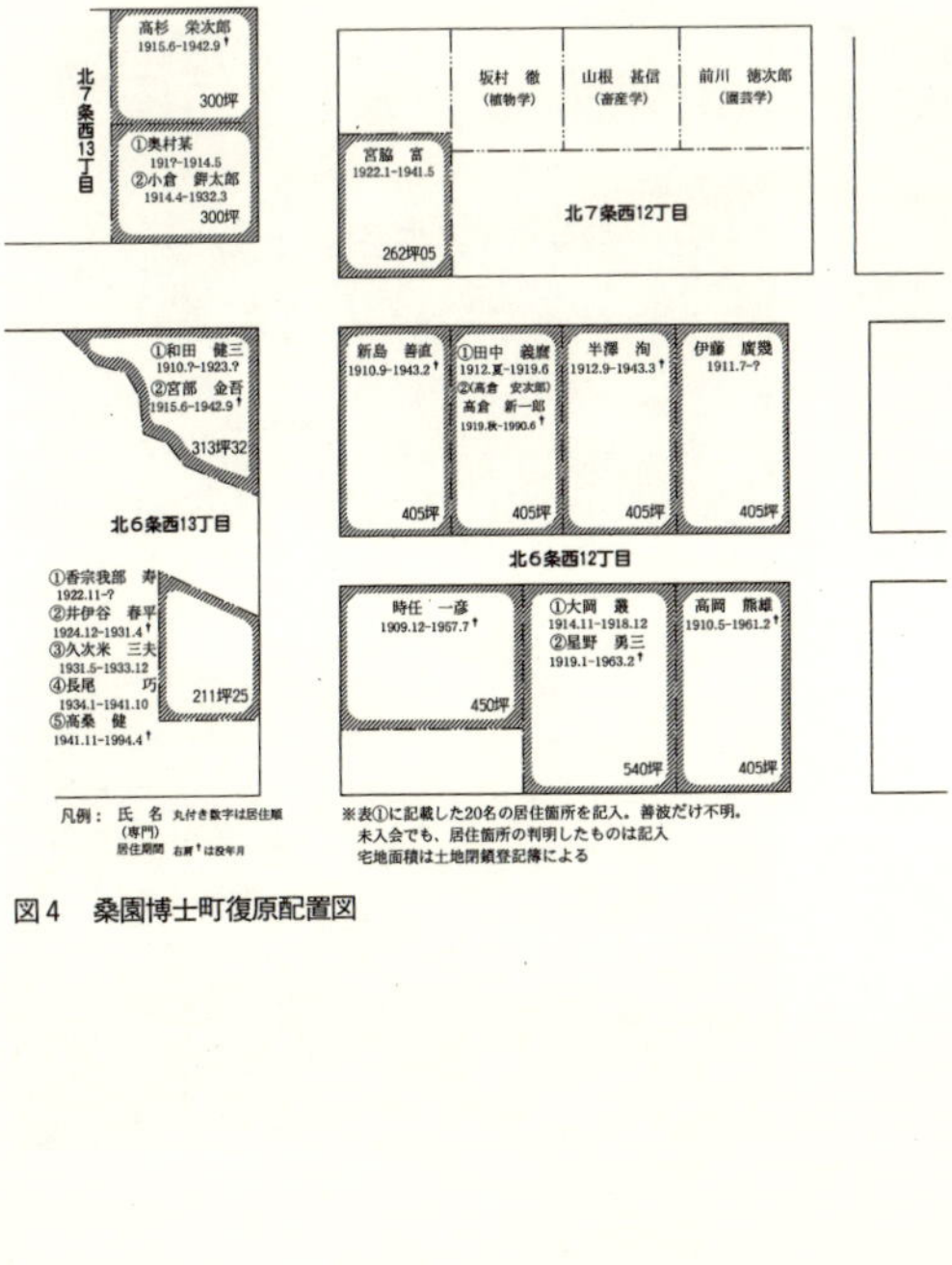

図4　桑園博士町復原配置図

次に、新聞記事などで文化住宅と称された博士町の住宅や家並みについて、代表的なものを紹介していきたい。

博士町に最初に建てられた時任邸は、住宅の詳細を知る手がかりはないけれども、庭には見事な薔薇園があり、季節になると当番宅に届けられ馥郁たる香りを放っていたことが『村会日誌』の記録からわかっている。新島邸も詳細は不明だが、博士町住人によると「ドイツ風の住宅」だったらしい。

高岡邸（図❺）は主屋が明治四三年の竣工で、西側の二階建ては昭和三年に増築された。増築部分には、サンルームや丸形ペチカを備えた書斎や居間など、「文化生活」への指向がみられる。サンルームは熊雄の長女が病弱だったため設けられたもの。ペチカは横島商会製[*10]で、当時の札幌市内の文化住宅に好んで用いられた一種ステータスシンボルであった。

明治末創建の時任邸、高岡邸、半澤邸、星野邸はいずれも同じような雰囲気の外観を持つ家だったという。

宮脇邸（図❻）は大正一〇年建築のコンクリートブロック造で、そのブロックは宮脇がアメリカから輸入した成型機で造ったもの。設備面でも、石炭ボイラーを利用した温水暖房や、水洗トイレなど、当時最新のものが備えられた。ちなみにトイレは洋式便器で木製の便座がついていた。

宮部邸[*11]（図❼）は和田健三が東京に転出した後を譲り受けたもので、その際、新築に近いほどの大改造が加えられたという。敷地が三一三余坪、建物は延六五坪ほど。玄関脇のベイウイン

図7　宮部邸外観（上）と平面図（下）

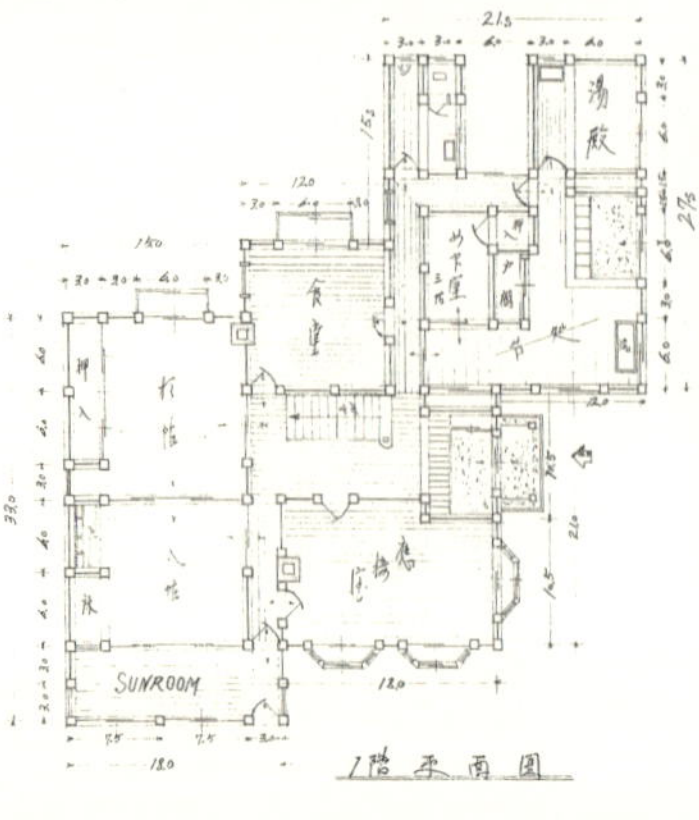

図5　高岡邸外観

図6　宮脇邸外観

ドウを三つ配した応接間やサンルーム、食堂、二階の西洋室などの床にはフローリングが張られている。

星野勇三は、大学事務官であった大岡叢が以前に住んだであろう明治末の洋館を解体し、昭和七年九月に自邸を新築した（図❽）。応接間には外側が上げ下げ窓、内側が「屈折式」――つまり折りたたみ窓――の二重窓になった張り出し窓があり、窓建具には防犯用に鍵がつけられている。また『星野家住宅改築工事請負契約竝示方書』という書類によると、床板は二重貼りで、「普通板張リノ上ニ間隙ナキ様建築紙ヲ張リ詰メ更ニ堅木ヲ以テ上張リ丁寧ニ張リ」とあり、二重窓とともに防寒への配慮が窺われる。応接間には奥行三尺ほどの書棚コーナーとなっているアルコーブもあるが、これは階段下を利用したもので、こういった収納の工夫も見られる。南面には高岡邸と同様、サンルームがある。先の『示方書』によると「光浴室」。園芸学の専門家らしく、庭に対して開放的に造られていて、かつてはここから庭に出られる扉がついていたという。

田中義麿が大正二年から八年まで住んでいた住宅は、戦後すぐに入会した高倉新一郎の父安次郎が大正九年に購入した。入会が遅れたのは、安次郎は大学とは無縁であったこと、また新一郎は戦前期に農学部助教授になっていたが、他の教授に比べて若過ぎるという理由からで[*12]、昭和二六年にようやく入会を許可されている。高倉邸の主屋部分（図❾）は大正一〇年に増築されたもので、田中邸時代からあった部分の一部は高倉邸敷地南側に山本治療院として残っている。新一郎の妻とき子の随筆集『ウイーンの塩』[*13]に「家族構成は夫の両親と従姉で延一二〇坪はあった家……」と昭和初期の回想が書かれ、このころは昔の家も残っていて相当な大きさであったようだ。しかも当初の家は瓦葺きだったというから、より一層重厚な姿だったのであろう。西側の表通りから見ると白亜の洋館、裏側は一階の縁側と二階の広縁のガラス雨戸が連続する和風の外観だが、不思議と違和感はなく和洋折衷のハーモニーを奏でている。

図8　星野邸外観

図9　高倉邸外観

医学部文化村

大正八年、北海道帝大に医学部が設立された。同一〇年から一一年にかけて、初代教授として白羽の矢を立てられた新進気鋭の医学者達が、欧米への留学を終え、北の大地に夢とロマンを求めて続々と札幌へやってきた。彼らは当初借家住まいをしていたが、ひょんなことがきっかけでキャンパスの東隣に「大学村」を創ることになる。

大正一一年一〇月、北十～十一条西三～四丁目にあった札幌一中（当時は札幌尋常中学校、現札幌南高）が南十八条の現在地へ移転して、その跡地が北海道庁から北海道帝大（文部省）に移管された。この頃、北大では帝大昇格後、学部増設に伴う校舎新築のための資金が不足していて、大学の所有地を売却し、それに充てることが画策された。「医学部文化村」敷地は、この事業の一環として医学部教授達に払い下げられたらしい。[*14] はじめは医学部創設時の太黒（おおぐろ）薫、平光（ひらこう）吾一、三輪誠、今裕（こんゆたか）、宮崎彪之助、有馬英二の住宅地として予定されていた。ところが有馬だけは「官舎のようで嫌だ」とここに居を構えることを拒み、代わりに薬剤部部長の酒井隆吉が住むことになった（表❷）。有馬だけが臨床学講座で、残り全員が基礎学講座だったことが外因かもしれない。

医学部文化村と呼ばれた範囲は、医学部基礎学講座の校舎から東へ二町ほど、札幌駅からは北へ五町ほどの、北十一条西三丁目南西隅から北十条西二丁目北西隅にかけての一帯であった（図❿）。各敷地は、碁盤の目の一町角を東西に通る中小路で分割された半町角をさらに半分割し、それを四分割した矩形の土地で、一戸あたり二〇〇坪程度あった。

太黒邸、今邸、宮崎邸の三軒が大正一二年春に竣工し、秋までに平光邸と三輪邸が、暮れも押し迫った一二月一六日に酒井邸が完成した。図⓫は『北海道帝国大学医学部第一期卒業アルバム』（大正一五年三月）に掲載されているもので、西側から撮影した大正末の「医学部文化村」である。人家もまばらな原っぱの中に突然現れた文化住宅群を見て、一般市民はさぞかし驚いたに違いない。ところで「医学部文化村」の名称は、卒業アルバムの写真キャプションに書かれているので、大正時代に医学生の間でこの呼称が定着していたようであるし、大正一五年二月の新聞記事にも[*15]「文化村」の文字を見ることができる。近所の商店の御用聞きなどでもよく使われていたらしい。

続いて大正一三年には工学部教授鷹部屋福平が三輪邸東隣に自邸を建築し、大正一四年末には「文化村」北隣に二棟の傭外国人教師官舎が[*16]建てられた。同じ頃、明治期に建てられた北大の官舎も移築されている。「文化村」住民と外国人教師家族との交流も盛んだったらしい。太黒邸での昭和初期のパーティー風景を写した写真（図⓬）がその一例で、大テーブルに集う洋装の子供達の中に外国人の子供も混じっているのが見える。文化の薫り高い洋風生活を送っていたことが想像される。

北大の官舎群からさらに北のブロックには森本厚吉の自邸があった。これは有島武郎が大正二年に建てた自邸で、[*17]妻安子を亡くした有島が大正一〇年に札幌を離れる際に森本が購入し、

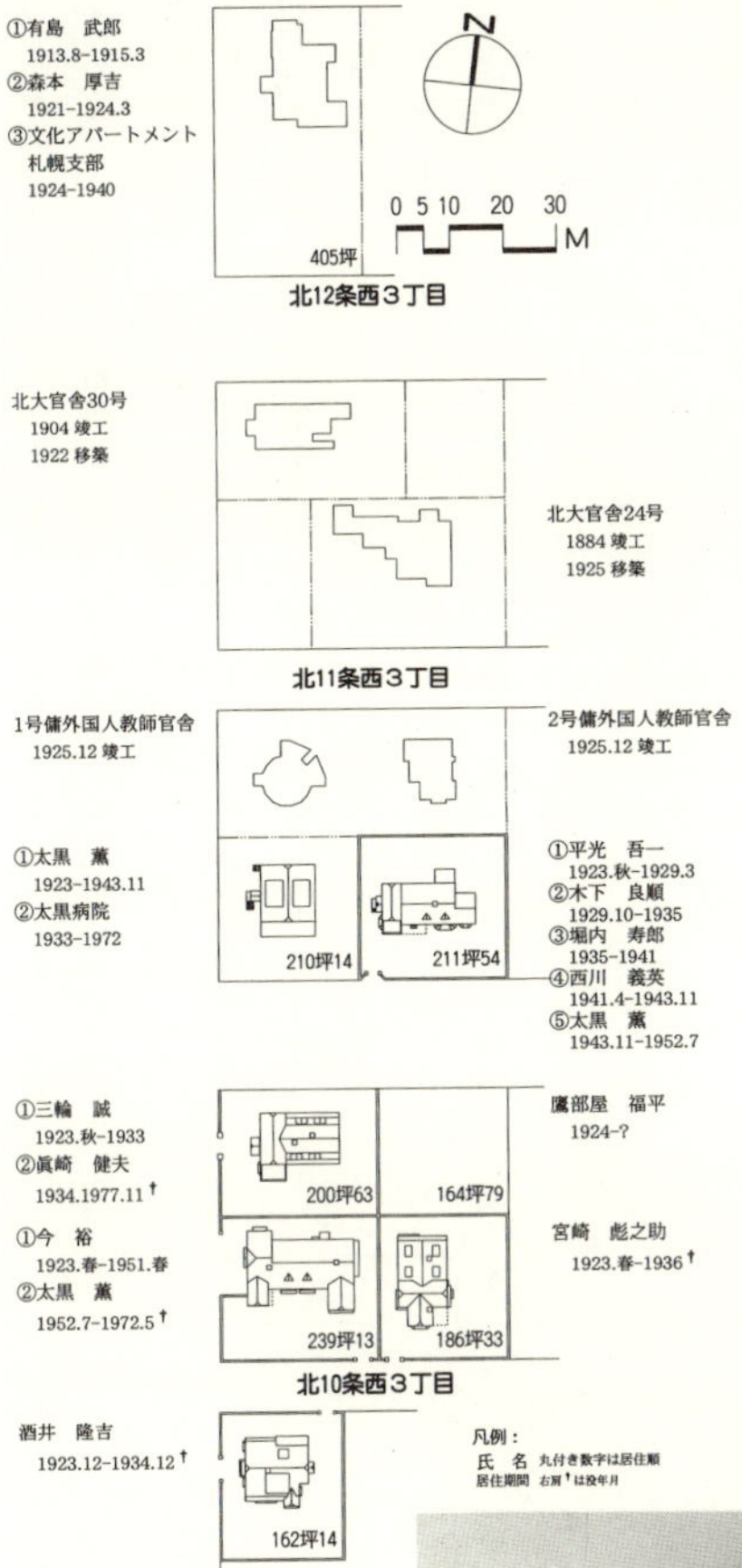

図10　医学部文化村復原配置図

氏　名	生年出身地	学　歴	担当講座	渡道年月日	住宅建築年	構造・階数	延床面積
太黒　薫	M24広島	T6東京帝大・医	生化学第一	T11.4.23	T12初頭	木3階下1	126.5 坪
平光　吾一	M20岐阜	T5東京帝大・医	解剖学第二	T11.6.	T12.10頃	木1一部2	49.25
三輪　誠	M22愛知	T3東京帝大・医	薬理学第一	T11.6.	T12.10頃	木2	67.25
今　裕	M11青森	M33二高・医	病理学第一	T11.2.10	T12初頭	木1一部2	73.5
宮崎　彪之助	M23三重	T4東京帝大・医	生理学第一	T10.5.	T12.3.25上棟	木2	67.17
酒井　隆吉	M22千葉	T4東京帝大・医	薬剤部部長	T10.9.	T12.12竣工	木2	60.5
越智　貞見	M12愛媛	M39東京帝大・医	眼科学	T11.6.	T12.10.17竣工	木2	56.31

表２　医学部文化村居住者一覧

図12　昭和初期の太黒邸パーティー風景

図11　医学部文化村全景（大正末期、『北海道帝国大学医学部第一期卒業アルバム』（1926）より）

その購入資金は「故有島安子記念奨学金」にあてられた。これだけでなく、森本が創立した財団法人文化普及会の基本財産としても活躍し、森本の東京移転後は「文化アパートメント札幌支部」としても活用された。余談になるが、有島武郎の子息森雅之が主演した黒澤明監督映画『白痴』の舞台にもなっている。

森本厚吉と家が近いだけでなく、「医学部文化村」住人六名のうち、太黒、平光、今、宮崎の四名が、雑誌『文化生活』[*18]にコラムを書いているなど、文化生活運動とも深い関わりを持っている。とはいえ、桑園の博士町に比べると「村会」のような寄り合いの会があったわけでもなく、コミュニティは若干希薄であったようだ。

それでは「文化村」の住宅と、そこでの文化生活ぶりを見ていくことにしよう。

文化村の住宅

太黒邸の設計は太黒自身と伝わっているが、間取り（図⓭）は『文化生活研究』の中で佐野利器が著した「住宅論」[*19]掲載の「延七二坪の住宅」（図⓮）に、正方形の平面、南面に取られた大きなベランダ、二階の階段ホールを中心にした諸室構成など、多くの点で類似している。太黒の妻マチルドがフランス人だったこともあり、全体に洋風の生活が徹底され、床はすべてフローリングで椅子式生活が実践された。ベランダへは応接間と子供室の両方から出られるようになっている。応接間といっても、

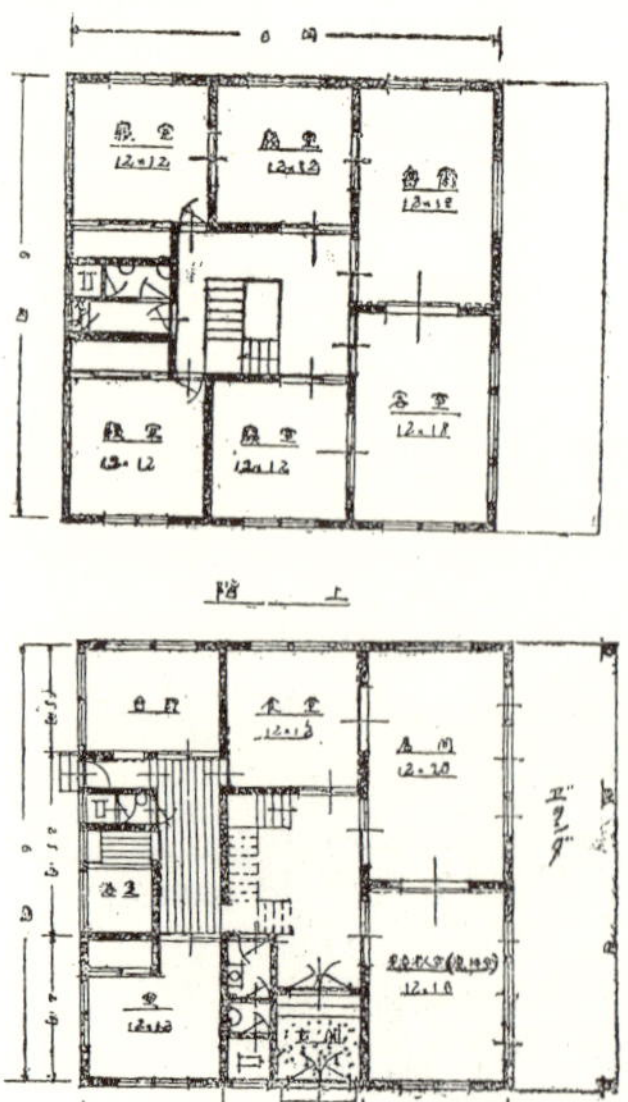

図14 「第十五圖（延七拾貳坪）」（佐野利器「住宅論」(1920) より）

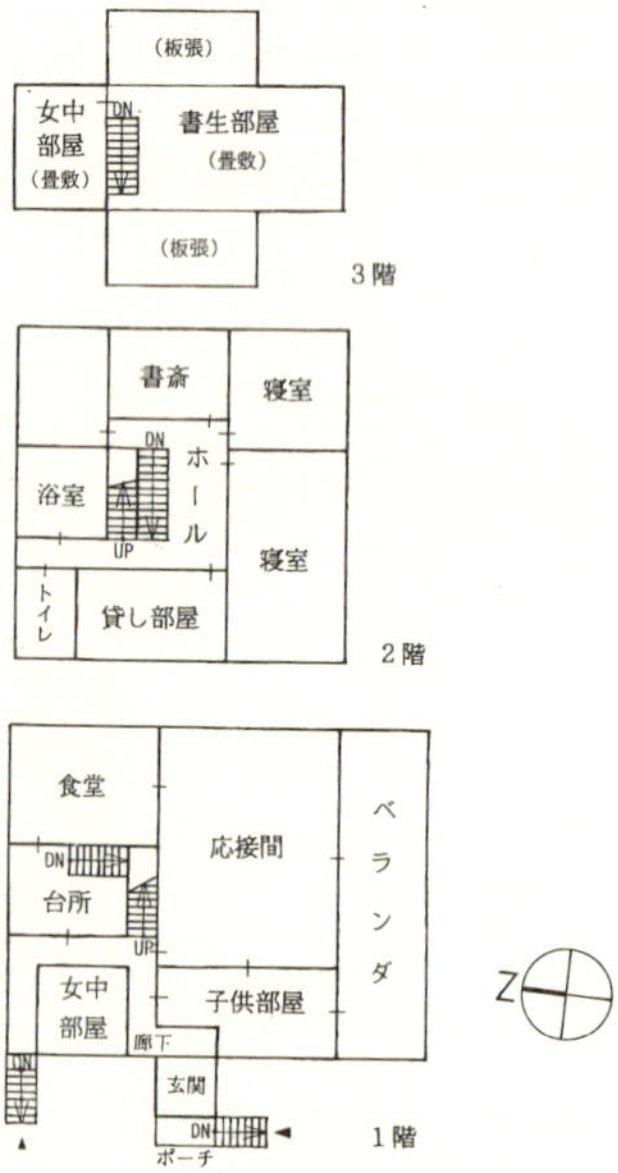

図13　太黒邸復原間取り図

子供室との間の引き分け戸は常時開け放たれていたし、太黒自身も書斎を設けたりしているので、どちらかといえば一家団欒のための居間的な使われ方をした部屋だった。二階は家族の寝室になっていて、地階には蒸気暖房のボイラー室や洗濯室、三階には小屋裏利用の書生部屋と女中部屋がある。森本がいう「空間の有効利用」が実践されている。

続いて平光邸（図15）での文化生活の様子を見てみよう。平光は昭和四年三月に九州帝大へ転出するまでのわずか五年半しかこの住宅に住まなかったが、様々な住宅改良がなされている。まず特筆したいのがペチカ。「桑園博士町」でもふれたが、札幌で大正一二年のペチカの導入はかなり早い部類に入る。そしてもう一点は、改良された縁側である。図16は平光の次にこの家に住んだ小林良順が、芝を敷き詰めた庭でゴルフを楽しんでいる様子だが、その背後にこの住宅の南面が写っている。庭へ出る扉と開き窓の見える部分が件の縁側部分で、旧来の縁側と様相が異なり、サンルーム的な空間になっている。ちなみに今邸（図17）でも、縁側の改良を見ることができる。南面する食堂、居間、座敷は、庭に面して二重窓の出窓を設けている。旧来の住宅ならば縁側になっているはずの部分である。

また、佐野利器が「住宅論」の中で「空地は出切る丈け広々と保持し、其の周囲と所々とに高い木を植え、以下は一面の芝生として家族の遊場の用に資したい」[20]と述べる文化生活が「文化村」の庭では実践された。全戸で芝生を敷いた庭が造られ、今

図16　平光邸南面外観

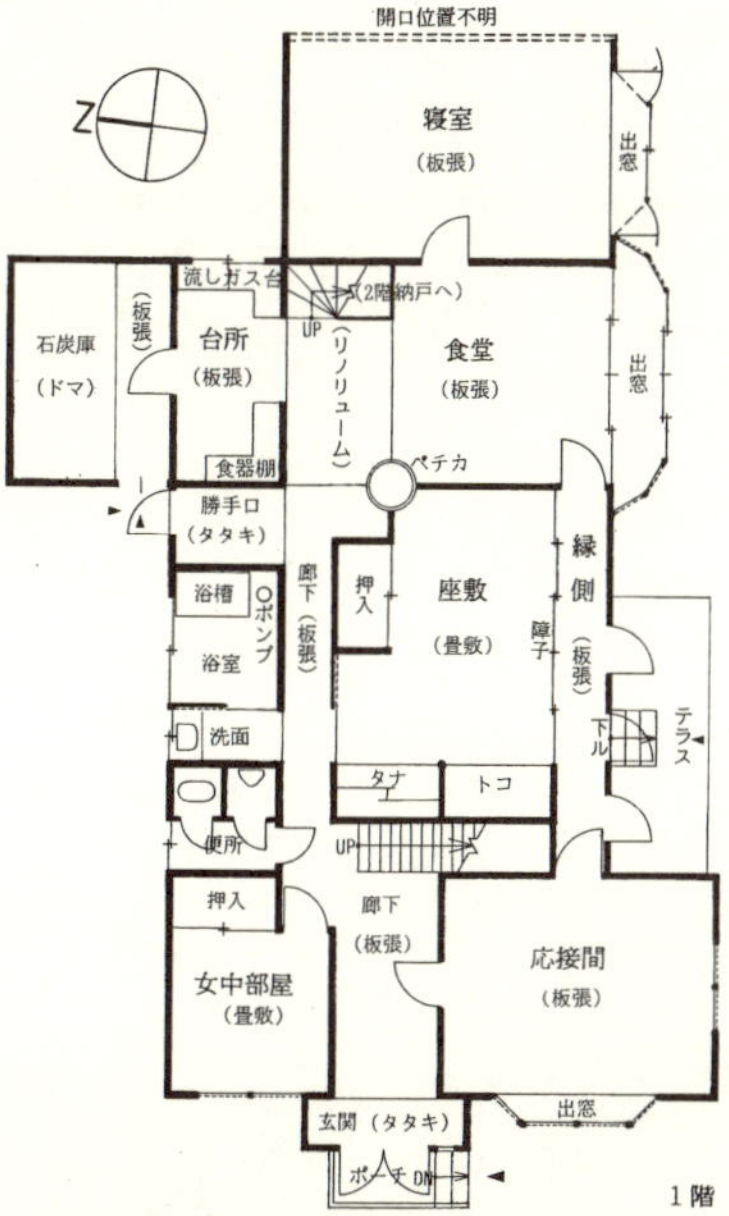

図15　平光邸復原平面図

図18　今邸南面外観

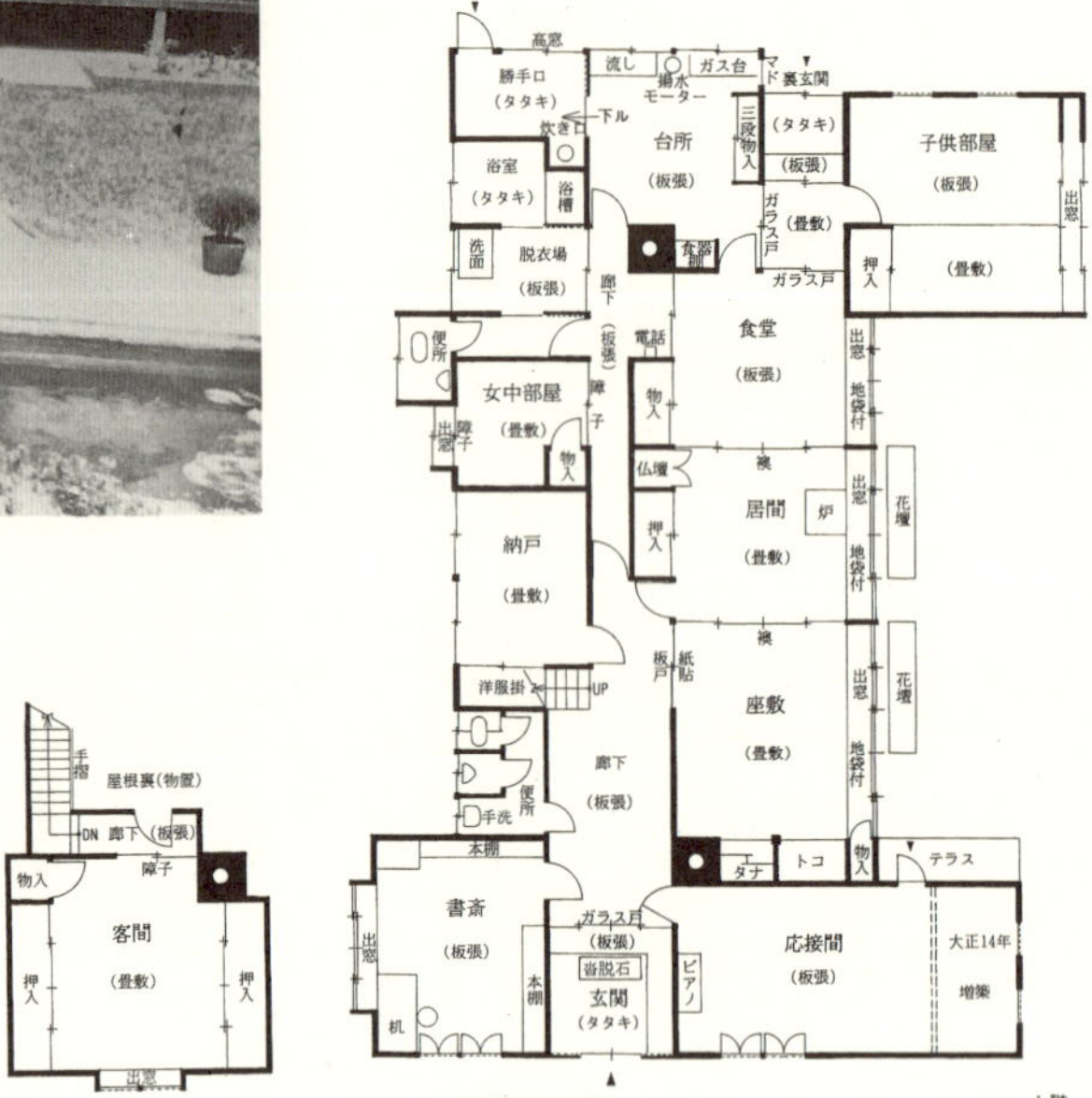

図17　今邸復原平面図

邸では花壇やコンクリート製の池を設け（図⑱）、宮崎邸や太黒邸では池のほかに鳥の餌台をかねた噴水も見ることができる。

医学部文化村で一番最後に建った酒井邸であるが、同じ大工棟梁によって建てられた兄弟分の住宅が二棟ある。一つは大正一二年一〇月に竣工した越智邸（図⑲）。施主の越智貞見もまた医学部教授であった。この住宅は越智自身の設計と伝えられている。施工は女池（めいけ）寅一という札幌市内の一大工棟梁であった。越智邸は女池にとって住宅処女作であり、その後、越智の紹介で酒井邸を建て、翌年には北大第二代総長南鷹次郎邸も施工している。この三軒は一様に屋根窓付きの急勾配の半切妻屋根を持つ、いわゆる「文化住宅」のスタイルをしている。その特徴を越智邸を例に、かいつまんで紹介しよう。

越智邸（図⑳）では食堂が居間代わりになっていて、南面する庭に出る扉を設けている。夏には、この扉を開け放ってガーデンパーティーを楽しんだという。図㉑は台所の様子で、中央にあるのはクッキングストーブといって、当時流行したちょっとハイカラな調理器具である。またアメリカンスタンダード社の温水暖房を備え、出窓もすべて二重窓にして防寒にも対処していた。

森本厚吉は大正九年に"The Standard of Living in Japan"の日本語訳版ともいえる『生活問題』[*21]を著した。ここには、「適当なる住家を得るが為に改良すべき」点として「堅牢なる家屋を建築すること、ハードフローア（板床）を用ひて畳を廃するこ

図19　越智邸外観（竣工時）
図21　越智邸台所

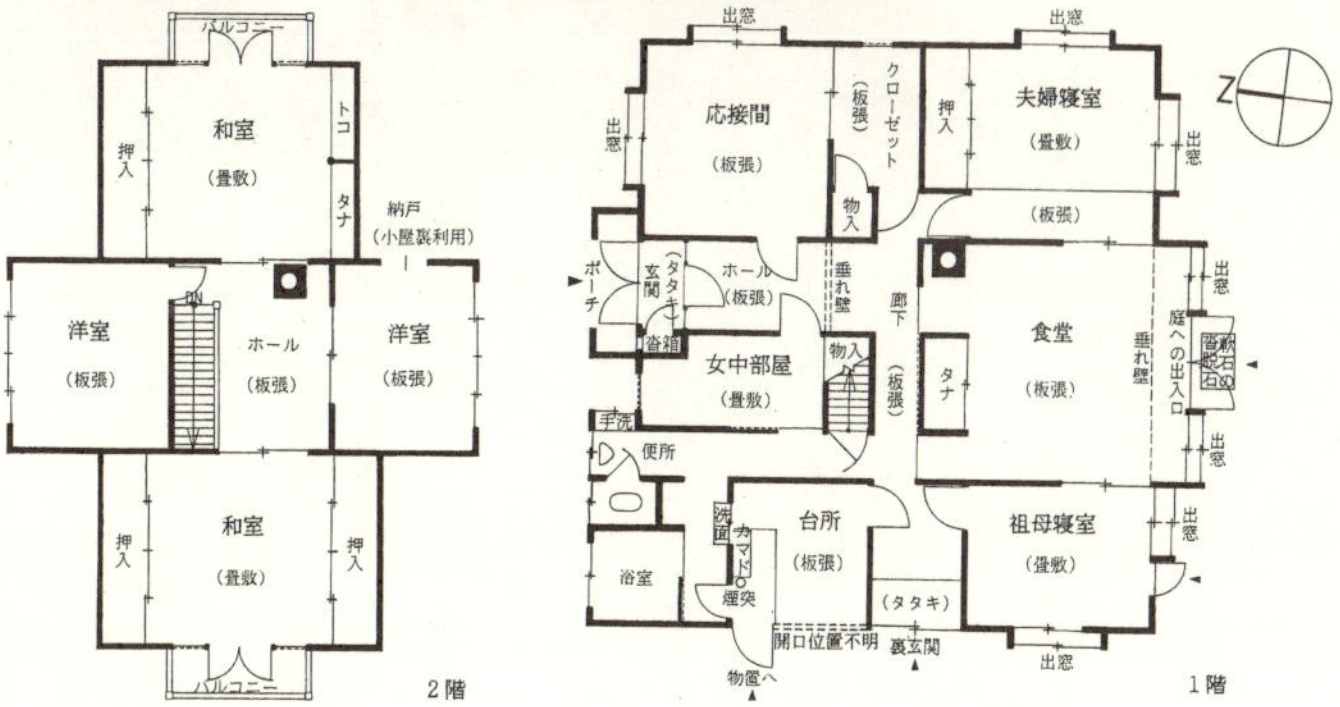

図20　越智邸復原平面図

と、障子・襖・雨戸を廃して唐戸・西洋窓などを適当に採用すること、間取りを家族本位に改良すること、椅子を使用して座居を廃すること」など、文化生活に求められる点を指摘しているが、医学部文化村や桑園博士町の住宅はこれらの指摘によくかなっている。まさに森本がいう「知識階級の生活改造運動」が実践されたといえるだろう。

しかし、彼らは生活改造に関することを『文化生活』誌上では語っていない。森本があくまで、農学や医学など各人の専門家としてのエッセイを期待していたためなのであろうか。森本自身もこのことについては多くを語っていないため、詳しいことはわからない。

大学村の現在

「桑園博士町」は、昭和六三年、札幌市創基一二〇年の記念事業「さっぽろ・ふるさと文化百選」のひとつに「街なみ」として選定された。ここで培われたコミュニティと豊かな住環境が評価されてのことであろう。この時にはまだ六棟の住宅が現存していたが、バブル経済の中、遺産相続などが要因で次々と取り壊され、現在は二棟が残るのみである。大正元年一二月から原則毎月開催されていた「村会」も、昭和四〇年、第四七五回の時に第二世代に引き継がれることが決議され、以後隔月の開催へと変更、さらに平成七年秋には会員が一人になったため、敢えて第三世代へ引き継ぐことはせずに終わりを迎えた。「村会」の終焉に代表されるように、「博士町」にかつてあったコミュニティはすでに失われてしまったといってよいだろう。文化住宅が高層マンションへと建て替わった所もある。しかし、大きな敷地割りと豊かな植栽が、往時の「博士町」の雰囲気を現在に伝えてくれる。だが、この環境を一体いつまで保つことができるのであろうか。「緑豊かな居住環境」を広告にうたうマンション自身が、豊かな緑をスプロールしていく。最後の緑が失われた時に人々はようやく気付くのか……。

一方の「医学部文化村」は、昭和三五年の有島武郎旧邸の移築を皮切りに、平光邸、外人官舎、太黒邸が昭和四七年までに解体された。三輪邸と酒井邸の二棟もバブルの上り始めの昭和六〇年秋に取り壊され、のこる二棟も平成八年春に相前後して解体された。大正末の卒業アルバムに見られたような、荒れ野の中に悠然と文化住宅が建ち並ぶ情景は、現在の殺伐とした都会の光景からは想像だにできない。少し離れて建っていた越智邸も、平成一〇年秋、大学キャンパスを横断する道路の拡幅工事にかかり、七五年の生涯を終えた。「医学部文化村」は、なんの跡形も残さずに、人々の記憶からも、街角の風景からも消え去ってしまった。

註

*1――拙稿『明治・大正期の北海道大学官舎について』（日本建築学会北海道支部研究報告集、六九、一九九六年三月）参照。
*2――太田純、池上ほか『桑園博士町について』（日本建築学会北海道支部研究報告集、六七、一九九四年三月）
*3――拙稿『北海道大学「医学部文化村」について』（日本建築学会計画系論文集第四六六号、一九九四年一二月）一五三～一六二頁
*4――森本厚吉と有島武郎は同期生で、札幌農学校在学中の明治三四年に『リビングストン伝』を警醒社より共同出版している。
*5――Baltimore, The Johns Hopkins Press, 1918.
*6――東京銀座の警醒社内に事務所をおいた。
*7――札幌の生活改善社が大正一二年一二月に創刊した月刊誌『生活改善』の同一三年九月号にある「住宅の改良」「庭園の改良」「服装の改良」と題されたコラムには、森本がその著作や『文化生活』を通して説いたことと、ほぼ同じ文が書かれている。森本厚吉が展開した文化生活運動が、この当時の札幌市民に相当の影響を与えていたことが想像される。
*8――『北海タイムス』昭和二年九月一〇日
*9――宮部金吾博士記念出版刊行会『宮部金吾』（昭和二八年）三二六頁
*10――現横島ペチカ。札幌市中央区南一条西十一丁目で営業。
*11――宮部金吾の死去後、遺族が土地・建物を北海道大学に寄贈。平成三年に解体されるまで宮部金吾記念館として利用された。
*12――*8の記事に見る坂村、山根、前川の三氏は農学部教授ながら、村会に参加していなかったことも同様の理由による。
*13――高倉とき子『随筆集ウイーンの塩』（昭和六三年）
*14――土地閉鎖登記簿より、昭和六年三月に払い下げられたことがわかる。
*15――『北海タイムス』大正一五年二月一〇日
*16――拙稿『北海道帝国大学および小樽高等商業学校傭外国人教師官舎（大正一四年～昭和二年）について』（日本建築学会計画系論文集 第四八四号、一九九六年六月）二二一～二二九頁参照。
*17――昭和六一年に札幌芸術の森に移築復原された。
*18――桑園博士町の住人では、半澤、星野のほかに、田中、新島によるコラムが確認される。
*19――佐野利器「住宅論」（大正九年）八九頁
*20――前掲「住宅論」一二六頁
*21――森本厚吉『生活問題』（大正九年三月、同文館）

❷

東部地区／函館

旧開發地区の郊外住宅地開発――「みどり町通り」「平和村」「文化村」

池上重康

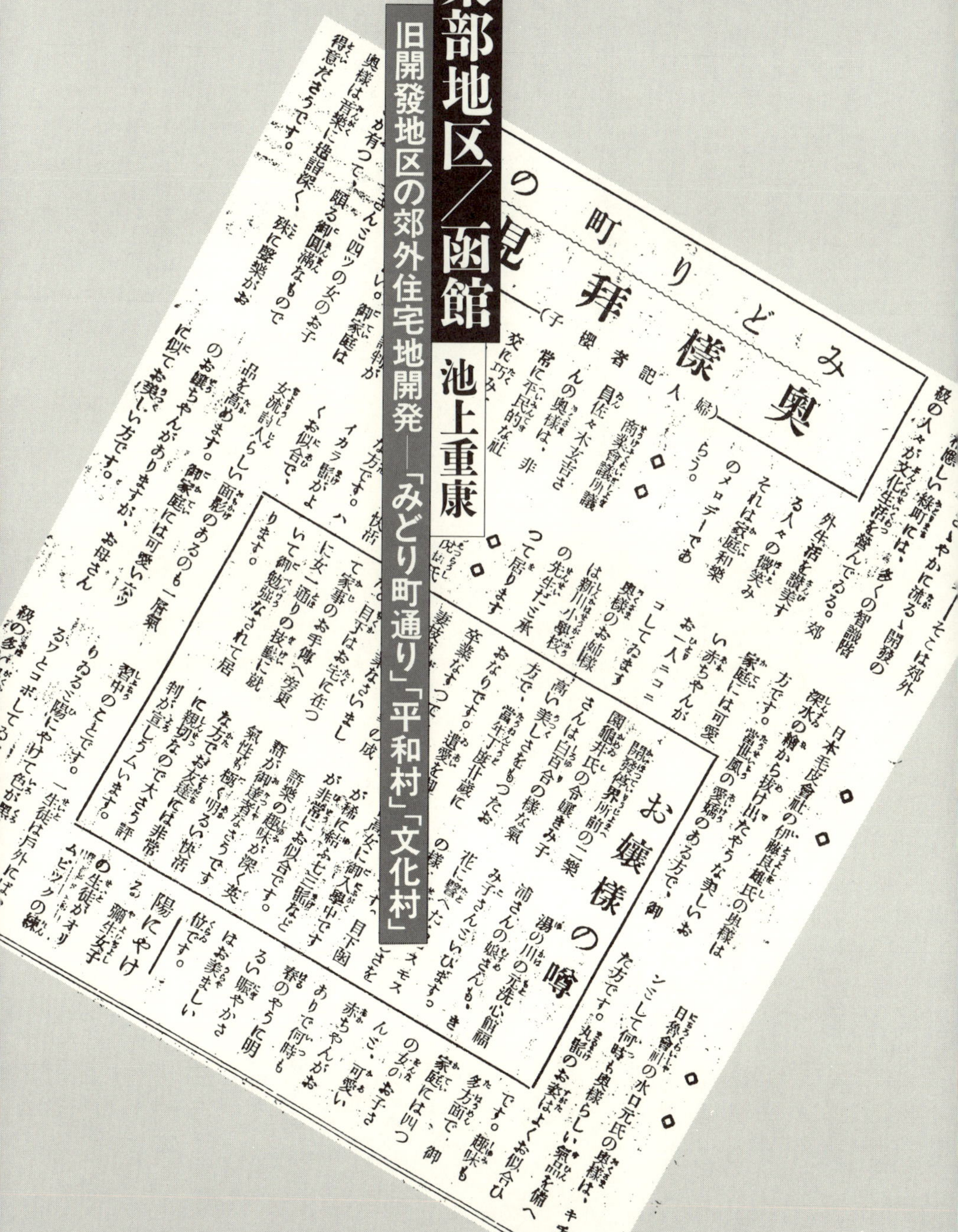

函館の住宅地と言われて、まず思い浮かぶのは、重要伝統的建造物保存地区にも選定されている「西部地区」だろう。主に明治年間に建てられた文化財建造物やいわゆる函館スタイルの和洋折衷住宅が軒を連ねている。

これに対し、一般に「東部地区」と呼ばれる五稜郭の南に位置する旧亀田村字湯ノ川通り界隈は、明治時代は一面の畑地であったが、大正初期から郊外住宅地として目覚ましい発展をとげ、今もなお住宅地としての性格を色濃く残している。中でも本町、杉並町、松陰町の湯ノ川通り（電車通り）に面した地域（図❶）は、比較的早くから宅地化が進んだこともあり、他の地区に比べると大正から昭和初期にかけての質の高い住宅や居住環境が残されている。

東部地区の前史

東部地区の開発は安政三（一八五六）年、箱館奉行の農業奨励策をうけた亀田村総百姓代松右衛門らの新田開墾に始まる。

> 尋で市中の用達問屋其の他有力者は官の諭旨を奉じ湯ノ川道路の側に於て未開地の割渡を受け各自農夫を繰入れ住居を建て食料等を給して開墾に従事させたので遂に開發を地名とするに至つた。[*1]（傍線引用者）

これから、この開墾以降農民が居住するようになったこと、そしてこの字湯ノ川通の界隈を「開發（かいほつ）」と命名したことが読み取れる。

東部地区は明治になってからも農地のままで、明治三二年九月には、開發を含む亀田村の一部が函館区に合併された。

> 地味の最も肥沃なのは田家其の他亀田川沿岸で一反歩の価格五、六十圓、小作料三圓乃至五圓であつた。次は八幡社裏手及び鍛冶村通りで、湯ノ川通は土性上層は軽鬆な腐植質壌土、下層は粘土で一反歩の価格二、三十圓、小作料一圓乃至一圓五十銭であつた。其の売価は五十圓内外に達するものあつたが之は将来宅地とする為であつた。[*2]（傍線引用者）

これは明治末の農業についての記述であるが、この頃の開發界隈は農地としての評価は下がり、将来の宅地化が目論まれていたことがわかる。これは明治三〇年九月一五日に開業した亀函馬車鉄道株式会社（明治三二年八月一九日に函館馬車鉄道株式会社と改称）が、同三二年一二月一二日に開發を経由し湯ノ川温泉にいたる線路を開設したことを受けてのことであろう。しかし現実には明治三六年『函館地所所有主明細鑑』の記載によると、開發はほとんどが畑地のままで、宅地は湯ノ川通り沿いに点在するだけであった。

また、この『函館地所所有主明細鑑』から、当時の土地所有

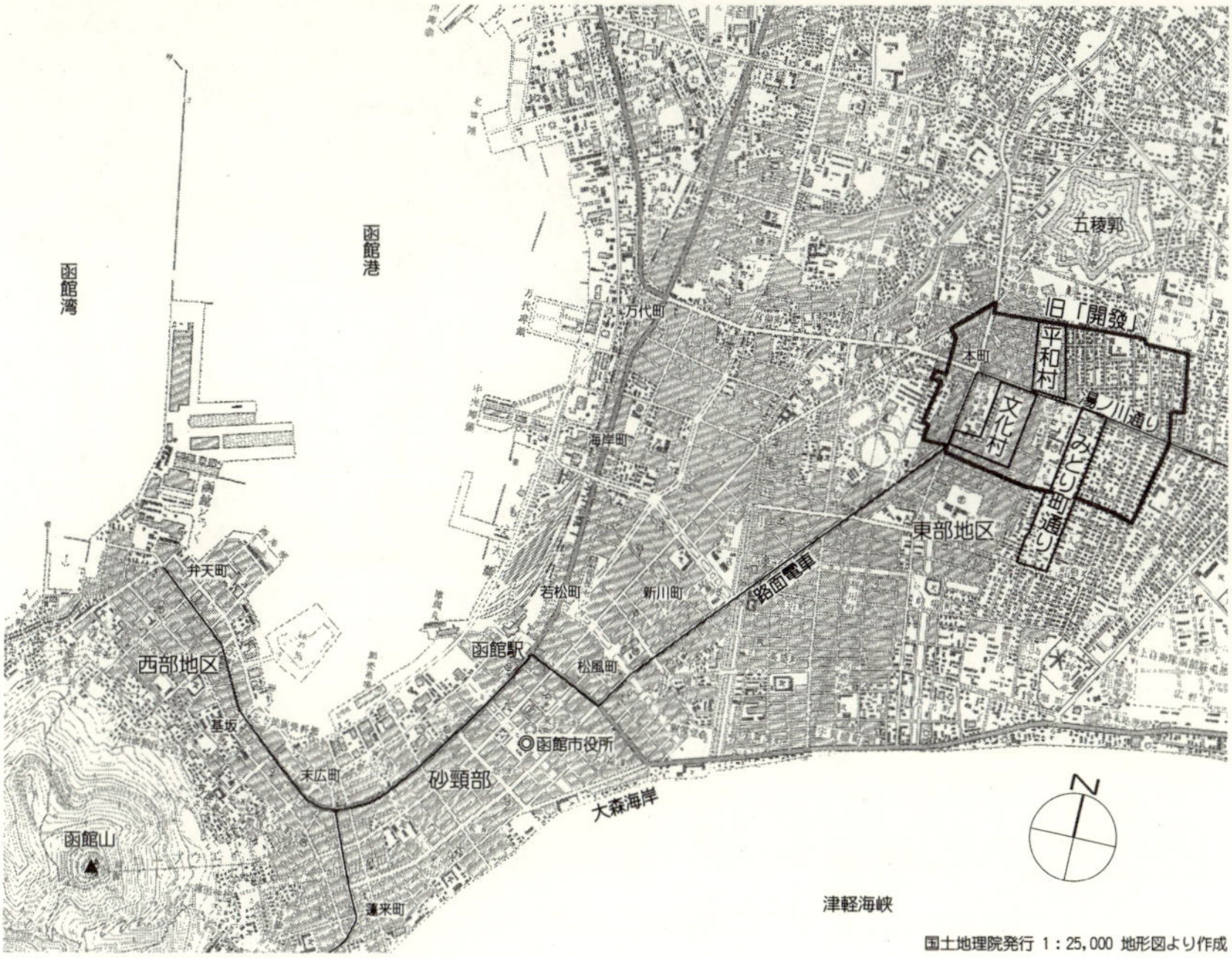

国土地理院発行 1：25,000 地形図より作成

図１　函館市東部地区の位置

者名も確認できる（図❷）。湯ノ川通りより南側の大半は時任為基[*3]所有の「時任牧場」、それを分断するように五十嵐市太郎の所有地がある。湯ノ川通り北側の土地所有者には、小西朝太郎、杉浦嘉七、遠藤吉平など函館の名士の名前が見える。

安政年間の新田開墾にはじまり、明治初期には時任牧場の開設で興隆をみせた開發の農業であるが、先の『函館市誌』の記述にもあるように、明治三〇年代以降徐々に衰退し、明治末期には宅地とも耕地ともつかない荒地が目立ちはじめるようになっていた。

郊外住宅地化の要因

大正四年の『函館土地台帳』によると、時任為基の所有地は、西側が主に時任靜二と在日本メソジスト、東側が相馬市作の所有になり、五十嵐市太郎の土地はそっくりそのまま渡邊熊四郎の所有[*4]へとかわっている（図❸）。これら土地所有者の変更は明治三〇年代後半から四〇年にかけて行なわれた。明治末以降の開發では、土地所有者の変更を機に、宅地化のための都市基盤整備が始まっていく。明治三九年に庁立函館中学校（現道立函館中部高等学校）が、そして明治四一年には遺愛女学校（在日本メソジスト、現私立遺愛学院）が開發に移転した。いずれも時任為基から寄付を受けた、あるいは購入したものである。こうしてまず教育環境が整った。

そして大正二年六月二九日、電車「湯ノ川線」が開通する。

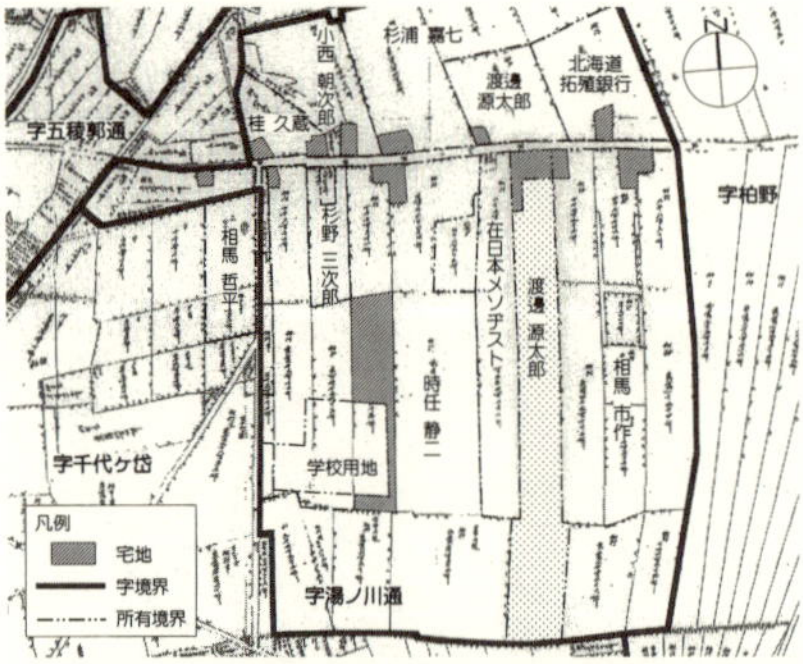

図３　大正４年の字湯ノ川通の地目と地所所有主
（明治36年『増補改正函館市街明細図 丁』を基に作成）

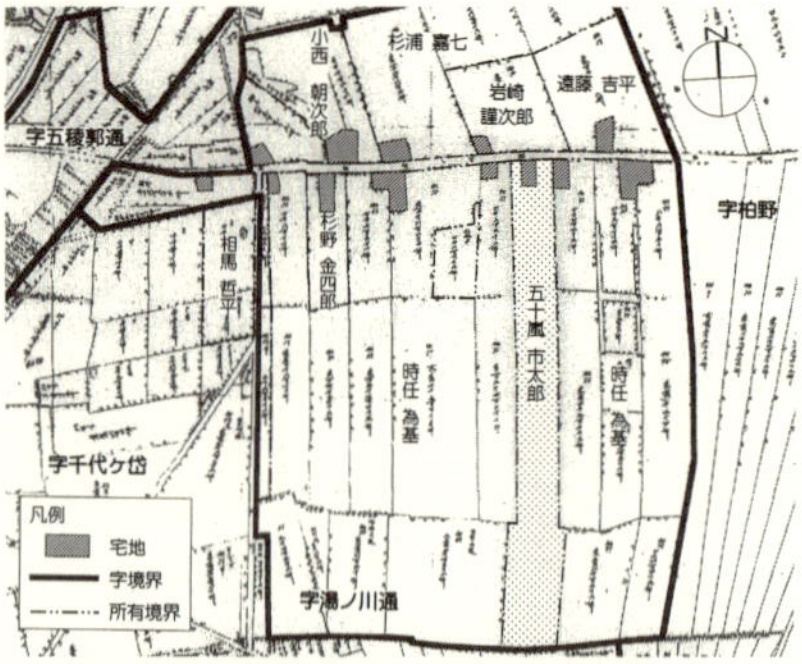

図２　明治36年の字湯ノ川通の地目と地所所有主
（明治36年『増補改正函館市街明細図 丁』を基に作成）

図４　函館大火焼失区域図　『耐火建築へのたたかい－函館大火（1934年・昭和9年）と盛山誠吾先生のねがい－』
函館市教職員福利厚生会発行、1996年3月　所載

町名	大正５年	大正10年	大正15年	昭和５年	昭和10年
弁天町	30	100	70	60	50
東浜町	150	400	250	200	150
末広町	200	600	500	400	350
地蔵町	75	300	250	200	150
若松町	100	350	350	350	500
海岸町	20	60	50	40	35
万代町	25	50	70	80	100
蓬莱町	50	150	100	80	60
谷地頭町	20	40	50	60	40
松風町	30	100	150	120	100
新川町	15	30	40	50	70
本　町	5	15	20	30	50

昭和10年『函館市誌』より調製

表２　地価の変動

年次	基坂北西部		基坂東南部		砂頸部		東部	
	戸数	人口	戸数	人口	戸数	人口	戸数	人口
明治18年	2,647	10,625	2,586	10,507	4,309	17,612	—	—
明治43年	3,878	16,340	3,606	17,055	12,389	51,652	818	3,842
昭和５年	3,354	27,687	5,006	25,704	19,297	95,819	8,634	48,042

昭和10年『函館市誌』より調製

表１　人口の変動

函館馬車鉄道株式会社を合併した函館水電株式会社が、従来の馬車鉄道を電気鉄道へ動力変更したもので、電鉄開通後、東部地区の戸口と人口が大幅に増加し、地価が昂騰する（表❶❷）。馬鉄に比べての移動時間の短縮や便数の増加といった実質的な利便性の向上が、東部地区の住宅地としての発展に大きな影響を与えたといえる。

さらにもう一つ、函館の街を幾度となく襲った大火の影響を無視することはできない。ここでは東部地区が住宅地として着目されはじめた明治末以降の大火について見ることにしよう。明治四〇年の大火の時は東部地区の宅地化は前述のようにほとんど進んでおらず、大正一〇年の大火も焼失範囲がさほど広くなかったため、東部地区の宅地化の直接の原因にはならなかったと考えられる。昭和九年の大火では、当時函館の中心部であった砂頸部（西部地区と東部地区の間のくびれた部分）から、開發のすぐ際まで延焼している（図❹）。被害の状況は、死者二一六五人、重傷者二三一八人、全焼二二カ町、半焼一七カ町、延焼面積一二九万六〇〇〇坪、焼失建物一万一一〇二棟二万六六七戸、焼失世帯二二万六六二世帯であった。函館市街の三分の二が焼失したといわれるこの大火を契機に、過密化した砂頸部を離れ、焼け残った東部地区へ居を移した者が少なくなかったという。この大火は開發の住宅地形成の要因としては最終段階のもので、住宅地としての完成を促進したものと位置づけられるだろう。

開發の住宅地開発

続いて開發における具体的な住宅地開発の様子を窺うのに、大正九年当時の『函館新聞』の記事を見ることにしたい。

……区内の心ある富豪中には…（中略）…東部に当る新川方面より千代ケ岱、五稜郭、開發付近へ適当な家屋の建築を企てるやうになつたと同時に、幾分北寄りの亀田、若くは七重浜に沿ふた処は、既に移転を企て…（中略）…田園的理想の家屋を設けやうと云ふ、一部の富豪に計画があるのは、常に内地（関東関西）の視察をして来て、今や函館も昔の函館でない……[*5]

この当時函館の財産家は、関東や関西（内地というのは北海道では一般に本州のことを指す）へ郊外住宅地の視察を行ない、その田園都市あるいはユートピア思想に触れ、開發などの東部地区において、それを具現化しようとしたことが読み取れる。

大正期、開發の郊外住宅地開発について、『函館日日新聞』に掲載された特集記事を紹介しよう。

（前略）…開發は遺愛女学校の湯の川寄りのすぐ横道を入つて行くと此処にアツラにポチリ、コチラにポツリと赤屋根近代式の感じのする詩的な家が点在しているのを見受けるであらう、此処には大小取交ぜ都合十二戸家が建つてゐる、見た人は考えるであらう、これは金持ちが文化的に建てた別荘地かと、蓋しトテも借家とは見受けられない事だけは事実だ、ところが之は金森さんが五年程前に建てた金森住宅と云ふのであつて、そも〳〵今流行る何々村、何々住宅と云つたやうなもの、元祖である…（中略）…家賃は小さい家で二階とも三、四間あり之が十六、七円との事で此外二百五十坪の地所が附随してゐる、大きい家は五百坪当りの地所がくつ附いてゐる…（中略）…今度は直ぐ近くの平和村に移る、之は大半勝木氏の所有に成る住宅を呼んでゐる言葉だが現在は戸数百十八戸あつて入つてゐるのは百二軒だ、同じ家が向かひ合つて軒を並べてゐる所は一寸小綺麗だ、此辺の家賃相場は八畳二つ、四畳半一つの家が十三円、其下に十円と云ふのもあれば二十円位の家もある又、地所も一寸附いてゐるので住みよい住宅の一つと思ふ…（中略）…文化村、それは女学校裏電車停留所から時任農場へ入つてゆく右側の地に去年の秋頃からポツ〳〵建られた住宅であつて湯の川線の電車に乗る人は此箇所に教会堂のそれのやうな急三角形の屋根のついた色々のペンキに塗られた家を見て驚くであらう…（中略）…之は住宅組合で作つたものだが又驚くべき事はまたゝく間に後から〳〵と家が建ち出して全く隙間もない程建つた事である総戸数は約三十五戸である、但し家の間取りは相当によく出来てゐるらしい、聞いた所では二階付き三、四間ある家が千五百円位で建てることが出来た…（後略）（傍線引用者）[*6]

ここには三カ所の郊外住宅地開発が記述されている。最初が開發の遺愛女学校横の「金森」による開発である。「金森」というのは渡邊熊四郎が経営する渡邊合名会社の屋号で、「開發は……すぐ横道」とは遺愛女学校の横、すなわち渡邊熊四郎が五十嵐市太郎から購入した土地を指す。続いて「勝木氏」の「平和村」における貸家経営についてふれられ、最後に「文化村」と呼ばれた地区の住宅組合による住宅地開発のことが書かれている。

これら三カ所は、一～三筋の直線道路の両脇に展開したやや線的な住宅街で、東部地区の郊外住宅地化の先駆的存在ということができる。以下、それぞれの宅地開発について見ていくことにしたい。

渡邊熊四郎による「みどり町通り」の開発

「みどり町通り」あるいは「みどり町」と呼ばれた住宅街は、電車「湯ノ川線」よりも南側、現在の杉並町と松陰町および時任町と人見町の境界をなす通りの両側に展開した。「みどり町通り」の名が示すように、通りの両脇にはプラタナスの並木が続き、各戸の庭にも多くの木々が植えられていた。付近がまだ畑地や荒地だったころから市内の有力者がここに移住してきたといわれ、「金持ち通り」「重役通り」「大名通り」「銀行通り」

などの呼び名もあった。

開発にあたったのは函館の実業家三代目渡邊熊四郎である。彼は、「私は五百戸ばかりの理想部落を作りたい考へだが、土地が三万坪――家屋の建築等に三四十万円を要する予算にて、是非近き将来に実現させたい」[*7]と述べるように、一種のユートピア思想を持っていた。ここ「みどり町通り」は三代目熊四郎の「理想部落」のひとつとして計画されたのだろう。

土地閉鎖登記簿謄本によると、五十嵐の所有地の一部を明治四四年九月一一日に三代目熊四郎が購入した記録がある。住宅地に必要な土地約三万三〇〇〇坪を入手した三代目熊四郎は、大正四年ごろから宅地の分筆を始めた。一律三〇〇坪で分譲したという口伝があるが、昭和六年『函館市街地番図』[*8]（図❺）を見たところでは、その宅地面積にはバラツキがあり、おおよそ二五〇ないし五〇〇坪で土地を分割したようである。また大正一三年『最新　函館市街土地台帳』[*9]の記載をみても土地の所有は渡邊熊四郎のままなので、分譲ではなく借地としていたことがわかる。

土地を貸し出した三代目熊四郎は、住宅の建設を居住者負担とし、その際「町並み協定」のような取り決めを、以下の三点について居住者と申し合わせていた。

・住宅の外観は和洋折衷とすること
・住宅の屋根は緑色とすること
・通りに面して敷地の奥に住宅を建設し、前庭を設けること

ところで、この申し合せに関する口伝は、先に示した『函館日日新聞』の記述と食い違う。大きく異なるのは屋根の色で、口伝の「緑」に対し、新聞では「赤」。三代目熊四郎は緑色の屋根の町並みをつくりたかったが、実際に建った住宅の屋根の色は赤が多かったということなのか。また、口伝からは土地を借りた者は各自申し合せに従い持家を建築したと受け取れるが、新聞では渡邊合名会社による大正中ごろからの借家経営を示唆している。いずれについても史料に乏しく確定できない。

ともあれ「借地方式」で始めた三代目熊四郎の住宅地経営であるが、昭和六年から同一四年にかけて、居住者へ土地売却を行なったことが登記簿から確認できる。また、この時売却しなかった土地は、昭和一五年に三代目熊四郎の死去と同時に四代目へ相続された。しかし、同一八年六月二五日には、相続したほぼすべての土地が「代物弁済」を原因に北海道拓殖銀行の所有に移行している。この時点で「みどり町通り」の住宅地経営は渡邊家の手から完全に離れることになった。

「みどり町通り」の様子

かゞやく青葉の世界――そこは郊外の文化の泉、さゝやかに流るゝ開發の名に相応しい緑町には、多くの智識階級の人々が文化生活を營んでゐる。郊外生活を讃美する人々の微笑みそれは家庭和樂のメロデー（ママ）であらう。[*10]

大正七年から昭和六年まで刊行された函館の情報誌『ニコニコクラブ』に紹介された大正末の「みどり町通り」の様子である。三代目熊四郎の抱いていた田園的な郊外住宅地のイメージをもとに開発されたであろう「みどり町通り」は、その面影をいまなお醸し続けている。

大正一二年『函館市制実施写真帖』[*11]に「開發文化村」[*12]とキャプションのついた大正一〇年ごろの「みどり町通り」の様子と考えられる写真（図❻）がある。ここにみられる住宅は、大きな切妻屋根をブラケットで支え、屋根窓を張り出す。上下で外壁のテクスチャーを変え、白く塗装された窓枠の上げ下げ窓が開けられ、玄関には腰高の手摺りが付くなど、明治四二年に橋口信助が興した「あめりか屋」のバンガロー住宅との類似点が指摘できる。さらに電柱が立ち並び、電力供給が行なわれていたことも見てとれる。

大正一五年『函館市及近郊平面図』[*13]（図❼）には、五十嵐所有時代の古地図には確認できなかった道路が引き込まれ、北端の三角形交差点から南に向かって延びる直線道路の左右に住宅が建ち並び、各戸の敷地は土塁で囲まれていた状況が読み取れる。道路幅員は六間弱。三角交差点の中央には、かつて桜の樹が植えられていたという。

また「みどり町通り」には必要以上の喧騒を住環境内に持ち込まないための工夫がなされていた。住宅街を南北に貫く道路

図5　「みどり町通り」の地割　昭和6年『函館市街地番図』より
図7　大正末の「みどり町通り」の様子　大正15年『函館市及近郊平面図』より

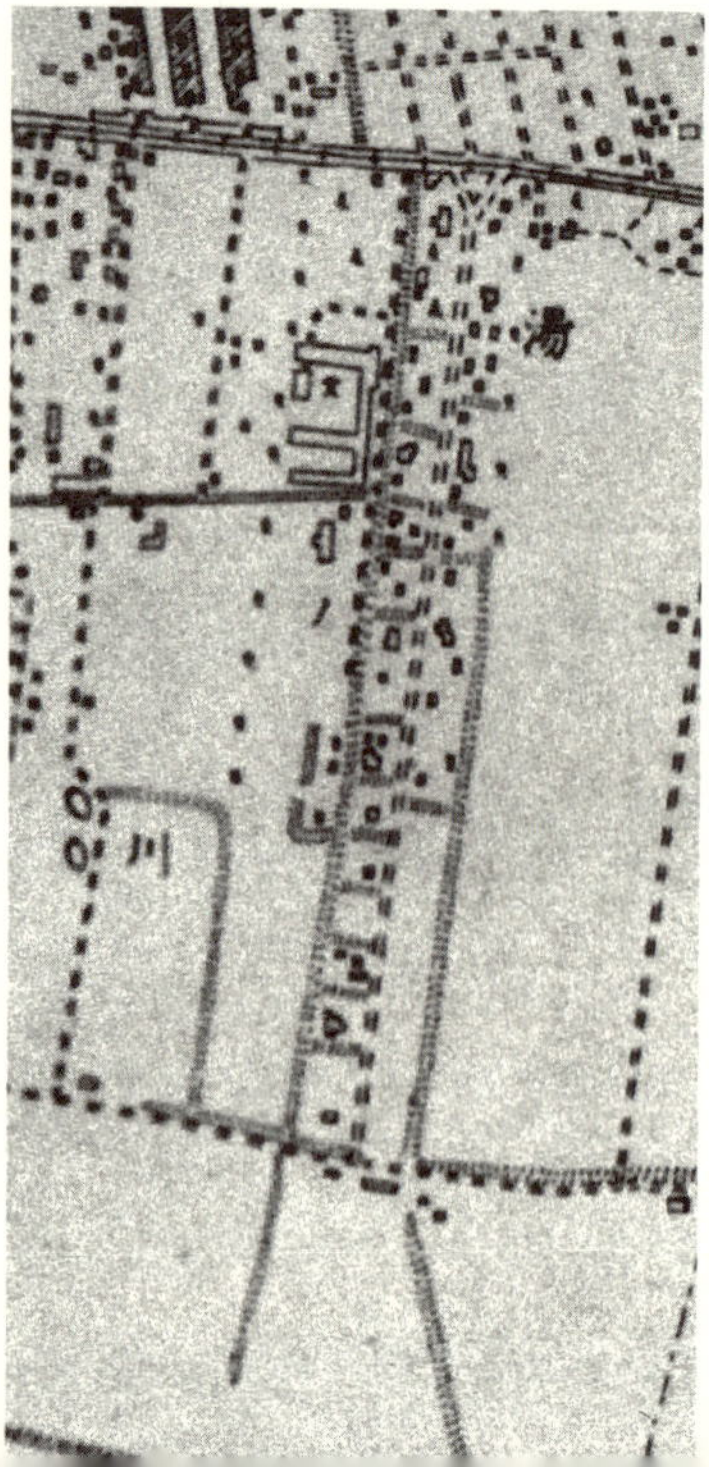

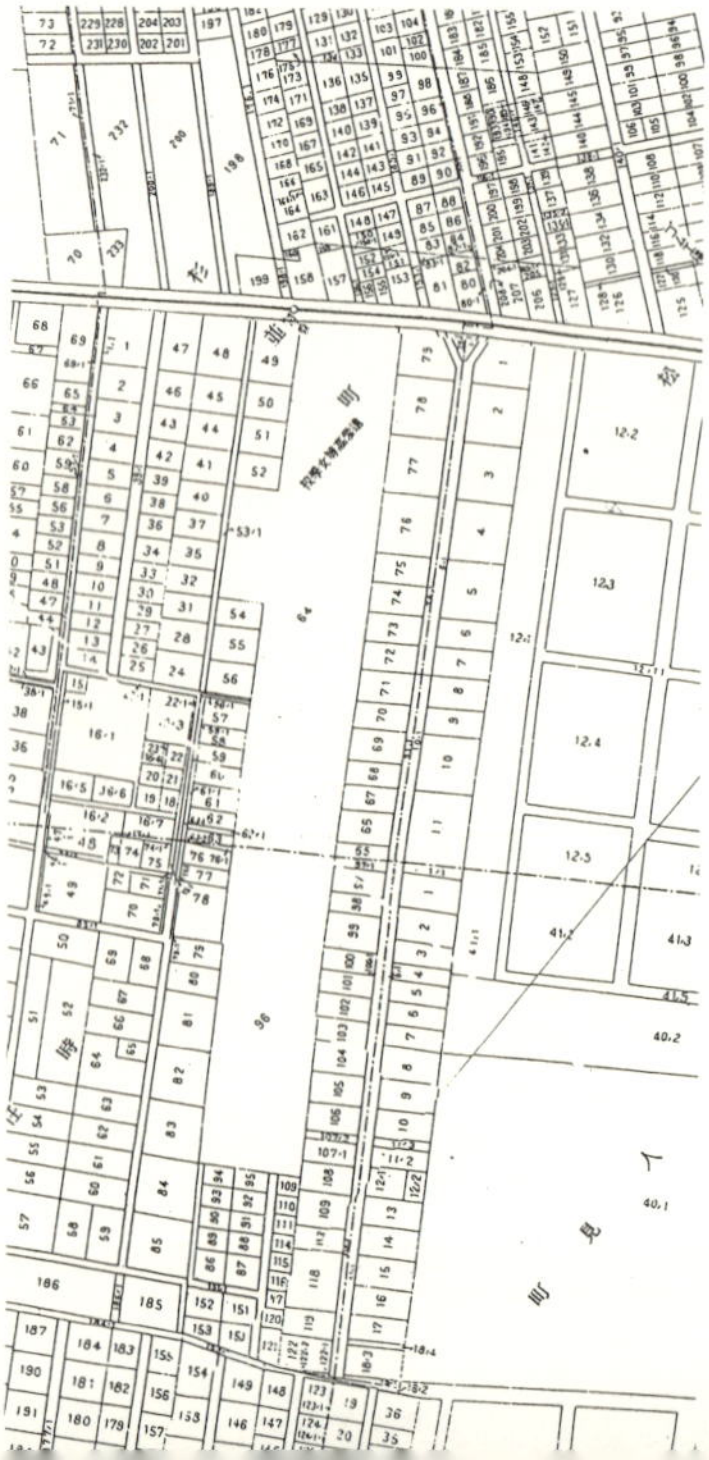

は三代目熊四郎の私道であり、南北両端には門を設けたり木製の杭などを立てるなどして極力住人以外の立入りを断ち、ひとつの住宅街としてのコミュニティ形成が図られた。居住者の日常生活を満足させるために、三角交差点の脇には専用の雑貨屋が建てられ、「みどり町通り」内の移動のための人力車が待機していた。住宅街の取りまとめを行なうために、大正六年には三角交差点近くの松陰町三番地に渡邊合名会社所有の住宅（現法華宗一乗寺）が建てられた。水道も大正一二年には本管が湯ノ川通りに通っていた。この住宅街は周辺の住宅地に対してのモデル地区的存在であり、道路の舗装なども他にさきがけて行なわれたという。

　前掲の新聞記事では大正一二年初頭で一二棟の住宅があったとあるが、開発意図に準じて建築されたであろう住宅三棟の現存が確認される。[*14]

　法華宗一乗寺（図❽）は前述したように渡邊合名会社の所有住宅として大正六年に建築された。むくりのついた大きな切妻屋根と二階外壁のハーフティンバー意匠に特徴がある。熊四郎の取り決め通り、屋根は緑色の金属板で葺かれ、通りからセットバックして建っている。玄関の入り母屋屋根は寺に転用してからの後補。

　函館ＹＷＣＡ（図❾）は大正一五年建築の和洋折衷の住宅である。登記簿によると最初の所有者は山下伊六という人物で、当初は住宅であった。この住宅も通りに対して敷地奥に建てられ、

図9　函館 YWCA 現状外観

図6　大正10年ごろの「みどり町通り」　大正12年『函館市制実施写真帖』より

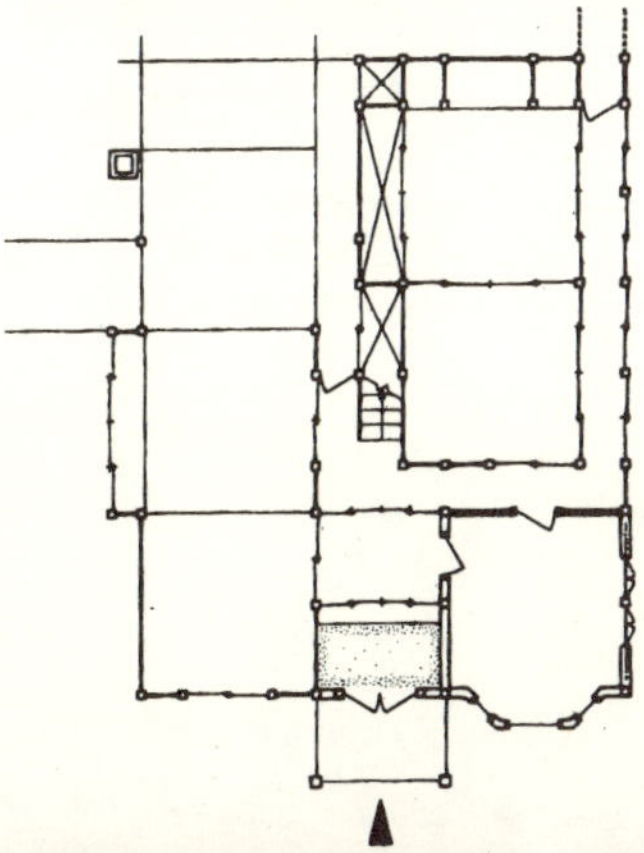

図8　法華宗一乗寺現状外観
図10　函館 YWCA（旧山下邸）復原平面図（左）　千葉大学玉井研究室作成

前庭を広く取っている。外壁は全面下見板張りで正面妻部にだけハーフティンバー風の意匠を見せる一方、玄関屋根を唐破風にデザインし、和洋折衷の外観となっている。平面は玄関脇に洋風応接間を配し、和風の続き間を持つ、典型的な中廊下形式である（図⑩）。

旧木下邸（図⑪）は急勾配の切妻屋根をかけ、一階外壁は下見板張り、妻面上部にはハーフティンバー意匠が施されている。二階外壁は金属板で覆われているが、一階とは異なる仕上げであったと思われる。この住宅も通りに対して奥まって建てられている。

勝木照松による「平和村」の開発

「平和村」は電車「湯ノ川線」より北側、現在の本町と杉並町の境界をなす通りの両側、および杉並町側にやや面的に拡がる住宅街であった（図⑫）。

「平和村」を開発した「勝木」というのは青果物問屋函館合同青果株式会社を営み、函館果実商組合の組合長も務めた勝木照松のことである。『函館道南大事典』によると「勝木は大正九年（一九二〇）開發（函館市杉並町）の地一万七千坪を入手し、文化住宅を建てて平和村をつくった」[*15]とある。大正一三年『最新／函館市街土地台帳』[*16]で示されている勝木の所有地は字湯ノ川通七番地および八番地の一部であるが、大正四年『函館土地台帳』では字湯ノ川通七および八の土地所有主は杉浦嘉七とな

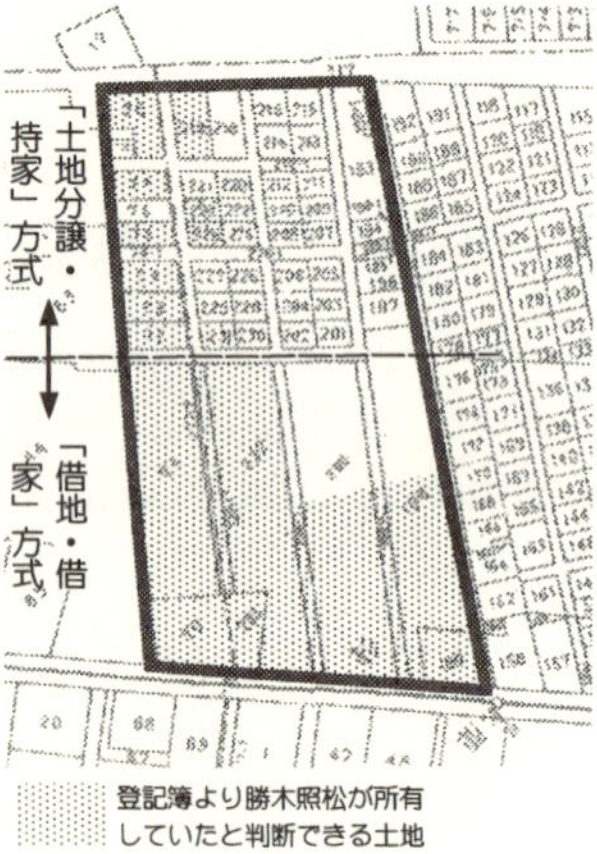

図12　「平和村」の開発方式

図11　旧木下邸現状外観

図13　「平和村」の「持家」住宅

っている。このあと所有主の変更がなかったとすると、勝木は平和村の土地を杉浦から購入したことになる。

土地売買はどうであれ、「平和村」の土地を購入した勝木は、登記簿の記載から推察するに、ここを二種類の方法で開発したようである。登記簿によると「平和村」のおよそ北半分の土地のうち、大部分が大正一三年から一五年の間に勝木から第三者に売却されていることが読み取れる。ここに建てられた住宅で現存するものは数棟（図⑬）しかないが、聞き取りなども含めて「平和村」北半分の住宅が居住者本人が建てた「持家」であったことがわかっている。つまり「平和村」の北半分は「土地分譲、持家」方式で開発されたと考えてよいだろう。

一方、南半分の土地は昭和一七年一二月七日に加能汽船株式会社に売却するまで勝木照松の所有地であった。この土地の大部分は、北半分に対して一戸あたりの地割が小さく、前掲『函館日日新聞』の一一八戸の借家の記事や、「大正十年の大火に入二勝木さんが今の杉並交番附近に三通り約百五十戸の貸家を建た」[17]というのは、この南半分の住宅地を指すと考えられる。これら記述から推察すると「平和村」のうち南半分は「借地、借家」方式で開発されたといえる。現存する住宅は、いずれも玄関脇に洋風ゲーブルを付けた小住宅（図⑭）で、北半分の持家住宅とは明らかに様相を異にする。

このように「平和村」は「土地分譲、持家」と「借地、借家」の二通りの開発方式によって、生活環境も大きく異なる二つの側面を具有していた。

「文化村」の開発

「文化村」は本町の厚生病院函館中央病院の南側を東西に走る通りの周辺に展開した住宅街であった（図⑮）。この通りはかつて「文化通り」と呼ばれ、「女学校裏」（現「中央病院前」）電停と遺愛女学校とを結ぶ通学路として機能していたため、このあたりでは最も人通りが多かったという。

前掲大正一一年『函館日日新聞』の記事からは、大正一一年秋ごろの住宅組合による三五戸の住宅建設を読み取れる。この時点で函館市内に設立していたのは函館住宅組合[18]だけなので、この記事——つまり「文化村」の住宅——は、この組合によるものと考えて間違いない。

その後の「文化村」の様子はどうであったのか。昭和九年の『函館新聞』には以下のような記事がある。

> 本町の裏町は中流サラリイマンの住宅、プチブルの別宅が建ちならび赤い屋根、ベランダつきの文化住宅が散在して郊外気分を発散してゐる、それも御自分で設計しボーナスか何かで建たらしいのが多く庭も余分に取り春秋花をたやさず無事安穏な中流サラリイマン生活を営んでゐるやうに見える。[19]

ここでいう「本町の裏町」とは「文化村」を指す。住宅組合によって住宅が建設されて以降、昭和初期までにサラリーマンやプチブル層の郊外住宅地として成立したことが読み取れる。「自分で設計しボーナスか何かで建た」というから、住宅は居住者各人の持家と考えてよいだろう。

「文化村」の正確な範囲は特定できないけれども、その土地は時任靜二所有の元「時任牧場」の一部である。登記簿によると「文化村」の土地の大半を第一銀行函館支店支店長を務めていた風間松太郎が大正一〇年八月一二日、同年一〇月一九日の二度に分けて時任から購入している。風間は土地を滅多に売らない人物で、「文化村」内の土地は昭和二二年末になるまで売却しなかった。

風間の土地経営あるいは住宅地計画に関する史料に乏しく、風間が「文化村」で計画的住宅地開発を行なったかについては不明瞭なままである。しかし、新聞記事の記述と登記簿の記載を照らし合わせると、風間がここの土地を購入して以降、この付近が郊外住宅地化した事実がうかびあがる。

それでは「文化村」に建った文化住宅は、一体どのような姿をしていたのか。前掲『ニコニコクラブ』に、大正末の「文化村」の住宅の様子が紹介されている。

> 市中のゴタゴタした処よりは遥にノンビリして気持ちが良からう——なんてふ気分家が郊外へバンガロウ式なんかの家を建てて納まつたものだ。それが各地の流行みたいになつて郊外尊重病患者がだいぶ殖えて来て、見様見真似で一頃迄は見られなかつた色んな赤や黄色の玩具みたいな洋風の家がならび出した。当地では湯の川通りの文化村なんぞ…がたがた赤や黄や緑の絵の具をなすりつけた幾何学派の絵？の失敗みたいな屋根をならべて文化村なぞと利いたな（ママ）名をくつつけ乍ら文化的施設など見るべき物がある訳でもなく雨でも降ると道の悪い事此上なくいくら道路は泥に通ずるとしてもこりや余りに酷からう。…（中略）…垣根越の青い夜空にクツキリとトンガツた屋根からは月が夢の様に浮び出てあちこちの出窓の赤いカーテンの隙間からはマンドリンやピアノの音が湧き立つやうに洩れて来るなどまんざら捨てたものでもない風情がある。[*20]（傍線引用者）

バンガロー式の住宅、トンガリ屋根や色とりどりの色彩に奇異な印象を感じ、インフラの未整備な点などとともに、一種流行としての郊外住宅地を皮肉る反面、情緒豊かな環境に対してのあこがれも読みとれる。

文化村に現存する住宅は、函館住宅組合による岡本邸（図⑯）と小野寺邸（図⑰）を確認できる。岡本邸は現在二階建てに増築されているが、創建当初は寄棟平家で、玄関脇の応接間に洋風ゲーブルをかけていたという。一方の小野寺邸は急勾配の切妻屋根が特徴的なだけでなく、居間中心型の平面をしている点が

図14　「平和村」の洋風ゲーブル付き住宅

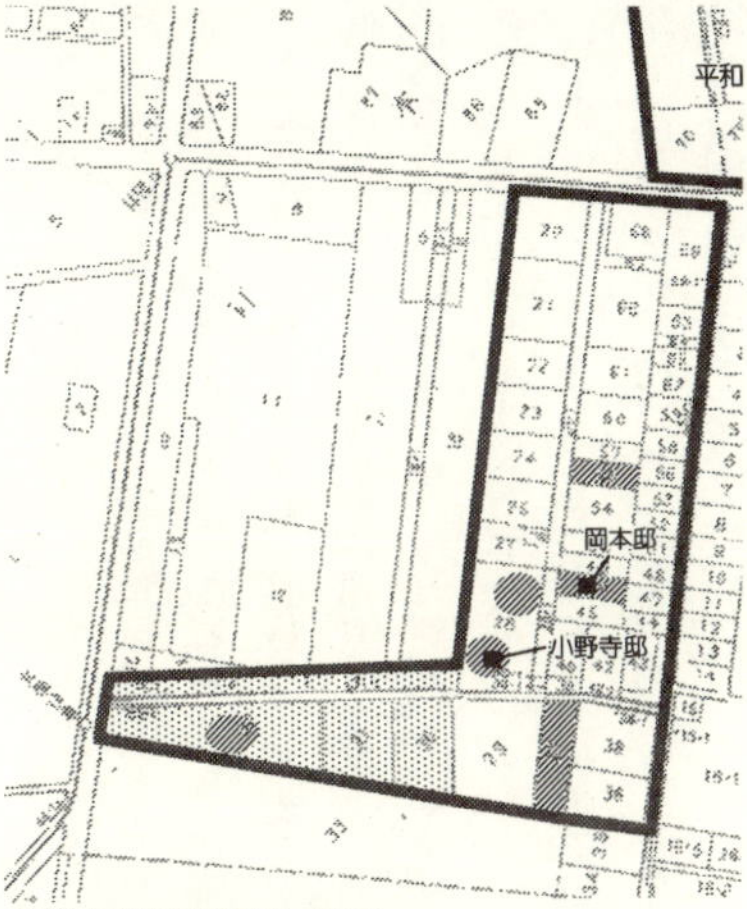

風間松太郎が購入した土地
住宅組合による住宅が建てられた土地
同上のうち正確に区画を特定できないもの
■　現存する組合住宅

図15　「文化村」の土地所有

図16　岡本邸現状外観

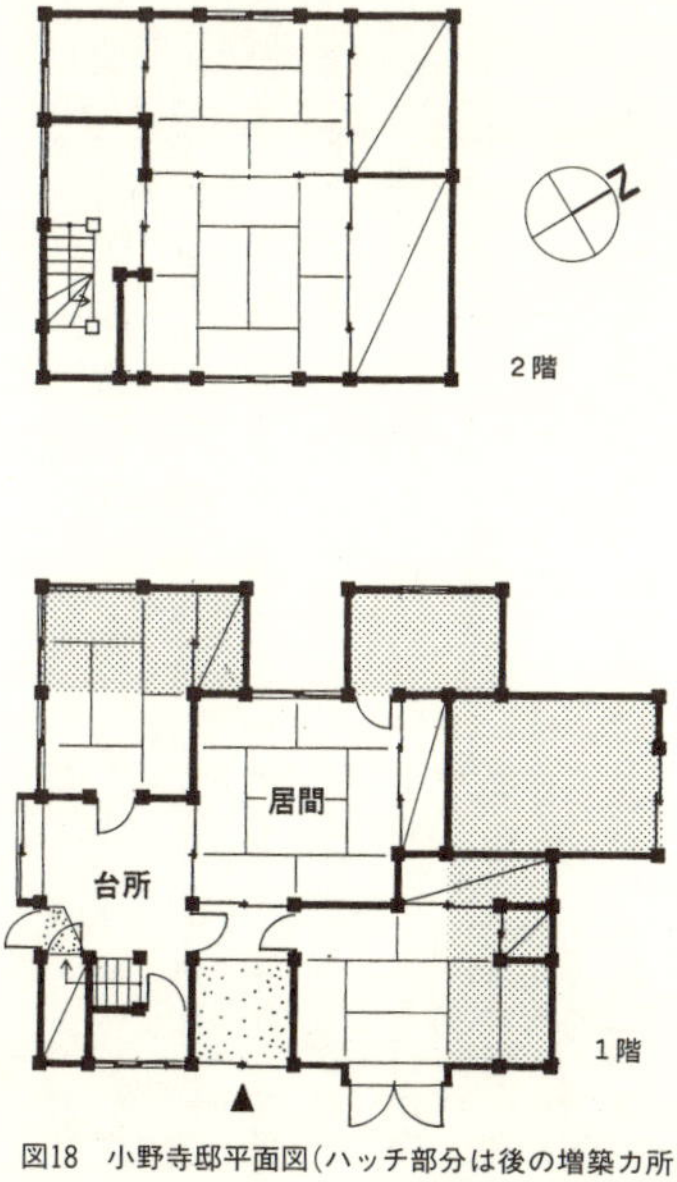

図18　小野寺邸平面図(ハッチ部分は後の増築カ所を示す)

図17　小野寺邸現状外観

興味深い（図⑱）。居間中心型の実例をみるのは大正一一年の平和記念東京博覧会とされているが、小野寺邸も同年に登記されている。またこの住宅には独立した立式の台所が設けられており、居間中心型の平面とともに生活改善運動の影響が指摘できるであろう。

文化村に建ち並んでいた住宅は、大きく分けて二タイプあった。一つは旧写真のバンガロー住宅や小野寺邸のような大きく急勾配の屋根をかけた住宅で、いま一つは平和村で紹介したような玄関脇に洋風ゲーブルを付けた小住宅である。『ニコニコクラブ』の記述から判断すると、まず前者が建ち、その後に細分化された土地の間隙を埋めるように後者が建設されて、独特の景観を呈していたようである。

その後の郊外住宅地開発

ここに紹介してきた、開發地区における三カ所の線形住宅地は、大正期に郊外住宅地として着目されて以降、大正末期までにある程度の開発がなされ、良好な住宅街を形成していた。当時の函館市民が、その田園的風景と生活スタイルに一種のあこがれを抱いていたことは、度々新聞記事や地元の雑誌に紹介されていることからも裏付けできる。

昭和に入って以降も、さらに電車の軌道沿いに東へと郊外住宅地開発が広がっていく。ひとつの例として昭和七年の『函館毎日新聞』の記事を紹介したい。

……函館人は過剰して行く人口に追ひかけられながら山の手から海岸の波打際まで寸尺の空地も余す処なく延びたそして遂にその眼を漸く郊外に転じて来た……かつて此の辺りは一体（ママ）の田園で各所に見えた農園に馬や牛の姿がいかにも北国式にのんびりと放牧されてあつた……それが今ではやがてうめられて土地分譲の立札と心なき近代式の文化住宅と早変わりして行つた……街の汚濁した空気と煩はしさに追はれた人々が郊外へ郊外へと逃れて其処に新しい村がそして街が生まれ出る。不思議な人間達の性質は煩雑から逃れ様として反つて煩雑を造り出す昨今の函館の郊外がそれであらう[*21]

この記事は昔馴染みの田園風景が住宅地へと変わっていく様子を嘆きながらも「市線の躍進は却つて喜ばねばならない事」と結んでいる。

市街地の煩雑さから逃避し、田園風景とユートピアを求めて郊外に移住したはずが、何年か後には市街地に飲み込まれていく。郊外スプロールの図式は、この時代から続いていることなのか。そして、これを嘆きつつも容認してしまうことも……。

函館市東部地区の現状

「みどり町通り」に現存する戦前期までに建てられたと考え

られる住宅は一〇戸余りしかなく、通りの両脇のプラタナス並木も半数近くが違う木に植えかわっているが、三角交差点から延びる直線道路は今でも緑豊かな並木道の風情を残している（図⑲）。各戸の庭木も手入れいきとどき、往時の面影をよく留めているといってよい。

「平和村」は三筋あった通りのうち「土地分譲、持家」地区は更新が著しいが、「借地、借家」地区では、洋風ゲーブル付き小住宅や二戸一の長屋が庭木と共に短いながらも町並みとして残り（図⑳）、かつて一〇〇戸を超える貸家が軒を連ねていた風景を想像させてくれる。

「文化村」は範囲を特定できていない分、現状の考察は難しいが、「文化通り」界隈には手入れされた庭木の続く所（図㉑）や、住宅が群として残っているエリアもある。住宅組合のバンガロー住宅が軒を連ねていたという面影はないが、情緒豊かな郊外住宅地を彷彿とさせてくれる歴史資産はわずかながら残っている。

また、古くからいる東部地区住民の間では、現在でも「みどり町」「平和村」「文化村」などは一般に呼称として通用し、ここが大正時代に開発された郊外住宅地であるといったことも伝承されている。とりわけ「みどり町通り」は函館の名士渡邊熊四郎が計画した一種の「理想村」だったこともあり、今なお良好な住宅地としての認識が高く、大きな敷地割りもほとんどが当時のままに残されている。

図19　「みどり町通り」のプラタナス並木

図20　「平和村」の「借地、借家」地区の町並み

図21　「文化村」の「文化通り」現状

大正・昭和初期に開発された郊外住宅地としての環境が、それなりに残っている函館東部「旧開發」ではあるが、貸家が多く、また持家の場合でも住民がサラリーマン層中心であったため、当初の住人や施主本人あるいはその子孫が、そのまま住んでいることは稀で、居住者または所有者が二転三転している例が少なくない。このことは当時の新聞記事から推察しても、早い時期に住宅地としての側面だけがクローズアップされ、住民同士のコミュニティが失われていたことを物語っている。

最近「函館の歴史と風土を守る会」が、東部地区の住宅二棟を表彰した。また、平成七年に編纂された『函館市誌　都市・住文化編』でも、東部地区の郊外住宅地についてかなりの紙面を割いて報告している。*22 これまで西部地区に片寄りがちであった歴史的資産に対する認識が、ようやく東部地区にも向けられるようになったことの現われであろう。

西部地区の街並み整備ではそれなりの成果をあげた函館市民だが、東部地区の郊外住宅地開発の歴史とその資産を、どうやって後世に伝えていくのか。今後の活動に注目したい。

なお、本章をまとめるにあたり、元北海道大学大学院の玉木大樹、石垣佳政両氏の協力を得た。ここに記して感謝する。

註

＊1――函館日日新聞社『函館市誌』（昭和一〇年）六二五頁

＊2――前掲『函館市誌』六二八頁

＊3――明治一〇年から二〇年まで函館支庁に勤務した官僚で、市街の改正、谷地頭の埋立て、函館公園の開設、水道の計画などのほか、教育や衛生に尽力した人物。明治一一年に模範的農場経営を目的として、字湯ノ川通に五〇万坪の広大な土地を購入し「時任牧場」を開設。牛馬を飼い、西洋式農具で大規模な開墾を実行し、穀類、野菜、牧草を栽培したという。

＊4――明治末に五十嵐市太郎から五十嵐正次郎に相続され、大正四年の台帳では所有者の欄に「渡邊源太郎」と記されている。三代目熊四郎の旧名は「林源太郎」であり、二代目熊四郎は存命中（大正五年没）なので、台帳にこの名前が記載されていると考えられる。

＊5――『函館新聞』大正九年二月二五日

＊6――『函館日日新聞』大正一二年二月一五日～一七日の特集「郊外生活」より抜粋。

＊7――『函館新聞』大正八年六月一五日

＊8――市立函館図書館所蔵

＊9――市立函館図書館所蔵

＊10――市立函館図書館所蔵『ニコニコクラブ』大正一四年一一月号二一頁、「みどり町の奥様拝見」と題されたコラムより。

＊11――市立函館図書館所蔵

＊12――これまで、この「開發文化村」の呼称は、後述する「文化村」と混同されてきた。『函館市制実施写真帖』では「渡邊合名会社」に関する写真を集めたページに掲載され、さらにキャプションに「開發文化村（渡邊合名会社所有）」とあるため、渡邊熊四郎との関連を指摘できる。また図6の古写真の左側に遺愛女学校本館らしき建物の屋根が確認されることから、「開發文化村」は「みどり町通り」の別称であると判断した。

＊13――市立函館図書館所蔵

＊14――これら特徴的な住宅の他に、大正・昭和初期の創建と考えられる住宅が数棟現存する。いずれも寄棟平家の似たような外観を持ち、当初の一区画内に二ないし三棟建っている。新聞記事でいう貸家の可能性も考えられる。

＊15――国書刊行会、昭和六〇年

＊16――市立函館図書館所蔵

＊17――『函館日日新聞』昭和九年九月一三日の特集記事「おらが町内を語る」より。

＊18――大正一一年三月設立。組合員四〇名

＊19――『函館新聞』昭和九年九月二七日の特集記事「町から町へ」より。

＊20――市立函館図書館所蔵。『ニコニコクラブ』大正一四年九月号二六頁。「赤い屋根やらみどりの並木◇…文化村の情緒…◇」と題されたコラムより。

＊21――『函館毎日新聞』昭和七年六月一日掲載の「躍進する郊外線　田園都市……深堀　◇モダン文化村など」と題された特集記事より一部引用。

＊22――千葉大学玉井研究室による調査報告

2 関東

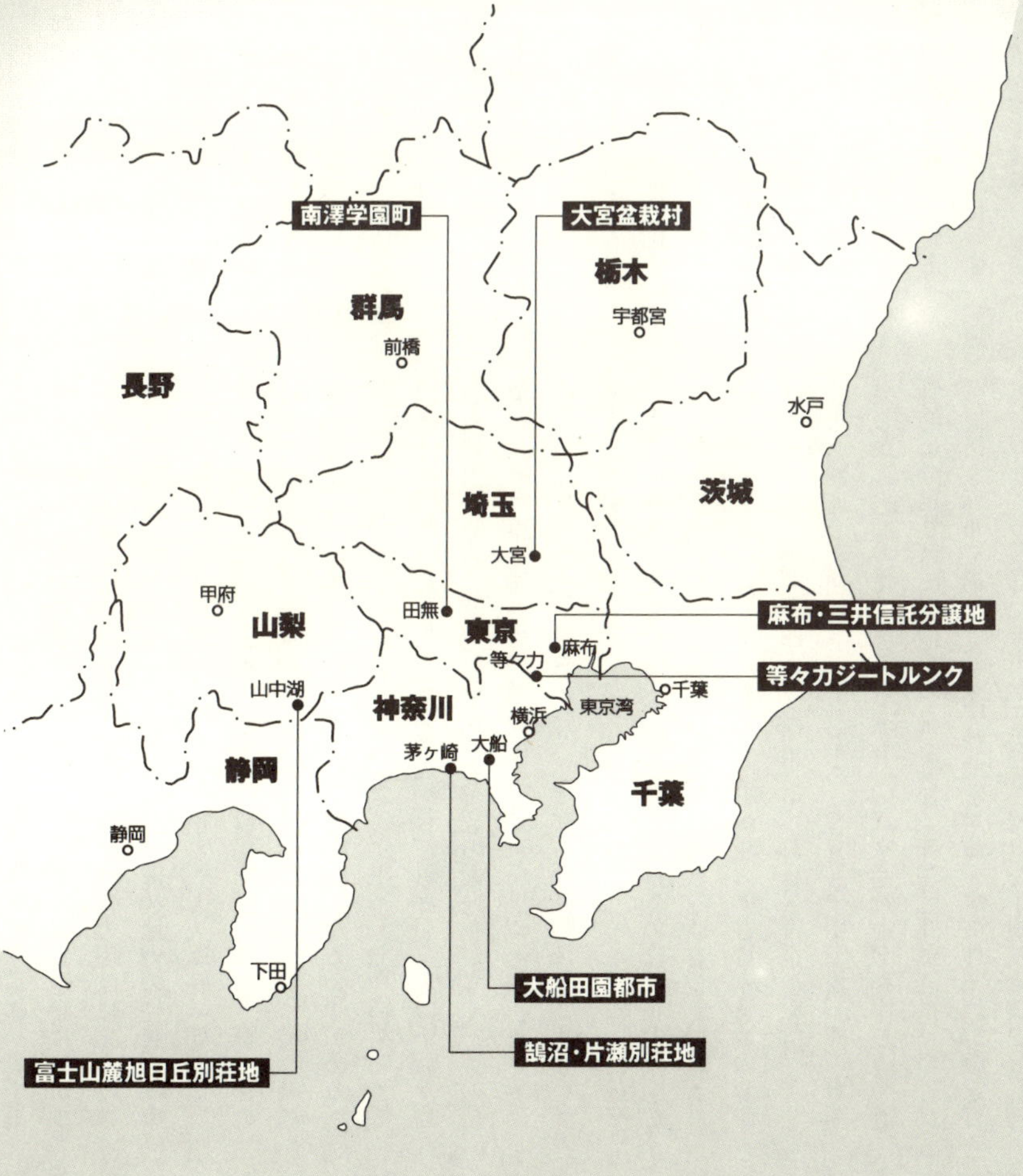
南澤学園町
大宮盆栽村
栃木
宇都宮
群馬
前橋
長野
水戸
埼玉
茨城
大宮
甲府
田無
山梨
東京
麻布
麻布・三井信託分譲地
等々力
等々力ジートルンク
山中湖
千葉
東京湾
神奈川
横浜
茅ヶ崎
大船
静岡
千葉
静岡
下田
大船田園都市
鵠沼・片瀬別荘地
富士山麓旭日丘別荘地

東京で本格的な郊外住宅地が始まるのは明治末年頃からである。その嚆矢が世田谷にある桜新町、これは三井系の（株）東信託京が「荏原郡駒沢・玉川の両村に跨る面積七万一〇〇〇坪」を買収し、碁盤目状に道路区画をしたもので、東京ではじめての私鉄を利用した郊外住宅地である。世田谷でも明治末期になると郊外化の波が押寄せており、明治四〇年に多摩川電気鉄道が開通した。この住宅地はこの電車で通う通勤客を当て込んだものである。（株）東信託京ではパンフレットを発行し、そこにハワードの田園都市を意識した文面を載せており、住宅地に下水、電灯、電話と「郵便局、醫院、浴場、理髪所、日用品販売所」を完備して、月賦による住宅販売方式を試みた。開発手法としては関西の私鉄系による郊外住宅地と共通する部分が多いが、東京では初めての試みである。

ちなみに東京では私鉄に頼った住宅地開発は余り普及しなかった様子である。桜新町の開発後はしばらく途絶え、本格化するのは関東大震災以後からである。その理由としては、関東と関西の社会的な気風の違いもあろうが、具体的には商都大阪に対する政治都市としての成立基盤の違い、つまりは背後に旧大名跡地という巨大な住宅供給能力を備えた内包力の違いであった。東京で都市周辺部に郊外スプロールの兆しが見え始めるのは大正五年頃からである。それでも交通機関は山手線の電化と市電の発達に負っている。建築家の片岡安は当時の郊外化の様相をイギリスの例などと比較しながら、道路・衛生設備や環境面を通してこう描いている。「田園都市經營の際には、必ず道路敷其他一般衞生設備の計畫を樹てざれば家屋の建設に取かゝることが出来ない。之を我國の郊外住宅經營の現状に見る時は、大に其重要なるを感せずには居られぬ。阪神地方の住居、阪南の天下茶屋、東京近郊の千駄ヶ谷、柏木、大久保等の郊外住宅は、一般に系統ある敷地分劃や衞生設備を考へずに、箇々獨立に建て列べたのであるから、其繁雜混亂甚しく、日に増し其體裁を失ひ、遂には郊外の不便なる不健康地となるの嫌がある」（『現代都市之研究』大正五年）。このように東京で郊外化が始まるのは山手線を中心とするその周辺からであるが、その千駄ヶ谷周辺は当時から「徳川公爵を初め華族の大地主が多く、其の持地に新築家屋を建てて利殖の道を計って行く」（『報知新聞』大正二年五月六日）ことで有名であり、なかには計画性を考えない乱雑な土地経営も見られていたのである。

東京が極端な住宅不足の問題に悩まされるのは大正七年頃からであり、いずれにしても内包的な発展を続けることができたのは、こうした大名華族や中小地主が経営する貸家貸地のおかげであった。本郷の西方町（明治二一年）、日暮里の渡辺町（大正五年）、駒込の大和郷（大正一〇年）、そして箱根土地（株）が開発した震災前の住宅地はこうした旧武家屋敷地を利用しつつ計画的に分譲されたものである。また（株）三井信託においては、震災後も麻布や赤坂で武家屋敷地を対象とする住宅地分譲を行っており、こうした地主から委託を受けた小規模分譲はむしろ東京において普通の出来事であった。

　東京で本格的な計画的住宅地が開発されるのは大正一〇年頃からである。その理由は大正七年の都市計画法、大正一〇年の住宅組合法の制定で、郊外における住宅地の整備と中産階級の住宅取得の条件が整ったこと、さらには旧市街地の人口が飽和状態となり、震災後に向けた郊外での発展が必要性に迫られたことであった。山手線の外側では、大正七年に渋沢栄一が「田園都市株式会社」を設立し、大正一一年頃に洗足・田園調布で大規模分譲を始めている。また東海道沿線では渡辺家が大船駅前に一〇万坪の土地を購入し、本格的な田園都市の建設を始めており、これらは当時の郊外住宅地としては理想的な条件を備えたものであった。

　ちなみに東京では、住宅地開発において私鉄と土地会社が占める割合はそれほど高くない。（株）三井信託にしろ、箱根土地（株）の分譲地にしろ、震災前はほとんどが大名跡地を再分割した区画分譲であり、私鉄のケースとしては小田急沿線に計画された「成城」と武蔵野鉄道を利用した「大泉学園」や「南沢学園町」、省線を利用したものでは中央線（旧甲武鉄道）を中心に計画された国分寺の北にある「小平」や「国立」（開発は区画整理事業と土地会社である）の各学園都市、都心から郊外に目蒲線を敷設した「田園都市株式会社」を中心とする東京横浜電鉄・目黒蒲田電鉄による経営地があるぐらいである。なかでも東京横浜電鉄大井町線の等々力ゴルフ場に隣接して計画された「等々力ジードルンク」は、ヨーロッパにある集合住宅を日本の郊外住宅地に定着させる意味において実験性を持つものであった。このように東京では地主を中心とする土地区画整理事業が東京西郊四区で総面積の二三三二ヘクタールを占めており、主流であり、こうした中から良好な環境を持った住宅地が生まれてくる。こうした点も東京・関東で見られる郊外住宅地の系譜の特色である。

　関東地域における郊外住宅地の始まりがいつ頃からか、それを断定することは意外に難しい。それというのも、東京では明治末頃から都心部で人口が急増し、都市基盤が整備され、それと共に徐々にではあるが、その徴候が見られるようになったからである。しかし、関東全体を見渡した限りでは、遥かに早く原形とも言える別荘生活が始まっており、たとえば明治一三年から一八年にかけては青木周蔵らの政府高官等が那須プランテーションで農園付きの別荘地経営を始めている。これはプロシャの地主貴族（ユンカー）を手本としたもので、広大な敷地のなかに、数棟の別荘が離れて点在して建っている。したがって、計画的住宅地と言える代物ではないが、貴族が郊外を発見し、その結びつきを強めていった点では貴重な例と言うことができよう。

　こうした貴族による別荘住宅地の形成は明治二〇年頃から山岳と海浜の避暑地でそれぞれ試みられた。たとえば箱根では箱根離宮が明治二〇年に完成し、それ以降、岩崎弥太郎らの別荘が明治二四~二五年頃から湯本・宮ノ下に点在し、湘南海浜リゾート地でも明治二〇年の鎌倉海浜ホテルを契機として、結核療養と保養を兼ねた別荘客が訪れている。旅館東屋を経営する伊藤将行が明治二二年に、藤沢・鵠沼に計画した貸別荘用の住宅地分譲はこうした結核療養と保養の別荘客を当て込んだものである。明治三〇年代には別荘生活が庶民の間に広まって、軽井沢では明治三二年に「鹿島の森」(鹿島岩蔵)が、御殿場では「二の岡」で外国人による「亜米利加村」(R・S・バンディング)が計画されている。藤沢で大給子爵が海浜リゾート地の(株)鵠沼土地を経営するのは明治三九年である。もちろん、これらは自然発生的な要素を含んでおり、計画的住宅地と言えるものではないが、郊外との結び付きを強めていった点では見逃せない。

大正期以降、郊外生活は大衆化し、民間の別荘地分譲が庶民を対象として次々に計画された。箱根土地(株)では千ガ滝別荘地(大正七年)と南軽井沢(大正六年)を計画し、野沢源次郎が離山付近で別荘地分譲(大正四年)を手がけ、また法政大学村(大正一二年)などが大学の夏季講習を発端として軽井沢で開村されている。箱根では強羅分譲地(明治四五年)が最も早く計画され、次いで向山別荘地(昭和四年)と御殿場温泉荘別荘地(昭和三年)、その他に野尻湖でも神山国際村(大正一〇年)や富士山麓で山中湖畔を中心に「旭日丘」分譲地(大正一五年)が形成されている。これらははじめから道路を碁盤目に区画して、水道のインフラなどを整備して庶民向けの別荘分譲なども行っており、開発手法としては民間の土地会社が手がけた郊外住宅地と共通する部分が多い。こうしたところから影響を受けながら、郊外住宅地の計画が促進されたのも関東地区に見られる特色である。(藤谷陽悦)

③

「旭日丘」別荘地／山中湖

アメリカからの影響、もうひとつの理想郷

藤谷陽悦

はじめに

大正六年九月二五日、午後四時三〇分、東京の帝国ホテルに一六名の財界人が集まっていた。

会合の目的は「富士五湖を點出せる岳麓一帯の地は海抜三千尺を超えた熔岩地帯で、空氣乾燥清澄、健康上申分なき淨境である。……婦人子供にも親しみ易い華麗な裾野の曲線と之に織り成した様々の花卉や千種の眺めは、豪宕雄大、清純典雅の風趣を綯ひ交ぜて岳麓獨特の壯観を展開し、四季を通じての行樂亦頗る豊かに、眞に現代的且つ民衆的別荘地として、將た國民的大公園として缺くる處なき理想郷」[*1]を創ろうとするものである。

小野金六、根津嘉一郎、堀内良平、小池国三、神戸挙一、若尾謹之助、若尾章一、若尾璋八、若尾幾造、志村源太郎、雨宮亘、吉屋徳兵衛、穴水要七、新海栄太郎、岡本英作、堀田金四郎。

いずれも山梨県が東京に送り込んだ錚々たる実力者たちである。すなわちこれらの人たちで富士山麓の北側を開発し、日本有数の別荘地として売り出そうという相談事であった。

ちなみに山中湖は今でも訪れる観光客が多いが、この富士山を見上げるような優れた景勝を利用して、そこを中産階級のリゾート地にしようと計画したのが大正一五年、富士山麓電気鉄道(株)であった。富士山麓電気鉄道(株)は富士急行(株)の前身であり、日本でいち早く観光事業を始めた鉄道会社として知られている。富士山麓電気鉄道(株)では富士北麓を対象にゴルフ場やホテルを経営して、姉妹会社である富士山麓土地(株)を設立し、併せて山中湖畔で「旭日丘」の別荘地分譲を行っている。旭日丘では徳富蘇峰が居住した「双宜荘」がただ一棟、昔の面影を伝えており、偶然にもこの分譲地の施設と全体計画をまとめ上げたのが大船田園都市(株)の主任技師を務めたこともあった山田馨であったのである。

大正期に入ると田園都市運動の浸透に伴って、別荘生活が郊外での理想郷として考えられるようになる。したがって、別荘生活は郊外生活の延長上にあるのだが、これらの計画は余り論じられた経緯がない。ここではこうした山田馨への興味に加え、富士山麓で開発された「旭日丘」分譲地について語ってみたい。

堀内良平と交通開発

富士山麓の別荘地は山梨県南都留郡旧中野村から旧福地村にまたがる約二〇〇万坪の土地である。開発を手がけたのは富士山麓電気鉄道(株)とその姉妹会社である富士山麓土地(株)であった。

社長の堀内良平(図❶)のプロフィールについて紹介すると、彼は明治三年に甲府県八代郡上黒駒村新宿に農民の子として生まれた。彼が生まれた上黒駒村は海抜五〇〇メートル以上に及ぶ高所である。海に面した都会に出るには、御坂峠を越えて河口湖・山中湖の湖畔沿いに鎌倉街道を進むか、身延山をすり抜けて富士川の舟運で駿河湾に出るしかなく、東海道と結ぶ鉄道の敷設は長年の懸案であった。堀内良平は明治一六年に長塚尋常小学校高等科を終えると、一時期役場の吏員となり、地元の漢学塾である「成器舎」を終えてから、明治二三年に上京した。既に子供を抱えた既婚の身であったが、その目的は広く勉学を志すためであった。

ちなみに甲州人には実業家として名を成した人が多い。たとえば阪神急行電鉄の小林一三は成器舎で、堀内良平と一緒に机を並べた同窓である。また横浜で生糸を中心に活躍した貿易商の若尾逸平、甲府鉄道の雨宮敬次郎、富士身延鉄道の小野金六、日本観光の小池国三らがおり、甲州財閥と呼ばれる彼らは三井・三菱などの公家財閥に対抗するため結束力が固いことでも有名であった。なかでも堀内良平が最も影響を受けたのが東武鉄道の根津嘉一郎である。根津嘉一郎は堀内良平よりも約一〇歳程の年長で、何かにつけて相談に乗ってくれたという。

堀内良平は東京に出てから甲州と郷里・上黒駒村のために尽力した。東京では神田錦町にある英吉利法律学校に通う傍ら、駿河台の烏丸伯爵の屋敷を借りて、甲州人のための私塾を開いている。また郷里に帰ると報知新聞社の山梨支局長となり、甲州の情報を東京に書き送り、東京と山梨の情報を繋ぐパイプ役を果たしている。桑畑の耕地を広げるために神座山御料林の払い下げ運動に奔走したり、甲州葡萄酒の醸造育成に尽力したのも彼である。

堀内良平は四〇歳を過ぎた頃から鉄道事業に精力を傾注した。甲府は周囲を山で閉ざされた山国であり、地元の産業振興には甲府と駿河を結ぶ鉄道会社が必要であった。明治四五年に富士身延鉄道（株）を設立して、一部の区間で走っていた軽便鉄道の「富士鉄道」を買収し、自らが専務取締役となって働くのである。大正七年には東京渡辺銀行の渡辺六郎に相談し、これからのモータリゼーションの時代を見据えた東京市街自動車（のちの東京乗合自動車）というバス会社を作っている。堀内良平は甲州の発展のためには交通機関の整備が必要であると考えて、様々な形で惜しみなく尽力したのである。

富士山麓構想

富士山麓構想もこうした流れの中から生まれてくる。

ちなみに富士山麓構想は山梨県と民間企業が一緒になった半官半民事業である。具体的には大正一五年九月一五日に富士山麓電気鉄道（株）と富士山麓土地（株）が設立され、実施に移されるようになる。しかし、こうした話はすでにそれ以前から起きており、大正六年九月二五日には志村源太郎、小野金六、根津嘉一郎、神戸挙一の四氏が発起人となり、山梨県出身の実業家である若尾幾造や堀内一雄らを帝国ホテルに招いて、富士山麓の開発問題について協議を重ねている。山脇春樹山梨県知事はこの席上で「富士山麓開発に関する意見」（図❷）という意見を唱えたが、山脇知事によれば、山梨県下には鉱山・材木・

図1　堀内良平（左端、山脇春樹県知事らと「白糸の滝」を視察）

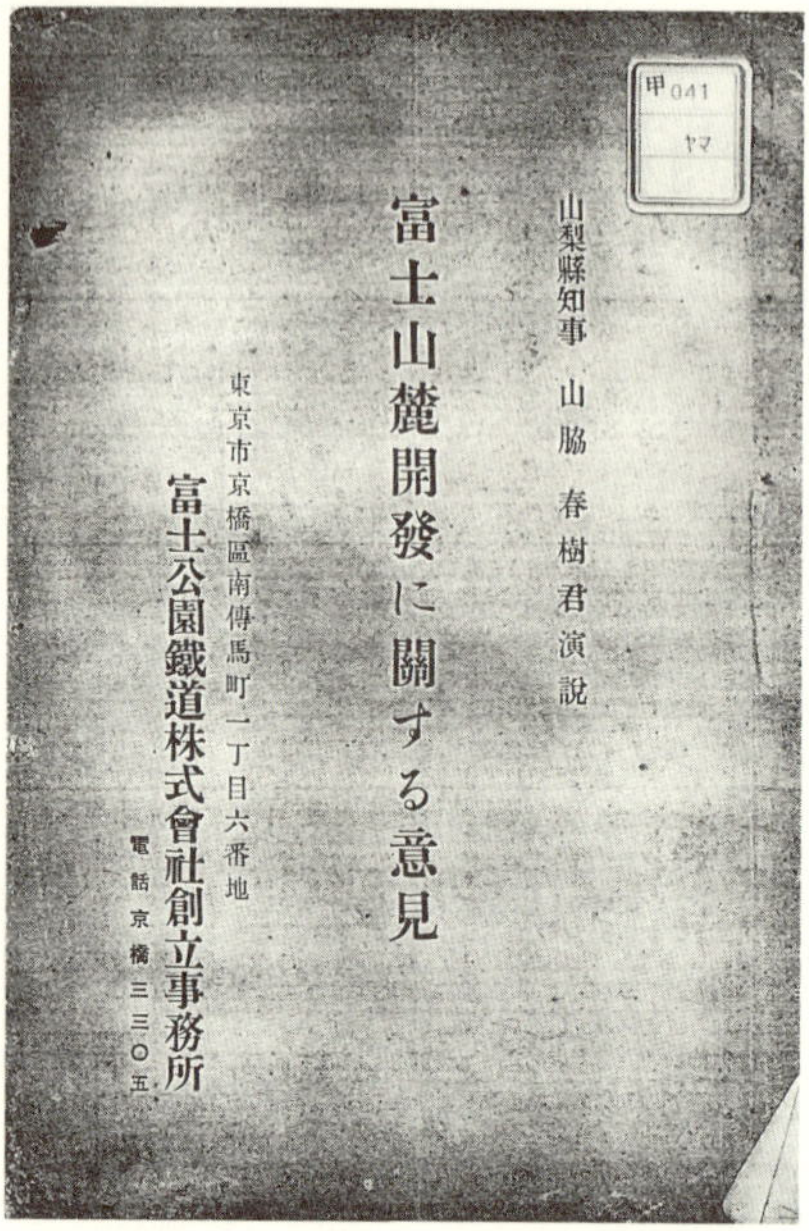
甲041
ヤマ

山梨縣知事　山脇　春樹君演說

富士山麓開發に關する意見

東京市京橋區南傳馬町一丁目六番地
富士公園鐵道株式會社創立事務所
電話京橋三三〇五

図2　富士山麓開発に関する意見書

水力・天然の風景という四つの資源があり、これらはすべて交通の不便によって遮断されている。そこで富士身延鉄道を甲府駅まで延長して、鉄道・道路などの交通網を整備すれば、山梨県は資源活用の意味で大いに潤うというものであった。その一つとして登場してきたのが富士山麓を中心とする観光開発事業である。山脇春樹県知事は事業に当たって次のように述べている。

又山中、精進、河口、本栖、西湖は各々特色がある。此特色に應じて設備をすることになつた、例へば山中はごく大陸的の廣漠たる景色でありますから、之を利用しまして山中の方にはゴルフリンクスを設けることになつて居ります、それから河口は富士裾野の雄大な姿が見えて、四方展開景色に富んで居りますから此所を根據地にする、西湖はちよつと瑞西山中の湖水のやうな形がありますから、之を矢張り其向に利用して根場にホテルを拵へる、精進は富士の形の最も佳い所であり、殊に青木ケ原の見ゆる所でありますからして此所にもホテルを拵へる、本栖の方はまだ場所はきまりませぬが此所にもホテルを拵へる、本栖の方は一方には大室山の潤葉樹林、湖水の周圍には龍ケ岳の潤葉樹林ありて秋の景色の最も佳い所であるのみならず、冬は幾千萬の鴨が集まる所でありますから、是等のものを利用して銃獵をするやうな適當の設備をすると云ふことになつて居ります、又一面には御用邸でも設けて戴くことになると開發上非常に宜しからうと思ふ、聞く所に依ると箱根日光は濕気が多く、他に適當なる場所を宮内省に於ても御選定中であるさうです、宮内次官にも會つて御話を致しましたが、富士の北麓は交通が不便だからと言つて居られる、交通さへ宜ければ御選定にならぬとも限らぬと思ふのであります。[*2]

つまり富士山麓には山中湖・精進湖・河口湖・本栖湖・西湖といった様々な特色を備えた湖があり、そこにホテルなどの宿泊施設を用意して、自然の風致を利用した観光産業を育成しようというのである。事業は小野金六、根津嘉一郎、若尾幾造、若尾謹之助、神戸挙一、小池国三、雨宮亘、堀内良平、関本英作の九名が会社創立委員となってその準備を進めたが、それでも当時は観光に対する理解が乏しくて、堀内良平が大正七年四月一〇日に約五〇名の山梨県会議員や市会議員を集めて富士山麓委員会の説明会を開いた時も、ほとんど相手にされない状態であった。

こうしたなかで、この計画を具体的に前向きな形で検討したのが次期県知事となる本間利雄である。本間利雄は大正一三年六月に県知事に就任すると、同一四年三月二〇日に庭園学の権威である田村剛林学博士を日本工業倶楽部に招いて、そこで「国立公園としての富士山麓の施設」（図❸）と題した講演会を行った。講演記録の前書きには次のように記されている。

今回、山梨縣知事本間利雄氏主唱と成り、県下官民有志の發起にて、富士山麓勝地開發の企畫を爲し、在京山梨縣人實業家亦熱心此擧に應援して其實行に黽めつゝあり。其方法の一として岳麓を周遊する電氣鐵道會社（資本金五百萬円）及別莊地を經營する土地會社（資本金壱百萬円）を創設し、岳麓に於ける山梨縣有地三百萬坪の永遠貸附を受くると共に、沿線町村有地壱百萬坪を買収して、之を兩會社株主に開放し、以て別莊の施設を民衆的ならしむる一方、延いて國民の保健、教化に貢獻し、且つ多數の内外觀光客を誘致せんとす。然も現在の風致を保存し、更に將來國立公園としての施設に對應せしむる爲め、欧米各国に於ける國立公園の調査をなし、最近歸朝せられたる斯道の權威林學博士田村剛氏を聘し、大正十四年三月二十日本間山梨縣知事を始め…（中略）…の諸氏其他十數名日本工業倶樂部に集まり、同博士の講演を聽取したるを以て、其筆記を謄寫に代へ、廣く同好の士に配布せんとす。[*3]

これから講演会は富士山麓構想を実現させるデモンストレーションであったと考えられる。

田村剛博士は欧米諸国を歴訪した経験から、アメリカには庶民が自然に親しむ制度として国立自然公園制度があること、日

図３　「国立公園としての富士山麓の施設」の講演録

図４　山田馨，提供：山田達夫

本でもこれからはこうした公園制度が必要であること、それには理想的な景勝を備えた富士山麓が計画地として最もふさわしい、すぐにもアメリカ国立公園制度を参考にして、富士山麓における観光事業を実施に移すべきだと推奨したのである。具体的な方法としては、

(1)国民の保健教化に必要な野外休養地の設置。
(2)アメリカ・カナダの国立公園制度を参照する。
(3)交通機関を整備して、山岳周遊を可能とする。そこにホテル・別荘を設けて景勝を楽しめる宿泊施設を整える。
(4)公園への鉄道利用と公園内の自動車交通。
(5)富士山麓と似たタコマ富士を有したレニア国立公園を手本に考える。

を挙げている。

アメリカでは自然公園計画を鉄道会社が国立公園と密接な関係を結びながら進めている。たとえば鉄道会社のマークにグレシア国立公園の宣伝文句を刷り込んだグレートノーザン鉄道を例として、日本でもこれからは鉄道会社が行政機関と連携を保ちながら計画を進めていけば、きっと成功するはずであると説くのである。

山梨県では富士山麓構想を具体的に進めていくための「富士嶽麓開発計画書」を大正末頃に策定した。『富士山及其の付近』（山梨県山林会、一九二八）にはその内容が紹介されている。立案された計画は、

(1)自動車道路を中心とした周遊プランの確立。
(2)保護樹林や天然記念物の保護と保存地区の設定。
(3)宿泊所・休憩所・展望台・スキー場・ゴルフ場などの観光施設の整備。
(4)三〇〇万坪以上の規模を誇る別荘地経営。
(5)県有地の払い下げを受けた別荘地経営。

などである。

これらを読むと、富士山麓構想は田村剛博士の講演内容とほとんど同一の内容を持っていることがわかる。富士山麓構想はアメリカの国立公園制度を手本としながら、田村剛博士の講演内容に添う形で実施されていくのである。

大正一五年九月一五日には富士山麓電気鉄道（株）と富士山麓土地（株）が設立され、具体的な形で計画がスタートした。会社の社長は会社創立委員を務めた堀内良平である。堀内良平は元新聞記者という立場から、根津嘉一郎から欧米の国際ロータリークラブにおける実業家の話を聞いており、実業家として

何をなすべきか、社会貢献の意味を力説したという。したがって土地の狭い甲府における農業育成に見切りをつけ、産業育成という立場から、観光産業が早くに打ってつけの事業であることを各方面に説いて回ったのである。堀内良平は元ジャーナリストであった才覚を生かして、富士山麓電気鉄道（株）のパンフレットに次のような文章を載せている。

而して今次山梨県に於て、官民一致の企画を以て、米国レニア国立公園の施設に倣ひ、先つ交通機関を整備する為の資本金五百万円を以て富士山麓電気鉄道会社を創立し、別に姉妹会社として資本金壱百万円を以て富士山麓土地会社を創立し、民衆的別荘建設に関する施設をなさんとす。[*4]

ここには「官民一致による企画」として事業が進められていく様子が紹介されている。しかも日本では珍しくアメリカのレニア国立公園を手本として、交通機関と別荘施設を整備すべく謳っており、富士山麓構想はこうした新しい目論見のなかで始められていくのである。

山田馨と観光事業

こうした富士山麓構想の一つとして計画されたのが「旭日丘」分譲地であった。

前述のようにこの分譲地の建築を計画したのが大船田園都市（株）の主任技師を務めた山田馨（図❹）である。山田馨については「建築士」を申請した際の履歴書[*5]が残されており、その略歴を知ることができる。それによると、山田馨は大船田園都市（株）の在職途中から東京乗合自動車（株）の嘱託技師となり、主に大正一四年一月から新宿・品川・堀之内にある車庫工事を手がけていた。東京乗合自動車（株）は渡辺六郎が堀内良平と一緒に始めた乗合バス会社である。大船田園都市（株）は大正一四年頃から経営不振が始まって、山田馨はこうしたことから堀内良平の斡旋で在職したものと考えられる。

また大正一五年九月には富士山麓電気鉄道（株）の嘱託技師を依嘱されている。山田馨の富士山麓時代の仕事については、息子である堀内一雄から送られた「業務経歴書」のなかに次のように記されている。

証明書

嘱託　山田　馨

右者大正十五年九月十八日ヨリ現在ニ至ルマデ当会社嘱託トシテ随時勤務シ其間富士山麓電鉄沿線ノ本社々屋ヲ始メ各駅舎、変電所等ノ新築工事、並ニ静岡県下乗合自動車線沿線ノ車庫其他ノ建築工事及ビ当会社経営ノ山中湖ホテル（約六百坪）こなや旅館（約三百八十坪）旭日ケ丘事務所（約二百五十坪）ヲ始メ個人別荘三百余棟ノ建築工事ノ主任技師トシテ設計監督ヲ担当シ最モ堅実ナル業務成績ヲ以テ引続キ今日ニ及ベル事ヲ証明ス。

昭和二十五年十二月　日

富士山麓電気鉄道株式会社取締役社長　堀内　一雄

専務取締役　永村日出夫

山田馨はここで、主に事業所・駅舎・変電所・乗合自動車の車庫・山中湖ホテルの設計を手がけており、また約三〇〇棟近くの個人別荘を請負った。ここでの記述は「旭日丘」分譲地の施設内容とほとんどの部分で一致するので、山田馨はそこで専属で働いたものと考えられる。

ちなみに山田馨が富士山麓電気鉄道（株）に入社できたのは、早くからアメリカの田園都市やホテルの研究を始めていたからであった。山田馨は大正一二年一一月二五日から一三年一〇月一〇日までの約一年間、「アメリカ合衆国ニ於テ田園都市・ホテル・アパート其他一般研究」のためアメリカへ出張した。山田馨が外遊先としてアメリカを選んだ理由は定かでないが、おそらく（株）資生堂の福原信三の薦めがあったと考えられる。

福原信三は中央区銀座で（株）資生堂を営む傍ら、（株）大船田園都市の専務取締役を務めており、薬品に近かった化粧品をハイカラなパッケージに入れて都会的な商品に生まれ変わらせるなど、当時としては珍しくアメリカナイズされた性格を持っていた。

福原信三は明治三九年に千葉医学専門学校を卒業し、明治四一年から化粧品研究のためコロンビア大学薬学科に留学し、卒業後もドラッグストアやニューヨーク郊外の化粧品会社「バローズ・アンド・ウェルカム」で働きながら、郊外のヨンカースで七年間の田園生活を送っている。福原信三は大のアメリカ好きで、山田馨にもアメリカ行きを奨めたものと考えられる。福原信三は事業家の一方で、日本では風景芸術写真の先駆者として風景芸術運動に携わり、昭和一一年に「都市美協会」の理事評議員を務めるなど、都市美に対して大いに関心を示していた一人として知られている。こうした福原信三の都市美への関心はアメリカ時代に築かれたものと考えられる。

それというのも福原信三が滞在した一九〇六年（明治三九）から一三年（大正二）頃にかけてのアメリカは、一八六二年のセントラル・パークの成功が功を奏して各地で都市公園が設立され、一八九〇年代から全国的な形で都市美運動が展開された時代であった。オープン・スペースへの関心が急速に高まって、生活に結びついた小公園の必要性が認識され、リクリエーション運動の展開と共に森林・河川等を利用した、都市近郊のリクリエーション公園に関心が集まったのもこの頃である。また郊外では交通会社が河川・湖・海岸沿岸のリゾート経営を支配して、一九〇七年にシカゴで第一回全国リクリエーション会議が開催され、積極的なリクリエーションとの調和を図る自然保護への関心が集まってきた時代であった。一九一六年には国立公園局が設置され、内務長官レーンが国立公園局長ステフェン・マザーに宛てた手紙によって、国立公園政策が一九一八年にはじめてアメリカで樹立されている。福原信三はこうした都市美と自然保護運動のなかでアメリカ生活を送ったのである。都市美に関心を持つ福原信三がこうしたアメリカでの一連の動きに初めから無関心でいられたわけはない。富士山麓電気鉄道（株）はアメリカの観光政策に多くを学んでいるが、山田馨は福原信三を通して観光と公園緑地の問題に関心を傾けたものと考えられる。そして最終的に、富士山麓における旭日丘分譲地でその腕を振るうことになる。

山中湖畔「旭日丘」分譲地

大正一五年一〇月には電気軌道とバス乗合事業に関する建設工事が始まった。それとほぼ同時に富士山麓土地（株）が資本金約一〇〇万円で設立され、山中湖畔一帯の開発事業が開始されることになる。富士山麓土地（株）が構想する別荘地計画は山中・本栖・精進湖畔と吉田・鳴沢村内にまたがる約四〇〇万坪の敷地であった。この敷地の取得方法についてパンフレットには次のような記述がある。

山梨県は両会社の設立を助成する為め富士山麓中別荘建設に公適せる県有地中最優勝地積三百万坪を借地料一カ年一坪金五厘を以て永遠借地の許可を与へられ又沿線町村は共有地壱百万坪を一坪三十銭の低価を以て売渡の契約を締結したり。[*6]

山梨県では別荘地の開発に当たり「富士岳麓貸付開発地貸付規定」を告示した。つまり景勝の優れた三〇〇万坪の土地を県有地の中から一坪五厘の借地料で貸し付けて、残りの一〇〇万坪は隣接市町村の共有地から坪三〇銭の低値で譲渡してもらう方法を取ったのである。富士山麓土地（株）ではその後においても山梨恩賜県有地から山中湖畔一六七万坪の貸付を受けている。山梨県としては、たとえ一民間企業の開発事業であっても、事業がもたらす利益は山梨県側にとっても莫大であり、郷土にかける思いは同じであったのであろう。富士山麓の開発計画は山梨県から莫大な援助を受けて進められていくのである。昭和二年の東京虎ノ門ビルで開催された「第一回土地分譲」の抽選会では、その具体的な証拠を示す「株主に対する土地の分配」を次のように定めている。

会社は山中、本栖、精進三湖畔及吉田、鳴沢地内の四ケ村に於て右四百万坪の別荘用地を占有し、之に水道、道路等別荘地としての必要なる施設を為したる上、全会社の株主に対し単位二十四株に付三百六十坪の割合（一株十五坪の割）にて県有地は借地、町村有地は賣地何れにても株主の希望に任せ原価同一条件にて其権利を移転するものとす[*7]

つまり四〇〇万坪の土地を別荘地として占有し、そこには最初に水道・道路などを敷設する。そのうち一八〇万坪は「旭日丘分譲地」として株主に一二万株で提供し、残りの二二〇万株は保留地のまま適当な時期に処分する。さらに株主には株式二四株につき一区画三六〇坪単位の土地を県有地については借地のまま、県から譲渡を受けた町村有地については株主の希望に添って移転登記を考える。富士山麓土地（株）では山梨県側の好意もあって、原価に近い条件で土地の分譲を株主に告示したのである。別荘地は観光客が増えれば観光料や宿泊料の増収に繋がって、それで観光産業が育成されていく。（株）富士山麓土地では土地販売による短期的な増収を見込むよりも、長期的な視野に立って旭日丘分譲地の発展を考えたのである。

別荘計画と別荘生活、その後

富士山麓土地（株）の「住宅地割図」やパンフレット（図❺）には別荘地の様子が記載されている（現存する史料は、表❶に示すように、「住宅地割図」が二点、山中湖ホテルが一一点、別荘設計図面が五点、堀内良平邸の図面が九点である）。そのうち「山中湖畔旭日丘別荘地分譲貸地割図」（図❻）（富士山麓電気鉄道株式会社：昭和一〇年一月改）によれば、住宅地が東区・中区・西区の三街区に分割され、街区割が自然の地形に沿って計画された様子が描かれている。また「別荘地割図」（図❼）（縮尺：一万分ノ壱）に残された「下書き線」をなぞっていくと、道路の中心線は山中湖畔と籠坂が交差するロータリーを起点にまっすぐ放射状に延びており、

	縮尺
1.山中湖・旭が丘別荘地地割図	
1）別荘地割図	1:10000
2）縣有拝借地間家屋建設敷地平面図（但し、昭和6年以降）	1:5000
2.山中湖ホテル新築工事設計図	
1）立面図（正面）エスキース　5案	不明
2）立面図（側面）エスキース　2案	不明
3）屋根伏及び小屋伏図	1:100
4）左館階段矩形	1:20
5）右館側面矩形	1:20
6）北面矩形及び東面矩形	1:20
7）大階段矩形・展開及び平面図	1:20
8）日本風客座敷詳細　床ノ間及建具	1:10
其の他	1:50
9）階段室・階上女中室・階上便所矩形	1:50
10）付属家浴室設計図・平面及び断面	1:20
11）東端塔屋矩形	1:20
3.別荘設計図	
1）和風別荘設計図（建築面積：13坪75）（平面・立面・断面・屋根伏・小屋伏・地形伏、1927年12月製図）	1:100
2）別荘設計図（建築面積：15坪00）（平面・立面・断面・屋根伏・小屋伏・地形伏、1923年12～3月製図）	1:100
3）別荘設計図（平面・立面・断面・屋根伏・小屋伏・地形伏・軸部詳細）	1:100
4）C号別荘設計図・各部詳細図	1:50
5）別荘詳細図・掛窓詳細図・台所詳細図	1:20
4.堀内邸新築工事設計図	
1）新築平面図　第1案・2案・3案	1:100
2）住宅設計図（階下及び階下平面図・立面図・断面図・地形伏図・小屋伏図）	1:100
3）1階平面図・2階平面図	1:100
4）建物配置図・付近見取図	1:200
5）住宅設計図エスキース（階下及び階下平面図・立面図）	1:100
6）第2号平面図	1:100
7）立面図エスキース（第1案・2案・3案・4案）	1:100
8）小屋梁平面図・2階梁平面図	1:100
9）玄関庇詳細図	
5.別荘建築の志を里	
1）別荘設計図及び建物の概要　第1号・2号・3号・4号・5号・6号（平面・立面）	1:50
2）小別荘設計図及び建物の概要　A号・B号・C号・D号・E号・F号（平面・立面）	1:100

表1　富士山麓土地㈱の所蔵の図面リスト

図5　富士山麓別荘地分譲案内

街区はロータリーから放射状に自然の地形に合わせる形で決められたことが考えられる。別荘地では、宅地の周囲に垣根がなく、一区画三五〇～三六〇坪単位で整然と区画されている。本間利雄県知事は大正五年に外遊してその折イギリスのレッチワースを訪問した経験に基づいて、別荘地の設備と街区について次のような構想を述べている。

> 日本のやうな建築であると、泥棒の關係などから、先づ垣根を作らなければならぬので、其區劃をして見ると非常に狭く感ずる。外國のやうな建築だと垣根も何も要らない。お互の屋敷の區域に目標さへあれば宜い。お互に一つの別荘地帯は一軒の庭として扱はず、又公徳心が發達してゐるから……併し二百五十坪か三百坪を會社が引受けて建築すれば、西洋式にするやうにして不自由なく行けるだらうと思ひます。*8

これから考えると、旭日丘分譲地でも西洋で見られるように開放的な気分を際だたせるために、垣根を廃した美観を意識した景観で分譲地を考えたものと思われる。

ロータリーには山中湖ホテル（図❽❾）とテニスコートが昭和三年八月までに建設されている。また道路を挟んで「こなや旅館」があり、ロータリーからはスケートリンクが湖畔に突出し湖畔からの眺めが重視されて設計されている。「籠坂」の西側

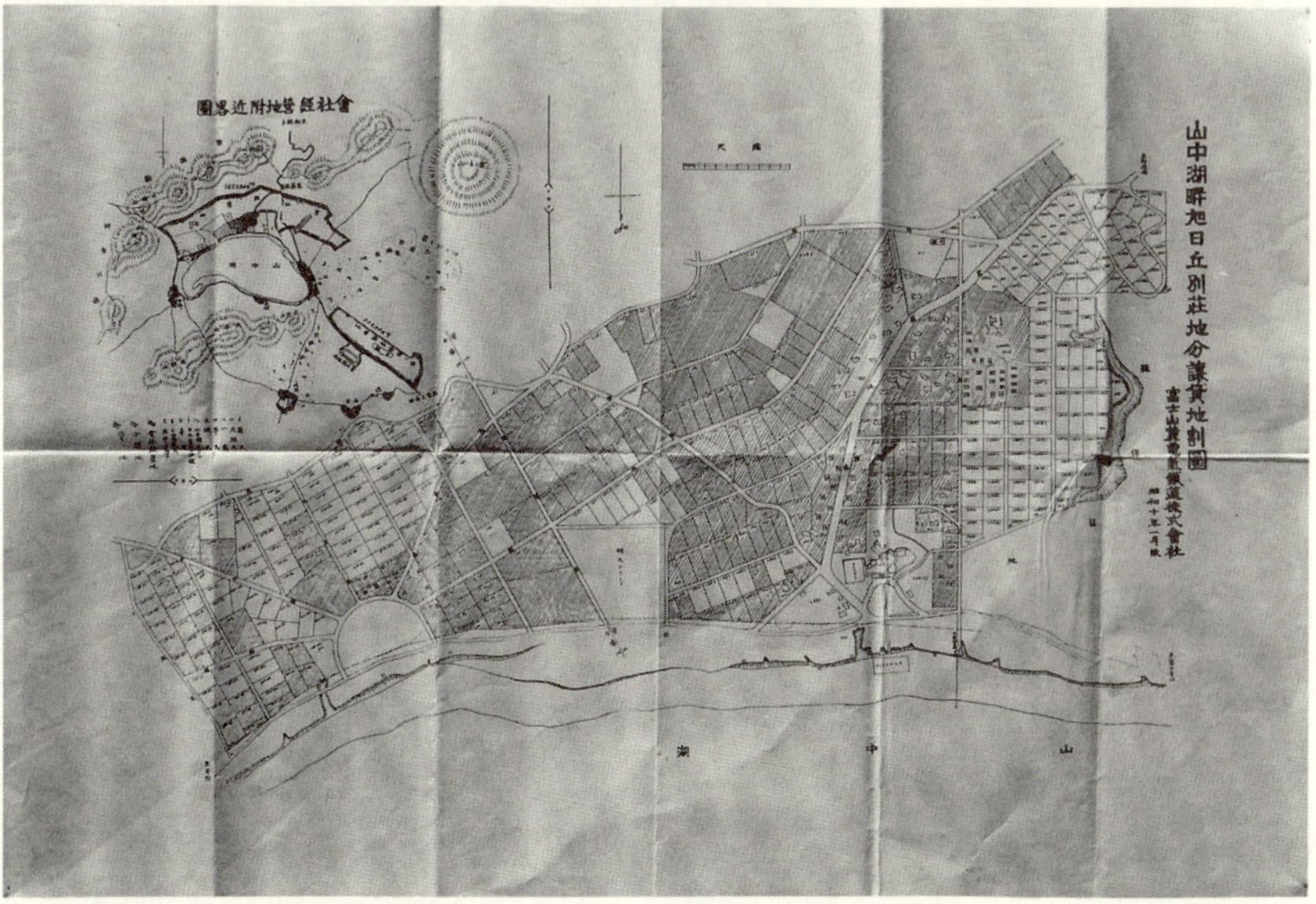

図6　山中湖畔旭日丘別荘地分譲貸地割図

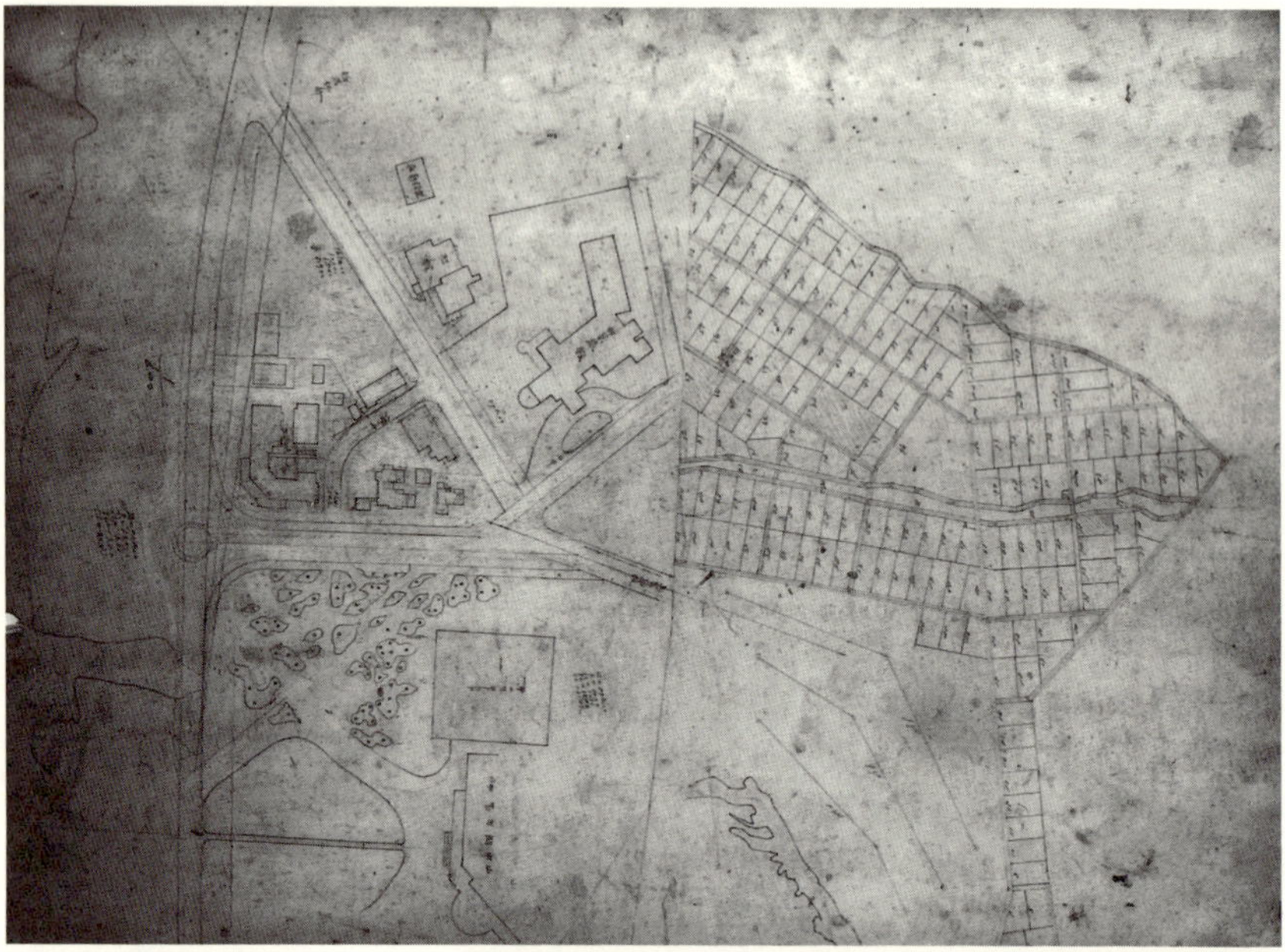

図7　別荘地割図のエスキース

図8　山中湖ホテル

図9　山中湖ホテルのエスキース

には貸別荘街区が区画され、その中心に日本経済倶楽部ハウスが建設され、その北側に取り囲むように和風（A型―一八坪五合、一七〇円：B型―一三坪、一三〇円）と洋風（A型―一五〇円、B型―一二〇円）の二タイプを持った会社直営による貸別荘（図⑩）が昭和一〇年までに七〇棟近く建設されている。またこれ以外に個人別荘（図⑪）が一五〇棟近く建設されている。これらはいずれも山田馨が設計したものである。別荘建築については次のように述べられている。

　居間には北側に縁を設けて立木の間から澄みきった湖面を望み、目を轉ずれば坐ながら楣間に富士の全貌を仰ぐやう致しました、殊に朝霞の中に湖面の白く浮き出づる情趣を、爽やかな床の中で味ひ得らるゝ事は到底他に求め得られぬ特徴であります。*9

　個人別荘は下見板張りの洒落た外観を持ち、妻側にハーフティンバー風の木骨を施している。それに反して室内は玄関脇に洋間を設けた以外にすべて床の間を備えた和室で構成されており、山田馨は洋風別荘地の山林に立つ洒落た外観を意識しつつ、内部は日本的な生活に基づいた構成を考えたものと考えられる。
　富士山麓電気鉄道（株）の旭日丘出張所には別荘地の管理に用いた「別荘名簿」が残されており、そこには戦前の別荘所有者が表❷に示すようなかたちで記されている。松平直国・吉川

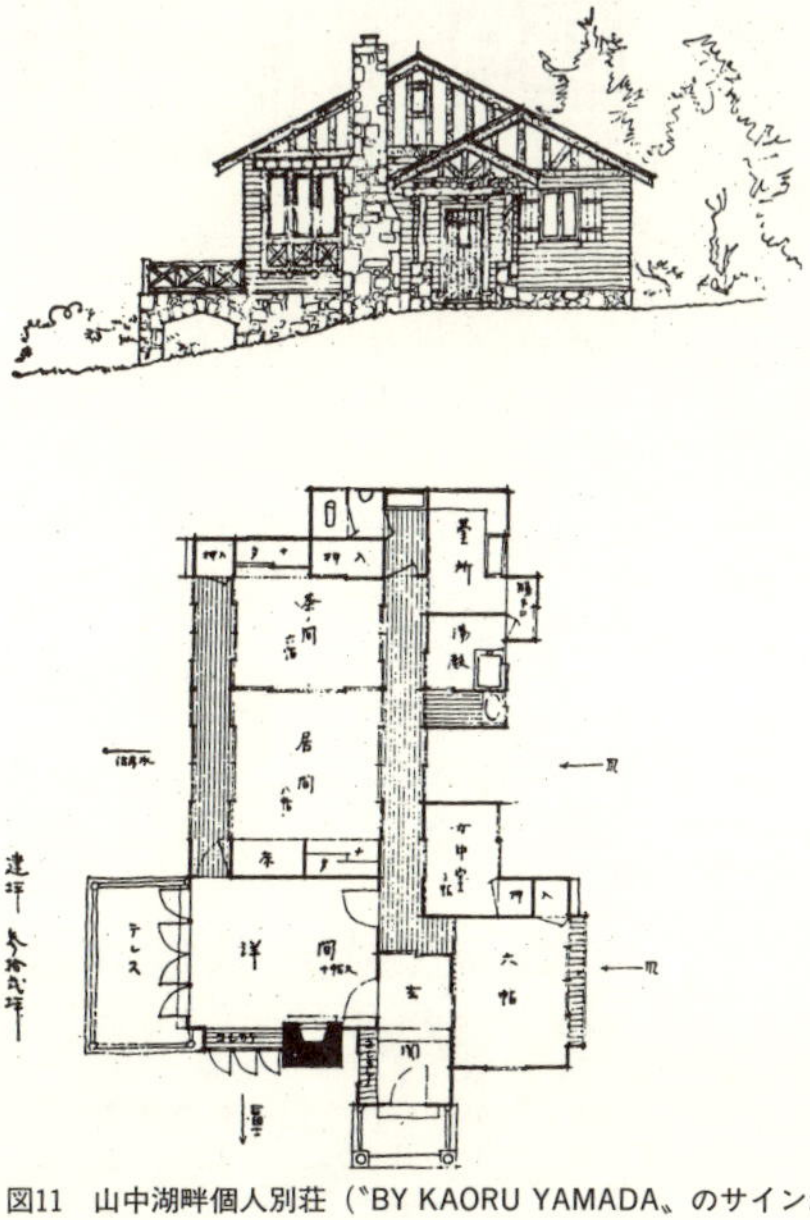

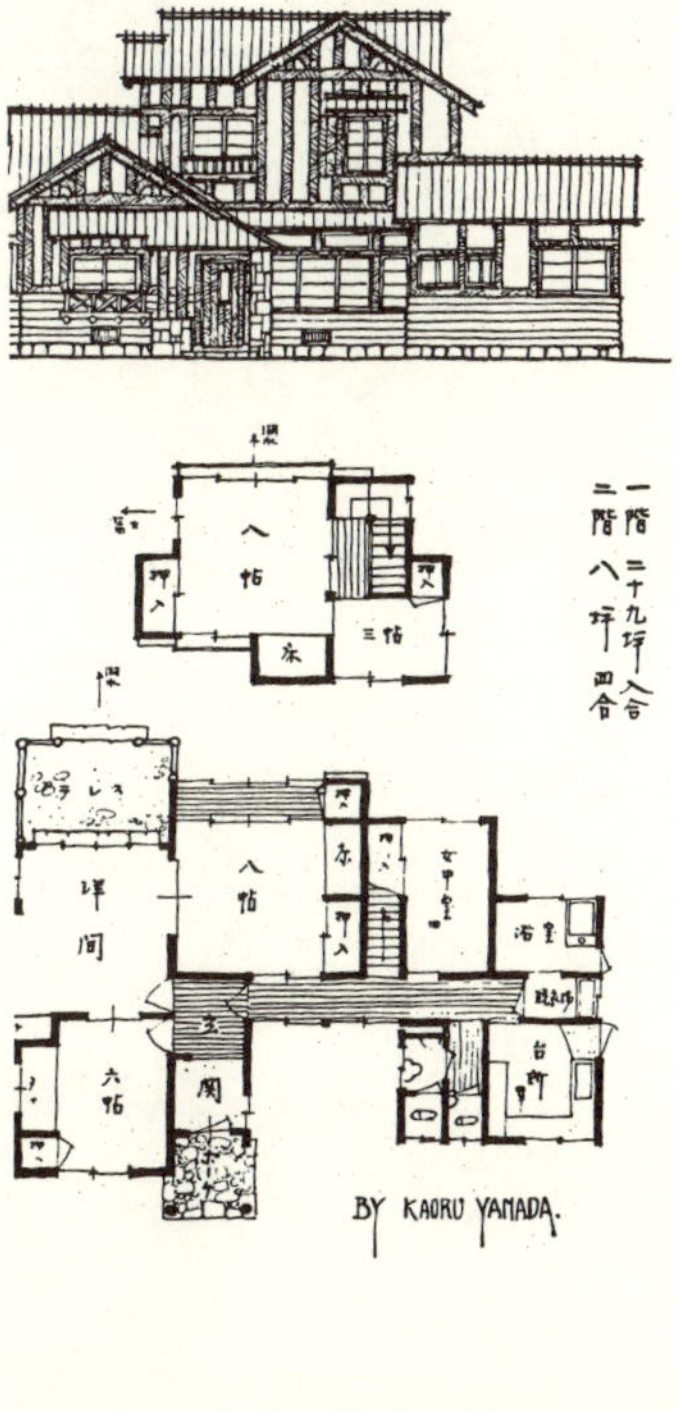

図11　山中湖畔個人別荘（〝BY KAORU YAMADA〟のサインがある）

図10 山中湖畔貸別荘

会社経営貸別荘	35名
子爵	松平直国
会社社長	山東誠三郎、藤井得三郎(龍角散本舗)、高浜徳一(千代組)、山際競(銅材商)
博士	田村耕(医学)、渋谷巍(医学)、金子五策(医学)
書家	山元櫻月
その他	26名
個人別荘	74名
貴族	吉川元光(子爵)、若槻礼次郎・本庄繁・新田義美(以上男爵)、山階芳麿(公爵)
会社員	芹葉清三郎(帝国説明協会理事)、伊藤琢磨・伊藤秀之介・堀内義男・新藤孝平・佐野隆一・屋裕次郎(以上社長)、小島久太・龍野正之・児島国雄・田辺武次・深見俊三郎・児島栄一(以上重役)玉木誠次郎・今井文平・加藤新左衛門・伊藤春誠・藤曲政吉・高瀬玄二郎・北川日出二朗(以上会社員)
博士	佐藤亨、田村耕、中島闘蓬太郎・南大曹・長与又郎・松山陸郎(以上医学)・猪股甚清(法相)
建築家	山田馨、内藤多仲
代議士	木村小左右衛門・小原直(法相)・安藤正純・有田八郎(外相)河原田稼吉(内相)・徳富猪一郎(貴族院)・堀内謙介(駐米大使)
軍人	本庄繁・松井石根(以上陸軍大将)、松井七夫・鎌田弥(以上陸軍中将)
理事総裁	深井英吾(日銀総裁)・芦葉清三郎(帝国説明協会)
自営業	牧茂吉(鉄物商)・森元栄(宮田製作所)・亀井都類(国旗商)・岡虎太郎(著述業)
大学教授	李英介
その他	24名
経済倶楽部	36名
新聞社	石橋湛山・神原周平・宮川三郎(以上東洋経済新報社)、西野喜代作(時事新報社)、田中都吉(中央商業新報社)
会社員	北野内蔵司・瀬下清(以上社長)、里見純吉・玉木夫・石川昂平(重役)、加賀谷小太・小野俊三・井手徳一(会社員)、松谷元三・田口重一(株式取引所員)
自営業	伏原甚一朗(伏原合資会社)・遠山元一(川島屋商店)・徳田昂平(徳田商会)・石橋治郎八(石橋商店)・吉田庄五郎(時計商)・倉持長吉(玩具卸商)・伊藤清七(貿易商)・石川彦四郎(石川匠務所)高橋亀吉・勝田貞次(著述業)
経済倶楽部	三浦鉄太郎(幹事)
医師弁護士	福岡五郎(九段坂病院長)、清水毅
代議士	大口喜六
教授	中瀬勝太郎
その他	6名
ゴルフ場個人別荘	64名
会社員	糸永文吉(社長)、黒崎秀治・小倉康臣・武藤作次・野村秀・金行二朗・後藤達也・西山廣吉(以上重役)・品川主計(富士山麓電鉄専務)
軍人	御堀傳造(海軍少将)・今村信次郎・杉政人(海軍中将)
医師判事	中本誠一(博士)・桑原龍興(東京控訴院判事)
建築業	安井武雄、久野節、川元良一
自営業	深川喜一(深川商会)・市原勝雄(羅紗卸商)・伊藤駿児(船長)

表2 富士山麓旭日丘別荘地 別荘所有者リスト

元光・若槻礼次郎・本庄繁・山階芳麿などの子爵男爵、松井石根（大将）・松井七夫・鎌田弥（以上、中将）らの軍人のほか、田村耕ら医学博士や藤井得三郎（龍角散本舗）・深井英五（日銀総裁）・石橋湛山（のちに総理大臣）の経済人など錚々たる人々が含まれている。戦前期における別荘人の総勢は貸別荘三五人、個人別荘七四人、経済倶楽部別荘三六人、ゴルフ場個人別荘六四人であるが、なかでも主役は何と言っても「旭日丘」を命名した徳富蘇峰であった。徳富蘇峰は国民新聞社の経営失敗で、昭和四年に退社してから失意の底にあり、堀内良平から昭和七年に別荘の提供を受けて旭日丘で暮らすうちに次第に元気を取り戻していったという。『大阪毎日新聞』と『東京日日新聞』に掲載した「富士便り」は富士山麓開発の様子を記したものである。蘇峰の別荘である「双宜荘」も秀麗な富士山の「湖光岳色双つながら相宜し」に因んで名付けたものである。蘇峰はこよなく富士山を愛し、落葉松林のなかを散策し、ここでライフワークとなった『近世日本国民史』の執筆に没頭した。最後は熱海にある晩静草堂に居を移して九五年の生涯を昭和三二年に閉じたが、蘇峰が朝日に富士山が映写する光景に因んで直筆した「旭日丘」記念碑は今も旭日丘公園内に残されている。また「別荘名簿」のなかには山田馨の名前も見いだせる。山田馨は湖畔と山林に囲まれた別荘生活にいそしみながら、別荘とホテルの設計を楽しんでいたものと思われる。

『事業報告書』のなかには、別荘地の発展していく様子が「富士山麓山中湖畔ハ頻年遊覧客ヲ激増殊ニ夏期別荘多数建設セラレ会社直営別荘七十戸外国人別荘八十戸ニ達シ、ホテル、医院、警官派出所、売店、床屋等ノ一切ノ設備ヲ整ヘアリ。又本年ハゴルフ場ヲ建設中ニシテ已ニ九コース及練習コース完成十一月末ニハ使用ス得ベシ」（『昭和一〇年上半期　事業報告書』）と記されている。昭和一〇年頃にはホテル、医院、警官派出所、売店、床屋、ゴルフ場などが完成し、観光客も訪れて次第に賑わうようになっており、また慶応大・文理大・一高・早大・明大・東大・千葉医大・麻生中学などの学生寮が誘致され、学園村としての雰囲気も整えられていった様子である。昭和六年には財界不況で経営状態が悪化して、その不況を吹き飛ばすために「富士ゴルフ倶楽部」と「富士競馬場」を開催したが、経営の主体はあくまでも別荘村としての維持管理にあった。

昭和七年秋、旭日丘を含めた富士山麓一帯は「富士国立公園地域」に指定された。その翌八年四月三〇日に堀内良平も「富士国立公園協会」の初代会長に就任し、アメリカの国立公園制度を目標に進めてきた富士山麓構想は堀内良平の会長就任で、やっと山梨県の悲願としても一応の完成を見るに至ったのである。

まとめ

大正期は「郊外生活のすすめ」と相まって、新しいライフスタイルが様々なかたちで論じられた時代である。これらは中産階級の都市文化として展開したが、郊外における田園生活もそのひとつに数えられるものであった。もっとも郊外における田園生活はそれ程珍しいことではなく、関東においては明治一九年に青木周蔵や山縣有朋らによる那須プランテーション、箱根でも明治二〇年から皇族・貴族等による別荘生活が始まっている。しかし、これらはあくまでも有爵者の閉ざされた趣味の世界のなかで展開したところに特色があった。それに反して大正期では、中産階級にまでその裾野を広げて展開されていく。

旭日丘分譲地は富士山麓土地（株）という土地会社のリゾート計画として展開されたものであった。その場所は富士山の北麓、郊外と言うには余りにもかけ離れた山里に計画されている。したがって、郊外住宅地としては憚るところも多いのだが、その事業経緯を辿っていくと、明らかに郊外生活運動の影響を受けて成立したことがわかる。たとえば、都会における喧噪からの忌避、自然の英気を含んだ野外休養地の推奨、リクリエーション運動を下敷とするアメリカ国立公園からの影響などである。これらは交通機関の整備とともに展開され、大正期において盛んに吹聴されることになった中層階級における生活運動のひとつである。そのなかから、新しい都市文化も生まれてくる。そうした意味では、富士山麓の旭日丘分譲地も郊外生活運動の影響を受けた、立派な郊外住宅地のひとつに数えられると言ってよいだろう。

田園都市―郊外住宅地―リゾート地、日本ではこれらが思想的に分け隔てなくゴッチャに論じられることが多い。しかし、思想的な基盤を持たずとも、日本の文化は同じ理想を目指しながら醸成されていくところに特色がある。それは複合化しつつも、ひとつの理想のなかで、新しい住生活の方向性を目指していく。日本における郊外住宅地も同じであると言ってよいだろう。富士山麓の旭日丘分譲地はこうした日本が目指した理想郷の中での実際の姿を良く示してくれた実例といえる。

註

＊1――『富士五湖めぐり』一九二六年一〇月、富士山麓電気鉄道株式会社

＊2――『富士山麓開発に関する意見』富士公園鉄道株式会社創立事務所

＊3――『林学博士　田村剛氏講演―国立公園としての富士山麓の施設』富士山麓電気鉄道会社、富士山麓土地株式会社創立事務所、一九二五年

＊4――『富士山麓電気鉄道株式会社、富士山麓土地株式会社株式募集』一九二五年六月

＊5――「業務経歴書」は「建設大臣宛・一級建築士選考申請書昭和二六年二月九日」と「登録申請書」に添付された資料で、全部で一〇通ある。

＊6――前掲『富士山麓電気鉄道株式会社、富士山麓土地株式会社株式募集』

＊7――前掲『富士山麓電気鉄道株式会社、富士山麓土地株式会社株式募集』

＊8――『富士山麓開発に関する意見』富士公園鉄道株式会社創立事務所

＊9――『富士山麓別荘土地分譲貸地案内』富士山麓電気鉄道株式会社

参考文献

『富士山麓史』一九七七年八月、富士急行株式会社
『堀内良平の生涯・富士を拓く』塩田道夫、一九九四年九月、富士急行株式会社
『山中湖村史』一九九四年、山中湖村史編集委員会

④

盆栽村／大宮

日本の田園都市

鈴木博之

日本の近代が生み出したユニークな郊外住宅地の例がある。それは現在埼玉県大宮市盆栽町と呼ばれる地区である。ここには盆栽業者が集住しているのである。

この町が生まれる背景には、近代の都市の発展の歴史があるとともに、江戸以来の東京がもっていた植物と都市、植物と人との、長い歴史がある。歴史と近代が結び付いた町として、大宮市盆栽町は理解されなければならない。

庭園都市としての江戸は、広大な大名庭園を抱え、さらに多くの名所をもち、そしてそうした緑豊かな庭園都市を支え、拡げてゆく植木職たちの住む地域を抱えていた。そこでは都市の文化と自然とが、互いに支えあい、互いに他を前提として成立していた。八代将軍徳川吉宗が、江戸の住人たちのリクリエーションの場として、桜を植えて開発したのが、飛鳥山、品川の御殿山、隅田川堤、小金井堤などだった。それまでの桜の名所であった上野の山と並ぶ、あるいはそれを凌駕するほどの桜の名所がこうして生まれてくる。「花のお江戸」とは、華やかな首都であると同時に、文字通りの「花」の都でもあったのだ。

花は桜だけではなかった。団子坂の菊見で知られる菊人形もあれば、大久保のつつじも、堀切の菖蒲も、向島の百花園もあった。このように江戸のイメージの一角には、多彩な花々の饗宴が潜んでいる。仙台から来た町人の佐原鞠塢がこしらえた百花園については、「山師来て　なにやら植えし　百花園」などとからかわれたりもしたが、その人気は高かった。人々は花を愛で、花を楽しみに生きていた。

『東京の原風景』のなかで川添登はつぎのように指摘する。

このように優れた花の文化をつくりだした園芸植物の最大のセンターは、桜のソメイヨシノで知られる染井を中心にして、団子坂、駒込、巣鴨の地域に大きくひろがっていた。このほか麻布、大久保、向島、浅草等、花づくりで知られた土地は、数多くあったが、向島や浅草など下町、隅田川両岸地域の植木・花卉の栽培は、比較的後世になってから行われだしたもので、歴史的にみても規模の大きさからみても、染井・巣鴨のそれにはとうてい及ばなかった。

染井の植木職として名の知られていたのは伊藤伊兵衛である。代々伊兵衛を名乗ったこの家は、染井でつつじ、さつきの栽培を中心に家業を発展させたが、その翻紅軒と名付けられた庭園には、門の手前左側に松が植えられ、約二ヘクタールに及ぶ広さの庭園内部には西洋でいうところのトピアリー、つまり竜虎のかたちに刈り込んだ木があった。そのほか朝鮮人参があったり、鉢植えの草木が並べられていたりした。こうした商品的な植木類も備えていたところに、当時の植木需要の大きさが窺われる。

また、三河島の植木職伊藤七郎兵衛は、一万石の格式があったといわれるほどの屋敷を構えていた。彼は九段の斎藤彦兵衛、向島の萩原平作と並んで江戸三大植木師といわれた。この伊藤七郎兵衛については、彼の広大な庭の一角に幕府崩壊の時に御用金が埋められたという伝説が生まれ、埋蔵金探しの的になったりもした。これは小栗上野介が幕府の分銅金と呼ばれる金塊を赤城山中に埋めたなどという話と同じで、あまり信用できるものではないが、当時の植木職の庭の広さと、その信用の高さが感じられる伝説である。因みに御用金が埋められたのは「七郎兵衛の庭園の辰巳に松の大木があって、その松の木から直角の箇所に目印の石燈籠がある。石燈籠から三十余歩行った大地の下」だという。現在では、荒川区の宮地の交差点の道路になっているところだという。

このような植木文化の結実が、大名庭園なのであった。埋蔵金伝説の伊藤七郎兵衛は幕府御用の植木職であったし、染井の伊藤伊兵衛は藤堂家出入りの植木職であった。

しかし、維新後、庭園は荒廃した。江戸時代最大の大名庭園といわれた尾張徳川家の戸山山荘の庭園も廃絶した。これは維新後、徳川宗家が開墾して農地化し、そこをさらに西郷隆盛が「御親兵」といわれた官軍兵士の屯所にし、軍用地化したためであった。

『明治庭園記』を著した小澤圭次郎は、維新後の江戸庭園の崩壊の数々を伝えており、その記述から土地の変化のありさまを知ることができる。たとえば、駒込上富士前にあった本郷丹後守の別荘は木戸孝允の邸宅になったこと、守山藩主松平氏の大塚の庭園は大学中博士芳野金陵という人物の所有になり、農地化されて庭園を失い、そのうち二万五〇〇〇坪を文部省に売却して高等師範学校の用地としたことなどである。

庭園の破壊の証言集の感がある『明治庭園記』であるが、そのなかには庭園を利用した開発の例も出ている。例えば四谷にあった高須藩主松平摂津守の上屋敷は大半が町屋になったが、桐長座という劇場もつくられたという。ここにある庭園が美しいので人々が集まるからだったという。けれどもやがて庭園はそっちのけになり、「人造温泉」がつくられて芸者も抱えられ、遊興の巷になっていった。明治中期にはツノカミ温泉、ツノカミ芸者という名前も生まれたという。これは「摂津の守」の屋敷があったことによるもので、元の藩主の名をとどめたのである。現在も残る「津の守坂」という坂の名に、その場所を知ることができる。明治の昔から、都市を再開発して商業地化し、そこから消費文化を生み出すたくましさは絶えることなく続いていたのである。

明治初年の東京の地図を眺めていて気づくのは、そこに極めて多くの池が描き込まれていることである。それらは自然の池ではなく、庭園内の池である。そのいくつかには、池の周囲にちょうど指のように、放射状の溝というか水路の引き込みが設けられていることにも気づく。これは鴨猟を行うための引き込みである。池に飛来してきた鴨を囮を使ってこの水路におびき寄せ、それを網で捕えるのが鴨猟である。現在では浜離宮庭園などに見られるだけだが、そうした設備を整えた庭園内の池が、数多く江戸の遺産として存在していたのだった。

郊外の開発は、住宅地の形成によって全てが埋め尽くされていったわけではない。地場産業の立地もまた、郊外へと拡大していった。東京の工業地帯には、王子や滝野川、板橋を中心にする石神井川の下流域、大崎、品川を中心にする目黒川の下流域、そして立会川下流域の大井町周辺などがあった。また神田川流域には染め物業者が多く工場を構えており、昭和初年には東京絹布型染業組合も結成されている。東京小紋あるいは東京友禅が地場産業になっていた。神田川のもう少し下流や、現在の東大附属植物園近くには印刷製本工場が多く集まっていた。

そしてまた、江戸時代からつづく、駒込、巣鴨、染井の一帯の植木職も、その中に組込まれていた。万延元年（一八六〇）に来日した英国の園芸家ロバート・フォーチュンは、江戸で真っ先に菊人形で名高かった団子坂や染井村を訪れている。

交互に樹々や庭、恰好よく刈り込んだ生垣が続いている公園の様な景色に来た時、随行の役人が染井村にやっと着いたと報らせた。そこの村全体が多くの苗樹園で網羅され、それらを連絡する一直線の道が一マイル以上も続いている。私は世界のどこへ行っても、こんなに大規模に売物の植物を栽培しているのを見た事がない。植木屋は各々三、四エーカーの地域を占め、鉢植えや露地植えのいずれも数千の植物がよく管理されている。（『江戸と北京』三宅馨訳）

このような世界一の園芸・植木の中心地であった駒込、巣鴨、染井の一帯は、明治に入ってからも変わらずに隆盛を極めた。明治三六年（一九〇三）刊行の『北豊島郡農業資料』には、明治三〇年代の巣鴨町の植木業は、盆栽、花卉、梅桜を中心に「現今最も隆盛」と記されている。また、団子坂の菊人形もこの頃が最盛期で、見世物的な興行となっていった。菊も染井、巣鴨だけでは間に合わず、王子、板橋でも栽培されるようになったという。この時期の菊人形は、二葉亭四迷の『浮雲』、夏目漱石の『三四郎』に窺うことができる。

しかしこうした菊人形も、明治四二年（一九〇九）に両国に国技館が完成し、相撲の合間に関西から電気仕掛けの菊人形が持ち込まれたりするようになって、徐々に廃れてゆく。植木屋も廃業が相つぎ、敷地は宅地化されていった。それでも、明治四〇年（一九〇七）刊行の『巣鴨町史』では、巣鴨町染井、駒込の花卉、盆栽は「現今に至り、斯業益々発達して最隆盛を極むるに至り、殊に近年花卉、盆栽等の外国に輸出せらるるもの年々増加し、前途頗る有望なり」と評されている。

盆栽は菊人形のように興行として楽しまれるのではなく、個人の趣味として裾野を拡げていった。明治初年には盆栽の中心は京・大阪であったようで、盆石とともに楽しむ文人盆栽風が盛んだったという。これが東京に伝えられ、拡がった。しかし明治中期から自然美盆栽と呼ばれるものが主流になる。この言葉は今では使われないが、盆栽によって自然、あるいは自然以上の自然を表現しようとする手法だという。盆栽は木戸孝允、伊藤博文、西園寺公望、大隈重信ら、明治の有力者たちに好まれ、上層階級に浸透する一方、雑誌の発行、陳列会や競技会、入札会の開催などで庶民の間にも人気を拡げてゆく。

盆栽業者は、植木職よりも植え溜めなどに場所をとらないので、都市のなかに溜まりやすかったのであろう。多くの植木屋が巣鴨一帯から撤退した後も、留まりつづけるものがいた。昭和六年（一九三一）刊行の『北豊島郡総覧』によると、「旧時花卉盆栽を業とするもの多かりしが、現時に於いては極めて少なく、僅かに盆栽を業とするもの数箇所に残るのみ」と記されている。

明治四〇年（一九〇七）刊行の『巣鴨町史』から昭和六年（一九三一）刊行の『北豊島郡総覧』までの間に、大きな変化がこの世界に起きたことが感じられる。すでにこの間に、世界最大の園芸・植木の中心地は、消滅してしまったのである。ひとつの理由は、関東大震災であった。すでに市街化が進んでいた駒込、団子坂といった場所で植木や盆栽の仕事をつづけるのは困難になっていた。そこに起きた大震災は、郊外への脱出を決意させるに十分なきっかけとなった。

盆栽の栽培に必要なより広い土地が得られ、盆栽栽培に適した火山灰性土壌の場所、そして新鮮な空気と水が得られる場所が求められた。団子坂の清水利太郎、蔵石篤夫、神明町の加藤留吉、鈴木重太郎らの盆栽業者が中心になり、「日本盆栽発展の根拠地たるにふさわしい土地」を探すことになった。

彼らは土地を求めて大正一三年（一九二四）のはじめ、大宮の大砂土村本郷、土呂地というところの通称「源太郎山」と呼ばれる場所にやってきた。

東京から盆栽業者たちが百軒ばかりも移住したがっているのだが、一万坪から二万坪ほどの土地は手に入らないだろうかと、相談を持ちかけたのである。当時はこの辺りの土地は、持っていても税金がかかるばかりで、土地を貰ってもらうには酒の一升も付けなければ受手がいないという「一升土地」と呼ばれた寒村であった。しかし二メートルほど掘ると赤土が出てくる良好な土壌、きれいな水と空気という、盆栽栽培に適した土地柄に惹かれ、彼らはここに集団で移住することを望んだ。

地元の大地主、政友本党の衆議院議員小島善作との交渉の結果、小島代議士が地元の地主たちを取りまとめ、盆栽業の鈴木重太郎が業者を取りまとめることで合意した。

地元は土地を耕地整理して良好な街区を形成し、それを盆栽業者たちに賃貸するという内容の契約書が取り交わされた。つまり地主たちは貸地として彼らの土地を提供しようというのである。借地料は一反（三〇〇坪）で年に八円であった。代議士の小島は無料でもよいと申し出たというが、借り主の代表となった清水利太郎がそれでは却って困るといって、この借地料となったという。

地主たちは耕地整理事業にとりかかる。六間の幅（一〇・八メートル）の道路を設けることにしたので、区画整理に伴う減歩率は二割五分であったという。持っている土地の四分の一が消えてしまう区画整理である。にもかかわらずこの区画整理が実現されたところに、この事業に対する地主と借地人との信頼関係があった。九人の地主から総計三万坪の土地を借りて、一区画を三〇〇坪から一五〇〇坪にして、盆栽業者や盆栽愛好家を誘致するという計画である。できあがった道路には、柳、銀杏、桜が植えられた。区画整理自体はとりたてて特徴のあるものではなく、直交する街路が走る、いかにも耕地整理事業による町である。しかしながらゆったりとした区画と、広い道路がこの地区を、周囲の農地からはっきりと区別している。

この時期、区画整理事業は宅地を生み出す有力な手法であった。大掛かりに町全体あるいは村全体の区画整理事業を行なったところとしては、玉川村、井荻町、そして中新井村がある。玉川村は玉川全円耕地整理組合をつくり、村長豊田正治が組合長となって一〇七一ヘクタールに及ぶ耕地整理を行なった。井荻町では町長内田秀五郎が組合長となり八八八ヘクタールの区画整理事業を行なっている。中新井村も三七二ヘクタールの区画整理を成し遂げている。こうした区画整理事業は得てして地主の意志統一に困難を来し、結果が妥協の産物となることが多いが、大きな面積を宅地化するにはもっともふさわしい手法である。

大正一一年（一九二二）七月に中央線の西荻窪駅が開設されたのを契機として、一〇月に創設されたのが井荻村耕地整理組合だった。これは大正一五年（一九二六）に井荻に町制が実施されて以降、井荻町土地区画整理組合の組織に生まれかわり、全対象地域を八工区にして、道路拡張、区画整理、町界の変更と町名の改称、地番の整理を行なった。玉川全円耕地整理組合を率いた豊田正治は、地元の反対を説得しながら全村を一七の工区に分けて区画整理を施行していった。事業は昭和一九年（一九四四）にようやく終わった。土地登記が完了したのは、戦後の昭和二九年（一九五四）のことである。

こうした事例は、不特定の移住者を期待しながら事業が行なわれるので、出来上がる町には特別の個性が生まれる訳ではない。一般的に良好な住宅地形成を目指すだけである。確かに関東大震災後、それまでの旧一五区内から、周辺の郊外地域へと住居を移す人々が増えた。それまでは下町に住んでいた人々が、板橋や王子に移り、インテリが中央線沿線に移住したりした例は多い。土地区画整理事業はそうした人々に住宅地を供給するための受け皿つくりであった。

それに引き換え、盆栽村の区画整理事業は、移住してくる盆栽業者に合わせた、いわばオーダーメイドの事業であった。そこにこの町の特徴と個性が生まれる。因みに、駒込、巣鴨の植木職の町は、その特色を現在では埼玉県川口市安行に見い出されるといわれるが、これは植木職たちが集団移住した結果ではなく、新しく安行が植木の町に育っていったというべき性格のものであり、広い土地が得やすいという立地条件が変化したため、植木の町が別の場所に生まれたと見るべきものである。

盆栽村では、具体的な建設と移住が始まっていた。借地人の代表である清水利太郎は、知り合いであった建築業者の米山某に相談して紹介された、浅草車坂に住んでいた大工・日下部金一郎に頼み、新たに建設されるこの町の家屋の建設を任せた。日下部は浅草からここに移り住み、盆栽業者の家々の建設に邁進した。かくして大正一四年（一九二五）四月二〇日、最初に清水利太郎（清大園）がこの土地に移り住み、つづいて五月には蔵石篤夫（薫風園）、八月には内海親之丞（蔓青園）、米津梅太郎（好石園）、石田新次郎（古松園）、有賀仙吉（雲樹園）らが移り住んだ。ここに大宮の盆栽村が生まれたのである。彼らが移住した翌年末には電灯がつき、ようやく文明の地という感覚が生まれた。日本盆栽協会の理事を務めた加藤三郎は、盆栽村開闢時の記憶をもつ人であったが、彼の談話はこうである。

「その頃はまだ私も幼くてあまりよく覚えていないんだけどねえ。移った頃は荒れ放題の山ばかりで。だけどまだ幼かったから、広々とした遊び場があって楽しかったですよ。……だけどまだ電気も通ってなかったので、一年間は暗くなると寝るだけという生活でしたよ。最初に移住したのは三軒だけで寂しいものでした。……村の整備はまず木を抜いて整地することから始めて。庭が穴だらけになってね。ゴミで穴を埋めるんですけど、当時はゴミなんか探してもなかなかなくて。バナナ籠で集めてまわったもんですよ」

この談話にも窺われるように、電気がこの地区に通ったのは大正一五年（一九二六）一二月はじめのことだった。区画整理の行き届いていたことに関しては、こう語る。

「今じゃこれくらいの広さは当たり前だけど、当時は道ばかり広くて。当初は何に使うんだってバカにされたもんだけど父［加藤留吉］なんかは『将来車が通っても良いように、外国の車も通れるように』ってね」

最初は寂しかったというように、当初は団子坂、神明町の盆栽業者を集めたのだが、思うようには集まらなかった。それでも昭和元年（一九二六）に組合員五〇人によって盆栽村借地人組合が設立された。そして昭和三年（一九二八）には組合長清水利太郎のもとに盆栽村組合がつくられた。この組合ではつぎのような規約をつくって、全国から移住者を募った。

一　盆栽を一〇鉢以上もつこと。

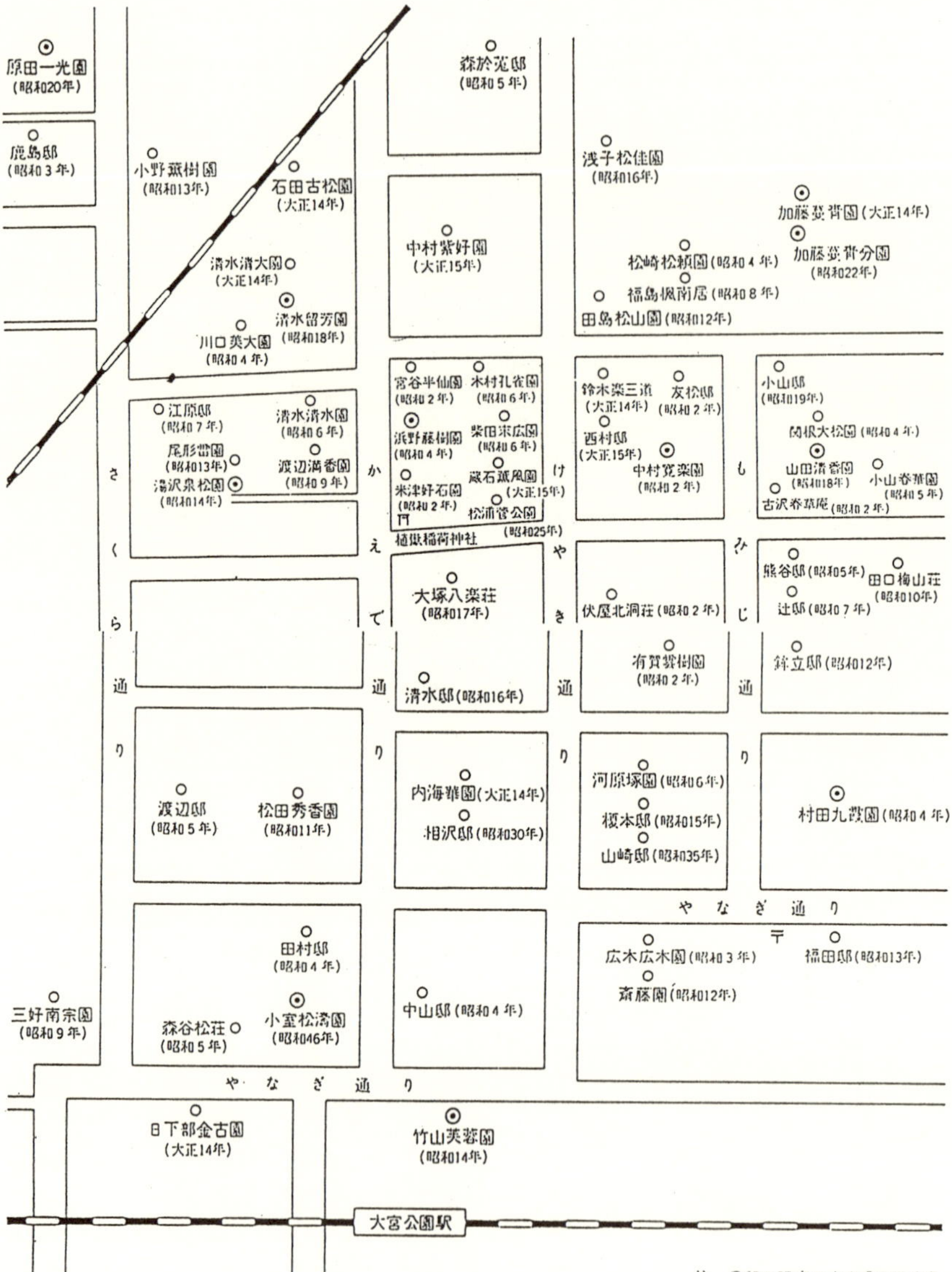

注 ◎印は現在の大宮盆栽組合員

図1 昭和初年の盆栽村と盆栽業者(『大宮盆栽村 50年の歩み』より)

図3　盆栽村の邸宅

図2　盆栽村にいたる東武野田線大宮公園駅

図4　盆栽村の邸宅

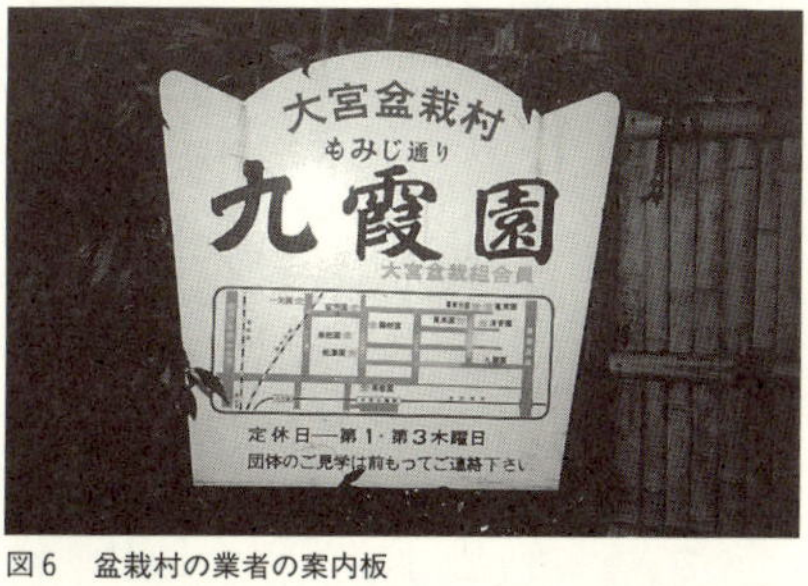

図6　盆栽村の業者の案内板

図5　盆栽村の盆栽業者の家

二　門戸を開放すること。
三　二階建ては建てないこと。
四　垣は生垣とすること。

これによって、結局団子坂からは七～八軒、神明町からは四～五軒、そして全国から二〇軒ほどが集まり、全部で三七～三八軒の規模になっていったという。昭和四年（一九二九）一〇月一七日には、東武鉄道の大宮・岩槻間の路線が開通して、村の交通も便利になっていった。

盆栽村はやがて昭和一五年（一九四〇）に大宮市に大砂土村が合併されると、大宮市盆栽町となった。この頃の戸数は六〇戸、人口は約三〇〇人であった。昭和一七年（一九四二）には、太平洋戦争の戦時下とのことで、借地人組合は名称変更を迫られ、留芳会となった。この間、昭和一〇年（一九三五）一一月には、盆栽村開村一〇周年を記念して、盆栽交換会を開催した。会場はボート池池畔の遊園地ホテルで、ここには全国の盆栽業者二百余人が参加した。さらに翌年一一月には、現在の村の鎮守である稲荷神社境内に開村の功労者清水利太郎の紀功碑が建立された。その碑文には、このように記されている。

留芳　　清水瀞庵翁紀功碑

清大園主清水翁は利太郎、瀞庵と号す。明治七年三月二十七日東京千駄木に生まる。藤吉の長子なり。家世々盆栽を家業とす。翁乃ち業を継ぎ、精励究め尽して卓然として、斯界の重きを為す。然り而して翁夙に都門塵裏盆樹栽培に適せざるを憂え、郊外絶好の地域を求めんと欲し、百方探査爰に年あり。時に大正十四年三月此の地を卜し率先住居を移し、自ら荆棘を拓き孜孜営々として私かに大成を期す。偶ま鈴木楽三道・加藤留吉・西村勝蔵諸氏の協力を得、業礎堅確となる。遠近風を望んで来り加わり遂に盆栽村の今を実現し、斯界注目の存在するところとなる。是れ実に翁の先見の明と人の和を得しに由る所、蓋し此の功大なりと謂うべし。茲に十周年記念に当り、有志相胥い碑柱を伊予に求め、礎石を笹子溪谷に采めて之を建て以って同志欽仰の微衷を表わすという。

昭和十年三月　　　小野鐘山　題字文並書之（原文は漢文）

盆栽村がもたらしたものは、盆栽の樹形づくり、仕立てが中心であった。植木屋ではしばしば植え溜めのような、樹木を成育させるファームがつくられるが、盆栽村がおこなったのは盆栽の素材である樹木の育成よりも、それらから盆栽作品をつくりあげる仕事であった。したがって盆栽村は盆栽業者の村であるが、それは盆栽作家の村という趣をもつものとなった。比較的小規模な宅地に仕事場を構えるには、こうした活動が向いていたのである。

実際に作られる盆栽の種類としては、エゾマツを素材にしたものに特色があったと言われる。これは千島の国後島（くなし

図7　盆栽村の町会の会館

図8　盆栽四季の家入口

図9　盆栽村の通り

りとう）から入荷したエゾマツを用いたもので、盆栽村で盆栽に仕立てられたエゾマツは、全国的に名が知られたという。苛酷な気候のなかで風雪に耐えたエゾマツを寄せ植えにしたり、またこれを石にからませた「石付き盆栽」は有名であった。

これ以外には、武蔵野の樹木であるケヤキ、モミジ、カエデなど、また秩父の山からもたらされたヤマガキ、ヤマツバキ、ウメモドキなども多く盆栽に仕立てられた。これらは実生で育成されたりして、多く生産された。地域の特性と当時の日本の経済圏の特性を活かした盆栽づくりであったといえよう。

こうした盆栽村も、戦争の激化にともなって人手が乏しくなり、盆栽の育成にも手が回りかねる事態になった。廃業する盆栽業者も多く、村は衰退に向かった。盆栽は技術集約型の製品であるから、熟練技術者が不足するとその維持が難しくなる。終戦時には盆栽村は壊滅状態に近かった。それを復興するには、素材の再入手、育成などに多大の時間を必要とする。終戦後は地方に残されていた盆栽を譲り受けて手入れし直したり、入手が困難になったエゾマツに替わってゴヨウマツを古木に仕立てた盆栽を製作したりして、新しい盆栽の基盤とした。またケヤキ、カエデ、ブナなどの若木の盆栽もつくられ、新しい盆栽村が出発してゆくのである。

終戦後の盆栽村は、町内の住宅五軒が進駐軍に接収された。これは悲しむべきことであるが、それだけここの住宅が質の高いものであったという証拠でもある。昭和二一年（一九四六）には盆栽村陳列会が復活し、戸数二五〇戸中、一〇戸ほどの参加をみた。昭和三五年（一九六〇）に大宮盆栽町会が誕生した。この時の戸数は五二七戸、人口は二一八二人であった。昭和四八年（一九七三）一一月には、この町の主体である大宮盆栽組合によって、『大宮盆栽村五十年のあゆみ』が編纂され、刊行された。盆栽村は現在も緑豊かな村であるが、都市近郊の住宅地という性格を強めつつある。

戦前は三四〜五軒あった盆栽業者も、一九九〇年代には一五軒になっている。けれどもここには、日本の都市史上めずらしい、職業と住宅を一致させた町づくりの軌跡がある。この町の基本は盆栽という技術集約型の産業であり、現代風に考えるならば一種のハイテク産業のアトリエ的郊外集住地なのである。しかも極端に広い面積を必要とせず、騒音や廃棄物の害のない産業を中心とする町であったからこそ、盆栽を軸にした町づくりの試みは成功したといえるかもしれない。ここに日本で初めてといってよい、計画的な職住一体の町が生まれたのであり、その意味を考えることは重要である。ここには日本型の田園都市が存在していたといえるからである。

明治四〇年（一九〇七）、内務省地方局有志が『田園都市』という名の書物を刊行していた。この田園都市はガーデンシティを考えており、ハワードの考え方を紹介しているが、この本の最初の方を見てみると、ガーデンシティだけでなくいろいろな新しい都市の試みを紹介しており、「花園農村」というのが実は日本人にとって重要だったらしいことがわかる。田園都市の考え方は都市の住民を都市から分離して、独立した快適な町に住んでもらうという理想にもとづくが、日本の内務省は都市問題と農村問題をワンセットで考えている。基本的に都市は革命の温床になったりして非常によくない、農村を強化することが保守的な政治にとっては重要なことで、田園都市の考え方もガーデンシティは花園都市というふうに訳したり、花園農村という言葉を使ったりして、農村の住環境向上という側面からも捉えようとしている。その辺が日本的であり、田園都市のように自立した職住一体の都市を作ろうという気は余りなく、住環境のよさを都市と農村の両方に持ち込めないか、ということに発想が切り替わっている。ここに都市に対する摂取の違い、評価の違いが現われている。

日本でもいくつかの住宅地が明治の末年から開発されてくるが、日本におけるそれら住宅地は、田園都市ではなく、英国でいうところのガーデンサバーブズの系譜を引くものだといってよい。ガーデンサバーブズとガーデンシティ（田園都市）はどう違うのかということが、次に問題になるが、ガーデンシティは基本的に住む場所と働く場所がワンセットになったまちづくりである。それに対してガーデンサバーブは、田園郊外住宅地と訳されるもので、環境に配慮した、コミュニティ施設を備えた住宅地のことであるが、日本風に言えばベッドタウンである。

そこに住んで都市に勤めに出る住宅地である。

そこでは英国の田園都市がその根幹に据えていた理想である「職住近接」の都市づくりは強調されず、自然に囲まれた花園都市といった概念が表に出ていた。職住を分離し、通勤によってその両側面を結び合わせるという近代の都市構造が、住居を遠隔地に引き離し、都市の中心部には煤煙で汚れたスラムを生み出すという、初期近代都市が引き起こした問題に対応する理想案であった田園都市の考え方は、日本では自然に親しむ農本主義的な町のイメージに置き換えられてしまった。

そうしたなかで大正七年（一九一八）九月二日、田園都市株式会社が設立される。これは渋沢栄一を中心に設立されたもので、渋沢自身は朝鮮の土地開発を手掛けていた畑弥右衛門が土地開発の話を持ちかけたのに共鳴し、他の人々に呼びかけたのであった。そこでは「田園都市経営」が構想された。渋沢の田園都市理解は『青淵回顧録』によれば、こうである。

> この田園都市というのは、簡単に申せば、自然の中に取り入れた都会の事であつて、農村と都会とを折衷したような田園趣味の豊かな街をいうのである。
>
> 私は東京が非常な勢をもつて膨張してゆくのを見るにつけても、我が国にも田園都市のようなものを造つて、都会生活の欠陥を幾分でも補うようにしたいものだと考えておつた。

これは、理想としては意義のある構想であるが、英国における田園都市の概念とは合致しない。いわばこれは田園郊外住宅地なのである。高級ベッドタウンといってもよい。

このような歴史を振り返るなら、盆栽村が日本ではいかに珍しい職住近接の町づくりであったかが理解されよう。盆栽村の成功は、盆栽という特殊な産業の賜物であったと考えるのはたやすいが、なぜ盆栽業がこれほどの結束力と集団の力を発揮し得たかを考えるとき、そこに江戸以来の都市のあり方が浮かんでくるような気がするのである。川添登が『東京の原風景』のなかで述べたように、江戸は庭園と緑のモザイク都市であった。そのポテンシャルが多くの園芸業者を生んできたのであり、そのポテンシャルの余映があればこそ、近代以降においても、園芸業者が集住する契機が存在しつづけたのではなかったか。

とすれば、ここには近世の日本の都市が内在的にもつ力を梃子にして、近代を迎えた実例が存在することになる。日本の近代化は、他の非西欧諸国とおなじように、西欧化が近代化と同義語であるかのようなプロセスを辿った。西欧の新知識が世の中を動かすという認識のもとに、社会が動いていった。都市の変容もその例外ではありえなかった。現在でも近代都市の歴史を、近代における都市計画の歴史と同義のものとして捉える視点が横行している。都市の変化は都市を動かそうとする専門家たちの力で起きるものではなく、都市のなかに住み、都市を所有し、都市を利用し、都市に利用される人々の意志の総体として起きるのである。

昭和五年（一九三〇）に東京からこの盆栽村に移り住んだ、森鷗外の長男であった森於菟は、随筆集『解剖台に凭りて』（昭和九年刊）のなかに、「盆栽村小景」という文章を収めて、この住宅地の描写を残している。

近辺のあいている土地を所々見せて貰っている中に、初めて公園［大宮公園］の北方に盆栽村という一区画が別天地をなしているのを知った。此地名は地図には出ていないもので埼玉県北足立郡大砂土村土呂の一部であるが大宮駅から北に延びる東北本線と東に向う総武電車（岩槻、粕壁、野田を経て千葉県柏に通ずる）のなす角で頂点の大宮に接してあり、戸数三十に足らぬが特別の自治村をなしている。其大部分は本郷区千駄木町及神明町付近にあった植木屋が大震災後に移住したもので千駄木に長い間住んだ私の顔見識りのものが多かったのは偶然であった。各戸庭広く樹木繁り皆何何園という名称を持っていて盆栽花卉を育てているので家も人も清々しい。

石炭殻を固めて造った軟味のある坦々とした通路は東西南北に通じて、貨物自動車の引切なしに通る商工都市には不向きであるが、散歩道としては足触りがよく、風の日も埃は立たず雨が続いても泥濘に化すおそれはない。夜通ししとしと降った雨の霽れた朝、又夕陽が生垣の野薔薇の白い花を彩る頃、私は此道を歩いて、はや十年に近くなる昔、伯林郊外の別荘地グリューネヴァルトに恩師の門を叩いた時を懐い起すのである。此盆栽村の北端の一区画で二千坪に近い土地に、その半ばを掩う雑木林の一部を開いて建てたのが今の私の家で大体近代風の建築の外観に英国風の重厚味を加えた所に私の好みがある。松、杉、樫、櫟、ことに楢の若葉は黒ずんだ赤瓦の屋根に照り映えて慎しみ深い囁きを交えているのである。

このように、昭和初期には植木職以外の人々も、この住宅地の環境の良さを好んで移住するようになってきたのである。この文章の作者森於菟の父鷗外は、観潮楼と名付けた家に住んでいたことがあったが、それは菊人形で有名だったあの団子坂を上り切ったところにあったから、確かにそこで顔を見知っていた植木職に新しい町で出会うこともあったのであろう。

盆栽村の軌跡は、法規と都市計画による都市史ではない、そして開発業者による町づくりでもない、江戸以来の日本の都市の伝統のなかから生まれた近代住宅地の姿を教えてくれる。ここに見られるような内発的な住宅地の生成が、なぜ他の産業、他の地域では生じなかったのか。そこに日本の近代の性格が現われている。

取材協力＝山田登美男（大宮盆栽組合理事長）

⑤ 藤沢鵠沼・片瀬／鎌倉

江ノ島対岸別荘地から通勤郊外へ

牧田知子

●江の島大繁昌

●鎌倉町の靜粛 ▲大船驛の奉送迎

●鵠沼の大發展 ▲家屋新築商家増す

藤澤町海岸鵠沼は二十有餘年前までは寂寞たる砂原なりしが有志者伊東將行氏其他の人々が苦心盡力の結果近時湘南に於ける避暑寒地として頭角を現はし別荘の數次第に増加するのみならず移住する者多く随つて商業上の取引亦多きを加へ來りしを以

相模湾に面した国道一三四号線沿いの海浜別荘地としての幕開けは、明治二〇年頃であり、葉山、鎌倉、大磯などでの華族・政治家・財界人といった人々の別荘建設に始まる。お雇い外国人医師エルウィン・ベルツや軍医松本順が遂行した海水浴の流行と結核療養が、湘南一帯の別荘地形成に大きく影響したことはよく知られている。

古都鎌倉の西方、江ノ島のたもとに位置する藤沢市の鵠沼及び片瀬もまた、海浜別荘地から発展し、共に今日では東京・横浜郊外の成熟した住宅地となっている。領域としては藤沢駅から江ノ島に向かう小田急江ノ島線及び江ノ島電鉄の両路線に挟まれた範囲である。別荘地化以前は、江戸期以来盛んであった大山詣の人々が風習として帰りに江ノ島弁財天に立ち寄るため利用した街道が抜けるだけの荒れ地であった。このうち鵠沼と総称される約二〇万坪は、子爵大給（おぎゅう）家による明治期の別荘地開発から発展した。これは当時全国的なレベルで行なわれた華族の地主化や土地経営と同じ傾向にあったといえる。一方、鵠沼東側の隣地、竜神信仰に由来する江ノ島を目前にする片瀬では、昭和初期に徹底したインフラ整備を伴い、約六・五万坪の範囲で宅地経営が行われた。そのうち約三万坪ではカトリック教徒の海軍武官・山本信次郎が、商業施設、教会、学校を含んだ開発を統率している。この二つの街区について、本章ではその発展の経緯を辿っていく（図❶）。

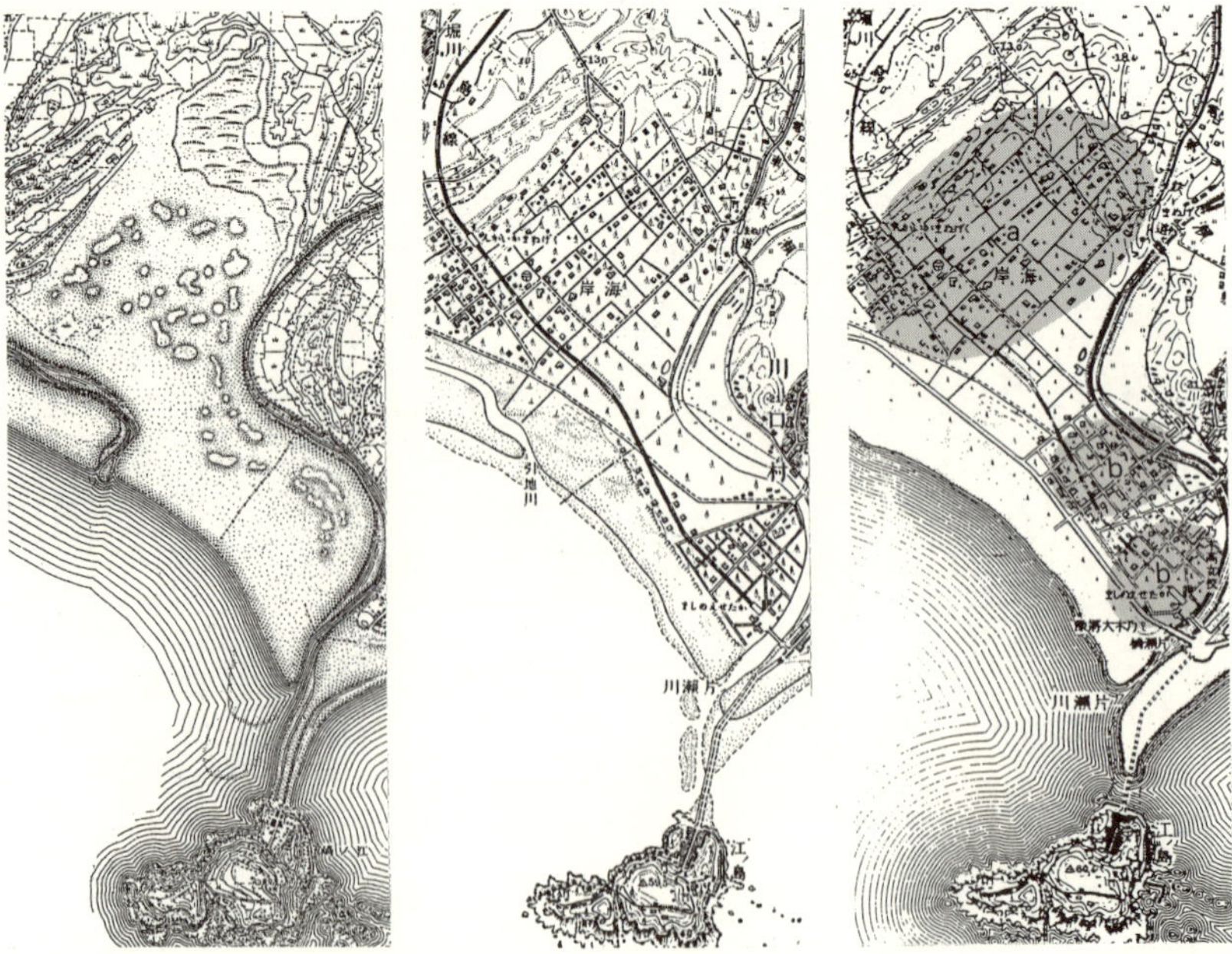

図1　鵠沼(a) 片瀬（b・c）別荘地域の地図（明治24年・大正12年・昭和22年発行の公図より）

鵠沼別荘地―御用邸誘致構想説

別荘地として発展する以前の鵠沼は、その北西部の内陸に位置する農村部の本鵠沼を中心としていた。鵠沼という地名は平安時代の郷名で、「鵠」は白鳥の古名のくぐい、「沼」は周辺に多かった湿地を意味する。辻堂に至る南西部の海岸部は、砂の荒地で、徳川幕府鉄砲隊の射撃演習場に用いられた天領であった。別荘地化したのは後者の海岸部であり、その契機は不在地主であった大給子爵による御用邸誘致構想に遡る。[*1]

江戸時代の大給家は、豊後大分府内の二万一千石を有する譜代大名で、明治維新後、松平姓から改姓して大給姓となり、子爵の位を叙せられ賞勲局に勤務した。[*2] 大給家の中屋敷があった本郷駒込千駄木坂下町跡には現在も大給坂の名称が残っている。

鵠沼の開発に関与したのは、大給近道（安政元年生～明治三五年没）と近孝（明治一二年生～昭和三三年没）の代である。明治初頭、海岸近くの鵠沼の土地は、射撃演習場の一帯を管理していた大給家の世襲財産であった。御用邸誘致構想は、鵠沼が御用邸の候補地となるよう、明治半ばに大給家が当時の名士、財閥に鵠沼の土地購入をすすめ、自らも新たに土地購入したということである。この話は現在でも鵠沼では語り草となっている。

方形になった鵠沼のマスタープランは、誰が行なったか明確ではないが、御用邸誘致構想の頃、新たに土地分割がなされたもので、大給家が直接的に所有及び管理したのは、『相模国高座郡鵠沼村字上藤ヶ谷下藤ヶ谷　下岡　中之所有地面』という地図の範囲である[*3]（図❷参照）。約一〇万五〇〇〇坪の規模であり、現在の松が岡一～四丁目及び藤が谷三丁目に相当する。方形とはいえ袋小路になった地割りは城下町のようで前近代的な性格を有するが、農村部の網の目状の地割りに比較すればその計画性は歴然としている。地割り以前は大山道から続く江ノ島道が明確だった程度である。

鵠沼の旧土地台帳によると、葉山の御用邸建設当時（明治二七年）に蜂須賀茂韶、郷純造の土地購入が始まっており、また大給近道の新たな土地購入も認められる。大給家はあくまで不在地主だったが、明治期に鵠沼の土地を最も多く所有し、土地開発の隠れた中心人物であった。本格的な鵠沼開発は、現在の当主大給近達によれば明治三〇年代である。

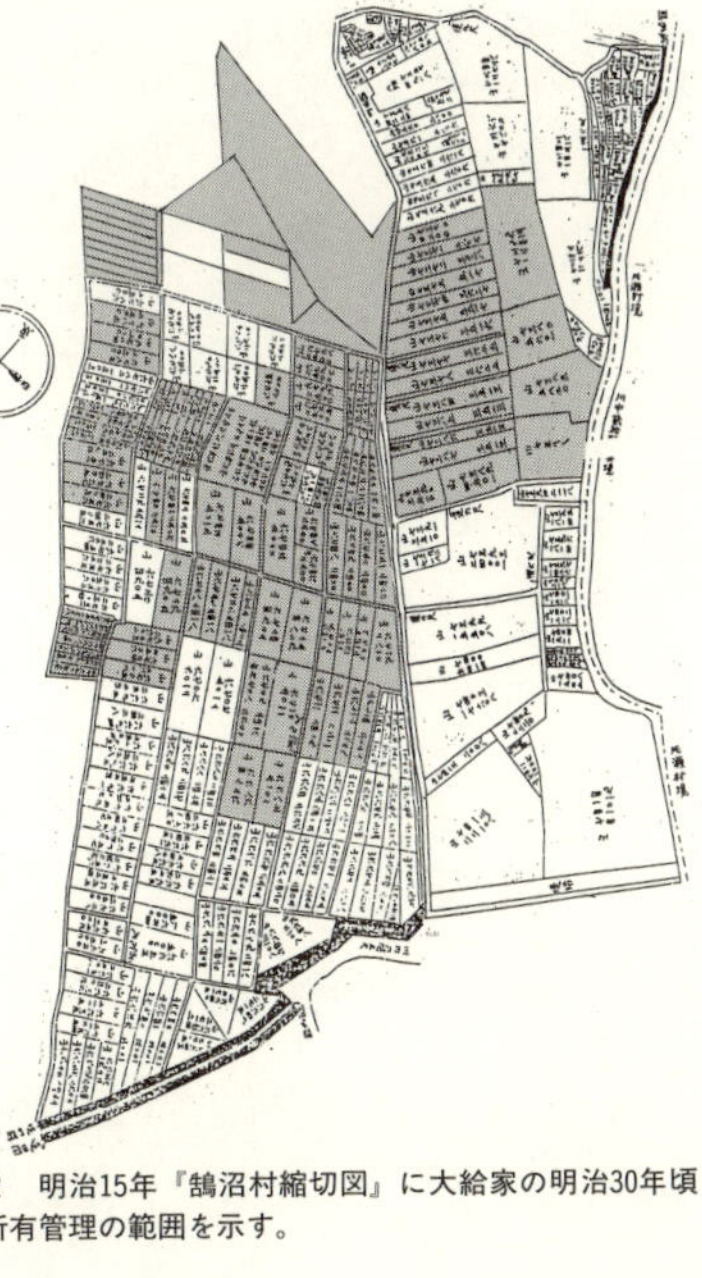

図２　明治15年『鵠沼村縮切図』に大給家の明治30年頃の所有管理の範囲を示す。

別荘地エリアの確立

鵠沼の椿小路というところに、奥村千春と、父の鉄也が、住んでいた。小さな電車が、ゴトンゴトンと通る線路から、そう遠くない所だが、巨きな松が生えた砂山が、防壁になっているせいか、しごく閑静な住居である。その代わり、門も、塀も、家そのものも、ずいぶん古びて、関東大震災以前の海岸別荘風の建築様式をそのまま残している。

右の文は昭和二九年『読売新聞』連載の獅子文六の「青春怪談」の引用である。この文章に描かれた鵠沼は、江ノ島電鉄に近い比較的初期に開発された別荘地エリアと考えられる（図❸❹）。「海岸別荘風」は、鵠沼本村の農家と対置的な意味であろう。農村部と別荘地の境界は汐どめの通りと称されていた。

江ノ島電鉄鵠沼駅前に現存する賀来神社は、小田急江ノ島線開通（昭和四年）以前は、別荘地・鵠沼の入口に位置していた。大給家により土地の守護神として別荘地内に設置されており、ほぼこの神社より以南が初期の別荘地エリアである。旧土地台帳によると、明治三九年一〇月九日付で大給家から賀来神社に土地が寄付されている。賀来神社の木札（大正一〇年一〇月）には、「明治三八年八月東京府應ノ許可ヲ経テ子爵大給近孝、伊東将行鵠沼開拓ノ初メ守護ノ為メ當地ニ移シ鎮守トス」という記録がある。[*4] 伊藤将行は、大給家の土地の整備造成や土地斡旋に協力し、また自らも鵠沼の土地を購入売買した人物で、戊辰戦争の折、幕府側に加わり敗れた旧紀州藩士と伝えられている。

現在の賀来神社は三〇〇坪程の境内に、間口八尺、奥行六尺の小さな本殿が建ち、別荘地内の遺産相続紛争の和解に際して大正九年に建設された『鵠沼海岸別荘地開発記念碑』という碑が設けられている。碑建設に際し、益田孝は三〇〇円という最も多い寄付金を納めている。碑には明治末期の鵠沼の別荘所有者が記載されており、これをもとに旧土地台帳で確認すると次のようである（『日本紳士録』『朝日人名事典』などによる職業及び、旧土地台帳に基づく土地登記年を記す）。藤堂高紹（侯爵・旧津藩主、明治

図3　鵠沼別荘地の初期開発地付近　現況

図4　戦前期の別荘の面影を残す門構え

二八年）、蜂須賀承茂（侯爵・旧徳島藩主、蜂須賀茂韶により明治二三年）、久松定謨（伯爵・旧松山藩主）、小田柿捨次郎（三井物産参事長、小田柿健一による登記、登記年不明）、郷誠之助（東京電灯社長・日本工業倶楽部専務理事、郷純造により明治二五年、誠之助により明治三三年）、田中銀之助（田中銀行・東洋鉱山取締役）、馬越恭平（三井物産横浜支店長・大日本麦酒社長、大正三年）、益田孝（三井物産総括人、益田信世により明治三九年）ほか、七名である。

記念碑には記載されないが、旧土地台帳によると、天下の糸平と呼ばれた田中平八（大正八年）や、各務幸一郎（明治三九年と大正六年）の土地登記も認められる。大給子爵による華族の誘致のあと、明治末期になると横浜の生糸商など実業家や商人が増える傾向にあった。大給家による土地分譲は一町単位で売られ、当初価格的に非常に低廉だった様子だが、土地の境界線に松苗を植えるという条件があった。[5] 土地分譲だけではなく別荘建設も進んでいた様子が下記のように描かれている。

> 此れ即ち鵠沼別荘地である、此地は今より二十、三四年前即ち二十一年頃は全く荒無たる砂漠地であったのである、（中略）當時は三百歩僅かに一圓位であったのが二十餘年の今日三百歩一千圓餘の相場を示して居る。別荘も現在九十餘に達してゐる。（大橋良平『現在の鎌倉』通友社　明治四五年より）

大正期における文人文士の鵠沼逗留

大給家の別荘地開発の一方、大正期に鵠沼の知名度を高めたのは、大給家に協力した伊東将行がその土地の活性化を目的に興した割烹旅館・東屋（明治二五年竣工、現・鵠沼海岸二-三の一円）である。[6] 設計者などは不詳だが、大正期の東屋は、二階屋になった母屋三棟のほか離家などから構成され、その様相が『風俗画報』（明治二八年八月第九七号）に描かれている。江ノ島はもとより北に丹沢、西に箱根の連山、富士山を借景にし、南には三原山の噴煙を眺める廻遊式の日本庭園を有し、鎌倉海浜院にならって海水風呂があったという。東屋は、フレスコ画家・長谷川路可の生家でもある。[7]

明治三三〜三四年にかけて斎藤緑雨が東屋に半年間逗留したのに始まり、明治末期から大正期には新進気鋭の作家が東屋に集った。[8] 谷崎潤一郎も明治四四年という早い時期に東屋を訪れている。武者小路実篤は、大正四年一月〜九月まで東屋近くの「佐藤別荘」という貸別荘に暮らし、その友人志賀直哉は「鵠沼行」という小品を著した。東屋は東京本郷の「菊富士ホテル」にも似て、文士宿的な役割を果たしている。宇野浩二『文学の三十年』（中央公論社　昭和二四年）では東屋に集う大正一〇年頃の顔ぶれを知ることができる。

> その時、この鵠沼の東家（ママ）で私が顔を合はしたのは、みな一緒に顔を合はすわけでないが、里見弴、久米正雄、芥川

龍之介、佐々木茂索、それから、大杉榮などであった。つまり、これらの人たちが、別別に出かけたのが一緒になったり、滞在してゐる日が一緒になったり、するのである。また、その頃、鵠沼には、中村武羅夫、江口渙、その他が住んでいた。

東屋の他、中屋旅館には『片瀬心中』を著した吉屋信子や、島田清次郎といった流行作家が長期滞在した。また貿易商の子息で鵠沼藤ヶ谷に広大な敷地を有した高瀬弥一邸の離れには、和辻哲郎、阿部次郎、安倍能成、林達夫などが滞在し、執筆活動を行なった。鎌倉ほどの権威は無いが、富士山の眺望が良く、海岸線がのびやかで立地は劣らない、そのような土地柄が自由を求める大正期の作家たちに好まれたのだった。白樺派の人々と交流の深かった画家・岸田劉生が滞在した大正六～一二年は、文人逗留の最盛期で、その様子が劉生の『鵠沼日記』に綴られている。劉生の住んだ「松本別荘」(現・鵠沼松が岡)は当時の鵠沼では珍しかった二階建て洋館つきの貸別荘で、「松本陽松園」という貸別荘群の中に建ち、劉生はここで幾作もの娘・麗子像を制作した。

しかし関東大震災によって鵠沼では別荘の大半が倒壊し、その趣も変化した。今井達夫の「鵠沼にいた文人」(『報知新聞』昭和一〇年二月一四～一八日)によると、

例の震災は鵠沼の顔を変へてしまった。(中略)鵠沼の文人は鎌倉へかたまるやうになった。長く住んでいた岸田劉生も鎌倉に移った。(中略)そのひっそりとした鵠沼に天邪鬼のやうに住んだのが、芥川龍之介氏だった。

という状況であり、このあと今井は、鵠沼の海水プールで一人泳ぐ芥川の不気味な様子を描写している。この当時、芥川龍之介は神経衰弱が悪化した晩年期で『鵠沼雑記』を著したが、間もなく東京に戻り、昭和二年七月に他界した。芥川の場合、妻の文夫人の実家が鵠沼だったことがその滞在に関係している。文壇の人々は、旅館や貸別荘での滞在が主で、土地購入や別荘建設は行なわなかったものの、鵠沼とその近辺のイメージに大きく貢献したといえよう。また東屋は地元の住人にとっても、夷講などで別荘地のコミュニティを強める役割を果たした。

関東大震災後の鵠沼は、東京から避難してきた人々がそのまま住み続けるようになり、常住化がすすんだ。さらに戦中期、鵠沼に別荘をもっていた人々が東京から疎開し、戦後も住み続けたパターンが多い。昭和四年の小田急江ノ島線の開通後、街の中心は南西の海岸近くへと移行していった。昭和期に入ると、三輪徳寛(外科医学者)、松岡静雄(言語学者)、松室昇(国学者)といった知識階層が住人の中心となった。

鵠沼別荘地内の建築

鵠沼別荘地内の建築で具体的にその内容が知れるのは少ないが、江ノ島電鉄・鵠沼駅近くには「鵠沼三越店員休養所」が大正五年に建設されている（図❺）。しかし関東大震災によって倒壊したため、昭和三年「三越倶楽部」と名称を変え、同地には新しく西洋館と日本館が建設された。西洋館の方は、明治初年、日本郵船会社の顧問技師であった英国人ゼーモスの邸宅を買い取り品川の高台から移築したものであった。

鵠沼で唯一、関東大震災にも耐え、現存している別荘は大正期の輸入住宅である。付近の人々はこれを「組立家屋」と呼んだ（大正九年建設、現・鵠沼海岸）[*9]（図❻❼）。この組立家屋は商工会議所のサンプルとしてアメリカから輸入されたもので、和田順顕「初めて組立家屋を取扱って」、内藤彦一「案外気の利いた便利な組立家屋」（『建築と社会』大正九年一〇月）など、当時の建築雑誌にとりあげられている。組立家屋を輸入したのは松屋の支配人であった内藤彦一で、内藤はカタログからこのアメリカ製組立家屋を注文し、その商品化を考えていた。施工・組立は、和田順顕（東京美術学校図案科・大正元年卒）により一週間程で完成したという。

三越保養所と同じく江ノ島電鉄・鵠沼駅近くでは、渡辺家が明治三〇年代後半に大給近孝から七〇〇〇坪以上の土地を購入している。渡辺家の明治末期の別荘は和風で（図❽）、関東大震災後は、三井道男設計によりチューダー様式の洋館を昭和七年

図6　内藤邸『組立家屋』（大正9年建設）外観

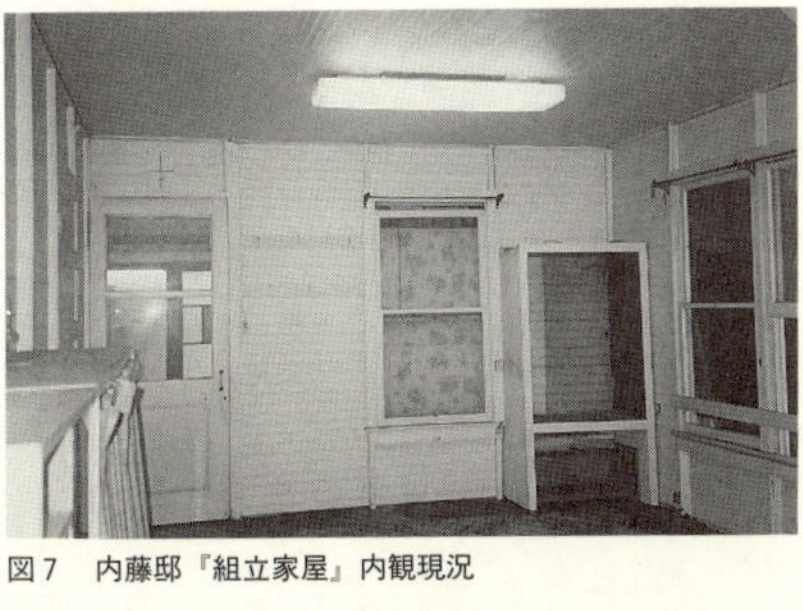
図7　内藤邸『組立家屋』内観現況

鵠沼に於ける三越の店員休養所

◎如何にもしてお客様方の御滿足遊ばすやう、御機嫌にかなふやうと一千餘人の當店々員は須臾も此「お客様本位」といふ綱領を忘れた事はございませんが、お客様に對する鄭重、懇懃、誠實といふ様な事も、それが敎へられたもの、作つたものでは何にもなりません。自然で、圓滑で、極めて無邪氣でなければならないのでございます。併しそれが安らかに人々の個性から流露致すには、店員の心が常に愉快に、其肉體が常に强壯でなければ出來る事ではございません。當店はこの意味から店員の精神上の慰安と肉體上の發展とに深き注意をはらひまして、種々なる設備を致して居るのでございますが、其一部として先頃來、地を湘南に求め、そこに店員の休養所を新築致しました。

◎處は相州鵠沼の一部、藤澤から江島の電車に乗つてますとわづか三分にして達する藤ヶ谷停車場に近い小邱の上に在るのでございます。片瀬と鵠沼とを分けて流るゝ境川に枕んで、松風千古の琴の音

図5　三越機関誌『三越』大正5年8月1日

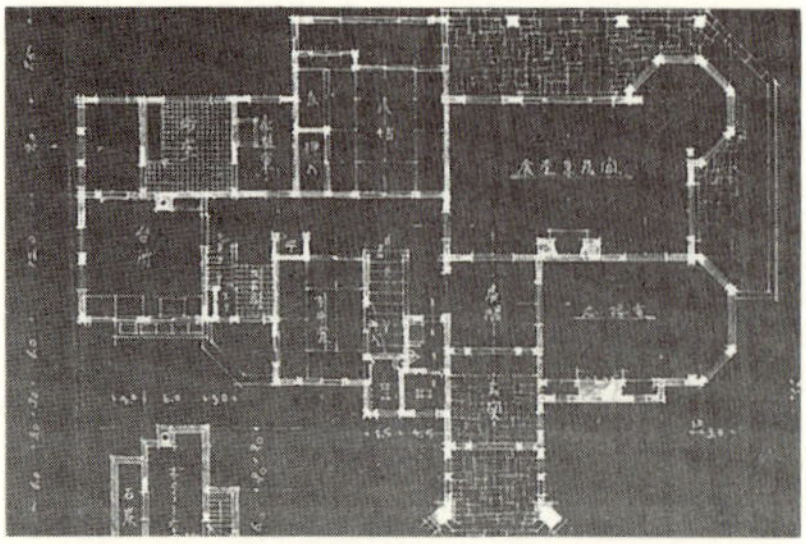

図８　明治末期の渡辺邸

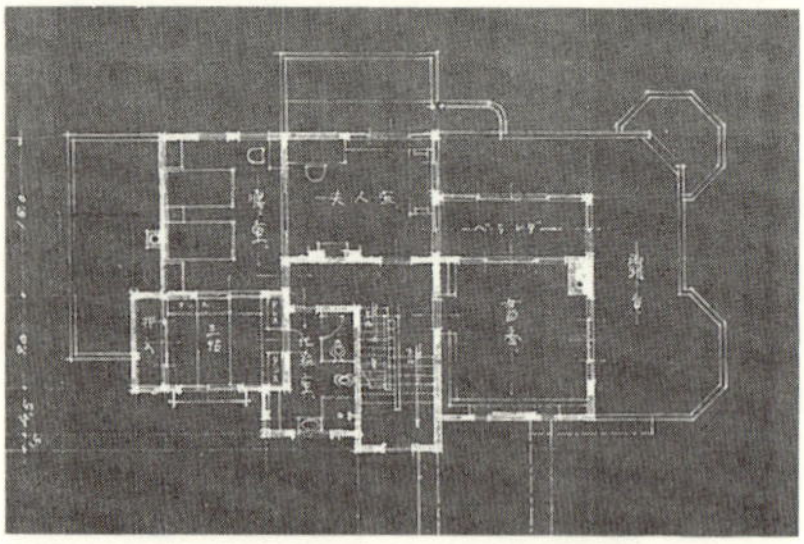

図10　11　渡辺邸（昭和７年）１、２階平面図

図９　昭和７年竣工の渡辺邸の現況

図13　池田邸　現存する戦前期の住宅

図14　15　尾日向邸（昭和５年頃）の現況

図12　旧林達夫邸の現況

に建築し、現在もそれが威風を放っている（旧・下藤ヶ谷、現・鵠沼松が岡）[10]（図9〜11）。渡辺家は大正期当時、東京麹町に本邸を構える実業家で、昭和初年に鵠沼に常住を始めた。このほか評論家の林達夫は、大震災前には「四軒別荘」と呼ばれた貸別荘に居住し、その後、昭和一二年に藤沢・六会の民家を移築、洋風に改造したのが現存している（旧・下岡、現・鵠沼桜ヶ丘）（図12）。また、雑誌『住宅』によると、あめりか屋の作品「浅見三慶氏別荘」（大正九年）も鵠沼に建設されている。しかし現存して設計者の明らかな戦前期の住宅は少なく、敷地分筆や住宅建設が進んだのは戦後のことである（図13〜15参照）。

片瀬─住宅地経営とキリスト教信仰─山本庄太郎の功績

日本三弁財天に数えられる江ノ島を目前にする片瀬は、小田急江ノ島線の整備に伴い電鉄駅中心に住宅地開発が展開した街である。本格的な開発が行なわれたのは昭和初期で、現在の片瀬海岸二、三丁目に相当する範囲で整備が行なわれたが[11]（図1のb、b'の範囲）、実際には明治期の段階から徐々に宅地化に向けての整備が進められている。

明治期に片瀬の土地整備を手がけたのは、鎌倉郡長、県会議員などを歴任した山本庄太郎（後述の山本信次郎の父）である。明治三〇年代、川口村一帯の名主であった庄太郎は、松苗の植樹を条件に鵠沼から江ノ島に至る砂浜一帯の払い下げを受け、その後一〇年間かけて丹念に松林を育成した。明治三三年の江ノ島電鉄江ノ島─鎌倉間の開通も庄太郎の功績である。また庄太郎は電車動力源の発電所を建設し、藤沢、茅ヶ崎、鎌倉、逗子の一般家庭に電力を配給したため、一帯では早くも明治三五年から電灯がともった。

小田急江ノ島線開通以前の構想として、大正一二年当時、約六・五万坪（現・片瀬海岸一〜三丁目）を対象に、「山本町別荘楽園」という名称の総合計画図面が残っている（図16、16'）。その構想は七タイプの貸家、水族館、料亭などを配したリゾート的な構想であったが、これは実現には到らず、大正期間を通じてこのエリアは松林のままだった。

海軍の修道士・山本信次郎の宅地経営

本格的な片瀬の開発は昭和期に入ってからで、山本庄太郎の次男、山本信次郎が小田急線片瀬江ノ島駅前約三万坪（現・片瀬海岸二丁目）の住宅地整備を進めた。山本信次郎（明治一〇年生〜昭和一七年没）は、地元の片瀬海岸に生まれ、暁星中学校を卒業した後、海軍兵学校に入校、外務省の文武官、イタリア大使館付け海軍武官、宮内省御用掛などを務めた人である。生涯カトリック教徒としての布教を行いながら、少将に任官された異色のエリートといえよう[12]（図17）。

山本信次郎の開発構想には、駅前の商店、学校、教会といったコミュニティが組み込まれ、特に学校、教会は自宅の敷地を提供して計画された。欧州での生活体験を積んだ信次郎が目指

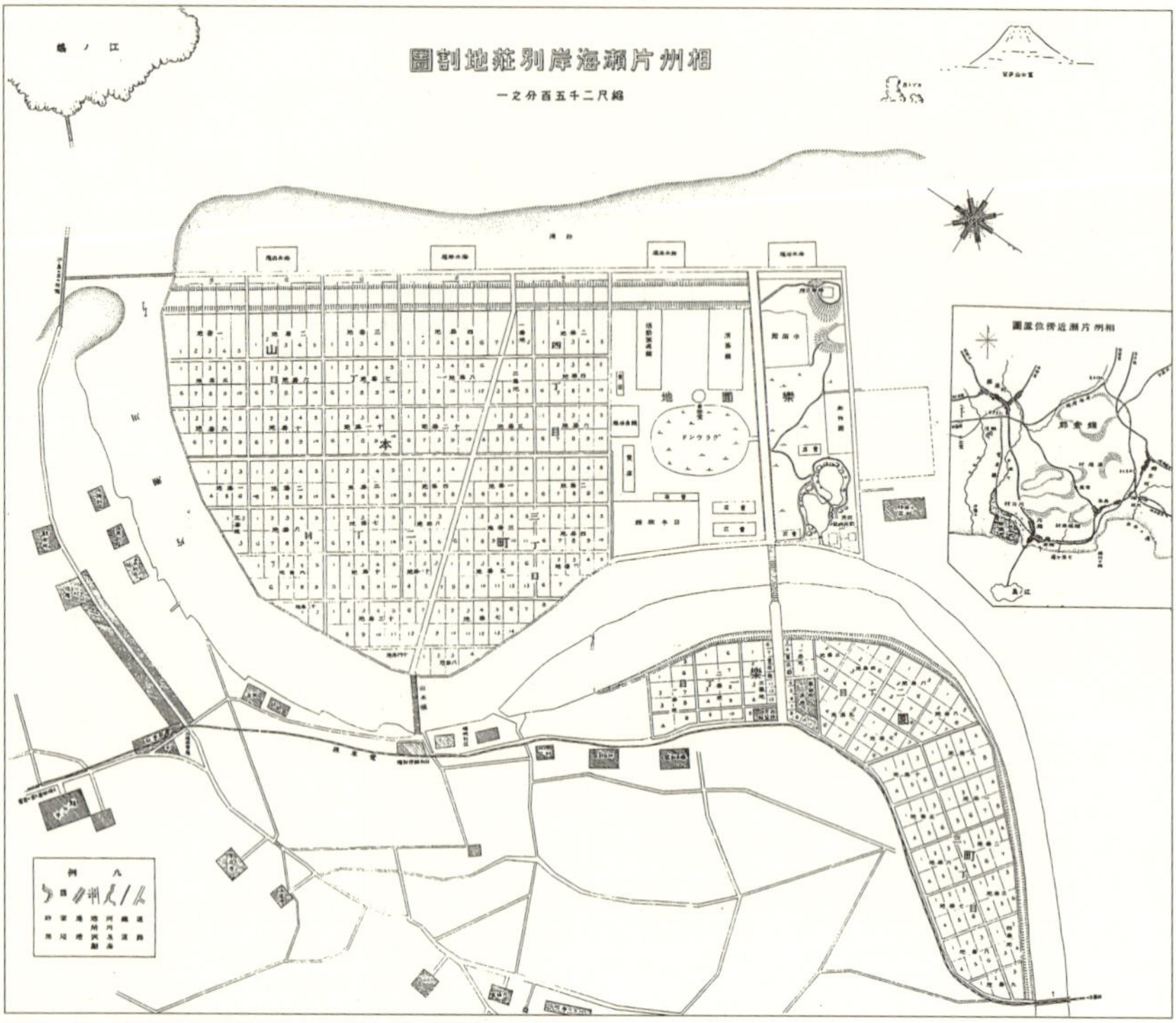

図16　大正11年当時の片瀬の総合計画図（現・片瀬2～3丁目）

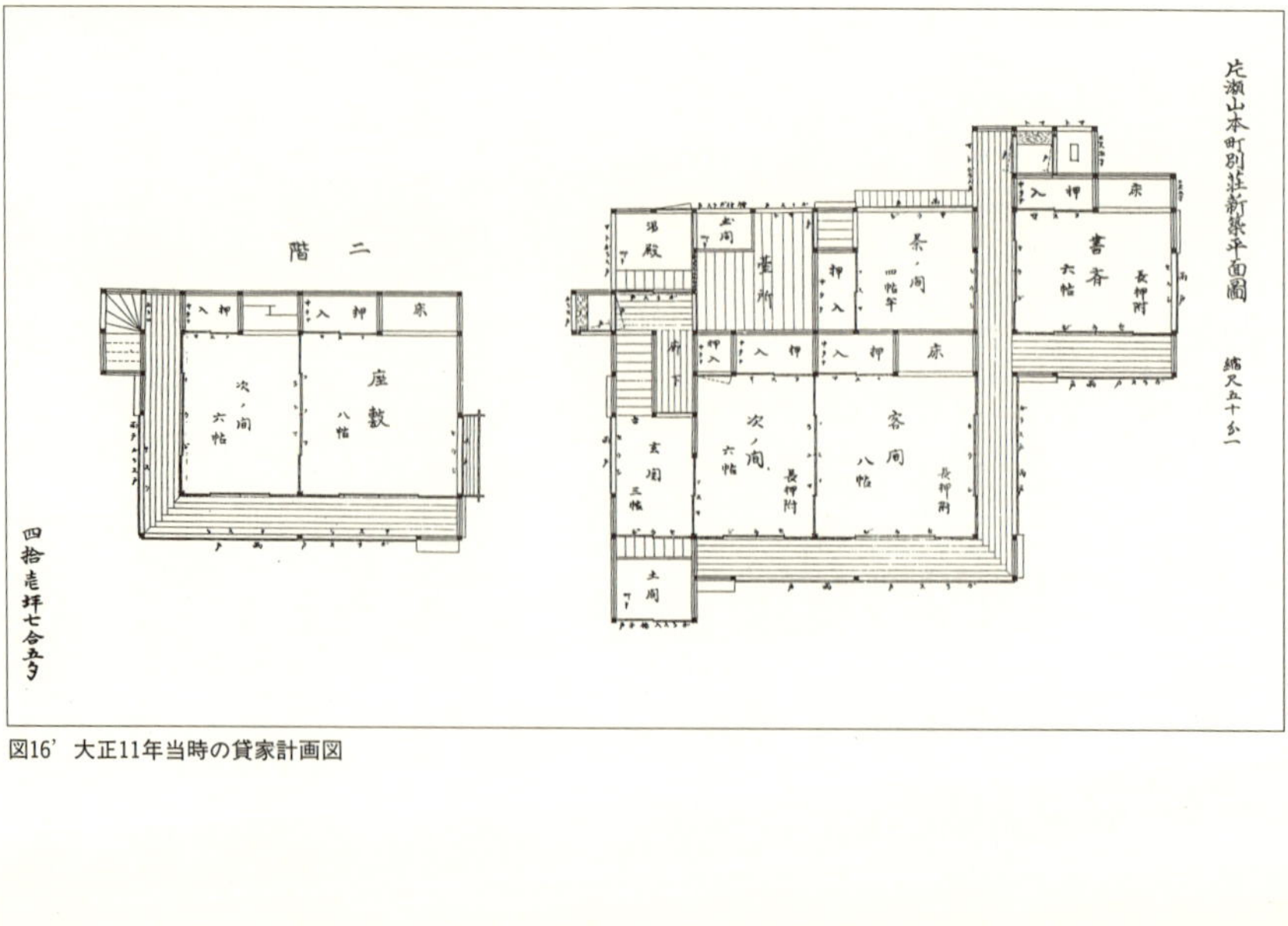

図16’大正11年当時の貸家計画図

したのは、教会を中心に近隣愛を育み、公共施設の整備された街であった。敷地全体は境川を介して、既存の農・漁村部と分断されていたが、両エリアをつなぐ山本橋のたもとには教会が配置された。実施計画図によると碁盤の目状の住宅地を斜めに突っ切る道には、二〇軒程の店舗付き住宅が二列状に配され、駅と教会の中間的な場所に学校が設置されている。昭和二年に信次郎は片瀬の農村地区と別荘地区をつなぐ山本橋を私費で新設し、宅地に沿って流れる境川の護岸工事を行なった。さらに自動車の往来を確保した道路幅、四辻の角切りや電灯の設置、鉄筋コンクリートの下水渠、各戸への上水道、電話線の確保という具合に順次工事をすすめた。信次郎に協力したのは、信次郎が東京に在住した当時にカトリックの同じ教区内であった赤羽根萬吉である。

昭和四年の小田急江ノ島線の開通は片瀬海岸付近に決定的な発展の契機を与えた。信次郎が宅地内の整備を終え、「片瀬西濱分譲地　湘南之別荘地　高級分譲地」と銘打った宣伝パンフレットを知人・友人を通じて配布したのは昭和五年である。住宅地の規模は、約三万坪余り（現・片瀬海岸二丁目に相当）で一八一区画に分割して分譲された。但し、八〇区画はすでに契約済で購入者の氏名が記入されており、一般的な公開以前に宅地分譲が進んでいたことがわかる（図18〜20）。

分譲地の一区画は約二〇〜四〇〇坪（平均一七〇坪弱）で、宣伝パンフレットでは、「一四〇坪の一区画を坪当り三五円で購

図18　昭和５年当時の分譲地駅前（小田急線片瀬江ノ島駅）付近

図17　山本信次郎（大正５年、40歳頃）
山本正著「父・山本信次郎伝」中央出版社（現「サンパウロ」）より

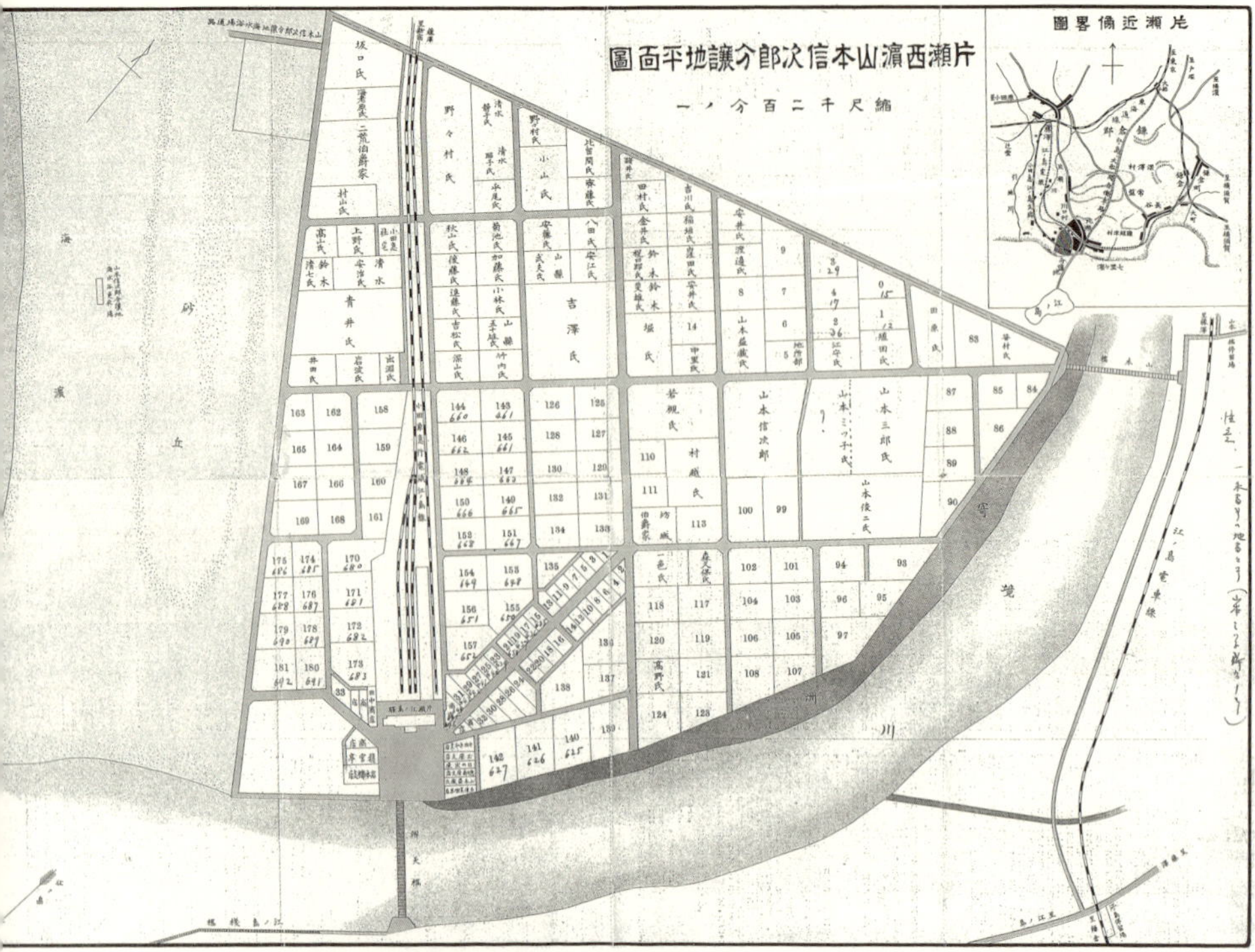

図19　昭和５年当時の山本信次郎分譲地全景

図20　昭和５年配布の住宅地パンフレット、分譲地内の住宅

入すれば、その費用合計四九〇〇円、そこに三五坪程度の家屋を建坪七〇円で建築すれば、同経費合計二四五〇円、その他電灯などの諸設備費用として六五〇円を加算した場合、総計八〇〇〇円で購入できる」というが、当時では安価とはいえないであろう。また「夏涼しく冬暖かい、臨海特有の温順な気候」を第一の宣伝文句とし、ラジウム温泉冷鉱泉の検査証を添付していた。

小田急線片瀬江ノ島駅前には、竜宮亭と名付けられ近代和風でデザインされた、鴟尾（しび）の大きいユニークな様相の店舗が建設された。もともと片瀬と陸続きであった江ノ島の竜神信仰や竜宮童子の伝説に関連し、〝東京から来て私電の最終駅を降り立つとそこは「別天地」〟という効果を意図したのであろう。駅前から江ノ島へは弁天橋と称する橋で導かれている。江ノ島を目前にその風土を建築に反映させたユーモア、図面、写真から建築的にある程度精度が高いと思われる点についても評価できる。請負は、鈴木辰五郎（旧・鎌倉郡腰越中原町）で昭和五年の建築であり、山本家史料『売店新築工事書類』と題した書類に配置、平・立面図などが整理されている。一例として「壱号売店」は六棟建ての店舗付き住居の一棟で、土地と建物が、総計五二〇〇円五〇銭で昭和四年一二月一八日に売却された（図21）。

分譲地内の別荘・住宅としては、明治末～大正初期に建設され、二度移築された山本家の洋館（図22）、住宅地パンフレットの洋館（清水邸）、『住宅』に掲載されたあめりか屋作品の前沼

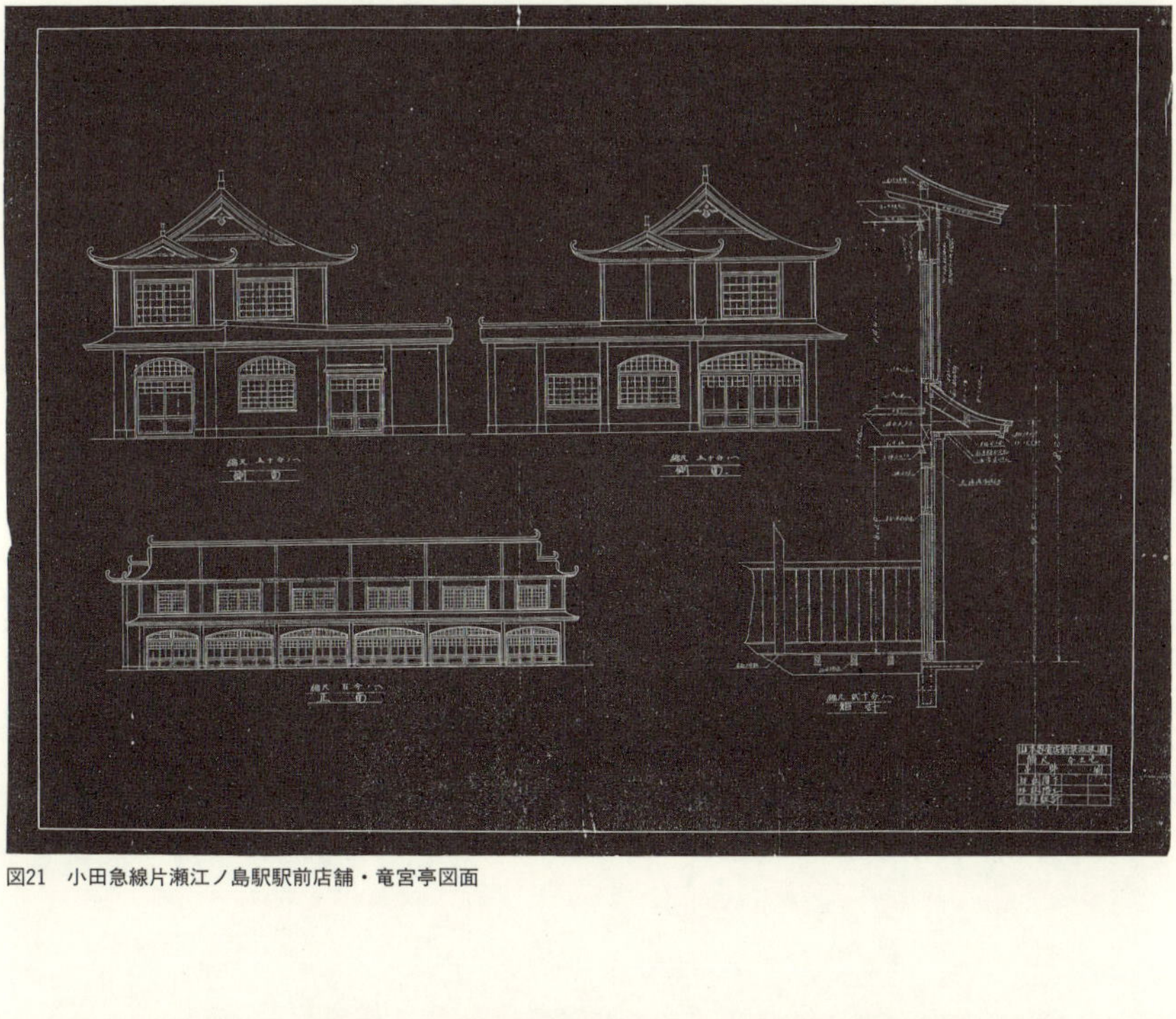

図21　小田急線片瀬江ノ島駅駅前店舗・竜宮亭図面

図22　旧山本邸（明治末〜大正初期）の現況

初治邸、及び鈴木邸別邸（昭和五年）などがある。片瀬では戦前から戦後直後にかけて土地を手放した人も多く、本格的な住宅建設は戦後のことであった。

戦前までに土地を購入した人々について、旧土地台帳、『日本紳士録』などをもとに購入者の職業を明らかにすると次のようになる。土地購入は同一人物が重複して購入するケースが多い。宮内省侍医兼日本大学医学部教授、貿易商、極東煉乳（株）取締、日本郵船（株）営業部長（近海郵船（株）取締）、医師、特命全権大使米国駐在、文部省普通学務局、東洋酸素（株）取締、伯爵貴族院議員などである。敷地分譲は当時のサラリーマン層も購入可能な規模に設定されていたが、実際には、東京に在住する有爵者、企業の最高幹部、医師などが二区画以上を購入し、別荘や隠居所として用いていた。

昭和三年当時には、信次郎の兄、百太郎によって現・片瀬海岸三丁目に相当する約三・五万坪の区画整理と分譲が行なわれている。こちらの方は、詳細が明らかではないが約三〇〇〇坪の山本公園が設置され、住環境への配慮がなされていた。

片瀬カトリック教会、片瀬乃木高等女学校建設（図㉓〜㉕）

住宅地の整備・販売と共に、住宅地内に教会や学校を建設することは山本信次郎の開発当初からの計画だったが、実現まで長期間を要した。[*13] 教会建設の過程として信次郎は大正七年、三年間のイタリア武官在任を終えて帰国の際、時のカトリック・ローマ教会教皇から、「自宅においてミサ聖祭を執行する許可」を受けた。帰途にはパリで祭壇、祭具一式を購入し、牛込田町の自宅に持ち帰った。一年後、同じ教皇から「自宅に聖体配置の特典」を与えられている。関東大震災直後、信次郎は片瀬に自宅を移し、その当時から、信次郎宅に東京麹町のイエズス会の神父が出張してミサが行なわれるようになった。この仮聖堂のミサ参加者は、昭和三、四年頃は近隣に常住する四、五家族や、鵠沼在住の長谷川路可で総勢二〇人前後であった。夏期には避暑に来た人々を加え六、七〇人に達したという。昭和五年の宅地の公開分譲の際、信次郎は教会敷地に約五〇〇坪を準備していたが、教会区の関係上、常住の司祭を招聘すること

図23　片瀬乃木高等女学校、昭和13年当時

図24　片瀬カトリック教会の現況
図25　片瀬カトリック教会の昭和33年頃の内観

ができず、会堂建設はやむを得ず延期され、教会の建設着手に至ったのは昭和一三年であった。

教会堂の設計は当初、J・J・スワガー建築設計事務所に依頼された。スワガーはオーギュスト・ペレのランシー教会堂に似た塔をもつ設計案を提示したが、鐘楼が壮大で予算上無理ということで廃案になった。そのため当時、片瀬で隠居生活を送っていた建築家・田村鎮の監督のもと、川崎耕二（現・片瀬海岸の川崎建設初代頭首）が改めて設計を行なった。[*14] 司祭の要望により様式は純日本風という条件があり、設計の際には奈良カトリック教会（昭和七年・奈良市）を見学した。[*15] 教会堂は昭和一四年に完成し、建築費は一万二二一二円であった。教会堂内部は、長谷川路可が正面及び左右の聖画と十字架道行の聖画を描き、祭壇、聖柩、十字架、ロウソク立て、照明器具も路可の構想に基づいた。

教育施設も山本信次郎によりカトリック系の学校が建設された。片瀬乃木女学校（現・湘南白百合学園、片瀬乃木女学校は戦時下の名称）は、昭和一一年、片瀬海岸の旧・山本信次郎宅の二階に幼稚園が開設されたのを始まりとする。幼稚園として文部省から正式な認可が下りたのは昭和一一年一〇月で、昭和一二年、東京九段の高等女子仏英和学校（現・白百合学園）の経営者であったシャトル聖パウロ修道女会に信次郎の土地が寄付された。昭和一二年三月には小学校設置の認可、昭和一三年一月には高等女学校の認可が下り、同じ年の九月乃木高等女学校校舎が落成し、高等女学校は昭和一四年には約四〇名の新入生があり、教育施設として定着していった。獅子文六の「青春怪談」(前出)において主人公の千春が通った女学校も、この現・湘南白百合学園の設定である。また戦中期に、美智子皇后が日清製粉の寮に御滞在した時期があり、「雙葉学園の制服のまま片瀬乃木女学校に通った」というエピソードがある。

建築家・田村鎮と片瀬

片瀬海岸二丁目について、田村鎮息女の田村富二子夫人や川崎建設への聞き取りによると、住宅地の地割や旧白百合学園校舎などは建築家・田村鎮(明治二一年生〜昭和一七年没)の設計である。旧白百合学園校舎は、田村の経歴として著名な所沢飛行場飛行船庫(大正二年)の技法から木造の大空間であったという。聞き取りの他にこのことを明らかにする文献はないが、旧土地台帳によると田村鎮は大正一五年に土地登記を行なっている関係から、片瀬海岸二丁目内の環境整備に貢献したと考えられる。

田村鎮は、田村崇顕子爵の長男として生まれ、東京大学建築学科を明治三七年七月卒業、卒業と同時に陸軍に入り、大正一一年陸軍を退任した後、自宅で建築事務所を経営した。当時、本宅は渋谷、別荘が片瀬海岸にあったが、田村は無類の釣り好きで晩年片瀬に滞在することが多く、その滞在中に片瀬の諸施設の設計に関与したのに相違ない。

別荘地文化を語り継ぐ──むすび

大小の砂丘に覆われていた鵠沼、片瀬いずれも、明治期以来、人工的に松の植樹が行なわれ今日の繁栄に至った住宅地である。一年を通じて暮らす住宅地となったのは鵠沼では関東大震災後、片瀬では戦中から戦後にかけてである。震災と疎開という非常事態に本宅から別宅に移住し、横浜、新橋・銀座辺りに東海道線で通勤した人が多かったが、それはサラリーマンというより店主といった社長出勤であった。つまり鵠沼・片瀬共に、戦前期は限られた階層の住宅地だったのが現実で、その豊かさが現在に引き継がれ環境が維持されてきたという側面がある。

鵠沼を歩けば現在も、鎌倉石に竹組の塀や柴垣が、古い住宅地の情緒を醸し出している。鎌倉石は鎌倉から逗子にかけて分布し石垣や石塀に利用されてきた岩石である。また一町単位だった敷地割のなかで袋小路になった道路計画の曖昧さは、むしろ住宅地の年輪を思わせるし、道幅に比して高くのびた鵠沼の黒松は往時の余韻を残している。しかし同一敷地内に二世代の住宅が建つケースも多く、かつて一区画の敷地に現在では五〇軒以上の住宅が建ち密度が高まっている。大山詣の人々が江ノ島弁財天へと参詣した江ノ島道は、昭和戦前まで松並木が残りその面影を偲ばせたというが、現在は残っていない。片瀬の近代和風でデザインされた駅前商店街、竜宮亭もその佇まいが写真で知られるのみだが、それでも臨海の駅前に別天地を求めて降り立つ人々は四季を通じて枚挙に暇がない。

この住宅地のコミュニティの性格として、例えば益田孝がその娘を鵠沼に住まわせたように、資産や名声を形成した第一世代というより第二世代が永住した傾向があった。そのためか、お互いがそれとなく一目を置く近隣付き合いであり、片瀬の場合は、重要な環境要素でもある近代和風の片瀬カトリック教会を介したつながりが続いている。しかしいずれの住宅地でも、大給子爵は遺族が全くここに在住しないにもかかわらず住民によく知られた存在である。この住宅地では日常的な近隣付き合いよりも、文化的関心から住宅地コミュニティへのアプローチがなされているといえよう。昭和五一年から『鵠沼』（鵠沼を語る会）が発行されているのはその傾向を顕著にする。

時代が移り変わり、やむを得ず敷地分筆が進むならば、住文化を語りつぐことは今後の環境にも一石を投じていくに違いない。本文中に述べた鵠沼の「組立家屋」の別荘で幼少期から夏を過ごした明治四四年生まれの内藤恒子夫人は、かつての砂丘の様子を次のように話す。

「当時本宅は銀座にあり、大正九年頃から毎夏鵠沼に来ていました。夏近くになるともう鵠沼の松籟が恋しくなって、いてもたってもいられないくらい楽しみなことでした。まだ松の木は小さくて五メートルくらいだったでしょうか、でもこのくらいの松の木が一番松籟が聞こえるのですよ。海岸には砂丘ばかり拡がっていました」

文人たちが逗留し、この地域全体の住文化の拠点であった大正期の東屋は、戦中期に店を閉じた。戦後、経営者や場所など異なる「東家」が開店し、大正期の東屋には及ばずとも風格ある割烹料亭であった。しかしそれも平成七年には店を閉じ、現在更地になっている。文人に代わってサーファー達が夕暮れをそぞろ歩く住宅地で、ますます語りつがねばならないことが増えている。

註

＊1——高木和男『鵠沼海岸百年の歴史-追補補正版-』（菜根出版、昭和五七年）を参照、高木氏は明治四二年生まれ、幼少時の喘息のため、大正九年以来鵠沼に在住。

＊2——賞勲局総裁を務め伯爵に叙せられた大給恒の別荘は鎌倉にあった。

＊3——鵠沼の青木悠氏所有の地図（横×縦　約一五六×一八三センチメートル）による。この地図の地割と地番・地積は、明治一五年の斎藤権左衛門編纂『鵠沼村縮切図』（地租改正絵図の字切図を筆写して縮小し、一村町分を一冊に編集したもの）と同じである。

＊4——奥田操『鵠沼海岸』昭和一二年より。明治三八年五月一〇日付の神社明細書があり、賀来神社は大給家の国元である豊後国大分郡府内由原八幡宮の摂社に由来する。

＊5——「鵠沼村三觜小三郎他一名官地開墾願の件」（『土地回議』明治二九年三月二三日）でも松苗一〇万本、芝四四八〇坪の諸経費が見積もられており、この辺りでは開墾に伴って植樹を行なっている。

＊6——高三啓輔『鵠沼・東屋旅館物語』（博文館新社、平成九年）は東屋を中心に綴った鵠沼史。石塚裕道「明治・大正期における湘南海岸の開発の歴史」（『藤沢市史研究』昭和五〇年八月）なども参照。

＊7——当時旅館の事実上の経営者は加賀藩江戸屋敷詰め武士の息女、長谷川栄という人で、伊東将行とは内縁関係にあった。長谷川欽一は長谷川栄の弟繁造の子。また長谷川路可は長谷川栄の姉たかの子。

＊8——小山文雄編著『個性きらめく—藤沢近代の文士たち』藤沢市教育委員会、平成二年など参照。

＊9――組立家屋の所在は高木和男氏の御教示による。現存確認後、内田青藏氏を中心に一九九五年、実測調査が行なわれた。

＊10――一九九五年三月二三日に渡辺実氏に聞き取りを行なった。また『家物語』（藤森照信監修、日本テレビ放送網、平成七年）参照。

＊11――『藤沢市史第6巻通史編』（藤沢市史編纂委員会、昭和五二年）には昭和五年配布の住宅地パンフレットが紹介されている。本稿では山本信次郎の御子息山本正氏所有の史料をもとに、公共建築を含めた街づくりについての聞き取りを行なった。

＊12――山本正『父・山本信次郎伝』（中央出版社、平成五年）

＊13――『カトリック片瀬教会献堂五〇周年記念誌』（献堂五〇周年特別委員会編、平成元年）、『聖ヨゼフ片瀬教會』（赤羽根萬吉編、私家版、昭和二九年）参照。

＊14――教会の実施設計を担当した川崎耕二の御子息から伺った。

＊15――和風教会堂について、松波秀子「昭和初期の和風キリスト教会堂」（『建築史の想像力』学芸出版社、平成八年所収）参照。

鵠沼・片瀬において、主に一九九四～五年にかけて聞き取り、文献調査の際、多くの方のお世話になりました。記して感謝申し上げます。

❻

麻布笄町・桜田町／東京

華族の邸宅から高級住宅地へ――三井信託会社による分譲地開発

加藤仁美

青山南町分譲地

場所　赤坂區青山南町二丁目五〇

交通　市電青山一丁目及三丁目停留場へ各三丁目自動車出入可

設備　各宅地ハ二間道路ニ沿ヒ道路下水瓦斯水道完備スグ建築ニカヽレマス

賣買要項　御申込ト同時ニ手附金トシテ代金ノ一割ヲ申受ケ殘額御拂込後所有權移轉登記ヲ致シマス

東京の港区麻布地域は、大使館や領事館、公園や大学、寺社が集まり、起伏に富んだ地形の広がる坂の多い町である。JR山手線の内側の台地上のこのあたりは、江戸時代から東京の「山の手」と呼ばれていた。山の手とは、町人の住む平地の「下町」に対して、武家屋敷の多い麹町・赤坂・青山・四谷・市ヶ谷・牛込・小石川等の一帯の高台の地域を示していた。江戸城に近く東海道からの出入口でもあったため、江戸期には、大名のベッドタウンとして中屋敷や下屋敷が多数立地していた。西に富士、東に海を望むまさに江戸の田園都市でもあった。明治になると、これらの大名屋敷地は公収され、その多くは軍や官公庁等の公共施設用地に転用されるが、一部は旧大名の私邸として残される。明治以降の山の手は再び、天皇・皇族を中心とした華族と呼ばれる上流階級の人々の居住地域となったのである(図❶❷)。

明治末期には、東京市内一五区在住の華族のうち、約七割が山の手に住んだという。関東大震災でも被害を受けず、明治・大正・昭和と、緑豊かな景観は下町とは違う異国のような雰囲気を漂わせていた。しかし、高度経済成長期、東京オリンピックを契機に、麻布地域も高速道路とビルに囲まれた近代的で華やかな町に変わった。

ここでは、武蔵野台地上の都心山の手で、華族の邸宅地が分譲地として開発、細分化されていった様相を紹介する。大名屋敷地、華族の邸宅地という大土地所有を抱えた江戸東京ならではの居住地、居住スタイルのドラスチックな変貌である。

大名のベッドタウンから華族の邸宅地へ

明治二年、全国の諸大名は版籍(領地と領民)を朝廷に奉還し、旧領地の藩知事に任命された。これら旧大名と京都の公家中の最上層の公卿とを併せて、「華族」が設けられた。翌三年、華族はすべて東京居住が命ぜられ、邸宅地が整備されて政治や軍事の実権を握る方針がとられた。そして、当初、明治政府が貸与した官員邸や土地の払い下げがこの時期頻繁に行われる。江戸以来の武家地、寺社地、町人地という土地支配から、土地の私有化、不動産化が進み、土地所有そのものが都市を動かす重要な活性剤となっていった。明治一七年に華族令が制定され、公侯伯子男の爵位が決まり、国家に勲功ある者がいわゆる新華族として加わる。そして、明治一九年、華族世襲財産法により、有爵者に対し家格の維持のため負債の抵当として差し押さえられない世襲財産の設定が特典として与えられる。その財産は、家宝、不動産、登録国債または記名の有価証券に限られた。世襲財産に占める土地の割合は、土地所有の安定有利化、地価上昇に伴い、次第に増大していった。

明治年間、大規模な邸宅地を中心に地主化していったこれら旧大名華族らとともに、政商や商業資本が土地集積を進め、大地主層が出現した。そして、明治末期には、東京の宅地総面積の約四分の一は、一万坪以上の宅地を所有する一〇〇人ほどの

図1　港区麻布地域（明治42年）

図2　港区麻布地域（昭和30年）

大土地所有者―旧大名華族、財閥、豪商、新興富豪等によって支配されることになる。急速な人口増加の下で住宅困窮者を多く抱えることになった東京では、これらの大土地所有に対する批判とともにその宅地解放を求める声が高くなる。[*1]

明治末期の東京麻布地域の様子をみてみよう（図❶）。かつての大名屋敷地は宅地化し、軍用地や華族の邸宅地に変容している。青山墓地東側の伊予宇和島藩伊達家の下屋敷は第三連隊兵営地となり、その南側の六本木通りの南北に広がる麻布霞町一帯は旧棚倉藩阿部家下屋敷地で、旧大名自らの貸地貸家経営のために宅地分割されている（図❶A）。[*2] そして台地と谷地が複雑に入り組んだ地形の高台には華族の邸宅地が点在し、谷地に町屋や長屋がはりついている。また、市電が四谷方面から青山墓地の西側の谷地を通って南の天現寺橋方面まで走り、青山墓地通り、六本木通り、笄橋と交差するところにそれぞれ停車場が設けられている。さらに大正三年には、六本木通りが拡幅され、市電が通り、高樹町、霞町、材木町の停車場が置かれ、この地域にも活気が及んでくるのである。

大正一二年の関東大震災では、下町が壊滅的な被害にあった。明治末期から、すでに東京市域の人口は急増し、周辺町村への溢れ出しが進んでいたが、震災はさらにこれに拍車をかけた。とくに、市電と山手線が接続する渋谷・新宿・大塚等を中心として、山手線沿線、中央線沿線、さらに大正期に入って続々と敷設された郊外私鉄沿線、西郊へと市街化が急速に進行した。華族も下町に住む者は市外の接続郡部へと移住した。幸い山の手では、震災による被害が少なく居住地としては安定していた。一方、昭和二年の金融恐慌、第十五銀行（華族銀行）の株暴落は、華族にとって大きな打撃となり、その経済基盤を揺るがすことになった。そして、昭和戦前までには、山の手に住む華族も激減し、郊外へと移住したのである。[*3]

財閥系信託会社の登場―米山梅吉の発想

住宅建設の需要が高まる中では、土地所有が細分化をたどり、いわゆる不動産業が登場する。好況期の大小不動産業者による開発ラッシュがおさまったのちの大正末期からは、電鉄会社や信託会社、土地区画整理等による計画的な郊外住宅地の開発が行われ、会社員や官吏・軍人等の中産階級に属する人々の多くが居住した。

明治末期、信託業の制度が欧米から輸入され、当初わが国でも信託会社と称する会社が全国に五〇〇近くもあった。「信託」とは、財産を自ら管理運用する能力やその時間的余裕のない者が、信頼できる他人にその財産の管理・運用・処分を委ねる制度のことをいう。しかし、信託とは名ばかりで無尽や貸金を業とするものも多く、政府はこれらの不健全な信託会社を取り締まるため、大正一一年に「信託法」と「信託業法」を施行した。

信託業法により、信託会社の業務として、金銭、有価証券、金銭債券、動産、土地及びその定着物、地上権及びその賃借権の六つの財産の信託業務と五種類の併営業務が認められた。このうち、信託会社の不動産関連業務とされたのは、土地及びその定着物、地上権及びその賃借権の信託（略称で不動産信託）受託と、併営業務中の代理事務としての不動産管理代行、不動産売買及び賃借の媒介等であった。これにより、昭和初期に信託会社は四〇社程度に整理され、新たに財閥系信託会社が設立される。当時、東京市内の大口土地所有者は貸地や貸家を昔ながらの差配に管理させていたが、大手の信託会社が設立されるのを機に、信用の大きい信託会社に委託して管理してもらおうという気運がみられた。しかし、不動産信託は登録税や登記税が重く、それほど利用されなかった。財閥系信託会社のなかでも指導的立場にあった三井信託会社の設立者米山梅吉社長（写真❶）は、信託会社の扱う不動産業務は従来の不動産業務とは全く異なった新しい形のものでなければならないという信念をもっていた。不動産担当者はこれに応えて、代理事務による大名屋敷跡地の処分等を通して、大規模な土地を整地分割し、分譲することを考え出した。これは、当時換金難に悩んでいた大口土地所有者ばかりでなく、敷地入手難に困っていた住宅建築希望者や良質の住宅用地を求めていた人々に大変好評であった。[*4]

こうして開発された三井信託会社による分譲地は、東京都内に約六〇件ある。都心部では華族の邸宅地、西側周辺部では畑や山林地の開発が多く、現在の高級住宅地を多くつくり出した。開発規模は、五〇〇〜三万坪、区画数は五〜二〇〇区画とさまざまで、一〇〇〜一五〇坪程度の区画を坪単価二〇〜二四〇円で分譲した。その計画は、土地整理の方針、設備、工事費用等を示した分譲案が作成され、分譲地のランクも上・中流向き、中流向き、中流以下向きに分けられ開発された。

黒田清輝画伯の邸宅地―麻布笄町

旧式ノ大邸宅ノ不便不利空虚ナ生活カラ逃レテ文化的施設ノ行届イタ小邸宅ノ充実シタ生活ヘノ憧憬ハ現代人ノ誰モガ抱ク所ノモノデス。処ガ自分丈ケデソンナ邸宅ヲ造ルニハ少カラヌ費用ガ要ルバカリデナク、折角造ツテモ一歩家ヲ出レバ其ノ気分ハ惣チ打壊サレテシマイマス。

此分譲地ハ規模ハ小サイガ、行届イタ住宅地トシテ余リ類例ノ無イモノカト思ヒマス。

分譲パンフレット（図❸）にこううたわれた麻布笄町分譲地は、昭和元年から四年にかけて三井信託会社の分譲業務第一号として開発された土地である（図❶❷B）。現在の港区西麻布の日本赤十字病院の裏手に当たる総面積八二一七坪が、五一区画、平均区画面積一三八坪で分譲された（図❹）。もとは挹香園という画家黒田清輝子爵の邸宅地（写真❷）と隣接の高木子爵の所有地を合わせた土地である。黒田清輝といえば、近代洋画家の父と

図3　分譲パンフレット

写真1　米山梅吉社長（『東京地下鉄道史』より）

麻布笄町分讓地

洋式ノ大邸宅ノ不便不利益ナ生活カラ逃レテ文化的施設ノ行屆イタ小邸宅ノ充實シタ生活ヘノ憧憬ハ現代人ノ誰モガ懐ク所ノモノデス。唯ガ自分丈ケデソンナ邸宅ヲ造ルニハ少カラヌ費用ガ要ルバカリデナク、折角造ツテモ一歩家ヲ出レバ其ノ氣分ハ忽チ打毀サレテシマヒマス。

此分讓地ハ規模ハ小サイガ、行屆イタ住宅地トシテ設リ類例ノ無イモノカト思ヒマス。御住ミニナル方々ガ當社ノ意ノアル所ヲ御理解下サツテ、之ニ調和スル住ミ方ヲシテ下サルナラバ氣持ノ良イ理想的ナ住宅地ガ出來上ルコトヽ思ヒマス。

此地ハ元拾著園ト云ツテ一代ノ畫人故黒田清輝子爵遺愛ノ邸宅デアリマス。故子爵ノ遺言ニ從ツテ何カ美術界ニ貢獻スベキ事業ニ寄附スル資金其他ヲ得ル爲メ特ニ當社ノ手デ分讓サレル譯ニナツタ譯デス。斯ウイフ事情モ此地ヲ御買取ニナル方々ノ御心持ニ一層通フコトヽ信ジマス。

場所　東京市麻布區笄町百七十七番地、市電青山高樹町停留場カラ南ニ入リ赤十字病院ノ手前ノ角

交通　市電青山高樹町ヘ一丁半、赤十字病院下、笄町、霞町ヘ二丁乃至三丁、四間及六間道路ニ面シ自動車自由。

設備概要

住宅地ト商店地　高樹町停留場ニ直通スル道路沿ヒノ所ヲ商店地ニ、其ノ奥ノ靜カナ所ヲ住宅地トシ、其ノ間ニハ劃然區別ヲ設ケマシタ。

道路　四間、三間半ノ道路各宅地ニ沿ヒ自動車ノ出入自在、路面ハコンクリート及アスファルトデ舗装シ一切ノ設備ハ地下ニ設ケ路上ニハ只街燈丈ケガ設ケテアリマス。

上水　各宅地内迄市ノ水道ガ來テ居マス。

電氣　各宅地内迄電燈線ト電熱線ガ地下線デ引込ンデアリマス。

瓦斯　瓦斯ノ引込管ガ各宅地内迄入ツテ居リマス。

電話　地下線デ各宅地内迄電話線ヲ引込ム設備ニナツテ居マス。故障ガ大ニ排除サレル見込デ、新シイ試ノ一ツデス。

消火栓　地域ノ略中央ニ設ケテアリマス。

汚水　此地域内デハ一切水洗式便所ヲ使用シ其ノ汚物ハ各宅地カラ地下ノ汚水管ニヨツテ共同ノ淨化裝置ニ導ク設備ニナツテ居マス。

下水　コンクリート造ノ下水道ガ完備シテ居マス。

賣買要項

申込方法　申込書ト共ニ代金ノ一割ヲ添ヘテ當社ニ御拂込ヲ願ヒマス。

登記及代金　工事完成シ土地引渡ノ際賣買登記ヲナシ同時ニ代金ノ授受ヲ致シマス。其ノ時機ハ本年九月頃ノ豫定デアリマス。

買受クル方　左ノ條件ヲ御守リ下サルコトヲ願ヒマス。之ハ住ハルヽ方、御互ノ義務デ同時ニ又御互ノ利益デアリマス。

（イ）商店地ニハ商店ヲ、住宅地ニハ住宅ヲ賣買後一ケ年以内ニ建築ニ着手スルコト

（ロ）近隣ニ迷惑トナル程度ノ煤煙、臭氣、音響、震動其他之ニ類スルモノヲ發散セシメヌコト

（ハ）水洗式便所以外ノ便所ヲ使用セヌコト

（ニ）水道、消火栓、街燈、淨化裝置其他本地域内ノ共同設備ニ要スル費用ハ買受坪數ニ應ジテ分擔スルコト

（ホ）前項ニ關スル事其他本地域内ノ共同ノ事項ヲ處理スル目的ヲ以テ組合ヲ組織シ其組合員トナラルヽコト

東京市麹町區有樂町参丁目貳番地（日比谷公園前）

三井信託株式會社

電話銀座｛四七二〇、四七二一 三七二五、五九〇五｝

價格表

場所	坪數		單價	價格	
No. 1	166	81	180	30,025	80
No. 2	170	50	180	30,690	00
No. 3	174	18	180	31,352	40
No. 4	213	75	180	38,475	00
No. 5	186	61	180	33,589	80
No. 9	250	05	180	45,009	00
No.10	255	00	180	45,900	00
No.11	165	00	180	29,700	00
No.14	121	80	180	21,924	00
No.15	125	30	135	16,915	50
No.16	90	00	135	12,150	00
No.17	104	50	180	18,810	00
No.18	110	00	180	19,808	00
No.19	118	25	140	16,555	00
No.20	128	70	140	18,018	00
No.22	122	65	135	16,557	75
No.24	126	13	135	17,027	55
No.25	136	20	180	24,516	00
No.30	105	77	140	14,807	80
No.31	107	16	140	15,002	40
No.32	118	16	140	16,542	40
No.34	94	40	135	12,744	00
No.35	79	40	135	10,719	00
No.36	76	30	135	10,300	50
No.37	102	10	140	14,294	00
No.38	128	81	140	18,033	40
No.39	142	50	140	19,950	00
No.40	150	00	180	27,000	00
No.41	150	00	180	27,000	00
No.42	150	00	180	27,000	00
No.43	146	00	180	26,280	00
別No. 2	209	16	140	29,282	40
〃No. 3	163	41	140	22,877	40
〃No. 4	130	60	140	18,284	00
〃No. 5	120	76	140	16,906	40

商店地　分割自由　坪 200.00 乃至 220.00

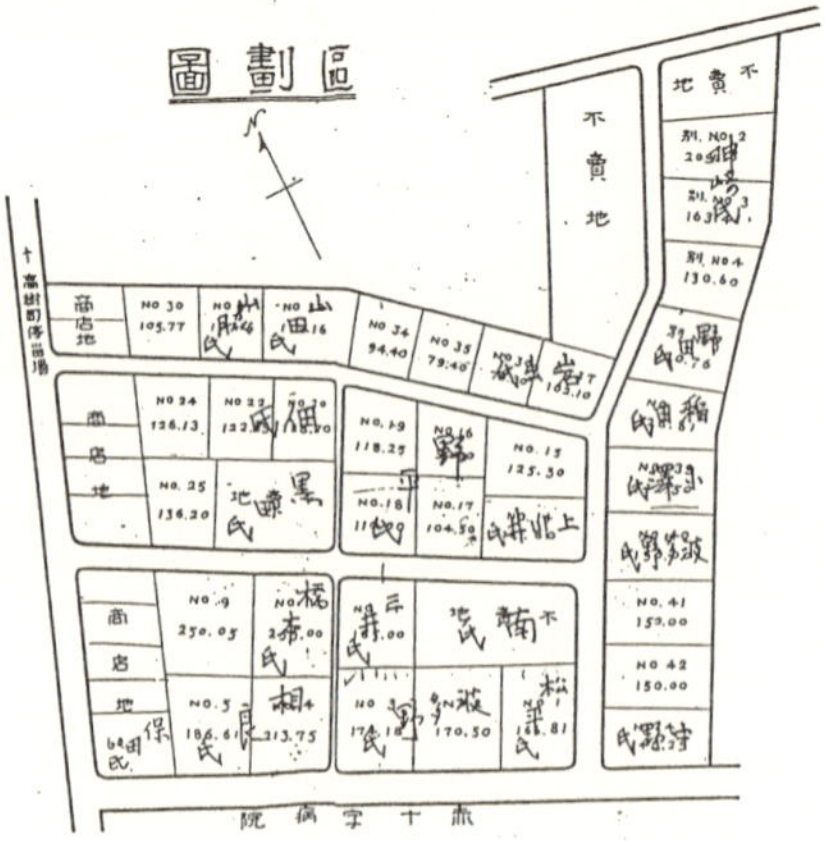

図4　麻布笄町分譲パンフレット

呼ばれ、東京美術学校教授、貴族院議員を務め、帝国美術院の創設に尽力し二代目院長に就任するなど、美術界に大きな貢献をもたらした人物である。[*5] その黒田子爵の逝去後、遺言によって美術界に貢献する事業に寄付する資金を捻出するための方法としてとられたのが、この分譲地開発のきっかけであった。

当初、黒田邸の土地は、三井信託の仲介で大邸宅地のまま一括で売却する予定であったが、当時の経済不況や、邸宅に実用を重視する風潮から、分割して売却することが得策と考えられた。また、黒田家隣接地の高木家の土地を同時に整備すれば、土地整理費が節約され、道路が高樹町電車通に貫通し、双方ともに地勢が増進すると判断されたのである。

昭和元年三月、黒田子爵の相続人黒田文紀が委託者となり、三井信託と不動産代理事務契約が結ばれる。分譲案通りに運べば、宅地の売買価格を坪一三七・五円として分譲地の売買価格総額は七六・七万円となり、工事費一一・四万円を差し引いた六五・三万円が純収入になる計算であった。遺言により、これら遺産のうち金三五万円の資金で、上野の帝国美術院に美術研究所が設立され、同所に黒田記念室もつくられ、これに残金一五万円を添え帝国美術院長宛に寄付されたのである。

分譲地は、工事完成前から予約が殺到する人気で、昭和元年六月の予約受付から一カ月で約六割が売約済みとなり、わずか一年で完売となった。売買価格は、住宅地で一等地（二〇区画）坪一八〇円、二等地（二二区画）坪一四〇円、三等地（七区画）坪一三五円で、商店地で一等地（八区画）坪二二〇円、二等地（九区画）坪二〇〇円であった。分譲パンフレットには、次のような売買要領が示されている。商店地には商店を、住宅地には住宅を購入後一年以内に建築着手すること、近隣に迷惑となるばい煙・臭気・音響等を発散しないこと、水洗便所以外の便所を使用しないこと、分譲地内の共同設備（水道、消火栓、街灯、共同浄化装置等）に要する費用は購入坪数に応じて分担すること、これらに関する共通の事項を処理するため組合の組合員となること、等である。購入希望者のリストには、三井信託の米山社長等の三井関係者、男爵や子爵（図❽）夫人などがみられ、当時の上流階層の人々に好んで購入されたことがわかる。

最先端の基盤整備──電話線地中化と街灯デザイン

では、このように人気のあった分譲地は、一体どのような水準でどのように開発されたのであろうか。

土地造成工事は昭和元年四月から着手され、約四カ月で終わる。分譲案に従って、道路は、幅四間・三間半・三間とし、コンクリート及びアスファルトで舗装、自動車の出入りを自由にする構造とし、路上には街灯を設置、その他一切の設備は地下に設けられた。完成後の道路と下水道は東京市に寄付された。

設計監督人として千野修巳と契約が結ばれ、その設計及び監督費は、総工事予算の五％（受託者の報酬分七五六〇円）のうち六〇〇〇円があてられた。工事は、樹木移転工事、一般土木工事、その他設備工事に分けられ、一般土木工事は、競争入札により鴻池組が落札する。邸宅地内の樹木も不動産として扱われ、移植工事が行われるが、利用や移植の困難な立木は売却された。

笄町分譲地の設備は、当時としてはかなり先進的な水準をめざしていた。まず、電話線は地下線で各宅地内に引き込む試みがされる。電話トラフ（埋設溝）工事は、鴻池組が施工した。逓信省は、この工事と関連して本線工事を行い、トラフ完成後、収容工事を行うことになる。その際の記録には、逓信省では地下線のみで電話線と直通する電話はわが国で初めてであるので、幾たびも設計変更をするなど慎重に取り扱っているという記述がみられる。街灯設備工事は、東京電気株式会社に委託するが、街灯は東京市電気局小川電燈課長がこの工事のために特に設計したもので、将来の山の手住宅地の街灯の模範的デザインとなるものであった。

また、分譲地内には共同汚水浄化装置が設けられ、各戸より汚水管で結ばれることになる。共同汚水浄化装置の設置には、警視庁の許可が必要であった。当初、現行の警視庁の規則では、建物が現存するか建築計画の確定したものに付随して設計された浄化装置の設置に許可を下すことになっており、建物の存在しない宅地分譲の段階での許可はできないとされた。しかし、結果的にこの計画は現行規則より一歩進んだものとその価値が認められ、昭和元年七月その許可が下りる。

その後、警視庁では分譲地内の建築に付属する水洗便所並びにその付帯設備（本槽に連結するまでの設備）に関して、次のような取り扱いを行うことになった。設置許可の下りた共同浄化装置及びその付属汚水管は、三井信託会社名義に、将来は結成予定の町会代表者名義のものとする。各人の水洗便所並びにその付帯設備は各人の名義で新設の出願をする。その際の出願手続きは本槽の設計施工を行った城口研究所に委任することとするが、工事については他の工事請負人に依頼してもよいとした。

こうして共同浄化槽の水洗便所連結者は一四戸となり、昭和二年六月三井信託からその承諾がおりる。その後、三井信託の音頭で、捲香会という組合が、共同浄化槽ほか分譲地内の共同設備の管理のために組織され、商店区画購入者を除く三〇戸が加入する。共同浄化槽の敷地の地租並びに付加税も、町会加入者の分担により支払われることになる。

最終的に電線・変圧塔（三カ所）・街灯は電気局、電話は逓信局、ガスは瓦斯会社が設計施工し、完成後も所有管理することになる。上水道及び消火栓は市水道局が設計施工にあたり、街灯の電球、汚水管及び浄化装置とともに、分譲後組織された町会の所有管理となったのである。

ところで、土地の処分にあたって、邸宅地内の本邸以外の建物を毀家として売却することになっていた。邸宅地内の周縁部の通り沿いなどには家職を務める者や借地人、借家人が居住していた（図❻）。居住者には、両家との関係の度合いにより補償金や立ち退き料の支払い、借地権の買い取りなどが行われた。

そして、この周縁部の土地は商店地として分割され、その奥の住宅地区画に静寂な雰囲気をもたらす役目を果たすことになる。

陸軍騎兵中尉西竹一の邸宅地―麻布桜田町分譲地

「土地高燥ニシテ眺望佳キ市内理想的住宅地」とパンフレットに紹介された麻布桜田町分譲地は、笄町分譲地の東方約三〇〇メートル、当時の市電霞町青山線材木町停留場の南方約三三〇メートルの高台に開発された分譲地である（図❺）。先の笄町分譲地が好評で売れ行きのよかったことが開発のきっかけとなった。一部が桜田通りに面し、交通の便もよいことから、高級住宅地として計画された。現在の港区西麻布三丁目に位置する（図❶❷C）。ここは、陸軍騎兵中尉の西竹一男爵の邸宅地（写真❸）で、一時期はその一部をソビエト連邦通商代表部に貸していた。父西徳二郎がロシアへの留学経験をもち、外務大臣を務めたこともあるという関係からであろう。西竹一は、陸軍中尉として昭和七年ロサンゼルス・オリンピックの馬術大障害競技に出場し、優勝した人物である。軍人離れした私生活は「バロン・ニシ」と呼ばれ、欧米の社交界でも人気があった。[*6]

西男爵の邸宅地は、昭和六年から一八年にかけて、高台の西邸を残し、園庭を中心とした中央部分の土地が第一分譲地、低地の貸家が建ち並ぶ東西両端部分が第二分譲地として開発された（図❼）。合計約五四〇〇坪の土地が五三区画で分譲された。両分譲地とも設計監督には川井善一があたり、整地工事は第一分譲地を鴻池組、第二分譲地を藤田組と鴻池組が請け負った。

まず、西男爵邸の東南部にあたるかつてソビエト連邦通商代表部に貸していた区域約四一二五坪が第一分譲地として計画され、売れ行きの状況によって、漸次他の部分の計画を進めることになる。分譲案によれば、上・中流向き住宅地として幅員三間及び三間半の道路を回遊させ、雛壇式に整地して二八区画に分割して坪一三〇円で売却しようという計画であった。その工事費、設計監督費、売却事務費用は、この土地を担保とし、三井信託貸付部より四万五〇〇〇円が融通され、うち一万六〇〇〇円があてられる。その後、造成中の第一分譲地の余剰土を活用し、工事費を節約するため、北側の土地約四〇〇坪が分譲地に加えられることになる。この部分は日本勧業銀行の担保物件で、その売り上げは優先的に同銀行への債務支払いにあてられる。

ついで、昭和八年五月、すでに貸家の建ち並んでいた邸宅地の西側と東側部分を第二分譲地として開発する契約が成立する。第一分譲地の東側正面入口部分の左右の土地一〇七三坪を、中流向き住宅地（一部商店向き宅地）として住宅地八区画、商店地七区画を分譲しようというものである。ここには、既に商店八戸、住宅七戸の貸家があったが、これらをすべて毀家として売却し、宅地は土盛りにより現存の道路より幾分高くして、幅員二間の新設道路を設ける計画で工事が進められる。売買価格は、坪当たり住宅地一三〇円、商店地一〇〇円とされた。第一分譲

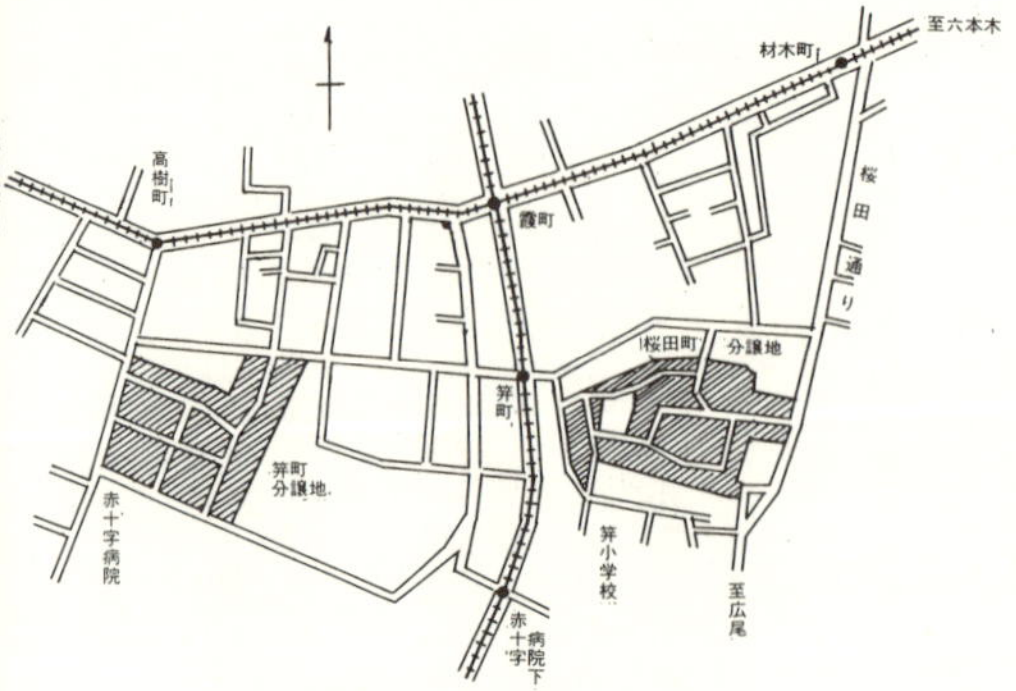

図5　麻布笄町・桜田町分譲地の位置

写真2　麻布笄町・黒田邸における窯開き（『黒田清輝日記第4巻』中央公論美術出版）

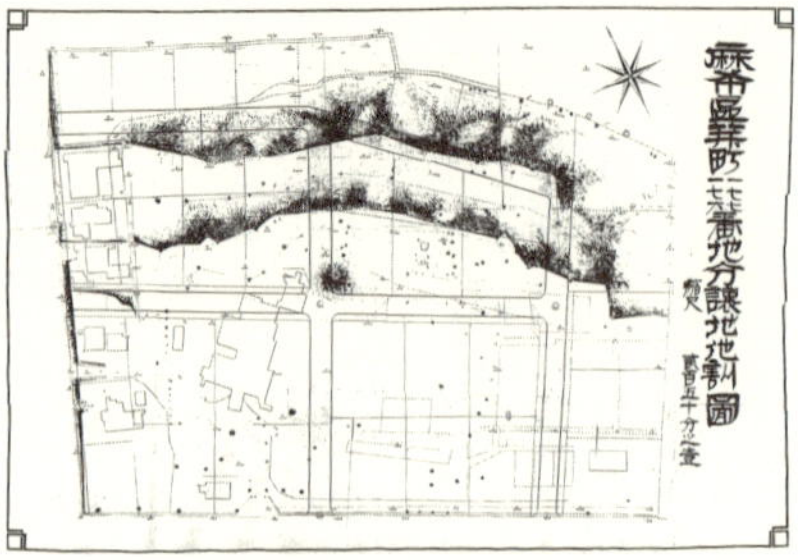
図6　麻布笄町分譲地地割図

写真3　麻布桜田町・西邸洋館と園庭（『男爵西徳二郎傳』坂本辰之助著）

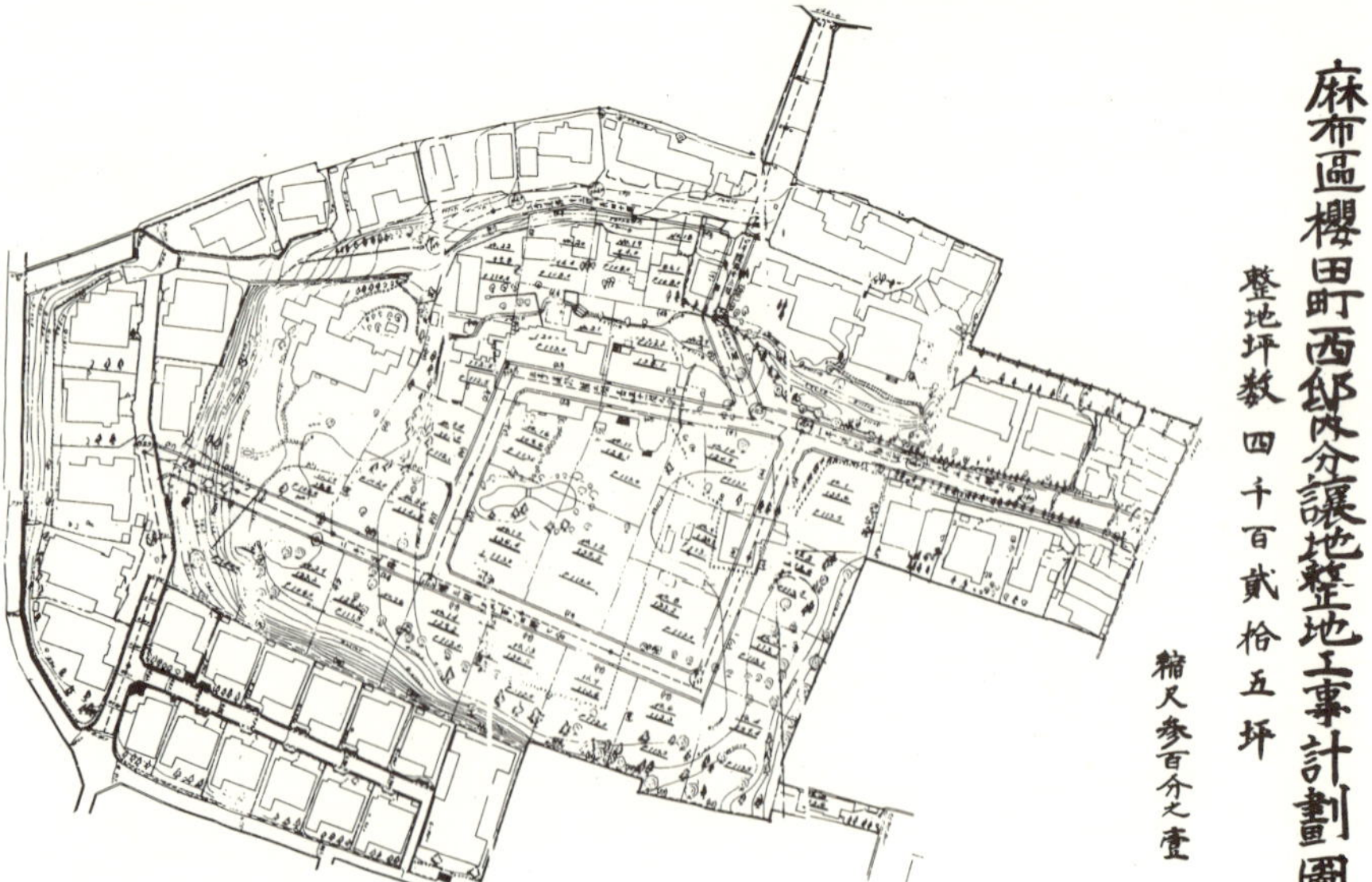

図7　麻布桜田町分譲地整地工事計画図

地の西側に続く土地九一八坪の開発は、中流向き住宅地として八区画で分譲することになる。ここにも、既に貸家が八戸建っていたが、借家人より購入希望のあった家屋はそのまま残し、他はすべて取り壊して敷地は現状のままとする方針で進められる。売買価格は、坪八〇円、九〇円、一〇〇円の三種が設けられた。第二分譲地の土地の中にも担保物件があり、その純収益は債権者である日本勧業銀行への返済金にあてられた。

一方、西男爵邸宅地の西南隅一段の低地に残された貸家一四戸（家賃総月額九〇五円）の不動産の管理については、昭和八年四月に三井信託との間で不動産代理事務契約が成立し、その管理が委託され、貸地貸家経営が続けられることになる。

ところで、周縁の低地の貸地貸家の建つ第二分譲地では、借地借家人の立ち退き問題が生じる。借家人の立退き料は、戸当たりで商店地五〇〇円、住宅地で家賃三カ月分を目途とした。また、借家人で土地の購入を希望するものに対しては、長年の西家との関係を考慮し、売買価格の便宜をはかった。原則として公表価格の一割引とし、居住期間の長さ等を勘案し、二割まで値引きした。また現住の家屋付きのままで購入を希望する場合に対しては、家屋を毀家相当の価格で売却した。その価格は木造瓦葺平家の貸家で坪当たり三円程度であった。

西男爵の世襲財産

西竹一男爵は、陸軍騎兵中尉という職業柄、満州や北海道などへの転任が多く、不在中は妻である西武子が代理人として種々の契約の権利義務を負っていた。そして西家の財産管理のすべてを三井信託が担い、その内容は分譲地開発の委託のほか、金銭信託、管理有価証券信託その他であった。

麻布桜田町分譲地の売却による収益は、西男爵の債務の返済や生活費の支出、買い入れ不動産の代金、他に所有する不動産の管理人への報酬、以前廃止した世襲財産の不足分などにあてられた。西男爵の依頼により、三井信託では、不動産代理事務契約に基づく預かり金残高中より、毎月一〇〇〇～一六〇〇円程度（男爵外遊中は六〇〇円）を生活費として西家へ送金した。

西男爵の世襲財産は、昭和五年から翌年にかけて一時廃止（時価一八万九八四〇円）される。そして、昭和一一年三月、西男爵は宮内大臣に対し、代財産補充につき桜田町分譲地の処分が財界不況のためはかばかしからず当面は不可能であると、世襲財産設定申請猶予願を提出している。その後、昭和一二年に、西邸内で残された南側下段の貸地貸家部分と西家本邸の合計一二五四坪四合の宅地部分、時価金一四万九一九円六五銭により、世襲財産の不足分が補填されることになる。

分譲地のパンフレットは、麻布区内は第三種所得税五〇円以上、他区については一〇〇円以上の納税者に対して郵送された。しかし、昭和恐慌以降の経済不況が影響し、売れ行きは伸びなかった。昭和一〇年五月には、分譲地の売却未済宅地（計一四区画）の売買価格が変更される。変更前の定価（坪八五～一二〇円）から二一〜三割値引きした価格（坪六三〜九六円）で売却する場合もあった。結局、売却未済宅地や賦金売買未払い宅地がいつまでも残り、昭和一八年九月にようやく契約を終える。

高級住宅地の形成

このように華族の邸宅地が分譲地として開発され、高級住宅地となって今日に至っている所が麻布地域とその周辺には多い。これらの分譲地は当時の上流階級層に購入され、その後も日本の経済界を担う要人や文化人に住み継がれているのである。

南麻布にある仙台坂分譲地は、松方巌男爵の邸宅地の西南の大部分約九二〇〇坪を開発した分譲地である（図❶❷D）。松方男爵は、金融恐慌により昭和二年四月に倒産した第十五銀行の頭取をつとめていたが、同年八月に三井信託とこの契約を結び、同一二月には爵位を返上しているのである。処分にあたっては、やはり一括売却も、大邸宅地としての分割売却も困難で、邸宅の庭園としても魅力に欠け、また、地形が良くないために道路に接する部分が少ないという理由から分譲地開発された。そのため、整地工事により、中央部を切り取って低地を埋め立て、宅地全体を高台とし東南向き斜面にした。そして、隣接する東町側の分譲地境には鉄筋コンクリート造の擁壁が設けられ、その中央部に幅一間の階段がつけられた。中流並びに上流向き住宅地として四四区画に分割され、道路は三〜三・五間、電燈・電熱・電話は地下線とし、街灯が設けられた。先の麻布笄町や桜田町分譲地のように、邸宅地の大部分を開発した例で、敷地内で完結し回遊できる道路構成とゆったりとした宅地割になっている。東側の崖下の竹谷町の細かい町並みとのコントラストが面白い。松方邸のあった土地には、今は韓国大使館が建っている。そして分譲地内には、清水建設社長、イトーヨーカ堂、ヤナセ、セイコー等の社長重役宅、文化人宅があり、気品溢れる住宅街になっている（写真❹）。

一方で、邸宅地の一部や周縁部を開発する例もみられる。赤坂福吉町の黒田長成侯爵の邸宅地（図❶❷E、❿）では、昭和一二年に大邸宅の周縁の細長い土地約五九〇〇坪を上中流向き住宅地及び商店地として開発している。住宅地三四区画、商店地二九区画、そして貸地として七区画を分割し、既存樹木を各宅地に配分移植する配慮がされた。また、三田綱町の蜂須賀正氏侯爵の邸宅地の南端の運動場北側の土地は、昭和八年に八区画に分譲される計画があった（図❾）。戦後、蜂須賀侯爵邸は買収されてオーストラリア大使館となっている（図❶❷F）。

麻布笄町分譲地（写真❺）には、現在西武鉄道社長の堤義明が住んでいる。麻布桜田町分譲地の中央の街区には、昭和二七年に三井家本邸が竣工する。戦後の財閥解体後まもなく昭和二三年、三井家一一代高公が京都油小路の京都別邸を処分して、同二五年にこの約一二〇〇坪の土地を購入したのである。[*7]

また、同じ頃、西邸のあった敷地には、日本の伝統文化を追求する建築活動を続けたアントニン・レーモンドの自邸と事務

写真 5　麻布笄町分譲地の現況

写真 4　仙台坂分譲地の現況

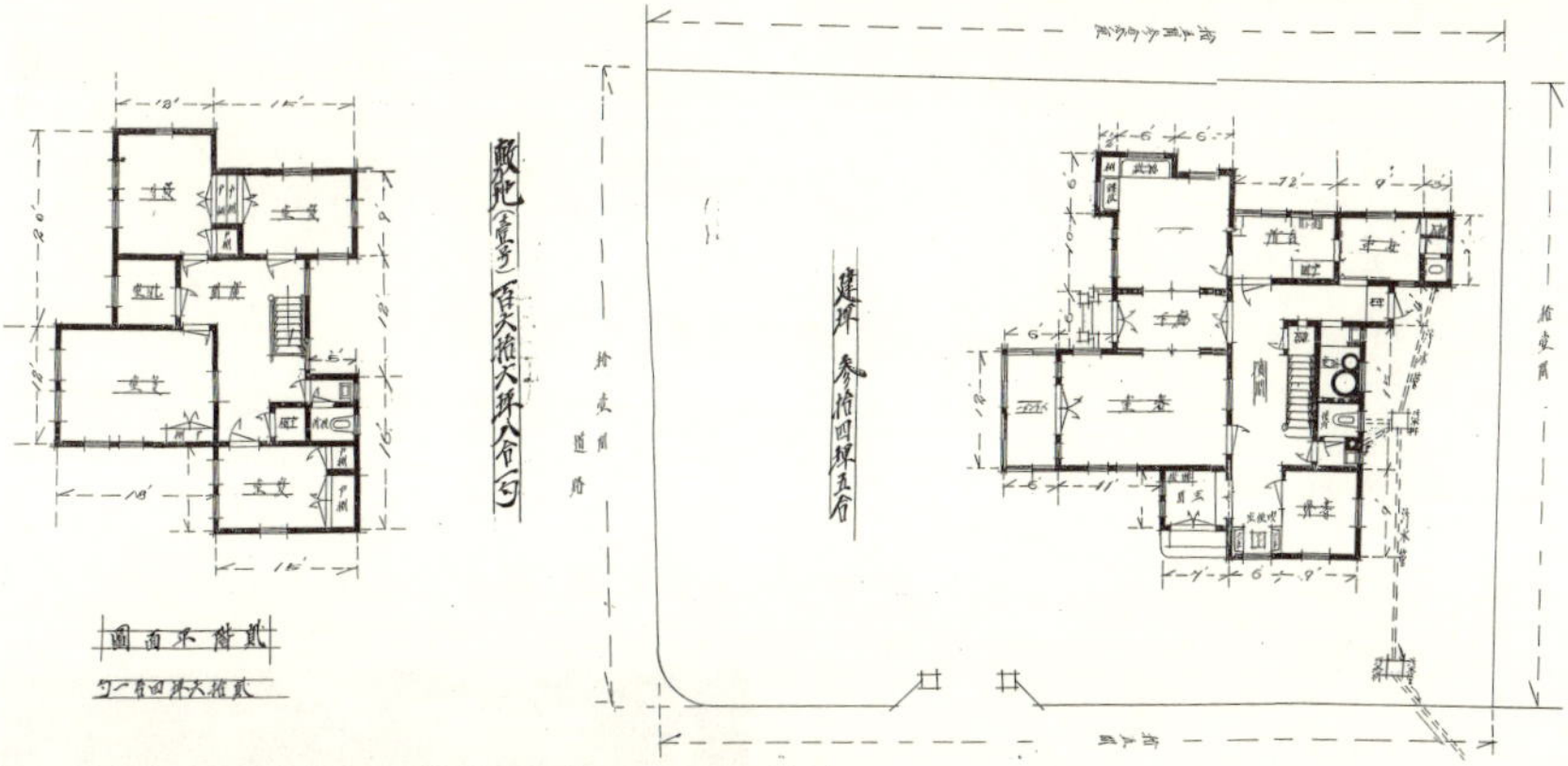

図 8　麻布笄町分譲地内松平子爵邸新築図面（図 4 の no. 1 の敷地）

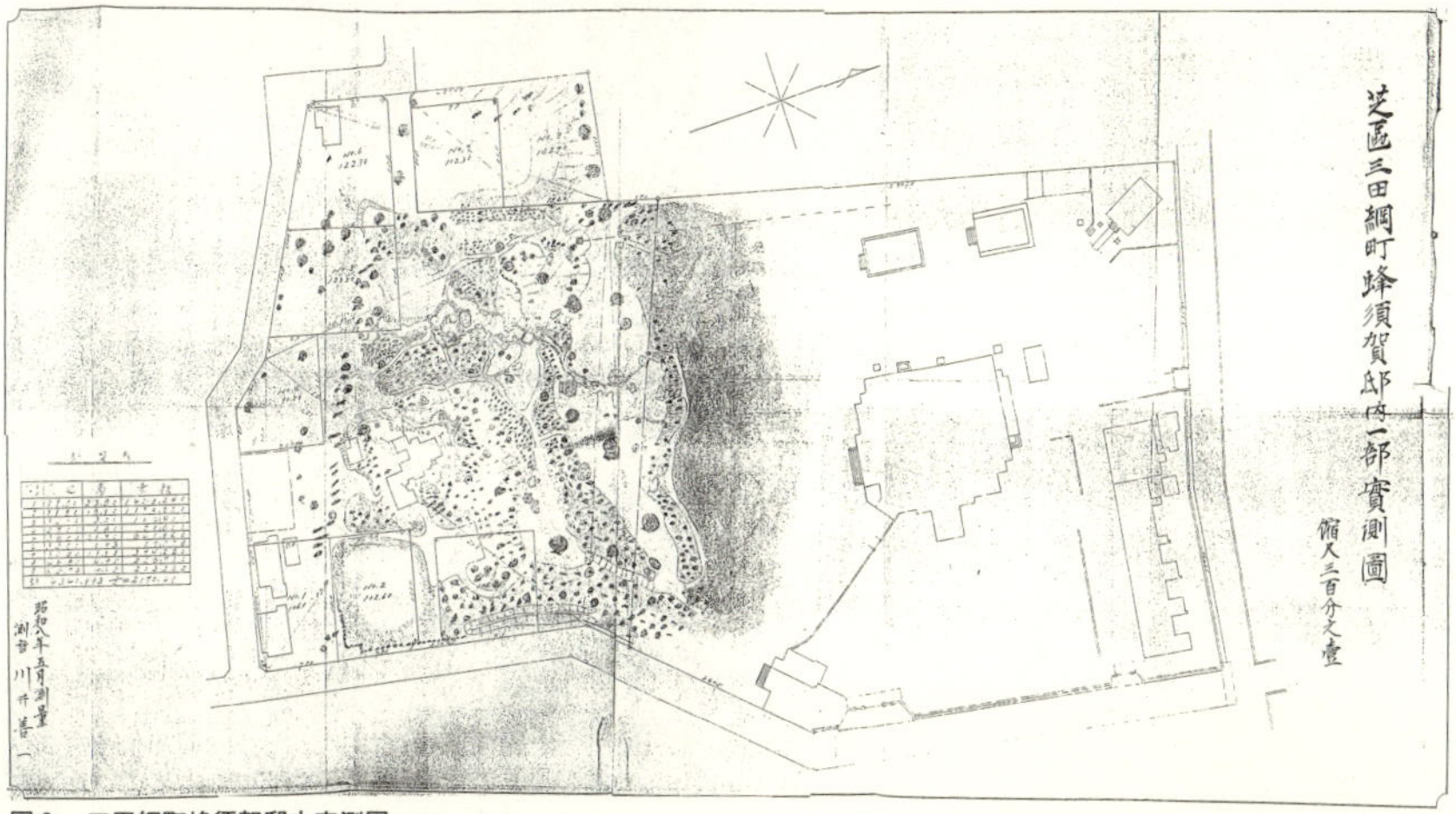

図 9　三田綱町蜂須賀邸内実測図

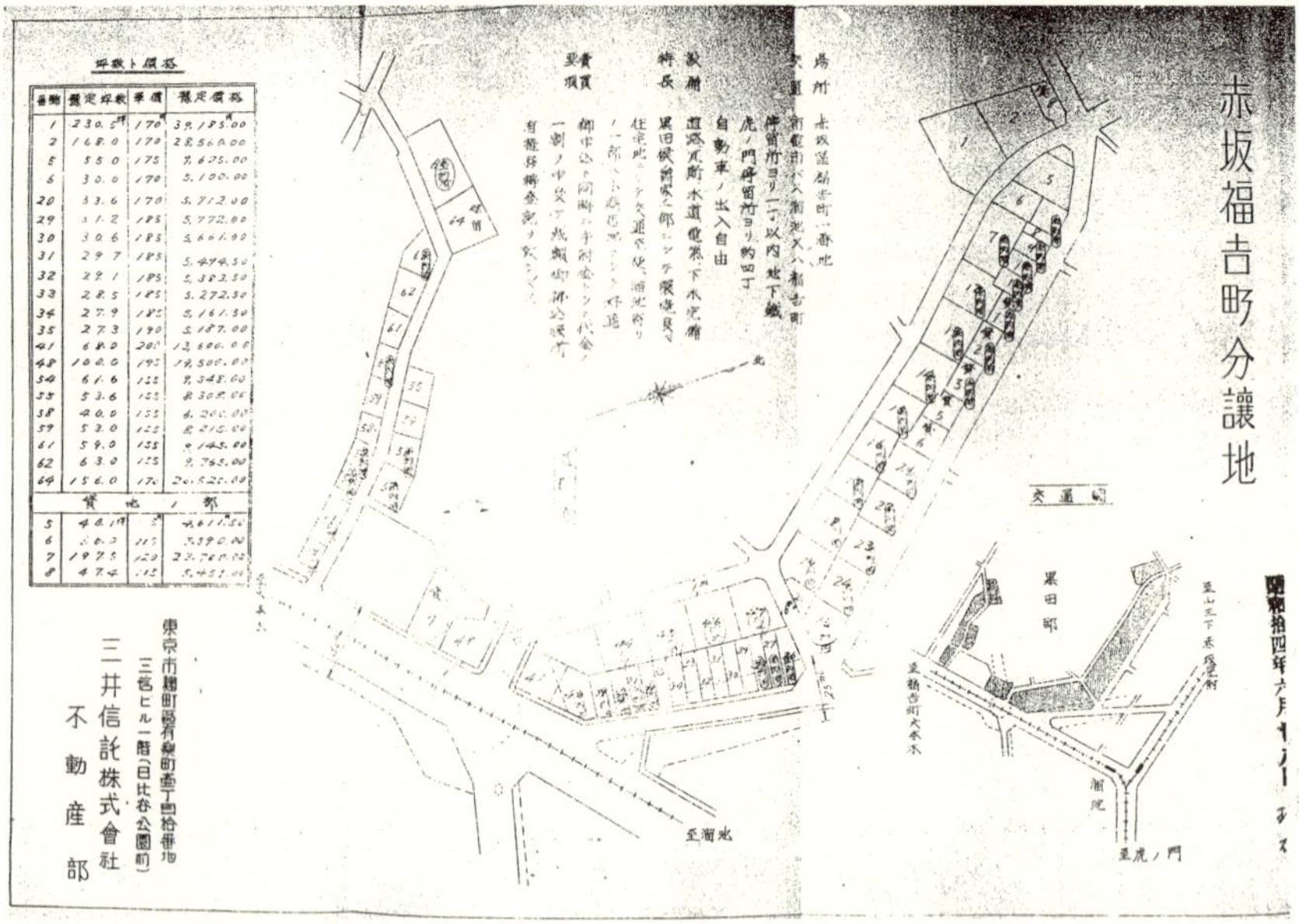

番號	豫定坪數	單價	豫定價格
1	230.5坪	170円	39,185.00
2	168.0	170	28,560.00
5	55.0	175	9,625.00
6	30.0	170	5,100.00
20	33.6	170	5,712.00
29	31.2	185	5,772.00
30	30.6	185	5,661.00
31	29.7	185	5,494.50
32	29.1	185	5,383.50
33	28.5	185	5,272.50
34	27.9	185	5,161.50
35	27.3	190	5,187.00
41	68.0	200	13,600.00
48	100.0	195	19,500.00
54	61.6	155	9,548.00
55	53.6	155	8,308.00
58	40.0	155	6,200.00
59	53.0	155	8,215.00
61	59.0	155	9,145.00
62	63.0	155	9,765.00
64	156.0	170	26,520.00
貸地ノ部			
5	40.1坪	[illegible]	4,611.50
6	[illegible]	[illegible]	5,390.00
7	197.5	120	[illegible]
8	47.4	115	5,451.00

図10　赤坂福吉町黒田邸内分譲地

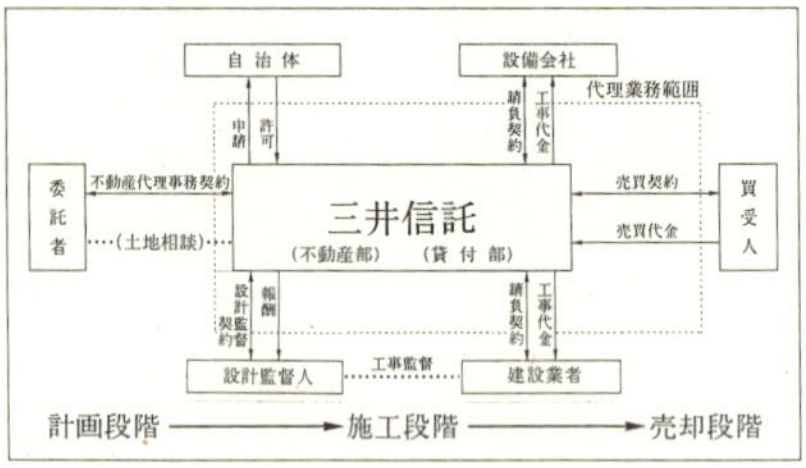

図11　三井信託会社による住宅地開発のしくみ

写真６　麻布桜田町分譲地の現況

所が建った。長さ一三間二棟が建ち、昔の西邸の屋敷の基礎を使った池などがあった。現在は、高級マンションや戸建住宅の並ぶこんもりとした緑の多い住宅地である。しかし、三井家本邸のあった中央の街区では、三菱地所の高層マンションの建設が着工し、近隣紛争をもたらした（写真❻）。

華族邸宅地の分譲地開発─三井信託会社の手法

三井信託会社による分譲地開発は、昭和一四年以降、工事関係諸材料の払底及び価格高騰により整地工事が困難となり、新規開発は皆無となった。これら不動産代理事務契約に基づく分譲地開発は、土地所有者（委託者）がその所有する土地建物及び地上物件の整理並びに処分を信託会社（受託者）に委託し、受託者は分譲案に基づき、分譲の目的をもって第三者に工事並びに設計監督を行わせるという手法によるものであった。

そのプロセスは、以下の通りである（図⓫）。まず、信託会社が委託者の土地建物価格調査や貸地貸家の状況調査を行い、分譲案を作成する。ここには、整理後の土地利用の目的（上・中流／中流／中流以下向住宅地等）や土地整理の方針、坪数、区画数、道路・下水・ガス・水道等設備の内容、工事費用、宅地・道路・樹木・既存家屋の処分方法、工事費用、売却価格、収支計算、受託手数料、委託者手取額など、開発の構想と収支予算が示される。これに基づき、委託者と三井信託の間で不動産代理事務契約が結ばれる。ここでは、計画を進める上での具体的事項─純収益の運用方法、工事費の捻出方法、従前建物賃借人の明け渡し交渉、契約期間等が、委託者や開発地の事情により定められる。工事費は委託者の負担だが、処分物件を担保に三井信託貸付部より貸し出されることもあった。受託者手数料は、売買価格の五パーセントと工事費予算額の五パーセントの合計が相場である。

土地整理工事については、三井信託により設計監督者が特定され、設計監督契約が結ばれる。工事請負人については、開墾工事設計仕様書に基づき数業者の指名入札により決定する。工事状況は、すべて設計監督人が管理し、三井信託への報告が義務づけられた。分譲地内に設けられた道路及び下水は、原則として自治体に寄付し、そのための申請業務、その他、上水道、電気、瓦斯工事の申請手続き等も代理事務として扱われた。宅地の分譲は、売買成立後一年以内に建築に着手すること等を条件に、手付金は一割、代金は即金払い、場合によっては年賦払いで支払われた。分譲案内は、新聞広告にしたりパンフレットにして三井信託各支店窓口や市内在住の高額納税者に郵送された。

華族の邸宅地などで行われる分譲地の開発は、華族の本邸や、地上物件として付属する土蔵や門、塀のほか、樹木、そして委託者の経営する貸家までも不動産として扱われた。三井信託では、これらを取り壊して売却したり、配置を替えてそのまま利用したり、貸家については借地人を立ち退かせたりという交渉まで含んだ土地整理を行った。従って、その手法は再開発的要素を含み、現代でいえば事業受託方式にあたる。これは、信託契約による不動産信託とは異なり、民法上の委任、代理等の規定にすぎないが、大手財閥系信託会社の信用をもって、これと同等の役割を発揮した。特に、不動産管理についてまったく知識をもたない未成年者、未亡人、病弱や不在で自らこれを管理することができない不動産所有者などに代わって、不動産の管理運用、利殖運用を果たすために重要な役割を担った。

おわりに

大正末期から昭和初期にかけて、東京では大規模な住宅地の造成や分譲が登場する。その最初は、東京信託会社が大正元年から二年にかけて玉川電鉄沿線の桜新町駅付近を開発した「新町分譲地」であると言われている。しかし、その開発手法はその後の電鉄による郊外住宅地の開発と同じ用地取得型の開発であり、三井信託による分譲地開発の手法とは異なる。その後、華族富豪等の旧邸宅地を地主以外の企業が取得して開発する形が出てきた。箱根土地株式会社がその代表といえるが、あくまでも別荘地開発や郊外の学園都市文化都市づくり、ホテル経営等大規模開発事業のサイドビジネスとしての位置づけであった。[*8]東京信託会社は、明治三九年、三井銀行地所部岩崎一を中心とした三井関係者が発起人となり創立した、わが国初の株式会社の形態の信託会社である。しかし、三井銀行の顧客や一般資産家等の不動産管理業務を主流とした不動産会社としての性格が強く、信託業務を本業とする企業ではなかった。そのため昭和二年には日本不動産に改組し、今日に至っている。[*9]

もともと、三井家は江戸時代以来の富豪であり、その土地所有形態や土地経営は、同じ財閥系の三菱とは異なっていた。住宅に関わる土地は零細宅地が多く、賃料の集金事務などは先の東京信託が代行していた。土地取得をめぐっても積極的な街づくりを意図するような姿勢は見られず、その経営形態は、江戸以来の貸地貸家業の延長上にあるものであった。戦前の住宅地開発を通じて、三菱は大規模な土地取得とともに街づくりを実践していく大手ディベロッパー的性格を持ったのに対し、三井は顧客のニーズに沿った小回りのきく不動産業的立場をとった。

一方で、三井家所有の重要で価値ある不動産は、明治四二年に三井家同族会を母体にして設立された三井合名会社の所有となる。また、本格的な信託業務は、大正一三年に創立した三井信託会社が担うことになったのである。三井信託会社による分譲地開発は、当時の華族等の土地処分、不動産運用の需要に見合った形で、邸宅とその周辺という比較的小規模な単位の土地を取り扱った。したがって、学校や公園等のコミュニティ施設の整備などは含まれないが、分譲地としての基盤整備の水準は、上下水完備、自動車の進入可能な道路幅員、舗装、電話線等の地中埋設等、高水準のものであった。そして、その分譲地の道路や区画割等の基盤が現在までそのまま引き継がれているばかりでなく、実は上流階層の居住スタイルをも引き継いできていることがわかる。これらの開発は、戦前の社会経済の大きな変動の中で、華族の邸宅地の分割を手助けしながら、再び現代の高級邸宅街を創り出したのである。そして、外部に対してはやや閉鎖的であるが、文化と気品を漂わせた閑静で格調高い住環境が生成されている。江戸から東京へ、近世から近代、現代都市への移り変わりの中で、モザイク状の土地と建物、貸家や樹木までもひとつひとつがていねいに、土地所有と居住という論理のすり合わせのもとに塡め直された証となって今日に至っている。東京都心の麻布で、大名華族、経済文化人の居住スタイルを実現する住宅地が時代を超えて生き続けたのである。しかし、今、これらの目と鼻の先の六本木六丁目では国内最大級の再開発がスタートしようとしている。歴史的連続性のある空間・土地利用の転換をこのような開発の波の中で今後どのように位置づけていくのか、二一世紀に向けて我々に大きな課題が突きつけられているといえよう。

＊註

＊1——竹内余所次郎「東京市の大地主」『平民新聞』、水本浩・大滝洸『明治三〇年代末の東京市の宅地所有状況』商経法論叢　神奈川大学商経法学会

＊2——拙著「大名屋敷跡地の住宅地形成—麻布霞町の場合」『江戸東京学への招待（2）都市誌篇』日本放送出版協会、一九九五年

＊3——青木信夫「大正・昭和戦前期の東京府における皇族・華族の居住地の変遷」平成一〇年度都市計画論文集、一九九八年

＊4——三井信託銀行「三井信託銀行三十年史」一九五七年、同「三井信託銀行五十年史」一九七四年、同「三井信託銀行六〇年のあゆみ」一九八四年

＊5——一八六六（慶応二）生～一九二四（大正一三）没、鹿児島藩士の伯父黒田清綱の養嗣子となり明治五年に上京、麹町平河町の清綱邸に住む。養父清綱が維新以来の功績により子爵となり、大正六年の没後爵位を継承する。大正一二年麻布笄町の別邸に移り関東大震災に遭遇、その後同邸内に居住する。代表作には、「智・感・情」「読書」「湖畔」等がある。

＊6——一九〇二（明治三五）生～一九四五（昭和二〇）没、太平洋戦争の最中の昭和一九年に陸軍の戦車連隊長として硫黄島に転任、昭和二〇年米軍の機銃掃射を浴び、直後に自決した。

＊7——この三井家本邸には、京都北三井家別邸の一部が解体され移築された。そして、平成四年高公の逝去後、西麻布三井家本邸も再び解体され、今は東京小金井市の江戸東京たてもの園に移築されている。石田繁之介『三井の集会所—有楽町から札幌まで』日刊建設通信新聞社、同『三井の土地と建築　R・W・アーウィンの事績にもふれて』日刊建設通信新聞社

＊8——由井常彦編著『堤康次郎』リブロポート、一九九六年

＊9——日本総合センター『不動産業に関する史的研究〈1〉』一九九四年、同〈2〉一九九五年

7

ひばりが丘南澤学園町／田無

「婦人之友」が生んだ学園町——自由学園を中心とした南澤学園町の成立

内田青藏

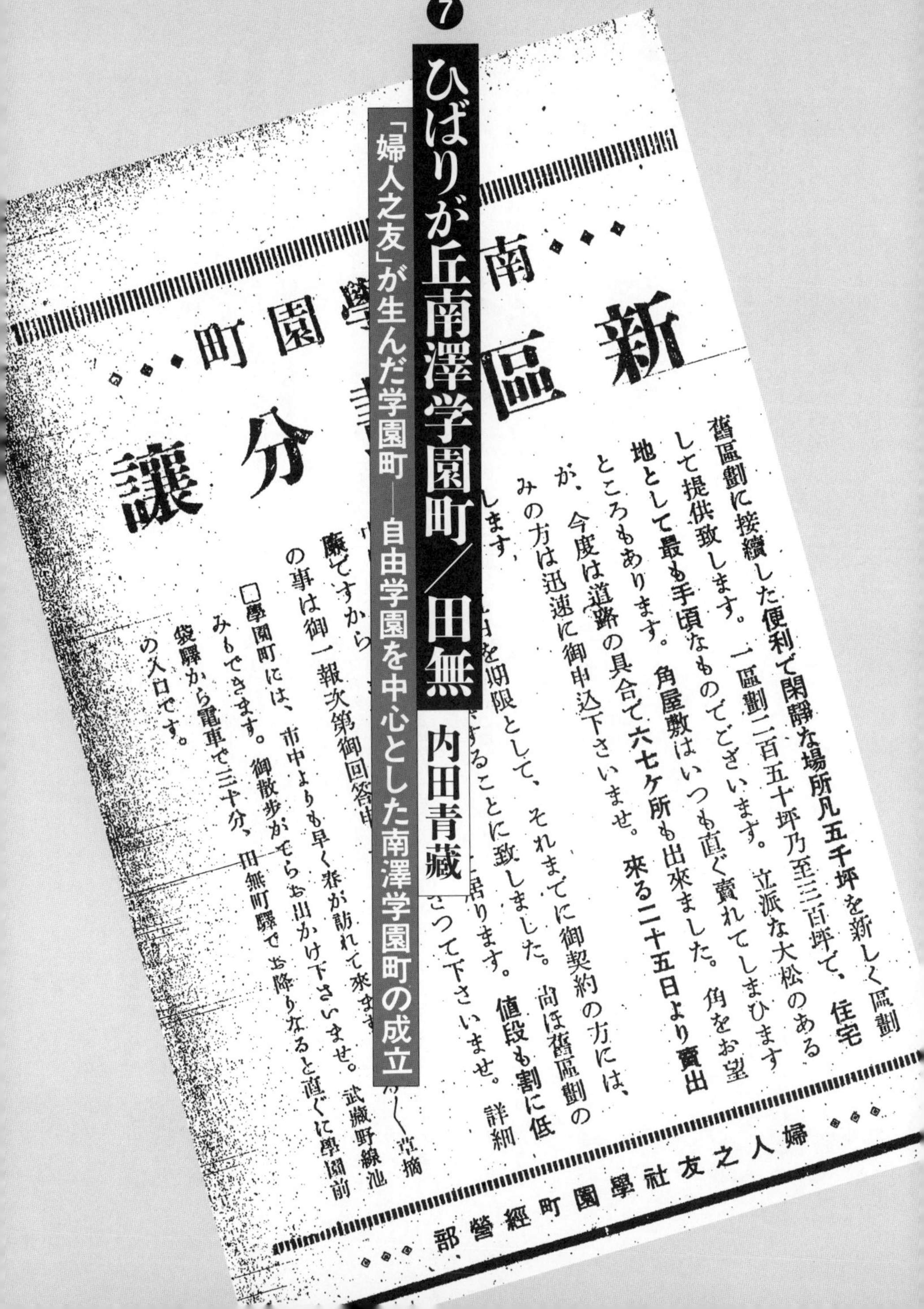

はじめに

現在、東久留米市と保谷市にまたがる学園町は、大正一四年(一九二五)に『婦人之友』の創立者、羽仁吉一・もと子が理想的な教育の実践の場として創設した自由学園の附属施設建設を契機に誕生した郊外住宅地である。住宅地の発展とともに、自由学園の施設が南沢に移転され、現在では学園を構成する幼稚園から大学までの一貫教育の場として整備され、文字通りの学園を中心とした学園町となっている。

ところで、教育施設を中心に、その教職員などの関係者や学ぶものたちが集まって造られた町は、一般に学園町と呼ばれることがある。このような学園町は、自然発生的な町や郊外の分譲住宅地などと比べると、学園を中心にお互い強い結び付きを持つもの同士が集まっていることから、街づくりの過程において何らかの理念が見え隠れする場合がしばしば見られ、結果的には良好な住宅地を形成することがある。南沢学園町は住宅地内には庭先に松の大木が見えたり、あるいはところどころ松林が残るなど、いまだ緑深き環境を保つよい住宅地といえる(図❶)。

戦前期の東京では、学園町あるいは学園都市と称せられた街づくりは、関東大震災の被害のために大学が郊外に移転する気運の中で行われ、大正一三年には大泉学園都市、小平学園都市、大正一四年には成城学園町、さらには昭和四年に玉川学園町がそれぞれ誕生した。南沢学園町もまさにこの気運の最中に生まれたのである。

ところで、よく知られているように成城学園町という住宅地の誕生の背景には、新しい教育理念の実践とともに学園の建設資金の調達という現実的な目的があった。安く手に入れた土地を、区画整理して分譲し、その利益を学校運営資金に転用したのである。南沢学園町も、自由学園が土地を購入する資金の調達のために誕生したのである。その意味では、南沢学園町の建設を実践した羽仁夫妻も、当時の私学の理想的教育を展開するための資金確保の方策として街づくりの手法を取り入れたといえる。ただ、子細に見ていくと、当初は学園そのものを移転することが目的ではなく、野外教育の場として自然の豊かな郊外の地を必要としていたのであり、また、そのような郊外こそ日常生活の場としての住宅地としてふさわしいという考え方が根底にあったのである。この点から見れば、南沢学園町は単なる土地の入手資金の調達以上に、教育理念の啓蒙化の一環として郊外の健康的な生活を普及させることを目的として開発されたともいえるのである。

自由学園の創設とライト風建築

羽仁夫妻は、なぜ自由学園という学校を造り、さらには、南沢学園町という街づくりまで事業展開したのであろうか。これを探るために、最初に羽仁夫妻が行っていた出版事業にまでさかのぼらねばならない。

もと子と吉一は、報知新聞記者として働く縁で明治三四年（一九〇一）に結ばれた。明治三六年四月からは、内外出版協会に請われて婦人を対象とする『家庭之友』を創刊し、もと子が書き、吉一が経営にあたる生活を開始した。そして、明治四一年四月には独立し、二人で『婦人之友』を創刊し、新しい婦人と生活のあるべき姿を追求した。

ところで、明治末期から大正期にかけて、わが国では婦人雑誌が急激に発展したことが知られ、とりわけ大正末期には婦人雑誌の大手である『主婦之友』『婦女界』『婦人公論』などがそれぞれ一〇万部を超える発行部数を数えていた。そのような巨大な婦人読者層誕生の背景の一つには、高等女学校の卒業生の増加に端的に見られる女性の高学歴化の流れがあった。[*1] そして、これら婦人雑誌の多くは、婦人の家庭からの解放を説き、社会進出をめざす「新しい女」への啓蒙書的役割を担ったのであった。このような婦人雑誌の流行の中で、『婦人之友』は独自のスタンスを持ち続けた。すなわち、他誌が家庭からの解放を謳うなかで、もと子は単に家庭から脱出して社会に進出することには批判的で、すべての仕事は家庭生活の延長であるという考え方に基づき、健全な生活を築くために因習を打破しつつ家庭生活を改良し、また、家政・育児・調理といった一切の実務を合理化するための努力を主婦に求めたのである。[*2] 加えて、『婦人之友』と他誌との違いは、「単なる言論に訴えるのみではなく、これを読者との協同によって生活の中に実現して行く実験精神」[*3]であり、『婦人之友』誌上では創刊者羽仁もと子独自のキリスト教に根ざした理想主義とその実現を求める実践主義を根幹とする主張が展開されていた。このことにより、大手の雑誌と異なり爆発的な数の読者を擁することはなかったが、共感者を熱心な読者として確実に獲得していたのである。

さて、羽仁夫妻は『婦人之友』とともに大正三年（一九一四）には幼稚園児から小学生を対象に『子供の友』、大正四年にはもう少し上の子供を対象とした『新少女』を相次いで創刊していた。この事業の拡大は、自らの子供達の成長に応じてのことで、健やかな成長の願いが込められていたという。一方、大正二年三月から羽仁夫妻は、目白に二〇〇〇坪を借り、四〇坪程の住宅兼仕事場を設けていた。広大な敷地をあけておくのは惜しいと、テニスコートを造って自ら楽しんだり、また、大正五年からは『子供の友』『新少女』の読者の子供を集めて運動会を開催した。そして、この大勢の多感な子供たちとの接触の経験が強い引金となって、もと子を実践の場としての新しい学校建設へと導くことになるのである。

もと子は『婦人之友』誌上で、それまで教育問題に関しても現状の教育が実際生活とかけ離れた知識を得るだけのものでしかないという批判を展開していた。そして、長女の女学校卒業と三女の小学校卒業という子供たちの進学問題を控えた大正一〇年、『婦人之友』の読者を中心とする賛同者とともに理想的な教育の場としての自由学園を創設することを決意したのであった。ちなみに「自由学園」という名は「真理は汝らに自由を得さすべし」という聖書の言葉から命名したもので、自由で実のある学問ができ、かつ、「生徒の頭脳の働きを育てのばしその力を強くし、諸種の能力の調和を図って行くとともに、他の一方に於いては生徒各自の実生活の経営を指導して、生徒は各自にその実生活に対する興味を深くし、種々の工夫と努力を持って、日々にその実生活のよき発達と進歩を遂げて行く」[*4]学校にしたいという願いが込められていたのである。それは言い換えれば、子供の持つ様々な能力を引き出し、かつ、それらの能力を実践の中で鍛えていく場として学校を捉えていたといえる。

さて、校舎の設計を羽仁夫妻は富士見町教会で知り合った若き建築家遠藤新に依頼したが、遠藤は自分の師で帝国ホテルの仕事で来日していたアメリカ人建築家フランク・ロイド・ライト（F.L.Wright）を紹介した。ライトは、羽仁夫妻の教育理念に共鳴し、限られた時間と経費にもかかわらず設計を引き受け、大正一〇（一九二一）年一月敷地を見学し、翌二月には図面を完成した。そして、突貫工事により四月一五日に教室一部屋が完成し、無事入学式を行ったのであった。[*5]この工事はさらに継続され、翌大正一一年四月には講堂を中心とした正面の建物群と西側の教室群が完成し、さらに大正一五年には東側の教室棟も完成している。これにより現在の中庭を取り囲むコの字型校舎が完成することになる。この当時のライトは、近代という時代にふさわしい住宅様式の創作に情熱を燃やし、プレーリースタ

図1　現状の南沢学園町

図2　現在の明日館

図3　分譲当初の南沢

イルという独自の様式を完成させていた。自由学園でライトが用いた様式も、建物は平屋で床が地面とあまり大差のないレベルで続くなど地面に根ざした水平線を強調したもので、プレーリースタイルに共通したデザインといえる。その意味では、新しい教育の場としての自由学園の校舎は、生活の場である住宅の延長としての学校という教育理念を示すにはこれ以上はない、誠にふさわしい意志あるデザインを得たといえるのである。そして、これを機に自由学園とライト風の建築は、表裏一体の強い結び付きを持ち続けることになる。ちなみに、このライトの手になる建物は一九九七年に国の重要文化財に指定され（図❷）、自由学園のものばかりではなく、わが国近代を代表する建築の一つに位置づけられたのである。

南沢学園町構想

自由学園には、女学校相当の五年教育による本科と女学校卒業生を対象とする高等科が設けられ、大正一〇年の最初の入学生としてそれぞれ二六名と五九名の入学者を得た。しかしながら、年を追う毎に増えていく生徒を迎える中で、羽仁夫妻は一〇〇〇〇坪あまりの敷地に建てられた校舎では次第に手狭になり、運動さえ自由にできないことや自然に触れることのない教育環境に多くの不満を感じ始めていた。そこで、大正一三年の秋から、屋外学習の場として郊外に農場や運動場にふさわしい敷地を探すことになる。そして、大正四年から材木の輸送を主目的に池袋・飯能間に開通していた武蔵野鉄道の斡旋により、松林であった南沢一帯およそ一〇万坪を入手することになる。武蔵野鉄道では、大正一一年から人間輸送を目的に池袋・所沢間を電化し、大正一三年には現在のひばりが丘駅（開設時は田無町駅）を開設したばかりであった。ちなみに、大正一三年開設時の田無町駅の一日平均乗車客は四一名で、武蔵野鉄道から見れば電車の乗客集めの一環として土地の斡旋を積極的に行ったものといえよう。

武蔵野鉄道の協力で得た土地の住宅地開発に関する趣意書は、大正一四年五月二〇日に羽仁夫妻ならびに高等科卒業生一同の名の下で作成され、自由学園の父兄保証人に配布された。そこでは、その目的を以下のように述べている。

> 自然の懐の中で、純粋に健康に育て上げたいと思います。そのために私共は農場が欲しい欲しいと早くから思っていました……日光の中で、動物や植物を通して、大地に親しみ、またいろいろの活発な運動に我を忘れて楽しみ得る若干の時間を、まづ少女たちの一日の中に豊かに持たせてやりたいと思います。……

このように土地入手の主目的はあくまでも農場をつくることであり、健康の維持とともに自然から多くのことを学ぶことの必要性が繰り返し述べられている。余談ではあるが、この「自然を母として学ぶ」ということが、おそらくライトが初めて紹介された羽仁もと子との自由学園の話の中で共鳴させられた教育方針であったのである。その考え方は、詳しくは触れられないがまさしくライトの建築観と相通じるものがあったのである。

一方、住宅地開発に関しては、次のように記されている。

> 学校の方では十分の土地とその設備費を寄附して頂いて、皆様にもあまり思いがけない重荷を負わせないようにと考えたのが、段々かねてお話しをした通りの土地を買っていただきたいという企てになったのでございます。それは比較的廉価にまとめ得られた土地を、原価以上に買って頂いて、或いは、他の方にお世話して頂くことによって、学園の農場として必要な二万坪乃至二万五千坪の土地を無代にし、かつその設備費を得られるのでございます。……学園の農場が取り囲まれて、一つの理想郷がわが東京の郊外の一角に出来るやうに、それがまた私共の熱心な希いでございます。

このように、土地を購入することが寄附行為となること、土地は値上がりして損とならないこと、さらには、学園の農場を中心とした理想的住宅地を造りたいと考えていたこと、などが切々と記されていた。

土地分譲の経緯

さて、この南沢の土地分譲に関しては、その後『婦人之友』誌上でも積極的に紹介されることになる（図❸）。例えば大正一四年八月号では早くも「自由学園を中心とする新しい町」と題して紹介され、電気が利用できること、今後集会場を造ること、また、三、四年後には小学校を造ること、が記されている。一方、大正一四年五月頃には土地分譲用のパンフレットも作成されていた。これによれば、分譲用住宅地は約七万五〇〇〇坪で、第一回分が約五万坪、それらの坪単価は一二円から一五円で、大正一四年八月まで自由学園関係者ならびにその紹介者には割引価格として坪単価が一〇円八〇銭から一三円五〇銭に設定さ

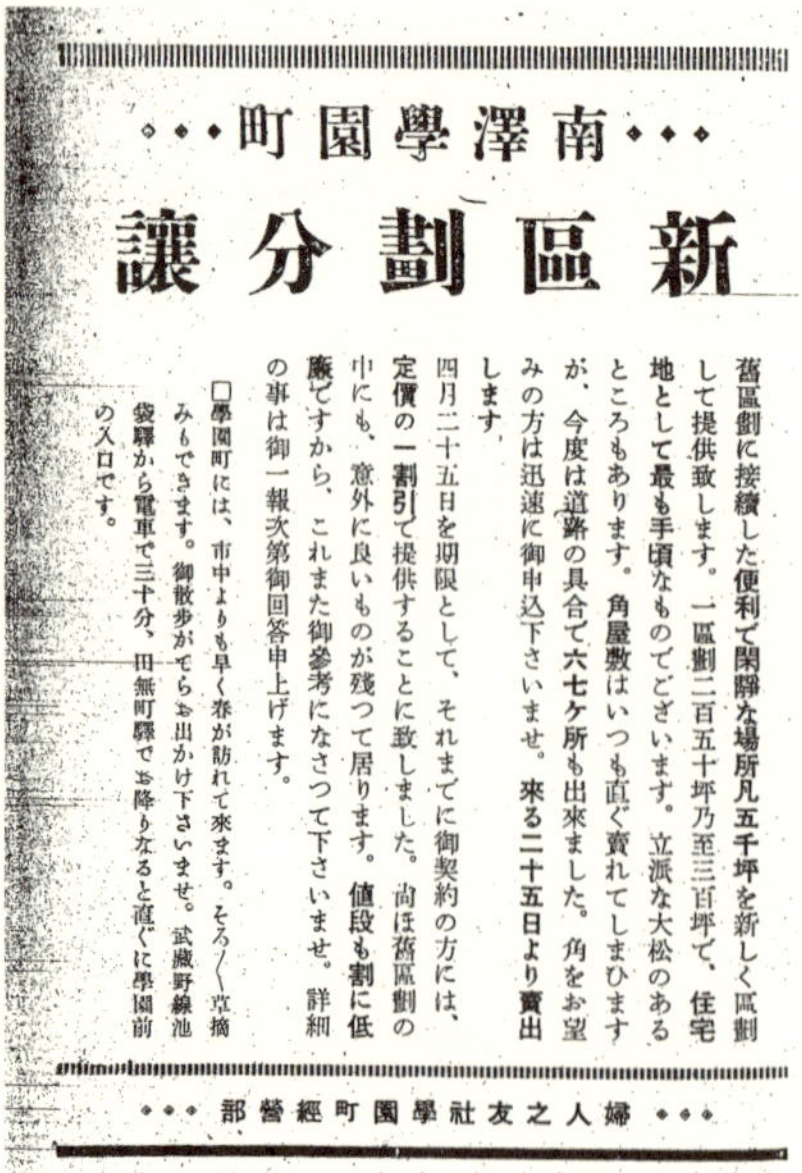

図4　南沢学園町の広告（『婦人之友』昭和2年4月号）

れていたことが記されている。また、区画は最低二五〇坪以上とあり、一区画の広さの目安が二五〇坪を単位として考えられていたことが判る。

この第一期の土地分譲は極めて好評で、大正一四年にはほぼ完売している。そのため、引き続き大正一五年三月一〇日から第二期分譲が開始され、大正一五年三月号の『婦人之友』誌上では「婦人之友社経営　南沢学園町第二期分譲」と題する広告が掲載されている。分譲地域は約二万坪で、坪単価は一二円五〇銭から一七円五〇銭までの七段階が定められていた。

一方、大々的な広告ではないが、大正一五年から昭和三年まで『婦人之友』誌上には南沢学園町の広告が頻繁に掲載されている。すなわち、昭和二年四月号の『婦人之友』誌上には「南沢学園町　新区画分譲」と題して旧区画に接続して約五〇〇〇坪の区画の分譲の広告が掲載され（図❹）、さらに同一二月号には「南沢学園祭後の分譲地二十区画」と題する広告が掲載されている。また、昭和三年一一月号には分譲地の広告ではないが「南沢学園町たより」と題する記事に「今度百坪から百五十坪までの小さい区画もつくりました」との記述が見られ、大々的ではないにせよ土地分譲事業を継続していたことが判る。そのため、この昭和二年の分譲を第三期と称しておきたい。

また、昭和四年以降は、『婦人之友』誌上には南沢学園町に関する広告はほとんど見られなくなるものの、昭和一〇、一一年頃に最後の分譲が行われている。すなわち、『南沢学園町新

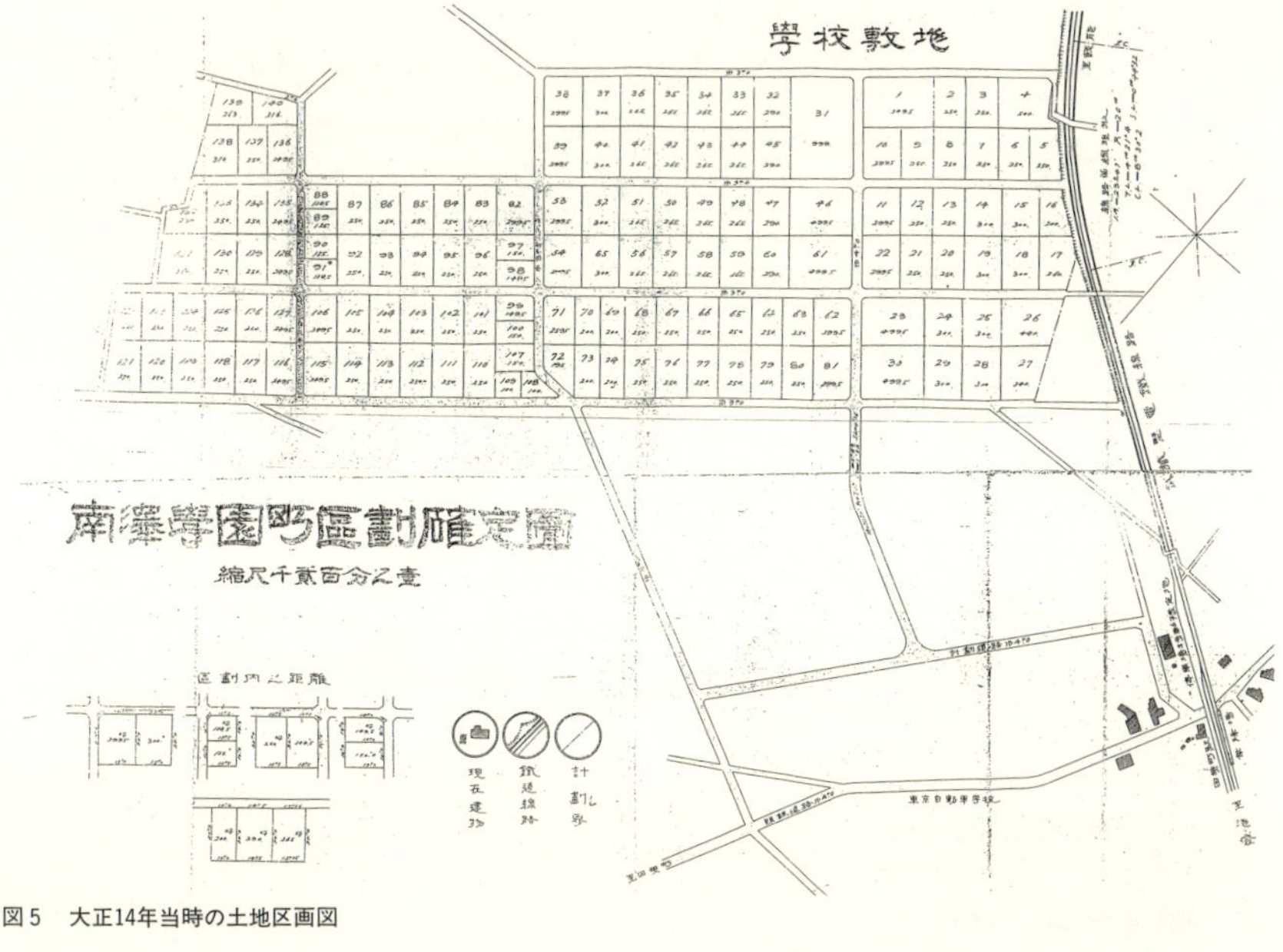

図5　大正14年当時の土地区画図

分譲地案内』によれば一七〇坪、二〇〇坪、二五〇坪、二七〇坪、三〇〇坪の五種類の広さの区画が坪単価一〇円から一三円までの五段階の値段で分譲されていることが判る。このためこれを第四期の分譲とすると、これを最後に南沢学園町の新たな土地分譲は終了したと推察される。なお、この頃になると住宅地に関する直接的な広告に代わって、『婦人之友』誌上には南沢学園町に建設された住宅の紹介記事が増えてくる。それらの記事は、間接的にではあるがこの住宅地の魅力を読者に伝えていたのである。

区画計画について

では、具体的にどのように七万坪もの敷地を区画し分譲を展開したのであろうか。次にその様子を振り返ってみたい。

現在確認できる図面類の中に、作成年代は記されてはいないものの「南沢学園町区画確定図」（図❺）と記されたものがある。描かれている区画割が、現状とほぼ一致すること、敷地の一部しか区画されていないことなどから、分譲が開始された大正一四年当時に作成されたものと考えられる。一方、「南沢学園町分譲地区画図」と記された図❻は第四期の分譲後の昭和一一年五月の製作年の記述があり、ほぼ全面を区画分譲し終えた状況を示すものであることが判る。このため、この二枚の図から、区画計画の推移をほぼ知ることができる。

図❺によれば、北東から南西に向かって走る既存道路が駅前

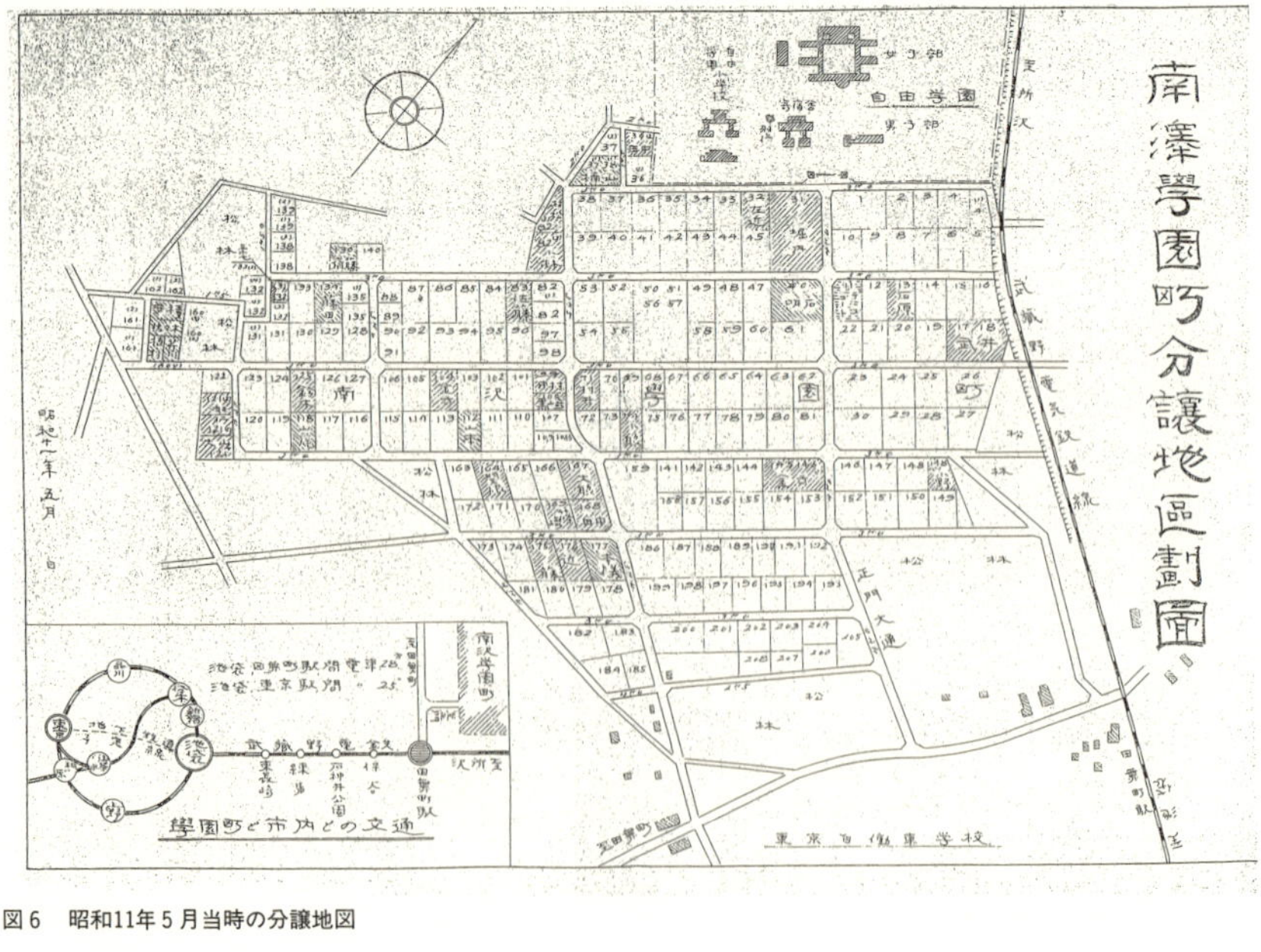

図6　昭和11年5月当時の分譲地図

にあり、それにほぼ平行して西北側に計画道路が描かれている。このことから、分譲地はおそらくこの計画道路と武蔵野電鉄路線に囲まれた西側に広がる一帯であったと考えられる。この分譲地の道路計画は、この駅前に走る既存道路を基準として、すなわち、既存道路とほぼ平行に走る道路とそれに直交する道路を四〇間（七二メートル）間隔で設け、かつ、駅前の計画道路から学園の正門までの通りをメインストリートとするグリッドプランに近い均一で整然としたものといえる（図❼）。道路幅は、このメインストリートだけが四間道路、他は三間半と三間幅の道路で、一部二間の道路も見られる。また、道路の交差部分には隅切りが行われている。

　分譲開始当時の区画計画を見ていくと、二五〇坪の区画が一四〇区画中六四と最も多く、次いで三〇〇坪が二二区画、二六五坪が一六区画と続いている（表❶）。このことから、区画の広さは二五〇坪を基準として計画が行われていたことが判る。なお、二四九・五坪といった区画は隅切りで〇・五坪小さくなったもので、基本的広さは二五〇坪である。区画は長方形状で、南西から西北の長手側が二〇間と共通し、それ故、短辺の幅を一二・五間とするのが基準で、その幅を変えることにより別の広さの区画を造るなどグリッドプランと同様な合理的な方法がとられている。

　一方、昭和一一年当時の分譲地の様子を示す図❻では、図❺と比較すると道路計画の大きな変化として駅前の既存道路に平

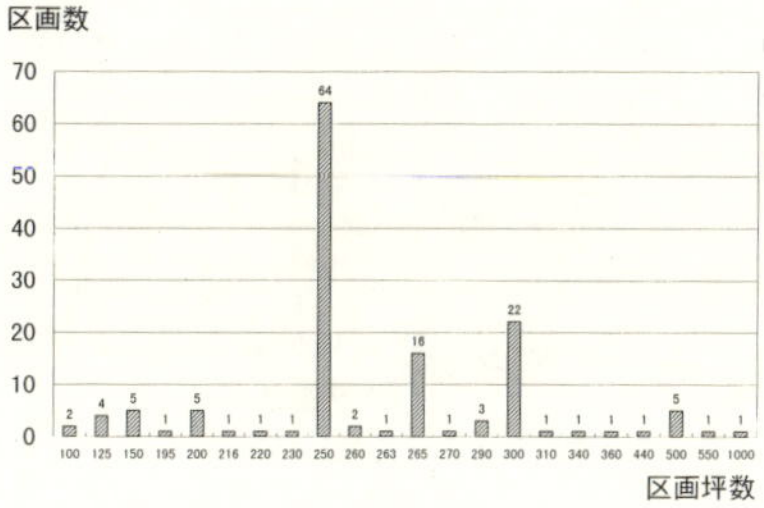

表1　大正14年当時の土地区画の広さの分布図

図7　現在のメインストリート

行に計画されていた計画道路が変更され、分譲地内のメインストリートである正門大通りが既存道路まで延長されたことが判る。また、分譲地も初期の部分に加え、駅寄りから西側にかけて新たな区画が造られていたことが判る。以上が大正一四年以降の分譲地の様子である。これらは既に述べたように四回に亘って分譲されており、第一期から第四期にそれぞれ分譲されたと考えられる地域を図示したものが図❽である。これによれば、第一期は学園敷地前、第二期は第一期の西側、第三期は第一・二期の駅寄り側、そして第四期では最も駅寄り部分が、それぞれ分譲されていたのである。なお、分譲初期の区画計画は、例えば分譲地の西側端部の変更に見られるように部分的変更はあるが、大部分はそのまま分譲されており、当初の分譲計画はほぼ計画通り展開したといえる。

学園町の発展過程と土地購入者について

昭和六、七年頃の発行と考えられる『南沢学園町要覧』[*6]には、学園町の土地購入者の名簿が掲載されている。この名簿には、一六〇名の土地購入者の氏名と何らかの肩書きまたは居住地のいずれかが記されている。これによれば、肩書きの記されているものが八六名、居住地の記されているものが七四名である。これらの内容を整理したものが表❷である。これによれば、肩書きの内訳は、最も多いのが「事業主・会社員」の二八名で、社員とともに英文通信社主・料理の友社長・三井信託社長といった最高責任者も名を連ねている。また、肩書きに「実業家」と記されているものが八名おり、これらを加えるといわゆるサラリーマンが三六名を数えることになる。また、単独の会社に注目すれば、三井物産の社員が四名と最も多い。以下、肩書きで多い順に挙げれば「官吏・政治家等」一二名、「医師」八名、「学者・教育者」八名、「軍関係者」五名となる。この他、職業ではないが肩書きとして「博士」と記されたものが一〇名いる。また、この一六〇名を『大衆人事録』[*7]で見てみると、四六名と約三割の人々の掲載が確認される。学歴は、東大が一二名、九大二名、京大一名、東北大一名、慶応四名、青山二名、同志社二名、その他一〇名というように大学出身者が多く、高学歴の

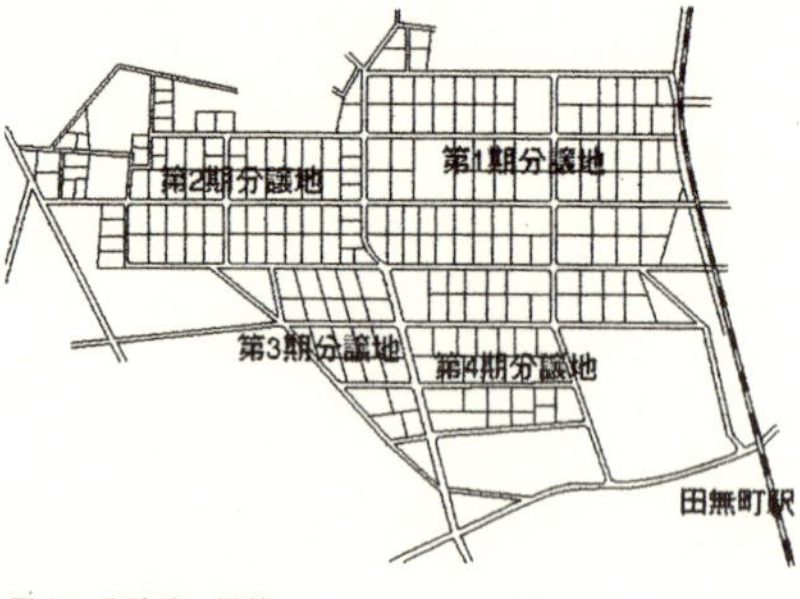

図8　分譲地の推移

●86名の肩書きの内訳	
事業主・会社員	28
官吏・政治家等	12
学者・教育者	8
医師	8
軍関係者	5
実業家	8
博士 (医学博士6,法学博士2, 理学博士1,工学博士1)	10
その他	10

●74名の居住者の内訳	
東京	40
東京以北	10
東京以西	15
その他 (朝鮮2,京城2,台湾2, 樺太1,香港1,大連1)	9

表2　土地所有者について

人々が多くを占めていたことが窺える。

　次に、居住地だけが記されている七四名の内訳を見ていくと、東京が四〇名、東京以北が一〇名、東京以西が一五名、その他が九名となる。ちなみにその他は、朝鮮四名、台湾二名、京城二名、樺太一名、大連一名、香港一名である。七四名だけの傾向ではあるが、購入者の大半は東京在住者であったものの、北は北海道から南は福岡や大分、さらには、朝鮮や台湾や大連といったところからも土地購入の希望者がいたことが判る。

住宅の建設状況

図❻は、昭和一一年当時の住宅の建設状況を描いたものであることは既に述べた。これによれば、昭和一一年当時に二〇八区画が分譲され、そのうち、三七区画に住宅が建設されていたことが判る（斜線部分）。昭和一〇年代にはいると、わが国では急速に戦争の雰囲気が漂い始め、やがて戦時下に突入し、住宅づくりが難しくなっていった。その意味では、戦前期の学園町の様子は、この図とさほど変わらなかったことが推察され、住宅が林立し始めるのはむしろ戦後であったといえる。このように土地分譲が迅速に進んだ割には、全体的には住宅地として住宅が建てられるのは遅かった。ただ、分譲とともに少しずつではあるが、学園町に住宅を構え、日常生活の場として定住する人も増え続けていたのである。

　分譲地に最初に住宅を構えたのは青山学院教授の左近義弼で、学園の敷地と道を挟んだ学園前の敷地を購入し、大正一五年八月には住宅の建設中であった。左近が土地を購入して直ぐ住宅を建設した理由は明らかではないが、羽仁もと子が「左近さんに来年八つになるお嬢さんがあるので、年来私達の望んでいた小学校を、いよいよ明年からごく少数ではじめることになりました」[*8]とあることから、南沢での自由学園の小学校の創設を目論んでのことと推察できる。ただ、南沢での小学校の創設計画は、昭和二年一月には遠藤新により設計図面が完成していたが、校長の人選で延期となり、仮設的に目白の校舎で開校することになる。

　その後の住宅地の状況を示す記述として昭和三年一一月号の『婦人之友』の記事「南沢学園町たより」がある。

> 学園町の草分けである左近さんのお隣には、今、堀内さんのお家がほとんど落成しかけています。すぐそばには、石原さんのお家に並んで平瀬さんの美しいテニスコートが出来ました。……少し離れて黒崎さん村井さんのつづきには、小脇さんの瀟洒なお家が出来、ここもまた楽しい一聚落が形づくられつつあります。楠山さんは、また近く書斎を富士の見える町の一角にお建てになります。学園でも、今年中に寄宿舎を建てたいと思っています。

これによれば、昭和三年には、左近邸・石原邸・黒崎邸・村井邸・小脇邸の五棟が建てられ、堀内邸が竣工間近で、楠山邸がこれから工事という状況であったことが判る。このうち、石原邸が現存し、その姿を今に伝えている（図❾）。また、黒崎邸は、陸軍歩兵中佐黒崎貞彦の住宅で設計は遠藤新が行っている。建物は長手方向が南面するように少し振れて配され、玄関ホールがそのまま南側の広いベランダに続く開放的な平面で、立面も水平線を基調にした簡潔なデザインの住宅である（図❿⓫）。小脇邸は三井物産社員小脇源次郎の住宅で、大屋根のバンガロー式の瀟洒な建物といえる。敷地は二五〇坪であるが、周囲に家がないため外観の印象は広大な田園の中の住まいのように思えてしまう（図⓬）。

なお、この学園町に住宅を建設する際の守るべき建築協定の存在は確認できないが、現状でも戦前期に建設された住まいの敷地境界線には生け垣が多いことや、戦後に住まわれた自由学園の教師であった吉川奇美氏によれば、生け垣などの取り決めがあったという。この生け垣といったルールが、この小脇邸に見られるような開放的な住宅地の印象を生み出していたのかも知れない。

一方、昭和四年になると羽仁夫妻も南沢に新居を構えることになる。設計は遠藤で、使用人なしの生活を実践することをテーマとした住宅であった。この住宅は、増改築を経て現在、学園敷地内に羽仁記念館として現存している（図⓭）。また、懸案であった小学校が昭和五年四月に竣工し、学園町としての体裁

図9　石原邸外観

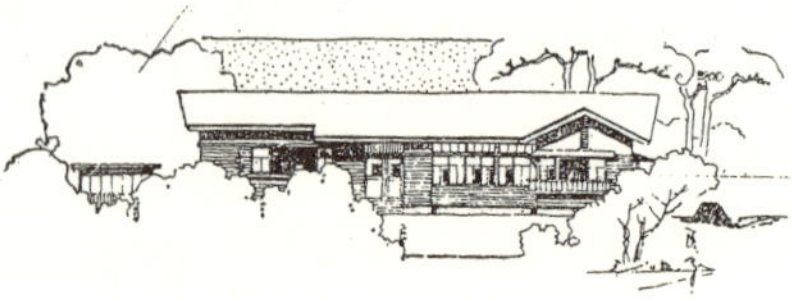

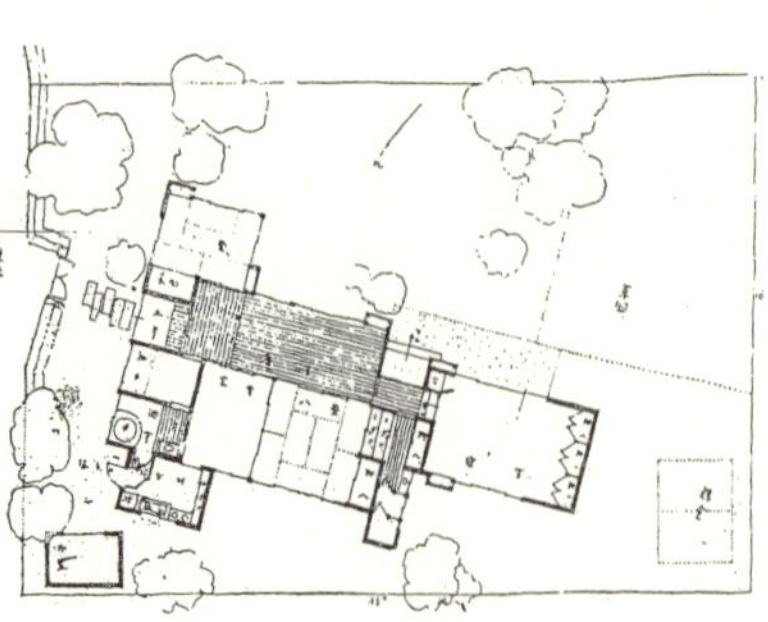

図10　黒崎邸立面図（『婦人之友』昭和２年４月号）
図11　黒崎邸平面図（『婦人之友』昭和２年４月号）

図12　小脇邸外観（『婦人之友』昭和３年11月号）

を整え始めている。この頃の様子を、当時小学校に通っていた一生徒は「小学校が南沢に移った時頃から方々に小ぢんまりとした西洋館等が建ち道もよくなってくるのに気が付きました」[*9]と述べており、道も砂利や石灰石の粉をまくことでよくなり、住宅も少しずつ増えていたことが窺える。

この増加する住宅の中に、昭和六年には奇遇にも同じライトの弟子でありながらも遠藤とは異なり、ライトのスタイルから離れて当時ヨーロッパで生み出されていた国際様式へと傾倒していた建築家土浦亀城の手になる大脇邸が完成している。これは、安田信託社員であった大脇順喜の自邸で、当時の最先端のデザインの住宅であった。すなわち、基礎はコンクリート、軸部は木造ながら陸屋根で、外壁は白セメントに白い石粉を混ぜたものを塗り、内部は漆喰にペンキ塗という箱形の「白い家」（図⑭）で、平面もあたかもセントラルヒーティングのように一・二階にわたって暖気を送り込む石炭ストーブを内包したコンクリートの小室を中心に玄関・居間・食堂が一室となる開放的な造りで、かつ、台所も衛生的でハッチが付くなど機能を合理化するための工夫も施されていた（図⑮）。昭和七年にはふたたび、遠藤の手になる田中邸（図⑯）が竣工している。この家も、さきの大脇邸同様、玄関から大きな居間に入るなど、家族の生活を主眼として計画されている。そして、極めて注目されるのは、この家では一時期、羽仁夫妻も含めて近所の人たちと一緒に共同炊事を実践していたことである。この共同炊事とは、数

図14　大脇邸外観（『婦人之友』昭和６年２月号）

図13　羽仁邸外観

家族が集まって順番に全員の食事の準備をするというもので、これにより毎日の炊事が数日に一度で済むという主婦の社会進出を可能とするための家事労働の軽減策で、学園町の住まいならではの試みといえるものであった（図⑰）。この共同炊事の考えは、海外からわが国に紹介されたもので、また、田園都市のモデルとして知られるイギリス人ハワードの手になるレッチワースに建設された一部の住宅でも実践されていた実験的な新しい試みであった。

また、昭和八年になると自由学園全体の移転計画が発表され、昭和九年三月には設計者である遠藤の手になる新校舎鳥瞰図が完成し（図⑱）、同九年九月には新校舎が完成している。この学園の移転は、子供たちにとっても「今まで学園町は学園のない学園町であったけれど、今度学園が南沢に移って本当の学園町になったのだ」[*10]との思いを抱かせたのであった。

また、この新校舎移築後の昭和一〇年の学園町について、羽仁吉一は「学都南沢十年」[*11]の中で次のように記している。

> 南沢の新年会で、町の世話人芹沢さんの報告によると、住宅三十五戸、人口百三十一人、外に寄宿舎七十四人を加えて二百五人。ただしそれは定住人口で、昼間の人口は更に女子部三百二十人、小学校百六十人、合計四百八十人がこれに加わる。

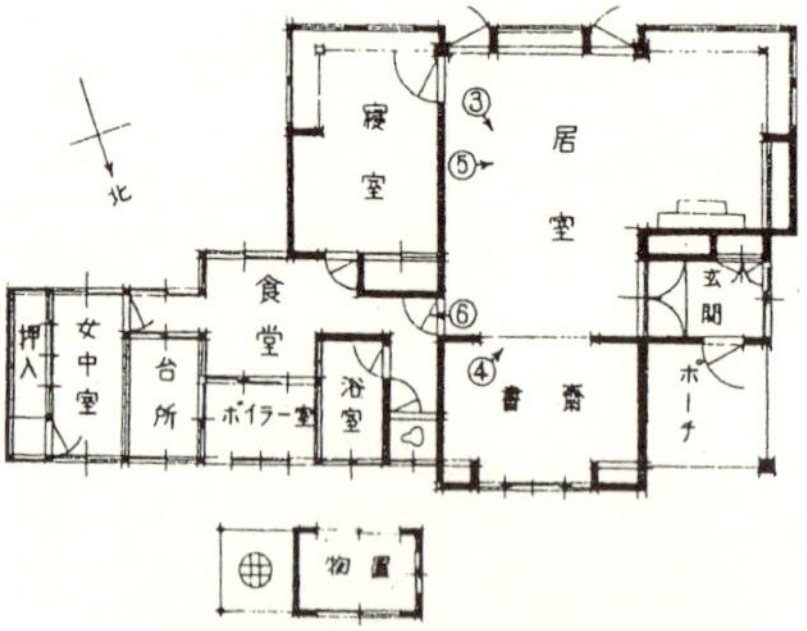

図16　田中邸平面図（『婦人之友』昭和７年４月号）

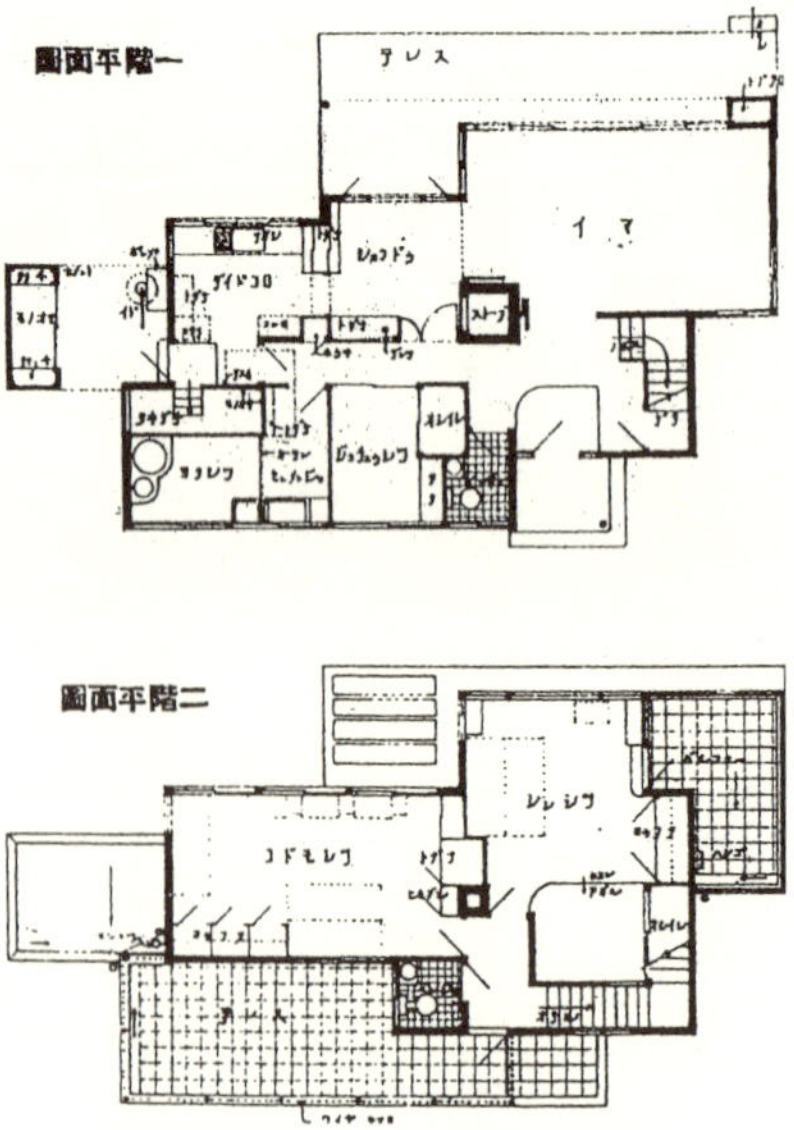

図15　大脇邸平面図（『婦人之友』昭和６年２月号）

図17　田中邸食事風景（『婦人之友』昭和７年４月号）

そして、同じ一〇年一〇月には南沢学園町の親睦会が開かれているが、その時点では二戸住宅が増え、三七戸の住宅が建設されていた。いずれにしても、大正一四年の分譲から分譲後一〇年間で、南沢学園町には三七戸の住宅が建設され、徐々にではあるが住宅地としてのにぎわいを持ち始めていたのである。この自然がまだ残る南沢に住宅を構えた人々の多くは、子弟を自由学園に通わせたと思われるが、学園町の創設の目的の一つである自然の豊かな住環境の獲得に魅力を感じていた人もいたようである。例えば、羽仁吉一は、南沢の冬について、

> 南沢は寒いでしょうとよく人にきかれる。町中に比べて幾らか寒いにちがいないが、この程度の寒さは身体がひきしまって気持ちがよい位だ。長く台湾にいた医師の小林さんは、南沢に移ってから二年近くの間に、持病の鼻カタルがすっかりなおったという。大病の後、咳に苦しんでいた左近夫人は、南沢に来てから何時の間にかなおって、見ちがえるように健康になった。[*12]

と述べている。このように居住者の中には、健康を確保するために定住するという意図を持った人々もいたのである。また、自由学園では、昭和一〇年には男子部を創設するなど学園の整備にあたっていたし、一方、遠藤新の手になる住宅は、その後も増え、昭和一〇年には羽仁五郎邸、同一一年池口邸、同一二

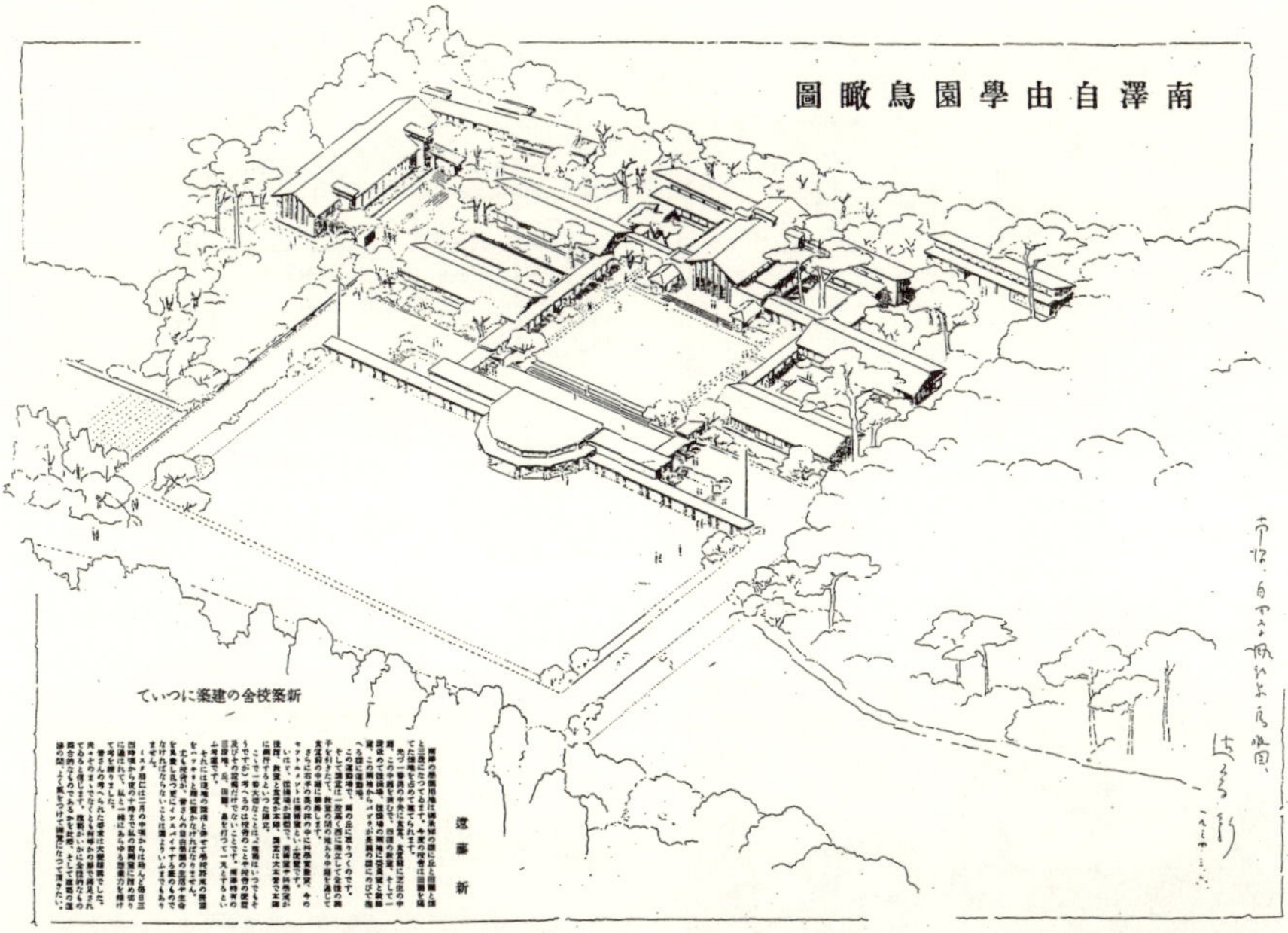

図18　自由学園女子部新校舎鳥瞰図（『学園新聞』昭和９年３月号）

年小宮邸（現町田邸）（図⑲⑳）、同一三年松井邸とつづいた。現存する小宮邸（現町田邸）は、さきの田中邸同様に大きな暖炉のある居間を中心とした平面で、居間から全ての部屋に繋がるように計画され、外観は質素ながら、家族を中心とした心温まる雰囲気を持つ住まいといえる。この家族を中心とする点は、遠藤新の住宅の特徴といえるし、それは羽仁夫妻の求めていた住宅像でもあった。この住宅像については、例えば、昭和六年一一月から一二月にかけて婦人之友社では家庭生活合理化展覧会を開催した。そこではそれまでの和食器・洋食器の区別をなくすために和洋の区別のない「和洋なし食器」の提案を試みるなど、様々な観点から衣食住の合理化の提案を試みたのである。そのような提案の中で、具体的な住宅の提案も見られ、実物住宅をモデルハウスとして公開した。その住宅は、遠藤新が監督した住宅で、居間を中心としたワンルーム型の開放的な住宅であったし（図㉑）、展示されていた食器同様に和洋の起居様式を巧みに融合した住宅であったのである。この住宅こそ、羽仁夫妻の考えていた合理的な住宅を端的に示すものといえるのである。

いずれにしても、この居間を中心とするという今日では当たり前の住まいは、わが国では大正期後期に考案された新しいものであった。この家族を中心とするという平面計画上の特徴は、遠藤の手になる住宅にはもちろん、それ以外の住宅にも共通して見られるものといえ、南沢学園町ではいち早く、しかも、確実に定着していたのである。

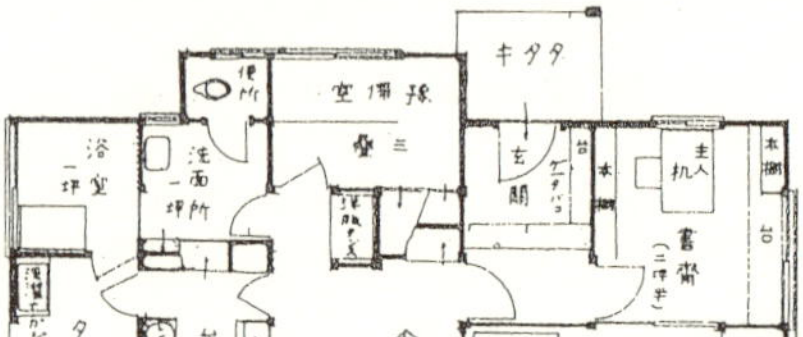

図21　昭和６年家庭生活合理化展覧会モデルハウス平面図（『婦人之友』昭和７年１月号）

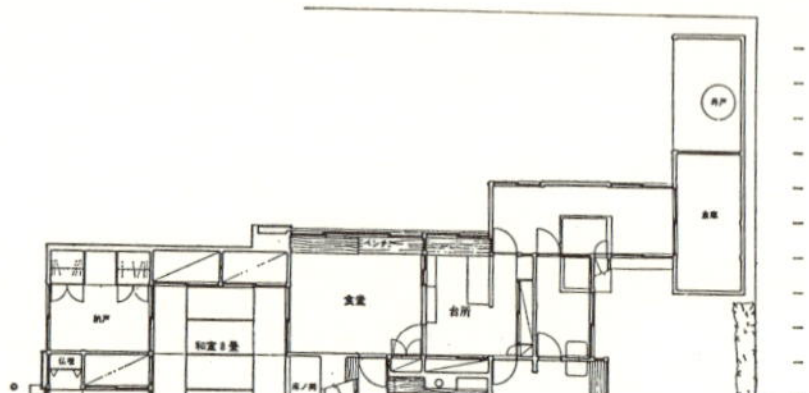

図19　小宮邸（町田邸）平面図（『建築家　遠藤新作品集』）

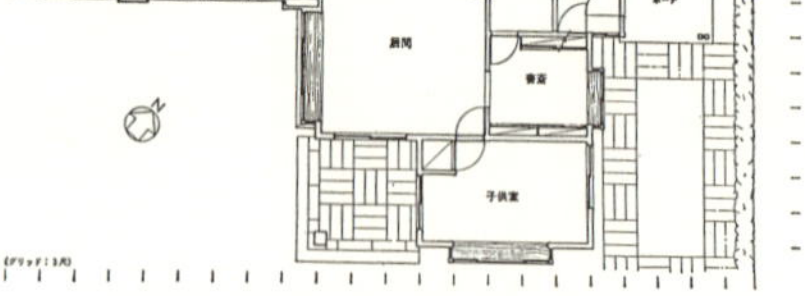

図20　小宮邸（町田邸）立面図（『建築家　遠藤新作品集』）

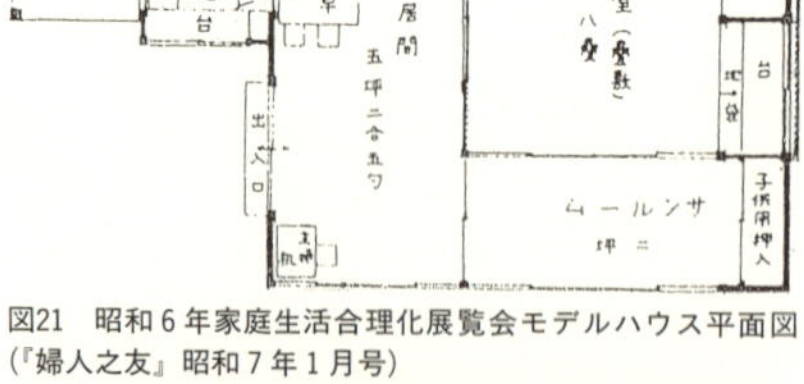

図22　老木を残すことを意識した住宅例

むすびにかえて—南沢におけるセツルメント運動

自由学園の南沢への移転の中で、学園の行った活動で注目されるのが農村セツルメント運動である。南沢の土地を購入した頃の久留米村の人々は、農業従事者が大半で、それゆえ、もと子は生活様式の異なる農村の人々と学校との連帯を図る方法を模索した。そして、小学校の移転が本決まりとなった昭和四年に、高等科を卒業する学生とともに農村セツルメント事業を展開した。最初は、村の娘たちを集めて衣服の勉強を中心に一緒に生活を行い、自由学園の教育内容を紹介した。昭和五年には農村セツルメント専用の建物を造り、農繁期には託児所を開設し、また、診療所を開設し流行していたトラホームの治療にあたっている。診療は学園に移って来た慶応病院の植村操博士が日曜日に行ってくれたのであった。この診療所は、周囲の人々はもちろんのこと、学園町の住人にとっても有益な施設であった。このように、自由学園では、単に移り住むだけではなく、地域住民の生活向上をめざして様々な活動を行い、地域住民との共存化の道を模索していたのである。この点は、当時の街づくりの事例の中でも、極めて独特の活動であり、改めて評価すべきものといえるであろう。

　ところで、昭和一六年に自由学園では、南沢が当初の目的の農場地とはならずに学園そのものの敷地となってしまったことから、新たに那須に学園農場地を購入している。羽仁吉一は、昭和三〇年にこの南沢と那須の環境について振り返り、次のように述べている。

　今から二十年以上にもなるが、都会的空気の汚濁を厭って、目白を去って武蔵野の奥に引っ込んだ。そんな不便な場所に行ってしまっては、入学者は減るにきまっていると、方々から強く反対をうけた。教育の場は神のつくりたまいし田園に限ると前々から確く信じていたわれわれは、多くの反対を押し切ってこの南沢にやって来た。……交通機関の発達に伴って、いつのまにか移住者がふえ、幾らか便利にはなったが、同時に都会的の雑物や雑音が遠慮なくはいってきた。……「教育環境は不便なるがよし」といつも書いたが、便利と共に精神的なものがだんだんに薄くなり……国土のせまいイギリスでも、オックスフォードやケンブリッジのような、世の俗人を離れた学問の都があるではないか。せめて自由学園一つだけでも、神のつくりたまいし田園の中で、ほんとうの教育をする環境をつくりたいものだ。……十年二十年後には、南沢から那須に移るとも思われる。ただ都会好きの日本人は、今に田舎という田舎を全部都会風にしてしまうかも知れない。それが心配の一つだ。[*13]

　自由学園が南沢に土地を購入したのは、理想的な教育環境を求めてのことであったが、戦後一〇年を経た時点で南沢も既に周囲に都市化の波が押し寄せていたことが判る。自然と共に暮らし学ぶという生活は、ハワードの田園都市論に象徴されるように、近代という時代の求めた理想的都市の姿であった。この学園町も規模等は及ばないものの、理念としてはこの田園都市論に通じたものがあったのである。しかし、日本の現実の近代化の中では、そのような環境は失われてしまうのが常であったし、いまだ、わが国では、都市や町づくりにおいて自然を求めることは時代の流れに逆行するものでしかないよう受け取られるのが一般的である。ただ、現状の南沢は、他の住宅地と比較をすれば、羽仁吉一が嘆くほど、ひどい環境と化したとはいえない。かつての松林だった頃を偲ぶことができるほど緑豊かで、住環境としては極めて良好な住宅地といえるし、戦後に建てられた住まいが多いが、庭先の老木を残すよう住宅の配置を意識的に後退させたもの（図㉒）や生け垣を楽しんでいる住まいも見られる。その意味では、羽仁夫妻が当初この南沢学園町に求めた自然と共生できる街、そして、都市は微かながらも確実にこの地に継承されているように思える。その意味で、今、残されている緑豊かな住環境をこれからも維持してもらいたいと願わずにはいられない。

本稿を作成するにあたり、遠藤新の研究者である宮井正隆・井上祐一両氏、自由学園教師であった吉川奇美氏および自由学園附属図書館の小島・遠藤氏にお世話になった。記して感謝したい。

註

＊1――『近代読者の成立』――前田愛　岩波同時代ライブラリー
＊2――『創立者の歩んだ道』――婦人之友社
＊3――『創立者の歩んだ道』――〃
＊4――『自由学園の歴史　1』――〃
＊5――『自由学園明日館実測図』――谷川正己　彰国社
＊6――婦人之友社学園町経営部
＊7――東京は昭和一四年版、他は昭和一八年版を使用
＊8――「身辺雑記」『婦人之友』大正一五年八月号
＊9――『学園新聞』昭和九年六五号
＊10――『学園新聞』昭和九年六五号
＊11――『婦人之友』昭和一〇年二月号
＊12――「南沢冬日礼讃」『婦人之友』昭和九年二月号
＊13――「南沢今昔」『婦人之友』昭和三〇年九月

参考文献

『自由学園の歴史　Ⅰ・Ⅱ』自由学園女子部卒業生会編、一九八五、一九九一年
『創立者の歩んだ道　婦人之友小史』婦人之友社、一九七〇年
『雑司ヶ谷短信　上・下』羽仁吉一、婦人之友社、一九五六年
『近代読者の成立』前田愛、岩波書店、一九九三年
『自由学園の教育』羽仁恵子、一九七二年
『建築家　遠藤新作品集』遠藤新生誕百年記念事業委員会、一九九一年
『自由学園明日館実測図』日本建築学会自由学園明日館実測小委員会
『東久留米市史』東久留米市史編さん委員会、一九七九年
『保谷市史』保谷市史編さん委員会、一九八九年

8

等々力ジートルンク／東京

ワイゼンホーフから等々力へ――ジートルンク・構想と挫折

森仁史

はじめに

本章は現在の世田谷区中町一丁目に所在した蔵田周忠（ちかただ）設計による四戸の住宅と、それらが当初の構想ではその一部となるはずであった「等々力ジートルンク」[*1]構想の成立及びその日本住宅史上における意味を探ろうとするものである。

この計画は基本的に住宅設計の実験であり、従って計画には理念が直截に反映されていった。そこには、一九二〇年代に表現主義の洗礼を受けて建築家として自己形成を果たし、やがてインターナショナルスタイルに転進していった建築家の歩み[*2]の成果と蹉跌を汲み取ることができるであろう。その一人であった蔵田にとり、かれの仕事の頂点を成し、日本の近代住宅の一つの帰結ともなったのがこのジートルンクであり、そこから、日本建築のモダニズムの骨格を解析することができるはずである。

ジートルンク構想

一九三五年三月号の『国際建築』誌上に、全三〇戸からなるジートルンク建設計画が発表された。同様の記事は『新建築』二月号にも掲載されたので[*3]、少なくとも一月には準備が進められていたと思われる。

大都市の郊外発展と共に数を増す住宅の大群に対して、一定の技術的統一ある新住居区の計画的実現を希望する建築家が協力して、地区の計画から各戸の建築、並に設備の全般に亘つて、新時代に適応する模範を示したいといふ意気込みを以て、今回我国最初の統一あるジードルンクが建設されやうとしてゐる。[*4]

この記事によると、目蒲電鉄所有の同大井町駅近くの等々力ゴルフ場に隣接する土地に同社開発部との協議を経て計画され、各戸は平均三〇坪を基準とし、設計者と区画番号（図❶参照）は吉田鉄郎（一、二七）、久米権九郎（二、一一、一九）、岡村蚊象（山口文象）（三、一七）、ブルーノ・タウト（四）、蔵田周忠（五、二一、三〇）、山脇巌（六、一六、二五）、山田守（七、一八）、谷口吉郎（八、二二）、佐藤武夫（九、二〇）、市浦健（一〇、二九）、土浦亀城（一二）、前川國男（一三、二四）、斎藤寅郎（一四、三二）、松本政雄（一五）、堀口捨己（二三、二七）、土浦信子（二六）と発表された。

図面と模型の展覧会を三月に開催して予約を募集し、工事完成を待って秋には住宅展を開催する。その後、年賦で希望者に分譲するという計画であった。これは蔵田と久米が中心になって立案推進していたもので、久米の姉婿が五島慶太であり、蔵田の勤務先の武蔵工業専門学校が東横資本と関係を深めていた事情などから、この二人に白羽の矢が立ったのであろう。久米は留学中の一九二七年にシュトゥットガルトの建築事務所に勤務しており、恐らくワイゼンホーフ・ジートルンクの建設を目の当たりにしたと思われる。[5]

計画書原本は見つかっていないが、設計者の一人であった松本政雄（東京高等工芸学校卒業で藏田の教え子、型而工房同人）のメモ[6]によって、もう少し詳細に計画を知ることができる。

……一九三五年二月恐らく日本の最初の計画ともみらるるものがあった。……

等々力住宅区計画と称され、住宅三一戸を設けクラブハウスを付帯させる内容のものであった。その時の計画書によれば、基本案として住宅、店舗（日用品店、食料品店その他）にバス発着所、汽罐室、変電所なども設備される計画であった。

企画には久米権九郎、土浦亀城、山脇巌、藏田周忠の名が連ねられている。

顧問として

ブルーノ・タウト、吉田亨二、岸田日出刀、中村伝治、

技術顧問として

材料　市浦健、照明　遠山静雄

構造　田辺平学・十代田三郎

衛生・暖房・電気　桜井省吾の各氏

……

住宅各戸は統一あるジードルンクとすること

各戸は仮定条件を別々に設定し、型の繰返しでなく計画すること

坪数は各戸三十坪以内

各戸当り予算左表の通り（最大仮定）概算以内とす

建築	30坪×100＝3000¥
電気	80〃
暖房	300〃
衛生	230〃
門垣	200〃
計	3810〃
設計料	150〃
予備費	40〃
計	4000〃

暖房、衛生、瓦斯、電気水道は中央統治の機関を設けること。（此の費用は各戸に按分すること）

建築家の選定や設備計画などからは明らかに第一次世界大戦後のドイツ、オーストリアの社会民主主義政府やソ連邦による都市住宅政策の影響が見てとれる。この計画は日本でのその理想的実現を目指そうとしていた。

しかし、この年の内にジートルンク建設は中止となってしまった。その理由について、藏田は「斯様な計画のためには余程こんな事は建築学会の役員とかその選挙とか事務手続きに馴れた人とか乃至は斯界の権威者でないとまとまらない」[7]とあいまいに記している。だが、「感情上面白くない事もあり」、設計者の中から市浦、土浦、堀口、谷口らが途中で手を引いてしまった[8]ために、計画が頓挫のやむなきに至ったというのが実相で

あった。そのうえに、「会社側の理解ある犠牲的精神なり真摯な投資を伴なふべき力の入れ方」も不足していた。

結局はワイゼンホーフ・ジートルンクにもっとも思い入れの強かった蔵田が自身に個人的な所縁のある施主を募り、四戸を設計し、五月頃竣工したのであった。すべて陸屋根のトロッケンバウ（乾式工法）住宅で、施工に当たっては土浦、十代田の助言を得た。蔵田からすれば、工法と建築設計としては当初のジートルンク構想で思い描いたものをかろうじて全うすることができた。

この計画は構想、実施住宅とも、工法としての乾式工法、建築設計としてのインターナショナルスタイル、住戸形式としてのジートルンクであった点で際立って実験的な性格を帯びている。これらの構想を成立させた背景を探ってみよう。

蔵田周忠の自己形成

蔵田は一八九五年萩に生まれ、一九一一年頃上京し、一三年工手学校建築科を卒業した。翌年から三橋四郎建築事務所を経て、一五年には曾禰中條建築事務所に勤務し、ここで高松政雄に薫陶を受けた。[*9] ドラフトマンとしては出色の才能だったのであろう。中條精一郎の引き立てが大きかったと思われ、例えばその紹介で、一九二〇年からは早稲田大学理工学部の佐藤功一のもとで選科生となった。この頃すでに建築ジャーナリズムでも手腕を発揮し始め、『建築評論』誌を早稲田大学の先輩である中村鎮から編集者としてバトンタッチされていた。[*10] また、一九一五年の国民美術協会第三回展に「すまゐ」を出品し、建築活動も開始している。[*11] 翌年三月三一日から一年間平和記念東京博覧会工営課技術員となり、[*12] 恐らくこれが機縁となって同年の分離派建築会に東大出身以外の最初の会員として迎えられ、この博覧会のためのプランを同会展に出品した。[*13] 中條の仲介で森口多里編集による『建築文化叢書』全一二冊の内五冊を執筆し、なかでも『近代建築思潮』は「わが国最初の近代建築史の通史」[*14] として世評に高く迎えられた。

一九二二年には石本喜久治と仲田定之助が帰国後にバウハウス体験を発表し、その指導原理を日本に紹介し、既に分離派はアヴァンギャルドとしての地位を失っていた。蔵田にはその世代に共通な世紀末芸術風な綜合主義的嗜好が強かった。この傾向は蔵田を関東大震災後に加速される生活改善の流れのなかで、〈工芸〉へと赴かせたのであった。蔵田は一九二七年から東京高等工芸学校工芸図案科で室内工芸を指導することになり、[*15] 翌

写真1　蔵田周忠ポートレート（1930年）

年には移り住んだ同潤会代官山アパートの自室を根城に、バウハウスやドイツ工作連盟に影響されて機能主義デザインの実験同人組織「型而工房」を結成する道程は、この時期に美術・建築・デザインが互いに交錯していた時代状況を物語っている。[16]その最初の成果は蔵田設計の石川邸（一九二九年）での室内装飾（絨毯・家具・ステンドグラス）に結実し、一部が一九二八年九月の第七回分離派展と、一二月の型而工房室内工芸試作展に出品された。[17]これを見ると、建築を含め、かれらの実践は未だに浪漫主義的・表現主義的であり、[18]機能主義デザインは題目以上のものではなかった。それゆえ、蔵田にとってそれまで文字を通してしか知り得なかったデザインの転回点、即ちバウハウス以降のドイツの建築・デザインを直に体験することを急がねばならなかった理由がここにあった。[19]

自身の設計に依る一九二六年の自邸に至るまで、表現主義的造型に彩られた木造住宅を一三棟設計していたとはいえ、[20]蔵田にとって、その活動の拠点は雑誌『国際建築』を発行していた国際建築協会であった。[21]このようにおもに文筆を生業とする蔵田にとって、それらを中断して旅立ったヨーロッパ遊学はまさに背水の陣であった。

ワイゼンホーフへの理路

蔵田は一九三〇年三月一三日、東京駅を出発し、シベリア鉄道を経由して二六日にベルリンに到着し、帰国間際の山田守と落ち合い、かれの下宿に入れ違いに住み込むことになった。[22]およそ一年三カ月の滞在はベルリンを拠点に各地の新しい建築を見学し、フーゴー・ヘーリンク、エルンスト・マイ、グロピウス、メンデルゾーンらの建築家と意見交換することに費やされた。[23]その間に、さらにチェコスロヴァキア、オーストリア、ハンガリー（一九三〇年六月）、イタリア（同一〇月）、イギリス、オランダ（三一年四月）の建築と博物館美術館巡りに費やしている。[24]いかにも精力的に新思潮を吸収しようとした様が窺える。バウハウスは都合三回（三月二八日に山田守と、五月に一人で、三〇年年末に大熊信行と）訪問し、その都度学生の案内を受けている。見たり聞いたりするだけでなく、一九三〇年夏から三カ月あまり、ベルリン西南のツェーレンドルフに建設されたばかりのオンケルトムズヒュッテ・ジートルンクの一角にある、ブルーノ・タウト設計による三層のジートルンクを選んで、その一室に友人と居住した。[25]同潤会アパートを体験していた蔵田にとって待ち遠しい入居体験であった。

一九二七年にシュトゥットガルト市で、ドイツ工作連盟展覧会の開催が予定され、ミース・ファン・デル・ローエがその芸術監督となり建築展が準備され、ル・コルビュジエをはじめとする建築作家一五名が決定された。展覧会には二一棟の建物が公開され、五〇万人の観客が押し寄せた。[26]

日本では、上野伊三郎が早速この翌年に入居後の使い勝手を含め、詳しく報告している。また、洪洋社から『建築写真類聚』の一冊として図版集が出版された。日本でも、これは新しい住宅造りへの「世界最新の試み」として熱い注目を浴びたのであった。[*27]

　蔵田がシュトゥットガルトにワイゼンホーフ・ジードルンクを訪れたのは三〇年七月であった。この訪問を蔵田はことのほか印象的な体験として書き残している（図❷参照）。

> ワイセンホーフの……丘の一角の新鮮な雰囲気と、これに包まれたこのテラッセにゐて眺望しながらの朝食を好んで、私はこの丘に登って来るのだつた。
>
> 一九二七年に出来たここの住宅の一群は、スツットガルトの中で最も特色ある一廓をなしてゐた。私はこの一廓を一巡する度に考へ込んでしまふ。この二十幾棟か全群が、よくかくも多数の一流建築家の協力に成り、その上、様式上の協働的進出がかくも綜合的に達成されたことを感心する……。
>
> 「ワイセンホーフ・ジードルンク」この一廓にはじめてこんな新しい試みを、統一的に仕上げた人達を、尊敬もし羨みもする。[*28]

　これが等々力ジードルンク建設への蔵田の直接的な動機となっていることは間違いないが、その際いみじくもここで蔵田が「綜合的」と形容していることに注目しておく必要があるだろう。蔵田はこの一月後にダルムシュタットのマチルダの丘を訪れ、芸術家村についてはまさに信仰告白ともいえる一層思い入れの強い感銘を記している。

> **ダルムシュタット**
>
> 近代建築史ではモニュメンタルな都市だ。——古都市自身としてはそうでもないが、中に私の見たい建物の重要なものがある。
>
> **マティルデンホェー！**
>
> エルンスト・ルードウイヒ大公成婚記念塔と展覧会場とそれにつゞく芸術家住宅群（キュンストラーコロニー）を、私は静かに歩いた。が涙は流さなかつた。[*29]

　蔵田は一九二六年の第五回分離派建築展に「住宅の一群」と題して自己がそれまでに設計建設した八棟の住宅・教会によって形造られた街区[*30]を出品していたことを指摘しておきたい（図❸）。ジードルンクの社会政策的な必然を知るかなり以前に、自らの志向を束ねる場としての住宅区の構想を蔵田は早くから抱いていたのである。また、ワイゼンホーフをも芸術家村的な綜合的ユートピアの伝統の文脈で捉えようとする素地が蔵田には十分すぎるほど備わっていたのである。

　一九二八年に近代建築国際会議ＣＩＡＭが結成され、ル・コルビュジエをはじめとする近代主義陣営は国際的に焦眉の課題を議論し、日本のモダニズム建築家にも大きな影響を与えていた。蔵田の渡欧前年の一九二九年、フランクフルトで第二回会議が開かれ、そのテーマは「最小限住宅」であった。現代生活に求められる住宅の合理的設計が検討され、報告書が出された。三一年にブラッセルで第三回会議が開かれ、このときは高層住宅の提唱、「成長する家」Wachsende Haus に議論が集中した。住宅が量的な供給から現代生活の理想追求とそれを満たすための機能を実現することが現実問題として特にドイツでは積極的に追求、提案された。集合住宅や主婦の負担を軽減する台所がフランクフルトをはじめ各地で造られた。一九三一年のベルリン夏季博覧会では住宅の工業的生産を可能とする工法として「トロッケンバウ」が提唱された。[*31]これらの問題提起はどれも蔵田をはじめとする日本の若い建築家にとって切実で、同時に日本でも解決を迫られた問題であった。

一九三一年六月一九日、予定を早めて帰国した蔵田は、年末に代官山アパートから指呼の間の渋谷町猿楽に転居し、設計事務所を開設した。二月に土浦亀城邸を訪問し、『型而工房ラポルト』の出版予定を告げた。また、この年から武蔵工業専門学校教授に就任した。

彼が帰国後、最初に力を入れて活動を展開したのはトロッケンバウであったが、それには二つの理由があった。一つには、国際建築協会は商業ベースに立って、新しい建築材料の研究に関してかなり実際的に関わっていた。同人に業者を交えて建築材料研究会が設けられ、塗料（日本ペイント）、焼付漆（日本漆工業所）、鋼管家具（YSY）、壁材（フジテックス）、石材（八雲トラバーチンほか）などについて最新技術の摂取と討議が展開されていた。この顔ぶれは素材により変化するが、同人に加えて型而工房や後述のトロッケンバウ研究会のメンバーが加わっていた。第二には、コンクリート建築の見直しを背景に、乾式構造は建築工事期間の短縮と工業生産による効率化をもたらし、それによって低価格化が期待され、折からの不況下で経済的に豊かとはいえない中間層の需要に応えられると考えられていたからである。

この時期、市浦健、土浦亀城らによって主張されたローコストの「民主主義的建築」[*32]は、蔵田からすると型而工房の生産効率性と機能美の両立という活動目標とも一致するものであった。その実現には「従来のどの住居群にも入れることの出来ない内容的特性と、それに適合する現代の外観を持つ」[*33]ジートルンクこそふさわしいと蔵田は考えた。さらに、「成長する家」概念に照らしても、家族構成にみあった増築に対応しやすい利点があると主張された。[*34]蔵田はヨーロッパ各地を巡礼しただけでなく、社会民主主義政権のもとで新進の建築家が推進した集合住宅設計に確実に影響されており、この乾式工法によって日本の建築の変革を目指そうとした。

一九三二年夏に日本トロッケンバウ研究会が青山忠雄、市浦健、井上房一郎、蔵田、川喜多煉七郎、土浦亀城をメンバーとして結成され、一二月から講習会が始められた。[*35] 実際に乾式工法の住宅はこの時期に数多く建てられた。デザイン的には石綿スレートもしくは下見板張りと陸屋根によるキュービックな外観は、日本におけるインターナショナルスタイル住宅の誕生を力強く宣言するものであった。一九三〇年代建築の一翼を構成し、等々力ジートルンクはこの最盛期に位置するものである。どんな建築家がこの方法論に関心をもって挑んだかが見て取れる。[*36]

一九三二年　土浦亀城設計五反田自邸、井上房一郎設計田中医院、市浦健設計自邸

一九三三年　友田薫設計穂積邸、市浦健設計坪廿円の別荘、山越邦彦設計自邸

一九三四年　梅田良雄設計林是邸

一九三五年　土浦亀城設計自邸・高島邸・今村邸、市浦設計自邸

一九三六年　本野精吾設計本野邸、谷口吉郎設計住宅、等々力ジートルンク

一九三七年　蔵田設計白柱居、山口文象設計小林邸、土浦設計田宮邸、谷口設計K氏邸

蔵田は建築材料の研究の進められていた一九三三年の五〜六月に長期入院を余儀なくされ、最初のインターナショナルスタイルの住宅は翌三四年の内田邸であった。この時はまだトロッケンバウではなく、木造モルタルであったし、翌年の福沢邸でも同様であった。

タウトの影

ブルーノ・タウトの来日は、上野伊三郎らの日本インターナショナル建築会の招きによるものであった。タウトは一九三三年五月三日に敦賀に上陸し、桂離宮を検分し、一一日には蔵田に会い好印象をうけ、その後、九月一三日から二四日まで蔵田邸に滞在している。そして、久米権九郎と蔵田はタウトの就職先を国立工芸指導所、大倉陶園、井上工房と世話をし、相談にのっていた。一九三三年にタウトにより計画された生駒山嶺小都市計画は翌年四月に実現しないことが確実となったが、一九三五年一月一六日に久米と蔵田はタウトに三〇戸のジートルンク計画への援助を依頼している。これに対し、タウトは積極的に提案を行い、二月一四日には二列の「一戸建住宅群」は「戸数は全体で三十一戸、建築費は一戸當り三、四千円で、一個所の中央暖房装置から各戸に温熱を配給する。樹木の鬱蒼とした美しい谷に手をつけずに敷地計画を立てたのは、私の提案によるものである」と記している。計画が公表される半年前に久米、蔵田は真っ先にタウトに相談したかったのであろう。現地を検分したらしいタウトの計画を読むと、松本メモにあった構想の多くの部分がタウトに依っていることが明らかである。

建築設計については、「十五人の建築家が各々二戸ずつ、私

が残りの一戸を受け持つことに決まった。初め建築家諸君は、私に『第一号』を割当てようと申出てくれたが、私は仲間の一人として参加したいからと言って、特別の配慮を辞退した。そして―ちょっと惜しかったが、『第一号』は吉田（鉄郎）氏に譲ることにした」。[*37] これも『国際建築』の記事通りである。とすれば、表面に現れていないものの、このジートルンク構想に果たしたタウトの役割はかなり決定的だったといえる。また、三月四日の建築家の会議で「いろんな設計が持寄られたが、私の設計は、この国の風土に十分な考慮を致している点で、諸君の興味を惹いた様子」であったと書き記している。別なところでタウトは日本での建築の要件を「一、窓には必ず庇を設けねばならない。二、窓はできるだけ風を通すように設計しなければならない」[*38]と述べており、こうした指針は蔵田の設計に大きく影響を及ぼしたと考えられる。

住宅地開発との関わり

等々力ジートルンクの敷地は世田谷南部にあって、東側は谷津川に沿った崖になっており、南は等々力ゴルフ場に隣接して、全体として緩やかに南に傾斜した標高二〇メートル程の多摩川の河岸段丘上に位置している。一九二九年一一月に開通した東京横浜電鉄大井町線等々力渓谷駅からは徒歩で十分程度の距離で、ここから渋谷へは電車で三〇分程度で行け、東京近郊の住宅地としては恵まれた環境にあったといえよう（図❹）。

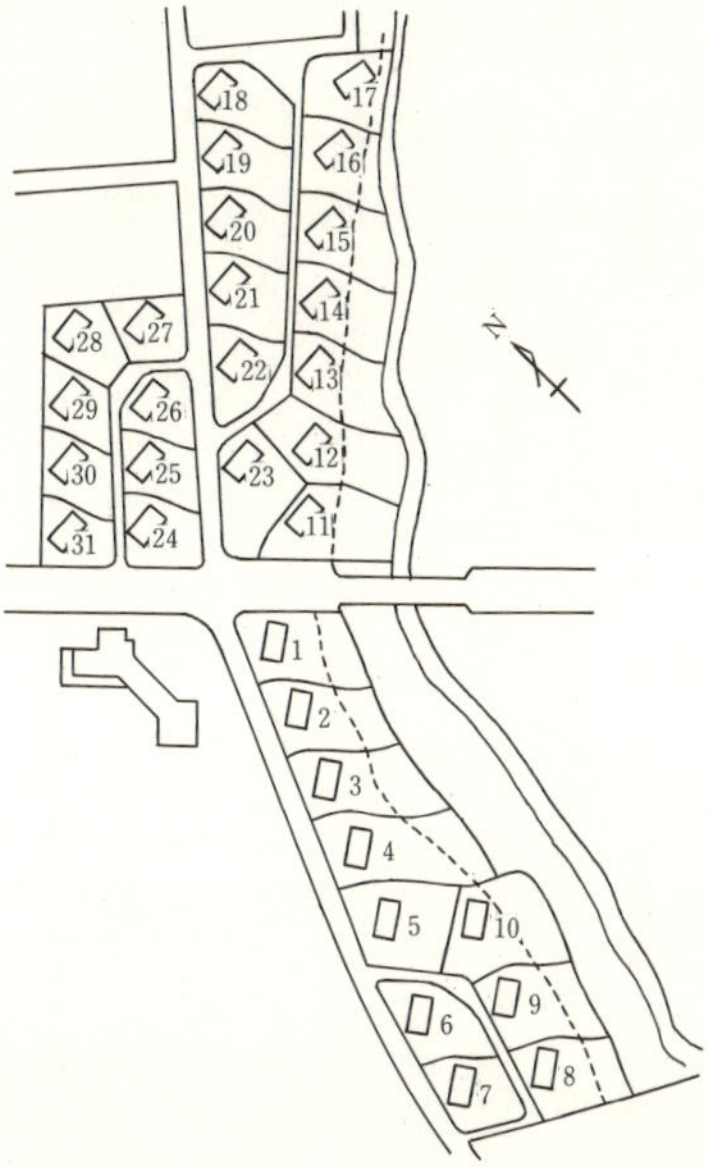

図1　新住居区計画

図2　蔵田周忠「ワイゼンホーフ・ジートルンク」(1931年)

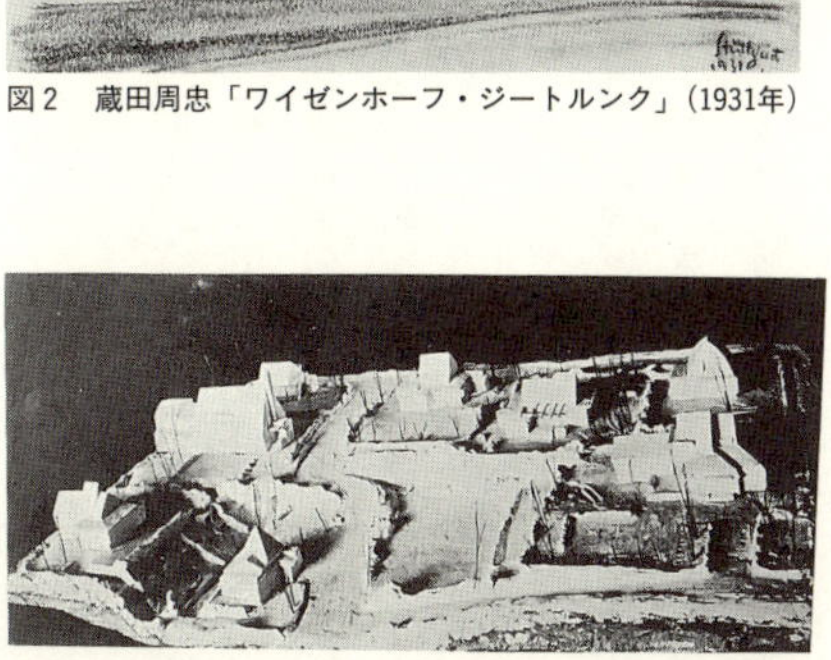
図3　蔵田周忠「住宅の一群」(1926年)

すでに一九一八年、田園都市株式会社が玉川村の宅地化に着手していたが、その後、区画整理による宅地化の動きが加速される。一九二六年に世田谷でもっとも大規模な玉川全円耕地整理組合が創設された。同組合によって、この等々力地区では一九三〇年から耕地整理が開始され、一九四四年までに全部で一一〇町歩を耕地整理した。世田谷区全域では、一九二七年から三三年までに二二組合によって一八一〇町歩が区画整理された。[*39] 等々力ジートルンクの計画もこうした地域の住宅地開発の波に乗った計画の一つには違いなく、整理組合の事業進行にやや先駆けた電鉄会社の地域開発と見なすことができる。

実現された四戸の住宅

一九三六年五月頃に当初計画の第一一―一四・二三区画にあたる部分に四戸が建設され、施工にはすべて坂本省吾があたった。

これらの住宅を、例えば日本の代表的なインターナショナルスタイルの住宅である土浦邸がキュービックなフォルムを極力保って、壁面の凹凸を抑え、そこに最小限の窓やドアを取り付けるのに比較すると、蔵田の住宅は複雑な内部構成をスレートでくるみこんだために、入り組みの多い直方体の連続といった趣を見せている。また、庇や入り組んだ出入りの多い壁面はむしろ構成主義的な印象を与え、二〇年代的といってもよいように思える。蔵田は自身の設計する住宅がインターナショナルスタイルとなる必然性をこう説明している。

例へば間取りの融通性、室内の整頓と清澄さ、そして広い縁側を仲介として庭園に繋がる広闊さ、材料の使用の自然さ。―これ等は同時に現代住宅のねらひ処である。現代的な特色をもつ住宅が日本の伝統を理解する人にわからない筈はないのである。[*40]

暮らしやすさが材料の現代性と結んで生まれるものが蔵田にとっての現代住宅のインターナショナルスタイルなのである。これを蔵田は「現代のクラシック」と呼んでいる。タウトの影響と思われるが、日本の夏の通風性、日光への対処と射入、和室(畳敷)と洋間の調和に配慮が払われた。居住者からの聞き取りによると、夏にも四方から風が通りしのぎやすかったようであり、開放的な間取りや通風のための小窓が効果的だったようである。

これらの日本人の生活からでる現実的欲求に応えることを優先する住まいこそが蔵田の設計の根幹であった。この意味で、蔵田はアヴァンギャルドというより、あくまで生活者感覚に拘泥する現実主義者であった。そのために、理念としての国際建築というよりは建築の「型」としてそれを援用することに自由だったのである。あるいは、ダンスでなく謡曲を好む体質のゆえであったと言えるのかもしれない。[*41]

写真２　等々力ジートルンク全景

写真３　北側から見た等々力ジートルンク

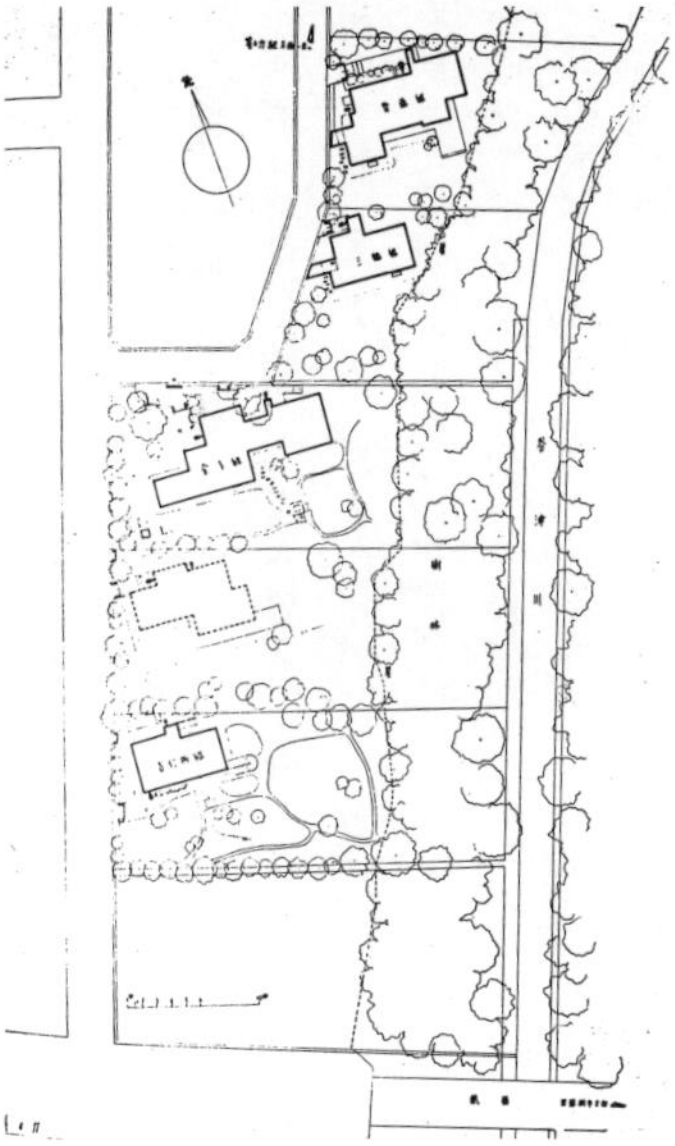

図４　等々力ジートルンク配置図

不均等なガラス戸桟は庭との連続を感じさせるよう視線を遮らないための工夫であった。蔵田の住宅ではほとんど例外なく芝生の平庭が設えられ、低いフェンスで外部への視線の連続性を保ち、住宅に開放的な印象を与えた。またフラットな芝生面は四角い住宅とのデザイン的な取り合わせ、庭やテラスでの家族生活の展開などが考慮されていた。外観はスレート生地のまま灰白色でネジもそれに合わせて白ペンキで塗り、桟はすべて茶色ステンボイル塗りとし、色彩計画についてはタウトの先例に倣わなかった。

　また、厨房は白いタイル張りの壁に造りつけの収納棚、調理台が清潔感を引き立て、基本的にガス台と流しを隣り合わせて配置し、その背面に食器棚が造りつけられ、設計者が意図したようにその合理性が主婦を喜ばせた。

　以下に各住宅の概要を述べておこう。

金子邸（図❺、写真❹）

　施主の金子義寛は東京高等工芸学校木材工芸科の一九三四年卒業で、東横百貨店洋家具部に勤務する蔵田の教え子の一人であった。家具、カーテンは施主が選定した。写真にはブロイヤーらしきカンチレバーのパイプ椅子とパイプ脚のガラステーブルの応接セットが見える。後に、金子邸は売却され、戦後は居住者が替わった。その際、玄関ホール脇の女中室が取り払われ、玄関床のタイルは鉄平石に替えられた。厨房を食事室まで広げ、プールをつぶしてホールが広げられた。一九九八年に取り壊された。

斎藤邸（図❻、写真❻）

施主の斎藤誠一は金子と同窓の工芸図案科卒業生で、初め大倉陶園に勤務した。この当時は太平洋美術学校に在籍していたが、目立った出品歴などの画家としての経歴は見出せない。しかし、定法どおり北に面した広い窓と西日を遮る軒を持つアトリエを中心とした間取りである。家具などは東横百貨店洋家具部で製作した。写真を見るとアトリエにパイプ椅子が配されている。夫婦と母親が居住。

斎藤家は二代目までここに居住し、表入口は車庫を造る際に取り壊された。アコーディオンカーテンで仕切られていた食事室と居間は後に壁で完全に区切られた。金子邸、古仁所邸にも設置された陶製の日時計がここにだけ残った。

三輪邸（図❼、写真❼）

施主は斎藤の親類で、老夫婦の隠居所として建てられた。関西から転居するため、ほとんど設計に注文は付けなかったようである。斎藤邸と共同の浄化槽を設置した。理想的には全戸を共同化すべきと考えたが、これは実現しなかった。

三輪家は三代目までここに居住し、居住家族員数が増えたので南側に渡り廊下でつないだ八畳間一棟を増築し、さらにその

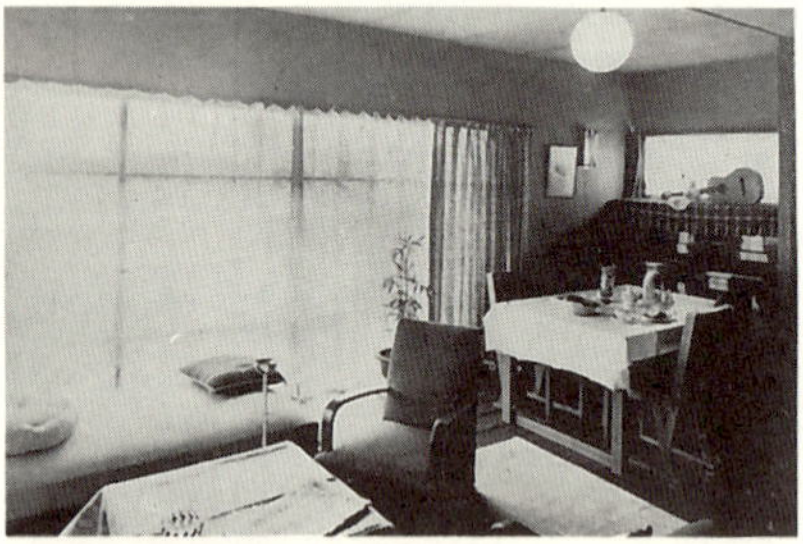
写真4　金子邸居間

写真5　金子邸ホール

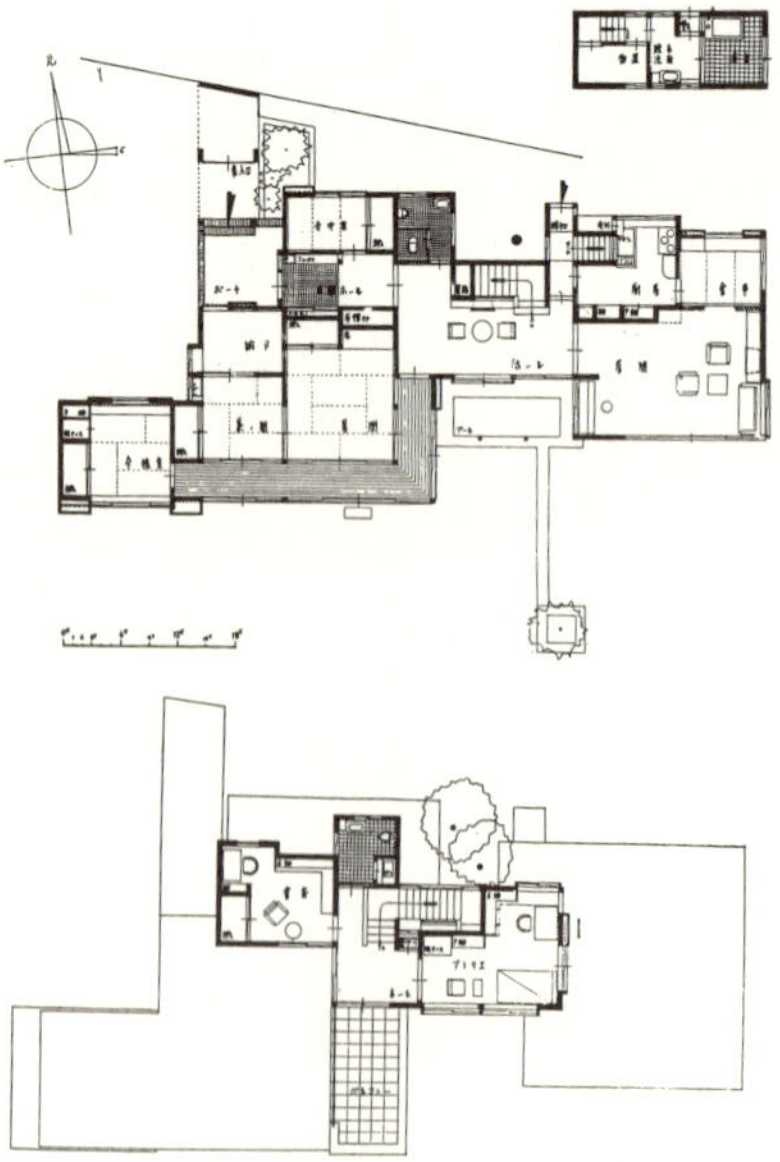
図5　金子邸　1階・地階平面図（上）、2階平面図（下）

上に二階を増築した。厨房が狭かったので茶の間を板敷きにして拡張した。玄関東側に応接間を増築した。三輪邸、斎藤邸は古仁所邸調査の際には健在であったが、その後、取り壊されたようである。

古仁所邸（図❽）

施主は金子氏と同じく東横百貨店家具部に勤務していた。居間の暖炉の上に貼られた拓本は施主所蔵のものから、蔵田がこの泰山経石峪拓本を選んだ。家族三人と女中が居住。

居間に続く食堂に襖を立てて、四畳半の畳敷きに改造した。内壁はテックスに壁紙を貼って遮断性はよかったが、鼠が中を走りまわったようである。屋上の手すりや街灯は戦時中に金属供出された。子どもの成長とともに収納スペースが不足し、二階の書斎の書庫を取り外して、地下に移し、箪笥を入れた。

古仁所邸は一九七三年に取り壊されたが、この直前に武蔵工業大学広瀬研究室によって調査（『都市住宅』七三〇七所収）が行われた。

陸屋根のシンダー・コンクリートの性能が良くなくて、壁材のジョイナーの精度にも問題があり、度々の雨漏りに悩まされ、内装が傷んだ。しかし、陸屋根の利点として蔵田が意識して設けた屋上テラスは住人の満足を得たようで、地面から大空に向かう生活空間の広がりと健康さを満喫したようである。

写真6　斎藤邸画室

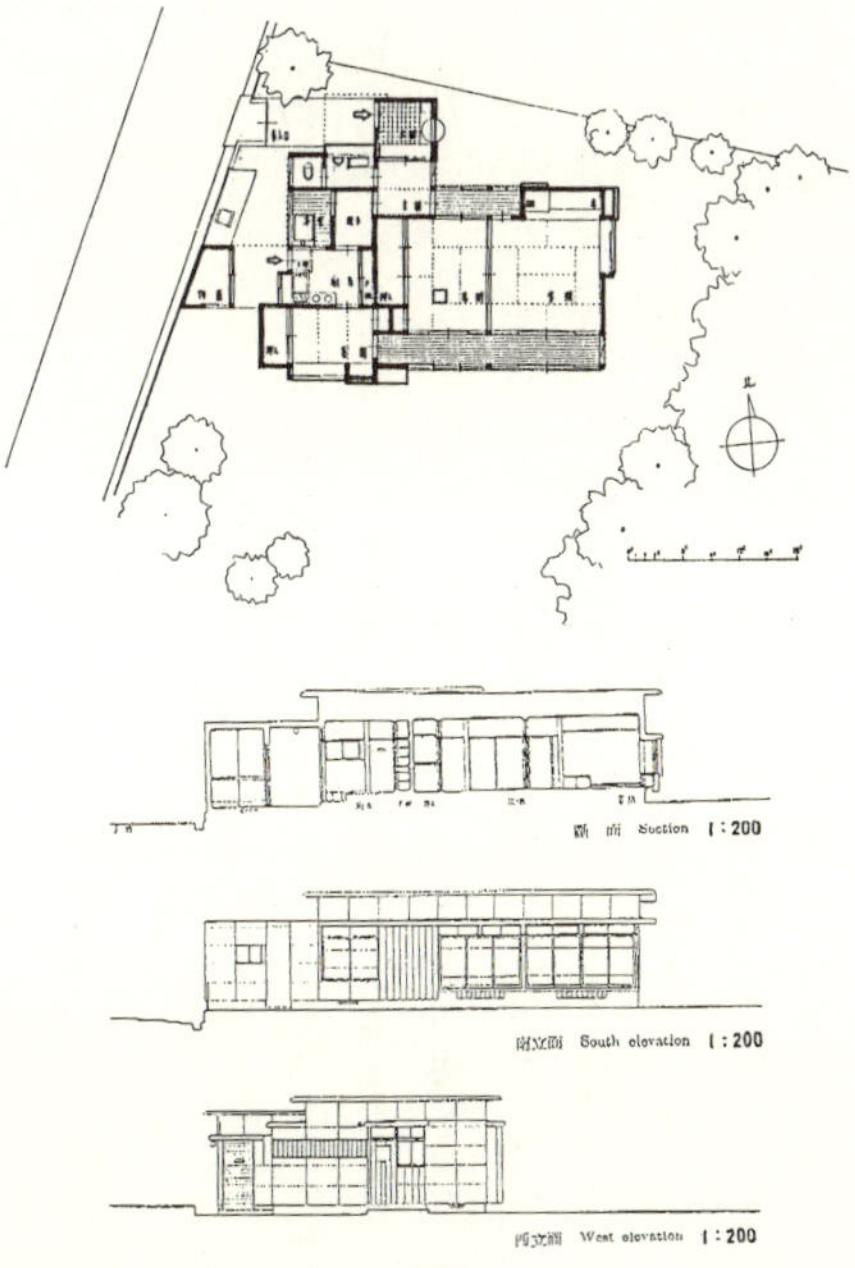

図7　三輪邸　平面図、立面図

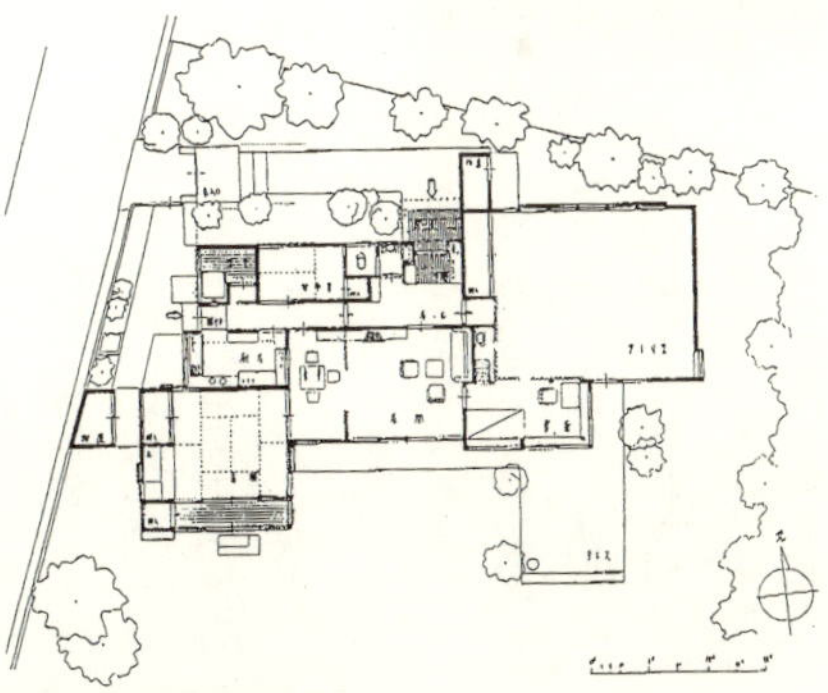

図6　斎藤邸1階平面図

暮らしのモダニズム

　蔵田周忠はこの後も、貝島邸、白柱居とトロッケンバウ住宅を造りつづけた（すべて現存せず）。一九三九年のインターナショナルスタイルの田中邸以後は、建築家としてはほとんど活動していない。[42]これらほとんどすべてが住宅設計であったことは特徴的である。

　蔵田の設計活動は建築の芸術表現としての模索と確立からインターナショナルスタイルへの転換期に重なっていた。このとき暮らしの変貌は理念としての建築を転換させるまでに到っていたのだろうか。蔵田ととりわけ近しかった今和次郎は一九四四年の著書のなかでこれを振り返って、この根源が「経済主義、衛生主義の上に立った合理主義」に基づく生活改善運動であり、その住宅改善要綱による文化住宅での「西洋流の生活」が営まれたが、因習打破では習慣を変えることはできなかったと総括している。[43]

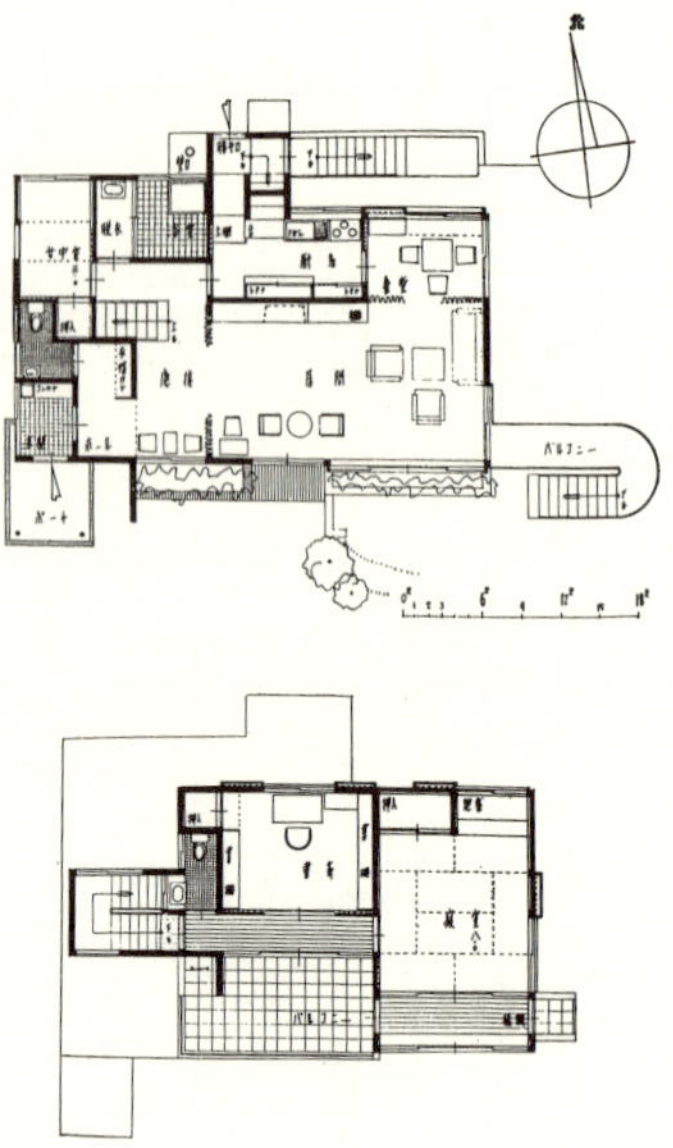

図8　古仁所邸　1階平面図（上）、2階平面図（下）

　一九二八―二九年の『国際建築』誌上の蔵田と『デザイン』誌上の伊藤正文、竹内芳太郎とのインターナショナルスタイルの様式化をめぐる論戦で、蔵田は「或る共通形式に到達しなければならない理論を持つことになるのが、国際的な新建築の道筋」[44]だと主張していた。こうした蔵田の姿勢は渡欧前から変わらなかったし、暮らしの近代化からの設計をインターナショナルスタイルに帰結させ、生産効率化や低価格化にトロッケンバウを導入したのが、蔵田の等々力での基本姿勢であった。それは日本の暮らしに基軸を置いてそれにふさわしい型を選び取るというスタンスにおいて、西欧の模倣ではない日本のモダニティの形成への一つの可能性を孕むものであったが、夢は夢として潰え、やがて四〇年代の戦時の暮らしにふさわしい住宅へと転轍されていくことになった。設計における蔵田の現実主義は暮らしの次元から視線を動かさず、国際建築（インターナショナルスタイル）を「型」的な形式として選ぶのにやぶさかではなかった。また、その立場ゆえ住宅設計に精進し、[45]その頂点に等々力ジートルンクの夢が位置するのである。理念型としての国際建築を追い求めるのではなく、日本人の現実生活の個々の欲求とその生い立つ風土に拘泥する姿は、工手学校生から時代を風靡する建築家となっても等身大を超えない蔵田の意志であったろう。等々力の実験はそうした蔵田の設計思想が時代と切り結んだ様を如実に表明しているように思われる。

註

＊1——蔵田周忠『等々力住宅区の一部』（以下『等々力』と略記）国際建築協会、昭和一一年、一～二頁。蔵田は当初の夢が実現しなかったがゆえにこの建築報告書に「一部」と題したのであろう。本稿ではこの蔵田の意を汲んで、あえて実現しなかった計画全体を指す呼び名として「等々力ジートルンク」を採用することにした。この著作は『国際建築』第一二巻第六～八号掲載の図版、論述をまとめたものである。この他に『住宅』第二一巻一一月号に金子邸の論文が掲載された。

＊2——梅宮弘光「日本におけるバウハウス受容とアヴァンギャルドのエートス」『バウハウス　一九一九‐一九三三』図録、セゾン美術館、一九九五年、三四七～三四八頁

＊3——『国際建築』第一一巻第三号、一二〇頁、『新建築』第一一巻第二号、四〇頁。後者の記事ではどうした訳か蔵田の名前が除かれ、設計は一五名が各二棟を担当するとされている。

＊4——『新建築』第一一巻第二号、四〇頁

＊5——久米は一九二八年シュトゥットガルト州立工科大学建築科を卒業している。『久米権九郎追憶誌』久米建築事務所、一九六六年、四四二頁。蔵田は福沢邸施工の際に久米に指導を受けていた。

＊6——松本政雄『工房設立と当時の建築的事情（青春の道標）』（一九七六年頃）

＊7——『等々力』一頁

＊8——市浦健「久米先生を悼む」『久米権九郎追憶誌』前掲、六五～六六頁

＊9——村松貞次郎『日本建築家山脈』鹿島出版会、昭和四〇年、二二七頁。以下、蔵田の初期の経歴は同書に依る。

＊10——蔵田周忠「中村さんと私」『新建築』第九巻第九号、一八四頁。蔵田は一九二三年から東洋コンクリートに勤務しているが、これは雑誌編集を通した中村からの紹介かもしれない。

＊11——『国民美術協会第三回年報』。現在確認できる最初の出品歴はこの国民美術協会展で、中條が会長であったことによるものと推察される。このほか、同年末には山中商会募集の米国住宅設計図案競技にも当選している。『建築画報』第八巻第四号。また、ミネルヴァソサイアティ展には後出の山中節治と出品している。『美術月報』第一巻第一号。山中も大正三年工手学校建築科卒業であった。『建築世界』第七巻第八号

＊12——『平和記念東京博覧会事務報告』下、大正一三年、東京府、五九二頁

＊13——工手学校卒業以外に全く学歴のなかった同人は蔵田のほかにはいない。この時の出品作は「丘の上の展覧会場」、「奏楽堂」で、後者は第二会場の第二音楽堂として実施された。『分離派建築会作品集』第二、岩波書店、一九三一年

＊14——浜岡（蔵田）周忠「近代建築思潮」洪洋社、大正一三年。村松、前掲書、二二五頁

＊15——ただし、「図案実習」の講師は無給であった。しかし、美術学校図案科出身の池辺義敦をも同人に引き付けるほどに蔵田の影響力は大きかった。

＊16——拙稿「造型の明澄と清楚　一九三〇年代の工芸とデザイン」『〈かたち〉の領分』東京国立近代美術館、一九九八年

＊17——『建築新潮』第九年第一一号、『国際建築』第五巻第二号

＊18——『建築画報』第二〇巻第一号

＊19——一九二九年一一月に『建築紀元』、『建築新潮』、『建築時代』が相次いでバウハウス特集を発行していた。

＊20——蔵田が自身の設計で渡欧前に完成させたもっとも大規模な建物は、新潮社社長佐藤義亮の自邸月華荘であり、これは桃山風の純和風建築であった。『住宅月華荘』洪洋社、一九三〇年

＊21——『国際建築』と改題されたのは一九二八年からで、同年一二月の時点の同人は青山忠雄、蔵田、山中節治、濱田義男、三宅勤、三浦元秀、明石信道、菅原榮蔵、小山正和、野呂秀夫、能勢久一郎、丹羽美、岡、長根、桑原、三澤であった。『国際建築』第四巻第一二号、三九頁

＊22——『国際建築』第六巻第二号。蔵田周忠『欧州都市の近代相』（以下、『欧州都市』と略記）六文館、昭和七年。蔵田文庫メモ（武蔵工業大学図書館）

＊23——この滞在や旅行中に彼が出会ったり協労したのは山田守、今和次郎、山脇巌、大熊信行、津田鑿、旭正秀などである。

＊24——ベルリンで三カ月行動をともにした山口文象の「フォルムのカッコいいものだけを訪ね歩いた巡礼」という批評は現象的には的外れではないであろう。佐々木宏編『近代建築の目撃者』新建築社、一九七七年、二七三頁

＊25——『欧州都市』七六～八〇頁

＊26——ギャルリー・タイセイ編『モダンハウジングの実験場—ワイゼンホーフ・ジードルング1927—』ギャルリー・タイセイ　一九九七年四、九～一一頁

＊27――上野伊三郎「スッツガルトの住宅展覧会建物の実験成績」『デザイン』第二年第一一号。『新時代の住宅1』洪洋社、一九二九年。Bauen und Wohnen 及び Innenraum から翻訳し、二四棟を図版で紹介、川喜多煉七郎が解説。

＊28――『欧州都市』二三二〜二三三頁。この個所を雑誌掲載論文と較べると、ダルムシュタットの項よりももっと改変が大きく、論点が整理され分量も四倍くらいになっている。以下のパラグラフは単行書では省略されている部分であるが、蔵田の感覚として重要であろう。「併し此所はまだ一種の個別的住宅の集合である。私は後でダルムシュタットのマテイルデンホエーエを見て、是等の住宅群の社会的連繋と因果関係とを考へさせられた。」『国際建築』第六巻第九号

＊29――蔵田周忠「国際雑記［13］」、『国際建築』第六巻第九号、二七頁。後に再録された『欧州都市』のなかで最後の一節が以下のように変更されている。「私は静かに歩いた。厳粛ではあるが、この丘の空気と共に清澄な心持ちだった。」雑誌掲載時の記述が蔵田の心情により忠実なように思われるこちらを引用した。

＊30――『建築新潮』第七年第三号

＊31――蔵田周忠『現代建築』後編、東学社、一九三五年、五二〜五三頁に蔵田の要約が掲載されている。

＊32――市浦健「一九三二―一九三三」『国際建築』第九巻第一号、三頁

＊33――蔵田周忠「ジードルンクの新形態」板垣鷹穂・堀口捨己編『建築様式論叢』六文館、昭和七年、三一三頁

＊34――蔵田周忠「Wachsende Haus のこと」『国際建築』第九巻第七号、二三九〜二四〇頁

＊35――『国際建築』第八巻第八号、一〇頁、第八巻第一二号、四九五頁。『アイシーオール』第三巻第二号、一〜八頁。『建築と社会』第一九年第三号

＊36――『新建築』第九巻第一〇号、第一〇巻第三・七号、第一一巻第三・六号、第一二巻六号、第一三巻第四・八・九号、『国際建築』第八巻第一二号、第九巻第七号、第一一巻第二・六・七号、市浦健「乾式住宅の話」『婦人之友』第二七巻第一〇号。『新しい構造の家』洪洋社、昭和八年に内外の施工例が紹介され、川喜多煉七郎が解説を執筆している。

＊37――ブルーノ・タウト（篠田秀雄訳）『日本―タウトの日記　一九三五―三六年』岩波書店、一九七五年、一八、三八頁

＊38――同右、一九三四年　三四五頁

＊39――『世田谷近・現代史』世田谷区、一九七六年　六一一、七四九、七六一頁

＊40――蔵田周忠『陸屋根』相模書房、一九三〇年、九頁

＊41――藤森照信『昭和住宅物語』新建築社、一九九〇年、二九〜三〇頁

＊42――『国際建築』第一六巻第九号。このほか、やはり東京高等工芸学校工芸図案科出身の山崎幸雄邸があるが、これは純和風住宅である。

＊43――今和次郎『暮らしと住居』三国書房、一九四四年、一四七〜一五二頁

＊44――蔵田周忠「国際雑記」『国際建築』第四巻第一一号

＊45――戦後に暮らしを追い越す規模やテンポが設計に求められるとき自ら逸脱するよりなかったのかもしれない。

図版出典

図2　武蔵工業大学図書館蔵

図3　『建築新潮』第七年第三号

⑨

大船田園都市／鎌倉

幻の田園都市計画——「新鎌倉」の構想と挫折

藤谷陽悦

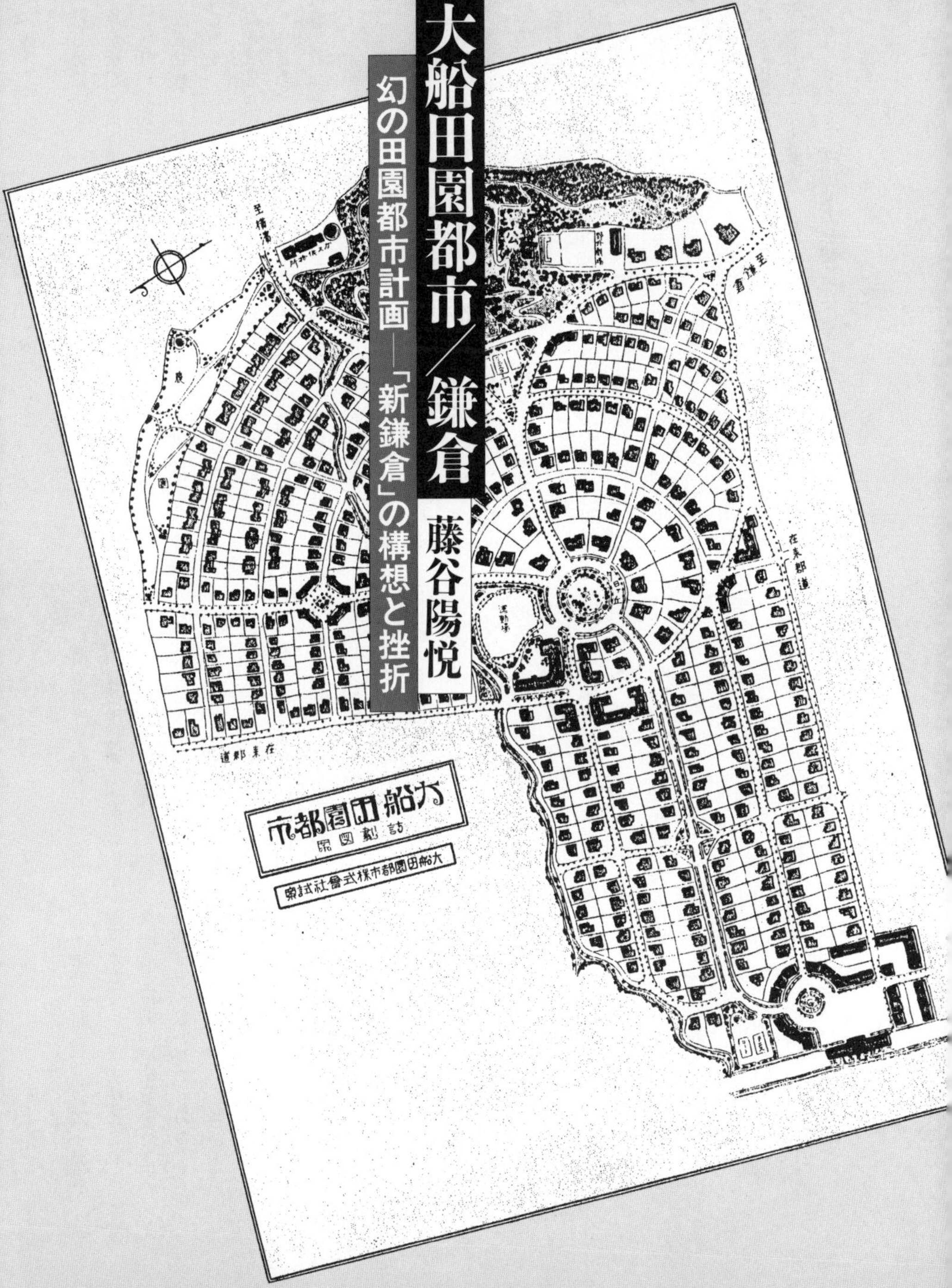

はじめに

東京駅から東海道線で約四〇分ほど下ったところに「大船」という町がある。鎌倉市大船町、昭和一一年に松竹大船撮影所が設置され、少し前まではシネマワールドとして知られていた町である。

この大船が町の体裁を整えるようになったのは昭和期に入ってからであった。『鎌倉市史―近代通史編』（平成四年）を繙くと、鎌倉が貴顕紳士の保養地として明治の中期から開けたのに比べると、大船については「その後一〇年余の歳月が流れて、この一帯は鎌倉と合併して鎌倉市域の一部となるが、当時は東海道線大船駅を擁し、周辺村々の中核として商工業的な面での飛躍を期している小坂村や玉縄村や本郷村（現、横浜市）であって、「鎌倉」の名を冠せられるいわれのない地域であった」と記している。大船はそれほど遅れて昭和期まで静かな田園地帯であったのである。

大船駅に降り立つと、昭和三五年に完成した大船観音の顔が見える。この大船観音の工事が始まるのが昭和四年である。それは大船がちょうど村から町へと変貌を遂げ始めた時期でもあり、大船は大船観音と歩みを共にしてきたとも言えるのである。

ところで大船でこうした市街地の開発が進む数年前、この町に新しい田園都市を建設しようという話が持ち上がる。この話を持ち出したのは東京で東京渡辺銀行の金融業を営む渡辺家であった。もともと湘南地方は明治二〇年に東海道線、その翌年に横須賀線が開通し、逗子・葉山・鎌倉方面への逗留客と海軍横須賀基地に通う通勤客の足が確保されていた。大船はこれら二つの合流点に位置しており、東海道と横浜・横須賀を行き交う人々の乗換駅としての重要な役割を担っていたのである。こうした交通の便を利用して、そこに中産階級の新しいニュータウンを作ろうという試みが大船の田園都市計画であった。

ちなみにこの大船の田園都市計画、現地を訪れても、これらの話を覚えている人はほとんどいない。古い文献を調べても、当時の新聞に次のような記事が紹介されているだけである。

> 因に大船田園都市株式會社は大船停車場前に約十萬坪の土地を買収し、目下水道、公園、道路、テニスコート、倶樂部、小學校、醫院、購買組合、子供遊園地、野外劇場等總ゆる文化設備の計畫を進めてゐるが十月末か十一月早々第一回の賣出しとして停留場寄り二萬坪を百坪乃至百五六十坪に區劃して開放する事に決した、坪當りは約廿圓で即賣と同時に三カ年、五カ年、七カ年の年賦販賣もやり且つ年賦を更に年二度拂ひ又は月拂ひに分ける筈で停車場寄り二萬坪は外観欧風家屋に限るといふ条件付である。[*1]

それはどうしてなのか。理由は簡単で、計画が昭和二年の金融恐慌のあおりを受けて途中で頓挫して幻に終わったからであるが、これは「田園都市」という言葉の華やかさとは裏腹に、事業における経営面での難しさを物語る一面である。それがまた黎明期における田園都市事業の限界でもあったのである。

ここでは幻に終わった大船の田園都市事業を紹介してみたい。そして、その実態を探ることで大正期における田園都市事業の限界についても考えてみたい。

大船田園都市株式会社

大船の田園都市事業が開始されたのは大正一一年である。場所は大船駅の東口前であり、現在の大船一・二丁目の北半分と六丁目、松竹大船撮影所が置かれた岩瀬にまたがる約一〇万坪の土地であった。大正一一年といえば田園都市という言葉が世の中にすっかり定着し、六大都市ではその実施が本格的に考えられ始めた頃である。たとえば東京・大阪などの大都市では人口集中による住宅不足を背景に、大正一〇年に「住宅会社法案要綱原案」の答申審議が社会事業調査会に対して行われ、その四月には中産階級の住宅金借入策である「住宅組合法」が正式に公布されている。さらには建築界でも住宅改善同盟会が住宅改善の六大綱領のなかに「田園都市及び郊外住宅区」の問題を盛り込んで、田園都市についての論議を活発に始めており、そうした風潮のさなかに先鞭を着けたのが大船田園都市事業であった。

前述のように大船田園都市事業を計画したのは東京渡辺銀行を経営する渡辺家である。渡辺家の経歴を紹介すると、初代治右衛門が享保年間に江戸に出て、日本橋四日市町に「あかぢ屋」を経営したのに始まるという。当主は代々「治右衛門」を名乗り、主に鮭や鰹節等の海産物商を営んでいた。家憲は「堅実」を旨とし、七代目までは家業もそれ程大きなものではなかったと言う。

渡辺家が財産を大きく増やすのは、明治時代に入ってからである。特に九代目治右衛門が傑物で、土地を物色するために首に弁当包を下げて東京の町を歩き廻り、気にいった土地があるとそれを値切り倒して買い集め、「海産物問屋として小金を溜めた餘勢を驅つて土地の買占めを始めたのが大當りに當り、巨萬の富をなすに至つたのである」と言われている。竹内余所太郎が明治四一年に行った東京の大地主調査によれば、渡辺治右衛門は東京市内に六万三二一三坪（約二〇万八〇〇〇平方メートル）の土地を所有して、東京市内で五番目の大地主に数えられている。明治二三年の丸の内の陸軍用地払い下げでは競争入札で岩崎弥太郎と覇を競ったとも言われており、東京でも指折りの大富豪として知られていた。

渡辺家が海産物商から土地・株式を扱う金融業へと鞍替えして、本格的な事業に乗り出すのは大正期に入ってからである。明治四三年には一般大衆を相手にした「あかぢ貯蓄銀行」を創設し、大正九年には明治一〇年創設の合資会社第二十七国立銀行に資本金五〇〇万円を増資して、（株）東京渡辺銀行と改称するまでとなっている。渡辺家の事業経営のやり方は「甲州系の雨宮、若尾、小野などが日本鐵道、市街鐵道を目論んで、いよいよレールを敷くようになると、先述の如く、治右衛門の土地が到るところに出張つていて、どうしても彼を仲間に入れぬことには具合が悪い。治右衛門はこれでまたシコタマ儲けて大地主渡邊家の基礎をこさへたのであつた」というものであった。つまり東京市内の百数箇所に所有する土地を媒介に次々と事業を拡大して、第一次世界大戦後の好景気には事業勃興の気運に乗じて二〇社六万五二四株（大正七年『全国株主要覧』）を所有するまでに至っており、東京渡辺銀行はその後の渡辺家における財政的な基盤となったのである。渡辺治右衛門が株を所有する会社は銀行・火災保険会社・瓦斯会社・電灯会社・鉄道会社などが大半で、土地金融を中心に企業拡大を図っていたのである。

こうした渡辺家が数多く抱える会社のなかで、「土地建物ノ經營賣買」を目的としたのが大船田園都市（株）であった。

大船田園都市（株）は大正一〇年一二月一九日に日本工業倶楽部で設立された。資本金は二〇〇万円、所有株数四万株、株主数が一六九名で、利益配当金はレッチワース（Letchworth Garden City, 一九一三年）の第一田園都市株式会社（First Garden City Limited）と同じ「年五朱」で計画されていた。会社の規模は当時の株式金融からすると標準的なもので、本社は渡辺家が経営する「あかぢ貯蓄銀行」の四階に置いていた。

設立当時における会社役員は以下のような構成である。

代表取締役　渡邊勝三郎、
取締役　渡邊六郎、越山太刀三郎、福原信三、樺島禮吉、
　麻生篤之助、甘粕準三、
監査役　鈴木茂兵衛、栗田繁芳

このうち甘粕準三と栗田繁芳は地元の地主、福原信三と麻生篤之助は知人として事業に参画し、それ以外はいずれも東京渡辺銀行の株主である。大船田園都市（株）は渡辺家による同族的な性格が強かったものと考えられる。

そうした中で、実質的な経営を取り仕切ったのが渡辺勝三郎と渡辺六郎であった。

渡辺勝三郎は九代目治右衛門の三男として明治六年一〇月二九日に東京市日本橋区本材木町に生まれた。幼くして聡明、才気は群を抜き、勤勉だが、「どんな事業でも手を出してむやみに財界に名前を出して活動するのが大好きであった」と言われている。また内務官僚とも付き合いが深く、「都市研究会」に入会し、都市問題にも関心を寄せていた。こうした内務官僚を中心とした幅広い人付き合いが、渡辺勝三郎を大船田園都市事業に走らせたものと考えられる。

一方、筆頭取締役として渡辺勝三郎を補佐したのが渡辺六郎であった。むしろ大船の田園都市事業は渡辺六郎に負う部分が大きい。

渡辺六郎（図❶）は明治二〇年四月一五日に九代目治右衛門の六男として東京市下谷区花園町に生まれた。彼は東京師範学校付属小学校、同付属中学、第六（岡山）高等学校を終えると、

明治四〇年に東京帝国大学法学部政治科に入学しており、その同期生、政治科以外の同窓生には白根松介（内務次官）、正力松太郎（読売新聞）、芦田均（総理大臣）、五島慶太（東急電鉄）らがいた。渡辺六郎は彼らと終生変わらぬ深い親交を続けており、こうした関係が事業経営を続けるうえで大きな励みになったと思われる。

渡辺六郎は明治四四年に東京帝国大学を卒業すると、祖父の渡辺治右衛門の遺命により、欧米の土地開発事業を勉強するため明治四五年から外遊した。その目的は自分の長い将来を考えて、「これから社会人として、事業に携わるためには、外国の事情に精通して、その長所を取り入れなければ駄目である。しかもわが日本は、海外に大いに飛躍しなければならない時期を迎える。若い者は、その実状をシッカリと勉強して、これを役立たせなければいけない」[*2]というものであった。渡辺六郎の外遊コースは定かでないが、最初に日本郵船の欧州航路でエジプトを経てイギリスに渡ったと言われている。おそらく開発が進むなかでのレッチワースを真っ先に見学したものと思われる。その後、彼はアメリカを往復し、フランス・スイス・ドイツ等各国を巡り、モスクワからシベリア鉄道を利用して、最後は満州・奉天に立ち寄って大正二年に帰国した。約二年間という外遊生活は今日においても非常に長期にわたる長旅である。彼がここから得たものは大きかったと言うべきであろう。

日暮里渡辺町

渡辺六郎は欧米旅行から帰国すると東京渡辺銀行に入行した。それと同時に渡辺家の土地財産を管理するための、渡辺保全株式会社の「調査部長兼監査部主事」に就任した。その欧米旅行における外遊生活の経験を生かして、大正五年頃から東京日暮里で計画したのが住宅地「渡辺町」であった。渡辺六郎は渡辺町をかなりの熱の入れようで計画した。たとえば大正六年には本郷弥生町から自らの邸宅を建てて移り住み、そこでは震災でもビクともしなかった木造一部二階の和風住宅を建設した。この住宅には帝国ホテルを設計したフランク・ロイド・ライトが訪れたことがあったという。これは当時の渡辺六郎の交遊関係と洋風住宅への関心を窺ううえで興味深い話である。実際、大船の「新鎌倉」ではライト風の住宅も建っていた。これらは住宅地の宣伝用に社営住宅として建設されたようだが、それ以外に住宅地ではすべての住宅を洋風の外観で揃えるように取り決めている。こうした話も渡辺六郎がライトのファンであったことを知るならば頷けるものがある。

また渡辺六郎は自らを「春宵」（図❷）と号する画才を活かして、画壇の師匠である石井柏亭画伯や建畠大夢、藤井浩裕、長野草風、久保田万太郎、野上豊一郎、吉江喬松らを招き入れ、渡辺町では芸術家村をも構想した。大船田園都市（株）の『理想的住宅地　新鎌倉案内　大船田園都市株式會社経営』（図❸）という案内書を見ると、そこには渡辺町について次のような文

図1　渡辺六郎　肖像、提供：渡辺秀
図2　渡辺六郎　本堂内陣の壁画作成中の風景。画題「無我相山」提供：渡辺秀
図3　パンフレット「理想的住宅地　新鎌倉案内」

面が載せられている。

> 吾社は東京の地所に於て數十年の經驗を有し殊に最近日暮里渡邊町を造りて住宅地の開發に十二分の成功をしたる渡邊系が中心となり……

これらを読むと、渡辺六郎の渡辺町に対する自信の程がうかがえる。渡辺町は当時の『建築雑誌』（大正八年六月）に日本のガーデン・サバーブの実例として紹介され、東京の郊外住宅地としてかなりの評判と知名度を持っていた。しかし、自らの海外視察を生かした成果であっても、渡辺六郎は渡辺町の内容に必ずしも満足していなかった様子である。その理由は、街区が整然と区画され、町内全域に簡易水道と下水道を行き渡らせ、小公園と遊園地を完備した都市施設については自負できるものの、田園都市の理想とするには敷地面積の大きさが余りにもかけ離れていたからである。渡辺六郎は大船田園都市（株）の『創立趣意書』のなかで、渡辺町の不満についてこう漏らしている。

> 東京府下日暮里渡邊町ハ渡邊保全株式會社地所部所有地ニシテ該地所部ガ試ミタル市外地開拓ノ一ツノ収穫ナリ、然シテ該渡邊町ハ今日ニアリテハ郊外住宅地ノ一模範タルコトハ先年新聞紙ニテ紹介セラレタル所ナルガ本社ノ今回

ノ新計畫ハ又此經驗ヲ有スル渡邊側ノ主トシテ参加設計ニ依ルモノナレバ其數字ニ夫々根據アルコト言ヲ俟タズ、只ダ渡邊町ハ今回ノ計畫ニ比シテ梢々規模小ナルノミ、廣サ凡ソ三萬坪、道路ハ四間ヲ最大トシ三間、二間九尺ノ補助道路アリ住宅地ハ一區三四十坪ニ始マリ百五十坪ヲ最大トス、簡易水道ハ良水ヲ全町ニ供給シ町ノ中央ニハ壹千坪ニ餘ル小公園ヲ設ケ付近住宅ノ兒童ノ遊歩場タリ、斯如ク區劃整然トシ排水、道路ノ制又悉ク備リ見ルカラ清々ノ氣ニ満ツ然シテ之ヲ模範トシテ其規模ヲ大ニシ加之時代ノ要求ニ應ジタル新設備ヲ施シタルモノ之ヲ吾ガ大船田園都市ナリト想像セバ蓋シ大過ナカルベシ。

当時、田園都市の理想的な敷地規模は一〇万坪以上と考えられていた。渡辺町はたったの三万坪程度の規模しかなく、これらと比較すると、田園都市の理想とするには余りにも狭小すぎるものであった。そのうえ道路計画では歩道が取れず、中途半端に終わっており、これからの自動車時代を迎えるに当たり、最大幅員四間以下の道路は致命的な欠点と言えるものであった。さらに宅地計画では、一区画三〇〜四〇坪程度という小規模な宅地が含まれている。渡辺六郎は世間からかなりの評判を取った渡辺町であっても、これからの都市計画的な将来と、自分が外国で見てきた住宅地経営の次元を思うと、暗澹たる思いに駆られていたのであろう。渡辺六郎は事業後まもなく渡辺町の事業拡大を考えて、新しい住宅地経営を思いついている。これらの欠点を補う意味で見つけた場所が大船駅前にある約一〇万坪の土地であった。

田園都市の理想

渡辺六郎が田園住宅地の候補地として、いつ頃から大船駅前に目を付けたのか、詳細については判らない。ただ大磯に祖母の別荘を所持しており、夏には住まいを引越して家族全員でよく出かけていた。こうしたことから度々、大船の前を列車で通っていたのであろう。おそらく湘南地方の気候風土が健康に良いこともはじめからよく知っていた筈である。

渡辺六郎は大船を候補地として選んだ理由として、『事業報告書』のなかで以下の条件を挙げている。

一、交通ノ至便ナルコト。（中略）
二、氣候温暖、空氣清澄ナルコト。（中略）
三、飲用水ノ良好ナルコト。（中略）
四、排水工事、埋立工事ノ比較的容易ナルコト。（中略）
五、人氣質朴物價低廉ナルコト。（中略）
六、海ニ山ニ休日ニ於ケル行樂ニ便ナルコト。（中略）
七、土地ノ安價ニ且ツ數萬坪ヲ纏メ得タルコト。（中略）

ひとつは通勤において、大船の交通の便が良かったことである。大船駅は東海道線と横須賀線が分岐して、途中に横浜・川崎の近郊都市、その反対には横須賀基地が控えており、丸の内の都心まで乗換なしで一時間程度で行くことができた。大船田園都市（株）の『理想的住宅地　新鎌倉案内』に掲載された時刻表によれば、大船駅では分譲当時から三〇分間隔で列車が到着し、東京駅までおよそ一時間一〇分、横浜駅と横須賀駅までは約三〇分程度で到着できたのを確認できる。都心から自宅までの通勤時間の許容範囲は乗り換えなしで一時間以内と考えられていたから、これは郊外住宅地の候補地として願ってもない条件を備えていたのである。また結核患者の保養地として知られていた大磯・鎌倉と比較すると、それらに劣らない清澄な空気と温暖な気候が用意され、のんびりと快適に暮らすことには適していた。さらに片瀬・大磯海岸まで約一時間、箱根山までは約二時間以内で行ける距離にあり、行楽地や郊外生活を楽しむうえで理想的な場所に位置していたのである。そのうえ飲料水のための良質の水源が確保され、近くには採掘用の「離山」と称する小山があり、浄化槽を介して排水できる「砂押川」という河川まであって、これらは埋立や排水などの土木工事を行ううえで非常に便利であった。渡辺六郎は飲料水の水源を探し当てるために村々内を歩き廻ったという。また田園都市を理想的な形で実現させるためにはまとまった土地の入手も大事である。大船では地主らの結束が固く、田園都市への理解が深く、地主として参画した栗田繁芳は渡辺六郎家から三女尚子を息子の嫁に迎え入れて縁組みを行っている。こうしたことも、渡辺六郎に大船で田園都市事業を決意させる大きな要因になったものと思われる。しかも大船は観光地や別荘地からも離れて物価が安く、「購買組合其他種々ノ方法」を講ずるためには打ってつけである。大船では通勤時間・地理・地形など、田園都市を理想に近づけるためのすべての条件が備わっており、渡辺六郎はこうした関係を睨みながら、慎重に計画を立てていたものと思われる。こうして大船の田園都市構想は周到に用意されたのである。

工事の開始

住宅地は大正一一年三月頃から工事が開始され、九月頃には埋め立て工事が完了した。それと同時に一一月には「新鎌倉さつき街区」の第一期売り出しが行われ、宅地の造成が始まっている。これらの住宅地の設計工事を主に担当したのが主任技師の山田馨と土木技師の人野直利であった（図❹）。山田馨は明治四四年七月に京都高等工芸学校を卒業し、卒業してから約一一年間は宮内省内匠寮に奉職し、大正一一年五月から嘱託技師として大船田園都市（株）に入社した。山田馨の入社の詳しい動機は定かでないが、彼は宮内省時代から独学で田園都市の研究を続けており、また宮内省時代には皇宮や離宮関係の庭園実測を手がけていたこともあって、元々庭園を含めた住宅の設計には造詣が深かったのであろう。さらに内務次官を務めた白根松

図4　田園住宅　造成の下見風景、提供：渡辺秀

介が渡辺六郎と幼い頃からの親友で、こうした縁もあって、白根松吉から入社を奨められたことも考えられる。以上の話はあくまでも推定にすぎないが、山田馨は大船田園都市（株）への入社の動機をつぎのように語っている。

大正十一年当時　所謂文化住宅と称する住宅改良問題が・世上仕切に宣伝せられるに際しタイミング良く私は英米の田園都市なるものについて研究して居りましたので在職中の宮内省内匠寮設計部を大正十一年一月辞任し乞わる、ま、大船田園都市株式会社の計画に参加し其実務設計に専念することとなりました。

いずれにしても山田馨の入社は田園都市プランナーとしての力量が認められてのことであった。

山田馨は入社以前に欧米の田園都市を視察した経験がない。しかし、大船田園都市（株）に入社すると、専務取締役を務めた福原信三の奨めもあって、大正一一年五月から翌一二年一〇月までの約一年半、アメリカの田園都市とアパート・ホテルを見学するため出張に出かけている。こうした体験は山田馨が田園都市事業を進めるうえで大いに役立ったものと考えられる。

ちなみに住宅地「新鎌倉」は次のような形状を取っている（図❺「大船田園都市計画図案」を参照）。

住宅地の中心には「夕日ケ丘」と名づけられたロータリーのある広場があり、そこから駅前までは街区が碁盤目状に区画されている。その東側は曲線道路が同心円状に展開し、田園調布街と同じ構成となっている。この曲線街路については、諸外国における住宅地の街路計画を参考にしながら、当時の書籍の中に「曲線経路は行人の興味を唆り、心目を怡ばしむる特殊の利益があります。住宅地に於て此の式は運輸の直通を自然制限する利があります、（中略）特に緩勾配及び景勝を望むときは、今日も尚高低ある土地に用いられて居ります」*3という記述がある。住宅地「新鎌倉」は駅前からロータリーまでが埋立地で平坦だが、それから奥の東方の地形は丘陵地で起伏に富んでおり、住宅地「新鎌倉」ではこうした意見を参考にしながら正確に写し

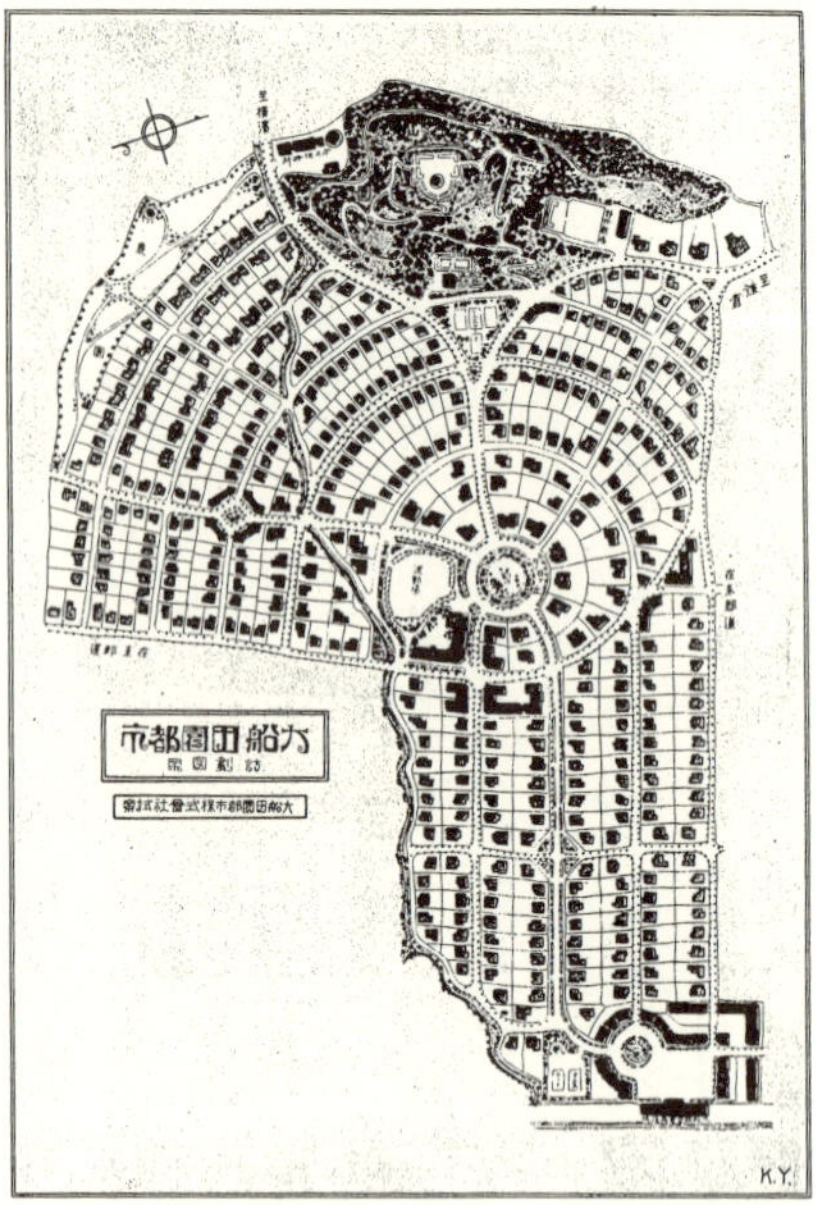

図５　大船田園都市計画図案

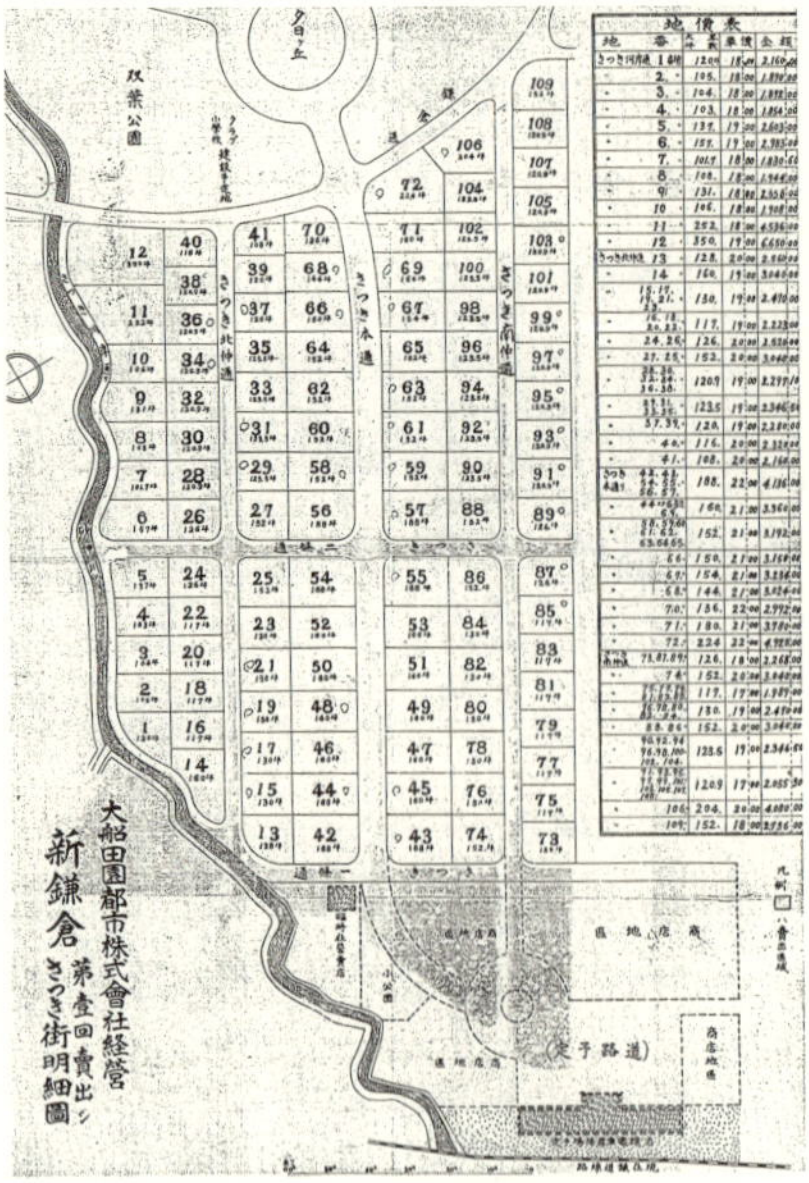

図６　第一回売り出し　さつき街明細図

ていたことも考えられる。また駅前には広場やロータリーを取り囲んで噴水があり、その東側には商業地区が約五〇〇〇坪の規模で住宅街と分かれて計画されている。宅地の形状は、第一回売り出し時の「新鎌倉第壹回賣出シ　さつき街明細圖」（図❻）を見ると、長手方向の街区の中心に背割線がまっすぐ入り、碁盤目状に整然と区画されている。またその宅地規模は最小一〇八坪から最大三五〇坪までと、三〇坪から四〇坪程度の宅地があった渡辺町に比較すると遥かに大きく整然と計画されている。

道路計画は渡辺町の反省を踏まえて道幅を広げており、自動車が通行可能なように、車道は一車線九尺以上の道幅で設計されている。また車道と歩道を分離して、車道と歩道の間に街路樹を植え、大船田園都市（株）ではこうした樹木の育成や芝生の手入れでは「新鎌倉農園」という「新鎌倉」専用のガーデニング会社を作って、工事に当たらせている。歩道はすべての路面が歩きやすいように木煉瓦を敷いている。砂押川の沿道には歩行者専用の遊歩道が設けられ、こうした自然に親しみながらの散策も住宅地「新鎌倉」における街路計画の特色であった（図❼❽）。

また地下設備は、下水道が浄化槽を介して砂押川に流す地下埋没式、上水道は「深さ九百尺の掘抜井」を掘った簡易水道で、電灯電力の供給は渡辺家が株主であった東京電灯（株）と契約を結んでいた。また住民の憩いとして、小公園と風致公園の二

図7　新鎌倉の「さつき本通り」

図8　新鎌倉の風景、乗用車はシトロエン、提供：渡辺秀

つの趣の異なる広場が用意され、近隣のための小公園では小学校・児童遊園地・クラブハウス・運動場、山裾に計画された風致公園では野外音楽堂・野外劇場・テニスコートを建設する予定となっていた。パンフレットには田園都市の生活について、「自然的要件と云ふ項に申した通り新鎌倉其自體が自然の一大公園であります。（中略）また東山は丘上の眺望が潤達で何とも云へません。之を一私人の獨占とするのも惜しいので新鎌倉の大人の散歩地に定めました。木の葉の香りのする林の中をぬけて丘の上に出ますと富士を望み大山に對し、箱根を眺めて大自然に接するには極めて適當な場所であります。日常あまり刺激の多い都會生活をする人士は、夕べに朝に此山上で大自然と溶け合ふことは精神上にも生理的にも結構なことではないでせうか」と述べている。大船では自然と親しみながら、しかも文化的で、健康的な都市生活が考えられていたのである。

田園生活と住宅

このように壮大な構想を持つ大船の田園都市計画であったが、実際に実現できたのは医院・警察詰所・仮事務所・駅前広場にあるテニスコートと店舗数軒だけであった。「夕日ケ丘」と呼ばれたロータリーに隣接する小公園には小学校も倶楽部ハウスも建設されず、そこに建てられたのは渡辺六郎の住宅だけであった。

大船田園都市（株）では住宅の建設に当たって、住民に対していくつかの取り決めを設けている。具体的な内容は「建築規約」として一一項目にも及んでいる。

第一、建築ノ外観ハ總テ洋風トス
第二、建築ノ建築面積ハ宅地面積ノ三分一ヲ超ユルコトヲ得ス
第三、建物ノ高サハ宅地面ヨリ四十二尺ヲ超ユルコトヲ得ス
第四、建物ハ道路ト其宅地トノ境界線ヨリ左ノ後退ヲ要ス
　一、さつき本通　参間
　二、さつき南、北、中通、川岸通　壱間半

三、さつき一、二條、鎌倉通　　　　　　　　　　　　壱間
第五、隣地境界線ト建物（隣地ニ面スル最端突出部ヨリ計ル）トノ間ニハ三尺以上ノ間隔ヲ置クヘシ
第六、宅地ノ道路ニ接スル側ニハ道路ニ沿ヒテ左ノ芝生帯ヲ設ケ圍障ヲ築造スル場合ニハ此ノ距離タケ道路ヨリ後退セシムヘシ
さつき本通　　　　　六尺
其他　　　　　　　　三尺
第七、板塀。亜鉛塀其他之ニ類似ノ圍障ヲ築造スルコトヲ得ス
第八、圍障ノ高サハ左ノ限度ヲ超ユルコトヲ得ス
一、道路ニ面スル部分ニアリテハ道路面ヨリ四尺
二、隣地ニ面スル部分ニアリテハ宅地面ヨリ六尺五寸但シ第四項ノ間隔ヲ置クヘキ場所ニ相當スル部分ハ四尺トス
第九、住宅ノ建築ハ土地引渡ノトキヨリ一年以内ニ着手シ三年以内ニ落成セシムヘキモノトス
第十、建物ヲ建築セントスル場合ニハ設計圖書ヲ建築調査委員會ニ提出シテ其承認ヲ得ヘキモノトス
建築調査委員會ハ拾壱名ノ委員ヲ以テ組織シ其中六名ハ住居側ヨリ五名ハ會社側ヨリ選出シ議事ハ多數決ヲ以テ決定スヘキモノトス
第十一、本規定ノ改廢及疑義ハ建築調査委員會ノ決議ヲ以テ之ヲ決ス

これらのルールは住宅地の町並みを統一し、周囲の美観を損なわない配慮として是非とも必要な事柄であった。大正八年四月五日には市街地建築物法が公布され、郊外地でも住環境のコントロールが始まっていた。大船田園都市（株）では当時の社会的風潮や住宅改善への意識を踏まえて、これらの内容をわかりやすい形で示したものと考えられる。建築規約の第一条には「外觀ハ總テ洋風トス」という内容が示されている。これは当時の田園調布街にも共通して見られる特徴だが、当時の洋風住宅に対するあこがれや住宅改善への意識が垣間見られて興味深い。

大船田園都市（株）では住宅を建設するための指針として住宅コンペを行なって、全国から模範住宅を集めてこれらの間取りと外観・敷地を掲載して『田園住宅図集』を刊行した。また住宅地内で注文を受けた住宅については、主任技師の山田馨が設計し、これらのルールは意外に守られていた様子である。

田園内の住宅は、全部で十四戸が建設済みで、私達に先駆けて既に引越して来られた方々が居られた。
建築様式はすべてが洋風の建築で、その中に先にふれたライト風建築も一戸あり、田園都市に相応しい景観を呈していた。*4

ちなみにこうしたなかで、洋風住宅街の建設について積極的であったのが、意外にも事業主の渡辺六郎であった。渡辺六郎の交友録については先にふれたが、渡辺六郎はここで渡辺町の様相を一変させ、自らも本格的な洋風住宅の建設を行っている。渡辺六郎の住宅では、垣根に沿ってヒマラヤ杉が植え込まれ、西側の正門を入ると内側に砂利道が敷かれ、それを二〇メートルほど突き進むと本館があり、左手前に自動車車庫、芝生の裏庭にはテニスコートが置かれていたという。また屋敷は洋風の本館と、祖父が隠居部屋に使っていた和風の離れ座敷とに別れ、これらは渡り廊下で繋がれており、屋根瓦には震災の教訓を踏まえてスレートが葺かれていたという。父の六郎に連れられて、大正一三年九月から引っ越してきた長男の渡辺秀氏は、当時の思い出をこう語っている（図❾❿）。

　洋風の本館の玄関は、西向きであったが、そこまでは石畳の屋根付のテラスがあり、北からテラスに上がる小段があり、テラスは丁度鍵型になって玄関に達していた。

（中略）

　大船の家の諸設備は、当時の近代化の最先端を取り入れたもので、電気、暖房、給排水、入浴厨房、下水等の諸設備は、誠に驚異に値するものであった。

　先づ電力を大いに利用したもので、台所はほとんどが電化されており、レストラン等でしか使わなかった大きな電気天火なども備え付けられていた。

　本館内の暖房はスチーム暖房で、所謂セントラルヒーティングシステムが採用されていた。現在盛んに各家庭の設備として宣伝されているこのシステムを、父は既に半世紀も以前にこれを実用化していたのであった。

　風呂場には、和式と洋式の両方の浴槽があり、かつシャワーも付いていて、誠に便利なものであった。

　各便所はすべて水洗式であって、本館の北側にはこの汚水を処理する浄化槽設備があり、屋敷内だけで全部これらを処理していたのである。

図9　夕日ケ丘の渡辺邸、建築中の風景、提供：渡辺秀

図10　渡辺邸の外観と庭園、提供：渡辺秀

また本館には地下室が在って、電動による自動洗濯機があり、被服類等の洗濯はすべて自前で一切これを処理することができた。妹の尚子さんの話では、この近代化された新住宅の設備に付いては、時の「主婦の友社」がその全般を取材して、これを大々的に同誌に掲載したとのことである。

この記事がいつ頃の主婦の友の雑誌に載ったかは失念したが、いずれにしてもそれ程当時は余り他所では見ることのできない立派な邸宅と設備であったに相違ないのである。ただ、この電化設備はほとんどがアメリカ製品であり、そのメンテナンスについては、当時中々受入態勢が整備されておらず、一端故障が起こると修理に時間がかかったことと、使用人が操作に慣れるまでは相当に日時を要したものであった。今で云うお手伝いさんの苦労は、大変なものであった。

この様に邸内の生活環境は誠に至れり尽くせりのもので、当時の近代化の粋を集めたものといえるべきものであったが、それとは反対に、この邸宅を一歩出れば、その周辺の環境は所謂農村地帯であり、全くお粗末で、田園都市を除いてはその周辺は素朴な田圃や原野であった。[*5]

このように渡辺六郎邸は居間・食堂ともすべてが椅子式の生活で、モダンな台所設備が用意され、当時の雑誌にも紹介されるほどであった。こうした生活は当時の庶民の暮らしぶりと比較すると、はるかにかけ離れたものであったに違いない。しかし、渡辺六郎にしてみれば、事業主の使命としておそらく本格的な洋風生活を送ることで、住宅についてはその模範を示そうという意気込みだったと思われる。電化製品をすべてアメリカから取り寄せるという、徹底した洋風生活ぶりであった。

田園都市事業の失敗

大船田園都市事業は冒頭で述べたように、大正一一年九月七日の「東京日日新聞」に紹介され、分譲当初は宣伝されたこともあって、宅地は比較的売れ行きが伸びた。たとえば売り出し直後の販売数では、大正一二年三月から七月までの約半年間で五一区画の宅地に上っており、かなりの順調な売れ行きを見せている。しかし、その後は売れ行きがパッタリと止まり、特に関東大震災を挟んでからは悲惨であった。

大船田園都市事業が失敗に終わった大きな理由は、ひとつには鎌倉地方が震災の被害に遭って、大船の「新鎌倉」は危険だという噂が流れたためである。大船田園都市（株）では住宅事業の途中から、近くの小学校などの復旧工事を行って、住宅地の復旧や整備に手間取っている。これは同じ頃の田園調布街と比較して、震災前はサッパリでも、震災後になって東京市内は危険だという噂が流れてどっと人が押し寄せたのに比べると、なんとも皮肉な結果であった。

もうひとつの理由は、土地住宅費が余りにも高すぎて、ほとんど一般庶民が手を出せないことであった。元々こうした田園都市事業は売り出す前の宅地の整備費に莫大な資金が掛かり、かなりの先行投資が必要であった。大船田園都市（株）では将来的な収益を見込みつつ、最初は採算を度外視して、株主配当金を極力抑えてこれらの事業に臨んでいる。土地と住宅の購入方法では月賦販売方式を採用し、収益全体の七割を三年・五年・七年年賦で償還できる制度を考えており、それでも土地住宅費は約八〇〇〇円にも及んで、これは当時の部長クラスが毎月の給料をそっくりつぎ込まなければならない値段であった。しかも当時は金融恐慌の嵐が吹いた不景気のどん底である。大船田園都市（株）では大きな理想を描いて夢を膨らませるほどに、一般庶民からは資金面でかけ離れて、ますます現実から遠のいてしまう結果となったのである。

大船田園都市（株）では最初、住宅地を三期に分けて売り出すつもりで計画した。しかし、第二期まではどうにか発表できたものの、大正一五年を過ぎるとますます経営が悪化して、それ以後は住宅地の造成すらままならない状態になってきた。住宅地内で完成したのは宣伝用の社営住宅を含めて、たったの一五棟の住宅である。

そのうえ悪いことが重なった。片岡直温大蔵大臣が昭和二年三月一四日の帝国議会で発言した倒産失言が引金となり、東京渡辺銀行には預金者が殺到し、経営母体である東京渡辺銀行が倒産してしまったのである。大船田園都市（株）もそのあおりを食って昭和三年八月頃に倒産した。こうして大船の田園都市事業はさびしく終わりを告げる。売れ残った土地は負債整理のために麴町区永楽町の甲子不動産にまもなく売却され、同心円街路を持つはずであった第二期分譲地も様相を一変し、しばらくの間は競馬場として使われたという。こうして大船田園都市事業は人々の記憶の間からも完全に消え去ることになったのである。

大船駅東口前の住宅地が再び蘇ってくるのは昭和一〇年頃からである。松竹撮影所が昭和一〇年に蒲田から引っ越してきて、ここに「松竹大船分譲地」のネーミングで新たな街づくりが始まった。当時の新聞広告[*6]（図⓫）を読むと、そこには「◎こゝに松竹キネマ撮影所は、弐百萬円の巨費を投じ敷地参萬坪を収め東洋一のステージを建設し設備の充實撮影作業實況は一般に公開し文化の發達教育の進歩に貢獻し而も東京、横濱、横須賀の三大都市を繋ぎ恰も米國映書都市ハリウッドの繁栄と殷賑を期待致します。◎本社は撮影所の隣地七萬坪に近代的設備を施し、上下水道は神奈川縣營で近々供給致します。其他河川、橋梁、道路、下水、瓦斯、電氣、運動場、遊園地等、理想的に完備し商店住宅地の分譲を致します。」と、大船の田園都市事業とは全く異なった新たな発想の住宅地づくりが始まったのを知ることができる。人々の記憶に残る大船の郊外住宅地物語はここから始まるのである。

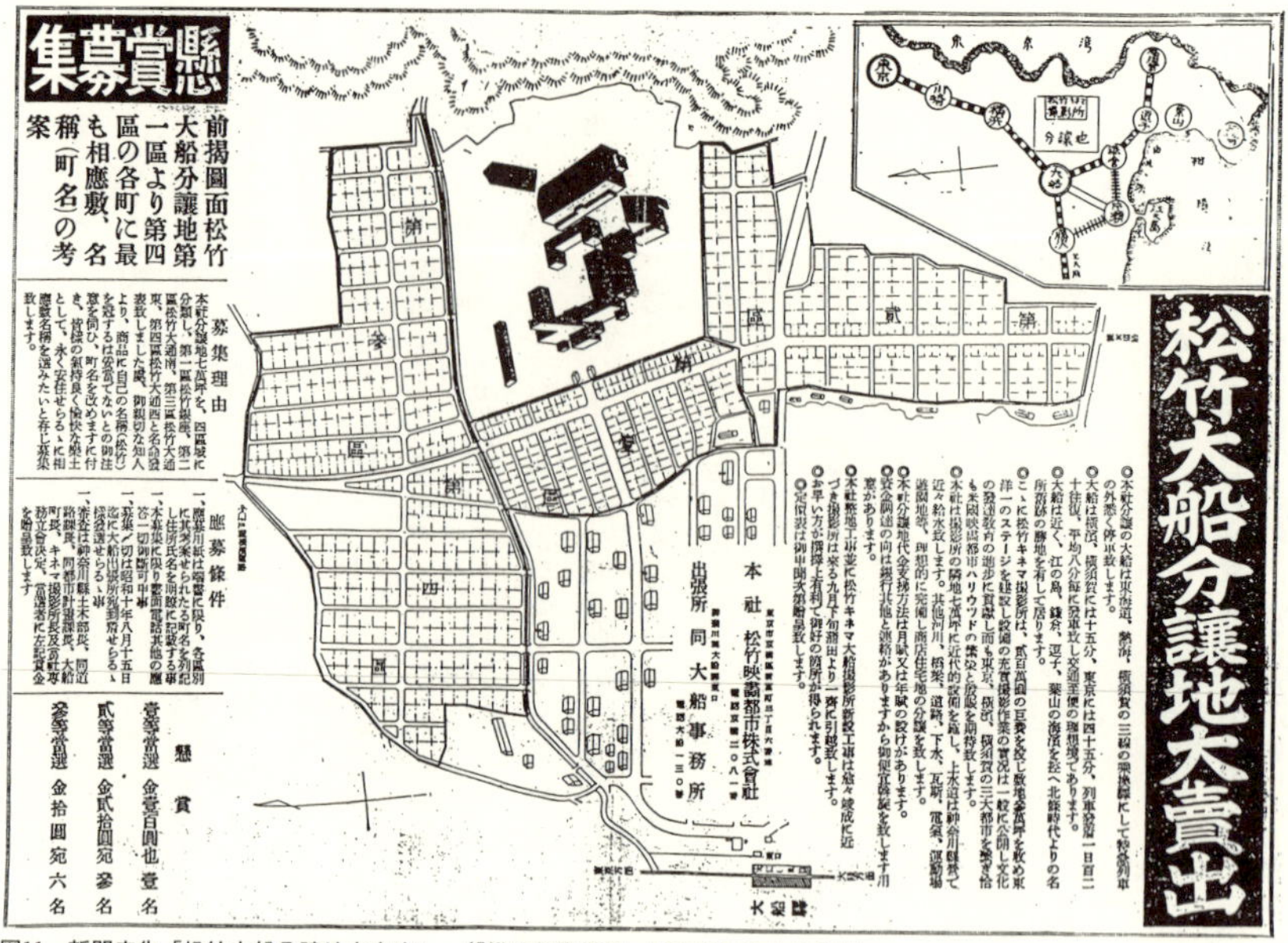

図11　新聞広告「松竹大船分譲地大売出し」（『横浜貿易新報』昭和10年8月4日号）

ちなみに大船の田園都市事業をどのような形で結論付けられようか。あまりにも現実からかけ離れた夢物語であったと一笑に付してしまうのはやさしい。しかし、当時において、これほどまでに理想を追い求めた住宅地づくりの試みも珍しかったのではなかろうか。ただ、一つ言えることは、こうした理想を追い求めた住宅地づくりは土地整備費などに先行資金が掛かりすぎ、一度会社の経営が立ち行かなくなると、たちまち倒産に追い込まれる危険があった。そうした意味で、震災による被害と金融恐慌という経済不況に遭遇した大船田園都市（株）の場合は、あまりにも不幸であったと言わなければならない。

日本の田園都市事業はハワードの唱えた「田園都市」とは明らかに違う。しかし、決して営利だけを優先させた住宅地づくりの事業でなかったことは、大船田園都市（株）の例を見ても、明らかなことである。「理想と現実」、あるいは「公益と私益」、これらは現代の住宅地づくりにおいても多くの矛盾を含みながら、大きな問題としてそのまま横たわっている。

註

＊1――『東京日日新聞』大正一一年九月七日号
＊2――渡辺秀『渡辺六郎家百年史』平成元年一〇月
＊3――牧彦七『街路改良問題』大正一一年三月
＊4――渡辺秀『大船田園都市生活二十一年の回想』平成一〇年六月
＊5――同右
＊6――『横浜貿易新報』昭和一〇年八月四日号

参照
森田伸子「日暮里渡辺町消滅」、山口廣編『郊外住宅地の系譜――東京の田園ユートピア』（鹿島出版会、一九八六）より

3
中部

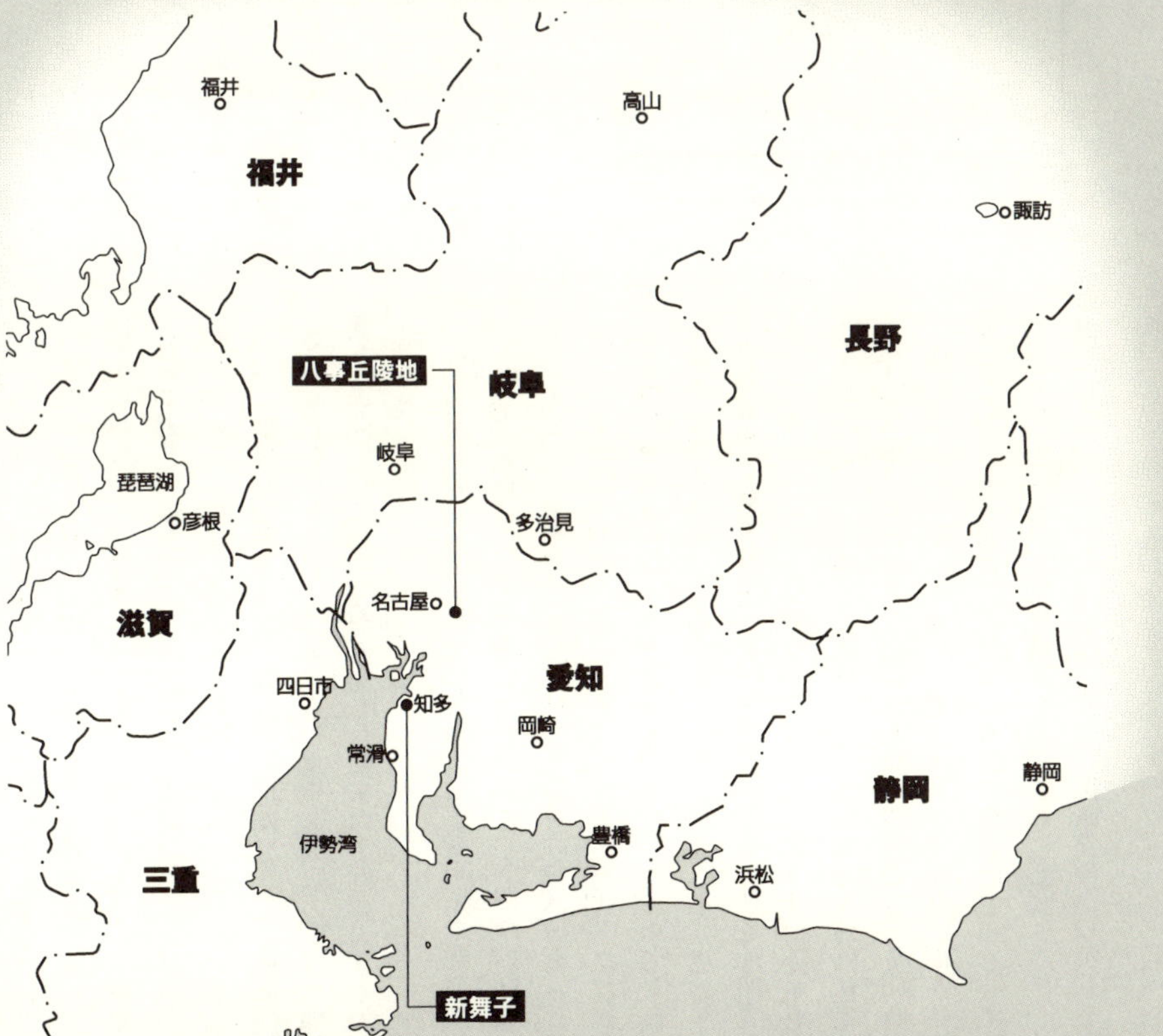

福井
高山
福井
諏訪
長野
八事丘陵地
岐阜
岐阜
琵琶湖
彦根
多治見
名古屋
滋賀
愛知
四日市
知多
岡崎
常滑
静岡
静岡
伊勢湾
豊橋
浜松
三重
新舞子

一般に東京や大阪における戦前期の郊外住宅地形成については、都心部の人口急増に対する解決手段とか、新興中流階級（サラリーマン・軍人・学者等）の受け皿という要因が挙げられることが多い。しかしながら当時、都市計画愛知地方委員会技師の中の一人であった石川栄耀が、いみじくも「人飢餓である、土地あり人に飢ゆ」と語ったように、名古屋においてはこのような新興中流階級は非常に少なかった上に、東京や大阪のように都心部での爆発的な人口集中が見られたわけでもなかった（図❶）。確かに名古屋についてもこのような見解が全く当てはまらないわけではないが、名古屋を代表とする地方都市については、もっと別の与件によって郊外住宅地が成立したと考えられる。つまり、人口の量的・質的な変化による需要に対して郊外住宅地が形成されたと考えるよりも、先行する東京や大阪の事例を睨みつつ、無理やりつくられた都市計画という枠組みにおいて郊外住宅地を捉えることの方が素直なのではないか。名古屋においては特にこのような戦前の都市計画における「官」主導の土地区画整理事業が、郊外住宅地開発として積極的に評価されなければならず、このことが東京・大阪のように郊外において民間の住宅地開発が優先した都市の事例と大きく異なるのである。

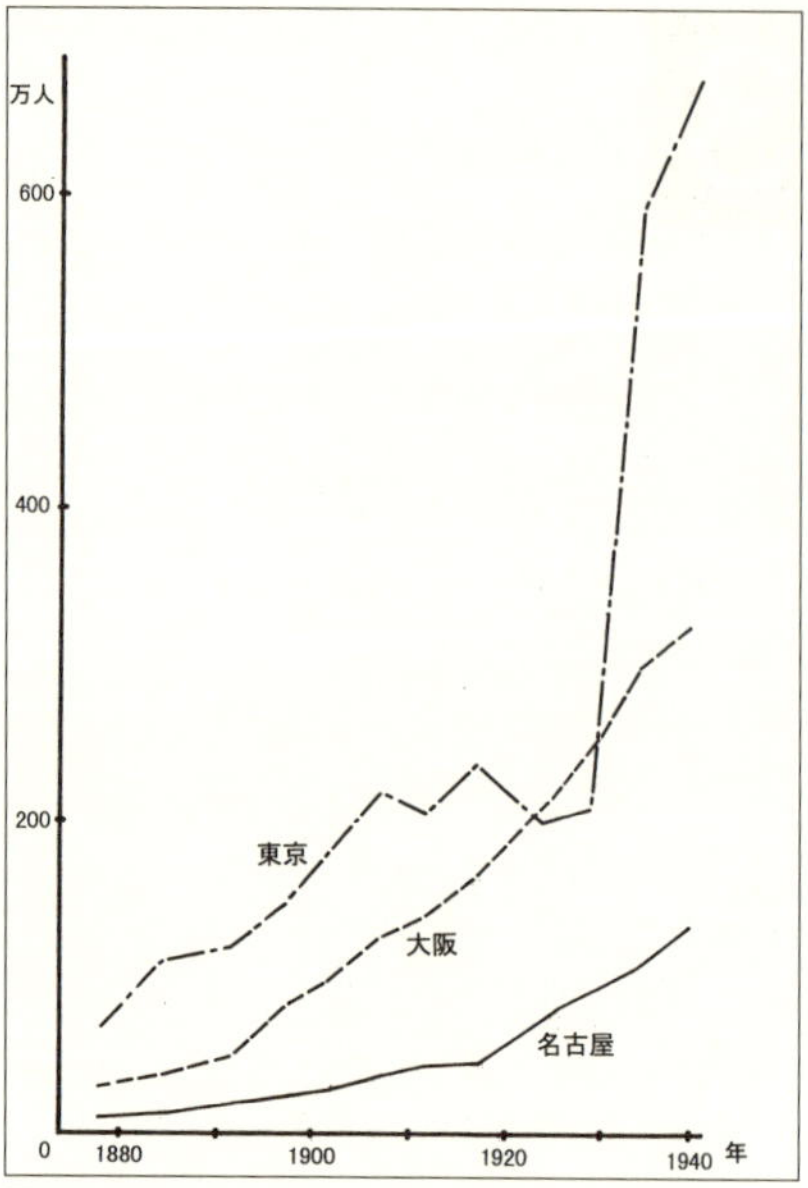

図1　近代における東京・大阪・名古屋の人口比較

都市計画愛知地方委員会では、平坦な濃尾平野の微地形を「丘陵地、高燥地、平坦部、低湿部」という四つの区域に区分した上で、「大名古屋」と呼ばれた都市計画区域を「丘陵住宅地式、平地住宅地式、運河土地式、普通工場式、路線式」という五つの整地方式によって区画整理を行った。中でも彼らは名古屋の東部丘陵地、いわゆる「八事丘陵地」に、黒谷了太郎の「山林都市」論を背景とした極めて質の高い住宅地開発を行ったのである。しかしながら、この一見、都市計画愛知地方委員会という「官」がすべて開発したように見える郊外住宅地は、実際には地主を中心とした各区画整理組合によって同時多発的に施工されたものであった。その結果、組合間における競争原理によって「発展素」と呼ばれる公共施設を中心として様々な特色を備えた郊外住宅地開発が施工され、必ずしも画一的な設計にはならなかった。『都市創作』『区画整理』に掲載された各

区整組合名	設立年	広告内容
八事	大正14	風光明媚、土地高燥、環境に恵まれた理想的な田園住宅地
白鳥	昭和1	新国道沿ひ絶好の商業並住宅地
西屋敷	昭和1	中川運河沿ひの工業並住宅最適地
新屋敷	昭和2	名古屋のタツミ、土地高燥、施設完備、市内唯一の住宅地
笠寺	昭和2	山崎川沿ひの工場地、地貌丘陵・理想的住宅地
西志賀	昭和2	都市計画志賀公園を有し空気清澄にして交通至便の住宅地
東宿	昭和2	中村公園西に連なる交通至便の住宅地
上名古屋	昭和3	名古屋城の西北、最適住宅地
西郊	昭和3	施設完備せる＝理想的住宅地
豊田	昭和3	南部中心の工場住宅地
中村	昭和3	名古屋駅西部の理想的住宅地
田代	昭和4	名古屋の別荘地、東洋一の東山公園を擁する衛生的理想的高級住宅地
日比津	昭和4	名古屋イヌイ住宅地、バスの便あり
四女子	昭和5	交通至便、工場住宅地
稲葉地	昭和5	市内西部の閑静なる住宅地
南浜	昭和5	新堀川運河・山崎川に接し工場住宅地、バスの便あり
櫻	昭和5	新興櫻の荘、緑化住宅地
伊勝	昭和6	丘陵地帯、衛生住宅地
弥富南部	昭和6	眺望絶景の丘陵地、衛生的高級住宅地、不老長生の丘
道徳	昭和7	住宅地としての文化施設完備
鍋屋上野	昭和7	高燥地を有する風致地区、住宅地としての最適地
御器所	昭和8	鶴舞公園の南郊、高台の理想的住宅地
本星崎	昭和8	新国道沿線、交通至便、工場並住宅最適地
二女子	昭和9	中川運河沿線絶好の工場住宅地
伝馬	昭和9	市営プールを有し最適商業並住宅地
児玉	昭和9	文化施設の完備せる理想的住宅地、市営プール公園あり
弥富	昭和11	山紫水明高級住宅地、交通至便
道徳東部	昭和11	南部工業地を結ぶ路線沿ひの住宅地
大幸	昭和12	矢田川の清流を望む最適の工場住宅地

表1 『都市創作』『区画整理』に掲載された「大名古屋」郊外住宅地広告

土地整理組合の広告を概観してみると(表❶)、当該土地の性格(高燥、風光、眺望、土地用途)を謳ったもの、当該土地と周辺諸施設(道路、運河、公園、プール等とその利便性)との関係を謳ったもの、当該土地の名古屋全体における方位観(「タツミ」「イヌイ」)を謳ったものという三つの特徴が見て取れるが、いずれの組合も自らの土地の特色を把握し、住宅地形成に積極的に反映しようとした跡をうかがうことができる。

さて、名古屋の郊外において「民」による住宅地開発が全く無かったわけではない。知多半島には、愛知電気鉄道による「新舞子文化村」「長浦海園文化住宅地」、荒川長太郎による「海浜住宅農神園」大西土地拓殖(株)による「知多観海健康地」など明治以来の海水浴場を背景として海浜の別荘地という性格を兼ね備えた住宅地がつくられた。また犬山周辺では、明治二〇年代に志賀重昂に見出され、大正期に日本八景のひとつに選ばれて以来、木曽川が「日本ライン」として、入鹿池のほとりが「日本ゼネヴァ」として見立てられた景観の中に「河鹿郷別荘地」などの民間土地会社による大規模別荘地が建設された。

一方、こうした別荘的性格を兼ね備えた住宅地でなく、より日常の生活に供する目的において建設された郊外住宅地の事例は、鳴海から大府にかけての丘陵地と、守山周辺の丘陵地に散見できる。前者の丘陵地には、最も大規模であった愛知電気鉄道による「なるみ荘」のほかに、森新一による「東海田園都市」、松本繁一による「昭和花壇」、あるいは「豊明台」「有松山王台」「大府桃山」など多数の民間土地会社による住宅地開発が散在していた。また後者の事例としては、瀬戸電気鉄道による「翠松園文化住宅地」「松ヶ丘文化住宅地」「小幡ヶ原文化住宅地」「月ヶ丘文化住宅地」のほかに、「田園霞ヶ丘文化住宅地」などの民間土地会社による住宅地開発を同様に見出すことができる。このような「民」による開発は「官」の手によって設計された「大名古屋」としての都市域の囲い込みの外側に追いやられ、十分な発展を遂げる前に太平洋戦争を迎えることとなった。もちろん「大名古屋」の内側にも鈴木ヴァイオリンによる「鈴木町」、熊崎惣二郎による「熊崎住宅」などの開発があった。しかしながら「東郊住宅(株)」や「名古屋桟橋倉庫(株)」をはじめ第一次大戦後の「土地投機熱」を背景として成立した「民」の開発は、いずれも「大名古屋」の建設に吸収されていったのである。

以上の文脈に基づいて、本章では「官」による開発の事例として「八事丘陵地」を、「民」による開発の事例として「新舞子文化村」を取り上げ、それぞれの成立とそのデザインについて考察を行う。(堀田典裕)

⑩

新舞子文化村／知多

愛知電気軌道(株)沿線の住宅地

堀田典裕

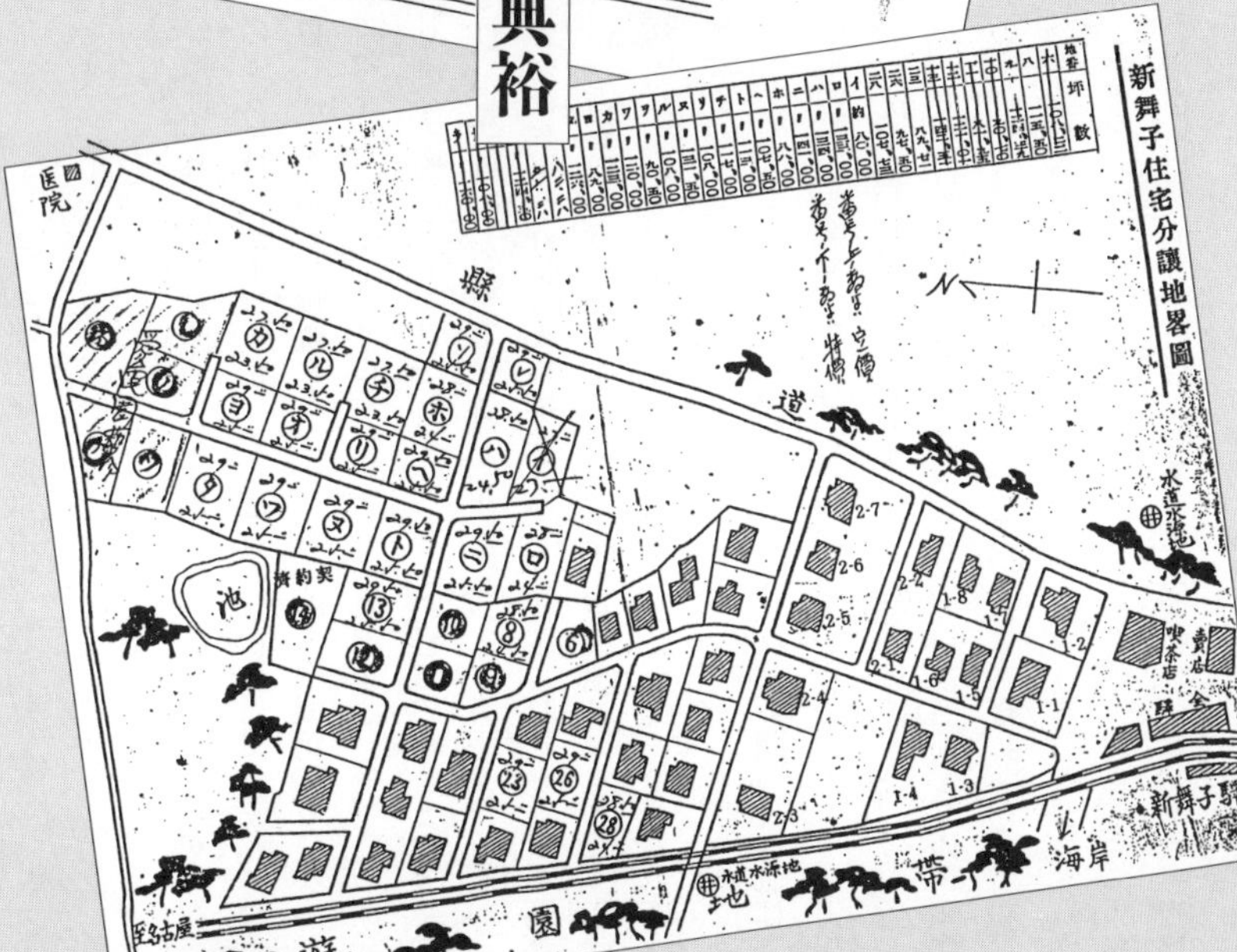

大正四（一九一五）年五月二六日午前一〇時一二分、一機のファルマン式水上複葉機が愛知県知多郡新舞子の海岸に着水した。同日午前五時一五分に追浜海軍航空隊（横須賀）を飛び立った三機のうちの一機であった。出迎えたのは愛知電気鉄道（株）（現名古屋鉄道（株）、以下、愛電）が鉄道院から借り受けた客車によって動員された一万数千の観衆。時恰も大日本帝国が第一次世界大戦に参戦した折、この海軍飛行大演習は国民の関心を集め、「新舞子」という地名は賑々しく世に喧伝されていった。[*1]

「舞子の浜」の系譜

海軍によるこの一大ページェントから遡ること六年前の明治四二（一九〇九）年、名古屋市熱田在住の石炭商、手塚辰次郎（一八六五―一九三七）は、江戸時代は松原村と呼ばれた白砂青松の続くこの海岸を「新舞子」と名付けた。[*2] 江戸時代の村絵図では、尾張藩藩有林「平御林」あるいは「定納山」として書き込みがなされており、諸藩の多くの藩有林がそうであったように、明治維新によって「御料局公地」となった。[*3] 明治四五（一九一二）年に手塚は三輪喜兵衛とともに資本金一〇〇万円を以て新舞子土地（株）を興し、帝室林野局から四町六反四歩の払い下げを受け、海水浴場を中心とした遊園地「舞子園」の開発に着手した。同社定款には、

第二条　本会社ノ目的、左ノ如シ

一　土地建物ノ所有経営、及売買、賃貸借、信託、不動産抵当貸付
一　遊園地並ニ海水浴場ノ設備経営
一　右ニ関スル付属事項

が掲げられている。開発当初は別荘地の計画もあったが、海岸の保安林は「根上がり松」とよばれる黒松の奇景が見られた名勝で、その開発が難航したこと、海藻の入会権がもとになって開発資金が底をついてしまったことが原因となって、その開発計画は暗礁に乗り上げてしまう。むしろ経営の中心となったのは、「舞子館」と名付けられた和風旅館であった。「舞子館」は客室百余室を有する大規模なもので、大正・昭和を通じて蒲郡の「常盤館」と、山田才吉が名古屋市東築地につくった「南陽館」に並んで県下三大旅館のうちのひとつとして数えられるまでに発展したのである。

明治四五（一九一二）年三月三日付の『扶桑新聞』によれば、明治四二（一九〇九）年六月に手塚が熱田からの船上にて「海岸の風光は播州舞子の風物に似たり、新舞子といおうではないか」と発言したという。手塚は新舞子という名前を兵庫県須磨の「舞子」の浜に因んで名付けたのである。後に「白砂青松、海邊美の極致」と紹介される新舞子のイメージは、[*4] 手塚によるこの命名に負うところが大きい。さらに大正一四（一九二五）年の海水浴場案内によれば、新舞子の南側には「新須磨」と呼ば

れた海水浴場もあった。[*5] 明治末期から大正期にかけて、こうした「舞子」の本歌取りは、全国で行われたようである。管見によれば、愛知県知多市以外にも「新舞子」と名の付く海岸は、兵庫県揖保郡御津町、福島県いわき市、千葉県富津市が挙げられるし、このほかにも「近江舞子」（滋賀県志賀町）や「小舞子」（京都府舞鶴市）、字は異なるが「遊子」（福井県小浜市）という地名もある。いずれの場合も明治末期から大正期にかけて、白砂青松の続く海岸が海水浴場として開発され、それと並行して命名されていった。つまり「舞子」という地名が、白砂青松を備えた海水浴場の開発とともに、大都市近郊の海岸に敷衍していったと考えられる。

『海水浴功用論　附海濱療法』

一方、明治一五（一八八二）年、愛知病院院長兼愛知医学校校長の後藤新平（一八五七―一九二九）は、「独逸国プロス氏及ヒ、医学韻府、マルチウス氏医歴、アンモン氏泉水滋養論、ピフレル氏及ヒ、クラウス氏ノ衛生学等ニ拠リ海水及ヒ海気ノ効用、治療地衛生警察ニ関スル要件」と、「内務省衛生局雑誌第三十四号」を踏まえて、『海水浴功用論　附海濱療法』と称する一冊の本を著した。後藤は前年、愛知県知多郡大野村の海岸を視察しており、この本はその「実地ノ景況」に基づいたものでもあった。後藤が視察した景況とは、『尾張名所図会』の中に「潮湯治」と紹介された景色のことであった（図❶）。鴨長明が

図1　「潮湯治」小田切春江画、1844（岡田啓・野口道直撰『尾張名所図会』1970）

「生魚の御あへもきよし酒もよし大野のゆあみ日数かさねむ」と詠んで以来、大野の「しおゆあみ」は、日本に近代的な海水浴が導入される以前に、この地方の特異な習俗として伝えられてきたものであった。[*6] その大野の海岸に北接する白砂青松の浜こそ、後の新舞子の姿である。明治一五（一八八二）年、後藤と内務省衛生局局長長与専斉によって「保健的好適」の折り紙がつけられた大野の海岸は、時の県令、国貞廉平によって海水浴場として積極的に開発されていった。また、長尾藻城（折三）は、『日本転地療養誌』（吐鳳堂、明治四三年）の中で大野の海水浴場を転地療養に適した海水浴場のひとつとして掲げている。

前述の手塚は、明治四〇（一九〇七）年に病弱な娘の健康を思いやり、この海岸に一夏だけ家を借りて転地療養をさせたが、これが新舞子開発の着想に到る契機となったという。ひいては明治期における新舞子のこのような健康に対する指向が、文化村として開発された際の「風光明媚四季における気候温和海辺に近く空気清澄実に保健の理想郷」という言葉に結実し、後の小酒井不木（一八九〇―一九二九）らの「結核文学」を生み出す背景となったといえよう。[*7] また新舞子と大野周辺には大正一四（一九二五）年の時点で病院が一八軒もあり、往診の看板を出すところが多かったが、これらは転地療養を支える背景を成していたといえよう。ちなみに伊勢湾を挟んで対岸の富田浜には、大正七（一九一八）年に結核病院「富田浜病院」が建てられており、名古屋からほぼ等距離の二つの海岸が片や転地療養、片やサナトリウムという当時の主要な二つの結核療法の地として選ばれたのであった。

愛電の沿線開発

愛電は手塚の開発と同じく明治四五（一九一二）年二月に、「神宮～大野」間を開通したが、まもなく業績不振に陥り、大正三（一九一四）年に福沢桃助を初代社長として、大正六（一九一七）年に下出民義を取締役としてそれぞれ迎え入れ、経営方針の一大転向をはかった。[*8] 福沢と下出は、大同電力（株）などの電力会社を興し、その膨大な電力供給先を電鉄開発や住宅地開発に向けたが、大正六（一九一七）年に福沢は相談役に退き、彼の描いた夢は二代目社長の藍川清成（一八七二―一九四八）に受け継がれることとなった。[*9] 藍川の「関西の五大電鉄の経営方針を愛電にも取り入れる」という構想に基づいて、大正八（一九一九）年の会社定款には「遊園地・娯楽施設の設置・土地の開拓・土地家屋の売買賃貸借」が、新たな事業目的として追加された。大正一一（一九二二）年七月、折からの経営難に陥っていた手塚の新舞子土地（株）を愛電は合併吸収した。大正一一年という年は、東京上野で「平和記念東京博覧会」が、大阪箕面桜ヶ丘で「住宅改造博覧会」がそれぞれ開催された年である。当時、愛知電気鉄道（株）社長であった藍川清成が、これらの博覧会を見学したかどうかは不明であるが、「阪急による小林一三の開発を手本」にして開発を行ったという。

大正末期から昭和初期に愛知電気鉄道（株）が沿線に開発分譲した住宅地は、大きく三つの地域があり、ひとつはこの新舞子文化村「松浪園」であり、残る二つは「なるみ荘」と「長浦海園文化住宅地」であった。また愛電は傍系の会社として、これら三つの住宅地経営のほかに、名古屋市内において名古屋桟橋倉庫・名古屋・中村・港北の土地会社の経営を行った。このうち住宅地として開発されたのは、名古屋桟橋倉庫株式会社であったが、最終的には都市計画愛知地方委員会の指導の下、土地区画整理事業に組み込まれていった。このころ藍川は、都市計画愛知地方委員会委員（大正九年一一月〜大正一二年九月）も兼務しており、これらの土地会社は官の意向を反映しながらも独自の開発を進めていったことが指摘できる。しかしながら、これらの経営地はいずれも旧市街地に隣接する低湿地であり、遊興地等の開発が主体となった。[*10]

さらに愛電は、昭和一〇（一九三五）年に名古屋鉄道（株）（以下、名鉄）と合併した。当時の名鉄は明治二九（一八九六）年の設立以来、軌道部（市内線）と地方鉄道線（郡部線）を有しており、大正一〇（一九二一）年に名古屋市の市区改正に合わせてようやく前者を名古屋市に譲渡した。名鉄はそれまで軌道部（市内線）による収入が全収入の七〜八割を占めており、住宅地開発等の沿線開発に積極的になる必要はなかった。他方、それまで一地方線で明確な収入源を持たなかった愛電は、沿線の名勝や旧跡を鉄道によって結び付け、積極的に開発せざるを得なかったのである。無論、これらの開発の陰には福沢や藍川といった先見ある人物の存在が大きかったことはいうまでもない。

新舞子文化村「松浪園」

大正一四（一九二五）年六月二〇日から七月五日まで、新舞子で「文化住宅展覧会」が開催された。新舞子文化村「松浪園」の開園である。主催は名古屋新聞文化研究所、二つの住宅展覧会場と余興場からなる会場の様子を六月二七日付の『名古屋新聞』は次のように伝えている。

> 第一会場は歩廊下車直ちに新設の噴水は一条清涼の水をふき入場者の灼熱を癒し、会場入り口のアーチは独逸近代式の堂々たる構図を見せて立っている。（中略）第一住宅より第八住宅に至る新築住宅は、それぞれ内部の設備を完成して、台所の隅まで親切な解説つきで、入場者の目を巻かさない。第二会場には更に新築住宅七戸が以上と同じように設備され、その□美麗なる装飾柱、誘導旗等をめぐらし、宛然数千坪の文化村は華麗なる□と化し、展覧会気分をまくし立てている。余興場では、毎日目新しい余興がありラヂオ等は呼び物のひとつで大アンテナを持って来る。
>
> （原文ママ、□は判読不能）

昭和二（一九二七）年（第三期分譲）の「新舞子分譲土地案内」

によれば[11]（図❷）、当該地区東側の丘陵に沿った県道と、線路に挟まれた三角形の地区が、県道沿いの既存集落を除いて駅前から北に向かって順次分譲されていった（図❸〜❻）。

全体の骨格をなす道路は、駅前の喫茶店と売店を中心にしたロータリーから北上する県道、同じく駅から松浪園の中心を通り奥まで続く道、およびそれらに直交し、海岸に至る道路から構成されている。明治一七（一八八四）年の地積図に記されている道路は、幅二間半の県道と、県道から海岸に向かう幅五尺四寸の里道のみで、残りの道路は全て松浪園の建設時に新たに造成されたものである。中心を通る道路は一部自然な曲線を描いており、それらの道路に沿って腰の高さにも満たない低い塀や門柱と、カイヅカイブキによる生け垣が配された（図❼）。塀や門柱は各住宅によって異なる設計がなされているが、装飾や表札などの高さを揃えることによりデザイン的な統一が見込まれていた。また第三期分譲地内においては、袋小路を中心として四〜六戸をひとまとまりとしたクラスターが形成された。県道を除くこうした道路は、全て二間幅で設計されており、住宅地内に車の進入を認めるものではなく、同時期に開発された郊外住宅地の敷地に比べて多少狭いが、各住宅と道路は開放的な空間を形成していた。なお道路には排水溝が完備され舗装もなされており、第二期分譲地以降の交差点の敷地角は切り落とされている。さらに各住宅には上下水道が完備されていたが、その水源は東部の丘陵上と線路沿いに井戸が設けられており、ポン

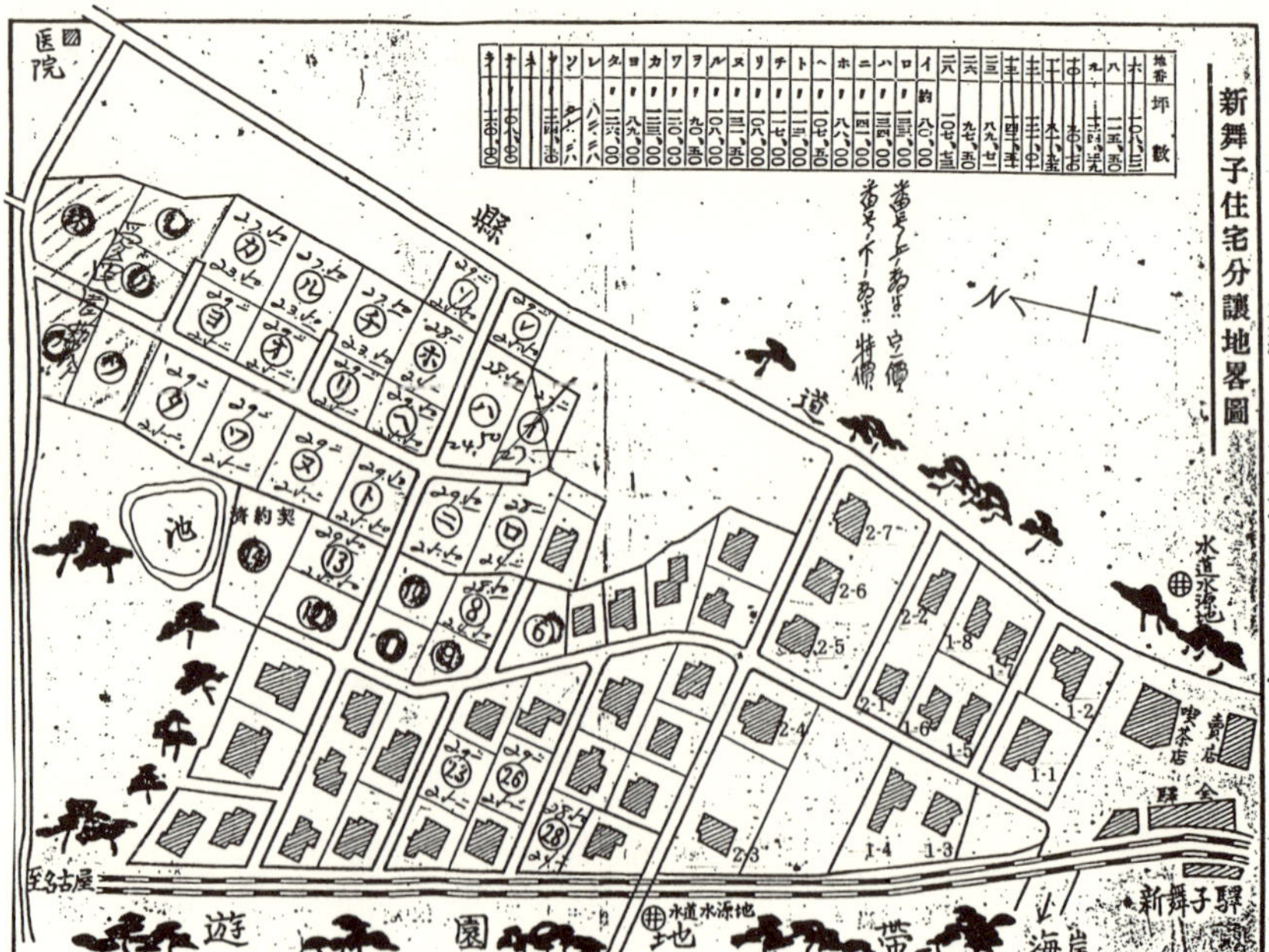

図２　新舞子住宅分譲地略図　昭和２年（知多市新舞子池野商店蔵）
なお大正14年の文化住宅展覧会（第１期分譲地）については「会場番号－住宅番号」として筆者が図中に記入した。

プによってタンクに汲み上げた後、各戸に供給されていた。

一方、駅前ロータリーに南接して県道と線路に挟まれた細長い敷地に設けられた動物園と、線路より海岸側（西側）は、全て「新舞子楽園」と呼ばれる遊園地帯になっていた。「新舞子楽園」は前述した住宅展覧会の余興場跡地であり、駅前ロータリーから海岸に至る道路の両側に広がる松林の中には、「花壇・遊歩場・テニスコート・クラブハウス・林間学校」や「北欧風レストランやカフェー・タアバン」と呼ばれた飲食施設が設けられていた。[*12] さらに愛電は昭和一一（一九三六）年にここに水族館を建設し、その管理を東京帝国大学農学部水産学科に寄託した（図❽）。設計は久米権九郎、設計にあたって「老松を一

図3　「松浪園」第1号住宅、藍川邸「清涯荘」現況

図4　「松浪園」第2号住宅、松本邸　現況

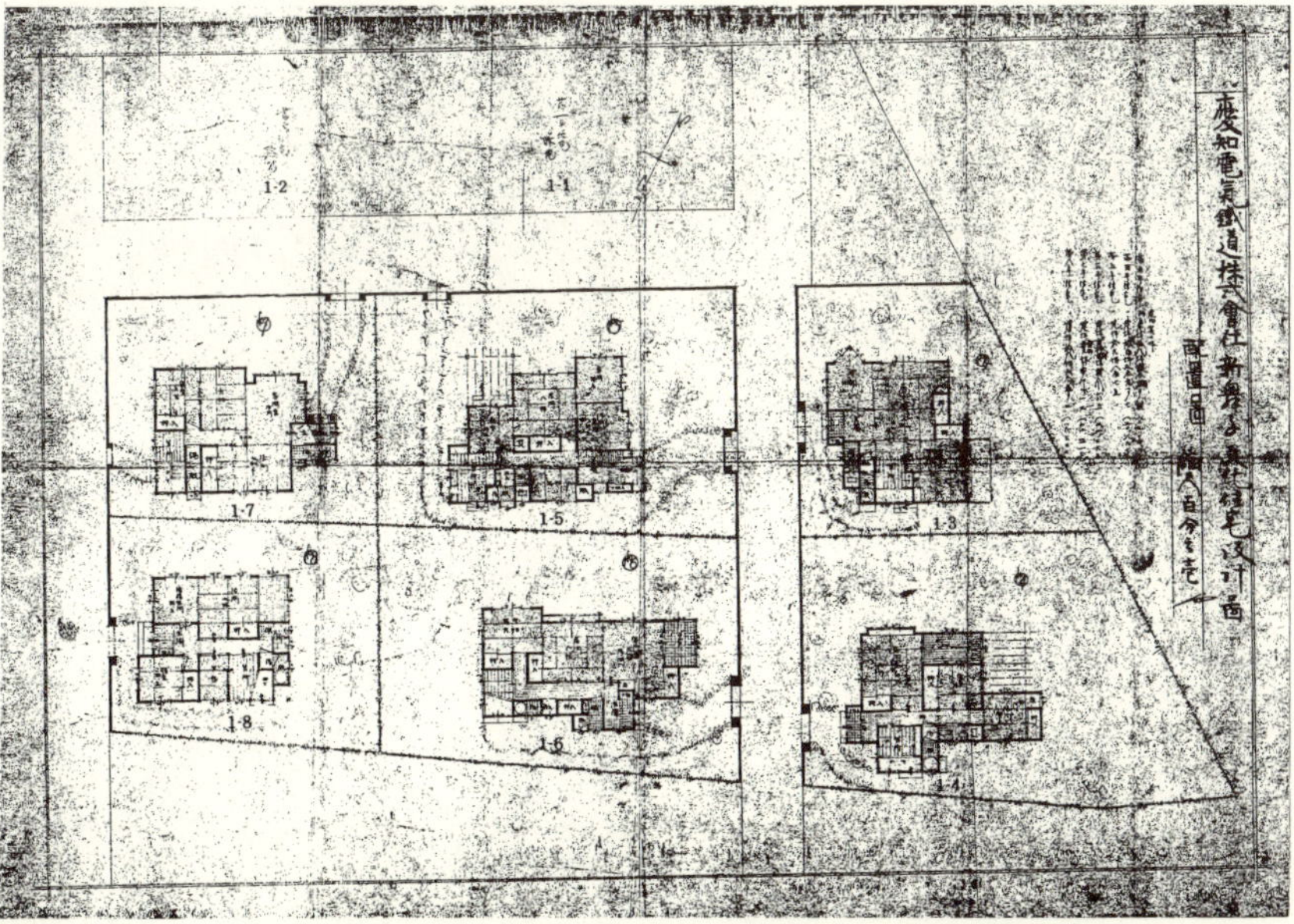

図5　「松浪園」文化住宅展覧会第一会場第3～8号邸配置図および平面図（株式会社篠田川口建築事務所蔵）

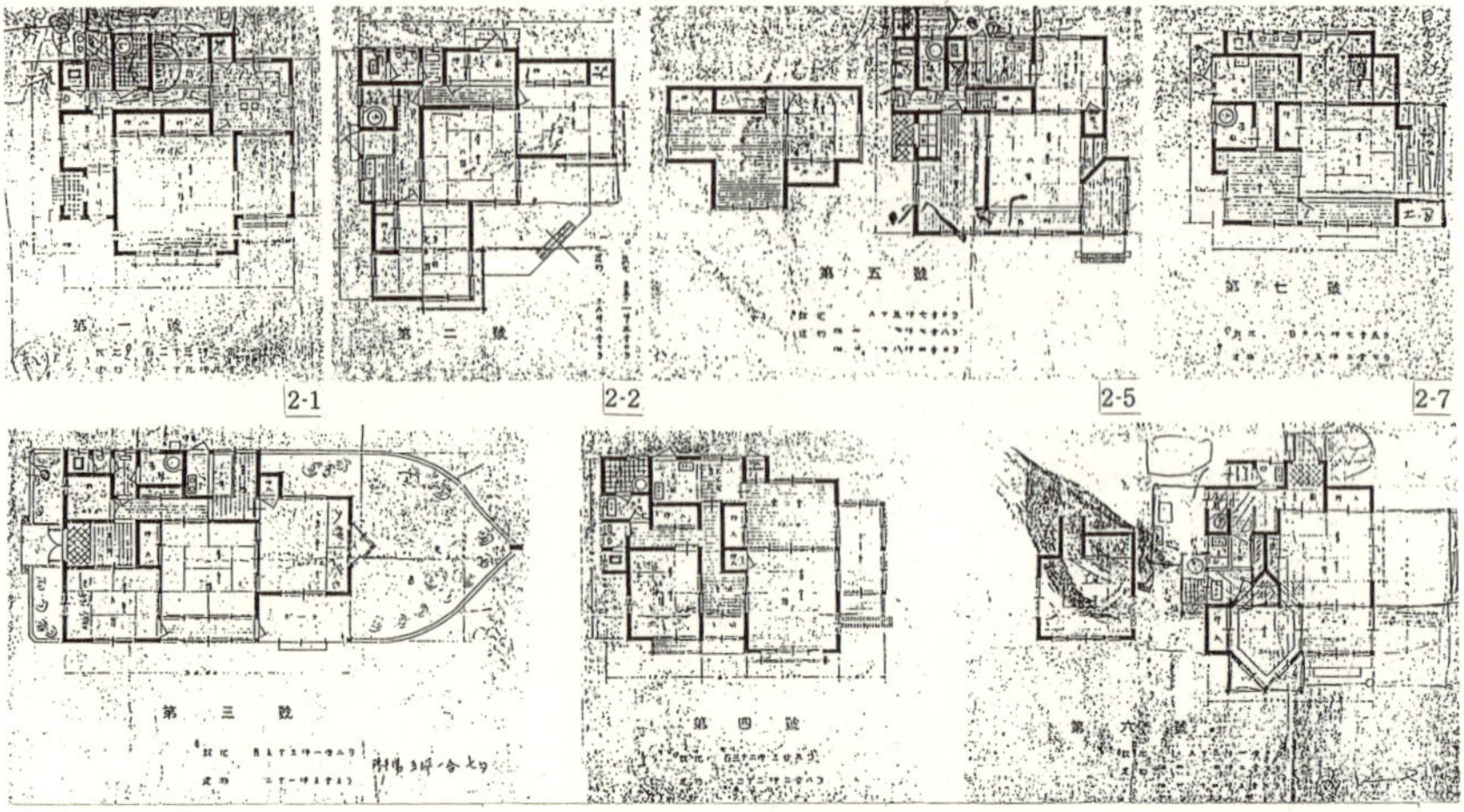

図6　「松浪園」文化住宅展覧会第二会場第1～7号邸平面図（知多市新舞子池野商店蔵）

本も傷つけず、（周囲の）白砂青松との調和」を図ったという。[*13]

これらの遊興施設は、手塚の「舞子園」に見られた遊興地的性格の延長上に展開されたものであり、老松の保存を中心とした景観保全が積極的になされ、白砂青松の舞子のイメージを継承した開発がなされた。こうした老松の保存は、松浪園東側の県道を挟んで隣接する丘陵地上に開発された「碧翠園」において、さらに顕著であった。昭和一五（一九四〇）年の売り出し広告によれば、「老松付高級別荘住宅地　天然記念物ニモ価スル見事ナ老松群立シ、一区画百三十坪位ヨリ三百五十坪位ヲ立木付ニテ分譲」とある。「碧翠園」の開発がいつから始まったかは明確でないが、その呼称は昭和七年まで遡ることができる。

図7　「松浪園」昭和初年（名古屋鉄道株式会社蔵）

図8　東京帝国大学付属新舞子水族館、昭和11年（『建築雑誌』）

いずれにせよ、「松浪園」より後発で、老松を住宅地の中に取り込んで開発が行われた。

文化住宅のデザイン

松浪園の分譲区画は、七〇坪台から一六〇坪以上まで様々であったが、一〇〇坪前後のものが最も多く、その価格は坪当たり二〇円五〇銭から三〇円五〇銭まで区画によって様々であった。しかし実際には特価として坪当たり四円安く販売し、購入方法も「即金売買の外、御都合により三年乃至十年の半年月賦」を行っていた。敷地の形状は、ほぼ正方形に近い長方形で、どの区画も長辺が南面しており、県道沿いの短冊割りの既存集落の区画と対照をなしていた。こうした敷地に建てられる住宅について「最も経済的に建築するため御希望の間取り図を頂き会社の専門技師の手で設計監督して建築の御世話を致します、会社は多数一時に建てますから個人で御建てになるより余程格安に出来ます」という広告案内が出されている。また同時に「本分譲地を御求めになる御方は必ず御住宅を御新築」することが必須条件として挙げられており、投機目的の土地購入を認めていなかった。

さて、「会社の専門技師」によって「多数一時に建て」られた住宅は、一定以上の設計の質が確保され、デザイン上の統一が可能になった。例えば、大正一四（一九二五）年六月の文化住宅展覧会における第四号住宅について、次のような記述が残されている。

敷地　一三二坪
建坪　三七坪（本屋二八坪、小屋裏九坪）
価格　敷地　二、六五〇円　建物　一二、一二〇円
　　　計　一四、七七〇円（一時若しくは五年半）
外観　独逸風を加味した英国コッテージ式
内部　客室兼居室の広間、応接室、ベランダその他で五人家族程度に好適
（『愛電タイムス』大正一四年）

この「独逸風を加味した英国コッテージ式」という奇妙な表現は、「独逸風」が新舞子駅舎（図❾）、新舞子倶楽部（図❿）、藍川邸（図⓫）といった一連の破風屋根のデザインに共通する表現主義の影響を指摘していたと考えられる。これに対して「英国コッテージ式」は、住宅南側に設けられた「ベランダ」、「テラス」あるいは「（スリーピング）ポーチ」（図⓬⓭）と名付けられた空間の意匠を表現したものと考えられるが、これらの住宅平面は南側に主要な居室を雁行配置していることが見て取れる。

愛電嘱託技師、篠田進

この「会社の専門技師」とは、篠田進のことである（表❶）。愛電関連の一連の住宅は当時、その嘱託技師であった篠田の設計によるものが多かった。篠田は明治四二（一九〇九）年に名古

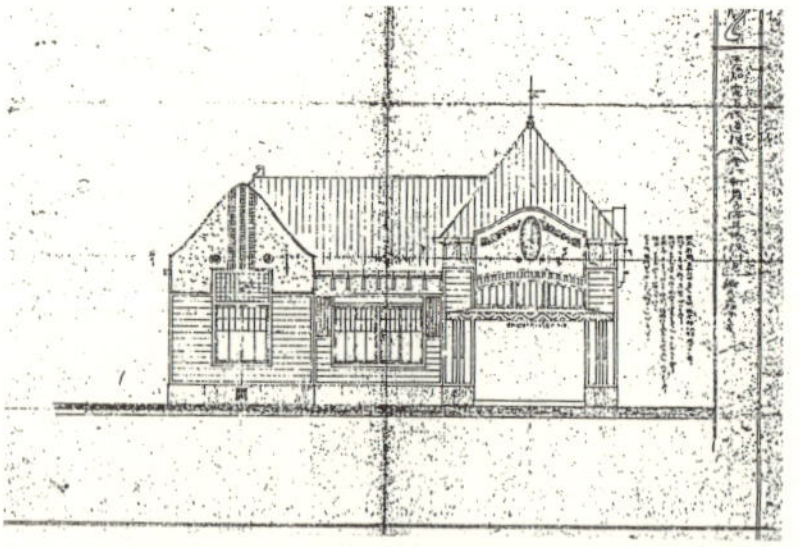

図９　旧新舞子駅舎立面図（株式会社篠田川口建築事務所蔵）

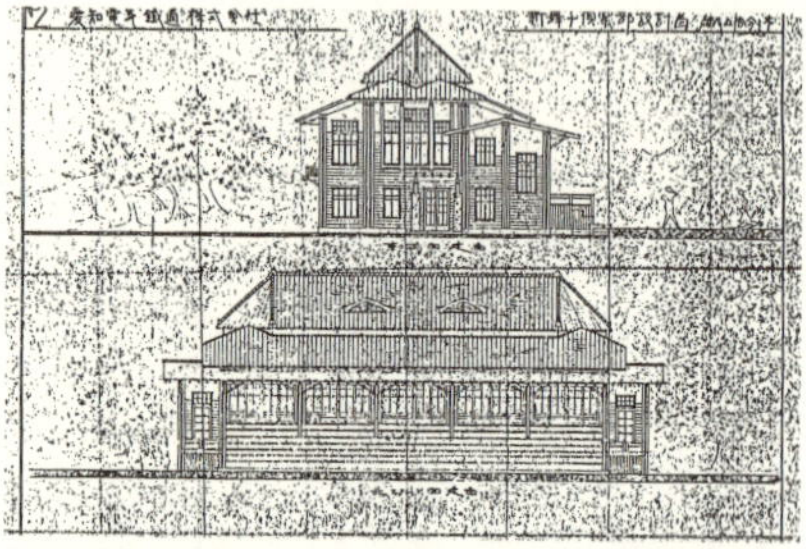

図10　新舞子倶楽部立面図（株式会社篠田川口建築事務所蔵）

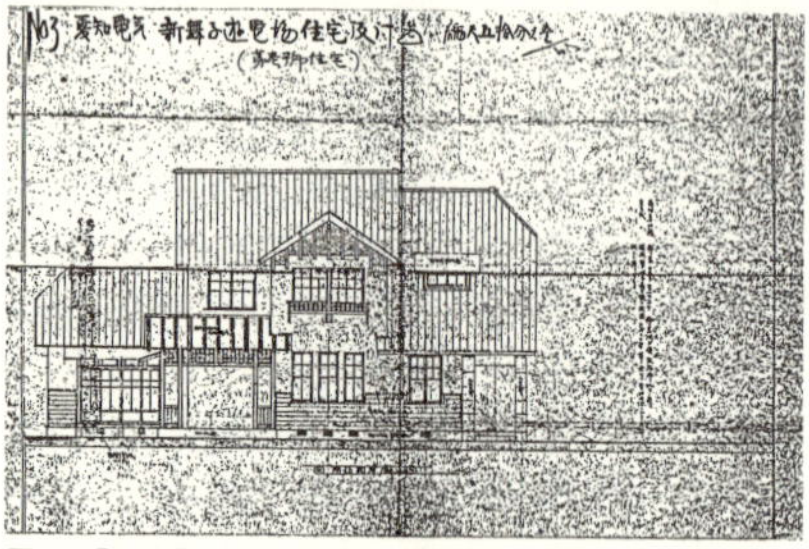

図11　「松浪園」第１号住宅、藍川邸「清涯荘」立面図（株式会社篠田川口建築事務所蔵）

図12　「松浪園」文化住宅　現況

図13　「松浪園」文化住宅　現況

屋高等工業学校建築科を卒業すると同時に、鶴舞公園の噴水塔および奏楽堂の工事監督を名古屋市臨時職員として務めた。これらの工事終了後、恩師である鈴木禎次の推薦によって神戸の設楽建築事務所に入所し、大阪天王寺新世界の開発などに関わっていた。大正三（一九一四）年五月、再び名古屋に戻った篠田は、当時の名古屋を代表する施工業者のひとつであった志水建築業店に入店した。彼はここでのいくつかの仕事によって藍川に見出され、愛電嘱託技師となったのである。「松浪園」に現存する旧藍川邸「清涯荘」も彼の作品であるが、彼自身ここに別荘を構えていた。彼の愛電および名鉄関係の仕事の多くは（表❷）、沿線の住宅地開発に伴う住宅の設計もさることながら、郊外の駅舎の設計をいくつか手掛けており、現存するものも数棟ある。愛電関連の篠田の建築デザイン上の共通点は、腰折れ屋根などの特徴的な形状が三州赤瓦（塩焼赤瓦）によって葺かれ、木造大壁の下部が下見板張によって一階の窓台部分で見切られている点である。新舞子の住宅が「独逸風」と評されたデザインは、この手法を言い表していると考えられる。余談ではあるが、篠田は武田五一との親交が深く、名古屋における武田の作品とされるもののいくつかは、自伝と図面の筆跡から鑑みて、篠田の手によるところが大きいと思われる。舞子館の浴室の設計も武田との合作であったと述懐している。

明治19年	三井物産(株)社員の次男として名古屋に生まれる(12月26日)
明治42年	名古屋高等工業学校建築科卒業
	名古屋開府三百年記念事業局に奉職し、「共進会」建築工事を担当
明治43年	同事業完成同局を辞職し、神戸の設楽建築設計事務所に奉職
大正 3年	担当工事を終り辞職し、名古屋の志水建築技術部に奉職（この時期に愛電及び名岐鉄道の嘱託技師となる）
大正15年	建築設計管理協会が設立され主任委員に就任（日本建築家協会の前身、昭和31年まで）
昭和10年	志水建築を辞職し、篠田建築事務所を創設
昭和20年	篠田建築事務所を解散後、篠田川口建築事務所を創設
昭和21年	社団法人土木建築材料協会を設立して副会長に就任
昭和26年	社団法人愛知建築士会設立、会長に就任（昭和30年まで）
昭和27年	愛知県文化センター建設専門参与を委嘱される
昭和28年	社団法人日本建築家協会東海支部設立、会長に就任
	愛知県建築士審議会委員を委嘱される（昭和30年まで）
	愛知県二級建築士試験委員を委嘱される
	株式会社篠田川口建築事務所に改組して取締役会長に就任
昭和30年	社団法人愛知建築士会相談役に推薦される
昭和31年	黄綬褒章受賞
昭和35年	文化功労者として愛知県知事より表賞を受ける
昭和37年	社団法人日本建築家協会会長より終身正会員に推挙される
昭和40年	叙勲（勲五等）を受ける
	社団法人日本建築学会東海支部より終身正会員に推挙される
昭和41年	名古屋工業大学建築学科同窓会総会決議にて名誉会長に推挙される
	株式会社同和製作所監査役を重任
	株式会社御園座監査役を重任
昭和55年	病没、享年94歳（9月3日）

注：篠田進「履歴」に記載されている事項、株式会社篠田川口建築事務所・山田文夫氏からの聞き取りをもとに筆者が作成した。また同「履歴」は篠田の自伝である『八十歳をすごして』に所収されている。

表1　篠田進略歴

作品名称	和洋	施工業者	備　　考
藍川清成自邸	和	小森工務店	愛電(株)社長、大津通東
藍川駒野別邸			
田代栄重自邸	和	小森工務店	学者(電気)、小桜町
芹沢光治良自邸	折衷	小森工務店	作家、藍川娘婿、東京東中野
舞子館	和		
新舞子テニスコート倶楽部ハウス	洋	小森工務店	
新舞子海水浴場諸施設		小森工務店	休憩室、演舞場、飛込台、回転遊覧船
新舞子駅駅舎	洋	小森工務店	
新舞子駅前売店及び駅前広場	洋	小森工務店	
新舞子文化村文化住宅	洋	小森工務店	藍川邸、松井邸、伊藤邸、三島邸、篠田邸、山田邸、安藤邸、瀬戸邸、伴邸、野崎邸、志水邸、黒田邸、児玉亭、渡辺邸、柏邸など
鳴海球場		小森工務店	
鳴海球場クラブハウス	洋	小森工務店	
なるみ荘文化住宅	折衷		懸賞競技住宅
長浦海園文化住宅	折衷	鈴木工務店	五十嵐邸、下出邸、錦織邸、多賀邸、真木邸など
犬山公園採雲閣料亭	和		
犬山カントリー倶楽部	洋		「バンガロー式」
犬山ホテル	洋	志水建築	
犬山遊園駅駅舎	洋		
ライン遊園駅駅舎	洋		「コッテージ式」
鬼岩温泉			御岳駅、遊園地、料亭
七本松新世界娯楽場	洋	小森工務店	大噴水浴場、モンキーホール、水禽舎
清洲プール			
名鉄沿線各駅駅舎			本線、常滑線、知多線、名岐線、上飯田線
名鉄沿線各変電所			名鉄、熱田、有松、寺本、一ノ宮、枇杷島、犬山
名鉄各種施設			太田川車庫、新川及び鳴海工場、岐阜合宿教習所、栄生青年学校及び診療所、集合駅郊外青年学校

注：ここでは、篠田進『八十歳をすごして』私家版、1967年5月に所収されている作品を掲載した。

表2　篠田進の愛電㈱および名鉄㈱関連の仕事

文化村の住人

昭和初期の名古屋の世相を書き綴った島洋之助によれば、新舞子には「瀟洒な文化住宅が並んで、文芸家や書家の住宅地で、夏時には空別荘は一杯」になったという。昭和二（一九二七）年一一月、国枝史郎・小酒井不木・江戸川乱歩・長谷川伸・土師清二・平山芦江・山下利三郎・横溝正史らは「耽綺社」という「大衆文芸合作組合」を形成した。[*14] 月一回の会合を名古屋の大須ホテルで持ち、ここ新舞子にも足繁く通ったという。正確に言えば、彼らは「松浪園」の住人ではなかったが、前述した「碧翠園」に国枝と小酒井が向かい合わせに住んでいた。「松浪園」に縁のある文人は彼らだけではない。小説家の芹沢光治良は藍川清成の娘婿であり、彼の半自伝的小説『人間の運命』の中では名古屋で私鉄を経営する実業家として藍川を登場させている。

文人以外の特筆すべき住人としては、安藤飛行機研究所の安藤耕三である。昭和三（一九二八）年から新舞子の浜に同研究所が設けられたが、ここで安藤はパイロットの養成を行い、日本における女流パイロットの草分的存在の西崎菊子をはじめ、多くの優秀なパイロットを生み出した。[*15] また伊勢湾を中心とした遊覧飛行を行い、さらには二見浦（三重県）と新宮（和歌山県）までの定期航路を開設した。このように空という独自の視点を持っていた新舞子には、何枚かの空撮写真が残されている（図⑭）。

図14　「松浪園」昭和初年（名古屋鉄道株式会社蔵）

そして、藍川清成をはじめとする愛電の幹部連中や、篠田進らの愛電関係者が多く住んだので、後に新舞子は愛電の「高級社員用住宅地」と位置づけられるようになった。同時代の多くの郊外住宅地がそうであったように、ここにおいても「松浪園」そのものがひとつの倶楽部としての性格を有しており、「松浪園」というコミュニティによって名古屋の文化人の人脈が形成されたといってよかろう。

その他の愛電による住宅地経営

このような住人が住んだ結果、「松浪園」は単なる郊外住宅地とは言いがたい側面を持ち合わせていた。分譲当時のパンフレットによれば、新舞子と名古屋の間は、「急行列車ならば約四〇分で、名古屋市電愛電前に到達」することができ、「目下着々進捗中の省線熱田駅隣までの市内乗り入れ線完成の暁は急行電車によれば約三〇分（普通三七分）に短縮され」つつあったが、実際には別宅や別荘としての役割が濃厚であった。言い換えれば、週末や季節による限定的な利用によって、そのような別荘地としての非日常的な雰囲気が保持されていったのではないだろうか。ここでは愛電による新舞子以外の住宅地開発の事例として「長浦海園文化住宅地」と「なるみ荘」を概観する。

まず、新舞子と同じ常滑線沿線で同様の海水浴場を背景とした開発経緯をもった住宅地として、昭和四（一九二九）年に設立された「長浦海園文化住宅地」がある。駅前から山側に伸びる住宅地のメインストリートの両側には桜が植えられ、住宅地内で最も高い丘の上には、貯水槽と展望台が設置された（図⑮）。一方、海側には海水浴場が広がり、海岸線に沿って民宿や海の家などが点在していた。この住宅地の造成時に出る残土は、長浦砂利（株）によって名古屋桟橋倉庫（株）による住宅地開発の際の埋立用土砂として供された。開発規模は新舞子より大きいが、住宅の分譲が始まったのは昭和一二（一九三七）年五月で、時局の転向とともに住宅が実際に建ち並んだのは戦後であった。これらの住宅は和風のものが多く、住宅としての質は新舞子よりかなり劣るものであった。これは新舞子が愛電の「高級社員用住宅地」として開発されたのに対して、長浦は「中級社員用住宅地」として開発されたという記述に裏付けられる。

一方、新舞子と同時期の大正一四（一九二五）年に開発が始まった「なるみ荘」は、結果から言えば、愛電が沿線に開発した住宅地のひとつであったが、その出自は新舞子や長浦のような事例とは大きく異なるものであった。鳴海は明治以降、幾度かの非常に規模の大きい小作争議が続いたが、これらの小作争議に決着をつけるために地主が集まって鳴海土地（株）を作ったことに端を発している。この鳴海土地（株）を吸収合併したのが愛電であり、ここに野球場を中心とした住宅地開発が行われたのである（図⑯）。藍川は当時都市計画愛知地方委員会技師であった石川栄耀に相談し、住宅地の設計を依頼する一方で、阪神電鉄の甲子園球場を視察し、間知石積みの「伊吹スタンド」

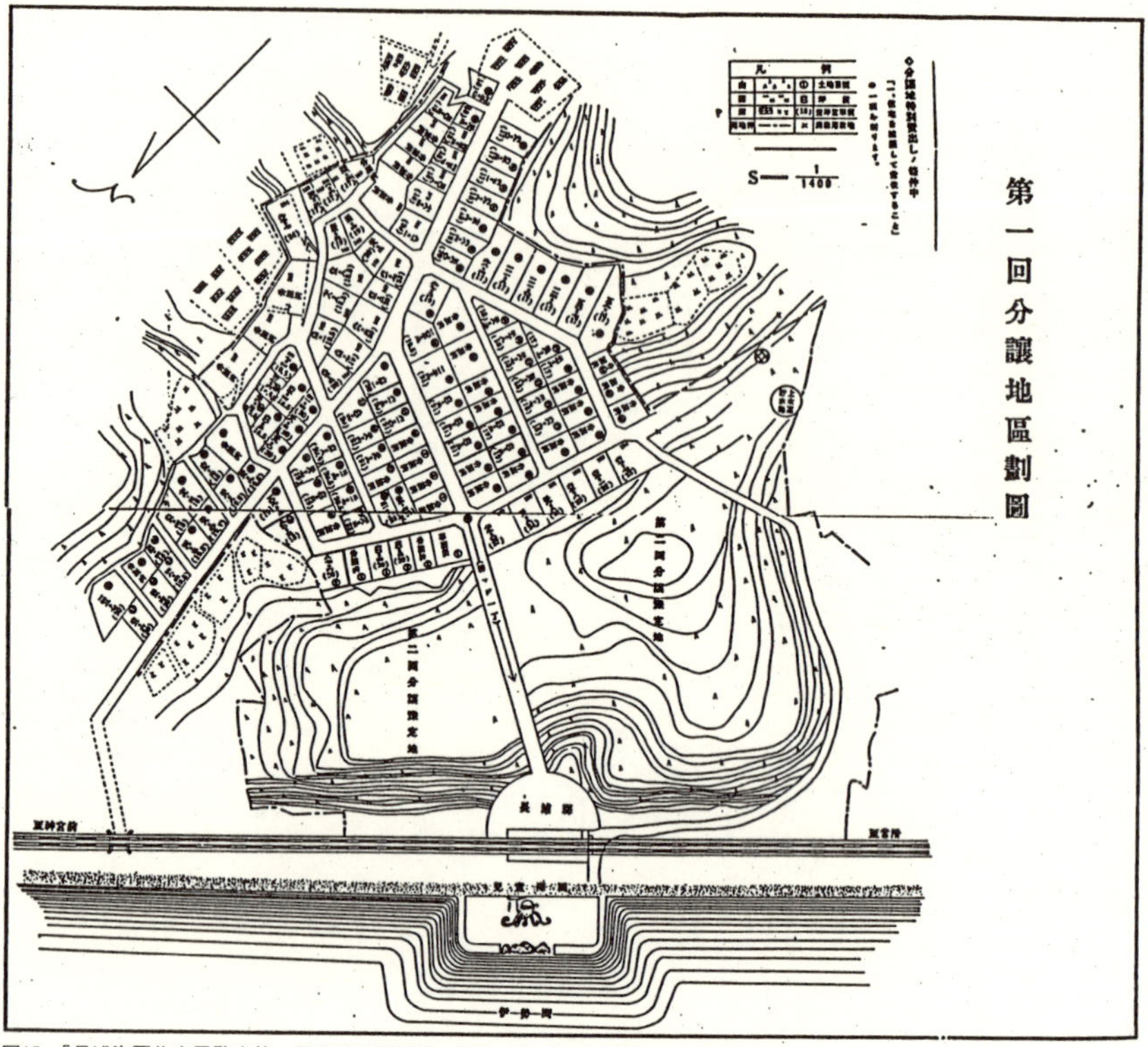

図15 「長浦海園住宅展覧会第一回分譲地区画図」昭和12年（知多市新舞子池野商店蔵）

に三万人の観客を収容する野球場をつくった。住宅地には上下水道が完備され、篠田の設計による住宅が建てられていった。また住宅地には向かない崖地には「砦公園」と名付けられた遊園地と盆栽村が設けられ、野球場へ至るメインストリートの両側には商店が建ち並べられた。昭和四（一九二九）年から分譲が始まり、翌五（一九三〇）年三月には住宅展覧会が開催され、出品住宅に前出の藍川、石川、篠田らによって等級がつけられた。

白砂青松の行方

志賀重昂が『日本風景論』の中で「日本人の性情を感化するにたるもの」と重要視した海岸の松林を、柳田国男は『草木と海と』の中で「松が多すぎる、白砂青松という類の先入観を離れて、自在に海の美を説く必要がある」と指摘した。明治末年に手塚らによって海水浴場として見出された白砂青松の海岸は、志賀の風景観に重なる名勝としての「風景の発見」であり、[*16]「舞子」の系譜はこの美意識の中に存在するといえよう。こうした風景は、大正末期から昭和初期に愛電による文化村として、柳田が指摘する「生活者の風景」として再認識されるに至る。さらにこのような都市近郊の海浜景観は、老松の保護と海水浴場としての機能が存続する中で戦後も辛うじて保持されてきた。しかしながら現在、白砂青松という日本的風景は、ひとつの大きな転換点を迎えようとしている。このことは新舞子だけでなく、「舞子」を本歌取りした都市近郊の浜すべてに関わる問題

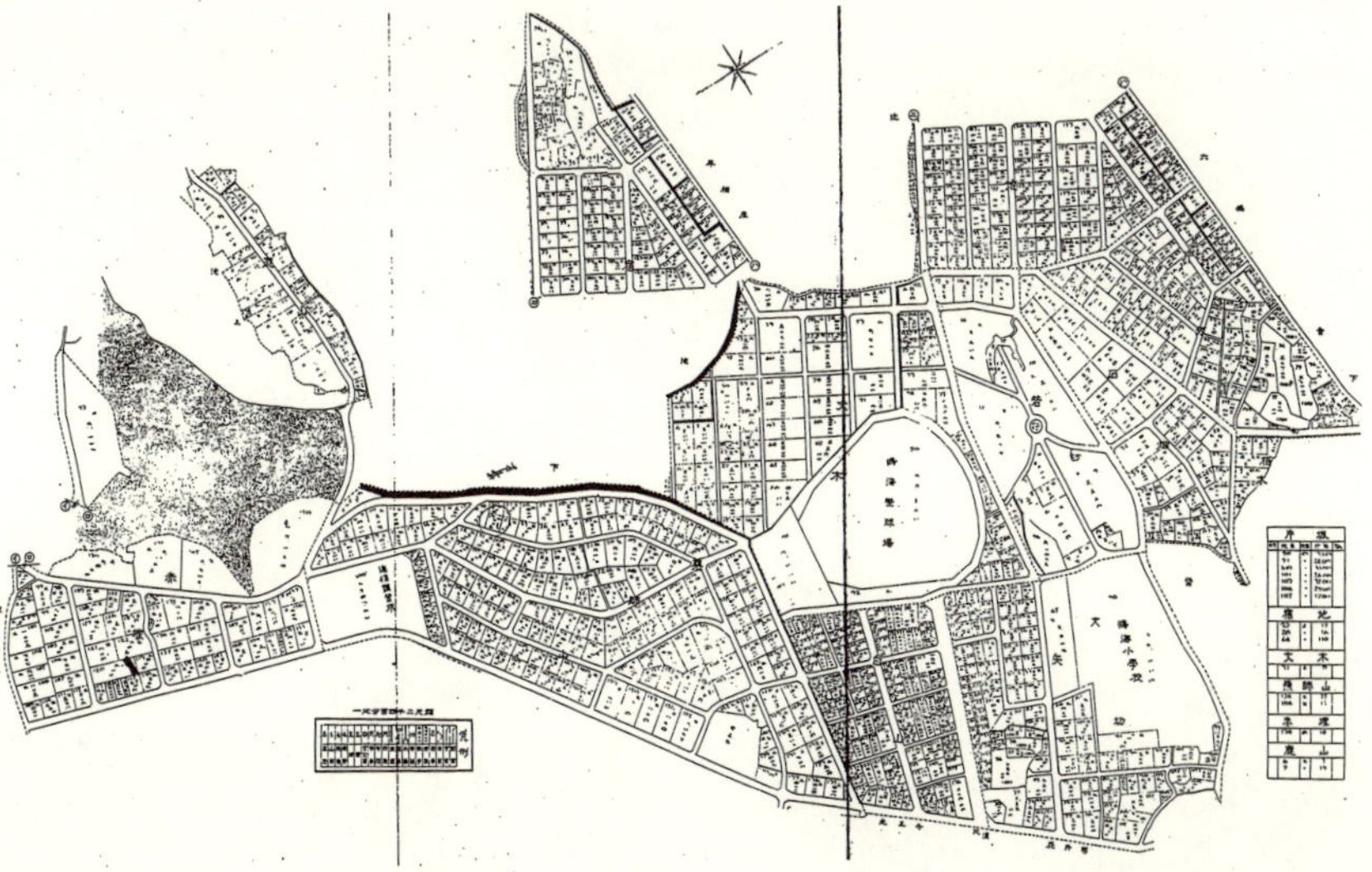

図16 「なるみ荘」昭和11年（『緑区土地宝典』）

である。

新舞子海岸の眼前には産業廃棄物処分場を設置した人工島が設けられ、伊勢湾越しに鈴鹿山脈を遠望する景観はすっかり失われた。さらに若い篠田が心血を注いで設計した文化住宅の多くは、この一〇年間に急速に建て替えられてしまった。新舞子の西南沖合には中部新国際空港がつくられる予定である。この海岸沖にファルマン式水上複葉機が着水してから一世紀近くたったある日、一機のジャンボジェット機が着陸するであろう。

註

本稿は拙稿「新舞子文化村「松浪園」について」日本建築学会計画系論文集、四六二号、一七七～一八四頁、一九九四年八月をもとに大幅に加筆・訂正したものである。

＊1――手塚豊「飛べ新舞子への海軍飛行機野郎」『東海の歴史』中部読売新聞社、一九八〇年一月

＊2――手塚辰次郎とその新舞子開発については、水谷盛光「新舞子の開発と手塚辰次郎覚書」『郷土文化』名古屋郷土文化会、第三五巻第一号による。

＊3――『松原村絵図』徳川林政史研究所所蔵、天保年間

＊4――浅野利郷『観光の名古屋とその近郊』名古屋市産業部観光課、一九三九年一一月

＊5――野口惣太郎編『新舞子、大野、新須磨海水浴案内』一九二五年七月

＊6――我が国における創生期の海水浴場については、神奈川県の大磯海岸が明治一二年にドイツ人医師ベルツによって見出された事例（明治一八年から開発）が有名である。トク・ベルツ編『ベルツの日記 第一部（上）』岩波書店、一九五一年、六一～六二頁。またアラン・コルバン（『浜辺の誕生』藤原書店、一九九二年一二月）によれば、ヨーロッパにおいても古来より海水を使った浸水療法は存在したが、一七〇一年にイギリス人ジョン・フロイヤーによって書かれた『冷水浴の歴史』が契機となって一八世紀に医療行為としての海水浴が隆盛し、ミシュレの言う「海の発見」がなされたという。

＊7――「結核文学」については、福田眞人『結核の文化史』名古屋大学出版会、一九九五年二月に詳しい。

＊8――愛電および名鉄については、名古屋鉄道社史編纂委員会編『名古屋鉄道社史』一九六一年五月による。

＊9――藍川清成については、小林橘川『藍川清成』キッセン文化研究所内同書刊行会、一九五三年九月による。

＊10――名古屋桟橋倉庫（株）については、拙稿「道徳地区の形成過程とその空間的特質について」日本建築学会計画系論文集、四七八号、一九九五年一二月、一六九～一七七頁を見よ。

＊11――新舞子については、株式会社篠田川口建築事務所蔵および知多市新舞子池野商店蔵の資料による。

＊12――島洋之助『百萬名古屋』名古屋文化協会、一九三二年

＊13――『建築雑誌』第六一六号、一九三六年九月、一一四～一一九頁。東京帝国大学付属新舞子水族館は、昭和四五年四月、静岡県浜名郡舞阪町弁天島に移転された。

＊14――天瀬裕康・長山靖生『小酒井不木』博文館新社、一九九四年四月

＊15――中日新聞社会部編『愛知の航空史』中日新聞本社、一九七八年九月。西崎菊子は昭和五一年に放映されたNHK連続テレビ小説『雲のじゅうたん』における主人公のモデルになった。

＊16――柄谷行人『日本近代文学の起源』講談社、一九八〇年八月、二〇頁

11

八事丘陵地／名古屋

山林都市（林間都市）八事丘陵地の住宅地開発

堀田典裕

「大名古屋」の建設と「都市創作会」

大正九（一九二〇）年、内務省は都市計画法の施行とともに、東京・神奈川・名古屋・大阪・京都・兵庫・福岡の各都市に都市計画地方委員会を設置し、日本の主要六都市における都市計画を「内務大臣ノ監督ニ属」する徹底した中央集権化を推し進めた。これらの都市はいずれも昭和初年までに各都市名の頭に「大」を冠した都市の拡張計画を発表し、これによって「六大都市」という認識がなされるに至ったのである。都市計画名古屋地方委員会（大正一一年には愛知地方委員会と改称）においても、大正一〇年に都市計画区域指定案を提示し「大名古屋」の建設が始められた。[*1]

これらの計画策定において新たに得られた知見や技術は、各地方委員会単位による研究会において議論が重ねられ、それぞれの機関誌に蓄積されていった。このような活動の嚆矢となったのは都市研究会による『都市公論』（都市研究会、大正七～昭和二〇）であったが、例えば東京は『都市問題』（東京市政調査会、大正一四～）、大阪は『大大阪』（大阪都市研究会、大正一四～昭和一九）、兵庫は『都市研究』（兵庫県都市研究会、大正一四～昭和一〇）、そして愛知の場合が『都市創作』（都市創作会、大正九～昭和五）であった。[*2]『都市創作』誌上に載せられた宣言文によれば、「都市創作会」は、ただ単に都市計画に関する技術向上についての議論をする場ではなく、「常識の対象としての都市計画を超え、正統学派としての都市学の樹立」を目指して設立されたものであり、都市計画愛知地方委員会の主要職員（表❶）を中心として、名古屋市役所技師、耕地整理組合・区画整理組合の各組合長らによって構成されていた。実際には「研究例会（毎月第一土曜日）、月刊誌『都市創作』の発刊、臨時図書の発行、講演会、講習会、展覧会等」を以て活動としていたという。

こうした「大名古屋」の拡張計画の大部分は、土地区画整理事業による郊外開発に充てられ、地形に照らして「丘陵住宅地式・平地住宅地式・運河土地式・普通工場式・路線式（商業地式）」という五つの整理方法によって開発がなされた[*3]（図❶）。ここで取り上げる八事丘陵地は「丘陵住宅地式」によって開発された事例であり、「高級住宅地、閑寂な別荘候補地」として開発されたものであった（図❷）。

黒谷了太郎による「山林都市」

この『都市創作』誌上に大正一五（一九二六）年二月から五カ月に亘って「山林都市（一名林間都市 Forest City）」と題された一連の論文が発表された。寄稿したのは当時、都市計画愛知地方委員会幹事の重責にあった黒谷了太郎（筆名、黒谷杜鵑、表❷）。黒谷は、明治七（一八七四）年、庄内藩士黒谷健次郎の長男として山形県鶴岡市に生まれ、東京専門学校専修英語科（現、早稲田大学文学部英文学科）を卒業し、渡英の経験を持つ人物である。その後、台湾総督府と北海道庁に勤務し、大正九（一九二〇）年から都市計画愛知地方委員会初代幹事を務めた。同郷で帝室林

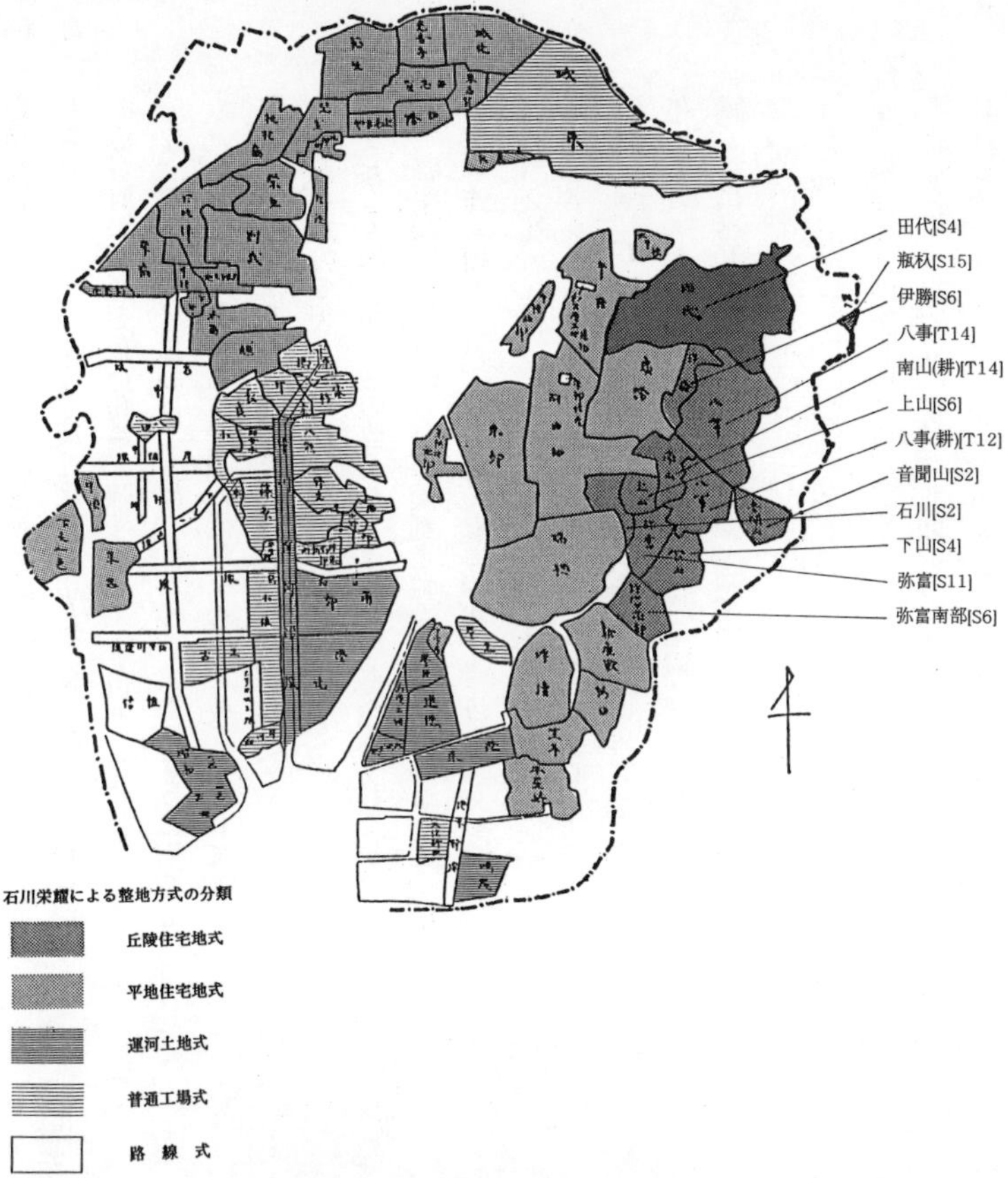

図1　整地方式から見た土地整理施工図（『都市問題』第9巻第4号，1929年4月，p.70をもとに筆者作成）

明治 7年（1874） 1月	旧庄内藩士、黒谷健次郎の長男として山形県鶴岡市に生まれる（23日）
明治21年（1888）	庄内中学校入学
明治30年（1897）	東京専門学校専修英語科卒業 台湾総督府勤務 北海道庁勤務
大正 9年（1920）	都市計画愛知地方委員会幹事就任
大正10年（1921）	『山林都市（一名林間都市）』を著す
昭和 2年（1927） 10月	第3代鶴岡市長就任 『都市計画と農村計画』を著す
昭和 5年（1930） 2月	鶴岡市長辞任
昭和 5年（1930） 11月	東洋拓殖（株）嘱託
昭和 6年（1931） 7月	台湾総督府勤務
昭和20年（1945） 5月	台湾にて亡くなる、享年72歳（11日）

注：石川栄輝「若き日の名古屋」『新都市』都市計画協会、第5巻第10号、1951年10月、P.73-75、『庄内人名事典』、『鶴岡市史』中巻、P.605-607、及び黒谷幹丈氏からの筆者への私信による。

表2　黒谷了太郎略歴

役職名
姓名
1920
25
30
35
40
45
幹事
黒谷了太郎
黒川　一治
福永　英三
真坂　忠蔵
技師長
飛山　昇治
衣斐　清香
石川　栄耀
吉岡　文政
赤司　貫一
土木技師
石川　栄耀
長沢　忠郎
兼岩　傳一
山口　宏
公園技師
狩野　力
井本　政信
石神甲子朗
建築技師
永田　実
中村　綱
区整技師
谷口　成之
児玉　実
西海　芳朗
書記
木島粂太郎
保浦　英良

注：『愛知県職員録』及び尾関太郎『愛知県都計30年の歩み』に基づいて筆者が作成した。なお作表に関しては役職名を優先しているため、在任期間とは多少ずれるものもある。また、1938年以後については資料不足のため不明な部分もある。

表1　都市計画愛知地方委員会の主要職員構成（1920－37年）

野局長官であった三矢宮松の推薦によって昭和二（一九二七）年から五（一九三〇）年まで第三代鶴岡市長となるが、翌年から台湾総督府の嘱託を再び務め、昭和二〇（一九四五）年に任地で亡くなったという。黒谷は名古屋時代について次のように回想している。[*4]「（名古屋の）都市計画に従事するや否や、どうしても先進国の知識をかりなければならぬと考えた。間もなく同僚の助言もあったので英・米・仏・独・白の協会にアドヴァイスを求めたところ米・仏・独の協会からは何等の返答もくれなかったが、当事国際都市計画及び田園都市協会の会頭をしていた英国のアンキン卿からは、いと懇ろなる返事が参り、ついにアドバイザーとしてレヂナルトダン氏を寄越してくれた」。こうした黒谷とアンウィン（Raymond Unwin, 1863～1940）の私的交流は（資料❶）、後に石川栄耀に大きく影響を与え、大正一三（一九二四）年にアムステルダムにおいて開かれた「国際住宅及都市計画会議」に出席した際に、アンウィンと邂逅する機会を得る契機となった。[*5]

さて、「山林都市」とはどのような理論であったのであろうか。黒谷は台湾総督府に勤務していた明治三二―三三（一八九九―一九〇〇）年頃に、中村純九郎から列強各国の熱帯植民地におけるサナトリウムやサマータウンのことを聞き及んで、「山上都市」の構想を思いついたという。[*6]名古屋時代にアンウィンやパルドン（C.B.Purdom, 1883～1965）と書簡をやり取りし学んだ田園都市理論と、この「山上都市」とを結合したものが「山林

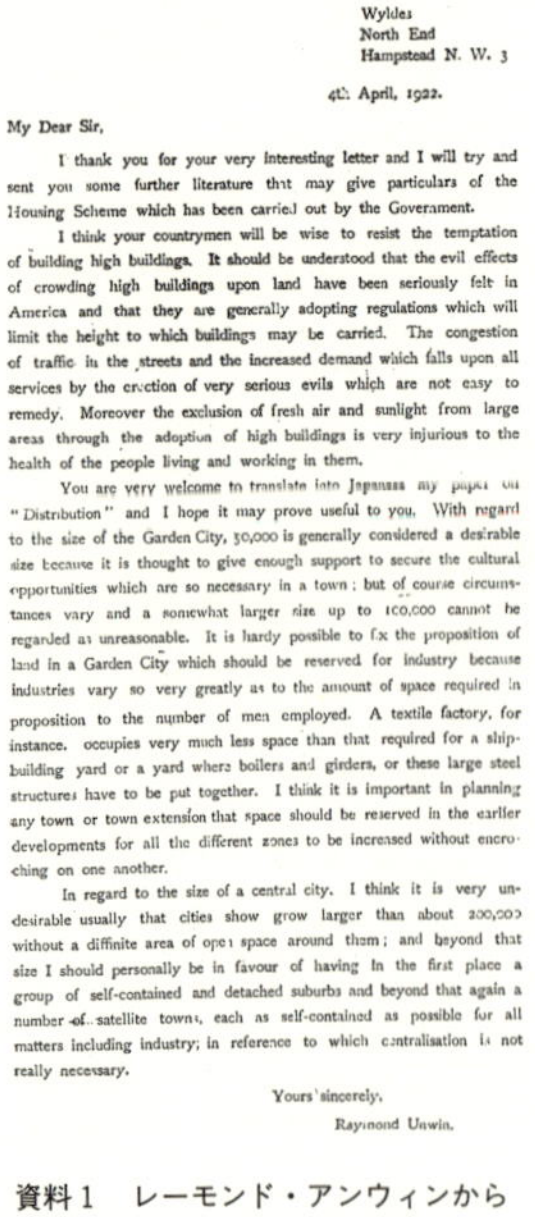

Wyldes
North End
Hampstead N. W. 3

4th April, 1922.

My Dear Sir,

I thank you for your very interesting letter and I will try and sent you some further literature that may give particulars of the Housing Scheme which has been carried out by the Goverament.

I think your countrymen will be wise to resist the temptation of building high buildings. It should be understood that the evil effects of crowding high buildings upon land have been seriously felt in America and that they are generally adopting regulations which will limit the height to which buildings may be carried. The congestion of traffic in the streets and the increased demand which falls upon all services by the erection of very serious evils which are not easy to remedy. Moreover the exclusion of fresh air and sunlight from large areas through the adoption of high buildings is very injurious to the health of the people living and working in them.

You are very welcome to translate into Japanese my paper on "Distribution" and I hope it may prove useful to you. With regard to the size of the Garden City, 30,000 is generally considered a desirable size because it is thought to give enough support to secure the cultural opportunities which are so necessary in a town; but of course circumstances vary and a somewhat larger size up to 100,000 cannot be regarded as unreasonable. It is hardy possible to fix the proposition of land in a Garden City which should be reserved for industry because industries vary so very greatly as to the amount of space required in proposition to the number of men employed. A textile factory, for instance, occupies very much less space than that required for a ship-building yard or a yard where boilers and girders, or these large steel structures have to be put together. I think it is important in planning any town or town extension that space should be reserved in the earlier developments for all the different zones to be increased without encroching on one another.

In regard to the size of a central city, I think it is very undesirable usually that cities show grow larger than about 200,000 without a diffinite area of open space around them; and beyond that size I should personally be in favour of having in the first place a group of self-contained and detached suburbs and beyond that again a number of satellite towns, each as self-contained as possible for all matters including industry; in reference to which centralisation is not really necessary.

Yours sincerely,
Raymond Unwin.

資料1　レーモンド・アンウィンから黒谷了太郎への書簡（1922年4月4日付）

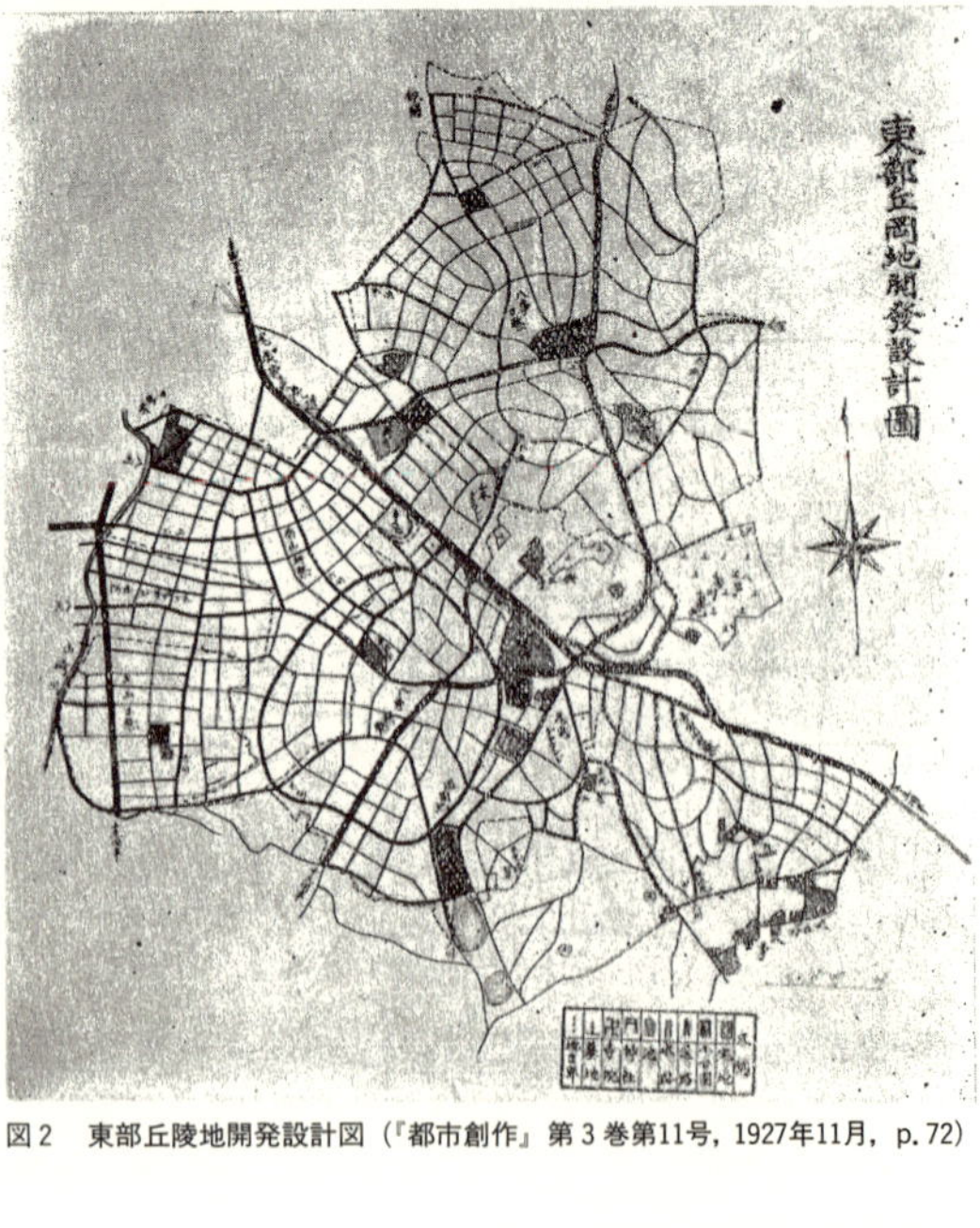

図2　東部丘陵地開発設計図（『都市創作』第3巻第11号，1927年11月，p. 72）

都市」であった。以下に彼が自ら論文冒頭に大意としてまとめたものを記す。

一、都市集中は社会上諸種の弊害を醸生すること。

二、都市集中は都市自身の為めのみならず国家の為め、甚だ不利益なること。

三、都市集中に基く都市内の弊害を除去するは、近代的都市計画の精神であらうけれども、我国に於ては之れが頗る困難なること。

四、英国に於ては都市救済の根本策として都市集中に反対し、田園都市を作りて人口の分散を企てつゝあること。

五、我国に於ても都市生活を有意義ならしめんが為めには、都市集中を避け、別に新しき町即ち新理想都市を築造せざるべからざること。

六、然も日本に於ては土地高価なるを以て、英国に於けるが如く田園都市を築造する能はざること。

七、我国に於ては山林を利用し、田園都市の代りに、山林都市を建設せざるべからざること。

八、山林都市は、田園都市の精神に基き、工業を中心として市街を建設し、市民をして衛生的に、文化的に生活せしむるものなること。

九、山林都市はロマンテイシズムに従ひ、築庭的に計画せられ、人工美と自然美とを好く調和せしむるものなること。

一〇、山林都市は田園都市よりも、より多く大自然に接近せしむるなるを以て、大都市の不自然なる唯物的闘争生活から離れて、万物共存の自然的共同生活に復帰せしむるものなること。

一一、山林都市は都市の文化設備と天然自然の美観とを併せ有するものなるを以て、市民は楽しく働きて、美しく生活するを得、従つて能率は増進し、精神は安定し、労働争議は之れなきこと。

一二、故に社会改良家及科学的工業経営家は、是非とも山林都市の建設に努力すべきこと。

明治四〇（一九〇七）年に内務省地方局有志によって『田園都市』が発行されて以来、我が国では数々の独自の田園都市論が展開されてきたが、その多くが都市への人口集中による弊害を指摘し社会改良を標榜する概念ばかりのものであった。黒谷の理論は母都市から独立した職住一体の理想郷を提示し、よりE・ハワード（Ebenezer Howard, 1850～1928）の『田園都市』を正確に具現化しようとしているものの、基本的にはそれまでの日本における田園都市論と変わらない。むしろその最大の特徴は「田園都市よりもより多く大自然に接近せしむる」つまり「山林」を対象として日本独自の田園都市論を展開しようとしている点である。林学の分野では、大正の中頃から森林をあるまとまりをもった総体として捉え、その美について言及が始まっていた。[*7]例えば新島善直・村山醸造による『森林美学』(大正七年)や、田村剛による『造園概論』(大正七年)が挙げられるが、これらはいずれも「深山幽谷中の天然林」(田村)を評価しており、黒谷の「人工美と自然美とを好く調和」するような「山林」に対する認識とは大きく異なるものであった。

さらに、黒谷の「山林都市」は、それまでの社会改良を啓蒙する理論だけのものではなく、アンウィン仕込みの実際の都市空間に関するより具体的提案が盛り込まれていた。例えば街路系統については、「高低に従ひ楓葉の葉脈状に計画せられなければなるまい……水の流れの落ち合う場合の自然的な有様に鑑みて……天然の風致を維持すると同時に絵画的な曲線街路の価値を発揮せしめなければならぬ」と述べ、地形の高低に従った「不整形で、自然な」街路であることを必須とし、都市全体を周遊できる「輪環街路」の必要性を説いた。また「若し平地にして充分ならばそこに整形的な公園を造り不整形の美観に対しコントラストを与える」ことが必要であると述べ、「人工美と自然美とを好く調和せしむる」ためのより具体的な策について触れている。一方、このような街路によって形成された住宅地は、「地区に依りて一定面積に建築すべき家屋の一定数を決め……敷地は六十坪を最小とし百坪を標準」として、その空地面積は、「建築面積の二倍を最小とし、三倍を標準としなければならない」として、この十分に取られた空地に、梅・桃・桜・紅葉などの様々な花園や、その土地に特徴的な自然の要素によって「周囲に四季の名所を設定すること」を主張している。さらにこのような敷地に建てられる住宅は、「街路に美観を添える」べきものとなることを強調し、その住人についてもある一定の社会階層によって形成され、「資本主義的差別観からではなく趣味を基礎」とする必要を述べている。

しかしながら、黒谷はこの「山林都市」を発表した当初は必ずしも名古屋の「東山」を見込んで構想したわけではなかった。むしろ次のように述べている。「東海道線に沿ひ単独に這種の都市を建設するとしたならば、大磯より山北までの丘陵地方や箱根付近……富士紡績の小山工場の所在地は私の所謂山林都市の建設地として理想的のものである。同工場を中心として地主組合を作り、其処に築庭的都市計画を行う」と述べ、その他には「御殿場より三島に至るの間」「岩淵付近」「牧ノ原」「浜名湖の沿岸」「蒲郡」「大府付近」を好適地としている。また「東京の衛星都市」として「横浜八王子間の丘陵地方、大山界隈より青梅付近に至る山麓地方、青梅より鴻巣付近に至る丘陵地方」、「習志野、気賀沼、印旛沼間の丘陵地方」を挙げ、他方では「大阪の衛星都市」として「武庫川、池田川の上流地方や、泉南の海岸地方や、紀伊川の流域」を挙げている。[*8]「山林都市」は当時『台湾時報』をはじめとする数冊の雑誌に掲載されたが、黒谷自身は「説としては共鳴してくれる人もある様であったが……実現しやうと云ふことになると仲々困難にて、自分の生きてゐる間には到底駄目であろう」と考えていた。「山林都市」の実現には、黒谷の構想に感銘した一人の人物を待たねばならなかったのである。ある日、後に八事耕地整理組合副組合長となる柴田次郎（八勝館当主・法学士）が黒谷のもとを訪れこう尋ねた。「あなたの所謂山林都市なるものは八事山にできないか」と。「山林都市」は、八事丘陵地の開発という形となってようやく実を結んだのであった。

「理想的林間住宅地」の実現

大正一〇（一九二一）年、八事丘陵地に土地整理事業に関する組合設立の話が持ち上がった。大正八（一九一九）年の都市計画法の施行とともに、その最初の土地区画整理組合として都市計画愛知地方委員会も組合設立に対して積極的であった。石川栄耀などはヨーロッパ（特にドイツ）の事例を鑑み、一度は八事丘陵地を「市有林にでもすべきものか」と考えたこともあったというが、「淋しすぎる森林より……美しい設計の住家のチラホラした林地の方がドレ程遊山するのにありがたい」と考え直したという。[*9] しかしながら愛知県はその予算準備ができず、大正八年の都市計画法に基づいた最初の土地区画整理となる目論見は失敗となった。その結果、設計はそのまま耕地整理事業として八事耕地整理組合は大正一二年一月に設立認可を得た（図❸）。同様の経緯を辿って南山耕地整理組合（大正一四年、図❹）

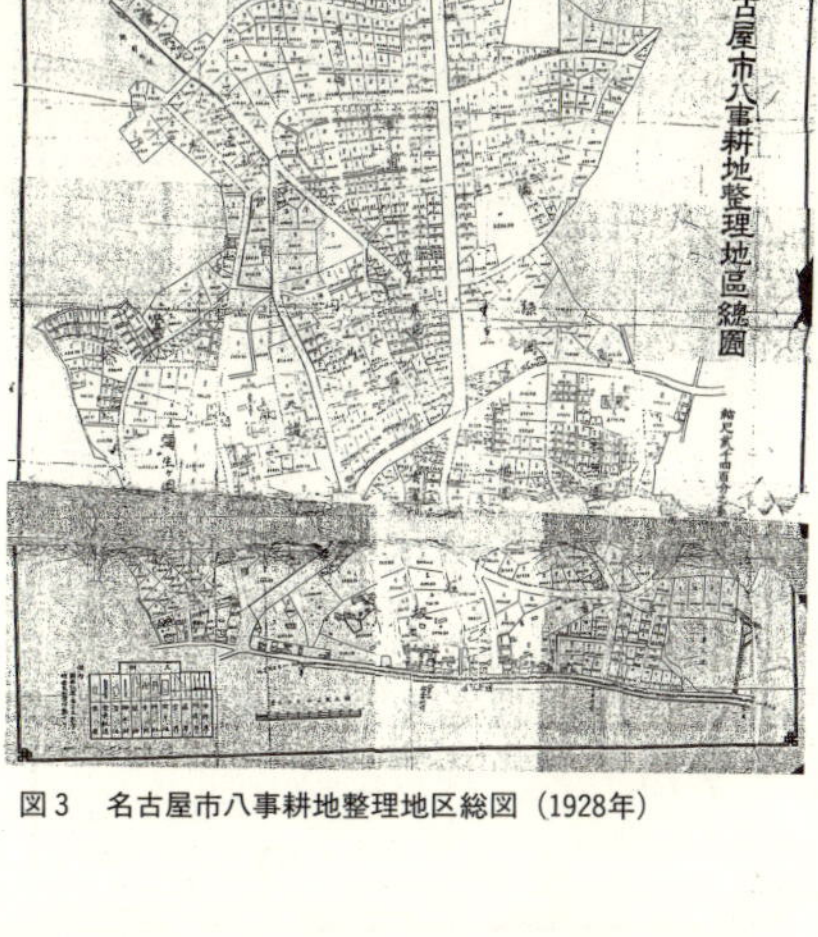

図3　名古屋市八事耕地整理地区総図（1928年）

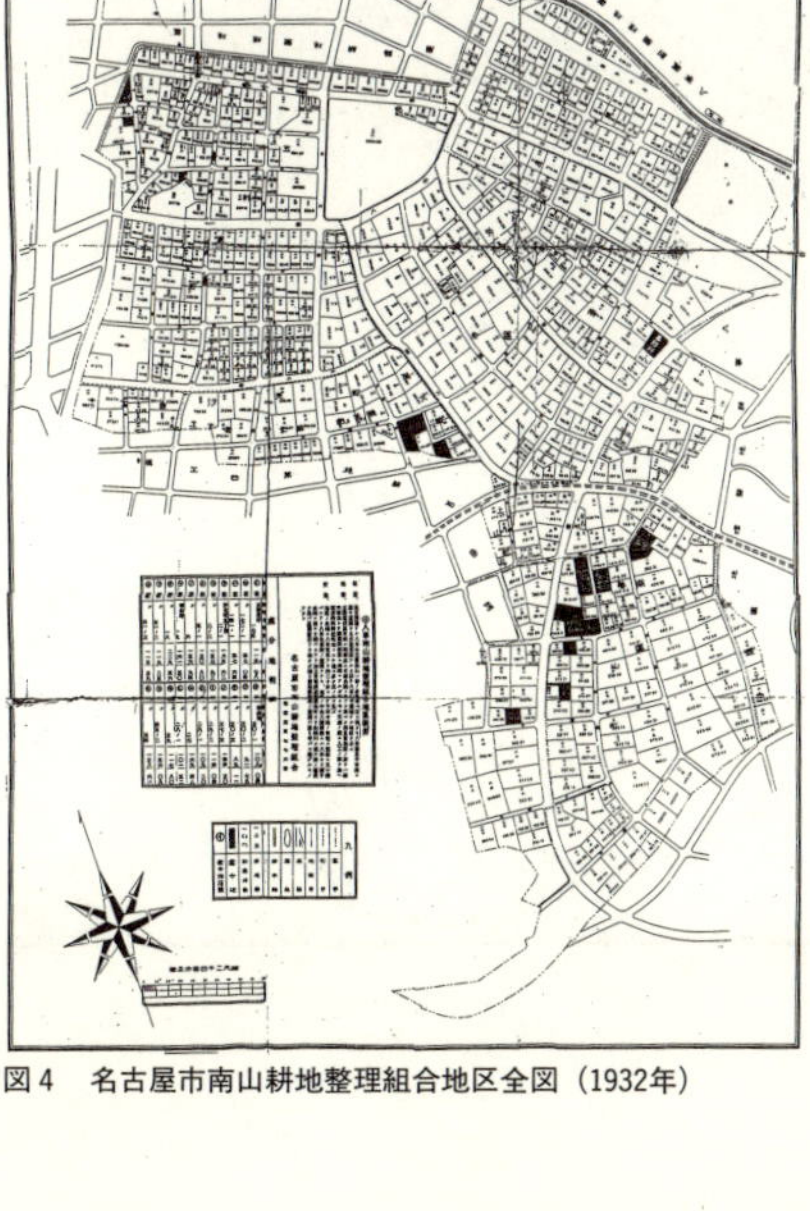

図4　名古屋市南山耕地整理組合地区全図（1932年）

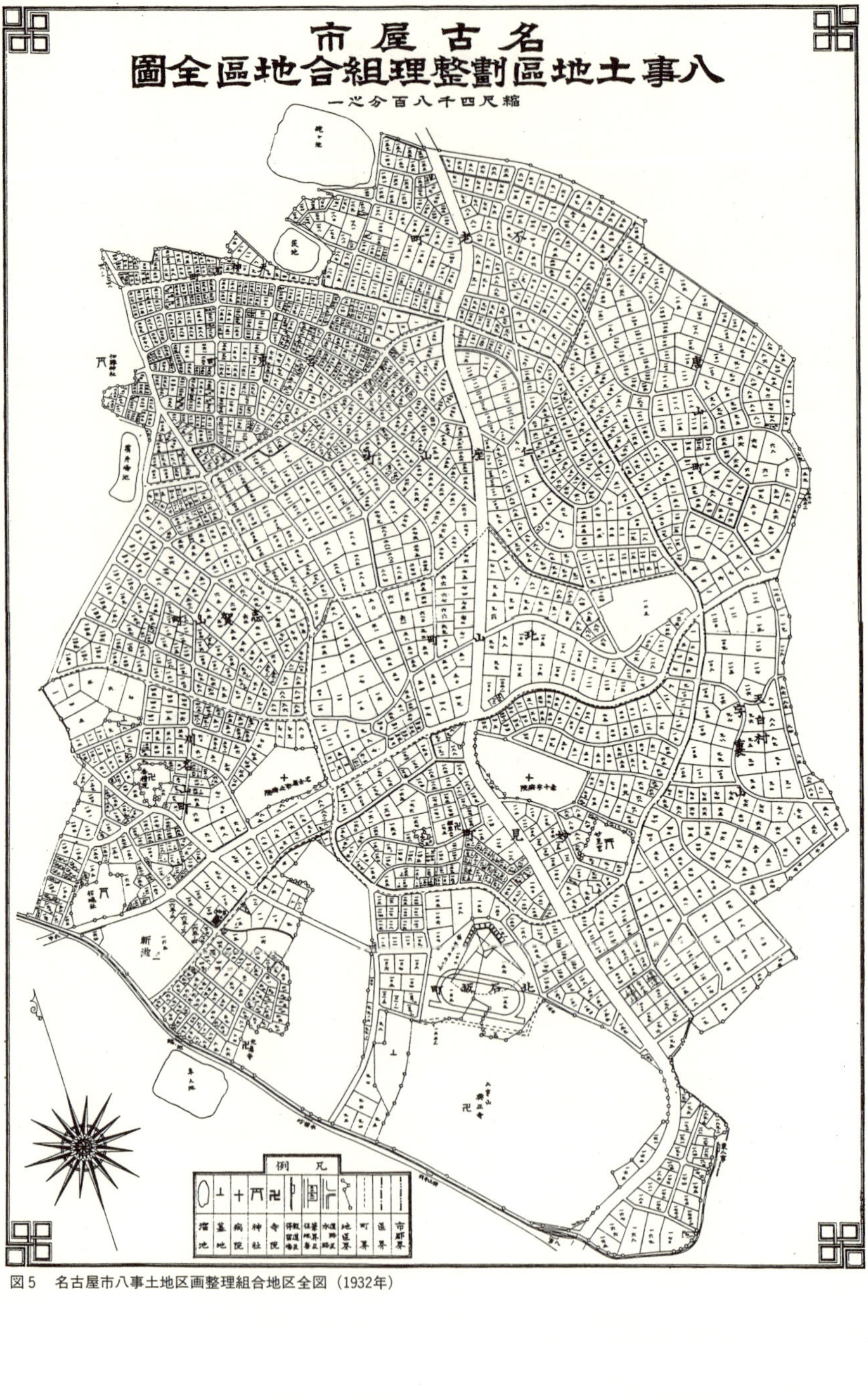

図5　名古屋市八事土地区画整理組合地区全図（1932年）

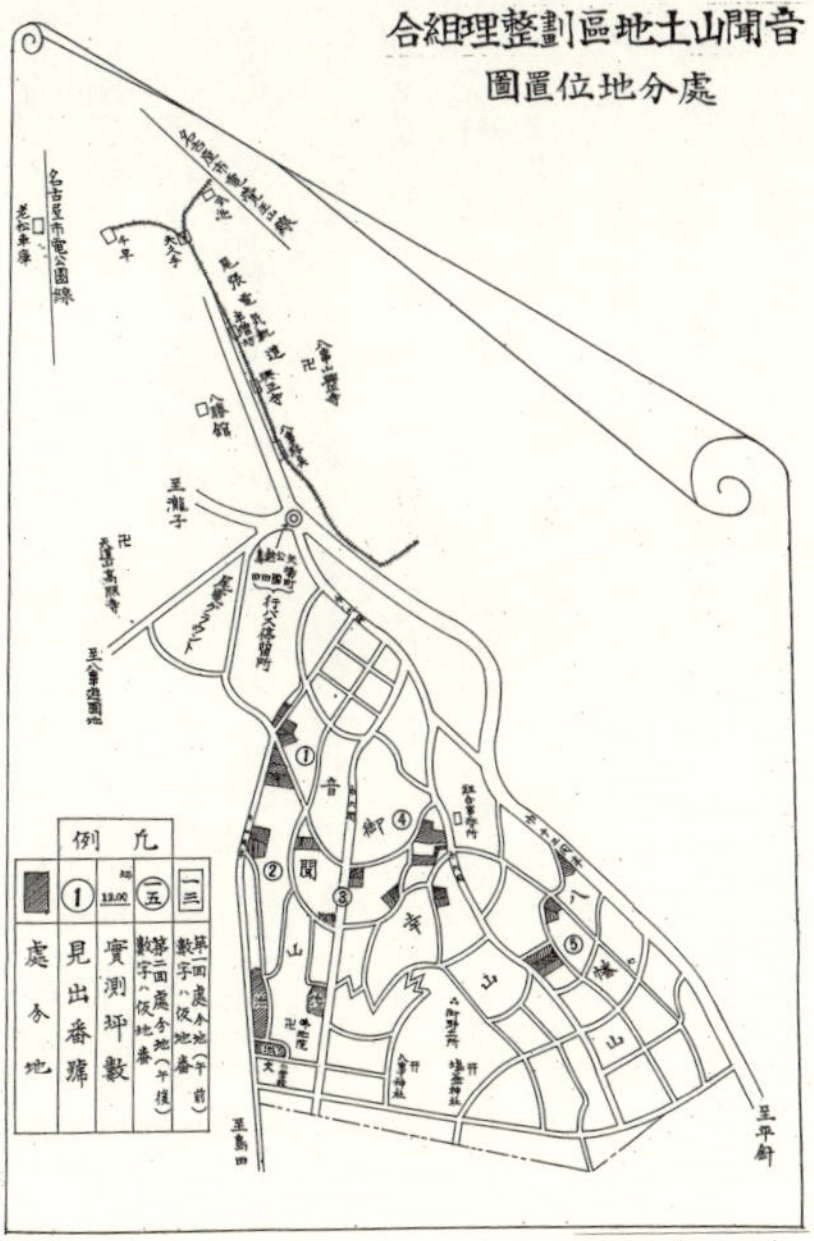

図6　音聞山土地区画整理組合剰余処分地位置図（1929年）

が設立し、その後、土地区画整理組合として八事（大正一四年、図❺）、音聞山（昭和二年、図❻）が設立された。これらの組合はそれぞれ単独で開発がなされたわけではなく、各組合敷地内を縦断する都市計画道路と、丘陵地内を循環する道路を持っており、それらの道路の相互調整を図りながら開発が進められていった。

当時、土地整理組合が『都市創作』などの雑誌に掲載した広告を見てみると、「名古屋の東郊、理想的住宅郷」（八事耕地整理組合）、「空気清澄・景致豊饒・交通至便、高原的気分横溢せる丘陵地六十有余万坪に亘る、優雅的安静の住宅地建設」（八事土地区画整理組合）、「東南一帯の丘陵地帯で、名古屋の誇る景勝地、高級住宅別荘向の土地」（音聞山土地区画整理組合）と謳われており、いずれもその風致に重点を置いた理想的な住宅地として売り出しがなされている。さらに黒谷の「山林都市」の影響を最もよく伝えるものとして南山耕地整理組合のものがある。

丘陵起伏風光頗ル明媚真ニ天然公園ト云フヲ得ベク尚且当地区ノ誇リハ樹木繁茂シテ幽邃閑雅実ニ仙境ニアルガ如シ今ヤ天然ノ美ニ人工ノ粋ヲ加ヘ理想的林間住宅地トシテ他ニ多ク其ノ比ヲ見ズ（傍線筆者）

狩野力による丘陵地の設計

さて、八事丘陵地における「山林都市」の事実上の設計者は、狩野力（一八九二〜一九三四）という一人の造園技師の力によるものであった。石川によれば、「（黒谷は）名古屋の都市計画のスタッフとして庭園の技師があく迄必要だと主張し」、東京帝国大学農科大学農学科卒業後、明治神宮の神苑造成の任に就いていた狩野を見出してきたのだという。[*10]

都市計画愛知地方委員会は、土地区画整理に関する自らの設計指針を大正一五（一九二六）年に『土地区画整理設計室手記』という形でまとめ、さらに八事丘陵地の土地区画整理事業がほぼ完了した昭和七（一九三二）年に『大名古屋の区画整理』を出版した。この冊子において、狩野は丘陵地の設計について、次のようにその方法論を展開している。

まず「実地踏査をして地区を達観して」、交通・上水道・地質などを検討した上で「整理の根本方針」をたて、等高線を二メートル（場所によっては五〇センチメートル）間隔で書き込んだ実測図（千二百分の一）が作成された。そこには等高線だけでなく「旧道路や旧排水路は勿論、樹木の位置」までもが書き込まれ、「丘陵の峰を辿つて主なる排水系統を見」い出し、排水路に逆らわないように幹線道路が決定された。このとき「排水路に逆らった路線すなわちバンチング（ママ）して谷間を横切る道路は」、風致を傷つけるだけでなく排水に支障を来すためできる限り避けられた。このとき路面電車を通す予定のある幹線道路は二五分の一（場合によっては二〇分の一）までの勾配を許し、可能な限り「堀り割らずに急勾配でがまん」して、傾斜地の風致に配慮がなされた。一方、地区内の連絡道路は、等高線になるべく平行な緩い曲線道路とし、「在来からの踏み分け道、木樵の道」を考慮して設計がなされた。また等高線に直交する道は「上にお宮か、お寺があるような気がして……大事な丘と樹林地をまつ二つに切り、連絡を絶つ」ため、丘に対して「電光型に蛇行」させられた。これらの道路の交差点は「十字路に交叉させぬ様に……やゝ食ひ違はせる」ように設計がなされた。最終的には敷地割りが、「平坦部分は比較的細かく……高みの部分や景色に関係ある所には大きく」地形に応じてなされた。

このような丘陵地の設計手法は、八事丘陵地の開発に十全に取り入れられ、コンクリート側溝を備えたすべての道路は以下に述べるように大きく三種類に分けることができる。まず第一に三本の都市計画道路（一等大路大三類・幅員一三間半）を含む幅員が六間以上の「幹線道路」が挙げられるが、これらの道路は砂利敷きで、一二間以上の道路にはプラタナスの街路樹が植えられた。次に主要道路に直交し宅地割りを形成する幅員三間以上六間未満の道路、最後にこれらの道路によってつくられた住宅地の間を縫うように設定された「輪環街路」である。

敷地割りについても、南山耕地整理組合の敷地坪数を見てみると、「南山中学校」南側とさらにその南の「輪環街路」内側に広がる三〇〇〜四〇〇坪平均の大きな区画のものと、同中学校の東西に広がる一五〇〜二〇〇坪平均の小さな区画のものとに大別できる。これは前述した狩野の敷地割りについての「低みの平坦分は比較的細かく……高みの部分や景色に関係ある所には大きな敷地割」という言説を裏付けるものであると同時に、結果として、一区画の面積が大きな敷地割りからなる場所に比較的豊かな緑の保存が可能となっている。さらにこのような住宅地には、例えば八事耕地整理組合に着目してみると「梅園・雲雀ヶ丘・弥生ヶ丘・桜ヶ丘・松風園・緑ヶ丘・清水ヶ丘・紅葉園」という字名が付けられ、黒谷による「四季の名所」を実現しようとした跡がうかがえる。

これら四つの組合が設立された昭和二年の秋、「八事デー」と称した現地見学会と「八勝館」における園遊会が催され、それまでの開発の様子が『都市創作』誌上において「八事山紹介」として大々的に特集された。また翌昭和三年の秋には、「大名古屋土地博覧会」と称する「大名古屋」全体を対象とした同様の郊外見学会が開催された。[*11]「郊外に対して都市人が億劫であるため、美しき魅力ある郊外の紹介」をするために、昭和三年に開催された「御大典奉祝名古屋博覧会」にあわせて、鶴舞公園入口において各耕地・区画整理組合等の展示、郊外見学バスの運行、惟信・石川・新屋敷・名古屋桟橋倉庫（株）における住宅展覧会が行われた。

八事丘陵地における近代的イメージの形成

ところで「八事」という地名は南北朝時代・建武年間まで遡ることができ、八事丘陵地は飯田街道の南北両側にひろがる「尾張高野」と呼ばれた一大宗教地区を成していたという。[*12]また、天保一五（一八四四）年に描かれた『尾張名所図会』では、伊勢湾を眺望することのできる尾根が何カ所もあり、名古屋における景勝地でもあったことを今に伝えており、この頃から八事丘陵地は「東山」と呼ばれるようになった。春の花見と秋の紅葉狩りを楽しむことのできる「山行き」の名所として知られるようになり、城下町を中心とした都市の方位観が京都になぞらえて形成されていった。

「尾張高野」と「山行き」という前近代的名所から八事丘陵地を転向させたのは、明治二三（一八九〇）年と大正二（一九一三）年の二度にわたって行われた陸軍特別大演習であった。明治・大正の両天皇は、八事丘陵地の一部を占める音聞山の高みに陣取りその演習戦を観戦した。後に「御幸山（みゆきやま）」と命名されたこの「御座所（御野立所）」は、八事丘陵地に新たなイメージを与え、住宅地開発をしていく中で積極的に取り込まれていった。地方における郊外住宅地開発において、陸軍特別大演習の際に天皇が残した「聖跡」は極めて重要であり、[*13]名古屋における同様の開発として龍泉寺土地（株）が昭和四（一九二九）年から開発を行った「松ヶ丘文化住宅地」が挙げられる。[*14]そこでは昭和二（一九二七）年の陸軍特別大演習の際、昭和天皇が観戦した「御野立所」に向かう軸をもった道路を中心にして開発がなされており、より明確な意図が設計に反映していたことが見て取れる（図⑩）。

一方で、鉄道を中心とした都市基盤整備の影響が大きかったことは言うまでもない。江口理三郎によって明治四〇（一九〇七）年八月に敷かれた愛知馬車鉄道（株）、さらにその五年後に開通した尾張電気軌道（株）によって、江戸以来の遊覧地としての八事丘陵地は大きく変貌していった。江口は「八事遊園地」「尾電八事球場」「競馬場」等の遊興施設を八事丘陵地に散在させ、大正三（一九一四）年に開園した市営の「八事霊園」まで霊柩電車を走らせ、江戸以来の山間の遊覧地を近代的施設を伴った遊興地として開発していった。また明治四三年には、柴田孫助によって明治初頭に建てられ「八勝倶楽部」として名古

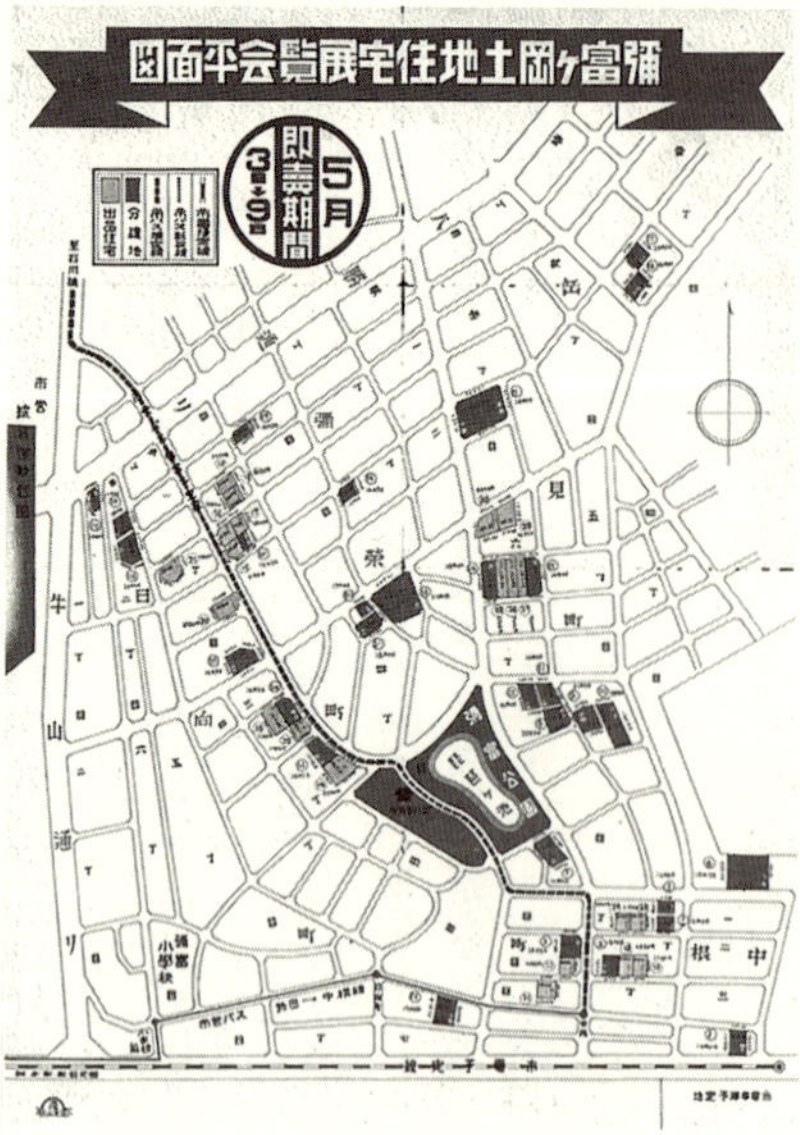

図9　弥富ヶ岡土地住宅展覧会平面図（1927年）

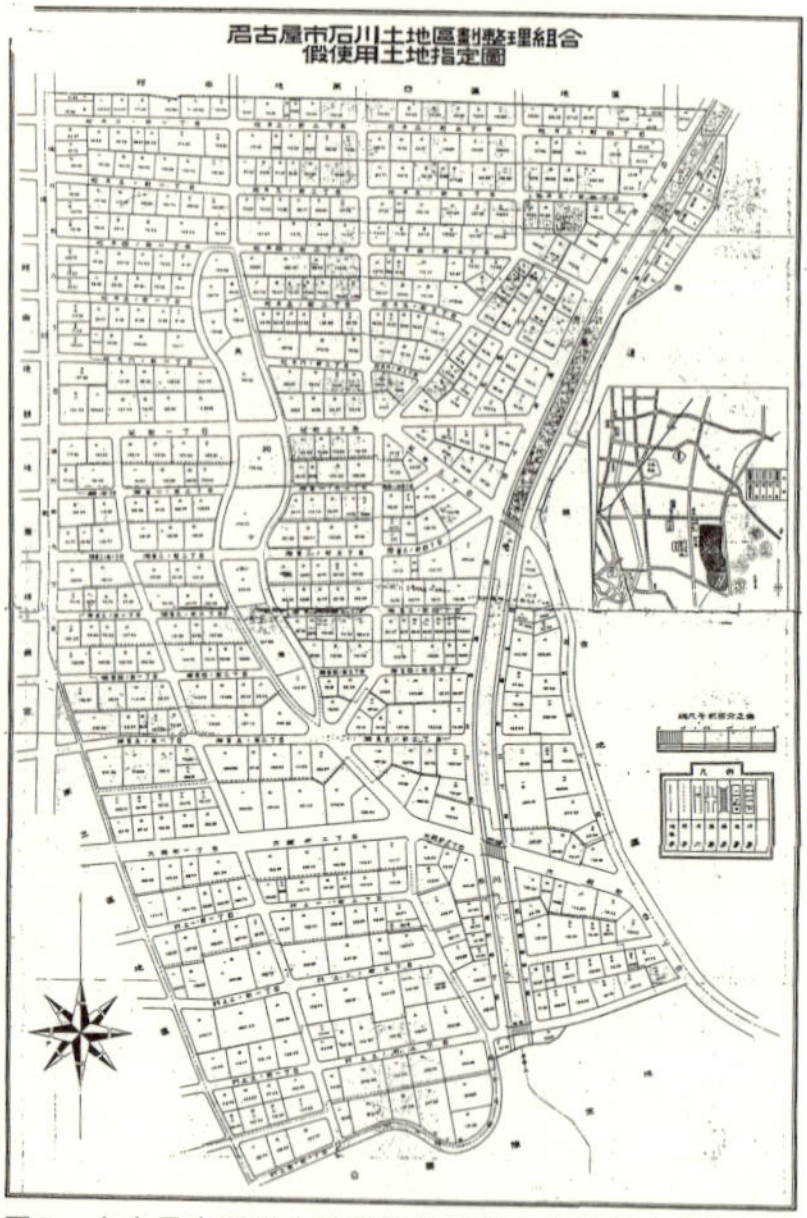

図7　名古屋市石川土地区画整理組合仮使用土地指定図（1927年）

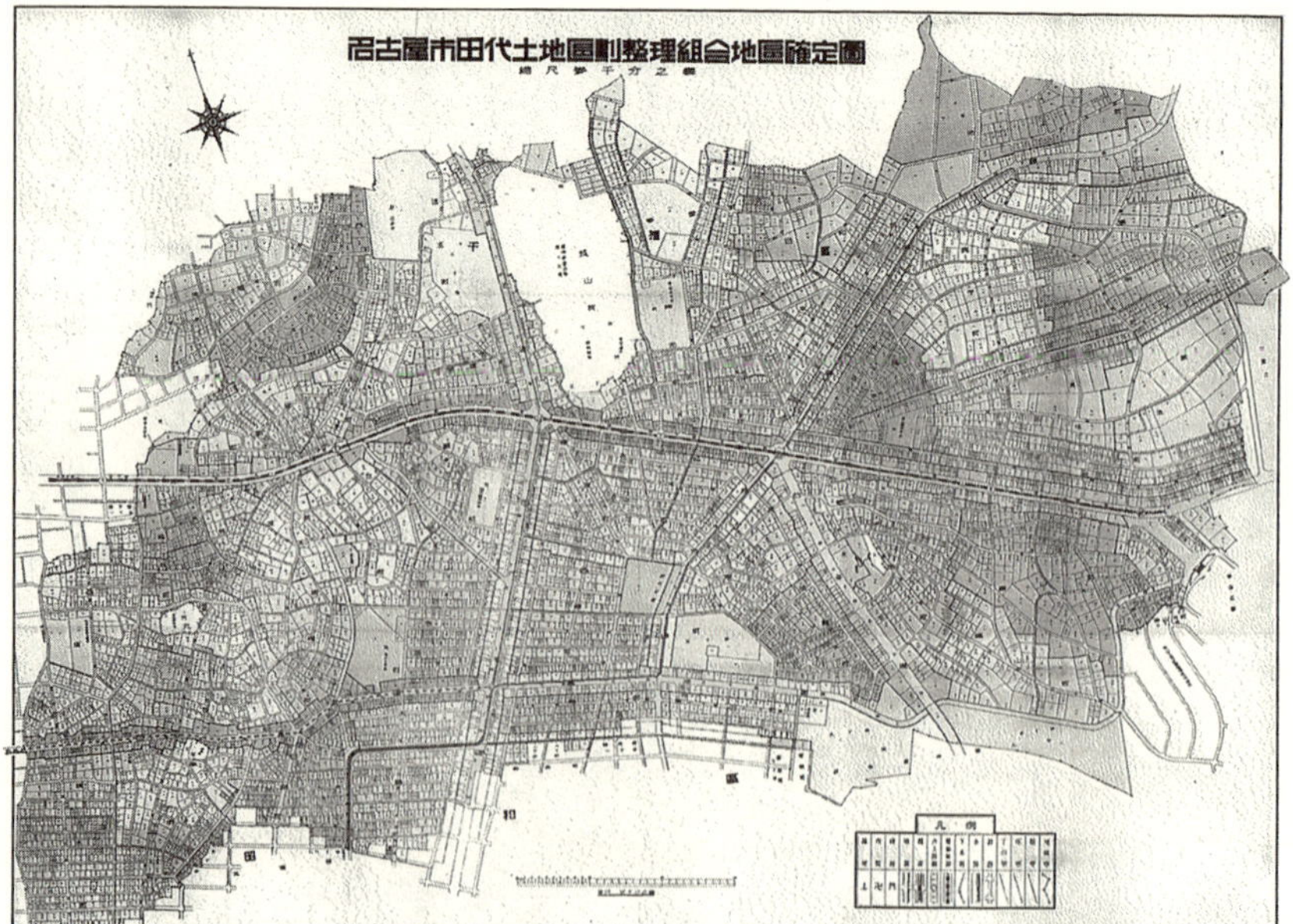

図8　名古屋市田代土地区画整理組合確定図（1938年）

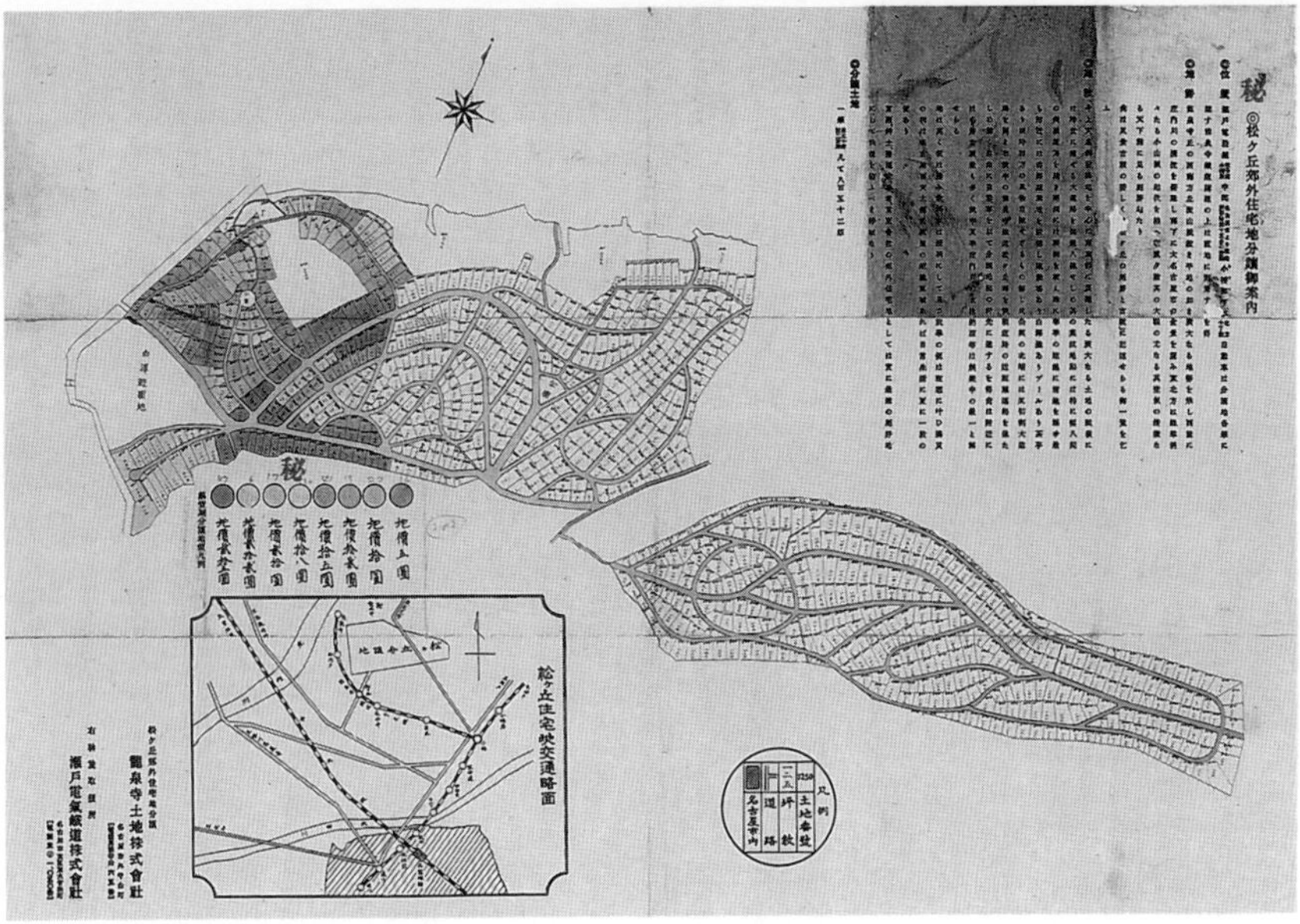

図10　松ヶ丘郊外住宅地分譲御案内（1929年）

屋財界人の社交場となってきた別荘を中心として、料理旅館「八勝館」が営業を始め、近代的名所としての「八事」を決定的なものとしたのである。

さらにこうした江戸以来の「八事＝東山」という狭義の概念は、田代村と鍋屋上野村の合併村が東山村と名付けられたことによって、名古屋の東部丘陵地全体に拡張され、「大東山（おおひがしやま）」という概念に結実していった。[*15] 石川（昭和二年・図❼）、下山（昭和四年）、田代（昭和四年・図❽）、弥富南部（昭和六年）、上山（昭和六年）、伊勝（昭和六年）、弥富（昭和一一年・図❾）の組合が順次設立し、大正末期から昭和初期にかけて住宅地としての開発が完了した。これらの新たな「東山」の開発においても、新たな道路パターンによって既存の風景を駆逐するのではなく、微地形や、点在する名所旧跡・社寺仏閣、既存集落、引いては浄水場等の公共施設までをいかに取り込んでいくかという点が設計の重要な手がかりとなり、既存の風景をいかにして取り込むかという議論が再三にわたって行われた。その結果、都市計画愛知地方委員会は、このような土地区画整理組合単位での公共施設などの引き込みを「発展素」と呼び、住宅地という非生産地域においてそのイメージを決定し、経営上重要な要素として位置づけていった。[*16]

「東山」の風致

一方、当時の「東山」は「幕末から明治初年にかけて殆ど濫伐されたために一帯は砂漠のような状態」になっていたという。

こうした山林の保水能力の低下を憂慮した愛知県林務課では、荒廃した山林の砂防工事に着手した。とりわけ当時、東京帝国大学教授であったホフマン（オーストリア人）の指導の下に、明治三八年に整備された森林公園（名古屋市守山区）は、「尾張水源涵養林」と呼ばれ水源保持のための山林として緑化された上で、その景観についても配慮がなされた。[*17] 八事丘陵地においても「維新後荒れに荒れて大木という大木は切られて薪となり、桜も紅葉も、享楽の人に年々折られて影も形もなく荒廃し、道という道は唯だ草茫々の野原と化していた」という。[*18] このことは天保一五（一八四四）年と明治二三（一八九〇）年に描かれたふたつの『尾張名所図会』を比較すると（図⓫⓬）、ほぼ同じ構図で同じ春という季節を描いているにもかかわらず、明治二三年版のものには桜の木はもちろんのこと、ほとんど木らしい木が描かれておらず禿山と化していることが見て取れる。

明治四四（一九一一）年、愛知郡長を務めていた笹原辰太郎は、このような八事丘陵地の風致を案じ、江戸以来の景勝地を取り戻すために、「八事保勝会」を創立した。笹原は京都の東山を手本として、「地主及一般篤志家より寄付金を募り山内に幾条かの道路を造り刺棘を切り拓き、樹林の手入れ補植その他簡易的施設を整えて遊覧者の便を」図った。笹原らの風致整備の結果、「十把一からげをもって一町歩幾許で売買された不毛の雑木林」は、第一次世界大戦後の好景気も手伝って、「盛んに土地の買手がついて地価がぐんぐん騰る」活況を呈したという。

明治末年には、このような環境保存を目的とした保勝会・保存会が全国各地で設立されたが、それらの多くは近世的名所旧跡を対象として、社寺境内ならびに建造物の保存を主目的としていた。[*19]「八事保勝会」は「東山」という江戸以来の名所を取り扱っている点においてはこうした動きの一部として考えられるが、その対象が社寺境内を超えた面的広がりを持っていた。

八事耕地整理組合では、換地による余剰金によって「十二間道路には街路樹を植え……成育良好なる樹木の予定線路上に介在した場合……交通と地形の許す範囲内に於いて、其を其儘存

図11　東山の春興（『尾張名所図会』天保15年）

図12　天道山春道之景（『尾張名所図会』明治23年）

置し、施工に際しては風致木として此を保護」したという。また笹原は昭和三（一九二八）年一月に音聞山土地区画整理組合地区内に約千本の桜を植えたとも伝えられている。[20]このような整備は、笹原らの「八事保勝会」の活動を受け継いで行われたものであった。さらに保全されたのは樹木だけではなかった。八事丘陵地周辺は溜め池が多い地域であり、南山耕地整理組合における「隼人池」の風致保全をはじめとして溜め池を中心とした風致保全も積極的に行われた。

昭和一二（一九三七）年、整地事業の完了した八事耕地整理組合と南山耕地整理組合は、組合を解散しその余剰金を基金として「八事保勝会」を改組し「八事風致協会」とした。同協会は愛知県に対して「風致地区指定陳情書」を提出し、「風致維持開発高級住宅地の助成」に努めた。[21]大正末期から始まった八事丘陵地における土地整理事業が一通り終了した昭和一四（一九三九）年、この地区は風致地区指定がなされた。「大」が冠された六大都市においては、京都（昭和五年）を筆頭に、昭和初年に風致地区の指定がなされたが、京都の東山・嵐山、神戸の六甲山、そして名古屋の「東山」、それらではいずれも都市周縁の山林が取り沙汰されている。しかしながら、名古屋の場合、その実態は戦時体制下における防空利用を目的とした自由空地にほかならず、[22]狩野が「高みの部分や景色に関係ある所には大きく」敷地を取った区画は、高射砲が設置される要衝と化したのである。

「人工美と自然美」の調和

黒谷は「山林都市」の中心に工場を据えようとしたが、実際にできあがった八事丘陵地はそうではなかった。笹原は八事丘陵地の開発を自省して「中心の不在」と称し、後に黒谷自身も八事丘陵地を「其の外形は私の所謂山林都市に似てゐても其の精神は甚だ遠いもの」と述懐したように、彼の理論と実際の開発との間には大きな溝ができた。これは八事丘陵地だけの問題ではなく、日本の郊外住宅地が持つ最も本質的な問題のひとつであろう。欧米（特に英国）の田園都市が、形態的に独立し、機能的に自己完結しており、土地公有を標榜しているのに対して、日本の多くの場合は大都市に近接する単なる郊外の住宅地となった。しかしながら、近代における日本の郊外住宅地開発の意義を考えた場合、適度な大きさを持ったその面的開発が生み出すあるひとまとまりの総体、すなわち郊外住宅地の風景については これまで十分な評価がなされてこなかった。黒谷が言うように田園都市とは「田園でありながら都市」であり、「人工美と自然美」という二項対立のせめぎ合いの所産である。このことは近代における郊外住宅地を取り扱う上において不可避的問題であり、それが近世以前の「里山」の開発である以上、そこでは開発に際して生じる風景に対する認識の変容が問われたのである。八事丘陵地においても山林というその特質を住宅地に取り込むことが、山林風景の変容そのものを取り扱うことにほかならなかったのである。

註

本稿は拙稿「八事丘陵地における住宅地の形成過程とその空間的特質について」日本建築学会計画系論文集、四七一号、一九九五年五月、一六五〜一七三頁をもとに大幅に加筆・訂正したものである。

＊1——当時「大名古屋」を冠した出版物は数多く見られるが、管見によれば平井栄一編『大名古屋の研究』大名古屋研究会、一九二五年七月〜一九二七年六月の影響が最も大きかった。

＊2——名古屋ではこのほかに土地区画整理研究会の編集による『区画整理』（昭和10〜）がある。

＊3——石川栄耀「名古屋の区画整理の特質（上）」『都市問題』東京市政調査会、第九巻第四号、一九二九年四月、六七〜九〇頁

＊4——黒谷了太郎「台湾のサナトーリアムとしての山岳都市の計画」『区画整理』土地区画整理研究会、第三巻第四号、一九三七年四月、一〇〜二六頁　黒谷の名古屋時代の回顧は主としてこの文献によった。

＊5——このとき石川が、「大名古屋」の都市計画についてアンウィンから次のような指摘を受けたことは有名である。「余り小売商店をたくさん造ってはいけない。百人に一軒位にし徐々に増やす方がよい。名古屋の都市計画は海岸を皆工業地域にしたが、此は野蛮である。海岸は市民生活をエンジョイする大切な場所である。少なくもその三分の二は公園にすべきである。都市計画の技術家は都市が結局 Life のための施設であり産業等云うものはその基礎工であることを知らなくてはならぬ。」石川栄耀「都市計画の巨人達をたずねて」『都市公論』第一四巻第九号、一九三一年九月、七九頁

＊6——黒谷は特にイギリスが一九世紀にインドにおいて避暑地として開発したシムラ（Simla）、ナニタール（Nani Tal）、ダージリン（Darjiling）、ムッスリー（Mussoorie）、ミユーリー（Murree）を事例として紹介している。前掲書＊3

＊7——勝原文夫『農の美学』論創社、一九七九年九月、八九〜一一四頁

＊8——「林間都市」という名称は、昭和四〜六年頃に小田急電鉄によってなされた開発においても見ることができるが、現時点では両者の因果関係は明らかでない。小田急電鉄株式会社社史編纂事務局『小田急五十年史』小田急電鉄株式会社、一九八〇年一二月、一三五〜一三八頁

＊9——石川栄耀「八事讃称」『都市創作』第三巻第一〇号、一九二七年一〇月、七一〜七二頁

＊10——石川栄耀「名古屋都市計画公園第一期」『公園緑地』公園緑地協会、第一巻第五号、一九三七年五月、六八頁

＊11——横浜においても昭和四（一九二九）年五月一日から二週間に亘って同様の「土地博覧会」（横浜市主催、横浜土地協会協賛）が催された。「大名古屋土地博覧会の開会を見て其の方法を模倣した」とはいうものの、横浜の場合は関東大震災による外国人居留地を中心とした被災地整理がその主眼であった。早川北汀「大横浜土地博覧会を観て」『都市創作』第五巻第六号、一九二九年六月、五五〜六〇頁

＊12——木島死馬「八事懐顧」『都市創作』第三巻第一〇号、一九二七年一〇月、七七〜八五頁

＊13——都市創作会編集部「八事開発事業の現況」『都市創作』第三巻第一〇号、一九二七年一〇月、七四頁

＊14——拙稿「松ヶ丘文化住宅地について」日本建築学会東海支部研究報告集第三四号、一九九六年二月、八二五〜八二八頁

＊15——加須屋春壹『東山名勝』東山名勝発行所、一九二一年一〇月

＊16——名古屋市区画整理耕地整理連合会・都市創作会『大名古屋の区画整理』大名古屋土地博覧会、一九二八年一〇月

＊17——全国治水砂防協会編『日本砂防史』一九八一年六月、三一一頁。千葉徳爾『はげ山の研究』農林協会、一九五六年においても同様の指摘がなされている。

＊18——八事保勝会および八事耕地整理組合の活動については、笹原辰太郎「八事見学団を迎えて」『都市創作』第三巻第一一号、一九二七年一一月、八一頁によった。

＊19——西村幸夫「土地にまつわる明治前期の文化財保護行政の展開」日本建築学会論文報告集、第三五八号、一九八五年一二月

＊20——笹原尚一「父のこと断片」『都市創作』第五巻第八号、一九二九年八月、七五頁

＊21——「八事風致協会」前掲書＊10、一八頁。また名古屋において同様の経緯を辿った保勝会として「荻山保勝会」（昭和八年設立）が挙げられる。「荻山保勝会」の活動は狩野らの協力によって「荻山ゴルフリンクス」に結実した。

＊22——後藤健太郎・佐藤圭二「名古屋市における戦中の防空対策が都市計画に及ぼした影響」日本都市計画学会学術研究論文集、第二五巻、一九九〇年一一月、四六九〜四七四頁

4
京阪神

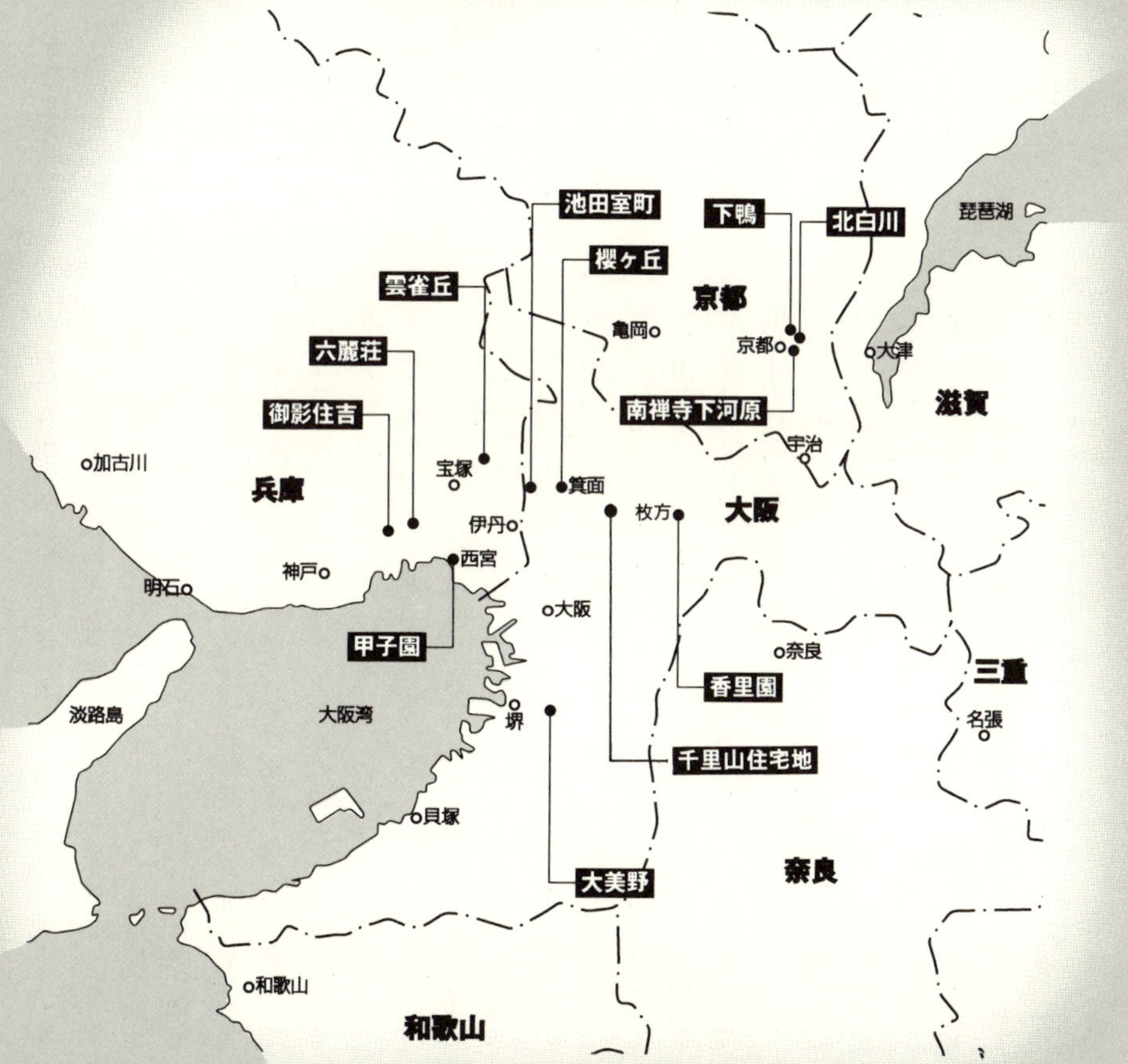
池田室町
下鴨
北白川
琵琶湖
櫻ヶ丘
雲雀丘
京都
亀岡
京都
大津
六麗荘
南禅寺下河原
滋賀
御影住吉
宇治
加古川
宝塚
箕面
兵庫
枚方
大阪
伊丹
西宮
神戸
明石
大阪
甲子園
奈良
三重
香里園
淡路島
大阪湾
堺
名張
千里山住宅地
貝塚
大美野
奈良
和歌山
和歌山

関西の郊外住宅地開発は、おもに、⑴私鉄による住宅地経営、⑵土地会社による住宅地経営、⑶耕地整理組合および区画整理組合による住宅地分譲という三つのパターンでとらえることができる。またそれらの多様な郊外住宅地開発のイメージリーダーとなったのが、六甲南山麓に千坪単位で土地を購入し移り住んだ、関西の実業家たちであった。

明治一〇年代から二〇年代にかけて、船場・島之内の商人が帝塚山や天下茶屋に別邸を構え、住宅地として注目されはじめる。その一方で、明治三〇年頃より、六甲山麓の御影山手や住吉山手での開発が始まる。一九世紀最後の年である一九〇〇(明治三三)年、朝日新聞の創業者である村山龍平が御影山手に移り住んだのを皮切りに、この地が船場の豪商たちの注目を集める。阪神電鉄が大阪出入橋—神戸三宮間に開通した明治三八年頃、住友家や岩井家(岩井商店)が土地を取得。このような動きを察知した阿部元太郎(後の日本住宅社長)は、住吉川沿いの観音林、反高林で土地分譲を行なう。その後、大正期から昭和初期にかけて、野村徳七(野村財閥創設者)、田代重右衛門(大日本紡績創業者)、小寺源吾(東洋紡社長)、武田長兵衛(武田薬品工業社長)らの邸宅が集中するようになる。また、こうした大邸宅や別邸文化の一部が、京都の南禅寺周辺にも飛び火し、実業家たちの別邸がつくられる。

こうした一部の上流階級の動きに引きずられるように、中産階級が郊外に住宅地を求め始める。その最大の牽引役が私鉄であった。戦前の関西の私鉄は、大阪市内にそれぞれターミナルを設け、放射状に路線を伸ばしていく。私鉄の多くは、鉄道利用者数の増加と不動産経営との両立をもくろみ、遊園地や海水浴場などの集客施設を設けるとともに、途中駅の徒歩圏に住宅地を開発する。また、近郊リゾートに隣接して開発された住宅地も少なくない。初期に開発されたリゾート地のなかには、阪急の宝塚や阪神の甲子園など、私鉄駅に直結した集客施設に客を奪われ、その跡地がリゾートイメージを生かした郊外住宅地として、再開発される場合もあった。

鉄道会社による住宅地経営というと、やはり阪急によるものが代表的である。阪急の前身である箕面有馬電気軌道の創業者、小林一三は、沿線の住宅地開発を積極的に進め、明治四三年に分譲開始の池田室町をはじめ、沿線に次々と経営地を拡大していった。阪神は、開業当初は沿線への大阪からの移住を奨励し、明治四二年には西宮駅前で貸家経営を始めたが、路線が旧集落をつなぐ形で敷設されたため、甲子園開発以外には、自ら大規模な住宅地開発を行なうまでにはいたらなかった。

阪急や阪神の動きの影に隠れてしまってはいるが、他の私鉄の動きも見過ごすことはできない。明治二〇年、阪堺鉄道が難波—堺間に全通し、帝塚山や住吉大社方面への人の動きが活発化する。明治一八年、阪神より二〇年も早く開業した阪堺(後の南海)も、明治末期には住宅地経営を始める。近鉄の前身である大阪電気軌道や大阪鉄道も、大正時代後期から昭和初期にかけて、沿線で大規模な住宅地経営を開始する。

明治四三年に開業した京阪電鉄は、阪神電鉄の香櫨園に対抗して香里園遊園地を設けるが、結局遊園地は廃止され、住宅地としての道を歩むことになる。しかし、大阪の鬼門にあるという俗説が災いしてか、他の私鉄に比べると本格的な沿線開発は、第二次大戦後まで待たねばならない。

土地会社は、観音林や雲雀丘を開発した日本住宅（阿部元太郎）をはじめ、大美野田園都市の関西土地、仁川・寿楽荘の平塚土地など、長期にわたって次々と開発を行なう大規模な会社から町なかの小さな不動産業まで様々であった。それでも多くの場合、たとえば関西土地は南大阪方面、村上商店は阪急宝塚線方面というように、主な営業範囲が、鉄道沿線別に区分される傾向にあった。また新聞広告で知る限り、大美野田園都市のように完結した理想的住宅地開発を目指したものから、先発の住宅地に寄生するような小規模開発のものまで、多様な開発がなされた。

私鉄や土地会社の住宅地経営の成功を目の当たりにして、地元の地主層が組合を設立して実施したのが、耕地整理および区画整理による住宅地開発である。大正八年制定の都市計画法によって耕地整理による宅地化が認められ、大正中期から昭和初期にわたって各地で続々と実施された。その結果、民間土地会社などの経営地と旧集落との間の農地が碁盤目状の宅地に変わり、碁盤目の海に島のように浮かぶ旧集落が増えた。また広大な面積の耕地整理が行なわれた結果、民間土地会社の経営を圧迫することもあった。

戦前の住宅地開発は、私鉄、土地会社、耕地整理のいずれによるものも、昭和一〇年頃にピークを迎える。それは郊外生活文化の爛熟期でもあり、阪神間や北摂地域を中心に、音楽、美術、文学、ファッションなどが郊外生活のなかで育てられ、花開いた。

第二次大戦後は、耕地整理や区画整理で広がった市街地の内外で、さらに農地を侵食するようにスプロールが進行する。関西の市街化は、大阪を中心にして時計まわりで螺旋状にすすんだという俗説がある。たしかに大阪市南部から阪神間に飛び、阪急宝塚線、阪急京都線沿線から淀川をわたって京阪沿線、北河内から泉北を経て、ふたたび六甲山北側から北摂さらに滋賀県方面へと、大規模開発の場所が移っている。しかし、より詳しく見ると、開発の最前線はそのような動きで飛び地状に進みながらも、都心との隙間を埋める形で、先行する住宅地周辺に新しい開発が起きたり、戦前郊外住宅地の細分化やマンション化が進行する。こうして戦前郊外住宅地は、既成市街地の中に溶け出してしまった。（角野幸博）

⑫

北白川・下鴨／京都

京都の近代が求めた居住空間

石田潤一郎

はじめに

京都における市街地の拡大は明治四〇年ごろからはじまる。昭和六年以前の市域の人口を見てみると、明治四〇年に約四〇万人であったものが大正六年には約五五万人、昭和五年には七七万人へ急増している。これらの大半が既成市街地の外縁部に住みついていったと見てよい。

　これら専用住宅地域を農村部に生み出す方法として、土地会社による不動産経営と、土地区画整理事業とが存在した。前者についていえば、大正一五年の段階で京都には約二〇の土地会社が存在したといわれ、昭和一一年には支店も含めて四二を数える。一方、京都府と京都市は土地区画整理事業を大正末年以降、積極的に推進し、昭和一〇年までにおおよそ二二〇万坪の土地を宅地として新たに供給した。ここでは、それぞれの手法によって創出された住宅地のなかでもっとも良質の例を紹介したい。土地会社の開発による北白川小倉町と、土地区画整理組合施行による下鴨地区である。

北白川の概要

北白川地区は、京都市の東北部に位置し、おおよそ北は鞍馬口通、西は高原通、南は今出川通、東は東山山系で囲まれた地域である。大正七年の京都市編入以前は愛宕郡白川村に属した。白川村は、志賀越道（山中越）沿いに発達した古くからの街道集落であり、花崗岩の採取・加工、白川の水流を利用した水車工業（精米・伸銅・染色用の糊製造）、さらに「白川女」で知られる花卉栽培などを産業としてきた。

　京都市街から見て、北東の鬼門の方位に当たることもあって、周辺地域の中でも市街化は遅れ、明治大正期までは洛中とは明らかに異なる独自の地域的性格をはっきり見せていた。しかし、昭和初年以降、急速に住宅地へと変貌していき、戦後にいたって、京都屈指の高級住宅地と目されるようになる。そうした変化の起点となったのが小倉町の住宅地開発である。[*1]

住宅地化の発端

京都においては、明治初年から二〇年代にかけて、近代化のためのさまざまな施策がとられる。白川村周辺においても、明治二三年には琵琶湖疏水が村内を縦断して敷設された。南隣の吉田村には明治二一年に第三高等中学校、同三〇年には京都帝大が開設される。同三四年ごろには、小倉町付近に牧場が作られたといわれる。しかし、当初は上記の施設の立地が、村の生活に直接的な影響を与えることはなかったようである。

　明治四〇年前後に至って、鐘紡の子会社である日本絹綿紡織会社が施設建設用地として小倉町地区に土地を取得した。[*2] この背景には二つの時代的特質が存在する。一つには、日露戦争を契機として、京都に企業立地の機運が高まってきたことである。四一年には白川村北方の田中村高野に親会社の鐘紡が一大紡績工場を設立している。もう一つには、鴨川以東、東山山麓にい

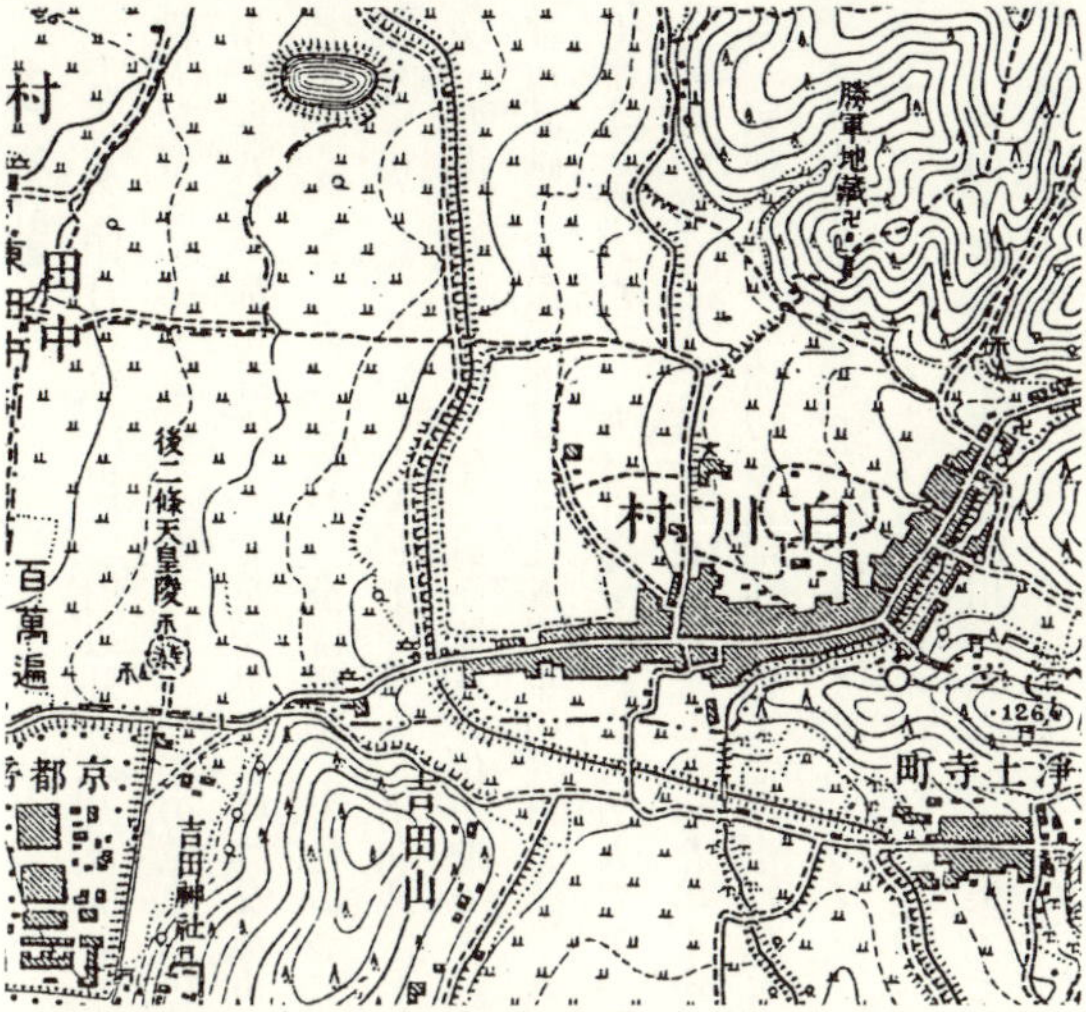

図１　明治42年の北白川付近の地図。志賀越道沿いにのみ人家がある。小倉町一帯は空白となっている（『京都近傍図』（大正元年））

たるまでの鴨東（おうとう）地区がそのような工場立地の用地としてのイメージを持っていたということである。明治二〇年代の京都振興策の大半は鴨東を舞台としており、その後もしばらく、鴨東の工業地区化が社会通念として存在していたとみられる。なお白川村のなかでも特に小倉町をめぐる動きが目立つのは、この地が水利に恵まれていなかったからであろう。

しかし、この日本絹綿紡織会社の建設計画は、日露戦争後の不況に遭遇したために整地を終えた段階で中断、しばらくは畑地として村民に貸すなどしていたという。

明治四三年になって、京都在住の実業家・藤井善助経営にかかる関西倉庫株式会社が、この地約二万坪を日本絹綿紡織会社から一坪三円で買収する。[*3] 藤井善助は、明治六年に滋賀県神崎郡五個荘町宮荘（みやしょう）に生まれた。父は、織物販売を業とする近江屋の経営者、三代藤井善助である。四代目善助は金巾製織会社、天満織物などの近代繊維産業の経営に参加して成功を収め、日本共立生命保険、江商、島津製作所など、数十社にのぼる企業の経営にも関係した。政治にも関心をいだき三期九年にわたって衆議院議員を務め、犬養毅の腹心として知られた。また中国古美術品の収集家としても著名で、そのコレクションは国宝一点、重要文化財九点を含む。藤井善助が大正一五年に独力で設置した美術館、藤井有鄰（ゆうりん）館は武田五一の設計になり、左京区岡崎に現存する。

さて、小倉町の土地を引き継いだ関西倉庫は、今出川通をはさんだ吉田神楽岡町を含めて宅地化を企図したようだが、スギ・サクラ・カエデなどの植樹を行なったほかは、敷地中央を南北に貫通する道路を通しただけで空地のまま保持していた。[*4] ちなみに大正一二年に京都府立一中が吉田近衛町から移転する際、敷地の第一候補と目されたが、提示された土地価格が高すぎて購入できなかったという。

大京都計画

大正七年四月に京都市は、周辺町村の大合併を行ない、白川村も左京区に編入される。さらに、同年の東京市区改正条例準用、翌八年の都市計画法公布を受けて積極的な都市経営が図られていく。そこでは京都を「公園都市」と位置づけ、風致の確保を重視した。その一環として、東山・洛北地区を住宅専用地域、西南部を工業地帯化という地域分化が進められる。そして、都市計画の対象範囲は、一九五二年の人口を一二八万人と推定して定められた。[*5] 一九二五年では約六八万人であったから、ほとんど倍増する事態にそなえようとしていたのである。このの ち、京都市とその周辺を包括的に捉えて都市行政を進めようとする《大京都》構想が広まっていくことになる。

よく知られているように、京都市は明治末期の「三大事業」で、東山・烏丸・千本・今出川・丸太町・四条・七条——の七街路の拡幅を進めていた。それは、近世までの京都市街地、いわゆる洛中の外周を画し、また、従来の幹線街路を整備する性質のものであったといえる。これに対し、大正八年、都市計画法の施行にともなう第二次街路拡築、いわゆる「都市計画道路」を立案する。それは先述した広域の都市圏のイメージを実体化し、《大京都》を促進する原動力として、市街の一回り外側に設定していた。これによって、河原町・仁王門・西大路・北大路などの一五街路——総延長四〇・六キロ——が広げられ、場所によっては新規に開削されることとなった。これにともなって市電も延長されていく。

東山山麓においても、丸太町通・今出川通の東進と白川通の新設などが計画される。これを見越して、明治後期の南禅寺周辺の別荘街の形成に始まる宅地化が、鹿ヶ谷・銀閣寺方面にまで波及する。

大正七年にはまた、京大理学部が白川村西部の現・北白川西町に移転を開始し、同一二年には農学部がその東隣の現・北白川追分町に新設される。これに伴い、それまで吉田町を中心に展開してきた三高・京大の学生街が、北白川にも波及することとなる。ただし、人名録や現存の住宅の建設年代から推して、大正期には、京大教官の住宅は大学寄りの追分町・西町か、北辺の伊織町付近に建てられたと思われる。また、志賀越道沿いに多くの商店の立地を見、北白川京極と称されたという。

日本土地商事会社による開発

このような情勢のなか、三宅勘一の経営にかかる東京土地住宅株式会社が大正一二年八月に小倉町の土地に注目する。同社はこの土地を、教育の中心となってきた京都において将来有望な住宅地であると判断して、関西倉庫に住宅地の共同経営の話を持ちかける。[*6] しかし、藤井善助は自身も土地会社設立の意思をいだいていた。その伝記の言葉を借りれば「土地家屋等不動産を商品化し資金化するの機関として信用すべきものの少なきは現時の財界の欠陥なること」（ママ）を以前から主張していた。[*7] このためであろう、藤井善助は東京土地住宅株式会社からの申し出を断わる。

実は、藤井が不動産経営に関心を見せた最初が関西倉庫による小倉町買収なのであった。大正六年には京津土地なる会社を興しているが、大きな契機となったのは、大正一四年三月の京都パラダイス跡地の買収であった。[*8]京都パラダイスとは、奥村電器商会が建設した遊園地である。奥村電器商会は明治一八年ごろに岡崎に工場を建て、以後急速に発展して、島津製作所と並び称された。大正九年に工場を南方の吉祥院へ移転し、岡崎の敷地に京都パラダイスを建設した。「大瀑布」と「飛行塔」が人気を博したが、第一次世界大戦後の不況と労働争議とによって本体の経営が悪化し、一四年にいたって京都パラダイスを売却せざるをえなくなったものである。受け皿になったのは、大正三年から藤井が社長を務めていた近江倉庫という企業である。近江倉庫は大正八年に前出の京津土地を合併して近江土地倉庫株式会社となっていた。藤井は岡崎の地を手に入れると、ここにこれも社長となっていた日本共立生命の社屋を移し、残った敷地を大正一四年から一五年にかけて住宅地として分譲している。

そして、大正一四年六月にいたって、藤井は公称資本金一五〇万円をもって日本土地商事株式会社を設立する。社長には片岡安を迎え、自らは相談役に納まる。[*9]日本土地商事会社は、藤井保全合名会社からの受託経営というかたちでただちに小倉町の開発に着手する。藤井保全合名会社とは、その名のとおり、地方財閥になろうとしていた藤井家の資産管理会社で、大正九年に設置されたものである。

住宅地化の経緯

開発にあたって、最初に敷地全体の街区割りが設定されている。[*10]これは後述するように途中で多少の変更を受けるのだが、骨格は開発着手の段階で決まった。関西倉庫時代に開削された南北道路を中軸として、碁盤目状に街路を配する。一街区は二六間×二七間のほぼ正方形で構想されていた。当初は二期に分けて分譲する予定で、南北軸から西側を第一期、東側を二期としていた。実際には四期にわたることになる。

日本土地商事設立から五カ月後の大正一四年一一月、第一回分譲地工事を開始し、三万八〇〇〇円余の工事費をかけて街路の開削、排水路の設置などの基盤整備を行ない、翌大正一五年四月、第一回分譲分の約五六〇〇坪、四一区画の販売を開始する。販売に際して作成された案内パンフレットには、この土地について次のように謳っている。[*11]

土地高燥、東ハ銀閣寺、大文字山、北ハ修学院、一乗寺、比叡山、西ハ加茂ノ森、衣笠愛宕ノ諸山ヲ展望スル高台ニシテ疏水ノ清流ヲ廻ラシ、風光絶佳、空気清澄、水質佳良、最モ健康地

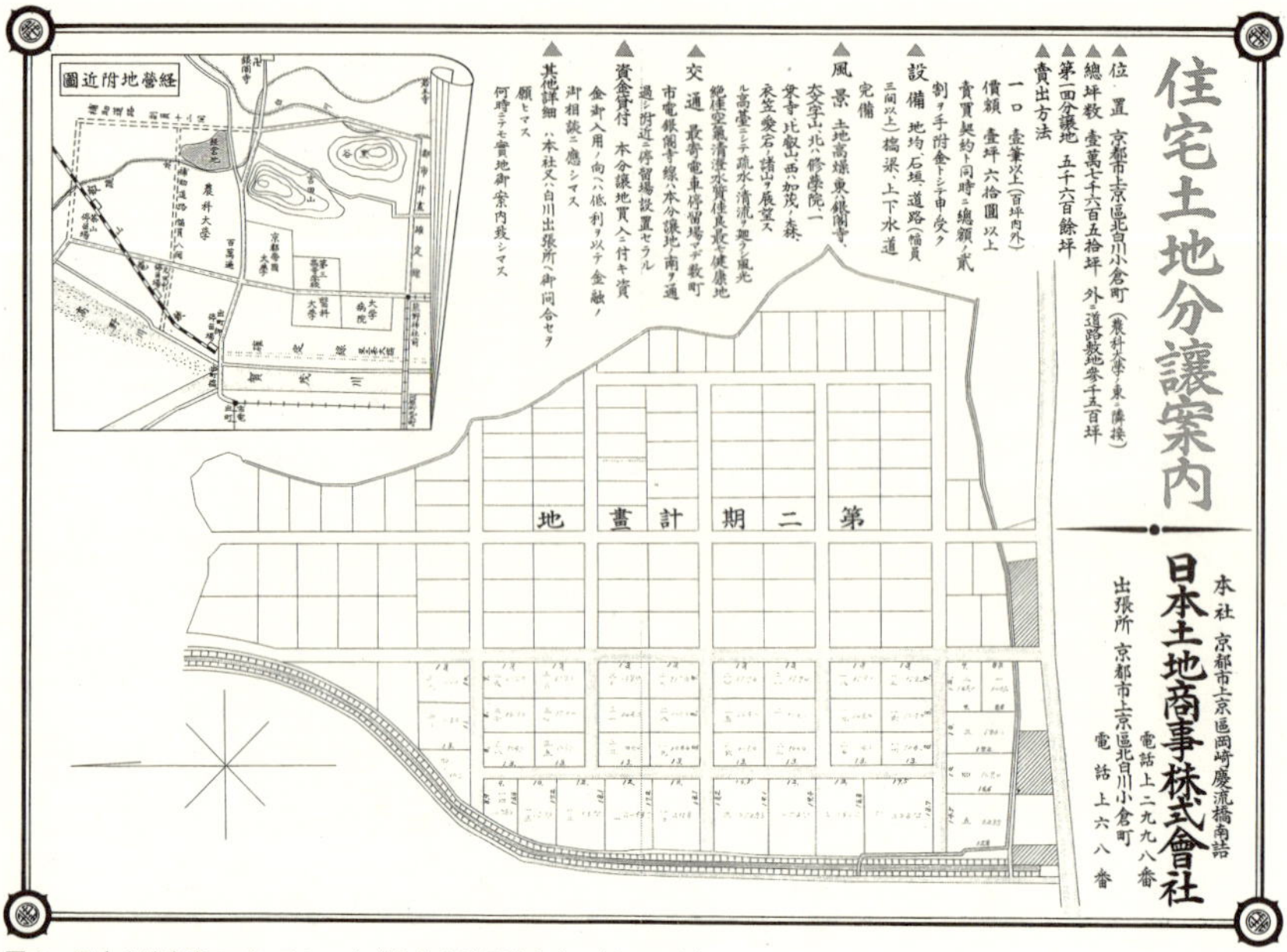

図2　日本土地商事のパンフレット『住宅土地分譲案内』（大正15年）

坪単価は六〇円以上とし、一ロットは一三間×八間の一〇四坪という敷地がもっとも多く、最少のロットが九六坪、最大が三二三坪であった。街区の設計にたずさわった人物として高木百人（ももと）の名が知られている。[*12]

当初の売れ行きは芳しくなく、大正一五年中に三件、昭和二年にはわずか一件であった。しかし昭和三年に入って物件が動き出し、三年中に一〇件、四年には一八件が売れた。この原因としては、ロットの最小単位を一三間×六間の七八坪に変更し、坪単価も五〇円台に下げたこと、昭和四年五月に敷地南側の今出川通に市電が開通したこと、さらに四年九月に外務省所轄の東方文化学院京都研究所（現・京都大学人文科学研究所東方部）が立地することが決まったことなどが挙げられる。

第一期分がほぼ完売したので、昭和五年四月、第二期として全敷地の中央部にあたる部分約三二〇〇坪の分譲を開始し、ついで昭和七年六月に第三期約五八〇〇坪、九年八月に第四期六三三坪の分譲をはじめる。かくして昭和一二年一二月をもって一万九六〇〇坪すべての売却が完了する。[*13]

小倉町の土地の購入者は、昭和一二年末の時点でちょうど一〇〇人であるが、そのうち一三人が京都大学教授である。たとえば京大人文研の向かいにある鉄筋コンクリート造の洋館は、都市計画のパイオニアの武井高四郎の邸宅であるが、武井が地理学者・小川琢治の女婿であった縁で、戦後は小川の次男、貝

図4　小倉町の現況 1

図5　小倉町の現況 2

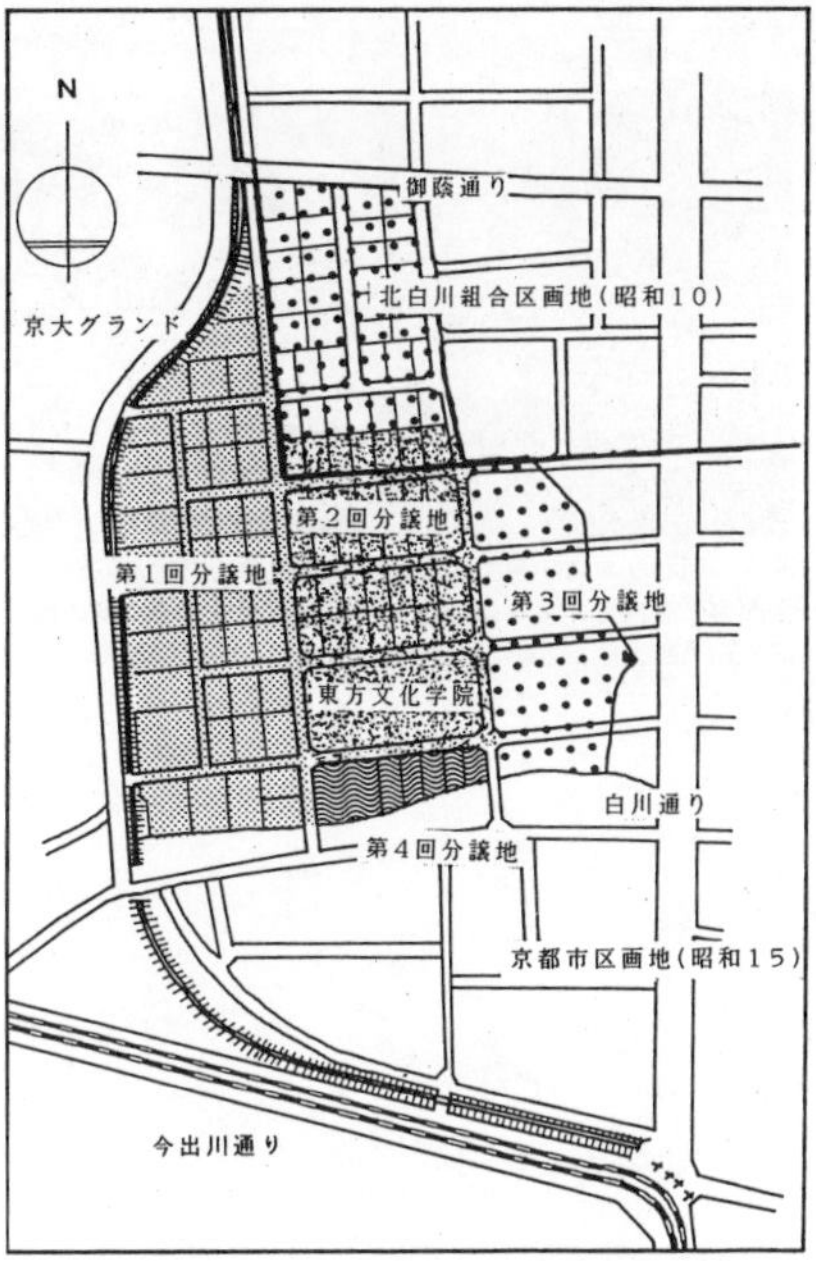

図3　分譲の進捗状況（中嶋節子『北白川小倉町の住宅地形成について―近代京都の住宅地開発―』から転載）

塚茂樹が住んだ。その北隣には小川の高弟で先史地理学者の小牧実繁が居を構えた。

学者以外では医師、弁護士、計理士、銀行員、画家といった職種が目立つ。安宅弥吉、阿部孝太郎、松居久右衛門など企業経営者およびその一族も多い。近江商人が目につくのは藤井善助の人脈によるものであろう。そのほかの有名人では、住友の幹部社員であり歌人として（そして「老いらくの恋」の主人公として）知られる川田順、在野のニホンザル研究者・間直之助といった名が挙がる。[*14]

住宅地の様態

約二万坪の小倉町住宅地は、南北四本、東西五本の街路によって計一九のブロックに区画されている。街区の寸法は、第一期分譲の時点ではほぼ正方形であったが、第二期以降は京都市の土地区画整理事業の基準にあわせて、南北二五間、東西五〇間の長方形に変化する。街路の幅員はおおよそ六メートルで、交差点では一～三メートルの隅切が施された。

こうした街区の様態は京都においては初めて出現したものであった。下鴨の項で詳述するように、京都市においては土地区画整理事業が大正一四年から開始されており、烏丸北大路の花ノ木町については北白川小倉町よりも早く竣工した。しかし、同地は約四〇〇〇坪の三角形の敷地で、こののちの区画整理施行地のような整斉たる景観は獲得できていない。小倉町は、区

図6　昭和9年に小倉町において縄文遺跡の発掘を行なった際の写真。東方文化学院屋上から東方を見下ろす。疎林が日本土地商事所有地で、左手に造成された街路が見える。林の向こうの家並は志賀越道から北方へ進展してきた集落（京都府『京都府史蹟名勝天然記念物調査報告』第16冊、昭和10年）。

画整理の街区形成の手法をいち早く我がものとして、それがもたらすことになる未来都市を具体化してみせたといえるであろう。

小倉町を除く北白川地区では、小倉町以北では在地地主による土地区画整理組合が昭和四年六月に結成され、一〇年に区画整理が施行されている。小倉町以南では京都市の手で昭和一五年に区画整理が施行されている。疏水以西の平井町・高原町でも七年に土地区画整理が行なわれる。こうした周辺地域では、先行して良好な住宅地を形成してきた小倉町をモデルとしたことがうかがわれる。なお、周辺の住宅地化の進度は、写真や遺構からみるかぎり、小倉町のすぐ東側の地域では市中からの転住者による住宅建設および大規模下宿屋の立地がみられるが、さらに東寄りの山沿いの地域の宅地化は島津源蔵邸（大正一五年、上野伊三郎設計）のような特殊例を除き、戦後の白川通拡幅を待たねばならない。

なお、先述のように今出川通は昭和四年に拡幅・市電敷設がなされ、以後、商店街の形成をみる。また、おそらくはこれと同時期に銀閣寺前町界隈の住宅地化が図られている。

小倉町の第一世代といえる住宅は、現在は半数を下回る。売却や相続によって住み手が変わり、それにともなって、建築の建て替えと敷地の細分化が行なわれる、という変化がこの一〇年から一五年の間に急速に進展した。当然のことながら、現存するものを見ると、街路に直面した和風住宅が過半を占める。

町家型はまったく存在せず、すべて、周囲に塀・生け垣をめぐらし、前庭を備えるタイプである。そのなかには藤井厚二の作品が二例（小川睦之輔邸と八木芳之助邸）ある。どちらの施主も京大教授である。洋風建築の設計者ではあめりか屋が数例知られる。なお、この地での日本土地商事会社は基本的に敷地の提供だけにとどまって、建て売りは行なわず、購入者から希望があれば建設を斡旋するという程度だったという。

京都の土地会社

京都の土地会社による宅地経営の性格は、余剰資産の保全運用という色彩が強く、東京にしばしば見られる理想主義的なものとも、大阪における近世以来の大地主が巨大な資産を背景に広大な敷地を経営するタイプとも異なっていた。逆にいえば、短期的営利追求を目的としていなかったために、北白川地区のように、良好な住宅地が成立する条件が整うのを待つことが可能であったといえるのである。

下鴨——賀茂茄子の村から日本のバルビゾンへ

下鴨地区は、現代の地理感覚からいうと、賀茂川と高野川の合流点から北、北山通より南側の逆三角形のエリアである。この地は元来、愛宕郡下鴨村であったが、大正七年に京都市域に編入される。

南寄りの一角に下鴨神社が鎮座し、その南側、逆三角形の頂点付近に社叢である糺森（ただすのもり）が広がる。この森は、約八〇〇〇年前、それまで巨大な湖であった京都盆地が陸地化してきたときの植生を今に伝えるという。

下鴨社の北側は、鞍馬口通りなど幾筋かの街道沿いに集落が発達するほかは田畑が拡がり、特にナタネ・ダイコン・カブ・ナスなどの野菜を産する典型的な近郊農村であった。特に明治二三年に琵琶湖疏水分線が開削されると、その水を灌漑に利用することでいっそう耕作条件はよくなった。[*15]農産物以外では、明治初年に工場が設置された寒天が有名であった。

明治期における土地の集積としては、賀茂・高野両川合流点北方のいわゆる剣先一帯を中心に、三井家が早い時期から土地を所有していたのが目立つ。公共用地としては、明治二八年に京都府立大学の前身である京都簡易農学校が開設される。明治四一年時点で、戸数三四二戸、このうち農業一二七戸、工業一二戸、商業三五戸、公務二〇戸、無職九八戸といった構成である。[*16]

しかし、明治末期以降の人口増加を受けて、サラリーマン層、あるいは画家などが京都市内から移住してくるようになる。特に、大正四年から八年までの四年間は、税制の関係で借家人層が京都市内から周辺町村へ多数移住した時期であるが、[*17]下鴨村でもその現象が見られた。京都市域編入直前の大正七年の時点で全戸数六二四戸となったが、そのうち農家は一一〇戸に減少している。人口は三四二八人を数えた。[*18]

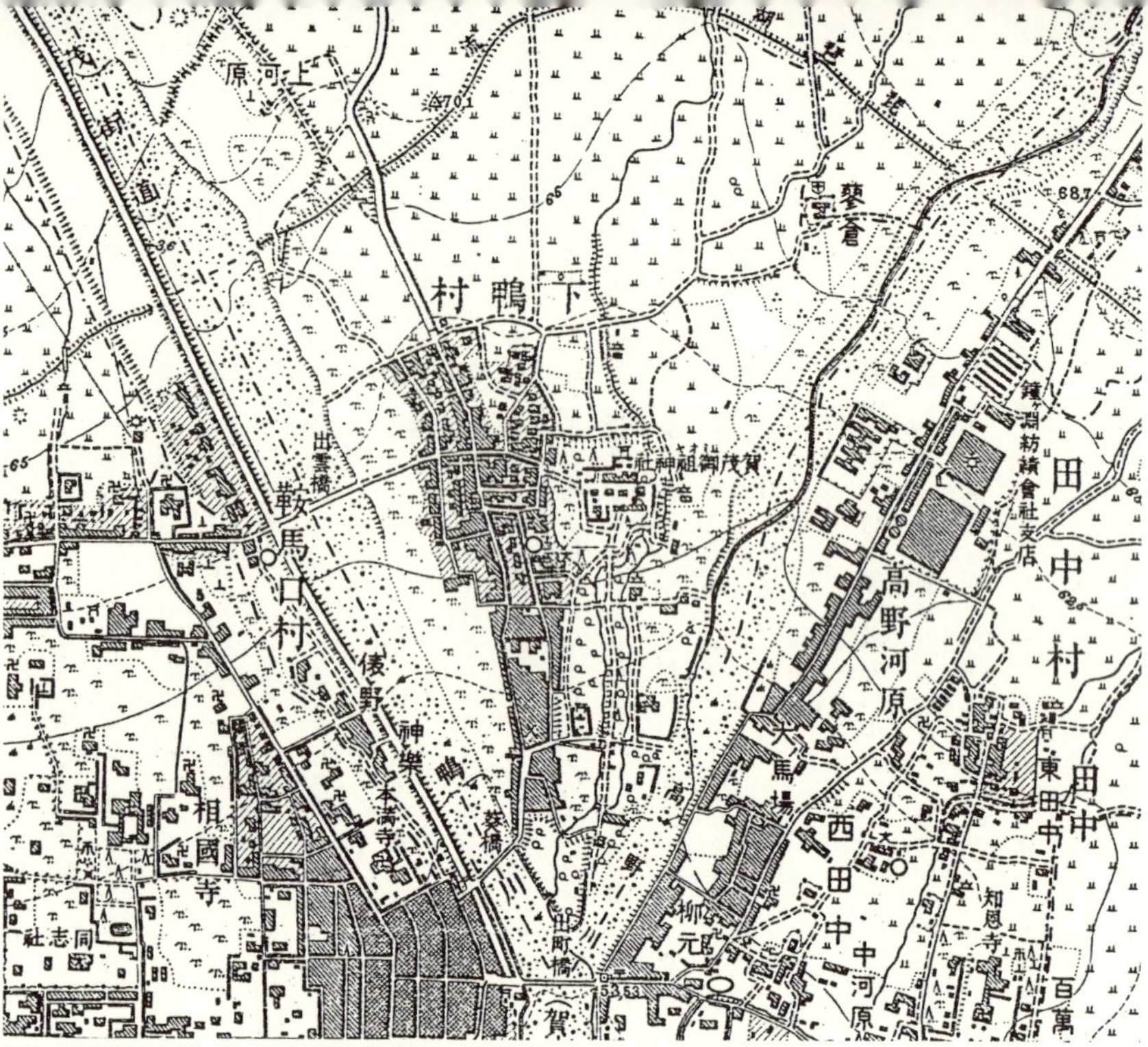

図7　明治42年の下鴨一帯の地図（『京都近傍図』大正元年）

下鴨への転住者の際だった特徴は、学者と画家が多かったことである。学者—ほとんど京都帝大、三高の教官達—については、大正七年時点で織田萬、千賀鶴太郎、深田康算ら一〇名の名が挙がる。[19] 昭和六年時点では二二名の居住が確認できる。[20] こうしたことから大正期にはすでに「学者村」と称されていた。

一方、画家に関しては、大正七年に鹿子木孟郎（かのこぎたけしろう）が下鴨神社近くに来住したのが早い例といわれる。同じ年には福田平八郎も居を構えており、以後続々と芸術家が住みはじめる。昭和二年には、鹿子木が下鴨在住の画家を糾合して「下鴨会」を結成するほどになる。昭和一二年の段階でこの会のメンバーは約一〇〇人を数える。こうして下鴨は「日本のバルビゾン」と呼ばれるにいたった。なかでも学者・芸術家の居住密度の高かった賀茂川沿いの上・中・下川原町は「文化村」の異名をほしいままにした。[21] ちなみに、現在、この三町および南隣の宮崎町一帯は実業家の邸宅が立ち並ぶ一種独特の地域となっている。

なお、下鴨においては、大正一二年には北部に府立植物園、南部に松竹撮影所の設置を見た。

大京都市のなかの下鴨

下鴨を舞台とする不動産経営として知られるものに、長瀬傳三郎による高野川河川敷の宅地化がある。[22] 賀茂川・高野川の護岸工事は行政当局にとって久しく懸案であった。大正五年に、大森鐘一に替わって府知事となった木内重四郎は、「大京都市」を唱えて、都市行政全般にわたって、積極的な施策を展開した。その中のひとつの柱となったのが、両河川の改修・治水工事であった。ともに大きく蛇行を繰り返して流れており、流路を直線化する必要があった。工事内容は、新たな川筋を開削すると同時に、川岸の屈曲した部分を埋め立て、さらには河川敷に盛土を施し、堤防を造成することになる。したがって、この工事が完成すれば、堤内はぐんと狭まり、河岸に沿った広大な空閑地が出現することが予想された。

大正六年、染料メーカーとして巨富を築いていた長瀬傳三郎は、改修工事費一五万五〇〇〇円（最終的には二六万円）を寄付したいと府に申し出る。無論、その見返りとして、改修によって生じる約三万坪の空地の無償供与を受ける、という条件が前提であった。府はこの条件を呑み、六年七月に内務省に河川改修の許可申請を提出する。ところが内務省は、風致維持の見地から高野川沿岸の私有地化に難色を示し、結局、剣先部分二〇〇〇坪の所有権を長瀬サイドが放棄し、府有地として公園化を図るということで同年九月に許可を得る。

工事実施が決定するとただちに、長瀬傳三郎は稲畑勝太郎ら三名の京都財界人とともに資本金一〇〇万円の京洛土地株式会社を設立、これを埋立地払い下げの受け皿とすることとした。大正六年一二月に着工、途中インフレによる工費の騰貴に悩まされながらも、同八年二月に埋め立ては完了、翌三月に京洛土地に引き渡され、以後順次造成・分譲を行なった。

京洛土地の所有地は、現名称でいえば、南は河合橋、北は松ヶ崎大黒天道、東は高野川、西は下鴨東通で限られた長さ約三キロ、幅五〇メートル前後のリボン状の土地であった。

長瀬傳三郎の行動を、京都府当局は「義侠者」として称賛したが、世間の風評を新聞報道のニュアンスから判断すれば、当時盛んだった「成金」の土地買占めのなかでも最も巧みに立ち回ったケースと見られていたようである。

先にも見たように、「大京都市」構想は大正七年には、一つは周辺町村の合併、もう一つは市区改正へと展開していく。市区改正においては、大正八年に「重要幹線道路」一五線、総延長二万三〇〇〇間を定め、大正一〇年に市区改正を継承した都市計画事業として、爾後一〇年間にこれらの新設および拡張を実施することが決まる。しかし、この事業街路拡築計画は予定どおりには進まなかった。京都市は事業のための財源を用意できなかったのである。街路計画を発表したことが、かえって周辺のスプロールを助長する結果となり、農道そのままの狭く曲がりくねった道に沿って、雑然と住宅が建ちはじめる。

都市計画道路の敷設難航とスプロール現象の双方を解決する手段として、大正一四年、京都市は土地区画整理事業の実施を発案する。[*23] 周知のように、土地区画整理は耕地整理の手法を援用して考案された日本独自の都市整備手法であり、大正八年の都市計画法のなかに位置付けられた。関東大震災後の復興事業において最初の成果が示された。京都市もこの新しい手法にす

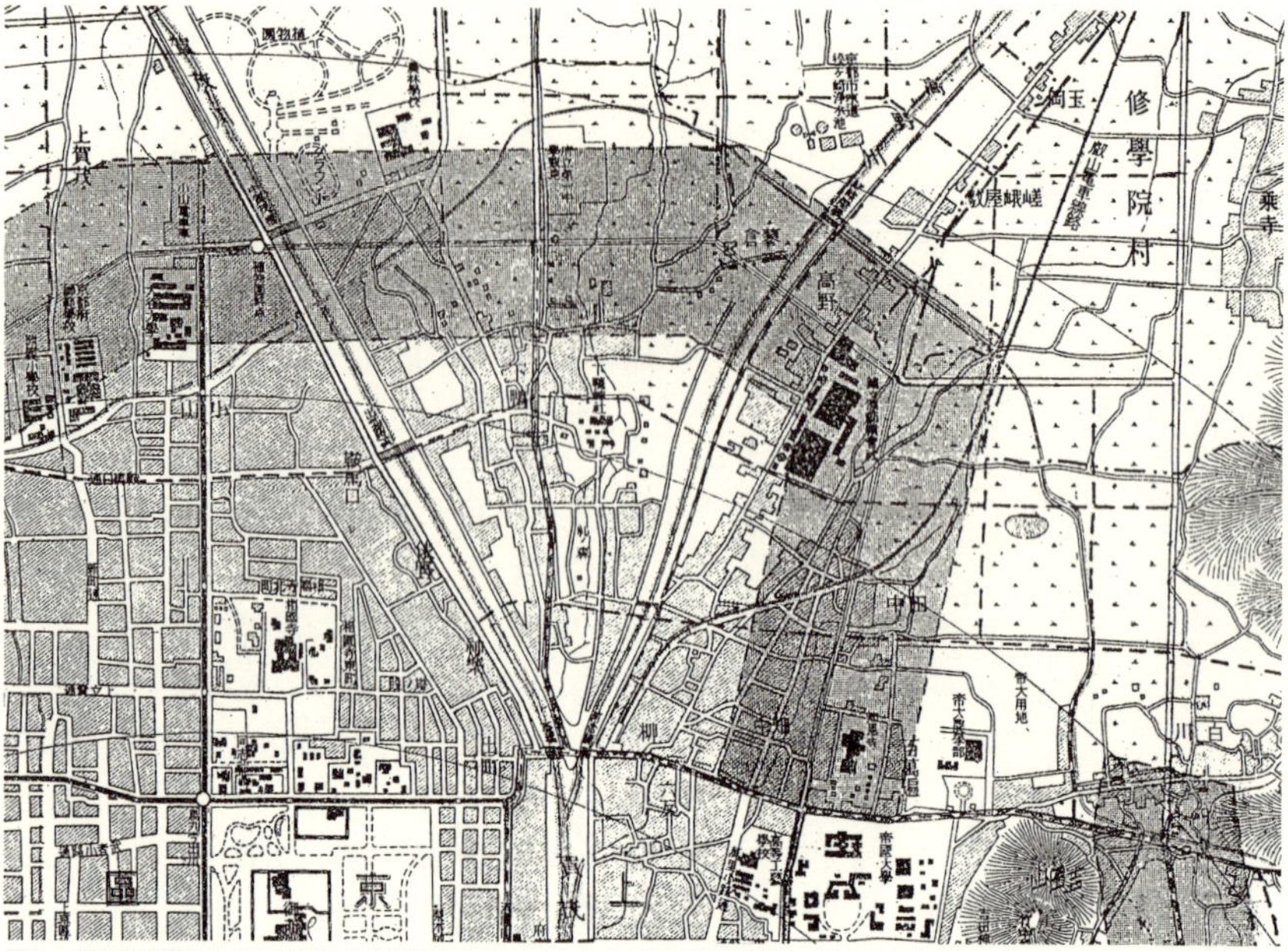

図8　都市計画道路とその両側に各約150間幅で想定された土地区画整理事業地（『京都都市計画地図　其の一』大正15年）

がって難局を打開しようとしたわけである。大正一四年一一月に外周幹線道路（現在の白川通、北大路、西大路、九条通）の両側約一五〇間から一二〇間幅の土地約三一三万坪を区画整理区域と定めて国に申請し、翌一五年九月に認可を得た。昭和三年には上記区域に隣接する地域を追加して四二五万坪を対象とすることとなった。昭和一〇年までに三〇〇万五〇〇〇坪が整理の対象となり、このうち、既成市街地の再開発部分を除いた新規供給面積が、冒頭に記した二二〇万坪である。

小山花ノ木地区約四〇〇〇坪については、国への認可申請以前の大正一四年一〇月にすでに着手し、翌年三月には完成を見て、京都最初の施行例となった。この翌年の昭和二年一一月、下鴨地区北部七万一四〇〇坪において「洛北土地区画整理組合」が設立される。[*24] 府立植物園の開設に続いて京都高等工芸学校、府立一中の移転予定地となったため（移転実施はともに昭和五年）、住宅地化が進むと考えられたのである。

先に触れた「下鴨文化村」より東北に偏し、大正期までは一面の田畑であったが、東方に比叡山、北方に五山送り火の「妙」「法」を望む景勝の地ということもあって、高級住宅地になると想定された。そこで、建築線の規定を設け、東西行の街路から、平屋部分は一間以上、二階部分は二間以上後退することとした。さらに、区域の南限をなす琵琶湖疎水分線の堤防にサクラとカエデを植樹した。街路は中央部に南北行の下鴨本通（ほんどおり）、東西行の北泉通を通し、西辺に下鴨中通り、北辺に北山

図10　「下鴨区画整理組合」施行地の現況 1

図11　「下鴨区画整理組合」施行地の現況 2

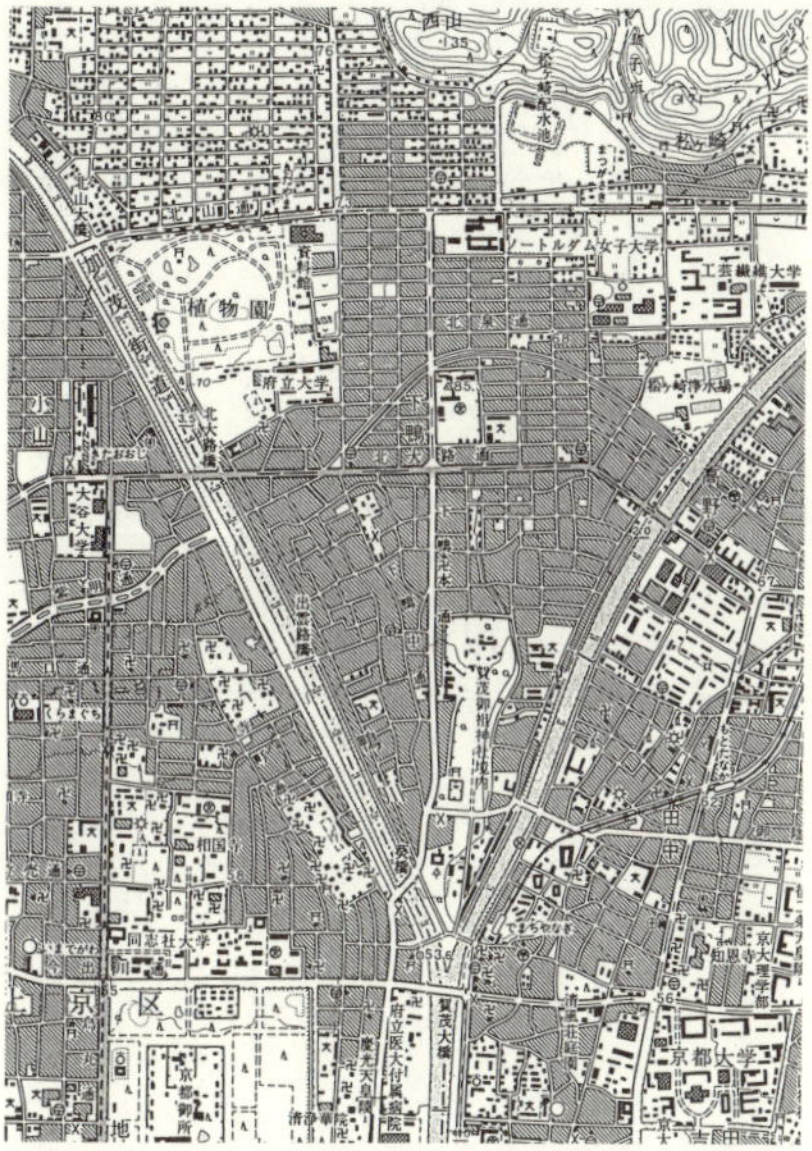

図 9　平成八年の下鴨一帯の地図（国土地理院 1 ：25000地形図「京都東北部」平成10年）

図13　下鴨区画整理事業完工記念碑（葵公園内）

図14　下鴨本通の現況

図12　琵琶湖疏水分線。岸にはサクラが植えられ、春ともなれば花のトンネルが 1 キロメートル以上続く

通を配した。いずれも二二メートルないし一一メートルの広幅員道路で、かつ正南北、正東西を向く直線道路である。これに七メートルないし六・五メートル幅の補助道路を組み合わせて碁盤目状の街区割りを行なう。各街区は二五〜三〇間×四〇〜五〇間の短冊状をなしている。工事には三年六月に着手し、五年一一月に竣成を見た。事務処理もすべて終了し、祝賀式が執り行なわれたのは昭和九年四月三日のことである。経費の総額は約二二万八〇〇〇円、このうち工事費は約一五万五〇〇〇円であった。経費の過半は剰余地を事前に売却する方法で得ている。

この「洛北土地区画整理組合」施行地の、疏水をはさんで南側に広がる一三万四七〇〇坪において、昭和五年に「下鴨土地区画整理組合」が設立される。[*25] 京都市は大正一一年の時点で、この地区の中央を南北に通る下鴨本通を従来の一・五間ほどから一二間にまで拡げる計画を提示していた。この道に沿っては下鴨社の神官らが住む社家町が形成されており、住民たちはルートの変更を求めたりしたが聞き入れられなかった。このため、むしろ積極的に区画整理組合を結成して、市との交渉を円滑に進めようとしたものである。昭和七年二月に着工、同年一〇月には竣工を見た。もっとも発端となった下鴨本通りの拡幅が完了したのは昭和一七年のことであった。「下鴨」地区の経費総額は約二〇万三〇〇〇円、うち工事費は約一三万円。その財源としては組合員からの現金徴収による部分が最も大きく、約一

図15　「洛北区画整理組合」施行地の現況 1

図16　「洛北区画整理組合」施行地の現況 2

図17　「下鴨」と「洛北」とは疏水を境に街路が食い違う個所が多い

図18　北泉通。はるかに比叡山を望む

二万円、土地の処分によるものは約六万円である。

街区は、「洛北」地区と同様に東西に長い長方形に割り付けられているが、府立一中（現洛北高校）の敷地に規制されたせいで「洛北」地区とは街路間隔が異なっていて、疏水の南北で道が食い違っている。また北大路から南側はすでに住宅地化されていたため、街路形状はそれほど整然としてはいない。

土地区画整理事業施行地域は「区画整然たる敷地と新道路に依り明朗なる市街地は京都旧市部の陰鬱なる建物と画然たる対照をなし」ていると評価された。[*26]「洛北」「下鴨」両地区はその中でも特に「明朗な」都市景観を誇る。そもそも、都市計画法の適用は、東京の市区改正事業の準用にはじまるのであった。そのことが示すように、都市計画の実施は、ある種普遍的な近代都市という目標を京都も追求しはじめたということにほかならないのである。それは裏を返せば、「古都」の景観の否定をも孕んでいた。すなわち、周辺地域への市街地拡大は、単に「京の中の田舎」を消していくだけではなく、「京」そのものを「田舎」視する契機ともなったのである。

今日、両地区は京都屈指の高級住宅地となっているが、そうなった理由の一端は、ここまで述べてきたような「文化村」のイメージ、そして良好な景観による。

ただ、この地域で見落とせないのは「下鴨」地区中央にある洛北高校と葵小学校（昭和五年に設置。旧名、第二下鴨小学校）の存在である。この地に住んでいた建築学者・西山夘三の言を借り

図19　地区西端の下鴨中通。左手に磯崎新設計の京都コンサートホールがかいま見える

れば「葵校・下鴨中・洛北という秀才コース…（中略）…につながる「教育的」には一等地」[*27]と位置付けられてきた。京都の人間にとってはこの地域はまずもって「葵学区」として認識されているはずである。

どちらの地区も近年、急速に建て替えが進んでいる。ただ「洛北」地区のほうが建て替えた場合でも伝統的手法によるものが多く、また、生垣、板塀など当初の外構の残存度が高い。緑豊かな庭に包まれた瀟洒な建築、広やかな街路、それらの彼方にそびえる比叡山。近代京都が望んだ住空間は、ここではなお確かな憧れの対象である。

註

＊1――北白川の住宅地化については、筆者は石田・中川理・橋爪紳也「北白川住宅地の成立――近代京都における住宅地形成（その1）」（『昭和六三年度日本建築学会大会学術講演梗概集』、八一五～八一六頁）で述べたことがある。

＊2――『藤井善助伝』（熊川千代喜、昭和七年）六〇一頁。

＊3――同上

＊4――北白川小学校創立百周年記念委員会『北白川百年の変遷』（地人書房、昭和四九年）、一四頁。

＊5――都市計画京都地方委員会『都市計画概要』（昭和四年）一頁。

＊6――中嶋節子『北白川小倉町の住宅地形成について――近代京都の住宅地開発――』（『一九九五年度日本建築学会大会学術講演梗概集』）一一頁。

＊7――前掲『藤井善助伝』三五三頁。

＊8――パラダイス跡地については筆者は石田・中川理・橋爪紳也「明治後期以降の京都市およびその周辺地域における住宅地形成事業について」（『昭和六三年度日本建築学会近畿支部研究報告集』）九〇九～九一二頁で触れたことがある。

＊9――『京都商工大観』（帝国振興所京都支所、昭和三年）四二一頁。

＊10――分譲の具体的な経緯については中嶋前掲論文による。

＊11――日本土地商事株式会社『住宅土地分譲案内』（大正一五年）。

＊12――北白川小学校『北白川こども風土記』（山口書店、昭和三四年）三二九頁。

＊13――藤井有鄰館蔵『北白川経営土地精算表』（昭和一三年頃）。

＊14――購入者の氏名は前掲『北白川経営土地精算表』の記載による。

＊15――下鴨の文化を子どもたちに伝える会『親と子の下鴨風土記』（平成三年）三三頁。

＊16――旧京都府愛宕郡役所編洛北誌旧『京都府愛宕郡村志』（明治四四年、昭和四七年復刻（大学堂書店））一二〇～一二一頁。

＊17――中川理「明治末期から大正期の京都における市街地の拡大――税負担の不均衡を契機とする周辺町村への移住を中心に」（『日本建築学会計画系論文集』三八二号、昭和六二年）一一〇頁～一一九頁。

＊18――『京都日出新聞　朝刊』大正七年三月六日

＊19――同上。

＊20――松田作太郎『昭和七年度大京都職業別電話帳』（都通信社、昭和六年）。

＊21――『京都新聞　朝刊』平成四年一一月五日

＊22――長瀬傳三郎による高野川河川敷の宅地化については前掲「明治後期以降の京都市およびその周辺地域における住宅地形成事業について」で述べたことがある。

＊23――京都市域の土地区画整理事業については、京都府・京都市『京都土地区画整理事業概要』（昭和一〇年）による。

＊24――「洛北土地区画整理組合」の事業については、前掲『京都土地区画整理事業概要』一一八～一三〇頁による。

＊25――「下鴨土地区画整理組合」の事業については、同上三八～三九頁による。

＊26――同上、一〇頁。

＊27――西山夘三『住み方の記　増補改訂』（筑摩書房、昭和五三年）、一二三六頁。

⑬

南禅寺下河原／京都

近代の京都に花開いた庭園文化と数寄の空間

矢ケ崎善太郎

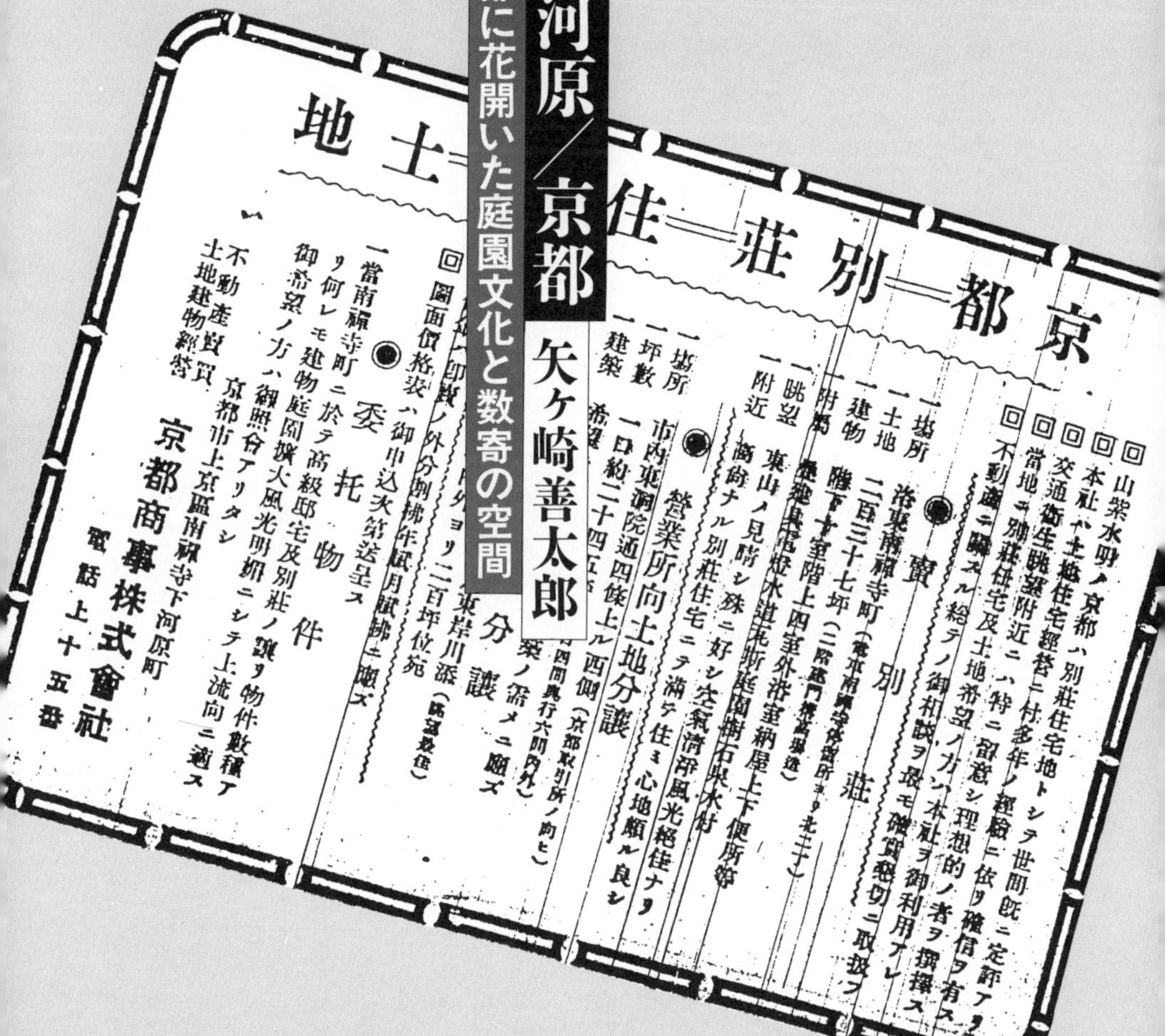

現在の京都市左京区下河原町一帯、ここはもと南禅寺境内にあり、多くの塔頭が軒を連ねていた。明治になって廃寺・合寺の動きが活発になり、さらに領地の上知を命ぜられるなどして、以後土地の所有者は転々とする。境内には早い時期から地元の農民達が田畑を耕していたところもあった。工場建設を前提として織物会社の手に渡ったところもあった。いずれにしてもこれらの土地はしばらく荒蕪な状態であったが、明治四〇年（一九〇七）に前後する頃から角星合資会社あるいは塚本與三次なる人物が所有するようになり、やがて東西の有力者たちによってそれぞれの別邸が営まれていく。

　このあたりは現在でも緑豊かな風光に恵まれて別邸・別荘あるいは山荘とよばれる邸宅が多く営まれており、南禅寺境内を経て東山山麓を北上する琵琶湖疏水の水を利用した一大庭園群が形成されている。

　これは近代京都の南禅寺近傍、京都市左京区下河原地域一帯での別邸地開発に関わり、茶会ほか自由な遊興が可能な数寄的な環境をつくりだしたいく人かの人物のユートピアン・ストーリーである。

寺領の上知と開発

　尊皇思想にもとづく明治政府はいわゆる神仏分離によって廃仏棄釈に努力した。政府はそれまで知らなかった西洋の文化を積極的に導入する一方で、もともと外来の宗教であった仏教の排斥をすすめたのである。明治三年（一八七〇）頃から全国的に寺院の廃寺・合寺の動きが活発化し、寺地の政府への上納、すなわち上知を命ぜられるにいたって寺院の経済的基盤は決定的に圧迫されたといわれる。

　かつて五山の上位に列した南禅寺も明治維新のこの改革によって境内の縮小や塔頭の減少など大きな打撃を受けることになる。『續南禅寺史』[*1]によると、例えば三千余坪にも及んだ塔頭少林院の敷地は、はやくから地元の農民が田畑をおこしていた土地も含め、明治六年（一八七三）には全域が上知され、後に民間に払い下げられている。楞厳院・瑞雲院など周辺のいくつかの塔頭も同様に悉く廃寺・合寺、縮小されていった。

　明治二〇年（一八八七）、南禅寺下河原に属する土地が京都織物株式会社の所有となった。京都地方法務局所管の『登記簿』でも、かつて少林院が所在していた南禅寺下河原二二番地の土地が明治二七年（一八九四）まで京都織物株式会社の所有になっていたことが確認できる。

　京都織物株式会社は京都府の産業復興事業の一環として明治七年（一八七四）に設立された「織工場」（同一〇年より「織殿」）の事業を引き継ぎ、撚糸・染色・織物の一貫作業による近代的システムをそなえて同二〇年に設立された。[*2]

　同社は設立と同時に社屋および工場建設用地として「愛宕郡吉田村吉田下阿達」（現在の左京区吉田）の官有地の払い下げを受け、さらに将来の撚糸工場建設にそなえて、同年一二月二日、

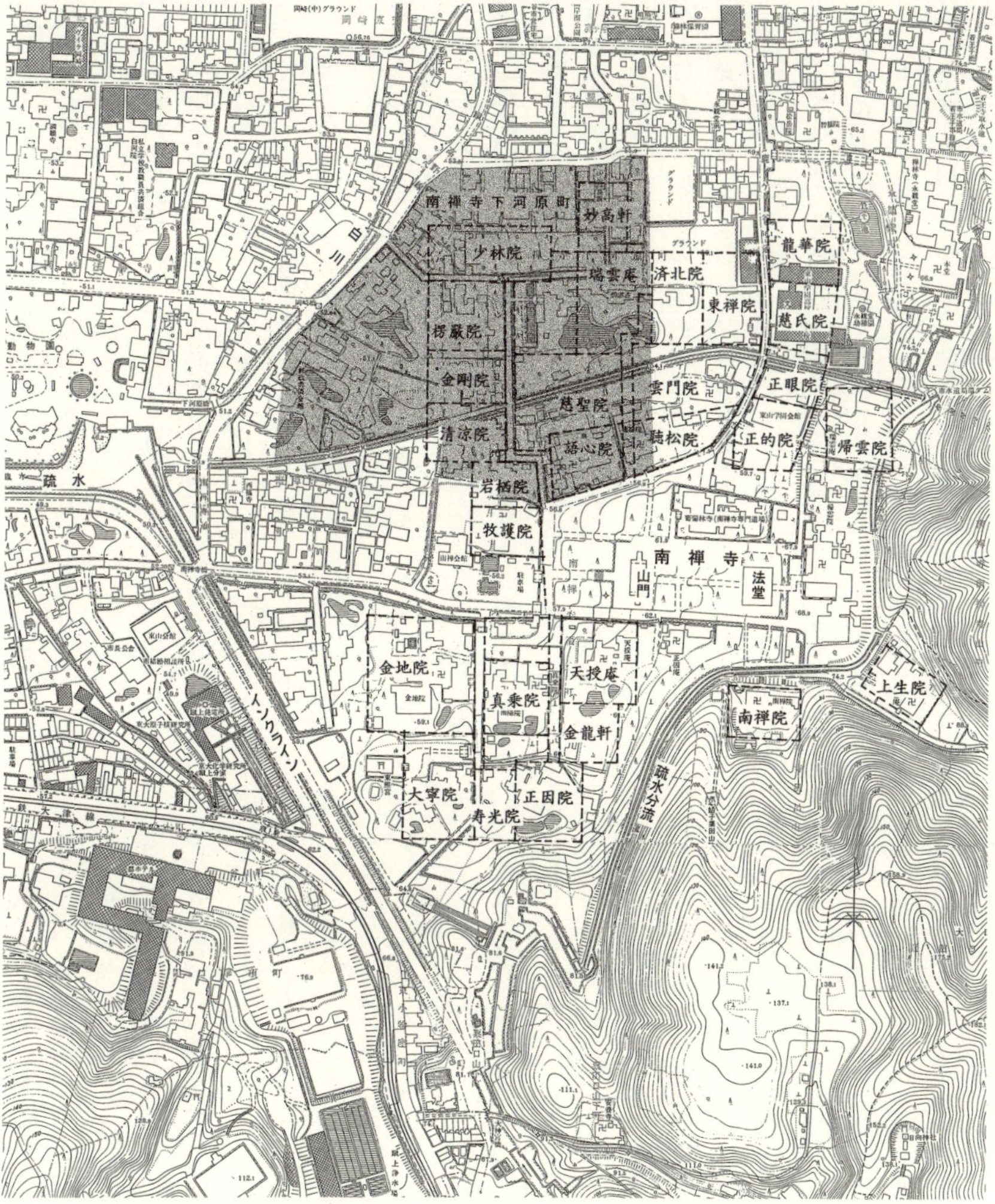

図1　下河原付近現状図と旧南禅寺境内の塔頭位置（『續南禅寺史』所収「江戸中期南禅寺塔頭配置図」を参考に作成）。
網掛け部分は図4「本宅附近所有地々図」(268ページ）の位置を示す。ただし本図では上が北、図4では左が北。

南禅寺下河原の旧南禅寺領地を購入したのである。京都の有力紙『日出新聞』は次のように伝えた。

織物、染物、再整の三部は愛宕郡吉田村字下川邉の地即ち西は鴨川に沿ひて地質高燥にして空氣の流通よく、該場に適當のよしに付今度京都府へ拂下を願出でし（中略）また撚糸部を同郡南禪寺村字下川原（ママ）の地所八千坪（『五十年史』年譜では五一三七坪…筆者註）を買入れ、建設する事になりたるよし、是れは疏水の分水力による見込なりといふ[*3]

すなわち撚糸部の建設を予定した南禅寺下河原の地は琵琶湖疏水の水車動力が容易に得られる地理的条件をもって工場建設の適地とみなされていたことがわかる。たしかに、近代京都の発展は明治二三年（一八九〇）に第一期工事が完成する琵琶湖疏水によるところが大きかったことはいうまでもない。特に水車動力による製造工場の近代化は、機業をはじめとする京都の伝統産業界にとってきわめて期待の大きなところであった。

琵琶湖疏水の造営がすでに始まっていた明治二一年（一八八九）三月、京都府によって立案された『疏水及び編入地域（二一年）を中心とする市街画定案』では、その前文で、東山の風景を「京地ニテ最愛スヘキ」ものとし、南禅寺門前から永観堂・銀閣寺門前にいたるまでの地域を「東山ニ於テ最良ノ風景ヲ有スルノ勝地」などと、東山の風光を謳う一方で、「客年六月当府令第七拾号ヲ以テ愛宕郡南禅寺村外八ヶ村ヲ新区部へ御編入相成、右ハ琵琶湖疏水成功ノ後ハ漸ク熱鬧ノ市区ニ変移スヘキ時運ニ向ヒ、加ルニ高等中学校ヲ始メ盛大ナル二三ノ製造所ヲモ建築中ニテ、其盛兆予メ知スヘキノ現況ニ有之」と、すでに琵琶湖疏水の完成を期待した製造工場が建設中であることを伝えていた。

京都織物会社撚糸部の工場建設予定地とされた南禅寺下河原の地は西に白川が流れ、東側には琵琶湖疏水が開通することで水車動力が容易に得られる、まさしく工場建設の適地であったのである。

風致保存から別邸地へ

明治一八年（一八五五）に着工した琵琶湖疏水第一期工事が同二三年（一八九〇）に竣工するまでの間に、水車による工業動力を水力発電に変更したことは周知のとおりである。同二二年（一八八九）に水力発電所の建設が付帯工事として決定される。同二四年（一八九一）には蹴上発電所が建設され、翌二五年（一八九二）には電気事業が開始された。先にみたように、すでにいくつかの工場が東山地域の琵琶湖疏水付近に建設されてはいたものの、水車による疏水路付近への工業動力の供給にかわって、京都市内へ電力の供給が可能になったことで、琵琶湖疏水の水路付近における工場建設を促進する大きな要因が失われたことになった。以後、この水車動力から水力発電への変更を契機として、当地域の新たな性格づけにつながるともとれる動きが散見される。

明治三三年（一九〇〇）、新世紀の幕開けに先駆けて、内貴甚三郎初代京都市長は、新しい都市構想を提案した。それは人口増加を企図した京都振興策であり、地理的条件を考慮した地域別の開発構想であった。そこでは商工業の振興による都市的発展だけをめざすのではなく、地域によっては風致保存の必要も説かれていたのである。そしてそれは「京都トシテ決シテ放棄スベカラザル事業」と位置づけられていた。この時、風致の保存が必要な地域としてあげられたのが「東方」であった。「東方」とは東山の山容を背景にもつ東山山麓地域、つまり南禅寺近傍地域を含むものであったことはまちがいない。

この新都市構想がいう「東方」の風致保存とは、単に歴史的環境の保存という一面的なものではなく、その派生効果として東山山麓地域が固有の発展をするであろう可能性をも期待していたのではなかろうか。

実は、琵琶湖疏水第一期工事が完成した明治二三年（一八九〇）以降、内貴京都市長によって風致保存を含めた新たな都市構想が提示された明治三三年（一九〇〇）に前後して、風致の保存を前提として東山地域の新たな性格を方針づけるような具体的な動きが確認できる。

次は、明治三九年（一九〇六）一〇月二四日付『京都日出新聞』（明治三〇年『日出新聞』より改題）記事である。

> 鐘淵紡績会社にては先に当市川端丸太町上る東入京都大学付属病院西手の空地に絹糸紡績工場設置の儀を当府知事に出願せしに当所は将来別荘地として発達すべき見込あり然るに日々多量の石灰を消費する工業会社を設立するは風致を害するのみならず接近せる病院に対しても少なからざる影響を及ぼすべしとの理由にて認可せられざりし（傍点筆者）

京都府は明治四年（一八七一）鴨川の東岸、吉田村聖護院領の元練兵場跡に産業基立金を利用して牧畜場を設置していた。記事によると、牧畜場閉鎖後、鐘淵紡績会社は当地での絹糸紡績工場建設を京都府に申請したが、京都府はそれを認可しなかった。

この記事から、東山一帯を風致保存の対象とする京都府の方針が確認できる。さらに当所は「将来別荘地として発達すべき見込あり」としていることに注目される。すなわち、東山一帯が工場地としてよりも、風致を保存すべき対象として認識され、それと連動する現象として、付近に別荘地が形成されつつあったことがうかがえるのである。

事実、琵琶湖疏水完成以後、鴨川以東南禅寺を中心とする東山地域では、別邸あるいは別荘と呼ばれる施設が造営されていた。

たとえば明治の元勲・山縣有朋が南禅寺の近傍、草川町で別邸「第三次無鄰庵」の造営準備を始めるのが明治二五年（一八九二）頃であった。四年後の同二九年（一八九六）には庭園の最初の整備が終わる。当時の新聞記事などから、山縣の第三次無鄰庵造営は東京遷都後の京都の繁栄を積極的に推進する立場にあった、当時の政界・財界有力者たちの協力で実現したものであったことがわかる。また同じ二九年から日本土木会社の設立などに関わった実業家であり茶人でもあった、伊集院兼常なる人物が南禅寺福地町の地を所有するようになり別邸を営んでいる。東山地域において実態がある程度まで解明可能な別邸の初期の事例である。

明治二九年（一八九六）一〇月九日付『日出新聞』に「別荘賣却」の広告が載った。建家付き土地を「別荘」として売却するため、現地の縦覧と入札の期間を広告するものである。所在地は鐘淵紡績会社が絹糸紡績工場の建設を予定した場所から程近い聖護院町であった。施設の実態は詳らかでないが、このころ当地域で別邸造営に対する需要が期待できたことがわかる。

将来の撚糸工場建設地として南禅寺村下河原にある旧南禅寺領の土地を購入していた京都織物株式会社であったが、その後、当地で撚糸工場が建設された事実はなく、結局明治二四年（一八九一）に吉田村の本社工場内で撚糸工場の操業を開始していた。旧南禅寺領の土地のうち一部は同二五年（一八九二）に疏水放水路敷地用として京都市へ売り渡され、他は明治二七年（一八九四）、吉田村の所有地の一部とともに大阪の中村弥吉なる人物に売却された。以後この土地は所有者をかえ、隣接地とともに別邸地として開発されていく。

管見で得た以上の四つの事例をして、琵琶湖疏水第一期工事の竣工以後、東山地域の南禅寺近傍で別邸の建設が行われつつあったことを想像するに十分であろう。

以上から、東山地域の風致保存の方針が打ち出され、それが推進される動きと連動して別邸地が形成されつつあったことがわかる。山縣有朋の第三次無鄰庵造営が政界・財界有力者たちの協力で推進されるなど、風致保存の方針に合わせて東山地域の別邸地への性格付けが行政などによって積極的に誘導されていた可能性がうかがえる。東山地域が工場地から風致保存の対象地域としてその性格をかえていくなかで、東西の貴顕たちに別邸の建設を促すことが当地域の固有の発展につながり、京都に、工場建設によるものとはちがう新たな繁栄をもたらすことが期待されていたとも考えられるのである。

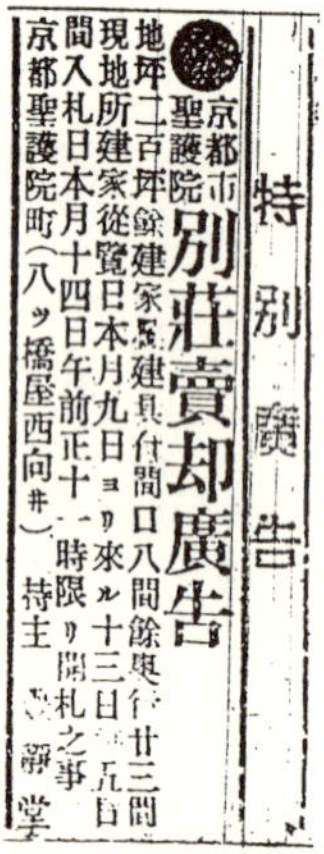
特別廣告
京都市聖護院別荘賣却廣告
地坪二百坪餘建家疊建具付間口八間餘奥行廿三間
現地所建家從覽日本月九日ヨリ來ル十三日迄五日
間入札日本月十四日午前正十一時限リ開札之事
京都聖護院町（八ッ橋屋西向井）　持主 [illegible]

図2　『日出新聞』明治29年（1896）10月9日付「別荘売却広告」。売却する「別荘」は「地坪二百坪餘建家畳建具付間口八間餘奥行廿三間」であった。所在地は「京都聖護院町（八ッ橋屋西向井）」とある。

図３　塚本與三次（田口道子氏提供）。塚本邸で開かれた運動会でのスナップ。庭園の腰掛待合付近で、手に銅鑼を持ちたばこをくわえる。

塚本與三次

南禅寺下河原町、かつて南禅寺領であった地はやがて民間の手によって別邸・邸宅地として開発されていく。その土地の将来性をいち早く見込み、土地経営を行った一人に塚本與三次がいた。

　塚本與三次は明治一七年（一八八四）塚本忠行、うたの長男として京都で生まれた。同二三年（一八九〇）父・忠行（先代與三次）の隠居により若くして家督を相続し、昭和九年（一九三四）兵庫県垂水で没している。[*4]

　大正時代の人事興信録『京都ダイレクトリー』によると、父・忠行は滋賀県五個荘村出身の近江商人で、京都に出て関東織物と木綿の卸業を営み、巨万の富を築いたといわれる。若くして家督を相続した塚本與三次は株式会社第百銀行監査役、京都自動車株式会社監査役、高砂生命保険株式会社相談役の職に就き、さらに大正三年（一九一四）株式会社西陣貯蓄銀行の事業および財産を継承、業務の刷新をはかり成功をおさめている。

　明治三九年（一九〇六）頃より南禅寺付近の土地の買収をはじめ、別邸地を開拓、明治四〇年（一九〇七）には資産の保全を目的にその事業を南禅寺下河原に設立した角星合資会社に移し、「風光明媚を以て知らる」[*5]京都市内屈指の別邸地をつくりあげることになる。その後野村徳七を監査役にして京都商事株式会社を設立、山科精工さらに山科土地などを経営し、鴨川や山科地区の土地経営も行っていた。

塚本與三次と土地会社の土地所有

　大正元年（一九一二）の「京都市及接続町村地籍図」で東山南禅寺近傍における塚本與三次および角星合資会社の土地所有の実態をみると、下河原町（三四筆）ほか藪開町、假山町、福地町、山王町、徳成地町、池之内町など、広範囲に及んでいるのがわかる。これらのうち、下河原町の土地三四筆は明らかに別邸としての転売を前提として所有していた土地であった。

　南禅寺下河原町のいくつかの土地の所有者変遷を京都市地方法務局所管『登記簿』でたどると、たとえばかつて南禅寺塔頭少林院の地で京都織物株式会社から中村弥吉にわたっていた下河原町二二番地は、その後近藤輔宗（明治三二年）、山内万寿治（明治四一年）、山内四郎（大正九年）、中島某（昭和三年）と所有者をかえ、昭和三九年（一九六四）より細川護貞の所有となって隣地の下河原町三四−一番地とあわせて別邸「怡園」が営まれた。隣地の下河原町三四−一番地は明治四四年（一九一一）小林卯三郎から角星合資会社の所有に移り、以後、春海敏（大正八年）、井上麟吉（昭和三年）、細川護貞（昭和三九年）へと推移した。

　下河原町四三−一番地（現在の織宝苑）は明治三九年（一九〇六）吉田トミより塚本與三次が買得後、岩崎小弥太（大正一四年）、龍村平蔵（昭和二三年）とわたり、また下河原町四三−五番地（現在の清流亭）は明治三九年（一九〇六）に塚本與三次が取得してから下郷傳平（大正一四年）、藤田勇（昭和一六年）、京都大松（昭和二五年）と所有者をかえている。また、下河原町三七−二番地（現在の碧雲荘）は明治四四年（一九一一）角星合資会社が買得後、大正八年（一九一九）野村徳七の手にわたっている。

　いずれも塚本あるいは角星合資会社所有後、岩崎小弥太や下郷傳平、春海敏、細川護貞、野村徳七といった政界・経済界の有力者によって別邸が営まれ、大正のころには一大別邸群が成立することになる。

別邸地の開発

　興味深い広告が大正三年（一九一四）一〇月一二日付『京都日出新聞』に掲載された。それは塚本與三次が野村徳七を監査役

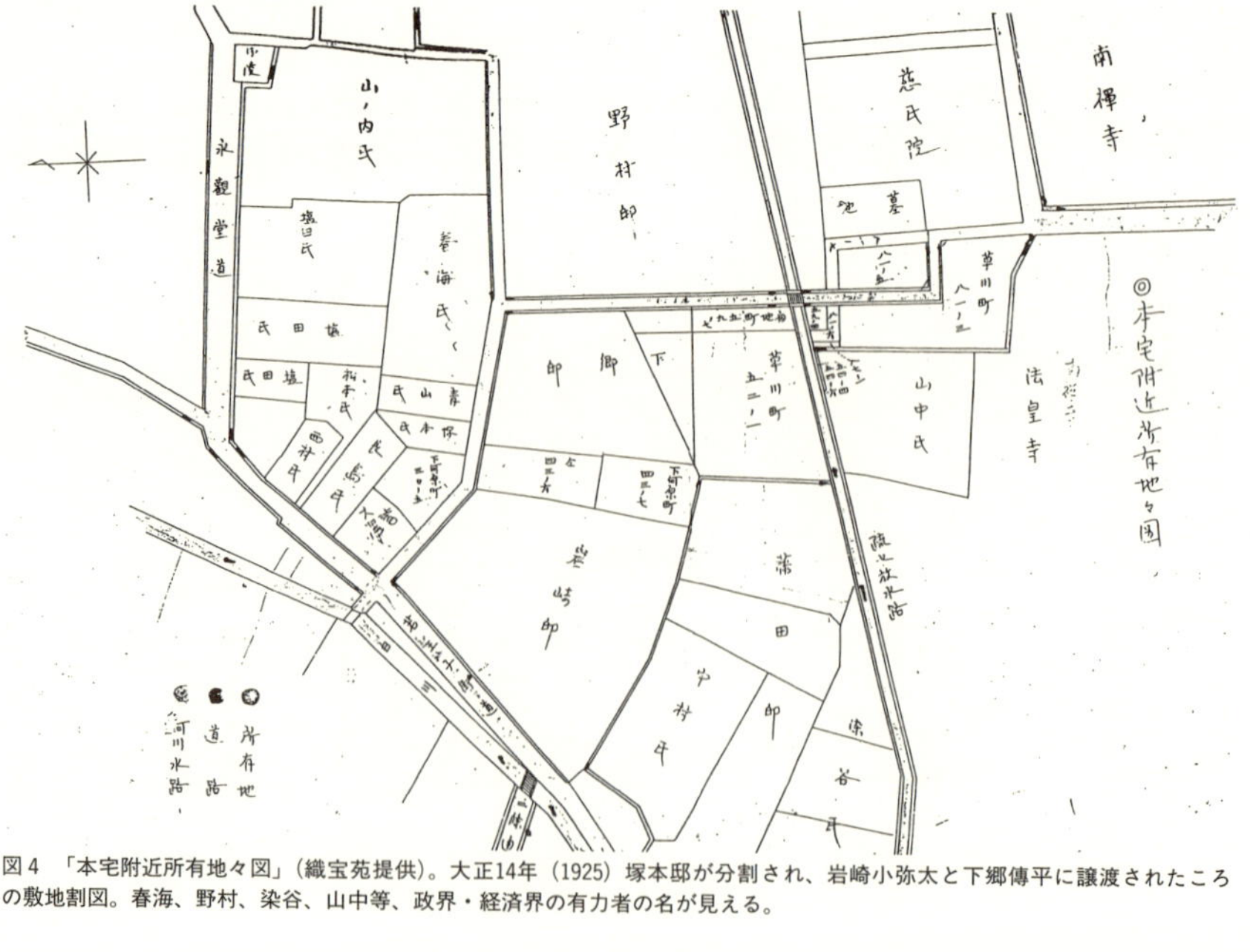

図４　「本宅附近所有地々図」（織宝苑提供）。大正14年（1925）塚本邸が分割され、岩崎小弥太と下郷傳平に譲渡されたころの敷地割図。春海、野村、染谷、山中等、政界・経済界の有力者の名が見える。

にして設立したとされる京都商事株式会社による「賣別荘」広告である。京都商事株式会社はそこで「山紫水明ノ京都ハ別荘住宅地トシテ世間既ニ定評アリ本社ハ土地住宅経営ニ付多年ノ經驗ニ依リ確信ヲ有ス」として、京都での別邸地売買の実績を強調している。「賣別荘」物件は次の通りであった。

一場所　洛東南禪寺町（電車南禪寺停留所ヨリ北二丁）
一土地　二百三十七坪（二階建門構高塀造）
一建物　階下十室階上四室外浴室納屋上下便所等
一附属　疊建具電燈水道瓦斯庭園樹石泉水付
一眺望　東山ノ見晴シ殊ニ好シ空氣清淨風光絶佳ナリ
一附近　高尚ナル別荘住宅ニテ満テ住ミ心地頗ル良シ

位置の確定はむずかしいが、「洛東南禪寺町（電車南禪寺停留所ヨリ北二丁）」とあるから、塚本が開発していた下河原町の旧南禅寺塔頭跡地であったかもしれない。すでに二階建の建築が存在し、風光絶佳なる庭園には「樹石泉水」がそなわった「高尚ナル別荘住宅」であった。

同広告には「委托（ママ）物件」として次のような広告も出されていた。

一當南禪寺町ニ於テ高級邸宅及別荘ノ讓リ物件數種アリ何レモ建物庭園廣大風光明媚ニシテ上流向ニ適ス御希望ノ

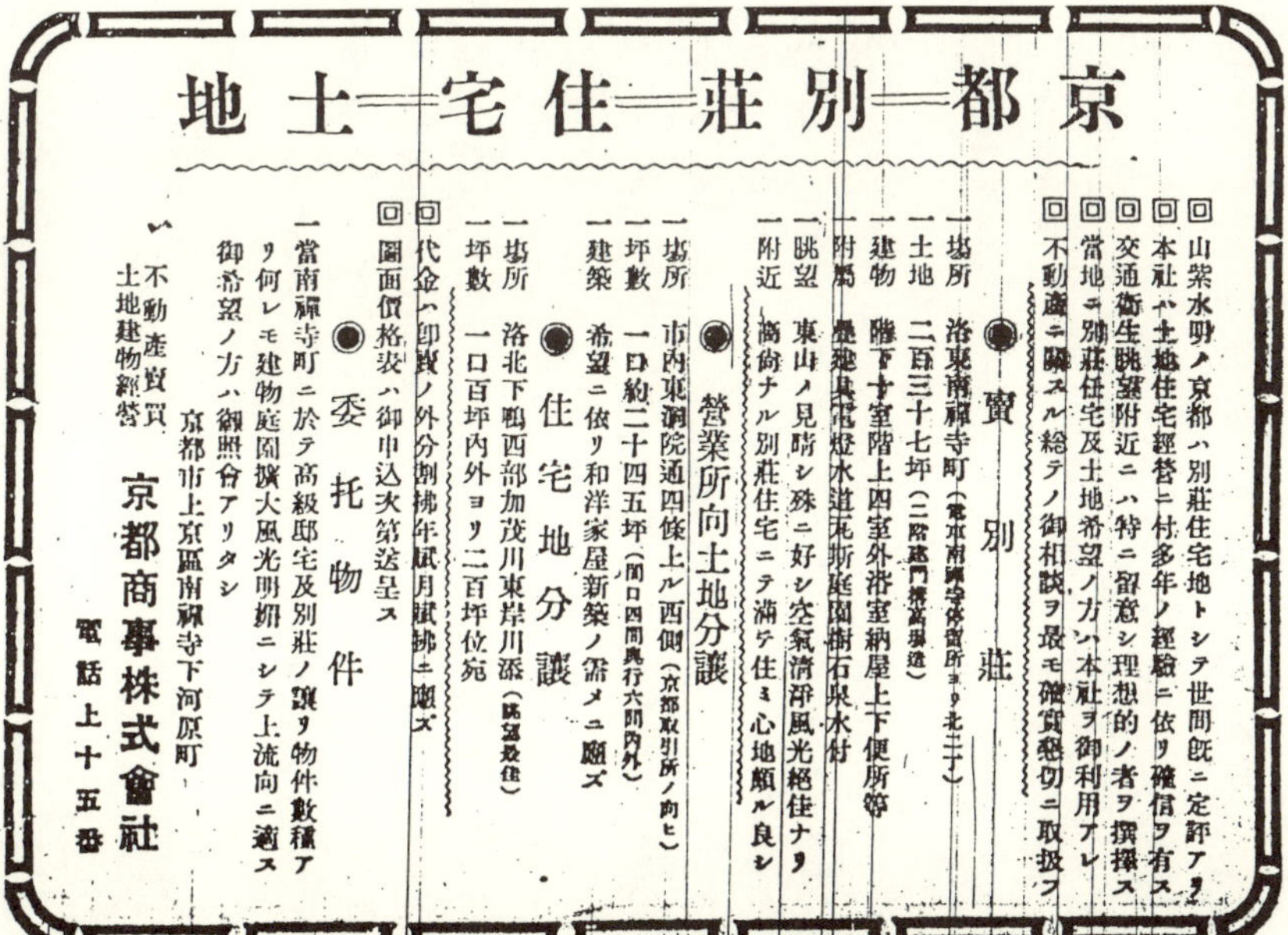

図5　『京都日出新聞』大正3年（1914）10月12日付広告。京都商事株式会社による「賣別荘」広告。

方ハ御照會アリタシ

塚本與三次が南禅寺町で建築や庭園を具備した高級別邸を売り文句に積極的に別邸地を開発していたことがわかる。

『京都ダイレクトリー』は塚本與三次について「園藝に趣味を有し同地に宏大なる大華園を造設して附近の風光と相俟ち之が美趣を完ふするに力め、又茶道に親しみあり裏千家を宗とす、邸内に福地庵なる茶席を設け其結構幽趣を以て名あり」と伝えている。

塚本與三次の四女、田口道子氏のご教示によると、大華園は現在の怡園の付近にあった。現在の碧雲荘の南隣にはかつて馬場があったが、その跡地にも温室を造営していたという。塚本の園芸好きは相当なものであったようである。また塚本は敷地内に私道を開いて分割し、別邸地を開発していったといわれる。

「茶道に親しみあり裏千家を宗とす」とあるように、茶道に対する理解も深く、自らも茶の湯に親しんでいた。大正二年（一九一三）六月二日、黒田天外が小川白楊の案内で南禅寺の塚本邸を訪れた時の記録がある。[*6] 以下はその一部である。

> 建築については、東洞院の住宅を作つてから十数年來絶へずやり、大工も日に三十人程は入こみて材木の撰擇なども自らやりますので、自然に少しは了知つたでせう、それに京都に居た或る好事家が、京都、大阪、奈良は固より、關東其他有名の建築茶室など一々調べ、組圖の如く精密にしたものを前年手に入れ、目下中國から九州邊のはまた調べさして居りますので、これが百圖になれば一巻の書としようと思ふて居るのでムいます。

土地の売買だけでなく建築に対する造詣が深かったようで、絶えず大工を雇い、自ら材木の選択を行うなどして、所有する土地で建築工事を行っていたことがうかがえる。特に茶室に興味をいだき、全国各地の有名な茶室を図面等で紹介した本を手に入れ、建築の参考にしていた。かなりの普請好きであったといわれる。

塚本は所有した土地に工事を起こし、建築・庭園を整備した後、それを「建築・庭園付高級別邸」として他に売却していたのだろう。そこでは塚本與三次の園芸趣味、あるいは茶道や茶室に対する造詣の深さが、開発された別邸の建築・庭園に具体的デザインとして反映していったことも想像できる。

塚本與三次邸「福地庵」

南禅寺下河原町の土地のうち、四三-一番地と四三-五番地はともに明治三九年（一九〇六）より塚本與三次が所有し、自ら別邸を営んでいた。現在の「織宝苑」と「清流亭」の位置にあたる。先に見た、黒田天外が塚本邸を訪れ巡覧した時の記録によると、別邸には「福地庵」なる号が付されていた。敷地西部の建

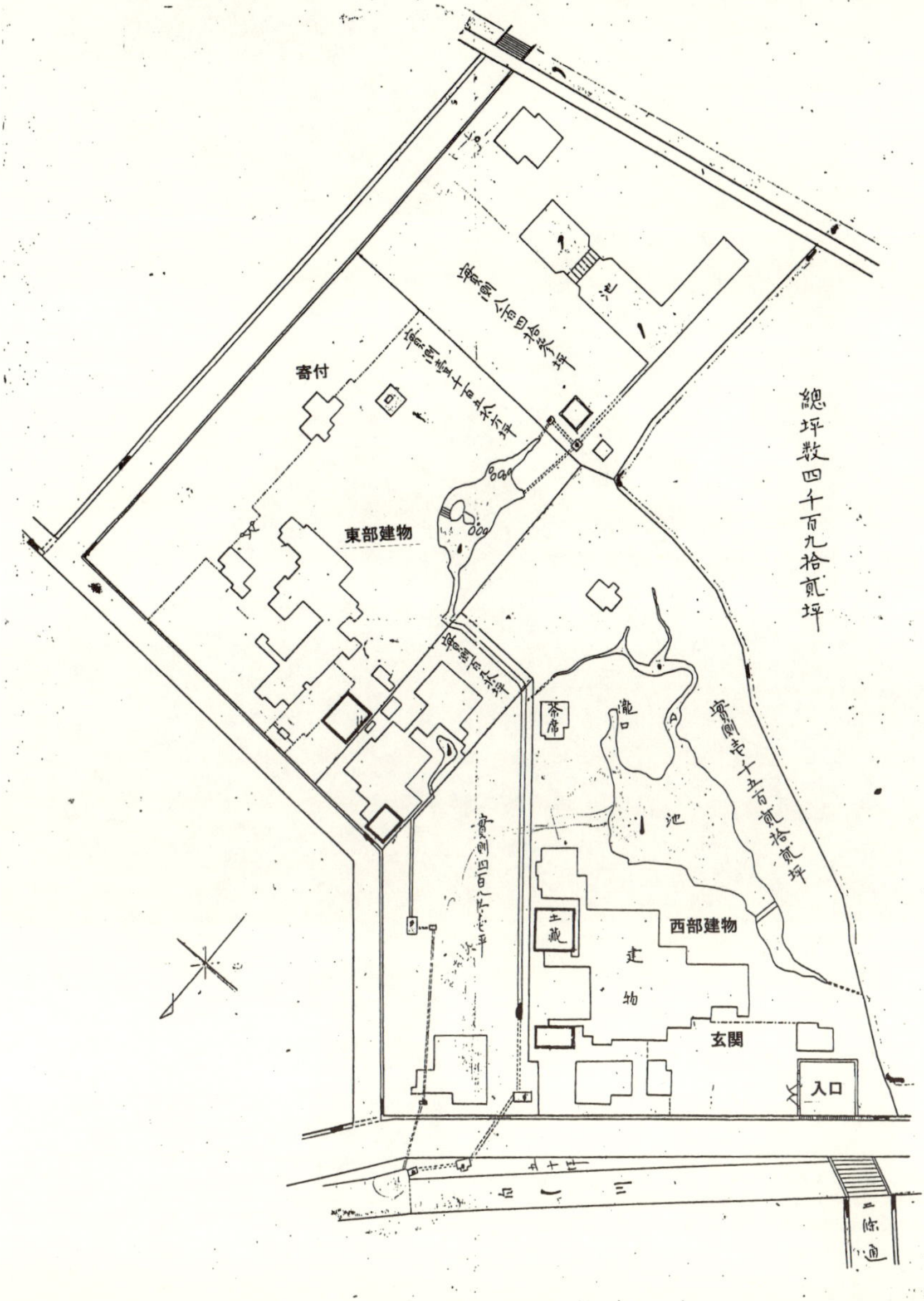

図７　分譲直前の塚本邸（織宝苑提供、一部筆者修正）。入口は二条通の東詰めにあけられていた。敷地や建物、池の配置などは現状とあまり変わらない。このころは西を流れる白川から水車で上げた水を庭園の池に導いていたことがわかる。分譲後、琵琶湖疏水から導水するようになる。

図6　大正ころの塚本邸東側道路（田口道子氏提供）。塚本は所有地内に私道を開き、別邸地を開発した。道路左手の塚本邸内には桜がいっぱい植えられた。右手が野村邸にあたる。

図8　塚本邸西部建物と庭園（田口道子氏提供）。池に面して建物が雁行する。緑を覆う深い庇が印象的である。

図9　塚本邸東部の寄付付近（田口道子氏提供）。図6の道路から左手の塚本邸に入ったあたり。庭園の入口にあたる寄付が見える。十三重の石塔も現状と変わらない。分割直前のころか。

築・庭園は完成しており、東部は今だ鬱蒼とし、深山幽谷の趣があった。邸内にはすでにいくつかの茶室が営まれていたが、さらに東部の樹林の中に表千家残月亭を模した茶室を建設中であった。近くには藤堂高虎が豊国廟に献じたという大仏型の石灯籠が一基立っていた。庭園は小川が屈曲して流れ、池に注ぐところに蛇籠を伏せ小石を入れるなど、自然の景色が取り入れられているかと思うと、一面に芝が青々と絨毯の如く広がるなど、黒田は「いかにも自然にしてまた新趣あり」と感嘆した。そして「此座敷の建築は前面に廣き板間を張出し、一方に奥深く見せ、一方に夏日涼風を通ふに適せしむるなど、また頗る巧妙なりき、主人は遂に建築に於て功思あり、而して庭園は之に次ぐ、また素封家中の一異彩と称すべし」と塚本を評した。

この時塚本邸に黒田を案内した小川白楊とは庭師・植治こと七代目小川治兵衛の長男である。治兵衛と白楊は協力してこの南禅寺界隈の別邸庭園をほとんど手がけている。塚本は南禅寺界隈の土地を所有するかたわら、琵琶湖疏水にそなえられた水車の使用権を獲得し、そこから豊富な水を各邸内に自由に引くことを可能にしたといわれている。そのような恵まれた条件のもとで植治親子が存分に作庭の腕を振るっていたことが想像できる。塚本邸「福地庵」は、塚本の指導で茶室のほか建築にも数寄が凝らされ、庭師・植治（および長男、白楊）によって疏水の水を取り入れた庭園が造営された後、大正一四年（一九二五）東西に分割されて岩崎小弥太と下郷傳平に転売されている。塚本による建築・庭園の整備は、単に自邸の整備にとどまらず、当初から別邸として売却することを見込んでのことであったのかもしれない。

大礼参列者の宿舎

ところで、下河原町を中心として南禅寺界隈に多くの別邸が営まれていくうえで、それを積極的に促す要因がいくつかあった。たとえば東京遷都後も京都で行われた大正と昭和の天皇即位式および大嘗祭（大礼あるいは大典）に際し、京都を訪れた皇族ほか要人たちの宿舎に多くの個人邸宅・別邸があてられたことも、その大きな要因のひとつであった。大正大礼は大正四年（一九一五）、昭和大礼は昭和三年（一九二八）、それぞれ一一月に御所を中心として行われた。『大正大禮京都府記事　庶務之部』（京都府　一九一七）および『昭和大禮京都府記録』（京都府　一九二九）を繙くと、京都府による大礼準備作業のうちでも、参列者の宿舎の確保は特に煩雑をきわめた様子がうかがえる。数千人にもおよぶ参列者の宿舎を確保するのである。当時においては数少ないホテルや旅館といった宿泊施設だけで賄うことはできず、京都市内とその周辺部に所在する個人の邸宅・別邸が臨時の宿泊所として提供された。

宿舎として提供される邸は調査のうえ選定された。大正大礼時および昭和大礼時ともに一千軒以上の個人邸宅が選定され、参列者を宿泊させている。これらの邸宅は、当時の京都において優れた外観、構造、設備を有し、庭園とも整った邸宅であった。なかでも皇族の宿舎選定には慎重な調査がなされた。京都に本邸あるいは別邸の施設を持つ皇族もあったが、そうでない皇族の宿舎には特に整った邸宅が選定された。

大正大礼では当初、伏見若宮殿下の宿舎として塚本與三次邸が選定された。その後都合により伏見若宮殿下は知恩院参内に宿舎を設けることになったが、かわりに東郷平八郎元帥が塚本邸に宿泊することになった。塚本邸の東部にあった建築に「清流亭」の号を命名したのはこの時の東郷元帥である。大正二年（一九一三）黒田天外が塚本邸を訪れたとき建築中であった残月写しの茶室が完成し元帥を迎えたのだろう。塚本邸には海軍中佐・小山田繁蔵も宿泊していた。

また昭和大礼では久邇宮殿下が野村徳七別邸に宿泊した。これは実業家野村徳七が大正八年角星合資会社より購入し、営んでいた別邸で、同一〇年（一九二一）までには初期の形が整い、茶会などが催されていたが、昭和大礼を機に大玄関から大書院、能舞台の建築群を一気に完成させ、大礼直前に焼失した庭園内の茶室建築群も即座に再興させていた。また岩崎小弥太邸には総理大臣前官礼遇・高橋是清が宿泊した。

大礼に際しては皇族ほか大礼参列者の宿舎に選定されることを栄誉として、新たに建築庭園の工事を起こすなど、大礼にそなえた施設の整備が行われた。そこでは室内や庭園に数寄を凝らした営みに拍車がかけられた。また宿泊中の不都合をなくす

図11　昭和大礼で久邇宮殿下の宿泊所となった野村徳七別邸（『昭和大禮京都府記録　下巻』1929年　京都府発行　所収の「皇族御旅館」より）。殿下を迎える準備が整った東門。東門は昭和大礼を機に正門として整備された。

図10　塚本邸の玄関で東郷平八郎元帥（右）と塚本與三次（織宝苑提供）。大正大礼で東郷元帥が宿泊した時の記念写真。

べく、できる限り「別邸」が選定された。すなわち京都に別邸を有することが、自らの宿舎として利用するばかりでなく、皇族ほか参列者の宿舎としての栄光に浴するに有利にはたらいていたのである。ここに東西の貴顕たちに京都での別邸造営の動機を生み、京都において質の高い邸宅群が形成された、京都固有の要因をみることができよう。

近代の数寄空間

大正一〇年（一九二一）一一月一九日から二二日までの四日間、東山山麓地域に点在する寺社の境内ほか別邸・邸宅施設を利用して東山大茶会が開催され、薄茶席、濃茶席ほか煎茶席、香煎席、小酌席など全部で四二の席が開かれた。東山大茶会は明治以降の東山地域における別邸・邸宅群の形成に伴う建築と庭園による数寄的な空間の造営の成果のもとで行われたものであった。茶会の様子は『洛陶會茶會記』ほか『大正茶道記』『茶会漫録』といった近代数寄者の茶会記等によって知ることができる。

南禅寺下河原町では野村邸、塚本邸が会場となって開かれた。野村邸は茶会の開催前に新築なった広大な別邸で、池には屋形舟が浮かんで、あたかも藤原時代の絵巻物を見るような豪壮快活な庭園であったという。主屋ほか庭園内に点在するいくつかの茶の湯施設を巡るような趣向であった。塚本邸では清流亭に本席が設けられ、庭園では大鍋を吊り、落葉を焚いて温めた酒

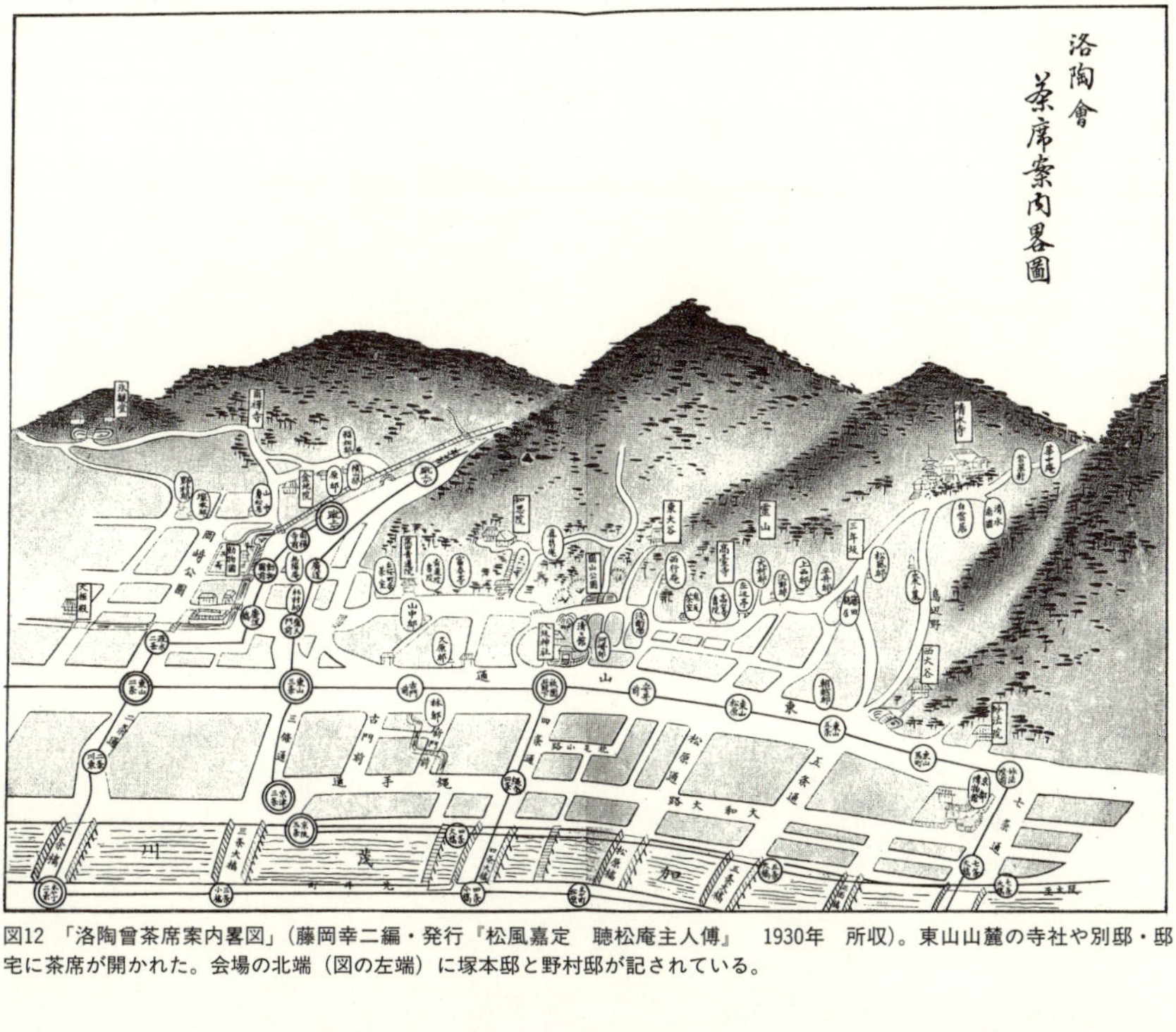

図12　「洛陶會茶席案内畧図」（藤岡幸二編・発行『松風嘉定　聴松庵主人傳』　1930年　所収）。東山山麓の寺社や別邸・邸宅に茶席が開かれた。会場の北端（図の左端）に塚本邸と野村邸が記されている。

が振る舞われた。

東山大茶会は古美術商たちによる商業的な性格が強く、道具の展覧を主な目的とした大人数によるかなりくだけた雰囲気で行われた茶会であったが、そのような茶会の場としても利用しうる建築・庭園のありかたに、近代の東山に営まれた数寄的な空間の性格をみることもできよう。特に煎茶席が多く開かれていたことが、この時代の数寄空間の特徴を知る上で注目される。

南禅寺下河原の別邸群では茶会ほか種々の集まりが催され、さながら文化人たちのサロンのようでもあった。このような別邸は単なる個人の所有物ではなく、群として多くの人を迎える京都の迎賓館的役割を担っていたといえよう。

南禅寺下河原町を中心として営まれた近代の数寄空間を創造したのは、建築家やデザイナーではなく数寄屋建築を得意とした大工や庭師たち職方であった。先述のように下河原一帯の別邸庭園のほとんどは七代目植治こと小川治兵衛とその長男・白楊によって作庭された。清流亭の建築は「御数寄匠　上坂浅次郎」が手がけ、野村邸では数寄の名工といわれる北村捨次郎が腕をふるったことが伝えられている。

明治維新以来、西洋の技術が隆盛するなか、数寄屋大工や庭師といった職人たちが営々と手がけた数寄空間は、近世からの連続した系譜にありながら近代という今日的課題に直面した彼らの、絶え間ない創造的思考の造形表現であった。彼らは長い歴史の中で特別な茶の環境を形成した京都東山山麓で、新たな数寄空間をつくりつづけた。南禅寺下河原の別邸群にはそのような近代の「東山文化」を発信する舞台が営まれていたのである。

註

＊1――櫻井景雄著、大本山南禅寺発行、一九五四年。一九七七年法蔵館より復刊

＊2――『京都織物株式會社五十年史』一九三九年

＊3――明治二〇年七月一四日付記事

＊4――塚本與三次の経歴については、特に註記無き場合は田村一男氏収集資料を参考にした。田村一男氏収集資料は塚本與三次および塚本邸に関するもので、「塚本キミさん（塚本與三次の妻…筆者註）口述覚書」ほか建築・庭園の図面、所有地調書、地券、戸籍謄本等のコピーなどが含まれる。

＊5――『京都ダイレクトリー』

＊6――大正二年六月一六日付『京都日出新聞』記事

14

大美野田園都市／堺

大阪南部堺市に忽然と現れた環状放射街区

和田康由

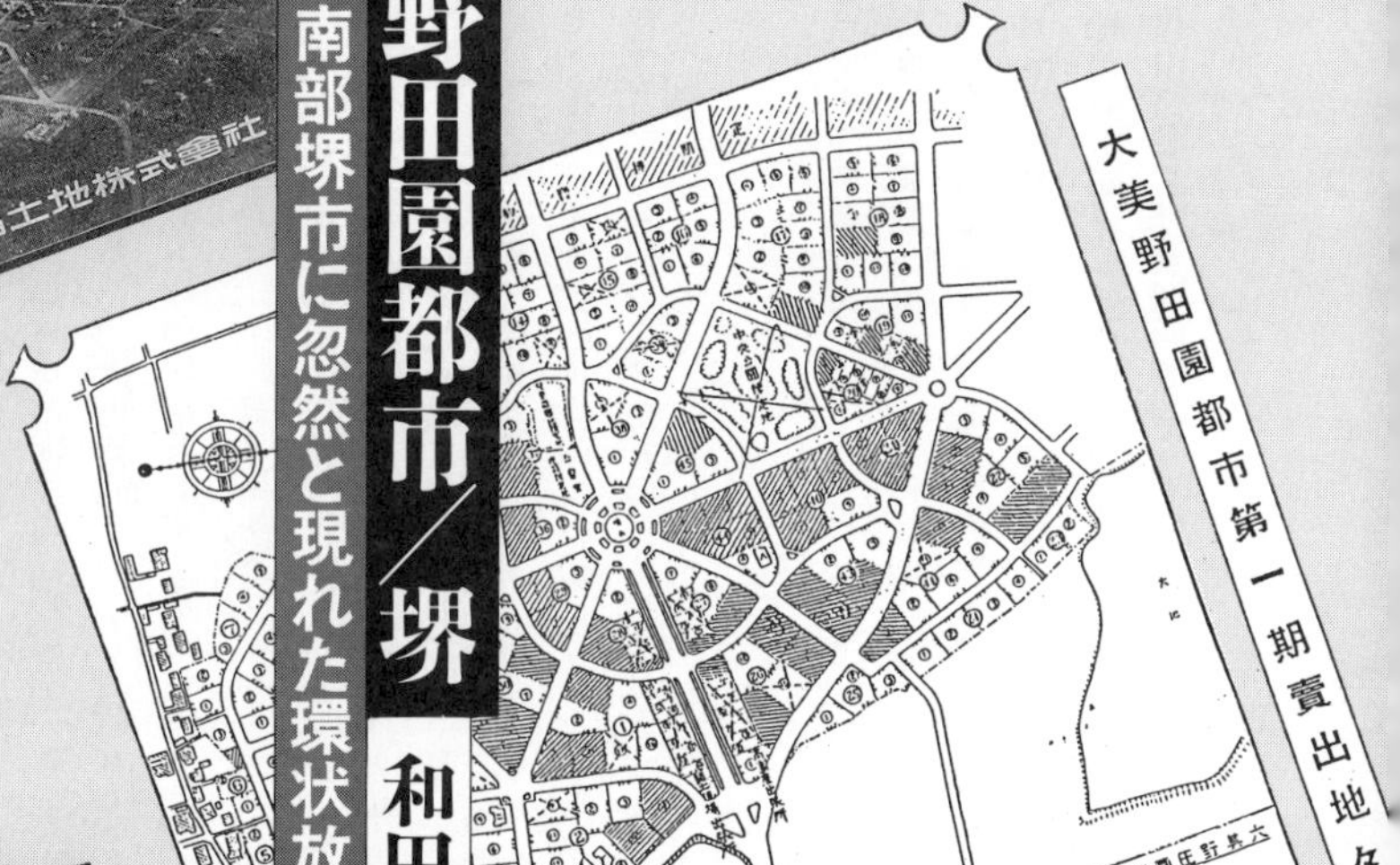

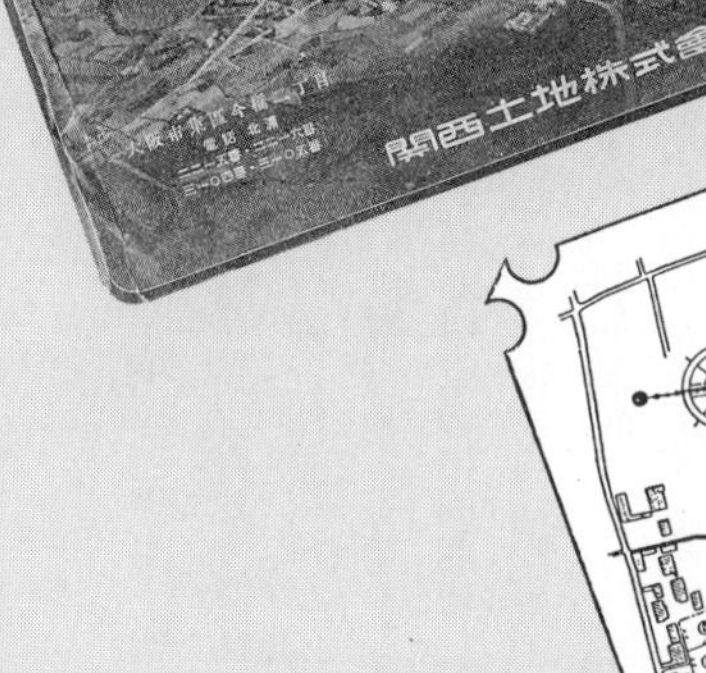

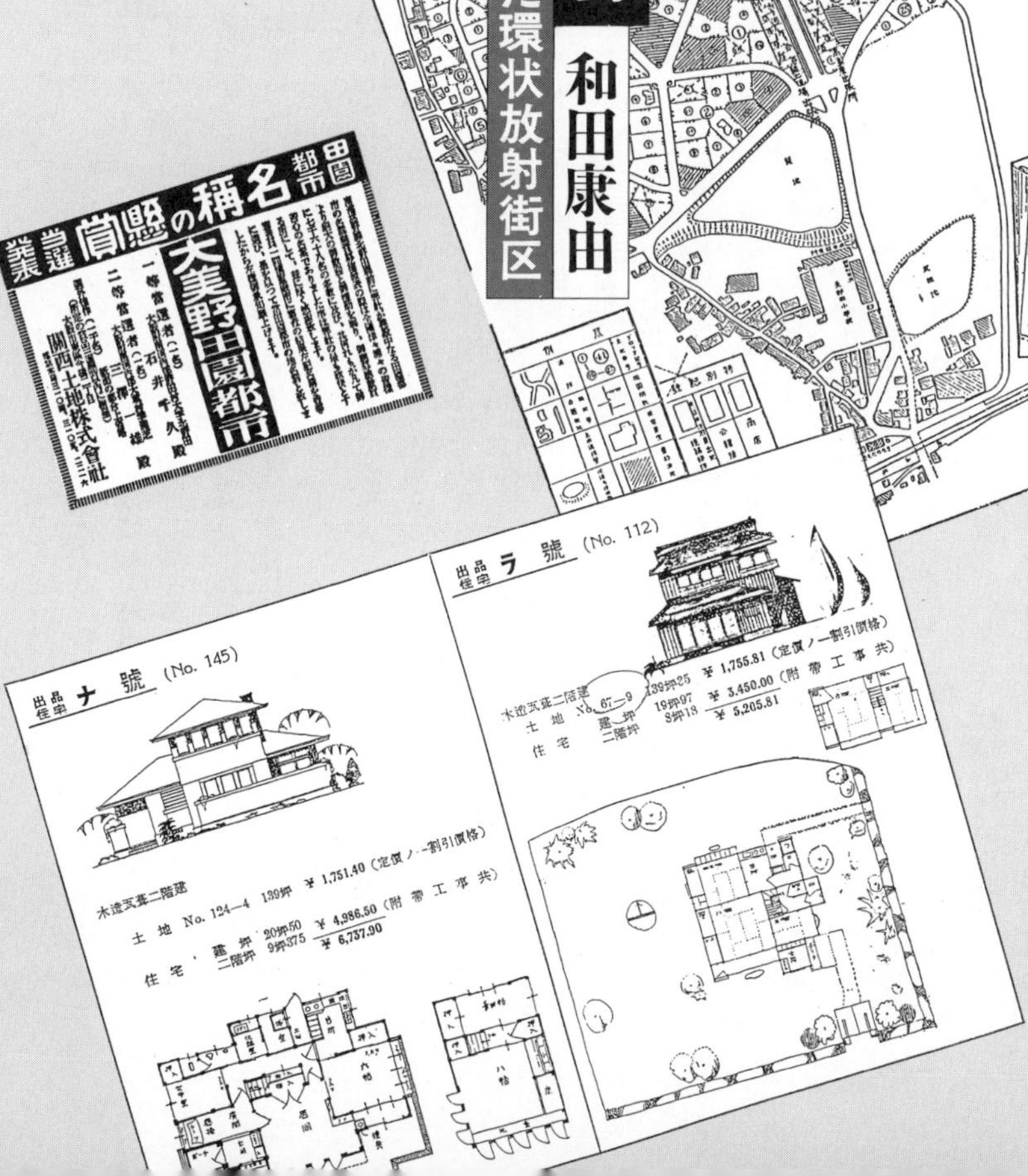

大美野田園都市は関西土地株式会社が社運を懸けた独自の開発であった。開発に当たって関西土地社長竹原友三郎は、株式会社大林組東京支店に勤めていた下村喜三郎を招聘した。竹原は当時住宅地開発で流行っていた田園都市を実現するために下村をヨーロッパに派遣したり、社員を東京の田園調布に視察に行かせたりした。竹原は大阪南部堺市南海鉄道高野線沿いに公称四〇万坪の広大な土地を求めた。土地買収が完了した昭和六年頃帰国した下村が第一期五万坪の駅前から中央広場に至る商店街と住宅地を設計した。そこには、下村が視察した二〇世紀初頭のヨーロッパ住宅地の研究成果が表れていた。下村の設計した第一期の住宅地の街区構成は、中央広場を中心に八本の道路を放射状に配置し、それらを環状道路で結ぶ、わが国ではじめてのデザインであった。大美野田園都市は下村が憧れたE・ハワードの提唱する田園都市運動の理念の実現ではなく、むしろ田園都市を標榜する営利本位の土地会社の住宅地開発と捉えられよう。

関西土地株式会社と下村喜三郎

明治三〇年代以降、日露戦争直後から郊外に向けての住宅地開発が活発になり、大正期になると土地会社の数が急増する。当時の新聞は「土地会社の濫興・会社一七資本一千万円」[*1]という見出しで、土地の値上がりで一攫千金をもくろむ土地会社が乱立しているのは由々しき社会問題であると報じている。土地会社のなかには、資本金も大きく株が大阪株式取引所に上場されるものもあり、大正期には大資本の土地会社が多数出現した。野村徳七商店と大阪屋商店調査部編集による『株式年鑑』[*2]によると、大阪などで土地、住宅経営をしている会社は、明治期に九社、大正六年までは一三社にすぎなかったが、第一次世界大戦の好況もあって同七年から九年の三年間に六四社が創立している。会社の社長や重役はいずれも大阪経済界の実力者たちで、土地会社の地位も相当なものであったことが窺える。

そうした社会情勢のなか、竹原商店の二代目で北浜の株式の仲買人竹原友三郎[*3]は香里園土地建物株式会社[*4]の事業を受け継ぎ、同九年一一月一五日社名を帝国信託株式会社と改め、本格的に不動産事業を開始した。その後、竹原は二度に亙って創立間もない土地会社を吸収合併している（図❶）。竹原が実行した土地会社の統合は一見無謀にみえるが、**表❶**に示す通り経営地は大阪市電、国有鉄道、各私鉄沿線にあり、大阪市内、府下全域に亙っている。同一二年一〇月信託法の改正に伴って社名を改称し、関西土地株式会社が誕生した。

関西土地の社長、役員、技術者及び社員は大正一五年一月の集合写真では一八人程度であったが、昭和五年一月一日の写真（図❷）では四〇人程に拡大していた。竹原が前列の中心に位置し、右隣には竹原を支え関西土地の一方での立て役者であった建石辰治[*5]、右隣には建石が退いた後竹原を補佐した川上佐一[*6]が、竹原のすぐ後ろには住宅地開発や住宅設計に関わった建築技師

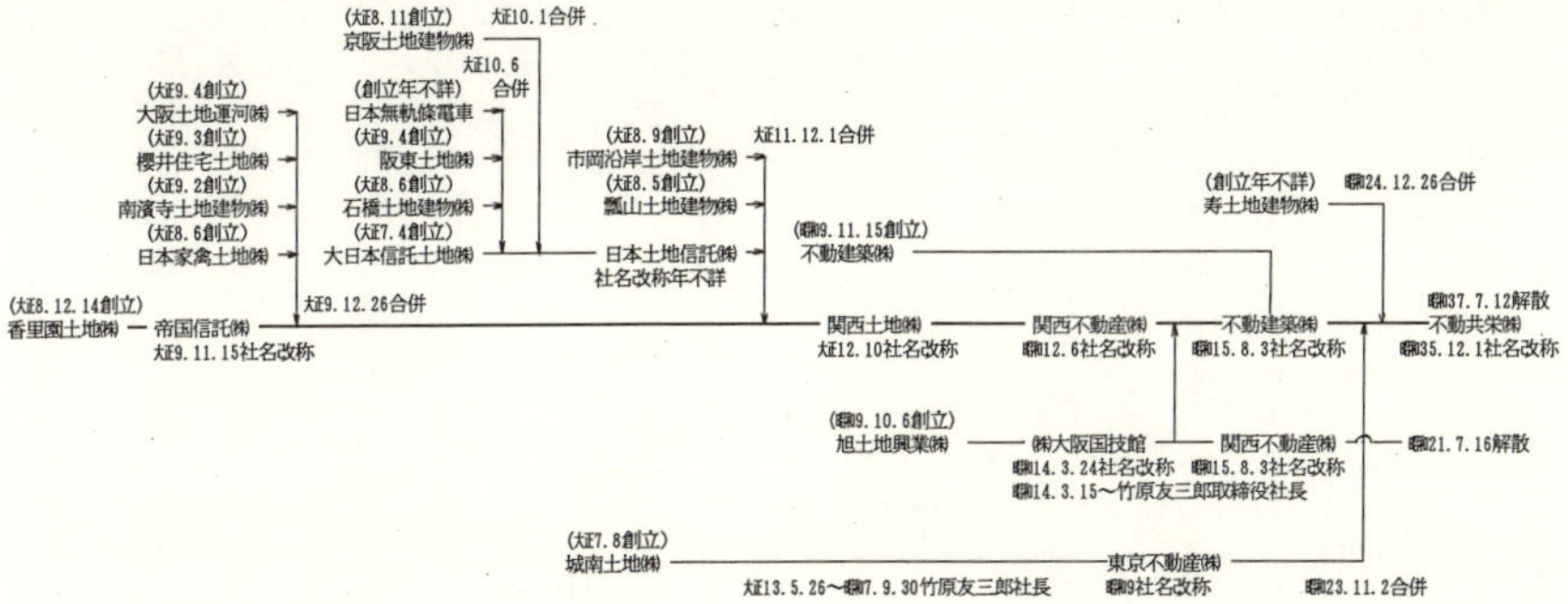

図1　関西土地株式会社の推移

図3　「大美野田園都市　案内書」（白山家所蔵）

会社の創立、発展と社名	創立·合併·改称				資本金	株数	備考
改称の推移		年	月	日	推移.円	推移	
香里園土地建物（株）	大正	8	12	7	300		創立
帝國信託（株）		9	11	15	300		社名改称
		9	12	26	1,500	30万	合併
		11	12	1	4,250	85万	合併
関西土地（株）		12	10		3,850	77万	社名改称
	昭和	7			2,600	52万	大美野開発
関西不動産（株）		12	6		800	16万	社名改称
不動建築（株）		15	8	3	800	16万	社名改称
不動共栄（株）		35	12	1			社名改称
解散		37	7	12			

参考文献：野村徳七商店調査部、大阪屋商店発行『株式年鑑』
　　　　　会社の登記簿による。

表2　資本金と株数の推移

図2　昭和5年現在の関西土地㈱の社員（昭和5年1月1日）

1)香里園土地建物㈱（大正 9年現在社長國枝 讓）

会社名	創立 年代	資本金	所有地(坪)	経営地	沿線
香里園土地建物㈱	㍽ 8. 12.	300	70,000	京阪電鉄沿線香里園	京阪電気鉄道

2)帝国信託㈱（大正10年4月現在社長竹原友三郎）の合併一覧

a. 大正 9年12月合併

会社名	創立 年代	資本金	所有地(坪)	経営地	沿線
日本家禽土地㈱	㍽ 8. 6.	200	477,477	古市村	京阪電気鉄道
南濱寺土地建物㈱	㍽ 9. 2.	100	14,676	助松	南海鉄道
櫻井住宅土地㈱	㍽ 9. 3.	150	23,000	豊能郡櫻井	阪神急行電鉄
大阪土地運河㈱	㍽ 9. 4.	700	102,920	放出	国有鉄道片町線

b. 大正11年12月合併

会社名	創立 年代	資本金	所有地(坪)	経営地	沿線
日本土地信託㈱	㍽ 7. 4.	200	34,392	高石村	南海鉄道
瓢山土地建物㈱	㍽ 8. 5.	400	75,041	中河内枚岡	大阪鉄道
市岡沿岸土地建物㈱	㍽ 8. 9.	800	18,448	磯路	大阪市電

3)日本土地信託㈱（大正10年4月現在社長竹原友三郎）の合併一覧

a. 大正10年 1月合併

会社名	創立 年代	資本金	所有地(坪)	経営地	沿線
京阪土地建物㈱	㍽ 8. 11.	500	85,582	枚方水源地付近	京阪電気鉄道

b. 大正10年 6月合併

会社名	創立 年代	資本金	所有地(坪)	経営地	沿線
石橋土地建物㈱	㍽ 8. 6.	120	25,928	石橋	阪神急行電鉄
阪東土地㈱	㍽ 9. 4.	1,000	100,000	蒲生、野江、森小路	京阪電気鉄道
日本無軌条電車	不詳	400	不詳		

4)姉妹会社

城南土地㈱は大正13年5月26日～昭和7年9月30日竹原友三郎が社長

旭土地興業㈱は昭和14年3月15日から竹原友三郎が社長

会社名	創立 年代	資本金	所有地(坪)	経営地	沿線
城南土地㈱	㍽ 7. 8.	100	6,680	上本町	国有鉄道、大阪鉄道
旭土地興業㈱	㍽ 9. 6.	100		関目	京阪電気鉄道

参考文献：野村徳七商店調査部(1909～1924年)大阪屋商店調査部(1924～1942)『株式年鑑』
　　　　　大五商店（吉村鹿之助）『土地会社要覧』1921. 4. 13
　　　　　大阪市社会部調査課『土地建物会社調査(大正10年 8月現在）』
　　　　　（労働調査課報告NO. 17）pp. 1～16
　　　　　営業報告書：帝国信託㈱、関西土地㈱、日本土地信託㈱、京阪土地建物㈱
　　　　　　　　　　　城南土地㈱、旭土地興業㈱

表1　合併等に伴う関西土地㈱の経営地一覧

下村喜三郎が居る。

関西土地（株）の成長、展開、終結

関西土地の組織や業績を知る手がかりとしてその前身である帝国信託（株）をみると、大正九年現在、資本金は一五〇〇万円、株数三〇万株、重役は社長竹原友三郎、取締役寺田元吉、浅井義鯛、金谷賢三、監査役國枝謹、池尾芳蔵、相談役山岡順太郎、寺田甚輿茂であった。[*7] 帝国信託は同九年一二月二六日に四社、同一一年一二月一日に三社を吸収合併している。その過程において同一〇年竹原友三郎が日本土地信託（旧称大日本信託土地株式会社　大正七年四月創立、創立資本金二百万　社長金谷賢三）の社長に就任してから四社を吸収合併している。その会社も帝国信託に合併した。帝国信託の同一〇年一二月現在の株主は一〇〇八人、株数三〇万、最高株主は（株）竹原保全の二万株、次いで（株）竹原商店の一万五〇〇〇株、一五〇〇株以上の株主は三五人で全株数の五〇％を占めていた。[*8] 同社は同一二年一〇月に関西土地と社名を改称した。

社名改称後関西土地（株）は、同一三年五月現在の資本金は三八五〇万円、株数は七二万、重役は社長竹原友三郎、取締役寺田元吉、横江萬治郎、川原儀六、監査役國枝謹、池尾芳蔵、團野末三郎で、株主四九九一人、最高株主は（株）竹原保全の三万七五〇〇株、次いで（株）竹原商店の二万一一〇〇株、一五〇〇株以上の株主は七七人で全株数の四四％を占めていた。竹原は個人でも四三〇〇株を所有するなど、所有株数からみて関西土地は彼の個人的な会社とも考えられる。

関西土地の資本金と株数の推移を表❷に示す。その表によると関西土地は吸収合併した創立期から大美野田園都市の開発まで住宅地開発に熱心であった。

昭和六年に大美野田園都市を建設した頃の営業科目は「大美野田園都市　案内書」（図❸）によると次の八項目であった。

①土地建物の経営、売買、賃貸借
②建築土工の設計、監督、施工
③土地委託経営の引受
④不動産売買の仲介
⑤不動産の評価、鑑定、測量
⑥不動産の管理、其他一般事務代弁
⑦不動産金融並に其仲介
⑧一般保険業代理事務

その後、関西土地の不動産業務も芳しくなくなり、減資を繰り返し衰退していった。同社は合併吸収分離を繰り返し、昭和一五年八月三日不動建築になり、戦後新たに二社を合併し、社名を改称して不動共栄株式会社となり、同三七年七月一二日に解散している。

下村喜三郎と大美野田園都市

下村喜三郎は大美野田園都市を設計するために関西土地株式

会社に招聘された。彼の人物像を追ってみる。

下村は[*9]、明治三一年二月二七日に大阪市浪速区の鈴木家で生まれ、大正一三年下村家に婿養子に入った。彼は大阪府立今宮中学校を経て、大正五年四月東京高等商船学校に入るが半年で退学し、翌年東京美術学校図案科第二部（建築科）に入学した。卒業制作の子供の会館（図❹）は、当時の近代建築運動の影響を感じさせる作風である。

下村は、大正一一年三月二四日、東京美術学校を卒業した後、早稲田大学理工学部建築学科に聴講生として在籍するが二カ月で中途退学する。同年、彼は、東京米国建築合資会社に就職するがこれも二カ月で退職した。しばらくして株式会社大林組東京支店に入社し、東京歌舞伎座（岡田信一郎設計）の工事に携わっている。

大正一二年九月一日東京神田で関東大震災に遭い、堺市高師浜に引っ越すが、火災に遭い、阪急沿線牧落百楽荘に移り住む。この時期下村は、関西土地（株）社長竹原友三郎に建築技師として郊外住宅地建設に関わる仕事を行うために招聘され、同社に入社している。彼は入社後四～五年して、社長の命により田園都市を視察するために欧州各国を歴訪している。

その目的は大阪南部南海鉄道（株）沿線に田園都市を設計することであった。

昭和六年頃大美野田園都市を設計し、大美野での住宅地経営が軌道に乗った頃、下村は建築家として自由に建築活動を行うために、昭和七年頃大阪市浪速区元町に仮建築事務所を開設し、昭和九年には兵庫県武庫郡精道村に移している。彼の建築事務所では、邸宅、長屋建の貸家や商店建築などを手がけていた。ただ、彼がいつごろまで建築事務所を開設していたかは明らかではない。ちなみに、渋沢栄一が開発した田園都市多摩川台（田園調布）の同心円放射状街区を持つ住宅地のデザインは、渋沢の子息秀雄が発案し、下村と同じ東京美術学校図案科第二部（建築科）を卒業した矢部金太郎が線を引いた。矢部は下村の四年先輩である。東西の田園都市に東京美術学校出身者が関わっていたことは単なる偶然であろうか。

建築技師として入社した下村喜三郎は、大正一五年一月の写真を見ると、主だった社員の中心に位置し、それだけ期待される人物であったと思われる。昭和七年三月撮影の設計部の写真（図❺）がある。下村は設計部のチーフとして角野孝や三戸谷和久などと共に設計活動を行っていた。

設計部の動きを知る手がかりに住宅改良会発行の『住宅』がある。そこからまとめると表❸のようになる。角野、三戸谷は『住宅』[*10]に設計部の一員として登場し、角野は大美野田園都市でライト風の家、中野邸を設計し、三戸谷も同じく大美野で新日本の小住宅、原邸を設計、住宅改良会主催の住宅貳百号記念「改良住宅」懸賞設計に一等で入選している。一方、下村は関西土地が大正末から宅地開発していた牧落百楽荘に昭和七年頃設計した自邸（図❻）を「畳のない小住宅下村邸」[*11]として発表し

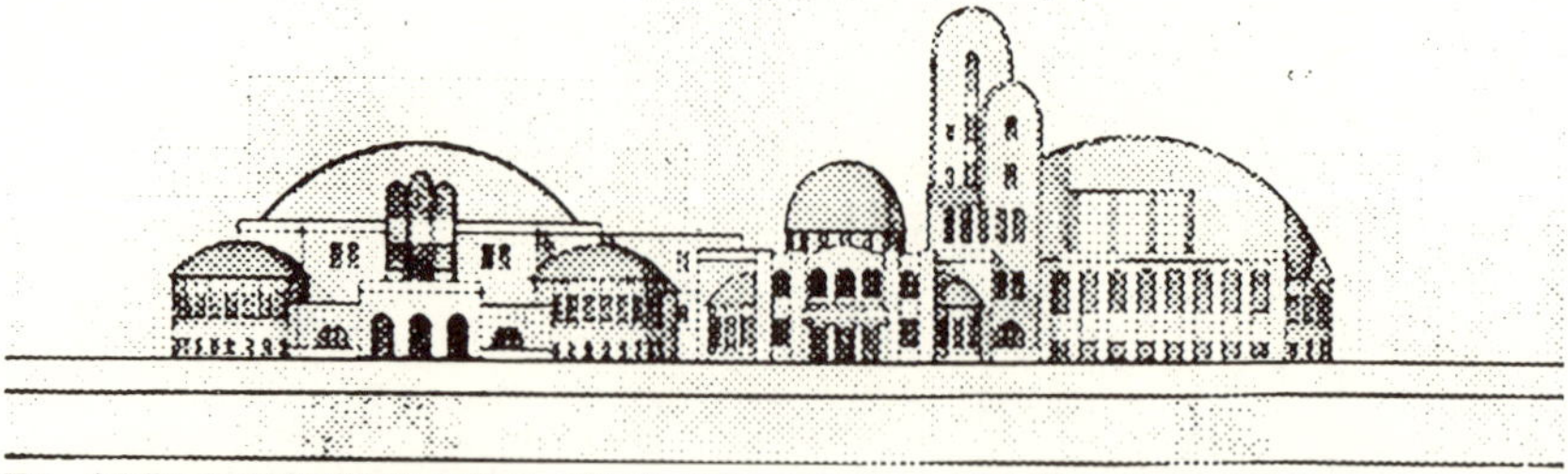

図４　東京美術学校図案科第二部（建築科）卒業制作「子供の会館」出典：『東京芸術大学芸術資料館蔵品目録図案・デザイン・建築』編集・発行　東京芸術大学芸術資料館 p. 25、平成３年３月

図５　関西土地㈱設計部の人達（昭和７年３月撮影）。右側に立っているのが下村

図６　百楽荘に建つ元自邸。昭和７年頃下村設計（平成８年２月21日撮影）

年代	月	タイトル名	建設場所	備考	様式・平面の特徴	頁
昭和7 (17巻)	6	畳のない小住宅下村邸	牧落百楽荘	設計者　下村喜三郎	洋風・家族本位	332
		新日本風の小住宅原氏邸	大美野田園都市	設計部　三戸谷和久	和風・中廊下	333
	5	週末住宅と生活の簡易化		技師　下村喜三郎の文章		306・307
	7	瑞西風小住宅喜多氏邸		設計部　角野孝	洋風・居間中心	418・419
	8	ライト風の家中野氏邸	大美野田園都市	設計部　角野孝	洋風・居間中心	484・485
8 (18巻)	6	住宅弐百号記念「改良住宅」懸賞設計入選案		設計部三戸谷和久が１等入選 日本趣味を加味したる洋風住宅	洋風・居間中心	325-348
	10	M氏邸	平野荘園		洋風・ホール	610
	11	K氏貸家	大美野田園都市		洋風・居間中心	642
		中西氏の貸家	森小路		和風・3戸建・前廊下	652
		永田氏の貸家	森小路		和風・3戸建・前廊下	653
9 (19巻)	6	無駄のない小住宅	大美野田園都市	改善住宅展	洋風・居間中心	348
	7	脇本氏邸	大軌小坂		洋風・中廊下・応接室	14-17
	8	石川氏別邸	大美野田園都市		洋風・居間中心	76-80
10 (20巻)	3	台所図譜Ｓ氏邸		台所の計画方法について		182
		台所図譜Ｔ氏邸				183
	5	吉原氏邸	大美野田園都市		和風・中廊下・応接室	318
		岩本氏邸	大美野田園都市		和風・中廊下・応接室	319
	9	門：石川氏邸・竹中氏邸	大美野・濱甲子園		洋風	187
	10	小住宅二題	大美野田園都市		和風・中廊下・応接室	244・245
	12	D氏邸	大美野田園都市	設計施工建築部	和風・中廊下・応接室	391
11 (21巻)	3	稲垣氏邸	泉州忠岡		洋風・中廊下・応接室	170・171
	5	宮田氏邸	曾根		洋風・中廊下・応接室	312・313
	6	ある玄関	大美野田園都市	健康本位・特選住宅展覧会の出品住宅	洋風の玄関・応接室	408
	9	健康本位・特選住宅展図譜	大美野田園都市	展覧会の案内洋風住宅の紹介	洋風	160・161
		三好氏邸	兵庫塚口	設計関西土地㈱		183-185
12 (22巻)	6	中井邸	兵庫仁川	社名関西不動産㈱に改称	洋風・居間中心	116

注　　様式・平面の特徴は執筆者による分析

表３　住宅改良会発行『住宅』に掲載された関西土地㈱の設計・施工による住宅等一覧

たり、「週末住宅と生活の簡易化」と題して『関西土地時報』に執筆している。

下村は昭和八年頃、阪神急行電鉄株式会社共栄部阿部悌蔵の求めに応じて、関西土地を退社し、同社共栄部の嘱託となる。仕事内容は主に宅地開発や住宅地経営の指導であった。約二〇年間勤めた後、同二〇年九月五日に退職した。退職時は組織替えした土地経営部に所属していた。

下村は同二六年京阪電気鉄道株式会社営業局田園住宅部長として招かれ、二年程勤めて定年（五五歳）で退職する。同四〇年頃、彼は京阪神急行電鉄（株）の関連会社阪急産業（株）社長堀田正行に招かれ、不動産部嘱託として同五四年頃まで主に宅地開発に力を注いだ。退職後は、兵庫県西宮市塩瀬町生瀬で生け花の師匠をする米子夫人と過ごし、昭和六三年八月一日没する。

南大阪での田園都市建設

帝国信託が吸収合併した土地会社等の経営地（表❶）と「大美野田園都市　案内書」（昭和六年頃発行）に掲載された経営地（表❹）が関西土地の主な住宅地である。表❶と表❹から関西土地（株）の住宅地開発の特徴はその開発手法から次の二つに大別できる。

①吸収合併した土地会社の事業を受け継いだ場合。

②土地購入から独自に住宅地を開発した場合。

経営地名	規模（坪）	立地その他	交通機関
市岡町	20,000	市内商業住宅地	市電市岡元町四丁目停留所
森小路	130,000	新市内商業住宅地	京阪電車森小路停留所
平野荘園	30,000	新市内高級住宅地	市営バス平野線杭全停留所
丸山荘園	5,000	新市内高級住宅地	南海線北天下茶屋
大美野	400,000	関西唯一ノ田園都市	南海高野線北野田駅
牧落	20,000	理想的郊外住宅地	阪急箕面線牧落停留所
助松	20,000	理想的臨海住宅地	南海本線助松駅
高師濱	12,000	理想的臨海住宅地	南海線羽衣駅
額田山荘	20,000	理想的山荘住宅地	大軌電車額田停留所
瓢山	60,000	郊外高級住宅地	大軌電車瓢箪山停留所
蘆屋	2,000	郊外高級住宅地	東海道線蘆屋駅
尼ケ崎	10,000	尼ケ崎市内商業住宅地	阪神電車尼ケ崎停留所
榎本	100,000	新市内・計画中	片町線放出駅
南方	30,000	新市内・計画中	新京阪電車南方停留所
高槻	15,000	郊外住宅地・計画中	東海道線高槻駅
枚方	20,000	山林住宅地・計画中	京阪電車枚方西口停留所
その他	不詳	市内：上宮町・味原町・天王寺町・横堀等	
	不詳	市外：御影其他	

参考資料：「大美野田園都市　案内書」よりまとめる。

表4　関西土地株式会社経営地一覧（昭和6年現在）

事業を受け継いだ開発は、関西土地では初期の段階で、住宅地経営が軌道に乗りだした頃独自で開発した物件が必要となっている。独自で開発した場合さらに二通りの開発手法がある。土地購入から住宅地設計までを行う場合と、大阪市の土地区画整理組合事業に参画する場合である。独自の開発では大美野田園都市があり、土地区画整理組合事業では、森小路土地区画整理組合事業などがあげられる。また、関西土地は自社の住宅地開発のほかに電鉄会社からの委託[*12]による住宅地開発を行っていた。

ここで関西土地（株）が開発した住宅地を概観しよう。

吸収合併した後の住宅地について、香里園土地建物から引き継いだ土地を関西土地は「京阪沿線香里　京阪電車との共同経営地」[*13]として紹介している。その後「香里園」土地住宅賣出申込取扱　京阪電車地所課、関西土地株式会社」[*14]に初めて「香里園」という住宅地名を掲載、すでに数十戸の文化住宅が建設されていると宣伝していたが、その後は不明である。

櫻井住宅土地（株）から引き継いだ住宅地は、関西土地では大正一四年九月、新櫻井住宅地名で売り出したが、すぐに牧落百楽荘住宅地に名称を変更した。街区割は櫻井のものを基本としているが、生け垣を設けた住宅や幅一メートルの石畳を敷いた測溝などの街並は、阪急の指導を受けていたとしても関西土地が独自に設計したものである。[*15]道路にはそれぞれ樹木にちなんだ名前がつけられた。南北に通りが三本あり、東から青柳通、中央に一番広い弥生通、西に桜通がある。[*16]桜通西隣に阪急電鉄箕面線が走る。昭和八年頃住宅戸数は約一八〇戸あり内約一二〇戸を関西土地が建設、その内訳は洋風約二〇戸、和風約一〇〇戸でほとんど二階建であった。[*17]設計部の下村喜三郎が昭和七年頃、経営地内に自邸を設計するなど数棟の住宅を設計している。また、社長の竹原友三郎も住んでいた時期[*18]があり関西土地が力を入れていた経営地である。

市岡沿岸土地建物の場合は大阪都心部商業地域にあり、そこで関西土地は街区割をそのまま用いて長屋建住宅の貸家経営や市岡キネマ等娯楽機関の経営も行っている。この他にも、瓢山土地建物を引き継いだ瓢山経営地、南濱寺土地建物を引き継いだ「臨海住宅地と銘打った」助松経営地などがある。

独自に開発した住宅地は大美野田園都市である。昭和三年頃関西土地が田園都市の実現をめざして大阪南部堺市に土地を求め、昭和六年に公称四〇万坪におよぶ大美野田園都市を売り出した。

一方、関西土地は同時期に土地区画整理組合事業に参画した。中でも西平野土地区画整理組合、森小路土地区画整理組合、今津土地区画整理組合では主導的立場で事業を推進した。西平野土地区画整理組合では、関西土地の支配人建石辰治が組合長になって昭和三年六月二九日設立し、昭和一〇年四月二〇日解散している。設立組合員は四九人、開発規模は五万一〇〇〇坪であった。当組合は関西土地が前もって取得していた土地に区画整理の手法を用いて住宅地開発を計画し、「平野荘園住宅地」と銘打って分譲を行っている。案内パンフレットには経営地面積三万坪と掲載されており、概算六〇％を所有していたことになる。土地分譲は四〇坪以上となっているが、一戸建のほかに長屋建住宅も多く建てられている。また、区域内には大阪市による分譲住宅「杭全住宅」[*19]が建設されている。

森小路土地区画整理組合は西平野と同じく支配人建石辰治が組合長になって昭和四年二月二七日設立し、同一四年八月二九日解散している。設立組合員は四九人、開発規模は一八万八〇〇〇坪であった。この土地は、合併した元日本家禽土地、板東土地などの宅地を住宅地経営のために利用したものである。今津土地区画整理組合では、社長竹原友三郎が組合長になって同一二年三月一一日設立し、戦後に解散している。この土地は関西土地が吸収合併した大阪土地運河株式会社の所有地一〇万二九二〇坪を用いて同六年頃「水陸交通の便を備ふる理想的工業住宅地」と銘打って売り出している。しかし、事業的にはふるわず、戦後の農地解放も加わり分解してしまった。

開発経緯

昭和三年、関西土地は田園都市を開発する目的で大阪府南河内郡野田村と大草村（いずれも現堺市）にまたがる兒山保之[*20]の所有する四〇万坪の農地を買収した。しかし、地元小作人の反対により三年間にも及ぶ紛争後、小作調停法によって面積の約半分を地主からの買値で、小作人に譲渡することになった。その結果大美野の住宅地開発規模は当初の公称四〇万坪から実質一六万坪となった[*21]。関西土地が田園都市を建設する場所を大阪中心部から離れたこの土地に選んだ理由は定かではない。推察の域を出ないが、社長竹原の夫人が岸和田の富豪寺田家の出身で、父親の弟寺田甚吉は南海鉄道の重役であり、関西土地の相談役でもあったことが起因しているものと考えられる。関西土地の経営が行き詰まっていた時[*22]だけに、大美野田園都市の開発は社運を懸けた開発とみられる。

「大美野」の住宅地名は大がかりな懸賞募集によって名付けられたもので大草村と野田村を美しく結ぶという意味である（図❼）。応募は実に七〇六八人あり、その中から選ばれたのが地元在住の石井千久の案であった。

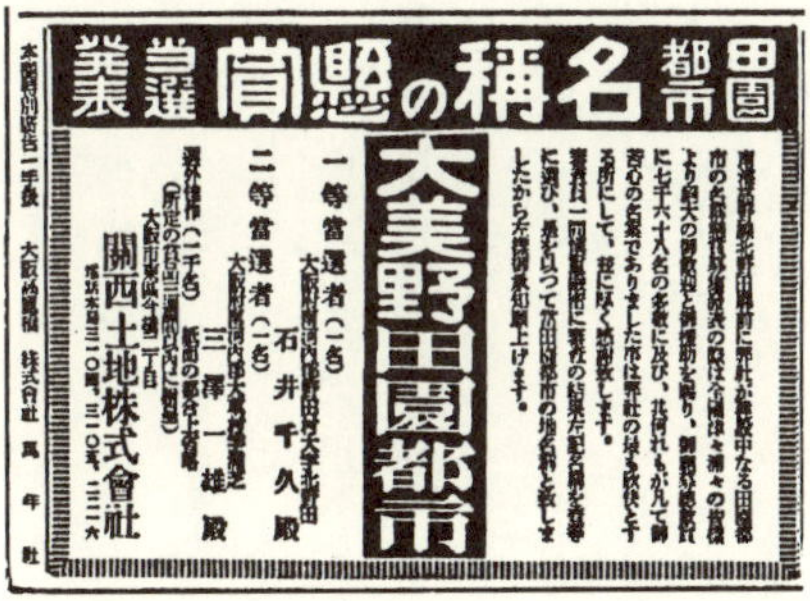

図７　大阪朝日新聞「田園都市名称の懸賞当選発表　大美野田園都市」（昭和６年４月８日）

昭和六年当時の新聞は、大美野田園都市の開発を「田園都市を建設する南海高野線の北野田付近に」と題して次のように紹介している。

> 煤煙の都から土と草の田園へ——年々市外地へ居住者の流出してゆく傾向にあるが今回関西土地会社は大阪府南河内郡大草村南海高野線北野田駅西方約三萬坪に人口一萬人を収容しうる近代ドイツ風の道路網を中軸とする田園都市の建設を計画し、すでに先月二〇日ごろから工事に着手し、

第一期計画の約六萬坪の道路を三月中旬までに完成するはずである◇なほ住宅地域と商店地域に分割し、住宅地には中流住宅、小住宅、週末住宅、園芸住宅、アパートメントハウスを設け、商店街には日用生活に必要な各種の店舗を開かせ、すでに高島屋の出張所を設けることに決定してゐる◇施設としては大広場を中心に各所に街角や公園、児童遊園、テニスコートミニアチュアゴルフ場を設けるほか将来は小公会堂を設けて娯楽催物場にあて、また、ダルトンプランにより幼稚園から中女学校までの私立学園の建設も計画して近代的な一大田園都市を現出しようといふのである[*23]

新聞の記事がどこまで実現されたか定かではないが、関西土地はそれに近づけようと努力していたようである。

関西土地は昭和一三年、住宅地に隣接する大草村尋常小学校（現登美丘西小学校）を住宅地内に移転させ、土地や新築費を寄付している。新築費として二三〇〇円を寄付したことを刻んだ記念碑（図❽）が今も登美丘西小学校の敷地内に建っている。この他、ロータリーに面した土地と会館、幼稚園、福徳稲荷神社、公園を寄付して住環境を高めていた。また、関西土地社長竹原友三郎は顧客確保を意図して茶道宗匠設計のお茶人村建設を記念して昭和一二年一〇月展覧会を開催している。その茶室（図❾）が当時の住宅地内に現存している。元社員は社長のことをアイデアマンだと評していた。

図8　登美丘西小学校の敷地内に建つ大草村小学校新築記念碑（昭和13年10月）

図9　大美野田園都市の住宅に現存する茶室（昭和62年5月7日撮影）

下村喜三郎の田園都市観

下村喜三郎は自らが編集していた関西土地発行の関西土地時報などに住宅、田園都市、大美野田園都市について執筆をしている。彼は欧州各国を視察した開発者や住宅地の状況などの内容を関西土地時報に「住宅のすなっぷ」と題して一八回にわたって詳しく紹介した。その感想には、ロンドン―ベリンガムを観て「‐中略‐あはれな日本の一住宅経営関係の技術者である私は、長大息と共に、やはらかなRECREATION GRD.の芝生に、身を投げて羨望と共に、のすたるじあでは決してない憂鬱に閉ざされたことであった」、バーミンガム―ボーンビルにおいて「－中略－従来の工場地の概念からは全くかけ離れた、BOURNVILLE INDUSTRIAL VILLAGE の印象は、永久に私から失はれないであろう」（原文通り）などの内容からみて下村は英国の郊外住宅地づくりの賛美を繰り返すとともにわが国での実現に夢を描いていた。

帰国後大美野田園都市を設計した下村は、住宅地案内のパンフレットに「田園都市とは　レッチワアスと　ウェルウィンとの田園都市について」を書き、関西土地時報では「田園都市への思郷」と題して四回に亙って連載した。その内容は「－中略－英吉利の社会改良家、サア、エベネザア、ハワアドは、千九百二年、名著『将来の田園都市』を世に問ふて、如何すれば、田園の生活に於て、都市の生活と同様の、物質的利便と社会的利益とが得られるであらうかを考へ、都市生活と、田園生活との他に、この両者の長所を結合して、積極的、活動的である都市生活のすべての利益を、美しく明るい田園生活の中にとりいれることの出来る、第三の生活環境の存在し得ることを主張いたしました。－中略－」（原文通り）とE・ハワードの提唱する田園都市運動の内容を紹介した。それらの執筆から下村の考えを読み取ると、彼は英国から誕生した田園都市運動が欧州各国に広まったように日本においても実現すべきだと考えていた。

大美野のマスタープランの特徴

大美野の開発構想は下村喜三郎帰国後、具体的に進められ、昭和六年一月から工事が始まり、住宅も随時建設された（図⑩）。

大美野田園都市の建設状況を知る手がかりとしては、下村が手がけた同六年発行の「大美野田園都市第一期売出地々割図（図⑪）、「大美野田園都市　案内書」の大美野田園都市　機上より見たる大美野・田園都市の大観」（図⑫）の第二期売出地々割図（図⑬）がある。「大美野田園都市　案内書」によると「総面積四〇万坪を擁する一大丘陵地」南海鉄道株式会社沿線北野田駅から商店街を通って中央広場に至る周辺五万坪の開発としている。第一期の街区は四五あり画地は三〇六、敷地規模は一〇〇坪以上が二一三、坪単価は位置にもよるが一五円である。

その同じ場所で日本建築協会の創立一五年記念事業の一環として大美野田園都市住宅博覧会が同七年一〇月一〇日～一一月一〇日（延長一一月二五日）に実施された。博覧会の概況によると「広さ四〇万坪の大美野田園都市第一期一〇万坪の理想的住宅群」[*24]と紹介され経営地が増加したことを示す。第二期売出地々割図ではさらに一六万坪と拡大している。

下村が大美野田園都市で何をしようとしていたかを、本人の話と第一期、第二期の住宅地案内書から追ってみる。彼は、第一期の街区割を設計した覚えがあるが、北西に広がる第二期は土木部の連中が行っていたようだと語っている。何れにせよ南海鉄道（株）沿線北野田駅から商店街を通って中央広場に至る周辺五万坪を設計したことは確かである。

その内容は、第一期の案内書によると「荘重広大なる近代ド

図14　中央広場　関西土地株式会社発行の絵葉書より

図10　大美野田園都市の昭和13年頃の建設状況（昭和13年撮影）

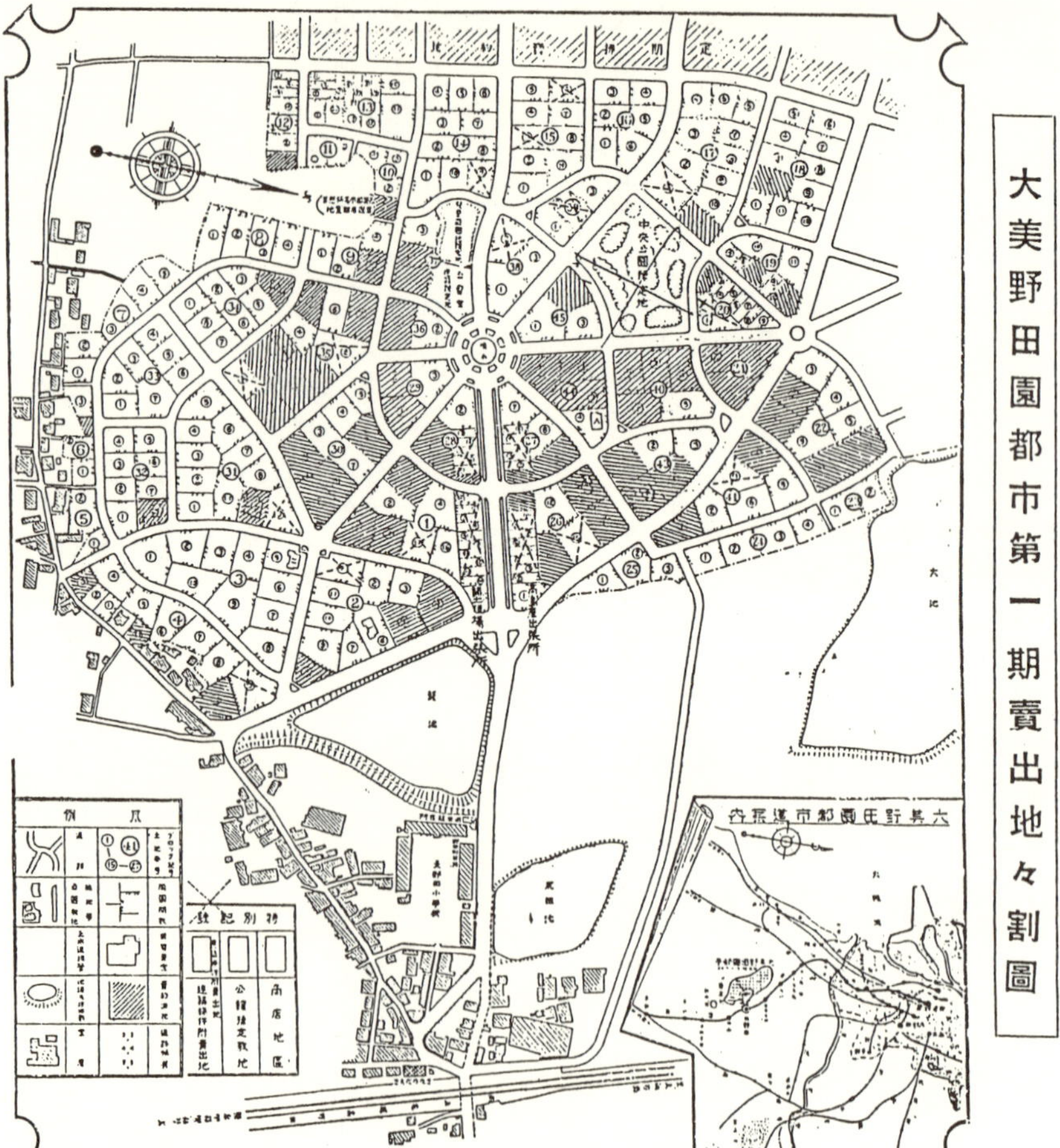

図11　「大美野田園都市　案内書」に掲載する大美野田園都市第一期売出地々割図

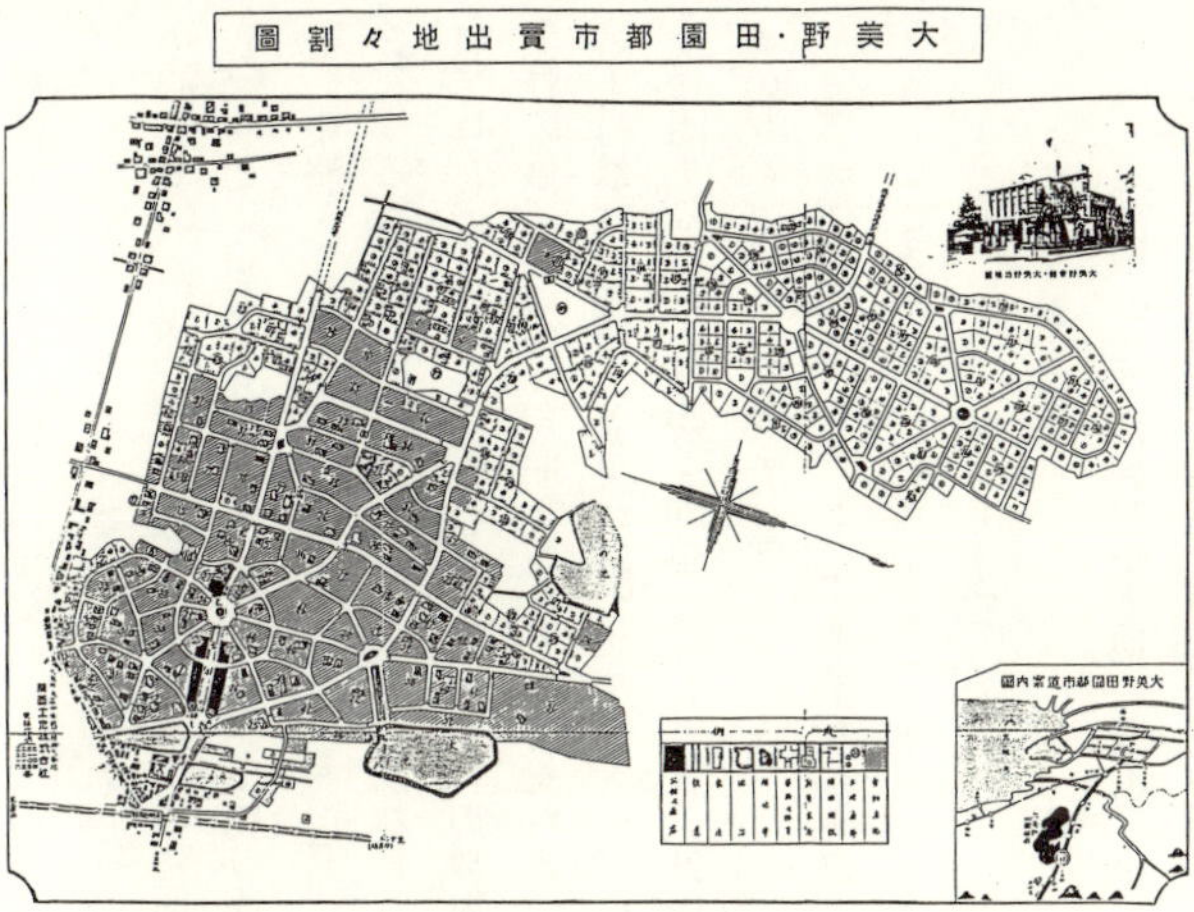

図13 「大美野田園都市　機上より見たる大美野・田園都市の大観」に掲載する
大美野田園都市第二期売出地々割図

図12 「大美野田園都市　機上より見たる大美野・田園都市の大観」所蔵：大美野幼稚園

イツ式の新道路網、車道と緑樹帯とペーブメントされた軽快な歩道、噴水の広場、公園、遊園地、衛生的な暗渠式の下水道、清澄豊富な上水道施設、高島屋出張所、売店、小学校、公会堂……」（原文通り）。また、第二期を紹介する案内書の施設と計画では、

> 道路計画は裏面の通り美観と興味と便利の三要素を完備せる近代ドイツ風の荘重、広大なる道路網を採用し、先づ北野田（大美野）駅より幅員十米道路を新設して経営地に連絡をとり、経営地内の幹線一等道路は幅員十六米に拡張して本地の中心街区たる〈中央広場〉に導き、此所より幅員十米となり十数町西北へ高野街道に達しドライブウエイとして利用されています。尚中央広場より六條の放射道路が展開して、経営地の何れの地点にも最短距離で達する事が出来ます。是等の道路幅員は最大十六米（八間八分）最狭六米（三間三分）にして、自動車の乗入に支障なからしめましたと共に、主要なる道路には、夫々歩道と緑樹帯とを設け、運動に散策に便ずることに致しました。

とさらに詳しく説明している。下村はデザインした田園都市の街区割を近代ドイツ式としているが、中央広場（図⓮）を中心に八本の放射道路を設け、それらを同心円状に連絡する手法は、欧州各国の住宅地のどこから影響を受けたのかは定かではない。

ただ彼の執筆した「住宅のすなっぷ　其の九　ろんどん――べりんがむ」では珍しく住宅地の街路に触れ「－中略－この広場を中心として、南北に貫く約十間巾のKING ALFRED AVENUEを始めとして六つの放射路線が、ESTATEの各部分に通じてゐる－中略－」（原文通り）と説明している。ロータリーから発する八つの放射路線は、ドイツというよりむしろ英国の影響を受けていたのではと考えられる。[*25] この下村の放射街区の発想が大美野の第二期の街区デザインにも影響を与えていた。

下村は欧州視察の成果に基づいて「大美野田園都市土地使用上に関する当社の希望と制限」として大美野田園都市に住むためのマニュアルを作った。

一、一切の製造工業、其他一般公衆の迷惑となる建物を建築せざる事、（隣や近所で機械の音を立てられることは立てる方も気兼ね、立てられる方も迷惑ですからお互いにこんなことは止め度いと思ひます）

二、建築物の建坪は御買受宅地の五割以下にして一区劃壹戸たる事、但商店地区其他特別の場合を除く、（これは美観の點からは勿論皆様の保安衛生の上からも是非御實行を願ひます）

三、宅地の道路側には道路境界線より二尺以上後退して生垣、門を設け門灯を點火する事、（お互いが極く気楽な、のどかな気持ちで此土地に住むのに、見にくい板塀や殺風景なコンクリートの塀などは全く気分を悪くさゝれます）

四、土地御買受後各自に於て御建築の場合は、豫め設計図書を弊社に御提示願ひ承認を得られ度き事、（此條項は本土地の統制上必要なばかりでなく、全く弊社が皆様の御住宅に對し強い関心を持つの餘り一點でも気分を害されることのなき様御注意申し上げ度いからであります）

各項目と（　）書きは原文のままである。これらは下村の郊外住宅地開発に対する考え方を示したものである。

二つの住宅博覧会

関西土地は大美野田園都市を宣伝するために住宅懸賞設計やいくつかの住宅展覧会、博覧会を開催している。それらをまとめると表❺になる。

ここでは「大美野田園都市住宅博覧会」[*26]の出品住宅七棟と「健康本位特選住宅展覧会」[*27]の出品住宅二四棟から関西土地が建設した住宅建築の内容を追ってみよう。

関西土地は日本建築協会の創立一五年記念事業に参画、大美野田園都市住宅懸賞設計の募集と大美野田園都市住宅博覧会の誘致を行った。博覧会は日本建築協会主催、南海鉄道株式会社、夕刊大阪新聞社、関西土地株式会社が後援し、住宅の出品者は、関西土地、日本建築協会に加えて竹中工務店、鹿島組、大林組、清水組など建築界の一流の業者であった（表❻）。出品住宅総数は一六棟、内七棟が関西土地である（図⓯）。

関西土地の出品住宅七棟は、平家二棟、二階建五棟、様式は和風四棟、洋風三棟、敷地坪数は九〇坪から一九〇坪まで、建蔽率は平均二五％でいろいろな種類の住宅を揃えていた。当時和風がよく売れていたが関西土地は洋風を三棟出品して関西土地の設計能力を宣伝したようである。博覧会で売れた住宅は六室以上を持つ住宅で、平均すると五・三六室であったと報じられている。

健康本位特選住宅展覧会に配布された『住宅図録』（図⑯）に掲載された住宅は、二四棟である（表⑦）。その内容は平家九棟、

年代	開期・締切日	経営地など	タイトル名	主催	備考
昭和5	11月8日～末日	額田山荘	家族本位模範住宅展覧会	関西土地㈱ 大軌電車事業課	
7	8月15日正午	大美野	大美野田園都市住宅設計図案懸賞	日本建築協会	日本建築協会創立満15周年記念事業
	10月10日～11月25	大美野	大美野田園都市住宅博覧会	日本建築協会 関西土地㈱ 南海鉄道㈱	日本建築協会創立満15周年記念事業 「建築と社会」に掲載
	11月1日～13日	南海高島屋	「住み良い家の展覧会」	日本建築協会	大美野田園都市住宅設計図・大美野田園都市模型展示
8	4月10日～5月末日	大美野	健康本位特選住宅展覧会	関西土地㈱	住宅建築の宣伝
9	6月	大美野	改善住宅展	関西土地㈱	一部「住宅」に掲載
10	4月15日～5月末日	大美野	春の模範住宅展覧会	関西土地㈱	幼稚園開園、大美野会館開館
11	5月中	大美野	健康本位特選住宅展覧会	関西土地㈱	巡回バスの運転開始
	10・11月	大美野	健康住宅即売会	関西土地㈱	
12	4月10日～5月末日	大美野	優秀住宅展覧会	関西土地㈱	
	9月10日～10月10日	新森小路	高級住宅並びに模範貸家の展覧会	関西不動産㈱	高級住宅街完成記念
	10月1日～	大美野	純日本建築展覧会 数寄屋住宅建築記念	関西不動産㈱	茶道宗匠設計のお茶人村建設記念
	10月	新森小路	住み心地よき家の展覧会	関西不動産㈱	
13	3月1日～	新森小路	実用住宅展覧会	関西不動産㈱	
	3月15日～	大美野	厚生住宅展覧会	関西不動産㈱	
	5月1日～3日	大美野	茶人村完成記念売出	関西不動産㈱	一部現存

参考文献：帝国信託㈱、関西土地㈱、関西不動産㈱の営業報告書並びに展覧会などで配布された住宅図録、日本建築協会発行「建築と社会」、住宅改良会発行「住宅」、大阪朝日新聞を参考にまとめた。

表5　関西土地㈱による住宅懸賞設計、博覧会、展覧会などの一覧

記号	出品者名	敷地坪数	一階坪数	二階坪数	延べ坪数	建ぺい率%	様式・平面の特徴
イ	竹中工務店	107.27	20.91	9.71	30.62	19.49	和風・中廊下
ロ	清水組	105.48	26.60		26.60	25.22	和風・中廊下・応接室
ハ	大林組	116.96	19.66	5.06	24.72	16.81	和風・中廊下
ニ	鹿島組	111.80	20.25	8.00	28.25	18.11	洋風・中廊下・応接室
ホ	日本建築協会	105.19	27.60		27.60	26.24	洋風・中廊下・応接室
ヘ	関西土地㈱	126.11	25.03	9.78	34.81	19.85	和風・中廊下・応接室
ト	今西組	104.67	27.02		27.02	25.81	和風・中廊下・応接室
チ	大野勝之助	85.77	25.67		25.67	29.93	和風・中廊下
リ	日本建築協会	76.16	18.95	8.05	27.00	24.88	和風・中廊下
ヌ	関西土地㈱	90.22	31.19		31.19	34.57	和風・中廊下
ル	森本建築社	73.70	20.02		20.02	27.16	洋風・片廊下
オ	関西土地㈱	73.03	20.16	8.18	28.34	27.61	和風・取次
ワ	関西土地㈱	117.04	32.33	9.32	41.65	27.62	和風・中廊下・洋室
カ	関西土地㈱	189.42	40.67		40.67	21.47	洋風・中廊下・応接室
ヨ	関西土地㈱	158.37	25.81	12.50	38.31	16.30	洋風・居間中心・応接室
タ	関西土地㈱	187.51	27.42	13.57	40.99	14.62	洋風・ホール・洋室
	平均	114.29	25.58		30.84	23.48	
	合計	1828.70	409.29		493.46		

参考資料：日本建築協会「建築と社会」第15輯第10号pp. 25～31に掲載された出品住宅をまとめたもの。

尚　様式平面の特徴は筆者で判断した。

表6　「大美野田園都市住宅博覧会」（昭和7年10月10日～11月25日）の出品住宅一覧

図15　関西土地㈱の出品住宅の一例　平面図と現存状況

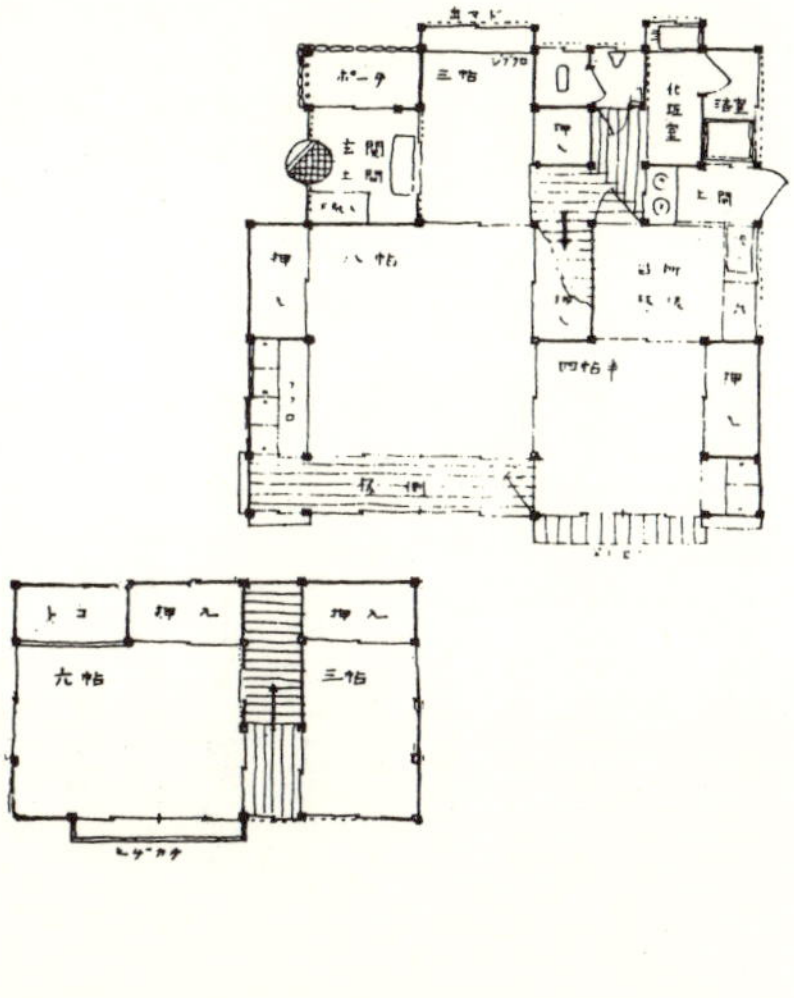

表7　「健康本位特選住宅展覧会」(昭和8年4月10日～5月末) の出品住宅一覧

平家

	記号	NO	街区NO	宅地NO	敷地坪数	単価	一階坪数	建ぺい率%	建物価格	土地価格	分譲価格	様式・平面の特徴
1	イ	106	80	80-7	111.80	14.00	31.400	28.09	4450.00	1408.68	5858.68	和風・中廊下
2	ワ	138	97	97-4	112.30	14.00	24.375	21.71	3887.50	1414.98	5302.48	和風・中廊下・洋室
3	ト	136	99	99-03	121.51	13.00	24.125	19.85	3912.00	1421.67	5333.67	和風・中廊下
4	ヘ	142	95	95-4	126.64	13.00	22.625	17.87	3646.50	1481.69	5128.19	和風・中廊下
5	チ	132	99	99-01	136.89	15.00	27.625	20.18	4486.50	1848.02	6334.52	和風・片廊下
6	ニ	143	64	64-2	142.37	15.00	30.250	21.25	5592.50	1922.00	7514.50	洋風・中廊下・応接室
7	ソ	117	101	101-12	200.00	14.00	20.020	10.01	2200.00	2520.00	4720.00	和風・中廊下・園芸用
8	ネ	118	102	102-2	200.00	13.00	27.080	13.54	2380.00	2340.00	4720.00	和風・中廊下・園芸用
9	ホ	135	95	95-1	201.54	15.00	31.250	15.51	4805.00	2720.79	7525.79	和風・中廊下・応接室
平均					169.131	14.00	29.844	21.00	4420.00	2134.73	6554.73	

二階建

	記号	NO	街区NO	宅地NO	敷地坪数	単価	一階坪数	二階坪数	延べ坪数	建ぺい率%	建物価格	土地価格	分譲価格	様式・平面の特徴
1	ヌ	149	99	99-10	118.71	13.00	17.750	8.250	26.000	14.95	4154.00	1388.91	5542.91	和風・中廊下
2	ム	126	73	73-6	129.09	14.00	24.750	9.250	34.000	19.17	5642.00	1626.53	7268.53	和風・中廊下・応接室
3	ナ	145	124	124-4	139.00	14.00	20.500	9.375	29.875	14.75	4986.40	1751.50	6737.90	洋風・居間中心・応接室
4	ラ	112	67	67-09	139.35	14.00	19.970	8.180	28.150	14.33	3450.00	1755.81	5205.81	和風・取次
5	ウ	127	128	128-3	140.00	15.00	23.250	9.500	32.750	16.61	5569.50	1890.00	7459.50	和風・中廊下・応接室
6	ハ	147	122	122-3	140.39	14.00	23.825	9.500	33.325	16.97	5431.95	1768.91	7200.86	和風・中廊下・洋室
7	ロ	144	121	121-4	146.24	15.00	21.750	7.750	29.500	14.87	5032.50	1974.24	7006.74	和風・中廊下・応接室
8	リ	133	99	99-13	147.12	13.00	25.250	9.500	34.750	17.16	5585.50	1721.30	7306.80	和風・中廊下・洋室
9	オ	134	97	97-2	163.25	15.00	24.500	9.500	34.000	15.01	5442.00	2203.88	7645.88	和風・中廊下・応接室
10	ツ	148	101	101-10	164.37	13.00	25.250	10.250	35.500	15.36	5739.00	1923.13	7662.13	和風・中廊下・応接室
11	タ	146	101	101-02	168.77	13.00	20.500	8.000	28.500	12.15	4766.00	1974.61	6740.61	和風・片廊下・応接室
12	ヨ	140	100	100-10	182.05	13.00	19.350	7.000	26.350	10.63	4240.90	2129.99	6370.89	和風・中廊下
13	カ	139	100	100-12	198.30	14.00	22.875	9.500	32.375	11.54	5332.25	2498.58	7830.83	洋風・中廊下・洋室
14	ル	141	100	100-02	199.80	13.00	24.125	8.250	32.375	12.07	5457.75	2337.66	7795.41	和風・片廊下・洋室
15	レ	137	97	97-6	218.98	15.00	25.500	10.000	35.500	11.64	5719.00	2956.23	8675.23	和風・中廊下・応接室
平均					159.69	13.87	22.610	8.920	31.530	14.48	5103.25	1993.42	7096.67	

参考資料：関西土地㈱が経営地大美野の展覧会に用いた住宅図録よりまとめる。
尚　様式平面の特徴は筆者が判断した。

二階建一五棟ですべて和風で、ほとんどが中廊下を中心としたプランである。敷地坪数は一一一から二〇〇坪まで、建蔽率は平均一五%とゆとりをもたせている。建物価格は平家で平均四四二〇円、二階建は平均五一〇三円、土地価格は平家で平均二一三五円、二階建で平均一九九三円である。

関西土地の関係者今井英雄[*28]によると、郊外居住に来られる方は中産階級以上で家族も五人以上が殆どだとし、大美野では土地坪単価一二～一三円、住宅は坪一〇〇円前後で二～三〇〇〇円、土地建物共五〇〇〇円前後の住宅が比較的よく売れたと分析している。

下村喜三郎設計の住宅観

下村は住宅の設計に関して昭和三年頃から洋風か和風かについて関西土地時報に執筆している。同六年「一九三一年の日本住宅」では「－中略－立式の生活形式による住宅形式が、日本人にも何の不満もなく適合される日、日本住宅もまた、国際建築として、立派に世界の檜舞臺に上るであらう。その一九三一年を、私は愉快な豫感をもつて迎へるのである」(原文通り) と述べている。彼の設計による大美野での住宅がどのようなものであったかは明らかではないが、関西土地発行の絵葉書には洋風住宅 (図⑰) と和風住宅があり、彼の意図した住宅が建てられていたことは確かである。

その後、阪神急行電鉄株式会社が推進する住宅地開発に転じ

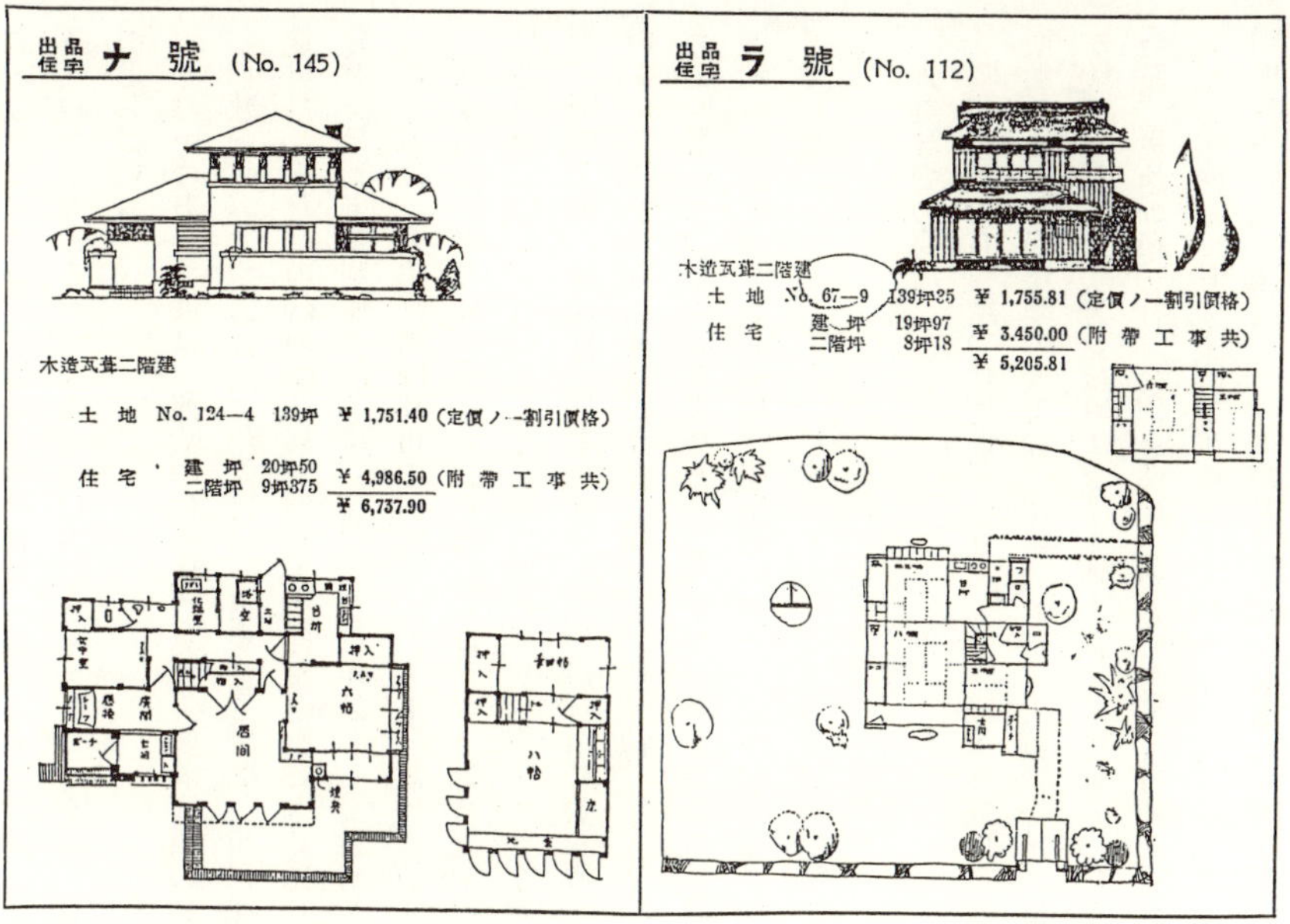
出品住宅 ナ號 (No. 145)
木造瓦葺二階建
土地 No. 124—4 139坪 ¥ 1,751.40（定價ノ一割引價格）
住宅 建坪 20坪50 二階坪 9坪375 ¥ 4,986.50（附帶工事共）
¥ 6,737.90
出品住宅 ラ號 (No. 112)
木造瓦葺二階建
土地 No. 67—9 139坪25 ¥ 1,755.81（定價ノ一割引價格）
住宅 建坪 19坪97 二階坪 8坪18 ¥ 3,450.00（附帶工事共）
¥ 5,205.81

図16　健康本位特選住宅展覧会に配布された『住宅図録』

図17　開発当時の大美野田園都市の洋風住宅一例（第二号）宣伝用の絵葉書より

て、東豊中、塚口などで業績を残すが、大美野のような強烈な内容ではなかった。このことについて彼は「―中略―欧州各都市の庶民住宅施設等とは、もとより比較にも何にもならない、―中略―どうにか、かうにか一つの形にまで漕ぎつけた庶民住宅地の抗議である」[*29]（原文通り）とかなり不満であったようである。戦後京阪電気鉄道株式会社に転じているが、そこでは彼の能力を引き出せるような仕事に巡り合えていない。

　下村は住宅地計画以外に、建売住宅の設計をしている。その住宅地に適したものをということであった。それ以外に自邸を含めいくつかの個人住宅を設計している。その作品に建築事務所を主宰する建築家の片鱗が見られるが、その活動は必ずしも長続きしているわけでない。戦時体制が強化された時期という時代の背景もあるが、なんら他に影響を与えることがないまま引退している。

その中にあって彼は、西欧の住宅地で見た労働者階級の住宅に刺激され、庶民のための長屋建住宅（図⑱）を設計し、市民派を貫いた。また、当時西欧に展開した近代建築運動にも敏感に影響を受け、卒業制作、自邸、建売住宅などに作品として発表していたことは、大美野田園都市のデザインとともに評価に値する。

彼は図面の端々にフランス語を用いるほどフランス語が得意であったという。当時としては洋行帰りのリベラリストであった。関西土地以降彼は、仕事を転々とするが自由に振る舞いたいということから正社員ではなく嘱託として活動した。フランスの影響は彼の市民派を貫いた生き方や、フランスの近代建築運動の影響を感じさせる住宅建築のデザインに少なからず反映していた。

大美野会の発展

昭和六年から住宅や住宅地が売り出され、次第に住民の数が増加した同一〇年頃、大美野会が組織され、大美野会館（図⑲）が竣工した。大美野会はロータリー噴水前の敷地約八〇〇坪、会館、福徳稲荷神社、公園を関西土地から無償で提供を受けた。同一〇年四月一日大美野幼稚園が大美野会館の施設を利用して園児数一六八人で開園した。理事長は大美野会会長の杉山義夫、

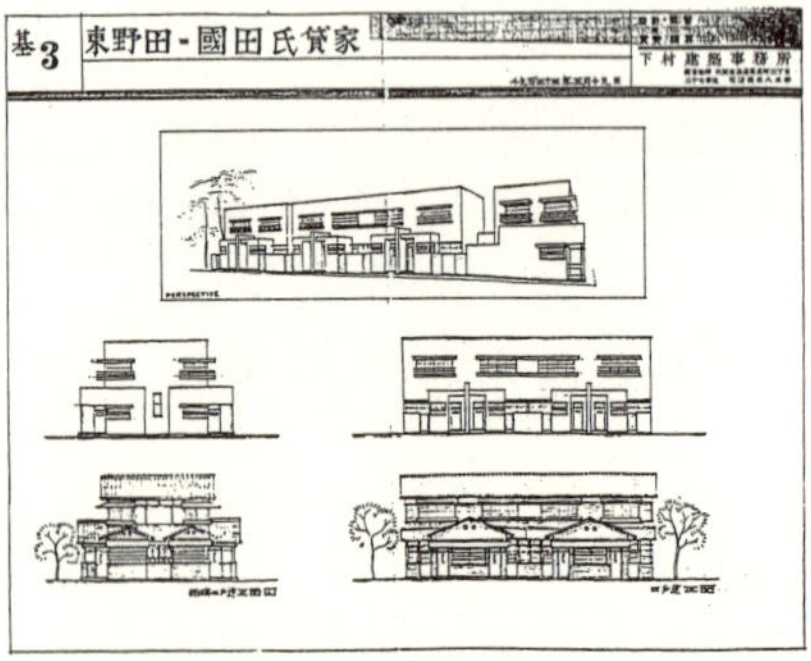

図18　長屋建住宅
図19　大美野会館　関西土地㈱発行絵葉書　昭和10年
図20　現在の大美野幼稚園

副園長は安井ヒサノ先生であった。幼稚園の運営と経営は大美野会が母体となった。幼稚園児は戦前の多い時には同一八年度の六一人、戦後では昭和五三年度の二九五人が最高であった。開園時から平成九年度までの卒園生は八四一八人である。最近の園児は大美野田園都市の周辺が目だってきている。

大美野会は第一期売出後中央のロータリーを中心に四区に区分され、昭和一六年頃第二期売出が完了した後、四区から八区にまで拡大した。区分の仕方はほぼ戸数に応じて決められ、二区は商店街である。同一八年頃、大美野連合会と改称した。大美野連合会は戦後、戦争に寄与したという理由で解散を命じられたが、同二四年に復活した。

昭和六一年度版大美野連合会会員名簿に掲載された会則は、一七条と付則で構成され、その二条には「本会は会員相互の親睦をはかり共同福祉の増進および明るく住みよい町造りをなすことを目的とする。」、第四条には「本会は一区から八区の八町内会を以て組織し、その構成員は同会の会員とする。」、第五条では「本会は第二条の目的を達成するために、次の事業を行う。一、大美野会館の管理運営に関する事項、二、大美野幼稚園の経営に関する事項、三、福徳稲荷神社の管理、四、大美野地域内の整備と照明および保健衛生に関する事項、五、会員の親睦と福祉増進に関する事項、六、その他本会の目的達成に必要な事項」などを掲げている。第五条の四は戦後追加されている。平成七年一一月、会館が建て替えられて幼稚園（図⑳）に一本化され、幼稚園内に大美野連合会が設置された。同会の活動は戦前ほどではないが幼稚園を中心とするコミュニティはますます広がっている。

関西土地（株）と下村喜三郎の果たした役割

①株式仲買人竹原友三郎の求めた住宅地開発　竹原友三郎は帝国信託社長の時期に二度にわたり、創立間もない土地会社を吸収合併した。それは経済界では無謀な吸収合併と危ぶまれたものであった。彼は株式仲買人が株式の売買・取引を行う感覚で住宅地経営を意図していたが、それらの会社所有地は、商業地、工業地、臨海地、郊外など多方面にわたり、交通機関においても大阪を中心に大阪市電、国有鉄道、京阪電気鉄道、南海鉄道、阪神急行電鉄などの沿線にまたがっていた。経営地の分布からみると、かなり成算を考えた上での行為であったといえる。そして、株式を扱う感覚でいろいろなタイプの住宅や土地を商品として売買・取引しようとしていたことが読み取れる。後年、森小路における貸家経営の際、投資組合をつくるなどの活動は竹原の住宅地経営の特徴といえるだろう。

②関西土地の開発した住宅地　竹原は不動産取引の活性化を意図した住宅地開発をめざしたが、実際に事業を進めていく中で、優秀な支配人や建築技師などの人材の助けを借りて質の高い住宅地を建設している。たとえば、牧落百楽荘は阪急の指導を、

大美野田園都市は配下の建築技師下村を欧州に派遣、思い切った環状・放射の街路パターンの採用、森小路は土地区画整理組合事業や京阪電気鉄道の新駅開設と連動させるなど、それぞれの住宅地開発は十分に評価に値するものであった。これらは主として関西土地の時期に実現されたものであり、開発を推進した支配人、建石辰治の手腕に依るところが大きい。

会社は昭和一〇年代に入り、急速に住宅地経営に行き詰まる。その挫折の原因には、土地会社の買収などに多額の費用がかかり、またその事業の推進に急ぎすぎたこと、他方、土地区画整理の手法による宅地供給と郊外の大規模な住宅地開発は、結果的には競合することになり、双方の業績を弱める原因を生み、経営の悪化を招いたとも考えられる。加えて、戦時統制が始まったことも無視できない。竹原友三郎はそれらの挽回を求めて奔走するが、回復できないまま、総計約一〇〇万坪の住宅地経営などを行っていた会社が急転直下消滅することになった。

③建築家下村喜三郎の招聘と田園都市の実現　下村が関西土地で設計した大美野田園都市は、E・ハワードの田園都市運動の理念を実現したわけではないが、駅から噴水まで距離をおいて商店街にしていることは、レッチワースやウエルインと共通している。また、大阪住宅経営株式会社の千里山住宅地とも共通している。大美野の奔放な街区デザインは関西の郊外住宅地開発に強烈なインパクトを与えた。住宅販売に際してパンフレットなどを通じて田園都市を紹介したり、関西土地時報を発行してヨーロッパの二〇世紀初頭の住宅地の実態を紹介するなど啓蒙的な役割を演じた下村喜三郎の姿勢は評価してよい。

彼の建築の経歴から見てなぜ関西土地社長竹原が自社に招き入れたのか疑問が残る。関東大震災の被災後関西に戻り高師浜や牧落百楽荘に居を構えることになるが、いずれも関西土地の開発地であることと何らかの関係があると思われる。この疑問はデベロッパーと建築家という構図から考えても早急に明らかにする必要がある。

大美野田園都市のその後

昭和一〇年頃、南海鉄道は、同じ高野線の初芝駅に四万二〇〇〇坪の初芝住宅地を国民保健のための理想的田園住宅地として経営し始めている。住宅地内にロータリーを設けるなど明らかに大美野を意識した開発と見られる。

大美野田園都市が完成した昭和一七年頃の住戸数は三〇五戸であったが、戦後同六一年の住戸数は一〇五七戸と増えている。住戸数増加の要因は未分譲地の宅地化、既存住宅のマンション、社宅や小規模住宅などへの建替などが挙げられる。住戸数の増加傾向は平成八年の状況からも窺え、大規模宅地の細分化が着実に進んでいる。

南海電鉄高野線北野田駅前は現在では再開発されているが、住宅地は、府道三六号泉大津三原線が駅前から噴水を通過するため多少の交通量はあるものの、緑の多い閑静なたたずまいとなっている。

註

*1——『大阪朝日新聞』大正一一年九月一七日

*2——野村徳七商店調査部編集『株式年鑑』一九〇九～一九一四、と大阪屋商店調査部編集『株式年鑑』一九一四～一九四一による。

*3——竹原は、明治二四年四月大阪府に生まれ、明治三九年に先代竹原友三郎（株式会社竹原商店社長　創立大正八年一月有価証券売買業、資本金五〇〇万、後に竹原証券株式会社と改称）の養子となり、大阪市立高等商業学校を明治四四年に卒業後、大正七年家督を相続し義一を改め友三郎を襲名、翌年一月竹原商店の社長、竹原合名会社（創立大正一〇年一月　不動産取得賃貸、資本金一〇〇〇万）の代表社員、株式会社竹原保全（創立大正一〇年一月　資本金五〇〇万）の社長に就任している。また、同九年、香里園土地建物（後の関西土地株式会社）の社長になる。

　竹原は大正一三年五月一六日城南土地（株）（創立大正七年八月土地建物の経営売買及賃貸を営む、資本金一〇〇万円）の社長に就任、昭和七年頃一旦関西土地を退き、建石辰治、川上佐一らに会社の経営を任せた。同九年一一月一五日別途に不動建築株式会社を組織して社長となる。同一二年関西土地を関西不動産株式会社に改称の上、再び社長に就任、同一四年三月二四日旭土地興業株式会社の社長となり社名を株式会社大阪国技館と改称した。理由は明らかではないが同一五年八月三日関西不動産と不動建築を合体して不動建築（株）の社長に就任している。他に、竹原は日本電力、大日本人造肥料その他数社の取締役も兼ねていた。

　彼は株式の仲買人として経済界の動向を調査・分析してそれらに対する考え方を発表している。それは、大正一五年一月一三日から四日間に亙って大阪時事新報に住宅問題を中心に連載された。

「人口の都市集中と住宅問題」（一）住宅難、景気と住宅難、
「借家と自有住宅」（二）居は気を移す、
「住宅問題の解決策」（三）英国住宅組合の起源、
「住宅組合法の制定」（四）一八七四年の住宅組合法、住宅組合の企業化、住宅会社を保護美励せよ

　昭和二年一一月には『不動産登記法實務編』を発行し、その序に「本書ガ不動産取引業者ノ参考トナルト共ニ一般世人ヲシテ不動産登記法ノ実務ヲ理解セシメ、延イテ不動産取引ノ発展上幾分ノ寄與スル所アラムカ當社ノ欣快之レニ過ギズ」と不動産取引の活性化を力説した。その後の関西土地の経営手法から判断して、彼の執筆や出版物は株式の仲買人として市場の活性化と会社の発展を意図したものである。

　また、昭和二年三月発刊の竹原経済時報を月刊で発行し、証券界概況、論説、事業及会社、海外財界、経済戦陣などを分析・紹介すると共に、関西土地の経営地も宣伝していた。その宣伝文句には「-中略-なほ特に、経済的な、利廻りよき、貸家の建築は、弊社へご相談願ひます」（『竹原経済時報』第一号、昭和二年四月一日）とあり人々に投資を勧めるような住宅地経営であった。竹原の戦後の動きは定かではないが、昭和四八年六月五日に没する。ご子息は東京に居住している。

*4——大正八年一二月創立　資本金三〇〇万円　社長國枝謹

*5——建石辰治を知る手がかりに、彼から直接提供を受けた、関西土地建物新聞「人物春秋少壮有為の実業家将来を嘱望される関西土地株式会社建石辰治氏」（第三七号、一九二七年一月二五日）及び関西土地株式会社発行「常務取締役建石辰治氏」（『関西土地時報』第四四号、一九三二年二月、四頁）がある。建石は明治二五年七月二五日に南河内郡赤阪で生まれ、大正七年三月大阪高等商業を卒業後京都帝国大学経済学部に学ぶ。同一〇年七月帝国信託（株）に入社、一旦竹原が社長をする会社に転勤の後大正一三年一月に復社、同一四年六月支配人に就任し、竹原を補佐して鋭意社業の発展に尽くすとある。昭和六年一二月常務代表取締役に就任し、主に関西土地期に活躍している。『関西土地時報』は関西土地が編集、発行していた刊行物で、いつからいつまで発行していたかの詳細については明らかでない。戦後、建石は赤阪村村長、大阪府会議員を務めるなどし、同三六年藍綬褒章を受章。

*6——川上佐一については建石ほどの資料はないが、社団法人大阪土地協会発行「戦前戦後貸地貸家経営について」『五十年の回想』一九七八年七月三一日、一二八—一四〇頁に関西不動産（株）取締役社長の立場で執筆している（この関西不動産は戦前のものではない）。関西不動産（株）期に主導的立場で活躍し、大美野に住み、大阪難波新歌舞伎座裏に事務所を構え残務を行っていたようである。関西土地の関係者は、建石辰治と川上佐一は意見が合わなかったと語っている。

*7——竹原友三郎の夫人秀の父で岸和田の大富豪、昭和七年岸和田紡績

（株）社長寺田甚吉は弟である。

＊8――帝国信託（株）「大正一〇年下半期第参回営業報告書」（大正一〇年六月一日～一〇年一一月三〇日）による。

＊9――下村は、東京美術学校卒業時は鈴木喜三郎で大正一三年頃下村家に婿養子に入り下村と姓が変わった。下村のご子息下村按理談による。鈴木家及び下村家はいずれも建築関係に携わっている。

＊10――住宅改良会発行、第一七巻第六号、昭和七年六月

＊11――住宅改良会『住宅』第一七巻第六号、昭和七年六月

＊12――鉄道会社の委託により開発した住宅地は京阪沿線の桂経営地と大阪電気軌道（現近畿日本鉄道）沿線の額田山荘がある。

関西土地は、京阪電気鉄道（株）の依頼を受け元新京阪鉄道（株）所有の桂経営地二万七〇〇〇坪を委託販売した。桂経営地の造成は昭和三年七月に竣工している。また、大阪電気軌道（株）の委託により額田山荘二万坪の整地工事を昭和四年九月から同五年五月までに行い、その後分譲も行っている。額田山荘には、関西土地の出張所があり、住宅の設計も手がけていたようである。当時下村喜三郎が関西土地の発行していた『関西土地時報』や経営地を宣伝するパンフレットを作成しており、額田山荘の住宅地案内も手がけていた。関西土地はこの額田山荘で「家族本位模範住宅展覧会」（昭和五年一一月八日～末日）を大軌電車事業課とともに開催している。

＊13――『大阪朝日新聞』昭和三年七月二一日

＊14――『大阪朝日新聞』昭和三年八月二日

＊15――『大阪朝日新聞』「第二部　まちの年輪　駅近し　百楽荘」一九七五年一〇月三〇日によると、関西土地（株）建石辰治が「百楽荘は先達の阪急さんに指導を受けて造ったまちです。でも、牧落駅を置いてもらうのには一苦労でした。駅の用地はもちろん、ついでに線路のカーブをゆるやかに直す費用まで負担して、やっと実現しました」と語ったと紹介している。街区設計は岡町住宅経営（株）（明治四五年二月創立）の豊中新屋敷経営地の街区割との類似を感じさせる。

＊16――大正一一年村会議決書箕面村役場：諮第四二号「豊能郡大字新稲、半町、牧落。所属ニ於テ住宅地経営者タル田村真策、豊副兼助及帝国信託株式会社々長竹原友三郎ヨリ別紙ノ通リ町村道新設申請ニ付テハ交通上ノ利便ハ固ヨリ土地発展上樋稗益スル事又大ナリト信シ道路法第十四條ニ依リ別紙調書ノ路線新設認定セントス右諮問ス大正十一年十一月十七日箕面村長澤田與市」とある。大正一一年六月二六日登記議決書には弥生通幅員二六・九六間などの横断面図が添付されていた。

＊17――日本建築協会「住宅及土地経営に関する座談会」（『建築と社会』第一六輯第四号、一九三三年四月、六七～六八頁）に出席していた関西土地社員今井英雄談による。この座談会の出席者は、阪神急行電鉄株式會社地所課、三越大阪支店住宅部などの錚々たる人達であった。

＊18――『百楽荘部落會要覧』一九四三年五月

＊19――昭和三年二月、戸数一三六

＊20――中澤光太郎『泉州繁盛記―銀行編』一九七七年四月一日、二四二～二四四頁によると兒山保之は明治四四年資本金五〇万円の兒山銀行を創設した兒山養守の長男である。兒山一家は泉北郡陶器村（現堺市）における富豪であった。

＊21――大阪府南河内郡登美丘町史編纂委員会『登美丘町史』一九五四年四月一〇日、三〇〇～三〇二頁による。小作人側の資料としては大阪府南河内郡大草村草尾新田小作一同『大阪府南河内郡大草村草尾新田小作人の窮状』一九二八年三月があり、兒山家と小作人との間には明治四五年建物取払土地返還訴訟、地上権確認の訴訟、大正九年土地返還訴訟が行われ、昭和三年兒山保之が抜き打ちに関西土地（株）に所有権を移転したとある。

＊22――東洋経済新聞社『関西貳百会社の解剖』一九二九年九月一五日、九四～九五頁によると「－中略－当時は経営を過って信託業を廃止しても信託預金の払戻しも出来ぬ状態となり、これを竹原社長の私財提供によってやっと完了した様な始末であった。従って、当時の内容は缺陥は勿論経営行詰りの状態にあったは多言を要しない」と評価していた。

＊23――『大阪朝日新聞』昭和六年二月一七日

＊24――日本建築協会「満十五年記念の各事業を記録して」『建築と社会』第一五輯第一二号

＊25――大美野田園都市が案内書や日本建築協会発行『建築と社会』などに公表された時には近代ドイツ式として紹介されていたが、下村のE・ハワードの田園都市運動に関する多数の執筆や「私は他人のものは採らない、デザインにかかる時誰かが急に外国の理論を採用した」、「視察はドイツは素通りした」の聞き取りから判断した。おそらく関西土地が社運を懸けた開発に、下村の理念より経営に有利な当時友好国であったドイツを前面に出したものと考えられる。昭和八年頃下村が関西土地を去る原因のひとつとも推察される。

＊26――昭和七年一〇月一〇日～一一月二五日

＊27――昭和八年四月一〇日～五月末

＊28――前掲＊17日本建築協会「住宅及土地経営に関する座談会」『建築と社会』六七～六八頁による。

＊29――住宅改良会『住宅』一七巻六号、昭和一一年六月

15 香里園／枚方

京阪電鉄の郊外開発　鬼門を神域で鎮める

橋爪紳也

香里園改善住宅展覧會御案内

主催　大阪時事新報社

後援　日本建築協會　京阪電車

會期　昭和六年十月中

出品住宅御希望の方は即刻會場内

出品住宅の持つ優秀な實質並に特徴

一、本展覧會出品建築は近時主唱さるる幾多の改善建築様式を取り入れたものである事

一、出品者は凡て關西に於ける斯界の一流業者であって各自店獨特の優秀な技能を發揮してゐること

一、設計は日本建築協會の審査を經たもので勿論理想的の優秀さを持つこと

一、施工に當っては日本建築協會が嚴重に監督したこと

一、價格は出品者の大英斷と主催及後援者の與へた幾多の便宜の爲遙かに低廉なる事

香里園出張所

京阪電車地所課　大阪天六京阪ビル　電話堀川二二一一番

香里園菊人形　夜討曾我狩屋ノ場

京阪沿線　理想的住宅地

最も良い郊外へ御住宅地

香里・園　大阪より二十分

枚方朝日ヶ丘　大阪より二十五分

枚方

天満橋南詰　京阪電車地所課　電話東六二〇番

はじめに

大阪を母都市とみた場合、大阪と京都のあいだ、いわゆる「京阪間」における市街地の発展は、他の方面と比べると早くはなかった。今日においても「大阪の鬼門にあたるから開発が遅れた」という風説が、まことしやかに語りつがれている。

真偽のほどは定かではないが、確かに「京阪間」、すなわち京阪沿線、新京阪（阪急京都線）沿線における宅地開発は、初期だけを捉えてみると順調に立ち上がったとは思えない。以下では、京阪電気鉄道株式会社（以下、京阪電鉄と略）が主導した住宅地開発のなかでも、最大規模である香里園の例について、その経緯を紹介しておきたい。

京阪電鉄の計画

かつて淀川左岸には、京都と大阪を結ぶ街道が伸び、また要所には淀川水運の船着き場があった。しかし東海道線が淀川右岸に敷設されたことから、交通幹線という役割を奪われてしまう。左岸に新たな鉄道を開設することは、この地域で暮らす人々の悲願となっていた。

明治三九年八月、ようやく淀川左岸を通って京都と大阪を結ぶべく設立された「畿内電気鉄道株式会社」に営業許可がおりる。関係者は社名を「京阪電気鉄道」に改称、事業化をはかる。当初は大阪高麗橋をターミナルとする計画であったが、将来的に路線を共有しながら梅田停車場まで乗り入れることを、大阪市電当局と検討していた。そのため当面は、高麗橋まで延伸せず、天満橋南詰を起点とすることになった。

いっぽう京都市内でも、新たに開発がすすんでいた鴨東地区、岡崎方面への乗り入れが予定されていた。しかし伏見から塩小路に至るまでの敷設は可能だが、それより北、都心にかけては、すでに人家が密集する地域を通るため、いかに用地を確保するのかが懸念されていた。ようやく京都府土木課長寺嶋新策の配慮を得て、疎水の堤防を拡幅し軌道式に利用する特例が認められ、五条までの運行が実現した。

地価の高騰

用地買収が進捗した頃、地主層や有力者のあいだで、新たな開発に向けた動きが沿線各地で始まる。明治四〇年四月一日の『大阪朝日新聞』は「電車開通と北河内の将来」という記事を掲載、「京阪電鉄の敷設は所詮阪神沿線の繁昌に及ぶべくもあらねど」と断りを書いたうえで、「地方有志者の騒ぎ立つも道理なれ」と記している。

電鉄会社が沿線に土地を取得し、直接、経営する話も早くからあったようだ。『新近畿新聞』昭和二九年二月一一日付に掲載された京阪電鉄元社長太田光熙の回顧談に拠ると、当時、加島銀行の重役であった祇園清次郎が仲介、岡山の富豪星島謹一郎が所有していた友呂岐あたりの丘陵地を譲り受け、経営しないかと依頼があった。しかしこの時は、社長の桑原政以外の経営陣は耳を貸さなかったという。

　枚方あたりでは地価の高騰もあった。明治四二年二月三日付の新聞紙面には、「山手の景色佳き処は、別荘地として大半は大阪人士の手に帰したる事とて、地価頓に騰貴し、目下宅地一坪七、八円、景色ある山又は畑等は三、四円の相場にして、何となく活気を呈し居れる」とある。

　また沿線では住宅地開発だけではなく、行楽客の増加を見込んだ開発も盛んになった。京阪電鉄が枚方町で、行楽客を呼び込むべく「大遊園」を計画しているという噂が拍車をかけたようだ。

　たとえば百済王神社の神苑が整備された事例のように、遊山客を集めるべく、既存の景勝地を整える事業が動きだす。山手だけではない。川筋も注目された。折しも淀川改修工事が竣工した時期と重なり、淀川への関心も高まっていたことから、かつて人や貨物を輸送した京阪間の大動脈・三十石船が遊覧船となって復活をみた。同時に食事などを提供する、名物の「くらわんか船」も、往時のごとくサービスを始めた。

南源平と遊園期成同盟

　枚方町の南に位置する郡（こおり）村でも、遊園地事業を夢見る人たちがいた。なかでも、熱心であったのが地元の素封家南源平である。彼は阪神間の遊園地、とりわけ香櫨園の繁栄を見て、同様の事業展開をもくろみ、「郡」という地名と「香櫨園」の文字とを合わせて、自身の計画を「香里園」と称することとした。この点に関しては、一説に京阪電車からの依頼で沿線の名所を見てまわり、旅日記をつづった作家村上浪六の命名ともいう。しかし『寝屋川市誌』（寝屋川市役所、昭和三一年）では、南源平の創案という説を採っている。

　源平は、地元の有力者川井儀左衛門等に呼びかけて、郡村内の土地買収にとりかかった。さらに私費を投じて、桜の苗木七五〇〇本を買い込み、河内街道の堤防や山手一帯に植え込んだ。明治四〇年一二月には「香里園遊園設備之主意並ニ規約」をまとめている。そこでは土地所有者六一名をもって「遊園期成同盟会」を組織すること、区域内の土地を会員以外に売却する場合は承認を得ること、などがうたわれている。

　その後、源平の主唱する「遊園期成同盟」から京阪側に、自分たちの土地を一括して購入して欲しいという要請があった。これに対して社長の桑原は、重役等の了解を得ず、友呂岐神社を中心とした約二万八千坪の用地（太田の回顧談では三万七千〜八千坪とある）を購入することを決めたという。当時の経営陣に、香里での遊園経営に積極的であった桑原のような人と、消極的な役員との対立があったようだ。

　先に述べたように、当初、京阪では、枚方町に遊園を建設することを考えていた節がある。しかしその主体は、鉄道会社ではなく、郡村同様、地元の有力者たちであったようだ。明治四四年二月一日付の『大阪朝日新聞』では、「発展策」として一二万坪の遊園を計画、すでに地元有志が七万坪の土地を買い、道路なども整えていたことを報じている。

結局、京阪電鉄では、先述のように社長の独断で、枚方町ではなく郡村の土地を購入、事業を展開することとなった。会社では鉄道の開業に間に合わせるべく、あわてて計画を練り、二月に起工、桜や楓を植えて風致を整え、また梅園・菖蒲園・小運動場を造作した。

香里園の開業

京阪線の工事は、試運転中に橋本と八幡間で土砂崩れなどがあり、予定より若干遅れていたが、明治四三年四月一五日、大阪と京都とを結ぶ新しい鉄路が誕生する。

開業にあわせて、香里園もオープンする。しかし準備不足のままに開業したためだろうか、春の行楽シーズンには、まったくふるわなかった。先に紹介した枚方町の有志たちは、香里の失敗を見て、「遊園の設置が確実なる発展策にあらざる」と判断、遊園事業を見直して、「買取りし場所は別荘地として他に売渡し、又は貸附く事となした」という。

電鉄会社は誘客をはかるイベントを企画する。七月には地元と協力、六〇隻の遊船を浮かべ、長良川から招いた鵜飼の実演を見せている。

さらには春以降も、遊園地を充実させるべく工事を続行した。新聞の報じるところでは、三万五九〇〇坪余を対象に十数万円を投資、一〇月にようやく諸施設の落成を見た。目玉は広さ四六〇坪の陳列館である。

この時、新しい集客の目玉を設けるべく、電鉄会社は一万円余りの予算をもって、「パノラマ式菊人形」の興行を計画した。東京両国国技館で評判をとった名古屋黄花園奥村氏と契約、一〇月一〇日から二カ月間にわたって「香里菊人形」を開催する。菊花、菊細工、菊人形の展示に加えて、「雪月花」三段返し、「電気応用の大人形」のある舞台を用意した。

ある場面に、人を喰った趣向があった。機械仕掛けの人形たちが口上を済ませたのち、なかの一体が突如、物を言いだし、客を驚かせたという。実は役者を雇い、人形風の化粧をして、人形のなかに混ぜて立たせていたのだ。「人形式人間の居直りは前代未聞」だと新聞の風評に記されている。[*1]

電車の往復客は無料としたほか、関係先に招待券を配布するなどの手段を講じた結果、名古屋「万松寺式」の菊人形は非常に好評を得たとある。菊細工の南側には、作家村上浪六の経営している苫葺きの「大茶店」があったという。

集客イベントの展開

明治四四年も、京阪電鉄はイベントをたてつづけに実施、香里園への集客をはかろうとした。四月一七日には「帝国軍人後援会記念会」を挙行する。遺族・廃兵・来賓など三〜四万人が来園し、「開園以来の賑い」であった。[*2]

春から初夏にかけては、桃園や萩の花が注目された。『大阪朝日新聞』明治四四年六月二八日付では、「香里園内にては目下萩の花咲乱れて眺め一入なり尚園内桃の実熟し菅相塚のあたり時鳥の声しきりなり」とある。

夏には、再度、鵜飼が行われた。しかし前年度の催しが夜しか人を集めず、また料理屋の料金が高値であったと批判された。その反省から、今回は淀川の中洲数千坪を借り受けて休憩所とし、往復乗車券の利用客には無料で利用できるものとした。中洲のイベント会場には遊泳場があり、また潮干狩りもできたようだ。一人五銭で利用できる「世帯倶楽部」を設置、自分たちで採った蜆貝を調理できるようになっていた。

また岸辺には五六五坪の桟敷席を設け、阿波から招いた海女達の実演や福引きなどを行い、鵜飼までの時間を安く過ごせるような配慮とした。夜の鵜飼船も、初年度よりかなり料金を下げ、一人二〇銭という設定であった。

さらに秋には前年度の成功を受けて、再度、菊人形を企画、二万円余りをつぎこんだという。この年度は一〇月八日に開館、「菅原車止の場」「野崎村久作住家の場」「夕霧伊左衛門の場」「曾我兄弟富士牧狩の場」「鬼ヶ崎桃太郎の場」「段返し」の各場面から構成された。興行は岐阜の浅野菊楽園が担当、細工人形は東京団子坂の大芝徳次郎の手になるものであった。

とりわけこの時は、電飾の鮮やかさが話題となったようで、一〇月一四日の『大阪朝日新聞』には「昨今はポチポチと遊覧の客がある、其の趣向は（略）昨年と同様だが三段返しが一歩進んで五段返しとなり人形は悉く大阪東京の一流の俳優の似顔に出来ていて概して昨年より上出来に見える、御手のものの電気が煌々と輝いて美しいことだ……」と評している。

そのほか園内の運動場で、各種運動会や野球の試合、模型飛行機大会なども実施された。たとえば六月には、米国戦艦ニューオルレアン号のチームと同志社および天王寺中学校の野球戦が、そして一一月には関西の各中学が対抗する野球大会が「大阪倶楽部」の主催で実施されている。[*3]

明治四五年には、二月一日から三日間、香里園内で大阪相撲の興行も行われている。八丁ほどしか離れていない太秦に、相撲の元祖とも伝える「野見宿禰の墓」がある。一行は同所に墓参した上で、一月二七日に「展幕式」を執行するはずと『大阪朝日新聞』は報じている。

住宅地への転換

このように、ようやく賑わいを見せはじめた香里園であったが、明治四五年、わずか二年間で計画の変更がなされる。社史に拠れば、明治四四年一月に新社長となった田辺貞吉の判断であるようだ。

伏線はあった。明治四四年の春にさかのぼる。田辺は、まず遊園地事業をそのままに続けながら、住宅地として切り売りすることを考える。「菊人形建築物」の東手から枚方に抜ける道路を新設、その沿道に「中流紳士の居住に適する居宅を建築し、大阪市人の郊外生活に便ぜん」ことを考えている。実際、若干の住居が建設されたようだ。[*4]

どうやら田辺は、鉄道開通の当初、予定していた枚方町に事業の拠点を移そうと判断、いっぽうで香里園全体を売却しようともくろんだようである。明治四五年三月七日の重役会で、香里園売却の件が議題になっている。意見が割れて結論がでてはいないが、当面、菊人形、動物園、温泉場については、枚方に場所を移して継続することが決まる。[*5]

電鉄会社は枚方駅近傍に土地三〇〇〇坪を取得、あらたな遊園を計画する。明治四四年秋から工事に着手、落差数十尺の人工の滝、鉱泉浴場、水泳浴場、電気浴場などを建設した。菊人形も、大正元年秋には「ひらかた菊人形」を、さらに翌年は春に「霧島人形」を枚方の遊園で興行している。香里での菊人形開催は二年間で終了した。

この時、京阪電鉄が、香里の遊園跡地を、いかに処分しようとしたのか、詳細を語る資料は目にしていない。ただ香里園での土地経営が、うまくゆかなかったことだけは明白である。前出『寝屋川市誌』の記述には「その頃の京阪電鉄は土地の経営に力を尽して繁栄を期するのではなく、唯土地の値上りを待って売るのが目的だった」と手厳しい回顧が記されている。

実際、予想ほどの利益があがらず、また電鉄事業本体の不振もあって、結局、先に取得していた土地の一部を、万成社と大阪天王寺の伏見善次郎に売却した。また沿線住民を増やすため、鉄道会社は住宅建築資金の融資制度を設けたようだが、事業のつまずきを鑑み、きわめて消極的であった。[*6]

電鉄会社が断念した香里園での宅地開発を委ねられた伏見氏も、個人経営ゆえにたいした事業もできないまま、さらに別会社である香里園土地建物会社に売却する。「商業登記公告」に拠れば、同社は、資本金三〇〇万円をもって、大正八年一二月に創立されている。香里園土地建物会社では飲料用の水源を求めたというが、うまくゆかない。大正一一年、香里園の土地はさらに人手を渡っていく。帝国信託を経由して、関西土地株式会社の掌中に落ちる。また芦屋を本拠とする芦屋土地株式会社も一部を継承することになった。その頃の香里園は、花見客が集う程度で、住宅地としてはまったく発展をみなかった。

香里鬼門と誰が言った

このような状況にあって、京阪電鉄は住宅・土地経営部門の体制を整え直すべく、組織の改編を試みる。

大正八年一一月、資本金五〇〇万円をもって、子会社であるデベロッパー京阪土地株式会社を創立した。吉村鹿之助『土地会社要覧』(大五商店、大正一〇年)に拠れば、同社は枚方などに八万五五八二坪の土地を所有、管理していたことが判る。さらに大正一二年、同社は北大阪電鉄が所有していた千里山の経営地を引き継ぎ、さらに芦屋土地の後身である浪速土地株式会社を合併吸収している。

京阪電鉄が、再度、土地経営に本腰を入れるのは、芦屋土地から水道工事への出資を依頼されたことが契機であったようだ。香里の宅地開発が成功しないのは、上水道が確保されていないからという判断は以前からあった。そこで木屋を水源とする水道開設を試みる。最初は総工費二〇万円を予定したが、おおよそ一五万円で完成を見た。

上水道竣工の見こみがたった。大正一三年九月、京阪土地は香里一帯の土地買収を始める。まず一万五〇〇〇坪を入手、その後、一年半を費やして一〇万坪をまとめた。かつて手ばなした土地を、ふたたび購入していったのだ。

ここに至って、ようやく香里園にも宅地開発の条件が整う。しかし京阪電鉄の開発は、この時も、どういうわけか軌道には乗らない。地元の竹井工務店などが、少しずつ住宅を建設する程度であった。竹井工務店の竹井秀吉の回顧談「香里方面の創設時代」[*7]に拠れば、大正一〇年ごろ、彼は風呂屋と京阪電車の課長級の家を香里・梅谷に設けた。彼が建てたこの一〇戸を加えて、当時周辺には、わずか二〇戸しかなかったという。

思うように開発がすすまない。竹井は「香里方面は大阪から鬼門にあたるというので、大阪の商人は相手にしてくれない」という噂を気にしていた。この迷信を打破するために、竹井は、「商売仇」であったが香里の開発に同様に夢を抱いていた同業の岡本一男と協調して、民俗学者南方熊楠に反駁文の執筆を頼みに行った。しかし学者が表にでると、何も知らなかった人にも、逆に鬼門であることを宣伝することになるという判断から、計画はとりやめとした。

しかし竹井は自分でPRする覚悟をかためる。昭和三年、四年ごろのことと回顧談にある。香里園を宣伝するビラを多数用意し、弁当を持って大阪市内で配り歩いた。

「香里よいとこ　一度はおいで　岡の上にも　花が咲くよ」
「香里鬼門と　誰が云った　それがうそなら　きてみやれ」

そこにはこのような詩句も、記されていたという。

電鉄本社による再開発

年号が昭和にかわったのち、京阪電車は、みたび香里経営地の事業化に向けて力を注ぐことになる。以下、筆者が所有する各年度の京阪電気鉄道株式会社の「営業報告書」（昭和二年度下半期～昭和五年度上半期）を元に、この時期の開発経緯を紹介しておきたい。

昭和二年一〇月二九日、電鉄会社の株式総会で翌年三月一日付で、京阪土地を本社に合併することを決定する。社内に地所課、そして用地掛、経営掛を置いて、京阪土地が所有していた不動産一〇万二〇〇〇坪ほどの開発と運営を直営事業としたのだ。この時、同時に千里山など新京阪沿線の経営地二〇万坪あまりを新京阪鉄道株式会社に譲渡している。

売り出しは、昭和三年からはじまった。昭和三年下期の「営業報告書」の「地所」の項には、「香里園経営地（京阪線香里停車場附近）の内第一回売出地は前期に引続き売行き頗る良好にして殆んど其全部を売盡したるを以て更に其隣地に於て宅地整理工事を進めつつあり」と記されている。同資料に一万九八七坪を売却したとあり、このほとんどが香里での事業と推察できる。また「新築　拾棟（壱弐戸）此建坪　弐百参拾壱坪」という記述があり、この回の分譲に際して建て売りが行われた可能性もある。

同様に昭和四年度上期に第二回売り出しを実施、今回も「頗る良好にして殆んど其全部を売盡した」という。同年七月から、隣接する二万一〇〇〇坪余の造成工事に着手している。この半年に売却した土地は二万六三五〇坪余とあるが、このなかには香里以外の「枚方東口朝日ヶ丘経営地」「神崎川経営地」「桂経営地」などでの分譲も含まれる。

この期間に事業化がなされた一連の宅地開発は、売れ行きも良く、ようやくにして宅地経営事業は成功を見る。あわせて開発した枚方朝日ヶ丘も好評で、ようやく京阪の土地経営は軌道に乗った。昭和四年上期・下期を通しての、地所及び建物収入は、六九万円にのぼっている。

分譲の詳細

具体的には、どのような売り出しがなされたのか。分譲時の資料から再現してみよう。

昭和五年六月一日の『大阪朝日新聞』に、「京阪沿線理想的住宅地」「お住居は郊外へ　最も良い御住宅地」というコピーを添えた「京阪電車地所課」の広告記事が掲載されている。そこでは「大阪より二十分、数多の文化住宅が青葉、若葉の木の間に建っておりまして如何にも郊外気分豊かな最健康地であります」と、大阪への足の良さ、そして風光の良さと、健康地であることを強調している。

また筆者が所有する往時の分譲地図を見ると、香里経営地における宅地分譲は、駅に近い北山経営地、規模の大きな中山経営地、南山経営地などが先行したことが判る。そこには、次のような説明が記されている。

本経営地は香里停留所東側丘陵地内にあり、北より東へかけての一帯は松林に囲まれ南は遥かに生駒、金剛の連峰を一望の内に収め西は展開して摂河の沃野を瞰下し高燥にして又眺望絶佳実に都人士の理想的住宅地であります、殊に春の桜は近郊第一の称あり、秋の月又捨てがたく特に時鳥に名ある菅相塚を初め附近には菅公の遺跡多く慰安郷としても亦第一指を屈すべきでありませう

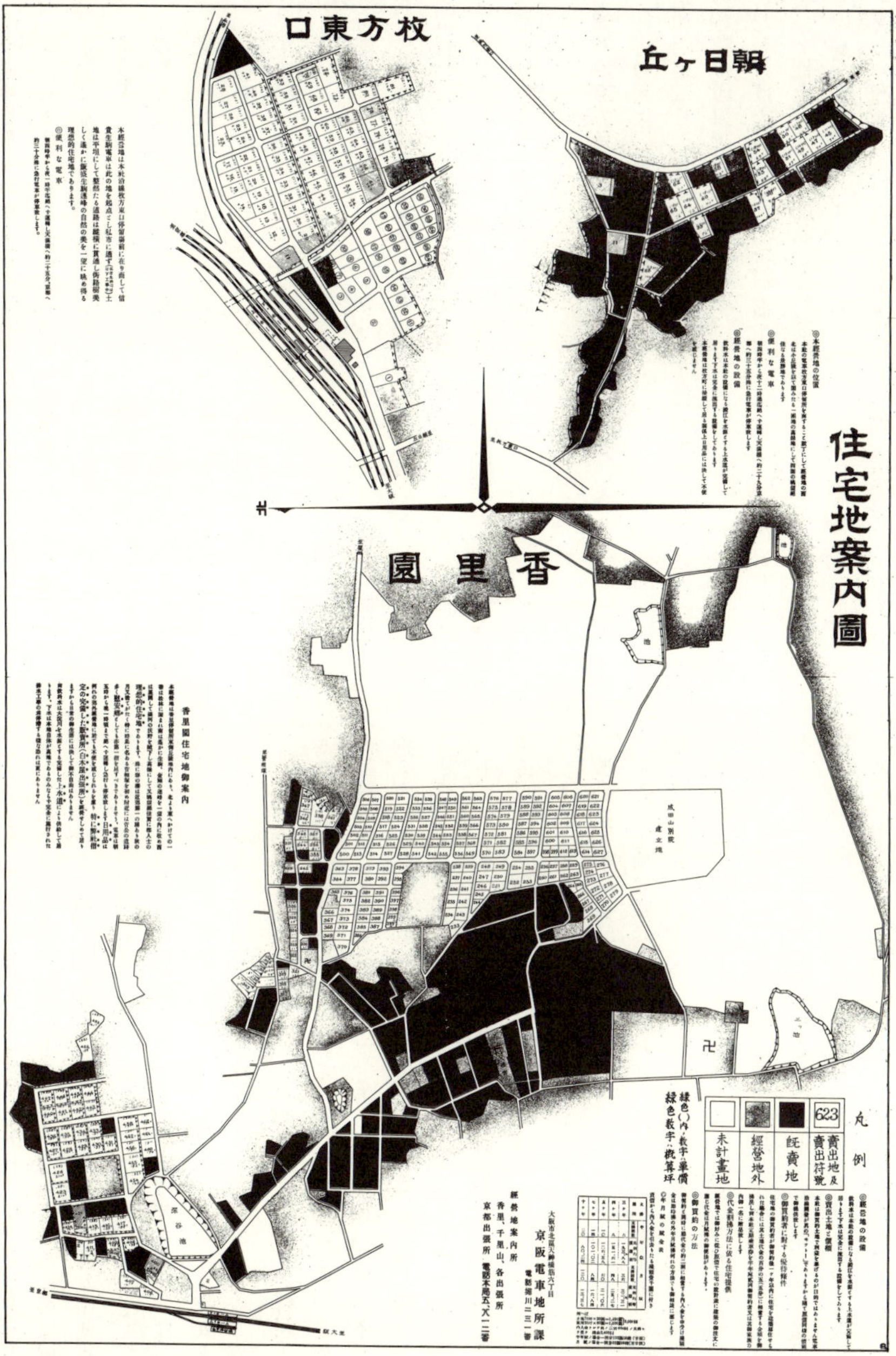

図1　香里園・枚方朝日丘経営地の分譲案内

電車は朝五時から晩一時頃まで絶へず運転し急行も停車いたします、日用品は何れの郊外経営地に於ても不便を感じられるを慮り特に弊社指定の完備した販売所（白木屋出張所）を経営せしめて居りますから日常の御生活には決して御不自由はありません。尚飲料水は大淀川を水源とする完備した上水道により供給して居ります、下水は本地自体が高地であるのみならず完全に施工された排水工事の為停止する様な恐れは更にありません

分譲地は一口五〇坪ぐらいから、代金は即金または年月賦払い、また注文建築の受注も可能な旨が記されている。加えて土地取得の後、一年以内に家屋を建築して入居した場合、土地代金の五分を払い戻すとともに、大阪までの定期券半年分を二度、無償で提供するという条件であった。

郊外沿線カラー

往時の人は、香里園をどう見ていたのか。『大阪朝日新聞』昭和四年二月一五日「郊外沿線カラー10　京阪の巻」には、沿線各駅の印象記が記されている。

たとえば大阪市街地に近い蒲生については、「新市としての装ひを仕上げようと間断のない活動振り」を見せていると述べている。続く地域では、住宅地帯にもなりきれていない「半市半農」の野江、「会社員、女事務員、女給、菜葉服などのすべての勤労階級の安息地帯」である森小路、「勤労階級の住宅地」である守口などの記述がある。また「軍人さん連の家庭が非常に多く、可愛い偕交社の少年諸君や、角帽姿の女子薬専の学生さん達の姿」が多いのが、この沿線の特徴であるとしている。しかし、その先にあたる門真、古川橋、萱島あたりは「依然たる農村地帯」であったと記す。寝屋川も「寝屋川高女とグラウンドを除いては草深く」とある。

そして続く香里については、「京阪電鉄会社が住宅経営とゴルフ・リンクの計画に力を入れるとか、入れないとかで発展の一期待を持たせているだけだ」とある。いかに「財界の不況に拘らず……売行良好」（『昭和四年度下半期　第四拾七回営業報告書』京阪電気鉄道株式会社）とはいっても、京阪による住宅地開発に対して、一般の市民は、いまだ厳しい評価をなしていたようである。

改善住宅展覧会

そこで宅地の販売促進をはかり、地域の認知度を高めるべく、イベントも実施された。

たとえば昭和六年一〇月には「香里園改善住宅展覧会」と称する催しが開かれている。分譲予定地に文化住宅を建設、展示したのちに、希望者に販売するという催しである。会場は中山経営地の北西、立江寺に隣接する一帯が充てられた。大阪時事新報社が主宰し、日本建築協会と京阪電車が後援にまわった。

香里園改善住宅展覧會御案内

主催　大阪時事新報社

後援　日本建築協會
　　　京阪電車

會期　昭和六年十月中

出品住宅御買上御希望の方は即刻會場内事務所へ……………。

◉出品住宅の持つ優秀な實質並に特徴

一、本展覧會出品建築は近時主唱さるる幾多の改善建築樣式を取り入れたものである事

一、出品者は凡て關西に於ける斯界の一流業者であつて各自店獨特の優秀な技能を發揮してゐるこミ

一、設計は日本建築協會の審査を經たもので勿論理想的の優秀さを持つこミ

一、施工に當つては日本建築協會が嚴重に監督したこミ

一、價格は出品者の大英斷ミ主催及後援者の與へた幾多の便宜の爲遙かに低廉なる事

京阪電車地所課　電話堀川二三一番　大阪天六京阪ビル　香里園出張所

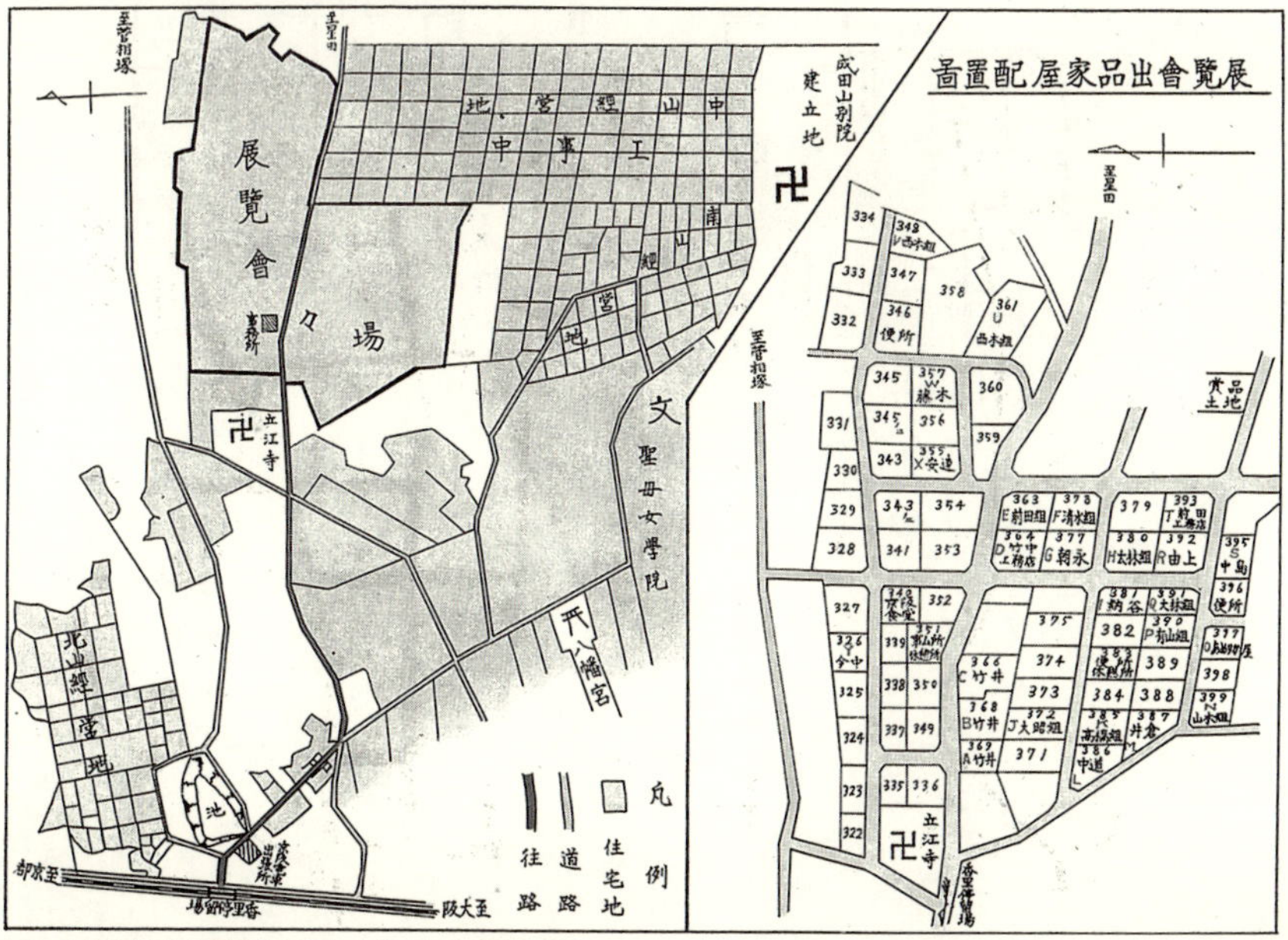

図2　香里園改善住宅展覧会案内（上）及び配置図（下）

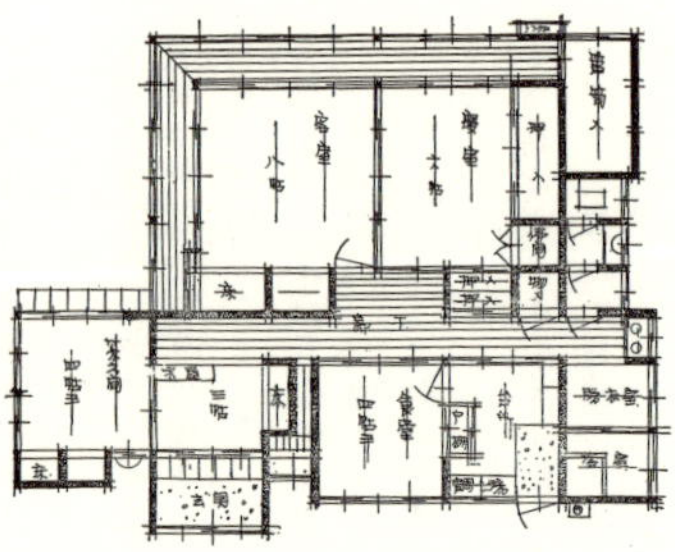

竹井工務店

京阪府藤香里園

（和風平家建）

敷地番號　三六四號

敷地坪數　一二二、六二坪

建坪數　三三、五四坪

總價格　六、〇〇〇圓

但し水道工事、電氣設備、浴槽、臺所設備庭園工事門塀工事一切を含む

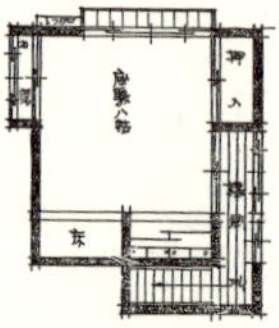

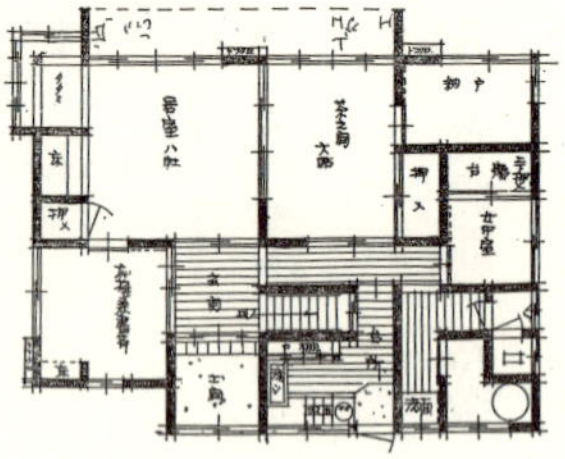

竹中工務店

大阪市北區堂島　堂島ビルディング

（和風二階建）

敷地番號　三六四號

敷地坪數　八二、一六坪

建坪數　二八、二五坪

外に附置　〇、三七五坪

總價格　四、五〇〇圓

但し水道工事、電氣設備、浴槽、臺所設備、庭園工事門塀工事一切を含む

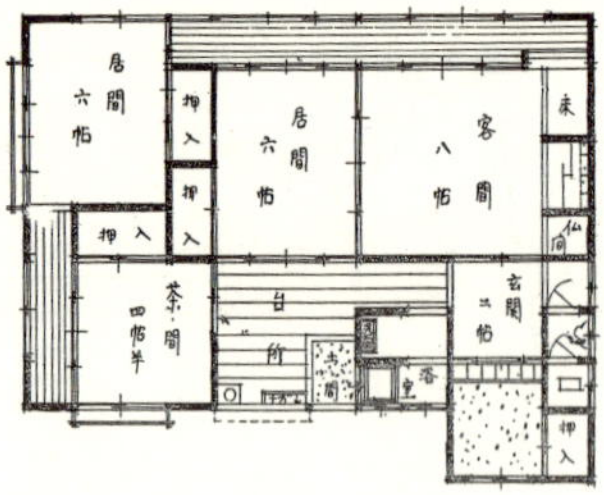

由上鶴藏

大阪府下吹田町二七〇一

（和風平家建）

敷地番號　三九二號

敷地坪數　七八、九三坪

建坪數　二五、一二坪

總價格　三、六五〇圓

但し水道工事、電氣設備　浴槽　臺所設備、庭園工事門塀工事一切を含む

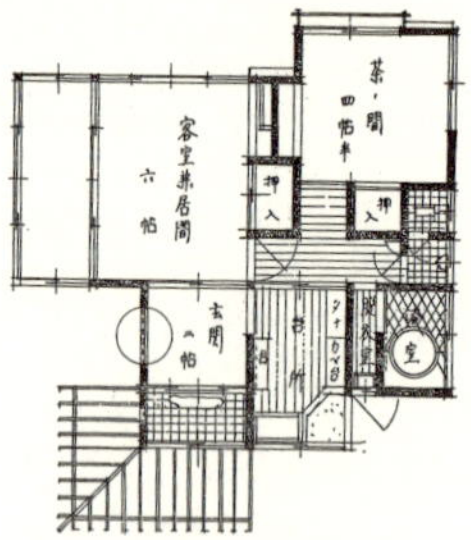

中島忠兵衛

京都市下京區土手町七條下ル

（和風平家建）

敷地番號　三九五號

敷地坪數　七四、七五坪

建坪數　一四、九坪

總價格　三　二七〇圓

但し水道工事、電氣設備、浴槽臺所設備、庭園工事門塀工事一切を含む

図3　香里園改善住宅展覧会における出展住宅（p. 310—312）

前田組

大阪府下豊屋川村字木田

（和風二階建）

敷地番號　三六三號
敷地坪數　七九、五九坪
建坪數　三九、〇八坪
總價格　六、二〇〇圓

但し水道工事、電氣設備、浴槽、
臺所設備、庭園工事門塀工事一切
を含む

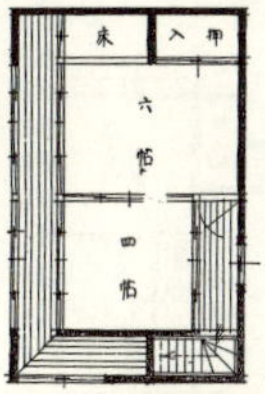

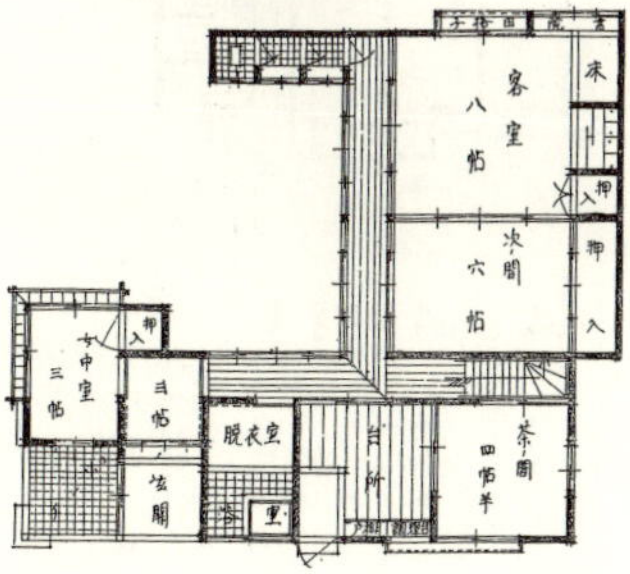

清水組

大阪市西區土佐堀二丁目

（和風二階建）

敷地番號　三七八號
敷地坪數　七五、〇一坪
建坪數　三二坪七五
總價格　五、三八九圓

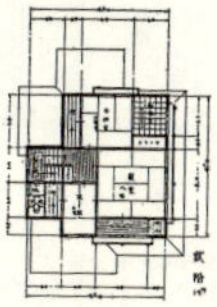

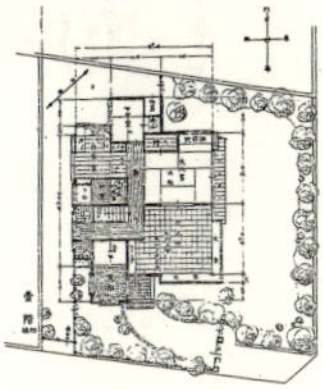

但し水道工事、電氣設備、浴槽、
臺所設備、庭園工事門塀工事一切
を含む

井倉五左衛門

大阪市住吉區阿部野橋六ノ二八

（和風二階建）

敷地番號　三八七號
敷地坪數　六七、七二坪
建坪數　三七、一六坪
總價格　四、五〇〇圓

但し水道工事、電氣設備、浴槽、
臺所設備、庭園工事門塀工事一切
を含む

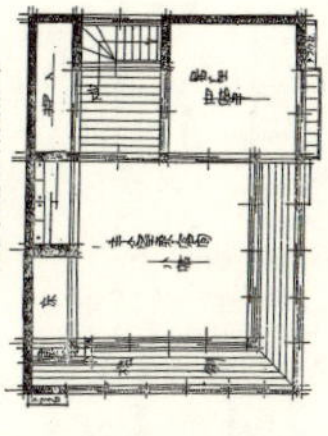

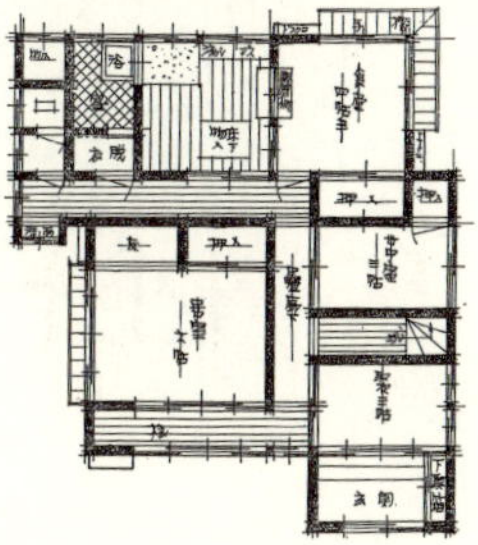

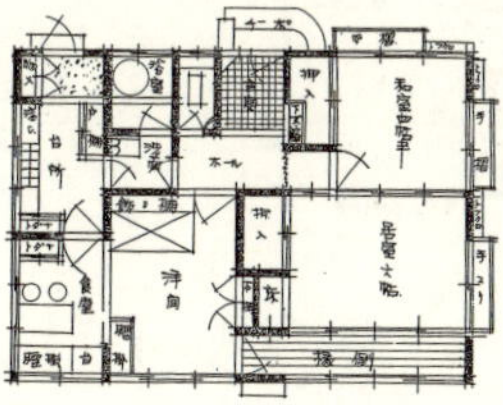

あめりか屋

大阪市西區土佐堀

（洋風平家建）

敷地番號　三九七號
地敷坪數　六五、四五坪
建坪數　二〇、五四坪
總價格　三、九一九圓二〇錢

但し水道工事、電氣設備、浴槽、
臺所設備、庭園工事門塀工事一切
を含む

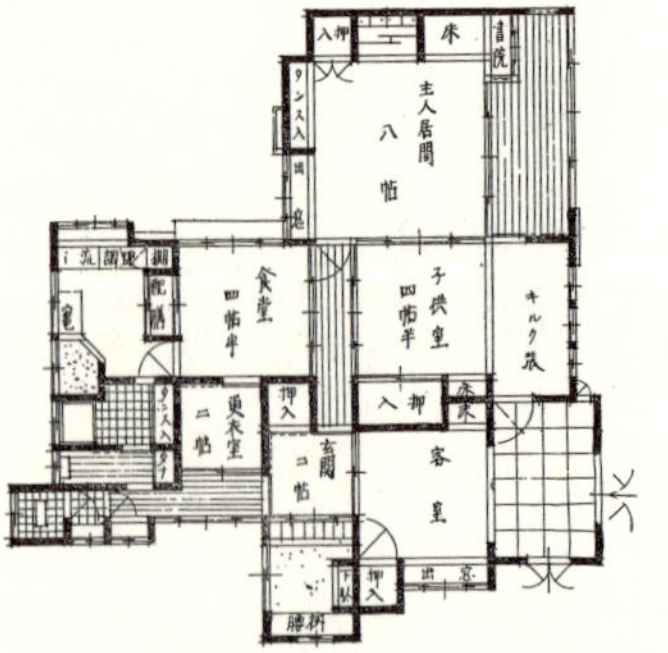

朝永建築工務店

大阪市東區空堀通一ノ八六

（和風平家建）

敷地番號　三七七號
敷地坪數　一七七、三一坪
建坪數　三〇、六二坪
總價格　四、八五〇圓

但し水道工事、電氣設備、浴槽、臺所設備、庭園工事門塀工事一切を含む

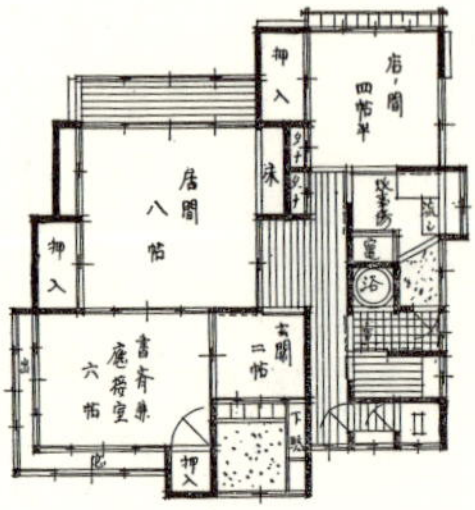

大林組

大阪市東區京橋三丁目

（和風平家建）

敷地番號　三八〇號
敷地坪數　八二、九七坪
建坪數　二二、二一坪
總價格　四、五〇〇圓

但し水道工事、電氣設備、浴槽、臺所設備、庭園工事門塀工事一切を含む

前田建築工務店

大阪市西區立賣堀南通四ノ一八

（和風二階建）

敷地番號　三九三號
敷地坪數　八〇、五一坪
建坪數　二八、四二坪
總價格　四、五〇〇圓

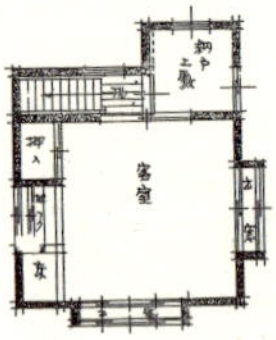

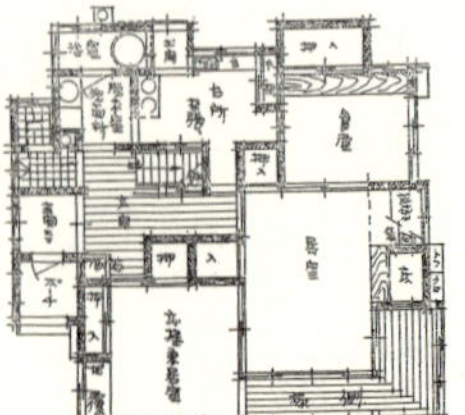

但し水道工事、電氣設備、浴槽、臺所設備　庭園工事門塀工事一切を含む

藤木工務店

大阪市東區瓦町一ノ九

（和洋二階建）

敷地番號　三五七號
敷地坪數　八六、二四坪
建坪數　二五坪
總價格　四、五〇〇圓

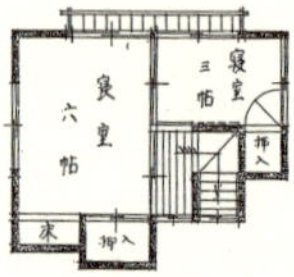

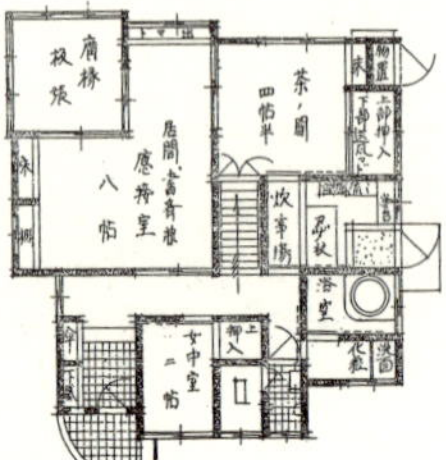

但し水道工事、電氣設備、浴槽、臺所設備、庭園工事門塀工事一切を含む

大林組やあめりか屋、清水組、竹中工務店の他、先に紹介した地元竹井工務店などが参加、二四戸の文化住宅が出展されている。先に紹介した竹井秀吉の回顧では、この時期にも、いまだ香里の山手には人家が五〇戸ほどしかなかったとある。また家屋の相場は、八〇坪の宅地に植木つき、建坪四五坪のもので五五〇〇円ぐらいであったという。

この「住宅展覧会」がユニークなのは同時に「室内洋画展」を開催していた点である。各文化住宅に二一人の作家の作品六〇点を陳列し、希望者には販売も行っている。

同じ頃、沿線のイメージを高めて土地開発を円滑に行うために、かつより実質的に乗客を増やすために、各私鉄は学校等の公的施設に土地を提供し誘致に躍起になっていた。京阪電鉄も例外ではない。昭和三年に牧野駅近傍に大阪歯科医科専門学校（現大阪歯科大学）と大阪高等女子医学専門学校（現関西医科大学）を、翌四年には御殿山に私立大阪美術学校を、七年には大阪高等女子医学専門学校付属病院を滝井駅周辺に誘致している。香里では、遊園地の運動場跡地を聖母女学院が入手している。

成田山の勧請

香里住宅地の経営が他社と際だってユニークなのは、遊園地や学校だけではなく、宗教施設をも集客施設と見なし、誘致をはかった点である。千葉の成田山新勝寺から本尊の分身を動座、別院建立を要請したのだ。

香里園改善住宅室内洋畫展

出品目録

住宅符號	畫題	氏名	價格(單位圓)
A	稲荷	和田徹郎	九,〇〇
仝	宇治風景	田川勤次	二〇,〇〇
仝	花籠	和田彙一	五〇,〇〇
B	宇治風景	藤堂杢三郎	一〇,〇〇
仝	アネモネ	赤松進	四〇,〇〇
仝	宇治風景	西昌夫	二〇,〇〇
D	宇治風景	高岡徳太郎	二〇,〇〇
仝	人形	小出卓二	六〇,〇〇
仝	花	赤松進	四〇,〇〇
E	宇治風景	田川寛一	三五,〇〇
仝	芙蓉	高妻巳子雄	二五,〇〇
F	薔薇	藤堂杢三郎	一〇〇,〇〇
仝	静物	和田徹郎	二九,〇〇
仝	香里風景	大石輝一	二五,〇〇
G	宇治風景	田村孝之介	二〇,〇〇
H	淀風景	和田彙一	六〇,〇〇
I	観月橋附近	高妻清	一八,〇〇
J	宇治黄檗山	和田彙一	三〇,〇〇
仝	枚方風景	高妻清	二五,〇〇
仝	風景	小出卓二	六〇,〇〇
L	伊豆大島風景	大石輝一	二五,〇〇
仝	枚方の池	鶴丸梅太郎	五〇,〇〇
仝	薔薇	西昌夫	三五,〇〇
仝	薔薇	前田藤四郎	一〇,〇〇
仝	枚方天神山より	鶴丸梅太郎	四〇,〇〇
N	静物	松本鋭次	一〇〇,〇〇
仝	宇治川	辻愛造	八〇,〇〇
仝	水兵人形	前田藤四郎	一五,〇〇
仝	人物	松本鋭次	四〇,〇〇
仝	早秋風景	黒田繁成	二〇,〇〇
仝	香櫨園濱(ガラス繪)	大石輝一	一〇,〇〇
O	林檎	大石輝一	三〇,〇〇
仝	香里風景	前田藤四郎	一五,〇〇
P	宇治風景	高岡徳太郎	二〇,〇〇
仝	宇治	田村孝之介	三〇,〇〇
仝	城崎風景	田川寛一	二五,〇〇
仝	宇治川ライン	辻愛造	三〇,〇〇
仝	薔薇	大石輝一	三〇,〇〇
Q	天ケ瀬(宇治川)	辻愛造	六〇,〇〇
仝	花	高岡徳太郎	三〇,〇〇
仝	カーネーション	藤堂杢三郎	六〇,〇〇
仝	城崎風景(素描)	田川寛一	二五,〇〇
R	六地藏風景	高妻清	一八,〇〇
S	淀城趾	辻愛造	五〇,〇〇
仝	樹	黒田繁成	五〇,〇〇
仝	風景	高妻巳子雄	二五,〇〇
U	香里園風景	高妻巳子雄	四〇,〇〇
仝	風景	小西清太郎	四〇,〇〇
V	白い家	米良道博	二〇,〇〇
仝	鹿跳風景	大石輝一	五〇,〇〇
仝	クロッキー	米良道博	一五,〇〇
仝	京都風景	小西清太郎	一〇,〇〇
W	花	西昌夫	四〇,〇〇
仝	澱江を望む	鶴丸梅太郎	七〇,〇〇
仝	風景	松本鋭次	一〇〇,〇〇
X	淀曉水鶏狩獵之圖	黒田繁成	一〇,〇〇
仝	香里園風景	米良道博	三〇,〇〇
Y	中書島風景	和田徹郎	一三,〇〇
仝	秋色	小西清太郎	四〇,〇〇
仝	花の静物	田川勤次	一〇,〇〇
出品者數		二十一人	
出品畫數		六十点	

図4　香里園改善住宅展覧会における洋画出品目録

話は昭和二年頃にさかのぼる。社史の記すところでは、篤信家の田辺信弘氏等が主唱、のちに建立発起人総代になったとある。提案を受けた京阪電鉄会社は、成田不動尊が「障礙退散・諸悪消除の本誓」であることを鑑み、自社所有地を提供してでも勧請を果たそうと考えた。香里園での不動産事業が不調であったのは、当地が大阪の「鬼門」にあたるという噂に一因があるという判断から、別院をここに設けることで、その種の評判を消そうという判断であった。

実際、電鉄会社は以下の四条件を示し、最大限の便宜をはかるべく申し入れた。

一　別院電車建立敷地ならびに境内地として、社有地一六万五〇〇〇平方メートル以内を寄付すること。
二　仮殿堂建立費として金五万円以内を寄付すること。
三　発起人の希望により社有地のうち九万九〇〇〇平方メートルを限度として原価で譲渡すること。
四　第一項の寄付地に隣接する会社借用地約六六〇〇平方メートルの借地権を無償で譲渡すること。

ただ本山では前例のない別院建設に慎重であった。関西への進出を最終的に決断したのは、ようやく昭和四年春のことである。翌年から工事に着手し、昭和九年一一月、落慶入仏供養会が挙行された。この時は四日間にわたり、一日平均三万人が参詣したという。以来、京阪電車は成田山を崇拝し、社内に護符を貼って運行の無事を祈念している。

かくして宗教施設を核とする異色の住宅地が出現した。駅から成田不動尊まで、京阪バスが頻繁に運行された。昭和一三年四月一日、京阪電車は最寄りの駅名を、「香里」から「香里園」と改称する。

戦後の発展

香里園の近傍、市境を越えた枚方市域には、東京第二陸軍造兵廠香里製造所があって、おもに火薬の製造を行っていた。終戦後、軍事施設の跡地再開発について、さまざまな議論がまきおこる。枚方市、香里製造所再開発反対同盟、そして香里園在住の財界人が結成した香里園文化団体連合会の陳情などがあって、ようやく昭和二八年から三〇年、国策による住宅地開発の用地へと転用がなされることになった。日本住宅公団による「東洋一」のマンモス団地、香里団地の竣工である。

あれほどまでに開発が難航した香里の地は、戦後復興の過程にあって、ようやく関西を代表する住宅地として、その名を知られるようになる。

註

＊1――『大阪朝日新聞』明治四三年一〇月二一日
＊2――『大阪朝日新聞』明治四四年四月一七日
＊3――『寝屋川市誌』寝屋川市役所、昭和三一年、二七四頁。『大阪朝日新聞』明治四四年六月一四日、一一月二〇日
＊4――『大阪朝日新聞』明治四四年一〇月二一日
＊5――『大阪朝日新聞』明治四五年三月八日
＊6――京阪電鉄株式会社『京阪七〇年のあゆみ』昭和五五年
＊7――前掲『寝屋川市誌』掲載

16

池田室町／池田

小林一三の住宅地経営と模範的郊外生活

吉田高子

箕面有馬電気軌道設立と住宅地開発構想

阪神、京阪など関西の私鉄が次々と営業を開始する中、明治三九年（一九〇六）三月、大阪を起点とし箕面、池田、宝塚に至る箕面有馬電気軌道（箕有電鉄と略称。現阪急電鉄）[*1]の設立が計画されていた。その発起人は阪鶴鉄道株式会社の重役たちで、阪鶴鉄道（現JR福知山線）が国鉄に買収されるに当たり、会社を解散し箕有電鉄の設立を意図したものであった。

しかし明治四〇年（一九〇七）一月一八日の株式市場大瓦落など経済界の激変により、その設立は危うくなり、解散よりほかはないという状況になった。

当時小林一三（図❶）は、三井銀行から阪鶴鉄道に移り、その監査役にあったが、箕有電鉄の創立費用として弐萬円近くの資金を使っている状況を見て、「何とかウマイ工夫は無いものだろうか」と独りその内情を調査していた。

一三は阪鶴鉄道の本社（阪鶴鉄道池田駅の山手にあった）から大阪まで線路敷を歩いて帰ったことが二度あったが、その間に沿道における住宅経営新案を考えて、こうやればきっとウマクゆくという企業計画を空想して、岩下清周[*2]を訪問し応援を求めた。この時、岩下に話した住宅経営の大要は次のようなものであったという。[*3]

「此会社（箕有電鉄）は設立難で信用はゼロである。早晩解散される事と見ている。仮に何とか工夫して会社を設立し得るとしても、結局は駄目だという風に馬鹿にされている。それを幸に、沿線で住宅地として最も適切なる土地を一坪壱円で買ふ。五十万坪買ふとすれば、開業後一坪について二円五十銭利益があるとして、毎半期五万坪売って十二万五千円はもうかる。（中略）電車が開通すれば、一坪五円位の値打はあると思ふ。そういふ副業を当初から考えて電車がもうからなく共、此点で株主を安心せしむることも一案だと思う」

このような沿線住宅地経営構想のもと明治四〇年六月三〇日小林一三は会社設立に関する創立事務を引き受けるために追加発起人となり、一〇月一九日弱冠三四歳にして箕有電鉄の創立総会において専務取締役となった。翌年一〇月一九日には岩下清周を取締役社長とした箕有電鉄は、明治四三年（一九一〇）三月一〇日には予定通り梅田—宝塚、梅田—箕面間の開業を迎えた。

この開業に先立ち、小林一三は明治四一年一〇月には会社のパンフレット『最も有望なる電車』を作成し、自ら宣伝につとめ大阪市内に配布した。これには「収支予算表」などとともに「遊覧電鉄の真価」「適当なる住宅地」などを記している。

「遊覧電鉄の真価」に挙げられている所は服部の天神、箕面公園、勝尾寺、池田町、能勢の妙見、山本の牡丹、中山の観音、売布神社、米谷の梅林、日本一荒神、宝塚の温泉、宝塚の梅林など、現在も阪急電鉄の行楽、参詣などで人を集めている。

「適当なる住宅地」には、当初から重きをおいていた土地経営の説明がなされた。

図1　小林一三（昭和11年）

図2　開発中の線路用地と住宅用地（明治42年3月）

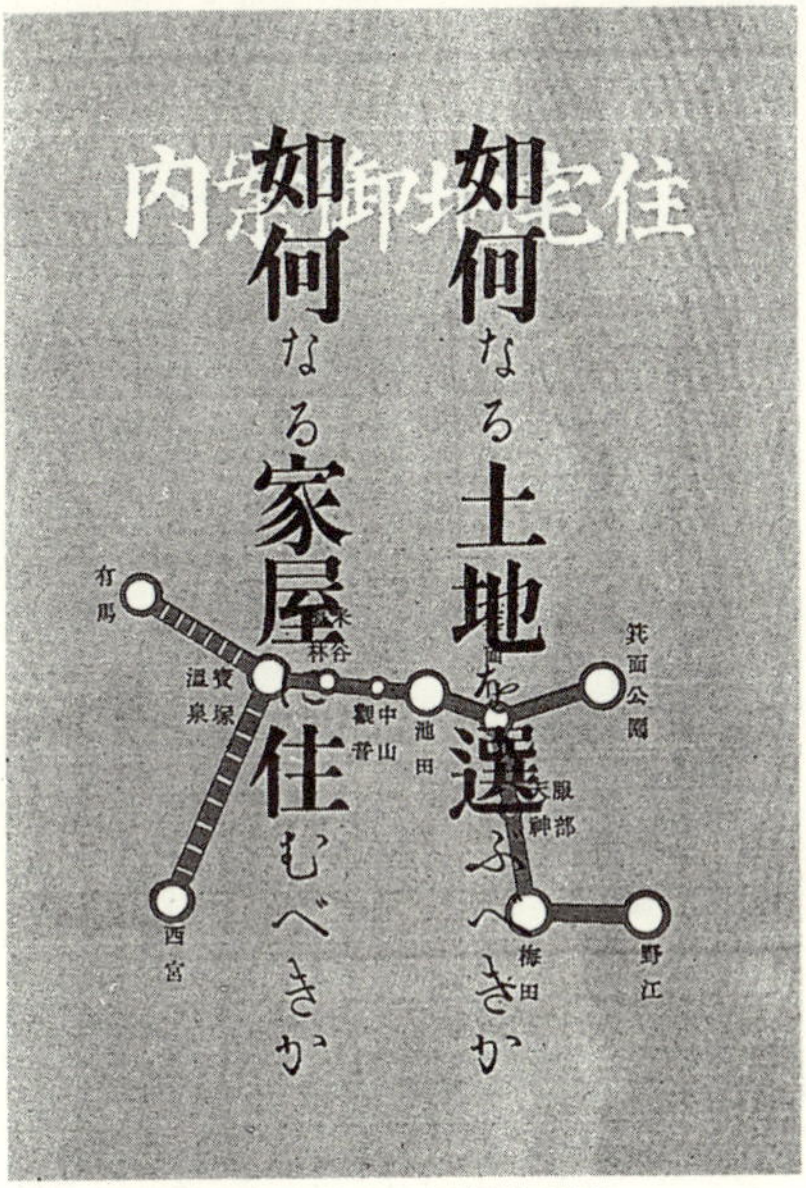

図3　住宅地案内のパンフレット（明治42年）

このようにして電鉄開業前の、明治四二年（一九〇九）三月三〇日には池田住宅経営のため用地二万七〇〇〇坪を買収し、小林一三は意図した住宅地経営への一歩を踏み出した（図❷）。

池田新市街のキャッチ・コピー

次に小林一三は、明治四二年秋には沿線住宅地開発宣伝のパンフレット『住宅地御案内―如何なる土地を選ぶべきか　如何なる家屋に住むべきか』（図❸）を発行した。それには、「郊外に居住し、大阪に通勤する中流階級を対象とし、田園的趣味のため、広い庭園、家屋構造、居間客間、出入りの便、日当たり風通しなど理想的住宅が必要である」とし、電鉄最初の住宅経営地を「池田新市街」と名づけ（明治四四年には「室町」と改称される）[*4]、「模範的郊外生活」の場として次のように計画、宣伝した。[*5]

　「模範的郊外生活、池田新市街」は、物資供給が自由。学校・病院がある。電信電話の便がある。気候風景共によい。水質良好。大阪まで電車で二三分。電車賃が安い。全線の中央に位置し、沿線の各所遊覧に便利である。

　池田新市街住宅地の人為的設備としては、道路と街路樹。一戸建ての家屋の建築。広い庭園。電灯設備。溝渠下水の設備。会社直営の購買組合。娯楽機関として倶楽部。公園、果樹園。床屋、クリーニング店の設置をする。

池田新市街住宅地と住宅の概要は、住宅地の広さは約三万坪。

道路は東西南北に数十町。邸宅敷地面積一〇〇坪、建坪二〇坪内外の数十種類の家屋二〇〇軒を新築する。
竣工時期は箕面有馬電鉄の開通と同じ来る三月とする。
池田新市街の立地は、池田町の西南端、呉服橋畔に位置する。北に五月山、西に猪名川、東南に田野展き、眺望絶佳、夏は涼風青簾に入り、冬は寒風北方の連山に遮られ、南窓暖かい。住宅地中央に呉服神社があり、境内一六〇〇坪は朝夕の逍遥、児童の遊戯として、また小公園として整備する。
公園の一隅に購買組合の店舗、倶楽部を建設する。（一階に玉突台、二階に三六畳の大広間。電話。囲碁、将棋盤を備える）
沿線風景の整備（池田新市街に次ぎ、沿線住宅地とし服部、岡町、箕面、宝塚を開発）を考える。
住宅地、住宅の分譲と賃貸については、低廉なる家賃（一三円～二五円）の貸家、分譲住宅、自由に住宅を建てる人への貸地の三種類があるとした。

また、パンフレットの最後には

大阪市民諸君！　往け、北摂風光絶佳の地、往て而して
卿等の天與の壽と家庭の和楽を完うせん哉

と締めくくり、[*6]当時としては異例の売出し広告という形で、池田新市街での「模範的生活」を勧めている。

サラリーマンのための池田新市街（池田室町住宅地）

明治四三年三月の箕有電鉄の開通と時期を合わせて竣工された「池田新市街」の計画は、第一回分譲に当たって作成されたと思われる『箕面有馬電気軌道株式会社池田新市街平面図　縮尺壱千分之壱』（以下、『池田新市街平面図』と呼ぶ）によって知ることができる。

これによると図❹のように「池田新市街」は池田駅（図の下方左端）の北西に、呉服神社境内を取り囲む形で二万七〇〇〇坪二〇七区画が開発された。

線路は東南から西北方向に走っており、住宅地内道路も東西・南北方向とは四五度の傾きを持っている（説明の便宜上図の右方を北とし、線路側を東とし、線路に沿った道路を南北道路、線路に直角に向かう道路を東西道路と呼ぶことにする）。

住宅地内道路には、一一本の東西道路（池田駅に近い方から、一番丁通りから十番丁通りまでと猪名川沿い道路）と、二本の南北道路（線路沿い道路と中央大通り）がある。

東西道路には住宅への門（玄関に続く）が開き、門と塀による「町通り」を構成する形をとっている。

道路幅は、実測復原値によると二間が標準で、側溝の通る二番丁通り、四番丁通り、七番丁通りは二・二五間～二・七五間とやや広くしている。

南北道路には住宅の側面の塀が並び、ここには住宅の主出入

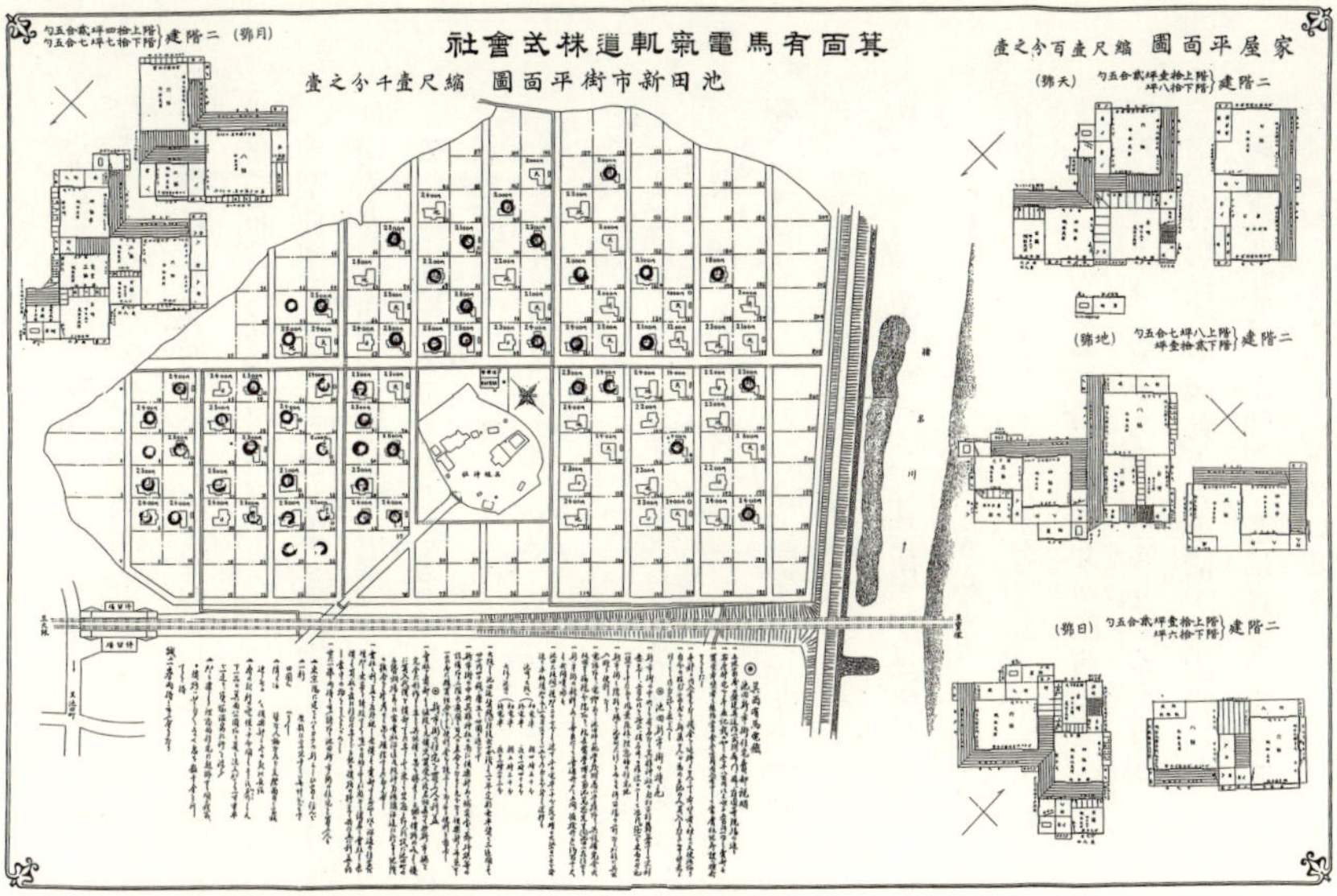

図４　池田新市街住宅販売用　配置・平面図（○印は売却済）（明治43年）

口は開かない「町筋」となっている。線路沿いの道路幅は二・七五間、中央を走る大通り幅は三間である。

この町通りと町筋による道路計画は、近代大阪市の都市的基礎となった近世大阪船場地区[*7]の町形態を真似たかとも思われるが、大きく異なることは船場では町筋より町通りの道路幅が広いことである。

サラリーマン住宅の建ち並ぶ住宅地の町通りは、船場の町通りのように店舗が並ぶことはなく、人通りも少なく、一方、町筋は町通りの人を集め通勤など駅に向かう人通りとなることから、道幅を広くしたことが考えられ、近代住宅地にふさわしい道路計画としていることが分かる。

町割り形式も船場と同様に両側町の形式を採っているが、敷地形状は町家に多く見られる短冊形でなく、間口の広い正方形敷地としている。

住宅に庭園を配し、門から玄関にアプローチをとる郊外住宅地の敷地計画となっている。

このように、池田新市街では大阪船場の町割・道路形式に倣いながら、サラリーマンの郊外住宅地としての転換が見事になされていることが分かる。

タイプ限定の初期分譲住宅とその配列

この住宅地に最初に分譲住宅として建築されたのは、大阪へ通勤するサラリーマンを対象とした基本四タイプ（天型・地型・

日型・月型）に限られた。

『池田新市街平面図』には、天型・地型・日型・月型住宅の百分の一の平面図が載せられている。

図❺はこの各型の平面図と、現存住宅から復原した配置と道路側立面図である。

天型住宅と月型住宅は北入り敷地用で、地型住宅と日型住宅は南入り敷地用の住宅型である。

これらの特徴をまとめると次のようなものになる。

敷地面積は一〇〇坪。

延床面積は約三〇坪。

木造二階建て。

一階はL字型の平面で縁廊下が庭に開き、各室を繋いでいる。

一階には、玄関土間（約一坪）につづき、玄関（二畳または三畳）、畳敷き二～三室（六畳・四畳半・八畳・三畳など。このうち三畳または四畳半を食堂とする）、台所（一・五～三坪の土間）、便所（上便所と下便所）、風呂があり、井戸屋形は屋外に設けられた。

二階には、畳敷き二～三室があり、このうち一室は主座敷（八畳床棚付き、または七畳釣床敷込み板付き、または五畳敷込み板床付き）で、その他は六畳・四畳半・二畳などの部屋となっている。

外観は大きくガラス戸・ガラス窓を取り開放的なものとなり、二階の肘掛け窓や縁廊下の手摺が特徴的である。

屋根は、瓦葺、寄棟で、壁は真壁の土壁で、腰壁は杉皮、または焼板の下見板で覆っている。

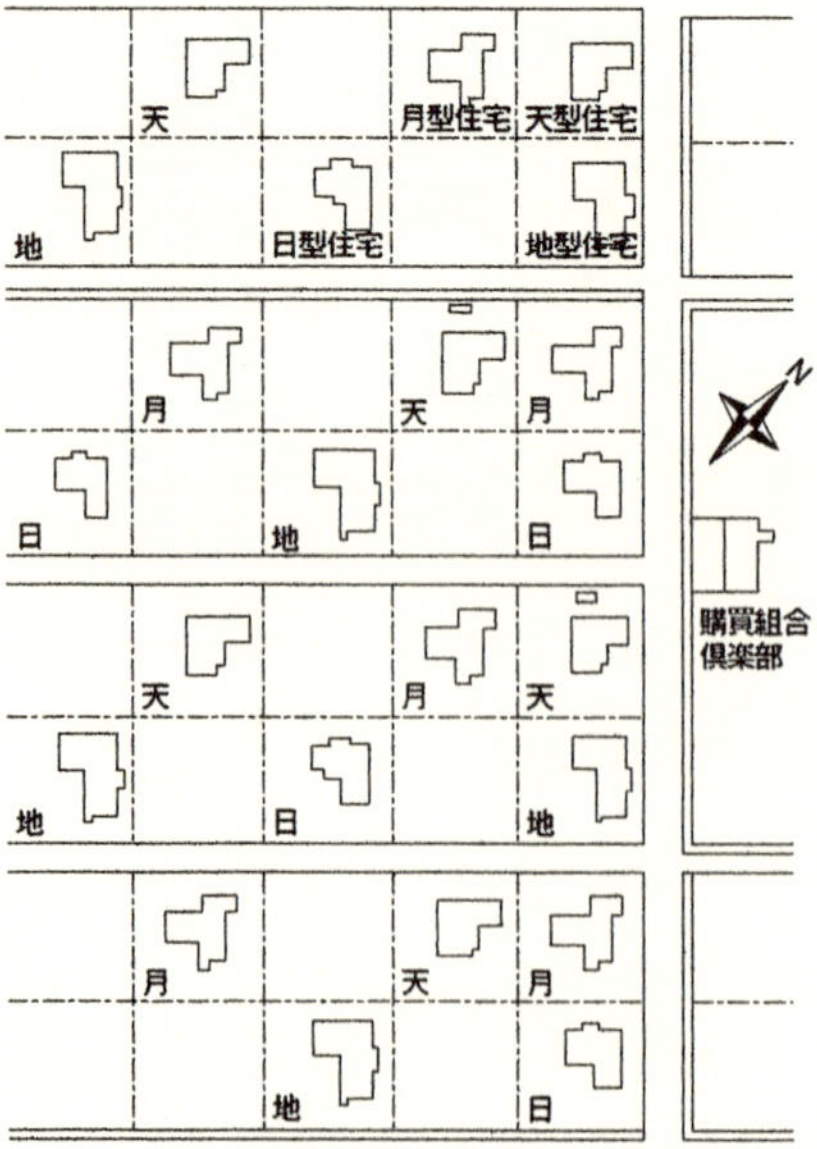

図6　基本4タイプ（天型・地型・月型・日型）住宅の配置状況

玄関部分の屋根が、後のものに比べ簡単な庇屋根（月型・天型・地型）となっている。

図❻は長方形街区内一四区画の住宅型配列のパターンを示したものである。

第一回分譲住宅八三戸中七七戸について住宅型を基本四タイプ（天型・地型・日型・月型）に限ったが、このことは町景観の単調化を招くことになり易い。しかしそれを防ぐために、基本四タイプの街区内配列について、巧みな配置計画を行っていることが判明する。つまり、第一回分譲時には何れの街区においても、街区内一四区画の半数の七区画は未分譲区画として残し、残りの七区画に基本四タイプの住宅を建築している。

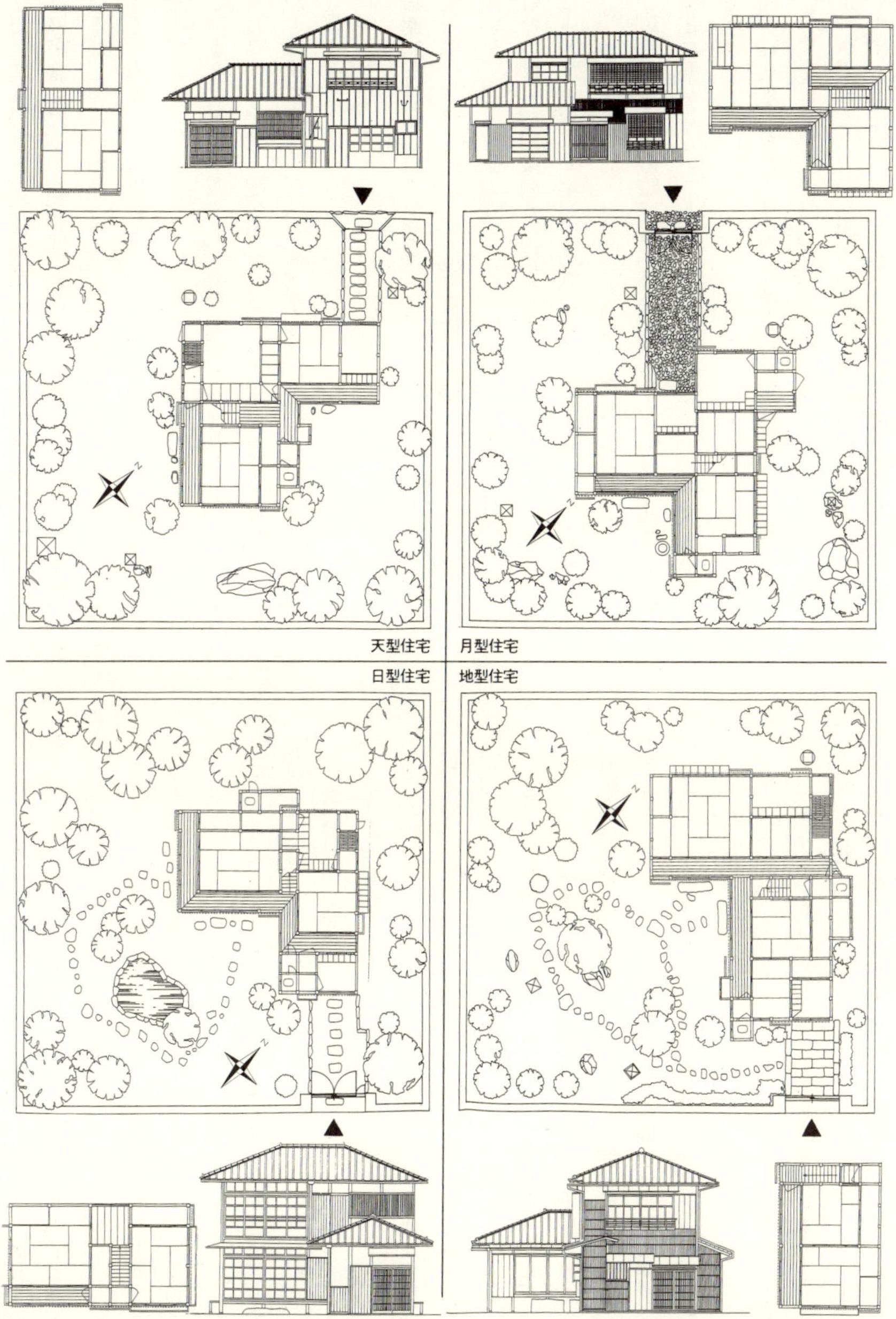

図5　初期分譲住宅基本4タイプ住宅復原図

また、基本四タイプの住宅型のうち、天型住宅と月型住宅は道路の南側に配し、地型住宅と日型住宅は道路の北側に配置しているが、何れの街区も半数の未分譲敷地を散在させることによって、道路からの景観として、同タイプ住宅の並立することを避けている。

このようにわずか四タイプの住宅型しか建築しなかったにもかかわらず、配列・配置の妙により、一定のルールを持って、しかも単調さのない巧妙な構成をもって計画されていることが知られる。

画期的な住宅のローン販売

販売用に作成された『池田新市街平面図』によると、室町住宅地の全二〇七区画のうち、第一回分譲住宅として計画、販売されたのは、約四割の八三区画であり、このうち七七区画には先に述べたとおり基本四タイプの住宅（天型住宅一九戸・地型住宅二一戸・日型住宅一九戸・月型住宅一八戸）が建てられた。

この住宅タイプの限定はプレファブ住宅と同様、建築費用の低廉化に繋がるものであるが、これも小林一三の発案ではないかと考えられる。

図中に記された販売価格（土地・家屋・畳建具造作一式附属・門・塀・庭園等現場の通り）は、型別、区画位置ごとに決定されているが、いずれも二五〇〇円～一八〇〇円の範囲にある。

販売方法は頭金を五〇円とし、残金を毎月二四円ずつ一〇カ年にわたって支払っていく方式であった。今日の分譲住宅ローン販売の先駆けといえるものであるが、当時の常識では考えられない画期的なものであった[*8]（図❼）。

この月賦販売方法について小林一三の考えは、新海哲之助（元、阪急電鉄常務取締役）の話によると次[*9]のようなものであった。

私がまだ月給二八円の安月給で、借家住いをしていた時分に小林さんから

「君は月給で家賃が払えるか」

という質問をうけた。

二八円の月給で十二円の家賃を払って、到底足る筈がないから、毎月、親の補助を受けていることをご返事申し上げたところ、

「それは駄目だ。借家などやめて、会社が売出している月賦の住宅を買い給え。家賃は経費として消費されるが、月賦金は積立預金と同じで毎月、若干宛は貯蓄される。しかも月賦金を完済する頃には、家の価値は地価の騰貴とあい俟って十数倍になることは間違いない。そうし給え」

とご注意を受けた。

早速、国許へ相談したところ、「とんでもない。お前はまだ家賃も払えないじゃないか。それで家を買うとは――」と反対された。

しかし小林さんの意見に従って池田室町一番丁に二、〇

三五円の家を十年月賦で買った。
　十年目には子供が出来、家も狭くなったので、その家を処分し宝塚に新居を建てて移転した。小林先生のお言葉は間違いなく、処分した金は元の家の十数倍になり、現在の家の基礎となった。

とあり、サラリーマンを対象とした住宅販売方法として、現在では常識となったこの方式をいち早く採用した小林一三の卓越した住宅経営の手腕がここにも見られる。

「室町会」の組織と活動[*10]

○室町委員会と室町会

草創期の室町住宅地の住民組織については「室町会」の記録[*11]によると、明治四四年（一九一一）六月（当時住宅数九四戸）箕有電鉄関係者により室町委員会が結成され、倶楽部建物が建築され一階の大半を購買組合に充てたとある。

　町費は月額五〇銭であった。翌四五年電燈がつくが、草創二年程は石油ランプでの生活と疎らに建った家のため（図❽）、用心も非常に悪かったことから、大正二年（一九一三）には室町倶楽部の一部を仕切って、請願巡査派出所を設置した（室町委員会が一カ月五〇銭を大阪府に納入）。当時の住民の言葉を借りれば、

　「先ず保安には請願巡査を迎え、煙突の掃除、下水の掃除、塵芥の処理からその他一切のことをやり、共存共栄より、共警共防を、自然隣保相助け合わねばならなかった」

のである。当初室町委員会の運営には世話役があたっていたが、大正三年初めて各丁に一名選挙の委員制をとることになった。また翌大正四年には住宅地全区画数二〇七を越え、池田室町の住宅戸数は二二七戸に達していた。

　大正一二年（一九二三）二月、「室町委員会」は町会の組織をとり、規約に基づいて役員を選出するのが合理的と考えられ、また倶楽部建物の修理、阪急電鉄からの買収、新築など、阪急電鉄との交渉の上からも町会を結成する必要性が生じていたところから、「室町会」の発足することになった。昭和一〇年（一九三五）、阪急電鉄（旧箕有電鉄）所有の倶楽部建物は「室町会」の所有となり、翌年には従来の和式木造の建物を大改造し外観洋式とし、間取りも全部変更し、二階に大集会場と三つの小室、階下には玉突室、事務室、玄関ホールなどをとり、倶楽部建物も室町会館と改称した（図❾）。

　この会館を中心とした室町住民の趣味の会は、玉突・囲碁・将棋・謡曲・ハイキング・カメラの会のほか、婦人のための茶話会・生花・茶道・舞踊・染色・手芸の講習会など多彩なものであった。

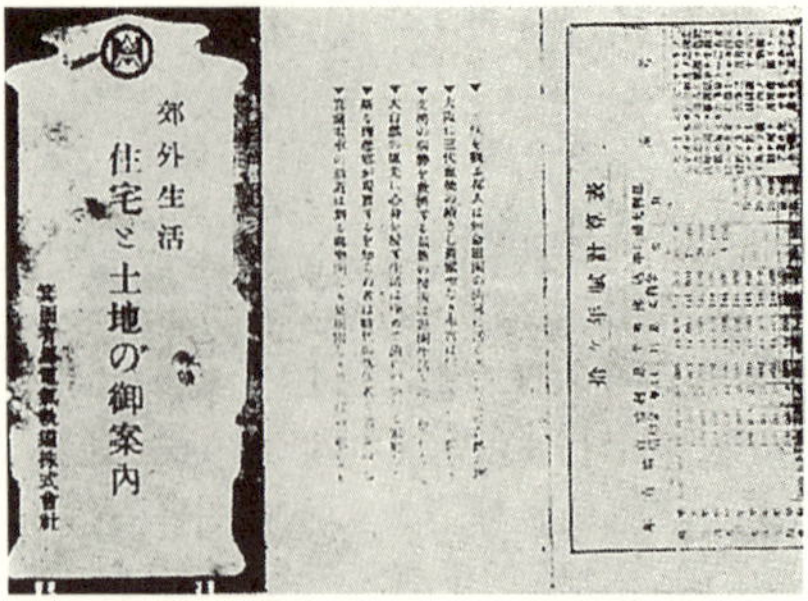

図7　月賦販売の案内パンフレット（明治43年6月）

図8　開発当時の住宅地

図9　旧室町倶楽部（昭和59年）

図10　旧室町幼稚園（呉服神社境内・戦前まで）

○室町幼稚園

室町在住の橋詰良一（当時大阪毎日新聞事業部長）は外国の屋外保育の幼稚園（ハウスレス・キンダーガーデン）にヒントを得、室町に「家なき幼稚園」を発案した。大正一一年（一九二二）春、室町二〇〇戸に趣意書を配布し、大阪毎日新聞社後援のもと「家なき幼稚園」は呉服神社の社前に開園した。室町と旧町（池田町）から集まった園児数は計三〇人程であった。

その後、雨の日のために社門外の三角形の空地に一二坪程度のバラックを建て、園舎のある幼稚園となり「自然幼稚園」と改称され、昭和九年（一九三四）幼稚園経営は室町倶楽部に移り、昭和一五年（一九四〇）「室町幼稚園」と改称され、昭和二五年頃から「室町会」の事業の一つとなった（図⑩）。

○昼間の室町は婦人の町

サラリーマンのための郊外住宅地として新しく建設された「室町住宅地」は、所謂ベッドタウンの始まりでもあった。住人は、大阪市内から移り住んできた人たちであり、主人は朝早く出勤し夕方に帰るため、特に昼間は婦人たちが留守番役で、顔見知りもなく毎日寂しい限りであったと言う。

そこで昼間の婦人層の社交は「室町倶楽部」を利用して多く

の催しがなされたようである。当時は全戸ほとんど女中さんを置いていたが、その慰安会なども行われた。

室町では町の活動のすべてに婦人の協力が必要であり、昭和一一年室町会則制定を機に、「婦人会」からも役員を選出することになり、各番丁から一人ずつ選出した。

このように、この町では婦人たちの活動が戦前から大きな役割を果たしていた。

『逸翁自叙伝』[*12]にみる一三の住宅地経営に寄せる想い

小林一三は、明治六年（一八七三）一月三日、山梨県北巨摩郡韮崎町に酒造・絹問屋などを営む布屋の長男として生まれ、その誕生の月日より一三と名づけられた。

明治二一年（一八八八）慶応義塾に入学するが、小説家志望で、学生時代は文学的空想生活に終始し、明治二三年には一七歳で小説『練絲痕』を山梨日日新聞に連載した。

慶応義塾を卒業後、新聞社入社が実現せず、明治二六年（一八九三）三井銀行に入社するが、明治四〇年（一九〇七）には三井物産重役飯田義一、北浜銀行頭取岩下清周らに北浜証券会社設立の支店長にと懇望され、三四歳で三井銀行を退職、大阪に夢を抱いて転住する。

しかし日露戦後の株式市場の暴落により証券会社設立どころではなくなり、妻と三人の子供を抱えて浪人の身となったところを、三井物産が大株主であった阪鶴鉄道に、監査役として迎えられた。これにより一三は、箕有電鉄設立に関わることになったのである。

一三は以後、阪急電鉄と阪急グループの基礎と発展に導いたが（表❶）、八〇歳を迎えた昭和二八年（一九五三）に、『逸翁自叙伝―青春そして阪急を語る』を出版した。

大阪での日々を「七　大阪町人として」の章を設け、項目ごとに回想している。その中で「箕面電車の開業」の項で、住宅地経営について次のように記している。


この会社の生命ともいふべき住宅経営について、土地選定の標準は、一坪一円と見積もったけれど、線路用地を買収した後でなければ困る、住宅経営のため万一土地代が高くなっては予算が狂うからといふので、多少延々になり、自然価格も上ったけれど、大体予定通り進行した。

電車開通後、ただちに売出すものとすれば、山林原野よりも町村につづく新しい市街地を建設することにして、池田、豊中、櫻井という順序をたて、先ず第一に、池田室町二百屋敷を実現することにした。


と、住宅経営が箕有電鉄設立の生命であったことを述べていると共に、線路用地と住宅用地の買収と時期について、土地の値上がりを懸念しながら推進していった様子がわかる。また、電車開通後直ちに売出し可能な住宅地として、池田室町、豊中、

年号	西暦	月日	小林一三・箕面有馬電気軌道（後に阪急電鉄）・住宅地経営	一三の年令
明治 6 年	1873	1/3	山梨県北巨摩郡韮崎町（現韮崎市）に出生。酒造・絹問屋などを営む布屋の長男。生誕の月日より一三と名づけられる。	
21 年	1888	2/13	上京。慶応義塾に入学。	15 歳
25 年	1892	12/23	慶応義塾を卒業。韮崎へ帰る。	19 歳
26 年	1893	4/4	三井銀行に入社、東京本店勤務。	20 歳
		9/16	大阪支店に転勤	
30 年	1897	1/	名古屋支店に転勤	24 歳
32 年	1899	8/	大阪支店に転勤	26 歳
39 年	1906	3/	阪鶴鉄道株式会社、国鉄に買収。（本社・兵庫県川辺郡川西村ノ内寺畑村）	33 歳
		12/22	箕面有馬電気軌道（箕有電鉄と略称）認可。	
40 年	1907	1/23	一三、三井銀行を退職し、大阪へ転住。大阪市天王寺烏ヶ辻の藤井別荘の一軒を借りる。	34 歳
		6/30	一三（阪鶴鉄道監査役）、箕有電鉄の追加発起人となる。	
		10/19	一三、箕有電鉄の専務取締役。箕有電鉄会社創立総会。	
41 年	1908	8/5	大阪池田間､箕面線、池田宝塚間、宝塚西宮間、宝塚有馬間、軌道敷設工事申請。	35 歳
		10/	宣伝ﾊﾟﾝﾌﾚｯﾄ「最も有望なる電車」発行	
42 年	1909	3/30	池田住宅経営のため、用地 27,000 坪を買収。	36 歳
		11/	一三、大阪府豊能郡池田町（現、池田市）に住居を新築・移転。	
43 年	1910	2/20	事務所を大阪市北区角田町 325 に移す。	37 歳
		2/22	第 1 期軌道工事、梅田宝塚間、24．9 km、箕面支線 4 km 竣工。	
		3/10	箕有電鉄、運輸営業開始。	
		6/	池田新市街（池田・室町）住宅土地販売開始。	
		6/20	電燈電力供給工事竣工	
44 年	1911	6/15	櫻井住宅土地（55,000 坪）営業開始。	38 歳
大正 2 年	1913	5/1	豊中運動場完成。	40 歳
3 年	1914	4/1	宝塚新温泉余興場に歌劇上演開始。	41 歳
		8/10	豊中住宅土地売出開始（50,000 坪）	
4 年	1915		一三、池田市建石町に自邸（後に南邸と呼ぶ・洋館・3 階建て）完成。	42 歳
7 年	1918	2/4	社名を阪神急行電鉄株式会社（阪急電鉄と略称）と変更。	45 歳
9 年	1920	7/1	神戸線、伊丹線営業開始。	47 歳
10 年	1922	3/1	岡本住宅地所（1､800 坪）売出開始。	48 歳
12 年	1923	3/11	甲東園住宅地所(10､000 坪)売出開始	50 歳
		3/20	宝塚線全線に 2 両連結運転開始。	
14 年	1925	5/1	稲野住宅地所（22､000 坪）売出開始	52 歳
昭和 9 年	1934	1/	阪急電鉄社長を辞し、会長に就任。	61 歳
10 年	1935	9/	（～翌年 4 月）欧米視察旅行。	62 歳
11 年	1936	6/	一三、自邸（雅俗山荘）RC 造 2 階建て、完成。	63 歳
15 年	1940	7/	第 2 次近衛内閣の商工大臣に親任。	67 歳
20 年	1945	10/	幣原内閣、国務大臣就任。戦災復興院総裁に就任。	72 歳
21 年	1946	3/	公職追放にあい、国務大臣辞任。	73 歳
28 年	1953	1/	一三、『逸翁自叙伝』出版。	80 歳
32 年	1957	1/25	一三、逝去。	84 歳

表 1　小林一三と電鉄・住宅地経営

櫻井（何れも駅前に計画）をあげており、順次売出すことも既に当初計画にあったことが分かる。

池田室町の土地家屋と割賦販売についてでは

池田室町は一番町より十番町、碁盤の目のごとく百坪一構にして、大体二階建、五、六室、二・三十坪として土地家屋、庭園一式にて二千五百円乃至三千円、頭金を売価の二割とって残金を十ヶ年賦、一ヶ月二十四円支払えば所有移転するといふのである。売出すとほとんど全部売れたので、順次豊中、桜井その他停留所付近に小規模の住宅経営を続行して、ここに阪急沿線は理想の住宅地として現在に至ったのである。

とし、小林一三の構想通りに池田室町住宅地と住宅の建設がなされたこと。頭金二割、残金一〇年ローンの分譲販売方式の成功したこと。沿線の住宅地が理想的住宅地として成長確立したことを喜んでいることが窺える。

しかし思い通りに行かなかったこともあった。一三が失敗であったとしているのは購買組合と倶楽部の設置である。

購買組合や倶楽部は、新市街の人達には、一致団結とその親睦交遊の上からも、当然うまくゆくはずのものであるべきに、会社からそれ等の施設には相当に高い犠牲を払って維持しておったけれども、なかなかうまくゆかない。その当時に理想的施設として、池田室町の中心地点に倶楽部をつくり、同時にそこに購買組合を設け、住民諸君の互選によってそれぞれ役員をお願いした。

として、会社が新市街の住民の利便と交流を考え、倶楽部と購買組合を池田室町に設けたが、うまく行かなかったと述べている。

購買組合では、米穀・薪炭・酒・醤油・味噌など大量仕入れによって安価に買えると好評であったが、その後市場価格が低下すると外部の商人が売り込みに来るため、高価仕入れ商品を抱えて赤字になり、閉店することになった。

しかし、大正九年（一九二〇）六月、室町在住の高原時子（大阪朝日新聞社編輯局長夫人）に、目黒・葛野両夫人（室町婦人会幹事）が協力し「室町購買組合」を会員制で設立した。ここでは以前のように日用品販売が、昭和一一年（一九三六）まで行われた。このように一三の意図した購買組合は、池田室町では形を変えながら、在住の夫人たちの手に引き継がれていた。

また倶楽部については、

倶楽部のごときも一、二年はつづくけれど、どういう理由か衰微して閉鎖する。（中略）

朝夕市内に往来する主人としては、家庭を飛出して倶楽部に遊ぶというのはよほど熱心の碁敵でもあらざる限りは、やはり家族本位の自宅中心になるので、誠に結構な話だが、要するに倶楽部など必要はないということになる。

とし、倶楽部を設けても、一、二年で衰退すること。その理由は、大阪に通勤するサラリーマンの、家族本位の自宅中心の生活にあると述べている。

しかし、池田室町倶楽部では一三の反省とは別に、衰退するどころか、先述のように倶楽部建物は「室町会」の活動の拠点となり、主人が碁や玉突きで利用するのみならず、昼間の居住者である婦人たちの趣味や交流を深める場として有効に使われた。

小林一三の池田の自邸

一三は大阪に転住した明治四〇年当初、大阪市天王寺烏ケ辻の藤井別荘の一軒を借りることにした。その後、明治四二年一一月には池田町（線路を挟んで池田室町の反対側にある旧市街地）に自邸を新築している。

そのことについては、『雅俗山荘漫筆第一』（昭和七年六月）に次のように記している。

茲で、私自身の事を言ふのは可笑しいが、私は生まれた時から三杯目にはソッと出す居候として育てられて来て、

図13　池田室町住宅地（昭和52年３月）

三ツ児の魂百までもと言うのかしらないが、少しくお金の融通がつくと、直ぐに自分の家を造り度い、自分の家に住み度いといふ慾望が盛んであつたから、明治四十年に大阪へ来ると、直ぐに家を買ふといふ気になつて、住吉付近を探したものだ。

　其内に、どの途家を買ふならば自分関係の事業から阪急沿線に住まなくてはならない以上は、其沿線に家を新築しやうと考へて、今の池田の地をトして電車の開通しない前に新築して引越したものだ。

　私のかういふ行動に対して、『今から家を新築するなんて、あの遣り方では今に縮尻るから見て居れ』といふ風に、たしなめられたものだ。

　若くから「自分の家」を持ちたいというこの想いが、サラリーマンを対象とした池田室町の割賦方式の建売分譲住宅を生み出すことになったとも考えられる。

　その後、一三は大正四年には建石町（池田市）に住居を新築・移転した。三階建ての洋風[*13]のこの屋敷は後に「南邸」と呼ばれる。また、昭和一一年には、鉄筋コンクリート造二階建ての洋館「雅俗山荘」（現、逸翁美術館）を隣接して建築した（図⓫）。

　この建物については、その著書『雅俗三昧』に、「雅俗山荘は小規模ながら、美術工芸品の陳列、講演、研究等、芸術と生活の一致を目的とし、同士の温床として」と記している。一階

図11　雅俗山荘（現、逸翁美術館）（平成10年７月）

図14　町並み現状（平成11年４月）

図12　線路（高架）と住宅地の現状（平成11年４月）

図15　住宅現状（平成11年４月）

には洋風の広間、食堂には美術品陳列、展示の施設を備え、和洋折衷の独創的な茶室「即庵」を棟続きに設け、二階中央に美術品収蔵庫を持つという特殊なプランを持つこの建物は、若くから茶道と美術工芸品の収集に心を注いだ一三の、人と物の大事な「宝物」を収蔵するサロンとも言うべき館であった。

室町住宅地と住宅の現状

室町住宅地の立地は、北側を猪名川が流れ、東側を阪急線路で（現在は高架となっている）遮られていたため、住宅地の規模も拡大せず、また住宅地内への通過などによる車の進入もなく、駅に近いにも拘らず静かな環境は大きく変化することがなかった（図⓬）。昭和五九年、六〇年の調査においては、[*14]当初の型住宅の内、天型住宅七戸、地型住宅一〇戸、日型住宅一〇戸、月型住宅一〇戸の計三七戸は存在していた。

平成一一年現在、当初に建築された分譲住宅は建築後八九年を経ており、阪神・淡路大震災の被害も受け、また世代交代による建物の破却、敷地の分割などにより新しく建替えられているものが多い。しかしながら、全体として当初の住環境は未だ保持されており、池田市内における良質な住宅地として確立されている（図⓭〜⓯）。

註

＊1——社名は大正七年二月「阪神急行電鉄株式会社」と改称、昭和一八年一〇月「京阪神急行電鉄株式会社」と変更する。

＊2——岩下清周は三井銀行大阪支店長を辞職後、明治二九年北浜銀行を設立し、その頭取となる。明治四一年一〇月箕有電鉄の初代取締役社長に就任し、大正四年一月辞任する。また明治四三年九月速水太郎らと共に、生駒山を突き抜けて奈良へ行く電車として、大阪電気軌道会社の創立に関わったが、建設費用がかかり過ぎ、一〇年間は充分な乗客を得ることができず、不評をかった。また岩下清周は大正元年十二月より三年三月まで大軌の二代目取締役社長をつとめた。

＊3——『阪神急行電鉄二十五年史』昭和七年一〇月

＊4——「室町」の名称は、明治四四年春に、その地の史跡「梅室」（呉織〔クレハトリ〕の塚）「姫室」（綾織〔アヤハトリ〕の塚）の所在にちなんで名付けられた。

＊5——＊3に同じ

＊6——一三はこのことを『逸翁自叙伝』で、やや文学的に美辞麗句をならべて、気取って書いたとしている。

＊7——松口輝久・吉田高子『大阪船場北部地区の街区構成寸法の復原について—近世大坂城下町の構成と形成過程に関する研究その4』日本建築学会計画系論文集第四九七号

＊8——阪急電鉄株式会社『七五年のあゆみ』昭和五七年一〇月

＊9——阪急電鉄『小林一三の追想』昭和五五年九月

＊10——社団法人室町会『室町並びに室町幼稚園の沿革』平成八年三月によるところが多い。

＊11——室町会『室町』（昭和一二年・室町会館建設完成記念誌）

＊12——小林一三が好んで用いた雅号で、昭和二一年『雅俗三昧』には「小林逸翁」とある。

＊13——一三は自分で「洋式礼賛論者」と述べている。

＊14——吉田高子「明治四三年分譲の阪急池田室町住宅地と住宅について」昭和六二年一〇月、日本建築学会大会学術講演梗概集
吉田高子「池田新市街（室町）分譲住宅地と住宅について—近代中流階級住宅の成立に関する研究—」平成元年九月、近畿大学理工学部研究報告第二五号

出典

「阪神急行電鐵二十五年史」（池田文庫蔵）
「75年のあゆみ」（記述編）阪急電鉄株式会社、昭和57年10月
「室町幼稚園60年の歩み」昭和59年3月
「室町のあゆみ」室町会
「小林一三翁に教えられるもの」清水雅著、梅田書房

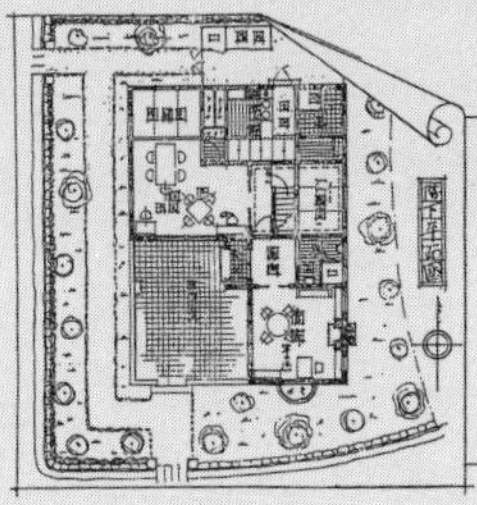

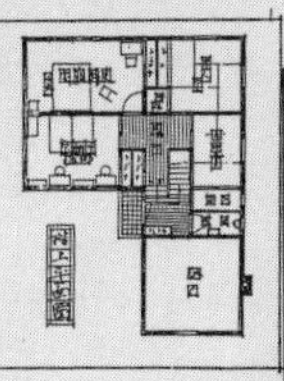

17 箕面櫻ケ丘／箕面

住宅改造博覧会が創った町と家

吉田高子

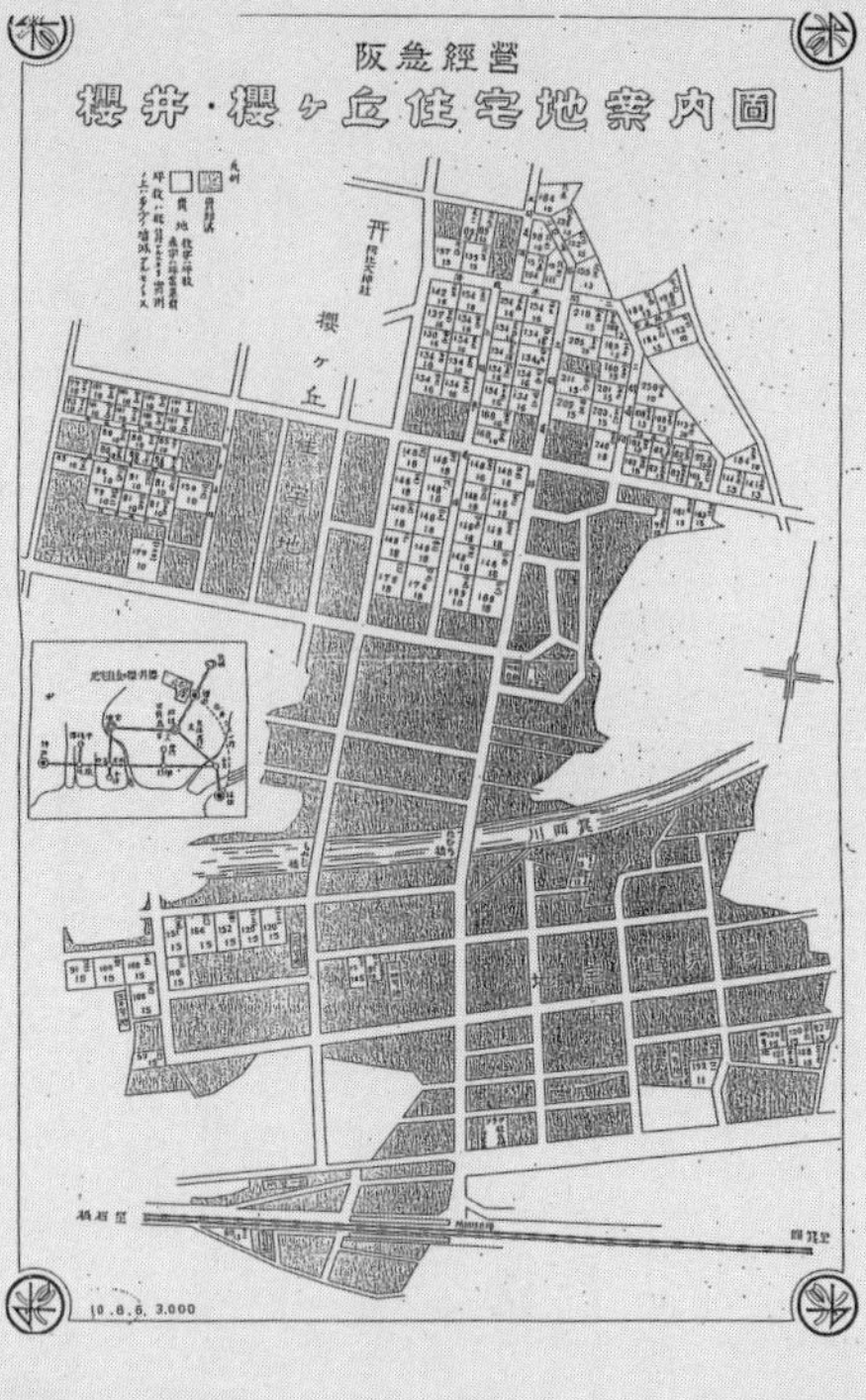

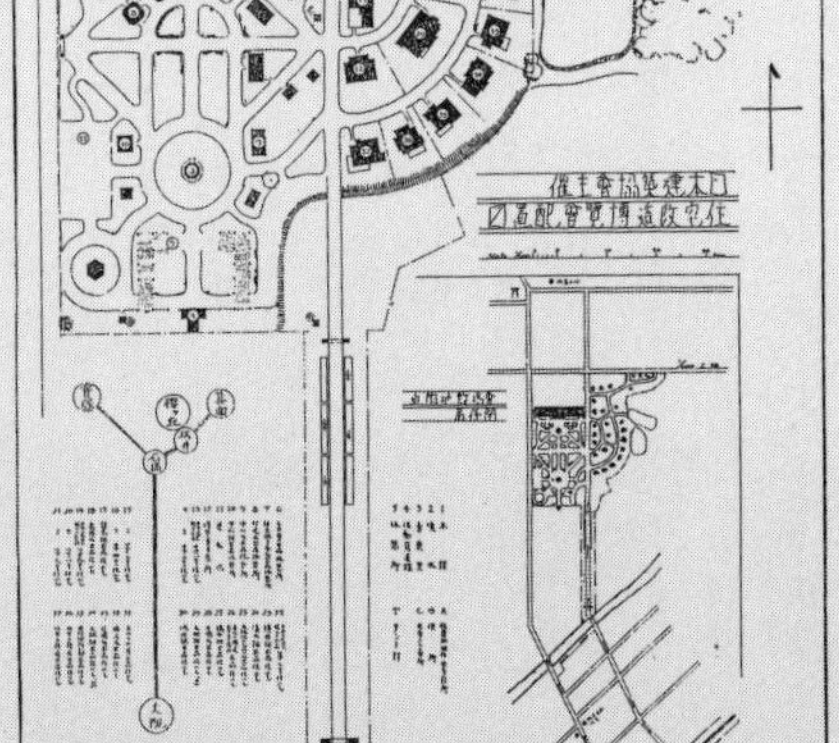

都市計画家片岡安と日本建築協会の創立

明治三〇年に東京帝国大学を卒業した片岡安（図❶）は二一歳という若さで、東大教授辰野金吾に、日本銀行大阪支店（明治三六年竣工）の設計スタッフとして採用され大阪に出向した。

その後、明治三八年（一九〇五）には大阪に辰野片岡建築事務所[*1]を開設することになり、以後片岡安は、関西に根を下ろし、数多くの作品を残すことになった。

また片岡安は早くから都市計画に大きな関心を寄せ、大正五年『現代都市之研究』を発刊し、大正九年（一九二〇）には学位請求論文「都市計画の科学的考察」を東大に提出し、都市計画分野における最高権威者の一人になっていった。

都市計画的視点から片岡安の目指したものは、都市においては二つの性能（交通量の処理、上下水道）、建築物単体には二点（不燃化、高層化）であった。[*2]

片岡安は大正五年末から『同窓建築技術家に告ぐ』として小冊子を建築関係者に頒布し、東京市区改正条例の他地区への適用と建築物を取り締まる法律の制定、建築家の職業団体（建築協会）の結成を目指していた。

後者については若手建築家を呼び集め、関西の建築家全体を糾合して大きな団体にまとめるべきだと説き、波江悌夫（片岡建築事務所所員で当時三二歳）との連名で建築家五二人に「関西の建築家の団結を図り相互の意志を疎通して建築界の向上発展を期する」という趣旨を呼びかけ、大正六年（一九一七）一月関西建築協会の発足に導いた（大正八年には日本建築協会と改称）。

それは、東京の日本建築学会と対抗する形で関西に拠点をおいて設立され、建築学会とは異なり、学界、業界を交えた建築界の集まりとして組織された。

その機関誌として『関西建築協会誌』が創刊され、大正九年には誌名も『建築と社会』と変えられた。これは先に片岡安が日本建築協会に求めた「外に向かっては社会を指導して、都市建築の大改造を促す」という姿勢そのままを示す誌名であった。

さらに、大正八年には、この日本建築協会が主導して、都市と建築物を取り締まる法律として、「都市計画法」と「市街地建築物法」が公布されるに至った。

住宅改造博覧会の開催

日本建築協会では「都市計画法」「市街地建築物法」制定に継ぐ事業として、住宅問題に対し住宅改造博覧会の開催により住宅改造の機運を助長させることを考えた。

つまり、「今回住宅問題の勃興し来るや、更に住宅改造の機運を助長せんが為、住宅改造博覧会の設立を画策する」[*3]ものであった。

それは、住宅改造博覧会の開催の趣旨として

我協会の使命に鑑み、住宅問題に就いても相当研究を重ね来たりしが、斯の問題中先ず比較的内容の広汎にして、

　且つ準拠すべき標準の少なき如上の改善方法に就いて、多少の準縄を示すと同時に、世人の住宅そのものに対する観念を一段と振作すべく、先以て茲に住宅改造博覧会の開催を決したる次第であります。

とあるように、住宅の改善方法を示すと共に、住宅に対する観念を、近代に即応した形に変えさせようというもので、住宅改造博覧会を開催することで、広く一般に住宅近代化への啓蒙を試みることになった。

「改良住宅」の懸賞設計と「住宅改造」の要点

その頃、東京では「住宅改良会」[4]、「生活改善同盟会」[5]など住宅改善運動が起こされていた。

日本建築協会では「住宅改造」と名づけて、建築家の立場から生活改善運動に積極的に取り組むことになった。大正一〇年（一九二一）一月二三日「住宅改造博覧会」開催に向けて、第一回住宅改造博覧会準備委員会が開かれた。

その生活改善運動の場でもある住宅改造博覧会開催に先立ち、日本建築協会では同年九月～一一月に次のように前後三回の「改良住宅」懸賞設計を実施した（図❷）。それは

第一回懸賞設計
中産階級向市街地住宅設計図案「市街地に於ける一戸建住宅」
条件：五〇坪の敷地（間口五間以内で、前面のみ道路に接す）に二階建
家族六人（夫婦と子供二人、老人一人、女中一人）、
工費六〇〇〇円

第二回懸賞設計
改良四戸建長屋二階建一棟住宅設計図案

第三回懸賞設計
郊外一戸建住宅設計図案「郊外地における一戸建住宅」
条件：敷地一五〇坪、一～二階建、家族人数五～八人、
工費一二、〇〇〇円以内

というもので、第一回一一八通、第二回一三八通、第三回一二四通の応募があり、第一回の市街地住宅設計案は谷本甲子三（図❸）が、第三回の郊外住宅案は大原芳知（図❹）が、それぞれ第一等となった。

この懸賞設計図案への審査概評には、審査の方針と共に現代生活改良の意識について次のように記している。

　生活改善と申しても要するに旧来の習慣を打破して洋風生活に近接せしむるに外ならない。

とし、古来の日本の生活から脱して、洋風生活に向かうことが

図1　片岡安の写真

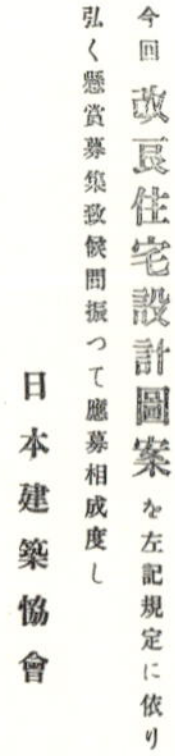

懸賞募集!!
今回改良住宅設計圖案を左記規定に依り
弘く懸賞募集致候間振って應募相成度し
日本建築協會

図2　「改良住宅設計図案」懸賞募集会告

すなわち生活改善だとしている。

　住宅についても洋風生活と適応するものを求めるならば、

　　洋風の居家に近きものを採ること。換言すれば椅子式居室を有する住宅を建設する手段に出なければならない。

　　老人及び主婦の服装及び慣習は住宅改良の実現に対す一大障妨であるのである

として洋風住宅に移行すべきであるが、老人、主婦の畳式生活がそれを拒み、二重生活を余儀なくしている。椅子式生活の妨害になっているのは婦人と老人の服装と慣習にあるとしている。

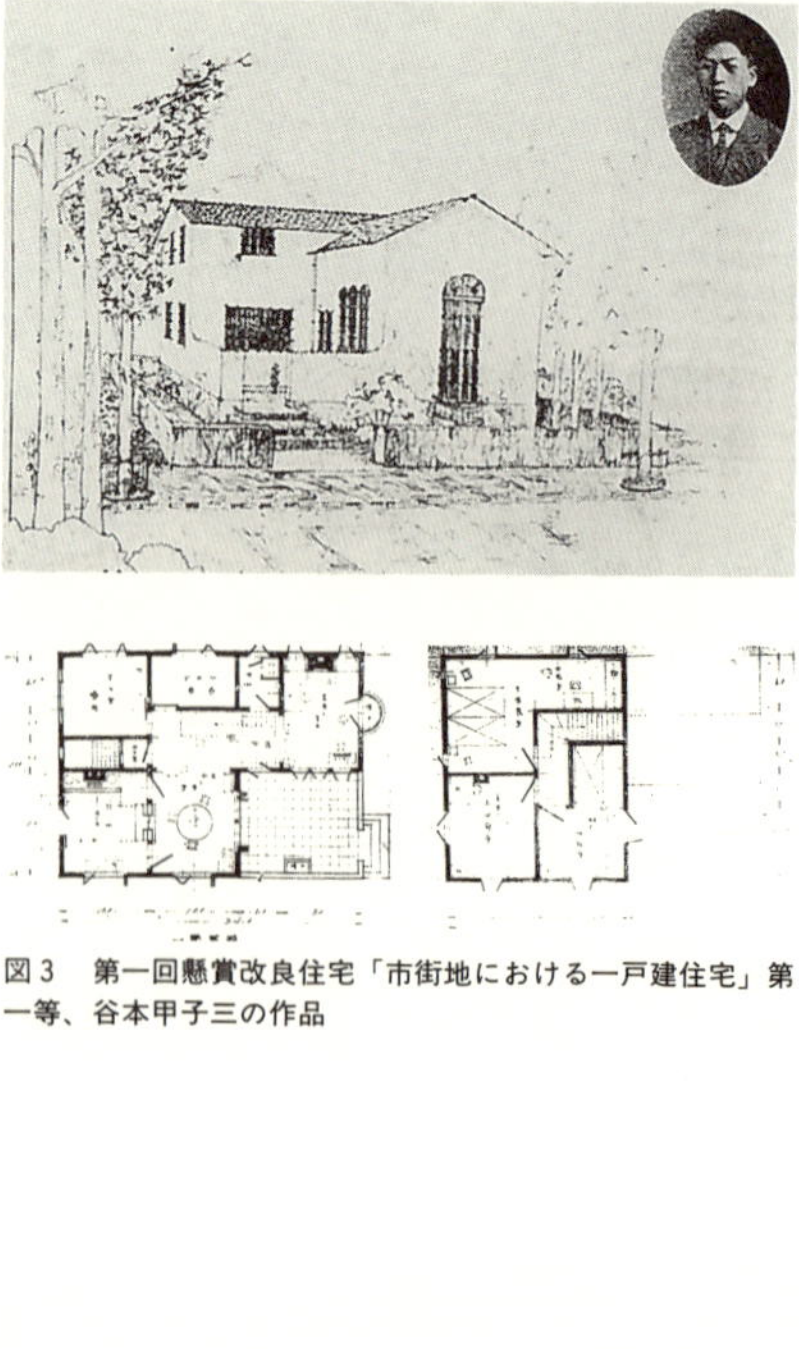

図3　第一回懸賞改良住宅「市街地における一戸建住宅」第一等、谷本甲子三の作品

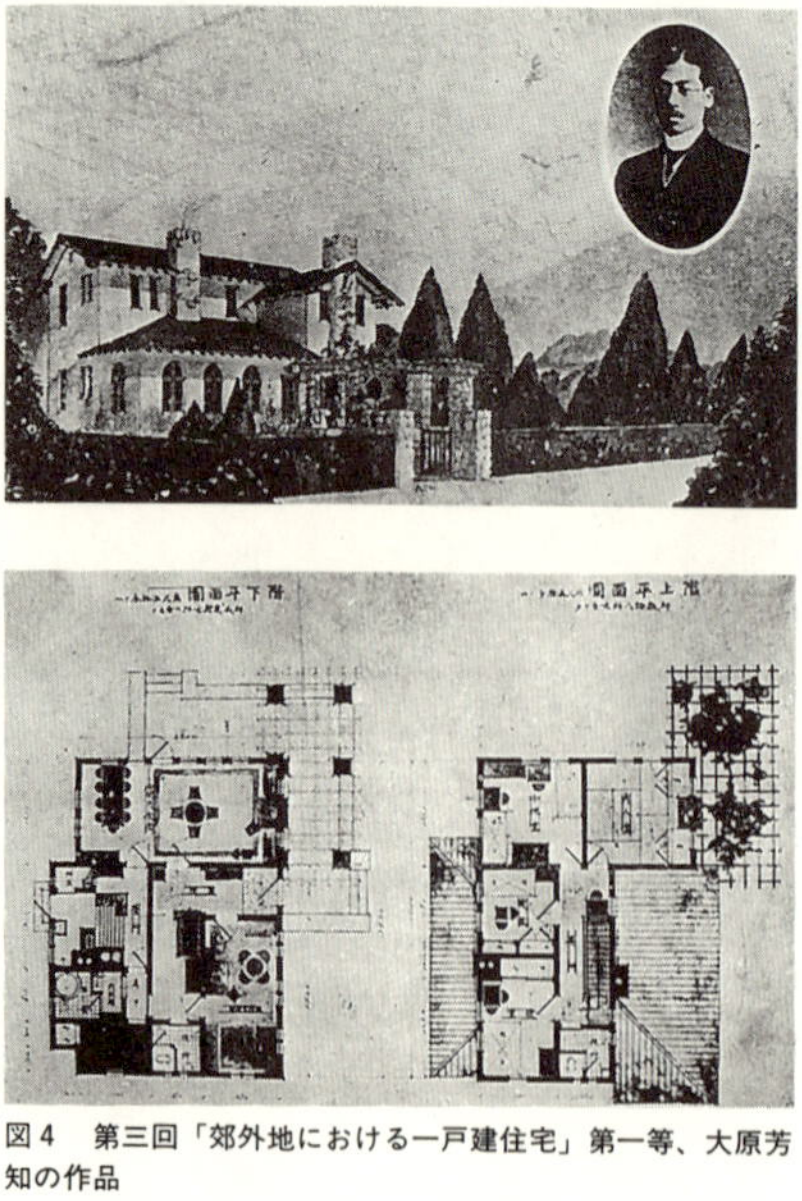

図4　第三回「郊外地における一戸建住宅」第一等、大原芳知の作品

これに対し、第一回懸賞応募作の約八割は「主人公使用の椅子式諸室と婦人老人用の畳式居室と併用する方策」であり、審査概評では「実行的断案」として「二重生活を解決に導く案止むを得ない」としている。

また片岡安はその後「住宅改造」について次のように論じている。[*6]

　我国に於ては、住宅の内容外観及その設備に於いて、従来の捉はれたる形態より脱却してそこに一大革新を加へざれば、到底現代の文化が招来したる適実なる生活を営むことは出来ない。

　それ（住宅不足の充足）と同時に、其質の改良即ち改造住宅の適実なる立案を得ることを以て、其建設の根本を培ふべく努力せんとするのである。

また我が国では近代生活に適応した住宅形態を未だ見出せていないとして、住宅改造の必要なることを論じ、その住宅改造の要点として、

　第一に家庭生活の座式を廃すること。常用室を椅子式とすること。

　第二に常用室と寝室を区分する。子供常用室を設け、客室を設けないこと。その他欧米の住宅配置に近づける。

　第三に住宅に防寒（暖房）設備を施すこと。

などを示している。

箕面櫻ヶ丘の住宅改造博覧会

大正一一年一月には日本建築協会内に臨時博覧会部が設置され、片岡安が会長に任命され、二月の理事会では博覧会の大要が決定された。それは、

今春開催の住宅博覧会に就き意見交換、副会頭に片岡安氏、会頭に後藤新平男爵[*7]へ交渉中。
住宅改造博覧会今秋開催の事。
イ、天王寺を会場とす
ロ、会期今秋九月二〇日～一〇月二〇日迄または来春三月二〇日～四月二〇日まで
ハ、予算五万円（寄付金三万円、入場料二万円）
ニ、支出五万円（三万円：準備金及び施設費、二万円：会場及び余興費）
ホ、目的：住宅改造の機運を促進する
ヘ、施設：図案懸賞、模型製作、史跡沿革、家具装飾、建築材料、衛生施設、庭園、遊園、講演宣伝
ト、実行方法：準備委員会を組織し委員が当ること

というものであり、ここに基本的方針が定まった。

会期は当初、大正一一年三月開会の予定であった。しかし同年三月に東京上野公園で開かれる平和記念東京博覧会「文化村」に、日本建築学会が住宅実物展を予定していた。

そこで、日本建築協会主催の住宅改造博覧会では、会期を半年遅らせ、開会予定は大正一一年九月二一日とし、一一月二〇日までの六〇日間とした。

また会場についてもその後検討され、当初の大阪市内の天王寺公園内から大阪郊外の豊能郡箕面村の櫻ヶ丘（現、箕面市櫻ヶ丘）に変更になり、大正一一年三月には地主田村眞策[*8]と敷地借

図5　工事中の会場敷地

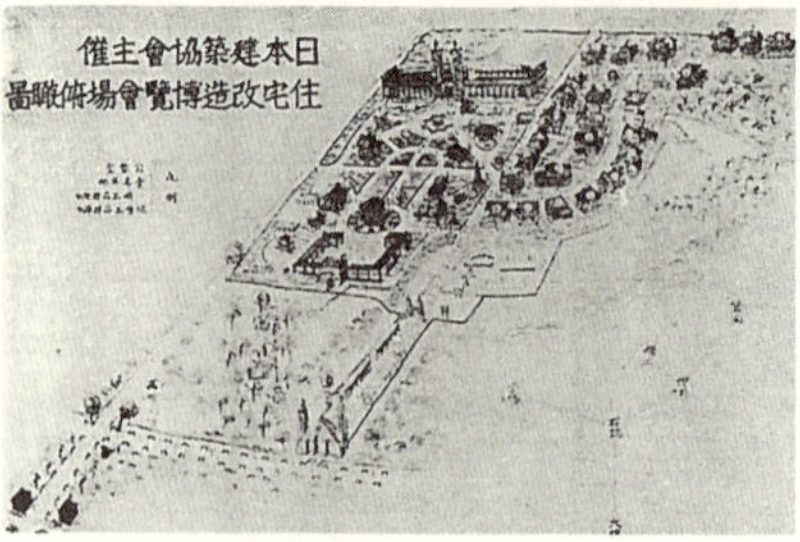

図6　住宅改造博覧会場俯瞰図

図7　住宅改造博覧会場と実物住宅展示場

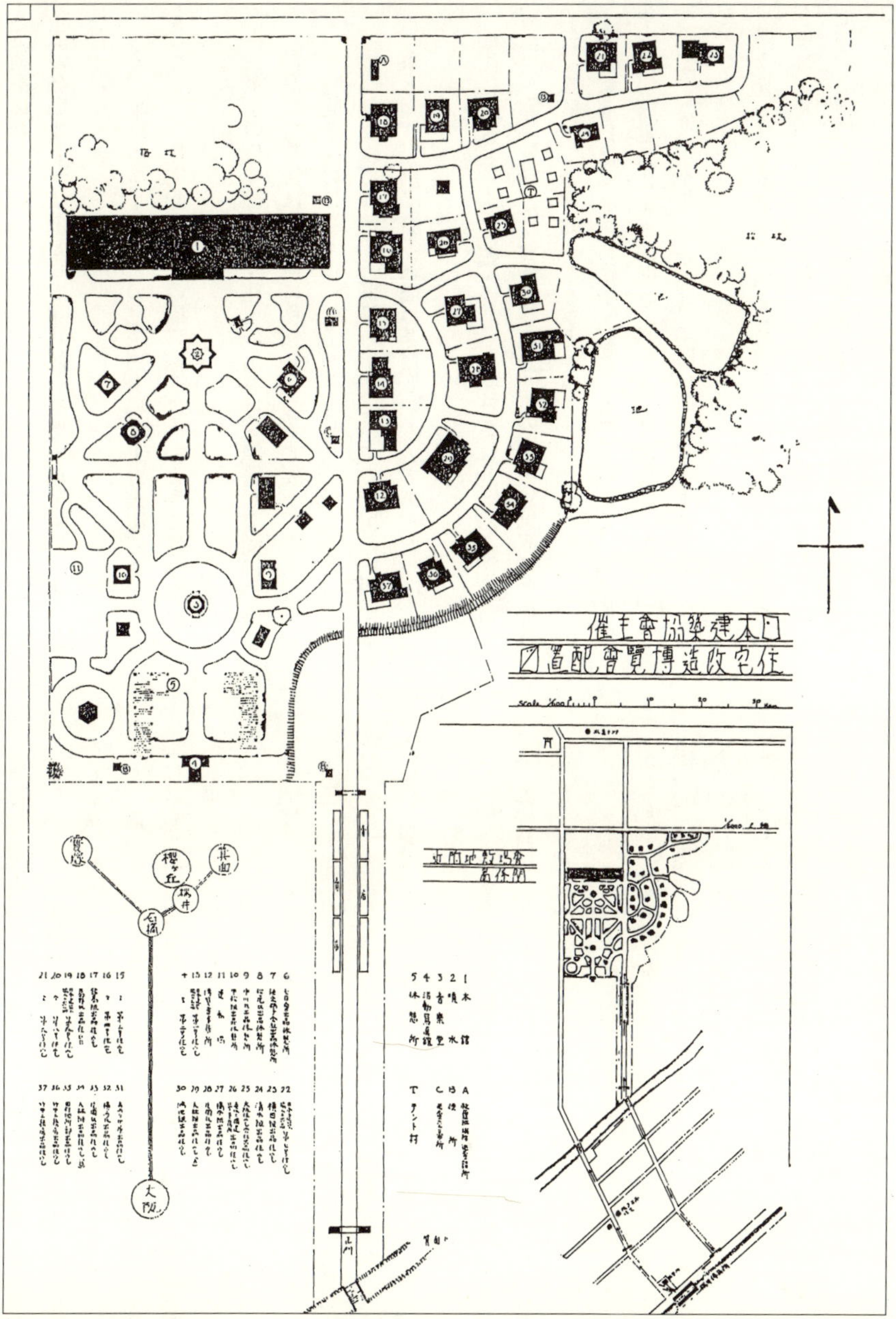

図８　住宅改造博覧会配置図

入契約を締結している。

この会場変更が結果として郊外住宅地櫻ヶ丘を生み出すことになった。

一方、東京の「平和博」の住宅展会場が上野公園であったことについて、住宅改良会主の橋口信助は次のように述べている。[*9]

東京の住宅博に於る住宅の出品は、場所が公園内にあった為に会期後は之を他に移転せしむる必要上、工事は一切一時的なものになって、仕上がりも見にくいのみならず、移転のためには殆ど工事費の半額に達する費用の空費する事となり、出品者の迷惑は甚だしいものであった。

近代にふさわしく「櫻ヶ丘」と改称されたこの地は（旧字「新稲」）、阪急電鉄（旧・箕有電鉄）櫻井駅の山手に位置する梅林の続く丘陵地であった。

櫻井駅前には「池田新市街」（池田室町）に次いで、明治四四年六月箕有電鉄により開発された「櫻井住宅地」（五万五〇〇〇坪）が広がり、大正一一年当時は既に閑静な住宅地として定着していた。

櫻ヶ丘の住宅博会場へは、この櫻井駅前から櫻井住宅地を通り抜け、箕面川に架けられた二本の橋（紅葉橋と田村橋）で繋いでいた。博覧会場の道路の整備、上下水道設備も地主の田村眞策が行うことになった（図❺）。

博覧会場は南に眺望の開けた高台で約一万五〇〇〇坪の広さとした。会場は図❻[*10]のように、正門より北進する中央通りによって東西二地区に分け、東地区は実物住宅展示場（五〇〇〇坪）とし、西地区（一万坪）には展示本館、その南に広がる屋外会場には噴水のある庭園、音楽堂、活動写真館、六棟の休憩所、運動場などが設けられた（図❼❽）。

住宅博覧会を創った人々

大正一一年六月と九月の二度にわたり「住宅改造博覧会開催について」と題して、日本建築協会誌『建築と社会』に会告を出した（図❾）。それは博覧会の予告、趣旨と共に、

翼（たす）くは本会会員賛助員各位の熱心なる御後援と懇切なる御賛助に依り、本会の斯の目的をして、着実有意義なる事業たらしめんことを熱望す

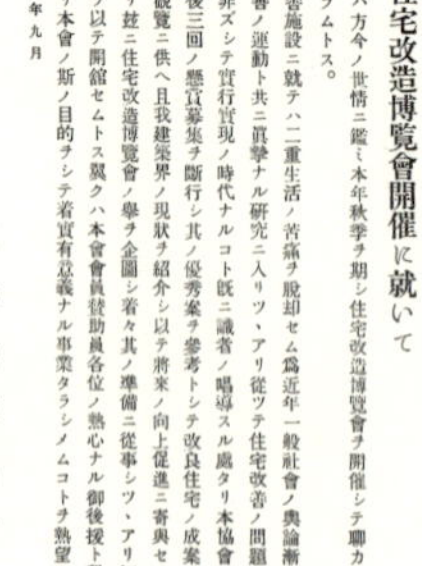

住宅改造博覧會開催に就いて

我日本建築協會ハ方今ノ世情ニ鑑ミ本年秋季ヲ期シ住宅改造博覧會ヲ開催シテ聊カ社會ニ貢獻スル所アラムトス。

抑モ我國住宅改善施設ニ就テハ二重生活ノ苦痛ヲ脱却セム爲近年一般社會ノ輿論漸ク勃興シ来リ生活改善ノ運動ト共ニ眞摯ナル研究ニ入リツヽアリ從ツテ住宅改善ノ問題ハ最早論議ノ時期ニ非ズシテ實行實現ノ時代ナルコト既ニ識者ノ唱導スル處タリ本協會ハ茲ニ觀ル處アリ前後三回ノ懸賞募集ヲ斷行シ其ノ優秀案ヲ參考トシテ改良住宅ノ成案ヲ實現シ一般公衆ノ觀覧ニ供ヘ且我建築界ノ現狀ヲ紹介シ以テ將來ノ向上促進ニ寄與セントスルノ目的ニ依リ茲ニ住宅改造博覧會ノ擧ヲ企圖シ着々其ノ準備ニ從事シツヽアリ既ニ當九月二十一日ヲ以テ開館セムトス冀クハ本會會員賛助員各位ノ熱心ナル御後援ト懇切ナル御賛助ニ依リ本會ノ斯ノ目的ヲシテ着實有意義ナル事業タラシメムコトヲ熱望ス

大正十一年九月

日本建築協會

図9　「住宅改造博覧会」開催の会告（『建築と社会』大正11年9月）

と結んでおり、財源と出品による協力を呼びかけている。

　会場が櫻ヶ丘に変更になり、より本格的な住宅地開発と共に、実物の改造住宅の出品を計画したと考えられる。そのため財務委員会では、博覧会総経費を当初計画の五倍にも当る二五万八〇〇〇円とし、その約半額の一三万円を寄付に仰ぐべき金額とした。

　この呼びかけに対し、寄付金は目標通り一三万二六二八円四〇銭に達した。

　その内訳は主に会社関係からの寄付は二三五件、合計一二万八四〇〇円で、最高五〇〇〇円の寄付金を寄せたのは片岡安、大林義男、日本土木、清水組、竹中藤右衛門、松村組、鴻池組、阪急電鉄の八件であった。

　以下三〇〇〇円～一〇〇円にはこれら建設業のほか、材料会社、設備会社、建築事務所、室内装飾、家具などの会社が名を連ねており、関西起点の会社がこの博覧会に懸ける気迫を感じることができる。

　この他に個人会員や賛助員など二四六人、合計四二二八円四〇銭の寄付金を集めた。それは一〇〇円～二円までにわたるが、一〇円が一一二人、五円が七三人と集中しており、個人会員や賛助員の寄付が博覧会事業への参加意識を強めたものと思われる。

　博覧会の収支報告によると、収入合計は二八万七一五〇円六八銭（寄付金一三万二六二八円四〇銭に実物住宅などの売却費を含める）、支出合計は二六万七九九四円七八銭（建築費・工事費・人件費など）となり、剰余金一万九一五五円九〇銭を算出した。

出品については、

①出品住宅（改良住宅二五戸）

②会場内出品物

A休憩所　一一ヶ所（内訳：木造六、鉄骨造三、煉瓦造一、テント村一）

B売店・広告　五ヶ所（内訳：売店三、広告塔、広告堂）

C飲食店　三ヶ所（西洋料理店一、日本料理店二）

D仮設物　六ヶ所（活動写真館、音楽堂、正門、アーチ二、安全飛行機）

E住宅内家具　八ヶ所（日本建築協会出品住宅一～八号）

F住宅内暖房　八ヶ所（日本建築協会出品住宅一～八号）

③本館内出品は

第二部　史料及び参考品

第三部　模型及び図面

第四部　美術及び工芸品

第五部　一般材料及び器具類

（木材、煉瓦及び各種タイル類セメント防水剤、石材、金物類、屋根葺材料、硝子、塗料）

（建具及び畳類、錺工及左官製品、衛生材料、家具装飾　其他、暖房装置　其他）

など関係会社によって建築、設置、出品された。

また本館では図面や工芸品の展示と共に、建築・材料・機器関連業者の自社商品の宣伝展示がなされた。

住宅博覧会を観た女生徒と婦人見学団

『住宅改造博覧会報告』によると、博覧会の会期は大正一一年九月二一日より一一月二〇日迄としたが、好評につき一一月二六日迄延期した。

その入場者数は、九月は一日平均五〇〇人程、一〇月は平均一〇〇〇人、日祭日には三〇〇〇人にも達した。一一月には平均一五〇〇人を数え、会期の六〇日を通して団体、無料観覧者他を加えると七万余人に達する盛況であった。

また観覧者については、

①観覧者の大部分は知識階級の人々で静粛、真面目な人々であった。

②婦人の入場者頗る多く、住宅改造の主旨に熱心なる注意を喚起した。

③府県別に見ると、約七割は近畿付近の人であるが、その他遠く、北海道、九州、台湾、朝鮮、満州方面の参観者を迎えた。

として、その成功を喜んでいる。

改造住宅内を観覧した人の合計は、総観覧者数の約六割の三万九一六一人に及んだ。

団体入場者は六四〇八人に及び、その内訳は職工学校生徒、家政女学校、小学校、工業学校、高等女学校、女子高等師範学校、女子商業学校、商業学校、女教員会など、特に女子学校、工業学校の多いことが分かる。さらに団体には

一〇月一五日　大阪毎日新聞社主催　婦人見学団（約一〇〇〇名）

一〇月二二日　大阪朝日新聞社主催　関西婦人大会見学団（約一〇〇〇名）

一〇月下旬　工政会関西支部主催　関西工業技術者大会見学団（約五〇〇名）

など住宅改造博覧会が意図した婦人への住宅改造意識変革に則り、婦人見学団体も多く、これらには希望に応じ特に講演会を開き参観者の便宜を図った。

講演会には宣伝係委員長の横浜勉をはじめ、臨時博覧会部の幹事長葛野壮一郎、会長片岡安などが、「住宅現代化」「実物住宅一般」「住宅改善の要点」などと題して住宅改造の必要であることを説いた。

博覧会場に建てられた実物改造住宅

住宅博覧会場に設けられた実物住宅展示場は、住宅地としても新しい形態を提案するものであった。それは半円で同心円状に二本の住宅地内道路を通し、[*11] カーブのある今までにないやさしい町並みを構成するものであった。

この道路に沿って宅地四〇区画が造成され、このうち二五区画には実物「改造住宅」が建てられた（図⑩）。一区画の面積は九〇～一二〇坪程度としている。

住宅博の最大の目的はこれらの住宅内に入って、「改造住宅」を実感してもらおうというもので、現代のプレハブ住宅展示場のような趣きであった。

出品・建築された住宅の概要は表❶に示した通りである。

このうち、第一回懸賞設計「市街地に於ける一戸建住宅」入賞の四点を原案とした改造住宅四戸（日本建築協会一～四号）は、博覧会場を南北に走る市街地を思わせる大通り沿いの敷地に建て（図⑪）、第三回懸賞設計「郊外地における一戸建住宅」入賞の四点を原案とした改造住宅四戸（日本建築協会五～八号）は、住宅地内の北部の敷地に建てられた（図⑫）。

この他、建築会社（竹中工務店・大林組・大阪橋本組・鴻池組・銭高組・清水組大阪支店・横田組）、設計事務所（片岡建築事務所・横河時介・あめりか屋・眞水三橋建築事務所・葛野建築事務所）、不動産関連会社の田村地所部[*12]、大阪住宅経営株式会社[*13]などから計一七戸の出品がなされ、これらは主として、大・小の半同心円状の道路に沿った位置に建てられた（図⑬⑭）。

出品住宅の建築様式は基本的には和洋折衷住宅であるが、各自の登録による様式名は表のように、バンガロー式、コッテージ式と呼ばれているものが多い。

屋根仕上げは、灰色日本瓦の他、褐色瓦、赤瓦、天然スレート、緑色スレート、青色セメント瓦などで、多彩な町を創出し、その他、煙突・窓の形状などに、それぞれ近代を見据えた改造住宅の提案が見事になされている。

これらの住宅は、博覧会終了後は当地で分譲売却されることを前提としていた。つまり、櫻ヶ丘住宅地として残されることになっていた。

しかし分譲売却価格（敷地費用、建築費、家具装飾費、電燈配線並びに器具費、暖房装置費、給水並びに衛生装置費、庭園周囲費などを含める）は一万円～二万円前後と高価なものであった。改造住宅として諸設備を備え、椅子式をリードする家具付きとしたことから、このような分譲価格設定になったと思われる。

日本建築協会出品第五号住宅（図⑫）である。これは図❹の第三回懸賞設計の一等作品（大原芳知設計）を原案にして、日本建築協会が設計したものであるが、そこには日本建築協会が住宅改造博覧会の開催で意図した、郊外住宅地における改造住宅への提案を見ることができると考えられる。

博覧会場に与えられた第五号住宅の敷地は南面道路で、面積約一〇〇坪、住宅は、既に破却されてしまったが、出品説明書等により次のようなことが分かる。

建坪は二二・二五坪、延床面積は三五・二五坪であった。様式はコッテージ式、屋根は日本瓦葺、外壁は大壁モルタル塗とし、基礎は側回りを煉瓦積みとしている。外回り建具は、洋室の多いところから外開き窓を多用し、一部和室では引き違い窓

番号	出品者	設計者氏名 （懸賞設計による原案者）	様式	屋根・壁体仕上げ	大正12年居住者	平成11年現在
1	竹中工務店（A）	竹中工務店	ﾄﾞﾒｽﾁｯｸｽﾀｲﾙ	褐色瓦・ｽﾀｯｺ塗真壁	佐藤氏	
2	同　　（B）	同上	同上	同上	なし（竹中工務店所	
3	田村地所部	田村地所部	ﾄﾞｲﾂ近世式	千歳青瓦・大壁ﾓﾙﾀﾙ塗・腰乱石積み	赤松氏	
4	大林組（A）	大林組設計部（設計松本禹三）	数寄屋風住宅(ｼﾞｬﾊﾟﾆｰｽﾞ・ﾊﾞﾝｶﾞﾛｰ)	桟瓦葺・真壁造	なし（大林組所管）	
5	同　（B）	同上　（社内コンペ1等・三木栄逸）	ｺﾛﾆｬﾙ住宅(ｽﾊﾟﾆｯｼｭ様式)	北陸産赤瓦・大壁式平瓦張りｽﾀｯｺ塗仕上げ	横浜勉氏	建物現存
6	片岡建築事務所（甲）	片岡建築事務所	和洋折衷式	赤瓦・淡褐色ﾓﾙﾀﾙ塗り	波江悌夫氏	
7	同　　（乙）	同上	同上	同上	須賀(豊治郎)氏別邸	建物現存
8	横河時介	横河時介	米国式ｺｯﾃｰｼﾞ	淡緑色ｾﾒﾝﾄﾀｲﾙ・淡黄色ﾓﾙﾀﾙ塗り	横河時介氏	建物現存
9	あめりか屋	あめりか屋大阪支店	あめりか屋式	赤色引掛桟瓦・白色ﾓﾙﾀﾙ塗り・腰下見板張り	坪内(士行）氏	建物現存
10	大阪橋本組	大阪橋本組	和洋折衷式	緑色ｽﾚｰﾄ葺・漆喰塗	豊田氏	
11	鴻池組	鴻池組	折衷式	緑色ｽﾚｰﾄ葺・白色ﾓﾙﾀﾙ塗り・2階金茶色縦板張り	原氏	建物現存
12	眞水三橋建築事務所	久保田繁亮	準ﾊﾞﾝｶﾞﾛｰ式	灰色ｾﾒﾝﾄ瓦・上部ﾓﾙﾀﾙ塗下見板張り・腰煉瓦積み	なし（眞水三橋氏所管）	
13	大阪住宅経営株式会社	大阪住宅経営	和洋折衷式	棉種ﾓﾙﾀﾙ塗り（新試み）	（博覧会後，解体）	
14	銭高組	工藤延吉	ﾊﾞﾝｶﾞﾛｰ式	暗青色石棉ｽﾚｰﾄ葺・淡い水色ﾓﾙﾀﾙ塗り	なし（銭高組所管）	建物現存
15	葛野建築事務所	葛野壮一郎	和式ﾊﾞﾝｶﾞﾛｰ式	石州産釉掛瓦・和風真壁・下見板張り	葛野氏別邸	
16	清水組大阪支店	清水組大阪支店	和洋折衷近世式	普通瓦・ﾓﾙﾀﾙ塗りﾗﾌｶｽﾄ仕上	高宮氏	
17	横田組	横田組	近世ｲﾝｸﾞﾘｯｼｭｺｯﾃｰｼﾞ	ｱｽﾍﾞｽﾄ葺・ﾓﾙﾀﾙ塗り	横田氏	
18	日本建築協会　1号	日本建築協会（原案・懸賞設計）（第１回　１等　谷本甲子三）	ﾐｯｼｮﾝ式	日本瓦・人造石磨き出しｺﾝｸﾘｰﾄ色の壁体	田村氏	建物現存
19	同　　2号	同（同　２等　永井孝直）	ｺｯﾃｰｼﾞ式	赤瓦・下見板張り	某氏	
20	同　　3号	同（同　３等１席　碓井英隆）	ﾊﾞﾝｶﾞﾛｰ式	青色ｾﾒﾝﾄ瓦・大壁ﾓﾙﾀﾙ塗	某氏	建物現存
21	同　　4号	同（同　３等２席　近藤兵四郎）	ｺｯﾃｰｼﾞ式	赤瓦・大壁ﾓﾙﾀﾙ塗ｸﾘｰﾑ色	なし（田村氏所有）	
22	同　　5号	同（第３回　１等　大原芳知）	同上	日本瓦・大壁ﾓﾙﾀﾙ塗	なし（田村氏所有）	
23	同　　6号	同（同　２等　早良俊夫）	同上	赤瓦・ﾓﾙﾀﾙ塗・腰赤煉瓦	某氏	建物現存
24	同　　7号	同（同　３等　松岡誠一）	ﾊﾞﾝｶﾞﾛｰ式	天然ｽﾚｰﾄ葺・鱗張り下見・腰素焼煉瓦	なし（田村氏所有）	
25	同　　8号	同（同　４等１席　友田薫）	ｺｯﾃｰｼﾞ式	赤瓦・大壁ﾓﾙﾀﾙ塗濃いｸﾘｰﾑ色・腰人造石塗	なし（田村氏所有）	

表１　「住宅改造博覧会」出品住宅一覧

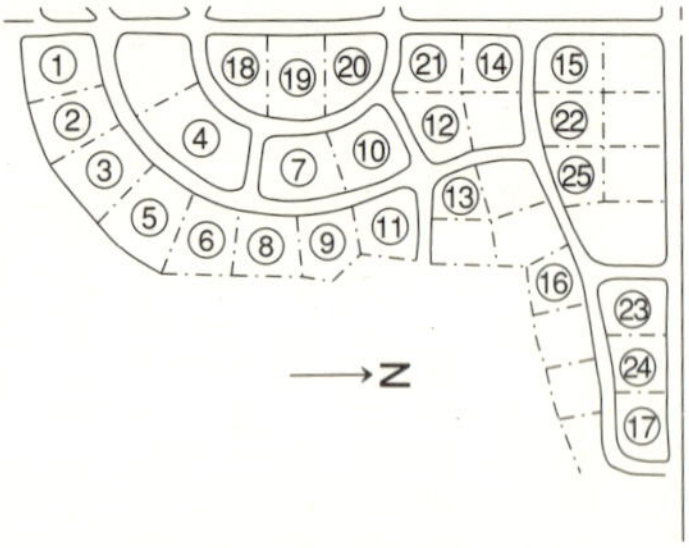

図10　出品作品配置図（番号は表１と共通）

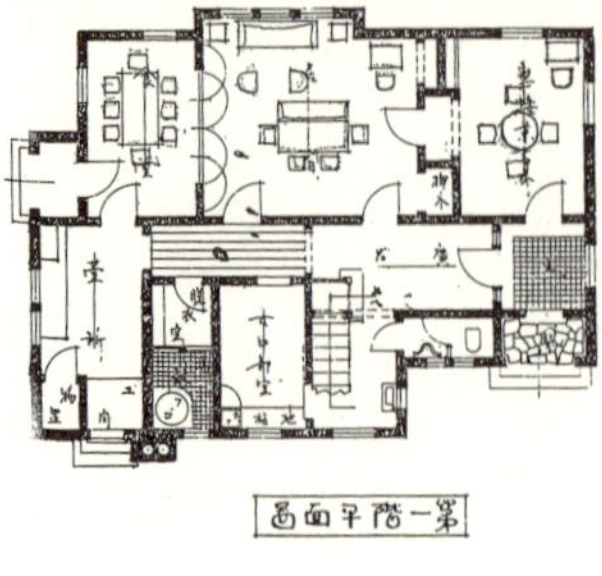

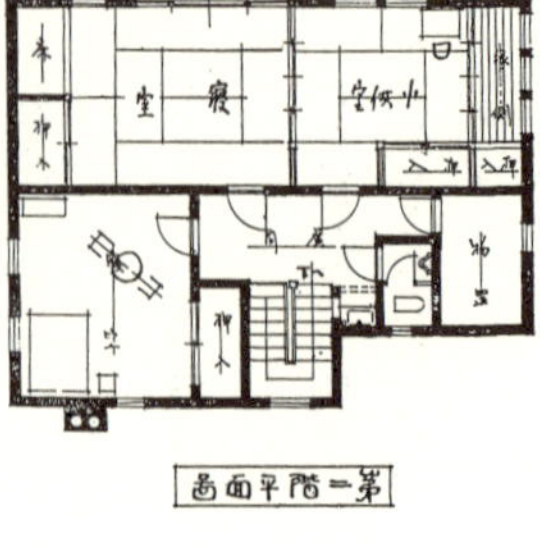

図14　大林組（Ｂ）出品作品

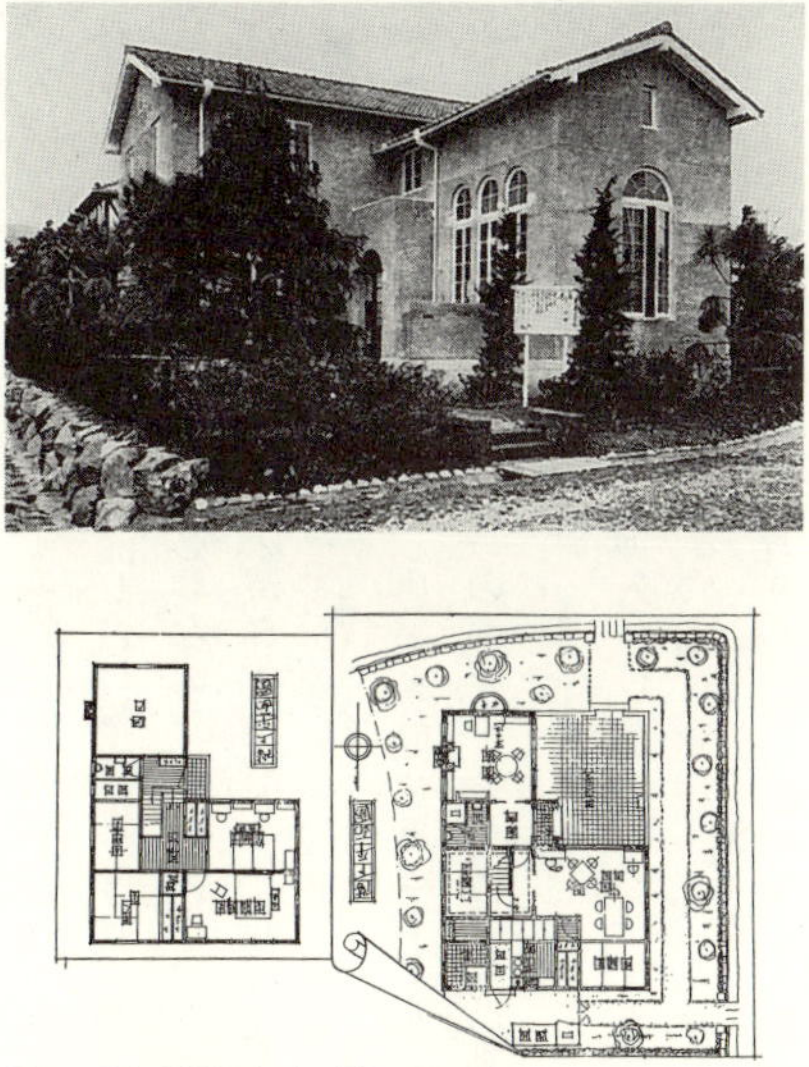

図11　日本建築協会（１号）出品住宅

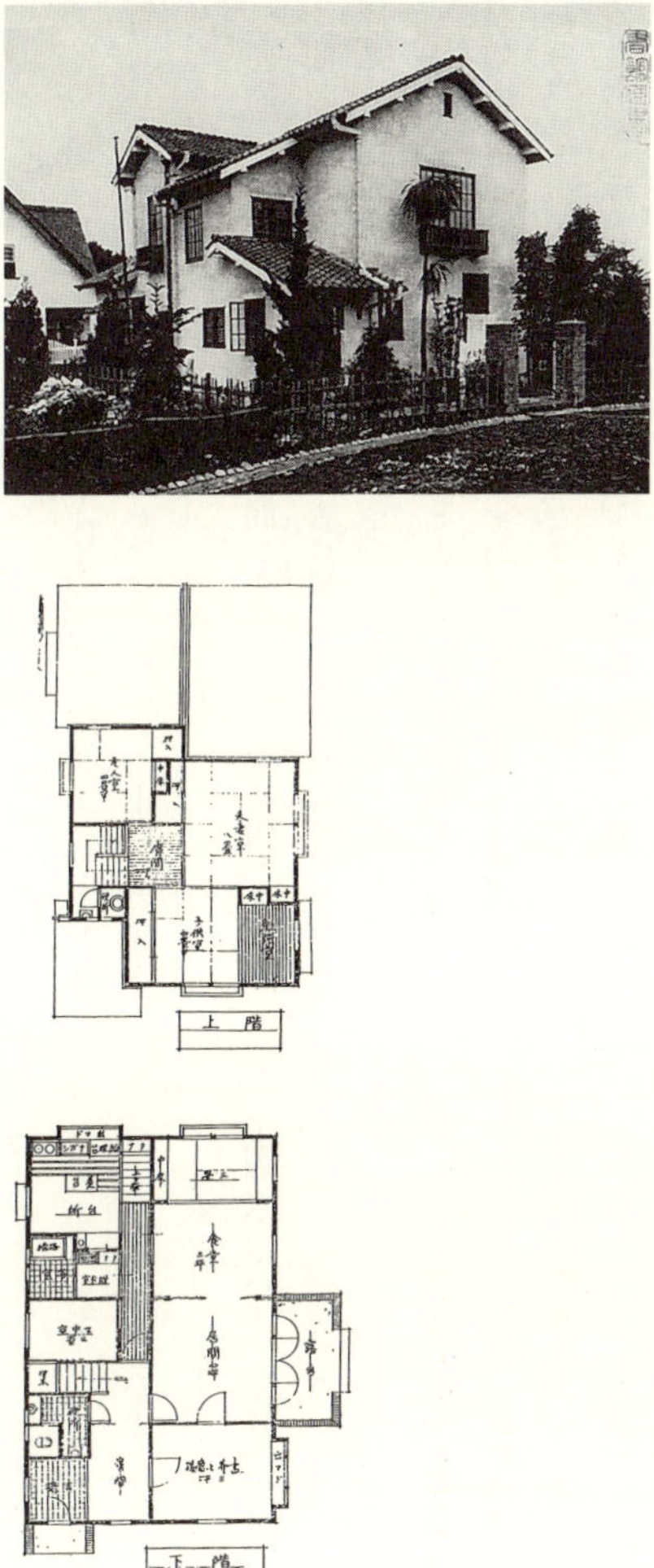

図13　片岡建築事務所（乙）出品住宅

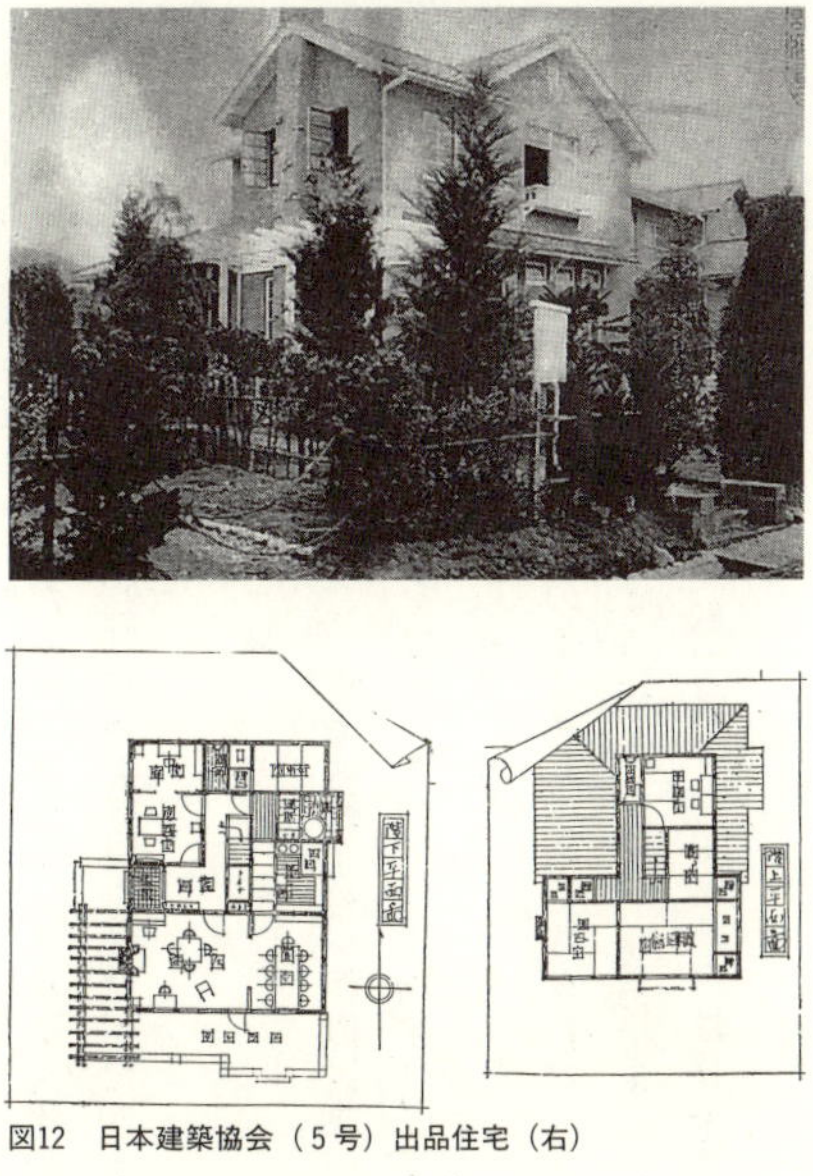

図12　日本建築協会（５号）出品住宅（右）

となっている。

　壁に沿ってそびえる煙突は、洋室の居間と暖炉とモダーンな暮らしを象徴していた。西面のベランダの白いパーゴラも印象的なものであった。

　屋内は、タイル敷きの玄関土間から、リノリウム張りの玄関広間、同じくリノリウム張りの書斎兼応接間につながり、他方で板張りの居間と食堂につながっている。

　これらの諸室には椅子式生活を実現するための数多くの家具が備え付けられていたことは、平面図への家具記入と当時の室内写真によって確かめることができる。

　常用室と呼ばれた居間・食堂などは、住宅改造の目的に従って椅子式としていることが分かる。

　また、暖房設備（荻原工務所の暖房方式）がなされ、上水道が敷設された。水道により台所流し台に給水がなされ、井戸が消え、台所土間は勝手口のために必要な広さに限られた。浴室にも、給水または給湯がなされ、床がタイル張りとなり、便所は浄化装置を備えた水洗式（城口式）となった。

　また、改造住宅では客間（座敷）を廃することを唱えているが、それに代わる接客のための部屋として、椅子式の書斎兼応接間が玄関脇に設けられた。一階にはこの他に女中室があるが、ここは座式で三畳に半間の押入れ付きであった。二階には、家族の寝室がまとめられている。

　子供室は椅子式となっており、二人分のベッド・机・椅子が設置されている。しかし、夫婦寝室（六畳・床・押入れ付き）や、老人室（四畳半・床・押入れ付き）、予備寝室（三畳・押入れ付き）はいずれも座式としている。

　原案では、老人室以外はすべて椅子式を採用しているが、日本建築協会案では時期尚早とみて、夫婦寝室も畳式に変更していることが分かる。

博覧会跡地の櫻ヶ丘住宅地への発展

　住宅改造博覧会の閉会式は大正一一年一一月二七日、大阪の中之島公会堂においてその式典が行われた。この住宅博は

> 　予期以上の成功を修め、多大な反響を各方面に伝へ、住宅改造の機運を促進せしめたる事は勿論、広く建築文化の現状を紹介し得たること、寔に望外の効果を挙げ得たりといふべきである。[*14]

とあるように、成功裏に終わった。住宅博終了後、西側区画の展示会場については、展示本館をはじめその他の建物すべては、売却・移築・取壊しなどにより取り払われた。

　東側の実物住宅展示場は当初の予定通り現地に残された。全二五戸中、五戸は売却、一九戸は所管先（このうち建築協会出品住宅八戸は地主の田村眞策に引き渡し）へ引継ぎ、平屋一戸は移築または破却され計二四戸となった。

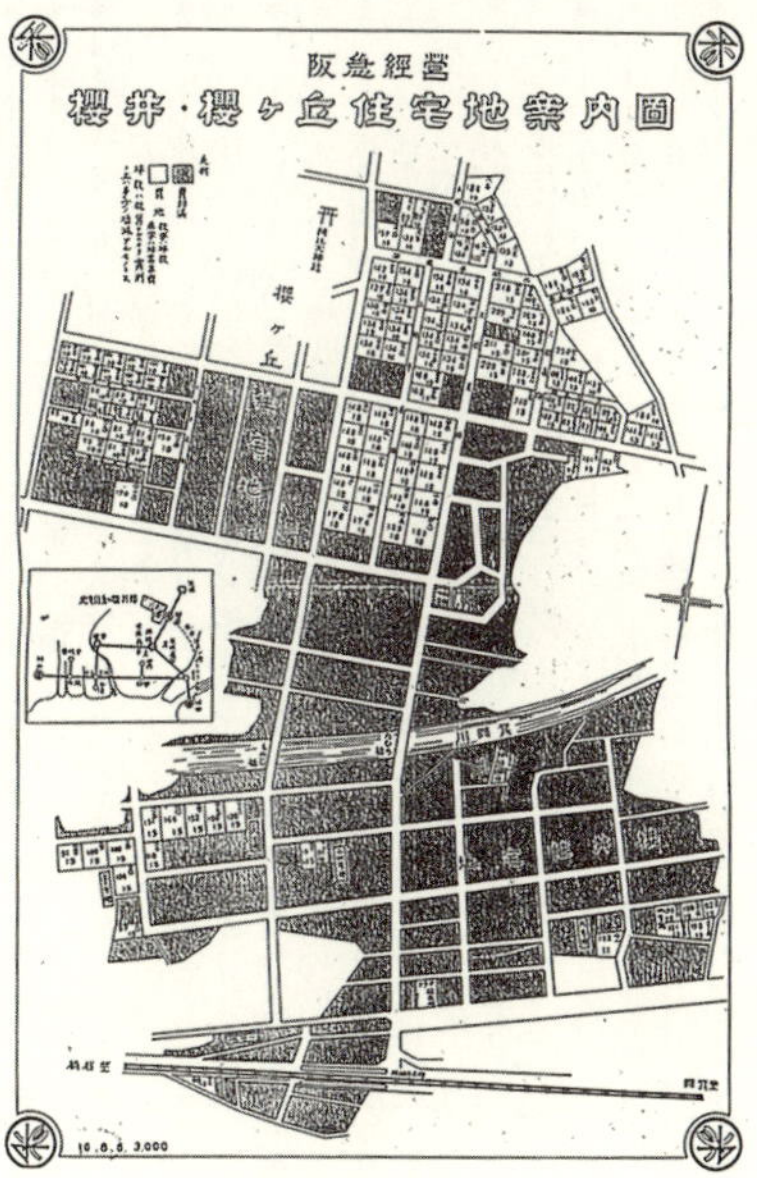

図14　阪急経営の櫻井・櫻ヶ丘住宅地案内図（昭和10年8月）

図15　博覧会場実物住宅街跡地と櫻ヶ丘住宅地（昭和50年頃）

博覧会終了後の改造住宅二四戸のうち一六戸には表❶に示したように居住者を得ることになった。住宅博によって創り出された「櫻ヶ丘住宅地」の改造住宅の住人は、いずれも近代的生活を志向するモダン気風を備えた人たちであった。

それらのうちには住宅博に関係した建築家は、横浜勉（大林組出品住宅Aに居住）、波江悌夫（片岡建築事務所出品住宅甲に居住）、須賀豊次郎[*15]（片岡建築事務所出品住宅乙を別邸とする）、横河時介（横河時介出品住宅に居住）、葛野壮一郎（葛野建築事務所出品住宅を別邸とする）、横田（横田組出品住宅に居住）の六人がおり、また文人坪内逍遥の子息坪内士行（あめりか屋出品住宅に居住）なども いた。

また博覧会事務所建物は当初の予定通り「櫻ヶ丘倶楽部」として住民社交の場とされた。ここには談話室に玉突台二台、卓球台、碁将棋室も備えられており、また屋外にテニスコート二面があったと先の須賀氏は述懐している。

田村橋を渡った所には五戸建て長屋の売店も建築されたが、現在はその区画を留めているに過ぎない。博覧会終了後は地主田村眞策により西側会場も櫻ヶ丘住宅地として整備され、その後、田村地所から阪急電鉄に住宅地経営が移行したらしい。

昭和一〇年八月に阪急電鉄が住宅地販売用に作成した「櫻井・櫻ヶ丘住宅地案内図」（図⓮）によると、博覧会場跡地とその周辺は既に住宅地として広がりを見せ、箕面川を挟んで南にある櫻井住宅地と繋がるまでになっていることが分かる。

また住宅博をにぎわした出品改造住宅が、近代的設備を備えたものであり、決して安価なものではなかったところから、これら博覧会跡地は中産階級の郊外住宅地に納まらず、今日に見る高級住宅地へと向かうことになった。

その中にあって実物住宅街は住宅改造博覧会の想いを受け継ぎ、櫻ヶ丘住宅地の核として（図⑮）、平成一一年現在九棟（大林組B・片岡建築事務所乙・横河時介・あめりか屋・鴻池組・銭高組・日本建築協会一号・三号・六号）が現存し、住人に愛され住み続けられている。[*16]

註

＊1——大正八年（一九一九）辰野金吾の没後は片岡建築事務所と呼ばれるようになった。

＊2——石田潤一郎「関西の近代建築」中央公論美術出版、平成八年十一月

＊3——「住宅改造博覧会報告」大正一二年一二月

＊4——大正五年八月、橋口信助により設立され、欧米の生活様式を理想とした中流住宅の洋風化を目指した。

＊5——住宅については「住宅改善委員会」（委員長は佐野利器）が設けられ、住宅の洋風化を前提とした改善運動（大正九年）

＊6——「住宅改造の急要に就いて」『建築と社会』日本建築協会、第五輯第九号、大正一一年九月

＊7——後藤新平は内務大臣として、大正七年当時内務省に都市計画課を設け、都市計画法、市街地建築物法制定に努力し、大正八年四月に公布に至らせた。

＊8——大阪で香料関係の仕事をしていたらしいが、当時は田村地所としてこの地の住宅地開発を計画していた。

＊9——『住宅』大正一一年一一月号

＊10——「住宅改造博覧会出品住宅図集　大正一一年九月　日本建築協会」『住宅近代化への歩みと日本建築協会』昭和六三年五月　所収

＊11——同心円パターンの町割りは、大正一二年八月に誕生した東京の田園調布では渋沢秀雄の発案により本格的に採用されている。藤森照信「田園調布誕生記」『郊外住宅地の系譜』一九八七年一一月所収

＊12——地主の田村眞策関連会社

＊13——この住宅は博覧会終了後移転された。

＊14——『日本建築協会主催住宅博覧会報告』大正一二年一二月

＊15——大阪船場に本拠を構えていた須賀氏は櫻ヶ丘の屋敷を別邸としていた。子息の栄一氏は幼い頃、父豊次郎氏に連れられ週末をよくここで過ごし、「郊外生活」を満喫したと語っている。『大正「住宅博覧会」の夢』一九八八年三月別冊 INAX BOOKLET

＊16——昭和六二年二月、筆者の調査時点では一四棟と元・櫻ヶ丘倶楽部建物の計一五棟が現存していた。日本建築協会創立七〇周年記念出版『住宅近代化への歩みと日本建築協会』所収。

吉田高子他「箕面櫻ヶ丘住宅改造博覧会にみる住宅近代化への試み」近畿大学理工学部研究報告、第二四号、昭和六三年九月

平成一〇年一〇月時点では、一〇戸が存在していた。この地区は大阪市景観建築賞をうけ、また、日本建築協会一号（沢村家住宅）は登録文化財に指定された。さらに篠崎家住宅（日本建築協会六号）、藤森家住宅（鴻池組）の他、地区内の今戸家住宅（奥戸大蔵設計）が登録文化財に指定されている。また、平成一七年八月には「桜ヶ丘二丁目大正住宅博覧会地区」を都市景観形成地区とし、都市景観形成基準を定めている。

図版出典

「住宅近代化への歩みと日本建築協会」

「大正住宅博覧会の夢」INAX BOOKLET 一九八八年三月（吉田所有）

「建築と社会」大正一一年一月号

「　〃　」大正一一年九月号（住宅号）

18

千里山住宅地／吹田

千里山住宅地と大阪住宅経営株式会社

寺内信

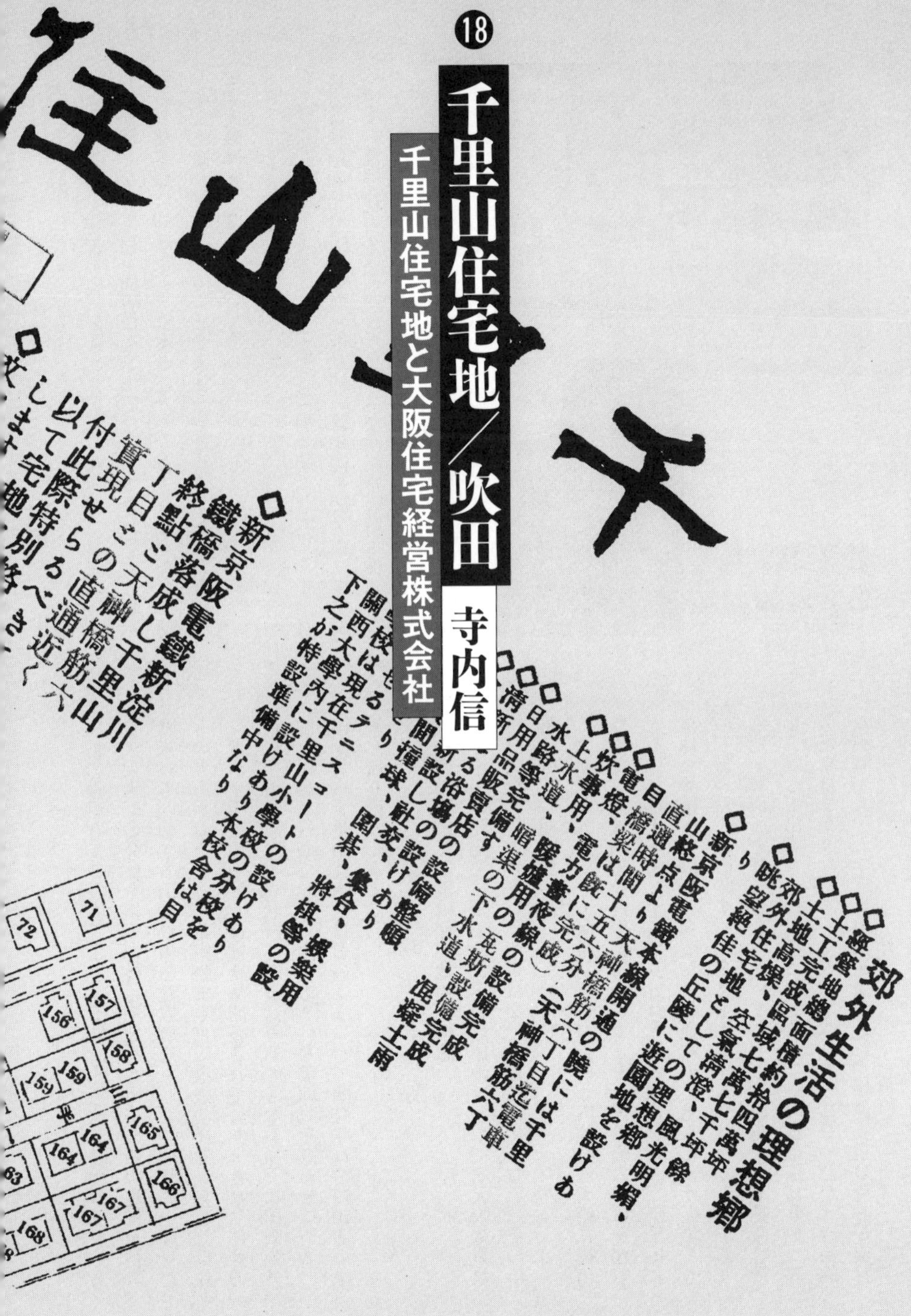

阪急電鉄千里線千里山駅を降りて正面、西の方向に向かってのぼり坂となっている商店街を三～四〇〇メートル歩くと噴水のある交差点に到達する。噴水といってもあまり目立たず、傍らに記念碑が建っていることさえ注意しないと気が付かない。記念碑の碑文にはこう書いてある。

〈千里山開發記念碑〉千里山住宅地ノ開發ハ大正九年三月當社創立ニ依テ計畫サレ爾来約八箇年間ニ於テ土工區域約十六萬坪住宅建設約四百戸ヲ算ス今回新京阪鐵道株式會社ニ事業ヲ合併シテ會社ヲ解散シタルニ付記念トシテ此碑ヲ建ツ　昭和三年十一月　大阪住宅経營株式會社

写真１　千里山住宅地ロータリーの噴水（当初は花壇）
写真２　千里山開発記念碑（昭和3年11月建立）

記念碑があるこの場所こそ「千里山住宅地」発祥の原点である。大大阪の発展を担う郊外住宅地として第一級の規模を持ち、欧米にも匹敵する田園都市を建設せんとして、理想郷を夢見たものであった。今日、電車路線も京阪電鉄の経営から阪急電鉄に変わり千里山地区もほぼ全域開発されており、もはや郊外の面影すら見られない状況である。それでもなお所々に田園郊外的な面影を残しており、由緒ありげな雰囲気を漂わせている。田園都市千里山住宅地はどのようにして開発されたのかその経緯を振り返ってみよう。

鉄道の開業と千里山住宅地開発構想

千里山の開発を語るとき、その母体のひとつ、北大阪電気鉄道株式会社のことについてふれないわけにはいかない。その沿革は以下の通りである。

大正四年九月、北大阪電鉄設立にさいし内閣総理大臣に提出された「軽便鉄道免許申請書」によると、天神橋六丁目を起点とし三島郡千里村に至る延長五マイルの鉄道を敷設、千里山に墓地・葬儀所を設け、大阪から葬儀電車を走らせようとするものであった。その時すでに千里山土地株式会社なるものがあり、墓地・葬儀所を経営させるということで鉄道開業と不動産経営を分離して出願されたとのことである。時の鉄道院は墓地、葬儀電車はまかりならんと一旦却下されそうになったが、政治的な判断から翌五年九月申請が受理され、軽便鉄道の免許が交付された。路線の一部は東海道線廃線跡地の払い下げ（崇禅寺～吹田間）その他は新設となっていた。崇禅寺から先天神橋方面へは、新淀川に鉄橋を架けなければならず、当面の手段として急遽崇禅寺より分岐、阪神急行電鉄線十三停留場を結ぶ支線の免許を取得、まず以て十三～千里山間で開業することになった。その後、大正八年一〇月、増資に絡んで事業目的に「電気鉄道沿線ニオイテ一般土地建物ノ経営ヲナス事」の一項目が追加されたのである。墓地・葬儀所は土地買収を含め依然として目論見にあったが、墓地経営から当時脚光を浴びつつあった住宅地経営への傾斜が始まったといえる。[*1] 大正一〇年四月一日、十三～淡路～豊津間が開通し電車運転が始められた。さらに同年一〇月二六日には千里山まで延長開通した。

淀川西岸部は早くから鉄道路線新設の競合するところであり、その中にあって北大阪電鉄は一歩先んじた形であった。京都～大阪間に軌道路線を持つ京阪電気鉄道もまた同地区に進出し、淀川西岸から京都方面に向けての高速鉄道の新設を意図し、大正一一年一〇月地方鉄道法による新設鉄道を当局に申請した。これが新京阪鉄道である。大正一一年八月、新京阪鉄道の親会社である京阪電鉄は北大阪電鉄の実権を掌握、翌一二年一月北大阪電鉄の一切の権利を新京阪鉄道に譲り渡し、北大阪電鉄株式会社は京阪土地株式会社と名称を変え鉄道経営を放棄した。天神橋六丁目～淡路間長柄橋鉄橋の敷設を含む本線は北大阪電鉄では実現しなかったのである。[*2]

北大阪電鉄と都市研究会─開発構想の委託

大正九年一月、北大阪電鉄は大阪市外吹田村付近約一〇〇万坪の規模で「田園都市」の設計を内務省の外郭組織である「都市研究会」に委託した。その経緯は明らかでないが、鉄道創業に絡む問題が少なからず関与していたと推察される。創立間もない都市研究会（会長後藤新平男爵）は、同年二月山田博愛、柳澤彰（内務技師）らによる住宅経営予定地の実地踏査を行い、「其の地一帯起伏あり、翠松の間梅林と桃林に富み、高級の住宅地たるに応はしい」と述べている。誰がどの程度関与したかその詳細は分からないが、関係者に堀田土木局長、池田宏（都市計画課長）、佐竹三吾（鉄道院監督局長）、笠原敏郎（内務技師）らの名前が登場する。大正八年一〇月の評議員会後の晩餐会では内田祥三博士（東京帝国大学教授）が設計図面を示して説明した、とも報じている。[*3] 翌九年一月一六～一七日、都市研究会は大阪、神戸において同会主催の後藤会長も参加した講演会を開催、同行した池田宏と笠原敏郎はわざわざ千里山の現地の視察をしている。[*4] 同年五月、都市研究会は成案を得たので、北大阪電鉄永田三十郎ほか同行の役員らに書類を手渡し、千里山田園都市の計画案を発表した。

都市研究会の構想

「都市研究会」が作成した田園都市構想なるものを示す具体

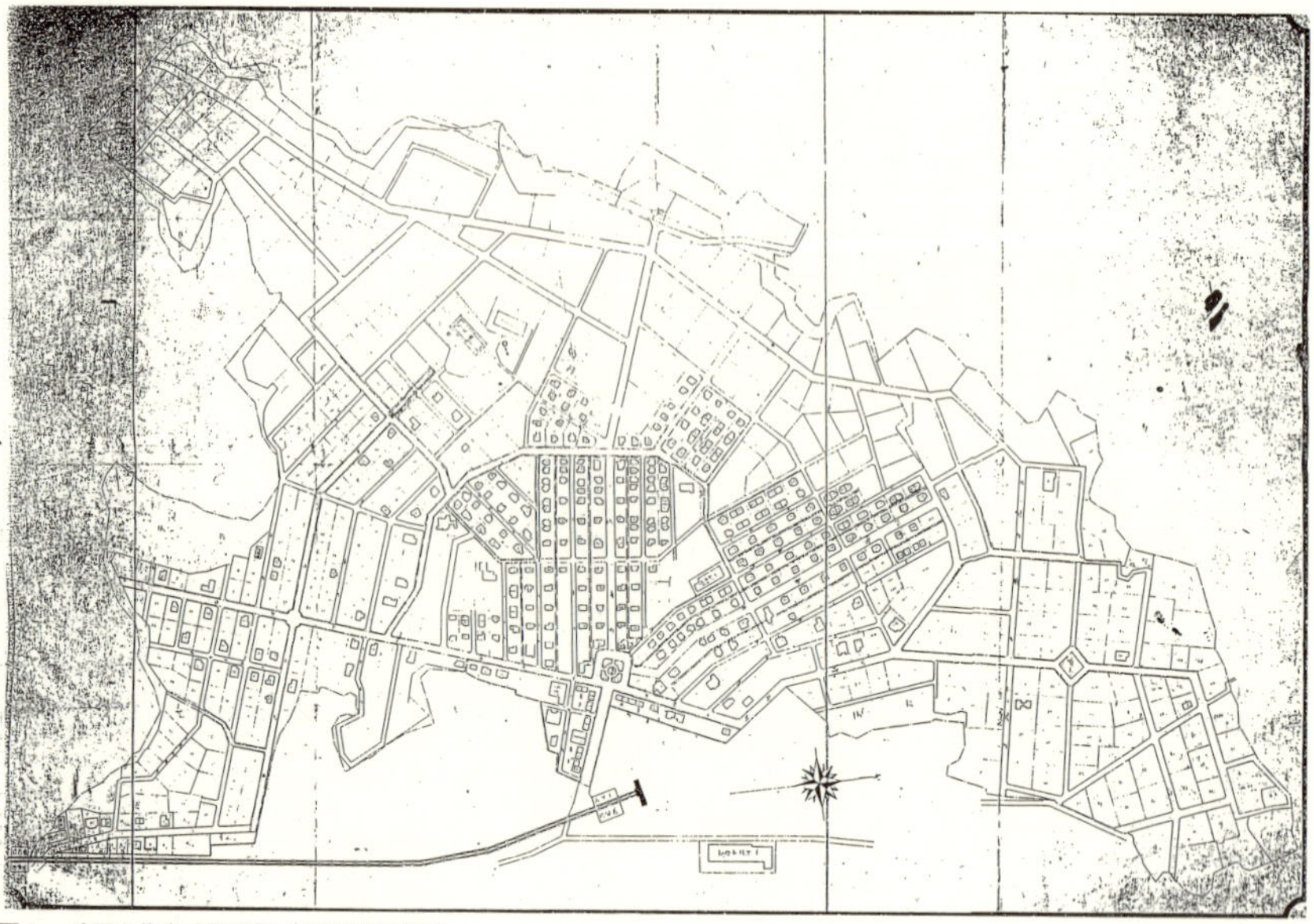

図１　千里山住宅地計画図（原図は青写真）

図２　千里山住宅地　分譲案内図

的な資料は見当たらない。住宅以外に関西大学や遊園地など沿線開発が行われたことから、それらを含んでの構想であったとも推測できる。その中で住宅地開発に関する有力な資料としては図❶があり、計画の内容をある程度類推することが出来る。[*5]それによると、全体に緩い傾斜のある丘陵部を対象に、駅から少し離れた位置にロータリーの花壇のある広場を設け、ロータリーから直線の街路が放射状に伸び、その延長上の北部と南部に小さなロータリーを配置し、全体を放射環状で構成する、というものである。放射状の街路配置は「田園都市」を十分にイメージさせるものである。[*6]なお住宅地開発にかかわる宣伝文句やその説明用にレッチワース田園都市の挿し絵が用いられていた。また開発に際して電気・瓦斯・下水道完備は、当時として最も先進的な内容であった。ロビー、撞球設備などを持つ会館やテニスコートなども設置されていた。

山岡順太郎と大阪住宅経営株式会社

第八代大阪商業会議所会頭山岡順太郎（日本電力社長）は就任時から、経済界の発展のために住宅事情の解消が急務であると考え、林義時大阪府知事、池上四郎大阪市長らを発起人とし、大阪財界の有力者を募って、大正九年三月一〇日、資本金一千万円の大阪住宅経営株式会社を創立した。会社の主目的は「住宅を建築して之を賃貸すること」、定款には「株主に対する毎期利益配当は年六朱を越ゆることを得ず」と定め公益性を強調した会社であった。[*7]E・ハワードの田園都市建設と一脈相通ずるものがあり、株式は一般公募である。

山岡順太郎は慶応二年金沢の生まれ、中橋徳五郎[*8]に認められ、明治三一年九月一二日、大阪商船（株）に入社、明治四四年には同社の取締役に就任している。その後、大阪鉄工所の社長を皮切りに海運業、船舶業、造船業、電気事業、住宅経営などの分野で役員に就任し、関西経済界で大いに活躍した。大正二年三月二〇日には大阪商業会議所議員に就任、同六年一二月一日には第八代会頭に推挙され、一〇年三月末まで三年四カ月間その職責を務めた。昭和三年一一月二六日、大阪市住吉区で六二歳の生涯を閉じるが、上記以外、大正九年からは都市計画大阪地方委員会委員に、大正一一年から関西大学理事に、翌年から二年間同大学学長に就任している。

大阪住宅経営株式会社は、千里山付近に田園都市を経営するという方針により、北大阪電鉄の所有地一〇万三七〇〇坪のうち九万八三〇〇坪を譲り受け、都市研究会の意向を受けて住宅地経営を行った。その後東成郡田辺町松原で一万五〇〇〇坪、大阪市内小林町で七五〇坪の土地を取得、そこでも住宅地の経営を行っている。こうした住宅地開発とは別に、新しい時代に対応すべく住宅改良を提起、箕面で行われた大阪住宅改造博覧会[*9]に独自に改良住宅を出品、その普及に努めた。[*10]株式を公募としたことなどが影響して設立に必要な資金の調達に困難を極めたが、山岡の努力によりようやく会社設立に漕ぎ着けたと言われている。

住宅地経営に際して大阪市が社会事業の一環として行っていた住宅建築資金の貸付を受けている。[*11]その関係からか分譲住宅一辺倒ではなく、賃貸住宅をも建設し、総合的な住宅地経営が行われた。私企業として厳しい状況に置かれることになるが、会社設立の趣旨から見ると蓋し当然のことであった。ただ実際の会社経営から見るとかなり厳しい現実であったようで、近い将来起こるであろう事態を暗示していたと見ることが出来る。事実、昭和に入ってから経済誌などでは大阪住宅経営の業績にたいし「行き詰まりの傾向にある」と報じられており、[*12]経営的な苦しさがそのころには顕在化していた。そこで山岡順太郎は「大阪住宅経営株式会社設立後各方面で住宅を新築経営する者が続出し、住宅難は已に緩和されて謂はば設立の目的は完了し、必ずしも同社存在の必要はなくなったのであるから、合併必ずしも不可ならざるべし」と判断、昭和三年一一月一九日臨時株主総会を開き、同社の解散が決まった。[*13]結果として大阪住宅経営株式会社は、北大阪電鉄を買収した新京阪鉄道株式会社に合併されることになり、全資産を譲渡して消滅した。

経営地―千里山の特徴

千里山の住宅案内の宣伝文には『郊外生活の理想郷』と大きく見出しを付け「土地高燥、空気清澄、風光明媚、郊外住宅地としての理想郷とし、遊園地あり、電燈、電力昼夜線の設備完成、炊事用、暖炉用の瓦斯設備完成、上水道、暗渠の下水道、混凝土雨水路等完成す、日用品販売店の設備整頓、清新なる浴場の設けあり、会館（社交、集合、娯楽用大広間、撞球・囲碁・将棋の設備あり）新設、テニスコートも小学校も準備している」と述べている[*14]（図❷）。事実かなり精力的に住宅以外の設備にも気を使っていたようである。

宅地は一街区平均一〇等分で、一区画七～八〇坪程度である。大正一四年頃の分譲時の宅地価格は、坪当り二七～三五円である。住宅は日本式と改良式が建てられ、貸家のため建てられた二戸建三〇棟を含んでいた。[*15]天神橋六丁目まで電車が開通したときには約三〇〇戸が建設済であった。住宅建設のピッチはそんなに早くなかったようである。今日の造成―建設―分譲―完売と早いピッチで開発が進むことに比べると、かなりのんびりしていた感がある。

住宅は八〇坪の敷地に一棟乃至二棟を配置するものと、二戸建を建てるものなどがあり画一的でない。おそらく売家と貸家の区別をしていたのではないかと思われる。売家の値段は敷地約七〇坪、建坪延二〇坪程度のもので約六〇〇〇円であった。貸家は敷金不要、日本式の場合は畳、建具、其他造作付、改良式の場合は椅子及窓掛、敷物、書棚等が用意されていた。

建設当時の状況について少し詳しくみると、一筆の宅地分譲は四五二区画で全体の約六割を占め、一区画一戸の分譲が一六二区画で約二二%、一区画を二分割して住宅を建てるもの九三

写真５　中央部西・洋風住宅（千里山西５丁目）

写真６　中央部西・改良住宅（千里山西５丁目）現存せず

写真７　２戸建（当初は貸家）

写真８　元三越百貨店住宅部が建てた住宅

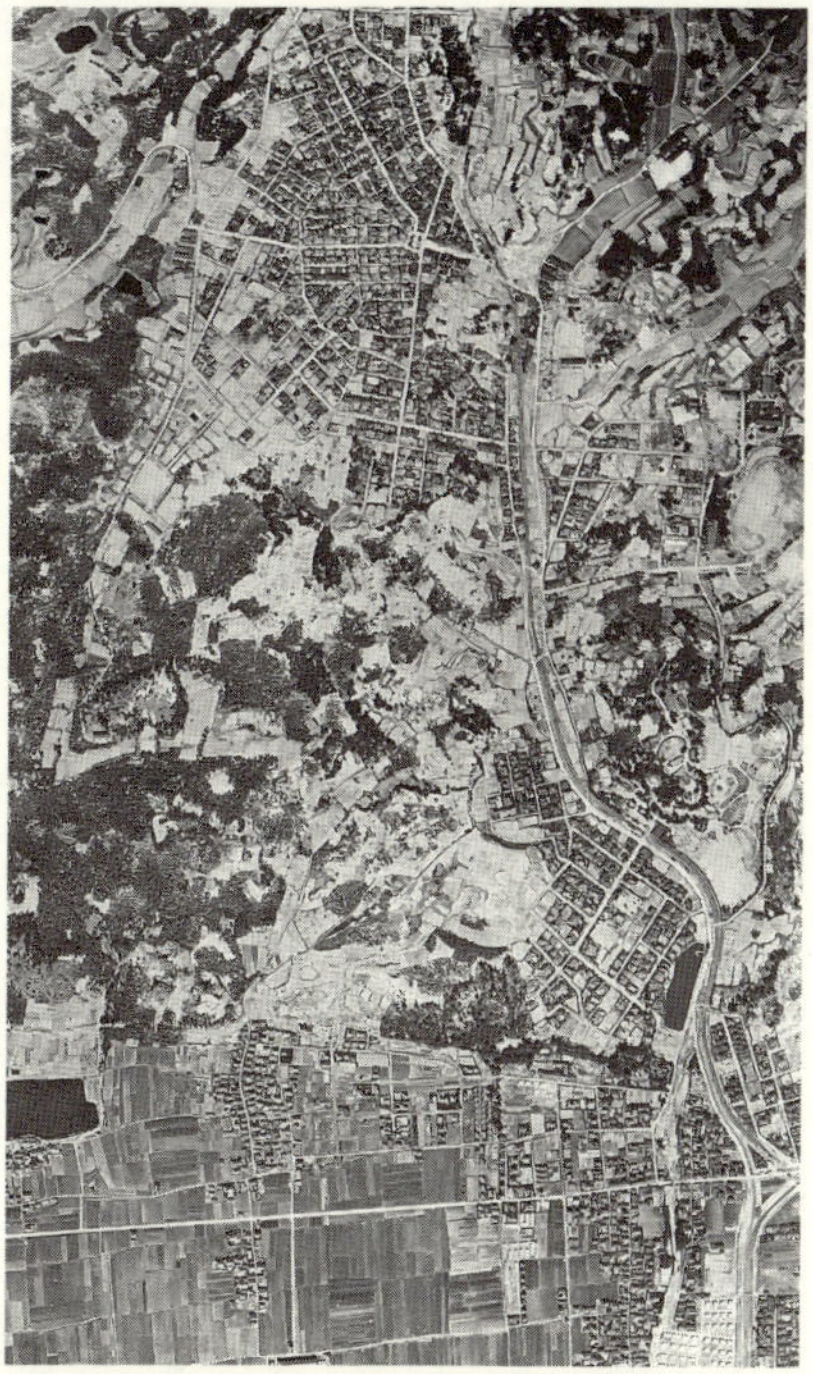

写真３　千里山地区空中写真（昭和23年米軍撮影のもの、国土地理院）住宅地開発の戦前の様子がよく分かる

写真４　千里山住宅地（千里山西５丁目付近）

会社名	貸付予定額 円	貸付済額 円	未貸付額 円	経営地	建築 予定数	完成 戸数	1戸当 建築費	1戸当 敷地	1戸当 延建坪
大阪住宅経営㈱	1500000.00	1130738.19	369261.81	東成郡田辺町	183	183	5319.14	56.45	18.79
				三島郡千里山	245	99			
安治川土地㈱	500000.00	500000.00	0.00	西区八幡屋町	94	94	1760.05	21.17	14.86
				西区新池田町	102	102			
				西区田中町	88	88			
大阪北港㈱	1000000.00	1000000.00	0.00	西区西島町	248	248	2247.19	26.67	17.24
				西区春日出町	197	197			
計	3000000.00	2630738.19	369261.81		1157	1011	2332.21 平均	29.96 平均	13.15 平均

表１　大阪市住宅貸付資金給付先一覧（出典：大阪市役所社会部「大阪市社会事業概要（大正11年)」大正12年５月）

	タイプ名	宅地分譲	1画地1戸	1画地2区画	1画地2戸	1画地2戸建	計	その他
	町名	画地数	画地数	画地数	画地数	画地数	合計	建物用途
中央部	三條一番町	7	6	8	9	0	30	千里会館
	三條二番町	1	3	13	1	0	18	郵便、事務所
	三條三番町	6	1	12	3	0	22	
	三條四番町	1	1	10	1	3	16	
	三條五番町	9	7	3	0	4	23	
	三條六番町	5	12	6	0	0	23	
	山手一番町	4	8	2	0	6	20	
	山手二番町	8	10	0	0	0	18	
	千里一番町	1	2	0	0	0	3	4戸建、2戸建
	千里二番町	2	4	0	0	7	13	巡査、浴場
	計	44	54	54	14	20	186	
北部	一條一番町	15	4	0	0	0	19	
	一條二番町	14	7	0	0	0	21	
	一條三番町	12	6	0	2	0	20	
	二條一番町	10	21	11	0	0	42	
	二條二番町	1	10	5	1	7	24	
	二條三番町	3	6	3	0	8	20	
	計	55	54	19	3	15	146	
南部	山手三番町	11	3	0	0	0	14	貯水池
	四條一番町	34	11	0	0	0	45	
	四條二番町	38	5	1	0	0	44	
	千里三番町	18	14	2	0	0	34	
	千里四番町	19	7	0	0	1	27	社宅、水道作業場
	千里五番町	9	7	0	0	0	16	
	計	129	47	3	0	1	180	
拡大部	松ヶ枝町	49	4	0	0	0	53	
	楠町	33	2	0	0	0	35	
	梅ヶ枝町	21	1	0	0	0	22	
	竹園町	27	0	0	0	0	27	
	若葉町	64	0	0	0	0	64	幼稚園
	桃園町	30	0	0	0	0	30	ﾃﾆｽｺｰﾄ(2)
	計	224	7	0	0	0	231	
	合計	452	162	76	17	36	743	

表２　千里山住宅地宅地処分一覧表

敷地面積	約８０坪	建坪	１６坪	階上	なし	延坪	１６坪
構造	木造平屋建屋根切妻造			基礎	煉瓦積		
壁体	内部眞壁外部上部セメントモルタル塗下部板張						
床	土間及疊敷き拭板張り			屋根	綿積モルタル塗		
天井	漆喰塗り及棹縁天井			造作	戸棚、書棚、下駄箱、台所床下物入		
建具	和洋混合						
雑部	大正便所装置、其他冷蔵庫附流し煉瓦造竈内藤式風呂、椅子、腰掛、日覆、電燈						
	水道、外部は排水及築庭等の設備をなす						
様式	和洋折衷	設計者氏名	大阪住宅経営㈱		施工者氏名	大阪住宅経営㈱	

敷地面積	約百坪	建坪	24.875坪	階上	16坪	延坪	48.875坪
構造	木造二階建			基礎	ｺﾝｸﾘｰﾄ打ち煉瓦積		
壁体	木造眞壁外部漆喰腰廻り下見板張						
床	木造板張寄木張一部疊敷			屋根	石州産瓦葺軒廻り杉枌板葺		
天井	格天井ﾀｲｶﾞｰﾎﾞｰﾄﾞ張り漆喰天井及棹縁天井						
造作	押入、釣戸棚、地袋、欄間、床						
建具	引違硝子障子、片開及両開硝子扉、唐戸、引違棚						
雑部	暖房温水式、便所水洗式、浄化装置、電燈電熱、給水、給湯						
	井に排水及家具調度一式						
様式	和式ﾊﾞﾝｶﾞﾛｰ		設計者氏名	葛野壮一郎			
施工者氏名	建築八尾竹次郎、煖房作山鐵工所、電気淺海商店、衛生工事須賀商会及						
	西原衛生工業所、建築鐵物双和商会						

表３　大阪桜ヶ丘住宅改造博覧会改良住宅出品概要（出典：日本建築協会「住宅改造博覧会出品住宅図集」大正11年９月）

区画で一二％、二戸建ての区画が三六区画の五％という構成である。なお大阪住宅経営が広告したパンフレットでみると、宅地区画の総合計は七四三区画、そのうち中央部は一八六区画、北部は一四六区画、南部は一八〇区画、拡大部は二三一区画となっている。この図から分譲されているものは中央部において一一三区画（地区の六一％）、北部で一一一区画（七六％）、南部で一四五区画（八一％）、拡大部で一一〇区画（四八％）となっている（表❷参照）。即ち全体の六四％が分譲されており、分譲の比率からみると南部、北部、中央部、拡大部の順になっている。

住宅は建坪一〇坪から三六坪の範囲で、二〇坪前後のものが最も多い。様式は日本式と改良式に分かれる。平面の特徴は日本式は中廊下を採用、一階南側と二階に本床付の座敷を設け、基本的には室の通り抜けを避けている。改良式は洋風とし、ホールと中廊下を用いて室の独立性を高め、洋風では板の間を採用していることである。二戸建の場合、各戸を押入と床で仕切り、一戸建の日本式を簡素化したものである。後述の田辺町住宅地と共通する。

パンフレットの文面から、住宅の供給形態は通常の建売以外に貸家のあることが推測される。詳細は不明、日本式と改良式があり、その内容は前述の通りである。

改良住宅の提案／桜ヶ丘住宅改造博出品

大阪住宅経営株式会社は山岡順太郎の発案により、設立に先立って「生活改善の目的」の実現の一つとして、日本建築協会に「改良住宅設計懸賞」を委嘱した。[*16] 敷地一一二・五坪（一五間×七・五間）、東西二・五間、南北二間道路に面する連続四戸建、大阪府建築取締規則に準拠し、費用四戸に付き一万五〇〇〇円以内といった条件で改良住宅案を募集するものであった。審査委員は日本建築協会理事片岡安及び小笠原鈅らである。応募数は一〇四点あり五点が選ばれた。当選案は日本建築協会機関誌の口絵に数度にわたって掲載されるとともに、大阪市中央公会堂で授与式と展覧会、また桜楓会大阪支部主催の生活改造博覧会にも出品されるなど、世間の注目を浴びた。[*17] 改良住宅の懸賞は、大阪住宅経営株式会社の名を広めること、改良住宅の普及を世間に問うなど関西において初めての試みであり、山岡順太郎が考えたサラリーマンの住宅の手がかりをここで摑んだのではないかと考えられる。

さらに大正一一年九月に開催された日本建築協会主催の大阪桜ヶ丘住宅改造博覧会にも「簡易生活を目的とする改良住宅」の普及のため、敷地七七・二〇坪、建坪一六坪、平家建、洋間の居間をもつなど最小の改良住宅を出品した。[*18] 費用はこれら出品住宅二五戸のなかでは最も安く「サラリーマン向き」そのものであった。出品された改良住宅は千里山経営地にも十分に反映されている。

日本建築協会への住宅設計図案懸賞の委嘱や日本建築協会主催の大阪桜ヶ丘住宅改造博覧会への参加は、「生活改善」、「住

写真９　大阪桜ヶ丘住宅改造博覧会　景色（絵はがき）　大正11年

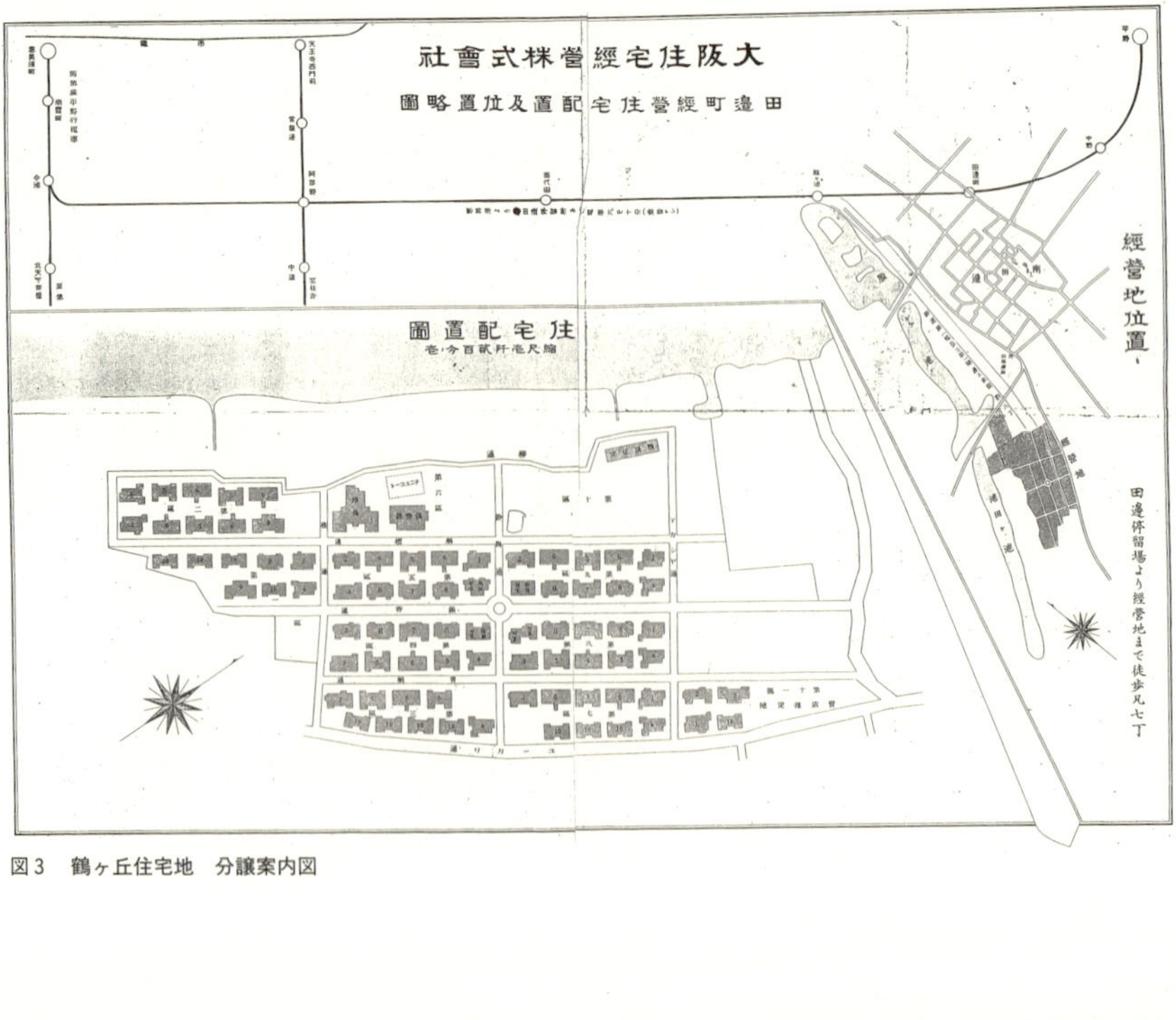

図３　鶴ヶ丘住宅地　分譲案内図

写真12　住宅地中央のロータリーに面して４棟の改良住宅が建っている

写真10　大阪住宅経営株式会社田辺住宅地に建つ２階建改良住宅、住宅地中央のロータリーに面して建つ

写真11　田辺住宅地に建つ改良住宅２階、２戸建貸家住宅

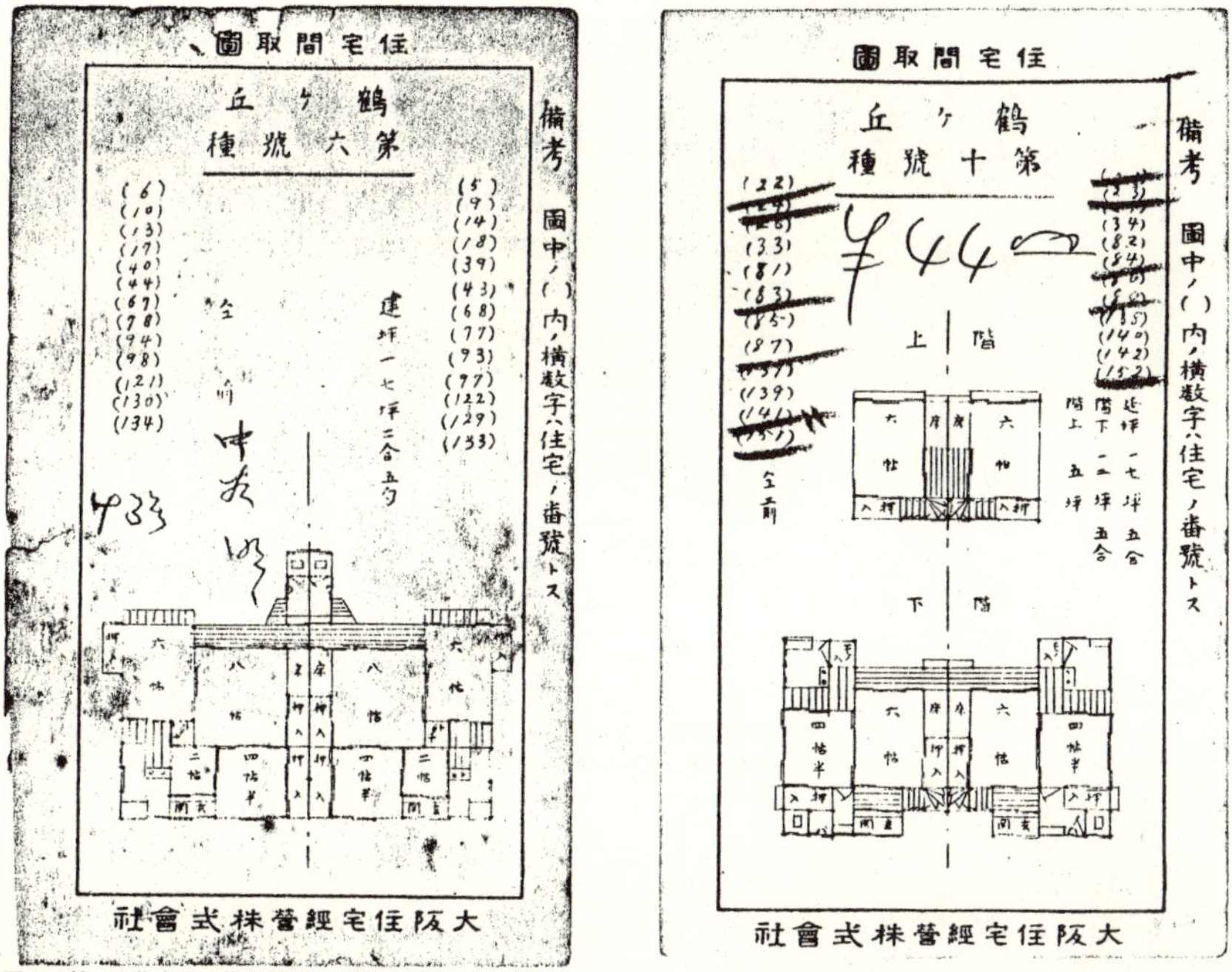

図４　鶴ヶ丘住宅地　住宅平面　２種

宅改良」に対する社会の潮流を捉え、単に住宅難緩和のために量のみを供給するというのでなく、新たに勃興しつつあるサラリーマン層の理想生活を実現するためであったといえよう。民間の営利企業でありながら、当初から株式配当の最高限度を低く抑え、公共性を標榜した住宅経営をめざしていた会社の目的にも叶っていたのではないだろうか。

経営地―千里山と田辺松原の特徴

ついでに大阪住宅経営株式会社が実施したもう一つの住宅地、松原住宅地[*19]について概略を紹介しておこう。松原住宅地は開発に着手した当時、まだ大阪市域外、周辺からも孤立した郊外の住宅地という感じであった。最も近い交通機関（南海鉄道平野線田辺町停留所）でさえ七丁［約八〇〇メートル］も離れ立地条件でも恵まれているとはいえない場所にあった[*20]。

会社は大正九年七月東成郡田辺町大字松原の地に一万六〇〇〇坪の土地を買収、すぐに造成と建築工事にかかり翌年四月には約一六〇戸が完成している。住宅以外に浴場売店、巡査派出所、瓦斯発生装置等の設備も行われ、大正一〇年八月には住宅経営が始まっている。なお大正一四年には経営戸数二二〇戸に達していた。

街区割は単純な格子状である。中央の交差部はロータリーとなっているが、実際には円弧の隅（すみ）切りである。道路にはそれぞれ樹木から採った名前が付いていて、東西道路を北からアカシヤ通、鈴掛通、桂通、南北道路を東からユウカリ通、青桐通、銀杏通、栴檀通、柳通と名付けられていた[*21]。南北に長い長方形街区で宅地は一街区一〇区画、千里山と同じ一区画八〇坪である。建物はロータリーに面する四つの角地に一戸建（二階建）の改良住宅[*22]を、他の角地には二階建を配置、幅員三間のメインの南北道路に面しては二階建を、幅員二間では平家を設ける（いずれも二戸建）などの工夫があり、角地とそうでない

住宅種類	位置	階建	棟構成	敷地（坪）	階下（坪）	階上（坪）	延床（坪）	棟数	戸数
第１号種a	角	２階建	２戸建	77.00	12.50	7.00	19.50	7	14
b					13.25	6.25	19.50		
第２号種a	角	２階建	２戸建	86.00	13.50	8.00	21.50	6	12
b					15.25	5.75	21.00		
第３号種a	角	２階建	２戸建	89.00	14.75	5.50	20.25	5	10
b					17.00	5.00	22.00		
第４号種a	角	２階建	２戸建	77.00	13.25	8.25	21.50	7	14
b					13.50	7.75	21.25		
第５号種a	２間幅道路	平家建	２戸建	75.00	14.25		14.25	12	24
b	に面する				14.25		14.25		
第６号種a	２間幅道路	平家建	２戸建	85.00	17.25		17.25	13	26
b	に面する				17.25		17.25		
第７号種a	３間幅道路	２階建	２戸建	87.00	16.75	5.75	22.50	4	8
b	に面する				16.75	5.75	22.50		
第８号種a	３間幅道路	２階建	２戸建	73.00	14.00	5.00	19.00	9	18
b	に面する				14.00	5.00	19.00		
第９号種a	2.3間幅道	平家建	２戸建	90.00	17.75		17.75	3	6
b	路に面する				17.75		17.75		
第10号種a	2.3間幅道	２階建	２戸建	77.00	12.50	5.00	17.50	12	24
b	路に面する				12.50	5.00	17.50		
計	平家建２戸建			83.333	（平均）			28	56
	２階建２戸建			80.857	（平均）			50	100
合計				816	298			78	156
				建ペイ率	0.3652				

表４　鶴ヶ丘住宅地住宅建設一覧　当時発行された［住宅間取図］を中心に［田辺町経営住宅配置図及位置略図］を基に表を作成した。但し、第１号～第10号の敷地坪数は大阪市道路現況平面図より算出した。

所で間取を変えてみたり街の景観を意識している。

宅地分譲を行っているが貸家が多く区域内の主要部を占めている。貸家は一戸建（二階建）改良住宅四棟を除くとすべて二戸建で平家と二階建があり、平家は三種類、二階建は七種類となっている。[*23] 大正一一年一一月現在の一畳当たりの平均家賃は一円四三銭であった。合計で八二棟一六〇戸の貸家が建設されたことになる。最初から貸家の多い郊外住宅地は当時としては珍しい開発であったといえよう。

「千里山」―関西大学

大阪住宅経営株式会社社長山岡順太郎は大阪商業会議所会頭在任中の大正七年には大阪高等商業学校、同八年にも大阪高等工業学校の評議員に就任するなど、教育分野にも関わりを持つことになる。それと前後して山岡と親交のあった中橋徳五郎が文部大臣に就任、大正七年七月新大学令を発布した。専門学校令による法律学校であった関西大学を総合大学に昇格させるため、山岡は同校に招聘された。即ち、商業会議所会頭を退いた翌大正一一年四月二四日、財団法人関西大学理事に就任、同年五月二〇日には総理事として学校経営に関与することになる。[*24] 関西大学は大正一一年六月五日、文部省より大学令による認可を受け、同一二年一月山岡は第六代学長に就任した。関西大学内には山岡順太郎の胸像が建てられており、碑文に「学の実化」を唱えた功績が刻まれている。

関西大学は、大正八年校舎敷地選定委員会を設け、同年八月大阪府豊能郡豊津村字垂水の敷地一万坪を選定したが、翌年北大阪電鉄の希望により用地を一万五〇〇〇坪に拡張する条件で隣接の大阪府三島郡千里山に変更した。[*25] 当事者は早くから秀麗な千里山に着目していたようで、斡旋の労をとった関西大学監事大鐘彦市は北大阪電鉄の創立発起人、敷地選定委員で関西大学理事の柿崎欽吾は大阪住宅経営の専務取締役でもあった。このようにして千里山学舎の建設は柿崎、大鐘、山岡の手で進められた。因みに北大阪電鉄は大正一一年四月一一日豊津～千里山間に「大学前」停留場を開設している。

大学をこの地に誘致することは非常に唐突な話のように思われる。おそらく田園都市構想の中で何らかの意志表示があり、それを受けての行動ではなかったか。大学敷地は住宅地とは別個の位置に設定されてはいるが、全千里山という視点から見るとかなりバランスのよい構成と受け止めることが出来る。現段階では推測の域を脱しないが、田園都市と言うからにはこれぐらいの構想は当然であろう。

千里山遊園地

関西大学の誘致とは別に北大阪電鉄は電車開通に先行して垂水の北、桃山の地に展望台や余興場などの遊園地を大正九年八月に開設した。[*26] 豊津からの電車線の延長は諸般の事情から予定より遅れ、本来ならば遊園地の開園は電車線の延長と軌を一にしたのであろうが、手違いを生じていたのである。千里山開通時には遊園地の便宜を図るため「花壇前」仮停留場が設けられていた。大学前停留所は厳密には花壇前〜千里山間の位置になる。昭和六年には牡丹園を設置、博覧会などを開催していたが、そう目立った存在ではなかった。その後紆余曲折があったものの、阪急電鉄に経営が移ってから一時菊人形なども催されたが、本家の京阪電鉄で菊人形が復活したので、それを契機に遊園地（花壇と称していた）は閉鎖され（昭和二五年）、最終的には関西大学の用地に組み込まれた。[*27]

北大阪電鉄による住宅地経営（千里山以外で）

北大阪電気鉄道は、その設立の経緯から千里山をはじめ沿線に総計三七万坪の土地を保有していた。千里山の土地の大半は大阪住宅経営株式会社に、一部は関西大学誘致のために処分したが、それ以外にも沿線に土地を保有していたのでそれらについては直営で経営することになった。会社としての目論見は、電車を利用すれば大阪市へは一〇〜二〇分で到達すること、名所旧跡に恵まれていることなどから、住宅地としても発展すると見込んだのであろう。

当初予定したのは豊津停留場付近の垂水と淡路及び南方停留場付近一帯であった。垂水（丸山）は千里丘陵が大阪方面へ突き出したその突端部に当たり、「眺望極めて絶佳なり。俯瞰すれば大阪市街を一眸の裡に収む、…（中略）…淡路島また指顧の間にあり、西南には六甲摩耶の峰巒鷹取鐵拐の山嶺を望み」とやや大げさではあるが立地の良さを強調していた。[*28]垂水馬場東は最初の経営地豊津停留場の西側の平地、恐らく田地であったろう。宅地造成が行われ一〇〇坪以上の宅地が売り出された。[*29]千里山の住宅地開発は大阪住宅経営株式会社に委ねられていたが、千里山地区周辺の小さい単位の住宅地造成が大学前などの停留場付近で行われた。これらの開発に際して上記のようなうたい文句を導き出したのであろう。淡路停留場付近には大きな土地を持っていたらしいが、予定通りの宅地造成は行われていない。南方停留場付近の用地は土地区画整理が行われている。実現したのは京阪土地から京阪電鉄に合併されてからになる。少しまとまって住宅が建てられたようであるが、実態は定かでない。因みにこの土地区画整理地区の一角が今日の新大阪駅となり、再度、土地区画整理が行われている。北大阪電鉄株式会社は宅地開発用地を保持していながら、自社の開発はごく僅かで、ほとんどが後継の会社に引き継がれた。

新京阪鉄道による合併・吸収

京阪電鉄はかねてから淀川西岸に進出を企てており、数社競合する中で野江付近・京都四条大宮間の路線免許を得たが、その際、大阪側の起点を他に求めよとの付帯条件がついた。そこで京阪としては旧城東線の廃線敷の払い下げを前提として、北区葉村町付近に大阪側の起点を移すことで鉄道省の認可を得た。

しかし城東線の払い下げがうまくゆかず苦慮していたさなか、鉄道省幹部の斡旋により京阪電鉄は北大阪電鉄社長の株式の譲渡に成功、これを手懸かりに北大阪電鉄の経営の実権を掌握することになり、淀川西岸線の大阪起点駅を確保した。高速鉄道を予定していたので京阪電鉄は大正一一年四月、新たに新京阪鉄道株式会社を創設し、淀川西岸線の権利を新会社に委譲した。さらに京阪が実権を掌握していた北大阪電鉄の電気鉄道事業に関する権利を大正一二年一月新京阪鉄道へ譲渡することになり、北大阪電鉄株式会社は同年四月一日付で会社名称を京阪土地株式会社と改め、鉄道事業以外の事業、即ち土地住宅関係の業務を行う会社に変身した。[*30] 北大阪電鉄が予定していた天神橋六丁目～淡路間及び淡路～高槻（後に京都四条大宮）間の新線建設は新京阪鉄道により開通することになった。なお新京阪鉄道は当初こそ業績を上げたが、事業的には厳しいところがあり、結局、昭和五年九月京阪電鉄株式会社と合併、鉄道線路は新京阪線と称することになった。[*31] 京阪土地株式会社もまた昭和三年三月京阪電鉄に合併された。[*32] いろいろな振幅があったがこれですべて京阪電鉄に統合されたのである。

京阪の住宅地経営―新京阪沿線のその後の住宅地開発

大阪住宅経営の住宅地は直接新京阪鉄道に引き継がれたが、北大阪電鉄の住宅地関係はそのまま京阪土地株式会社が事業を継承した。これもやがて京阪電鉄に合併し、総じて京阪電鉄の

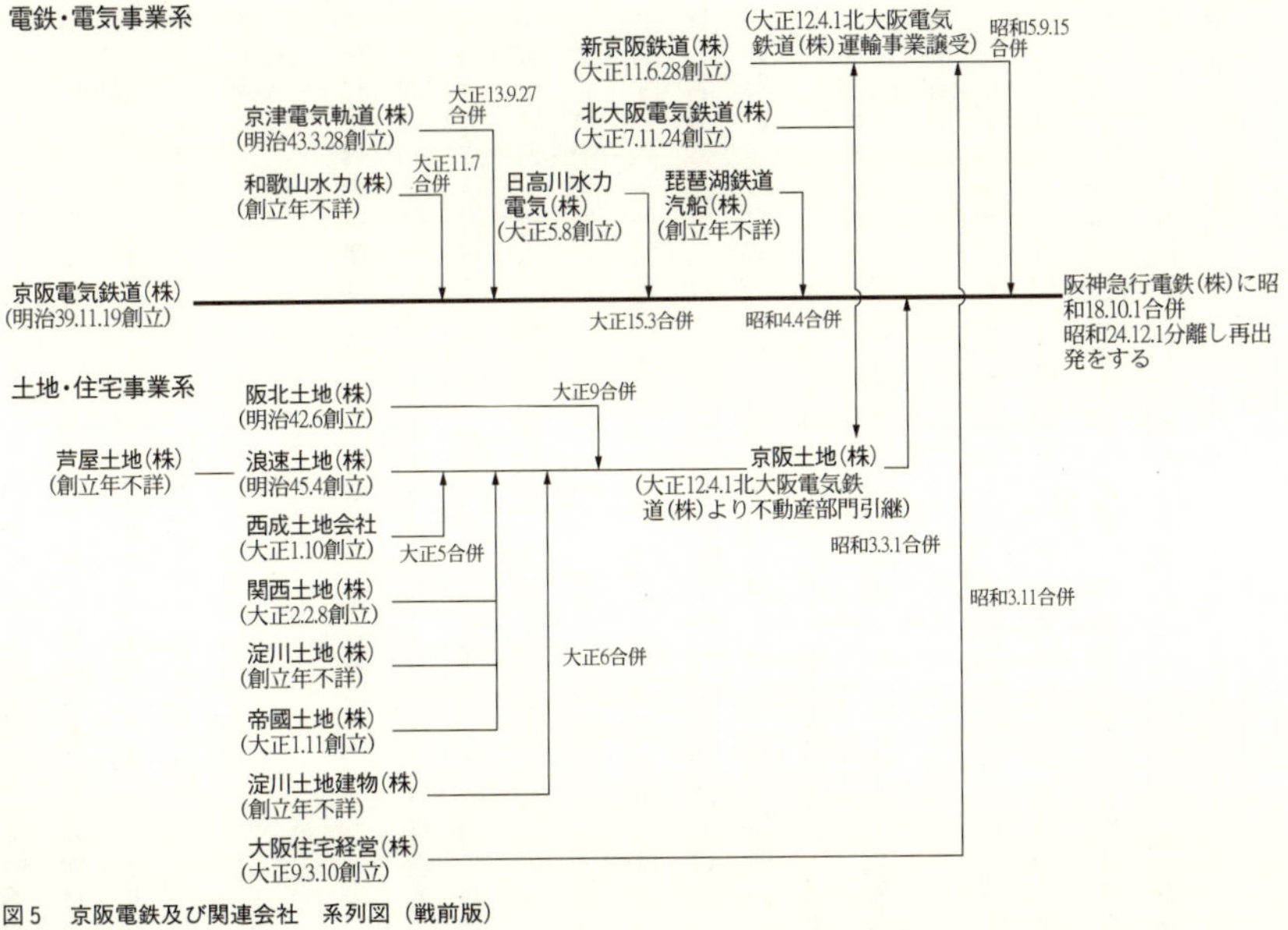

図5　京阪電鉄及び関連会社　系列図（戦前版）

土地建物経営の傘下に組み込まれた。京阪電鉄路線は大阪市の東北に位置しており、いわゆる鬼門にあたるとして新規の宅地開発の難しい関係にあり、鬼門封じに成田不動尊を誘致したり[*33]、それなりの対策が講じられていた。

新京阪鉄道を合併したとき、京阪電鉄は総計一一一万坪の経営地を保有していた。しかし世界的不況のあおりを受け、土地経営は思わしくなく、低迷状況にあった。そのことが少なからず京阪電鉄の経営にも影響を及ぼしたのである。

新京阪鉄道沿線でみると、千里山では旧大阪住宅経営の開発した場所以外に花壇町、丸山町が、吹田東口（現相川）の神崎川、正雀、桜ヶ丘（富田町）、高槻、西向日町、桂と各地に経営地を持っていたが[*34]決して好調というものではなかった。宅地処分に苦慮した会社は、鉄道の特徴を生かし同時に経営地の安定をはかる策として、宅地開発と並行して大々的に学校誘致を行った。宅地を大量に安価で売却する、無償貸与する、あるいは無償で寄付するといった方法により、場合に応じて対処した。例えば高槻町経営地に接して大阪高等医学専門学校（現大阪医科大学）を誘致したが、学校建設に関する費用の一部は寄付、一部を出資、建設費・施設費は長期の均等償還による貸付といった案配であった。土地の寄付・貸与等で言えば、現高槻市八丁畷町にある京都大学農学部付属農場は土地の寄付、他に大阪成蹊女子高等学校、大阪中学校（神崎川経営地）、薫英女子高等学校（正雀）、旧京都府立女子専門学校（桂）などがそうである。[*35]

そのころの鉄道会社による住宅地経営は、鉄道利用客を培養するということで各社熱心に対応したが、片道輸送となるためその対策として反対方向の需要を喚起する手段として通学客に着眼し、学校誘致となった。京阪電鉄はこのことに熱心であったのである。

それからの千里山—鉄道の合併（京阪から阪急へ）

昭和一〇年代には戦時体制が強化され、もはや宅地開発などの余裕も許されなくなった。電鉄会社も地域的、強制的に合併が強行され、他方、電力国家統制も実施され電鉄会社そのものは全く自由を失った。昭和一八年一〇月、京阪電鉄は十三駅を共有する阪神急行電鉄と合併、あらたに京阪神急行電鉄株式会社と名乗ることになった。その頃は全く新たな宅地開発は行っていない。既に開発され、未処分の宅地で細々と住宅建設が行われていたようであるが、何分建設資材・地代家賃統制の時代であるので業績に載るようなことはなかった。この状態は戦後まで続く。

蛇足であるが、昭和二四年一二月、京阪神急行電鉄から京阪電鉄本線とその支線（京津線を含む）を営業路線とする京阪電鉄株式会社が分離、独立した。このさい旧新京阪鉄道に属する線区はそのまま京阪神急行電鉄の営業線区としてとどまり、後の阪急電鉄の資産となった。

戦後・公団開発と住宅地のにじみだし—千里ニュータウンの建設・千里山線の延伸

鉄道企業体の沿線住宅地経営は戦時統制の影響もあって戦後特に目立った動きのないまま昭和二〇年代を経過した。一方、戦時疎開、大阪中核市街地の戦災から郊外居住が一般化し、国、私鉄共々沿線乗客の増加が見られ、各地のバラ建ちによる住宅地化が始まった。とりわけ公営住宅団地の無差別建設がこれに拍車をかけた。そうした中での鉄道企業体の沿線住宅地開発が再開したのである。

直接のきっかけは住宅金融公庫の融資になる建売住宅の建設であった。阪急電鉄も最初は戦前から保有していた宅地を使っていたが、次第にまとまった団地開発へと展開するようになった。千里山の場合、区域内の未処分の宅地を使っての大同阪急株式会社による建売分譲などは前者の例であり、千里山松が丘住宅地の金融公庫融資付き建売分譲住宅は後者の例といえる。[*36]松が丘の場合は日本住宅公団団地開発（後述）の影響を無視するわけにはいかない。

昭和三〇年、住宅問題の抜本的な解決のため日本住宅公団が設立された。大阪支所では創立当初の看板団地となった千里山団地（一〇〇〇戸）の開発を実施した。行き止まりとなっていた阪急千里山線千里山駅のちょうど東側に用地があり、それを使っての団地開発であった。最初全戸分譲を予定して建設されたが、その後、大半が賃貸住宅として管理されている。初めてショッピングセンターを建設したり、学校施設が不足していたので、住宅以外に小学校を建設するなど、初期の住宅公団を代表する団地建設であった。[*37]戦前の千里山と戦後の千里山が駅を介して融合したといってもよい景色であった。

田園都市・ニュータウン建設の先駆

その日本住宅公団は、抜本的な住宅難解決策として千里丘陵に着眼し、広大な住宅都市建設を企てた。結果的には建設用地取得の見通しが立たず、計画を断念する。時を同じうして、大阪府もまた独自に千里丘陵の住宅地開発を計画する。吹田、茨木、豊中、箕面市に広がる千里丘陵の大半八〇〇万坪の遠大な構想から始まり、最終的には三五〇万坪（一一五〇ヘクタール）人口一五万人収容のニュータウンを建設しようとするものである。わが国始まって以来のことであり、どうして開発したらよいのかそれらの技術的指針を日本都市計画学会、日本建築学会に委嘱、その研究成果からマスタープラン案は都市工学の権威、東京大学工学部教授高山英華博士の手により作成された。[*38]三地区一二の近隣住区で構成するというクラスター方式は、イギリスのニュータウンと共通するものであり、わが国の計画技術の先駆として重要な意味を持っている。

昭和三六年から千里ニュータウンの建設が始まり、ニュータウンの足として阪急千里山線も延長されることになり、それまで行き止まりだった千里山駅が、終点の土砂を取り除き南千里へ、そして北千里へ延伸していった。ニュータウンの建設当初、電車が開通するまでの間、阪急千里山駅に隣接して仮設のニュータウン行きバス停留所が設けられていた。

思えば、この千里山の駅は、日本の近代の証としてイギリスの「田園都市」を夢見て住宅地建設の第一歩を記したものだった。その半世紀後に、今度は、イギリスが実践したニュータウンの建設を再びここで実現することになり、千里山の駅が仮設とはいえ同じ地点からスタートすることになった。なんと因縁めいた話ではないだろうか。「千里山」こそ近代住宅地建設の原点と言うべきではないだろうか。

註

＊1――吹田市役所『吹田市史』第三巻、一七九頁～　北大阪電鉄の開通

＊2――京阪電気鉄道株式会社『鉄路五十年』一二二頁～　淀川西岸線敷設の特許と新京阪鉄道の創立

＊3――「田園都市計画の設計」『都市公論』第四巻第二号、一九二一年二月一五日、四二頁に設計完了の日を大正一〇年一月一四日に行われた都市研究会総会で大正九年一月に北大阪電鉄から千里山の田園都市の設計依頼があったこと、その仕事を完成して図面が手元にあるので御覧下さいとあるので総会前として判断した。

「北大阪電鉄住宅経営案」『都市公論』第三巻第五号、一九二〇年五月一五日、六一頁に「本会に委嘱せられたる北大阪電鉄会社の経営にかかる吹田付近地の住宅地区開発の計画は山田評議員、柳澤技師等の実地踏査により大阪住宅経営会社の顧問たる大学教授等とも交渉の上調査立案しつつありしが、愈々大体の成案を得たるを以て永田三十郎、前野芳造、本橋謙吉氏等、東上を機とし堀田土木局長及近藤、佐竹、池田の各理事、山田、評議員柳澤技師及阿南幹事等列席の席上にて其の計画案を発表せり」とあり、都市研究会が計画策定を受託するとともに、北大阪電鉄と大阪住宅経営の関係を知ることができる。

＊4――「都市研究会関西宣伝の記」『都市公論』第四巻六号、一九二一年一〇月、五三頁には都市研究会会長後藤新平が田辺住宅地を訪れたとあり。後藤が低利資金を運用した経営地として注目していたからではないかと考えられる。

＊5――大阪住宅経営の創立に関わった千代田生命保険会社大阪支部長堀田宗一宅にあったもの（青図）。その子孫堀田暁生氏の提供による。堀田暁生氏は現在も千里山にお住まいである。

＊6――北大阪電鉄が発行したパンフレット『大阪の北郊と北大阪電鉄』四頁～（理想的田園都市と本社の計画）には英国レッチウォース田園都市が紹介されており、千里山自治会が発行した『千里山七〇年のあゆみ』三八頁（千里山住宅生みの親）では「レッチウォースをモデルに六本の放射状道路を配置した」と述べられている。

＊7――設立経緯については、鹿子木彦三郎著『山岡順太郎傳』にも記されているが、東洋経済新報社「大阪住宅経営の創立計画」『東洋経済新報』八七九号、一九二〇年一月二四日、三〇頁～に二千株以上を保有した発起人及賛成人の紹介、営業の目的など会社の設立、建設費、公共的設備、設計技術者などに及んでいる。前掲『山岡順太郎傳』一四六頁には「山岡氏は住宅経営首唱者牧義朝氏の献策を容れて、商業会議所議員たる栗本勇之助、田附政次郎、矢野慶太郎、河崎助太郎、山本藤助、加島安治郎、柿崎欽吾、喜多又藏、村木正憲の諸氏と諮り、資本金壱千万円の株式組織である住宅経営会社の創立を目論見－略－」とあり創立の経緯が述べられている。

＊8――中橋徳五郎は明治、大正、昭和の三代にわたり政治、実業両方面に活躍し、その功績から巨人と評されている。山岡順太郎と同じ石川県出身の中橋は東京帝国大学卒業後官界に入り逓信省鉄道局を最後に官界を退き大阪商船社長、宇治川電気社長などの後、政界に進出し文部大臣、商工大臣、内務大臣を歴任する。山岡が大阪の実業界で活躍するきっかけになったのは、中橋が大阪商船の社長に招聘され、その中橋から大阪商船に抜擢されたことによる。牧野良三『中橋徳五郎　上巻・下巻』一九四四年一二月二五日による。

＊9――大正一一年九月二一日から一一月二六日にわたって、「現代の国民生活に適応した中流の住宅を実現して聊か国民生活の文化向上に資する所ありたい」を趣旨に大阪府豊能郡箕面村桜ヶ丘で開催された。博覧会会長片岡安、博覧会総裁後藤新平が就任した。

＊10――日本建築協会「改良住宅設計懸賞募集」『建築と社会』第三巻第四号、大正九年四月発行巻頭、「改良住宅設計案展覧会及賞金授与式」『建築と社会』第三巻第五号、大正九年五月発行会報

＊11――大阪市役所社会部「第三住居施設　四住宅建築資金貸付低利資金を貸

与せる住宅経営会社一覧」『大阪市社会事業概要（大正一一年）』一九二三年五月、五一頁による。

*12——ダイヤモンド社「新京阪電鉄の決算と今後」『経済雑誌ダイヤモンド』一九二八年一二月二一日、三九頁～「大阪住宅経営は新京阪電車の沿線千里山と、住吉区南田辺町松原に土地住宅を経営し最近四朱の配当を行っているが、業績は稍行詰りの傾向にあった」による

*13——前掲『山岡順太郎傳』一四九頁～による。

*14——昭和初年発行のパンフレット「千里山住宅地平面図」による。大阪住宅経営株式会社から新京阪鉄道に経営が委譲された頃のものと思われる。

*15——「住宅千里山のにい邑より」『建築と社会』第六巻第九号、一九二三年九月、三三頁～には住宅地開発当初の状況および各種住宅の実態がくわしく述べられている。

*16——「改良住宅設計懸賞募集」『建築と社会』第三巻第四号、大正九年四月発行巻頭。日本建築協会が行った最初の懸賞募集でそれも四戸建（長屋建住宅）の改良住宅を課題としていることは当時としては画期的なことといえる。

*17——「改良住宅設計案展覧会及賞金授与式」「生活改造博覧会に出品」『建築と社会』第三巻第五号、大正九年五月発行会報

*18——*10および「簡易生活を目的とする改良住宅」『建築と社会』第五巻第九号、大正一一年九月発行、一二四頁～、並びに日本建築協会『住宅改造博覧会出品住宅図集』大正一一年九月、一四一頁

*19——大阪府東成郡田辺町役場『田辺町誌』一九二五年三月一日、三一八頁、第二節「主要なる商事会社」に土地買収、建築工事などの経緯を示している。

*20——「大阪住宅経営田辺町経営住宅配置及位置略図」に田辺停留所より経営地まで徒歩凡七丁という記述より算出したものである。田辺停留所は、大正三年四月開業の阪堺電気軌道（今池～平野）路線に設置された停留所である。同案内によるとターミナルの恵美須町より市街電車でおよそ一〇分となっている。同社はその後合併され南海鉄道平野線となった。同軌道線は昭和五年一一月二八日をもって廃止されたため現存しない。

*21——財団法人大阪都市整備協会『―まちづくり一〇〇年の記録―大阪市の区画整理』一九九五年三月、三二六頁～によると、イギリス近代初期のユートピアで有名なキャドベリーのボーンビル住宅地では街路の名称に樹木の名称を用いており、そのヒントから当地で採用されたものと考えられ共通性がみられると述べられている。

*22——R・アンウィン：Town Planning in Practice で交差点に住宅を直面させる手法が紹介されているが、その手法と酷似した配置がみられ、設計技法的に影響を受けているように思われる。

*23——上杉欽治氏によるヒヤリングと現地調査により判断した。なお前掲『田辺町誌』三二八頁～によると土地を買収してすぐに土工事を終え大正九年一二月建築工事を起し、同一〇年四月に約一六〇戸を建築し、浴場、巡査派出所、瓦斯発生装置等の設備を完備していると述べられている。

*24——関西大学編『関西大学創立五十年史』二三一頁～の年表によると、大正一〇年九月財団法人関西大学拡張後援会長に就任、資金づくりに奔走するとある。「柿崎欽吾（1863～1924）」『関西大学百年史　人物編』一三八頁～には「山岡順太郎を関西大学拡張後援会長にひっぱり出したのは、柿崎の功績であった」と評価されている。

*25——関西大学編、前掲書、二三〇頁～に用地の選定について述べられている。さらに大学昇格を記念する意味で大正一一年六月一五日関西大学学報局より「千里山学報」が創刊された。その第六号（新年号）一九二三年一月一日、二四頁に「千里山付近を中心として存在する本学、北大阪電鉄及び大阪住宅経営の三者は、互いに兄弟的関係にあって、地理上、経営上其の他各種の事情により、一体として緊密に結び付けられていると云っても差支ない」としていることからも注目すべきことである。

*26——阪急電鉄株式会社『阪急電車駅めぐり　空から見た街と駅　京都線の巻』一一四頁～

*27——京阪神急行電鉄株式会社『京阪神急行五十年』一八七頁～　京都線の観光地

*28——北大阪電鉄、前掲書、二八頁～　沿線案内

*29——北大阪電鉄、前掲書、住宅経営地案内（巻末折り込み）

*30——京阪電鉄、前掲書、一二二頁～　淀川西岸線敷設の特許と新京阪鉄道の創立

*31——京阪電鉄、前掲書、二一六頁～　新京阪鉄道合併準備

*32——京阪電鉄、前掲書、一九一頁～　京阪土地株式会社を合併

*33——京阪電鉄、前掲書、二四九頁～　成田山大阪別院建立

*34——川名吉エ門、三輪雅久、寺内信、水谷頴介「阪神地域における私鉄経営を中心とした住宅地開発について」『日本建築学会論文報告集』第五七号、昭和三二年七月、二八九～二九二頁による

*35——京阪電鉄、前掲書、二四八頁～　学校誘致

*36——京阪神急行電鉄、前掲書、一一五頁～　土地住宅

*37——日本住宅公団『日本住宅公団年報1955‐6』昭和三一年一一月発行。大阪支所の代表的な分譲住宅団地として取り上げられている。

＊38——大阪府企業局「基本構想とその変遷（3）第一次案から第四次案まで」『千里ニュータウンの建設』昭和四五年三月一日、一八頁〜。マスタープラン立案にあたって東京大学高山研究室が実施計画策定に関与した状況が述べられている。

参考文献

大阪都市住宅史編集委員会『まちに住まう・大阪都市住宅史』一九八九年八月二一日、平凡社発行
『吹田市史　第三巻』平成元年三月三一日、吹田市発行
『吹田市史　第七巻』昭和五一年八月五日、吹田市発行
『鉄路五十年』昭和三五年一二月二五日、京阪電鉄株式会社発行
『京阪神急行五十年』昭和三四年六月三〇日、京阪神急行電鉄株式会社発行
『千里ニュータウンの建設』昭和四五年三月一日、大阪府企業局発行
『千里山七〇年のあゆみ』平成二年一一月二〇日、千里山自治会発行
『阪急電車駅めぐり　空から見た街と駅　京都線の巻』昭和五六年四月一〇日、阪急電鉄株式会社発行
鹿子木彦三郎著『山岡順太郎傳』一九二九年一一月二六日
関西大学編『関西大学創立五十年史』一九三六年五月一日
大阪住宅経営株式会社　事業報告書（第二回〜第八回）
北大阪電気鉄道株式会社　営業報告書（第八期、第九期）
京阪土地建物株式会社　営業報告書（第一〇期）
『大阪の北郊と北大阪電鉄』（パンフレット）一九二一年一〇月四日、北大阪電気鉄道株式会社発行
雑誌『都市公論』都市研究会発行
雑誌『建築と社会』日本建築協会発行
和田康由、寺内信「山岡順太郎と大阪住宅経営株式会社」『日本建築学会計画系論文集』第四八六号、一九九六年八月、日本建築学会

19

雲雀丘／宝塚

阿部元太郎の理想郷「雲雀丘」の開発・その後

中嶋節子

宏壯なる別莊住宅を連ねる。

『雲雀ケ丘』新住宅地

箕面電車沿線が近郊最も優良なる居住地として至る處別莊住宅の構へらるゝもの櫛々ひきも切らぬ有樣なるが、今茲に紹介せんとする「雲雀ケ丘」新住宅地は、宝塚阿部氏一族（十萬坪）及瀬尾喜兵衛氏（五萬坪）所有に係る約十五萬坪の大規模の新經營にして、池田新市街を西に能勢口、花屋敷の両停留場を經て、平井停留場に至る中間、北に桑根、長尾諸山を背ひ、南は遙く西宮の海を見晴し、温和なる風土は健康に最も適當し、住宅地として眞に天惠の樂天地なるが、今度更に地域内に完全なる上水道を設備し、下水道を縱横に布設し、大小の道路を設け、住宅地の何へれも人力車、自動車……の便あり、新停留場の周圍に倶樂部、浴場、諸貨店、人力、自動車帳場等……築すべし……地としては新建の各邸宅は何れも宏壯なる紳士向きとし、……地も千坪二千……者阿部氏の左の談話について見るも近郊比類……一流紳士を網羅せる大住……

……元太郎氏談話

……多少經驗を持つて居る……ります……

私は現在阪神沿線住吉觀音林に住んで居りまし……ます、最初觀音林に數萬坪の地所を買ひまして大分多くの住……從來郊外生活を思ひ立つて、家を作くられる方が地價の非常に高い市内に……ア二百坪か三百坪の地所があればよからうといふので精々奮發せられても五六百坪か……であります、共れが爲めに折角郊外に出て態々さした天地に、郊外生活の眞似を味……のであります、併し千坪以上の地所を買ふには、第一に地價の安い市内へ往復に便……い、水質の良好な、風景のよい場所を選ばねばなりませんそれで近郊を種々探く……の雲雀ケ丘を最も適當な場所と認めまして、愈茲に大經營を初める事に決心し……

大阪梅田と兵庫県宝塚市とを結ぶ阪急電鉄宝塚線に「雲雀丘花屋敷」という名の駅がある。なんともロマンティックな名前で呼ばれるこの駅は、もともと雲雀丘駅、花屋敷駅として独立していた二つの駅が昭和三六年に合併され、両駅の間、雲雀丘駅寄りの位置に新しく開設されたものである。とはいえ合併前のこれらの駅は、わずか三五〇メートルしか離れておらず、ホームからは互いの駅が見通せたという。実は、花屋敷駅は明治四三年の箕面有馬電気軌道（現在の阪急宝塚線）開通時に電鉄会社によって設置された駅であるのに対し、雲雀丘駅は大正五年になって個人が開設した私設の駅であった。なぜ、このような短い区間に二つの駅が置かれたのか、この疑問を探っていくと大正期にこの地域で行われた住宅地開発へと辿り着く。

阪神間における郊外住宅地開発は、明治三〇年代後半に始まり、大正期以降、電鉄会社や土地会社、耕地整理組合・土地整理組合などを主な事業体として各地で展開されていく。なかでもとりわけ有名な阪急電鉄の小林一三による開発が行われたのが、この雲雀丘花屋敷駅のある阪急宝塚線沿線であった。小林は明治四三年の開通と同時に、池田室町で住宅地の分譲を開始、翌年には桜井でも販売をはじめている。

雲雀丘花屋敷駅の北側に広がる雲雀丘地区は、路線開通から六年後の大正五年に開発されるが、ここは阪急電鉄ではなく、ある一個人によって開かれた住宅地であった（図❶）。現在、雲雀丘を訪れると、変化に富んだ傾斜地にゆったりとした宅地割りがなされ、豊かな緑のなかに瀟洒な洋館や和館が点在しているのを見ることが出来る。この阪神間の良質な住宅地のひとつ雲雀丘の玄関口として設置されたのが、先に述べた雲雀丘駅である。雲雀丘の開発は、阪急沿線にありながらも、そのコンセプト、開発手法などにおいて、阪急電鉄の住宅地開発とは明らかに一線を画するものであり、その成立には一個人の理想主義が大きく働いていた。営利目的の開発が主流とされる阪神間の郊外住宅地のなかで、雲雀丘は特異な存在といえる。しかし、雲雀丘が現在もなお良好な環境を維持し続けている理由は、その特異性に潜んでいるのである。

図1　南の平野から見た雲雀丘住宅地　斜面に住宅が点在する

図2　明治19年頃の雲雀丘周辺（大日本帝国陸地測量部「池田村」1/2,000　1886）

果樹園から住宅地へ

雲雀丘は、宝塚市の東端、川西市の西端と接する場所に位置し、昭和三〇年に宝塚市に編入されるまで、川辺郡西谷村に属していた。西摂平野が長尾山系とぶつかる丘陵地にあり、土地全体が南に向かって下がる急傾斜地となっている。その勾配は、大きいところでは二〇度にもおよび、比較的なだらかな場所でも一〇度を若干下回るに過ぎない。そのためここからは、南に広がる加茂の台地とそこを東西に流れる最明寺川が一望でき、遠くには大阪湾を望むことが出来る。平野に近い丘陵地であることから、近世には柴や落ち葉、下草の採取など里山としての利用が行われていた。

やがて近代になると、ここには果樹園がつくられるようになる（図❷）。果樹栽培は、幕末から明治期にかけて全国で流行するが、兵庫県東部の武庫郡や川辺郡では特に盛んで、明治三〇年代後半から大正期を最盛期として、柑橘類を中心に多くの果樹が栽培されていた。雲雀丘のように果樹園が住宅地になる例は、武庫郡良元村などでも見られ、こういった地域では昭和初期に果樹栽培が衰えたあと、その跡地が住宅地として開発されたのである。地図によると、雲雀丘の住宅地となる果樹園のさらに北側の山地には、松林が広がっており、当時、松茸が大量に採取されていた記録も残されている。

実はこのような地理的環境が、のちにこの場所に開かれる住宅地の性格を大きく左右する要因となるのである。

果樹園や松林など牧歌的な風景が広がるこの地域に、明治三〇年に阪鶴鉄道が、同四三年には箕面有馬電気軌道が開通する。大正七年に阪神急行電鉄となる箕面有馬電気軌道の沿線では、先に述べたように明治四三年の開通以降、小林一三による住宅地開発が次々と行われていた。やがて雲雀丘となる長尾山一帯では、軌道開通時にはまだ住宅地開発の動きはなかったが、阪急電鉄による開発が行われたことで、郊外住宅地となる素地が徐々に形成されていったと考えられる。

大正時代に入ると、第一次世界大戦の好景気を受けて、土地開発ブームが阪神間にもうち寄せる。こうした動きは、長尾山系の南側斜面においても例外ではなく、この地域でも別荘地や住宅地の開発がにわかに活発化していった。このような箕面有馬電気軌道沿線の郊外住宅地としての発展の兆しと、土地開発ブームという時代的気運の高まりを背景に雲雀丘の住宅地開発は始まるのである。

選ばれた傾斜地

西谷村切畑字長尾山に住宅地開発のための土地が購入されたのは、大正四年のことである。購入者は武庫郡住吉村観音林に住む阿部元太郎と大阪市南区塩町通の瀬尾喜兵衛で、それぞれ一万坪と五万坪の土地を取得したという。阿部が購入したのは、滝ノ谷川の東側、箕面有馬電気軌道の線路を挟んだ辺り一帯の土地で、その大半が線路の北側の丘陵地であった（図❸）。それに対して瀬尾は、滝ノ谷川の西側の土地を取得していた。土地を購入した時点では、両者の間に何らかの関係があったと思われるが、その後の開発はそれぞれが独自に行っていく。のちに高級住宅地として発展する雲雀丘を開発したのは阿部であり、瀬尾の名前はその後、ほとんど見られなくなる。冒頭に触れた一個人とは、この阿部元太郎のことである。

　しかし、なぜこのような急傾斜地が住宅地として選ばれたのか。当時の郊外住宅地は、大正六年以降、大神中央土地株式会社によって開発がはじめられた香櫨園が、多少起伏のある場所に造られた以外は、平地かゆるやかな丘陵地につくられるのが一般的であった。そういったなかで長尾山を開発するに至った理由について、阿部は次のように語っている。

> どうも従来郊外生活を思ひ立つて、家を作られる方が地価の非常に高い市内に住まれた習慣から、マア二百坪か三百坪の地所があればよからうといふので精々奮発されても五六百坪か千坪が留りであります、其れが為に折角郊外に出て広々とした天地に、郊外生活の真価を味ふ事が出来ぬのであります、併し千坪以上の土地を買ふには、第一に地価の安い市内へ往復に便利な、気候のよい、水質の良好な、風景のよい場所を選ばねばなりません。それで近郊を種々探しました結果、この雲雀ヶ丘を最も適当な場所と認めま

図3　阿部元太郎・瀬尾喜兵衛の土地購入位置図

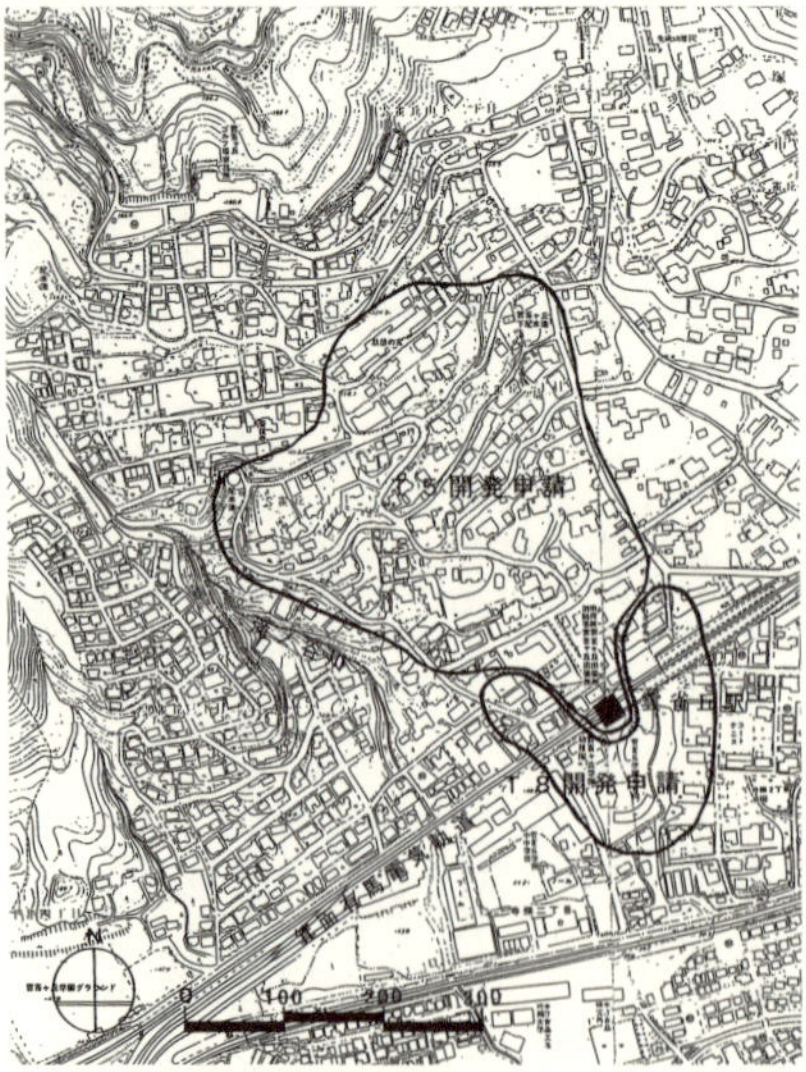

図4　大正5年および8年の阿部元太郎による土地開発位置図

して、愈茲に大経営地を初める事に決心したのであります[*1]

これによると阿部は、従来の郊外住宅は敷地が狭く、郊外にある利点を活かしたものではないと考え、自らが一〇〇〇坪以上の敷地を備えた良好な郊外住宅地を開発することを思い立ったという。その場所として、(1)地価、(2)大阪市内への交通の便、(3)気候、(4)水質、(5)風景の五つの条件が理想的な雲雀丘を選んだとしている。

(1)地価については、開発当初の地価を知る史料はないが、昭和二年の不動産売買証書から算出される坪当たり単価は五円で、傾斜地であること、山林の地目のままで販売されていることなどを考えると、地価そのものはかなり安かったと思われる。(2)大阪市内への交通の便については、住宅地の南を通る箕面有馬電気軌道を利用すると、梅田まで二五分ほどでアクセスできる。さらに、箕面有馬電気軌道の南には阪鶴鉄道も走っていた。(3)気候も南向き斜面の高い位置にあるため、冬温暖で夏涼しく、一年を通して比較的乾燥している。(4)水質についても、西に流れる滝ノ谷川、山腹の池、湧き水などがあり、多少の設備を設置すれば水源を確保することはそう難しい場所ではなかったと考えられる。(5)風景については言うまでもなく、眼下に西摂平野、その向こうに大阪湾をのぞむ絶景の地である。このように検証していくと、雲雀丘はおおむね阿部のあげた条件にかなった土地といえる。

ただ、これらの条件を満たす土地が結果として急傾斜地となった最大の理由は、地価の安さにあったと考えられる。雲雀丘の場合、山林のままで売買が行われたため、住宅を建てるには土地の購入者が自ら宅地造成を行う必要があった。また、急傾斜地のため、たとえ造成を行ったとしても宅地としての歩留まりは、平坦地に比べ悪い。しかし、広い土地を安く手に入れるには、傾斜地はひとつの有効な選択肢であったといえる。開発の容易さという点では平坦な土地が有利であるが、自然環境や眺望を考えると、開発の方法によっては傾斜地の方が平坦地より優れた住環境を造ることが可能である。阿部はここに目を付けたと考えられる。つまり、阿部は地価の安い傾斜地をうまく開発することで、ゆったりとした宅地割りの自然豊かで眺めの良い住宅地を造ることができると判断したのである。

そもそも「雲雀ヶ丘」という名前は、滝ノ谷川にある「雲雀の滝」にちなんで阿部が付けたものといわれているが、このネーミングにもこうした阿部の視点を読みとることが出来る。それまでの郊外住宅地には、「〇〇園」、「〇〇荘」といった名前のものは多く存在するが、「〇〇丘」という名を見つけだすことは難しい。わざわざ阿部が長尾山の土地に「丘」という聞き慣れない名前を付けたのは、傾斜地であることを肯定的に捉え、「丘」という言葉のもつ牧歌的で明るいイメージの住宅地を構想していたことを示すものといえよう。阿部にはこの土地が、「郊外生活ノ理想郷タル素質ヲ具備セル」場所に映ったのである。

開発の経緯

阿部は土地購入の翌年、大正五年に線路に接した一部の土地と北側の丘陵地、合わせて七万坪あまりの開発を申請している（図❹）。瀬尾もまた、同年に滝ノ谷川の西側の土地四万坪の開発申請を提出しており、滝ノ谷川を挟んで東側を阿部が、西側を瀬尾がそれぞれ別々に開発をはじめたことがわかる。阿部はその後、大正八年に線路の南側三〇〇〇坪の開発にも着手している。

しかし、これらの土地がすぐに住宅地としての体裁を整えたわけではなかった。開発申請書類を追っていくと、雲雀丘ではあるまとまった土地を一時期にすべて宅地化するのではなく、販売状況をみて逐次開発を進める手法がとられていたことがわかる。大正五年および八年に開発許可を取り付けた土地の大半が申請期限内に工事を終えておらず、昭和一〇年代になっても工事の延長願や継続願がたびたび提出されている。申請書では不況による販売成績の落ち込みが理由となっている。確かに開発当初の売れ行きは好調とはいえなかったようで、大正一一年頃の記録によると、実際に宅地割りが行われ、売却が済んでいたのはわずか一万四〇〇〇坪あまりであった。

当初の開発は阿部個人によって進められたが、大正一二年にその経営が日本住宅株式会社に委託されることになる（図❺）。

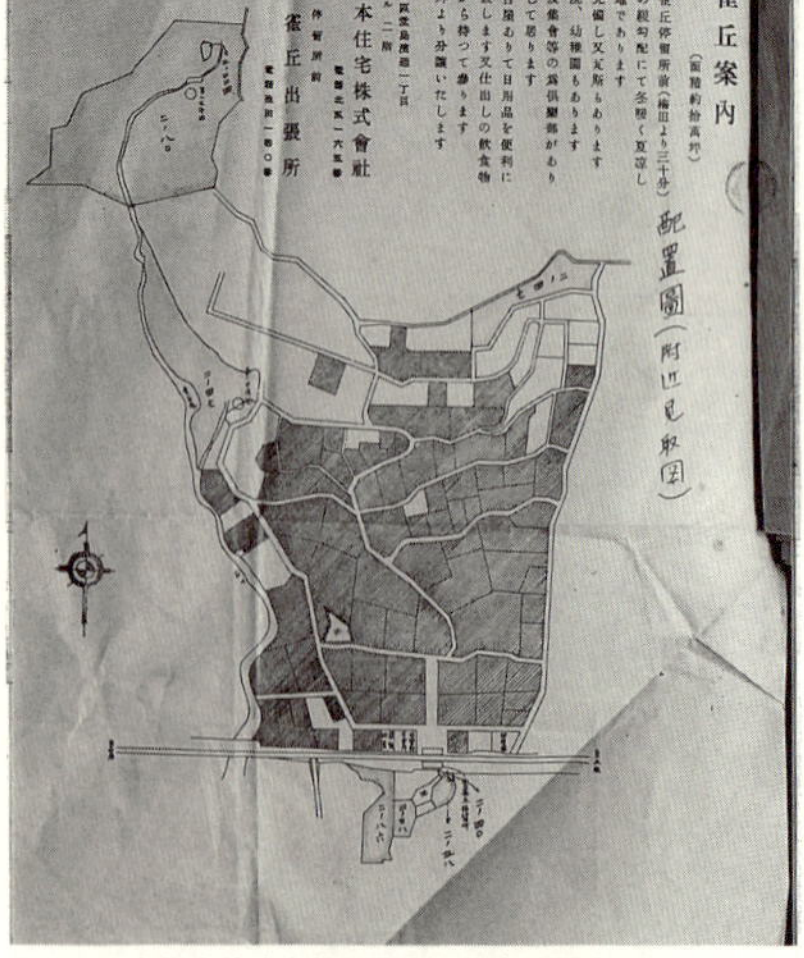

図5　日本住宅株式会社の雲雀丘住宅地販売パンフレット（宝塚市役所西谷分室所蔵）

ただ、土地はあくまで阿部の所有であり、その開発と販売のみが委託された。しかも、この会社の社長は阿部元太郎本人であった。日本住宅株式会社は、大正八年に大生駒土地株式会社（社長　八坂千尋）として発足した土地会社で、同一一年に阿部が社長に就任している。同社は、阿部の社長就任によって、雲雀丘の経営を手がけるようになったと考えられるが、宅地整備の手法などから判断される住宅地としてのコンセプトや経営方針は、阿部が個人で開発していた頃を引き継いでおり、そのため事業主体の変化は雲雀丘の発展に、大きな影響を与えたわけではなかった。

昭和一〇年以降は、阿部と日本住宅株式会社によって開発が済んでいたさらに北の部分で、新しい事業体による宅地分譲が行われる。現在の雲雀丘二丁目にあたるこの地区は、阿部が以前から道路を付けるなど整備を進めていた場所であったが、昭和一一年頃からは阪急の手によって販売が行われている（図❻）。

つまり、雲雀丘の住宅地はまず、阿部が開発のアウトラインを描き、そこに土地会社が参入することで販売が促進され、発展していったといえる。なお、昭和一一年頃までは開発申請書類に阿部の名前が確認されるが、一九年に死去していることから、昭和一〇年代半ばをもって彼の開発行為は終わったと考えられる。

駅前の風景

阿部の行った住宅地開発には、理想主義的傾向を各所に読みとることができる。なかでも駅舎を中心とする駅前の整備に、彼の理想主義が最も強く表れている。

大正五年に始まる開発はまず、雲雀丘駅の設置とその北側の道路整備から着手される。駅については、大正五年三月の書類にすでに「新設雲雀ガ丘駅」の記載が見られることから、開発開始直後に設置されたことがわかる。この駅は、前述の通りあくまで阿部による私設の駅であった。阿部は、駅を核として展開する住宅地を設計しようと考えていた。その実現のためには、花屋敷駅がすぐ近くにあっても、町の要となる位置に新しい駅が必要だったのである。

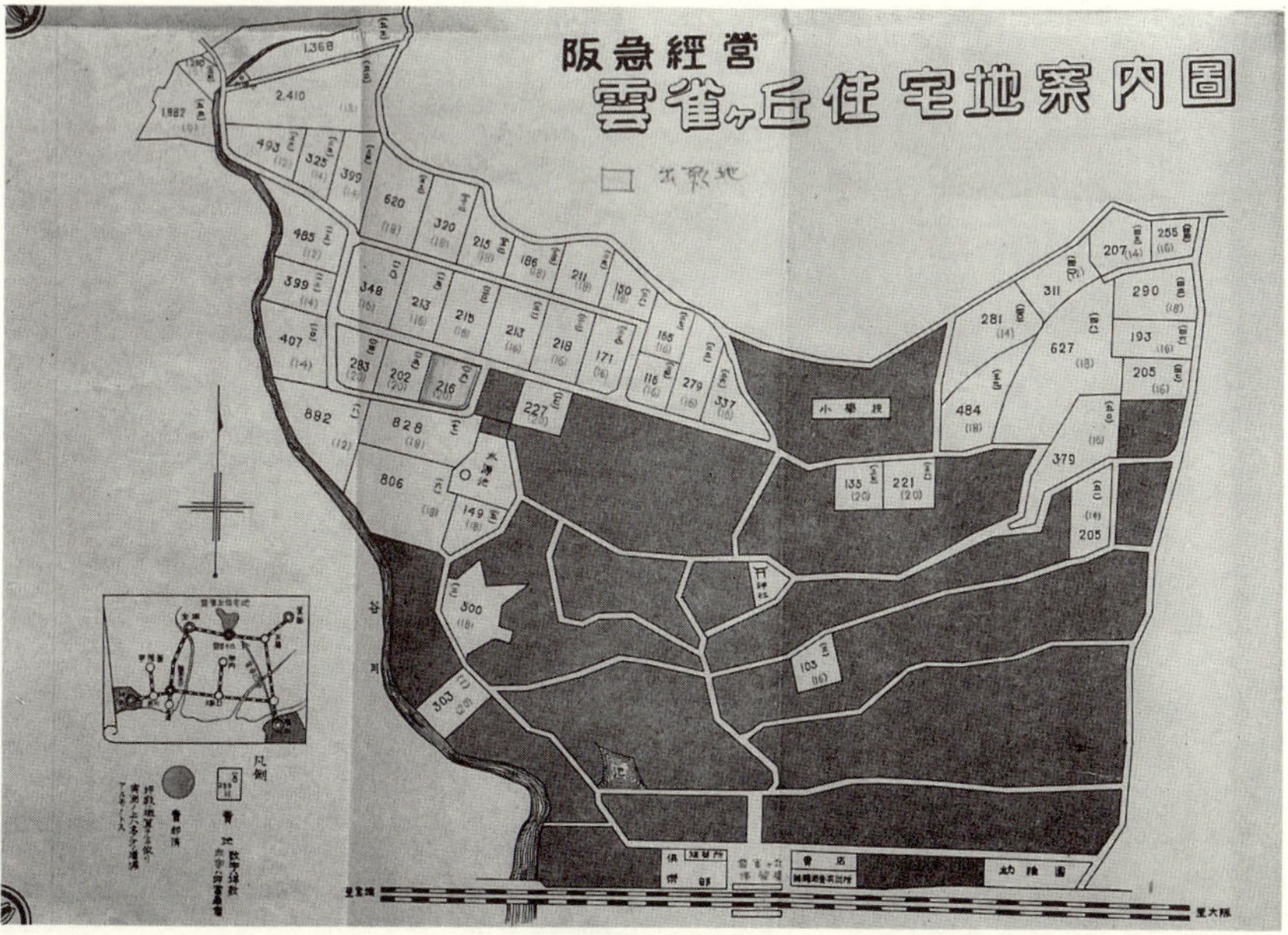

図６　阪急電鉄の雲雀丘住宅地販売パンフレット（宝塚市役所西谷分室所蔵）

こうして建てられた駅舎は、当時、電鉄会社によって設置された駅舎が、ホームに屋根がかけられた程度の簡易なものであったのにくらべ、ステンドグラスの入った待合室が付属する格段に立派な建物であった（図❼）。駅舎の前には自動車の往来可能なロータリーも設けられ、中心には阿部元太郎の銅像を載せた開墾の碑が置かれた。さらに、駅の中心性を強調するように、駅舎の正面から真北に向かってのびる一〇〇メートルほどの直線道路がつけられ、その両側にはシュロの木や街灯が整備された（図❽）。また、自治会の建物や派出所、売店など生活に必要な諸施設も駅周辺に集中して置かれた。

このように、駅前は雲雀丘の玄関にふさわしい象徴的な場所として設計されたのである。

住宅地の風景

駅前とは対照的に、その北側の住宅地は、地形に従った自由な区画割りがなされている。

駅前の直線道路から分岐して北にのびる道路は、稜線に沿って曲がりくねり、その道幅とカーブは自動車の通行を前提に設計された。また、宅地も既存の土地形状を出来るだけ変更せず、地形そのままに分割されている（図❾）。

昭和六年前後の「開墾設計計画概要書」には、宅地はおおむね二〇〇から五〇〇坪を一区画とし、その一部を住宅建設のため平坦に造成する以外は傾斜地のまま庭園として利用し、既存

図7　雲雀丘駅舎と阿部元太郎の銅像・開墾碑

図8　駅前のシュロ並木道　正面には林龍太郎邸が見える

図9　昭和10年頃の住宅地の風景

の樹木も保存することとある。宅地規模は彼が開発当初に計画していた一〇〇〇坪、二〇〇〇坪からずいぶん小さくなっているが、これは販売成績が良くなかったため、面積を小さくして販売を促進しようとした結果か、あるいはこれほどの急傾斜地に一〇〇〇坪以上もの土地をまとめて確保することが難しかったため、小さな宅地割りにならざるをえなかったなどの理由が考えられよう。環境設備面では、道路の下に水道、ガス、下水道管を埋設、道路の両側には側溝を設ける計画となっている。

こうした住宅地部分の設計のなかで特に興味深いのは景観についての配慮で、

側溝ノ外側ニハ幅概ネ二尺乃至三尺ノ犬走ヲ設ケ生垣或ハ観賞樹ヲ植込ミ美観ヲ呈スル

と、道路と各住宅の敷地との境界に、六〇から九〇センチメートルほどの犬走りを設けて取り合いに余裕を持たせ、敷地の周囲を生け垣か観賞樹によって囲むことで美しい景観を造ることを計画している。

こうして見ていくと雲雀丘の住宅地開発の特徴は、傾斜地という地形によるところが大きいとはいえ、阿部が自然や町並み景観に配慮した設計を行ったことにあるといえる。

砂防指定地ということ

雲雀丘が自然環境に恵まれた良好な住宅地となった要因が、阿部の開発手法にあることは前項に見たが、雲雀丘の形成に関しては実はもうひとつの隠れた力が作用していた。それはこの土地が砂防地に指定されていたことに起因する。

長尾山系は、日本全国で最も早い時期に砂防指定地に編入された地域で、雲雀丘一帯は明治三一年に指定地となっている。砂防指定地では、住宅地としての開発はもちろんのこと、下草や柴の採取、樹木の伐採に至るまで、土地の形質変化を伴う全ての行為について知事の許可が必要となる。砂防指定地での作業については、行政の指導に従うことが義務づけられたのである。雲雀丘の開発もこういった指導を受けて進められており、最初期の開発に際して阿部が提出した許可申請書類のなかに、

開墾ノ方法ハ止ムヲ得ザルモノノ外原形ヲ変ズルコトナク天然ヲ尊重シ樹木ノ生育ヲ盛ンナラシメ殆ント兀所ナキヲ期シ道路ニハ完全ナル排水溝ヲ設ケテ土砂流出ヲ扞止ス

と、砂防を考慮した開発計画を提示している部分が見られる（図⑩）。この申請は、①出願地内に点在する禿地について砂防対策を講じること②土砂の流出がないよう堅牢な構造の通路を築くこと③削土や盛土などを行う場合はその下に石垣を設けて土砂の流出を防止すること④これらの設備の竣工ごとに届け出ることの四つの条件を付して許可される。

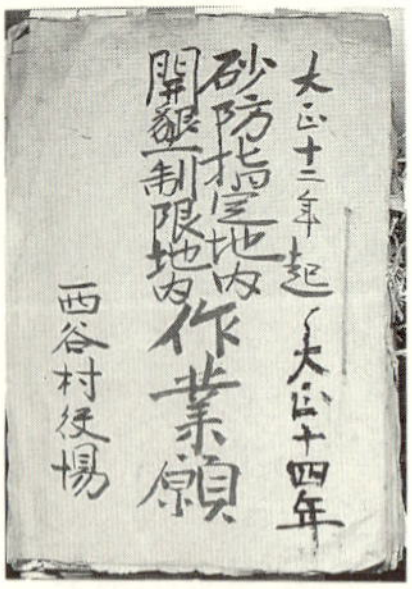

図10　砂防指定地内の作業申請書綴り（宝塚市役所西谷分室所蔵）

このような、樹木や地形といった既存の自然環境を出来るだけ保存することで禿地を造らないこと、土砂流出防止を考慮した道路・宅地設計を行うことなど、砂防指定地であるがゆえに義務づけられた開発条件は、実は、雲雀丘の特徴的景観である道路両側の低い石垣と側溝、住宅地を覆う豊かな緑といった環境の形成に、少なからぬ影響を与えていたのである。

阿部元太郎の理想と現実

では、このような住宅地を開発した阿部元太郎とは、どのような人物だったのか。彼について明らかにされていることは意外に少ない。

阿部は、東洋紡の社長を務めた阿部房次郎や近江鉄道の創始者である阿部市太郎など、財界有力者を多数輩出した滋賀県出身の阿部一族のひとりである。企業人としては近江段通株式会社社長や近江製油株式会社の専務取締役を務めており、先述したように日本住宅株式会社の社長にも就任している。

阿部の人となりについて知る人によると、阿部は洋風の生活を好んだ人物で、常に洋服を身につけ、家のなかでも靴を履いて過ごしたという。阿部の洋風趣味は、ハーフティンバーと石積の重厚な外観を持つ自邸のデザインやイオニア式の飾りをつけた門柱の趣味にも表れており、雲雀丘に新しく建つ住宅に対しても屋根を赤く塗るよう勧めていたといわれる（図⑪⑫）。また、自動車好きでもあったようで、駅前のシュロ並木道でオープンカーにのる彼の写真が残されている（図⑬）。

阿部と住宅地開発との関わりは、明治四〇年頃に行われた住吉村の観音林・反高林の住宅地開発にすでに見いだすことができる。この事業において阿部は、ハード面だけでなく、コミュニティや教育といったソフト面の充実にも力を注ぎ、観音林倶楽部の設立や甲南幼稚園・小学校の創立を主導するなど、阪神間の最高級住宅地、御影・住吉地区の基礎を築いた。

阿部が観音林・反高林の次に手がけたのが雲雀丘の開発である。阿部は、大正末頃まで観音林に住んでいたが、雲雀丘に自邸が完成するとすぐに居を移し、昭和一九年に死去するまでをここで過ごす。雲雀丘のあと阿部は、日本住宅株式会社の社長として松風山荘（芦屋市）などいくつかの住宅地を開発するが、駅前に自身の銅像を置き、この地で死を迎えたことなどを考えると、彼にとって雲雀丘は特に思い入れの深い場所であったことは間違いない。彼の座右の銘は「人生は短い。しかし仕事は

図13　オープンカーに乗る阿部元太郎　後部座席の人物が阿部元太郎

図11　阿部元太郎邸の門前

図12　阿部元太郎邸

残るから、他の規範となるようなものを作りたい」だったという。雲雀丘は、阿部が描いた住宅地開発の夢の集大成として位置づけられよう。
　阿部が雲雀丘に抱いた夢は、経済的な行き詰まりや自身の病気によって失速を余儀なくされる。しかし、彼が築いた雲雀丘のまちづくりのコンセプトは、住人によって引き継がれていくことになる。

住人とまちの充実

自治会名簿によると雲雀丘は、昭和七年には六〇世帯、一七年には八一世帯ほどが居を構える住宅地に成長する。これらの住人の多くは阪神間の財界人、弁護士、新聞関係者、医者などの知識人であった。

　阿部一族では阿部耕三、阿部虎吉、阿部政次郎の名前が見られる。経済企画庁長官を務めた東洋製罐株式会社社長の高碕達之助、大倉土木株式会社取締役の籠田定憲、東洋加工綿業株式会社社長などを務めた堀文平、大阪商船株式会社専務の堀新、大阪毎日新聞社の河野三通士、東京日日新聞社営業局長・大阪毎日新聞社常務取締役の吉武鶴次郎、株式会社大同洋紙店取締役社長の谷野弥吉などもここに住んでいる。

　雲雀丘ではこういった社会の一線で活躍する人々によって自治会が結成され、会則に従って町の経営方針が決定されていた。自治会の会合は、駅前に建てられた「白鳳倶楽部」で開かれ、この建物では茶道や華道、謡曲の会、講演会など住民の交流がはかられていたようである。生活に必要な施設や設備の整備は、初期の段階では阿部が主導したものが多いが、その後は、住人の手によって充実されていくことになる。

当初計画していた設備や施設について阿部は、

> 地区内に上下水道を設備し、下水道を縦横に布設し、大小の道路を設け、住宅地の何れへも人力車、自動車自由に通行し得るの便あり、新停留場の周辺に倶楽部、浴場、諸売店、人力、自動車帳場等を建築すべし[*2]

と語っている。最初の住人となった弁護士の林龍太郎は、転居の翌年に水道、ガス、電灯、電話、道路、警察、排水設備、倶楽部、売店が完備されていることを記しており、阿部の構想通り、開発当初から充実したインフラ整備が行われ、生活施設の設置も進んでいたことが確認される。

これらのうち、ガスは住人であった大阪ガスの片岡直方によって設営されたといわれ、駅前の請願派出所や商店は、住民の働きかけによって誘致されたものという。学校施設については開発当初は設置されていなかったが、大正一一年になって阿部を中心とする住民によって私立小学校「財団法人雲雀ヶ丘学園」が設立される。その後、同一三年には橋詰蝉郎によって「雲雀ヶ丘家なき自然幼稚園」も開設されるなど、教育機関も次第に充実されていった（図⓮）。

図14　家なき自然幼稚園の自動車旅行

このように、雲雀丘では阿部の抱いた構想が、住民自身の手によって実現され、生活環境の向上が図られていったのである。

それぞれの住宅

雲雀丘に建てられた住宅は、駅の近くには和館が多く、斜面を登るに従って洋館が増える傾向にあったといわれる。外から見ると洋館が目に付くものの、数としては和館のほうが多かったようである（図⓯）。

開発当初の住宅として現存するものは、洋館では高碕達之助

図15　駅前から見た住宅地

邸（現高碕記念館　大正一二年　W. M. ヴォーリズ）（図⑯）、正司泰一郎邸（大正期）（図⑰）、竹村久康邸（大正期　あめりか屋）（図⑱）、森本清邸宅（昭和二年　日本土地住宅株式会社）、河野六郎邸（大正一〇年　鈴木建築事務所）、安田辰治郎邸（大正一〇年頃安田辰治郎）、日下義彦邸（昭和二年）（図⑲）、尾崎誠之助邸（昭和一〇年頃　大倉土木大阪支店）（図⑳）、和館では井下廣邸などがあり、洋館のほうが比較的よく残っている。

これらの住宅は形態も建設経緯もさまざまで、個々の住人の趣味を反映した住宅がそれぞれの敷地に自由に展開されているのが特徴といえる。

二〇世紀初頭の北米中産階級の郊外住宅に採用された建築様式を持つ安田辰治郎邸は、アメリカから持ち帰った住宅雑誌を参考に、氏が自ら設計した住宅であり、河野六郎邸はその平面計画については、イギリス滞在中に過ごした住宅の影響を受けている。また、高碕達之助邸は、そもそも医師の諏訪瑩一郎邸として建てられた住宅で、病院を介して交流のあったヴォーリズに設計を依頼したものであった。高碕氏に譲られてからは、氏の趣味で、ワニや大亀、エミューなどの動物が敷地内で飼われ、近隣の住宅のバルコニーからは庭を散歩する彼らの姿を見ることができたという。

庭に関しても、日本庭園や噴水・花壇を備えた洋風庭園などが広い敷地内にさまざまに展開され、住人の楽しみのひとつになっていた。雲雀丘のすぐ西に、植木の産地として有名な山本

図17　正司泰一郎邸（大正期）

図16　高碕達之助邸（大正12年　W.M.ヴォーリズ）

図19　日下義彦邸（昭和２年）

図18　竹村久康邸（大正期　あめりか屋）

図20　尾崎誠之助邸（昭和10年頃　大倉土木大阪支店）

の集落が位置したことも、こうした庭づくりを支える背景となった。

先に述べたように雲雀丘の住人は、いわゆる高級サラリーマンや知識人が多い。住宅についても意識の高かった彼らにとって、自分の求める住環境を実現する場所として雲雀丘は有利な条件を備えていたといえる。宅地造成も自ら行う必要があるなど、他の分譲住宅地に比べて手間のかかる部分も多かったが、町並みのルールさえ守れば変化に富んだ広い敷地は、思い思いの住宅を造るにはむしろ理想的であったと考えられる。雲雀丘の住宅がそれぞれ個性的であるのは、こういった理由によるものといえよう。

その後の雲雀丘

以上、大正四年以降、雲雀丘において阿部元太郎が行った住宅地開発について、その経緯を中心に紹介してきた。ここではその後の雲雀丘について概観し、この住宅地が現在直面している問題について述べてみたい。

阿部の開発以降、雲雀丘では多くの事業体によって北へ北へと住宅地が拡大されていった。現在もなお、開発の手は北へとのびているが、その手法は阿部が大正期に行ったような自然の地形を活かした方法ではない。ここでは他のありふれた住宅地と同様、たとえ急傾斜地であっても土地を平坦に造成し、地形を無視した画一的な宅地割りが行われている。しかも、一区画の面積は三〇坪に満たない規模であり、とうてい魅力的な住宅地に成長することを期待できるものではない。

こういった開発が進行する間、阿部が開発した地域もまた、時代と無関係ではいられなかった。この住宅地に起きた出来事のうち、最も大きな事件のひとつは、米軍による接収であった。開発当初に建てられた洋館のほとんどが、昭和二二年から二八年までの間、米軍将校の住宅として接収され、改造を受けるなどの危機を迎えた。しかし、この時の打撃は致命的なものではなく、本当の危機はバブル期以降に起こったのである。相続税の支払いを目的として土地の細分化や売却が進み、さらに阪神・淡路大震災が当初建てられた質の高い住宅の建て替えを促した。そして今まさに雲雀丘の景観は大きく変わろうとしている。

実は、雲雀丘の景観はこれまでも識者の注目を集め、住宅の幾つかは宝塚市の景観指定物件となり、その優れた景観を守るための行政的な施策の必要性も認識されてきた。しかし、阪神・淡路大震災後の社会的状況の中では、良好な環境保全へのコンセンサスを得ることは困難で、有効な行政的施策がなされるには至っていない。開発当初の住宅を取り壊し、マンションを建設する動きは常に進行している。

現在、雲雀丘を下方から見上げると、緑に囲まれた低層住宅の中にマンションが忽然と頭を突き出すという状況となっている。傾斜地というこの住宅地最大の魅力が逆にこうした景観を目立たせることになっているのは歴史の皮肉といえよう。

雲雀丘という住宅地は、阪神間の中で異色の存在だった。その不思議な魅力は、現在進行している住宅地開発を目の当たりにすると、ますます際だったものとなって我々を惹きつけるのである。

なお、本稿を執筆するにあたり、雲雀丘・花屋敷の住民および関係者のみなさま、またとりわけ宝塚市役所都市復興局都市デザイン課の小林郁夫課長（当時）には、史料収集や聞き取り調査などにおいて多大なるご協力をいただいた。記して謝意を表する次第である。

註

＊1――箕面有馬電気軌道『山容水態』第三巻第七号、大正五年

＊2――前掲『山容水態』

参考文献

「阪神間モダニズム」展実行委員会『阪神間モダニズム　六甲山麓に花開いた文化、明治末期―昭和15年の軌跡』淡交社　平成九年

宝塚市『宝塚市史』第三巻　昭和五二年

宝塚市水道局『宝塚水道史』昭和六二年

学校法人雲雀丘学園『創立三十周年記念誌』昭和五五年

箕面有馬電気軌道『山容水態』大正五年

『建築世界』一〇巻一一号　大正五年

坂本勝比古「阪神間の高級住宅地としての成り立ち」『建築と社会』平成八年

坂本勝比古「阪神間の住宅地形成に関する基礎的研究（1）―近代日本の大都市郊外住宅地形成過程―」住宅総合研究財団研究年報No．20　平成五年

甲田拓「宝塚市雲雀丘地区の住宅地開発に関する史的研究」平成八年度京都大学卒業論文　平成九年

⑳

甲子園／西宮

大衆化する健康・娯楽地のイメージ

角野幸博

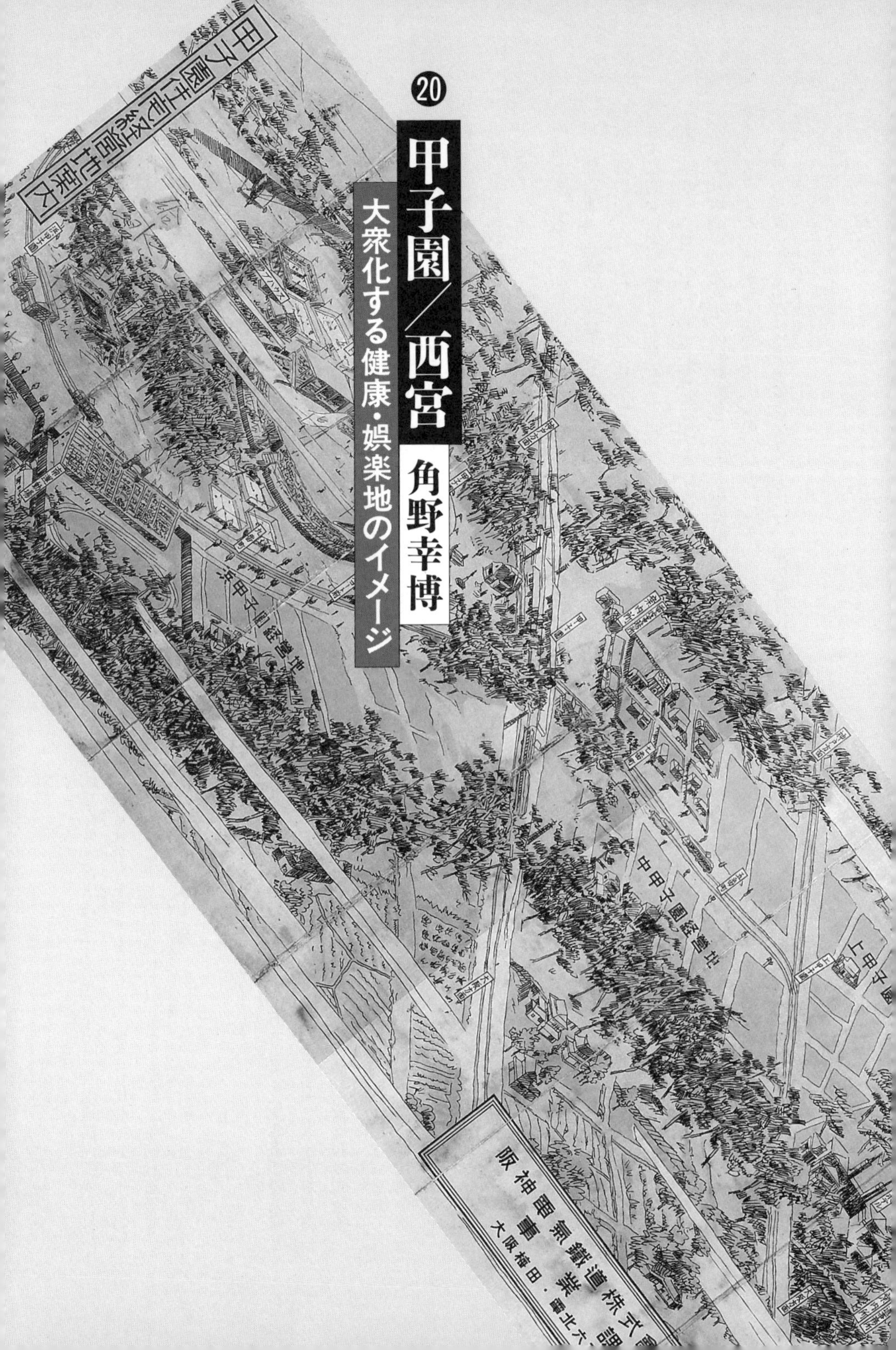

阪神電鉄による住宅地経営の開始

関西の私鉄による郊外住宅地開発は、阪神電鉄（以下阪神と呼ぶ）によって始まった。明治三八年に神戸―大阪間に路線を開設した同社は、本格的な住宅経営にさきがけて明治四一年、『市外居住のすすめ』という小冊子を発行し、郊外生活の快適性を訴えかけた。これは、当時の専務取締役の今西林三郎が、大阪府立医学校長佐多愛彦はじめ一四名の医療関係者の講演録風にまとめたもので、郊外生活がいかに健康に適しているかを強調するものであった。[*1] この冊子は市販された他、神戸で西洋食料品店を営んでいた小田久太郎（後に三越専務）が神戸市内の得意先に配ったことが反響を呼び、住吉や御影方面で土地斡旋の依頼が増えた。[*2] 開業当初の阪神は、土地家屋の無料仲介、移転家具の無料運搬、街灯の寄贈、定期券の割引など、引越しを奨励して乗客を確保しようとしたのだった。[*3]

阪神はやがて明治四二年九月、西宮駅前で三〇戸の貸家経営を始める。さらに明治四三年九月には武庫郡鳴尾村西畑（阪神甲子園駅南東部、現在の甲子園七番町）に、約七〇戸の文化住宅を建設、[*4] 御影山手にも約二〇戸の住宅を建設した。

本格的な住宅地経営をひかえて、同社は、大正三年一月から大正四年一一月までの間、『郊外生活』という月刊誌を発行する。これは沿線の郊外生活の魅力を、園芸や史跡散歩など、ライフスタイルの点からも紹介するものだった。

しかし、直営で宅地分譲事業を行なうことには、阪急電鉄ほど積極的でなかったとみえ、大正七年、阪神土地信託株式会社（後に阪神土地株式会社と改称）を設立し、別会社化している。その後、後述のように甲子園開発に合わせて、昭和二年同社を吸収合併し、直営事業に戻した。

近郊リゾート開発

明治中期までの鳴尾村は、武庫川河口のデルタ地帯での菜種栽培や綿花栽培などの農業と、大阪湾での漁業を営む小さな農漁村にすぎなかった。だが阪神の開通以降、大阪近郊の立地条件と自然環境の美しさを生かしたリゾート開発が始まる。

まず明治三九年、地元地主の辰馬半右衛門が鳴尾百花園を開設した。これは約五〇〇〇坪の敷地に席亭、築山、池などを配した、本格的な庭園風の遊園地であった。[*5] また大正一五年には、阪神が武庫川河川敷に武庫川遊園を開設し、運動場建設や桜の植樹を行ない、さらに昭和六年には鳴尾百花園を買収し、武庫川学園という大阪市内の学童向きの郊外学園を設置した。

一方、明治三〇年代末期から近郊農家による苺栽培が行なわれ、最盛期には約一八〇ヘクタールの苺畑があった。その間、大正三年には苺ジャムの製法が紹介されたり、大正八年には阪神が鳴尾駅前に案内施設を設け、苺狩りの人々で賑わうようになった。さらに沿岸部には、鳴尾競馬場（明治四〇年）やゴルフ場（大正三年）なども建設され、近郊リゾートとしての性格を強めていった。

この間、阪神は、明治三八年に夙川河口の打出浜に海水浴場を開設した。さらに明治四〇年には、隣接する香櫨園浜にも海水浴場を開設するとともに、大阪の砂糖商香野蔵治と株の仲買人櫨山慶次郎が開設した、香櫨園遊園地への出資を行なった。香櫨園遊園地は大正二年に閉鎖されるが、施設を香櫨園浜に移設したり、同年に発見された苦楽園のラジウム鉱泉と香櫨園駅が人力車やバスで結ばれたため、沿線はリゾート地としてのイメージが固まりつつあった。

大正一一年、兵庫県は武庫川の河川改修を決定した。分流であった枝川と申川を廃川とし、河川改修および国道改築の工事費を捻出するために、跡地処分を行なった。この工事の結果、約八〇・七二ヘクタールの土地が生まれ、道路および水路敷をのぞく七三・九二ヘクタール（二二万四〇〇〇坪）を、四一〇万円で阪神が取得した。[*6]

香櫨園などの経験をふまえて、すでに明治四三年、阪神の技師長であった三崎省三[*7]は、沿線に大規模リゾートを開発するという私案を固め、武庫川河口を適地と考えていた。[*8]甲子園での用地取得は、遊園地やスポーツ施設を集中配置した総合的な近郊リゾート開発の、絶好の機会であった。

当初は、上甲子園から浜甲子園までの一帯に娯楽、スポーツ施設をつくる計画もあった。当時の担当者で第二次大戦後、社長に就任する野田誠三によると、鉄道より北側は住宅地に、南側は遊園地にという漠然とした考えがあり、京大教授武田五一に計画策定を依頼したという。[*9]

結局、野球場の建設が最優先され、大正一三年七月に甲子園球場が完成した。また大正一四年六月二一日付の神戸新聞によると、最北部の武庫川右岸約一万坪を遊園地に、その南側、阪神本線までを住宅地に、さらに海側にはテニスコート、ホテル、劇場、博物館、動物園などを整備すると報道されている。その後、昭和初期にかけて、テニスコート、プール、陸上競技場、遊園地、水族館、海水浴場、潮湯などが次々と建設されていった。

水族館には和歌山県沖で捕獲したゴンドウクジラを人工池で泳がせたり、甲子園球場では野球以外にも、たとえば信州や兵庫県北部から雪を運んできて、アルプス・スタンドにジャンプ場をしつらえてジャンプ大会を行なうなど（図❶）、現在から見てもユニークな企画が実施された。国際大会も行なったテニスコートは、一時は百面を数え、「甲子園百面テニスコート」と賞賛された。ちなみに現在も、甲子園球場のほかに、テニスクラブ、プール、遊園地などを経営している。

リゾートホテルも計画された。阪神は、当初、甲子園浜近くに海浜ホテルを構想し、帝国ホテルの元支配人であった林愛作に依頼した。林は、フランク・ロイド・ライトの弟子で、帝国ホテルや山邑邸などを担当した遠藤新を起用したうえで、阪神の所有地を渉猟した結果、武庫川と旧枝川との分流地点、鳴尾村最北部で阪神国道にも近い、武庫川河畔を候補地として提案

図1　甲子園球場でのスキージャンプ大会（昭和14年、『輸送奉仕の50年より』）

図2　甲子園ホテル（当時の絵はがきより）

した。

当時の社長であった島徳蔵[*10]は彼らの提案を受け入れ、株式会社甲子園ホテルという別会社を設立し、昭和五年五月に開業した。社長には富士火災の社長、井上周が就任した。

「西の帝国ホテル」とも呼ばれたこのホテルには、海外の賓客や、国内の政財界要人、軍人、皇族などが宿泊した。同時に、阪神間の郊外住宅地に住む関西の財界人や文化人らのサロンとしての性格も有し、結婚式や会食、新婚旅行などにも利用された。海浜リゾートホテルにはならなかったものの、阪神による甲子園開発のイメージリーダーとして、パンフレットなどにも頻繁に登場している（図❷）。

甲子園住宅経営地

阪神による住宅地開発は、こうしたリゾート開発とともに、河川敷跡の細長い弓状の敷地を、北から順に上甲子園、中甲子園、浜甲子園経営地に分けて行なわれた。住宅地計画については大正一四年に、都市計画家の大屋霊城[*11]にもマスタープランの策定を依頼している。彼は阪神より南側の球場から海岸にいたる間については、蛇行した広幅員道路の両側に緑豊かな住宅地を点在させる計画を示し、全体を「花苑都市」[*12]と命名した（図❸）。

大屋は花苑都市を、「（前略）一方遊園地を造って人を呼び他方気持のい々住宅街を設けてそこに割合に沢山の人を住ませ一種の田園都市風に施設しようと云うにある、いわば遊覧都市とも見るべきもの」[*13]と定義している。また、花苑都市という言葉を選んだ理由を「田園都市と云えば社会政策的の意味の加わった所謂ハウワード氏のガーデンシチー風に考えられる虞がある（中略）、遊覧都市といえば例えば奈良、京都の如き名所の遊覧を以って人を集めこれによって立って居る都会の如き感じを与え（後略）」[*14]るためという。

ちなみにウェルウィン・ガーデンシティ（一九二〇）にはパークウェイと呼ばれる帯状の公園兼並木道があり、日本でもパークウェイの概念が紹介されていた。大正一二年、内務省都市計画局は公園を近隣公園など八種類に分類し、そのなかに「道路公園」という区分を設けている。甲子園における大屋の提案は、このパークウェイや道路公園を実現させようとしたものであった。また彼は藤井寺でも花苑都市を提案しているが、いずれも実現はしなかった。
　河川の廃川敷処分は大正一〇年公布の国有財産法によって可能になり、本来は地方公共団体が管理義務を持つものの、内務大臣の許可を受ければ、民間への売却、賃貸が可能であった。売却されて民有地となればその効率的利用が求められ、民間企業だけで豊かな空地を担保するには限界があったと思われる。[*15]
　結局大正一五年一〇月の重役会議で正式決定された実施案は、旧河川敷である細長い帯状の敷地に、路面電車が通る街路を通し、もとの堤防にあった松林をできる限り保存しながら、懐の浅い短冊状に街区を切ったものであった（図❹）。

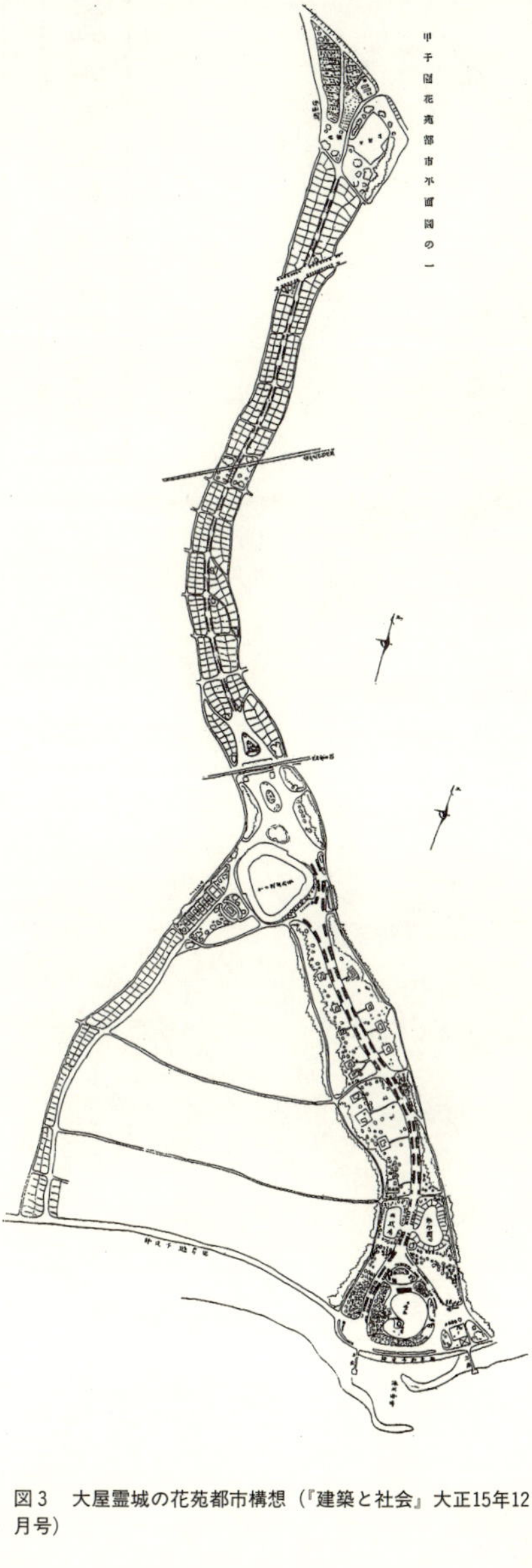

図3　大屋霊城の花苑都市構想（『建築と社会』大正15年12月号）

　昭和二年、本格的な開発事業を行なうため、傍系会社であった阪神土地株式会社を吸収合併したうえで、昭和三年七月、中甲子園で第一回分譲を行ない、昭和五年、中甲子園と上甲子園で第二回分譲を行なった。分譲景気をあおるため、昭和三年九月に開会した阪神大博覧会で、入場券に抽選番号を記載し、当選者五名にそれぞれ一〇〇坪の土地を無償贈与した。[*16] また、第一回分譲時の新聞広告には、「一割引」の文字も見える。
　最初は阪神国道の南側に中流住宅の建て売りを行なったが、すぐに敷地規模を大きくとった宅地分譲に転換した。元の河川敷きには大きな松の木が生えており、これを生かした大型宅地では、建て売り住宅は困難と判断されたのである。[*17]
　また、駅の北側の一部と、五番町交差点付近には、阪神の社

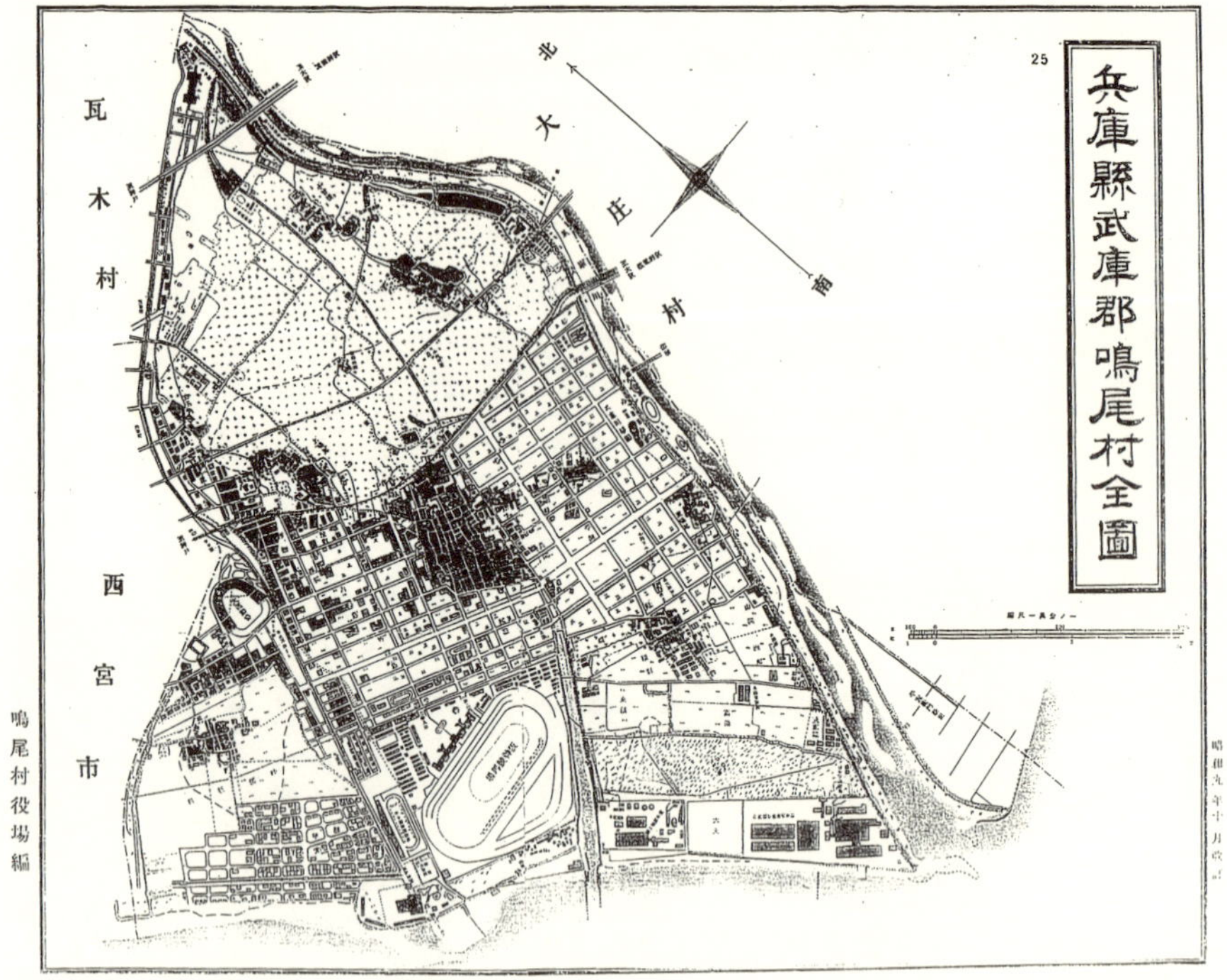

図4　鳴尾村全図（昭和9年）

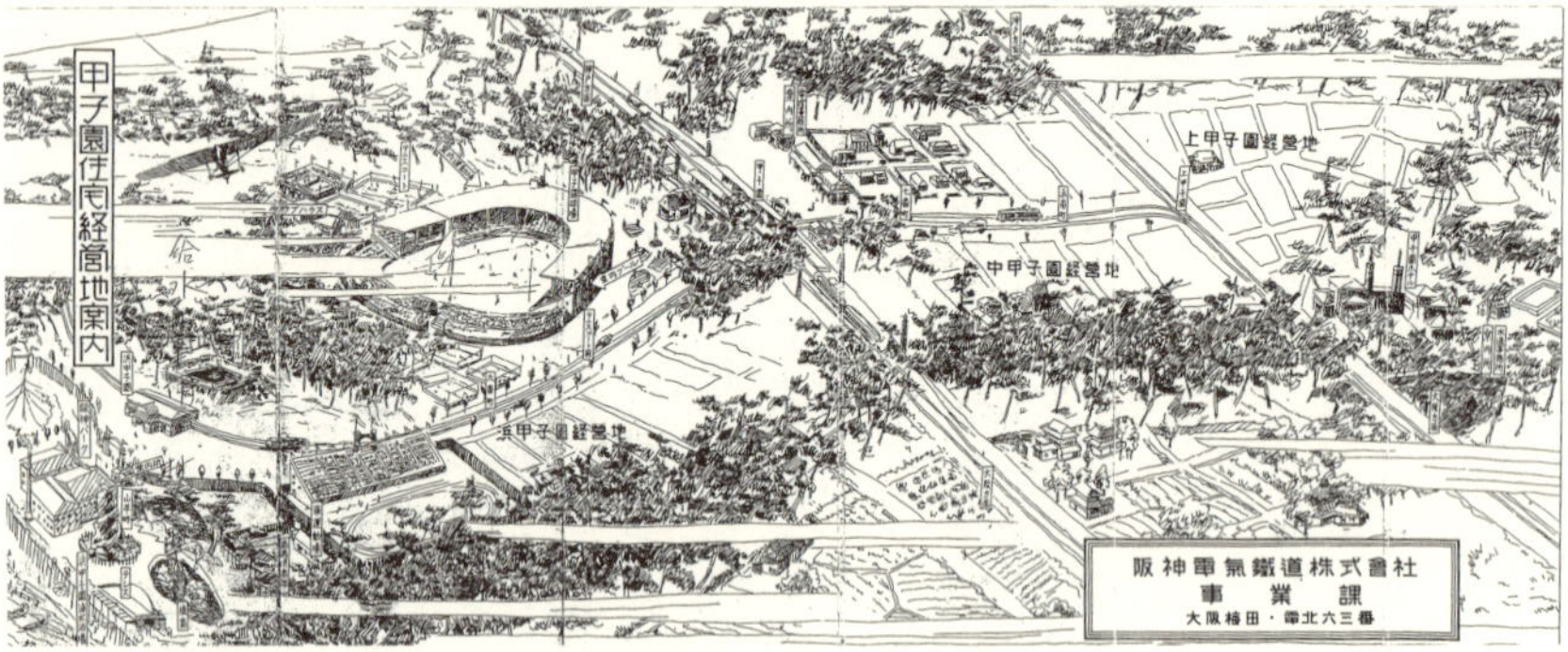

図5　甲子園経営地パンフレット（昭和10年頃、阪神電鉄）

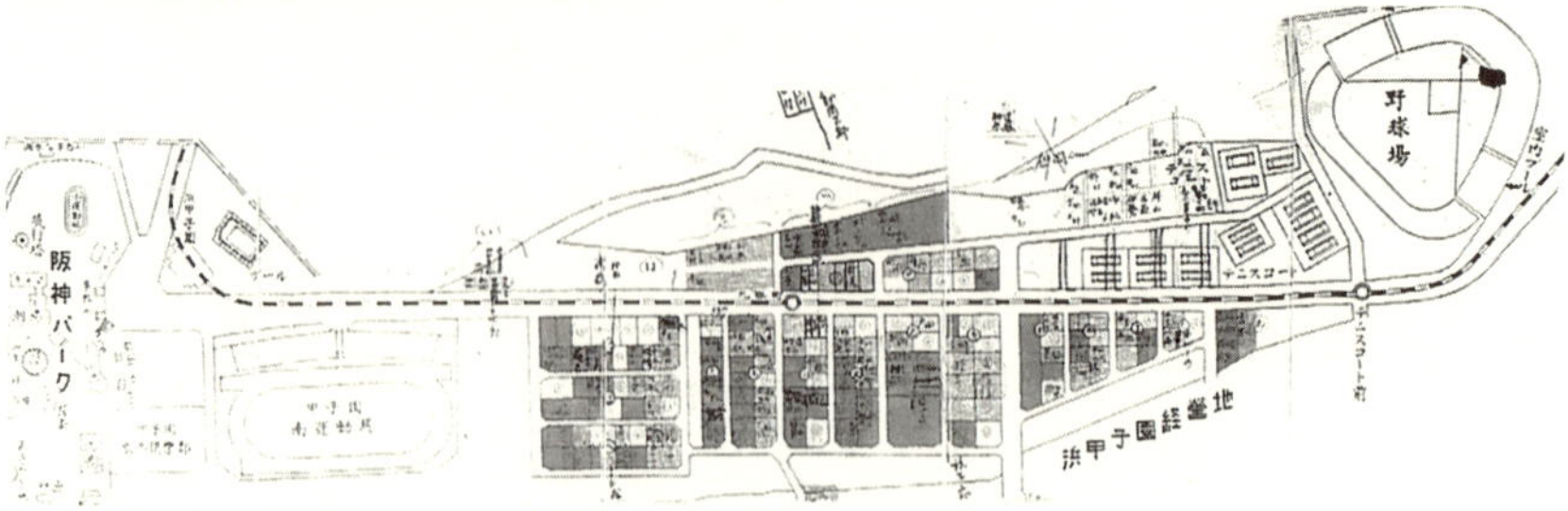

図6　パンフレットの裏面

有地として販売を留保した区画もある。このうち駅北東側の隣接部分は、貸店舗用地であった。また北西部の社有地は、ほどなく住友の社宅として分譲されている。

昭和一〇年頃に作成されたパンフレット（図❺）には、以下の通り、特徴が具体的に紹介されている。[*18] これによると、自然豊かで交通利便な健康地のイメージと、多様な娯楽施設が充実したリゾートイメージとを訴えかけることによって、住宅地としての魅力を高めようとしたことがわかる。

甲子園経営地の特長

一、交通が便利なこと

大阪、神戸の中央に位し、阪神本線あり、国道電車あり、国道バスあり、御敷地から直ぐ電車に乗れること、阪神本線なら梅田から廿分、国道電車なら野田から上甲子園まで廿五分、而も経営地内には南北に通ずる浜甲子園線の電車あり、実に文字通り交通至便の土地であります。

二、健康上最適の土地なること

経営地全部は鬱蒼たる松林に囲まれ、風清らかに陽あたり良く、海辺に近く健康上最適の場所であります。

三、経営地の設備

最も近代式の設備を持つ上水道は已に給水を開始し居り、水量豊富を誇り、幅広き道路整然と四方に通じ、街路樹を植え、浜及中甲子園には已に瓦斯の敷設を見、遠からず上甲子園にも及びませう。弊社請願巡査詰所は上甲子園停留所及野球場前にあり、近く浜甲子園にも設置せらる、であります。

四、当経営地は財産として最も安全有望なること

当経営地は全部阪神電車の所有地にして、価格統一され居り御買求めに際し御不安なく、而も一度景気回復の時期来らば、大阪、神戸間の形勝の地区とて、交通便利なる当経営地の如きは忽ち羨望の焦点となり、最も有望なる好個の安全投資地であります。

五、経営地内の諸運動娯楽設備

①阪神パーク。南に海に面して広さ二万坪の遊園地は着々完備の途にあり。池あり、砂山あり、潮湯、キネマ、お猿島、山羊の峯、あしかの池は、已に完成し、総ゆるお子達の遊戯器具は調い、近く飛行塔、スクーター等の建設を見るべく、此の地の経営に付ては往々他に見るがような俗悪さを避け、全くお子達本位に経営するもの故、純真なる御家庭の御住居には最適の地と存じます。

②大野球場。世界に冠たる野球場は本線停留所の南に厳在し、殆んど毎日曜日には野球試合があります。

③南運動場。浜甲子園経営地に近く、陸上競技、ラグビー、サッカー、の競技場たり。

④テニスコート。総数三三個あり。[*19]

⑤室内プール。大野球場の東袖にあり、其設備のモダーン

なると完備せるとは東洋第一にして、他の追随を許さず、夏冬は云はずもがな、晴曇、雨雪を論ぜず、御婦人お子達も四時愉快に遊泳を楽しむことが出来ます。
⑥他に屋外廿五米プール、室内運動場（野球場内）があります。

経営地北端の旧分流地点には、水源地と水道事務所が設置され、上水道（昭和七年より）と都市ガス（昭和五、六年頃）の供給が開始された。なお、阪神国道（現在の国道二号）には、阪神が路面電車を運行していたが、上甲子園から線路を分岐させ、旧河道上を甲子園浜まで延伸した。まず、大正一五年に甲子園―浜甲子園間が開通、続いて昭和三年に上甲子園―甲子園間が開通した。また、土地を購入後一年半以内に住宅を建てた居住者には、大阪または神戸までの一年間の定期乗車券を支給した。

社史によると第一回分譲地は一万数千坪で一口二〇〇坪内外に分割された五〇区画からなりたっていた。[20] 坪単価は最低で三八円、最高で七〇円、最多価格帯は坪五〇～五五円程度であったという。支払方法は即金と割賦の二つがあり、割賦の場合、頭金は代価の二割以上、残金は三、五、七、一〇年の分割払いが可能であった。分譲契約後、一年半以内に住宅を建設する条件がついていた。また第二回分譲は、七三区画を坪単価平均五九円二五銭で販売した。

ところが図❺に示したパンフレットの裏面には、当時の販売状況や分筆状況が示されている（図❻）。これによると、一戸あたりの敷地規模は大小様々であり、中甲子園の大きいもので五〇〇坪程度あったのに対して、浜甲子園では一〇〇坪未満の宅地も多かった。さらにそこには担当者の手書きメモが残っており、分譲済区画、販売中区画、保留地の三区分のほか、テニスコート用地を細分化して宅地化する案や、分譲区画を任意に細分化していた様子も記されている。売り出しが開始された時期は、世界恐慌の発生と重なり、我が国の景気は必ずしも良くなかった。完売までには数年を要したほか、処分しやすいよう顧客の要望に応じて、敷地を小規模に分割しようとしたものと思われる。とくに浜甲子園経営地では、購入者が貸家経営を行なうために敷地を細分化した状況も、読み取ることができる。

こうした土地分譲の結果、一つの経営地内に大小の敷地が混在し、全体がひとまとまりの高級住宅街というイメージは育ちにくかったと思われる。また、第二次大戦後の土地利用転換にも影響を与えることになった。

阪神の甲子園経営地は宅地分譲を基本とし、しかも戸あたりの敷地規模が多様であるため、上物の住宅も多様なものが建設されている。図❼は昭和八年建設の吉原邸、図❽は昭和九年建設の西村邸で、[21] いずれも大林組住宅部の設計施工である。前者は和館に洋風の応接間をつけた木造住宅であり、甲子園ホテル正面に面していた後者は、鉄筋コンクリート造の純洋風の外観に木造の和室部分を一体化させている。図❾は、中甲子園でも、

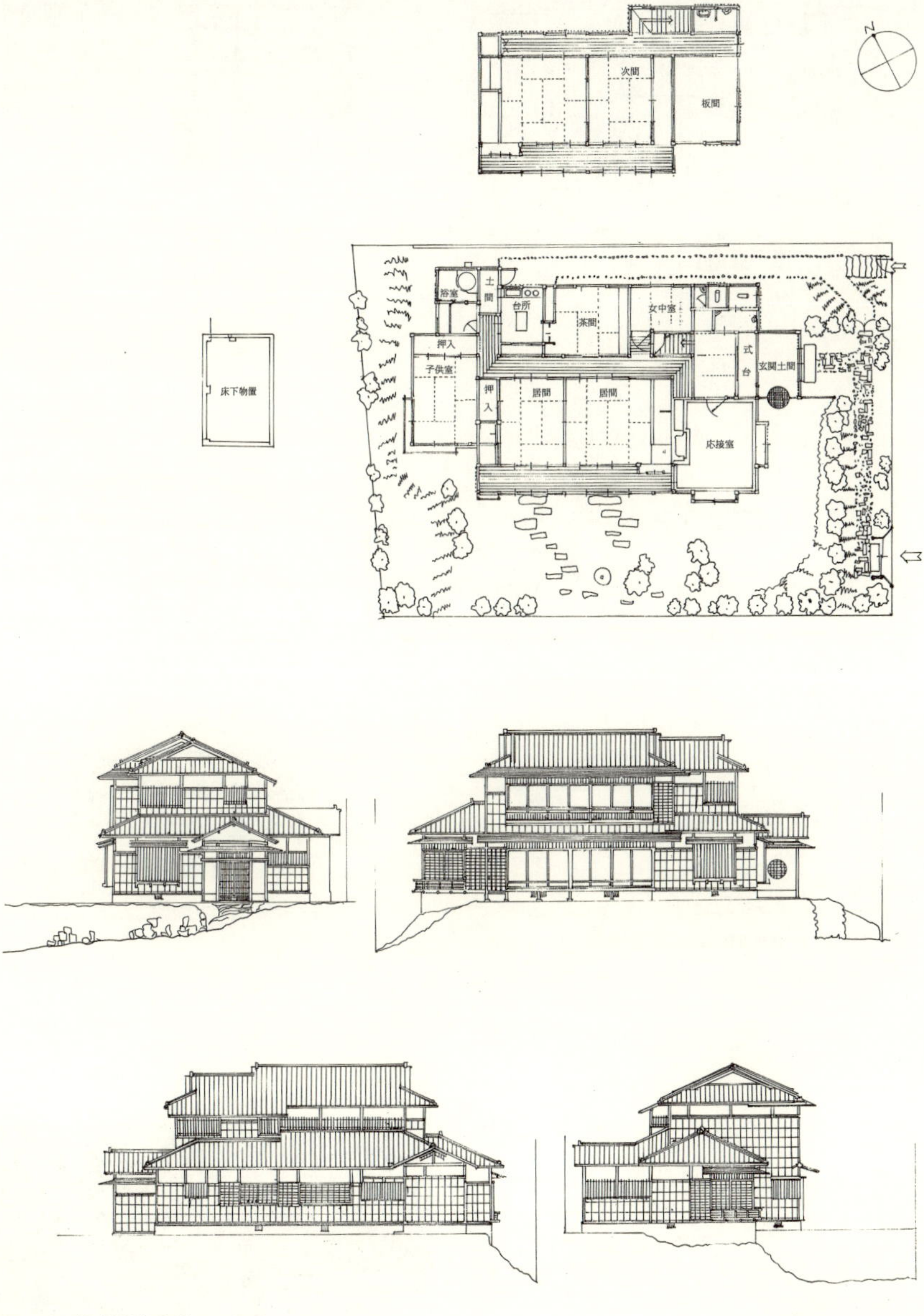

図7　吉原邸（大林組資料）

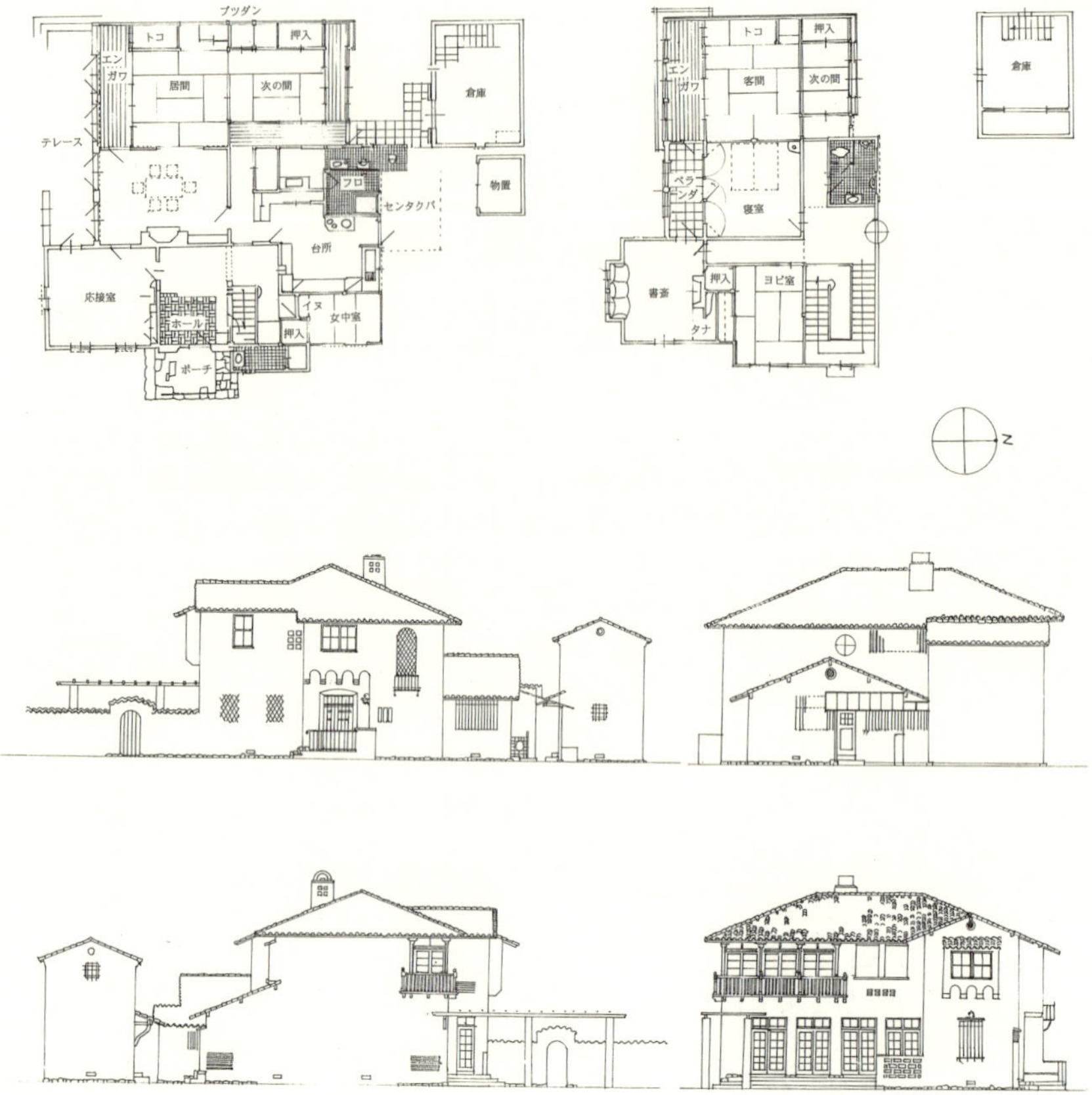

図８　西村邸（大林組資料より作成：北尾琴）

図９　吉本邸（大林組資料『建築と社会』昭和９年５月号）

もっとも敷地規模が大きい区画に、やはり大林組住宅部の設計施工で昭和八年に建てられた吉本邸である。[*22]元堤防敷きの小高い丘を敷地とし、既存の松を最大限残している。鉄筋コンクリート二階建で、八畳の客室と女中室以外はすべて洋風の生活様式を前提としている。

浜甲子園健康住宅地

甲子園経営地以外に、阪神は、昭和三年頃から、旧枝川と旧申川に挟まれた海岸地帯の一二万坪を買収して、そのうち約五万六〇〇〇坪（別の大林組資料では五万四〇〇〇坪）の経営を大林組に委ね、残りを直営の南甲子園住宅地として開発した。[*23]大林組は、甲子園球場をはじめ、駅舎、甲子園ホテル、阪神パーク本館および水族館、大運動場観覧席など、この地区の大型施設の施工を受注していたほか、前述のように上甲子園や中甲子園などでも、住宅部が戸建住宅の設計施工を受注していた。

大林組に住宅部が創設されたのは大正一四年五月で、初代住宅部長として招かれたのが、松本儀八であった。[*24]『大林組百年史』によると、この頃から景気の低迷によって建設工事の受注残高が減少し、経営の合理化や業態の拡大が検討されていた。住宅地の造成、分譲と住宅建設もその一環であった。

昭和四年五月、前述の五万六〇〇〇坪の開発分譲を住宅部が担当することになり、「浜甲子園健康住宅地」と銘打って宅地造成を開始し、昭和六年初頭に[*25]、道路、上下水道、緑地帯の造成を完了した（図⑩）。経営地内には、医院、郵便局、公衆浴場、理髪店、日用品店などを設けた他、倶楽部ハウス（図⑪）と幼稚園（図⑫）を建設した。また、南運動場前には、案内所を設置した。倶楽部ハウスと幼稚園は地元に移管され、とくに幼稚園については昭和一四年まで経費を負担した後、現在も「浜甲子園健康幼稚園」として運営されている。

阪神はこの住宅地のために、甲子園線を浜甲子園から西へ延長して停留所を二カ所新設し、浜甲子園駅から大阪または神戸までの一年間の無料乗車券の発行を行なった。

さらに販売に弾みをつけるために、設計コンペや住宅展を行なった。まず最初の分譲に先立って、昭和四年五月、大阪毎日新聞と共同で、健康住宅の設計コンペを実施した。わずか一カ月の募集期間中に四二五点の応募があり、設計者の関心の深さをうかがわせる。審査委員には、武田五一、片岡安、藤井厚二、戸田正三が任命された。一、二等当選案と、佳作で実用的と評価された案一〇戸程度と、大林組独自の案数戸が実際に建設され、[*26]昭和五年八月から三カ月間、「浜甲子園健康住宅実物展覧会」を実施し、集客に努めた。その結果、期間中に半数以上が売約となり、閉会後ほとんどが売却された。

コンペの要項は以下の通りであった。

一、健康住宅は五人乃至七人家族の住居に適応すること
一、住宅は木造平屋建又は二階建で延坪三〇坪内外、建築

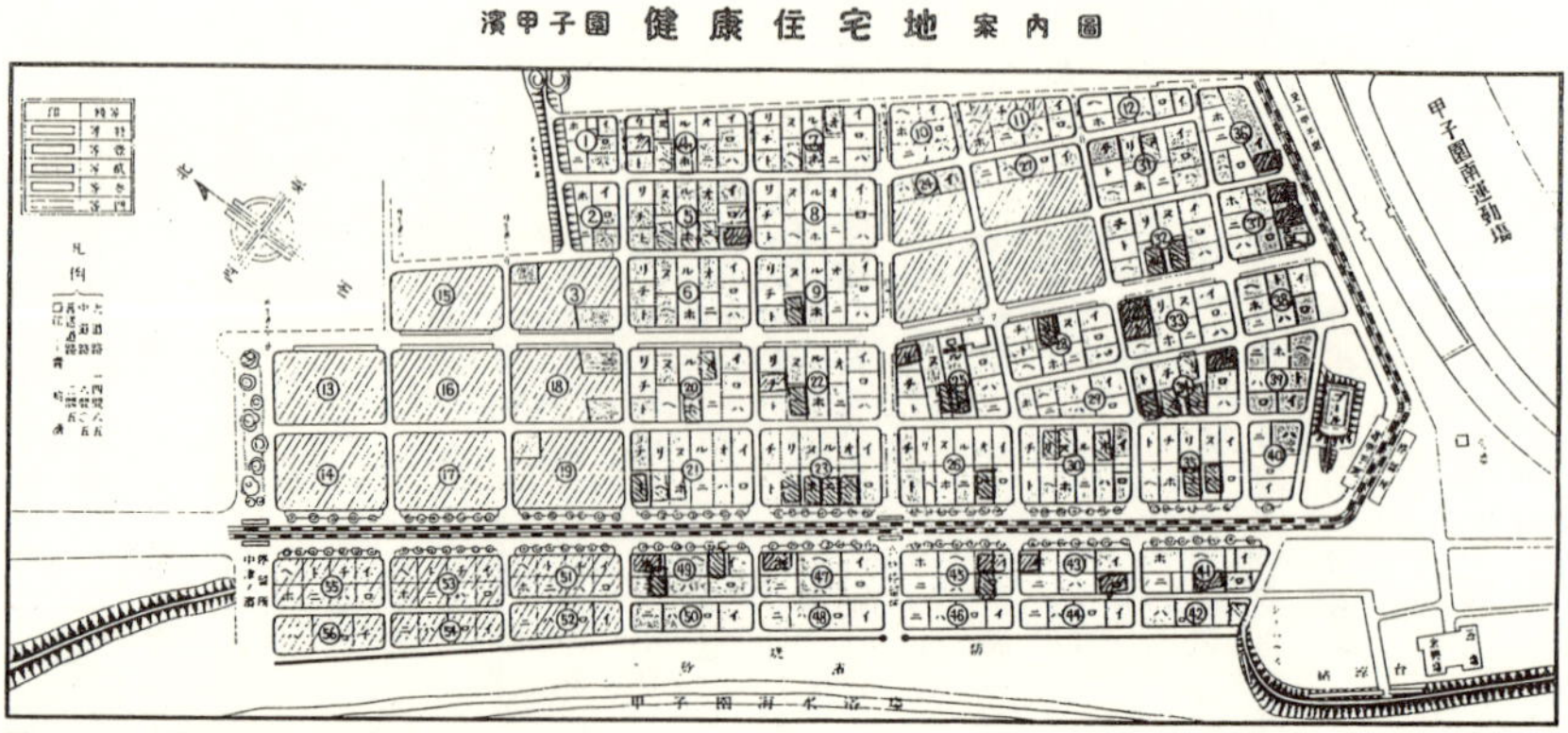

図10　浜甲子園健康住宅地平面図（大林組資料）

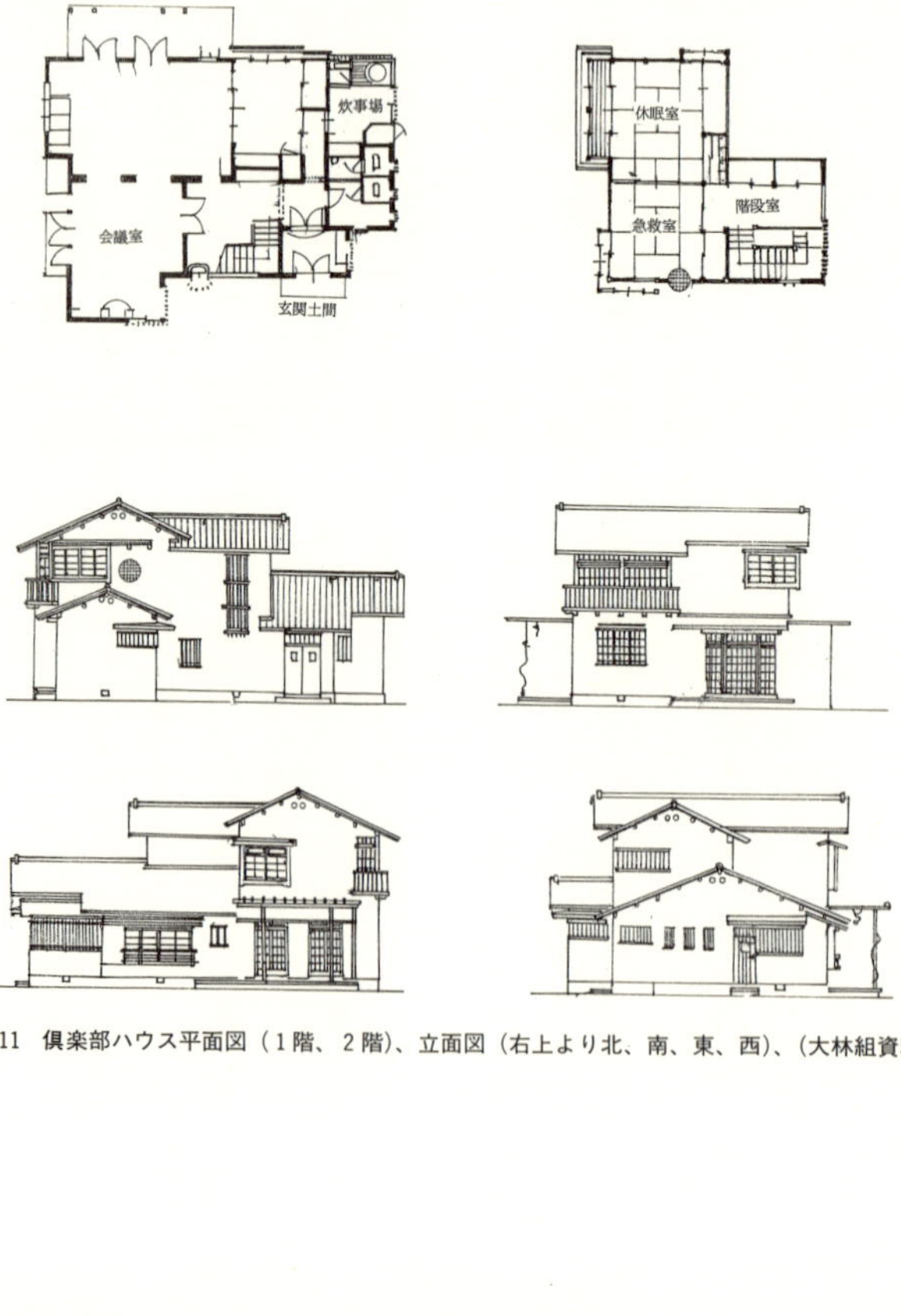

図11　倶楽部ハウス平面図（1階、2階）、立面図（右上より北、南、東、西）、（大林組資料より作成：北尾琴）

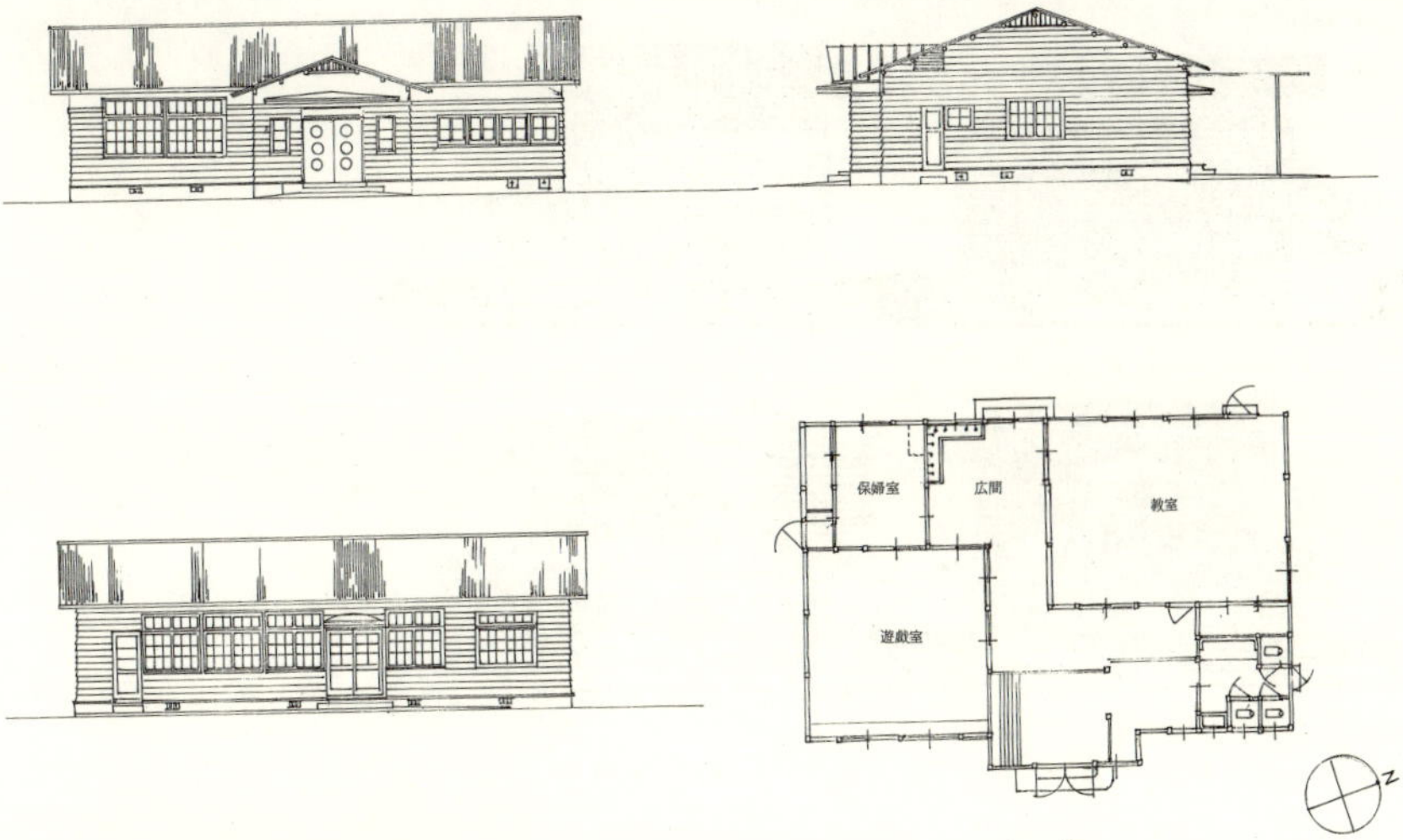

図12　健康幼稚園立面図、平面図（大林組資料より作成：北尾琴）

費四千円内外

一、北緯三五度内外の気候風土に適応したる住宅たること
一、構造設備は特に防暑を第一とし防寒を副とすべきこと
一、防寒設備として冬季室内の温度は摂氏一五度以上を保ち得べき暖房設備を附すること
一、本邦の特殊気候たる梅雨季の防湿に遺憾なきを期すること
一、各居室の有効窓面積を各床面積の五分の一以上たらしむること。また日光の投射角は室の中央において床面に二五度以上を有せしむること
一、台所、浴室および便所などの設備はすべて図面に記入すること
一、市街地建築物法に適応すること
（以下省略）

図⓭は、コンペ当選作品の一例を示したもの、また図⓮は、大林組提案物件の代表例を示したものである。後者も、コンペの要項や当選案を強く意識していることが感じられる。木造平屋と二階建の両タイプが準備されており、いずれも外観、平面計画とも和風を基本とし、通風に最大限配慮している。

また、浜甲子園健康住宅実物展覧会に合わせて作成されたパンフレットには、自然環境、スポーツ娯楽施設整備状況、住宅地内の設備、交通条件等に関する記述のほか、八戸の試作住宅の詳細が記されている。また武田五一、片岡安、伊藤忠兵衛、

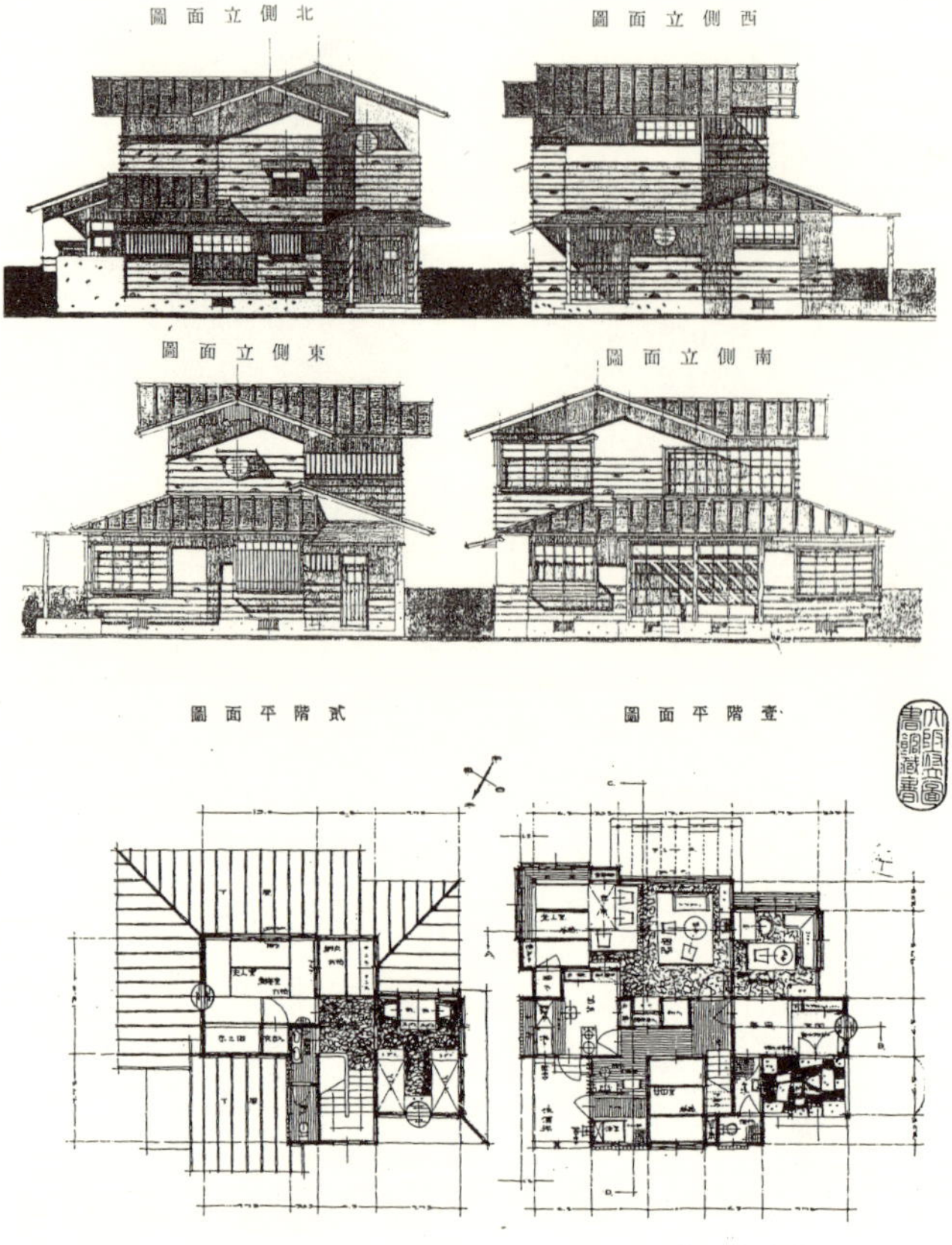

図13　コンペー等当選案（大阪府立図書館蔵）

図14　大林組モデルハウス（大林組資料）

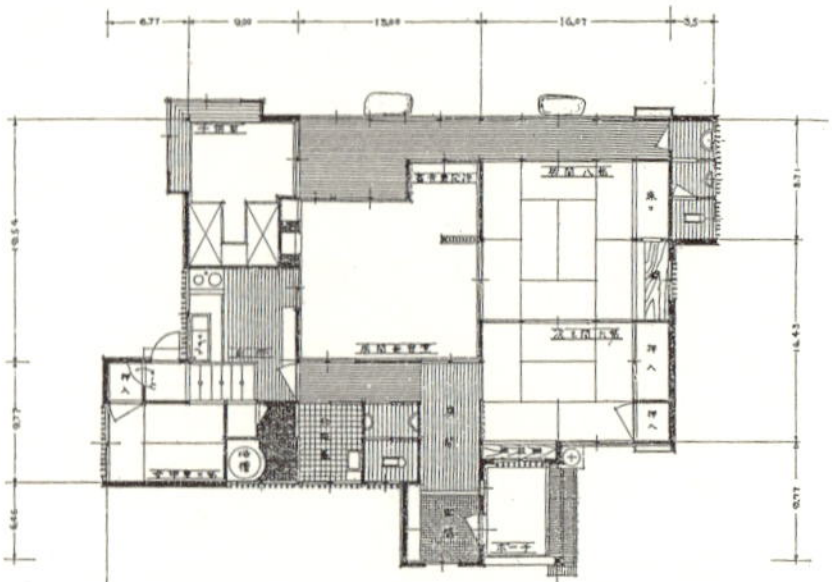

小出楢重、藤井正太郎らの推薦文も掲載されている。

パンフレットは、定住の魅力以外にも、夏の別荘（サンマー・ハウス）や週末安息の家（ウィークエンド・ハウス）としての魅力も訴えている。昭和七年には、週末安息の家展（ウィークエンド・メリーハウス）が、昭和九年には住宅地の完成を記念して、日本建築協会主催の「夏の家」の設計コンペが行われ、当選案を建設の上、「夏の家」展覧会が、それぞれ開催された。図⓯に実現されたものの一例を示す。実際、昭和一三年頃には、南側の街区では、一般住宅以外に、企業が保有する海の家や寮も多くあった。[*27]

昭和六年春頃には約六〇戸が入居しており、[*28]最終的には約五〇〇戸の住宅が建設された。不況の影響や、阪神間での他社を含めた総供給量が多かったため、完売には五年を要し、大林組による経営は昭和一二年に終了した。[*29]土地代は坪当たり三〇から四〇円、一区画一〇〇坪内外が多かった。阪神の経営地に比べると、坪単価も安く、戸あたりの敷地規模も二分の一程度というように、比較的求めやすい、庶民的な住宅地を目指していたことが分かる。設計は無料で、大林組が施工した。建築費は坪当たり一二〇円ないし一五〇円、支払いは三年または五年年賦であった。この点でも、阪神の経営地との間に商品格差を作り出している。

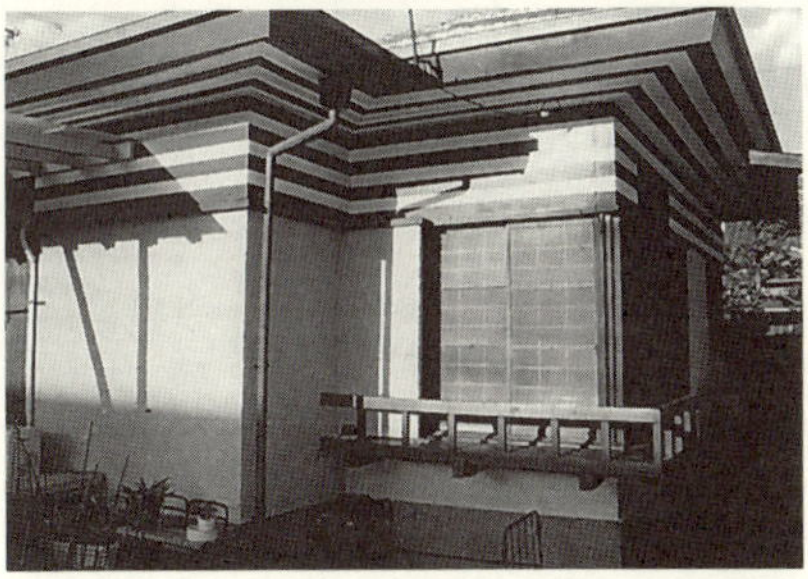

現況写真

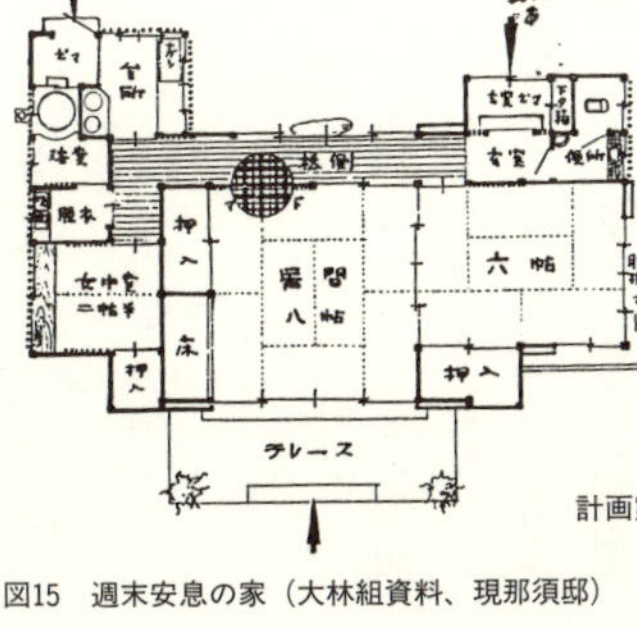

計画案

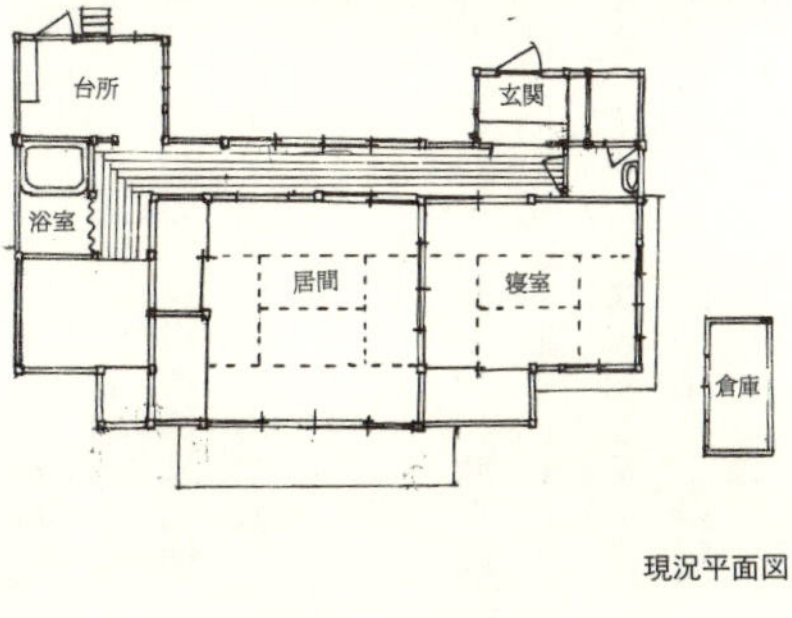

現況平面図

図15　週末安息の家（大林組資料、現那須邸）

甲子園における健康のイメージ

『市外居住のすすめ』のあとがきで編集者の高田兼吉は、「其利、其害が自分の一身にのみ止まらず子孫にまで及ぶことを明にして、市内熱鬧の巷に居住することが如何にも恐ろしくなりました」と述べる。これはもう脅迫的な健康論である。

明治三〇年頃から一部の財閥たちが御影山手や住吉山手に転居していたこともあって、郊外居住は「贅沢三昧を以ってする」[*30]との評価もあったのに対して、こうしたキャンペーンが功を奏してか、明治末期から昭和初期にかけての約三〇年間、健康を求めて阪神間を住まいに選ぶ中産階級が増加した。住吉山手や御影山手、あるいは芦屋などの住宅地に比べると、甲子園経営地は敷地規模、住宅の質とも、一般サラリーマンを顧客層としている。

だが、脅迫だけで人が簡単に移動するとは思われない。阪神が選んだ戦略は、リゾート機能を強調することであった。海水浴場や遊園地、スポーツ施設などに積極的投資を行なうことによって、都会からの観光客に足を向けさせ、実際に娯楽体験をさせると同時に、そこに住んでみたいと思わせたのである。イメージとしての健康を、実体としてのリゾート機能として組み合わせ、環境を商品化したものといえよう。

浜甲子園健康住宅地のパンフレットには、自然環境や田園生活の豊かさ、生活の利便性を述べるとともに、「何が健康的か」という見出しのもと、以下のように、健康保全の最も重要な点を、オゾンの酸化作用による空気の清澄さの維持という点に絞り込んで、訴えかけている。

> 何が健康的か
>
> 浜甲子園住宅地が健康に適する理由としては、先づ海辺の特色として空気中にオゾンの含有量が特に多い事、四季を通じて気候が平均されて居る事、環境の静平である事等を挙げる事が出来ます。オゾンは酸素瓦斯と同じく酸素原子からなる気体ですが、酸素は二原子より、オゾンは三原子よりなっています。そして、その一原子は容易に放出して強い酸化作用を行い空気の清浄剤としての役目を果します。浜甲子園は、松林と波の作用によって、オゾンが特に多く従って空気は常に清らかで、四時温暖に、日射の至らぬ隈もなく、静かな環境の裡に心身の安泰を得る絶好の地です。健康的な土地とは全く、浜甲子園に於て初めて云い得る言葉です。

浜甲子園の健康住宅コンペは、地域としての健康が、個々の住宅設計にも具体的に反映されたものとなった。健康をキーワードにしながらも宅地分譲にとどまっていた阪神に対して、健康を直接ネーミングに採用し、中流家庭向きに商品化したのが、大林組による浜甲子園健康住宅地であった。

健康住宅地開発の責任者であった松本儀八は、『建築と社会』昭和八年九月号に、「住宅地経営に就て」という論文を書いている。[*31] これが浜甲子園健康住宅地の経験を踏まえてのものであることは間違いない。彼によれば住宅地経営とは「不健康にして騒音激しき大都会を逃れて、安住の地を求めんとする人々の為めに、主として郊外の地に住宅街を造成せしむべく分譲するもの」という。さらに良好な住宅地経営の条件として、環境、道路、区割、衛生設備、文化施設、交通機関、土地付住宅、社会的施設、物価、建設業者の進出、売却方法、宣伝、原価と売価の各項目について述べている。

このうち環境に関しては、眺望、温和な気候、都会の煤煙や塵埃が降らないこと、交通の便、保健、子弟の教養に良好な土地柄であることを指摘している。また衛生設備では、良質の井戸水と下水設備、適度の緑化をあげる。なお、文化施設の項目では都市ガス供給を、多少の犠牲を払っても整備すべきものと述べる。住宅地に整備すべき社会的施設として、幼稚園、小学校、遊園地、日用品店、料理店、食料品店、クラブハウス、医院、郵便局、理髪店、美粧院、巡査駐在所、消防設備をあげている。

住宅地の変容

阪神による住宅開発の一方で、鳴尾村では地主層の区画整理による宅地開発も進行し、人口急増期を迎える。住民台帳レベルでは、昭和四年に九五二三人であったのが、昭和八年には一四、五八七人、昭和一二年には二一、四三二人、昭和一六年には四四、〇四九人に伸びた。[*32]

第二次大戦が終わると、軍需工場であった川西航空機の消滅をはじめ、旧鳴尾村の土地利用は激変する。阪神パークは駅前に移転し、南運動場や競馬場の跡地は日本住宅公団浜甲子園団地や女子大学の敷地となる。これに合わせるように、住宅地の姿も大きく変わる。

阪神による甲子園経営地の、第二次大戦後の土地利用変化の特徴は、①集合住宅化と②商業施設化の二点にまとめることができる。集合住宅化はおもに宅地規模の大きい敷地で発生している他、もともと阪神が自社用地として留保していたところでも発生している。邸宅跡地の集合住宅化は、一九八〇年以降に顕著に見られる。商業施設化は、路面電車が走っていた幹線道路の沿道で顕著である。敷地規模の大きいものは少ない。初期の例では店舗併用住宅が見られる。近年の例では、広い敷地ではファミリーレストランや高級スーパーマーケットが、小規模な敷地では数店舗が入るテナントビルが目立つ。

甲子園駅の南北で、変化の様子も異なる。北側は高級住宅地のイメージを活用した形での集合住宅化や商業施設化が進んでいるのに対して、南側は、もともと宅地規模が小さかったことも影響して、庶民的な色合いが強まっている。とくに、阪神パークが昭和二五年に駅南側へ移転再開したり、日本住宅公団浜甲子園団地が建設されるなど（昭和三七年入居開始）、浜甲子園地域全体の大規模な土地利用転換が、経営地の変化を引き起こした。その結果、幹線道路沿いには、小規模な飲食店や小売店舗が増加している。

浜甲子園健康住宅地では、昭和三五年の住宅地図[*33]によると、ごく一部で宅地の細分化がおきてはいるものの、戸建て住宅地としての環境が維持されている。企業保有の海の家も多く残っている。[*34] しかし昭和四〇年、海水汚染が深刻化し、海水浴場が閉鎖されて以降、企業の健保組合などの保養施設は、すべて住宅地化し、健康リゾートとしての色彩はまったく失われた。

平成一〇年の調査によると、敷地の細分化とミニ開発住宅の増加が著しい。図⑯は、その実態を示したものである。これによると、宅地の細分化とともに私道や旗竿宅地も多数出現していることがわかる。なお、幼稚園は今も存続し、倶楽部ハウスも集会所として機能している。

昭和四〇年代、甲子園浜の埋立計画が顕在化すると、健康住宅地の住民と浜甲子園団地の自治会を中心にして、猛烈な反対運動が繰り広げられた。その結果、埋立計画は変更され、阪神間で唯一の自然海浜が残された。現在は、県立の海浜公園として整備され、ボードセイリングの名所として知られており、逆に違法駐車などが新たな悩みの種となっている。住民運動の強さを、健康住宅地としての開発の歴史に関連付ける客観的な証拠は何もないものの、見えない糸を感じざるを得ない。

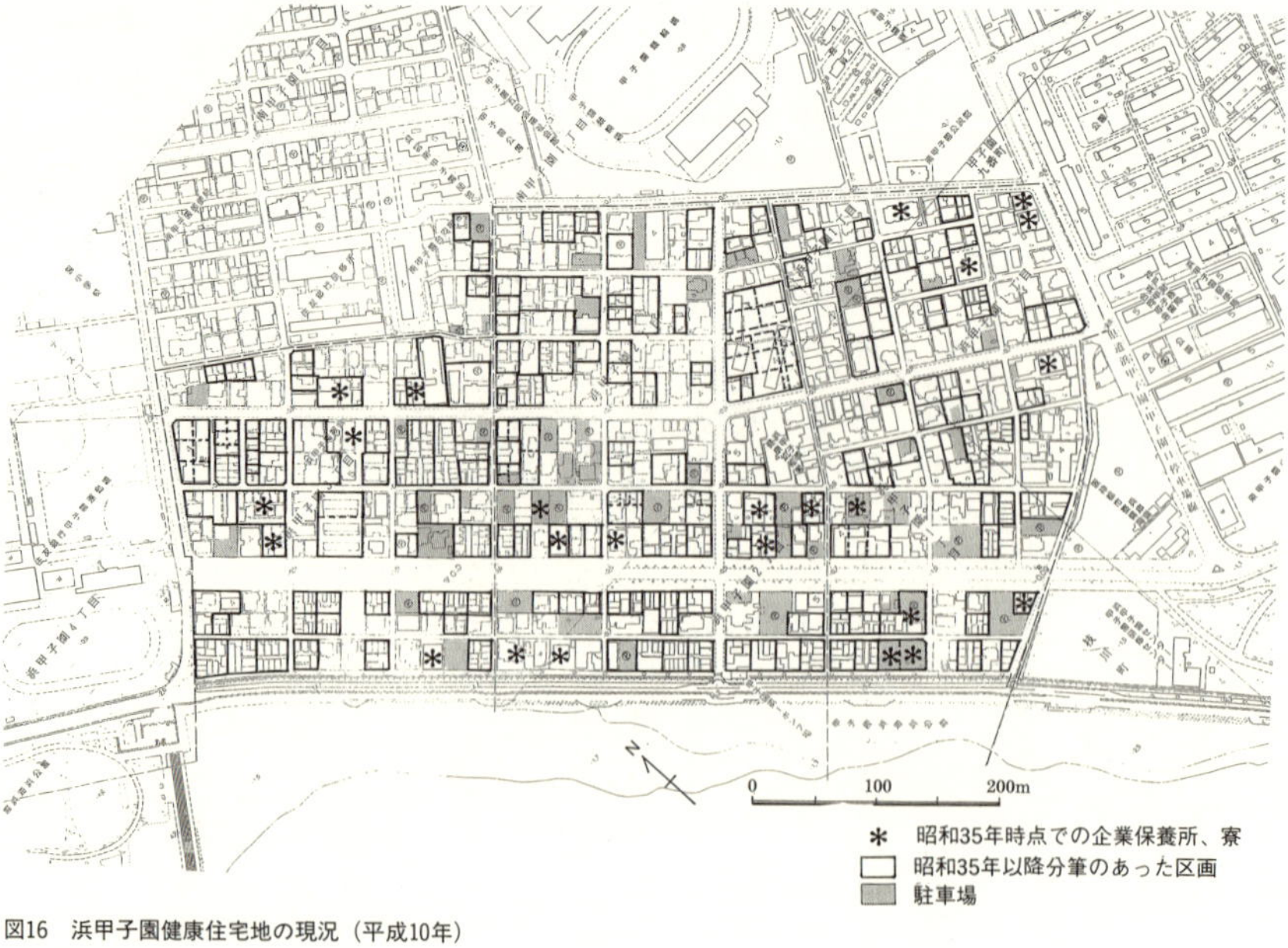

図16　浜甲子園健康住宅地の現況（平成10年）

註

＊1――編集発行人高田兼吉『市外居住のすすめ』明治四一年一月。一四人の講演題目は以下の通りであり、その多くが、死亡率や罹病率を紹介しながら、不健康な都心居住と健康な郊外居住を対比的にとらえ、阪神沿線の環境の良好さを訴えている。佐多愛彦「都市と田園附市外生活の幸福」、柳琢蔵「空気の善悪と市外居住の可否」、坪井速水「愉快にして衛生的なる住居」、高安道成「市外住居の利益」、緒方銈次郎「住居撰定の條件」、清野勇「虚弱者は須らく市外居住を断行せよ」、大西鍛「如何にしたならば愉快に世を送れるか」、河野徹志「田園生活は保健の最良法なり」、堀内謙吉「市外居住に就て」、長谷川清治「阪神付近の健康地」、菊地常三郎「長生の基礎は市外生活にあり」、堀見克禮「市外居住に就ての希望」、吉田顕三「都会の空気に就て」、緒方正清「市外居住に就て特に大阪市民の一顧を望む」

＊2――阪神電鉄社史『輸送奉仕の五〇年』昭和三〇年、七一頁

＊3――同右、一三頁

＊4――なお、鳴尾村西畑には、明治四〇年頃、大阪の三宅商事という会社が住宅経営を開始したという記録がある。当初は鳴尾競馬場来場者相手の遊興施設を考えていたのが、馬券発売が禁止されたため、一般住宅に改められたという。また村内には、大正六～七年にかけて、伊藤萬商事が独身者用社宅を建設した他、豊年精油、村岸莫大小の社宅もあった。以上、大道歳男『なるお・郷土の歴史をたずねて』きさらぎ書房、昭和五四年、二〇一頁。

＊5――同右

＊6――兵庫県阪神国道改築工事概要、武庫川改修工事概要

＊7――大正三年四月取締役、大正六年一一月専務取締役、大正一一年代表取締役就任。昭和二年辞任。その後甲子園ホテルの支配人もつとめる。

＊8――橋爪紳也『海遊都市』白地社、一九九二年

＊9――甲子園回顧座談会発言記録による（昭和二九年七月実施）。

＊10――明治四〇年四月取締役、昭和二年一〇月社長就任。昭和六年九月辞任。もともと大阪の相場師。大阪株式取引所の理事長を兼任するなど、大阪財界と強いネットワークをもっていた。

＊11――明治二三年生まれ。東京帝国大学農学部卒。大阪府立農学校教諭、大阪府技師、大正九年より都市計画地方委員会技師。都市公園に関する多数の論考及び計画がある。

＊12――大屋霊城の花苑都市については、橋爪紳也による以下の著作に詳しく述べられている。橋爪紳也『にぎわいを創る　近代日本の空間プランナーたち』長谷工総合研究所、平成七年。橋爪紳也「大屋霊城の花苑都市構想について」『昭和六三年度日本都市計画学会論文集』昭和六三年。

＊13――大屋霊城「二つの花苑都市建設に就いて（上）」『建築と社会』大正一五年一二月号

＊14――大屋、前掲

＊15――本格的なパークウェイは、昭和一二年、もとの香櫨園遊園地に近い夙川公園で実現する。都市計画公園ではなく、都市計画道路事業として実施されたのが興味深い。なお夙川公園の成立経緯については以下の論文に詳しい。越沢明「パークウェイとして整備された夙川公園の特徴とその意義」『交通安全学会誌』第二三巻第一号、平成九年九月。

＊16――大道歳男「なるおの昭和史」『コミュニティなるお』昭和五七年三月一日号

＊17――前掲、甲子園回顧座談会発言記録による。

＊18――なお、第一回分譲時のパンフレットは以下のように述べている。

本経営地ハ大阪、神戸両市間ノ中央ニアツテ東洋一ノ甲子園大運動場ヲ中心ニ約二十三万坪ニ余ル土地デアリマシテ南ハ甲子園海水浴場ヨリ北ハ武庫川ノ清流ニ接シ右顧スレバ茅海ノ白帆ヲ数ヘ左眄スレバ六甲ノ青峰ヲ望ミ鬱蒼タル松林其間ニ連リ空気清澄気候温和加フルニ経営地内ハ何処ヲ掘リマシテモ清冽氷ノ様ナ水ガ滾々ト湧キ出マシテ夏冬ヲ通ジ豊富不変ノ水量ヲ湛ヘテ居リマス。尚水道設備ハ目下設計出願中デ近ク着手ノ計画デアリマス。

子女ノ教育ニハ経営地ニ接シテ甲陽中学アリ、電車五分間ニテ達スル尼崎、西宮両市内ニハ中学校或ハ高等女学校ガアリ、其他阪神間何処ヘ通学セラル、モ交通至極御便宜デアリマス。尚経営地ノ近クニハ新進ノ医師、設備完成ノ病院等アリ、日常ノ物資亦タ至廉且便宜ニ得ル事ガ出来誠ニ住宅地トシテハ本邦唯一ノ理想的楽土デアリマス。

（『阪神電気鉄道八十年史』昭和六〇年、二〇九頁）

また別のパンフレットには以下のような説明がある。

本経営地は阪神両市間の中央、甲子園停留所を中心に、広袤三十余万坪の青松果てしなき、風光明媚にして空気清澄の秀麗の地、南は内海の緑波洋々として烟靄の裡に四国紀州の連山を望み、仰げば北に六甲摩耶の麗峰、長しへに平和の雲を頂き、近くは武庫の清流、碧海に流れ行く辺り、寔に山海の絶勝を一眸の裡に聚めたる理想的健康住宅地でありまして、夏季は涼風、衣袂を吹きて、海浜は海水浴に適し、然も、経営地内には全日本の国民的熱血を湧かす大野球場を初めとし、双竜玉を争ふラグビー、サッカー、あらゆる陸上競技がおこなはれる南運動場、水泳プール、テニスコート、遊園地さては運動を通じての

社交場として知らる、クラブハウス、建築と眺望の完備せる甲子園ホテル等がありまして、あらゆる文明の交通機関は縦横に馳駆し、大阪神戸へ廿分内外にて到し得られ、尚、経営地に接して小学校、中等学校、設備完成の病院等もあり、日常の物資亦た、安価で且、便宜に得られ、子女教育上、将又、保健衛生上から見ても、理想的でありまして、自然の恩恵を併せ有する健康住宅地は之を措いて他に求むる事は出来ますまい。

＊19―いわゆる「甲子園百面テニスコート」は、この後昭和一〇年前後に全容を整える。

＊20―『阪神電気鉄道八十年史』二一〇頁

＊21―大林組提供資料

＊22―大林組提供資料および、『建築と社会』昭和九年五月号より。

＊23―鳴尾村勢要覧（昭和六年六月）によると、阪神電鉄の所有地に個人所有地（上畠益三郎所有）を加えた七万六〇〇〇坪が対象地となっている。

＊24―大正一四年入社（当時四〇歳）、昭和一一年四月傍系会社の内外木材工業(株)社長に転出、昭和二三年一〇月代表取締役辞任。その後、信貴山工務部長本堂再建工事総監督、昭和三一年兵庫建設取締役社長、昭和三八年三月取締役会長並びに三木組相談役を歴任。

＊25―松本儀八『せせらぎ』私家版（同氏の個人回想録）による。なお、『大林組百年史』にも同様の記述があるが、『せせらぎ』によると、造成完了後にコンペを実施したとあるが、コンペが実施されたのは昭和四年であり、食い違いが生じる。

＊26―松本前掲書には十数戸とあるが、当時の社内資料には八種類を試作したとある。

＊27―『土地宝典』昭和一三年による。

＊28―同右資料

＊29―なお大林組資料によると、「浜甲子園健康住宅地第二期分譲地」または「甲子園中津浜分譲地」の名称で、第二期分譲地の計画が進んでおり、スイートハウス、新向住宅、臨海住宅などの仮称で、建売り住宅を計画していた。

＊30―『市外居住のすすめ』二一七頁

＊31―同誌には、同じく大林組住宅部に勤務していた矢田鐵蔵の「住宅経営地の種々相」が掲載され、松本とほぼ同様の意見を記している。

＊32―鳴尾村勢要覧（昭和八年、一二年）、鳴尾村事務報告による。

＊33―「西宮市全産業住宅案内図帳」昭和三五年

＊34―この時点で、海の家・健保組合と明示している企業は以下の通り。住友鋼管、住友製鋼、旭硝子、野村證券、塩野義、東洋ゴム、十三信用金庫、近畿電気通信局、尼崎市職員組合、朝日化学、古河大阪伸鋼所、明治牛乳、ダイアマ製菓、江戸川化学。寮と称するのは以下の通り。日本勧業銀行、阪急百貨店、横浜銀行、長銀、日本ライヒホールド化学工業、東海銀行、戸部石炭、サンスキン。

㉑

六麓荘と松風山荘／芦屋

東洋の健康地　芦屋山手のデザイン

三宅正弘

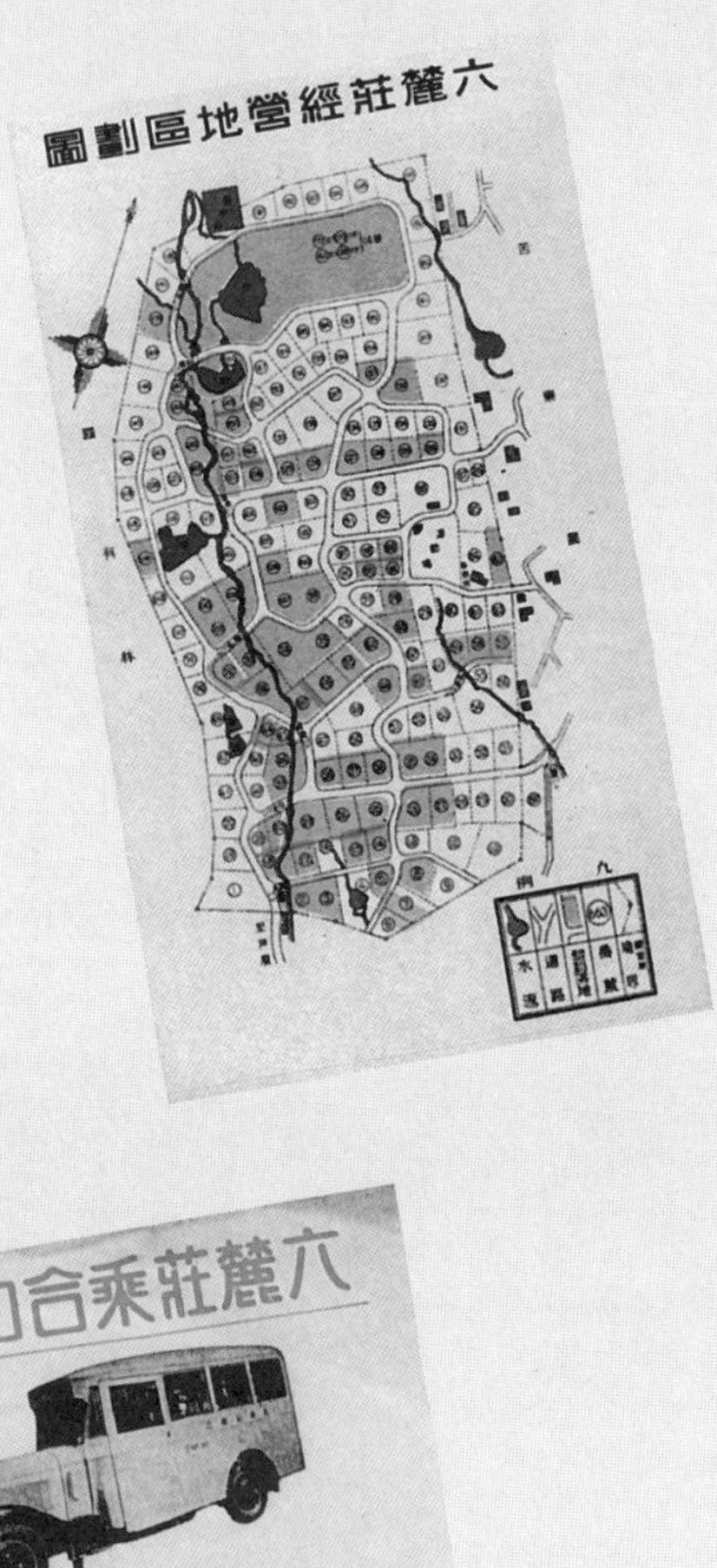

芦屋、それに六麓荘、その名は日本の郊外住宅地を代表するものとなっている。いうまでもなく、芦屋は市名、六麓荘は住宅地名である。

ところが、今日、特に関西以外の人は、芦屋イコール六麓荘とイメージすることも少なくないだろう。同時にそのことによって、芦屋＝六麓荘、六麓荘＝山手、すなわち「芦屋は山の手の街」、というイメージが形成されているのではないだろうか。

はたして、いわゆる芦屋は山の手の郊外住宅地なのだろうか。いや、このことは大正、昭和初期においては間違いである。しかし、この芦屋＝山手のイメージが定着していったことに、六麓荘の開発の意義が見え隠れしているように思え、同時にこの開発を、今日、ふりかえり学ぶべきものであることを示しているように、私は思えてならない。

そこで、六麓荘をかんがえるために、まずは一つの視点として、芦屋と六麓荘このふたつの関係を見てみたい。また芦屋は、昭和初期においてすでに市域の大部分が郊外住宅地となった他に類のないところでもあり、「郊外住宅都市」として検証されるべき場所ともいえよう。

この郊外住宅地としての芦屋（当時精道村）の開発は、明治末期より海辺から始められた。それは東洋のマンチェスターといわれた大都市大阪の郊外住宅地としての開発だった。徳田秋声は、この初期の芦屋を「そこは大阪と神戸とのあひだにある美しい海岸の別荘地で、白砂青松と言つた明るい新開の別荘地であつた」と、大正九年、『蒼白い月』に書いている。

浜手で先行していた住宅地は、白砂青松の風景をもっていた。すぐ背後に聳える岩山・六甲から流れ、運ばれてきた白砂、そしてそこに立つ無数の黒松がどこまでも続く。その風景に惹かれた人々によって住宅地が形成された。明治三八年に、六甲山麓の海岸線を走る阪神電鉄の開通が、その開発の契機となったともいえよう。後にこれに平行して、北方の山麓の山沿いを通る阪急電鉄の開通が大正九年であることからも、住宅地としての展開が浜手の方が先行したことが想像できよう。

こうした芦屋にアトリエを構えた画家の小出楢重は、「南はすぐ海であり、北に六甲山が起伏し、その麓から海岸まではかなりの斜面をなしてゐる（中略）その気候や地勢の趣きが南仏ニースの中心として、西はカーニユ、アンチーブ、キヤンヌ、東はモンテカルロと云つた風な趣きにもよく似通つてゐる様に思へてならない」と、昭和三年、『芦屋風景』に書いている。

小出が南仏の風景を彷彿とさせると評したこの同年、この芦屋の海岸別荘地と海辺を、山から見下ろす海抜一〇〇～二〇〇メートルの地に、六麓荘の開発は始まった。その眺望を案内文は「六甲の翠巒を眺め気分生々とし、更に視界を転ずれば阪神沿線一帯の都邑を一眸に蒐め（略）南は茅海（略）真に一幅の画を展ずる」と記する。六麓荘は文字通り、六甲山麓の別荘地としての開発であった。開発は株式会社六麓荘によって、国有林の払下げをうけて、開発面積は三〇ヘクタール（約一〇万坪）ともされている。大阪の実業家によって設立されたこの会社には、既に近畿日本鉄道重役や、あやめ池土地の社長として土地開発を手掛けていた内藤為三郎が株式会社六麓荘社長となった。専務には大軌土地、城東電気鉄道の重役を務めた森本喜太郎が就いている。

宅地規模は、三〇〇坪台を中心として、一九六区画が造成された。また区画を合わせ千坪以上の宅地も少なくない。昭和七年には工事がおわり、大阪の実業家を中心にその家族が居住者となった。初期のころから別荘というよりも、郊外住宅地としての居住であった。鉄道駅から約二キロメートル山手となるこの住宅地には、乗合自動車が運行された。

浜手から山手への展開

このように芦屋において次第に山手にも住宅地が形成されることになっていったわけであるが、そのきっかけは何だったのであろうか。その理由は、単なるスプロールや市街地拡張によるものではないだろう。

六麓荘に先駆けて、芦屋の山手には松風山荘の開発が始められている。芦屋川の東側、図❷の六麓荘付近略図のなかで六麓荘の西側山手に書かれているのが松風山荘と推測される。その開発者は、結核病理学者の佐多愛彦博士（大阪医学校校長）だった。佐多は医学者であるが、同時代には大阪市区政正委員会臨時委員や都市計画大阪地方委員についている。そして健康面から郊外生活を推奨していた。明治三八年に、同年に開通した阪神電鉄によって纏められた『市外居住のすすめ』にも、「大阪の如き不健康地に居住する肺病者には転地は最も必要」として、市外居住を推奨している。これは医療関係者の言説である以上当然のことであるが、単にそれだけのこととして理解すべきではない。この時期の大阪の環境悪化は市民にとって深刻な問題となっていたのだ。そうした時代において、居住地としてその条件を満たすのが、この松風山荘であったのであろう。実際の開発には、佐多の所有した約二万坪が、当時、住吉観音林や雲雀丘の開発を手掛けていた阿部元太郎（日本住宅土地株式会社）に委託され、昭和三年から分譲が行われた。その平均宅地規模は、営業報告書から算出すると約三〇〇坪となっている。

健康地という位置づけ自体は、必ずしも山手に限られたものでなく、浜手を含めた六甲山麓一帯の、海と山の自然が享受できる環境を呼んだものである。しかし、佐多ら医学者の居住は、

図1　芦屋市は西に神戸、東に西宮市と接し、海から山へゆるやかに傾斜した南斜面の地形となっている。

図4　六麓荘住宅案内（芦屋市立美術博物館蔵）

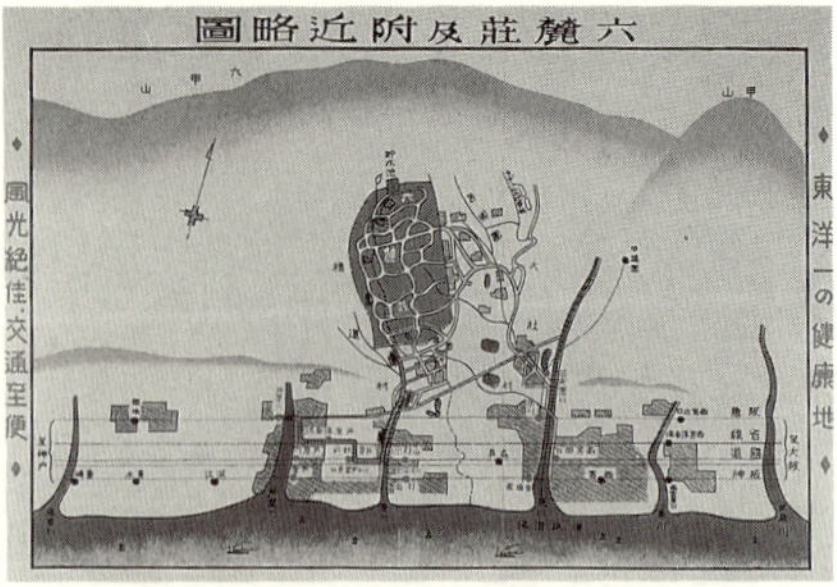

図2　六麓荘付近略図（芦屋市立美術博物館蔵）

図5　「六麓荘案内」洋館の大きな屋根は赤く塗られ、赤松とともにコントラストをつくっている（堀内良子蔵）。

表1　六麓荘における宅地規模別住宅数

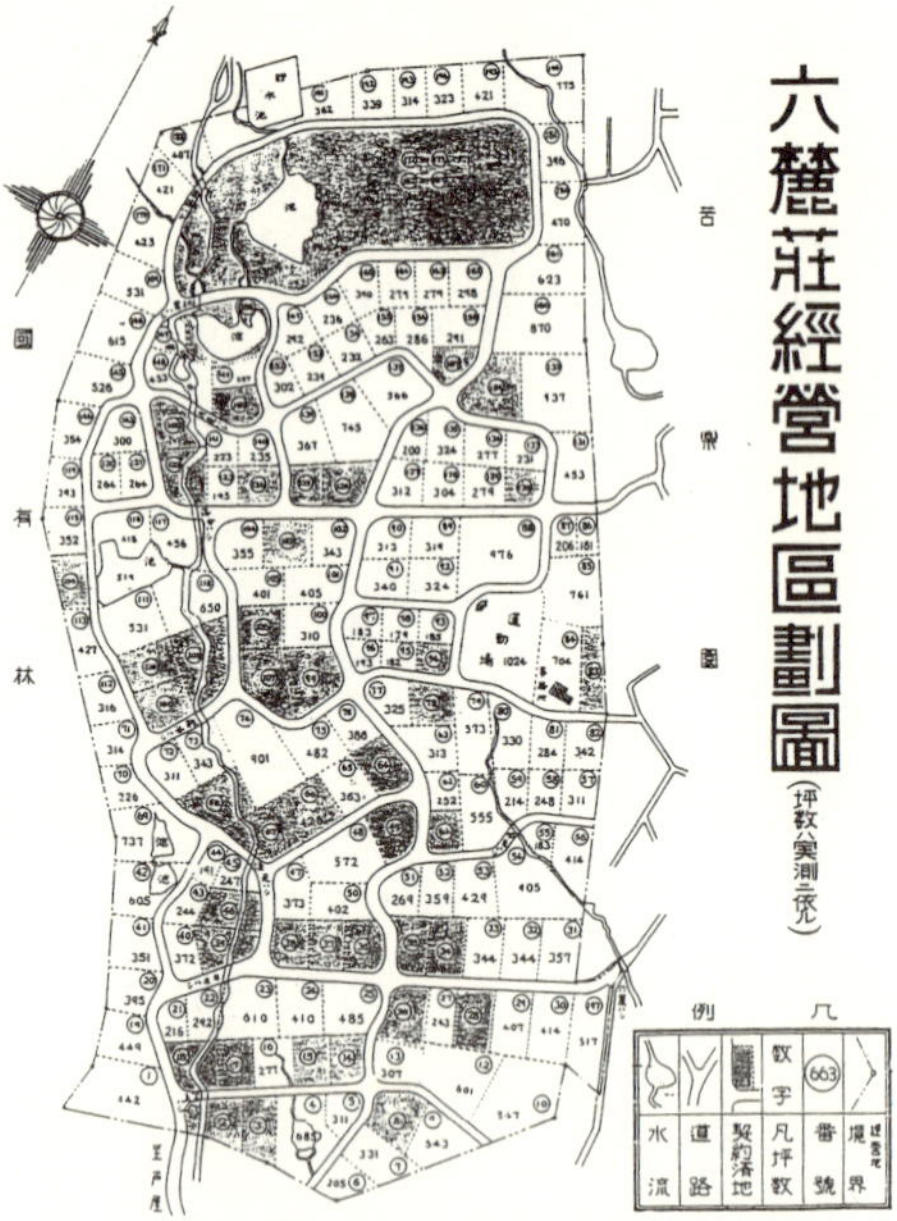

図3　六麓荘住宅地案内（昭和初期、芦屋市立美術博物館蔵）

販売期間	件数	面積（坪数）
昭和3年11月1日～昭和4年10月31日	9件	2,478坪
昭和4年11月1日～昭和5年10月31日	3件	1,371坪
昭和5年11月1日～昭和6年10月31日	2件	719坪
昭和6年11月1日～昭和7年10月31日	1件	514坪
昭和7年11月1日～昭和8年10月31日	7件	1,804坪
昭和8年11月1日～昭和9年10月31日	5件	1,567坪

表2　日本住宅株式会社経営地「松風山荘」販売記録

山手にさらなる健康地のイメージをうえつけたものとも思われる。例えば、阪神が毎月刊行していた『郊外生活』のなかで、「私が阪神沿線の中で特に芦屋の山手に移つた理由」を、「佐多愛彦君の宅が丁度この上にある。また結核では日本の権威ともいふべき原栄君が矢張りこの近所にゐる。これから観ても衛生的条件は私共が調べる必要はないので、両博士が永住の地として自ら選んだ処だから、住むには最も安心すべき処であると思ふ」と、芦屋に移住した谷本富文学博士は書いている。さらに谷本は、他に山手に移った理由として、獨逸の大思想家が思索に耽った「フイロソフエン・ガング」(哲学者の路・哲学者の歩み)を例にあげて、「私は友人に自分の家を教たる時に芦屋の停留場におりて、北に斯かる『フイロソフエン・ガング』を歩いて来い、その長い松並木を歩いて来なければ私が何故こんな処に住んだかが解らないから—常にさう云つた」としている。

谷本は芦屋(阪神)への移住の理由については「南伊(伊太利の南部)の風物を彷彿せしめ」としているが、こと山手の居住についてはこのような医学的見地から考えられたものと思われる。こうした健康地としての衛生的条件や環境が、山手における住宅地の形成に少なからず影響を与えたことが考えられよう。

さらに、松風山荘開発のそのすぐ後、昭和三年に始められた六麓荘の案内文においても、「医会に於いては東洋一の健康地と推奨せられて居る地域であります」とうたわれているのである。先の山手への移住の理由などを含めて、医学者による健康面からの訴えかけが、当時においては、最も説得力をもつものであったことを示している。まだ農村の残る芦屋においてそれをこえた山際に六麓荘はつくられた。

「荘」と「園」の命名

この同時代に六甲山麓において、山林山手の開発はなかったわけではない。むしろ芦屋の東に隣接する西宮(当時大社村)における苦楽園(明治四四年)と甲陽園(大正七年)の開発が、松風山荘や六麓荘に先行していた。六麓荘の案内地図で、東に隣接しているのが苦楽園であり、その東には甲陽園の名が示されている。

とはいえ、これらは当時、苦楽園はラジウム温泉として、甲陽園は歌舞劇場、キネマなどがつくられた「東洋一の大公園」と喧伝された、娯楽を核にした住宅地の開発地だった。

先行する山手の山林における開発事例として、六麓荘の開発者たちは、それらを少なからず意識していたことは明らかであろう。

しかし、隣地に行われていた「園」のつく住宅地開発の一方で、芦屋における松風山荘や六麓荘の「荘」の開発は、居住ということが主たる目的の「健康地」であったのである。偶然にも当時においては、はっきりと区別できるこの「園」と「荘」が、こうした機能的な意味で使い分けられていたかは定かではないが、こうした命名になにか同時代人の計画理念がこめられていたのではないだろうか。

黒松とアカマツ、白砂と巨石

郊外住宅地・芦屋は、白砂青松の浜手から始まり、山手へと着手されていった。では、この白砂青松の浜手に対して、山手にはどのような風景の魅力があったのであろうか。六麓荘の案内書には次のように記してある。

> 青松其他の緑樹を以て経営地全体を満たし、其樹間は躑躅及萩を以て掩ひ且つ古色を帯びたる庭石の散在無数でありまして、其自然の風致は一大庭園をなして居ります

これを読むと、先の浜手の白砂青松とは異なる趣をもつものの、同じ岩山・六甲山から砕けて形成された花崗岩がはなつ石、そして松のイメージが喚起される。

ところが、この山手では、同じ花崗岩でも、細かく砕けた浜手の白砂に対して、大きな石として、松は海辺の黒松にかわりアカマツが鎮座していたのだ。

住宅地の成立期に描かれた大石輝一の作品《六麓荘風景》（昭和五年）にも、背の高くない赤松や洋館の赤い屋根、そして花崗岩質の岩肌が描かれている。

この六甲山麓一帯では、採石が行われていた場所柄、この六麓荘の地においても多くの石材が出土することは当然であった。大坂城築城（徳川時代）における石垣に要する石材も、この地から切り出された。開発当時においても採石を課せられた大名の、その刻印が入った石が残されていた。このような無数に岩の転がる花崗岩質の痩地ゆえに、開発が行われようとした同時代には、アカマツが生える程度の山林として残っていたのだろう。

これまで浜手の風景をつくっていた黒松に対して、こうした山手のアカマツについては、絵画だけでなく同時代の六甲山麓を描写した文学にも登場してくる。谷崎潤一郎は、六甲山麓の住宅地が、花崗岩質の白い地面と、「住宅の屋根瓦の『赤』と、林の幹の『赤』と、濃い、新鮮な葉の『緑』とがあるばかり。見渡したところ、此の明快な三つの原色で成り立つてゐるラン

図6　大石輝一「六麓荘風景 B」松林の中に赤い屋根の洋館、奥に岩肌むき出しの禿山が見える。（昭和５年、西宮市大谷記念美術館蔵）

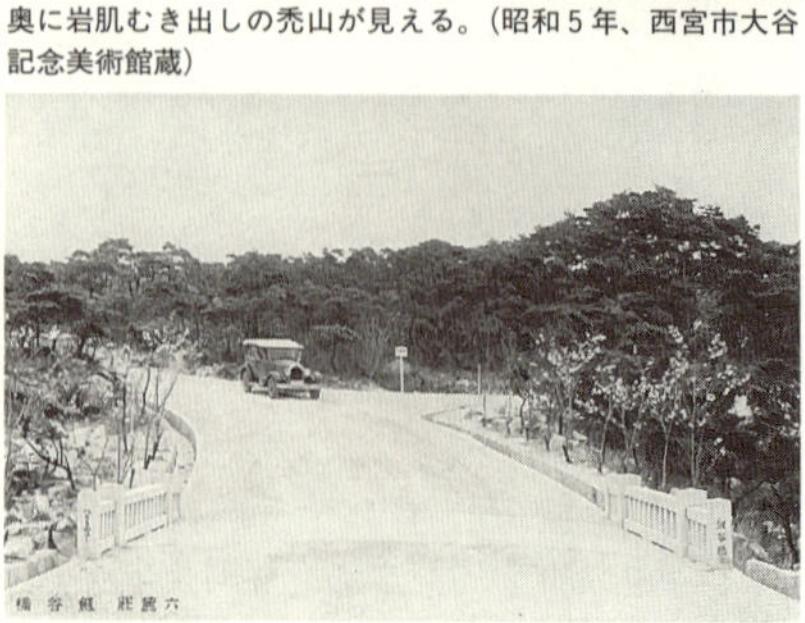

図7　六麓荘剣谷橋（芦屋市立美術博物館蔵）

ドスケープ」と書いている。また遠藤周作は「赤松林や白い花崗岩の丘」を挙げて、そこに建てられていった洋館を含めて「にせの異国風景」と描写している。これら住宅地にある花崗岩質の白い地面に赤松の風景は、日本ですでに賛美されていた白砂青松の黒松林に対して、また異なる印象を与えていただろう。

岩肌の白、それに対比鮮やかな赤い屋根や緑、このはっきりとしたコントラストは、大石ら洋画家たちにとって格好のモチーフとなっただろう。また大石と谷崎、画家と文学という違いがあるものの、色彩や風景のとらえ方に同時代人の共通性があったようにも思われる。

しかし、谷崎が描写しているような明るい印象をうけるものの、遠藤が「にせ異国」と書いたように、次々と建築されていった洋館が、この日本的な風景のなかで、なにかすっきりとしない趣として映っていたのではないだろうか。

当時、芦屋の風景が、南仏、南伊というように異国風として比較されているものの、実際にはまさに花崗岩と松などで構成された日本の風景がそこにはあったのだろう。

黒松についてではあるが南仏と比較した画家小出自身は、次のように書いている。

> この芦屋にはオリーブの代わりに黒く濃い松の林の連続がある。松も悪いとは云へないがオリーブの緑に比べると色彩が単調で黒過ぎる、葉が堅い。従つて画面が黒く堅くなる。地面は六甲山から流れて来る真白の砂地である。白と堅いみどりの調和は画面に決して愉快な調和を与へない。

この文章からも洋画には表現しがたい風景がそこにあったことが感じられる。

しかし、いずれにしても松については白砂青松、フイロソフエン・ガング、そして松風山荘の名にあるように、住宅地の風景を構成するうえで非常に重要なものとして位置づけられていたことには違いない。

さらに六麓荘が開発された場所は、八十塚群集墳とも重なり多くの横穴式石室が出土している。ここは、古代に人々の生活が営まれていた地だったのである。ここには自然石とともに、同じ六甲花崗岩による古墳が眠っていた。その地が、再び今世紀初頭に、居住地として開発されることとなったのだ。

ところが、こうした開発前夜の場所性が、後の住宅地設計に大きな影響を与えることになったのであった。そして、徳川時代の大坂城築城のために入れられた矢穴の跡が残る石に、再び新しい矢穴が刻まれることとなる。

風景のデザイン

かくして、白砂青松ならず、白石赤松（はくせきせきしょう）とでも呼べるものなのか、前夜のこの風致が住宅地と化することになる。

開発の施工にあたった細野組の神井清太郎は、『六麓荘四十年史』のなかで、この松と石について次のように語っている。

「その当時は『家を建てるのに松を切るな、建てるところだけを切ってそれ以上は松を切るな』というて回っておった」

「道路をつくるのに邪魔になるので発破で爆破して、石垣に積むものは積み、また砕石にしてあれだけの道路のコンクリートのバラスを何処からも買わずに砕石の機械を持って来て、（中略）十カ所ぐらいに大きな石材工場をつくりプラッシャーを持って来て、どんどん割ってそれを使った。その時分は大きな機械がないからヤグラというので捲いて大きな石垣を積んだものです」

このことは細野組に残る造成時の写真をみても確認できよう。松は庭木に、また石は庭石や石垣として整然と並べかえられた。散在する石やアカマツの痩せた山林が、それらの素材をもとにして庭園と化した。

地形を尊重した曲線の道路によって、住宅地全体が構成されたことも、開発前の山林の自然環境を、結果的にとどめる役割を果たしている。そして幅員も六メートル以上とられ、自動車に対応できる道路がつけられた。

また、住宅地のなかには南北にドンドン川が貫き、この小川

図8　落合橋周辺　地の石と松の残る景観（昭和初期、合資会社細野組蔵）

の流れを邸内にとりこんでいる。石や松とともに水の流れが邸内の庭園を形づくる。流れのデザインは邸内にとどまらず、道路と小川の交わるところでは、「意匠の凝らせる橋梁（十カ所）の架設」と案内書にもうたわれている。道路には、それぞれにデザインや名前の異なる石橋がかけられ、住宅地全体が庭園の情趣をみせる。雲渓橋、紅葉橋、月見橋、落合橋、剣谷橋、清見橋、日の出橋、蓬莱橋、虹見橋、六麓橋などである。またこれらの石橋は、この地の地場の石材と同質のものであり、六麓荘で彫刻された可能性もあるだろう。

そして、風致へのこだわりは、その後に施されたインフラにあらわれている。案内には次のとおり記す。

> 自然の風致を損せざるやう電柱の乱立を避け、且つ非常時に安全を期する為、此亦多大の費用を掛けまして地下埋設としました。電話は六麓荘独特の地下線で我国住宅経営地で初めての試みであります（中略）並列の柱を見ざる快感は実に風光明媚と相俟って他に其の類を見ざる処であります

このように電燈電熱や電話線の地中埋設は、風致の観点から行われていることがうかがわれる。そして、家々の庭の松生い茂るなかで、その風致を損なうことなく大庭園がつくられている。

図9　当時の写真に「大岩石の搬出になやむ」とキャプションが付けられている（昭和初期、重村啓二郎蔵）。

図11　造成時に多くの石が出土している（昭和初期、合資会社細野組蔵）。

図10　地場の石によってくずれ積みの石垣が組まれ、道路部分以外は松が残されている（昭和初期、合資会社細野組蔵）。

図12　道路に沿ってスペースがとられている（昭和初期、合資会社細野組蔵）。

さらに、美観のために徹底した道路計画が行われた。

> 地下埋設作業完了の上は、道路の保全と美観を期する為道路舗装を施し且つ美麗にして感じ良き歩道を設けます荘内道路の幹支線共全部を滑らぬ粗面コンクリートにて舗装を施し、両側に緑芝の歩道を設けて道路の完全と美観とを併せて保有せしめたる事は、六麓荘の誇りとする所

以上のように、六麓荘における住宅地設計は、案内文にあるごとく、明らかに様々な試みが計画的に行われ、同時に一貫して実現されたものである。

一方、先の松風山荘と比較すると、道路両側に連続したスペースがとられていることが共通する。これは同様に電線の地中化が行われていた阿部元太郎による雲雀丘にもみられる。しかし、規模的に小さい松風山荘では、電線の地中化などの設計は行われていない。六麓荘はその両脇のスペースに緑芝が施されたが、松風山荘では、ツツジやサツキが、尾根線と谷線が生かされた道路全長にわたり植えられた。春には、坂の下から上まで花が連なり、松風山荘の名物となった。特に見通しがきく谷線の道では、連続する花のラインを見せた。このツツジやサツキも住宅地に対比鮮やかなコントラストを与えただろう。

このように松風山荘や六麓荘の、山手の住宅地は、松などの天然樹木を取り入れた宅地に、さらにこのような造園が行われ

図13　庭石となった自然石（昭和初期、合資会社細野組蔵）

図14　貯水池の石垣（昭和初期、合資会社細野組蔵）

図15　平野邸洋館（建築と社会、昭和14年7月号より）

図16　貯水池から海を望む（昭和初期、合資会社細野組蔵）

ることで、緑にみちたものとなった。

垣と樹間からのぞく建築

かくて、住宅地は緑樹をもって満たされた。開発当初の案内書にもこう書いている。

　樹木と自然の地形とによりカムフラージュせられたる

緑に包まれた住宅地が、目指された感がする。ところがこの文面には、前文がつく。

　将来有事の際都会生活には防空の緊切なることを認められ、一面大惨禍をも想像せらるるに当たりて

つまり、森のような住宅地は、「防備地」として宣伝された。緑樹の住宅地は、風致的にもさることながら、当時においては防空にうったえることも説得力をもっていたのだろう。ここに、六麓荘の開発が、明治末、大正、昭和初期と行われてきた郊外住宅地開発のなかで、戦局に近づいていた後期の開発であったという当時の時代背景が読み取れよう。

しかし、いずれにせよ六麓荘が上空からみても緑に包まれていたことは確かである。

そこにたつ建築は、このような大庭園のうえに建てられてきたのである。それでは、それら建築は、どのような印象を与えたのだろう。私が子どもの頃、といっても昭和四〇年代ではあるが、この六麓荘の路は山道だと思っていた。住宅地という印象はない。そして我家の窓からみえる、南からみた六麓荘は、明らかに山であった。今でも、多くの建築が天然の石と生い茂る木々によって、道からは隠されている。そして、傾斜が緩いことから、南方からみた六麓荘の建築は、森のなかに埋もれてみえるのである。当初の案内文では、この地形を「南より北上して緩勾配で北背六甲の麗峰を負い恰も富士の裾野に彷彿せる一画」と記している。

しかし、私が小学生になって描いた写生には、森のなかから

図17　邸内に流れるドンドン川（昭和初期、合資会社細野組蔵）

図18　室内より見たドンドン川（昭和初期、合資会社細野組蔵）

建つ塔がある。インターナショナル・スタイルの旧国際ホテルの建物である。六麓荘の東に隣接して建てられた、掘抜製帽の社長・掘抜義太郎の経営する、鉄筋コンクリート造七階建てのこのホテルは昭和一四年に開業した。

そして同じように森から顔をのぞかしていた塔が昭和一一年に建てられた平野邸（澄翠閣）であった。建築家小川安一郎の作品である。小川は、それ以前にも芦屋の浜手で、そしてほぼ同時代に先の松風山荘にも藤井善次郎邸を設計しており、この山手に建てられた二作品においては同じように展望室を設計している。小川の活躍は、芦屋の住宅地開発の変遷をも物語っている。

六麓荘を眺めていたわれわれの目には、昭和初期に建てられていったこうした塔が印象深く映った。それは、昭和初期の芦屋の海岸別荘地の人々も同じだっただろう。

しかし、六麓荘の建築は、樹間から見え隠れするものが多い。昭和一二年に荘内にできた私立芦屋高等女学校（現芦屋学園）や先の旧国際ホテル（現在は残っていない）などが目立つ程度であった。また道路から見た景観に、建築や建築と一体化した外構が目立ち始めたのは近年のことである。六麓荘では、こうした樹間の建築よりも、むしろ石垣や塀にも特徴が読み取れる。

成立期の写真をみても、住宅地には高い塀はみられない。邸内は塀で隠されるというより、むしろ自然に包まれている。開発に際して残された樹木、そして造成で出土した石が積まれた

図19　六麓荘国際ホテル（「芦屋のうつりかわり　市制施行50周年記念」平成２年より）

図20　藤井善二郎邸（松風山荘）　庭園より本屋（南面）仏間を望む（藤井家蔵）

図21　同　応接室より西南を望む（藤井家蔵）

図22　同　仏間南面（藤井家蔵）

図23　同　洋間玄関（藤井家蔵）

図24　同　洋館西北南（藤井家蔵）

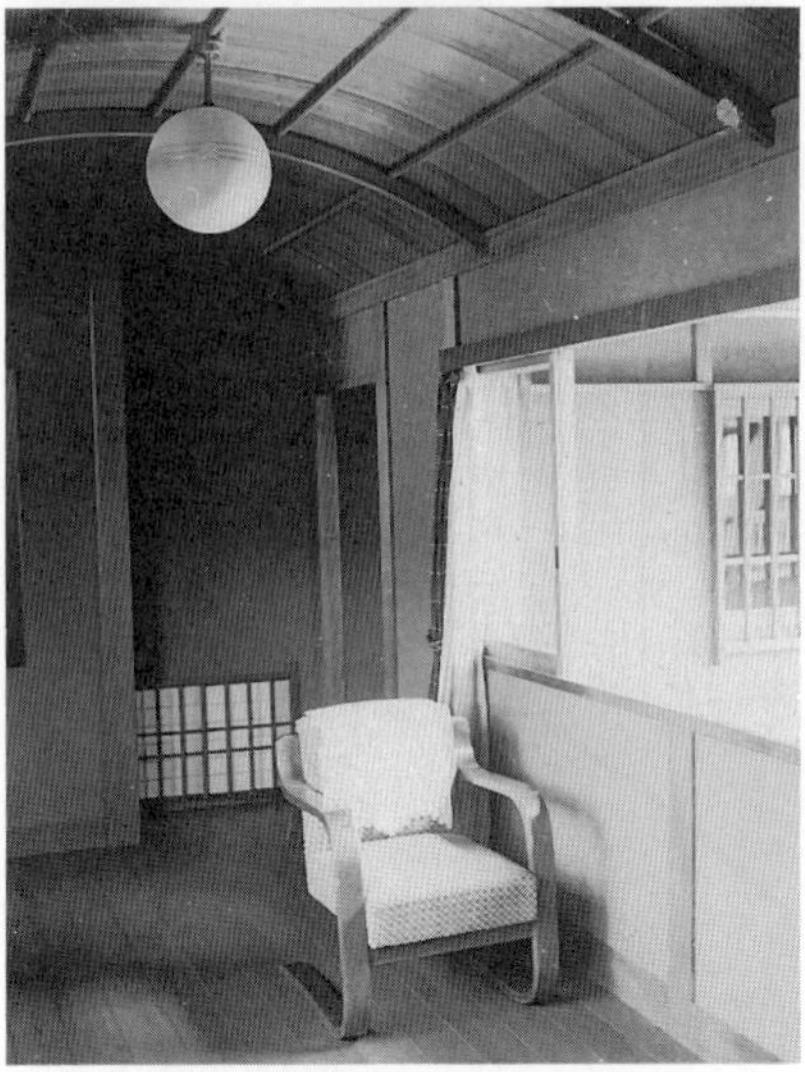

図25　同　展望室（藤井家蔵）

図26　二階客室（８畳）（藤井家蔵）

石垣によって、邸宅は抱かれている。石積みもあまり高いものではない。住宅地が緩傾斜となっていることで、貯水池のぐるりの石積み以外は、さほど高い石積みを必要としなかったのだろう。これらの石のなかには、おそらく刻印石や古墳の石室の石が積まれていったはずである。

こうした石垣や庭木のぐるりは、住宅地の景観として、むしろ建築よりも目立っただろう。そして、そこに意匠をこらしたものも多い。先の平野邸の、その石垣の上に積まれた土塀には、様々な家紋がはめこまれている。

こうした緩やかな傾斜に長く続く垣は、その当時、新しい住宅地景観として、人々の目に映っていたのではないだろうか。そしてその風景は、どこまでも日本の伝統的な趣をみせている。

六麓荘の理念とモデル

このように山手の開発では、多様な建築が建ち並ぶ一方で、住宅地全体にわたる造園計画やマスタープランが行われたことに、その特徴を見いだすことができるであろう。特に六麓荘については壮大な計画が実現されていった。

では、このようなデザインのモデルはどこにあったのか。六麓荘初代町内会長であった大谷哲平は『六麓荘四十年史』のなかで次のように述べている。

> ここの開発造成に当たって香港を真似たというのは、ご承知のように香港はイギリスの租借地であり（中略）アメリカやヨーロッパのあっちこっちに行って見たが（中略）結局香港島のここが一番良いというのでその真似をしたわけだが、当時香港視察に行った人はみな亡くなって、今その話を詳しく聞けないのは残念だ。そこでこの白人専用の租借地で一番困ったのは水がないことだというので、此処では水を確保するために、剣谷の山の水利権を全部買った。（中略）それから先ず第一に道路の区画を角々を一軒の家の前を基準にして行い、香港と同じように全部、角々にその家の門が出来るようにした。

このようにかなり詳細に、香港の住宅地を検討した様子が随所に見られる。

ところで、これだけ多くの視察を行っていることから見ても、その同時代、当然、田園調布の事例などを含めた田園都市論については至近の距離にあったであろう。しかし、当時、流行の田園都市論ではなく、このように東洋にモデルを探したことに、六麓荘の開発者たちの自由で独自の発想がうかがわれる。

また現在において、この香港の租借地がモデルとされたという確たる証拠はないが、西洋人による西洋におけるデザインではなく、西洋人による東洋におけるものが参考にされていることは非常に興味深い。

そして実際に形成された空間的特徴も、松や石や小川の造園的な活用の手法は、日本の伝統的な庭園を彷彿とさせるものであり、極めて東洋的、日本的なものである。

ここに開発者たちが、欧米からの様々な計画情報が議論されるなかで、日本の目指すべき住宅地の理念を構築したように思えてならない。他の日本の住宅地と見比べてみても、日本の伝統的な技術が反映された一つの到達点とみるべきではないだろうか。

そしてこうした開発者たちの理念は現在も引き継がれ、六麓荘町内会（六麓荘土地有限会社）によって環境維持のための様々な方策がなされている。例えば、一区画一二〇〇坪以上という建築協定などが挙げられる。また当時の開発者の理念や、六麓荘の歴史を伝える『六麓荘四十年史』が昭和四八年に纏められている。この地域がこれまで環境を維持してきたことに、開発者とともにここに暮らしてきた人々の果たした役割は大きい。そして、この六麓荘の理念やデザインが、そうした意識を醸成することに少なからず影響をおよぼしてきたこととは無関係ではないだろう。

大庭園の進化

以上のようにして、六麓荘はデザインされてきた。もうすぐ七〇年を迎えようとしている。木々は大きくなり、また石垣も錆がのってきた。住宅は増え、また更新されたものも少なくない。そのなかで風景もかわってきた。

いつからか電柱があらわれた。当初は地中化されていたものの、家々の増加で電気容量が足りなくなり、直立式電柱の増設が余儀なくされていく。同時に道路にそった芝生もなくなり、住宅地には次第にアカマツ以外の庭木とともに電柱が建っていった。

せせらぎも消えていった。住宅地と邸内を流れる小川は、暗渠化されたり、住宅の下を流れるようになっているところもある。ここでは、細分化が制限されているものの、宅地面積の減少は、庭にせせらぎを流すゆとりを与えない。

そして近年では、建物と外構とが一体化されたような構造物が、道路際まで建てられている。樹間から見え隠れするものとは対照的である。こうした明るい建築は新しい景観を形成している。古くから住む人は、これらをビバリーヒルズ現象と呼んでいる。

こうした住宅事情の変化は、デザインされた六麓荘の風景にも大きな影響を与えている。それは松風山荘も同様である。道の両脇に連なるツツジ・サツキの植わったスペースは、各宅地で異なる利用が行われ、連続性はなくなってしまった。松風山荘の場合、規模が小さいことも関係するであろうが、その名も町名として残されることなく現在に至っている。

ところが、六麓荘の場合は、なにも変わっていくものだけではない。いくら新しく住宅が更新されようが、七〇年前と同じようにできていくものもある。

石垣である。建物の更新のための建設工事によって、新たに出土する石材が、六麓荘ができた頃と同じように、今も石積みに用いられているのである。石を持ち上げるものがヤグラから様々な機器へと変化をとげているものの、職人が大石を積む技や姿はかわらない。もちろん石はよそへ処分される場合もあるが、たいてい石垣に用いて処理されている。芦屋の他地区に比べてみても、活用される割合は非常に高いことは確かだ。

なぜだろう。石がどこよりも出土することは確かだ。そして狭くなったといっても、面積的なゆとりが工事中も石が邪魔にならず、また施す場所をつくる。しかし、それだけではない慣性力が六麓荘には働いているような気がする。

さらに、これまでの自然の形の大石を積む方法だけでなく、新しくデザインされた工法によって積まれる石積みも生まれている。この不変のスタイルによって、新しい景観が生まれてくれば、この六麓荘における石庭、石垣、古墳の石室、刻印石、石橋と続いたこれまでの石造の文化に、また新しい石の造形を蓄積していくことに繋がる。

芦屋と六麓荘

海岸別荘地からスタートし、山手へと展開していった明治末から昭和初期にかけての郊外住宅地開発は、自然環境を取り込んだ健康地を、芦屋に形成させた。

ところが、冒頭でも述べたが、今日、いつのまにかこの芦屋も、山手の住宅地が強くイメージされるようになっている気がする。

それはおそらく、この六麓荘の開発の与えたインパクトにあったと思われる。そして、その後の浜手の開発が、こうした山手の開発と比較して、健康地のイメージから乖離していってしまったことにあるのではないだろうか。白砂青松の海辺につくられた浜手の住宅地は、海辺には埋立地がつくられ、海は遠退いた。

しかし、その一方で、六麓荘は、開発当時と同じように背後にはすぐ山がある。浜手からみる六麓荘は、緑の山林をグラデーションさせながら芦屋の浜に向かってつないでいる。今だに山を住宅地に取り込んでいる。

健康と環境が重要視される来世紀において、そして健康地としての曲がり角にきている芦屋において、七〇年経た今でも、決して色褪せることない六麓荘のデザインを顧みることは無意味ではない。

参考文献

「六麓荘四十年史」昭和四八年　六麓荘町内会

三宅正弘『山麓斜面住宅地における風土的景観の特質とその保全に関する環境計画的研究』一九九八

三宅正弘「花崗岩と松が織りなすランドスケープ――白砂青松・赤松・御影石の石垣――」（『阪神間モダニズム』、「阪神モダニズム展」実行委員会編、淡交社、一九九七）

三宅正弘『石の街並みと地域デザイン―地域資源の再発見―』（学芸出版社、二〇〇一）

㉒

御影・住吉／神戸

長者たちが住んだ町と村

坂本勝比古

御影・住吉山手郊外住宅地の形成

旧御影町・住吉村は、阪神間の西部に位置し、現在は神戸市東灘区に属している。いずれも六甲山を背負い、大阪湾に臨んで北から南へ緩やかな傾斜地となっていて、良質な六甲山の湧き水をもつ絶好な住宅地として急速に発展した。これは阪神間の他の地域にもいえることであるが、気候温暖、眺望絶佳、交通至便、教育機関の充実、身近に六甲山の緑蔭があり、居住環境に恵まれていて、全国的なレベルでみても決して遜色のない地域といえる。

そのなかでもとくにこの御影・住吉地区は大邸宅や大会社の社長、重役クラスの居住者が多く、一際抜きん出ていた。

〝鎌倉夫人に芦屋マダム〟という言葉や、谷崎潤一郎の『細雪』にも出てくる家庭は芦屋が舞台になっていて、関西とくに阪神間では芦屋が高級住宅地と思われているが、戦前では底知れぬ財力を蓄えていた大阪商人の富商たちは、多くこの御影・住吉地区に住んでいた。住吉村が全国一の長者村と呼ばれた由縁もそこにあるといえる。当時（大正一〇年）の事情を伝える恰好な資料として、「鉄道院の調査によると、全国各駅のなかで、一、二等客の最も高きは大森駅（筆者註、東京）にして、之に亜ぐものは住吉駅なりという」[*1]といわれているように、朝の出勤時間の一、二等車両は、さながら社交場の観があったと伝えられている。

御影町は阪神間では西宮町に次いで大きな町であり、その中核は灘五郷のなかでも白鶴、菊正宗に代表される大手酒造会社の存在で、その位置は旧御影町と呼ばれる阪神電鉄線から浜側にかけての一帯であった。一方、JR線を含む山手方面には、当時田園耕作地域が広がっており、この町の市街化過程を考えると、旧御影町地域と、新御影町（阪神国道二号線以北）とに分けて考察することができる。この点について御影町誌は、

住家、近頃戸数の頓に増加したのは大部分阪神新国道以北で、茲に新旧御影を画し、所謂旧御影は酒造家を中心とする商業地であり、新御影は大部分郊外住宅地である。此の新旧御影によって人情風俗に多少の相異はあるが、外観上著るしく異るは住宅である。即ち旧御影は酒造蔵の外普通の商家や和風の住宅が大部分であるが、新御影は宏壮な和風別荘式住宅が多く、殊に洋風の新住宅が漸次増加する。服装、住宅の関係と同じく新旧御影によって相異がある。下町の服装が一般的に地味であるに対し、山の手は一般に派手であり、殊に婦人の洋装は山の手に多くて、下町には稀である。従って世の流行を追うのも山の手に多く下町には比較的少い。[*2]

としている。

このような記述は当時の御影の新旧の違いを良く説明しているといえよう（図❶）。

図１　阪神間、御影町、住吉村付近地図（図２参照）　大日本帝国帝国陸地測量部大正15年７月30日発行の一部

住吉村においてもこの傾向は同様であった。

ただこの村は御影町ほど目ぼしい醸造所もなく、農業、漁業の従事者が多かったため、田畑の占める割合が大きかった。またこの住吉から六甲越で、有馬温泉に向かうルートがあり、この道筋に沿って、若干の商家が並ぶ町並があった。

しかしこの村の最大の利点は、そのほぼ中央部に官営鉄道の駅舎住吉駅が明治七年という早い時期に設けられていたことである。

武庫郡誌によると住吉村住家の概況について、

> 即ち住吉地方（御影・魚崎・本山をも含む）に富豪紳士の多く存在すること。全国を通じて最上位なることを証明するものなるべし、是全国有数の別荘地郊外住宅地として、百千の名士を吸収し、酒造の本場（御影・魚崎等）として幾多の豪商を有すればなり。従って其住家の如きも、結構宏大にして郡内町村に散在せる別荘に比して一段の上位にあり。
>
> 本村にても観音林、反高林付近の住宅の善美を尽したること、恐らく全国首位にあらむ。
>
> 東京付近の別荘地たる大森鎌倉付近の建築は本村のそれに比すれば甚貧弱の感あり。是本村は富の度高き大阪の郊外地なると、一は純然たる別荘にあらずして生活の本拠地なればなり。[*3]

と自慢ともとれる記述をしている。

ただ御影町誌の場合を含めて、どのような建物が誰のために建てられ、誰が設計したかについての具体的記述はなく、その実情がどのような姿であったのかについては何も明らかにされていない。そのため具体的な建物やその建築主、設計者、建築年代、場所等について、調査した内容を紹介することとしたい。ただし、その邸宅はすべて現存しているものとは限らず、既に滅失した建物の方が多いのであるが、その歴史的変遷を知るうえで、あえて取り上げてみた。

邸宅街の発展とその全体像

御影・住吉地区の郊外住宅の発生は、まず大邸宅の出現から始まったといってよい。実際大都会で環境が悪化しても、労働者にとって郊外に転居することは経済的に困難であり、中堅給与所得者層が郊外に家を持てるようになるのは、私鉄が開通し、沿線に分譲住宅が建設される大正期になってからであった。それまで、良好な郊外住宅地に新居や別荘を求めることができたのは、資本主義の発展にともなって財力を蓄えてきた新興の実業家や、学歴の高い知的階層の人々が主であった。

この邸宅地発展の姿は、後に取り上げる邸宅群によって紹介するが、およその分布については、別掲の分布略図を参照されたい（但しこの他にも補足すべき著名人の邸宅は少なくない）。また当時のこの邸宅街の様子について、大正時代の初めからこの地に住む真野勝美氏の言によると、この辺りの住宅地は大きな邸宅が多かったので緑が豊富で、各邸宅の屋敷林が良好な住宅地景観を生んでおり、その最大のものが村山龍平邸の林園であるという。そのたたずまいは今も残されており、クスノキ、エノキ、クロマツ、アカマツなどの大木が繁り、大都市近郊の住宅地としては珍しい規模の大きい樹林地が自然環境を維持するうえで役立っている。

次いで大きかったのは住友本邸の屋敷林であった。村山邸のそれが野趣のある園林であったのに対し、住友本邸の場合は人工的な造園による格調の高い庭園であった。この庭園を設計したのは、明治の庭師として知られた小川治兵衛であった。小川は明治の初め、京都で山縣有朋の別邸無隣庵の造園を行ない、また明治の終りに住友家の大阪茶臼山本邸の造園も手掛けていた。

さらにこの住宅地のほぼ中心に位置した字雨ノ神の平田譲衛邸も園林の豊富な邸宅であった。平田邸は後にも述べるが和風の邸宅で建築家野口孫市の設計である。

なお平田邸の西隣りにあった田代重右衛門邸も、明治四〇年代に居を構えるが、同家の屋敷塀の写真が残っており、これを見ると、和風の瓦塀と玉石積の石塀があって、この地方特有の道路景観を生んでいたことがわかる。この田代邸の西に細い道路を隔ててあったのが平生釟三郎邸であった。この邸宅は一転して大きな切妻壁をもつ洋館で、分離派の闘将として知られた石本喜久治の設計であった。さらにその西側に隣接する和洋二棟の邸宅は大林組の副社長であった大林賢四郎の屋敷で、同社が設立した住宅部は、賢四郎の発案になっている。先に戻って平田邸の北側にあった邸宅は、日紡の社長も務めた小寺源吾邸で、和風の住宅であった。庭に大きな温室を建て、ここではメロン、バナナ、パパイアなどが育てられた。また三〇〇〇坪に及ぶ広い庭園の一部では園芸や蔬菜が耕作され、わざわざ農業学校で学んだ人を雇って、小寺邸のマスカットやメロンは有名であったといわれる。今でいうガーデニングが、大正期にこの地では試みられていた。

この住宅地では住宅地景観を決定づける要素として、地元で採れる御影石による石塀があった。これは別名御影塀とも呼ばれ、広い邸宅に好んで用いられた。とくに大邸宅では正門の両側に直径六〇センチを超える大きな御影石が野面積みされ、茶褐色の明るい色調と共に風格のある、この地域特有の風土的な景観を生んでおり、今でもその姿はよく目にすることができる。またこれらの邸宅の庭には、必ずといってよい程、茶室が設けられて、茶会が頻繁に開かれていたことが伝えられている。

なお飲料水について、この辺りは六甲山の水脈が清流となって豊富に流れており、なかには住吉川の伏流水を自邸の庭池に引くなど、山からの清冽な水がとうとうと流れ、昭和一〇年に住吉川の上流に水源地ができるまで、各邸宅では井戸水が多く用いられていた。

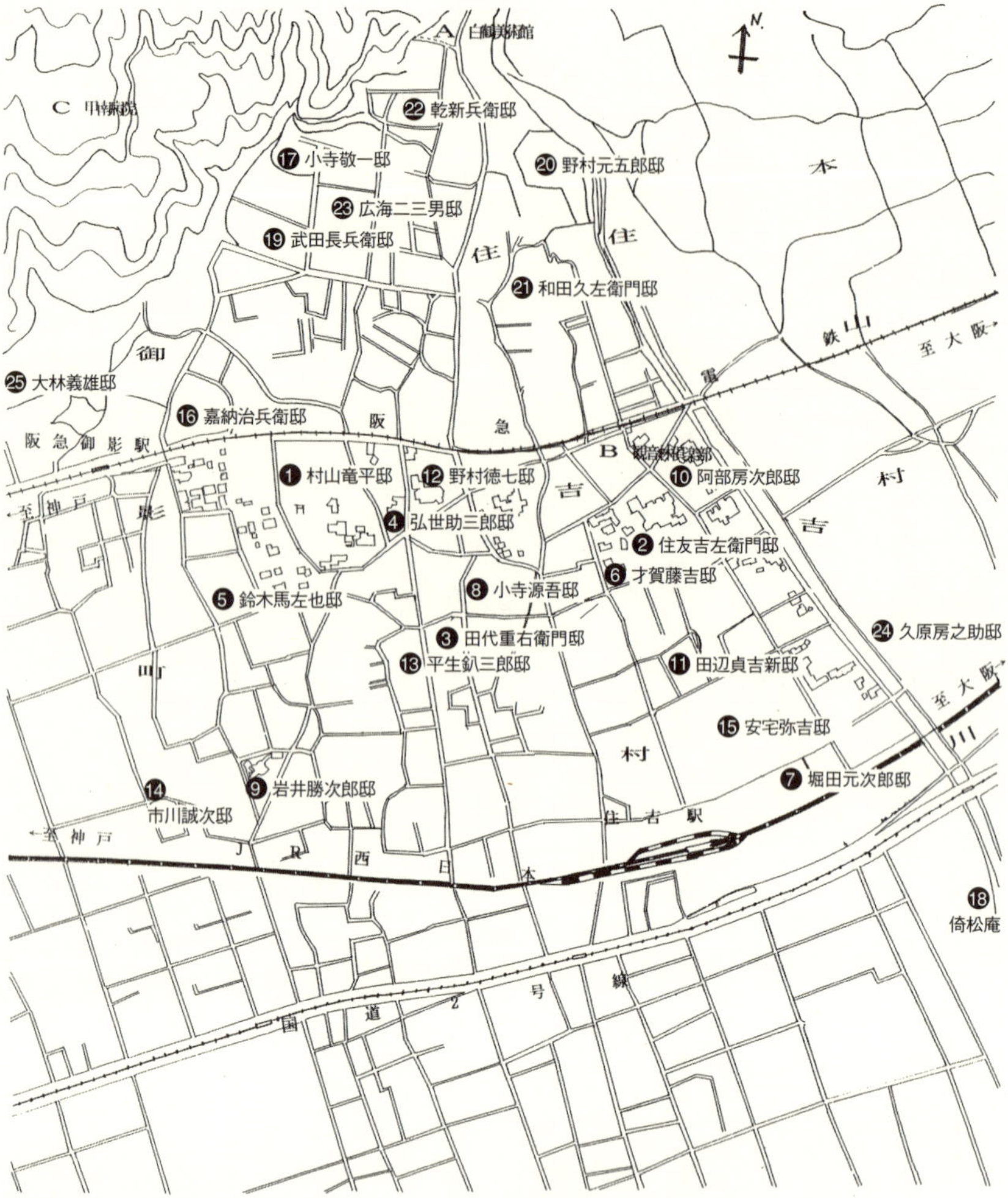

符号	名称	地域	様式	年代	備考	
❶	村山 竜平邸	御影町	和+洋	M42.T7		○
❷	住友 吉左衛門邸	住吉村	和+洋	M41.T14	旧田辺 貞吉邸跡	●
❸	田代 重右衛門邸	住吉村	和	M42		●
❹	弘世 助三郎邸	住吉村	和	M41		●
❺	鈴木 馬左也邸	御影町	和	M42		●
❻	才賀 藤吉邸	住吉村	和	M43		●
❼	堀田 元次郎邸	住吉村	和	T初		●
❽	小寺 源吾邸	住吉村	和	T1		●
❾	岩井 勝次郎邸	御影町	洋	T5		●
❿	阿部 房次郎邸	住吉村	和	T6		●
⓫	田辺 貞吉新邸	住吉村	洋	T7		●
⓬	野村 徳七邸	住吉村	洋	T12		●
⓭	平生 釟三郎邸	住吉村	洋	T13		●
⓮	市川 誠次邸	御影町	洋	T15		●
⓯	安宅 弥吉邸	住吉村	和	T15		●
⓰	嘉納 治兵衛邸	御影町	和	S2		●
⓱	小寺 敬一邸	住吉村	洋	S4		○
⓲	倚松庵	住吉村	和	S4	旧谷崎 潤一郎邸	○
⓳	武田 長兵衛邸	住吉村	洋	S7		○
⓴	野村 元五郎邸	住吉村	洋	S10		○
㉑	和田 久左衛門邸	住吉村	洋	S11		●
㉒	乾 新兵衛邸	住吉村	洋+和	S11		○
㉓	広海 二三男邸	住吉村	洋	S14		●
㉔	久原 房之助邸	本山町	和+洋	M37		●
㉕	大林 義雄邸	住吉村	洋+和	S7		○
A	白鶴美術館	住吉村	和	S9		○
B	観音林倶楽部	住吉村	洋	M45		●
C	甲南病院	住吉村	洋	S9		○

M明治　T大正　S昭和　○印現存　●印現存せず

図2　御影・住吉山手地区の主要邸宅分布図とリスト

邸宅の分類と住まった人々

この地域に建った数多くの邸宅群を分析すると、大きく次のようなタイプに分類することができる。

1　超大邸宅、敷地面積が四〇〇〇坪前後かそれ以上のもの、また敷地はそれ程大きくなくても建物の延坪が五〇〇坪を超えるようなものとし、この場合は和洋二つの建物か同等の規模で併存する場合がある。

2　大邸宅、敷地面積が一〇〇〇坪から三〇〇〇坪程度で、建物も延面積が二〇〇坪を超えるもの。この場合は和風系、洋風系に分けることが可能となる。

3　邸宅、この類型のものは、中流住宅の上位のものから、大邸宅に次ぐレベルのものまで、かなりな幅をもつ。

このような分類をもとに各邸宅の変遷や住まった人々のおよその経歴を辿ってみたい。

超大邸宅

○村山龍平邸（御影町郡家）

この地域の超大邸宅の先駆となったものである。朝日新聞社の創業者であった村山龍平が、この地にまとまった土地を購入するのは明治三三年（旧土地台帳による）頃であり、その全体は六〇〇〇坪を優に越え、このとき大阪の友人らから、村山は気が違ったのではないかといわれたと伝えられている。しかしこれは先見の明で、以後大阪の富商たちは続々と阪神間に土地を求め、明治四〇年前後に盛況をもたらすこととなった。村山龍平は明治三五年三月、御影の自邸で「一八人会」を開いている。[*4]この会は別名「紳士会」ともいわれ、大阪や地元の醸造家、茶人を中心に集われていた。ただ村山がこの地を購入した際は、現在のような大規模の建物ではなく、既存の住家に仮寓していたようで、本格的な住まいを建てるのは、明治四〇年頃からで、まず西洋館が建てられる。

このことについて竹中藤右衛門（竹中工務店主）の日記によると、明治四一年の項で、

> 一月四日（神戸）、高見ヲ伴ヒ住吉村山氏訪問　実地ヲ見ル、同一月二九日（神戸）夕　河合幾次氏来訪　書画ヲ見ル、云々[*5]

とあり、この頃、現存の西洋館工事の動きがみられる。河合幾次は西洋館の設計者で、明治二五年帝国大学工科大学造家学科出身の建築家であった。この西洋館は煉瓦造三階建（但し三階部分は木造）のハーフ・ティンバーを用いたヴィラ風の洋館で、明治四一年六月五日上棟、翌四二年二月二日に完成している。村山邸はこの西洋館を皮切りに日本館、茶室が次々と建てられ、日本館は唐破風のついた玄関棟と長い渡廊下をもつ御殿棟、さ

写真１　村山邸和館御殿棟

写真２　村山邸洋館

らにその奥に香雪、玄庵と呼ばれる茶室棟をもっている。御殿棟は延一八八坪の大規模な三層構成で、最上層は望楼となっている。建築年代は大正七年の棟札があり、茶室玄庵は明治四四年の棟札のある名席で、棟札には薮内節庵宗近の墨書がある。何れも深い木立の中に囲まれて建ち、長い御影玉石積の石塀に囲まれた邸内は、一種別天地の雰囲気をもっている。

○岩井勝次郎邸（御影町郡家、現存せず）

この邸宅は、敷地面積約一四〇〇坪、建物は煉瓦造で、建坪一五〇〇坪、地下室を含めて四層の構造で、延五〇〇坪に及ぶ大規模なもので、石造りの壮麗な建物は、この地域で一際目立っていたと伝えられている。

　この地所は貿易商として急速に頭角を現わした岩井商店主岩井勝次郎が、明治三八年七月に取得したもので（旧土地台帳による）、この建築計画を立てた建築家河合浩蔵は、その完成報告のなかで、明治四〇年製図計画に着手、同四四年七月起工、大正三年一二月竣工としている。[*6] この邸宅は洋風に和風要素を組み入れた特異な外観をもち、室内の意匠も一階の応接間はアール・ヌーヴォー様式、二階は和風座敷で、豪華な趣きをもっていた。

　また御影町の山手の山麓に建つ大林義雄邸も、大正一四年、大阪のメリヤス商古川定治郎邸から土地を購入し、六〇〇〇坪に及ぶ敷地に和洋の大邸宅を建てたのは昭和七年であった。

写真3　岩井邸外観

写真4　住友本邸（住吉）、「住友春翠」より

〇住友吉左衛門邸（住吉村字反高林、現存せず）

　わが国の三大財閥、三井、三菱に並ぶ住友家は、大阪でも屈指の旧家として知られてきたが、明治になって二五年京都の公卿徳大寺家から公純の第六子隆磨を迎え、第一五代住友吉左衛門友純（いと）春翠と号して後を継ぐこととなった。春翠は住友家の近代化のため、多くの駿才を招いて各種事業の経営に当たらせると同時に、自らの教養の豊かさから、文化的な功績を高めていた。自社のなかに優秀な建築家を雇用し、中之島図書館を建て、府民に寄付するが、自らの住まいについても格式の高い建築を心掛けていた。大正初めに完成する大阪茶臼山の本邸は、故あってその地所を大阪市に寄付することとなり、新しい本邸の建設が求められ、その適地として住吉村のもと田辺貞吉が所有していた地所が選ばれる。田辺貞吉は、住友銀行の初代本店支配人で、明治四一年住吉村上反高林に野口孫市の設計になる西洋館を建てていた。この西洋館はのちに住友家の分家に譲られ、その後本家が茶臼山から移転するに当たって、その洋館部分として使用されることとなった。[*7]

　住友家の住吉本邸は和館部分は茶臼山本邸の部材を転用し、ちょうど近世の大名屋敷を思わせる書院造風の宏壮な大邸宅の構成で、敷地面積は三〇〇〇坪を超え、庭園の植栽は、京都の庭師小川植治の作庭になるものであった。

この洋館は最近まで現存していたが、平成七年の大震災で被災し、解体される予定のところ保存運動が起こり、洛北の曼珠院近くの武田薬品工業株式会社薬草園に迎賓資料館として復原再生された。

○野村徳七邸（住吉村字小林、現存せず）

さらに阪神財閥のひとつに数えられた野村財閥の当主野村徳七は大正一二年に住吉村小林に宏壮な大邸宅を建てた。この敷地は阪急電鉄によって分断されるが、およそ三〇〇〇坪の敷地にRC造建坪一九二坪、延四九五坪、高い塔屋をもつ大邸宅を大正一二年に完成させている。設計は竹中工務店で、六階の塔屋からは大阪湾を一望でき、大谷光瑞師によって「棲宜荘」と名付けられた。[*8] 徳七は自らを得庵と名乗り、茶人としての交際も幅広いものがあった。なかでも隣家の村山龍平とは同じ藪内流の門下で交遊が深く、しばしば京都の碧雲荘や棲宜荘に招き、また翁も時々村山家の玄庵の茶会に招待されていた。野村邸には茶席として龍松軒や腰掛待合、蔵前の茶室などが設けられ、住友春翠とも茶友としての交遊があった。また敷地の北端の広い土地には花壇や温室があり、バラの生垣、大噴水があるなど専門のガーデナーをおいて、西洋草花が庭園の四季を彩っていたといわれる。

写真5　野村徳七郎、「近代建築画譜」より

○久原房之助邸（本山村野寄、現存せず）

住吉川を挟んでその東側は本山村であるが、久原邸はその川沿いにあり、住吉村と連担しているともいえるのでこの邸宅も住吉の超大邸宅の一翼を担うものとして取り上げる。

久原房之助は長州の出身、幼時を大阪で過したのち上京、慶応義塾で学び、貿易商社を経て、叔父の藤田伝三郎に招かれ小坂鉱山の開発に貢献するが、明治三八年藤田組から独立して日立鉱山を経営し、久原鉱業所を興した。また第一次世界大戦の好況を迎えて社業が飛躍的に発展する。久原は、阪神間の恵まれた環境が気に入って、母親の静養を兼ねてこの地を選んだという。敷地は優に一万坪を超え、本邸は和館と洋館の併存で、

写真６　久原邸、パヴィリオン

庭内には泉水や亭、茶室、鳥類のための大ケージ、校倉風のパビリオンなど、豪邸の名をほしいままにする超大邸宅であった。久原房之助は、一代で築きあげた富であったともいえるが、その富は総て己に帰するのではなく、社会事業にも積極的に資金を提供している。教育問題にも関心を示し、甲南学園が経営難にあったとき、進んで多額の寄付金を出してその窮状を救ったといわれる。また住吉川に架かる橋の築造に費用を出し、今でも久原橋の名が残されている。

久原邸の洋館は意匠的にもかなり洗練されており、建築家の関与が濃厚である。しかし設計者名は明らかでなく、これは推測であるが、明治三九年横須賀鎮守府建築課長で海軍技師であった宗兵蔵が藤田組に迎えられ、本店の建築に携わっていることから、彼が関係した公算が大きい。宗兵蔵は明治二三年帝国大学工科大学造家学科を終え、大阪に移ってからは住吉村に住み、阪神間でも多くの質の高い住宅を設計した。

大邸宅

さきに述べたようにここで取り上げる大邸宅は、一〇〇〇坪を超える土地を有する大規模なものであるが、その特徴を和風、洋風の二つの系譜に分けて考察することとする。

○鈴木馬左也邸（御影町郡家、現存せず）

鈴木は住友財閥の総理事として、明治三七年から大正一一年

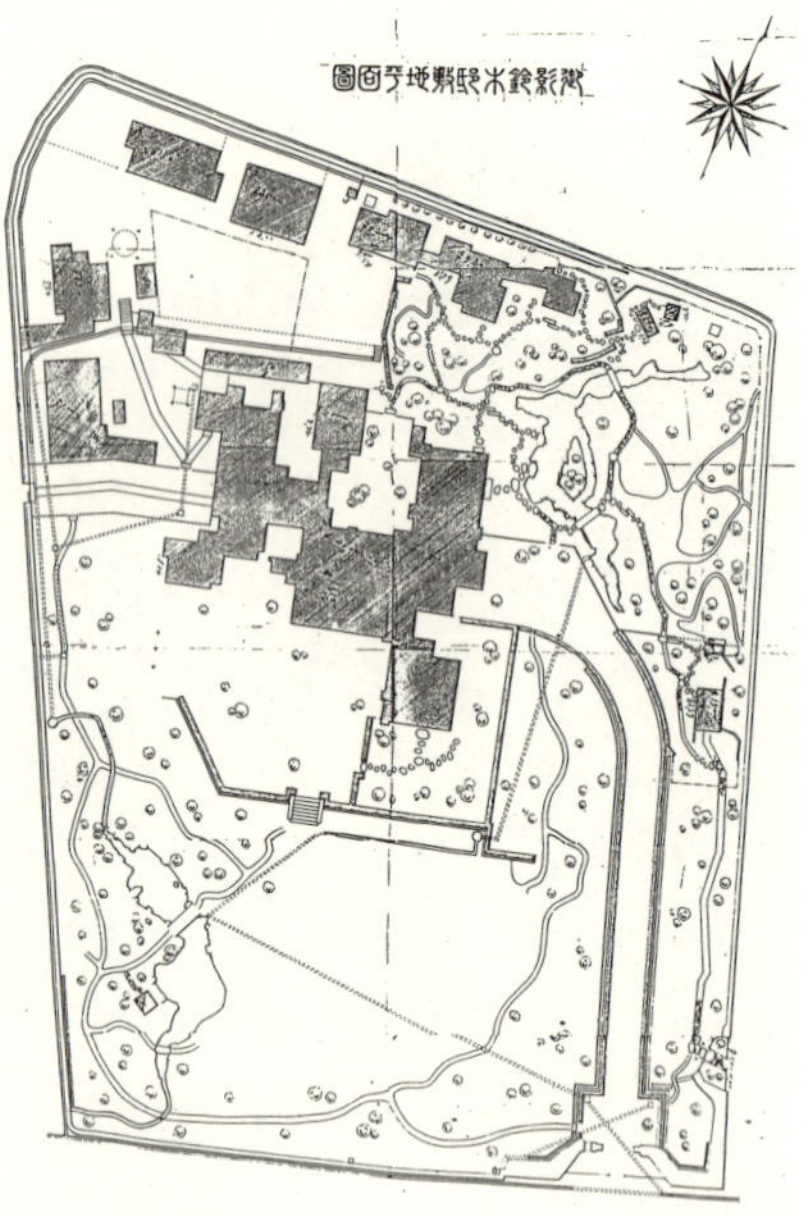

図3　鈴木馬左也邸、配置図

まで一八年間にわたって君臨した。彼は明治三八年郡家の土地約二〇〇〇坪を取得し（旧土地台帳より）、同四二年和風の大邸宅を建てている。この建築に当たっては住友本店臨時建築部の技師長であった野口孫市が相談にのり、和風であるのでやはり住友家出入りの棟梁八木甚兵衛が施工に従事した。その配置図をみると、南北に長い長方形の敷地の奥まったところに主殿を置き、東南隅部の正門から長いアプローチがあって車寄せに至る。その造りは書院造風の格式のあるもので、書斎は富岡鉄舟の題字により「琢心軒」と名付けられ、庭には茶室として自笑庵、転庵が建てられていた。[*9]

○阿部房次郎邸（住吉村上反高林、現存せず）

わが国の綿業界の最大手となった東洋紡績の社長であった阿部房之助も、住吉川の西岸の地に居を構えていた。この地は因戚関係にあった阿部元太郎が、明治三八年頃、観音林を含むこの辺に、住宅地の開発を行なっており、その一角を占めていた。この住宅は入母屋造り日本瓦葺の在来構法の住宅であり、住友本邸の東北に位置した。阿部房次郎は貴族院議員を務めたことがあった。この邸宅の辺りは、隣接地に芝川栄助商店主の芝川邸、倉敷紡績社長の大原孫三郎邸、さらに阪急電鉄の線路を挟んで北側に鐘ケ渕紡績社長だった武藤山治邸があり、地域の社交機関観音林倶楽部もこの地に在って、著名な実業家の邸宅が建ち並び、老松の緑と相まって、高級住宅地としての雰囲気を有していた。

○田代重右衛門邸（住吉村字雨ノ神、現存せず）

田代重右衛門は岐阜県の出身で、明治の初め大阪に出て綿糸商を営み、同二六年尼崎紡績に入り、同三四年取締役となった。同四二年住吉村の土地家屋を入手してここに移転したのち、大正六年新たに和風の邸宅を建てている。彼はまた宗風とくに東本願寺派に対する帰依の念篤く、自邸の建築に際してその南側に和風教場の建立を発願し、翌六年一二月建坪二二五坪の「願宗教場」を建てた。

尼崎紡績は大正七年六月摂津紡績と合併し大日本紡績となり、

日本を代表する紡績会社となった。この教場は閑静な住宅地のなかで一際目立つ存在であった。[*10]

○平田譲衛邸（住吉村字雨ノ神、現存せず）

和風住宅の場合その多くが大工棟梁の手になるため、設計者不詳なのが通例である。しかし、この平田邸は設計者の明らかな和風邸宅の一つである。平田譲衛は明治二一年帝国大学英法科を卒業、早稲田大学の前身東京専門学校に聘せられ、同二六年弁護士の資格を得、同三〇年欧米に渡り、翌三一年秋、住友家の法律顧問となり、居を大阪に移した。[*11] 明治の末頃から住吉村に移ったものとみられる。大正五年完成したこの平田邸は端正な和風の様式を受け継いでいるが、在来の伝統様式を単純に踏襲しているのではなく、例えば屋根の形式は入母屋造りではなく寄棟造りとし、西洋間は和洋折衷で暖炉をもっていた。設計に当たったのは野口孫市であった。何故野口がこの邸宅を設計したのかは、平田が住友家の顧問弁護士で、野口も自らこの平田邸の隣地に自邸を建てていたからであろう。

写真7　平田邸、「野口孫市博士作品集」より

写真8　平田邸、「野口孫市博士作品集」より

野口は大正四年秋、死去するので、彼にとって最後の作品であった。なお平田は住吉村の村会議員としても活躍している。

さらに和風大邸宅の系譜としては、他に安宅産業の創設者で大阪商工会議所の会頭でもあった安宅弥吉邸（住吉村反高林）、大日本紡績の社長であった小寺源吾邸（住吉村牛神前）などがあった。ついで洋風の系譜は一層華やかなものがあった。

○小寺敬一（よしかず）邸（住吉村字丸山）

この邸宅は住吉の山手にあり、昭和四年の完成でアメリカ人建築家だったW・M・ヴォーリズの設計になるスパニッシュ・スタイルの気品のある住宅である。小寺敬一は大日本紡績の社長であった小寺源吾が婿養子となった小寺成蔵の長男で、大正五年関西学院高商部を終えて渡米し、インディアナ、コロンビア大学で学び、帰国後大正九年から三十余年間、関西学院大学商学部教授となっている。[*12] また花野夫人もアメリカ在住の経験が長く、英語が堪能な人であったといわれる。このような経歴が本格的な洋館の誕生に結びついたともいえよう。

写真9　小寺邸

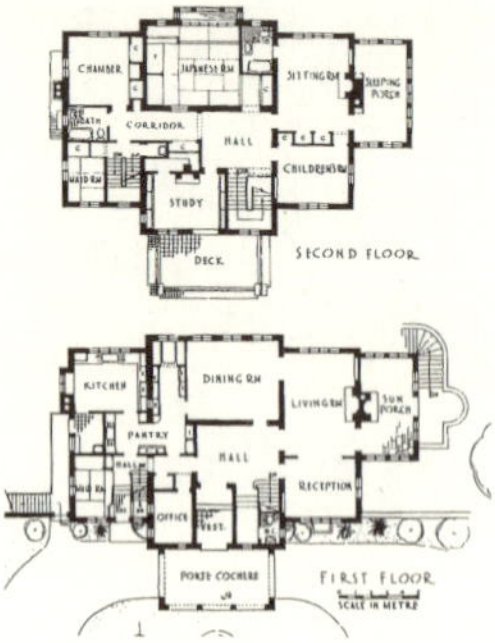

写真10　広海邸

○広海二三男邸（住吉村字川向、現存せず）

小寺邸のほど近くに建っていた広海邸も、同じヴォーリズの設計になる大邸宅であった。

敷地面積も三〇〇〇坪に及び、本邸は建坪一三五坪、延三〇〇坪を越える白亜の西洋館で、その前庭には広い芝生があり一部にテニスコートが設けられていた。

広海二三男は金沢大聖寺の出身で、大阪に出て、海運、鉱山関係の仕事を幅広く営み、石川県の多額納税者でもあった。洋館は昭和一四年の完成であるが、同二一年駐留軍に接収されていた当時、アメリカ軍司令官ムーア大佐の折に、当時「風と共に去りぬ」の小説、映画で一世を風靡していた女流作家マーガレット・ミッチェルがこの洋館を訪問したことがあったという（広海隆三氏談）。

○和田久左衛門邸（住吉村字小坂山、現存せず）

さらにこの山手の住宅地に連坦して小坂山に和田久左衛門邸があった。この邸宅は敷地面積二三一〇坪、建物二七二坪の規模をもち、長谷部竹腰建築事務所の設計で、とくに長谷部鋭吉が自ら手掛けたものと思われる。

長谷部は鋭い感覚をもつ繊細なデザインを得意とし、既成の様式から脱却した新鮮な表現で空間を演出している。[*13] 和田久左衛門も大阪の名だたる資産家で、三四銀行、鴻池信託の監査役を務めた。昭和一一年の完成になるが、ゆるやかな傾斜地を生

写真11　和田邸、「建築と社会」、1961年３月号より

かした石積みの壁体とＲＣ造の開放的なガラス窓、ヴェランダをもっていて、この地区でも第一級の邸宅であった。戦後この住宅も一時期駐留軍に接収されたことがあった。

なおこの和田邸のすぐ南に、やはり長谷部鋭吉の設計による住友家の分家住友義輝の大きな邸宅があったが、これは戦災で失われた。

○野村元五郎邸（住吉村字観音林、現存せず）

住吉山手には、ほぼ同じ等高線に沿って大邸宅の散在がみられるが、その東端住吉川に面して野村元五郎邸があった。野村元五郎は、野村徳七の実弟で野村銀行（現大和銀行）の頭取であり、明治四一年大阪高商を出てイギリス留学の経験をもつ実業家であった。[*14] この邸宅の敷地は観音林の一番北側にあり、その面積およそ三六〇〇坪、延六四七坪の建物で、ＲＣ造三階建。南の正門から長いアプローチを経て車寄せ玄関に達する大邸宅であった。過去形とするのは、この原稿執筆中に取壊しの悲報を受けたからである。設計に当たったのは安井武雄で、この頃、安井は大阪御堂筋に斬新なデザインで知られた大阪瓦斯ビルを完成させ、さらに芦屋の山手に山口吉左衛門邸（現適水美術館　昭和八年）を手掛けるなど、関西を代表する建築家として知られていた。

建物の水平に伸びる深い軒と、銅板葺きの屋根に和風の丸瓦をのせる独特の屋根の構成は、独創的な造型上の才能の一端を窺うに十分である。まさに阪神間モダニズムの好例であった。

○市川誠次郎（御影町大蔵、現存せず）

市川誠次は日本窒素肥料の副社長として、長くその経営に当たった事業家で、明治二九年帝国大学の電気工学科を出て、大正の中頃に大阪から御影に移り、大正一五年にこの邸宅を新築した。この邸宅は洋館と和館部からなり、文献資料によると、平家の洋館は六四坪、日本館は二階建で二四二坪、付属家を合わせて延三四五坪にのぼる規模をもっていた。

設計は様式建築を得意とした渡辺節事務所で、洋館の外観は

写真12　野村元五郎邸

写真13　市川邸、渡辺節作品集より

スパニッシュ風であるが、室内のインテリアは古典的様式を取り入れた格調の高い内容をもち、設計を担当したのは村野藤吾であった。[*15]

このような洋風の大邸宅には、他に武田長兵衛邸（設計、松室重光　昭和七年）、乾新兵衛邸（設計、渡辺節　昭和一一年）、和風では地元の大手酒蔵会社白鶴の嘉納治兵衛邸（昭和二年）、衆議院議員だった才賀藤吉邸（明治末年）、日本生命の創業者でもあった弘世助三郎邸（大正初年）などがあった。何れも巨大な御影石による重量感のある石組塀や、年輪を経た生垣、タイル張りのリッチな塀に囲まれ、風格のあるたたずまいを見せていた。

邸宅

一般的に邸宅というとその幅は広く、私鉄の分譲住宅、例えば一〇〇坪前後の土地に延四〇坪前後の住宅の程度から、二、三〇〇坪の土地と延一〇〇坪に及ぶものまでが含まれる。しかしとくにこの地域では後者の例が多く、しかも洋風の場合はれっきとした建築家の参加があって、それだけにバラエティに富んだ多彩な邸宅の展開があった。紙面の都合もあり、和風を含めそのいくつかを紹介するに留めたい。

○田辺貞吉新邸（住吉村字古寺、現存せず）

田辺貞吉は先に述べたように明治三〇年代の終り頃、いち早く反高林の土地を入手するが、大正期の初めに故あって住友本家に譲り渡し、自らは近くの古寺の地に新邸を建てた。貞吉は住友家に尽くしたこともあって末家に数えられるが、その建築に当たって、住友家のお抱建築家ともいうべき日高胖に相談している（田辺貞吉日記）。しかし、実際の設計施工は清水組によって行なわれた。この住宅は最近発見された資料によると、[*16] 木造二階建の洋館で、急勾配の屋根と煙突、ベイ・ウィンドーをもつ壁面など、瀟洒なイギリス風の西洋館で、和風造りの多い住宅地のなかで、一際光彩を放っていた。洋館の建坪は四〇坪、二階が二二坪、計六二坪程で、これに和館が付設されていた。田辺貞吉は甲南学園の初代理事長で、阿部元太郎らと学園の設立や観音林倶楽部をつくるなど、人望も篤く、地域の改善に努めた一人であった。

○平生釟三郎邸（住吉村字新堂、現存せず）

平生釟三郎が明治四〇年過ぎ、大阪より居を住吉村に移したことは、この地域にとって幸いなことであった。平生は岐阜県出身で、明治二三年東京高商を出て東京海上火災に入社し、関西に移るが、夫人の死など家庭内の不幸が重なって、心気一転の意味もあって、この村へ移ることとなった。その時住吉に住んでいた経済界の有力者たちが子女教育のため私学による幼稚園、小学校の設立を希望しており、その役目を彼に期待し、平生はそのために一肌脱ぐこととなった。現在の甲南学園の発展に尽力し、旧制甲南高等学校の設立をみるまでになった。また、地域住民の社交のため、観音林倶楽部の開設や、大正一〇年那須善治が起こした灘購買組合の設立、運営に協力した。

写真14　平生釟三郎邸

さらに地域医療のため甲南病院の建設など地域社会の改善に功績をあげている。彼は後に川崎造船所の社長、文部大臣、枢密顧問官となり、昭和二〇年東京で死去するが、彼がこの地域の文化水準、社会福祉の向上に寄与した功績は大きかった。[*17] 彼の自邸は大正一三年住吉村新堂に、分離派のメンバーとして活躍した石本喜久治の設計で建てられた。

近年その跡地に平生記念館が建てられている。

○堀田元次郎邸（住吉村字宮守堂、現存せず）

和風の邸宅の場合、明治末から大正初期の段階では、広い敷地を利用して、平家建で、伸び伸びとした平面計画をもつものが少なくない。この堀田邸などはその代表的な例であった。この邸宅の間取りをみると、玄関（土間）と式台、畳の間を経て右側に洋館、左側に一〇帖の床の間、付書院のある客間があって、さらにその奥に南面して畳一二帖の床の間、入側の縁、客間との間に茶室がある。また茶の間、一部二階があるほか、茶の間、炊事場、使用人部屋、浴室、便所があり、いわゆる武家屋敷の趣きをもっており、かなり大きな規模の邸宅といえる。

堀田元次郎は、和泉の人で若くして上京、工科大学聴講生として数理、土木工学を学び、福沢諭吉に師事したのち、内務省

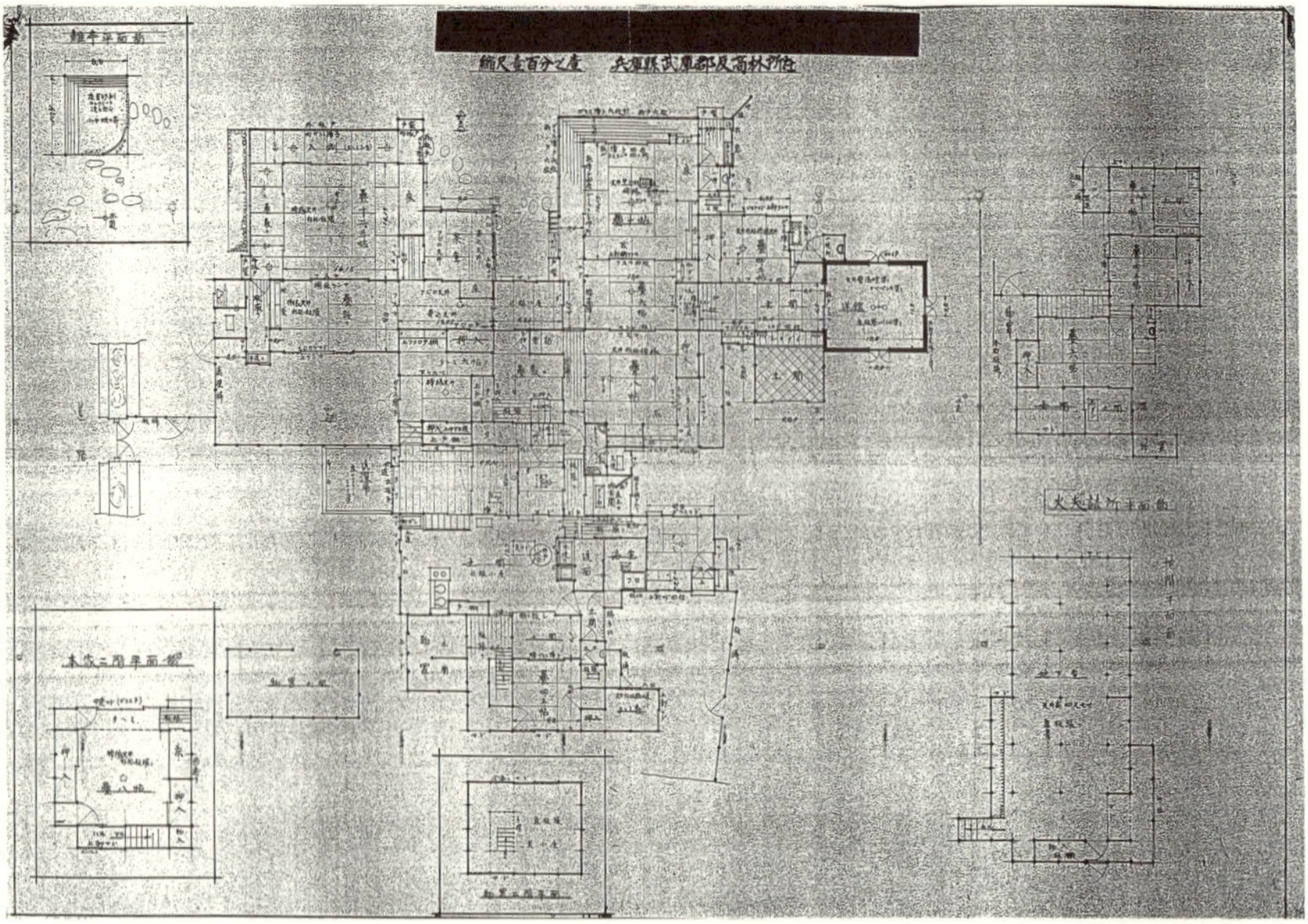

図4　堀田元次郎邸平面図

写真15　倚松庵

写真16　観音林倶楽部外観

に入るが、民間に転じて阪鶴鉄道の建設に従事し、明治三二年堀田商会を起こして鉄道用材、機械類の輸入業を始めて成功した人物であった。*18

彼はこの地所を明治四一年九月に取得（旧土地台帳による）している。

○倚松庵（住吉村字下反高林）

文豪谷崎潤一郎の旧宅として有名なこの住宅は、当初住吉川の清流に沿う、下反高林の土手沿いに建っていた。現在の場所はもとの地点から一五〇メートルほど北へ移された位置にある。この住宅は昭和四年後藤ムメが建てた邸宅で、阪神間に建てられた中流和風住宅の典型的な例といえる。木造二階建で一階は玄関を入ると床板張りのホールと暖炉飾りをもった洋間と食堂、その奥に縁側をもった四・五帖の和室があり、二階には八帖、六帖、四・五帖の和室が三部屋配されている。屋根は入母屋造り、外壁は竪羽目板張りとなっているが、一般的には杉皮張りが多い。引っ越しマニアともいえる谷崎だったがこの住宅が気に入って、昭和一一年から一八年まで住み、家主の立退き請求によって漸く明け渡す程であった。彼の代表作の一つ『細雪』はこの家で書き始められ、大阪船場の美しい姉妹の阪神間での生活の一端を垣間見ることができる。

このほか、最近登録文化財に指定された旧木水栄太郎邸（御影町城ノ前、設計小川安一郎、大正一四年）、住友本店の理事で歌人としても知られた川田順邸（御影町掛田、設計小川安一郎、大正一二年、現在せず）、旧高島平介邸（御影町東明、設計清水栄二、昭和五年）などがある。

まとめ

以上この地域を代表する邸宅について述べてきたが、全体像としてこれ程までに大規模な邸宅群が限定された地域に集中して建てられた例は、全国的にみて少なく、強いていうと、京都の南禅寺界隈があげられるが、密度の点ではこの地域には及ばないであろうし、和風一辺倒ではなく、和洋が混在していたところに特色があった。

ただし、その町並みはいわゆる整然とした碁盤の目状の街路構成ではなかった。この地域では大正、昭和戦前に流行した区画整理方式は国道より南側にのみ限定されていた。したがって、画一的な住宅地開発と異なって、規模の大きい邸宅が思い思いの広さや内容をもって建ち並ぶこととなる。しかも道路は昔の里道や村道が用いられ、曲がりくねった不整形の意外性のある道で、道沿いにはこの地域特有の赤味がかった花崗岩の崩れ石積みや玉石積が、生垣や屋根塀、風格のある門構えがあって、主屋と庭園、門、塀が一体となって、見事な住宅地景観を生んでいた。近代和風名園の作庭者として、先に述べた京都の植治こと小川治兵衛は、この地域のみでも、田辺貞吉邸、住友吉左衛門邸、安宅弥吉邸、大原孫三郎邸など、著名な実業家の庭園を手掛けていることからも、この地域の建築、造園などの水準の高さが窺える。

さらに注目できることは、このような造形的な空間構成に加えて、良好な生活環境をつくり出す工夫が、地域の住民たちの発想と実践のなかに営まれたことである。それは教育、医療、生活環境（コミュニティ）の三つの大きなテーマに対する取り組みに表われている。

一つは明治四四年に設立された甲南学園の幼稚園、続いて小学校、中学校であり、これは大正一二年、七年制の旧制高等学校に発展する。この教育機関の設置は地域住民の人間関係の改善にも貢献した。

二つ目は、昭和九年に開院した甲南病院である。この病院は住吉村の高台鴨子ケ原に平生釟三郎らが発起人として建設された総合病院であった。その設立趣意書のなかで、「余裕多き患者には相当の支出を求むれど、資力薄き者には負担を軽くして安心して治療を受けさせる」と記されている。

三つ目の生活環境（コミュニティ）の問題は、観音林にいち早く住宅地の開発を行なった阿部元太郎や田辺貞吉、野村元五郎、芝川栄助、静藤治郎らが発起人となって明治四五年に観音林倶楽部が設立され、地域の社交倶楽部の核となった。野口孫市が設計した洋館では、撞球や茶会、講演会など、文化的な行事が営まれた。また会員のひとりで賀川豊彦の感化を受けた那須善治が大正一〇年に設立した日本購買組合は、平生釟三郎の賛同をえて観音林倶楽部のメンバーもこれに加わり、生活必需品の配給や加工、生活向上に関する会合などが行なわれ、この会はのちに灘生活協同組合として全国的に知られるようになった。

このように、この地域では有力な指導者や協力者がいて、民間人の手による良好な郊外住宅地形成が進められた。

しかしここも潤いとゆとりのある住宅地であったが災害がなかったわけではなく、昭和一三年の住吉川の氾濫による大水害、同二〇年の空襲による被害などがあった。しかしこの地域の町並みを決定的に損なったのは、戦後神戸市がこの東部五カ町村を合併し東灘区が生まれた後、神戸市が行なった区画整理事業であった。この事業は国道二号線に平行して山側に山手幹線を新しく通じようとする計画が主で、地元住民の強い反対にも拘らず実施に移され、明治以来半世紀に亘って民間の手によって営々と築きあげられた豊かな郊外住宅地のヒューマンな環境は、モータリゼーション優先の公共事業の名の下に大きく失なわれる結果となった。

註

＊1——『武庫郡誌』兵庫県武庫郡教育会編纂、大正一〇年、四三九頁
＊2——『御影町誌』御影町役場、昭和一一年、五三二頁
＊3——『武庫郡誌』四三九頁
＊4——『村山龍平傳』年表、社史編集室、朝日新聞社、一九五三年一一月二四日
＊5——『第一四世竹中藤右衛門叙事伝』竹中工務店、昭和四三年二月一六日、八三・八四頁
＊6——「岩井氏本邸新築仕様梗概」『建築雑誌』三五六号、大正五年八月二五日
＊7——『旧田辺邸移築再生保存調査報告書』旧田辺邸移築再生委員会、一九九七年一月二七日、一一～一七頁
＊8——村上順二『野村得庵本伝』野村得庵翁傳記編纂会、昭和二六年一月一五日、一七一～一八一頁
＊9——『鈴木馬左也』鈴木馬左也翁伝記編纂会、昭和三六年一二月二〇日、七二二頁
＊10——北野種次郎編輯『田代重右衛門』昭和九年一二月二日、一九頁、六一頁
＊11——『大阪現代人名辞書』文明社、大正二年一一月二五日、八四六頁、平田譲衛
＊12——『小寺源吾翁傳』小寺源吾翁伝記刊行会、昭和三五年六月一五日、二四〇頁
＊13——『長谷部竹腰建築事務所作品集』長谷部竹腰建築事務所、昭和一八年五月
＊14——三島廉雄『日本財閥経営史』阪神財閥、野村・山口・川崎、日本経済新聞社、昭和五九年七月二四日、五五頁
＊15——市川保明『市川誠次伝』文信堂、昭和四九年四月五日、九〇～九四頁
＊16——「住吉田辺新邸」清水建設、情報資料センター資料
＊17——『甲南学園の六〇年』甲南学園史資料室委員会、昭和五四年四月二一日、九～一三頁
＊18——前掲『大阪現代人名辞書』一八四頁、堀田元次郎

5
中国／四国

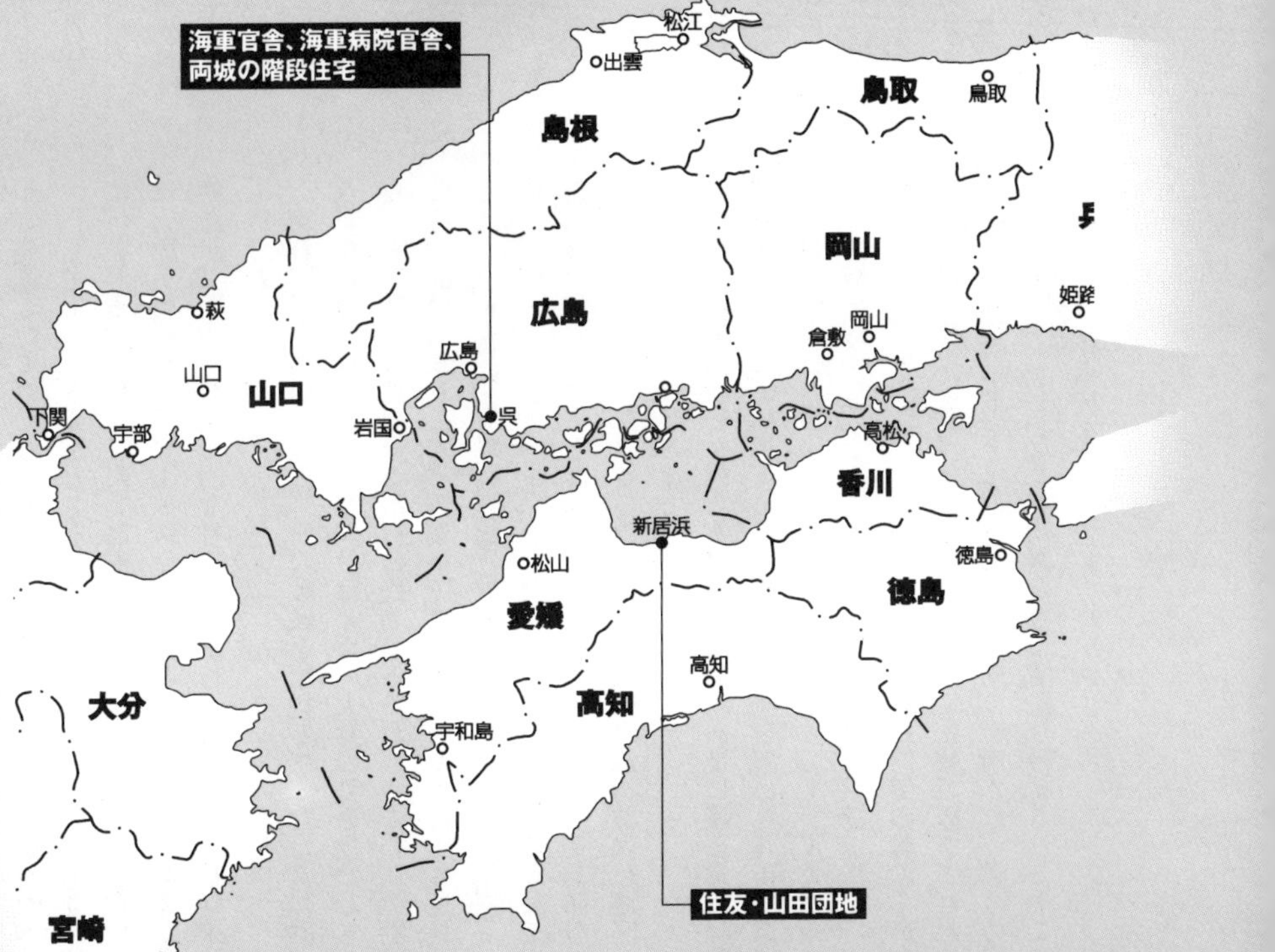

海軍官舎、海軍病院官舎、
両城の階段住宅
松江
出雲
鳥取
鳥取
島根
岡山
広島
姫路
萩
岡山
倉敷
広島
山口
山口
下関
宇部
岩国
呉
高松
香川
新居浜
徳島
松山
徳島
愛媛
高知
大分
高知
宇和島
住友・山田団地
宮崎

中・四国地方には東京圏、関西圏に匹敵するほどの郊外電車のネットワークは敷かれていない。そのため、本格的な郊外住宅団地の発達はなかったが、それに似たものはわずかながらあった。中・四国地方の中枢都市である広島には都心から西に延び、観光地厳島神社の対岸まで至る路面電車「宮島線」があるが、これを運営した広島瓦斯電軌株式会社によって沿線にいくつかの郊外住宅地の開発が試みられている。

特に昭和初期に海辺を埋め立て、同名の新駅を設置して開発した「楽々園」と称する団地は、宝塚をモデルにし、遊園地を核にして開発された。埋立地約五万坪のうち遊園地は一万坪余りで、残りが住宅地とされた。街区は整然と碁盤の目に区画され、宅地は宮島電車の乗車券をおまけとして売り出されたという。遊園地は戦後もしばらくの間賑わいを見せたが、やがて閉鎖され、今は海沿いの静かな住宅地として存続しているのみである。

戦前の人口が五〇万に達した広島市では、そもそも江戸時代から広島湾岸のデルタ地帯を埋め立ててできた新開地に郊外住宅地が開発されていき、都心部が被爆して破壊された後も、その名残が今もわずかに見受けられる。それは全国の中枢都市に見られるものと同じである。広島県は移民県として知られ、明治期からハワイや南米に出て成功した人たちは、財産を蓄えて帰国し、郊外の市街地のあちこちに洋風の応接間付きの大きな家を新築しており、独特の街角景観をかもしている。

中・四国の特に瀬戸内海沿岸は、埋め立ての容易さ、安定した気候のおかげで、多数の工業地帯を生み落としてきた。早くから発達したものには、別子銅山の新居浜市、宇部炭坑をベースにしてセメント産業などを併せ持つ宇部地域などがあり、特に新居浜市は本格的な産業都市として発達した。他方、倉敷では大原美術館やアイビー・スクエアなどに名残をとどめる倉敷紡績が、明治期に福祉的な社宅経営を行ったというエピソードも残されている。

遡れば、中国山地は古くから砂鉄を原料とするたたら製鉄がさかんに行われ、刀用の和鋼をはじめ、大量の鉄を供給してきた。その名残は島根県吉田村に残っているが、そこには労働者の住宅群の名残もあり、企業城下町の先駆けとも言える近世のミニ工業集落がある。島根県の日本海側には石見銀山（大田市）があり、これもまた古くから日本有数の銀の産地として産業集落を形成した。それは明治以降も引き継がれ、産業都市として発達したが、今はさびれ、重要伝統的建造物群保存地区に選定されて観光の町となっている。

一種の産業都市とも言えるのが、明治期前半に陸軍第五師団司令部を置いた広島市、第二海軍区鎮守府を置いた呉市である。それは中国大陸に侵出するための兵站基地として、軍需都市という性格を持った。全国に築かれた鎮守府は横須賀、舞鶴、佐世保と併せ、計四つだったが、穏やかな瀬戸内海の奥深くにあった呉は重要な位置づけがなされていた。空襲で破壊されたものの、敗戦後、軍需工場の施設は民生用に転用され、戦後の高度成長を担うこととなり、特異な都市構造は継続されるところとなった。（杉本俊多）

23

海軍官舎と両城の階段住宅／呉

海軍将校の住まい——軍港都市・呉の郊外住宅地

砂本文彦

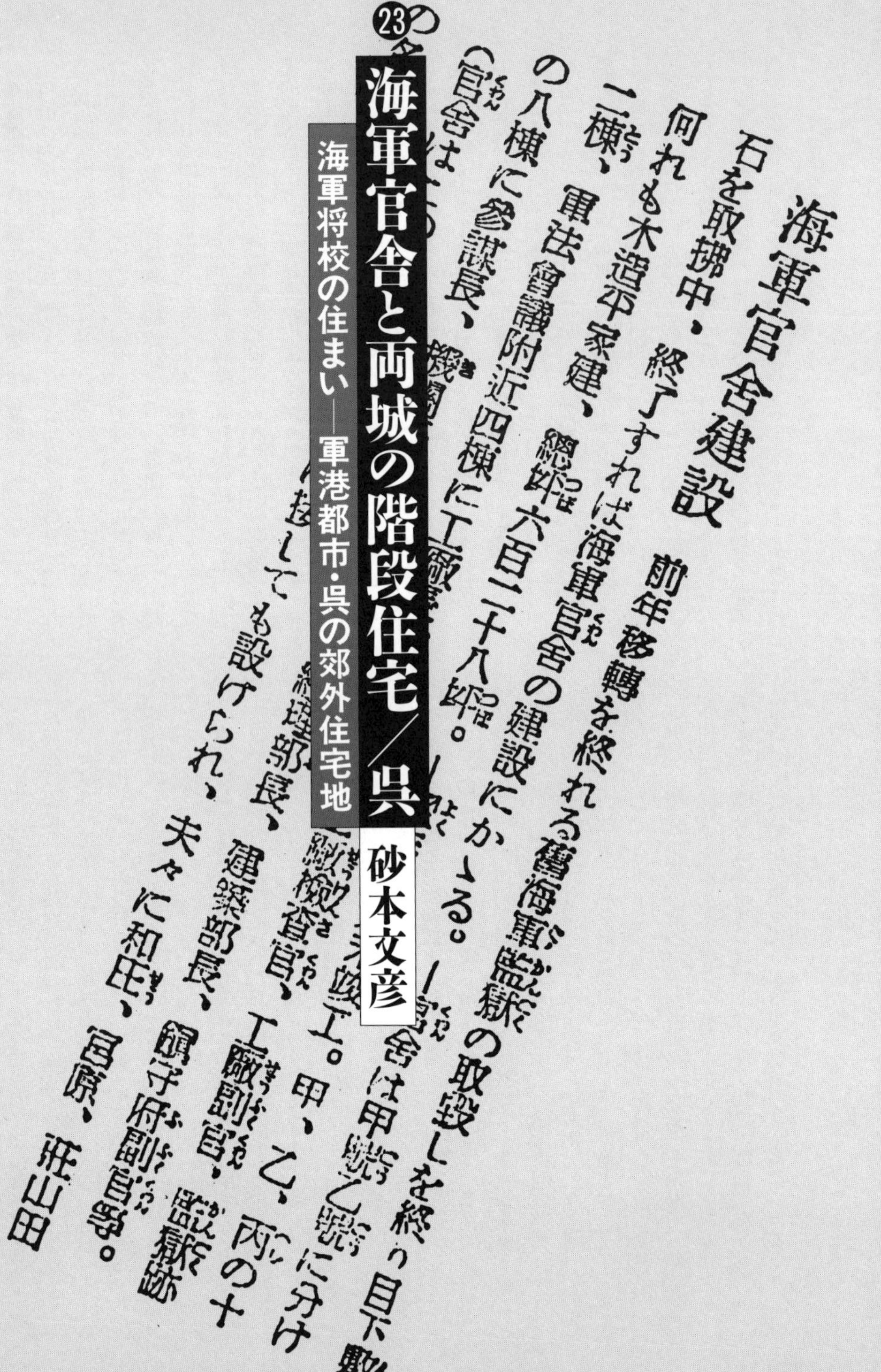

軍港都市・呉の誕生と郊外住宅地の展開

明治一六年二月一〇日。この日を境に半農半漁の村に過ぎなかった「呉」が近代都市の途を歩み始めた、と言っても過言ではない。それは、この二月一〇日から七月二五日にかけての海軍少佐肝付兼行一行の呉湾周辺調査が、「東洋一の軍港」と形容される帝国海軍軍港としての「呉」の将来を約束したからである。では、なぜ呉湾が軍港の適地とされたのだろうか。

その主な理由は当時の軍港立地論からみた呉湾の戦略的な地理的要因にある。[*1] 呉湾は瀬戸内海の広がりの中で捉えると、その中程にあり、紀伊水道、豊予海峡、下関海峡の三つの出口からほぼ等距離にある。また、呉湾は多くの小島に囲まれて海峡は狭く、湖水の観を呈している。これらの点で軍港に必要な防御上の役割を果たすものと期待されたのである。さらに、呉湾の後背地には市街化に適した適度な平野が広がり、その背後には四〇〇メートルから七〇〇メートル級の山塊が北東西三方を取り囲んで、呉湾の波浪を和らげる。

ここで注目したいのは、将来の軍港都市「呉」の地域となる呉湾の後背地としての軍港上の適格性の判断だ。結論から言うと、呉湾の後背地にあたる「市街化に適した適度な平野」は、実際のところは、巨大化する海軍を抱えるには余りにも狭かった。また、その背後を取り囲んでいた「四〇〇メートルから七〇〇メートル級の山塊」は、皮肉にも「呉」の市街化を「北東西三方」から抑えつけていたに等しい。このことが将来の「呉」の市街化を特異なものにする外的要因になった。つまり、地形的に隔絶された狭い範囲における「呉」の市街化は、平野部における高密化、そして急峻な山を登り詰めていく高地部への郊外化しか、その途が残されていなかったのである。呉の郊外住宅地の系譜は軍港都市ゆえの特殊性から語らなければならない。

本稿においては、海軍のまちの郊外住宅地を把握するという意味から、その主な住まい手であった海軍将校たちの住宅地に焦点を絞る。だが、将校の住宅地のみを見ていては理解しがたい側面があるため、次節にて簡単に「呉」における住宅地形成の変遷を把握しておきたい。

急増する人口と海軍関係者の住宅事情

ついに明治一九年五月、第二海軍区鎮守府として「呉湾」が正式決定される。軍港建設のために海軍技師らが続々と来訪し、同年一一月には鎮守府の起工式が行われた。式場には、当時、海軍四等技師だった曾根達蔵の顔もあった。明治二二年七月、彼らの尽力により呉鎮守府が開設される。半農半漁の村に過ぎなかった「呉」に軍港建設というお上の命が降りてからの変貌ぶりは、想像を絶するものだったと考えられる。そんな中、郊外住宅地の形成を知る上で忘れてはならないことが二点ある。ひとつは莫大な海軍用地の買い上げに伴う住民の移転であり、もうひとつは新たにやってきた海軍関係者の住宅事情である。

まずは海軍用地買い上げに関わる「呉」の影響を見ておこう。主に海軍の用地買収は、呉湾の東に位置する宮原村を中心に地元住民の住処を奪うかたちで行われた（図❶）。天下の海軍に逆らう術など農民漁民たちにあろうはずもない。[*2] 宮原村の人口は明治一八年（五〇一八人）と一九年（二四一四人）で半減する。移転を余儀なくされた村民たちは一〇二三戸。彼らの移転先は、海軍用地のさらに高台である宮原村高地部へ三八五戸、前節で紹介した「市街化に適した適度な平野」である荘山田村新開地へ四一二戸、海軍用地付近へ四四戸、海軍用地とは平野を挟んで反対側の山裾になる川原石・両城地区へ一八二戸となった。[*3] 小作人や漁民はその日暮らしの格好で立ち退かされたというが、商人や土地を持っていたものは海軍より補償金を得て、新たに居を構えて移り住んだ。彼らの中には強制移転にもめげず、海軍の需要を見込んで商売を始めたり、借家経営に手を出す強者も現れ、特に借家経営者は「呉」の郊外住宅地の展開の一翼を担う階段住宅を建築していくことになる。

次に、海軍関係者の住宅事情がどのようなものだったかを時代を追って述べる。長官をはじめとした新参者の海軍将校たちの住まいは、いきなり新たに建築された官舎だったわけではない。新たな官舎の建設までは、「呉」の周縁である荘山田、両城、川原石、宮原の高台の民家を間借りしたり、地元の名主により建設された住宅に住んでいた。[*4] 彼らはそこから各々、人力車や馬に乗って数キロの道のりを通っていたのである。明治末期鎮守府の組織拡大に伴って、将校の住まいは鎮守府周辺に建設された新しい官舎へと移行する（図❷）。[*5] ここには主に「長」と付くような海軍の中でもかなりの地位を占める要人が住むことになる。ところで、この官舎は、「郊外」どころか軍港都市の中心に建つことになってしまった。将校たちの住まいが郊外から中心へと移転したのには軍の組織上の理由があると考えられるが、それは別として、ここの場所性を詳細に読み解くと、意外にも鎮守府周辺は軍港都市の本当の中心であるが故に、ゆ

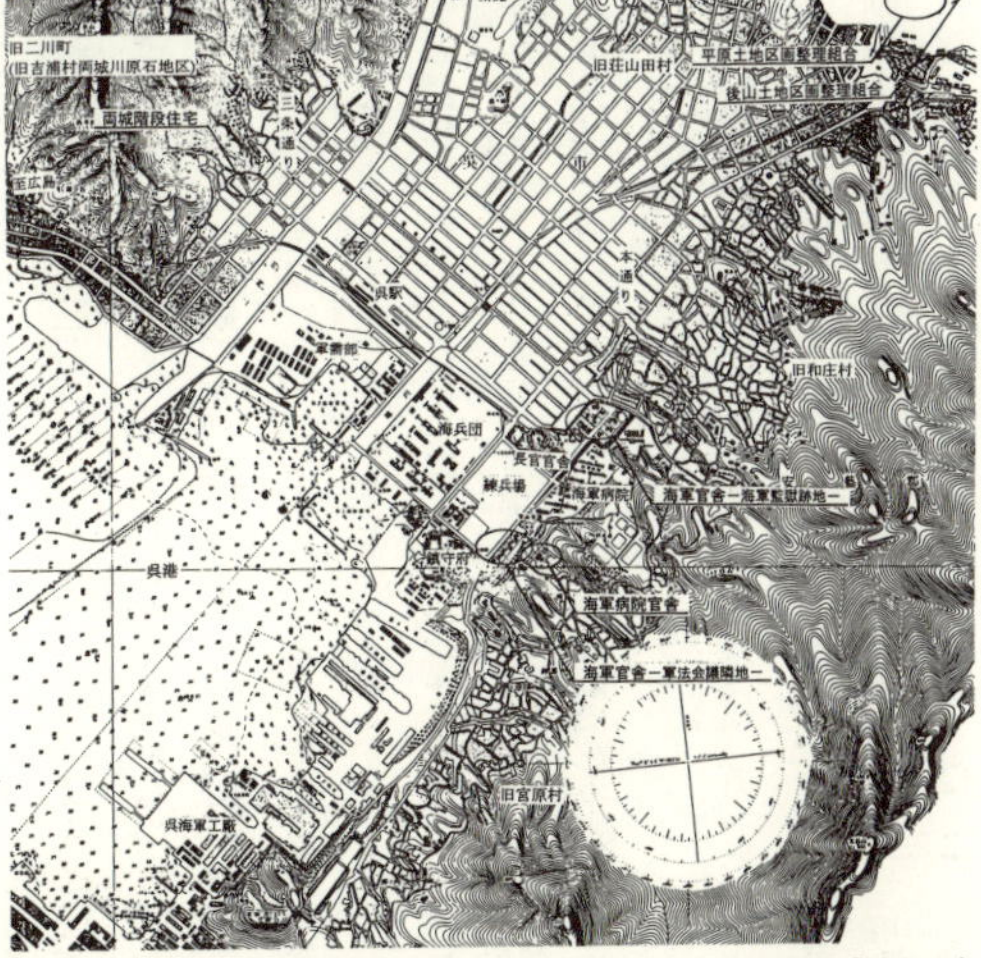

図1　呉の市街地と海軍将校の住まい（『呉市史』第6巻附図「昭和7年水路図」に加筆）

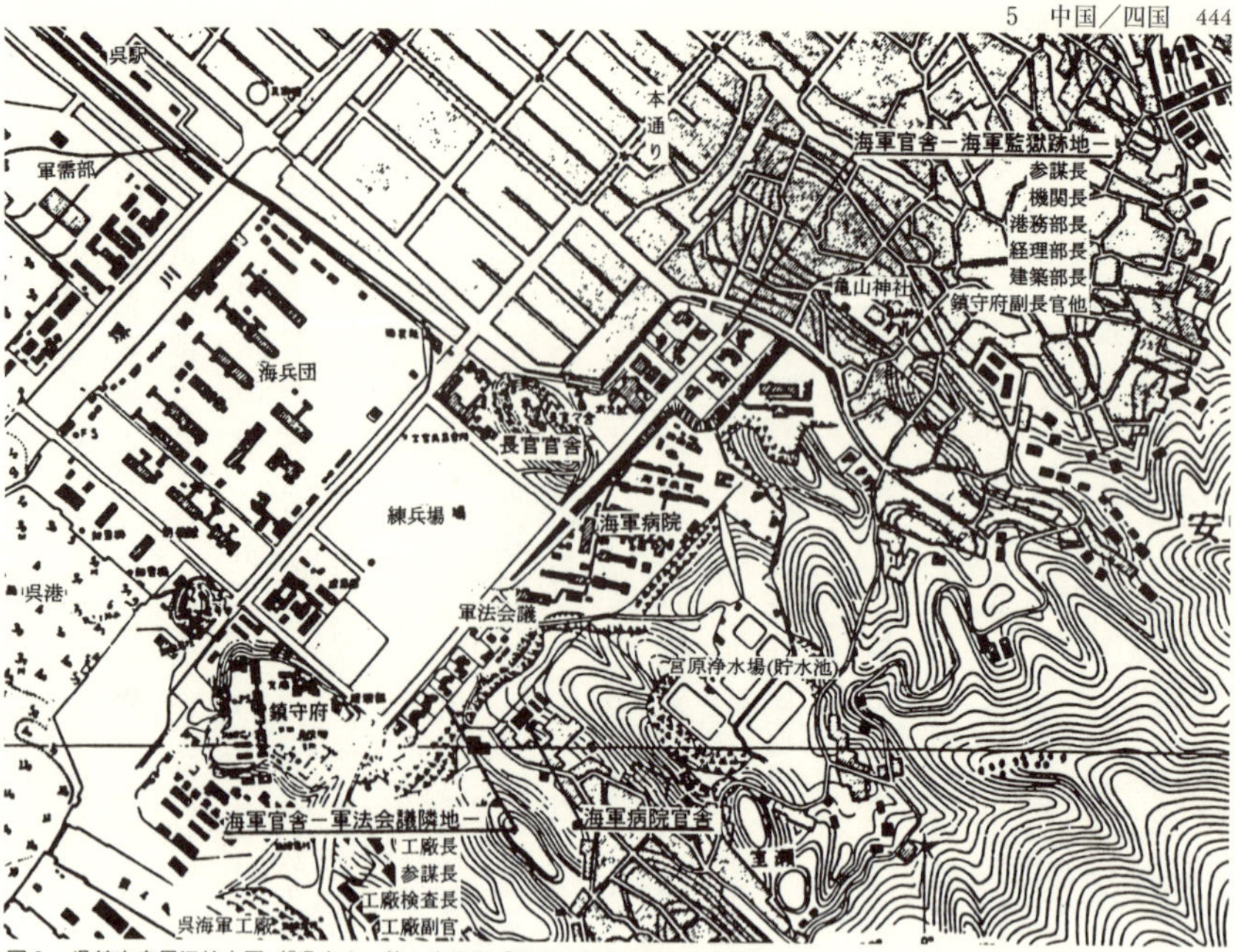

図２　呉鎮守府周辺拡大図（『呉市史』第６巻附図「昭和７年水路図」に加筆）

ったりとした空間、「郊外」的な場所が残っているのである。それは開発余地となっている斜面が多くの緑を提供していることや、市街とは隔絶された空間（軍施設内）だったことによる。同様に海軍病院の官舎も大正から昭和にかけて付近に建設された。これらの官舎に入れなかった将校たちは、借家経営者により営まれた両城、川原石、宮原の借家に住むことになる。

　一方で、「呉」一般人の住まいはどのようなものだったのだろうか。その様は「呉」の人口動態（市制四カ町村該当町の内、分離した二川町の人口は吉浦村の人口で換算）[*6]（図❸）により手に取るように理解できる。明治一八年にたった一万七八一八人だった人口は、わずか五年後には二万四四六九人に急増。彼らは住宅問題の渦中にさらされる。さらに、人口に換算されないものが多い軍港建設労働者は一万数千人。彼らの中には西南戦争の生き残りの鹿児島兵がいれば、江戸から下った旗本崩れも入り乱れ、彼らを魅惑する酒と女とバクチがまちを彩っていた。だが、彼らの住まいは請負業者が急造した作業員小屋であったり、あるいは居住すべき家屋がないものは海軍用地周辺に自ら建てた仮小屋で日々の生活を凌いでいた。[*7] 鎮守府開設後の労働者の住生活はかなり粗末なものだったようである。

　そして市制が実現する明治三五年には人口は六万一二一四人にまで増える。ところで、ここまで括弧書きで「呉」としてきたのは、市制以前の該当町村名（和庄村、宮原村、荘山田村、二川町―元吉浦村川原石・両城地区―）に呉という名がなかったためである。

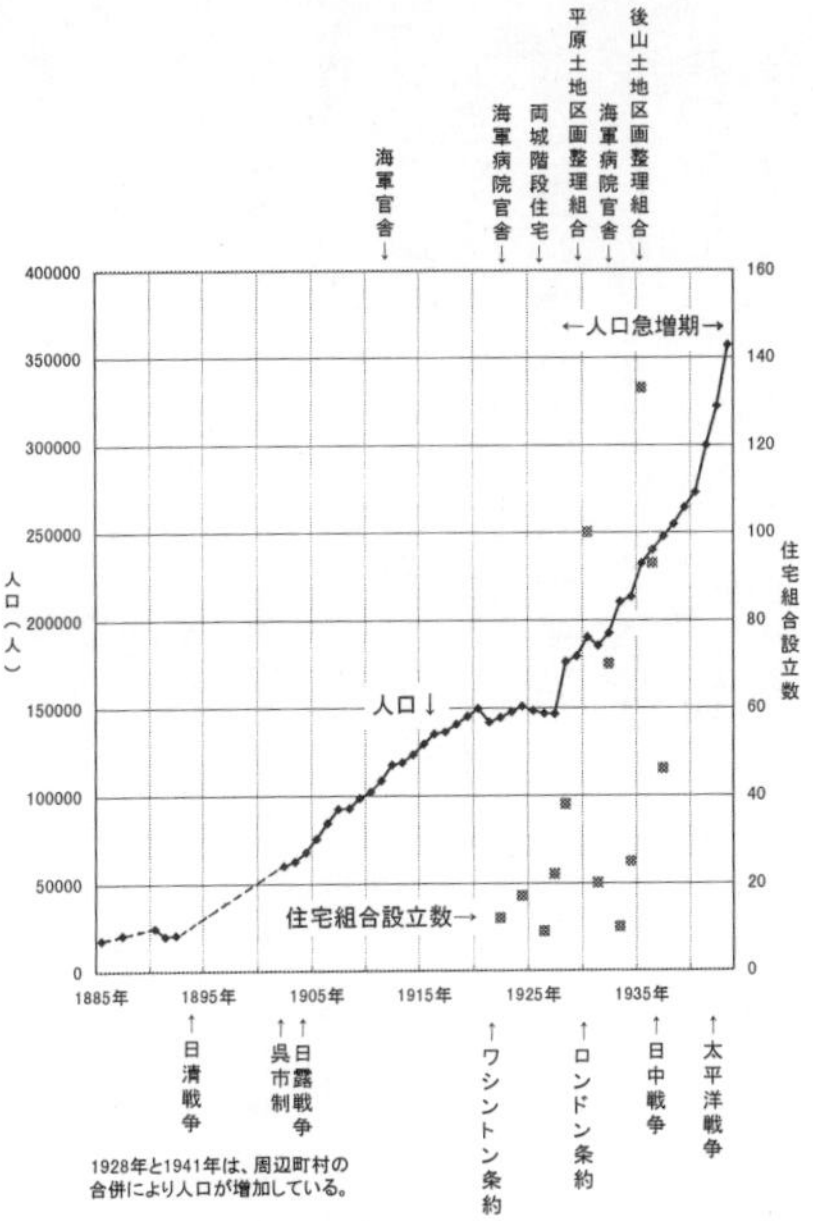

図３　呉市の人口動態と住宅建設の動き（人口データは『呉市史』より）

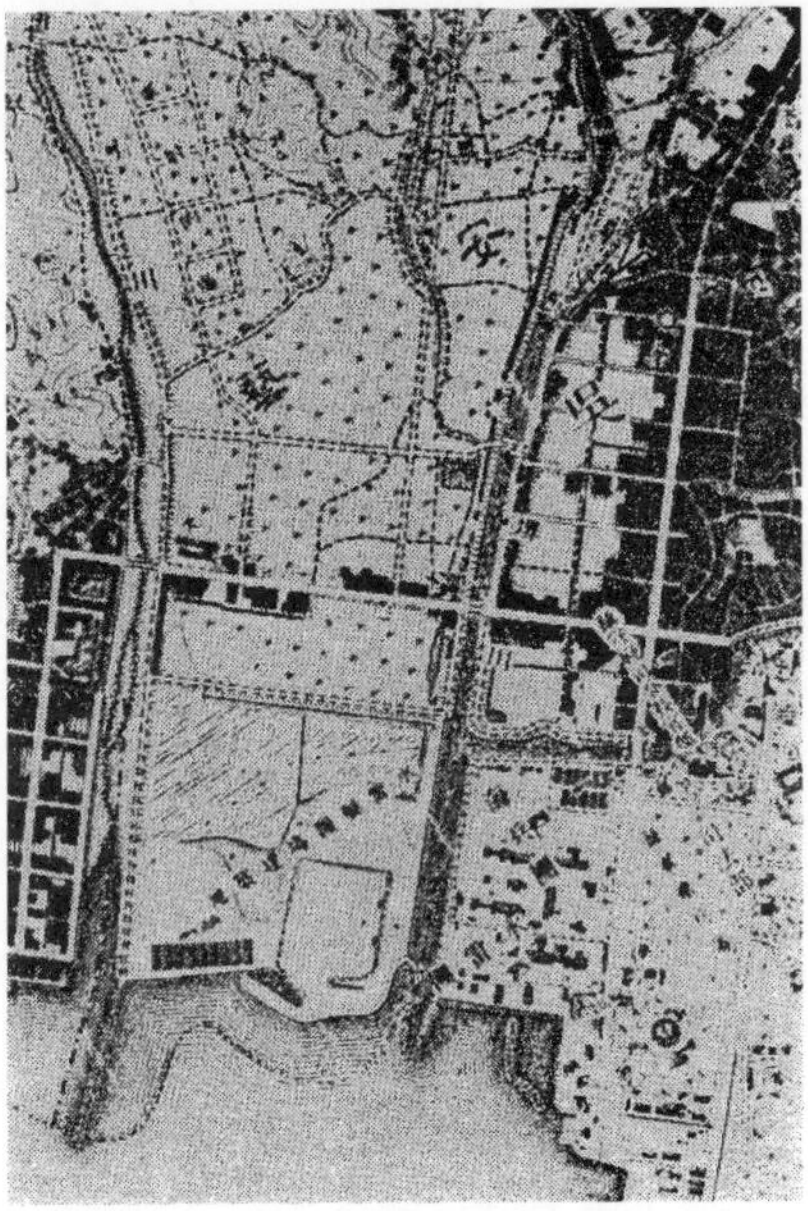

図４　築調の頃の「呉」（『呉市史』第４巻より）

「呉」という名はもともとは呉湾の入り江際の「呉町」という範囲の狭い地名を指していたもので、市制の時にはじめて「市街化に適した適度な平野」とされた平野部とその周辺一帯を「呉」と呼ぶようになったのである。この「市街化に適した適度な平野」部は川砂が堆積した低湿地であり、鎮守府開設後、市街を形成するためにここを埋め立て、呉湾への川砂堆積を防ぐための二本の河川改修が行われた。そして、呉湾の両側に離れていた既成市街を連絡するように市街築調が行われ、これが「呉市」を形成する靭帯となったのである（図❹）。明治末期までは、ここが住宅開発の中心となっていた。

呉海軍工廠が本格的に稼働しはじめる明治三六年以降は、職工という社会的地位を得た市民が増大しはじめ、その後の人口の推移も激しいものとなる。明治四二年には一〇万人を突破、昭和八年には二〇万人、昭和一六年には三〇万人、戦前人口のピークとなる昭和一八年に三五万人（短期徴用工などを含めると四〇万人という記録もある）を記録しているから鎮守府開設以来、およそ六〇年で人口は二〇倍ほどになったのである。「呉」の近代史は住宅問題の歴史と考えても全く不自然ではないし、将校たちの住宅地建設もこのような人口増に伴う市街の拡大に密接に関わっていることは言うまでもない。当然、将校や労働者らの住宅地は、明治末期には平野部において不足しはじめ、大正から昭和初期にかけての住宅地建設は次第に高地部へと展開していった。ちょうどこの頃、地元の借家経営者が高台に建設した階段住宅が呉の名物となりはじめる。

この時期の注目すべき住宅建設の動きに職工により組織された住宅組合による持家建設がある（表❶）。その組合数は六四組合、建築戸数は五九五戸にものぼる。[8] 呉の住宅組合の最大の特色は、六四組合中、五〇組合近くが昭和五年以降の海軍共済組合からの融資によるものであったことで、海軍のまちの政策的な持家誘導策として特筆に値する。同様な住宅建設としては、市の斡旋によった土地区画整理組合が、昭和五年から昭和一五年過ぎにかけて高地部に住宅地を造成している。[9] また、民間会社でも住宅地開発は活発化し、広島の土地会社が昭和一五年前後に呉、広島間の沿岸地帯を中心に住宅地分譲を盛んに行っている。[10]

以上、大まかに「呉」の人口の経過と海軍関係者の住宅事情について述べた。これらの中で郊外住宅地の系譜に位置づけられるものは、「長」と名の付く要人の住まいであった海軍官舎、海軍病院官舎、将校のための民間借家である階段住宅、土地区画整理組合、土地会社による開発等があったことがわかる。それは二つの流れとして見なすことができる。高地部に散在した高級将校の仮住まいを鎮守府近辺の中心部へ集めた官舎の流れと、高地部における民間による住宅供給という流れである。「呉」の郊外住宅地の形成は「中心」と周縁の「高地部」で僅かなタイムラグをおいて進行していた。

	住宅組合名	組合員数（人）	組合存立期間（年）	借入金（円）	建築戸数（戸）	設立年月日
1	呉辛酉住宅組合	12	20	24000	12	T11. 9. 5
2	呉文化住宅組合	8	20	19500	8	T13. 8. 13
3	呉甲子住宅組合	9	20	19500	9	T13. 8. 30
4	呉広住宅組合	9	10	31800	9	T15. 8. 18
5	三五住宅組合	12	20	20000	12	S2. 4. 28
6	呉健住宅組合	10	18	18000	10	S2. 4. 28
7	呉廠住宅組合	10	18	13700	10	S3. 3. 31
8	呉廠工住宅組合	10	18	16000	10	S3. 11. 24
9	呉鋼住宅組合	9	18	14400	9	S3. 11. 24
10	呉旭住宅組合	9	18	14400	9	S3. 11. 24
11	呉海共第一住宅組合	10	16	15000	10	S5. 8. 1
12	呉海共第二住宅組合	10	16	15000	10	S5. 8. 1
13	呉海共第三住宅組合	10	16	15000	10	S5. 8. 1
14	呉海共第四住宅組合	10	16	15000	10	S5. 8. 1
15	呉海共第五住宅組合	10	16	15000	10	S5. 8. 1
16	呉海共第六住宅組合	10	16	15000	10	S5. 8. 1
17	呉海共第七住宅組合	10	16	15000	10	S5. 8. 1
18	呉海共第八住宅組合	10	16	15000	10	S5. 8. 1
19	呉海共第九住宅組合	10	16	15000	10	S5. 8. 1
20	呉海共第十住宅組合	10	16	15000	10	S5. 11. 1
21	呉砲図住宅組合	10	18	12800	10	S6. 1. 20
22	呉共和住宅組合	10	20	12800	10	S6. 1. 20
23	呉海共第十一住宅組合	10	11	10000	10	S7. 12. 1
24	呉海共第十二住宅組合	10	11	10000	10	S7. 12. 1
25	呉海共第十三住宅組合	10	11	10000	10	S7. 12. 1
26	呉海共第十四住宅組合	10	11	10000	10	S7. 12. 1
27	呉海共第十五住宅組合	10	11	10000	10	S7. 12. 1
28	呉海共第十六住宅組合	10	11	10000	10	S7. 12. 1
29	呉海共第十七住宅組合	10	11	10000	10	S7. 12. 1
30	第二共済住宅組合	10	10. 5	10000	10	S8. 1. 10
31	会友住宅組合	7	10. 5	15000	7	S9. 8. 7
32	龍友住宅組合	10	10. 5	15000	10	S9. 9. 3
33	向陽住宅組合	8	10. 5	12500	8	S9. 10. 16
34	呉海共第十八住宅組合	8	11	10700	8	S10. 8. 1
35	呉海共第十九住宅組合	8	11	8900	8	S10. 9. 9
36	呉海共第二〇住宅組合	7	11	7400	7	S10. 10. 8
37	呉海共第二一住宅組合	9	11	11200	9	S10. 10. 8
38	呉海共第二二住宅組合	8	11	12000	8	S10. 12. 2
39	呉海共第二三住宅組合	9	11	10900	9	S10. 12. 2
40	呉海共第二四住宅組合	8	11	10200	8	S10. 12. 2
41	呉海共第二五住宅組合	9	11	12400	9	S10. 12. 2
42	呉海共第二六住宅組合	8	11	10700	8	S10. 12. 2
43	呉海共第二七住宅組合	7	11	8300	7	S10. 12. 2
44	呉海共第二八住宅組合	11	11	13200	11	S10. 12. 2
45	呉海共第二九住宅組合	11	11	14700	11	S10. 12. 14
46	呉海共第三〇住宅組合	9	11	9900	11	S10. 12. 23
47	呉海共第三一住宅組合	10	11	12700	10	S11. 3. 28
48	呉海共第三二住宅組合	8	10	10300	8	S11. 3. 28
49	呉海共第三三住宅組合	7	11	8500	7	S11. 5. 16
50	呉海共第三四住宅組合	8	11	9700	8	S11. 2. 28
51	呉海共第三五住宅組合	8	11	10100	8	S11. 6. 29
52	呉海共第三六住宅組合	11	11	14600	11	S11. 6. 16
53	呉海共第三七住宅組合	9	11	10500	9	S11. 5. 27
54	呉海共第三八住宅組合	8	11	9600	8	S11. 8. 24
55	呉海共第三九住宅組合	9	11	11400	9	S11. 11. 17
56	呉海共第四〇住宅組合	8	11	10000	8	S11. 11. 19
57	呉海共第四一住宅組合	7	11	9100	7	S11. 11. 19
58	呉海共第四二住宅組合	9	11	11400	9	S12. 4. 1
59	呉海共第四三住宅組合	8	11	9600	8	S12. 4. 1
60	呉海共第四四住宅組合	9	11	12400	9	S12. 4. 1
61	呉海共第四五住宅組合	12	11	14200	12	S12. 8. 3
62	呉海共第四六住宅組合	8	11	8300	8	S12. 8. 3
63	呉誠心住宅組合	10	10. 5	18000	10	S10. 2. 15
64	呉建友住宅組合	9	10. 5	15000	9	S10. 12. 23

表1　呉の住宅組合概況（『呉市社会事業要覧』昭和2、5、10、13年版、『芸備日日新聞』から）

「長」たちの住宅・海軍官舎―官舎の系譜―

明治四四年の呉の地元新聞[*11]に海軍官舎建設の様子を知ることのできる報がある。

> 甲、乙、丙の十二棟、軍法会議付近四棟に工廠長、参謀長、工廠検査官、工廠副官、監獄跡の八棟に参謀長、機関長、港務部長、経理部長、建築部長、鎮守府副官等。（官舎はこの他に海軍監獄に接しても設けられ、夫々に和庄、宮原、荘山田の名を冠せられる）。

この新聞によると官舎の場所は「軍法会議付近」やら「監獄跡」。さらに「海軍監獄に接して」等と報じられている。海軍に身をおくものが決まりに背いて判決を聞くのが「軍法会議」で、そして罪人となって叩き込まれたのが「海軍監獄」。これでは海軍将校のための官舎どころか、場所を聞いただけでは囚人の館である。しかも、この記事を鵜呑みにするならば、この官舎は、海軍大将や中将がその任につく鎮守府長官に次ぐ将校中の将校たちの官舎である。一瞬、目を疑いたくなるような物騒な響きの場所に海軍官舎は本当にあったのだろうか。

呉の海軍監獄はもともと海軍用地の最北、和庄村檜垣谷にあり、明治末に呉市平野部北東の二河射的場へと移転している。[*12]

これらの場所を官舎建設後となる昭和七年版「呉港水路図」と詳細に照らし合わせてみると、上記の該当三カ所に棟数分の建築物が建ち並んでいることが確認できる（図❶）。米軍が呉空襲の際に撮影した航空写真でもこのことは確認できるため、[*13]これらを海軍官舎と見定めることに異論はないだろう。意外にも高級将校の海軍官舎は平坦部や谷地に、しかも、「囚われの人生の場所」にあった。官舎の歴史と監獄の歴史は表裏一体なのである。ここでは、計一五棟の官舎のうち、八棟が建設された監獄跡に建った官舎を考証したい（図❷）。

まずは、その背景を知るために官舎の建築以前に戻って様子を窺う。呉鎮守府が開設されて暫くの間は、高級将校は「呉」周縁部の高台に住宅を借りるなどして散らばって住んでいた。[*14]しかし、明治二五年から最高指揮官である長官のみが鎮守府北にある緑豊かな小高い丘、入船山の軍政会議所兼水交社（海軍将校のクラブ）の用途を変更して住みはじめる。[*15]その彼の名は初代長官中牟田倉之助。彼もここに住む前には荘山田の住宅に住んでいた。なぜここに彼が住みはじめたのだろうか。それはここが明治二三年の天皇行幸の際に改修されて行在所になっていたことが大いに関係していると思われる。最高指揮官の立場である中牟田はこの時、天皇を迎え、ここを案内した。その数年後、長官である中牟田がここに住むにあたって、差し当たる異論など無かったであろう。中牟田は軍政会議所兼水交社が天皇行在所に改修されて（図❺）、そして自身の長官官舎となった俗称「長官山」に一年足らずを過ごして「呉」を後にした。建物は明治三八年の地震で屋根一面が破損し大きな打撃を受けるが、[*16]

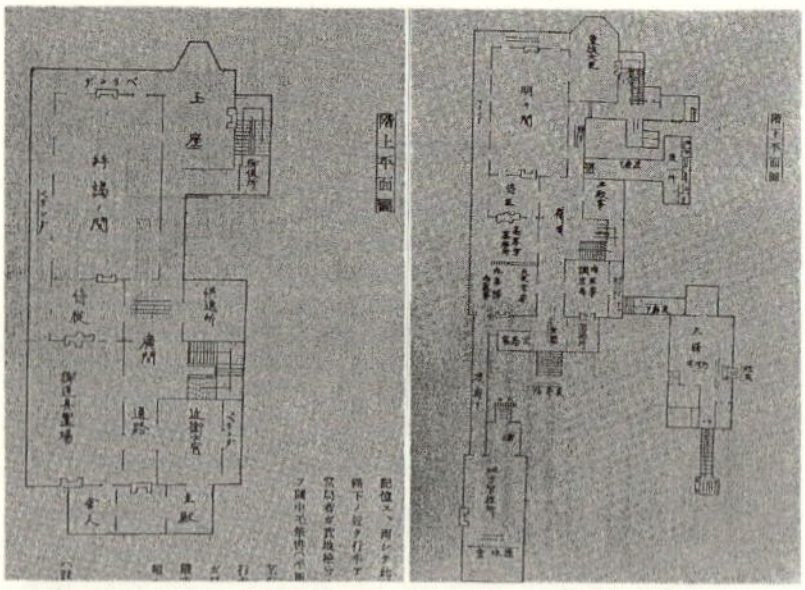

図5　天皇行幸行在所平面図（『呉市史』第4巻より）

写真1　長官官舎

官舎はこの廃材を利用して直ちに再建された。天然スレート鱗葺きの屋根を持つ英国風ハーフティンバーの瀟洒な建物の設計は、当時海軍技師で建築科長だった桜井小太郎によると言われる（写真❶）。

恐らく、このような経緯を経て入船山＝長官山周辺は単なる軍事機能の中枢地域ではなく、長官の、そして長官に続く身分のものたち（＝高級将校）の住まいの地として、その将来性が生まれたのである。ここの区画は「呉」の高地部の狭隘な地とは異なってゆったりとして辺りには緑が生い茂り、また、軍の中枢地帯ということで一般市民が立ち入ることのできない隔絶された場所であった。つまり、郊外的な性格をもっていた。

ところで、海軍監獄は海軍用地の最北、和庄村檜垣谷に鎮守府開設と同時に建設された。[*17]ここは市街との境界にあたるため、時代を経るに従って「呉」の中心地となっていき、後には監獄が町中にぽつんと存在するようになっていった。早くも明治三〇年代半ばに、「市民の要望」として監獄の移転が要請されて、その跡地利用についても市民の間で活発な議論がなされていた程である。[*18]中には、「呉」の急激な都市化による公共行楽地の不足を鑑みて「監獄を移転して遊園地とせよ」といった議論もあったことから、監獄の場所性は当時の感覚としてもそんなに悪くなかったようである。

長官官舎に打撃を与えた明治三八年の地震は海軍監獄の建物にも損傷を負わせ、海軍当局も移転の必要性を認識するに至った。また、谷地にあった海軍監獄は周辺の市街化によって、「道路より下瞰」[*19]される始末で、常態としても不都合が生じていた。そして、明治四二年六月、海軍監獄は呉市平野部の北東、二河射的場の一部に移転が決定し、翌年九月には竣工、一〇月移転完了となる。[*20]

この跡地を利用したのがまさに海軍官舎である。明治四五年に、副長官、参謀長、機関長等が住む海軍官舎が建設された。一般市民が立ち入ることのできないこの辺りは租界地の面影があったという。長官に次ぐ身分のものたちの官舎であることから、どのような建物が建てられたのか興味のあるところではあるが、残念ながら官舎の詳細を窺う資料は発見されていない。

ここの官舎用地の一部は、早くも昭和五年には広島から呉まで延びていた鉄道の延伸用地として拠出され、取り壊しが決定している。[*21] 鉄道は呉駅から長官山の北麓をかすめて、海軍官舎へと突入し、隧道で隣接町と結ぶ計画だった。鉄道建設を促進した呉市と地元商工会は、この代償行為＝新たな海軍将校の住宅地建設を考えたに違いない。今でも海軍将校のために造られた住宅地として言い伝えられている平原土地区画整理組合による住宅地がこれに該当すると考えられる（図❶）。この組合設立は官舎の鉄道用地拠出に前後し、市長をはじめとした地元有力者の名が連なっていた。[*22]

他の官舎のうち、四棟は軍法会議の南側の通りに並んで建てられ、残りの三棟は「新たな」海軍監獄の隣地に建てられた。これらもなぜか、囚人にちなむ場所に建てられた。やはり、土地利用上の用地確保の容易さが一因となっていると考えられる。監獄跡などは空閑地としてのまとまりをもっていたし、新監獄は大規模な開発により生じた残余空間があった。しかし、ここで重要なのは用地確保の容易さよりも、官舎建設の関係者が監獄につきまとう負のイメージに無頓着だったことである。海軍官舎の歴史を見ていく上では、このような意識に至った背景を充分に考える必要がある。恐らく、そこには海の男ならではの論理があるのではないだろうか。「陸」の上に住む私たちとは正反対の論理が働いている、ということである。

海の男はその勇敢な姿を船の上で誇示し、生活の全てを船上で繰り広げた。航海の途中に立ち寄った港でも、彼らは昼間は上陸するが、夜になるとそそくさと船に戻っていた。つまり、彼らにとっての住生活とは本来的に船上で展開されるものであって、陸に生活するとは病気か、それこそ犯罪者になった時なのである。例外的に将校は陸上勤務の立場にある時のみ陸に上がった。陸に上がることは彼らにとって本来的な出来事ではないため、彼らの住宅はあくまで仮の宿なのである。心の奥底はいつも海の上。それ故に陸上勤務となった高級将校のための官舎と、陸に送り込まれた囚人たちの入る監獄の双方の場所性に、差異を付けることに無頓着となったのである。それどころか、陸に上がった高級将校たちは、丘の上の住宅よりも、少しでも海に近い場所（鎮守府周辺）に住むことをも好んでいたかもしれない。そこには私たちが抱く「陸の論理」とは正反対の「海の論理」が働いていたように思われる。

現在ではこれら官舎の跡地は監獄の歴史とは離れ、財務局管理の新しい官舎や私立女子校になっている。

海軍病院要人の住宅・海軍病院官舎―官舎の系譜―

海軍宮原浄水場麓の南斜面に、木造平屋建て桟瓦葺きの住宅が雛壇状に四棟建っている（図❷❻、写真❷）。これらの建物は、周辺に残された斜面緑地と相俟って緑豊かな佇まいとなっている。ここはかつての海軍病院の官舎である。建築年は、四棟のうち二棟が大正一三年、他の二棟が昭和七年とされているが、[*23]

写真２　海軍病院官舎の佇まい

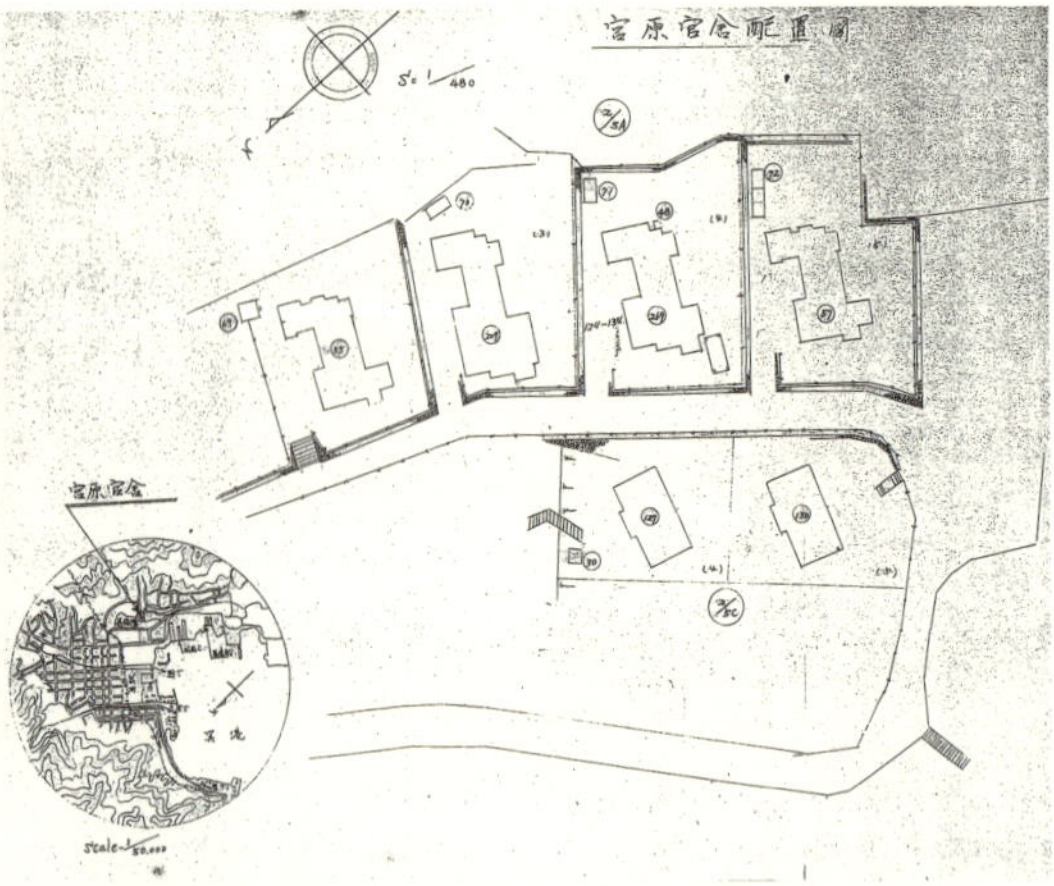

図６　海軍病院官舎配置図、現存するのは図面上の４棟（国立呉病院提供、昭和33年作成）

写真４　海軍病院官舎・三号棟、玄関の窓（提供：道越大輔）

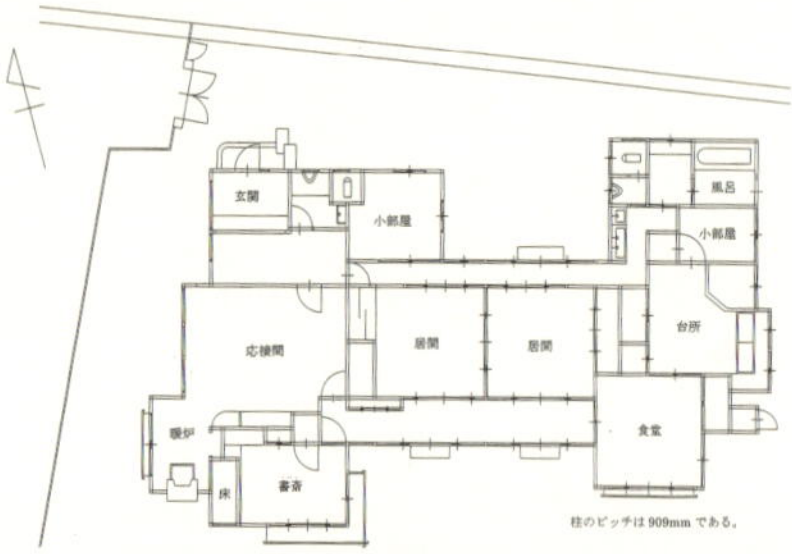

図７　海軍病院官舎三号棟平面図（国立呉病院提供、小八木雅典作図）

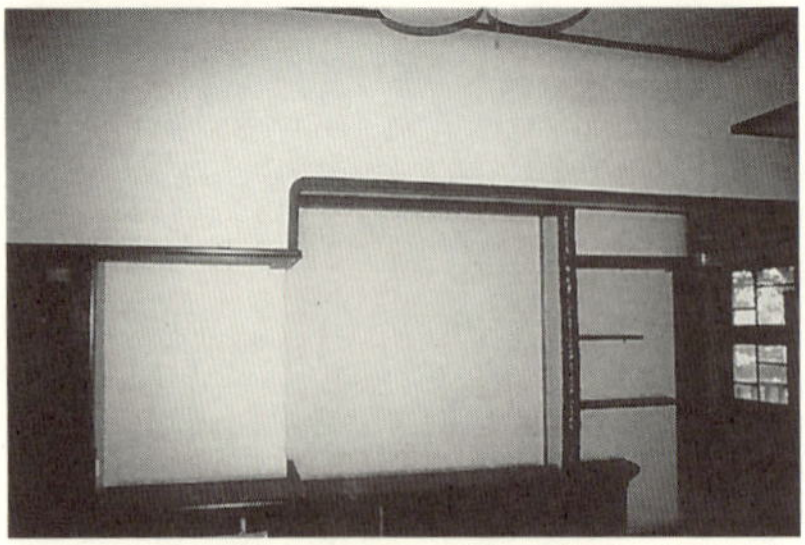

写真５　海軍病院官舎・三号棟、応接間（提供：道越大輔）

写真３　海軍病院官舎・三号棟

写真６　海軍病院官舎・三号棟、縁側（提供：道越大輔）

ほぼ同型同質の二種のプランであることから、四棟が同時に建築されたのかもしれない。ここには病院長である鎮守府軍医部長と、彼に続く身分のものが住んでいたと思われる。終戦後は英豪軍の占領軍が使用し、昭和三一年以降、大蔵省、厚生省所管を経て、国立呉病院の宮原官舎となった。現在、官舎は病院長、副院長等の役宅、職員クラブになっている。官舎は坂道に沿って並び、周囲に庭を巡らして落ち着いた住宅地となっている。しかし、各住戸は閉鎖的な区画割りとなっていることから、街並みの発想からデザインされているわけではないようである。むしろ敷地内の庭と住宅内部に主眼を置いていたと考えられる。このことは海軍ならではの英国の影響がその平面計画にあらわれていることにあらわれている。

住宅の平面構成は、玄関を入ってすぐにある洋風応接空間、八畳の続き間と洒落た造作の離れ風六畳書斎から成る和室居住空間、機能的なプラン構成で洋風の生活様式が採り入れられていたモダンなサービス空間の三つで構成されている。

このように中心部に和風居住空間を置き、玄関側に洋風応接間をつける型は、典型的な文化住宅のスタイルだった。これは洋風と和風を混ぜ合わせて調和させるのではなく、両者を対峙させながら合体させるものである。

現在クラブとして利用されている三号棟を例に海軍病院官舎の詳細を見ていこう（図❼、写真❸）。官舎の玄関まわりは洋館のデザインだが、住宅全体に瓦屋根がのっているために折衷住宅にありがちな個性的外観とはなっていない。しかし、内部の玄関、応接間は客を通す場として、モダンな都会的インテリアとなり、よそ行きの表現とされた（写真❹）。縦長の上げ下げ窓から入る光は、天井まで白く仕上げられた漆喰壁により室内の奥深くまで光を反射させていく。この部屋で目に付くのはその正面にある造り付けの木の棚である（写真❺）。この棚は窓際奥の赤レンガの暖炉がある小さな空間へと連なっている。このような構成はイングルヌックと呼ばれる英国流の構えで、ここに海軍の住宅らしさを見出すことができる。イングルヌックとは、天井が高くて広い応接間で部屋全体が暖まらない、さらにそんな中では親しい友人とも何となくぎこちない気分になってしまう、という時に、こそこそっと忍び込んで暖をとりながら話し込んだりお茶したりする小さなスペースのことである。ということは、棚にはのどを潤すアイテムがあったはずである。

このような英国の影響は応接間と食堂の構成にも見ることができる。英国流には、客人は食事の準備ができると応接間から食堂へと移動していた。その距離は長い程、英国流だった。この演出を実現するには応接間と食堂が離れている必要があるが、この官舎は両室が離れ、しかも、縁側を歩かせていることから、庭の風景を内部に積極的に採り入れたものと考えられる（写真❻）。このような構成は長官官舎にも確認できない。

長官官舎がその端正なハーフティンバーの正面外観により、一目で英国の影響を理解できるのに対して、海軍病院官舎は平面を巡ることによってこれを理解できるのである。長官官舎と優るとも劣らないとも言える魅力を持った海軍病院官舎は、国立病院の長期建て替え計画の最中で解体の危機にある。もう、道路向かいまで色鮮やかな看護婦官舎が迫ってきている。

将校の靴音響く両城の階段住宅―民間開発の系譜―

軍港都市・呉の尋常ならざる増加人口を吸収していった階段住宅の中でも、ひときわ典型例として名高いのが、両城川の北側斜面に位置する階段住宅である（写真❼、図❽❾）。ここには標高差四〇メートルを、僅かのスロープを経てまっすぐに駆け上がる階段がある。その段数は一三一段。階段の左右には洋室をもった和洋折衷文化住宅が雛壇状に建ち並ぶ。かつては将校が住んでいたと言い伝えられ、戦後も国鉄（図❽A）、電電公社（図❽）、三菱商事（図❽a〜c）、淀川製鋼（図❽1）、中国電力（図❽5）、県立高校校長（図❽c、三菱の後）の宿舎として役割を果たしてきた。

第二次世界大戦末期の米軍の空襲は、呉市中心部の大半を焼いてしまうが、**写真❽**を御覧の通り、この階段住宅はかろうじて焼け残った。つまり、ここの階段住宅は、呉市中心部の焼失を目論んだ米軍の空襲計画から言えば、呉の中心部と郊外の境目だったようである。そのお陰と、車社会の時代性に逆行した階段の上にある立地性が「幸い」して、住宅の建て替えもほとんどないまま、現在でも往時の姿を残している。だが、一体、

写真７　立体的に建ち上がる両城の階段住宅

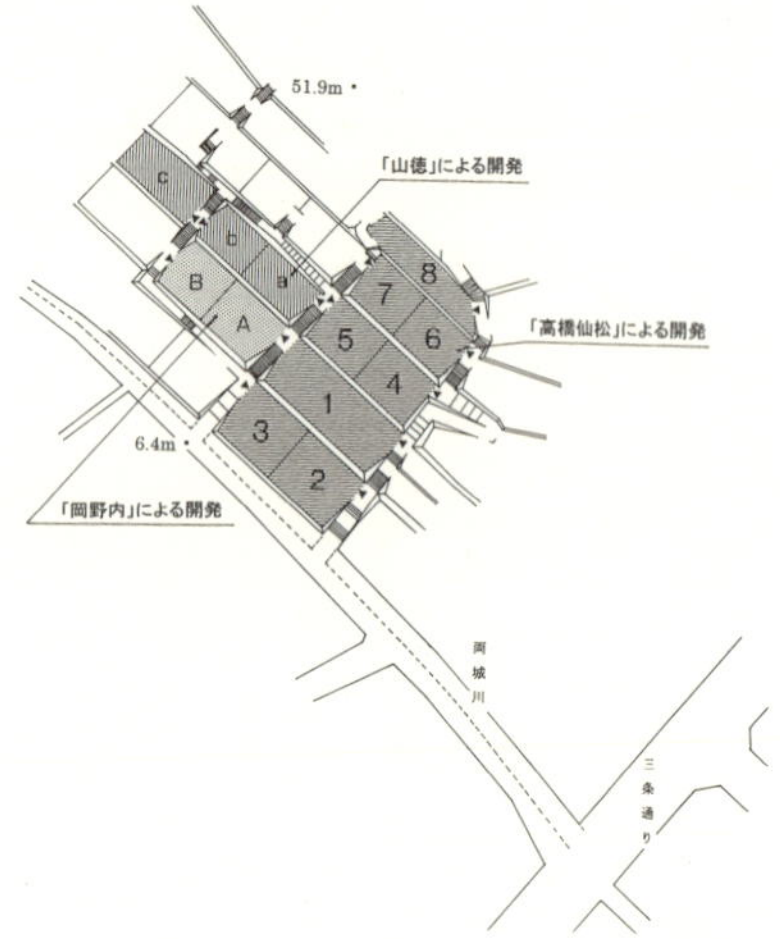

図８　両城の階段住宅見取り図

図９　両城の階段住宅見取り図

誰がこのようなものを造りだしていったのだろうか。明治半ばの鎮守府開設によって住処を追われた宮原村の出身者に、借家経営者になったものが多かったと先に述べたが、ここで紹介する両城の階段住宅も例外ではない。宮原村に多い「高橋」の姓を名乗る高橋仙松が、その晩年である昭和初期に建設した借家だった（図❽1〜8）。

仙松は明治維新の頃の生まれ。お孫さんの昭江（てるえ）さんの話によると、仙松じいさんは西郷隆盛のような風体の豪壮な性格の持ち主で、借家をどんどん建てていく「借家建築道楽人」だったという。年齢から計算すると、鎮守府の開設を青年期の真っ盛りに目の当たりにしていたはずで、当時の若い感性で「呉」の将来の借家需要に目を付けたにちがいない。宮原村から移り住んだ新天地、吉浦村両城地区三条（後の二川町）で新たな人生をスタートした仙松は、移転により得た補償費を借家経営に充てたと考えられる。仙松は付近で長屋や戸建ての借家を一つ建てては家賃を得て、これを次の借家建築の資金源に充てて、また建てては、次を建てていた。

こんな人生を青年期から壮年期にかけて過ごすうちに、まわりには空き地がないほどに住宅が建ち並びはじめた。それは平野部のみならず、傾斜地においてもである。階段を上っていく住宅があちらこちらに散見されはじめた。そんな時節、仙松の借家経営者としての魂が新たなフロンティアを探さないわけにはいかない。そこで目を付けたのが、両城川の北側の斜面であった。ここは他の借家経営者も、まさか家は建たないだろうと思っていたほどの急傾斜地。松がぽつぽつと生えた標高差四〇メートルの南面する斜面だった。仙松はその頃、齢六〇ほど。借家経営者としての経験は充分で、また、自身の借家建築の集大成を成し遂げたい頃だ。しかも、海軍の拡充により将校のための住宅の需要は増している。この見晴らしの良い地に将校向けの住宅を造らない手はない。彼はこの急傾斜地を購入し、まずは敷地の両側に麓から敷地てっぺんまで上がる階段をつくりはじめた。昭和初年の頃のことである。そして、これを作業路にして、下から徐々に雛壇状の宅地を石垣で築いていった（写真❾）。石垣の建造は「大阪城の石垣を築いた人に頼んだ」と伝えられるほど、エッジは反りをもち、かつ、精緻に築かれている（写真❿）。そして、石垣が完成した宅地から順々に洋室をもった住宅を建てていった。仙松は将校に相応しい住宅として和洋折衷住宅を採用したのである（写真⓫）。建築は浜中という大工に依頼し、その脇にはいつも仙松がいて指示を出していたという。彼の手になった住宅は八戸。仙松はこの開発によほど力を入れていたようで、下から二段目の住宅（図❽1）には自身が住み、ここから日々建ち上がっていく石垣と借家を浜中と眺めながら、上段の建築を進めていったという。

仙松の開発で注目されるのは、その敷地の左右に二本の階段を設けたことである。敷地の中央に階段を設ければ効率的な土地利用ができるのに、わざわざ、階段を敷地の左右につけて共用部を増やしている。その理由はさだかではないが、結果的にこれが呼び水となって、隣接する斜面にも仙松の階段を利用して、地元酒屋「山徳」（写真⑫）や付近の住民、岡野内らが住宅を建設した。彼らが建てた住宅も仙松の住宅に対抗して、三角切妻の洋室をもった住宅となった。これらは景観上のアクセントとなって、将校の住む文化住宅地帯であることを視覚的に物語るようになる。山徳による開発（図❽a～c）が昭和九年竣工という証言があることから、その下の岡野内による開発（図❽AB）はこれに先立つ昭和五年以降、九年までとなる。僅かの期間で付近の景観は一変したようだ。

仙松の狙い通り、借家の借り手は将校ばかりとなった。女中を抱えて日々行われる将校たちの生活はスマートなもので、元

写真8　終戦後の両城の階段住宅、『呉・戦災と復興』より

写真9　まっすぐにのびる131段の階段（右、右下は「図8の3」の住宅）
写真10　両城の階段住宅の石垣（中）
写真11　仙松による住宅（左、「図8の3」の住宅）

写真12　山徳による住宅（「図8のc」の住宅）

旦の朝にもなると、彼らは金モールのついたきらびやかな軍服をまとって、靴音を響かせて鎮守府へと向かったという。将校たちの生活が自身の借家で、さらに、自分の住まいのそばで行われていたことは仙松の誇りだったろう。仙松は呉の悲惨なその後を見ることのないまま、太平洋戦争を前にして亡くなった。

　階段住宅の他にも、民間による郊外住宅地建設は盛んだった。一つは土地区画整理組合[*24]によるもので、当時の市長や商工会の人物が将校向けの住宅地を建設している（平原土地区画整理組合、昭和五年、一万三〇〇〇坪）。また、呉市の助成規定が成った昭和一〇年以降には内務省の都市計画関係法規の第一人者であった小栗忠七が評価[*25]した後山（三〇〇〇坪）を筆頭に、見残（二四〇〇坪）、吉浦新町（七〇〇〇坪）、吉浦狩留賀（一万坪）、湯舟（九〇〇〇坪）、阿賀町原（二六〇〇〇坪）等の土地区画整理組合が次々と設立認可されて高地部、周辺部の住宅供給を加速した。これらの組合は市の斡旋により組織されたものが大半で、行政は民間の住宅供給に大きな期待を寄せていたようである。

　もう一つの動きとしては、広島市の土地会社による広島・呉間の沿線開発[*26]で、三興土地拓殖商事・洛陽園、大西拓殖・朝日ヶ丘住宅地（一区画一〇〇坪以上、一万坪）、寺田商会・鶯の里住宅地（一区画一〇〇坪内外、八〇〇〇坪）等が、昭和一四年前後に行われた。このような住宅地を購入する人物に将校が多かったことは容易に想像できる。

呉市民のシンボルとしての海軍将校の住まい

　現在でも呉市民の多くは先祖を数代前にさかのぼるだけで、市外の町村出身、あるいは他県出身者に辿り着く。鎮守府開設以降、呉には一旗揚げるために稼ぎに来た輩が多く、彼らの子孫が案外多いのである。こんな根無し草の呉市民を繋ぎ留めるアイデンティティの一つが海軍の存在で、誰もが海軍と何らかの関わりを持ち生活していた時代があった。人々はそのシンボルを、戦後も操業し続けたドック、クレーンや赤レンガの建物に、そして、海軍将校の住まいに見出す。だが、その実態はどうだろうか。

　かつては海軍官舎は英国譲りの生活が繰り広げられた憧れの住宅であり、階段住宅は呉という地形的制約の多い土地柄を克服するためにあみだされた術だった。終戦後暫くの間も海軍将校の住まいはＧＨＱに接収されたり、呉で働く大企業支店社員の社宅、あるいは地元実力者の手に渡る等して、住み手は変われど、呉の住宅地の頂点をなしていたことには変わりはなかった。海軍将校の住まいはその立地、建築の造作において特別な意味を持ち続けていたのである。

　それが、高度経済成長以降の生活様式の変化やマイカーの普及により、古めかしく、車の入らない場所にある将校の住まいはおよそ社会の流れに取り残されてしまった。もはやほとんど価値の見出されることのない将校たちの住まいは、憧れでも市街を郊外化する術でもない。百年余り前、「呉」の近代都市への歩みを決定づけたのは、その地理的要因だったが、これは戦前の繁栄だけでなく、およそ百年後の将校の住まいの行く末も暗示していた。呉の市街はさらに郊外へと広がったが、これらの住宅がモデルになることはなかった。

　例外的に記念館となった長官官舎は、先般、国指定重要文化財にもなった唯一の幸運な事例である。だが、他の将校の住まいでも海軍病院官舎のように英国の影響を如実に物語る貴重な例もある。民家造りの東郷平八郎邸が[*27]、彼の住まいであっただけで入船山に移築保存されているのならば、これよりも遙かに建築的なおもしろさがある海軍病院官舎も移築されて然るべきである。そろそろ私たちも本物が見たいのである。

　現在、呉市はその範を旧海軍に求めたまちづくりを進めてきている。既に、赤レンガを基調にした都市景観形成やその建造物への理解においては一定の成果を生み出している。だが、ここではもう一歩踏み込んで、視覚的に理解しやすい赤レンガに固執するのではなく、海軍の歴史を総括的に語り得るもの全てをその対象とするべきではないだろうか。この意味において、将校の住まいは本物の言葉で語りかけてくるはずである。

註

＊1――『呉市史』第三巻、呉市、市史編纂室、三三二〜三七頁

＊2――『昭和三〇年国勢調査特別集計報告書』呉市役所庶務課、一九五六年

＊3――呉レンガ建造物研究会『街のいろはレンガ色』中国新聞社、一九九三年、一一〇〜一一一頁

＊4――『呉市史』第三巻、二二三〜二二六頁

＊5――『大呉市民史』（明治編）、呉新興日報社、一九四三年、七四七頁、明治四四年五月の記事。本書は当時発行されていた地元新聞の記事を時系列的に記載したものである。

＊6――『呉市史』第三巻〜第五巻所載のデータによる。

＊7――『呉市史』第四巻、九頁、一九七六年

＊8――『呉市社会事業要覧昭和一三年版』呉市社会課

＊9――『大呉市民史』（昭和編中巻二）、一九七六年、二〇五頁、昭和一五年三月の記事

＊10――『大呉市民史』（昭和編中巻二）六二頁、昭和一四年五月の記事

＊11――註5に同じ

＊12――『大呉市民史』（明治編）七一四頁、明治四三年二月の記事

＊13――『呉・戦災と復興』市史編纂室、一九九七年、六二頁、米軍提供偵察写真

＊14――東郷平八郎邸は宮原村にあったが、現在は入船山に移築保存。

＊15――『館報いりふね山』第四号、呉市入船山記念館、一九九二年

＊16――『大呉市民史』（明治編）五一四頁、明治三八年六月の記事

＊17――満村良次郎『呉・明治の海軍と市民生活』一九一〇年、一九五頁

＊18――『大呉市民史』（明治編）二八二頁、明治三四年八月の記事、五一四頁、明治四二年六月の記事

＊19――註17に同じ

＊20――註12に同じ

＊21――『芸備日日新聞』一九三〇年七月二日号、澤原梧郎氏寄託（呉市史編纂室提供）

＊22――呉市長の勝田登一を組合長に、副組合長に宮崎俊太郎、土本重右衛門、評議員に三宅清兵衛他一〇名、組合員には澤原俊雄以下六五名で、呉の政治、商工を握る重要人物の名が連なっている。『芸備日日新聞』一九三二年七月一六日号、澤原梧郎氏寄託（呉市史編纂室提供）

＊23――広島県の「広島県近代化遺産総合調査」報告による

＊24――註9、22に同じ

＊25――『区画整理』三巻六号、土地区画整理研究会、一九三七年、六三〜六五頁

＊26――註10に同じ

＊27――二代目参謀長、在任明治二三〜二四年

なお、本稿をまとめるにあたり杉本俊多広島大学教授、道越大輔現代計画研究所所員の協力を得た。ここに記して感謝したい。

㉔

住友山田団地／新居浜

鉱業から工業へ、山から浜への軌跡

砂本文彦

た。少年時代、揚地に遊んだ時
ここも日本かと感じたものだが、
今では古臭く感じる。
住友販賣店の進出と、町商店の
發展とで、消壓されたのだらう
仰ぎ見る。星越一帶の山々は皆
頂上を斬られて、台場となつて
ゐる。奇妙なスタイルだ。
その土は運ばれて、一帶に六間
幅の大道となり、星越の社宅地
[illegible]る。
[illegible]宅
別世界に來た感が
ある。文化住宅がすらりと並ん
でゐる。選鑛場の設備が立体的
で山上に到る諸機械が動いてゐ
ることが、すでに異様であるに
トンネルあり、索道あり、タンク
あり、瀟洒な停車場あり、坂道
あり、町全景を見渡す眺めあり
山あり、川あり、海あり、平野

あり、全くよい住宅地である。
又、浴場も立派に設けられてゐ
る。一度は見物したがいい。
但自分の住居はイヤになつても
責任は持たない。ここは金子分
變壓所は建築中、鑄物工場は建物
だけ出來上り、製材所の入海に
は、筏が浮き、浚渫船も入つて
ゐる。測候所の風信器はクルク
ル廻つてゐる。
空中窒素の工場は海中に突き出で
怖ろしい音を出してゐる。
松原の半ばは切られ、中に美しい
道路が造られ地蔵口に延びてゐ
る。地蔵口より、星越までも六
間幅の新道がぬけてゐる。
住友はんのすることは皆大きい。
搾乳場は西谷に移轉して牛一匹
もゐない。
一帶の田は埋立てられて工業地
となり。柵が廻されてゐる。

金子村の「別世界」

外人の住んでいる、星越の住宅地（＝山田団地、引用者註）に行くと、別世界に来た感がある。文化住宅がずらりと並んでいる。選鉱場の設備が立体的で山上に到る諸機械が動いていることが、すでに異様であるにトンネルあり、索道あり、タンクあり、瀟洒な停車場あり……。一度は見物したがいい。但自分の住居はイヤになつても責任は持たない。[*1]

自分の家がイヤになる「別世界」、それは愛媛県の金子村（現新居浜市）の住友・山田団地のことである。ここには住宅だけでなく、立体的に建ち上がった工場（選鉱場）やタンク、鉄道駅やトンネルがあって、これらがまず目に飛び込んでくる。おまけに、「村」に外国人がいたから、なおさら「別世界」の風情を醸し出していたかもしれない。**写真❶**は建設がはじまったばかりの山田団地の風景であるが、その甍の向こうには本当に山の斜面を利用した選鉱場が立体的に建ち上がり、山頂には配水タンクが、その麓には瀟洒な停車場が建てられ、ここから汽車が次々と発車していた。実はこれらの施設のほとんどが一九三〇年前後の数年間に完成していたから、付近の住民から見れば、突如、異様な光景が出現したと言っても過言ではない。どうも、この頃の山田団地周辺にはとてつもなく大きなエネルギーが渦巻いていたようである。それは何か。このことを理解することが、山田団地を理解するための近道である。

鉱床尽きて、まちが動く

日本には数多くの金、銀、銅山や炭鉱があったが、この手の産業が永続するためには、絶えずより良い鉱床を物色していなければならない。それは掘れば掘る分だけ資源は反比例して尽きていくからだ。資源地立地の産業は、それ故に資源を求めて移動し、新たにまちを建設していかなければならない。

本稿でふれる住友が経営した別子銅山も大いに移動し、まちをつくってきた。旧伊予国（現愛媛県）の四国山脈の山中深くに端を発した別子銅山は、その盛衰とともに瀬戸内海沿岸へと少しずつ移動し、その軌跡は一筋の南北の線となった（図❶）。その最終地点の臨海部の金子村（現新居浜市）に、別子銅山と住友関連企業の社宅である山田団地は華々しく登場する。山田団地は、別子銅山の浜への移転に伴って移動した幹部職員のための住宅で、和風を基調とした二五〇戸程の庭付き住宅よりなる。しかし、その登場の裏には別子銅山の経営不振という、景気の悪い話があったのである。[*2]その発端は鷲尾勘解治[*3]（写真❷）の一九二七年の常務取締役就任挨拶の時だった。彼はいずれは尽きてしまう銅山経営に見切りをつけて、臨海部の新居浜に新たに工業を興し、銅山依存の体質から脱却すると言ったのである。それは別子銅山の歴史に、鉱業から工業への産業転換と山から浜への移動という新たな軌跡を織り込むことを意味していた

写真１　建設中の山田団地と新居浜選鉱場（『明治大正昭和　新居浜』国書刊行会、1980）

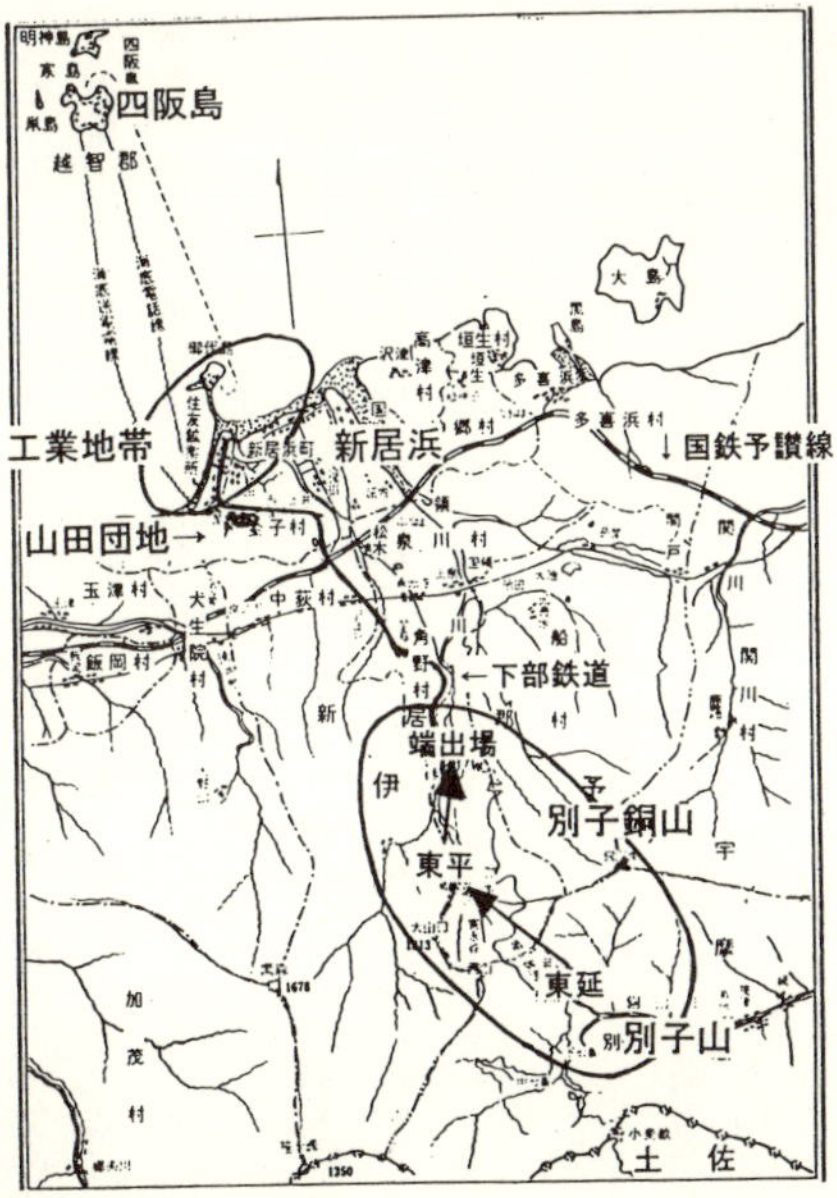

図１　別子銅山と新居浜

（図❶）。鷲尾は、とある会合でこう言った。

銅山終末の際に新居浜において工業を興し……おこすに便利な地方とならなければなりませぬ。……工業都市たるには先ず交通機関が第一に必要であって、此処に於いては築港と道路を先ず整備せねばならんのです。之が決まると鉄道を敷くにも停車場を設けるにも工場、事務所、変電所、陸揚げ場、倉庫などの位置を決めるにも計画的に行ふことが出来、商業地区、住宅地、銀行、郵便局の位置も決定することができるのであります。[*4]

鷲尾がこの時、最も重要視したのが何と都市計画だった。一企業幹部に過ぎない鷲尾が、田圃しかなかった新居浜に、港を、道路を、鉄道を計画し、工業都市をつくろうというのだ。山田団地はまさにこの計画の中で生まれたのである。

別子銅山と「新居浜」の発見

ここでは少し話を戻して、山中深くにあった別子銅山が何故瀬戸内海沿岸の新居浜とつながりを持ったかを概観しよう[*5]（図❶）。別子銅山は一六九一年、四国山脈中の別子山「東延」に始まった。別子銅山は銅山で採れた粗銅を大阪へ運び出すために、瀬戸内海に面した新居浜に積出港を求める。幕府と西条藩のもつれから当初は新居浜に港を求めることはできなかったが、一七〇三年に道が開かれ、新居浜は別子銅山の歴史に組み込まれた。また、明治以降には、別子銅山の近代化のためにお雇い外国人の仏人ロック（在任一八七四～七五）と英人フレッシュヴィル（在任一八七五）が訪れ、口々に臨海部の新居浜に製錬所を建設して、これと銅山を馬車道あるいは索道で連絡するように助言、またもや新居浜は熱い視線を浴びることになる。その後、彼らの言葉通り臨海部に惣開製錬所が建設（一八八六年）され、ここと山間部を鉄道と索道（下部鉄道等、一八九三年）が連絡した。また、事業本部も惣開へと移転（一八九九年）し、さらに銅山自体もその鉱床の状況や水害により、東平（一九一六年）、端出場（一九三〇年）と、瀬戸内側へと移動していき、結局、事業の多くを臨海部で担うようになる。即ち、別子銅山の歴史は四国山脈から瀬戸内海へと南北に伸びる軌跡に沿って展開してきたのである。

だが、その途は平坦ではなかった。一九二七年に常務取締役に就いた鷲尾はその就任挨拶で、別子銅山はしだいに鉱質、鉱量が低下し、その銅山経営は末期であると発表していたからだ。

「末期の経営」と工業都市・新居浜建設のプラン

このような別子銅山の状況を踏まえて、鷲尾は「鉱脈の余命のある間に地方光栄の計をたて」るべきだとして、新居浜に工業都市を建設するために、左記の事業計画を掲げた。[*6]

一、住友の費用負担による新居浜築港と海面埋め立て
二、住友別子鉱山(株)機械課の独立（現・住友重機械工業(株)）
三、(株)住友肥料製造所の振興（現・住友化学工業(株)）
四、住友の費用負担による昭和通りの建設と都市計画

この四点を見てもわかるように、鷲尾は銅山そのものの再建を行う気はすっかりなかったようである。心機一転、新居浜の工業都市建設へと心血注ぐつもりでいたのだ。とはいえ、鷲尾は決して銅山の歴史を分断しようとしたのではない。これまで

銅山で培ってきた技術をベースにした新しい会社を興しているし、この会社を新居浜港の埋立地に立地させているからだ。かつての技術力と組織力を継承しようとしていたのである。そして、都市計画的には事業所相互と平野部を縦横に走る街路計画を立てて（図❷）、都市としての広がりを持たせようとした。また、下部鉄道は工業都市建設の大動脈となり、山から浜へと資源と人員を大量輸送した。鷲尾は既成の資源、技術、インフラを活用することで、この難局を乗り切ろうとしたのである。

　彼が取り組んだ新居浜の工業都市建設のもととなるイメージは何処から来ているのだろうか。それは中世の北欧都市ではないかと思われる。鷲尾は一九五五年に「私の考えた新居浜の将来」と題して新居浜のまちづくりの経験について講演[*7]しているが、その中で、中世の北欧都市が封建体制を脱却して「集団的な市民感覚」により都市形成を果たしていることを高く評価している。中でも、ギルドに代表される職業と都市社会の形成の関係に深く関心を寄せていたようだ。彼は新居浜を去った後すぐに欧州に出かけており、恐らく道中でこれと新居浜での実践をなぞらえたのではないだろうか。これらは全く憶測の域を出るものではないが、鷲尾は新居浜のまちづくりの一線を退いていながらも、旅の道中に絵はがきや都市地図を買い求め、帰国後、新居浜市都市計画課に寄贈しており、欧州都市に対して何らかの感情を抱いていたと思われる。だが、彼は表面的な都市の見栄えや計画手法にはあまり関心を抱いていた様子はなく、

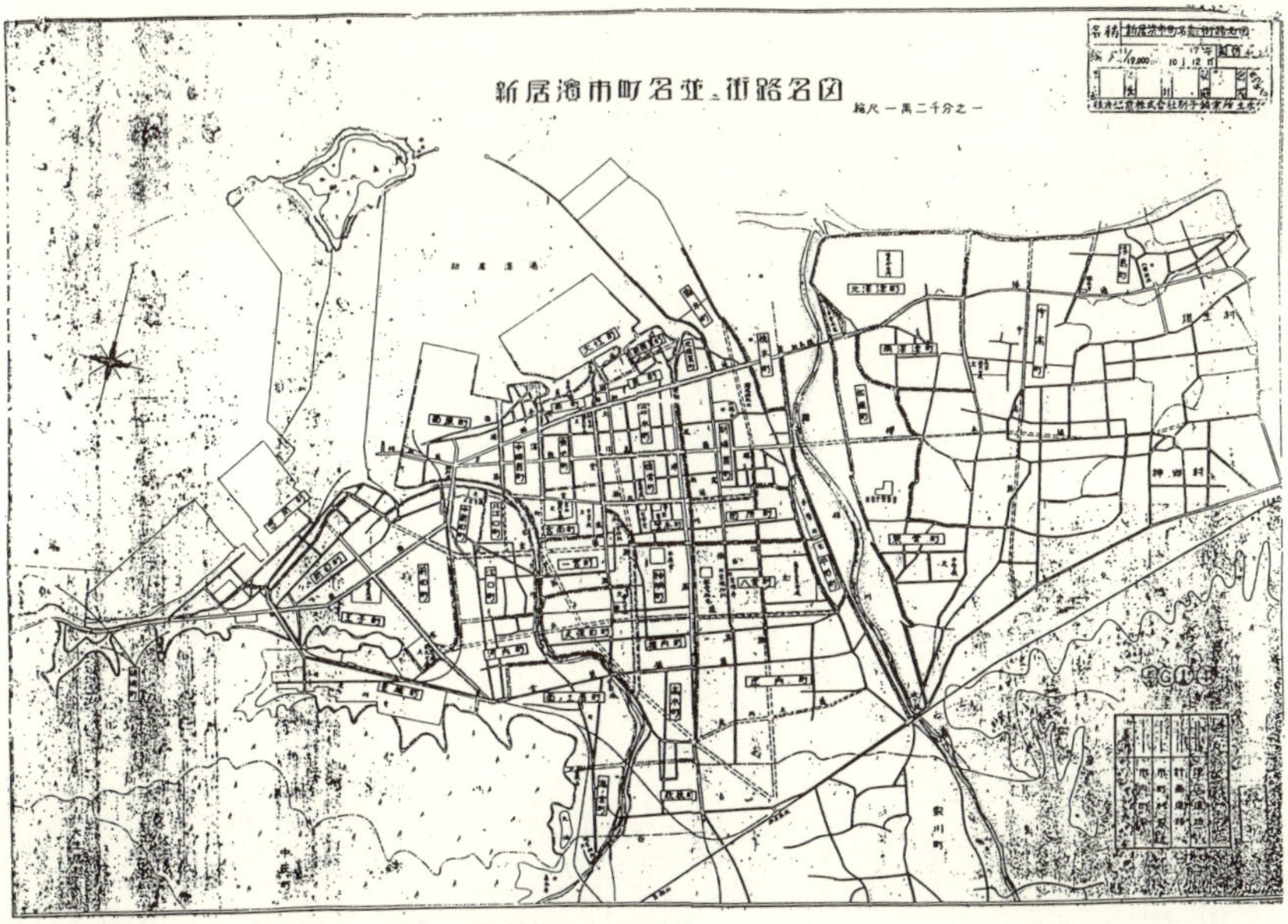

図2　新居浜市町名並ニ街路名図（1942年）、別子鉱業所土木課作成

写真2　鷲尾勘解治（『鷲尾勘解治氏と新居浜』戒田淳、1973）

写真3　作務で星越山を切り取っている風景写真（『明治大正昭和　新居浜』国書刊行会、1980）

特に欧州の都市社会の自己形成的な側面に関心を注いでいたようである。このような鷲尾の考えを援用すれば、「鉱業」と「工業」が互いに支え合う体制を確立したのは、自然の流れであったろうし、後述する新居浜の都市づくりにおける彼の姿勢も理解しやすい。

鷲尾流の都市づくり

ここでは鷲尾の都市づくりの特徴的な側面を紹介する。**写真❸**に写っているのは単なる建設現場ではない。鷲尾が提唱した「作務」により、山田団地の北にある星越山を切り取って、建設用土砂を採取しているところである（右手奥に山田団地の住宅が見える）。この作務とは鷲尾が道路建設などの際に社員に行わせていた無報酬労働奉仕のことで、単刀直入に言うと、まちづくりワークショップの肉体労働版とでも言うべきものだった。賃金の見返りを求める作業ではなく、作務の体験を皆で共有することに目的があったのである。毎日曜日にはこうした光景が新居浜の各地で見られ、山田団地の造成をはじめ、新居浜の道路のかなりの部分は作務により完成したという。この作務という考えは、少年時代を寺院で修行していた鷲尾独自のものだった。それ故、大阪の住友本社では、鷲尾は得体の知れないやり方で田舎に金を投入していると受け止められ、反対意見が続出した。作務はもちろん人件費が要らず、企業にとってもありがたいものだったろうが、実のところその効率が良かったかどうかは定かではない。しかし、鷲尾は作務にそんな効率性を求めたのではない。新居浜のまちを愛する心を根付かせることを求めたのだ。それは、企業と鉱員の人心がバラバラになった労働争議の経験が、鷲尾にそうさせたのかもしれない。

しかしながら、彼の態度は大阪で受け入れられなくなり、志なかばにして新居浜を去ることとなる[*8]（一九三三年）。

鉄道と住友・山田団地の開発

鷲尾は自らの考えに基づき、下部鉄道沿線の金子村山田に別子銅山の臨海部進出により再編成された会社組織の幹部社員用の住宅地を建設することを提唱した。山田には「立体的に立ち上がる工場」（写真❶）が山肌にへばりついていて、凡人には不気味な光景にしか見えない土地だが、鷲尾にとっては工場地帯への近接性、鉄道の利便性が目に付いたのであろう。そんな山田団地の区画や建築は現在でもほとんどが往時のまま残っている。現在の新居浜の都市計画図（図❸）から山田団地周辺の様子を窺おう。新居浜選鉱場の南側にあるのが旧星越駅（写真❹）（建物現存、鉄道は一九七七年に廃止）で、その南西一帯が山田団地となっている。駅を中心に二五〇戸程の住宅が、一九二九年より建設され、数年後には約千人ほどの住民が住み着いたと思われる。住友の上層部が住む山田団地は、新居浜地方で最も薫り高い住宅地だった。また、鉄道が走っていた頃は、事業所本部の置かれた惣開へは星越駅から僅か一駅、さらに新居浜港線（一九三八年）と国鉄新居浜駅連絡線（一九四二年）の二つの支線が伸びており、その利便性も申し分なかった。この利便性は、当初、専用鉄道として敷設された鉱山鉄道が、一般乗客も利用することが可能な地方鉄道へと切り替えられたことによっても増幅していた。[*9] 切り替えは一九二九年に実施されるが、この年は奇しくも山田団地の建設され始めた年でもある。鷲尾は山田団地の開発と鉄道の有効利用をワンセットで捉えていたのである。事実、この数年前の一九二五年に選鉱場と星越駅がともに設置されているが、選鉱場が多くの通勤客を迎えるにもかかわらず、駅舎はこれに背を向けて、後に建設される山田団地に正面を向けているのである。このことは鷲尾が選鉱場建設当初から山田団地建設を目論み、鉄道沿線の宅地開発を有効視していたことの証左であろう。新居浜には一九三〇年頃から「通勤サラリーマン」が生まれることとなった。

　山田周辺には数多くの関連施設もおかれた。福利厚生や迎賓に用いられた住友倶楽部[*10]（図❸、写真❺）が星越山の北側にあった。この住友倶楽部は住友大阪本店の流れを汲む長谷部・竹腰建築事務所の設計で一九三六年竣工、内部には広いホールや藤棚のあるテラスがあった。利用に際しては服装や礼儀の遵守が義務づけられ、新居浜で最も格式高い空間を提供していた。他のほとんどの施設の設計が別子鉱業所土木課の手になっていたこと

写真４　下部鉄道　星越駅（『明治大正昭和　新居浜』国書刊行会、1980）

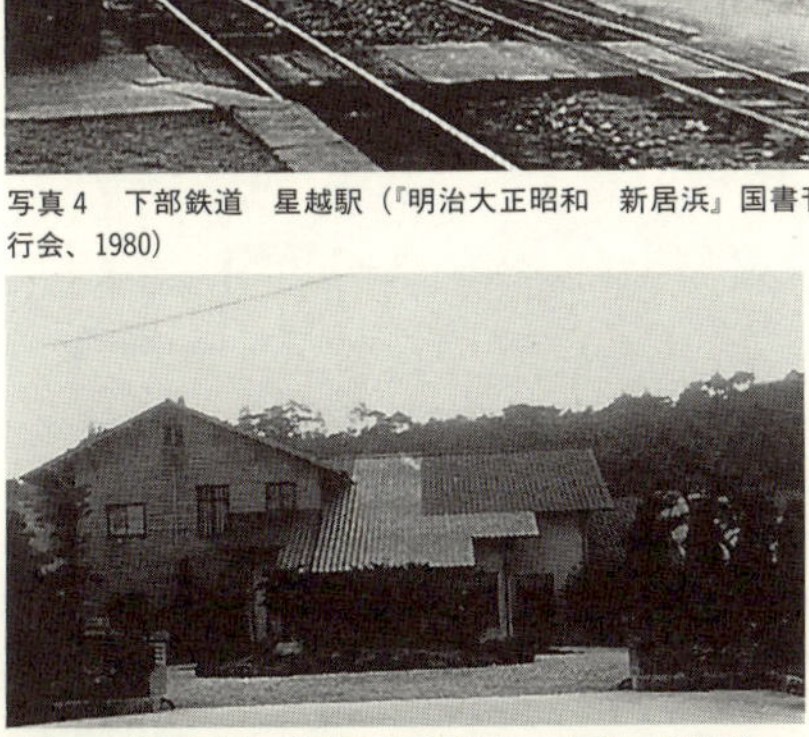

写真５　住友倶楽部（別子銅山記念館、上垣起一氏提供）

図3　現在の山田団地とその周辺（新居浜市都市計画図、1994より）

を考えれば、設計力の限界を示しているのかもしれない。

一九三〇年代には山田団地や前田住宅（図❸）が建設され、多くの人口が臨海部に移動したが、そうなると子弟のための学校が必要になる。住友は既に鉄道開通の頃に星越山の麓に私立住友惣開尋常高等小学校（前身は私立別子尋常高等小学校惣開分教場）を設立（一八九五年）しており、ここが山田団地に住む子弟の教育にあたった。

『新居浜商工案内』によると一九三〇年当時、生徒数三〇〇人、職員一〇人の規模であったが、その後に山田団地、前田住宅が完成していくことから、規模は拡大の一途を辿ったであろうことは想像に難くない（一九四一年、市立に移管）。

これだけの人口がいれば病人も出た。住友は従業員の健康を司るために設立していた私立の住友病院（一八九九年）を一九三六年、住友倶楽部の北隣に移転開業している。

このように星越山の北側には学校、倶楽部、病院等の施設が集中的に立地し、ここが大きなコミュニティの中心を形成していた。その理由は近隣に多くの人口を抱え、また、事業所本部が近くに置かれていたためと考えられる。新居浜のような企業都市に於いては、会社が社員の生活全てを支えるのである。

尾鉱の埋め立てによる用地造成

鷲尾が山田に団地を建設すると言って反対がなかったわけではない。山田は谷間の田圃ばかりの土地で、日照時間も短く、湿気の多い土地だったから、他の社員は鷲尾の考えに驚嘆し、そんな沼地なんかに住めるものかと猛烈に反対した。考えてみれば山間にはじまった別子銅山の鉱員住宅は、急傾斜地の高台に石垣を築いてつくられることが多かったから、沼地に家を建てることなどとんでもないことなのである。しかし、鷲尾は団地造成の諸問題をクリアして、一挙両得を目指そうとした。まず、沼地の湿気対策としては谷を大規模に埋め立ててこれを防ぐ。そして、その埋め立てには銅山の廃棄物「尾鉱」を使う。即ち、用地造成のための埋め立てと不要物の処分を同時に行おうとしたのである。一見簡単そうだが、尾鉱には鉱毒汚染と輸送コストの問題があった。

尾鉱とは簡単に言えば銅山の操業に際して排出される大量の廃棄物のことで、粗銅から銅の成分を取り除いた不純物である。かつては、山間部にわざわざ堰を設けて埋め立てていたが、大雨になると堰は決壊するし、さらに、尾鉱そのものの鉱毒被害も懸念されていた。しかも、尾鉱は銅山が景気良く操業すればするほど際限なく出てくる代物で、往年の経営陣はその処分に頭を抱えていた。このような厄介者の尾鉱を埋め立て材料として実用化したのが、別子鉱業所土木課職員の町田実だった。鷲尾と町田は地下水脈と魚介類へ与える影響に関する研究に取り組み、米国の関連文献を探り当てて、その安全性を確認、鷲尾は山田の谷へ尾鉱を埋め立てることを決断した。[*11] 従来、莫大な経費を要していた尾鉱処理が、経費がかからない上、用地造成に利用できる材料となったことは画期的なことだった。残るは輸送コストの問題である。

　山田団地建設の頃は、低品位鉱から残りの銅の成分をさらに取り除くための技術改良が成功し、生産ラインとして確立していた時期であった。そのことの何が重要かというと、その精錬作業が山田の新居浜選鉱場で行われていたのである。つまり、ここから大量に尾鉱が排出されていたのだ。すぐ隣の山田の谷に埋め立てることを利用しない手はない。こうなると、後は如何に楽して埋め立てるかだけである。尾鉱は高台にある新居浜選鉱場から排出されていたから、ここから流送管を配管して、谷へとざらざらと流した。そして、流送管の配置高さえコントロールすれば楽に計画高に仕上がる。いくら銅山経営が不振とはいえ操業中だから、これほど都合の良い話はなかった。恐らく、山田の風景は短期間のうちに一変したであろう。

山田団地の建築

　鷲尾の思想を汲み取って実際の設計にあたったのは別子鉱業所土木課の職員であった。[*12] 土木課は松尾寛一課長[*13]を筆頭に、山田団地建設の記録を多く残した町田実係長[*14]、合田一慶らの職員により構成された。山田団地だけでなく市内の道路、工場、住宅など、新居浜の都市施設建設を短期的に、かつ、横断的に行った技術者として評価されるべき存在であろう。鷲尾と彼らの取り組みにより、山田の谷は尾鉱で埋め立てられ、二五〇戸程の庭付き住宅があたり一帯に建築された（写真❻）。ほとんどが平屋建ての和風住宅で、可能な限りの個々の造作がなされ、切妻、寄棟などのいろいろな屋根や、玄関まわりの破風の処理に変化を付けた住宅が建ち並んだ。また、平面も多くのバリエーションが用意され、同一平面を持つ住宅は一〇もない。山田団地の全ての住宅はいわゆるホワイトカラー層の社員の住宅だったため来客の動線を考慮していたようで、全体的に、廊下、玄関を介して次の間、床付きの客間へ直接、辿り着けるものが多くなっている。また、ささやかながらも開口には肘掛け付きの出窓や欄間がしつらえてある。

　とはいえ、二五〇戸ほどある山田団地であったから、同じ幹部とは言ってもその格には差があった。団地の西部は高台で、ここには事業所長宅や住友連携会社最高幹部の住宅が構えられ、設計上でも、他の住宅とは多くの点で峻別される。例えば、規模で最大の事業所長宅（図❹、写真❼）は敷地が四二六坪、建坪が一〇二坪であり、一般の住宅は敷地一〇〇坪、建坪三〇坪（図❺）であることを考えるとその差は良くわかる。また、事業所長宅にある二つの離れの機能的な性格も、他の住宅との格差を良く物語っている。離れの一つは街路脇にある洋風応接室で、専用玄関（写真❼）（右手、左手に小さく見えるのが主玄関）を構えて来客のための場を提供しているほどである。事業所長の公私の来客は花崗岩研ぎ出しの踏み石の玄関を通って、別子銅山の将来について密談したであろう。もう一つの離れは母屋の奥にあっ

写真６　山田団地俯瞰

写真７　事業所長宅

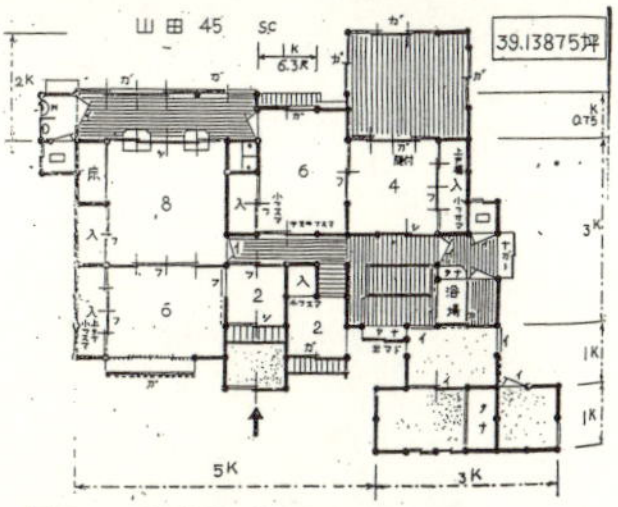

図５　45号住宅（社宅平面図 No. 1 ／住友金属鉱山株式会社別子鉱業所厚生課）

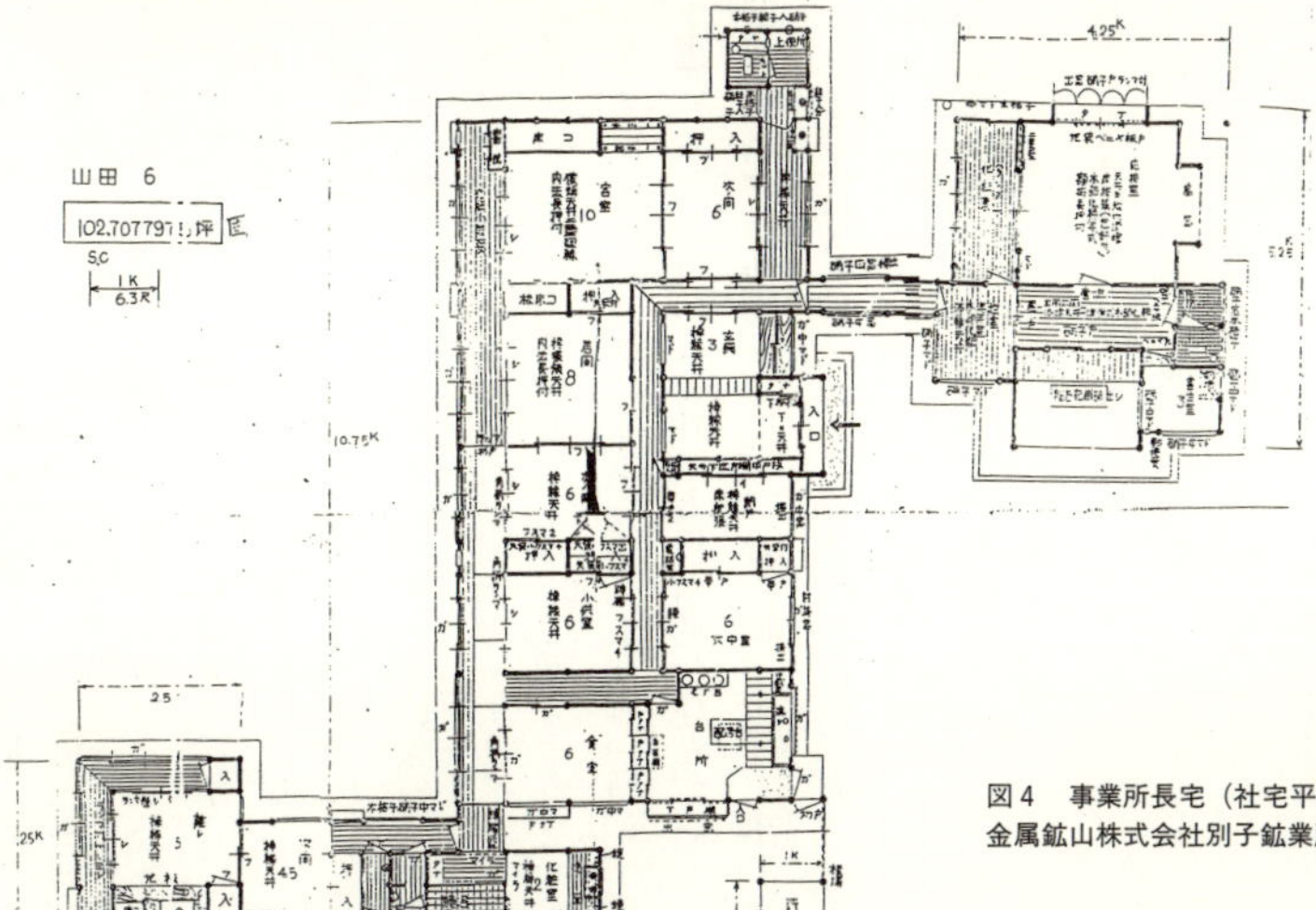

図４　事業所長宅（社宅平面図 No. 1 ／住友金属鉱山株式会社別子鉱業所厚生課）

て、庭木と芝が広がる庭を取り込むように二方向に縁を開いた和室だった。ここは思索を巡らすのに相応しい風情を醸し出している。二つの離れの持つ機能は、敷地が二〇〇坪ほどある幹部の住宅にも見出すことができるが、一般の山田団地の住宅にはないものであり、山田団地が同じ幹部のための住宅とはいってもその差は歴然としてあったようだ。また、事業所長宅をはじめとした敷地規模が二〇〇坪を超えるような住宅には、専用の女中室が設けてあり、戦前は女中付きの生活が行われていたという。[*15]

他に山田団地の住宅を区分する要素として内風呂の有無があった。住宅規模の大きい住宅は当然、内風呂が設けてあったが、団地の東側は住宅の規模も小さく当初は外風呂だった。外風呂の家庭のためには共同浴場（現存せず）が星越駅から少し団地内に入った所に開設された（図❸）。夕方になると手桶を持った住民が行き交ったであろう。駅前には他の生活関連施設も集中しており、浴場のはす向かいには理髪所が、駅前には治安を司る交番もおかれた。駅前は団地の中心地となっていた。

外国人技術者用住宅

通称「外人住宅甲乙」と呼ばれる二棟の洋館が住友に訪れていた外国人技術者のために建てられた（図❻、写真❽❾）。当時、新聞で「外人の住む山田」と形容されていたほどだから、山田団地にあった外人住宅はそれだけでシンボル的な存在だったようだ。外人住宅は木造二階建てで、外観は無造作に切り取られた下見板を張り、平屋建てばかりが並ぶ山田団地の中で異彩を放っている。外人住宅の内部は、玄関を入ると吹き抜けを巡る階段があり、一階にはサンルームやタイル張りの台所、二階にはバルコニーが設けられ、可能な限りの洋風を演出している。これら二棟の外人住宅にはそれぞれ異なった離れが設けられ、一棟は日本間を二室もつ離れで、もう一棟はベランダ付きの子供部屋を離れにしていた。後者の子供部屋の離れは現存しないが、少なくとも会社は外国人技術者を家族ぐるみで迎えようとしていたことがわかる。町田の述懐[*16]によると、ここには一時期、住友化学の窒素工場建設のため数人の外国人技術者が住んでいたというが、鷲尾は自動車で通勤する彼らのために山田から事業所本部までわざわざ道路を建設させたという。外国人技術者がいかに大切に扱われていたかを物語る逸話である。また、外人住宅はこんな用途にも使われていたようだ。

「新居浜視察　県議一行二百余名」
四国中国九州の県会役員は……新居浜町に赴き住友家の招待宴に臨み同九時頃より含気楼村上旅館蛭子屋住友接待館住友常務邸住友外人住宅甲乙泉寿亭の八ヶ所に分宿した[*17]
（傍線引用者）

外人住宅甲乙は、賓客が多数訪れた際の臨時の宿泊施設とし

写真８　外国人技術者用住宅　３号住宅

写真９　外国人技術者用住宅　２号住宅

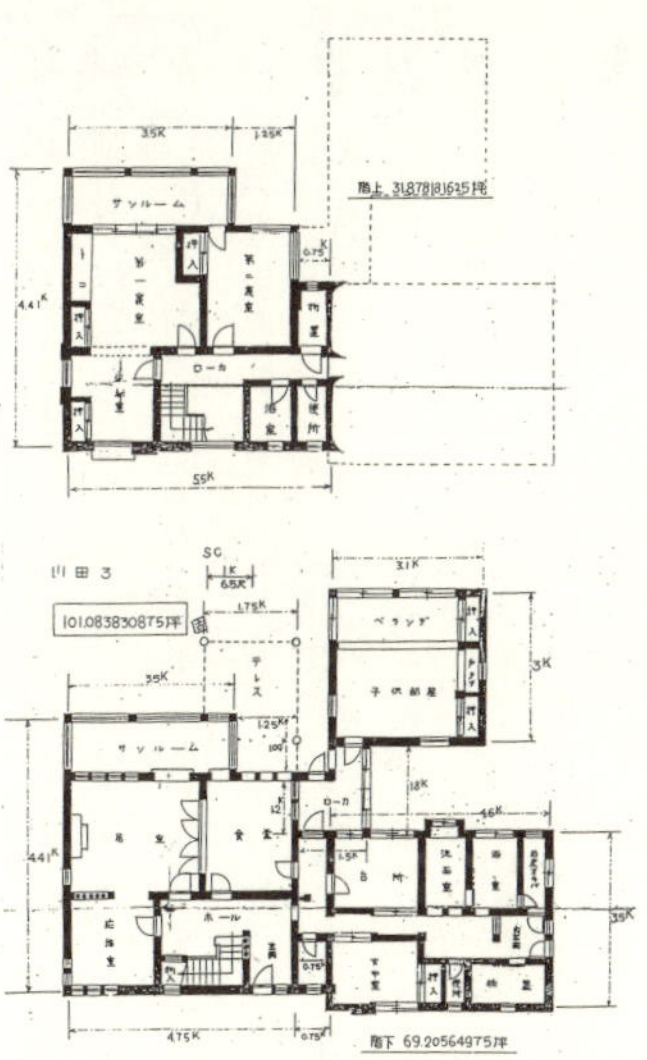

図６　外国人技術者用住宅　３号住宅（社宅平面図No.１／住友金属鉱山株式会社別子鉱業所厚生課）

ても利用されていた。外国人技術者は先の窒素工場建設の時のように、たまにしかいない臨時雇いだったのだろう。だから、外人住宅は空いている時も多く、宿泊施設としての役目も果たした。いや、見方を変えれば、彼ら外国人技術者こそ、たまにやって来る「お客さま」の一人だったのかもしれない。

　戦後は外国人技術者の訪れる頻度も極端に減少し、外人住宅も彼らのための住宅である必要性がなくなった。それ故、日本人のための社宅として多くの改造がなされた。現状（図❻）では一、二階に二カ所のサンルームを確認できるが、二階は建具の入り方から判断して、当初は吹きさらしのバルコニーだったと思われる。室内も洋室でありながら床があったり、不用意な引っ込みがあったりと改修の様子が窺える。外人住宅は近年、洋間に寸法の合わない畳を敷いて、若手社員の宿舎となっていた。

湿気対策と外構計画

　先に見た用地造成の埋め立てもそうだが、鷲尾は山田団地の住宅建築で湿気に特に気を使っていた。鷲尾はその解決策として、家屋形状は東西に長くし、押入や床の間などを南北方向に置く形式をよしとした。[*18] こうすれば、南北に開け放つことができて、採光と換気を充分に行え、湿気と塵芥を分散できると考えたからだ。山田団地の住宅はこの形式に則ったものが大半を占める。鷲尾自身、確固たる信念で山田の地を埋め立てたとはいえ、もとは谷間の地、それ故、殊更に気を使ったのだろう。

そして、外構も風通しの良い生け垣とした（写真⑩）。だが、冒頭に紹介したように、「別世界」とまで形容された山田団地でも、開設当初はこの生け垣は社員にはすこぶる不評だったという。

始め、十戸ばかり山田に家が出来たので、社員に対し、之れに転居を勧告されるに至つた。併し、塀によつて外部と断たれた家に住み馴れた社員の多くは、転居を好まない。結局は、泣の涙で引越しといつてもよい。[*19]

これまでの鉱員住宅の外構には板塀と生け垣が併用されていたが、この板塀が日陰を生み、生け垣の発育を拒んでいた。そこで、鷲尾は山田団地ではあえて視線を遮ることが困難な生け垣のみにした。すかすかの生け垣に囲まれることになった山田団地の住宅は、社員からは生活丸見えの住宅と考えられ、会社の強制力を以てでなければ、皆、住みつかなかったのである。さらに前述の山田の沼地のイメージも払拭できないこともその一因だろう。鷲尾はここに住むにあたって、次のような発想転換を提言した。「ならば、外部から見られても恥じないところの生活を営み得るようなものにせねばならない。そうすれば、潑剌とした気持ちで人生が送れる」と。なかなか厳しい男である。団地建設開始一年後の人口が四〇一人[*20]であるから、僅かの間で涙ながらに多くの人が住み着いていたようだ。ここに一般の住宅開発にはない、社宅ならではのすさまじさがある。

山田団地は生け垣のみならず、庭に芝生を張り、庭木を植えて（写真⑪）、緑豊かな住宅地を形成した。山田団地の一戸当たり建ぺい率を社宅平面図のデータ[*21]から換算すると、どのクラスにおいても建ぺい率が二〇％前後である。同じ頃に建設された前田住宅が三〇％前後であることを考えるとその庭先にゆとりがあったことがよくわかる。広々とした庭は敷地の南面に残したため、道路に南接する住宅はアプローチが長く、北接する住宅は短くなった。各戸のアプローチは段差や湾曲で変化をつけ（写真⑫）、門柱も石張り、コンクリート、木とその材料と形態に差をつけた（写真⑬）。このような山田団地の外構計画はその住宅のクラスに応じて行ったもので、最高幹部の住宅の生け垣にはカイヅカイブキを植樹するなどして、一目で差がわかるようになっていた（写真⑭）。このような外構計画は居住者のクラスを視覚化する手段だったかもしれないが、結果として画一的になりやすい社宅の風景に変化を与えている。

その後の山田団地

戦前の四国の都市は、人口集中が激しいものでなかったため、一体的な郊外住宅地開発の事例を見つけだすことは難しい。だが、ここ新居浜では鉱業から工業への産業転換、山から浜への事業所移転により、臨海部のドラスティックな都市化が進行したため、企業幹部社員のための山田団地が生まれた。しかし、

写真13　門柱

写真14　カイヅカイブキの生け垣

写真10　山田団地の生け垣

写真11　庭先

写真12　スロープでアプローチする住宅

山田団地はいわゆる新興層を受け入れた郊外住宅地でもなく、労使闘争の根城となった鉱員住宅とも異なる。このような山田団地の価値は、建築装飾の特異さや計画の先進性にあるのではなく、工業都市形成という条件の下で、画一的な住宅供給から脱却しようとした計画の多様さにある。それは、生活の実際を踏まえた平面や様々な屋根形状であり、中でも緑豊かな植樹は目を惹くものであった。また、無駄なく事業を推進した計画の実行性もあるだろう。

現在、山田団地は静かな佇まいとなっている。山田団地が今も当時の趣をとどめているのは、先に指摘した計画の多様さも含めて、会社による行き届いた不動産管理のおかげでもある。また、山田団地の場所そのものが市街裏手の高台に位置し、再開発の対象とならないことも幸いしているようだ。事実、中心市街地に隣接する前田住宅の一部は取り壊されて、都市リゾートホテルに変貌した。だが、山手に位置する山田団地とはいえ、その個々の住宅は住友系企業の一括管理ではなく、各企業によって管理されているため、この先どうなるかはわからない。

炭鉱住宅に代表される資源地立地の住宅といえば、空き家が建ち並ぶ光景を思い浮かべてしまうが、もし、新居浜での鷲尾の努力が報われなければ、山田団地も空き家となったであろう。

註

*1――『郷土研究』新居浜町役場、一九三一年六月一五日号
*2――『歓喜の鉱山』新居浜市、一九九六年、四八〜四九頁
*3――一八八一年兵庫県生、京帝大法科大学一九〇七年卒。同年住友に入り、翌年、別子鉱山採鉱課勤務、一九八一年逝去。『住友幹部人名録』明治二十年〜昭和二十年、住友史料館、一九九五年
*4――一九三〇年一〇月の改善会総会での講話。『新居浜産業経済史』新居浜市、一九七三年、二九七〜二九八頁
*5――『住友別子鉱山史』下巻、住友金属鉱山株式会社、社史編集委員会、一九九一年
*6――篠部裕「企業都市における中核企業の盛衰に伴う都市施設整備に関する研究」豊橋技術科学大学博士学位論文、一九九四年、二二一〜二四〇頁
*7――鷲尾勘解治「私の考えた新居浜の将来」（講演記録）、一九五五年、一八〜二四頁
*8――『鷲尾勘解治翁』燧洋倶楽部、一九五四年、一〇八頁
*9――『別子鉱山鉄道略史』別子銅山記念館、一九七八年
*10――日本建築学会四国支部『愛媛の近代洋風建築』愛媛県文化振興財団、一九八三年、三〇〜三三頁
*11――『鷲尾勘解治翁』前掲、一〇二頁
*12――戦後、土木課は別子建設（株）、住友建設（株）へと組織は引き継がれた。
*13――一八九〇年生、九帝大土木一九一四卒、同年住友に入る。一九四五年逝去。前掲『住友幹部人名録』
*14――町田実は戦後、組織の変遷に伴い別子建設に移籍し、さらに分離した別子不動産（株）（一九五七年）の代表取締役となって鎌倉の宅地造成等に力を注いだ。『住友建設三十年史』社史編集委員会、住友建設、一九八一年、七二〜七四頁
*15――別子銅山記念館、上垣起一氏談
*16――町田実「新居浜市に於ける別子鉱業所長としての土木工事に対する鷲尾氏の治績」『鷲尾勘解治翁』前掲、一八〇〜一八一頁
*17――『民友新聞』一九三〇年四月三日号
*18――町田、前掲、一七九〜一八〇頁
*19――町田、前掲、一八〇頁
*20――『郷土研究』前掲、一九三〇年一一月一五日号
*21――『別子鉱業所社宅現況』住友金属鉱山株式会社総務部人事課、一九五九年

6 九州

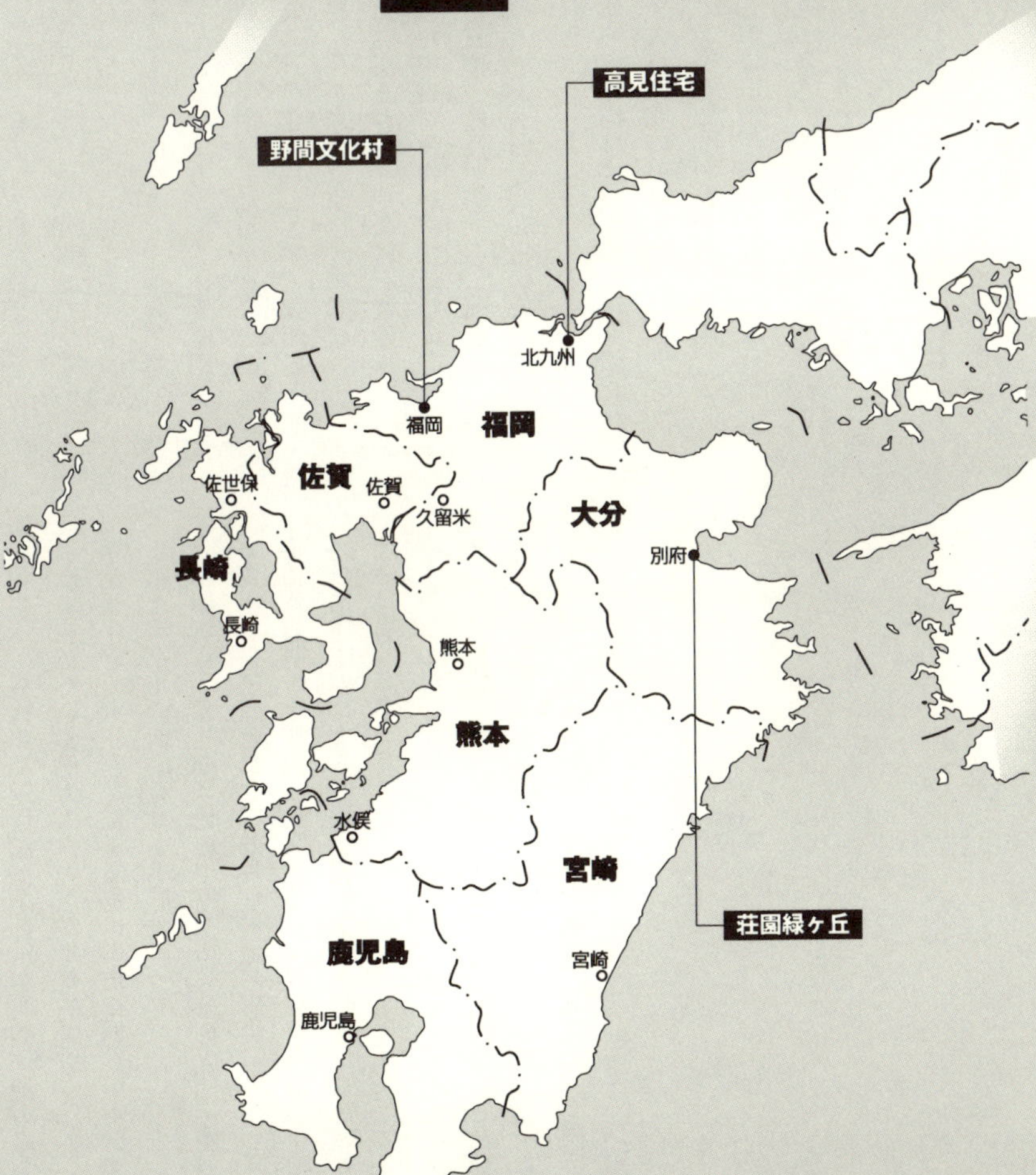

高見住宅
野間文化村
北九州
福岡
福岡
佐賀
佐世保
佐賀
久留米
大分
別府
長崎
長崎
熊本
熊本
水俣
宮崎
荘園緑ヶ丘
鹿児島
宮崎
鹿児島

戦後すぐに発行された『九州の社会と経済』（九州経済調査協会、一九四九）の表紙の見返しには「全国における九州の地位」という棒グラフが並ぶ。土地や人口の規模は全国のおよそ一五パーセント前後。耕地面積や米生産高もほぼ同様で、土地の生産性が全国と変わらないことを示している。一方、工業総生産高は七〜八パーセントと少ない。電力事業や国有鉄道事業も一〇パーセント程度。だが、明治以降の近代化過程にとって九州で「発見」された炭鉱は欠かせない。地元資本や藩営を端緒に、豊かな石炭、低廉で大量の労働力、恵まれた立地条件を背景に、明治半ば頃から三菱、三井といった中央財閥の経営に転じる。事実、棒グラフでは石炭生産高と鉄鋼生産高が際立ち、前者が五〇数パーセント、後者が四〇パーセント弱と、九州産業の特質が基幹産業や近代化の基盤づくりにあったことを示している。

一方、明治後半からの九州全体の人口推移は、北部九州の鉱工業地帯を中心に都市部の増加と人口密度の上昇が続き、減少が続く南九州がその労力供給源であったことがわかる。福岡、久留米、長崎、熊本、鹿児島の五市に市制が施行された明治二二年以降の人口増は他の都市にも広がり、昭和一〇年に二二都市、終戦直後は三三都市となった。とりわけ鉱工業が集中した福岡県と長崎県に顕著である。

以上の経緯から、近代期の九州に独特の郊外住宅が形成されたと考えることもできる。それは、次の流れで大きく説明できよう。

①明治半ばから後半＝近代鉱工業都市黎明期／地方産業資本による炭鉱への労働力人口の点在集落的定着

②明治後半から大正期＝鉱工業都市市街化期／中央財閥による鉱工業都市の面的コロニー形成

③大正期から昭和初期＝地方中枢都市郊外形成期／関西・地方資本や住宅組合による郊外住宅地の形成

④昭和戦前期から戦後復興期＝地方中枢都市の市街化拡張期／自治体主導による区画整理事業等を背景にした郊外住宅地の登場

このうち、①から②にかけての経緯を背景に、北九州・八幡に成立した高見住宅を土居義岳が論じ、③を背景にした別府の温泉リゾート住宅地を高砂淳が論じている。さらに③から④を反映した福岡・高宮の野間文化村を拙論で著した。（藤原惠洋）

25

高見住宅／北九州、八幡

高見住宅とその背景

土居義岳

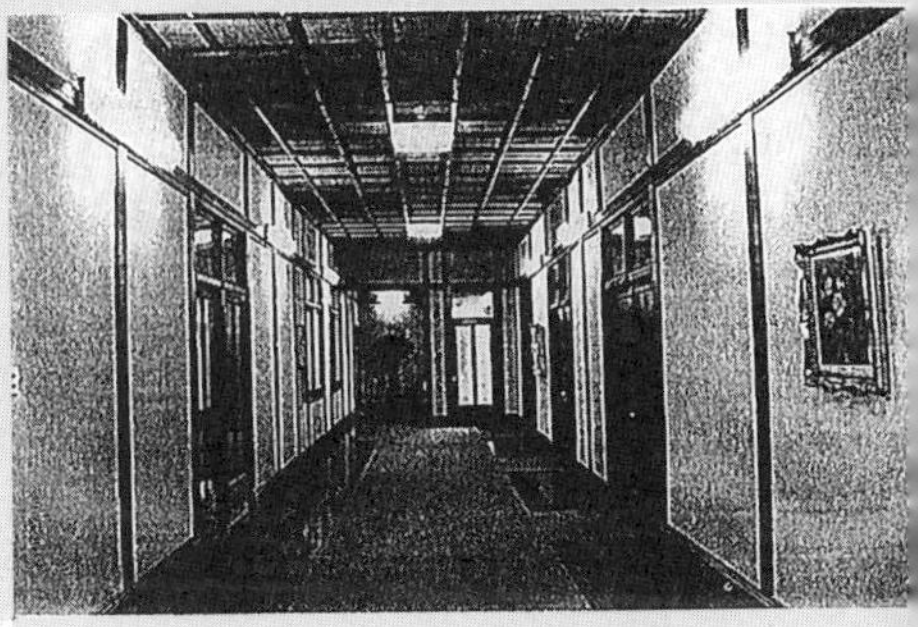

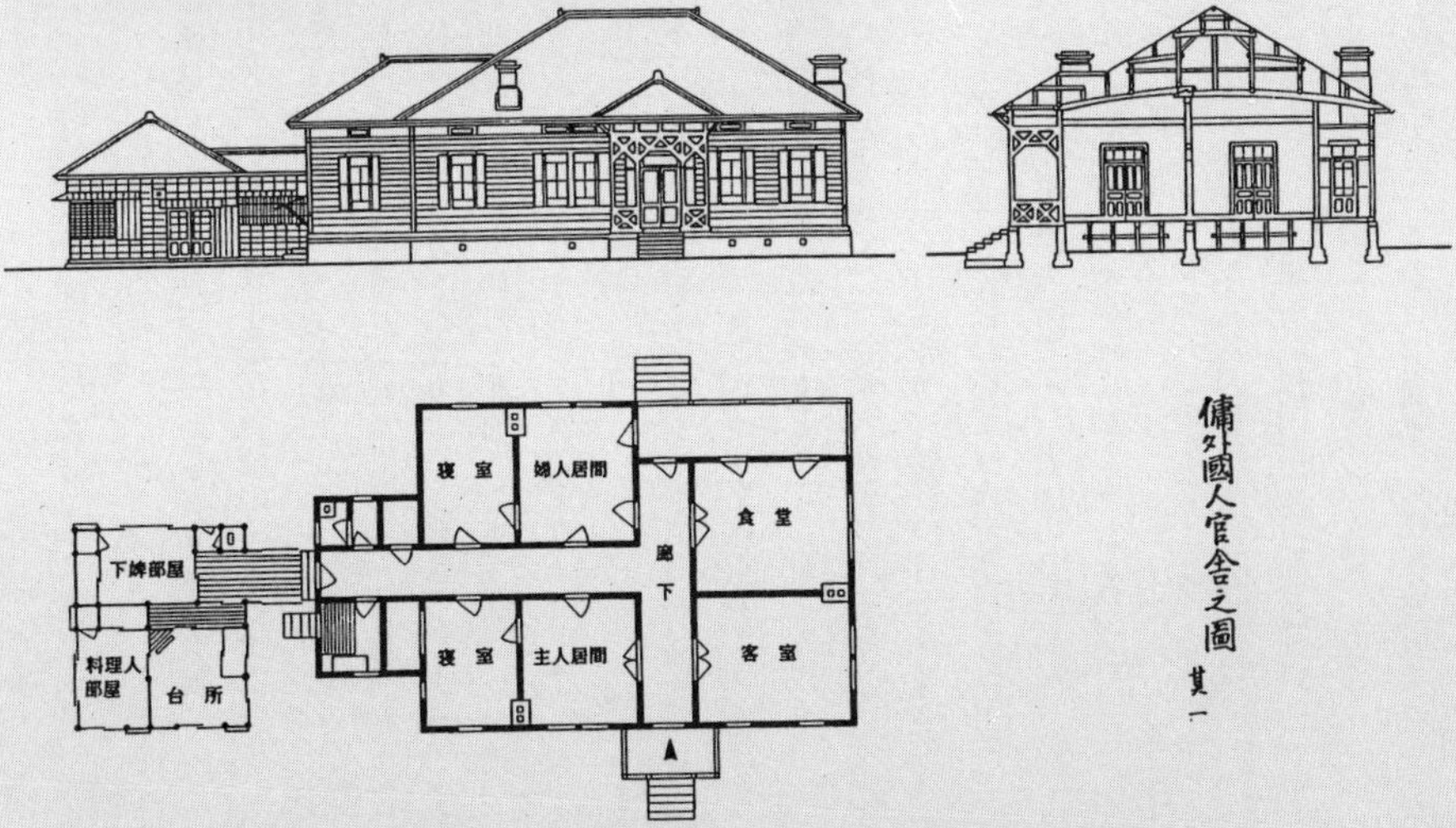

傭外國人官舍之圖　其一

はじめに

北九州市は産業の空洞化、人口の減少、第二次産業から第三次産業への転換といった課題をかかえているが、かつては官営八幡製鉄所（旧日本製鉄）の企業城下町として栄えていた。この製鉄所と、それを取り巻くように建設されたさまざまな官舎あるいは社宅を見ると、旧八幡市と旧戸畑市はまさにこの製鉄所のたまものであったことがわかる。しかし、ここはたんなる労働者の都市ではない。製鉄所は当初は官営であり国策企業であったことから、「高見住宅」（社宅）といった高級官吏のための官舎も建てられ、上級官吏・下級官吏・職工という社会的ヒエラルキーがそのまま都市に反映されていた。それはたしかに特殊な状況ではあるが、これなしには日本の近代もありえなかったことも事実である。評価は別として、それは確かなリアリティを感じさせる。そして産業構造の大転換のなか、都市はこうした過去のリアリティをみずから払拭しようとしている。

官営の初期——一九〇一年（明治三四年）～一九〇七年（明治四〇年）

明治二〇年代までは、日本の製鉄業はそれほど盛んではなかった。輸入鋼材のほうが安価であったためである。しかし一八九四年に日清戦争が始まったころから、政府は官営の製鉄所を建設することが必要であると認識するようになった。こうして一八九六年、帝国議会において製鉄所建設案が可決され、同年三月に製鉄所官制が公布された。所管は農商務省であった。ちなみに、当初はたんに「製鉄所」と呼ばれており、「八幡製鉄所」は通称であった。

近代の製鉄業の特徴はいわゆる一貫経営である。すなわち銑鉄生産（高炉）、粗鋼生産（転炉あるいは平炉）、各種の圧延による圧延鋼材生産という三工程を一貫して連続的に、しかも同一の工場内でおこなう。欧米では一九世紀中盤のいわゆるベッセマー法の確立や、圧延作業の機械化などにより、三工程一貫による大量製鉄の時代を迎えていた。当初の先進国イギリスはむしろ停滞しており、業界のトラスト化やカルテル化を進めたドイツとアメリカが先進国であった。

八幡製鉄所は、日本においてはじめて一貫生産体制のもとでの製鉄をおこなうことが課せられた。ヨーロッパ先進国のような資本の集中はまだみられず、国の主導のもとにこうした大規模工場生産が試みられた。従来説では、官営八幡製鉄所の設立を日清戦争に関連づけ、その発展を日露戦争に結びつけることが多かった。しかしドイツやアメリカにおいて巨大資本による大量生産の段階に達していることを考えると、外国のこうした大資本の支配を受けずに自立的な産業を確立しようとした点で、意義が大きかったのではないか。

以上のような経緯から、一八九六年三月の製鉄所官制発布ののち、諸施設が建設されていった。場所は福岡県遠賀郡八幡村（当時）が選ばれた。工場などの建設にさいして、政府は、ドイツのグーテホッフヌンクスヒュッテ社（GHH社）に工場設計を依頼したという。高炉設計はリューマン、製鋼圧延設備はデーレンなる人物であり、前者はドイツの鉄鋼界の大家であった。建設資金の一部には日清戦争の賠償金があてられた。一九〇一年（明治三四年）、操業開始。

工場敷地内には本来の工場施設のほかに、洞海湾のなかの船溜のすぐ近くに、本部事務所や官舎群があった。現在は整地されて平らになっているが、もともと小さな丘や池などがあった。

まず舟溜に面して、本部事務所がある。設計者不詳ではあるが、一八九八年竣工、現存する。オリジナルの図面は新日鉄が保管していた。一九九一年に北九州市建築文化賞を受賞。赤レンガはイギリスから輸入されたという説があったそうだが、調査の結果、サイズや刻印から日本製である可能性が大きい。車寄せがある点では、明治時代特有の擬洋風であるといえるが、中央部と両端部分が前方に突出しており、とくに中央部分はマンサード屋根があるなど、デザインはフランス的である。

いわゆる高見山には、高見貯水所があり、この池を取り囲むようなかたちで、官舎群が建設された。長官、技監、部長らの官舎、そして技術顧問であったドイツ人グスタフ・トッペらのための一〇棟があった。トッペの官舎は高見山にあり、彼の帰国後、公余（高見）クラブとして使われていた。これらの外国人用・高官用の官舎はいずれも洋風であった。「傭外国人官舎」も図面資料によれば、構造的には和小屋を使った伝統的なものであるが、下見板張りであり暖炉を設置して洋風にしてある。

また工場内には「高見神社」もあった。この神社は、神功皇后の神話と結びついている。胎内の子に半島を授けるとの住吉大神の神託を受けた皇后は、子を宿したまま半島に出兵し、新羅を制圧する。ちなみに帰国ののち、九州で生まれた子供がのちの応神天皇である。この出兵にさいして、岡県主熊鰐は、天神皇祖十二柱を祀って、戦勝祈願した。それが現製鉄所内の大字大蔵付近であった。製鉄所建設にともない、一八九八年九月二九日に、工場近接の高台にある豊山八幡宮境内に移転され、それから一九三四年まで、この神社に鎮座していた。

官営八幡製鉄所は、いうまでもなく国策工場であり、日清戦争の賠償金で建設され、日露戦争を機会に発展したのであるが、もともと日本の海外進出と関係が深い場所である。

このほか、工場敷地内の「稲光」には、判任官の官舎三〇棟が建設された。また工場敷地外では、鬼ガ原、門田、神田などに官舎が建設された。鬼ガ原には、ドイツ人技師らが住む通称「異人官舎」があった。門田には、判任官舎が四〇戸建設された。神田には職工用の住宅が一九〇〇年から一九〇一年（明治三三―三四年）にかけて建設されたが、これは「職工長屋」と呼ばれた。そのほか前田、槻田、久保にも建設された。

官営の発展期――一九〇七年（明治四〇年）～一九三三年（昭和八年）

明治四〇年から大正末にかけて、製鉄所は三期にわたって拡

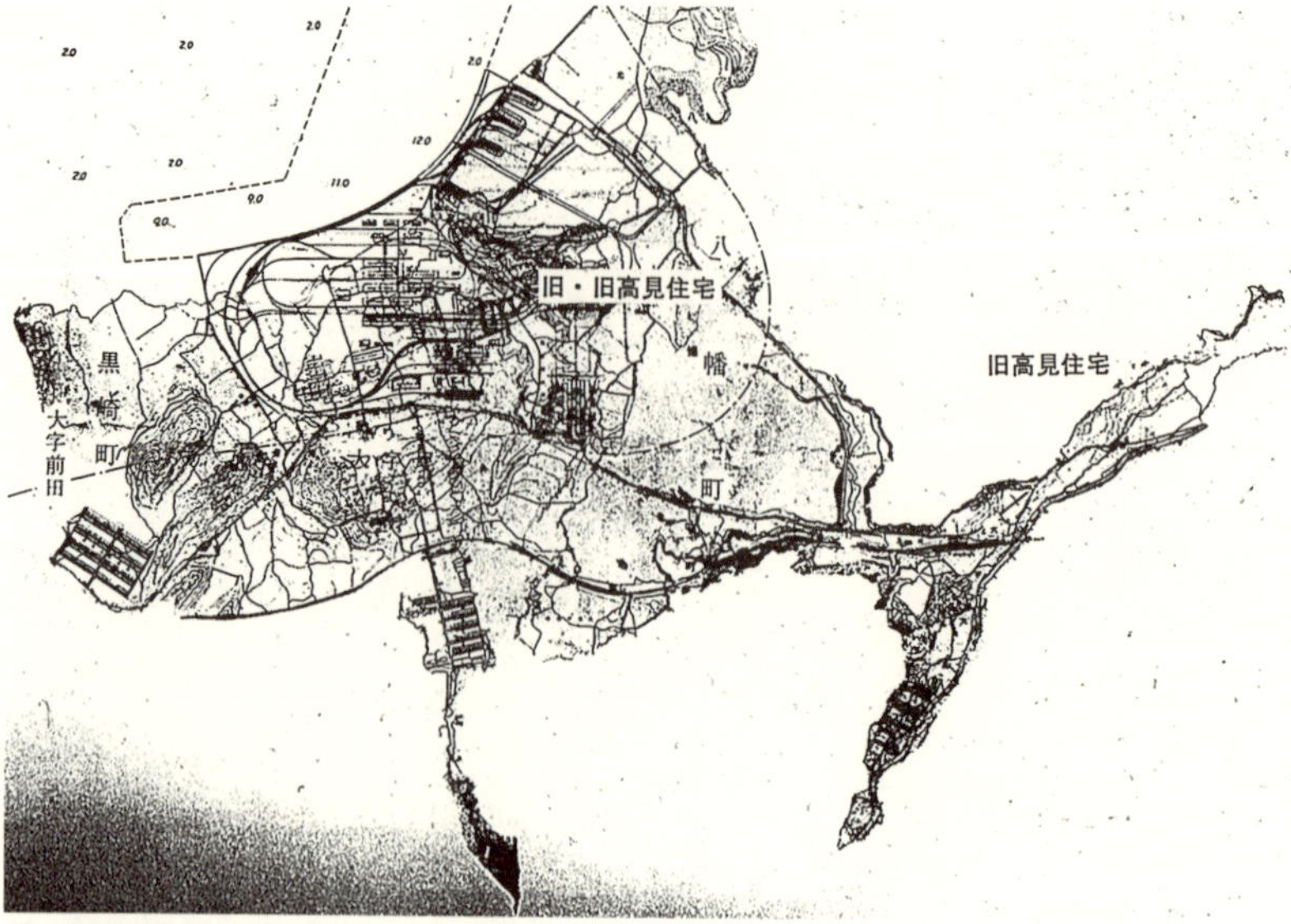

図１　明治31年の八幡製鉄所の計画図（『八幡製鐵所土木誌』より）

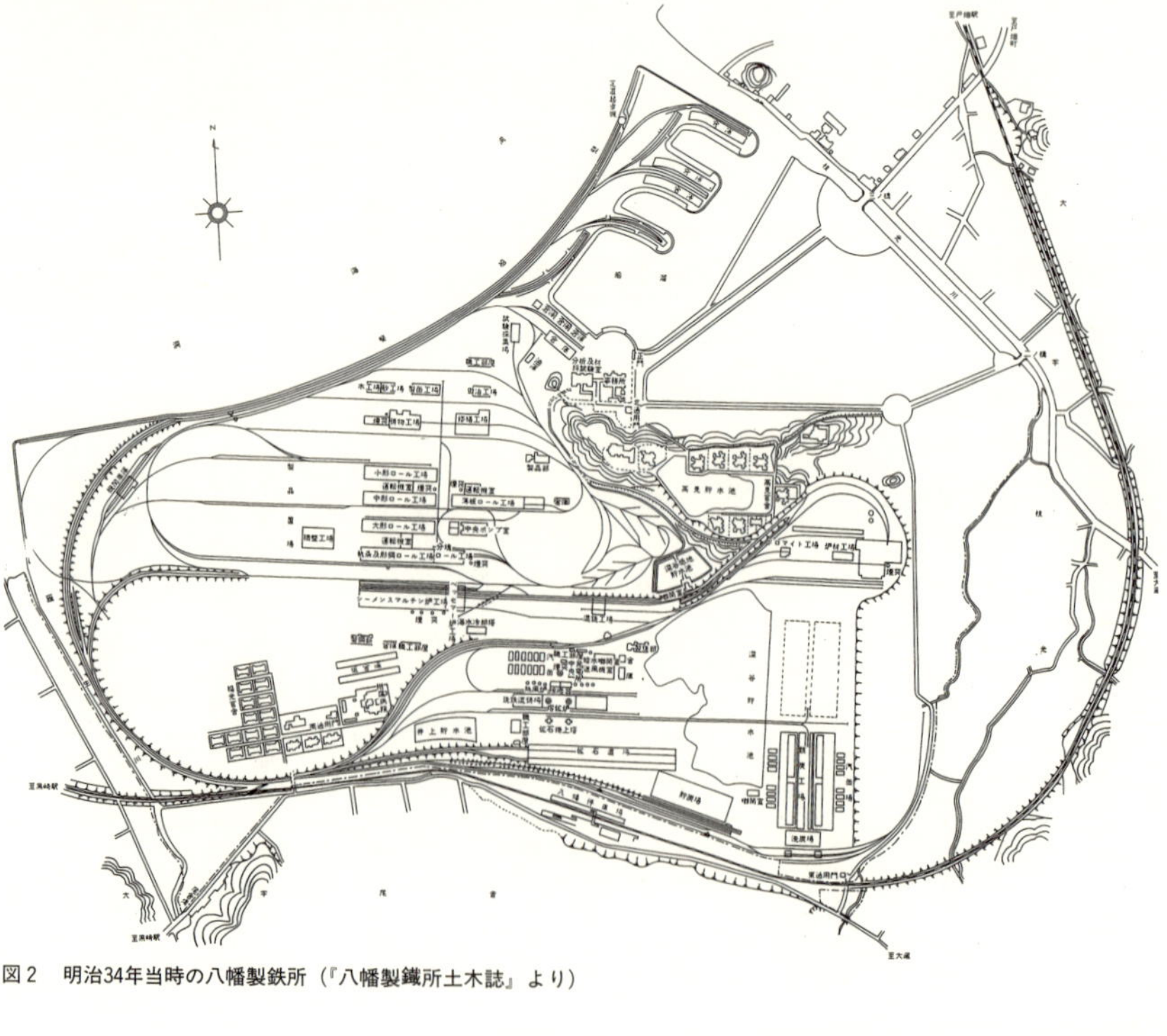

図２　明治34年当時の八幡製鉄所（『八幡製鐵所土木誌』より）

張された。そのため工場の敷地内にあった官舎も移転することとなった。構内高見の貯水所周囲の官舎は、「高見」の地名ごと、現在の高見地区に移転することとなった。この高見に隣接する槻田にも新たに官舎が建設された。やはり構内の稲光にあった判任官官舎もまた神田に移転された。

高見地区は、工場から見ると南東の位置にある谷間に建設された。大蔵川の北側に、南面するようなかっこうである。この東西に長くのびる地域に、規則正しい長方形ブロックによって、町並みが形成されている。東西の通りはおおむね等高線に平行している。南北の通りは西から一条通り、二条通り、……七条通りと名づけられている。

官舎の階層は、場所の高低をそのまま反映している。すなわち山側のブロックには、長官官舎（現所長官舎）、公余クラブ（現高見クラブ）、傭外国人官舎がある。その次にいわゆる高等官のための官舎がくる。さらにいわゆる判任官の官舎のゾーンがあった。ちなみに、「高等官」と「判任官」は明治時代においてはれっきとしたオフィシャルな用語であった。高等官とは厳密には、天皇の勅命によって任命される勅任官や、機関の長官が天皇に奏薦して任命する官吏（すなわち奏任官）であった。その下位に位置する判任官とは、各省の大臣がその権限によって任免する官吏であった。官営時代においては、勅任は長官、次長らであり、奏任は書記官、医官、技師らであり、判任は技手、医員らであった。こうした立場による棲み分けは当時は疑う余地のないものであったようだ。

これらの住宅は一九九八年三月の時点では一部が残っていたが、現在では完全に取り壊されている。

公余クラブは当初は旧高見からの移築であり、高級官吏専用の施設であり、彼らが支払う会費によって運営されていた。一九二八年に改築されて、現在に至っている。正装でないと入れない、敷居の高いものであった。終戦直後は天皇もここで宿泊された。

高級官舎のオリジナル図面は新日鉄株式会社に保管されていて、近代化遺産調査の際に清書されている。それによれば「長官」官舎は、和風の平屋建て、七六・五坪で、座敷部分（玄関、控えの間、次の間、座敷からなる接客空間）と、居室部分（居間や茶の間が田の字プランをなす）、サービス部分（料理人部屋、台所、女中部屋、小間使部屋などがあり使用人がいた）という明快な三部構成をなす。

「高等官」官舎もやはり木造平屋建て（五〇～六〇坪）であるが、基本的には長官官舎のような三部構成をみることができる。当然のことながら、座敷部分に比して、サービス部分は相対的に小規模になっている。座敷のかわりに洋風の応接室がくるものもある。中廊下形式のものもあった。しかし総じて平面は近世との関連で論じられるような古式なものである。

「判任官」官舎（四〇坪程度）は、イングランド風にいうとセミ・デタッチド・ハウスであり、戸境壁を対称軸として、左右に同じプランを裏返した住宅が二戸接する。もはや明快な三部構成は見られない。

いずれにせよこれらは大正時代のいわゆる文化住宅ではないし、ましてや中廊下式でもなく、明治期に多かった和風と洋風の折衷ですらない。それは近世における中下級武士住宅に近い。ちょうど明治当初の県庁建築の雛型が、近世末の代官屋敷に類似するものであったように、この明治後半においても高級官吏の官舎は、武士＝官僚の住宅の形式を踏襲していた。

これらの高等官、判任官の住宅は、いわゆる鉱滓レンガの塀で囲まれていて、町並みとしてはかなり閉鎖的であった。しかし柳などの並木がそれをやわらげていた。

ここで鉱滓レンガは、いかにも製鉄所らしい材料である。鉱滓とは高炉などの溶鉱炉で鉄鉱石を溶かしたさいに出てくる非金属の滓（かす）であるが、それをレンガにしたものは、製鉄所発足の当初は埋め立て用に使われていた。明治四〇年に手打ち式の製造が開始され、やがてアメリカからボイドプレスと呼ばれる成型機械が導入され、専用の工場が建設され、工場施設のみならず一般の建設工事にも使用されるようになった。

こうして一九一六年（大正五年）から一九二〇年（同九年）にかけて、この鉱滓レンガを利用した官舎が建設された。これは二階建てで、棟割長屋の形式によって、二～四戸で一棟を形成するもので、「ロンドン長屋」と呼ばれていた。現在の高見二

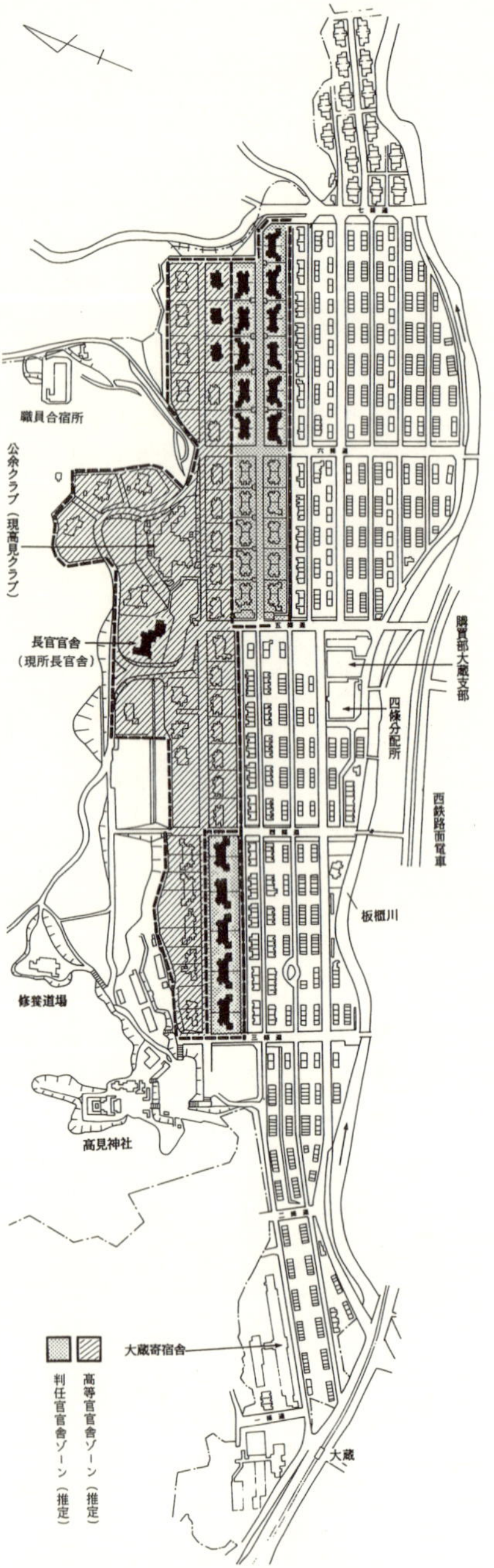

図3　高見社宅（昭和25年頃の状態。黒く塗りつぶしているのは図面から高等官官舎及び判任官官舎と確認できたものを示す。原図：新日本製鐵株式會社　を改図）

丁目に二戸建ての高等官用のものが一二戸、同六丁目にはやはり高等官用のもの、同八丁目には判任官のためのもの四四戸が建設された。高見地区以外でも、神田や前田にも職工長のためのものが建設された。これらは当然のことながら外観は洋風であり、屋根はいわゆるドイツ屋根の形を示しているが、内部は、玄関からはいるとまず土間があり、その奥が台所であるなど、いわゆる長屋らしい長屋に戻ったかのごとくであった。

一八九八年（明治三一年）にすでに国の「官舎貸渡内規」があったが、製鉄所の庶務部文書課は一九〇七年（明治四〇年）に「製鉄所官舎居住規則」を作製している。これは入居・退去手続きや、維持管理の規則を定めたものである。まず「第二條　本所官吏ニシテ官舎ニ居住セシムヘキ者ハ長官之ヲ命ス」とあるが、この条文から赴任した上級官吏がかならず高見官舎などに入居したともただちに判断できない。ただ通説によればこれらは「命令官舎」であるから、入居もまた命令でなされたようである。しかし「第三條　本所官吏ニシテ單身赴任セル者ハ長

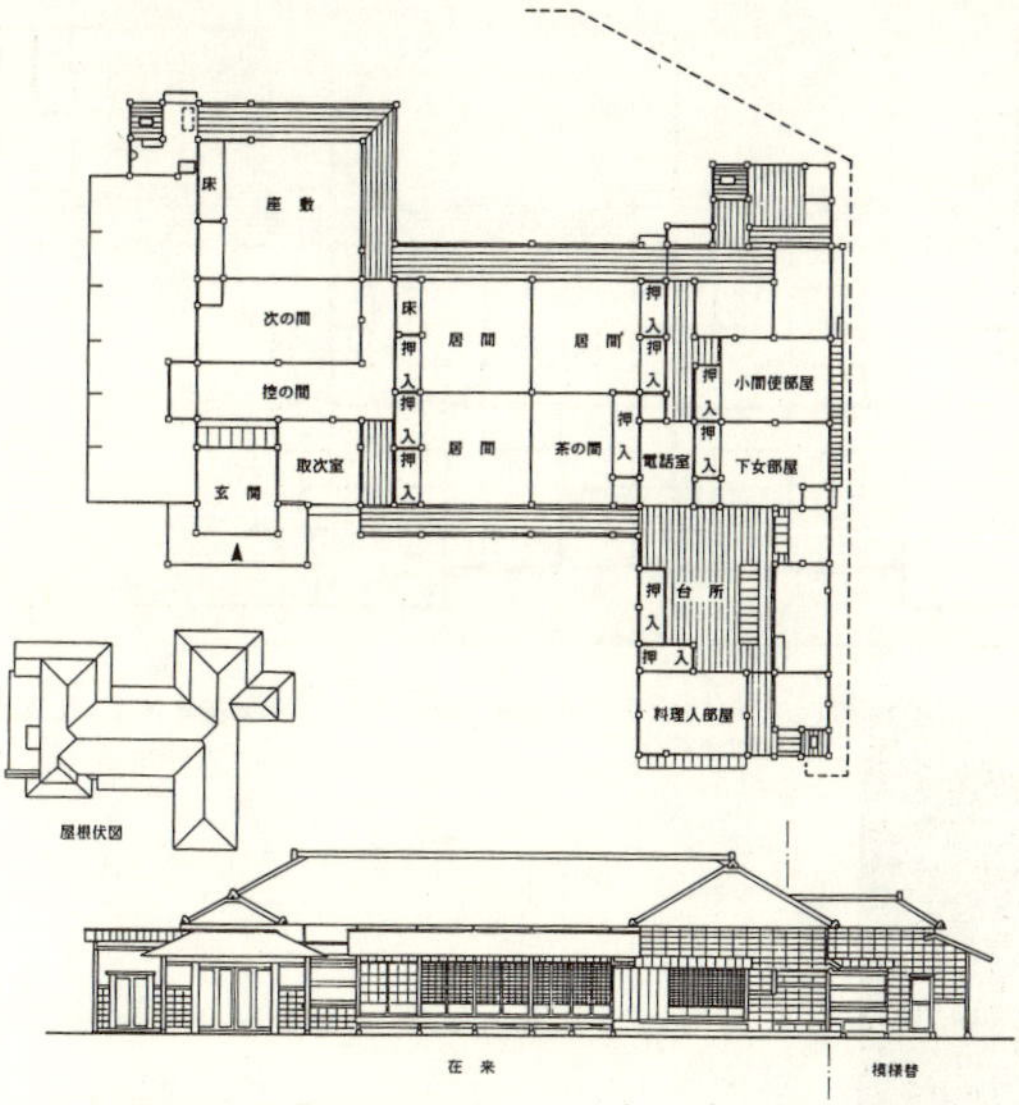

図4　長官官舎（1907年頃の移築時の図、原図：新日本製鐵株式會社　を改図）

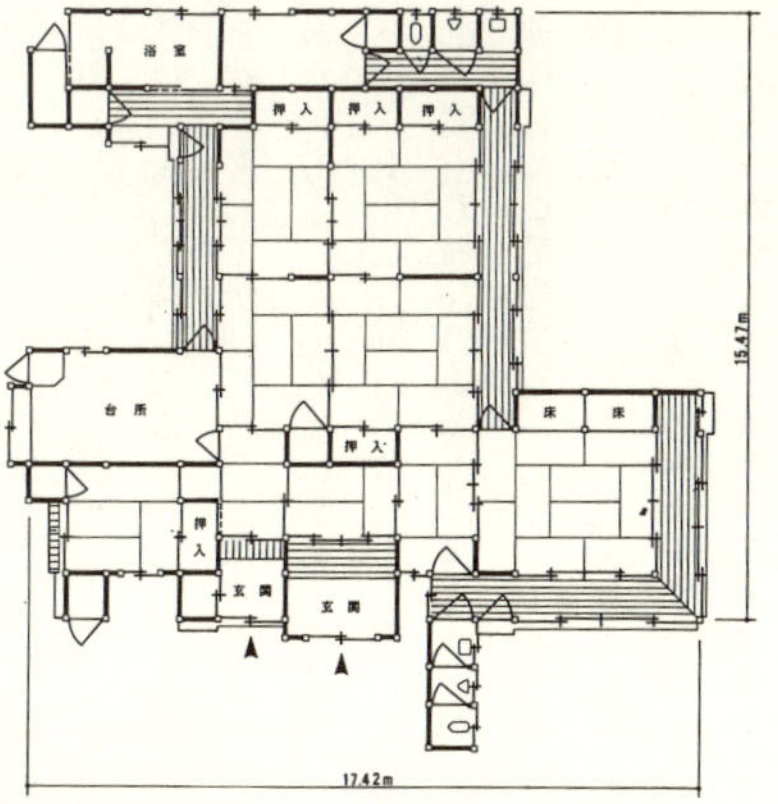

図5　高見社宅高等官官舎（原図：新日本製鐵株式會社　を改図、図の時期は不明）

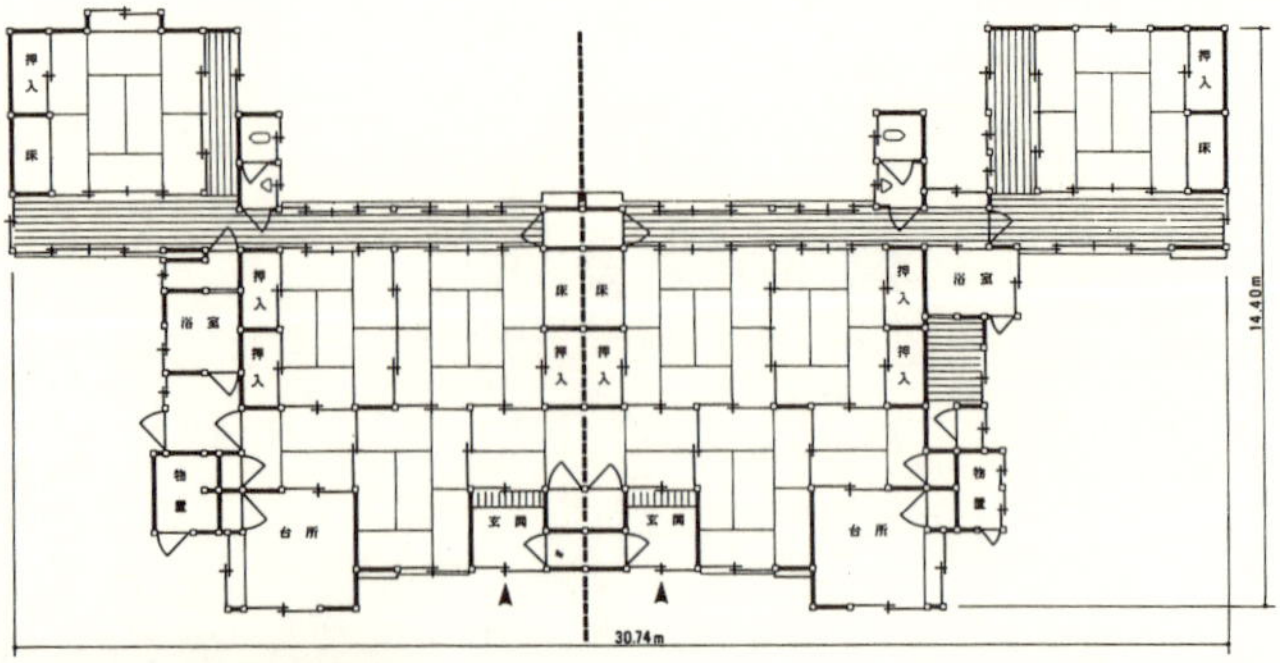

図６　高見社宅判任官官舎（原図：新日本製鐵株式會社　を改図、図の時期は不明）

図７　旧高見住宅　判任官住宅（現存せず）

官ノ特命アル場合ノ外職員合宿官舎ニ居住ヲ命スルモノトス」とあるから、赴任が自動的に入居である場合もあった。修繕などにかんしては、襖は六年以上、畳表は四年以上経過しないと官費をもって修理することはできなかった。規則全体が改定されたのちも、この規定は戦後まで残る。

大正五年に五回目の改定がなされているが、そこでは「井戸車」破損の場合の修繕責任についての記載とともに、「水道」使用についての規定があり、上級官吏の住宅では水道があり、職工住宅には井戸があったという状況が想像される。水道つきの官舎については「必要ナル場合ニ限リ之ヲ使用シ濫ニ水栓ヲ放置スヘカラズ」とあるから、水道代はただであるが、居住者にまだ水道の心得がない状況が推測される。ちなみに「製鐵所官舎水道規則」は一九三二年（昭和七年）にはじめて定められている。

このほか、職工用の長屋もあった。詳細は不明であるが、土間と一〇帖ほどの二室からなり、井戸と便所は共同であったというから、近世の裏長屋の延長であった。一九〇八年（明治四一年）の「職工長屋居住規則」によれば、職工長屋は甲乙丙丁の四階級あり、「各部所長」が居住を命じた。「警戒及取締上ノ必要」によって、職工長屋約一〇〇戸を「管理区域」として、そこにひとりの「取締掛員（守備長若ハ守衛）」をおくことになっていた。第二章の「居住心得」には、増改築から生活態度までのさまざまな規定が羅列されている。

こうした職工用の長屋は、たとえば槻田地区には昭和四七年度まで残っていて、屋外に共同便所と共同井戸というスタイルはかなり長い間継承されていたようだ。

大正九年の労働争議のさいには、解雇をおこなった製鉄所所長が職工たちの敵意をかい、高見四丁目の官舎と工場のあいだを憲兵の護衛つきで通勤し、八幡の警察署長の忠告でピストルを護身用に携帯していたという。こうした棲み分けは疑いえないものであった。

さて、工場と住宅のみでは生活は成り立たない。一九〇六年（明治三九年）には製鉄所購買会が発足している。これは一九二三年（大正一二年）に共済組合に吸収され、購買部となった。官庁における共済組合の始まりは一九〇七年であるから、それほど先進的でもなかった。

この時期、日清戦争の賠償金など国家資金が設備の建設のために投資されたわけだが、国家資本の投入はそれにとどまらず、原材料の確保のためにもなされた。一九〇四年から二七年まで、中国やイギリス領マレーのジョホール炭鉱の鉄鉱石を確保するために大蔵省預金部の資金が融通された。まさに国家そのものが大資本経営をおこなっていた。

日本製鉄時代——一九三三年（昭和八年）〜一九五〇年（昭和二五年）

製鉄所の次の転機は、一九三三年（昭和八年）の株式会社化であろう。この年の三月、日本製鉄株式会社法案が成立し、翌一九三四年一月には日本製鉄（株）が設立された。これによりこの製鉄所は、一九五〇年の分割まで、日本製鉄（株）の八幡製鉄所となった。これは日本における製鉄事業そのもののあり方を反映している。当初は、生産した製品はおおむね軍や官庁の需要にこたえるためのものであったが、一九二〇年代からは民間の需要のほうが多くなっていた。

とはいえ国家的な使命がなくなったわけではない。欧米からの輸入鋼材がなお国内市場を支配する可能性は残っており、八幡製鉄所はそれに対抗して自前の鋼材を生産して供給し、日本の資本と市場を守るという役割があった。そうしたなかで国は製鉄所を株式会社化する。ようするに、日本の製鉄業は需要においても供給においても力をつけてきたので、国としても市場原理の世界に旅立たせてよいと判断した、ということであろうか。

こうした状況の変化は、まず「官舎」が「社宅」と呼ばれるようになるという単純な事実に反映される。

次に象徴的なのが高見神社の移転である。当社は前述のようにそれまで豊山八幡宮境内に鎮座されていたが、株式会社設立を機会に、製鉄所の氏神として、高見住宅に隣接する現在の場所に移転・建設されることとなった。同社造営概要によれば、設計は内務省神社局の角南隆と宮地直一、施工は日鉄直営、大工は松島茂、彫刻は城戸幸吉。財政的にかならずしも容易ではない時期に、当初計画から三倍の予算規模にふくれあがったので、従業員の労働奉仕があったものの、完成は一九四二年と遅れた。拝殿の奥に、流れ造りの本殿があるが、台湾産の総節なし檜が使われている。高見クラブ前の街路が高見地区のメインストリートであり、それは桜並木となっていた。本社はその並木の突き当たりにあった。公余クラブが高級官吏だけの特権的なコミュニティ施設であったとすれば、この神社は製鉄所そのものが運命共同体であることの表現であった。

さまざまな福利厚生施設の建設もこの時期の特徴である。もちろんこれらは株式会社化の単なる結果ではなく、官営時代にすでに始まってはいたが、この時期に加速された。体育施設としては、大谷テニスコート（一九二二年）、大谷野球場（一九二八年）、大谷武道場（一九三〇年）、大谷相撲場（一九三〇年）、大谷弓道場（一九三四年）、高見テニスコート（一九三四年）、大谷プール（一九三四年）、鞘ケ谷競技場（一九四〇年）がある。

組織としては一九二六年に福利課が設立され、一九三九（昭和一四年）にはこの福利課が廃止されるとともに八幡製鉄所産業報国会が設立された。後者は、一九三八年に成立していた産業報国会の下部組織であった。

文化施設としては、高見ホール（一九三七年）、会館・クラブとしては大谷会館（一九二七年）、戸畑会館（一九四三年）が建設された。上級職員の親睦のための公余クラブに対し、大谷会館は下級職員用、職工用のためのものであり、大正中期の労働争議の産物であるといえる。このようにクラブは階層ごとに建設

図8　高見クラブ（1992年撮影）

図10　長官宿舎（1992年撮影）

図9　高見クラブ（1992年撮影）

図11　旧高見住宅の典型的な街路

されていったが、こうした状況は一九四七年に身分区分が撤廃されるまで続いた。この大谷会館は、現在の八幡東区大谷一丁目にあるが、この種の従業員クラブとしては超一流のものであった。直営の設計施工であり、鉱滓レンガが使われている。中央と両端を強調したヴォリューム構成はまだ宮殿建築風であり、とくに中央の二層吹き抜けの玄関のアーチは印象的である。単純化され幾何学化された造形をみればアールデコを彷彿させるが、この種のデザインにはしばしば見られるように、骨格となっているデザインは明白であり、この場合はバロック様式である。

社宅政策の終わり——一九五〇年（昭和二五年）以降

空襲による火災でかなりの数の住宅を焼失したこともあり、また戦後の生産増強にともなう従業員の増加から、社宅は極度に不足した。

一九五〇年に日本製鉄は解体され、分割されたひとつが八幡製鉄（株）となり、同所は八幡製鉄所となった。社宅にかんしては、ちょうどこの年から住宅金融公庫の融資をうけた社宅建設がはじまった。桃園、平野、岸、浦地区では、四階建ての鉄筋コンクリート造の集合住宅が建設され、三五〇〇戸が建設された。また一九五〇年代後半から高度経済成長にともなう大量採用の時期をむかえ、穴生、一枝地区にRCの集合住宅が建設された。

同時に、持家奨励の方針も出された。公庫融資ももちろん紹介されたし、はやくも一九五一年には社内に個人住宅建設資金貸付制度が発足した。一九六一年、宗像地区などを開発して宅地分譲をおこなうようになった。一九七三年ごろから、より大規模に宅地・住宅分譲をおこない、従業員の持家建設を助成するようになった。

統計によれば一九六五年前後が社宅戸数のピークであり、社宅総数はそののち一貫した減少傾向を示すとともに、やはりこのころから分譲住宅の戸数が増加している。こうしたことから、一九六〇年代に、社宅政策の大転換がなされたといえる。社宅は放棄された。

一九七〇年には、八幡製鉄と富士製鉄が合併し、新日本製鉄（株）となったが、その理由のひとつが資本自由化という状況を見据えての国際競争力の強化というから、設立時から同じ課題にたいして答えつづけてきたといえる。そう考えるとき、明治の古い官舎はすこしずつ姿を消しながらも、高見神社だけは生き残りそうである。新羅出兵の戦勝祈願が発端であるこの神社は、製鉄にかんする国際競争力維持という現代の戦争を見守っていたかのようである。

むすびとして

八幡製鉄は、旧八幡市と旧戸畑市の都市形成のコアであったのであって、人はこれをもって企業城下町と呼ぶ。現在は北九州市の戸畑区、八幡東区、八幡西区の地図のなかに、製鉄所の社宅地区をプロットしてみると、一定の間隔をもってまんべんなく分布していることがわかる。

関西の郊外住宅にみられる成熟したブルジョアの富の集積、東京の戦前の郊外住宅における中産階級の先見性や小さいけれど豊かな世界は、ここにはない。高見社宅は、それらと対極をなすものである。理想的な郊外住宅は、都心からは隔離された居住と消費の地であるが、高見住宅の場合は、工場内から工場外へ移転したという経緯はあるものの、その工場からの距離は一キロメートルをすこし越える程度であり、また都市そのものが巨大な工場施設のようなものであるから、工場と住宅地は一体である。また居住者は中央から派遣されてきた官吏たちである。これは入植地のようなものである。喩えていうなら高見住宅はいわば近代における武家地であり、高級な兵舎である。また職工の住宅は、近世の民衆が住む裏長屋を継承したものである。こうした強い棲み分けをみれば、身分制度が場所に強く投影された近世都市のそのままの継承であるとさえいえる。棲み分けは余暇にも及び、高級官吏には公余クラブが、一般社員には大谷会館が与えられていた。

産業都市という文脈から海外の類例としてはプルマン・タウンやギーズ市のファミリエステールが思い浮かぶが、フォーディズムやサン＝シモン主義といったような産業社会をいかに構築するかという論理は残念ながら見えてこない。

街路のパターンに注目すれば、むしろ古代ローマの入植都市、東洋の古代都市とも比較してみたくさえなる。渋沢栄一の郊外理念がある種の近代の市民社会・産業社会理念の一部分であるとするなら、ここにあるのはその反対のものである。鉄をとおした国家形成の理念、そして古代の条坊制のような土地割の仕方は、今日ではアナクロニズムに見えても、そうした理念のむしろ率直な表現ではなかったか。いわゆる「身分制」は昭和二二年までつづくのであった。

製鉄所は、既存の都市に寄生するのではなく、逆に都市形成をリードすることで、みずからの便宜をはかってきた。インフラもそうであり、水も市に供給していた。また官舎・社宅のみならず、購買施設、体育施設、文化施設まで手がけてきたのであって、こうした事情から、高見社宅をそれだけで孤立させて論じても見えてくるものは限られており、製鉄所の社宅経営そのものをグローバルに論じる必要もあろう。製鉄という資本主義の権化のような産業にかんすることであるので、この小論では限度があるのだが、それは資本の運動の一実例としても解明されよう。

㉖

野間文化村／福岡

住宅組合による住宅地計画

藤原惠洋

近代期福岡市の形成過程

福岡市は、近年の都市膨張過程を経て、関西以南における人口最大の都市となった。現在の人口は一二〇万余。わが国で「最も元気のいい都市」と喧伝される。しかし実態は、中央資本に従属した支店型経済の性格が強く、都心部はミニ東京化を見せている。その反面、周辺部は海浜や山際の風情と田園の名残りを隣接させており、郊外住宅エリアを形成してきている。

歴史的には中世以来の港であった博多が交易と商業の都市であり、近世以降の城下町福岡の市街地を西側に伸展させ、市街地を東西に拡大させた。続く明治以降は、熊本市に代わって九州全体を統括する行政と学術文化の中枢として成長し、第三次産業を中心とした都市生活者が南方へ住み着き、とりわけ大正以降の給与生活者の増加が著しかった。都市の骨格とも言えるT字型都市軸もこうして成立し、昭和以降は南北を貫き久留米へ向かう郊外電車のターミナル駅を抱えた天神町の都心としての役割が一挙に増大した。[*1]

だが、本格的な都市化への対応はかなり遅れをとり、戦後まで中心市街地は博多湾沿いに広がった小規模なエリアに過ぎなかった。昭和三五年頃から人口集中地区（D．I．D．）の画定が始まる。これ以降、現代にいたる都市化が本格的に展開したと言えよう。[*2]

大正以降の郊外住宅地の展開

明治三一年の福岡市人口は六万六一九〇人である。これは、全国で一二番目、九州では長崎市（一〇万七四三一人）に次ぐ。近代期の人口推移は、明治三一年から大正二年（九万七五八三人）にかけ増加傾向があったものの、その後大正九（一九二〇）年までは停滞ないしは減少すら見られた。だが、実質的には周辺町村で増加が続き、大正元年より町村合併を積極的に展開するようになった結果、大正九（一九二〇）年以降の人口は急速に増大していく。昭和に及び、長崎市の人口を抜き、九州最大の都市となった。全国でも八番目となる。

大正六（一九一七）年には上水道工事に着手、大正一一（一九二二）年三月に通水式が行なわれている。都市化や市街地の拡張は大正一〇年代に特徴的である。だが郊外へのスプロール化は秩序立てられた動きではなく、明治後半からの東西への拡張、その後の旧博多駅方面への南進と続き、その後、大正一三（一九二四）年敷設の九鉄電車（現在の西鉄電車大牟田線）を軸とした南進が見られるようになっていく。前年の大正一二（一九二三）年、福岡市は都市計画実施市に指定された。

一方、新興のサラリーマン層にとって住宅取得は容易ではない。貸家が半分程度を占めている。こうした折、大正一〇（一九二一）年に制定された住宅組合法は、中産階級が持ち家を取得するための重要な契機となった。連帯債務と相互扶助による信用で資金融資を行ない、住宅建設や購入を行なう。資金は大蔵省預金部が各府県を通して貸し付けた。大正期の持ち家所有を促すうえで大きな作用があった。

一方、実質的な都市計画は区画整理によって行なわれたと言える。市街地形成も区画整理事業が率先して行なわれた。具体的には、大正一一（一九二二）年に耕地整理法を準用して施行された「西南部」に端を発し、平成五（一九九三）年までに四九もの区画整理事業が施行されてきた。このうち戦前期に施行完了、あるいは開始されたものは一五事業あり、そのうちの六事業は戦後を経て完成するといった息の長さを見せている。

同時に市街地の拡大は都市基盤施設の整備とあいまって進む。大正一三（一九二四）年二月、天神町から福岡市南郊を貫き久留米市まで一気に駆ける九鉄電車が開通した。高宮から野間にかけての一帯は、この時期に大きな発展を遂げた。全戸数一一戸と郊外住宅地としての規模は小さいものの、野間文化村も同年に筑紫郡八幡村字野間畠田に誕生したものである。以下、本論は野間文化村に初めて本格的に着手した川上義明の研究[*3]に多くを負って進める。

ところで福岡における「文化村」の成立は他に例を見ない。「文化」を戴いたその名称は、台頭する生活改善運動を標榜した「平和文化東京博覧会」の文化村や、田園と都市の理想的な昇華をめざした田園調布を想起できる、きわめて大正的な名称である。そして地方に伝播するには、大正一〇年施行の住宅組合法が大きく作用している。

野間文化村の地盤となる福岡市南部の高宮から野間にいたる一帯の市街化過程にも区画整理事業が大きく作用した。規模が大きいため、工程は分割され、高宮は第一期（一六六・一九ヘクタール、昭和三～一〇年）・第二期（二五一・二九ヘクタール、昭和五～一八年）に分け、事業と住宅建設が展開した。一方の野間は三四・〇九ヘクタールの規模だが、第一期から四期（昭和五～九年）に分け、さらに六間幅の道路を敷地の山手と若久川沿いに通していった。

折しも昭和三（一九二八）年一月一〇日付の福岡日日新聞は「煤煙や騒音、塵垢に苦しめられた都人が、かうして郊外に陸続巣を作つて、腹一杯吸込む清澄な空気や平穏な睡眠、団欒を求める欲求が著しく濃厚になつたのは、実に争はれぬ傾向である」と、進む郊外化の背景を論じている。

県庁内での住宅組合結成と活動内容

大正期の生活改善運動や実際の住宅建設の担い手は、当時台頭が著しかった中産階級によるものである。野間文化村の結成メンバーも、みずからの住宅を求める福岡県の県庁職員であるという特色を持つ。協同組合を結成し、土地取得と住宅建設を協同で行なった。

こうして結集したメンバーの動きを以下に見ておきたい。大正一〇（一九二一）年の当初、産業部商工課勤務の山内修一と小山十一郎の二名による呼び掛けに応じた賛同者は四〇名を超えていた（表❶）。だが資金調達の経緯から、結局一一戸に計画は縮小された。しかしこれらのメンバーは少数精鋭とも言え、住宅設計には、旧福岡県庁舎（大正四年竣工）を設計した建築技師三條栄三郎があたり、宅地造成作業にも専門分野のメンバーが関与、請負の選抜にも経験が生かされた。

同年五月二五日、福岡県庁内部の高等官食堂における初会合の出席者は、課長級から技手にいたるまでの二二名を数えた。発案者の山内が議長をつとめ、まずは住宅組合の委員選出を行なった。これより、定款の起草、土地の選択、住宅図案の研究、家屋建築費積算等が検討され、六月一六日には福岡市役所を経由して「福岡住宅組合」の名で低利住宅資金の貸付申請書を提出した。

一〇月二五日、福岡住宅組合の総会が開催された。定款は七章五〇ケ条に及ぶ原案が用意され協議の結果、多少の修正が加えられ了承された。続いて、早速定款に基づき、理事及び監事等の役員選挙が行なわれ、代表理事の城島春次郎が組合長となった。その後の組合員の動静は表❶の通りであった。

だが、実際の作業は、肝心の土地選定が遅れた。まず、福岡市の西側に隣接する西新町の臨海部に広がる数万坪の旧陸軍用地の浜辺に着目した。しかし、折しもそこが新しい県営住宅の計画用地として予定された。そのため、組合員の多くはそちらを期待すればよいこととなり、組合を脱落していった。その結果、組合は頓挫していく。

新設の県営住宅は、課長及び主任クラスを対象とした。そのため、主として技師クラスのメンバーは残留した。

あらためて、大正一一（一九二二）年一月二一日に住宅地の敷地選定を振り出しから始めた。この時の候補敷地は三カ所である。それぞれ組合のメンバーが敷地選定の任に当たることとなり、三條栄三郎が福岡城濠埋め立て地付近、織田富士夫が福岡女子高校付近、山内修一が市外の八幡村方面を当たった。

期せずして、この頃、同組合の動きを知った八幡村野間の住人白水憲夫、中村伊三郎、財部喜八郎たちが勧誘を行なう。工事が営々と進展しつつある九州鉄道株式会社の久留米急行電車線路完成の折には、八幡村の野間一帯は交通至便であり、福岡市に隣接した新たな郊外住宅地が生まれる旨を大いに喧伝した。

だが、この勧誘に対して組合員は消極的であり、交渉は難航した。八幡村を推奨する山内は、組合員が最終判断を行なうには実際の場所を知るべしと提案。熱心な希望者を募り、視察を行なった。その結果、敷地の様子に納得し、買収手続きが進められることとなった。こうした組合員は買約手付金として出資することを約束、以下の協定を契約した。

・権利義務はすべて出資金額によるものとする。
・土地処分法は多数決による。
・敷地分配は抽選による。
・出資は一〇〇円を一口とし、端数は四捨五入する。

氏　名	職名	発起人	設立委員	総会	役員	後の動静
城島春次郎	農林課長理事官	○	幹事長	○	理事	
五月女正造	土木課長技師		幹事		理事	
島村継夫	林業技師	○	用材委員	○	理事	
野村惣太郎	権度課長技師	○	幹事	○	監事	
浅田栄吉	園芸技師	○				
高畑運太	衛生課長技師					共同組
西　重美	会計課長理事官	○		○	監事	
三條栄三郎	建築技師		建築委員		理事	共同組
山内修一	染織技師	○	常任理事	○	理事	共同組
相良計造	林業技師	○	用材委員			
磯川精一	醸造技師					
小山十一郎	工場監督官技師	○		○	監事	共同組
宇都宮喜郎治	農林課属					共同組
諫山政夫	庶務課属	○	定款起草委員			
大津山信蔵	庶務課属	○				
長野正次郎	庶務課属	○				
今泉隆一	農林課属					
内野豊吉	醸造技師					
佐藤　弘	商工課属	○	定款起草委員			
草場七次郎	商工課属	○	定款起草委員	○		
平山茂樹	学校衛生技師					
山手　真	林業技手		用材委員			共同組
織田富士夫	農林技手					
池辺　伝	商工主事補			○		
木村　洸	度量衡技手	○		○		
向井忠顕	度量衡技手	○		○		
斉田義雄	醸造技手					
木原徳太郎	庶務課属	○	定款起草委員			
井関義一	産業主事	○	定款起草委員			
藤本鉄男	工場課技師					
稗方弘毅	工場課長理事官					
山岡氏清	畜産技師			○		共同組
池本馬太郎	林業技師					
赤間新太郎	林業技師	○		○		共同組
岡村種蔵	度量衡技手	○		○		
山川敬行	学務課属					
堀口　功	庶務課属		定款起草委員	○		
谷達太郎	庶務課属					
鶉野主馬	農林課属					
井口芳太郎	官房主事			○		
大川英太郎	統計課長					

【註記】共同組には、新たに、勝野重吉、井上修太郎、田辺一、川内平三、佐藤正誠、椋野長蔵が加わった。

表１　住宅組合の構成メンバー

この間も山内は組合員の増員につとめ、ついに一四名を数える規模となった。六月上旬に組合員募集をやめ、これを機に、組合組織の名称を「共同組」と称することとした。

耕地整理組合の活動

「共同組」の組合員が購入した野間の土地は、西方の野間大池から東に位置する那珂川へ注ぐ若久川沿いに位置している。西北側は高台となり、そのまま奥の鴻巣山へ続く。

組合員たちは、この土地での住宅地計画は、周辺に隣接する土地購入者も広く勧誘し、規模を拡張した耕地整理組合を組織して進めた方が有利であると考えた。

そこで大正一一（一九二二）年六月二一日に開催された共同組総会において、このことが話し合われた。その結果、新たに住宅組合を組織し、住宅資金貸付を出願する件を決定した。組合員は二五名からなり、野間第二耕地整理組合と命名された。八月に組合の組織の認可指令を受け、大正一三（一九二四）年二月一二日、筑紫郡八幡村を経由して組合の認可申請を提出。続く三月一四日に認可された。

一方、工事の準備も着々と進み、大正一一（一九二二）年九月七日に共同組メンバーの川内技師が請負業者飯田格太郎を山内に紹介、工事費が見積もられた。九月一五日より工事開始。だが工事は遅れ、さらに若久川に架設する九鉄電車の橋梁がネックとなって工期が延長。一方、九鉄電車の路線工事に大量の土砂が必要とされたため、路線工事用に野間地区の土砂を採取することで耕地整理にもはずみがついた。

この頃、土地所有者の大神助吉が組合地区内の中央道路より自分の所有地までの道路を希望する一方、橋梁架設に石橋を寄贈することを申し出た。予算面から土橋を計画していた組合側としては思わぬ申し出である。大神から野間地区へ寄付し、野間地区より組合へ寄贈するという形式で行なわれた。実際には、鉄筋コンクリート造橋梁を架設することとなり、大正一二（一九二三）年一月より工事に着手。予算は一三〇〇円余、設計は土木課長五月女技師、工事監督は福岡土木管区技手七俵仙太郎、先の飯田格太郎が請け負い、同年七月上旬に竣工。関係者協議の結果、この集落名を「文化村」と名付け、同時に橋名を「文化橋」と命名した。落成渡橋式と寄贈式は同年七月一五日に行なわれた。

翌年八月、整地工事により生まれた総面積は約一万八七二坪、三町六反二畝一二歩にわたる。組合員は九月一日に総会を開催。いよいよ続く宅地化に向けた所有地決定のための抽選を行なった。大正一四（一九二五）年三月一五日には野間第二耕地整理組合を解散。一九日に県知事へ解散届を提出。同年六月、耕地整理法施行細則に基づき、八幡村長へ書類を引き継ぎ、組合事業完成の手続きを完了。この際に「多賀」への字の変更を行なった。大正一五年四月、筑紫郡八幡大字野間字野添及び畠田の一角に、多賀町が誕生した。

有限責任野間住宅組合による住宅建設

大正一二（一九二三）年四月二六日に福岡県住宅建築資金貸付規定が発布された。同年、福岡市では大正八（一九一九）年公布の都市計画法がようやく適用され、都市計画実施都市に指定された。そこから福岡市では実質的な都市計画事業の嚆矢とも言える「西南部耕地整理」の構想が進み、大正一一（一九二二）年に「福岡市西南部耕地整理組合」を設立、耕地整理法を準用して福岡市初の区画整理事業が施行された。施行面積は約四〇〇ヘクタールにのぼった。

整地工事が済んだ野間も宅地建設にむけて道路計画と基盤整備が引き継いで行なわれる必要がある。地元の八幡村村長小柳栄太郎は一二年五月三日、県庁商工課に山内を来訪。県より筑紫郡役所を経由してきた住宅資金貸付の通知書を交付し、あらためて住宅組合認可申請書と資金借入申請書を提出した。そこで山内たちは同月中旬に会議を重ね、住宅建設を急ぐメンバー一一名を対象に有限責任野間住宅組合を結成した。五月三〇日には総会を開き、役員を選挙のうえ決定した。若干の変動があったものの、最終的な一一名で一二月一日、野間住宅組合設置の認可指令書を福岡県知事より下付された。

いよいよ実際の住宅建設に入ると、建築委員三條栄三郎が設計し、請負は、市内の長野組が担当。三條による三タイプの原案を基に、個人が考えを加味し、間取りと建坪を変更していった。基準になった原案の建坪数は以下の通りである。

●三條による原案三タイプ

甲号（第一種建築）　建坪三五坪以上四四坪以下　坪当たり九三円以上

乙号（第二種建築）　建坪三〇坪以上三四坪以下　坪当たり九三円以上

丙号（第三種建築）　建坪二六坪　坪当たり九七円

宅地は、東端の文化橋を入り口に東西道路と途中から南北に分岐する道路によりT字型の街路軸を持つ。抽選に基づき宅地の分配を実施した共同組の宅地は全体の西側に位置し、全一三区画の宅地を構成した。ほとんどが主街路に面するが、一部は路地奥の敷地となった。こうした宅地の規模は約三〇〇坪前後であった。実際に建てられた住宅は一一戸であり、構造・規模は**表❷**の通りであった。

一群の住宅は、はじめが大正一三（一九二四）年二月二七日に起工、おおむね一年経た翌年二月二五日にすべての住宅と土地整理が竣工した。組合員は、五月二九日の藤作家の入居を端緒に六月初旬までに全戸の入居が完了した。

さて組合としての借入資金は大蔵省からの低利資金三万一〇〇円によったが、割当償還金額の金利は年利で四分八厘、償還

建　主	種別	共同	住所　字野間	構造・規模	建坪
三條栄三郎	甲	○	981番地	木造瓦葺２階	25坪外２階19坪２合５勺
高畑　運太	甲	○	985番地	木造瓦葺２階	25坪５合外２階12坪５合
佐藤　正誠	甲	○	998番地	木造瓦葺２階	24坪２合５勺外２階12坪
山内　修一	甲	○	997番地	木造瓦葺２階	32坪外２階４坪
山岡　氏清	甲	○	1005番地	木造瓦葺２階	27坪７合５勺外２階５坪
楢崎広乃助	乙		986番地	木造瓦葺２階	26坪外２階７坪３合７勺５
小山十一郎	乙	○	984番地	木造瓦葺平屋	31坪５合
川内　平三	丙	○	1003番地	木造瓦葺平屋	26坪
藤作　五郎	丙		1001番地	木造瓦葺平屋	26坪
勝野　重吉	丙	○	995番地	木造瓦葺平屋	26坪
赤間新太郎	丙	○	994番地	木造瓦葺平屋	26坪

種別は、甲号が５名、乙号が２名、丙号が４名であった。組合への出資口数は、甲号が31口、乙号30口、丙号25口のため、合計で315口となった。

表２　実際に建てられた有限野間住宅組合の住宅の規模

期限は一五カ年で、大正一二年度から昭和一三年度まで償還が続いた。この間、昭和七年には不況のため金利が低落、年利が高利となったため政府に陳情し、昭和一一年以降は年利が三分六厘に変更になった。

一五カ年の償還中は何事もなく、組合も事業の遂行に尽力した。そこで、野間文化村は県より模範的住宅組合として賞せられるほどになった。その結果、償還満了の昭和一四年四月三〇日に組合解散を決定。五月二日に組合解散届書を福岡県社会課に提出した。

この間、組合では以下のような事業を実現した。

(1)風致地区保存のため、外柵には生け垣を設けることを申し合わせ、主に紅カナメを植栽した。
(2)各戸の内部の庭園の育成につとめることを申し合わせ、街路沿いに吉野桜を街路樹として植栽した。
(3)昭和七年に上水道敷設を実施した。予算は約三五〇円。
(4)(3)と同時に、消防用共同水道ホース二〇〇尺（口径二寸）と格納場を設置した。
(5)多賀町記念碑を建設した。予算は五五八円。

上記中の(3)(4)(5)は、同志共同組の負担で行なわれた。(5)の記念碑は、その後、いったん移築されたものの現在も残っている。

住宅の特徴

その後の野間文化村は福岡市南区多賀一丁目と地名を変えた。前述の川上義明の研究によれば、野間住宅組合の共同建設により建てられた組合住宅一一棟のうち、昭和五六年時点で楢崎、藤作、小山の三家が現存しており、それぞれ乙、丙、乙のタイプで建てられたものであった。残念ながら、最も規模が大きい甲号は全て建て替えられたためすでに残存していなかった。写真資料によれば、急勾配の屋根を見せたバンガロー風の洋風住宅であったことがわかる。

三條の設計により三種類の形式に分けられた住宅は、それぞれ次のような特徴を有していた。

甲号
二階建。屋根が洋風を加味した急傾斜となっていた。概ね建坪三〇坪をめやすとしたが、実際は延三五〜四四坪程度になった。建設戸数は五戸。

乙号
平屋一部二階建。屋根が和風を基調とした緩傾斜となっていた。概ね建坪二五坪をめやすとしたが、実際は三〇〜三四坪となった。建設戸数は二戸。

丙号
平屋建。屋根は緩傾斜であった。概ね建坪二二坪をめやすとしたが、実際は二六坪となった。建設戸数は四戸。

このうち、川上による各戸の特徴は以下の通りに整理できる。

●乙号　楢崎家
切妻、赤色スレート瓦葺、南入り、簓子下見板張、和風の趣

●丙号　藤作家
切妻、赤色スレート瓦葺、東入り、簓子下見板張、和風の趣

●乙号　小山家
切妻、赤色スレート瓦葺、西入り、簓子下見板張、和風の趣

いずれも、間取りの平面構成は、玄関を中心にして、脇に配置された客間による接客空間と家族の起居空間とをL字型に構成しながら明快に分離させ、各部屋を独立した部屋として利用できる動線処理がほどこされている。余計に中廊下を見せておらず、南面日照、通風を配慮した良質な平面であったと考えられる。

意匠的には在来の和風住宅の様相を旨としており、落ち着いた日本趣味の庭園や外柵の生け垣ともよく似合って、他で見られた洋風の大胆なデザインとはならなかった。その中では、唯

図１　旧野間文化村の現在の様子。現在の地名は福岡市南区多賀１丁目。静閑な住宅地のイメージを充分継承している。

図２　大正期福岡県庁舎の設計者であった建築技師三條栄三郎邸跡。建物は甲号タイプであった。

図３　多賀町記念碑。野間多賀町住宅組合により、昭和14年12月に建立された。移築の後、現存。

図４　大神助吉により寄贈された文化橋。大正12年竣工。その後、近年の河川改修時に改築された。

図５　文化橋寄附者大神助吉の名を陰刻した石碑。

一赤色の屋根瓦がモダンさを訴えていたようだ。

まとめ

野間文化村は、福岡県庁職員有志が発起し、住宅組合を結成したうえで、地方中枢都市として成長しつつあった福岡市の南郊に土地を求めながら、耕地整理から住宅設計、街路の整理、償還作業のすべてにいたるまで組合員で遂行した稀有な例として着目されよう。土地の規模こそ限られたものであったが、開発手法、宅地の敷地、住宅の規模と内容は他の地域の事例と比べても遜色ない。だが、ここで最も重要な特徴は、地方行政の中枢にいる県庁職員みずから田園都市運動の影響を受け、新しい時代のコミュニティづくりを体現したことにある。明治後半期にわが国に導入された田園都市運動に内務省官僚が大きくかかわったことを考えれば、野間文化村の意味も十分に理解されるであろう。県庁職員がみずからの住宅建設においてモデル的な実践を行なったのである。昨今のコーポラティブハウス手法の先駆例として位置づけることも可能であろう。

註

＊1——藤原恵洋「福岡・博多近代期（明治～昭和戦前）の都市形成過程と近代建築の成立について」九州建設百年のあゆみ巻頭論文、一九九五年

＊2——藤原恵洋「戦後福岡の歩み」URC都市科学VOL．36［特集］福岡・博多の歴史、一九九八年六月、財団法人福岡都市科学研究所

＊3——川上義明「野間文化村の研究～福岡市南区～」九州芸術工科大学環境設計学科卒業論文、昭和五七年三月

27 荘園緑ヶ丘／別府

温泉リゾートと郊外宅地開発――観海寺、別府荘園文化村計画

高砂淳

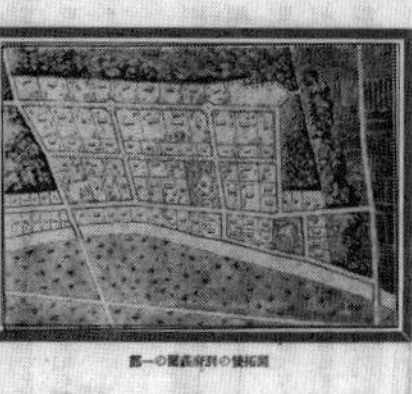

三日月地獄は當社經營地帶にして天下の奇觀なり

別府荘園開園紀念特賣

……本年度五十六區劃提供……
……自第一號第五十六號迄……

◎當會社の別府荘園開拓に對し東京、大阪、滿鮮地方より既に土地買收希望者續出しつゝあれば愈々第一回紀念賣約開始の曉は或は抽籤に附するの餘儀なきに至る事あるべし

見よ！當會社の別府荘園開拓に順應し其隣接地二萬坪を左の諸氏により買收し率先して別莊を建築せられ之を一般に解放する事となれり

大阪 前田松苗氏　大阪 松井萬壽氏
大阪 星野行則氏　大阪 祇園清次郎氏
大阪 上田彌兵衛氏　大阪 加輪上勢七氏
大阪 吉井仲助氏　大阪 平澤 寛氏
久留米 國武金太郎氏　同 原 駿一郎氏
大分 板井勘兵衛氏　別府 多田次平氏

開拓後の別府荘園の一部

◎當會社の基礎は左表の如く鞏固なり

【所有土地】 拾壹萬七千餘坪
【所有建物】 延坪壹千百貳拾壹坪 (疊建具造作附)
其他泉源地全部地獄四箇所水利權二箇所

右概算によるも當會社株式百株に對し（千貳百五拾圓拂込）土地貳百參拾坪建物二坪二四宛を所有する割合なれば（温泉上水道附）如何に安價なる不動產を所有しつゝあるかを證するに足るべし

本店 大阪市南區鰻谷西之町十二番地 電話南
支店 大分縣別府町中町 電話五〇二番

別府觀海寺土地株式會社

取締役社長 上田彌兵衛
專務取締役 多田次平
取締役 瀧川伊之助　監査役 安田源藏
同 高倉露三　同 友永平次郎
同 板井勘兵衛　同 山村豊次郎
同 大葉久吉　相談役 祇園清次郎
同 國武金太郎　同 小野駿一
同 原 駿一郎　同 菊池清平
同 山田耕平　同 前川太兵衛
監査役 武内作平

別府宣傳流行歌

◆都々逸 (安來節)
◆花の觀海寺は極樂橋を　越ゐて浮世の奥に咲く
◆瀧のしぶきが若葉にそよぐ　ぬれて來たかよ觀海寺
◆もゆる眞心もみぢに見せて　こがれましたよ觀海寺

◆二上り新内
◆淺見の流れに身を清め月雪花の觀海寺島の際にも世を忍び二人仲よくねーま佗住居

◆鴨緑江節
◆浮かしやんせ浮いて浮かれて此世は浮世苦勞するのはあらお身の毒よいしよ四季に花咲くよーあら觀海寺よー浮いてまた浮かれて末長くちよい〳〵
◆明け行く別府荘園に住み馴れて的が濱邊のあら眞帆片帆よいしよ松のみどりよーあら色深くよーそしてまたお前と友白髪ちよい〳〵

◆端歌 (青柳のかげ)
◆夕暮れの扇山からあふぐ風他所じや御座んせぬ暑さ知らずのねー觀海寺
◆たまさかの首尾に思ひが増すわいなー無理じや御座んせぬもゆる紅葉のねー觀海寺

温泉付邸宅地

四間道路の両側に続く整然と積まれた石垣、道路際の側溝から立ち昇る湯煙。冬の別府は下水でさえも湯気が立ち昇る。温泉、それは日本人にとっては癒しの基本であり保養とは切っても切り離せないものである。この温泉を核として開発された郊外住宅地が別府にある。いや、あるというよりも明治末期から別府で行われたすべての宅地開発には温泉が重要な役割を果たしてきた。

温泉と郊外住宅地といえば小林一三による宝塚が有名である。鉄道会社の沿線土地開発競争の火付け役となった阪急電鉄の小林一三は阪急線の終点に宝塚劇場をつくり、さらにはその起点をデパートにした。これより、ひなびた宝塚温泉は劇場や遊園地などを備えた一大レジャーランドへと変化し、単なる駅ビルも多くの娯楽を備えたアミューズメント施設へと変化した。それにともない鉄道はウィークデイは都心方向への通勤手段として、休日は郊外レジャーランドや都心のアミューズメント施設への移動手段として利用されるようになっていった。この手法は東京においてその頃熾烈な競争をしていた各社にも導入され、京王電鉄は京王閣やル・プランタンを、武蔵野電鉄は豊島園を、小田急電鉄は向ヶ丘遊園地や箱根を、西武鉄道は大狭山公園を、そして東横目蒲電鉄は多摩川園をそれぞれレジャーランドとして売り出すことで沿線の土地の魅力を増していった。これにより、それまで線の事業であった鉄道開発は、面の事業である不動産開発の色合いを濃くしていったのである。

興味深いことであるが、別府の開発は阪神間あるいは広島、四国といった瀬戸内海周辺の出身者によるものや、彼等が満州に渡り、その後、別府に来訪して行ったものが多い。これは当然ながらその開発手法をも含めて関西の色と大陸の色が持ち込まれているということにほかならない。別府で最も早い郊外別荘地開発である新別府の開発者は鉄道省にいて日豊線の工事で別府にきていた千寿吉彦で、彼は東急電鉄の五島慶太と同様に鉄道省を辞めた後に土地開発に乗り出したのである。さらには実現しなかったものではあるが、山手の郊外住宅地をぐるりと巡る温泉回遊鉄道なる登坂電車の布設計画も存在した。もちろん別府は東京や阪神間のように鉄道会社による激しい沿線開発があったわけではないが、新別府の開発などは非常に広義には沿線開発とも言えるかも知れない。しかし、やはり基本的には別府での温泉と宅地の関係は鉄道沿線開発のそれとは違うものであった。

泉源の確保

鉄道沿線開発などの際、開発者が最重要視するものはなんだったのであろうか。別荘地の場合は眺望、水、空気などの周辺環境と街区自体のデザイン、住宅地の場合はそれに加えて職場までの通勤手段や距離などであり、それはその宅地自身の持つ環境的な魅力というよりも沿線を含めた総合的なものであったと言えるだろう。では別府においてはどうだったか。別府では宅地開発を行う場合、開発者はまず温泉の泉源を確保することから始めた。つまりそれは、別府に邸宅を持とうという人々が最重要視するものが温泉であり、それが販売上の最大の武器になることを開発者の方も良く知っていたからである。

別府は緩やかな扇状地であり平地が非常に少ない。現在の海岸線付近の平地部分は明治四三年頃から行われた埋め立て工事によるものであり、それ以前は実質的には浜脇、北浜など海岸線の一部を除きほとんど平地が存在しなかった。ここでなぜ平地にこだわるかというと、温泉を自由に掘る技術である「つき湯」の手法が開発される以前は海岸近くの平地部分でのみ温泉の利用が可能であったからである。自然湧出の温泉に頼るしかなかった頃の別府の温泉の利用形態は、海岸で砂湯を利用するか、もともと自然に湧き出ていた地獄を利用するしかなかった。あるいはわずかな平地部分では地下を一、二メートル掘って浴場を造り浴槽の下に玉砂利をしいて自然に湧き出してくる温泉を利用していた。温泉の掘削技術が開発されたのは明治二二年頃といわれ、それは上総の井戸掘りの技術を転用したものであった。これにより意のままに泉源を開発することができるようになった。一日当たり一三万キロリットルという世界第二位の温泉湧出量をもつ別府では、日本の他の多くの温泉地とは異なり熾烈なる湯の取り合いというものがない。それは井戸を掘るように掘りさえすればどこにでも泉源開発が可能だったからである。ゆえに、泉源開発を行う財政力のある者は個人、企業を問わず次々と新たな湯口を開発していった。その結果、現在では泉源数は登記されているものだけでも三〇〇〇ともいわれる程になった。近年になってようやく一部で泉源の枯渇問題などが表出しており、現在では新規泉源開発時には隣接する湯口との最短距離や管径などが規制されてはいるが、それでもまだまだ十分な湯量が保証されている。

住宅地開発においては開発者は新規に泉源を開発することをせず、自然湧出した既存のものを流用し、引き湯を行い、各経営地に配湯している場合が多い。引き湯というのは泉源から距離のある宅地などに温泉を供給するための配湯システムのことであり、わかりやすくいえば水道管に温泉が流れていると思っていただければよい。別府に行った際はぜひとも道路のマンホールを見てほしい。そこには温泉と書かれたものがあるはずである。つまり、別府には水道管と並行して配湯管が地下を縦横無尽に走り回っているのである。次に紹介する花園都市観海寺は「別府観海寺土地株式会社」が、古くから湯治の場として栄えていた観海寺温泉を温泉療養邸宅地に再開発しようとしたものであり、観海寺温泉を住宅地の泉源として利用した計画である。この観海寺温泉はその後、観海寺土地株式会社が行った荘園文化村計画、荘園緑ヶ丘、雲雀ヶ丘、百花村、鶯谷などの計画地の泉源として引き湯を行うことで各地の温泉給湯を賄っている。

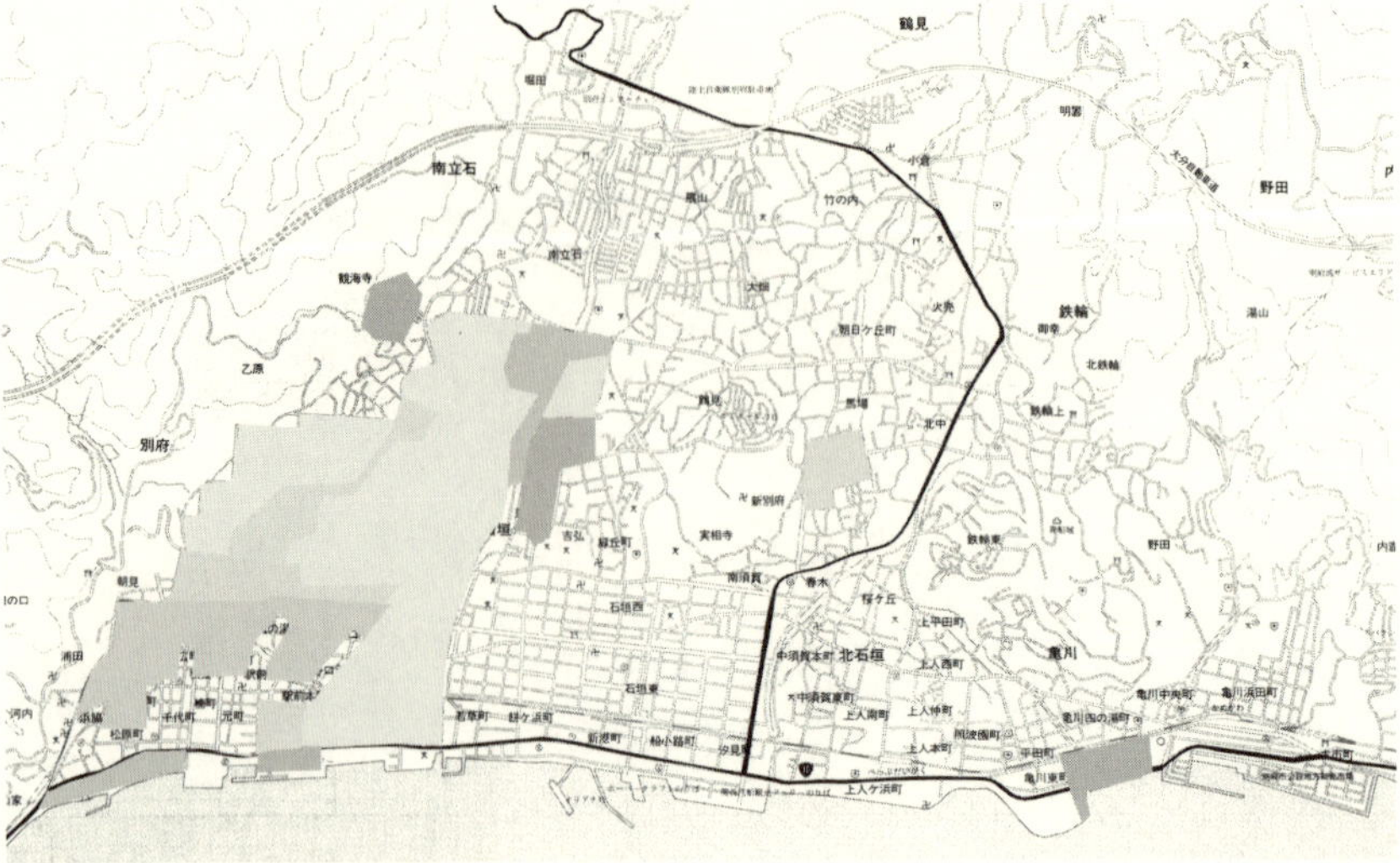

図１　観海寺、別府荘園文化村計画、荘園緑ヶ丘　他　配置図

図２　別府町市街図

花の観海寺へどうぞ━花園都市観海寺

観海寺は古くから湯治の場として知られており、数件の旅館が軒を連ねていた。花の観海寺計画はこれを温泉療養邸宅地に再開発しようとしたものである。開発は一九二〇（大正九）年から観海寺土地株式会社の多田次平の手によって行われた。観海寺の計画手法として特徴的なのは、敷地一帯に高密度に植物を植えることにより、一年中花に囲まれた町が計画されたことである。まず多田は観海寺地区一帯を吉野を上回る桜の名所にしようと考えた。そのために桜の本数が二〇〇〇本と言われていた吉野に対して六〇〇〇本の苗木を大阪から購入した。道路沿いには街路樹として四間（七・二メートル）間隔に並べられ、その他は崖地の斜面や旅館の庭などにぎっしりと隙間なく植樹された。さらには桜だけではなく、椿、梅、金雀枝、連翹、薔薇、夾竹桃、紫陽花、芙蓉、萩、楓、櫨の一一種が新たに植樹されたのである。特に一九二二（大正一一）年に経営地へのアプローチのために建設された石造の眼鏡橋周辺の崖にはツタ薔薇を植え込み、経営地に入った瞬間にバラの花園が目に入るような戦略がとられたのである。

ところで多田はなぜ花をキーワードにしたのか。当然ながらそこには田園都市運動の影響が存在すると推測される。田園都市運動が書籍により日本に紹介されるのは内務省地方局有志によって一九〇七（明治四〇）年に刊行された『田園都市』が最初とされるが、当時田園都市は都市の過密に対する解決策の一つとして世界的に大いに注目されていた。Garden City が日本に紹介され始めた頃、その名称は田園都市ではなく「花園都市」と訳されることが多かったと言われる。多田はこの花園都市の名称を目にし、その詳しい思想や理念を求めることなく、花園という言葉の印象のみを自己の計画に取り入れたのではないかと推測される。しかし、その受け取り方はともかくとして「夏になると水を毎日かけてやるので土地会社はまるで植え木屋か庭師のような仕事の明け暮れだった」という多田の花園に対する信念は強烈であった。

多田は観海寺を「理想的温泉邸宅地」と位置付け、「土地高燥　空気清澄　風光絶佳　温泉場　療養邸宅地としての模範郷」を目指して開発を行っている。そこでは歓楽的性格をもたない文化的で保養的な理想の邸宅地の形成が目指されていた。しかし商売としての実情は厳しく、結局住宅地として成功を収めることができなかった。そこで多田は、観海寺の土地取得時に同時に入手してあった温泉旅館を利用して温泉街として復活させることへと方針を転換してゆく。その後、観海寺には高燥住宅地の理想とは裏腹に多くの温泉旅館が立ち並び、さらには宴会客や芸者のために六人乗りの乗合自動車による定期便の運行も開始した。そしてその後、検番の設置までもが検討され、ついには設置されたのである。これにより、観海寺は完全に温泉旅館街として定着することとなった。

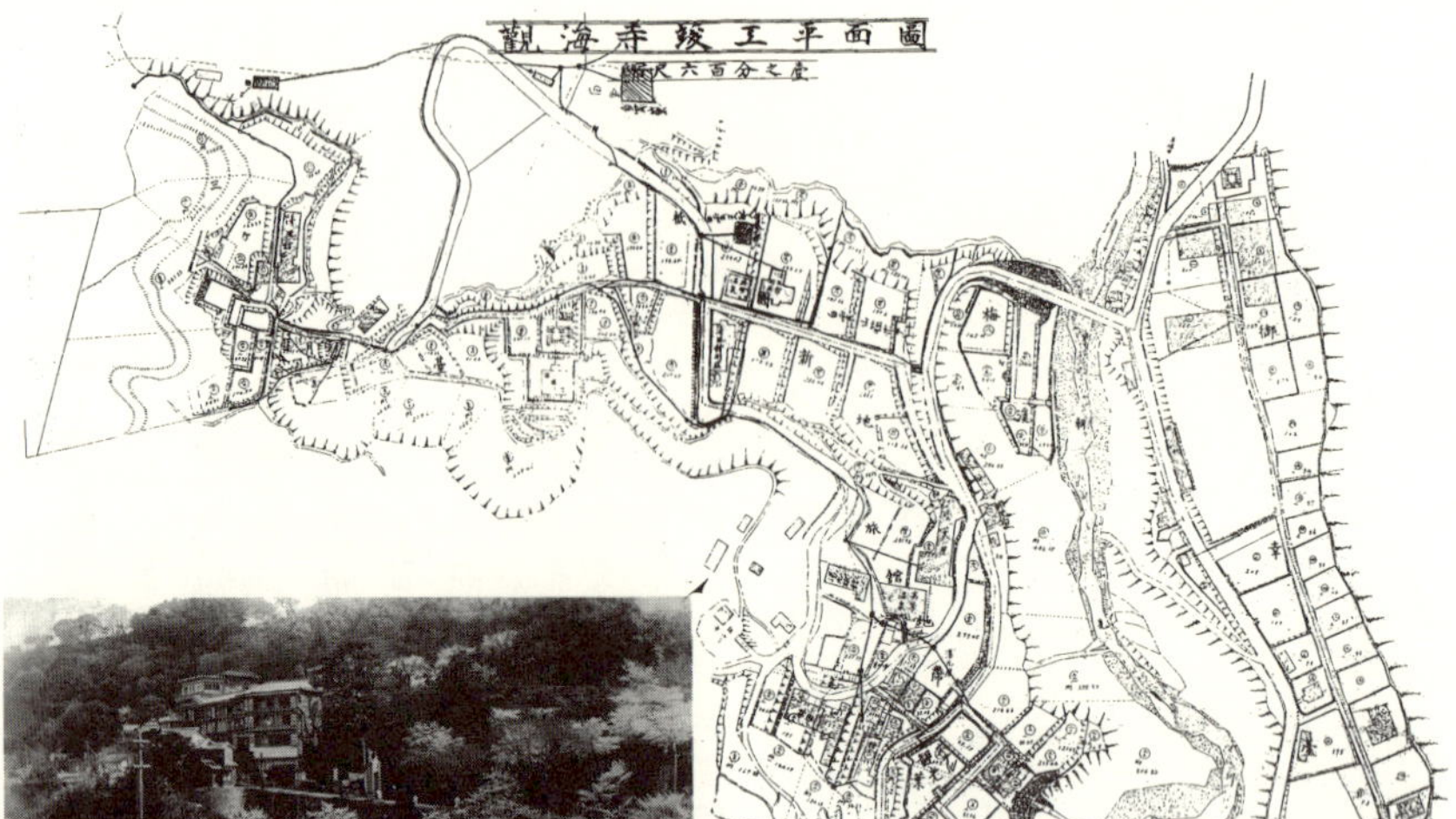

図4　観海寺竣工平面図、観海寺アプローチ石橋　　　図3　『観海寺及別府荘園平面図』（部分）

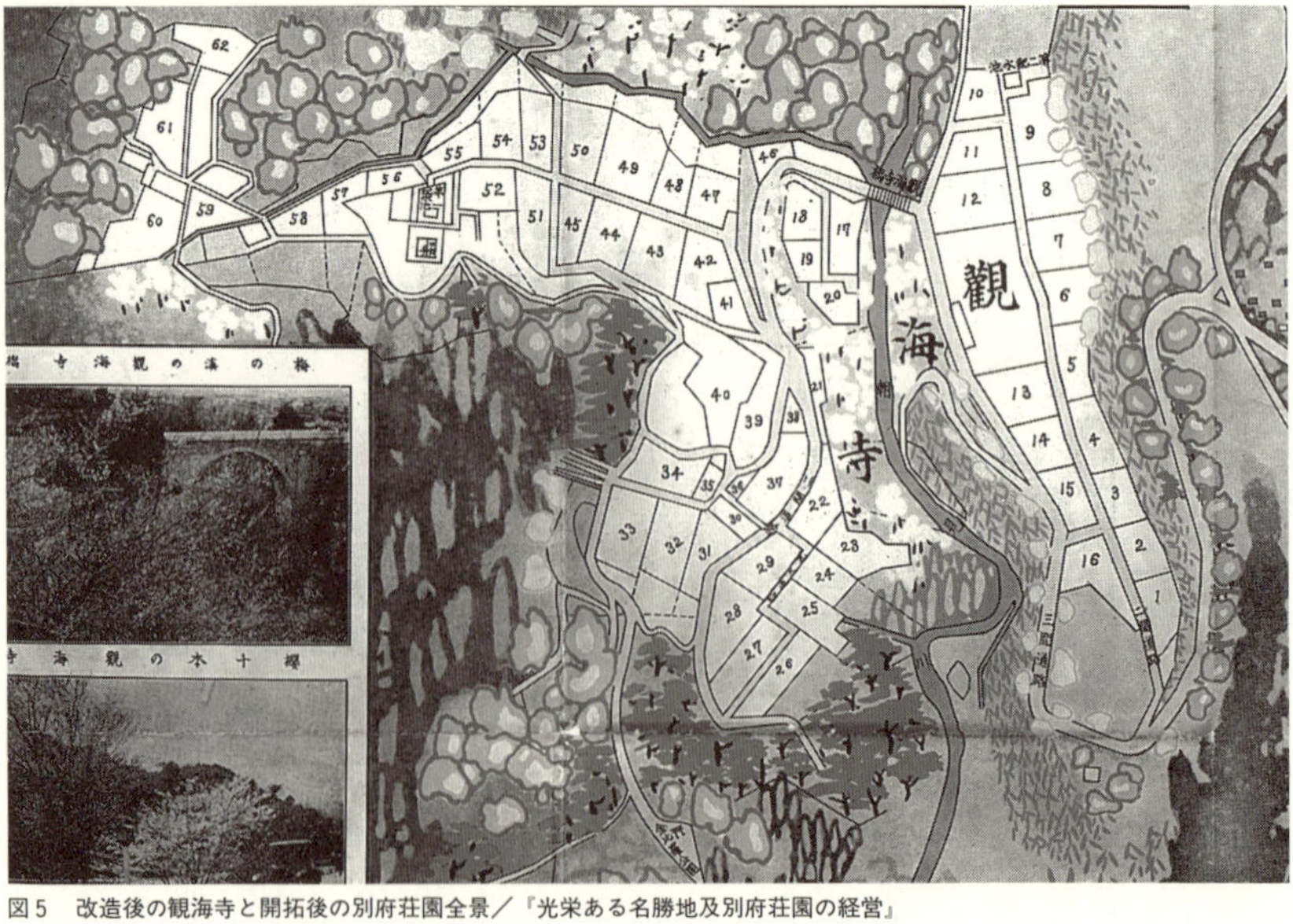

図5　改造後の観海寺と開拓後の別府荘園全景／『光栄ある名勝地及別府荘園の経営』

多田の目指した花園都市は失敗に終わった。観海寺は理想的温泉邸宅地ではなく温泉旅館用分譲地として位置付けられ活用されていった。結果的に観海寺は現在、杉の井ホテルに代表されるような旅館、ホテルの集中地区として発展したのである。

荘園文化村計画

多田は観海寺の再開発と並行して郊外に荘園文化村の計画を行っている。こちらも観海寺同様に健康的な郊外住宅の実現を目指し、流行の文化住宅の概念をいち早く取り入れた高質な空間を提供しようとしたものであったようだ。しかし会社が資金難に陥ったために、道路整備と基本的な造成工事及び植樹が行われた時点で計画が中止された。

荘園文化村は別府観海寺土地株式会社が境川北側河畔一帯の県の模範林の払い下げを受けて開発した分譲地である。境川流域一帯は古来より土壌が不安定で氾濫を繰り返してきた。多田はこの境川を保護するために植樹された県の保安林の一部を入手し、別府の中心部から少しはなれた場所に文化村を計画した。これは大規模土地取得の容易さやコストの問題であったと思われるが、逆に松林を越えさせることで郊外住宅地のイメージを色濃く演出しようとしたとも考えられる。

『観海寺及別府荘園平面図』によれば、荘園文化村計画の基幹となる道路幅は四間、その他は二間幅で、主要な交差点に「噴泉」を設置していることが計画の特徴であった。噴泉とは温泉による噴水である。おそらくもっとも大きな特徴となったであろうこの都市装置は、残念ながら実現されることなくその姿を消した。しかし、そのアイデアはその後、荘園緑ヶ丘などにおいて、荘園文化村計画地を再度開発して販売された荘園緑ヶ丘などにおいて、住宅地の中央道路交差点に公共温泉を設置するといった形で現在まで受け継がれている。

図面にはその他噴泉浴場・公設市場・テニスコート・オトギ園・常設館等の記載がある。街区は文化村地区として二〇区画、通常宅地として一五二区画に分割され、総面積は九万一〇〇〇坪であった。区画の一筆面積は二〇区画の文化村地区が一〇〇〇坪、一五二区画の一般的な宅地部分が三〇〇～四〇〇坪である。一筆面積であるが、観海寺や荘園文化村に先行して一九一四（大正三）年から千寿吉彦によって開発された新別府の最低販売一筆面積が一反三〇〇坪であった。さらに新別府ではその購入者のほとんどが三反一〇〇〇坪を一筆として購入しており、これらが荘園文化村の一筆面積の算定に影響している可能性もあるといえる。

さらに、「四間道路を開き縦横の交叉点には噴水電燈の設備を為し各所に花壇、噴泉、運動場等を設け観海寺より豊富なる温泉と上水道を引き入れ一口参百坪内外に区分し一戸一浴槽宛の温泉附宅地」との宣伝文からは、各戸への電灯設備及び上水道の附設と温泉の給湯があったことがわかる。この上水道と温泉は遠く観海寺から配管を行って供給された。上水道設備は後

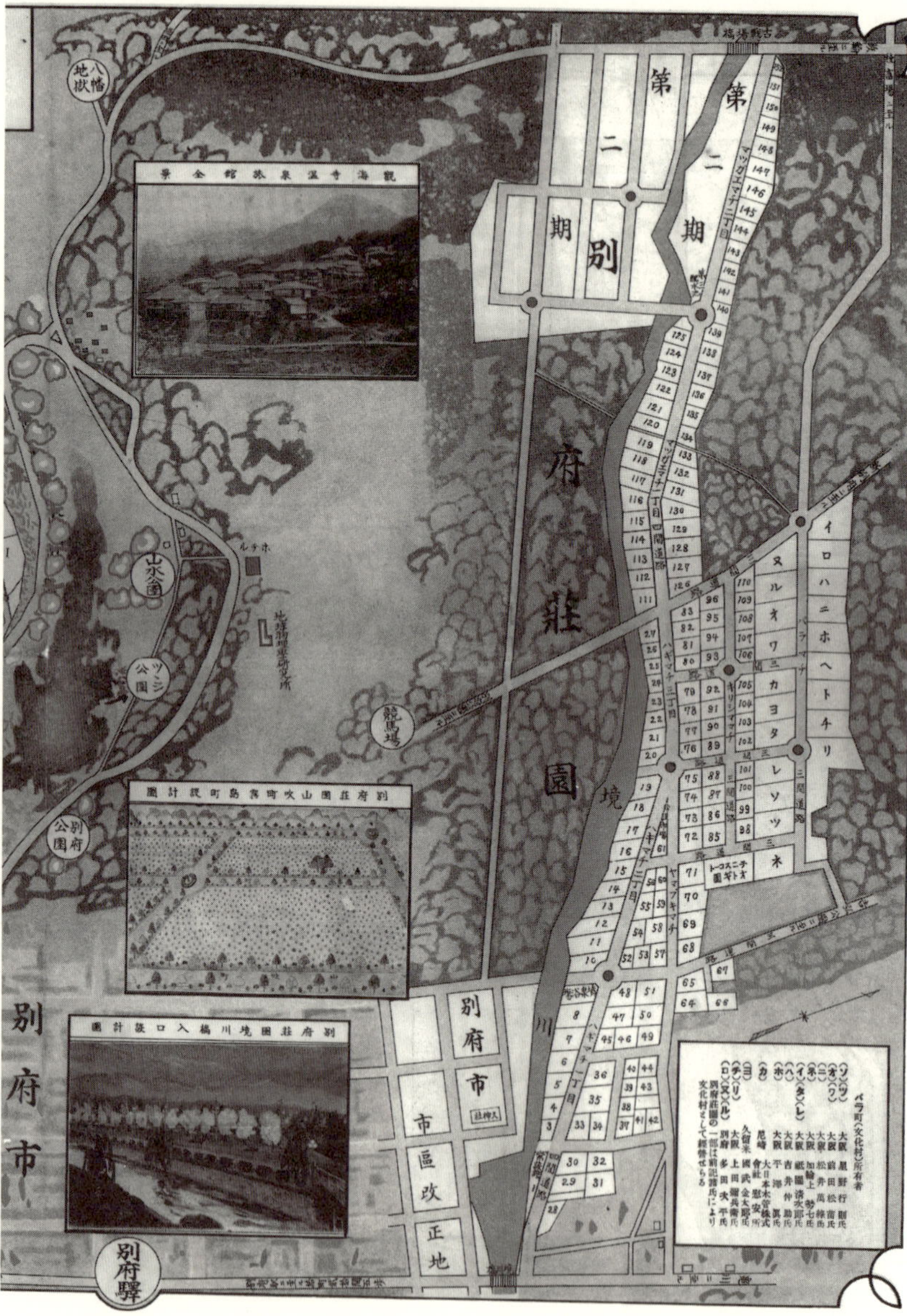
八幡地獄
観海寺温泉旅館全景
第二期
第二期
別府荘園
山水公園
ツツジ公園
別府公園
競馬場
ホテル
別府荘園山吹町舊島町設計圖
別府荘園境川橋入口設計圖
境川
別府市
別府市
市區改正地
別府驛
バラ町（文化村）所有者
（ソ）（ツ） 大阪 星野行則氏
（オ）（ワ） 大阪 前田松苗氏
（ニ） 大阪 松井萬緑氏
（ネ） 大阪 加輪上勢七氏
（イ）（タ）（レ） 大阪 祇園清次郎氏
（ハ） 大阪 吉井仲助氏
（ホ） 大阪 平澤眞氏
（カ） 尼崎 大日本木管株式會社慰安所
（ヨ） 久留米 國武金太郎氏
（チ）（リ） 大阪 上田彌兵衛氏
（ロ）（ヌ）（ル） 別府 多田次平氏
別府荘園の一部は前記諸氏により文化村として經營せらる

に荘園緑ヶ丘などが開発された際に荘園の開発地内に新規に造られたが、温泉に関しては現在まで観海寺からの引き湯により供給されている。

　また、荘園文化村計画においても観海寺と同様に多田の花園に対する思いは尽きなかったようだ。桜、楓、萩、ツツジ、薔薇などの植樹が計画され、各通りにも松ケ枝町、萩町、霧島町、山吹町、薔薇街などの花の名称が付けられていた。

　文化村の名称が最初に使用されたのは一九二二（大正一一）年の平和記念東京博覧会だとされる。そこでは日本建築学会が計画した文化住宅展示場に、あめりか屋などが一四棟の文化住宅

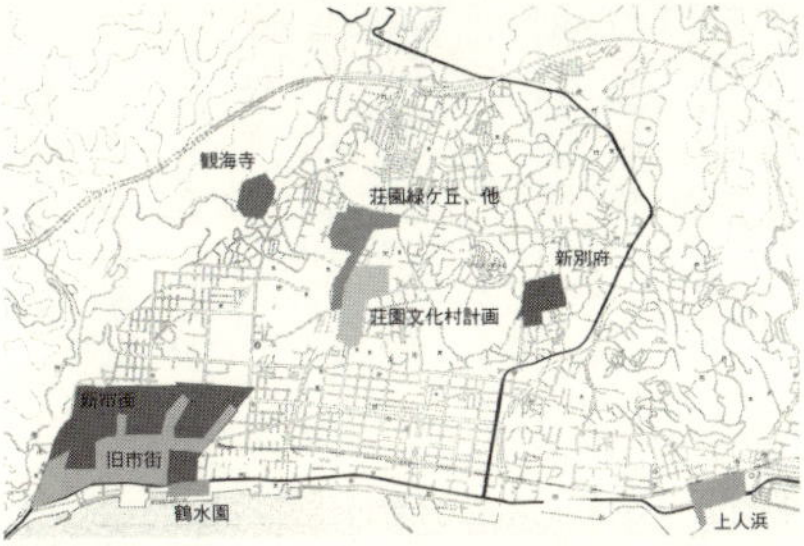

図7

図8

を展示し、生活改善・近代化と合理化を含む住宅改良をうたって大きな関心を呼んだ。平和記念東京博覧会以降、「目白文化村」など全国各地で分譲地に文化村の名称を付けるのが流行した。

荘園文化村という呼称の使用についての多田自身の言葉による詳しい説明を資料中に見つけることはできない。しかし『光栄アル名勝地及別府荘園ノ経営』には「見よ！　当会社の別府荘園開拓に順応し其隣接地二万坪を左の諸氏により買収し率先して別荘を建築せられ之を一般に解放する事となれり」とあり、文化村の意味が住宅展示場的な意味あいを含んで使われていたことがわかる。ここから荘園文化村は博覧会の文化住宅展示場を受けての計画であったことが推測される。

『観海寺及別府荘園平面図』には文化村計画について「別府荘園の一部は前記諸氏により文化村として経営せらる」との記述が見られ、さらには文化村地区の土地家屋所有者一覧が記載されている。この所有者一覧のうち経営者である多田と次期経営者となる国武とを除くと残りは全て大阪在住者である。彼らが何者かというと、観海寺土地株式会社の株主であった。これについて『光栄アル名勝地及別府荘園ノ経営』では「当会社の別府荘園開拓に対し東京、大阪、満鮮地方より既に土地買収希望者続出しつゝあれば愈々第一回紀年売約開始の暁は或は抽籤に附するの余儀なきに至る事あるべし」と紹介している。もちろんここでの「東京、大阪、満鮮地方より既に土地買収希望者続出」は前出の株主諸氏であり、土地は会社設立の際に出資者に対する名義料として供与されたというのが真相のようだ。ここからは文化村地区以外の一般住宅区域の購入者を安心させ、販売数を延ばそうとする経営者の意図がみえて興味深い。しかし、パンフレットに並べられた宣伝文句とは裏腹に購入者はほとんど現れなかった。戦後恐慌による不況や関東大震災以降の資金繰りの悪化、あるいは多田の健康問題などの事情もあり、結局、観海寺と同様に荘園文化村の開発は不成功に終わった。その後、観海寺土地株式会社の発行物に文化村の文字を見ることはなくなったのである。

久留米絣王　国武金太郎

別府市が不況対策のために市制施行五周年記念行事として一九二八（昭和三）年に「中外産業博覧会」を開く直前の一九二七（昭和二）年、観海寺と荘園文化村は未だ「別府観海寺土地株式会社」の管理下にあったが、その経営は芳しくはなかった。同年会社創設者の多田次平が死去。その後役員の一人であった国武金太郎が社長に収まっている。

国武金太郎（一八七四〜一九五〇）は福岡の久留米に生まれ、絣の染色技術の機械化を行い、久留米絣の大量生産に成功した人物である。『回顧七十年』によれば「別府観海寺土地株式会社」と国武家の関係は、国武の父喜次郎が別府の土地を購入し、その土地の管理を別府観海寺土地株式会社に依頼したことにはじまった。その後国武は「別府観海寺土地株式会社」と「別府土地株式会社」の役員となり、一九二七（昭和二）年に多田次平のあとを受けて「別府観海寺土地株式会社」社長に就任した。ただし、国武本人は就任時から一九五〇（昭和二五）年に亡くなるまで一度も別府の社屋には顔を出さなかったといわれる。

国武の就任後「別府観海寺土地株式会社」は揺れていた。前取締役の多田の失権株引き受けによる役員人事や観海寺の検番の設置に関して、国武と彼以外の大阪在住役員との間に軋轢が生じていったのである。しかし国武の転機は思わぬところで訪れることとなった。一九三一（昭和六）年一〇月二八日夜、大火により観海寺が灰燼に帰したのである。高台で水の便が悪く消火作業に手間取ったため延焼がひどく、ほぼ全ての施設が焼失してしまった。しかしこれを契機に旅館の近代化が進み、一九三七（昭和一二）年の別府国際温泉観光大博覧会開催までにはほとんどの旅館が復興した。国武はその際に旅館街の復興発展策として検番を設置したのである。これは高燥住宅地であるはずの観海寺においては会社の定款違反であった。国武はこの事件により反対する他役員から訴えられ、一九三三（昭和八）年に会社は解散した。その後、競売で国武が一括落札し、国栄合資会社と名前を変えて会社を再建した。ここで観海寺と荘園の経営からの大阪財界の撤退が決まったのである。その後新会社は資本金三千円の形ばかりの合資会社として発足したが、名も無き会社ではどうすることもできずに、国武合名との共同経営の形で仕事を進めることになった。つまり、国武の持っていた国武合名会社は久留米絣によって知名度が高かったため名前はこれを使用し、実際の業務は国栄合資会社が行ったということだ。その後一九四三（昭和一八）年に泉都土地会社に経営を移行し、久留米出身の鶴真吾を社長に、他の役員を国武合名会社から迎えた。さらに終戦後、国武の財政が斜陽し、観海寺と荘園の経営は観海寺土地株式会社時代から実務を行ってきた石坂一馬を代表とする泉都土地株式会社へと移行した。

図９　国武金太郎（1874〜1950）

図10　上人浜　旧国武金太郎別邸

九州帝国大学医学部附属温泉治療学研究所

話を国武金太郎就任時に戻そう。社長に就任した国武金太郎

図11　大火後に再建された観海寺温泉街

は文化村計画が失敗に終った荘園の再開発を決意する。経営地の価値を上げるために九州帝国大学医学部附属温泉治療学研究所（現：九州大学生体防御医学研究所、以下九大温研と記す）を誘致した。

　九大温研は温泉治療学の学理及び応用を研究し、これを基礎として温泉治療を主要な分野とし、さらに温泉利用者に対する医学的な相談相手となることも目的とされたものである。本館建物は一九三一（昭和六）年八月三一日竣工、木造二階建てで建築面積六三九・五坪、延べ床面積は九六五・五坪であった。全体は中の字型をしており、正面玄関を入ると正面廊下に沿って右側に薬局と事務室、左側には受付と診察室が並ぶ。西側廊下に沿って売店・食堂・調理室が並び、東側と二階部分はすべて病室であった。そして中央廊下の突き当たり左右には九大温研の中枢たる温泉治療室と電気治療室が並び、その両側には男性・女性用の大浴場が設置されていた。その他、内科・外科・婦人科・皮膚科・基礎的研究部の五分科からなる診療部門、プール、運動場、体操場、遊戯場などが設置された。

　九大温研誘致に関して別府市史には「石垣・朝日村の寄付や九大医学部恵愛園の買収地の提供など九九〇〇〇平方メートル」によるものとの記載が見られる。しかし実際には石垣・朝日村の寄付分は国武が買収した土地を石垣・朝日村に寄付、さらに両村が九大温研に寄付したものである。その他にも国武は九大温研に対して観海寺の泉源から一日あたり三〇〇石（五四立方メートル）の温泉給湯や、水道施設の新設による給水を三〇年を期限として無償で提供するなどして積極的に誘致活動を行った。この給湯給水計画は、荘園文化村跡地にも温泉と水道を供給するものであり、誘致と同時に経営地の都市設備の充実を図ることが可能な一石二鳥の計画であった。しかし観海寺の泉源を利用した温泉は、その引き湯が遠距離になるため必要な温度を満たしていなかった。そこで、新たに噴気を得るためにボーリングを行い、これに温泉を通過させることで加熱し必要な温度を得ることができた。

結果として誘致は成功し、一九三二（昭和七）年一月の九大温研開所を境に荘園一帯は、市街からはずれた草深い松林の奥の邸宅地から温泉治療の最先端を誇る研究所の隣接邸宅地に変化した。国武はそのもくろみ通り、荘園の価値を一気に上昇させることに成功したのである。

図12　九州帝国大学大学医学部附属温泉治療学研究所

荘園緑ヶ丘・百花村・雲雀ヶ丘・鶯谷・瀋陽荘・陽春台

九大温研の誘致によりその価値が一気に上昇した荘園であるが、国武合名会社時代の荘園の開発・分譲地は緑ヶ丘・百花村・雲雀ヶ丘・鶯谷・瀋陽荘・陽春台の六ブロックに分割され、分譲販売された。そのうち緑ヶ丘・百花村・雲雀ヶ丘の街区中心付近にはそれぞれの住民用の共同温泉が建設されていた。荘園の特色はこの共同温泉を中心としたコミュニティの形成であるといっても差し支えがないであろう。そのうちここではもっとも特徴的だと考える緑ヶ丘を紹介しよう。緑ヶ丘は同心六角形の放射状街路で構成される街路形態を持つ、おそらく日本で唯一の住宅地である。最も大きな特徴はその六角形の街路の形態であり、街区の中心にこれまた六角形の共同温泉場、緑ヶ丘中央温泉、通称六角温泉をもつことである。中央の六角温泉とそこから広がる六本の放射状街路による構成は放射状の形態を持つ他の多くの計画と同様にそれぞれ求心性と遠望性を確保している。この特殊な街路構成と景観は現在までそのまま継承されており、戦後の無秩序な都市拡張による周辺の住宅地とは一線を画した街区の独自性を確立する要因となっている。

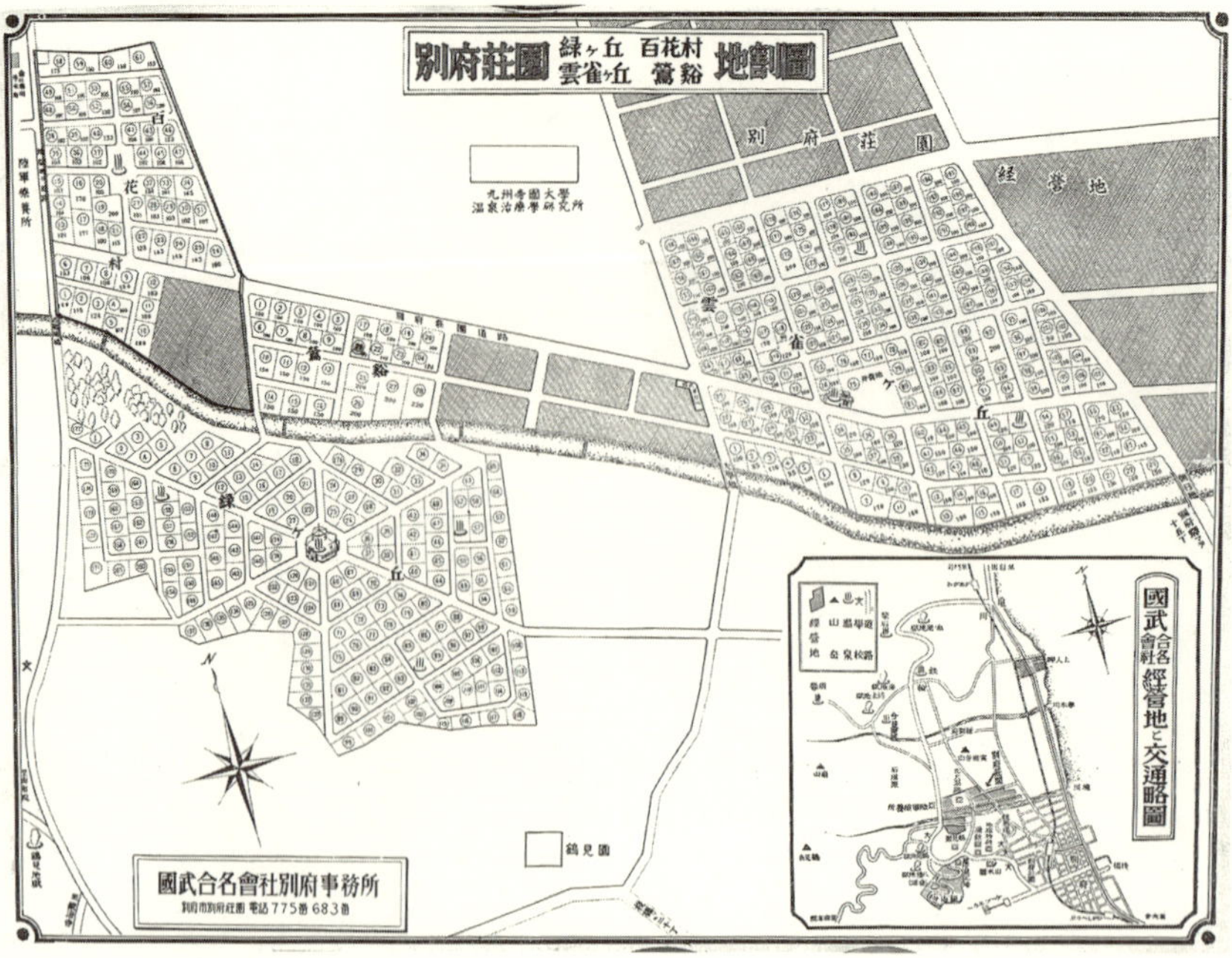

図13 『荘園緑ヶ丘、鶯谷、百科村、雲雀ヶ丘御案内』（部分）

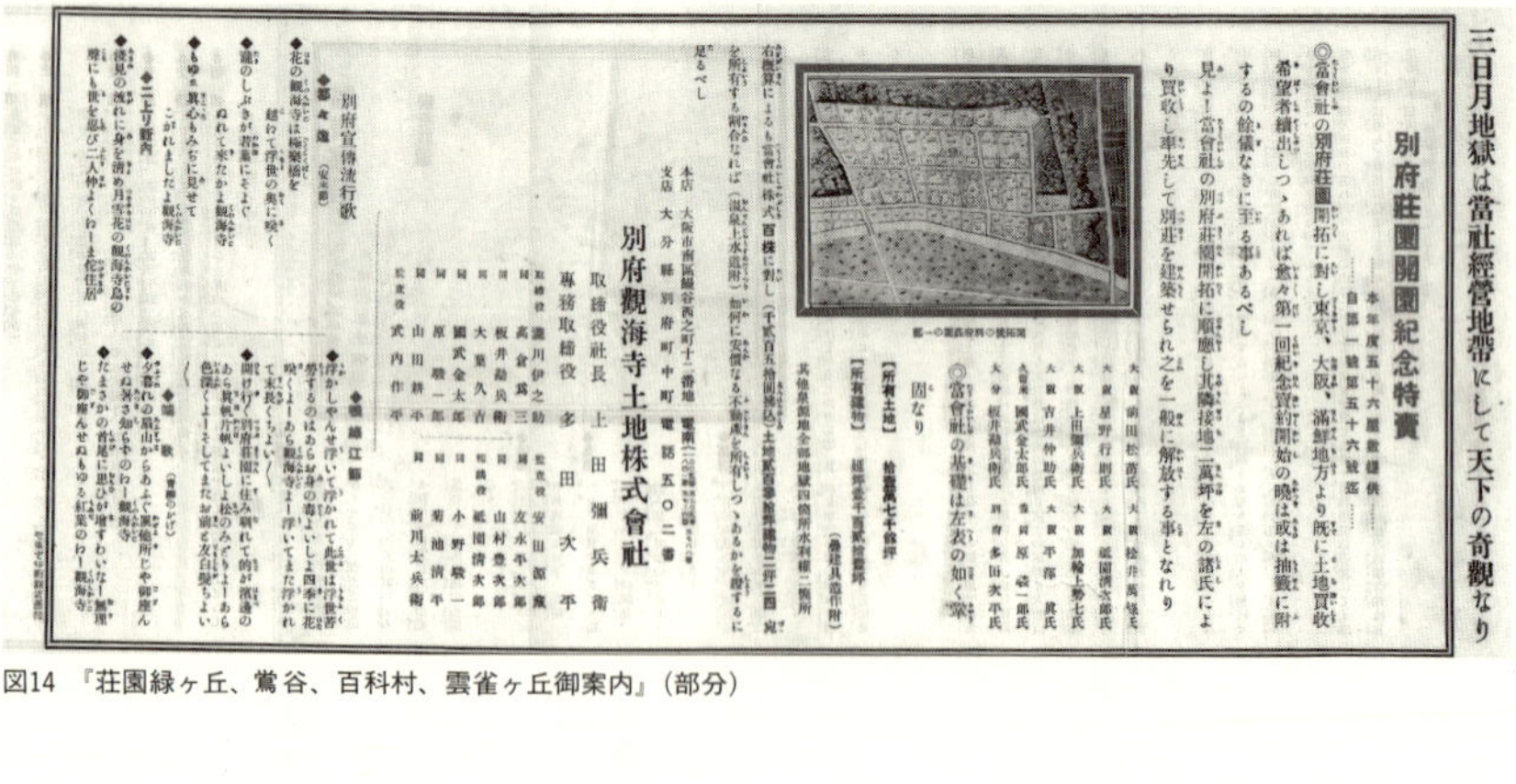

三日月地獄は當社經營地帶にして天下の奇觀なり

別府荘園開園紀念特賣

……本年度五十六屋敷提供……
……自第一號至第五十六號……

◎當會社の別府荘園開拓に對し東京、大阪、滿鮮地方より既に土地買收希望者續出しつゝあれば愈々第一回紀念賣約開始の曉は或は抽籤に附するの餘儀なきに至る事あるべし

見よ！當會社の別府荘園開拓に順應し其隣接地二萬坪を左の諸氏により買收し率先して別莊を建築せられ之を一般に解放する事となれり

大阪 前田松苗氏　大阪 [illegible]
大阪 星野行則氏　大阪 祇園清次郎氏
大阪 上田彌兵衛氏　大阪 加輪上勢七氏
大阪 吉井仲助氏　大阪 平澤 眞氏
久留米 國武金太郎氏　久留米 原 惣一郎氏
大分 板井勘兵衛氏　別府 多田次平氏

◎當會社の基礎は左表の如く鞏固なり

【所有土地】　拾壹萬七千餘坪
【所有建物】　延坪壹千百貳拾壹坪　（附屬建具造作附）
其他泉源地全部地獄四個所水利權二個所

右概算によるも當會社株式百株に對し（千貳百五拾圓拂込）土地貳百拾壹坪二四宛を所有する割合なれば（温泉上水道附）如何に安價なる不動産を所有しつゝあるかを證するに足るべし

別府觀海寺土地株式會社
取締役社長　上田彌兵衛
專務取締役　多田次平
本店　大阪市南區鰻谷西之町十二番地　電南 [illegible]
支店　大分縣別府町中町　電話五〇二番

取締役 瀧川伊之助　監査役 安田源藏
同 高倉爲三　同 友永平次郎
同 板井勘兵衛　同 山村豊次郎
同 大東久吉　相談役 紙園清次郎
同 國武金太郎　同 小野駿一
同 原 惣一郎　同 菊池清平
同 山田耕平　同 前川太兵衛
監査役 武内作平

別府宣傳流行歌

◆都々逸
◆花の觀海寺は極樂橋を　超ねて浮世の奥に咲く
◆瀧のしぶきが若葉にそよぐ　ぬれて來たかよ觀海寺
◆もゆる異心もみぢに見せて　こがれましたよ觀海寺

◆二上り新内
◆淺見の流れに身を清め月雪花の觀海寺島の聲にも世を忍び二人仲よくわーま佗住居

◆鴨緑江節
◆浮かしやんせ浮いて浮かれて此世は浮世苦勞するのはあらお身の毒よいしよ四季に花咲くよーあら觀海寺よー浮いてまた浮かれて末長くちよい〳〵
◆開けゆく別府荘園に住み馴れて的が濱邊のあら眞帆片帆よいしよ松のみどりよーあら色深くよーそしてまたお前と友白髮ちよい〳〵

◆端歌　（青柳のかげ）
◆夕暮れの扇山からあふぐ鶴他所じや御座んせぬ涼さ知らぬやのわー觀海寺
◆たまさかの音尾に思ひが増すわいなー無理じや御座んせぬもゆる紅葉のわー觀海寺

図14 『荘園緑ヶ丘、鶯谷、百科村、雲雀ヶ丘御案内』（部分）

『荘園緑ヶ丘・鶯谷・百花村・雲雀ヶ丘御案内』に記載された分譲地図には区画番号がふられており、それによれば緑ヶ丘の計画区画数は一七七区画である。一区画の面積と価格については『別府温泉』に「月賦販売─百坪以上坪十円より、三年、五年払」とあり、一筆は一〇〇坪程度と他の経営地に比較していくぶん小さめであったことがわかる。この一〇〇坪の理由として石坂一馬の孫にあたり、現在同地域の管理業務を行っている泉都土地建物株式会社社長の石坂太郎氏は「荘園の分譲に関してはその対象層を朝鮮・満州方面からの引揚者に絞っていた。それらの対象者が購入可能な価格を考慮し、そこから面積を逆算すると一筆が一〇〇坪程度になったと聞いている」という。

図15　緑ヶ丘中央温泉

図16　雲雀ヶ丘中央温泉

荘園の六地区を実際に購入した人たちの実に六割が満鮮方面在住者であった事実はこの証言を裏付けるものである。その分布は大連・北京・旅順・奉天・青島・京城・新京・上海・釜山・新義と多岐にわたり、国武の広告活動が各地において行われていたことがわかる。さらに、この広告活動は国武自身によって行われており、その多くが知り合いの紹介ということで投機的な目的で購入していったようである。しかし幸か不幸か終戦後に大陸を追われてきた彼らにとって投機目的であったはずのそれらの別荘が、その後は本宅として彼らを救っていくこととなったのである。

荘園の六区画は満鉄などの企業に勤めた会社員などの中産階

級層を購買対象としたものであった。別府には荘園以前に他の開発者により「田の湯」「野口」「新別府」「鶴水園」等といった別荘地が開発されていたが、それらはすべて上流階級層に対する高級別荘地であった。しかし荘園は中流階級層に対する別荘地・住宅地として計画・販売されたものであり、それは別府の別荘地が徐々に庶民化していく先駆けだったと位置付けることができるのである。また、戦後、別荘地というものが住宅地へと転換していった過程において、別府では、大陸の本宅が失われて別荘に住まざるを得なかった人々の存在というものが意外に大きな役割を果たしていたことを示しているといえよう。

おわりに

温泉という強力な武器を持った別府の別荘地には鉄道会社による沿線開発という概念が存在しなかった。また、その立地の特性ゆえにベッドタウンとしての機能も必要とされなかった。観海寺や荘園の事例からはその開発手法や発展形態が東京や阪神間などとは若干趣を異にすることがおわかりいただけたかと思う。

　現在の荘園一帯は、開発当時植えられた桜の街路樹が代替わりを迎え、枝を払われて若干寂しい様相を見せてはいるが、整然と並ぶ石垣と温泉を核とするコミュニティは現在まで存続しており、周辺とは一風かわった雰囲気を保ちつづけている。もちろん荘園の一連の計画はビジネスの結果としては大成功をおさめたとは言い難い。ただ、事業者個人の趣味が反映されることのない戦後の開発行為が、コストを追求して販売価格を押し下げることで経済的な成功をおさめたのとは異なり、荘園一帯を歩くと、そこには多田や国武の思いが伝わってくるようである。技術や開発手法の進歩した現代に計画された地域よりも、市区改正から昭和初期までの近代化に突き進んでいた頃に大きな理想を持って計画された荘園などの方が、ある側面では優れた環境を形成していると思われてならないのである。

7

海外

国策会社の住宅政策

満鉄奉天代用社宅
満鉄千金寨社宅
満鉄永安台社宅
ハルピン
満鉄大連近江町社宅
大連共栄住宅
吉林
ウラジオストック
北京
瀋陽
撫順
中華人民共和国
朝鮮民主主義
人民共和国
大連
ピョンヤン
ソウル
朝鮮銀行社宅
青島
大韓民国
慶州
釜山
南京
福岡
上海
日本
那覇
台北
台中
花蓮
台湾糖業社宅群
台南
台東

支配の官と民

富国強兵・殖産興業は明治時代の日本政府の近代化政策の柱だが、それは対外的には東アジア地域に対する侵略・支配へと結びついていった。日本が、日清・日露戦争によって台湾と朝鮮半島を植民地とし、関東州（遼東半島）を租借し、さらに長春〜旅順・大連間の鉄道を獲得し、その鉄道に付随した鉄道附属地を支配したことは周知の事実である。

日本政府はこれらの地域に対して、台湾と朝鮮には総督府、関東州には都督府という国家機関を置いて支配を進めたが、鉄道附属地については半官半民の南満洲鉄道株式会社に実質的な行政権を委ねた。これは一見すると国家による支配の形態をとっているが、それは政治・軍事面の話であり、実質的な支配を進めるには、経済・社会・文化面の支配が必要であった。それには、それぞれ一元的支配を目指して銀行や国策会社、さらにはそれらと連携する民間会社、あるいは情報の一元化を目指して新聞社や出版社を設立する必要があった。それは官民一体となった支配体制の確立を目指していた。

例えば、日本政府は、植民地の台湾と朝鮮にはそれぞれの中央銀行として台湾銀行と朝鮮銀行を設立し、日本銀行券と等価の紙幣を発券させ、両地域を日本円の経済圏に取り込むことを目論んだ。また、満鉄は、満鉄社員の給与を朝鮮銀行券で支払ったが、それは鉄道附属地を橋頭堡として中国東北地方をも日本円の経済圏に組み込むものであった。一方、台湾では主力産業であった製糖業を台湾総督府が積極的に奨励し、日本資本の製糖会社が多数参入し、地元の零細な製糖業者を駆逐して、日本資本による独占化が進んだ。また、中国東北地方では、満鉄が、大連に本社を置いて日本語新聞と英字新聞を発行していた満洲日日新聞社に財政支援を行い、満洲日日新聞を満鉄の御用新聞としていた。中国東北地方最大の都市奉天（瀋陽）では日本人によって盛京時報という中国語新聞が発行されたが、それは中国人懐柔のための新聞にほかならなかった。

そのような官民一体の支配体制がとられた台湾、朝鮮半島、中国東北地方の事例として、国策会社などの住宅を紹介するのは、支配における「民」の役割に着目したためである。

社宅の必要性

社宅の建設は、田園調布に代表される一般的な郊外住宅地の開発とは趣きを異にする部分がある。それは、建設主体である会社の社員が住民となっていることだ。郊外住宅地の開発では、開発主体と住民の間には土地・建物の売買契約が成立し、資産（商品）として住宅が供給されている。しかし、社宅では当然のことながら、開発（建設）主体である会社と住民となる社員との間には賃貸契約は成立しても売買契約は成立せず、会社が社員に対して福利厚生施設のひとつとして住宅を供給している。

そのため、最低限の投資による最低限の住宅の供給という構図が生まれ、それが民間企業の社宅供給の現況だと考えられるが、ここで取り上げた台湾の製糖会社、朝鮮銀行、満鉄の社宅は、この構図とはかけ離れていた。すなわち、いずれの社宅も建設当時の状況を見ると、日本国内の住宅水準をはるかに超えた社宅が建設され、配置計画などにも良好な居住環境を確保する努力がなされた。それは、社宅供給の発想ではなく、郊外住宅地開発の発想であった。もちろん、これらの社宅は、商品ではなく、福利厚生施設としてそれぞれの社員に供給された。

これには三点の背景がある。一点目は、異郷の地での社員確保に関する問題である。満鉄が創業時、社員全員に住宅の供給を計画したのは、日本国内とは生活環境の異なる中国東北地方において、日本国内以上の生活水準を維持するためである。それによって社員を確保するねらいがあった。

二点目は、社宅が周囲に与える影響である。満洲事変（一九三一年）以前の日本の植民地支配は、欧米列強による東アジアの分割支配の枠組みの中で、欧米列強から認知されたものであったが、それだけに欧米列強と対等な植民地支配が求められた。それは、帝国主義の理論に立てば、日本に植民地支配を行なう能力を問うていた。高水準な社宅の建設は、それに対するデモンストレーションにほかならなかった。これらの社宅は、ハルビン、天津、青島、上海、香港といった列強の中国支配の拠点に建てられた住宅と比べられる必然性を持っていた。

三点目は、都市建設との関連である。いずれの支配地においても、既存市街地に入り込むかたちで居住した日本人は少数派で、多くの日本人には新たな市街地を建設する必要があった。国策会社の社宅は、そのような市街地建設における住宅地形成に大きな役割を果たした。そこでは、高水準の住宅が建設されることによって、住宅地全体の居住環境が維持され、スラムの出現を防いでいた。それは、第二点目に関連して、単に欧米列強へのデモンストレーションだけでなく、良好な居住環境の住宅地を建設することは、日本の国力を東アジア地域の住民に見せつける示威行為であった。原野に忽然と姿を現した台湾の製糖会社の社宅や満鉄の多数の社宅は、その典型である。

結局、これらは、日本の植民地支配におけるあるひとつの問題に帰着する。それは、国力の誇示による支配体制の維持である。国力は軍事力とも考えられるが、軍事力の誇示が必ずしも支配体制の維持につながるとは言い難い。支配地では、被支配者の目に見えるもの全てが支配者の国力に結びつく。そこでは、被支配者を圧倒する建築、都市の出現が求められる。圧倒とは、単に被支配者を威圧するのではなく、被支配者に劣等感を感じさせることである。国策会社の社宅は、欧米列強の住宅を規範とすれば、規模と設備において支配地の庶民住宅を凌駕しており、支配体制の維持に貢献していた。

このように、国策会社の社宅は、社員に住宅を供給するという目的を果たすだけでなく、国力誇示の道具として、日本による植民地支配に必要不可欠な存在であった。（西澤泰彦）

㉘

台湾糖業社宅群／台湾、花蓮

台湾糖業とその産業都市の発展

郭中端

はじめに

日本植民地時代の台湾で、日本が推し進めた各種の産業建設には、水力発電、石油精製の他、アルミ、金属、肥料、セメント、製糖等の会社設立があった。これらの会社、工場の設立は、台湾の農耕及び手工業時代に近代産業を導入することとなり、結果として台湾の産業革命の先導となった。会社、工場の建設は、原料・交通・水源・労働力などの条件を考慮して配置されていったが、現実化されていった各工場を核とした敷地計画、都市計画は、その地域の以後の都市建設に大きな影響を与えた。当時の工場のほとんどは、完全に独立した小都市の概念で計画されていた。その中でも糖業の製糖工場及び関連施設群による区域は、最も早期に近代化思想をとり入れ、計画された産業都市と言える。

広いサトウキビ畑、縦横に伸びる鉄道とそこを走るサトウキビ運搬用のトロッコ。畑の中にひときわ大きく目立つ屋根を持つ工場とそびえ立つ高い煙突。その周辺には木蔭の下、碁盤目状に整備された道路とそれに沿った並木に囲われ、きちんと整い並び建つ平家の木造社宅群。現在の都市住宅と比べるとまるで田園都市のように余裕を持って建てられている。さらに、広いバスケットボールコートやプール等の共用施設、また工場でつくられる甘いアイスクリームを売る売店等々、製糖工場の風景は、南台湾で生活したことのある多くの台湾の人たちにとって忘れがたい故郷のイメージの一つとなっている。

戦後、台湾の工業化が大きく変遷するとともに、台湾の糖業は、かつてのような産業先導の役割を喪失した。製糖工場は次々と閉鎖し、他会社に合併するか売り出され、ついには、新しい都市計画により取り壊される運命をたどっている。しかし、台湾の製糖工場は、砂糖の加工製造の場所であるばかりでなく、一つの地理的な規模を持った、独立の産業コミュニティを形成し、その特殊な産業形態は、地域の社会環境、都市空間の形成及び景観などに深い影響を残した。

製糖業の変革

明治二八年（一八九五）日本統治時代に入ると、植民政策のもとに日本から大量の資金が台湾糖業に投入され、明治三三年（一九〇〇）には、最初の近代化製糖会社が設立される。明治三四年（一九〇一）五月には、台湾総督府は、アメリカ留学帰りの農学博士新渡戸稲造を殖産局局長に招聘し、台湾糖業政策の根本計画の作成を行った。同年九月には「糖業改善意見書」が提出され、翌明治三五年（一九〇二）六月には「台湾糖業奨励規則」が公布されている。これにより、以後の糖業は、生産から販売までが一手に行われることになり、その結果、伝統的な糖廍、糖間また砂糖問屋の糖行も消え去ることとなる。これに代わり、大資本による製糖会社が設立され、台湾糖業は企業化による経営の時代へと突入した。

総督府による台湾糖業の直接奨励制度は、明治四四年（一九一二）の臨時糖務局の廃止で一つの時代を終えた。つづいて、第一次世界大戦勃発の大正三年（一九一四）から同九年（一九二〇）は、日本資本主義の「黄金時代」で、この時代の競争相手であるフランスやスペインなど西欧諸国がアジア地域から撤退し、日本は独占的に貿易などを行っていた。この時期、台湾糖業も絶頂期に至り、重要な輸出産業として糖業の日本経済の中に占める地位はさらに大きくなっていった。

　第一次世界大戦後、戦時中の全ての政策が戦時経済中心であったことから、工業も関連の金属業などが、急速に発展してゆくが、製糖業は反対に減少の趨勢となる。台湾総督府は、台湾糖業令を公布し、二三以上もの多数の製糖会社を相互に合併させた。このため、第二次世界大戦期間中には、大日本製糖、明治製糖、塩水港製糖、台湾製糖の四大会社が誕生した。

　第二次世界大戦後、日本統治時代の四大会社はさらに合併され、中華民国政府のもとに台湾糖業公司となり、台湾最大にして、最大の土地を所有する企業が成立した。しかし、のちに他国で良質かつ安価な砂糖が生産されるようになったため、一九七〇年代以降、糖業での国際競争力は低下し、輸出産業から国内消費のための内需産業に変じ、台湾の経済に占める糖業の割合も急激に縮小してゆく。

日本統治時代の新式製糖工場の立地

日本統治時代、各製糖会社の製糖工場設立時期から、（一）日本統治初期（一九〇〇～一九二五年）、（二）日本統治中期（一九二五～一九三八年）、（三）日本統治晩期（一九三八～一九四五年）の三つの時期に分類できる。日本本土の大資本による製糖会社の進出は、まず一九〇〇～一九〇二年に高雄の橋仔頭（高雄と台南の間に位置）に大日本製糖が新式の製糖工場を設立したのが最初となる。その後一〇年間、日本の資本が台湾に投入されるのに合わせ、島内各地の有利な地点に新式の製糖工場が次々と設立されていった。基本的には各工場は、独立した産業集権形態的な純産業集落を成していて、既存の集落とは一線を画していた。当時の工場（産業集落）と、既存集落との立地関係をみると、各工場は地域によってそれぞれ異なり、また近隣集落の発展と工場及び社宅群との間の関係は、互いに相当な影響を与えあっていた。その立地条件を分析すると、時代により以下の三つに分類できる。

　1日本統治初期（一九〇〇～一九二五年）
原料運搬の利便を考慮して、既存集落に近く、またサトウキビ畑の密集している位置を選択。

2日本統治中期（一九二五～一九三八年）
工場の周囲には、まだ農村集落が発展しておらず、孤島の状態を維持している産業集落形態。例として、蒜頭、仁徳、大林、彰化、台東等の製糖工場及び花蓮開港後の大和（花蓮）製糖工場などがあげられる。

3日本統治晩期（一九三八～一九四五年）

(1)市街と工場との間は、一本の主要道路で結ばれており、工場はこの道路の沿線に位置している。工場の周囲には、わずかな商業機能を持っているが、市街の構成は工場の影響を受けていない

(2)工場と市街はやや離れており、工場を中心とした空間組織を形成している。集落に良好な交通条件を与え、農村集落の市街化的発展を促進させた

(3)市街地や既存集落などとは全く関係なく、サトウキビ畑の中央に立地している。工場専用鉄道が縦貫鉄道や主要都市また港と連接する。工場自身で完結した産業都市となる

市区改正の製糖工場への影響

明治三三年（一九〇〇）より台湾の市区改正が始まり、その後、都市計画が行われた。この市区改正と都市計画は、市街地に隣接する工場に特に大きな影響を与えた。すなわち、都市計画の中で工場は工業地区として、社宅区は住宅地区にそれぞれ編入された。当時の都市計画の結果、市街地が鉄道を境に両側にそれぞれ異なる景観を見せていた。通常、一方が工場地区で、もう一方が都市の中心的商業地区となる。台中市は、その中でも最も早期に成立した産業都市の一つである。片方は胡蘆敦の集落、もう片方は明治製糖の工場地区で、縦貫鉄道によって両者が一つの都市として結ばれている。屛東市も同様に非常に明確な例で、鉄道によって二つの地区に分かれている。

これ以外にも、新営、北港、虎尾などが、市区改正によって既存の工場内が用途地域に指定された。すなわち、工場部分は工業地区に、社宅区は住宅地区に指定された。しかし、製糖工場は、それ自身として機能的に独立しているため、市区改正とは別に独自にも発展していた。すなわち、市区改正では郡役所、公会堂、公園、神社、学校、駅など公共施設の建設を市街地改正計画の骨子としていたが、製糖工場では独自の管理部門及び医院、幼稚園、小学校、集会場（虎尾工場の「和楽館」などのように映画上映や演芸などを行っていた）、運動場（テニスコート、バスケットコートなど）、プールなどの他に整然とした住宅地区があり、一つのニュータウンのような機能を持っていた。

台中、台北、新竹など、早期に市区改正計画が制定された都市以外の台湾の各市町村計画は、製糖工場の存在が大きく影響している。その上、製糖工場は、日本の大資本と総督府の保護のもとに成立したため、地方においては工場の地位は高く、工場部分と社宅部分をそれぞれ都市計画に編入しても、市区改正実施への管轄には及ばないという矛盾を抱えていた。

日本資本による製糖会社

日本資本による製糖会社の製糖方法は、人力から機械化にかわり、製糖工場の私設鉄道により、原料の生産・収穫、運輸から加工、包装、販売までが一貫作業によって行われていた。作

業工程を一連化し、集中化・機械化することにより、工場の面積を大幅に拡大し、サトウキビ畑の面積も拡大させた。さらに、工場面積の増大による所属職員・工員の数も増加し、このため職員・工員のための施設も工場地内で解決しなければならなくなった。特に、日本本土から募集して来た職員については、その生活の全てについてのめんどうを見る必要があった。加えて、日本人の職員は、管理職や技術職にあったため、工場内の制度化、権威、年功序列なども強調する必要があり、工場内各部分の配置、社宅の配置・規模などの空間の構成と序列にも影響を与えている。

製糖工場敷地内における工場区との配置関係

製糖工場の中で主要な部分は核となる工場及び倉庫などの付属施設地区、またその他、管理事務所及び社宅地区である。これらの主要施設は、製糖工場創建と同時に建設された。各工場の規模は同一ではないが、面積はおよそ五〇～六〇ヘクタールほどで、小さいものでも二〇ヘクタール程度はある。

工場区の空間構成で最も重要なのは、コンベアの流れの経済性と合理性である。サトウキビは収穫したその日のうちに処理する必要があるため、運搬に用いる鉄道は、直接工場につながり、コンベアに載せられる。その構成は、原料～搬入区～加工

名稱／序號	會社名稱	設立年代	所屬製糖株式會社名稱	備註
1	橋仔頭第一工廠	1902.1	台灣製糖株式會社	
2	岸內第一工廠	1904.2	鹽水港製糖株式會社	
3	新興製糖株式會社（鳳山）	1905.10	新興製糖株式會社	1903.4.10 創立
4	橋仔頭第二工廠	1908.1	台灣製糖株式會社	
5	新營庄工廠	1908.10	鹽水港製糖株式會社	
6	南靖製糖所	1908	東洋製糖株式會社	
7	阿猴工廠	?	大東製糖株式會社	改良糖廠合併
	阿猴工廠	1908.11	台灣製糖株式會社	1908.5 大東製糖會社合併
8	蕭龍工廠	1908.12	明治製糖株式會社	
9	後壁林工廠	1909.1	台灣製糖株式會社	
10	林本源製糖株式會社（台中卅北斗郡溪洲庄）	1909.6	林本源製糖株式會社	
11	灣里工廠	?	台南製糖株式會社	
	灣里工廠	1909.10	台灣製糖株式會社	
12	台灣第一工場（虎尾）	1909	大日本製糖株式會社	
13	車路墘工廠	1910.2	台灣製糖株式會社	
14	旗尾工廠	1910.9	鹽水港製糖株式會社	
15	烏樹林製糖所	1910	東洋製糖株式會社	
16	斗六製糖所	1910	東洋製糖株式會社	
17	彰化第一工廠	1910	新高製糖株式會社	
18	蒜頭工廠	1911.3	明治製糖株式會社	
19	岸內第二工廠	1911.11	鹽水港製糖株式會社	
20	總爺工廠	1911.12	明治製糖株式會社	
21	北港製糖所	1911	東洋糖株式會社	
22	月眉製糖所	1911	東洋糖株式會社	
23	台中第一工廠	1911	帝國製糖株會社	
24	台中第二工廠	1911	帝國製糖株會社	
25	三崁店工廠（永康）	?	怡記製糖株式會社	
	三崁店工廠（永康）	1912.1	台灣製糖株式會社	怡記製糖株式會社合併
26	台灣第二工場（虎尾）	1912	大日本製糖株式會社	
27	埔里工廠	1913.7	明治製糖株式會社	埔里製糖株式會社合併
28	南投工廠	1913.7	明治製糖株式會社	
29	嘉義工廠	1913	新高製糖株式會社	
30	新竹工廠（新竹州新竹街）	1913	帝國製糖株式會社	
31	中港工廠（新竹州竹南郡）	1913	帝國製糖株式會社	
32	壽工廠	1914.2	鹽水港製糖株式會社	台東拓殖製糖會社合併
33	東港工廠	1914.3	台灣製糖株式會社	
34	玉井製糖所	1915.1	台南製糖株式會社	
35	卑南工廠	1916.1	台東製糖株式會社	
36	宜蘭第一工廠（二結）	1916.6	台南製糖株式會社	1913.2.16 創立
37	台北工廠	1916.9	台灣製糖株式會社	台北製糖株式會社 1912 合併
38	潭仔墘工廠	1917	帝國製糖株式會社	

表１　台湾製糖株式会社略年表

区~倉庫、また、機械修理場といった機能が鉄道で結ばれている。

いずれの製糖工場も、大概、以上のような製造工程によって空間が構成されているため、その外観は似たものとなる。この他に、地理、自然環境等の立地条件（風向、水源及び隣接する集落、公共鉄路位置などの要因）によって、工場や関連施設の配置や入口などに差が出てくる。このうち、特に考慮されたのは風向で、社宅や既存集落に工場の排煙の影響がないよう、工場部分が風下になるように配慮されていた。

製糖工場と社宅区との配置関係

各製糖工場とも、工場部分と社宅は建設当初からつくられたが、他の施設はその後徐々に整備されていった。神社も工場内に配置されたが、建設初期からつくられるものと、のちにつくられるものがあった。

各製糖会社に残されている工場配置図を見ると、いずれもすでに各施設を備えた姿が描かれている。『明治製糖株式会社社史』によると、社宅は台湾で勤務する日本人職員の生活の便宜のために、一戸建と連棟式のものを用意していた。家族でも居住できるもので、無料である。社宅区内には整備された道路や上下水道設備、道の両脇には街路樹が配置され、社宅の周囲には生け垣が、庭には柳の他に芭蕉、扶桑などの熱帯植物が植えられ、外部空間にも配慮がされていた。また工場内には、日常

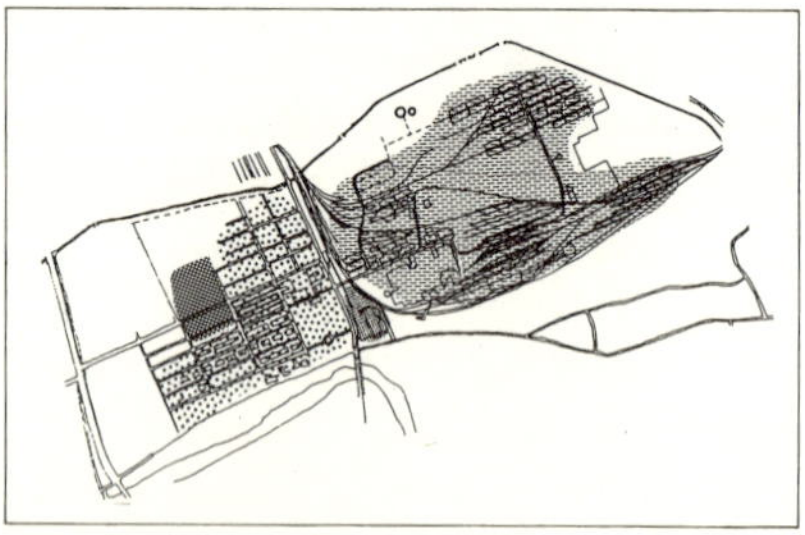

図1　台湾製糖株式会社虎尾工場　敷地図

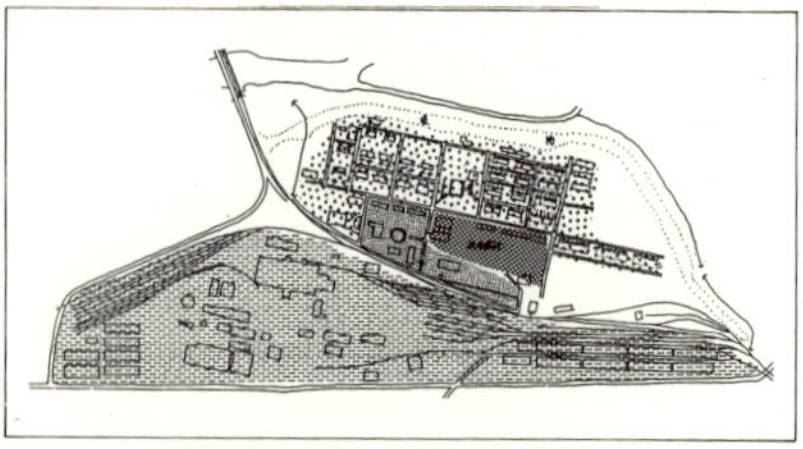

図2　台湾製糖株式会社蒜頭工場　敷地図

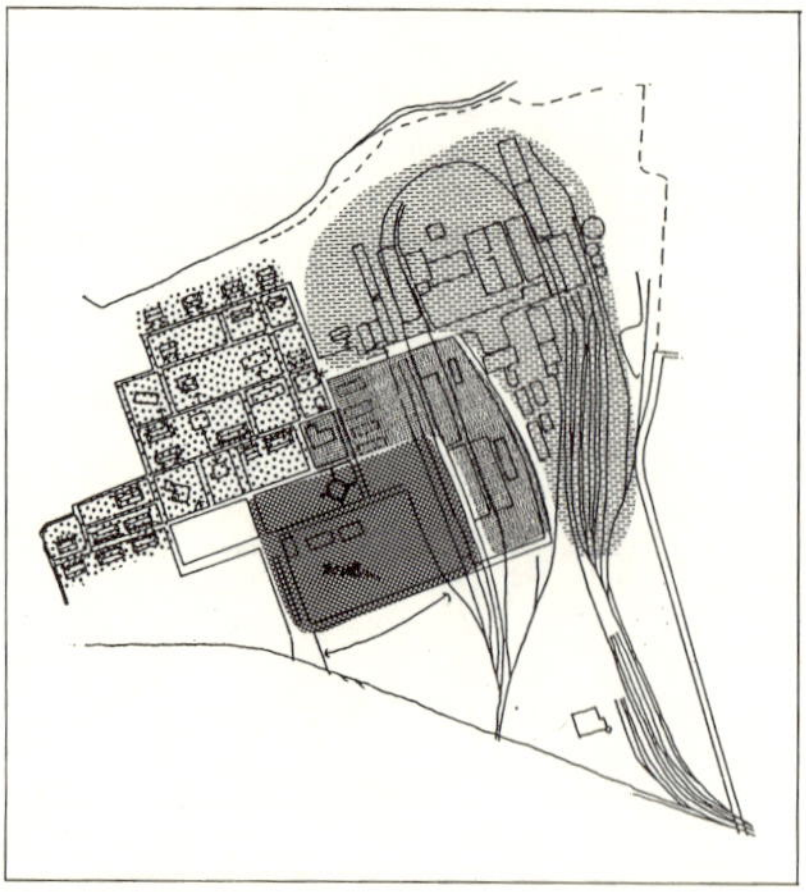

図3　台湾製糖株式会社岸内工場　敷地図

工廠區(工員宿舍)
行政區
綠地
社員住宅區

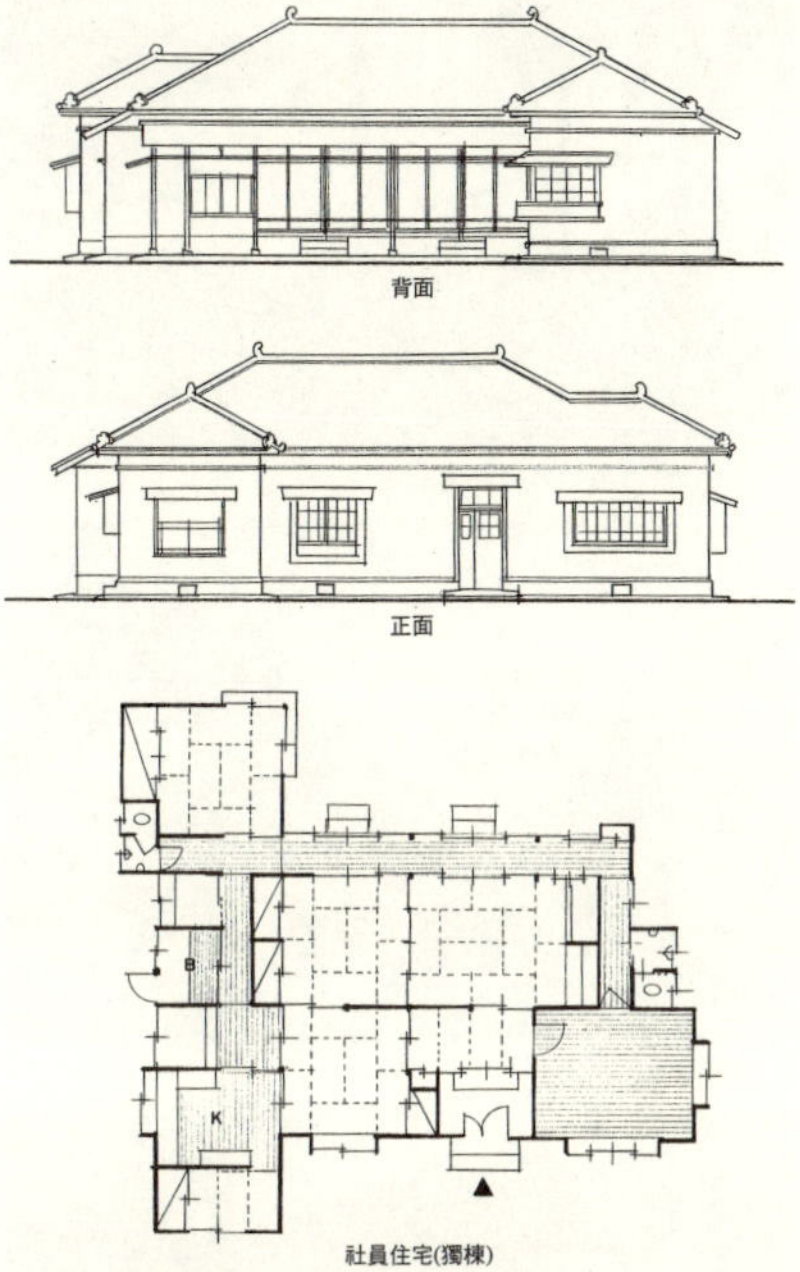

図 6　台湾製糖株式会社台南工場糖業研究所

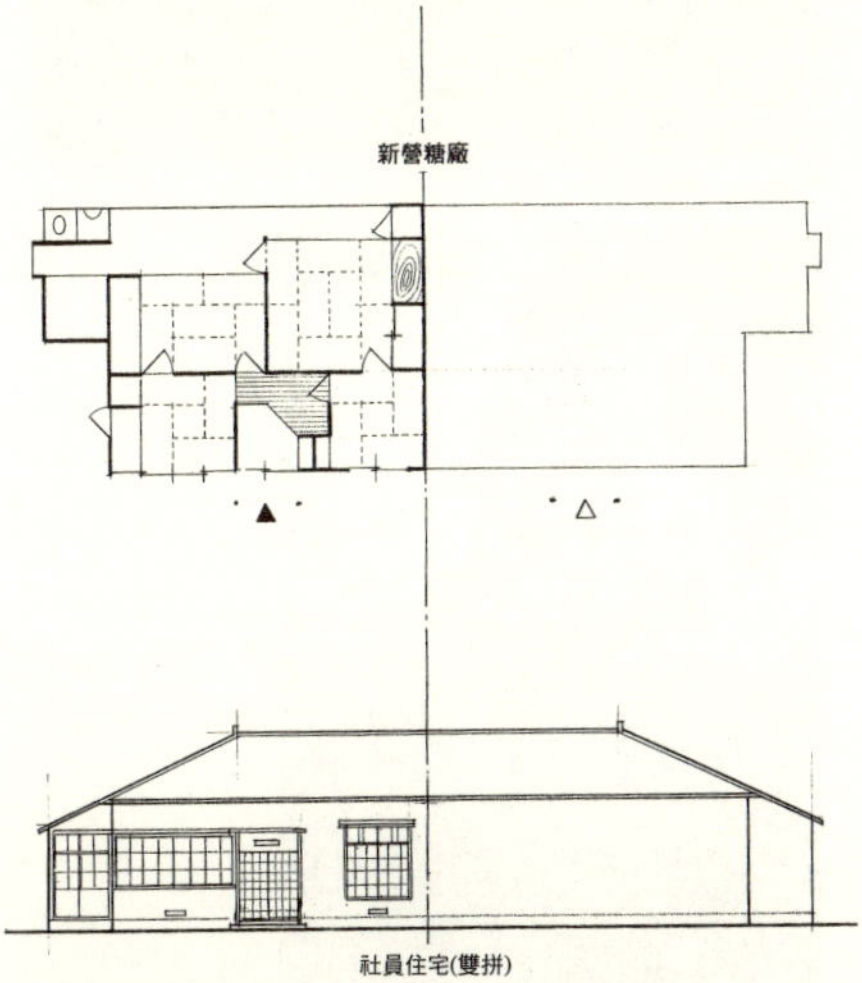

図 7　台湾製糖株式会社新営工場社宅（1907年設立）

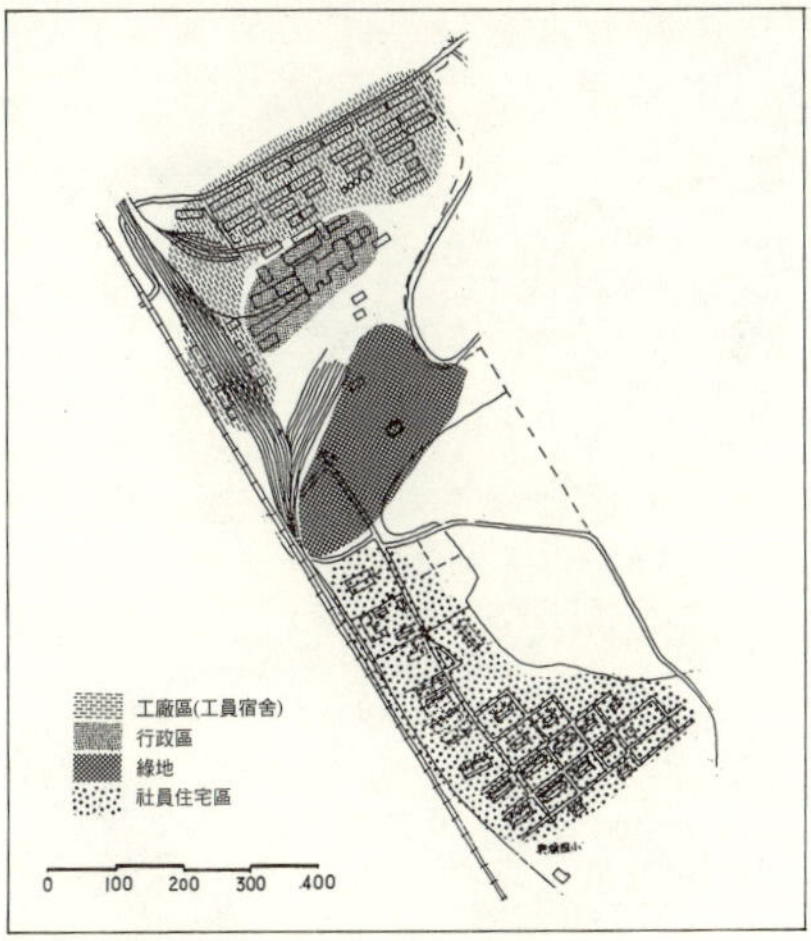

図 4　台湾製糖株式会社高雄工場　敷地図

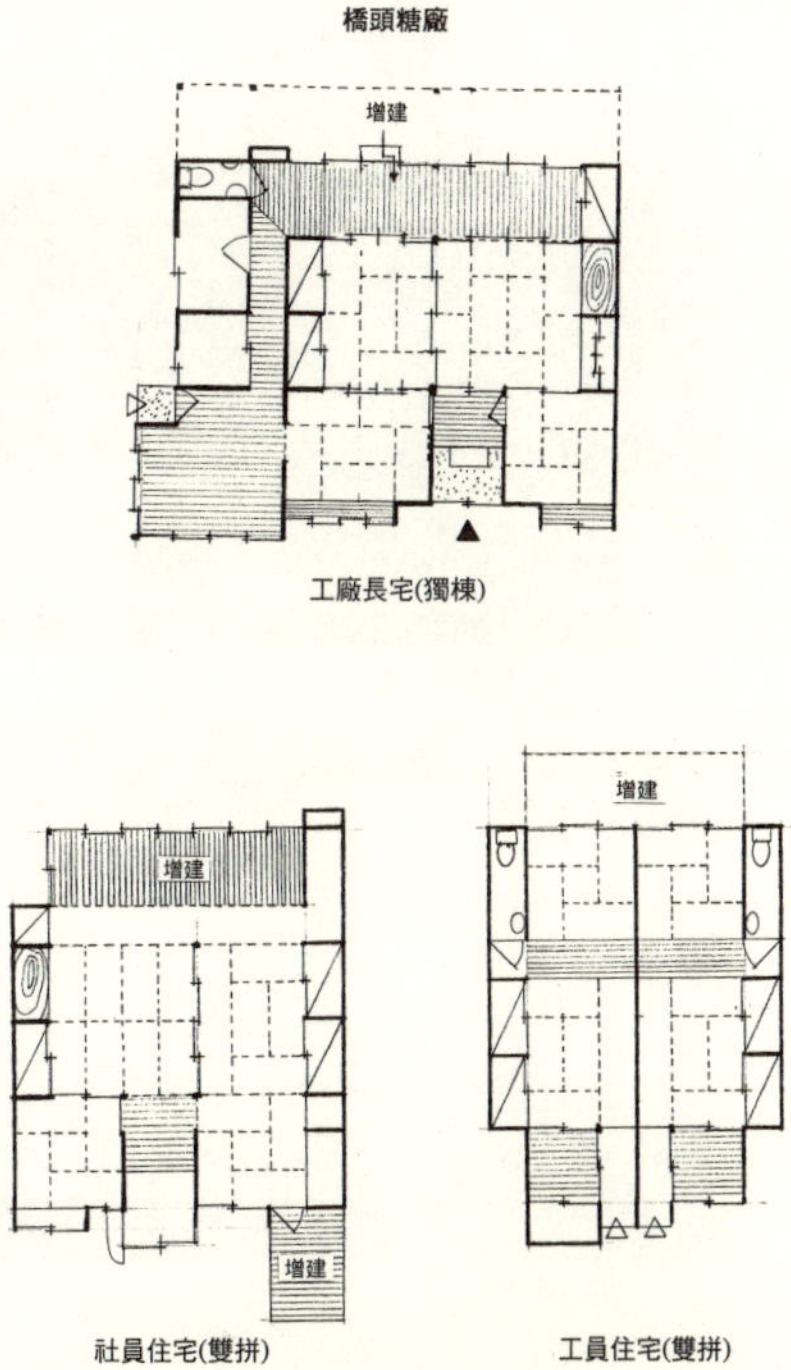

図 5　台湾製糖株式会社橋仔頭工場社宅（1900年設立）

写真５　虎尾製糖工場　倉庫

写真６　同　専用鉄道の橋

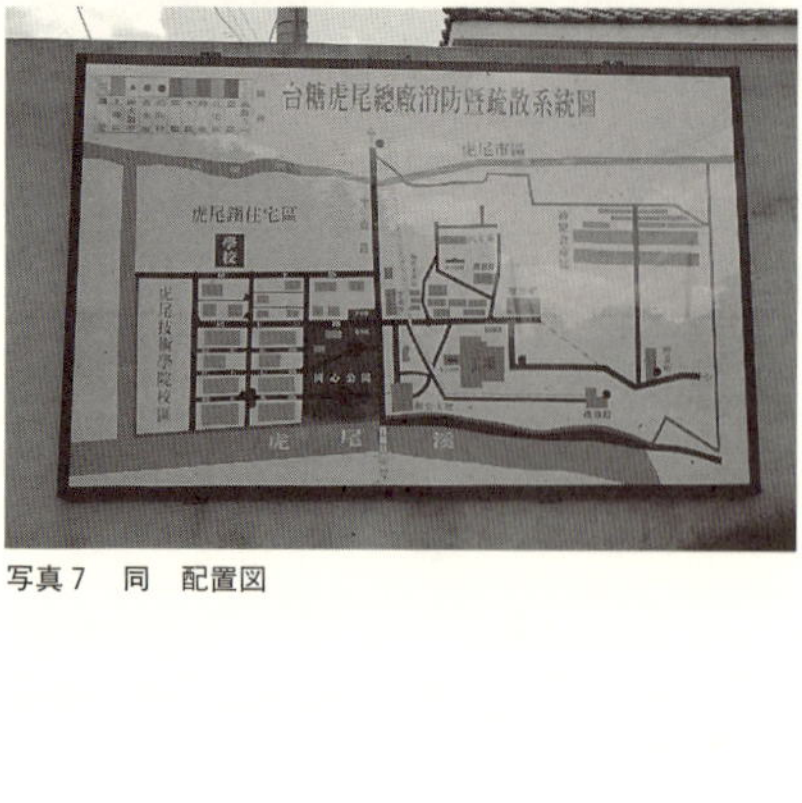

写真７　同　配置図

写真１　台湾製糖大林製糖工場

写真２　同事務棟

写真３　同理髪部

写真４　同慰霊碑

写真 8　虎尾製糖工場　旧駅舎

写真 9　同　事務棟

写真10　同　社宅

写真11　同　出張者用宿舎　玄関

写真12　同　出張者用宿舎　応接室

写真13　同　出張者用宿舎　応接室廻り縁

写真14　同　出張者用宿舎　湿気除けのための高床

生活に必要な雑貨店、理髪店、集会場などの施設があり、これらは、工場で働く日本人の日常生活を満足させるものとしてつくられていたが、周辺の住民や台湾人の工員から見ると、一種の租界のような場所になっていた。さらに、製糖工場は昭和天皇の皇太子時代の台湾巡幸対象の重点地区にされていたため、各工場とも皇太子の休憩所や宿泊所として、施設がより強化改善されたことなどもあり、社宅区の租界的性格はより一層強くなった。

台湾糖業公司花蓮糖廠

台湾糖業公司花蓮糖廠は、台湾製糖業の中でも数少ない現在でも稼働している工場である。元の名称は、塩水港製糖株式会社花蓮港製糖所である。寿工場、寿酒精工場、大和工場の三つの工場によって成立している。

寿工場は、大正二年（一九一三）に台東拓殖株式会社によって建設され、五〇〇トンの粗糖工場として約三〇万トンの産糖高を有していた。翌大正三年（一九一四）に塩水港製糖会社に継承[*1]され、別に能力四〇石の酒精工場を併置し、寿製糖工場の糖蜜を原料として酒精を製造した。

台東拓殖株式会社は、塩水港製糖会社の系列会社で、台湾東部の開拓に従事していた。東部の未開地に対して多額の資本を投下して、同地の開発に貢献した。のちに、塩水港製糖会社がその事業を継承している。

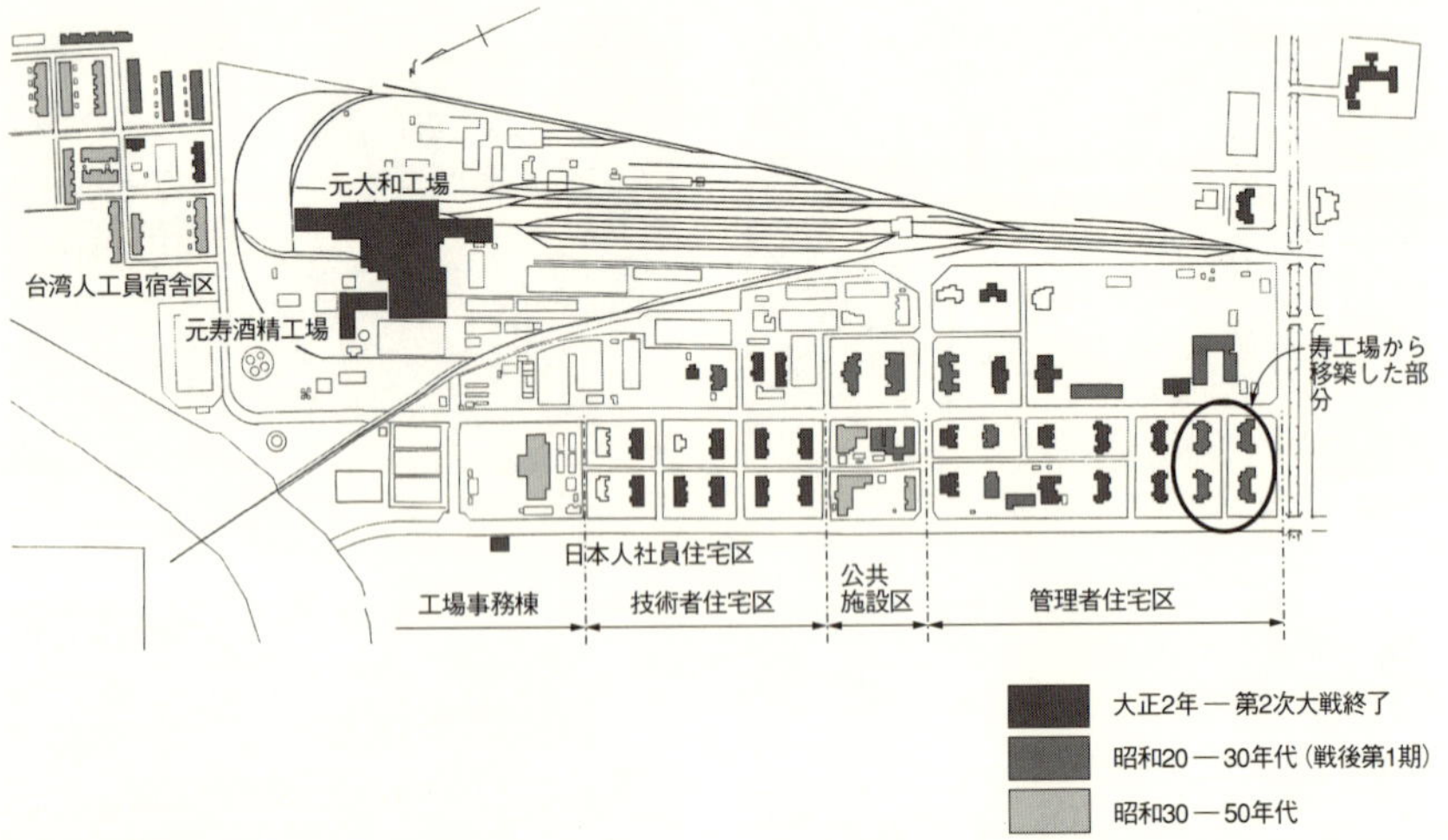

図8　台湾製糖株式会社花連工場　配置図

大和工場は、寿工場が消化しきれない蔗糖原料を利用するために大正九年（一九二〇）に建設された工場で、大正一〇年（一九二一）より製糖を開始している。大和工場は、イギリス人技師の指導による当時最新式の工場で、戦後いちはやく国民党政府により中国の広東省へ移設されたが、寿工場、寿酒精工場は、戦後、他の製糖会社と共に台湾糖業公司に併合され、現在の花蓮糖廠となった。

現在の台湾糖業公司花蓮糖廠は、製糖そのものより、自家製の砂糖を原料として作っているアイスクリームが有名で、花蓮を訪れる観光客もわざわざ製糖工場にアイスクリームを食べるためにやってくる。大型バスで来る団体も多く、工場内に外来者用の飲食の場所が整備されている。

花蓮糖廠は、残り少なくなった台湾の製糖工場の中でも、戦前の原形をかなり留めている工場で、周辺に広がるサトウキビ畑の中に工場を置き、工場の両側に社宅を配置している。また、戦後に大和工場が中国大陸に移設されたため、残された社宅の一部を寿工場の敷地内に移築している（図❶に示した戦後第一期の昭和二〇～三〇年代の建物のうち一番右側の部分がそれに該当する）。図❶からわかるように、製糖工場を中央に、鉄道を畑へ引き込み、その両側に日本人用の社宅（南西側）と台湾人工員用の宿舎（北東側）を配置していた。

工場北東側の台湾人用宿舎は、数年前の火災のため、全て取り壊され、現在残っているのは、工場南西側の旧日本人用の社

写真15　台湾製糖株式会社花蓮工場

写真16　同　旧事務棟

写真17　同　社宅

写真18　同　事務棟

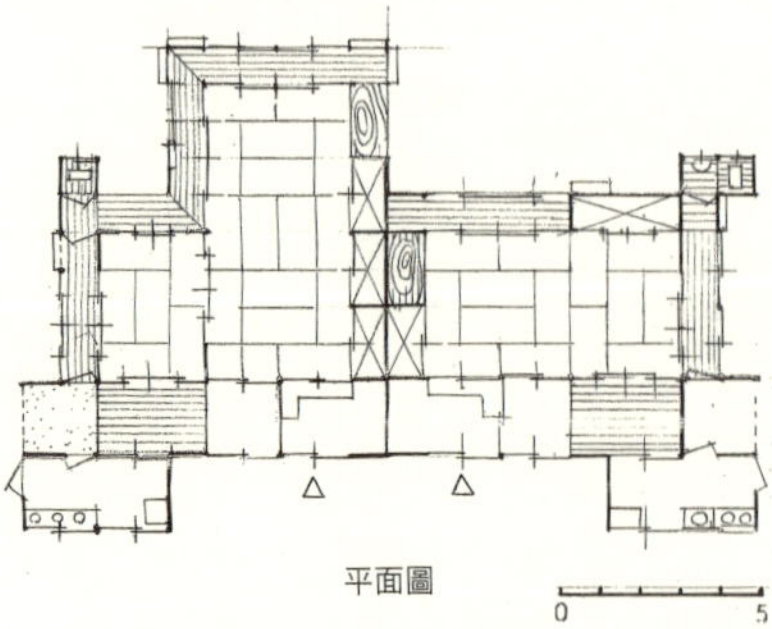

平面圖

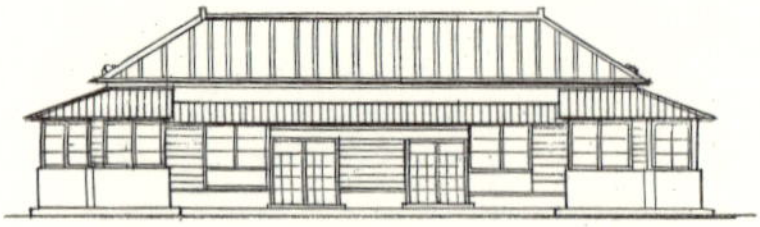

立面圖

図10　同　農場職員宿舍（1926年）

写真19　台湾製糖株式会社花連工場　社宅

大正 11 年 2 月

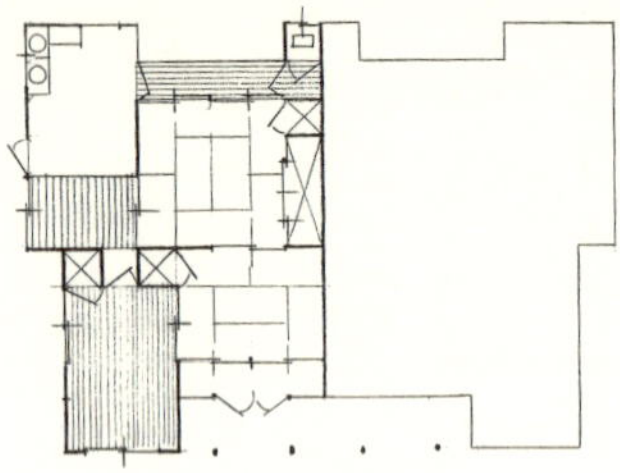

平面圖

立面圖

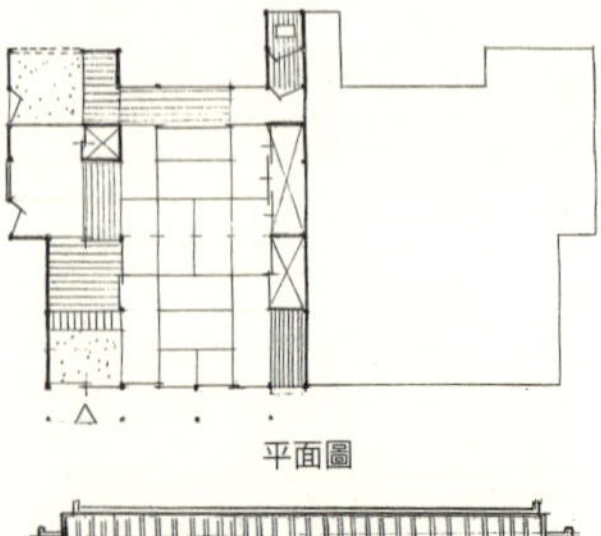

平面圖

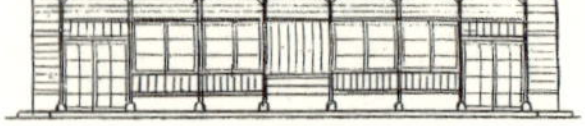

立面圖

図 9　同　職員宿舍（1922年）

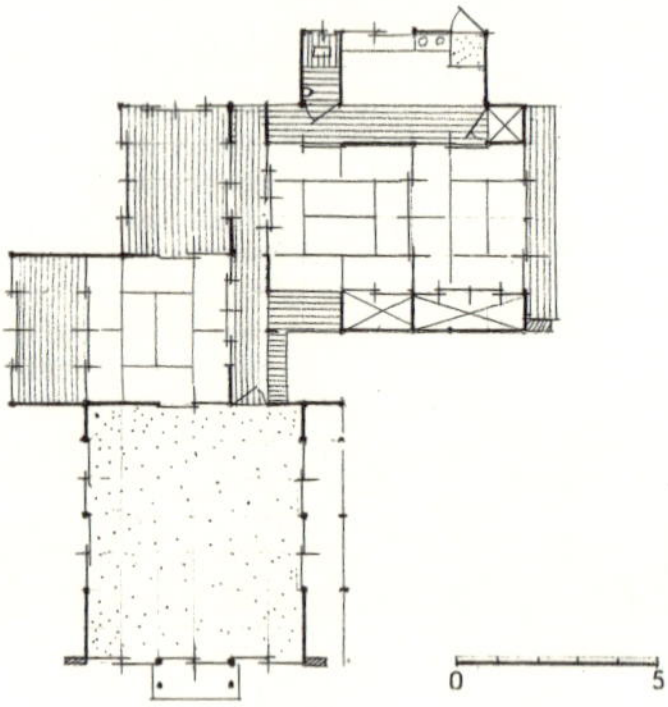

平面圖

立面圖

図11　同　事務室（1935年）

写真20　同　社宅

写真21　同　社宅（長屋）

写真22　同　社宅（長屋）

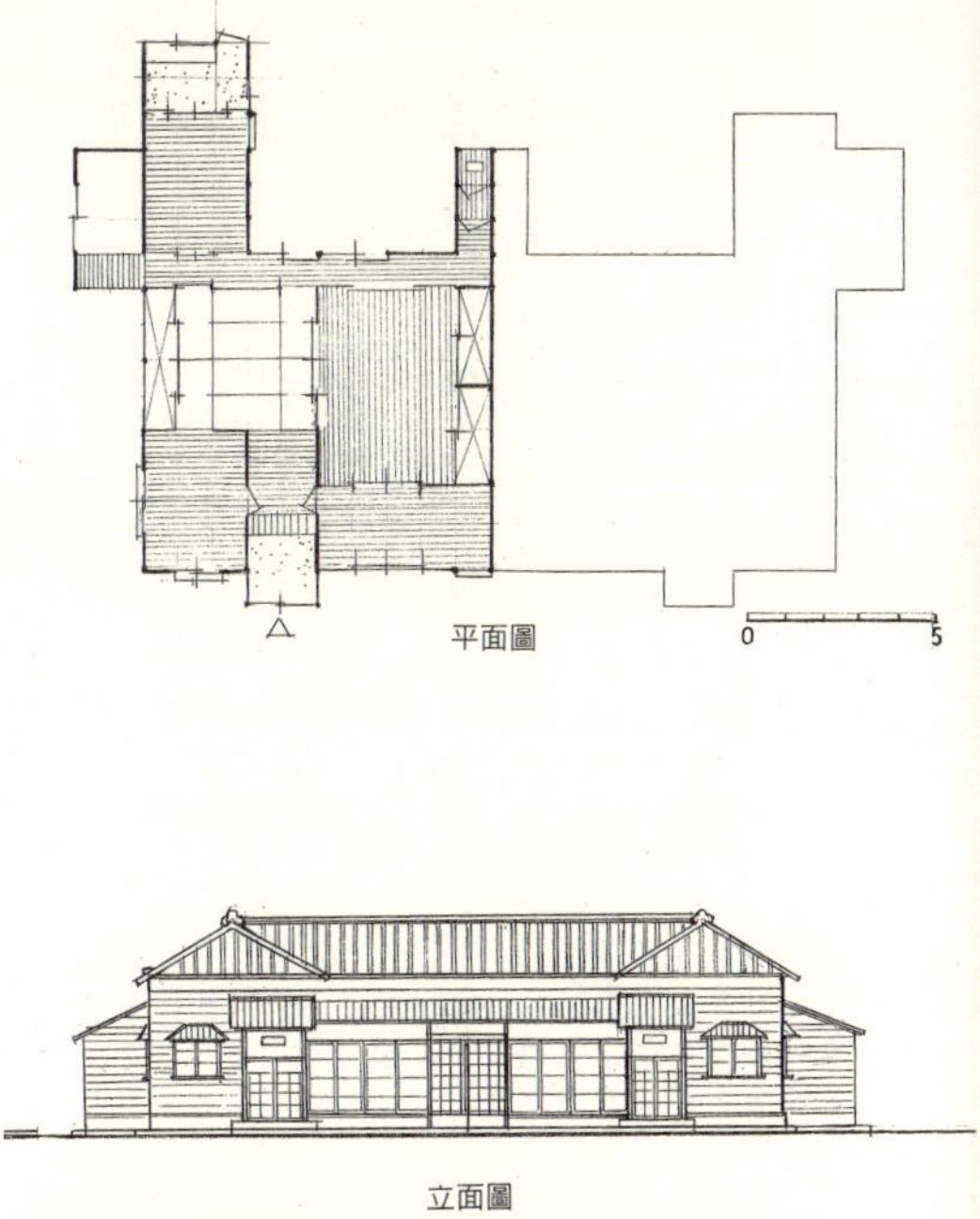

図12　同　職員宿舎（1938年）

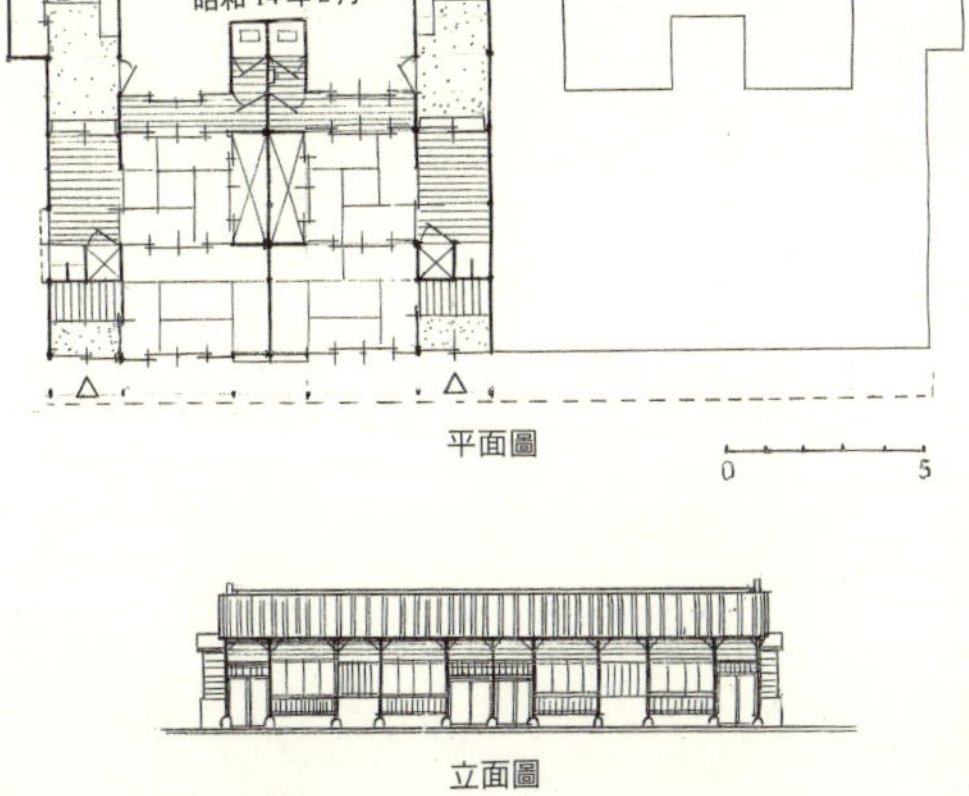

図13　同　職員宿舎（1939年）

宅区のみである。配置図の右側より高級管理職用、中級幹部用社宅さらに日本人技術者用社宅が並んでいる。この南西側社宅区のほぼ中央に公共施設が配置してある。

公共施設には、郵便局をはじめ、売店、診療所、理髪店、美容院、集会場などがあり、ほとんどが日本人専用であった。鉄道をはさんだ側は、日本人専用の小学校が建てられていて、当時この地方唯一の日本人小学校で、花蓮地方で最も生徒数の多い学校であった。ちなみに、当時の台湾人工員の子供は、一・五キロメートルほど離れた町の中にある台湾人用の公立小学校に通学していた。台湾人と日本人は完全に分かれて住んでいたわけで、このような、工場を挟んで日本人用社宅と台湾人用宿舎を二つに分けて配置する方式、また、日本人も職位によって住居配置を分けるという方式は、日本植民地時代の台湾各地の製糖工場に見られた。

むすび

製糖工場の一角の、もう数十年以上を経た大木の林の中や、あるいは樹蔭のある道の両側に沿って建つ社宅は、今、廃屋も含めて急速に荒廃を深めている。人の住む気配がするわずか数棟の住宅には、さまざまな増改築がされているが、今でも昔の面影を残している。この十数年来の台湾全島での大規模開発の影響により、多くの製糖会社の土地は、ニュータウンや大規模都市公園など、新時代の要求に応えた開発用地として提供され続けている。

残された社宅区も次々と高層住宅に建て替えられたり、あるいは維持管理の手間を省くため、直接社員に売却されるなどで、社宅区は、以前のような地位も優雅な住環境も見られなくなりつつある。今残っている製糖工場は、台湾糖業公司の約一三カ所であるが、一九八〇年以後、各工場は、再整備計画を行い、それぞれの配置や空間構成も変化している。但し、基本的な空間構成部分は、まだいく分かが残され、往時の姿が想像できる。これら残された各地の社宅は、少なくとも四分の三世紀を生き抜いてきたもので、昔の糖業にかかわった人々の生活をかいま見せてくれる生き証人でもある。

註

＊1――塩水港製糖会社は、台南の豪商王雪農が明治三六年一二月に資本金三〇万円を出して組合をつくり創立した会社である。主に、台南州の旧塩水港庁下岸内庄に圧搾能力三五〇トンの新式製糖工場を建設した。後に、元の支配人槙哲ほか一五名の発起人により、明治四〇年三月に資本金五〇〇万円の塩水港製糖株式会社を設立し、旧会社の事業を継承した。

29

朝鮮銀行社宅群／ソウル

異文化が積層する旧海外居住地

冨井正憲

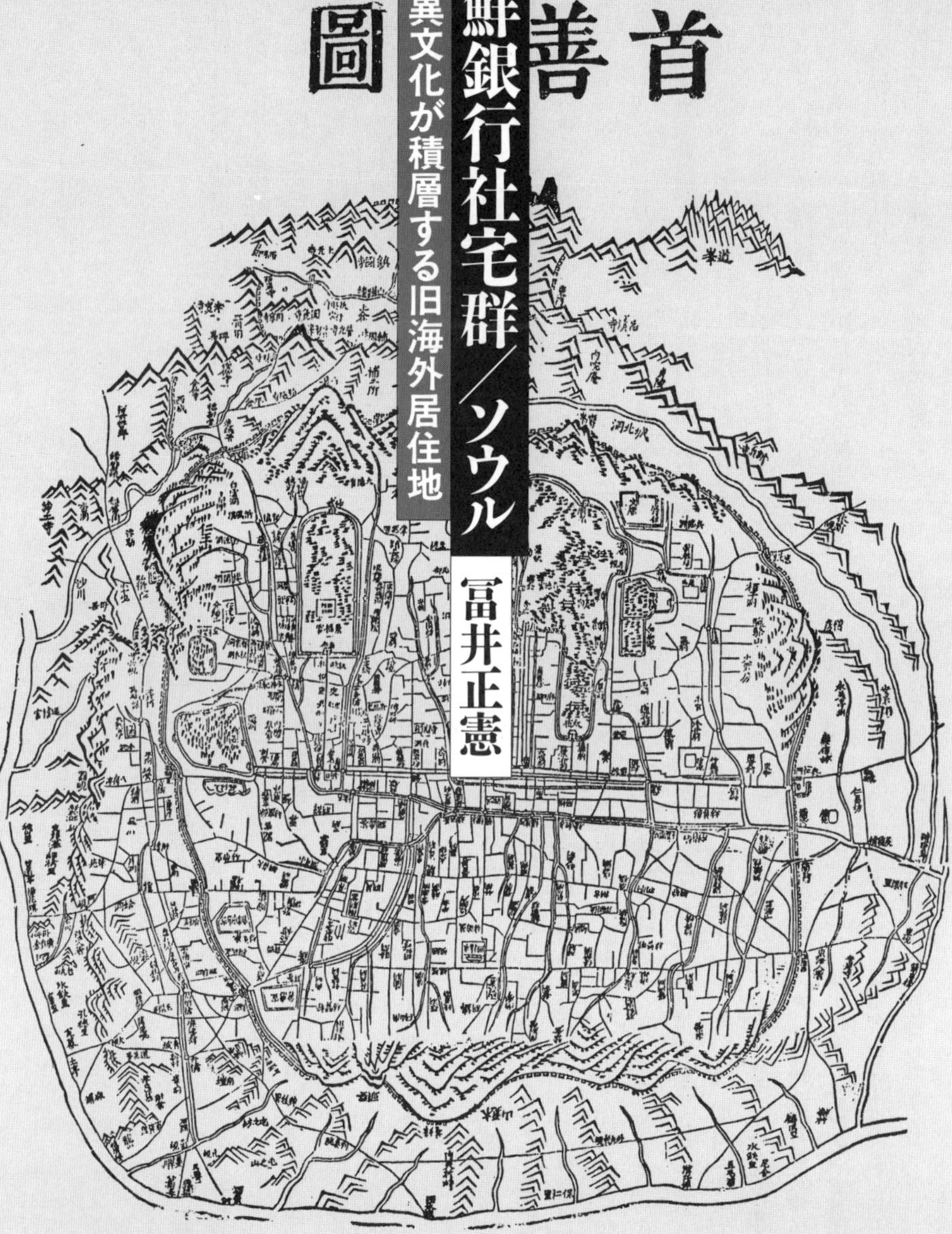

戦前に京城（現ソウル）に計画建設された朝鮮銀行社宅（当時は鮮銀社宅の略称で親しまれていた）を事例として取り上げ、朝鮮半島における郊外住宅地のユートピアの軌跡を辿ってみることにしよう。

始めに朝鮮半島の郊外住宅地と住宅の変遷を概観しながら、その流れのなかにおける朝鮮銀行社宅の位置づけについて概略理解することにしたい。そして次に具体的に朝鮮銀行社宅の住宅地と住宅を取り上げ、計画建設時の内容を詳らかにすると共に、最後に戦後韓国人が住んで半世紀を過ぎた現在の状況を紹介することとしたい。

因みに朝鮮銀行の略歴を先に挙げれば、朝鮮および関東州における中央銀行であった朝鮮銀行は、韓国銀行として設立された一九〇九年（明治四二年）から太平洋戦争終結による閉鎖に至る三六年の間に、朝鮮に京城本店以下二四店、旧満州（中国東北地方）に二六店、シベリアに八店、中国圏内に四〇店、内地に九店、それにニューヨーク出張所とロンドン派遣員事務所を含めて延べ一〇九店の営業網を東アジア一帯に展開した国際的な組織であった。終戦とともに朝鮮銀行は閉鎖され、日本国内の残余財産をもとに一九五七年三月に日本不動産銀行が設立された。[*1] 現在もソウル特別市南大門路三街に史跡として残る石造二階建て二〇三六坪の広さを持つ朝鮮銀行本店（前韓国銀行本店・現博物館）は辰野金吾の設計により大正元年に竣工し、戦後は長く韓国銀行本店として機能した後、現在は貨幣博物館として使われている。

旧植民地時代の住宅と郊外住宅地の変遷

朝鮮王朝の鎖国が解かれて、朝鮮半島に外国人が居住し始めたのは一八七六年に江華条約が結ばれ、仁川・釜山・元山等の港湾都市に租界が設けられた時からである。また、初めて日本人がソウルの城壁内に居住したのは一八八四年（明治一七年）で、日本公使館が開設されるのと時を同じくした。その後、すぐに日本公使館が南山の北面に移されると、この地域一帯を中心にあっという間に日本人街が形成され、終戦まで本町として栄えたのである。

最初に居留した日本人は、もちろん、朝鮮の伝統家屋に住んだが、しばらくして明治末の統監府の時代になると、城内に日本風の住宅を建設し始めた。役人の官舎がそれで、最初の官舎は内地材を使用し、内地で切り刻み、大工共々船積みして仁川に揚陸し、京城まで運び込んで建設したのである。もちろん、こうした苦労の果てに建てられた真壁造の日本家屋は結果として極寒の半島には全く適しなかった。その後、明治末から大正初期になると、総監府関係及び陸軍の官舎を中心に大幅な変化がみられ、両開き窓に化粧目地レンガ造の純洋風官舎が相当数建築された。平面も洋室中心で、僅かに畳敷きの部屋を付属させるに過ぎなかった。こうした洋風官舎の採用はひとえにドイツ教育を受けた寺内初代朝鮮総督の好みに大きく負っていたのである。

その後、大正三年に朝鮮二個師団増設案が採択されると、翌年から大規模な軍人官舎と鉄道官舎が城外に続々と出来、これをきっかけに民間でもぼつぼつと郊外に住宅地が開発され始めた。官舎は和風セメント瓦または人工スレート葺に化粧レンガ積みの洋風スタイルを主流としていた。また木造住宅は外壁横板下見張りを主とした大壁造りが採用された。こうして徐々に極寒猛暑の半島の大陸性気候に合った構造と資材が創意工夫され用いられていった。

同三年一一月に青島が陥落し、ドイツ人経営の各種施設が日本に引き継がれ、その影響で、大正一〇年頃になると青島におけるドイツ人経営の住宅スタイルが次々と満鉄付属地に建設され、一方、アメリカンバンガロースタイルの住宅も日本内地に見られるようになり、これら東と西の両方の間接的な影響が半島にも届いて、赤瓦による和洋折衷の文化住宅が建設され始めたのである。こうした時期の大正一〇年一二月に朝鮮銀行社宅が京城に竣工したのである。一九二二年（大正一一年）には朝鮮建築界の発展向上を目指して、朝鮮在住の建築技術者達が集まって朝鮮建築会が設立され、その組織のなかで朝鮮の気候風土に合った住宅の研究も開始された。大正末になると半島における日本人の人口は四〇万人を超え、年間に約二万人弱ずつ増加し、京城の新築家屋も年間一四〇〇棟を超え、そのうちの約六割が日本家屋であった。

大正末から昭和にかけて半島に次々と重要な施設が竣工し、日本の支配が目前に形として現われてくると、人々の心にも永住への指向が芽生えていった。例えば、朝鮮神宮が大正一四年一〇月ソウル南山に竣工すると、続いて翌昭和元年には鉄筋コンクリート五階建ての朝鮮総督府（元韓国中央庁／前国立博物館／一九九六年一二月取り壊される）が景福宮のなかに、また同じ年に京城府庁（現ソウル特別市庁）がソウルの中心である大平路に竣工したのである。そして昭和五年秋には朝鮮施政二〇周年を記念して、大博覧会が景福宮後庭で開催された。朝鮮在住者は、こうした確固たる建築群に包まれて、植民気分が自然に薄らぎ、永住の気持ちが生まれ、それまでのバラックでは物足りず、永久的な住宅を望むようになったのである。この頃になると役所退官者の実業界への転向者も相次ぎ、内地への帰還者が非常に少なくなった。こうした時世を反映して、朝鮮建築会もそれまでに研究した朝鮮に適応するモデル住宅を博覧会に出品展示し、人々の多大な関心を集めたのである。こうした反響のもとにソウルをはじめとして半島各地に住宅地経営会社が雨後の筍のごとく出現し、競って赤屋根文化住宅の建設を開始したのである。さらにその翌六年に満州事変が勃発し、半島に産業の誘致、工場の建設が開始されると、ますます住宅の新築が盛んとなったのである。日韓併合から三〇年近く経た一九三九年（昭和一四年）には、京城府の総住戸数約一二万戸のうち日本人の住戸数が三万戸にものぼり、京城内のおおよそ四軒に一軒を日本人住宅が占めるまでになっていた。しかしこうした新築ラッシュにもかかわらず慢性的な住宅不足は続き、民間に頼った住宅供給には限りがあるため、昭和一六年に入って総督府は内地に倣い朝鮮住宅営団を設立し、国策による年間五〇〇〇戸、四年間で二万戸の住宅建設を開始した。しかし、すぐに戦時中の物資並びに労働力の不足に直面し、建設は進捗せず、計画は頓挫し、終戦を迎えることになったのである。

戦前における朝鮮半島の郊外住宅地の本格的な開発も満州事変を契機としている。満州事変後、それまでは単なる日本の植民地として、米作を中心とする農業を主産業としていた半島の産業構造に大きな変革が訪れ、朝鮮にも内地と同様に近代的な工業が導入され、朝鮮各都市の近郊には続々と大工場が建設されるようになった。これに伴い、都市人口の急激な増加を招き、一斉に各都市に住宅難が生じ、郊外への急激なスプロール化現象が起こったのである。こうした状況を危惧した朝鮮総督府は、急遽、昭和九年六月二〇日、朝鮮市街地計画令を制定し、幹線道路、下水道、住宅地等の各種都市施設の整備を開始し、土地区画整理事業によって、各都市に近代的な郊外住宅地を誕生させることにしたのである。従って、朝鮮における土地区画整理は、旧市街地の再開発ではなくて、主に新市街地である郊外地を対象とした点に特色があり、郊外の比較的家屋の密集していない場所で、将来市街地または住宅地として利用できる地域が選択指定されたのである。こうして朝鮮各都市の郊外住宅地の開発は、その大部分を、満州事変をきっかけにして土地区画整理事業の開始された昭和一〇年代の前半から本格的にスタートし、半ばにそのピークを迎えたのである。日本時代の土地区画整理事業は京城・仁川・京仁・堤川・扶餘・大田・大邱・釜山・晋州・海州・平壌・鎮南浦・保山・多獅島・新義州・春川・江陵・咸興・元山・羅津・清津・城津・清羅の二三工業都市ほか五四地区に及び、全敷地面積合わせて約一八〇〇万坪が施行されたのである。

こうした朝鮮半島の郊外住宅地の歴史からみると、鮮銀社宅の建設された南山西面の三坂通り住宅地は大正初期からの造成地であり、半島では特に早い時期での開発地であったことが理解できる。

京城三坂通り朝鮮銀行社宅

朝鮮銀行の社宅が建設された三坂通りはソウルの中心から西南の方向、南山の西斜面で旧城壁のすぐ外側に位置する。辰野金吾の設計による朝鮮銀行本店から歩いても通える距離であったし、京城駅からも歩いて六、七分の所であった。もちろん電車も電停「岡崎町」がすぐ近くにあって、交通も至極便利であった。

そもそも「三坂通り」とは、その名の通り、南山の西南麓地域に三つの坂があったことに由来しており、大正三年四月に道庁が京畿道の名称を一斉に決定したときに、朝鮮時代の葛月里

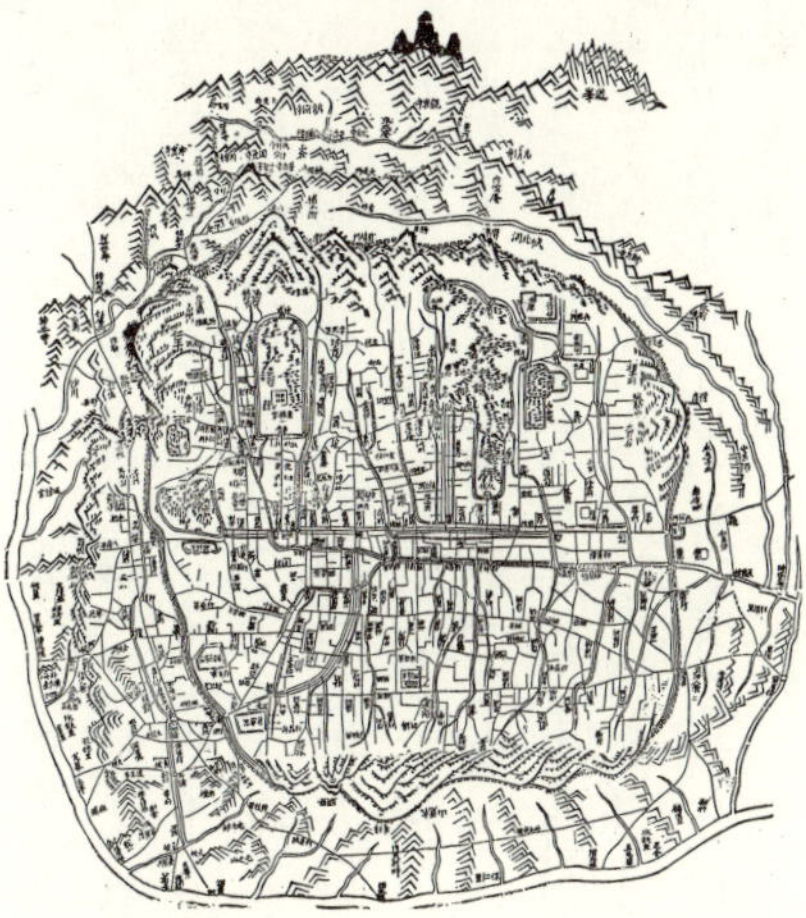

図1　首善全図（1840年代）

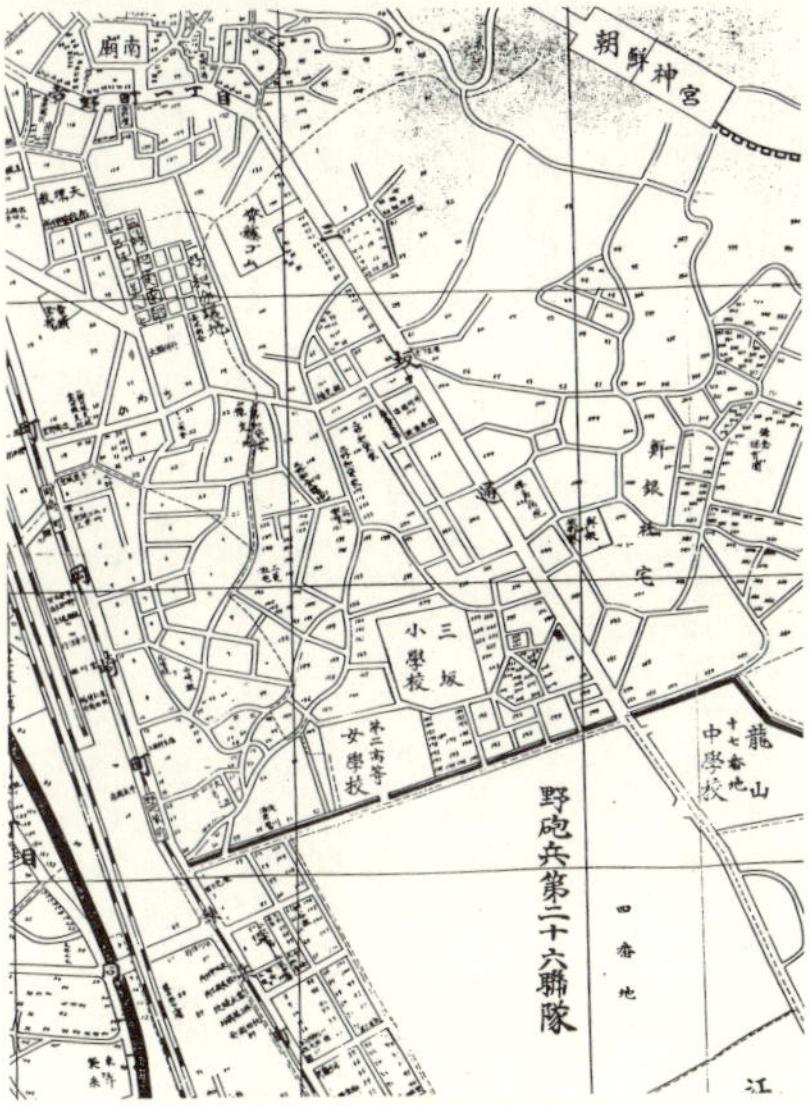

図2　大正初期の京城三坂地域地図

一部、典生洞一帯を合併して「三坂通り」と定めたのである。[*2]

戦前の三坂通り界隈の様子を、三坂小学校（現三光国民学校）卒業生発刊の「三坂倶楽部」（創刊号昭和五四年）から取り上げてみると、

京城の中心から東南の地区にあった、この日本人街は、日本の朝鮮統治がほぼ形をなした大正時代の始めに開かれた町である。東京でいえば世田谷区に似た地区とも云えるが、おそらく、龍山に構成された朝鮮第二〇師団（歩兵・騎兵・野砲等の各連隊）と朝鮮銀行の社宅群の建設が、この町の形成と発展につながったのであろう。今日でこそ「厚岩洞（フアンドン）」という町名を与えられ、昔の家並みをそのまま残した、色褪せた町となっているが、その昔の「三坂通り」は、活気のある、品のいい日本人街としてあった。それは「一旗組」でない、軍隊、会社、役所勤めの人々の住宅地としてあった性格からであろう。この町の真ん中を、太い一本の坂道が走っていた。龍山中学から南廟前までの約一・五キロである。今ごろは、おそらく、プラタナスの並木が緑の大きな葉を風にまかせて揺れているのであろう。少年・純はその一角、朝鮮銀行社宅に生まれた。大正一四年九月のことである。（一九七九年七月二〇日三坂倶楽部創刊号より）

と紹介されている。南山の西南斜面地に位置し、前方に漢江を望む、陽当たり景色共に揃った三坂通りの住環境は、内地の郊外住宅地として発展した東京多摩川の丘陵沿いの田園調布や成城と内容的にも時期的にもぴったりと重なる。近くには先の三坂小学校をはじめ、鎌倉保育園、京城第二高女（現首都女高校）、龍山中学校（現龍山高校）といった教育施設に恵まれ、かつ南山の南の裾野には第二六連隊が駐屯しており、治安の上からも申し分なかったのである。

残念ながら当時の朝鮮銀行社宅住宅地の道路計画や住居の配置計画を厳密に知ることは不可能であるが、その代わりに当時の市内地図や、幼年期を三坂通りで過ごした人々が戦後描いた「タウンマップ」が手元にある。特に手描きの「タウンマップ」はその当時の地域の特徴を他のどんな資料よりも鮮明に我々に伝えてくれる。一本の太い道路が中央を北から南に下っている。これが両歩道にプラタナスの街路樹を持つ三坂通りである。両側には菓子屋、牛乳屋、米屋、寿司屋、中華屋、魚屋、氷屋、豆腐屋、畳屋、飲み屋等の商店や医院、写真館、美容院、郵便局、交番等が並ぶ。鮮銀社宅住宅地はその商店街のちょうど中央右側、商店街を一歩入った南山の西斜面に位置する。住宅地は大きく四つの街区からなり、その四つの街区に囲まれた中央にはシーソーなどの遊具をもつ四角い公園が配置されている。道路は敷地の傾斜に沿って構成されているため、各街区も不整形である。また独身者用アパートはこの四つの街区から南に離れた、別の街区に位置する。ここにはテニスコートと、冬にはスケート場になるスポーツ用地が配置され、敷地内には南山からの川が流れ、桜の木が植えられている。この川のすぐ上流には薬水と呼ばれる美味しい水の出る場所もある。この他にも近くにテニスコートや農園があり、周囲には消防署、教員住宅、映画館、それにちょっと歩けば史蹟の南廟や朝鮮神宮もある。当時のソウルを代表する郊外の文化住宅地であった。そしてこの半島における郊外住宅地開発が海を隔てた内地の成城や田園調布の開発とほぼ同時期に進行していたということは大きな驚きであり、改めて海を渡った当時の人間の並々ならぬ内地への関心を思い知らされるのである。

大正元年、ソウルの中心に朝鮮銀行銀行本店が竣工し、その九年後の大正一〇年一二月に三坂通りに朝鮮銀行社宅が竣工した。設計は朝鮮銀行営繕課であり、その責任者は朝鮮建築会の理事も務める課長の小野二郎と野中技師である。小野二郎はこの社宅の完成後数年にして内地に帰り、東京市の建設部長を経、その後、住宅営団の設立と同時に営団東京支所の所長に就任し、終戦まで国民住宅の建設に専念した。工事の施工は大部分を大倉組が請負った。主構造は鉄筋コンクリートブロック造、屋根は全てフラット・ルーフにアスファルト防水、また暖房は各戸がそれぞれ地下室に専用のボイラーをもつ蒸気暖房（丙型のみは据え付けペーチカ型）完備、開口部は縦長の上下窓、南面にはバ

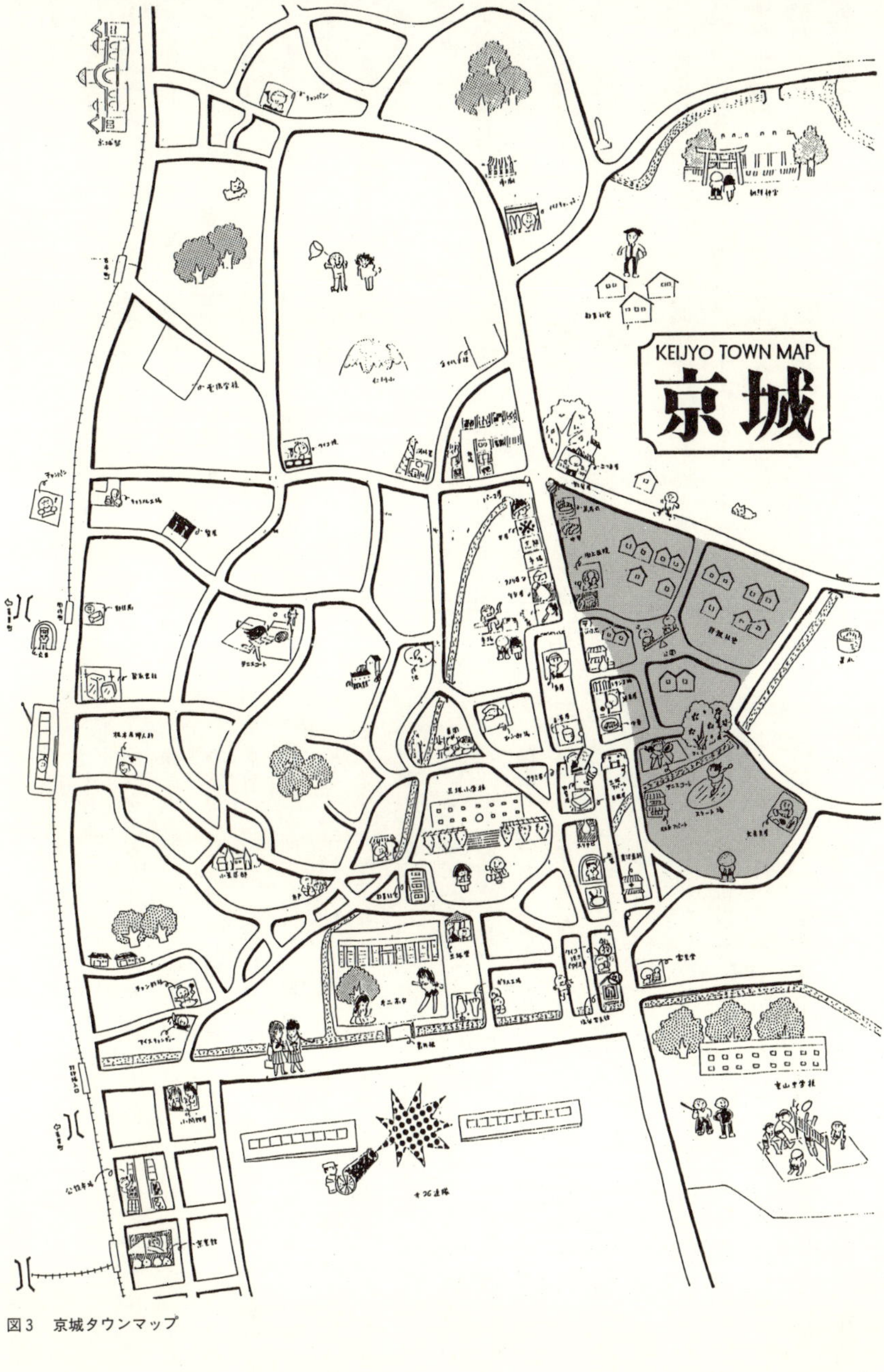

図3　京城タウンマップ

ルコニーの設置、構造、意匠、設備、どれをとっても半島では超モダンな社宅であった。内地における初めての鉄筋ブロック造による集合住宅の建設は、この朝鮮銀行社宅竣工から一年遅れての一九二二年（大正一一年）に横浜市が、一九二三年（大正一二年）に東京市が、それぞれ市営住宅事業の一環として行なったのである。さらに同潤会の鉄筋コンクリートによる不燃化集合住宅第一号はそれよりさらに後の一九二五年の中之郷アパート（大正一四年）からである。これらの当時の内地の建築界の動きと比較してみても、いかに鮮銀社宅の提案が斬新で早かったかが容易に理解できよう。コンクリートの箱のなかは木造で構成され、応接室（大きな二タイプのみ所有）以外の部屋は全て和室からなり、座式スタイルを採用し、二階が客間に充てられている。外観は洋風、内部は和風である。平面は中廊下の形式をとっている。同潤会設立前のこの時代に、朝鮮においてこのような中廊下の平面形式が完璧に計画建設されている事例は、日本の近代住宅の流れの上からも特に注目しておくべき点であろう。

朝鮮銀行社宅は満鉄付属地の住宅に模して温水暖房を採用し、最も小さなタイプのみ据え付けペーチカを用いていたが、この頃の半島の採暖方法は満鉄方面の文化住宅にならい温水暖房を採用するものと、他方それまでの据え付けペーチカが室内の意匠に馴染まず、また夏期にも邪魔になるので、初めて移動式の置きペーチカが出回るようになっていた。また一部では半島伝統のオンドルが採用されたが、畳の部屋や二階部分の採暖には不向きなため、日本家屋には普及しなかったのである。

社宅として計画建設された住宅は二三棟三五戸である。その内訳をみると住宅の種類は銀行内の身分に対応して、部長級、課長級一、二、その他甲号、乙号一、二、丙号の合計七タイプがあり、この他に合宿所がある。床面積は一戸当たり、二六坪から八二坪まで段階化されている。また住戸の形式は部長級と課長級が地下室付きの大きな二階建て一軒家である。甲号は二階建ての二戸一棟、乙号は平屋建ての二戸一棟、両方とも中央の境界壁を共有する。最も小さな丙号は二階建ての集合住宅で一棟四戸からなる。建築にかかった総工費は七二万円ほどである。坪単価でみれば合宿所の二六四円を別にして三〇九円から三四七円の間である。この価格を一九二六年（昭和元年）朝鮮建築会が調査した構造別の住宅建築費（木造が坪一二〇万円から一七〇万円、煉瓦造が一四〇万円から一八五万円、鉄筋コンクリート造が二一五万円から二五〇万円）と比較してみると、木造の二倍以上、同じ鉄筋コンクリート造と比べてもおよそ四割高であり、朝鮮銀行のこの事業にかけた意気込みが窺われるのである。

さて、設計担当責任者であった朝鮮銀行営繕課長小野二郎は、この事業に対してどのようなテーマを掲げていたのであろうか。残念ながらそのことに関する直接の資料は見当たらないが、彼がこの社宅が完成した三年後の大正一二年の『朝鮮と建築』（朝鮮建築会発行）に寄稿した「内鮮融和に対する建築家の使命」

図4　80年の歴史をもつ、旧部長級（右）、課長級（左）の現存住宅。フラットルーフに広い庭の特徴が今日まで続いている。

図5、図6　住宅地内で最も現存率の高い街路風景。高い塀と大門は戦後韓国人が住み手になってから新設された部分。

という論文から、当時の彼の基本的な考え方を推察することができよう。その論文によれば、

> ……朝鮮においてはどうしても防寒建築が、主として研究されなければならない、そのために我々が、建築の設計に当たって、力学的に材料の強弱を考察する以外に、熱学的にも材料を考察する必要がある。内鮮融和の困難ということは、内地人をして朝鮮の土地に親しめることの出来ないことである。朝鮮の気候を楽しむ所の全き風土建築を完成することによって、我々在鮮建築家も内鮮融和の大業の一助をなすことは、最も有意義なことと信ずる。

と語り、在鮮建築家の内鮮融和への貢献は朝鮮の気候風土に合った建築を完成させることによってこそ可能であると熱く説き、防寒建築への真剣な取り組みを訴えかけている。小野二郎はこの文章を残し、この年、東京に引き揚げていったのであるが、ここで彼が掲げていた「防寒建築の追求による朝鮮の理想の風土建築」の実現こそ、鮮銀社宅の最重要テーマであったのである。

こうした朝鮮銀行営繕課の思い切った実験は当時の人々にいかに評価されたのであろうか。直接の住人であった二人の意見に目を向けてみよう。まず始めに朝鮮銀行庶務計主任であった荒木謙吉氏は、

三坂通りに建てられたる我が鮮銀社宅は大体に於いて間取りがよいと思う。殊に平屋建ては最も立派であると思う。二階建てのほうは余り二階に重きを置き過ぎたために、下のほうは少し採光等の具合が悪いように思われる、けれども大体において良いようである。この社宅の材料にブロックを使ってあるが、ブロックというものは住宅には絶対に不向きである。即ち中間が空いておるために、夏は外面から直射する熱を受けてこの空間の空気が熱せられて、室内に及ぼして暑きこと限りなく、冬になれば又その反対に外気によって壁間の空気が冷却せられて、室内のホットウオーターによって生じた水蒸気を還元し、壁がべたべたに湿り、床の間の壁などは落ちてしまうので、それを防ぐためにペンキ様の塗料を塗ったところ、今度は水滴が壁を伝わって流れるという訳で、冬は非常に冷却し、夏はまた暑くて、寒暑ともに甚だ宜しくない。

屋根はバルコニー式になっておるが、これも住宅には不向きで、屋根はやはり尖ったものでなければいけないと思う。それは冬は直接に寒気を受け、夏は日光が直射するので、夏は室内に籠もった空気が熱せられて非常に暑く、冬は室内の温められた空気が、天井に余裕がないために冷えやすく、これ又寒暑ともに甚だ不適当である。

それから採暖用にはホットウオーターを使ってあるが、これは実に贅沢な採暖方法であって、これはスチームボイラーを一ヶ所に置いて、社宅全体に供給するならまだ宜しかろうが、現在の如く個人個人にやっておるのでは非常に高くついて不経済である。ともすれば二階建てなどは一年に七八トンの燃料を要するということである。いかに進歩した学理に適っておるところの衛生的なものであっても、そこに住む人の経済状態を考慮せずに設けられたのでは、折角のよき設備も意味をなさないことになる、そういう点から言えば私はペーチカが最もよいものであろうと思う。……最後に家全体についていうと和洋折衷とは云いながら、外観は殆ど西洋建てになっておる。住宅としてはもう少し和風を加味してほしいと思う。例えば夏の非常に暑いときでも腰窓にしてある為に風が入って来ず、座っておって外の景色を見ることも出来ず、まるで監獄にでも入っておるような感じがする。これは余り冬の設備に重きを置いた結果ではなかろうか。

兎に角前に言った如く間取りとしてはよく出来ておるようであるが、暖房にしろ、その他の設備にしろ、余り感心したものでなく、我々素人の眼から見れば全く零だと言ってよい。要するに外観は中々立派であるが、その割合に内容は甚だよくないのである。[*3]

とその評価は間取りはまずまずとしても、他は寒くて暑くて

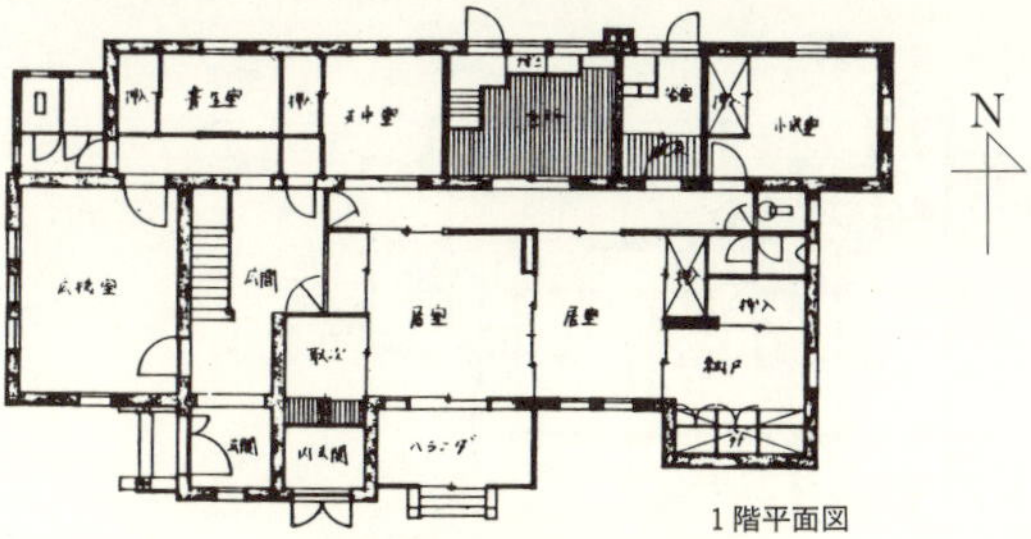

1 階平面図

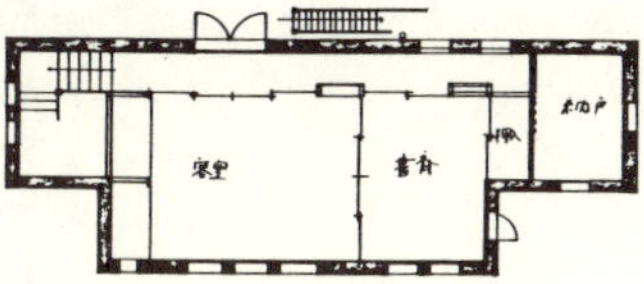

2 階平面図

部長級（戸建）　南立面図

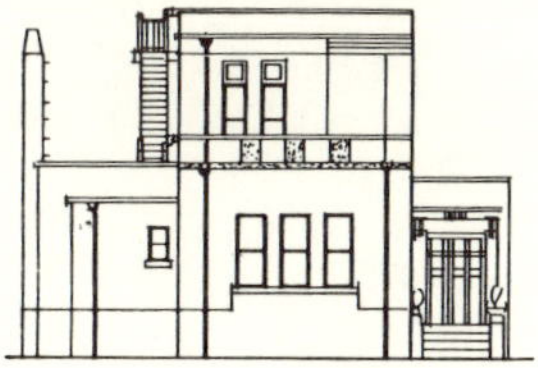

西立面図

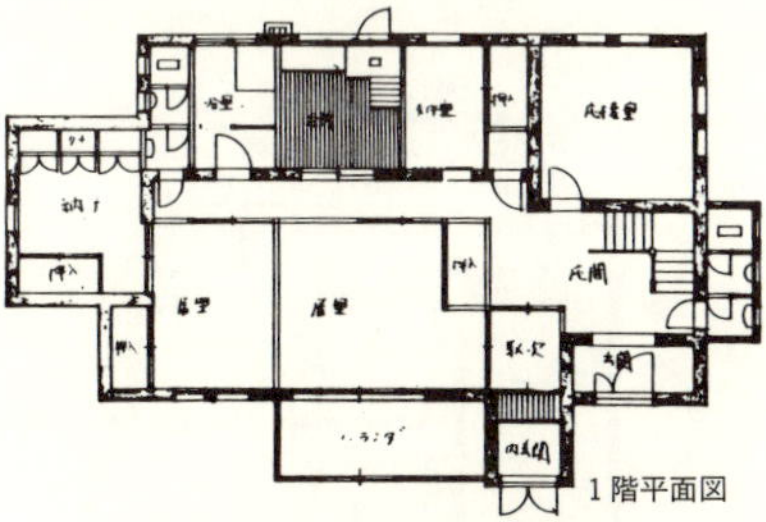

1 階平面図

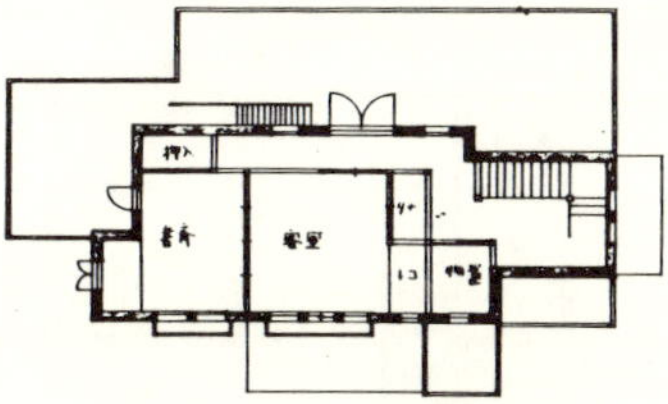

2 階平面図

課長級（戸建）　南立面図

図7　旧課長級現況南立面。フラットルーフに傾配屋根がかけられている。

図8　旧課長級現況北立面。2階バルコニーへの外階段が増設されている。

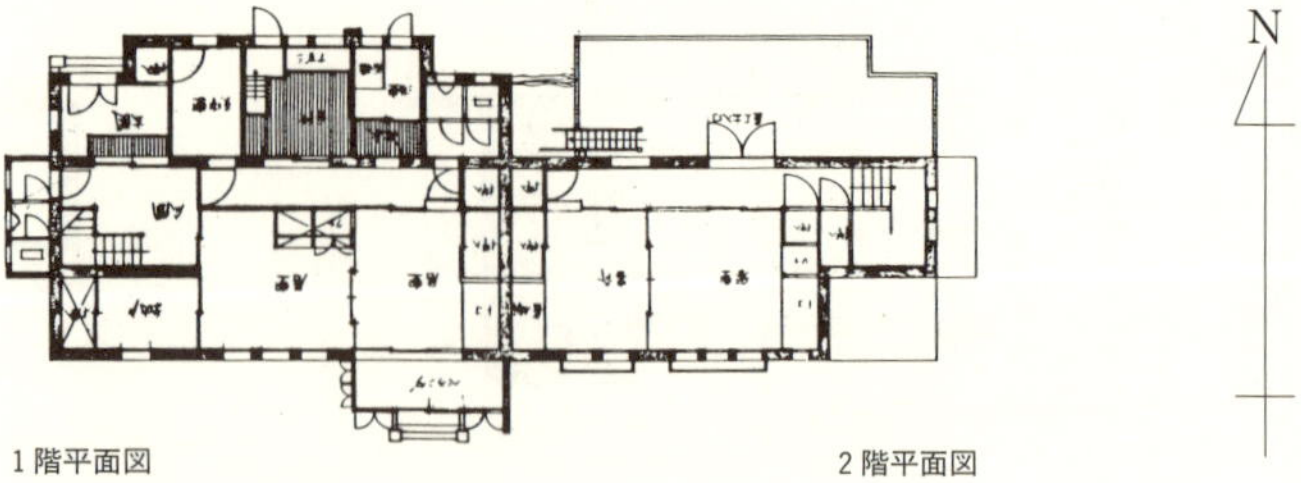

1階平面図　　2階平面図

甲号（2階建2戸／棟）　南立面図

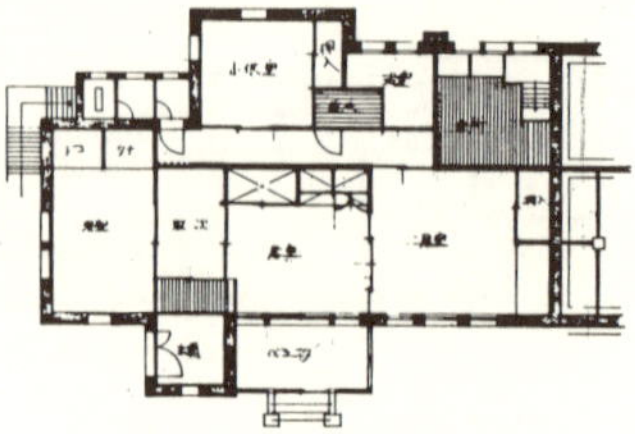

乙号の1（平屋建2戸／棟）　平面図

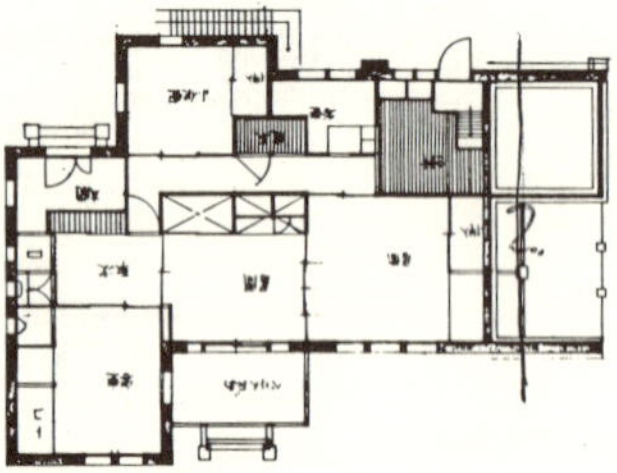

乙号の2（平屋建2戸／棟）　平面図

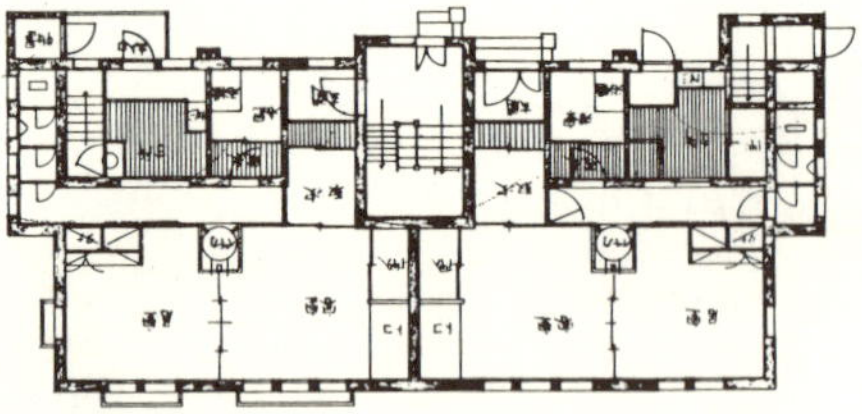

丙号（2階建共同住宅4戸／棟）平面図

社宅別	棟	戸	建坪	2階	地下	延坪数	1棟の工費	坪単価
部長級	3	3	55.37	19.70	7.75	82.82	27735円	334円
課長級の1	6	6	42.66	17.88	5.87	66.41	22370円	337円
課長級の2	3	3	43.70	17.94	5.90	67.54	22382円	337円
甲号	4	8	66.44	34.05	8.30	108.78	35899円	329円
乙号の1	2	4	68.11	——	5.90	74.01	25892円	343円
乙号の2	3	6	62.50	——	5.90	68.40	24223円	347円
丙号	1	4	52.34	51.51	——	103.85	32041円	309円
合宿所	1	1	209.30	205.20	35.20	449.70	118781円	264円
計	23	35	総工費				719941円	

表　三坂通り朝鮮銀行社宅型別一覧表

臭くて非経済的と全く手厳しい。もう一人大きな戸建て住宅に住んでいた国庫課長の井上重禮氏も、

家の広さは各その家族の多少によって一様に行かないことは無論であるが、私どもは家族が少ないので現在住んでおるところは広すぎる位であって、その点は甚だ結構である。……私どもの社宅には温水暖房の施設があって、冬は大変暖かくその恩恵には充分に有難味を感じておるのであるが、唯有難からざることには石炭が非常に多く要ることで、これには少しく閉口しておる。それからもう一つ困ることは、冬分になると練炭や石炭を多量に使用するのであるが、これを台所の地下室に入れるようになっておる為に、無論毎日のことではなく、一週間か十日に一遍ではあるが、石炭や練炭の粉がとんで台所一面が真っ黒になってしまう。これも技術上のことに関すると思うけれども、入口を他に設けるとか何とか他に方法はないものであろうか。朝鮮銀行の社宅のあるところは土地は高燥であり、周りには草花を植えて楽しむような空地も比較的多くあり、建詰まった街のなかに住んでおる人に較べると、その辺は大いに幸福を感じており、冬も割合に温かいように思われるが、あのブロックの壁は冬は兎に角、夏はどうも暑いようであって、外から照りつける日光によって、中の空気が熱せられて、その逃げ場がないのに原因するのでなかろうか、それから夏に暑い原因のもう一つは、屋根を平らにしてアスファルトが敷いてあるので、日光を受ける面が近過ぎるからではないかと思う。以上簡単ではあるが、これらの点について技術者の一考を煩わしたいと思う。[*4]

と前者同様に温水暖房のランニングコストと夏の暑さに閉口している。

ここから窺い知ることができるのは朝鮮銀行営繕課が自信を持って提案した、これぞ朝鮮の風土建築であるべきはずの鮮銀社宅が防寒建築として全く役割を果たしていなかったことを認めないわけにはいかない。当時内地でも見ることの難しかった中廊下型の間取りは割合と評判良く受け入れられているが、他は寒くて暑いコンクリートブロックとフラットルーフ、風通しの悪い縦長窓、快適ではあるが法外なランニングコストのかかる蒸気暖房等、設計者からの斬新で大胆な意匠、材料、構造、採暖の提案はことごとく住み手によって否定され、その評価は厳しいものであり、新しい理念に燃えて設計した実験住宅の難しさを思い知らされる結果に終わったのである。ただし、昨今の韓国の住宅は外側が化粧煉瓦、内側がセメント煉瓦による中間空気層を確保した二重壁の構造が一般的に普及しており、コンクリートブロックの原理を踏襲した風土建築が確立している。

ソウル厚岩洞二四四・二四七番地

一九四五年八月の終戦を境に、朝鮮における日本人のユートピアは全て夢と散った。朝鮮銀行社宅もその例外ではなく、一旦敵産財産として韓国政府の管理後、法人や個人に払い下げが行なわれ、戦後は韓国人が住んで現在に至っている。

三坂通りは戦後、厚岩洞（フアンドン）と町名を換え、旧朝鮮銀行住宅地は現在厚岩洞二四四番地及び二四七番地と呼ばれている。ソウル駅から南山に向かって五分も坂を登ると、大きなプラタナスの街路樹におおわれた三叉路に出る。ここが旧三坂通りの一番高い場所である。ここから漢江に向かって三〇〇メートルほど下った所に最初の交差点がある。左側は戦前から続く厚岩市場、右側が二四四番地である。

住宅地全体の変容を把握するために再三この街を訪ねてきた。一九九八年の暮れにもこの街を訪ね、戦前の資料を片手に住宅地内を歩き廻り、住人にヒアリングを行ない、一番高い屋上に登って現況のフィールドワークを行なった。全体的な印象としては、戦前の住宅地の雰囲気が今も継続している感を強く受けた。昭和八年の地図と比べると道路の形状と四つの街区は全く変わっていないし、他の住宅地に比べ圧倒的に緑が多く、各敷地にゆとりがある。大きく変わったのはその四つの街区の中央にあった矩形の公園が無くなってしまっていることである。中央公園のあった西一角には、新しく三層の交番が建ち、南側は個人住宅の敷地が大きくはみ出してきて、建設時のスケアーな中央公園は消えてしまって、僅か半分ほどの面積が残り、その一角が公共の駐車スペースになっている。また南山からの小川が流れ、桜の木が植えられ、テニスコートをもち、冬はスケートリンクに充てられた南側の広場も今は消え、僅かに現韓国銀行社宅の中にテニスコートが一面残るのみである。こうした公共空地の消滅はここだけの現象ではなく、他の調査でも幾つも出会った。これは朝鮮戦争の動乱によって土地の形態や所有が一時期無管理状態になったことに大きく起因している。

戦前四つの街区以外に画地割りの行なわれていなかった住宅地は、戦後の払下げにより四街区が合計二六画地に分割された。その後は一九八七年が三〇画地、一九九八年が三二画地と、三〇年間で六画地の増加しか見られず、他の地域に比べると、土地の細分化が進んでいない珍しい地域である。実際、周辺の画地に比較すると各敷地が二～四倍の広さを持つゆとりのある住環境を維持し、各庭には大きな樹木もみられ、緑が多い。

住宅の現存状況を調べてみると、元々は四つの街区に合計二二棟の住宅が建設されていたのであるが、現在は七割のみが残っている。それも注意深く観察しないと見落としてしまうほどに、増改築が激しく行なわれている。建て直した敷地では、個人住宅は二階建てや三階建てであるが、広い道路に面した複合商業建築は五、六階建てとなって、土地の高密度化が窺われる。

最もよく残っている金さんのお宅を訪ねてみたら、そこのご主人は元韓国銀行東京支店長を務めた方であった。この住人に

図11　住宅地の中心に位置した四角の公園の一画には現在三階建の交番が建ち、広場は消滅している。

図９、図10　三坂通りの両側に並んでいたプラタナスの街路樹は、現在まで続いている。

図12　1980年代原岩洞地番入地籍図。周囲に較べ、244区の番画地が一きわ大きいのが目立つ。

韓国銀行関係の人々が多いのは、戦後の払い下げが韓国銀行関係者対象であったことに因っている。この金さんの案内で昔の独身寮の後に建設された現韓国銀行の社宅地内に入ることができた。すでに無くなってしまったと思っていたテニスコートを敷地の一角に見つけたときには感激した。また、金さんとの会話の中で、彼が東京支店長時代に住んでいた田園調布がここの環境と類似していてたいへん気に入っていたという思い出話が、戦前の住人の内地への思い入れと重複して強く印象に残った。古くからこの厚岩洞二四四・二四七番地に住んでいる人達は、ここがその昔、朝鮮銀行社宅の住宅地で、京城の文化住宅地として日本人に人気のあったことをよく知っており、自分たちがこの土地に、今、住んでいることを誇りにしているとのことであった。

昔の郊外住宅地は今はソウルの都心部に組み込まれ、用途も住居専用地域から商業と住居の混合地域になり、土地の高密度化が行なわれている。しかし、当初の基幹構造は変化することなく、継続している。また、残っている住宅の変容を観察すると、内部は中廊下型からマルと呼ばれる居間中心型の伝統平面に改造している例が多いが、外部は周囲に高い塀をめぐらし大門を設けてはいるが、伝統的な中庭型にはせずに、日本的な外庭型をそのまま存続させている。

ソウル厚岩洞二四四・二四七番地には戦前の日本のユートピア、戦後の韓国の伝統的な様式、それに現在の近代化、以上三様の層が混成されている。その歴史的な重層こそがこの住宅地の景観をいつまでも他の住宅地から特異にしているのである。

（文章中、当時の呼称をそのまま用いたことをお断わりしておきます。）

注

＊1――朝鮮銀行史研究会編『朝鮮銀行史』

＊2――『京城府史』五二三頁、五三九頁

＊3――『朝鮮と建築』第六輯第五号、朝鮮建築会官舎舎宅特集、昭和二年五月発行

＊4――同右

＊5――本フィールドワークを一つの契機として、韓国内でも関心が高まり、漢陽大学校建築学科朴勇煥研究室の金榮浩氏が「日帝時代朝鮮銀行舎宅の建築的意味に関する研究」を碩士（修士）学位論文としてまとめ、発表している（一九九九年一二月）。本稿では不明のままで終わっていた型別の配置が明らかにされ、また、取り上げることが不可能であった現況の生活実態調査と、その持続と変化の要因についての詳細な成果が報告されているので、併せて参考としていただきたい。

30

南満洲鉄道社宅群／大連など

曠野の中のユートピア

西澤泰彦

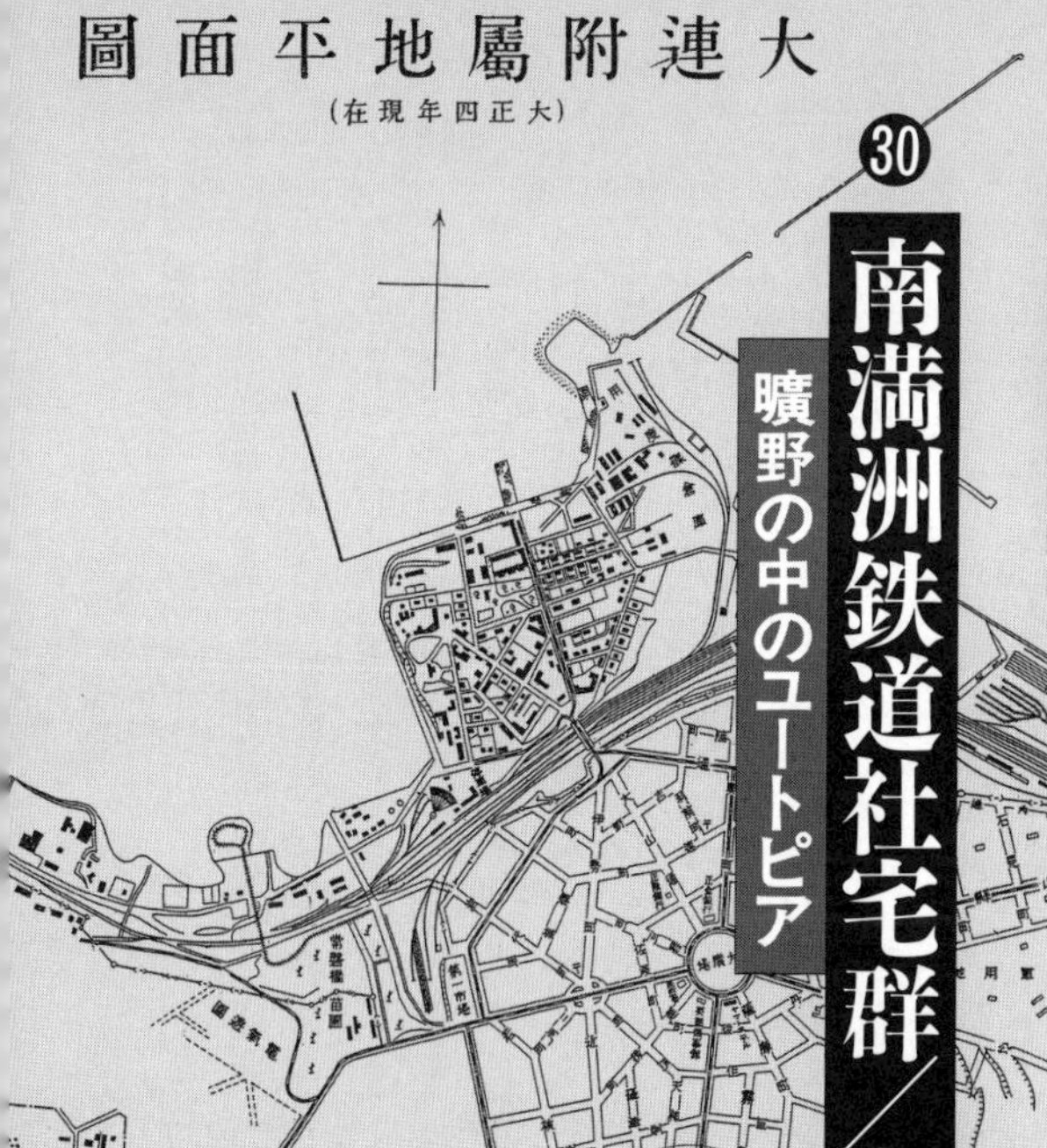

満鉄とは

南満洲鉄道株式会社（満鉄）は、日露戦争の結果、日本が獲得した中国東北地方における権益を行使するため、一九〇六年に設立された半官半民の国策会社である。帝政ロシアから譲渡された大連・旅順〜長春の鉄道経営が表向きの本業だが、その鉄道の沿線に広がる鉄道附属地と呼ばれる半ば植民地化した地域の行政、大連港の経営、撫順炭坑などの鉱山開発、理工学部門の研究開発など、実際の満鉄の業務は複雑多岐で幅広い。

特に重点が置かれたのは鉄道附属地の行政で、奉天や長春など沿線の主要都市では都市計画を行ない、さらに学校、病院、図書館といった公共施設を建設し、消防やゴミ処理というような住民サービスを行なった。その代わり、南満洲鉄道株式会社附属地居住者規約に基づいて、満鉄は鉄道附属地内の住民から公費という名称の実質的な税金を徴収し、行政にかかる費用の一部としていた。満鉄は各鉄道附属地において種々の事業に必要な土地を確保したのち、残りの土地については満鉄が実質的な地主となって民間企業や個人に賃貸あるいは売却していた。したがって、各地の鉄道附属地の建設事業そのものを満鉄による宅地開発とみることもできるが、これについては既往の研究[*1]を参照することとし、本稿では満鉄が社員のために供給した住宅（社宅）について、その特徴を明らかにしてみたい。

満鉄は幅広い事業を行なった巨大組織であるから、社員数も膨大で、満鉄が本社を大連に移した一九〇七年の社員数は約三〇〇〇人。この他に鉄道の保線部門や車両の整備、さらに撫順炭坑など、現業部門には傭人と呼ばれたいわゆる現場労働者が一万余人。本社の大連移転とともに問題となったのは、その膨大な社員を収容する住宅や宿舎の確保である。

最初の社宅確保

満鉄は創業時にすべての社員・傭人に対して住宅の無償供給を約していた[*2]。それは、満鉄の活動地域が異郷の地であったため、日本国内から赴任する社員の便宜を考えれば当然の施策であった。しかし、満鉄本社の大連移転とともに一万三千人余の社員・傭人に住宅を供給することは到底不可能であった。本社の社屋そのものが、大連移転直後の約一年半、旧ダルニー市庁舎を仮社屋として利用していたのと同様に、住宅も急場しのぎに既存家屋を使った。

日本政府は、満鉄の設立にあたり、資本金を二億円とし、その半分の一億円を政府出資としたが、日露戦争の戦費は当時の日本の国家予算の約四倍に相当する一九億円であり、日露戦争後の日本政府の財政は火の車であったため、満鉄に対する政府出資はすべてが現物、すなわち、日露講和条約（ポーツマス条約）に基づいて帝政ロシアから譲渡された土地、建物、鉄道や、日露戦争中に日本軍が建設した建物と鉄道であった。

満鉄が最初に社宅とした建物はそのような帝政ロシアから日本政府に譲渡された建物であった。その数は一四四六棟、延べ面積は三万八八七八坪（約一二万八二九七平方メートル）で、これは日本政府が満鉄に現物出資した建物の棟数で約二九パーセント、延べ床面積で約一八パーセントに相当する。[*3]その多くは帝政ロシアの国策会社であった東清鉄道が社宅として建てた建物（図❶）であるが、日本人が生活するには不都合なことも多かった。例えば、これらの住宅の居室はいずれも洋間であるのは当然だが、畳敷の和室に慣れた日本人はその洋間に畳を持ち込んで敷き詰めた。建物の寸法体系はロシアの寸法体系であるから、日本の寸法体系でできている畳がそのまま持ち込めるはずはなく、また、畳敷の和室となれば座した時の目線は椅子式の洋室よりも低くなり、窓の高さも不都合であった。そこで、畳を部屋の大きさに合わせて切り、一方、畳に座した時の目線の高さを上げるために既存の床の上にもう一枚新たな床を張って畳を敷いた。[*4]満鉄は、こうした不都合をひとつひとつ解決しながら、東清鉄道の社宅を改造して社員に給した。

しかし、このような改造には限界があるし、多数の社員に給する社宅としては、帝政ロシアから譲渡された住宅だけでは数が不足していた。例えば、わずか三坪の部屋に三～四台のベッドを並べて寝起きしたり、地位の低い傭人に至っては約四～五坪の部屋に一五～一六名が雑魚寝する有様で、それは「たこ部屋」であった。満鉄の社史はその状況を当時の客船の最下等の船室に見立てて、「宛然船内三等客室ノ観アリ一度其ノ室ヲ訪ヘハ悪臭紛々鼻ヲ衝テ来ルノ実状」[*5]と記している。このような不都合があっても建設当初から住宅として建てられた建物に入居できた社員は幸運で、中には帝政ロシアの兵舎や厩舎を改造した社宅もあった。それでも大連のように帝政ロシアが建てた既存家屋が存在している都市はまだよかった。満鉄沿線では、設定された鉄道附属地そのものが、原野の真っ只中だったりしたこともあり、鉄道の駅舎が新築されるまでは、既存家屋が皆無な場合もあった。その場合、仮設住宅を急造したり、それも間に合わない場合、貨車にアンペラと呼ばれる敷物を敷き、その貨車に宿泊するという方法が採られた。[*6]

図1　東清鉄道が大連に建設した戸建て住宅（1900年頃竣工）

満鉄の住宅供給政策と標準社宅

このような劣悪な住宅事情を改善するため、満鉄は四つの方法を併用した。ひとつは、会社の資金を投入して積極的に社宅の建設を進めることであり、これは当時、一般に「満鉄社宅」と呼ばれていた。そして、本社を大連に移転した翌年の一九〇八年から、満鉄は社宅の新築に取り掛かったが、到底、入居希望者全員に社宅を給することは不可能であった。そこで、二つ目の施策として一九一〇年から始まったのが民間の賃貸住宅に入居している社員への家賃補助である。満鉄は、この年から、社宅に入居希望しながら社宅が不足していて入居できない社員に対して「住宅料」という名目の手当を給した。

しかし、住宅料の支給は、満鉄創業時の基本理念である全社員への住宅供給には結びつかないので、三つ目の施策として採られたのが「代用社宅」制度である。これは、満鉄が社宅建設の費用負担を軽減するために一九一一年から始めた制度であり、民間の不動産業者などが建設した住宅を満鉄が借り上げて社宅とするものであった。満鉄ではこれを代用社宅と呼んだが、「代用」といってもそれは仮設的な建築ではなく、「満鉄社宅の代わりをなす住宅」という意味であり、規模や質が満鉄社宅に対して劣るものではなく、満鉄社宅を補完する存在であった。[*7] しかし、実際には全社宅に占める代用社宅の割合は年を追って増加し（表❶）、満鉄創業時の目標であった社員全員への住宅供給は、代用社宅無しには成立しないことを示していた。それは本来ならば代用社宅の建設を行なう民間企業がその設計を行なうのにもかかわらず、後には満鉄の建築組織（工事課）が自ら代用社宅を設計していたことからも、その状況がうかがえよう。

このように満鉄の社宅建設は満鉄の当初の目論みから大きく外れたものであった。その主因は、そもそも一万人余の社員・傭人すべてに対して住宅を供給するという目標そのものが遠大なものであり、現実性を欠いていたことと、その後の度重なる事業の拡大が社員の増大を誘発し、社宅建設がそれに追い付かなかったことである。創業時の目標であった「社員全員への住宅供給」は画餅であったといえよう。

一方、第一次世界大戦直後の一九一九年からは大連、奉天といった主要都市で住宅不足が深刻化し、社会問題となった。この時、四つ目の施策として満鉄が採った住宅供給の手法は、社員を組合員とする住宅組合の設立であった。後述する共栄住宅組合はその代表例である。

このように満鉄の住宅供給政策は、当初、目標を達成するには不完全なものであった。しかし、満鉄は社員の身分と住宅の質を連動させた住宅供給を行ない、日本国内の企業に先立って社宅供給システムを確立した。満鉄は、職制に応じて社員（職員と雇員に細分）・傭人（後に傭員と呼ばれた）を六段階に分け、それぞれに応じた規模と質の住宅を供給することを基本とした。住宅は「（満鉄）標準社宅」と称され、特甲・甲・乙・丙・丁・戊型（種）の六種類が計画された。この六種類が、職制による社員・傭人の階級に相当しており、部局長クラスの幹部社員は特甲型、課長クラスの社員は甲型、普通の社員は乙型、若い社員は丙型、日本人の傭人は丁型、中国人や朝鮮人を中心とした日本人以外の傭人は戊型という具合であった。*8

　このような分類は、単に延床面積や部屋数といった住宅の規模によるものではなく、住戸形式、暖房設備、浴室の有無といった差異も反映していた（表❷❸）。例えば、住戸形式については、庭付き戸建て住宅（detached house）がもっとも高級であり、これは特甲・甲種（図❷）にしか用いられない。その次の段階は、「二戸一」と呼ばれるセミ・ディタッチド・ハウス（semi-detached house）であり、以下、四戸で一棟を構成するテラスハウス（terrace house）、さらに八〜一二戸で二階建ての住棟一棟を構成するフラット（flat）という具合に階級が下がっていく。

　また、満鉄沿線はいずれも日本国内に比べて冬の寒さの厳しいところが多く、暖房設備の差異は、住宅の質に格差を付ける上で重要な役割を果たした。当初、社宅の暖房はペチカが主であり、中国人・朝鮮人用の戊型がオンドルであったが、時代が下って一九一九年には温水式暖房が特甲・甲型に採用され、暖房方式は三種類となった。ただし、後述の如く、撫順炭坑の社宅では建設当初から一街区に一基のボイラー場を備えた蒸気式による地域暖房が行なわれていた。

　浴室については設置の割合が低く、当初は、特甲・甲種の二

	社宅	代用(A)	合計(B)	A÷B	住宅料	社員数
1907年	1,446戸	−	1,446戸	−	−	13,217人
1917年	8,775戸	1,280戸	10,055戸	12.7%	3,805人	30,302人
1927年	11,323戸	3,062戸	14,385戸	21.3%	8,739人	35,167人
1937年	12,645戸	5,654戸	18,299戸	30.9%	12,610人	116,293人

注：『南満洲鉄道株式会社十年史』『南満洲鉄道株式会社第三次十年史』を基に作成。「代用」は代用社宅戸数を示す。A÷Bは、社宅と代用社宅の総数に対する代用社宅の百分比。「住宅料」は住宅料受給者数を示す。住宅料の支給は1910年から、代用社宅制度は1911年から開始。

表１　社宅戸数・代用社宅戸数、住宅料金受給者数の変遷

年度／種別	延面積	居室数	暖房	浴	台所	形式
1912／甲	94.21㎡	4	ペチカ	有	9.82	SDH1
乙	70.00	3	ペチカ	無	9.61	SDH1
丙	40.00	2	ペチカ	無	6.00	SDH1
丁	34.44	2	ペチカ	無	6.00	TH1
1914／甲	87.71㎡	4	ペチカ	有	9.99	SDH1
乙ノ一	69.42	3	ペチカ	無	11.41	SDH1
丙ノ一	51.66	2	ペチカ	無	6.72	SDH1
丁ノ一	30.10	2	ペチカ	無	6.17	TH1
1919／特甲	221.52㎡	5[3+2]	温水	有	10.14	DH2
甲	135.34	5[4+1]	温水	有	11.49	DH1
甲	94.85	3	温水	有	9.00	SDH2
乙ノ一	70.74	3	ペチカ	無	9.60	SDH1
丙	43.77	2	?	無	5.48	FL2
丙ノ一	52.00	2	ペチカ	無	7.04	SDH1
丁ノ一	33.06	2	ペチカ	無	6.27	TH1
1921／甲	94.27㎡	4	温水	有	7.80	SDH2
甲	125.77	5[4+1]	ペチカ	有	8.12	SDH1
乙	70.91	3	ペチカ	無	6.00	FL2
乙ノ一	69.78	3	ペチカ	無	9.51	SDH1
丙・両端	53.31	2	ペチカ	無	6.54	FL2
丙・中央	52.59	2	ペチカ	無	6.54	FL2
丙ノ一	52.44	2	ペチカ	無	6.99	SDH1
丁・両端	35.55	2	ペチカ	無	6.06	TH2
丁・中央	35.24	2	ペチカ	無	6.06	TH2
1922／特甲	313.92㎡	6[5+1]	温水	有	14.13	DH2
甲	100.07	4	ペチカ	有	11.76	DH1
乙	70.91	3	ペチカ	有	8.48	TH2
丙	63.16	3	ペチカ	無	7.77	TH2
丁	49.22	2	ペチカ	無	4.95	TH2

注：『満鉄標準社宅平面図集』掲載の平面図を基に西澤泰彦が作成。居室数の[　]内は和室数＋洋室数を示し、[　]のないものは全て和室。「浴」は浴室の有無を示す。台所は台所面積(㎡)を示す。「形式」は住戸形式を示し、DH;detached house、SDH;semi-detached house、TH:terrace house、FL:flat、を示す。

表２　『満鉄標準社宅平面図』に示された各種住宅の比較

種別	延床面積	居室規模	他の部屋	暖房	浴	貸与標準基準
特甲	183.20㎡	10+8+6+6+3	応接＋食堂	温水	有	月給250円以上
甲	164.35㎡	8+8+6+6+3	応接＋食堂	温水	有	月給150円以上
乙	113.20㎡	8+8+6+4･5+2	なし	ペチカ	有	月給100円以上
丙	63.80㎡	8+6+4･5+2	なし	ペチカ	共	月給100円未満
丁	55.28㎡	6+4･5+4･5+2	なし	ペチカ	共	日本人雇員・傭員
戊	21.43㎡	（オンドル１）	なし	オンドル	−	中国人雇員・傭員

注：「社有社宅標準規格並貸与標準」（『南満洲鉄道株式会社第三次十年史』138頁）を基に作成。居室(和室)規模は畳数で、「4･5」は４畳半。「浴」は浴室の有無で、「共」は共同浴場利用。戊種社宅の浴室については未記載。

表３　1934年制定の社宅標準規格

大正十三年　甲	
階下	123.06
階上	50.94
延坪	174.00
面積	123.06

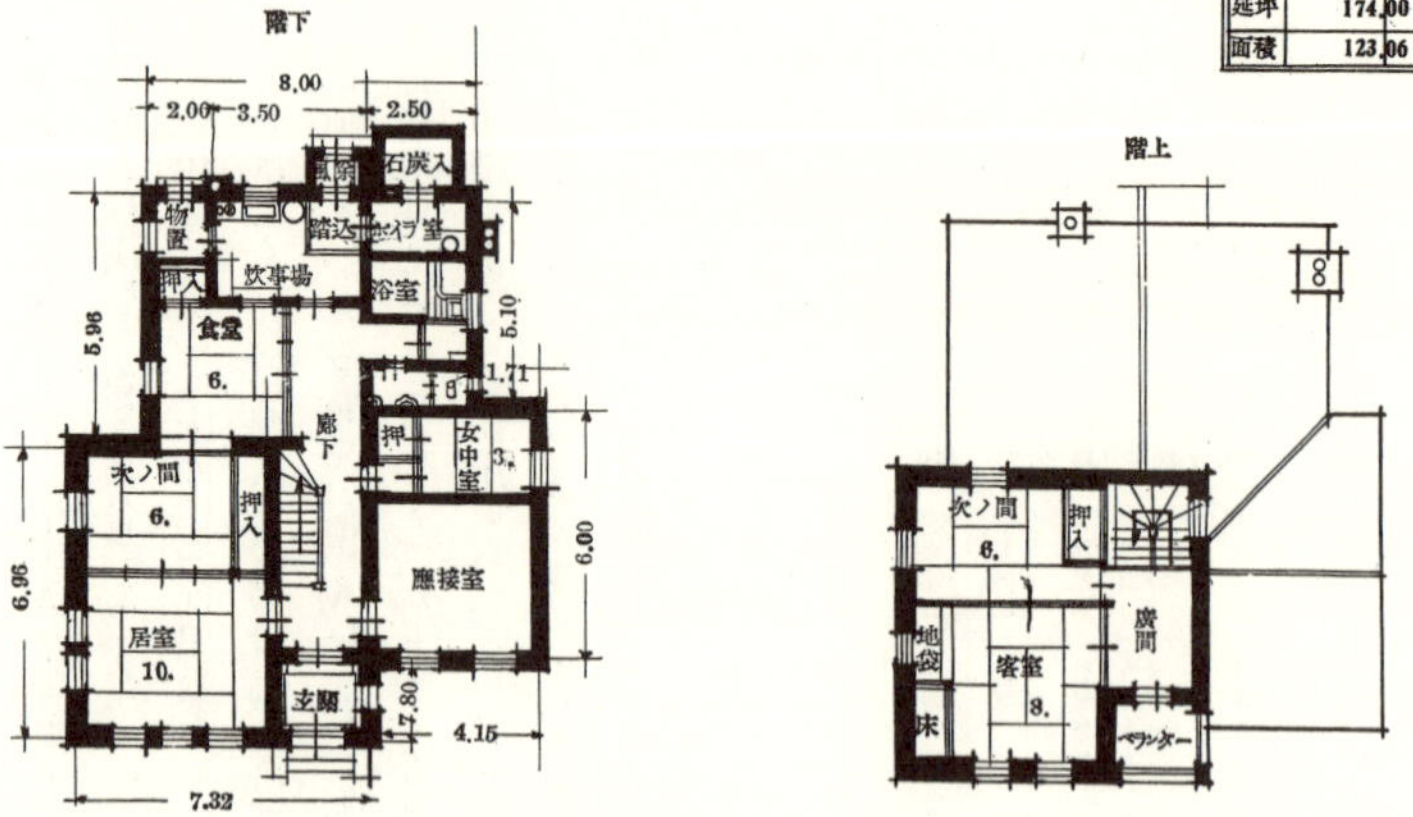

図2　戸建て住宅として建てられた満鉄の甲種標準社宅平面図（1924年）

種類にしか浴室は設けられておらず、乙種以下の住宅の住人はいずれも共同浴場を使用していた。後に乙種にも浴室付きの社宅が建てられるが、それは一九三一年の蘇家屯に建てられた社宅からである。

以下、具体的な社宅建設の事例として、最初の新築社宅であった大連近江町社宅、炭坑経営の必要から大量の社宅が集中的に建てられた撫順炭坑（炭砿）、代用社宅の事例として一九三〇年代の奉天の代用社宅、の三事例を通して、満鉄による住宅供給と住宅地整備の手法を論じ、さらに、満鉄社員の住宅組合による宅地開発の事例として大連共栄住宅を取り上げる。

最初の新築社宅―大連近江町社宅

最初に新築された満鉄社宅は大連近江町社宅、大連埠頭宿舎、撫順炭坑宿舎である。もっとも大規模に建設されたのは、大連近江町社宅である。

当時、大連の近江町と呼ばれた地域は、大連の中心地である大広場から南に向かって緩やかに上る丘陵地の一部である。この丘陵地は南に山（南山）を背負い、北には大連港を臨む北斜面に位置している。日当たりを気にする日本人にとって、北斜面は住宅地としては適地とは言えないが、この地は旧ダルニー市庁舎から旧ダルニー商業学校跡地に移転してくる予定の満鉄本社まで徒歩で一〇分とかからぬ位置であり、大連の中心地となる予定の大広場まで数分の距離であった。北斜面であること

図３　南山より見た満鉄大連近江町社宅の全景（1908年竣工）、写真右手に甲種社宅、中央と左手に乙種・丙種社宅。写真中央奥には建設中の横浜正金銀行大連支店が見える。

図６　竣工時の満鉄大連近江町乙種社宅

図５　竣工時の満鉄大連近江町甲種社宅

を除けば、満鉄の社宅としては申し分ない敷地であった。

しかし、この地に満鉄が所有していた土地はわずかに六五〇坪であったため、満鉄は関東都督府民政部所有の土地一万三五〇坪を借入れ、合計一万一〇〇〇坪の土地に二八棟、二四四戸の社宅を建設した（図❸❹）。工事は満鉄本社が大連に移転した七カ月後の一九〇七年一一月から始まり、翌年一二月に竣工した。[9] 建物はすべて煉瓦造二階建て（屋根裏部屋あり）、一街区に四～六棟が配され、一棟に四～一二戸を収めた低層集合住宅である（図❺❻）。外観は赤煉瓦剥出しではないが、クイーン・アン様式の簡素な外観で、どの棟にも玄関上のゲーブルには満鉄の社章をアール・ヌーヴォー様式にデザインした装飾が施されている。

このうち、一棟に四戸を収めた甲種は六棟あるが、外観から判断すると一戸には居室が三間あったと推定される。一方、乙種の方は居室が二間であったと推察される。いずれも外観を見るかぎり、二〇世紀初頭、ロンドンをはじめとしたイギリス諸都市の郊外に建てられていったテラスハウスを手本としていると考えられる。設計を担当したのは当時の満鉄の建築組織でナンバー・ツーの地位にいた太田毅（一八七六～一九一一）といわれる。[10] 太田は海外渡航の経験がないため、実際にイギリスのテラスハウスや低層のフラットを見たことはなかったが、この近江町社宅の出来栄えを見ると、太田がイギリスの集合住宅の情報を得ていたことは疑いの余地はないであろう。そして、この

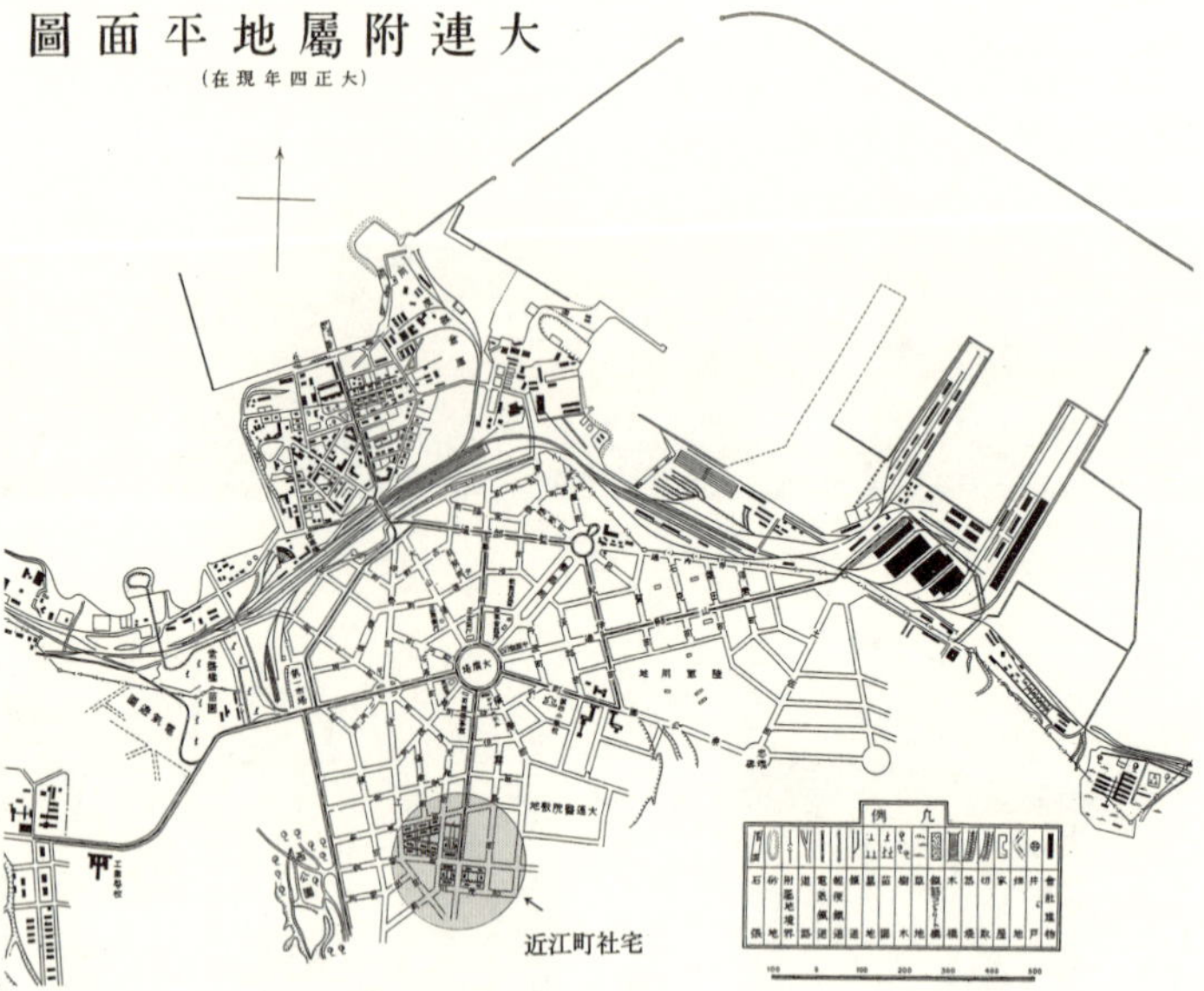

図４　満鉄大連近江町社宅の位置（地図中央下の円内）

近江町社宅を日本を含む東アジア地域で最初の低層集合住宅として設計した。竣工の一年後、一九〇九年一二月に工事概要を載せた『建築雑誌』[*11]は「満洲に於ける一名物または成績のよい事業の一つ」と評価した。

一方、敷地と建物の配置について見ると、建物の新築以前に街路は決定されており、建物の配置は街路と街区の形状・大きさを考慮しなければならず、制約が大きかった。

天神町通りより東側の三街区は、西側の街区に比べて小さく、これらの街区では、各建物がいずれも方位とは無関係に建物の正面を街路に面して建てられており、そのため街区の中では背中合わせに建てられている。これは、イギリスの一般的なテラスハウスと同じ配置であるが、街区の比較的大きな壱岐町・対馬町・近江町・天神町の各通りに囲まれたブロックでは、壱岐町通りと対馬町通りに平行な私道を設けて建物を四列配し、近江町通り・天神町通りに正面が面した住棟はなく、天神町通りに面した残余地に共同浴場が設けられた。これは敷地の有効利用を考えたための配置と推察される。また、背中合わせに配された住棟の間にも私道が設けられているため、一階の各住戸の裏庭が互いに接することはなく、私道が裏庭と勝手口へのアクセス道路の役割を果たした。

この近江町社宅は、その後の大連の住宅地の拡大に大きな影響を及ぼした。帝政ロシアが建設した既存家屋を住宅として使用していた時期を脱して、新たな住宅が建設されはじめた一九一〇年代、最初に住宅地として注目されたのがこの近江町社宅周辺の南山麓と呼ばれた丘陵地であった。南山麓は、北向き斜面でありながらも、市街地とその北側に広がる大連港や大連湾を見下ろす丘陵地であり、大広場まで歩いて数分程度の場所に位置し、一九〇九年一一月には近江町社宅から大広場に通じる路面電車が開業し、大広場を経由して市街地各所に路面電車で手軽に行くことができる交通至便の地となり、高級住宅地の条件を整えていた。そのような大連最初の高級住宅地として認識される契機となったのが満鉄近江町社宅であった。

　このように、社員に対して住宅を供給するという目的を果たし、その水準も日本国内の住宅に比べて評価が高く、また、その後の大連の住宅地の拡大にも大きな影響を与えていた。さらに建物の配置については、すでに公道によって区切られた敷地に各建物を置かざるを得ないという条件下で、敷地の有効利用を考えた配置がなされていた。このような近江町社宅に対して『建築雑誌』が高い評価を記したのは、当時の日本国内では見ることのできなかった低層集合住宅が、日本国内から見れば「未開の地」であった中国東北地方の茫漠とした曠野の中に出現したためである。

建設と移転──撫順の満鉄社宅

　一方、時を同じくして撫順でも大規模な満鉄社宅の建設が行なわれていた。満鉄が行なった建築活動の全貌が明らかになるにはもう少し時間を必要とするが、『南満洲鉄道建築』などを見れば、満鉄が創業時に撫順の都市建設に力を注いでいたことは確実である。奉天や長春などの満鉄沿線の鉄道附属地の都市建設に比べて炭坑を持つ撫順の都市建設が優先された理由は、満鉄の種々の事業の中でも撫順炭坑の経営がその柱のひとつであり、良質な石炭を確保して満鉄沿線のエネルギーの安定供給を確立することが強く求められていたためである。したがって、炭坑経営のために多数の社員が駐在した撫順における社宅の建設は炭坑都市撫順の成立には必要不可欠な事業であった。

　満鉄による最初の撫順市街地建設は、千金寨と呼ばれた地区である。満鉄はここに総面積約二四万坪（約七九ヘクタール）の市街地を建設した[*12]（図❼）。市街地の東側には社宅が配された。ここには、大連近江町社宅と同様にテラスハウス形式で、四戸建ての甲種（図❽）、八戸建ての乙種（図❾）、一二戸建ての丙種、の三種類の「宿舎」と称する社宅が建てられたが、それらの他に「職員宿舎」という名称でセミ・ディタッチド・ハウス（図❿）が四棟建てられている。また、「職工宿舎」という名称で炭坑労働者用住宅が建てられた。甲・乙・丙種の社宅は、その外観から判断する限り、外壁の仕上げを除けば、大連近江町社宅の甲・乙・丙種社宅とそれぞれ瓜二つである。撫順炭坑のこれら三種類の社宅はいずれも一九〇八年五月起工、同年一一月竣工であり、大連近江町社宅の建設時期（一九〇七年一一月起工、一九〇八年一二月竣工）とほぼ同じであることから、同じ設計案を

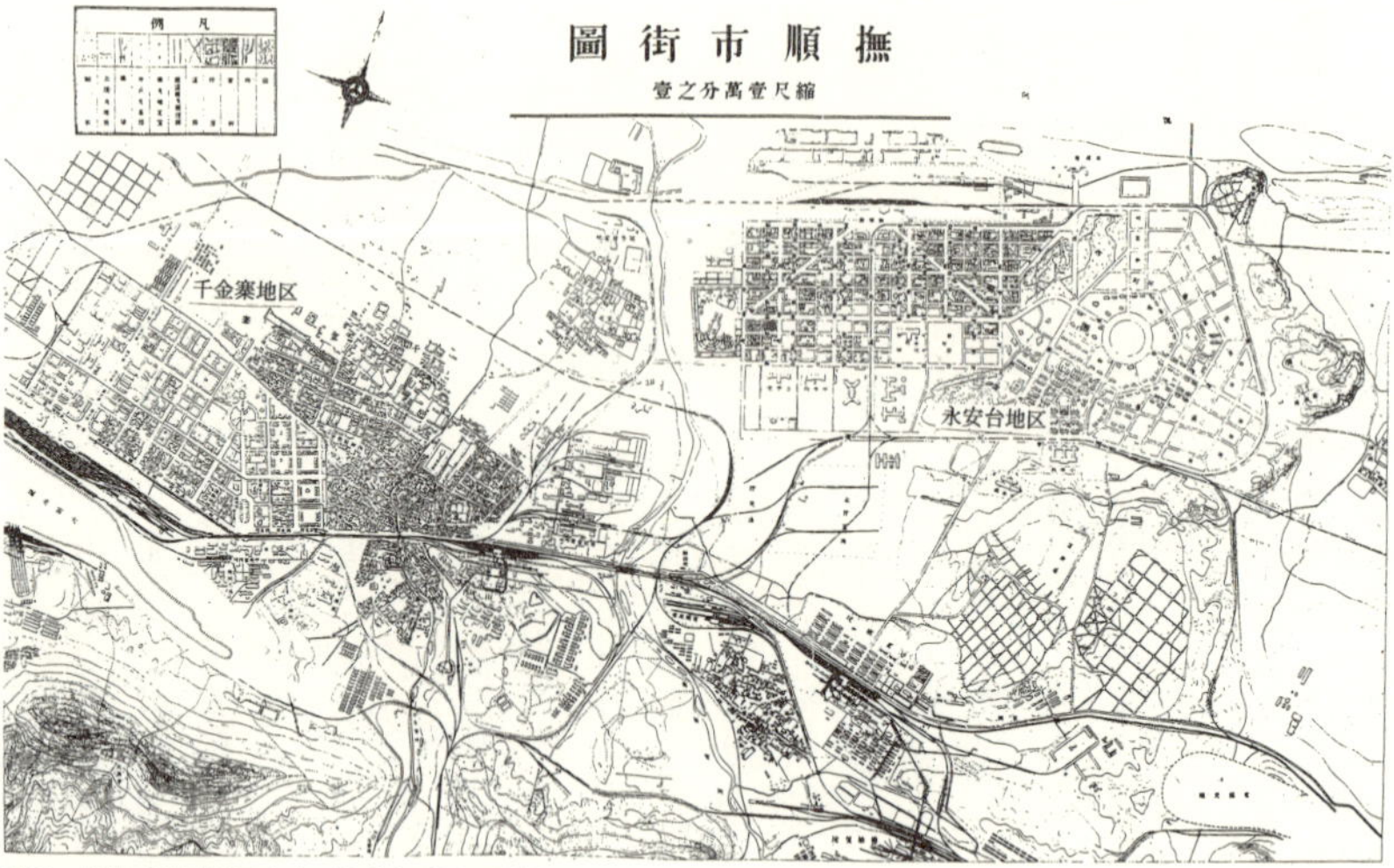

図7　撫順千金寨地区および永安台地区の関係

図10　撫順千金寨「職員宿舎」(1908年竣工)、建物はセミ・ディタッチド・ハウスだが正面は左右対称でない。

図8　撫順千金寨甲種宿舎（1908年竣工）

図9　撫順千金寨乙種宿舎（1908年竣工）

使ったと考えられる。ただし、大連近江町社宅が外壁をスタッコ塗りとしているのに対して、撫順炭坑宿舎では赤煉瓦剥出しの外壁となっている。

一方、四棟のセミ・ディタッチド・ハウスは、大連近江町社宅には見られない住宅であるが、これらは後に特甲住宅に分類されているので課長クラスの社員に割り当てられた住宅である。なお、撫順炭坑は満鉄の一部局ではあったが、現業部門を有していたことから、満鉄本社から比較的独立性の高い組織であり、満鉄創業時には炭坑長の下に営繕課など八つの課が設けられていたので、これら四棟合計八戸の社宅はそれに対応していたと考えられる。なお、炭坑長および次長の社宅は庭付き戸建て住宅であった。

これらの社宅の配置について見ると、「宿舎」、職員宿舎、職工宿舎はそれぞれ同じ街区に混在させず、違う街区に建てている。しかもそれらの位置は、市街地の中心に近い街区から遠い街区にかけて、職員宿舎、「宿舎」、職工宿舎という具合に配置された（図⓫）。それは、いうまでもなく満鉄内の職制に応じて職位の高い社員が市街地の中心に近い街区に住むということを示している。

さらに、大連近江町社宅と大きく異なっていたことは、この千金寨地区では地域暖房が採用されたことである。当時の社宅の写真を見ると地上二〜三メートルの位置に煉瓦や木の支柱に支えられた配管が写っているが、これが各社宅に暖房用蒸気を送る配管であり、社宅の等級に関係なく、すべての社宅に蒸気が送られ、暖房に使われていた。大連近江町社宅やその後の満鉄標準社宅では、いずれもペチカが暖房に使われ、蒸気暖房が登場するのは一九一九年であるが、千金寨では市街地の三カ所にボイラー場を設け、市街地全体に送気管を配し、社宅だけでなく撫順炭坑事務所や学校、病院といった満鉄のすべての施設に蒸気を送り暖房を行なっていた。蒸気暖房によって社宅の居室の室温はおよそ二一度に保たれていた。なお、当初は空中にめぐらされた配管は、後に景観上好ましくないという意見が強くなり、一九一二年には地下に埋設された。[*13]

ところが、この千金寨地区の地下に露天掘による採炭可能な炭層の存在が判明すると、満鉄は市街地の移転計画を立て、一九一九年、千金寨市街地を千金寨から北東に約三キロ離れた永安台へ移転することを決定した。社宅の移転新築からはじまり、駅舎、炭坑（炭砿）事務所、病院、学校、公会堂といった公共施設の移転新築を進め、一九二八年には永安台への移転が完了した。[*14]

永安台では、約三四一ヘクタールの敷地を設定し、そのうち、東側に広がる「高地」と称された八九ヘクタールを住宅地区とし、高地より西側の平地に商業地区が配置された（図⓬）。住宅地区は満鉄社員専用の住居地として、社員以外の居住を認めず、従って社宅用地に社員専用の施設である倶楽部や消費組合、幼稚園、浴場が置かれた。

図11　撫順千金寨の社宅群（1909年４月撮影）、市街地の中心に近い写真左手から課長級職員宿舎、甲種宿舎、乙種宿舎、職工宿舎の順に配された。

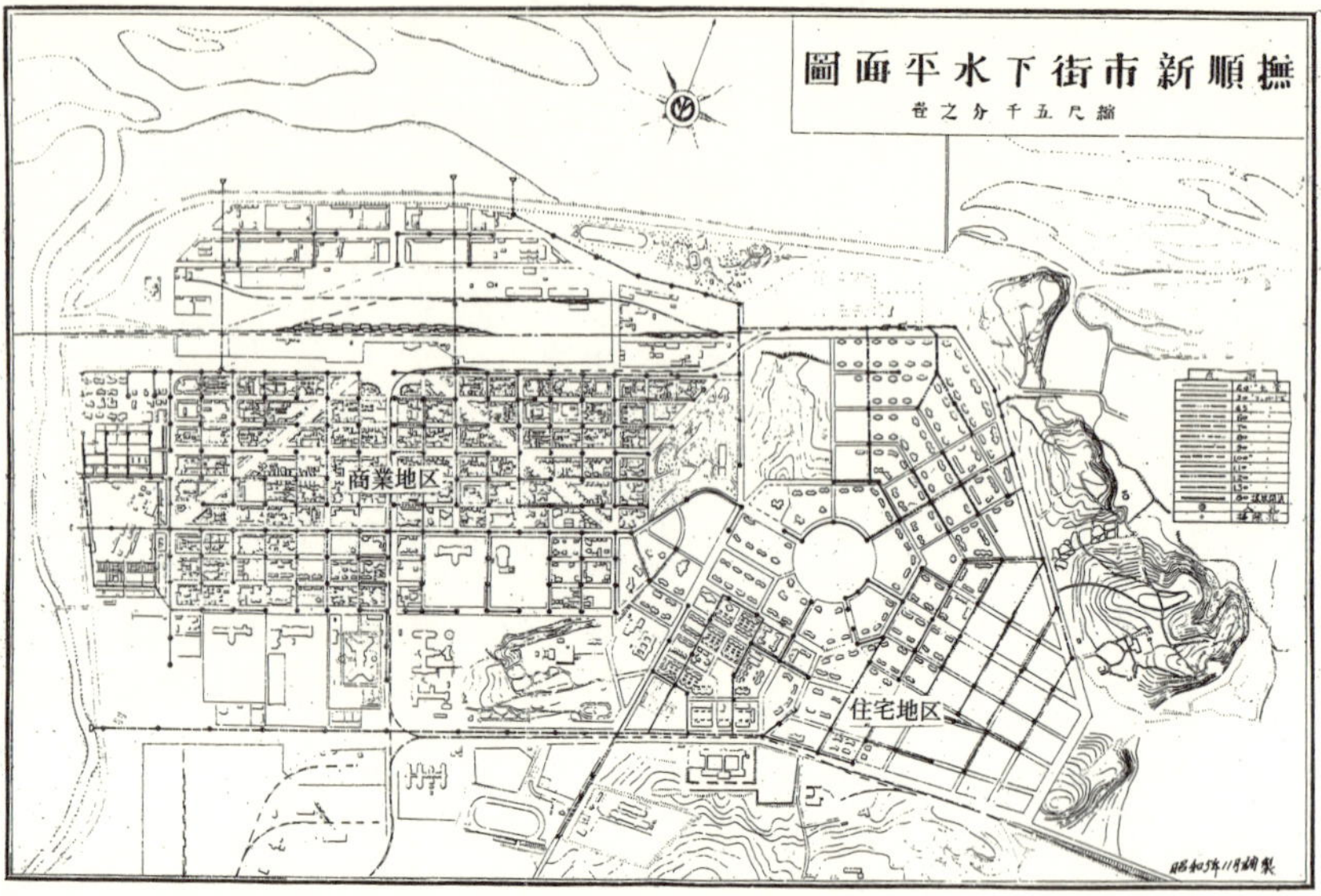

図12　1930年の撫順永安台地区の市街図、地図の左手が商業地区、右手が住宅地区。

商業地区は、格子状街路を基本として、それに斜交する二本の街路を配する道路パターンである。これは、すでに満鉄が奉天や長春の鉄道附属地で実施した都市計画に用いられた手法であるが、それらとこの永安台の道路パターンが異なるのは、円形広場（ロータリー）が無いことである。

一方、満鉄社員専用の住宅地区は、商業地区とは異なり、地区の中心に直径一〇〇メートルの円形広場を置き、そこから七本の街路を放射状に延ばしている。そして、これら七本の街路があたかも蜘蛛の巣の縦糸となり、それと直交する街路を横糸に見立てた街路網が建設された。この街路形態は帝政ロシアがダーリニー（大連）で用いたものと類似している。そして、円形広場は、地形的に見ると「高地」の中でも最も高い場所であり、その意味ではこの街路計画はモニュメンタルなものである。

実際に建てられた社宅は、既述の「満鉄標準社宅」であり、特甲、甲、乙、丙、丁の五種類。特甲（図⑬）は二階建て独立住宅で合計七棟が建てられた。甲種（図⑭）は二階建てのセミ・ディタッチド・ハウスで合計一六棟三二戸が建てられた。乙種は、甲種より延床面積の小さいセミ・ディタッチド・ハウスで、合計六九棟一三八戸が建てられた。丙種は、二階建ての一棟に四戸の住宅が入った形式で六二棟が建てられた。丁種は、二階建て一棟に八戸の住宅が入った形式のものが四二棟、一棟に一二戸の住宅が入ったものが一五棟、一棟に四戸の住宅が入ったものが二〇棟、丁種全体では七七棟建てられた。これらの差異は

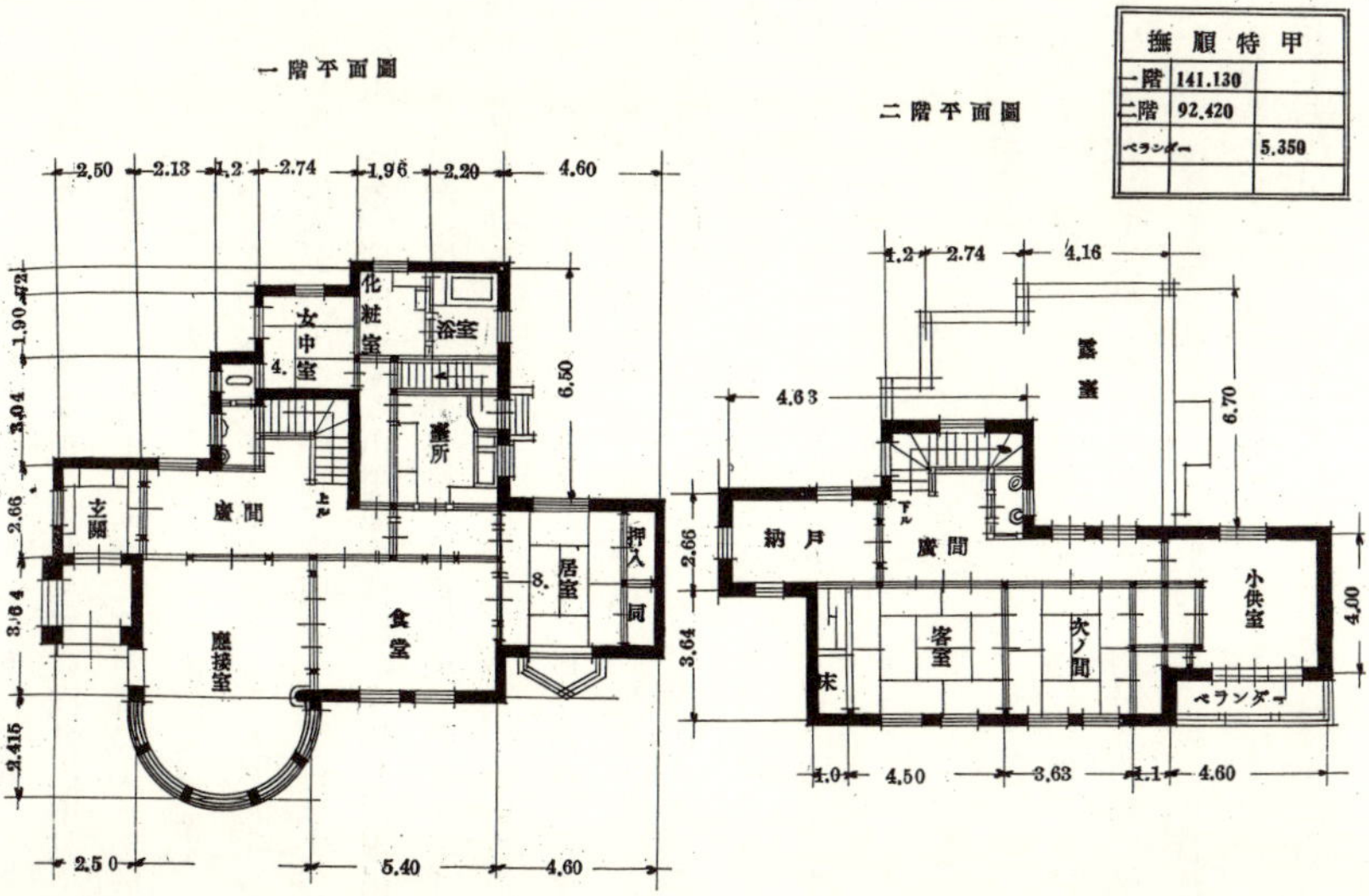

図13　撫順永安台特甲社宅平面図

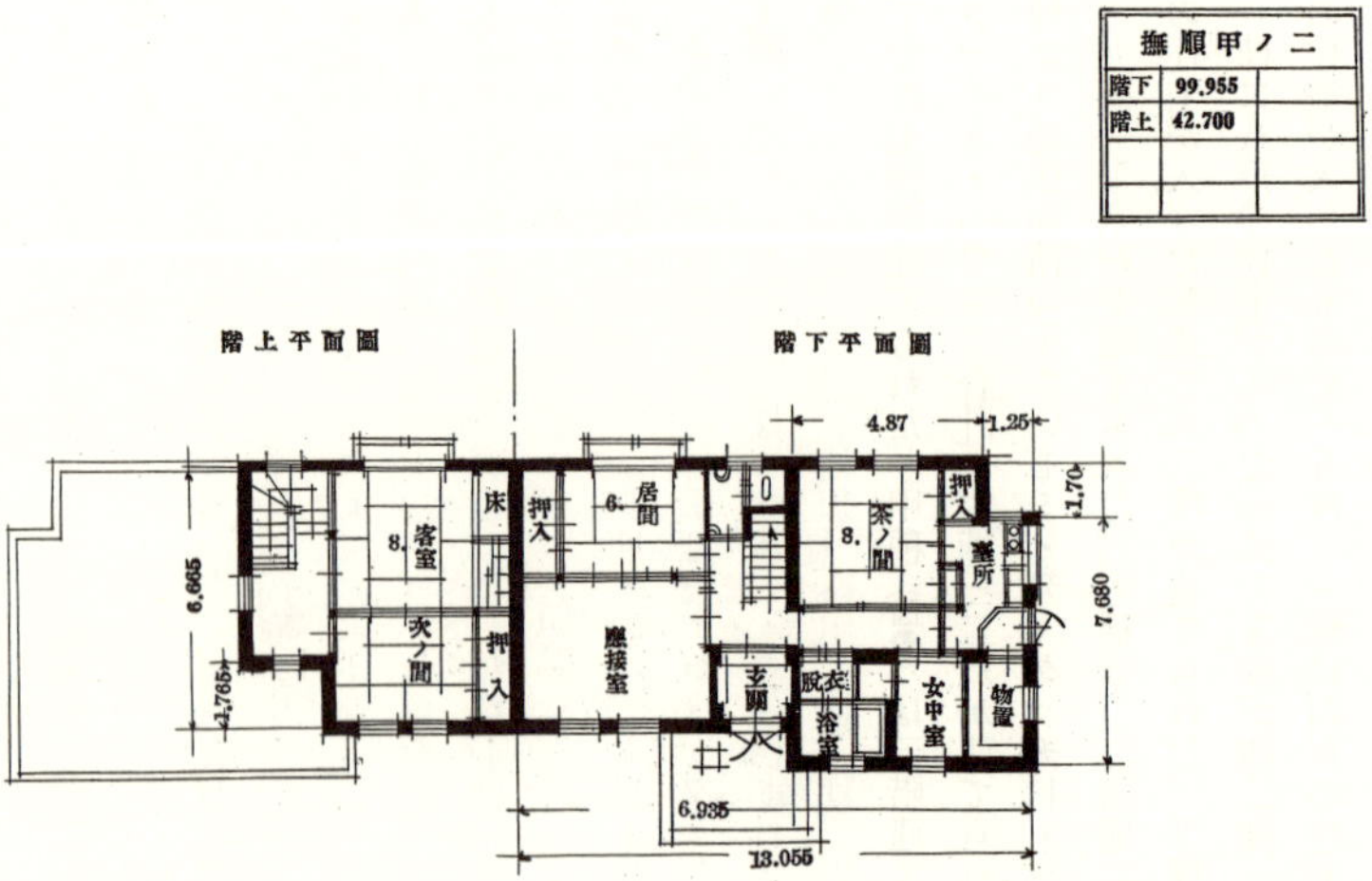

図14　撫順永安台甲種社宅平面図

従来の満鉄標準社宅と同様に住棟の形式、延床面積、居室数、浴室の有無、という点であるが、それまでの満鉄標準社宅と異なったのは、千金寨地区の社宅と同様に蒸気式による地域暖房が使われていたことであり、ここでもペチカの姿はなく、冬季には各住宅から絶え間なく煙が上がる光景もなかった。

永安台地区の満鉄社宅が計画通り完成するまでには一〇年を要したが、人為的理由による市街地の移転が成功した理由は、移転前の千金寨地区も満鉄が建設した市街地であり、いずれも満鉄が一貫して行政を行なっていたためである。一方、逆説的ではあるが、日本人にとって先進的な社宅街であり、市街地であった千金寨地区の市街地よりもその地下に埋まっていた石炭の方が重要な存在であったことを示しており、それは、資源の収奪という帝国主義の第一段階の名残でもあった。千金寨から永安台への市街地移転は満洲事変以前の日本による中国東北地方支配の象徴的事象であったといえよう。

奉天代用社宅

代用社宅は、民間企業が建設した住宅を満鉄が借り上げて、社員に社宅として供給した住宅である。代用社宅の制度が始まった一九一一年では、満鉄社宅とは無関係に一般の賃貸住宅として建設されていた住宅を満鉄が借り上げたが、その後、満鉄標準社宅と代用社宅の質をそろえるため、満鉄は比較的資本の大きい不動産会社に代用社宅の建設を委託し、その際に満鉄標準社宅の平面が流用されるようになった。満鉄が大々的に代用社宅の建設を依頼したのは、一九一六年の鞍山製鉄所設立に伴う社宅建設であり、この時は、安田財閥系の不動産会社である東京建物株式会社に代用社宅の建設を依頼した。東京建物は鞍山に満洲興業株式会社という子会社を設立し、[*15] 代用社宅の建設に当たった。満鉄は代用社宅の建設に当たって建設費の一六・五パーセントを負担しているので、実際の建設を満鉄の管理下に置く意志があったと考えられる。

奉天鉄道附属地の南端に位置する代用社宅は、一九三三年、南満洲興業株式会社が起業者となって建設され、総戸数三〇〇戸、一四三棟の住棟、社員倶楽部、三棟の共同浴場から成る大規模なものであった。住宅部分の内訳は、庭付き独立住宅の甲種（図⑮）が四戸（四棟）、一棟二戸建て（セミ・ディタッチド・ハウス）の乙種が六〇戸（三〇棟）、一棟四戸建ての丙種が二〇〇戸（五〇棟）、一棟四戸建ての丁種が二三六戸（五九棟）である。[*16] これらの建物が、奉天鉄道附属地の最南端の六街区に配されたが、配置図（図⑯⑰）を見ると、代用社宅の種別に応じて配置が行なわれ、また、非常に特異な街路形態をとっていることがわかる。

まず、代用社宅の配置であるが、甲種・乙種という代用社宅の上位に位置される住宅は敷地のもっとも北に位置する二街区にすべて集められている。そして、その一方の街区には奉天代用倶楽部と称する社員倶楽部やテニスコートが設けられていた。奉天在住の満鉄社員に対してはすでにこの地区から北方に一五分ほど歩いた奉天鉄道附属地の中央に社員倶楽部が設けられていたが、この代用社宅群に対して言葉を合わせるように代用倶楽部という呼称で社員倶楽部を設けたことは、満鉄がこの地区でコミュニティをある程度完結させる試みであったと考えられる。丙種・丁種は他の四街区に配されたが、これらの代用社宅にはいずれも浴室がないので、四街区のうち三街区には共同浴場が設けられた。

また、四つの正方形街区では、いずれも街区の中央に六角形の街路を設け、その中央の六角形内に配された住宅は、南面している。これは正方形街区に合わせて住宅を置くと住宅が南西を向いて配されることになり、それを解消するため、この六角

図15　竣工時の満鉄奉天代用社宅甲種（1933年竣工）

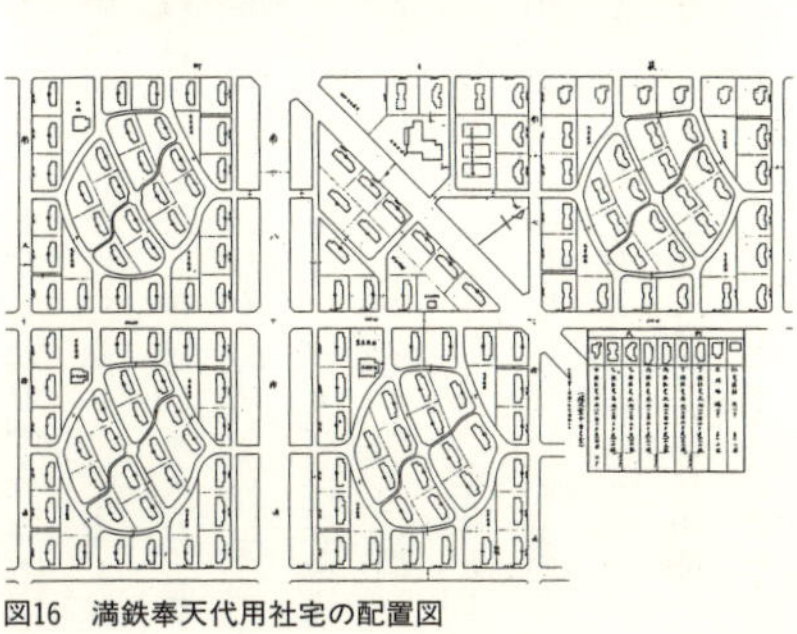
図16　満鉄奉天代用社宅の配置図

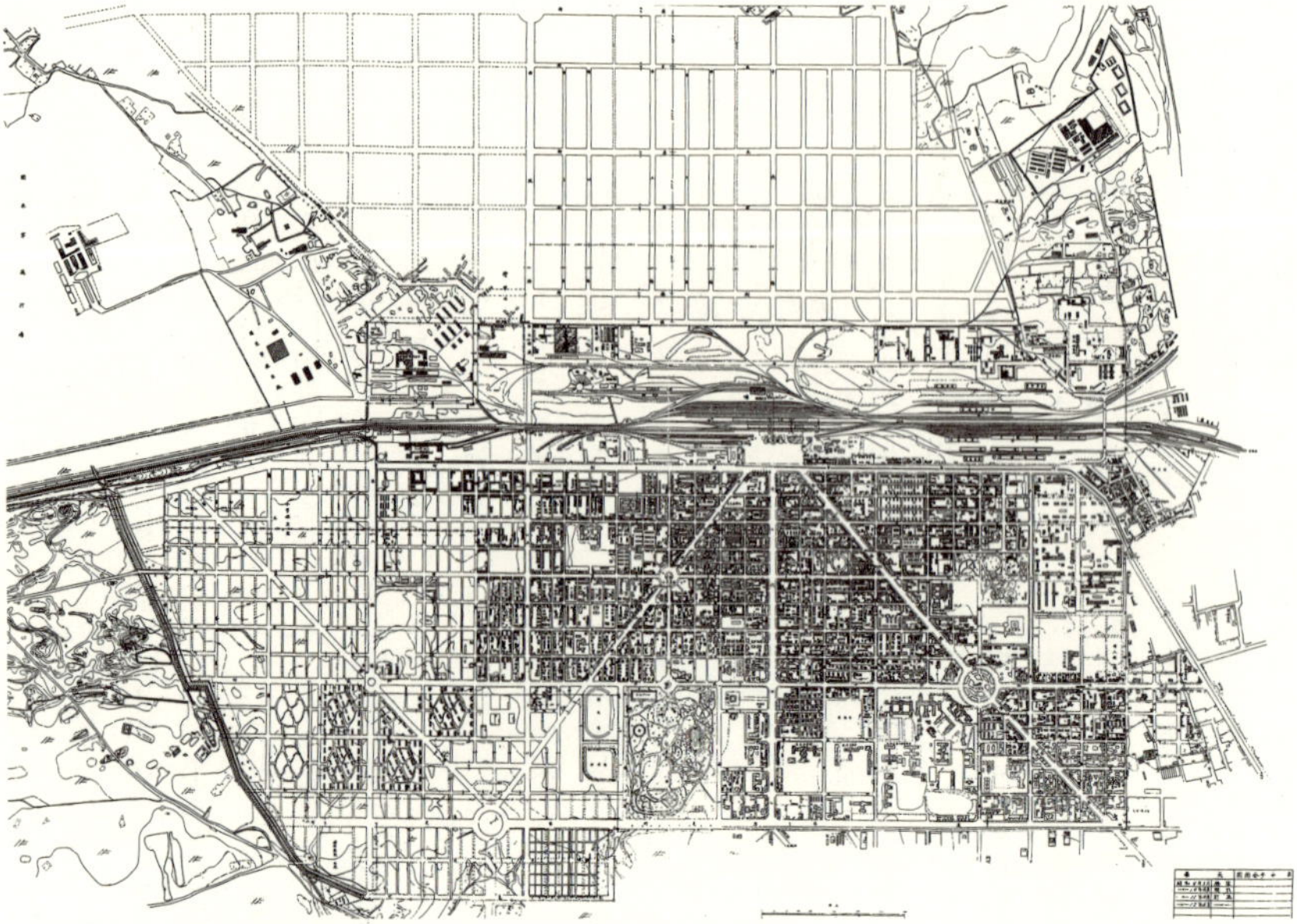

図17　1937年の満鉄奉天鉄道附属地地図。図中の左下に奉天代用社宅が見える

形の街路が使われていると考えられる。また、公道から街区内に入る道路はいずれも六角形街路の頂点に当たり、その多くは三叉路を構成しているが、これは、公道から街区内を見たときに視覚的演出が可能な街路構成である。この手法は、交差点で街路を直交させず、一二〇度・六〇度の角度を以て交差点を構成する街路計画がとられたロンドン郊外のハムステッドに端を発し、その後、マンチェスター衛星都市として一九二七年から建設されたワイゼンショウで用いられた六角形街路に袋小路を組み合わせた街路構成[*17]と類似しているが、異なる点は、奉天代用社宅では、完全な袋小路はなく、どの街路も通り抜け可能な街路になっていることである。一方、ワイゼンショウでは、この街路計画と歩車分離のラドバーン方式が併用されているが、この奉天代用社宅でも六角形街路を構成する六本の街路のうち、二本は幅員が極端に狭く、明らかに歩行者専用街路として計画されている点は類似している。

満鉄の社宅および代用社宅はいずれも街路網の整備計画が先に立案され、あるいはすでに街路が建設された地区に建設計画が行なわれることが多い。その場合、鉄道附属地では格子状街路を基本に放射状街路を組み合わせた街路形態が一般的であり、すでに区画された街区に社宅が建てられるため、この奉天代用社宅のように社宅が街路と一体として計画されることは非常に稀であった。したがって、奉天代用社宅の計画と建設は、満鉄が初めて行なった先進的な住宅地開発であるといえる。

大連共栄住宅

第一次世界大戦の終結とともに始まった大連の住宅難に対して、大連市は市営住宅、満鉄は社宅の建設を進めて対処したが、それだけでは不十分であった。一九二〇年には住宅組合法が関東州にも適用されることとなり、大連住宅組合をはじめ、多数の住宅組合が設立され、新たな住宅建設を目指した。[*18]しかし、実際に組合員に住宅を供給できたのはごく少数の住宅組合に限られていた。それは、大連の土地制度に原因があった。

大連を含む関東州（遼東半島南部）は帝政ロシアが清国から租借した地域であり、日露戦争の結果、日本が租借権を帝政ロシアから譲渡された地域である。当時の租借地はいずれも租借した側が実質的に土地を所有していたので、実質的な植民地であり、関東州でも日本政府の出先機関である関東都督府が土地を管理していた。したがって、大連に進出した民間人が大連に建物を建てる場合、関東都督府（後に関東庁）から土地を買うか、あるいは借りるかのいずれかによって土地を獲得しなければならなかった。財政基盤の弱い関東都督府（関東庁）は、土地の売却を重視していた。

しかし、多数できた住宅組合の多くは資力に乏しく、関東庁からまとまった土地を購入することは不可能であり、いずれも土地の借用を希望していた。結局、これらの住宅組合は関東庁との土地取得交渉が不調に終わり、住宅建設のための土地を取得できずに解散に追い込まれていた。

そのような状況の中で、満鉄社員を組合員に限定した大連共栄住宅組合は、関東庁から大連・南山麓の土地二万坪を借用し、そこに一三五戸の住宅を建設した。[*19]関東庁が土地の貸借に応じた背景には、大連共栄住宅組合が組合員を満鉄社員に限定しており、組合員の身分が保証され、組合の経営が安定していたと判断したことによると推察される。

この地区（図⑱）は、大連大広場から約一キロの位置にあり、地区の北東から南西に向かって約一〇度も上る傾斜地である。南側は南山の斜面で人家はないが、西側には住宅街が形成されつつあった。

計画された住宅は、面積に応じてA・B・Cの三種類に分けられていた。Aは延床面積五〇坪、B（図⑲）は延床面積四五坪、Cは延床面積四〇坪であり、それぞれの敷地面積はAが一〇〇坪、Bが九〇坪、Cは八〇坪である。共栄住宅の特徴は、これら三種類の差異が単に居室などの面積の差や女中部屋の有無であり、浴室、台所、トイレ、暖房設備など生活に欠かせない部分については差異を設けていないことである。これは、満鉄社員が馴れ親しんだ満鉄社宅が、単に居室数や居室面積だけでなく、浴室の有無、台所の面積、暖房設備の差異によって社宅の階級差を示していたこととは趣を異にしている。

さらに、満鉄社宅と比べると、共栄住宅のA・B・Cのいずれの住宅も庭付き戸建て住宅であり、それは満鉄社宅の特甲あ

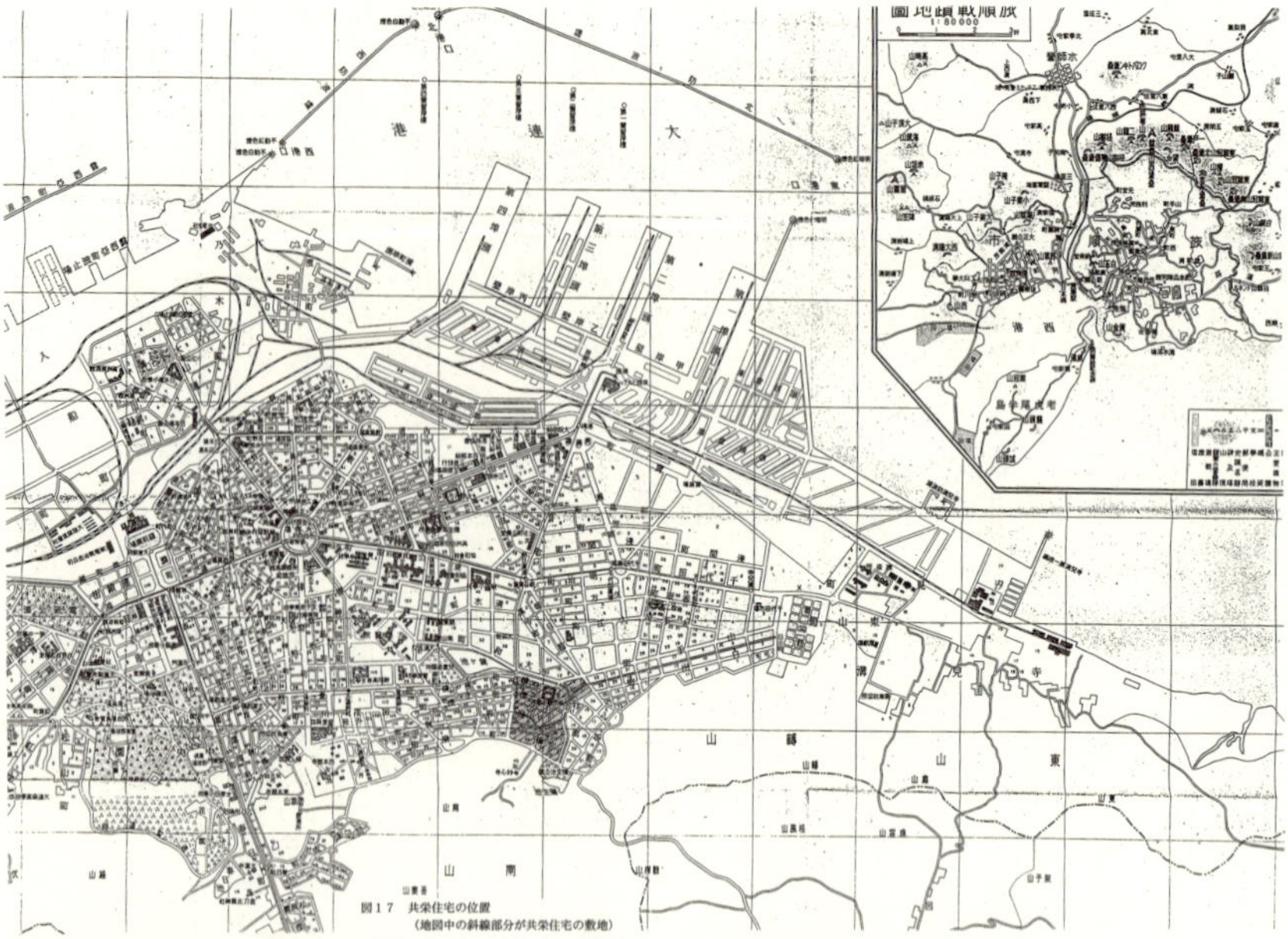

図18　共栄住宅の位置。地図中の斜線部分が共栄住宅の敷地

図21　共栄住宅の現況（1998年撮影）

図19　共栄住宅Ｂの現況（1998年撮影）

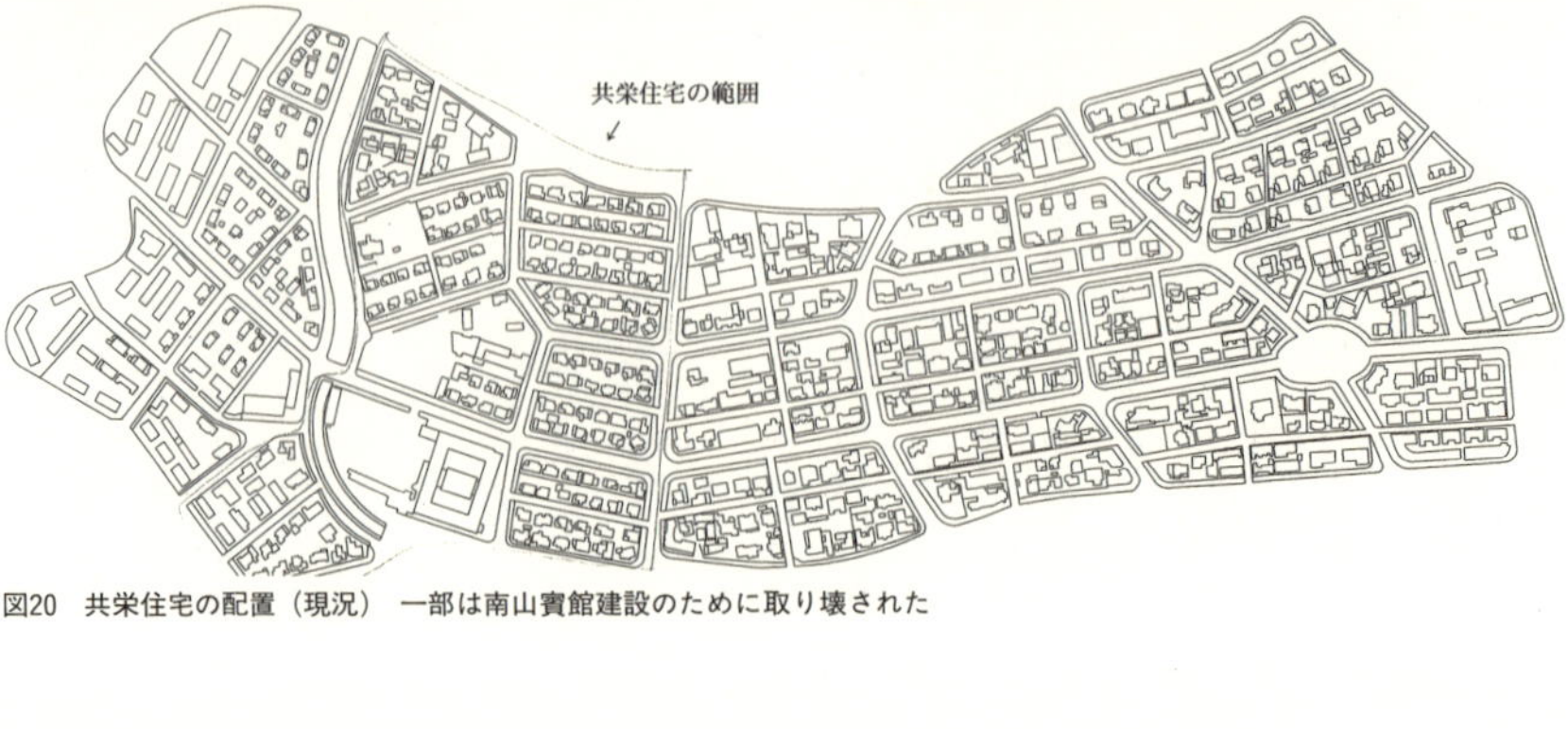

図20　共栄住宅の配置（現況）　一部は南山賓館建設のために取り壊された

るいは甲種に相当する。また、延床面積を比べると甲種に比べて大きいことである。また、建物の配置（図⑳）は、地区内を東西に通る街路に沿って六～七戸の住宅が並んでいるが、いずれも建物の南側に庭を設けている（図㉑）。

共栄住宅の建設は、南山麓の中の東部地区の宅地化に拍車をかけた。南山麓は、満鉄の近江町社宅に近い西部地区から宅地化が始まり、徐々に斜面の上方に、また、同時に西から東に向かって宅地化していった。南山麓の東端に位置する共栄住宅の建設は、南山麓全体が宅地として利用できることを示したのであり、一九二〇年代後半から一九三〇年代にかけて、共栄住宅の周囲に大連では河本大作邸（図㉒）のような比較的規模の大きな住宅が建てられていくことになる。

鉄道附属地経営と満鉄社宅

満鉄による鉄道附属地経営は、日本の支配地における最初の独自な都市建設であった。事業主体であり鉄道附属地の行政を担当した満鉄に求められたことは、周囲に茫漠とした曠野が広がる中で高水準の都市生活が可能な都市を造ることであった。それは、単に街路や上下水道などの都市基盤施設、あるいは学校や病院などの公共施設の建設を進めるというものではなく、消防（図㉓）やゴミ処理というような都市生活のシステムを確立し、さらに鉄道附属地に人を集めて都市が成立するための人口を擁することであった。満鉄社宅は、この点において鉄道附属

図22　共栄住宅に隣接して建てられた河本大作邸の現況（1998年撮影）

図23　長春鉄道附属地の消防を担当した長春消防隊

地経営に大きく貢献している。すなわち、いずれの鉄道附属地でも最初に日本人が集住したのは満鉄社宅が立ち並んだ地区であり、そのような満鉄社員とその家族たちが呼び水となって、各鉄道附属地の人口は増加していった。また、満鉄の社宅街が市街地におけるコミュニティ形成に大きく貢献していた。例えば、奉天では、満鉄が鉄道附属地を設定し、都市建設を進めても奉天在住の日本人の多くは鉄道附属地ではなく、中国の伝統的城壁都市の典型である奉天城内に居住していた。鉄道附属地の日本人人口が奉天城内の日本人人口を超えるのは、鉄道附属地設定から四年後の一九一一年であった。

また、各地に満鉄社宅が建てられたことは、中国東北地方の日本支配地における住宅水準の維持に影響を与えた。満鉄は、社宅不足を補うため民間の賃貸住宅入居者への家賃補助を行なったため、これらの民間賃貸住宅には満鉄社宅と同水準の住宅が求められた。代用社宅の建設を請け負った民間企業の中には、一般向けの賃貸住宅の建設に当たっても満鉄社宅をモデルとした場合もあった。さらに、後に満洲国が成立すると、満洲国政府が進めた政府職員宿舎も満鉄社宅をモデルとしていた。

満鉄社宅が有した住宅としての質的水準の高低は、満鉄社宅を市街地の周縁部に建てられた一般的な郊外住宅と認識するか、鉄道附属地そのものを市街地と見做して満鉄社宅をあくまでも市街地に建つ住宅と認識するかによって、議論の分かれるところである。筆者は鉄道附属地の性格から判断して、鉄道附属地そのものが市街地であるという認識に立つので、満鉄社宅を市街地の住宅と考え、その水準は当時の日本国内の市街地の住宅、例えば同潤会の各アパートメント、と比べれば、面積や設備の面において高水準であったことは確実である。

満鉄社宅は、日本の中国東北地方支配の過程で生み出された住宅であり、異郷の地に生活した満鉄社員の生活を根底から支えた建築であった。そこに、日本国内の住宅水準よりも高い水準が求められたのは当然の施策であったといえよう。

註

＊1――越沢明『植民地満州の都市計画』アジア経済研究所、一九七八年。越沢明「撫順都市計画（一九〇五～一九四五年）―ある植民都市の計画と発展」『地域開発』一九八六年一一月号および一二月号。越沢明『満州国の首都計画』日本経済評論社、一九八八年。拙著『図説「満洲」都市物語』河出書房新社、一九九六年。拙著『海を渡った日本人建築家』彰国社、一九九六年。包慕萍・瀋欣榮「三〇年代瀋陽満鉄社宅的現代規劃」『第五次中国近代建築史研究討論会論文集』中国建築工業出版社、一九九六年、一一四～一二四頁。

＊2――南満洲鉄道株式会社編『南満洲鉄道株式会社十年史』一九一九年、一三九頁。ただし、中国人、朝鮮人の傭人については一定の場所に定住する者に限ってこれが適用された。

＊3――『南満洲鉄道株式会社十年史』前掲書、一三九頁および七四二頁

＊4――小野木孝治「露西亜より継承したる住宅」『満洲建築協会雑誌』二巻七号、一九二二年七月、二三～二八頁、および『南満洲鉄道株式会社十年史』前掲書、七四三頁

＊5――＊3に同じ。

＊6――＊3に同じ。

＊7――南満洲鉄道株式会社編『南満洲鉄道株式会社第三次十年史』一九三八年、一四〇頁

＊8――『南満洲鉄道株式会社第三次十年史』前掲書、一三八頁

＊9――棟数・戸数・工期は『南満洲鉄道建築』。敷地面積は『南満洲鉄道株式会社十年史』前掲書、一三九頁。なお、『南満洲鉄道建築』は満鉄創業時の一九〇七〜〇八年に竣工した満鉄の建物を収録した写真集で、奥付がないので発行時期は不詳だが収録建物の竣工時期から一九〇九年と判断される。なお、実際に建てられた建物の数は、『南満洲鉄道株式会社十年史』では三〇棟、二八〇戸と記されており、同書所収の「大連附属地平面図」では二五棟の外形が地図上に記されている。

＊10――満鉄建築会編『満鉄の建築と技術人』一九七六年、一一八頁

＊11――「大連市南満洲鉄道株式会社近江町社宅」『建築雑誌』二七六号、一九〇九年一二月、五〇頁

＊12――『南満洲鉄道株式会社十年史』前掲書、五五一頁

＊13――『南満洲鉄道株式会社十年史』前掲書、五五八〜五六〇頁

＊14――原正五郎・松江昇・西原駒市「新撫順の市街計画と其の建築」『満洲建築協会雑誌』一三巻四号、一九三三年四月、一〜三七頁

＊15――東京建物株式会社社史編纂委員会編『信頼を未来へ・東京建物百年史』東京建物株式会社、一九九八年、五一頁

＊16――「奉天代用社宅」『満洲建築協会雑誌』一三巻一二号、一九三三年四月、三七頁

＊17――Walter L. Greese, "*The search for environment : the garden city - before and after* (expanded edition)", The Johns Hopkins University Press, 1992, pp.266〜272, Baltimore.

＊18――高橋月南「住宅組合と共栄住宅組合」『満洲之社会』二巻三号、一九二三年一〇月、五二〜五八頁

＊19――横井謙介「社団法人大連共栄住宅組合新築工事」『満洲建築協会雑誌』二巻七号、一九二二年七月、五二〜六七頁、拙著『図説大連都市物語』河出書房新社、一九九九年、八七〜八八頁。

図版出典

図1『満洲建築協会雑誌』二巻七号
図2・図13・図14『満鉄標準社宅平面図集』
図3・図5・図6・図8・図9・図10・図11『南満洲鉄道建築』
図4『南満洲鉄道株式会社十年史』
図7・図12『満洲建築協会雑誌』一三巻四号
図16『満洲建築協会雑誌』一三巻一二号
図17『満鉄鉄道附属地経営沿革全史（下巻）』
図18『大連詳細市街図（昭和一三年版）』
図19・図21・図22　西澤泰彦撮影
図20　大連理工大学陸偉副教授提供
図23『南満洲鉄道株式会社第三次十年史』

あとがき

関東や関西の郊外住宅地については事例研究が進み、書物や展覧会を通じて触れる機会も多い。しかし地方都市の郊外住宅地となると、散発的に行われている事例研究が学術論文として報告されているだけである。日本全国の郊外住宅地をパノラマ的に鳥瞰することで、日本の都市―社会の近代化を再考してみようではないか。そうした大風呂敷を広げるところから、本書の企画は始まった。

幸いにも企画の途中段階で、（財）鹿島学術振興財団から研究助成（平成八年度・九年度研究助成「地方都市における郊外住宅地開発についての史的研究」研究代表者　片木篤）がいただけることになり、若手研究者を中心にして定期的に研究発表・討論会を開くことが可能となった。時にはその会を、共同研究者全員が出席できるように日本建築学会大会の日程に合わせて開催したり、また北海道―室蘭・札幌の事例、関西―阪神間の事例、九州―八幡・別府の事例、満州―大連の事例については、それぞれの事例研究者を案内役とする見学会を催したりして、見聞と交流を広めることができた。

本書のとりまとめも共同作業で行われ、藤谷が関東、角野が関西、西澤が旧植民地、片木が全体のまとめ役となり、堀田と西澤が事務局を担当した。このコアスタッフを中心として本書の構成を検討した結果、ここでは郊外住宅地三〇事例を地域ごとに紹介することとし、ここに収録すべきと思われる事例については、多くの研究者に声を掛け、執筆を依頼することにした。当然、本書の取り扱う範囲は当初の企画よりさらに広がったものとなった。

このような経緯から容易に察せられるように、本書は近代日本の郊外住宅地研究の決定版ではなく、単なる中間報告に過ぎない。ここには、東北、北陸、山陰地方などの事例が欠けているばかりか、全体の構成や研究の熟度から割愛せざるを得なかった事例も多い。片木による総括も、都市―社会の近代化の中に住宅地開発事業を位置付けただけで、実現された住宅地の物理的―社会的環境を総合評価するには至っていない。また巻末には、池上が中心となって作成した年表と、池上、藤谷、角野、事務局が編集したデータとを掲載したが、これら年表やデータも決して完成されたものではない。不完全な資料を公表することにより、近代史・郷土史・企業史・建築史などの研究者は言うまでもなく、広く一般読者からも意見を教示していただき、もし版を重ねる機会があればその度に改訂していくことを考えている。さらには、本書がきっかけとなり、今まで見落とされていた地方の事例が発掘され、その調査・研究が進められることも期待している。本書が様々な叱責と教示により、より完全なものへと改訂されていくならば、これに勝る幸甚はない。

最後に、本書の基礎となる共同研究に助成をしていただいた（財）鹿島学術振興財団と、本書のとりまとめに尽力いただいた（株）鹿島出版会の森田伸子氏に謝辞を述べたい。この両輪がなければ、恐らく本書は日の目を見なかったであろう。また各論を執筆するに当たって、資料閲覧やヒアリング等でご協力いただいた関係者も数多い。本来ならばそれぞれの方々に感謝すべきところではあるが、この場を借りてまとめて謝辞を表する無礼をお許しいただきたい。こうした協力のおかげで出来上がったものに対する責めは、編著者に帰せられるべきことは言うまでもない。

編著者識

編著者略歴

片木　篤　かたぎ・あつし

一九五四年大阪府生まれ。一九七七年東京大学工学部建築学科卒業後、同大学院及びプリンストン大学大学院修了、ケンブリッジ大学客員研究員を経て、一九八七年京都精華大学講師、一九八九年名古屋大学講師、一九九六年から名古屋大学大学院教授。建築家。作品として「GLASS　FLATSⅡ」他、著書として『イギリスの郊外住宅』、『テクノスケープ—都市基盤の技術とデザイン』他。

藤谷陽悦　ふじや・ようえつ

一九五三年秋田県生まれ。一九七五年神奈川大学卒業。一九七八年日本大学大学院博士前期課程修了。工学博士。現在、日本大学生産工学部教授。
論文「大正期における東京近郊の田園都市事業に関する研究」（一九九六、学位論文）
著書『郊外住宅地の系譜—東京の田園ユートピア』（山口廣編—共著、鹿島出版会）、『近現代都市生活調査—同潤会基礎資料』（編共著、柏書房）ほか。

角野幸博　かどの・ゆきひろ

一九五五年京都府生まれ。一九七八年京都大学工学部建築学科卒業。一九八四年大阪大学大学院博士後期課程修了。福井工業大学非常勤講師、（株）電通、武庫川女子大学教授などを経て、現在関西学院大学総合政策学部教授。工学博士。

著書『郊外の20世紀』。共著に『大阪の表現力』、『都市のリデザイン』、『マネジメント時代の建築企画』、『日用品の20世紀』他。

池上重康　いけがみ・しげやす

一九六六年札幌生まれ。一九八九年北海道大学工学部建築工学科卒業。一九九一年同大学大学院工学研究科修士課程修了。現在、北海道大学助手。二〇〇六年度日本建築学会奨励賞受賞。

著書『北の建物散歩』『札幌の建築探訪』（いずれも共著）など。

鈴木博之　すずき・ひろゆき

建築史家。東京大学大学院教授。一九四五年生まれ。東京大学工学部卒業。専攻は近現代の都市・建築史。

著書『建築の世紀末』（晶文社）、『日本の近代10　都市へ』（中央公論新社）、『東京の地霊』（文春文庫）、訳書に『古典主義建築の系譜』（中央公論美術出版）など。

坊城知子　ぼうじょう・ともこ

一九六四年生まれ。一九八七年日本女子大学卒業、一九九七年東京大学大学院博士課程修了。現在、学習院大学講師。建築史、日本・西洋近代住居史専攻。工学博士。

加藤仁美　かとう・ひとみ

一九五五年生まれ。日本女子大学家政学部住居学科卒、東京都立大学大学院工学研究科建築学専攻修士課程修了。現在、東海大学工学部建築学科助教授。工学博士。専攻は都市計画史、住居学。

著書「未完の東京計画」（分担執筆・筑摩書房）など。

内田青蔵　うちだ・せいぞう

一九五三年秋田県生まれ。一九七五年神奈川大学工学部建築学科卒業。一九八三年東京工業大学大学院理工学研究科建築学専攻博士課程退学。現在文化女子大学家政学部生活造形学科教授。工学博士。

著書『あめりか屋商品住宅』（住まいの図書館出版局）、『日本の近代住宅』（鹿島出版会）ほか。

森仁史　もり・ひとし

一九四九年岐阜市生まれ。一九七七年早稲田大学大学院文芸研究科前期課程修了。一九八四年より松戸市教育委員会美術館準備室勤務。一九八九—九一年松戸市戸定歴史館の開館を準備。一九九三年より東京高等工芸学校について基礎調査を開始。同校をデザイン史上で位置づけるため、三回連続の展覧会として企画し、一九九六年「デザインの揺籃時代」、一九九八年「視覚の昭和」展［松戸市立博物館］として開催

堀田典裕　ほった・よしひろ

一九六七年桑名市生まれ。一九九〇年三重大学工学部建築学科卒業。一九九五年名古屋大学大学院工学研究科修了、博士（工学）一九九五—九六年日本学術振興会特別研究員。一九九八—九九年デルフト工科大学客員研究員。一九九六年より名古屋大学大学院助手。著書『都市創作』解説他、作品「松原クリニック」他。

石田潤一郎　いしだ・じゅんいちろう
一九五二年鹿児島生まれ。一九七六年京都大学工学部建築学科卒業、同大学院修士課程修了。現在、京都工芸繊維大学大学院教授。工学博士。近代建築史。
著書『屋根のはなし』(鹿島出版会)、『都道府県庁舎――その建築史的考察』(思文閣出版)、『関西の近代建築』(中央公論美術出版)他。

矢ヶ崎善太郎　やがさき・ぜんたろう
一九五八年松本市生まれ。一九八五年京都工芸繊維大学大学院修了。現在京都工芸繊維大学大学院工芸科学研究科助教授。学術博士。日本建築史・日本庭園史。
論文・著書「近代京都の東山地域における別邸群の初期形成事情」(日本建築学会計画系論文集第五〇七号)『植治の庭――小川治兵衛の世界』(共著、淡交社)など。

和田康由　わだ・やすよし
一九七三年大阪工業大学大学院工学研究科修士課程修了。大阪市立工芸高等学校建築デザイン科教諭、大阪市立都島工業高等学校建築科教諭を経て、現在大阪市立都島第二工業高等学校建築科教諭。工学博士
著書『まちに住まう　大阪都市住宅史』(共著)『関西の住宅地』(共著)

橋爪紳也　はしづめ・しんや
一九六〇年大阪市生まれ。京都大学工学部建築学科卒業、大阪大学大学院工学研究科博士課程修了。現在、大阪市立大学都市研究プラザ教授。建築史・都市文化論専攻。工学博士。
著書『モダン都市の誕生』(吉川弘文社)、『あったかもしれない日本』(紀伊國屋書店)ほか多数。

吉田高子　よしだ・たかこ
一九四一年生まれ。一九六四年大阪市立大学住居学科卒業。一九八八年京都大学より工学博士(建築史生産分野の研究)。現在、近畿大学理工学部教授。
住居史関係の著書に『座敷のはなし』(鹿島出版会)、共著に『大正「住宅改造博覧会」の夢』(INAX)、『住宅近代化への歩みと日本建築協会』(日本建築協会)など。

寺内　信　てらうち・まこと
一九三三年大阪府生まれ。一九五七年京都工芸繊維大学工芸学部建築工芸学科卒業、一九五九年大阪市立大学大学院工学研究科修士課程修了、工学博士。元大阪工業大学建築学科教授。専攻：都市計画(住宅地計画)
著書『大阪の長屋―近代における都市と住居』(INAX出版)、『まちにすまう―大阪都市住宅史』(共著、平凡社)『新修　豊中市史　集落・都市編』(共著、豊中市)

中嶋節子　なかじま・せつこ
一九六九年滋賀県生まれ。一九九一年京都大学工学部建築学科卒業。一九九六年京都大学大学院工学研究科建築学専攻博士後期課程修了。現在、大阪市立大学大学院生活科学研究科助教授。博士(工学)。専攻は都市史。主に近代の都市を自然環境から読み解く研究を進めている。また、町並み保存に関する調査も行っている。

三宅正弘　みやけ・まさひろ
一九六九年芦屋市生まれ。一九二二年関西大学建築学科卒業、一九九五年京都大学大学院修士課程修了、一九九八年大阪大学大学院博士課程修了、工学博士。三宅正弘環境デザイン研究所、徳島大学助手を経て、二〇〇六年から武庫川女子大学環境学部教授。
著書に単著『石の街並と地域デザイン』(学芸出版社)、『神戸とお好み焼きまちづくりと比較都市論の視点から』(神戸新聞総合出版センター)、共著に『阪神間モダニズム』(淡交社)等。また郊外住宅地のケーキ文化についての研究やプランニングを進めている。

坂本　勝比古　さかもと・かつひこ
一九二六年中国山東省青島生れ。一九四九年旧制神戸工専(現・神戸大学工学部)建築科卒、神戸市学校建設課長、教育委員会主幹、イタリア文化財修復ローマセンターへ留学、千葉大学工学部教授、神戸芸術工科大学教授を経て、現在名誉教授。専攻近代建築史、デザイン史、工学博士。
著書『阪神間モダニズム』(共著、淡交社)、『日本の建築　明治大正　昭和　商都のデザイン』(三省堂)、『西洋館』(小学館)、『明治の異人館』(朝日新聞社)ほか

杉本俊多　すぎもと・としまさ

一九五〇年兵庫県生まれ。一九七二年東京大学工学部建築学科卒業。一九七五―七七年の間、ドイツ学術交流機関（DAAD）の奨学生としてカールスルーエ大学、ベルリン工科大学に研究留学。一九七九年東京大学大学院（建築史専攻）修了。広島大学工学部助手、助教授を経て一九九七年より同教授。工学博士。
著書『バウハウス――その建築造形理念』鹿島出版会、『建築の現代思想』鹿島出版会、『ベルリン』講談社（一九九三年）、『二〇世紀の建築思想――キューブからカオスへ』鹿島出版会ほか

砂本文彦　すなもと・ふみひこ

一九七二年生まれ。呉高専、豊橋技術科学大学卒業、一九九七年同大学大学院建設工学専攻修了。高知工科大学、呉高専助手、広島国際大学社会環境科学部講師を経て、現在、同大学教授。博士（工学）。「近代日本における国際リゾート地開発の史的研究」（二〇〇一、学位論文）など、観光地、リゾート地開発ならびに国際観光ホテルの建築に関する史的研究の論文がある。

藤原惠洋　ふじわら・けいよう

一九五五年熊本県生まれ。九大卒業。東京芸大大学院修士課程修了。東京大学大学院博士課程修了。工学博士。九州芸術工科大学、ライデン大学客員教授を経て、九州大学大学院教授。日本近代建築史および芸術文化環境論。福岡市文学館、小島直記文学碑を設計。著書に「アジアの都市と建築」（鹿島出版会）「近代和風建築」（鹿島出版会）「上海　疾走する近代都市」（講談社現代新書）等。

土居義岳　どい・よしたけ

一九五六年高知県生まれ。一九七九年東京大学工学部建築学科卒業。一九八三―八七年フランス政府給費留学生としてパリ＝ラ＝ヴィレット建築学校およびパリ＝ソルボンヌ大学に学ぶ。一九八八年フランス政府公認建築家。一九八九年東京大学大学院博士課程満期退学。一九九〇年工学博士。東京大学建築学科助手を経て、一九九二年九州大学大学院芸術工学研究院教授、現在に至る。西洋建築史
著書『建築ガイド②パリ』丸善（翻訳）、『生活デザイン論』建帛社（共著）、『よみがえる明治の東京――東京十五区写真集』角川書店（共著）など

高砂　淳　たかさご・じゅん

一九七〇年大分県生まれ。一九九四年福岡大学工学部建築学科卒業。一九九六年九州芸術工科大学大学院生活環境専攻博士課程単位取得退学。

西澤泰彦　にしざわ・やすひこ

一九六〇年愛知県生まれ。一九八三年名古屋大学工学部建築学科。東京大学大学院博士を経て、中国／精華大学建築学院に留学。豊橋技術科学大学を経て、現在、名古屋大学教授。二〇〇一～〇三年内閣府参事官補佐併任。第三回建築史学会賞受賞。博士（工学）。
著書に『アジアの都市と建築』（共著、鹿島出版会）、『海を渡った日本人建築家』（彰国社）、『図説大連都市物語』（河出書房新社）、『図説満鉄』（河出書房新社）など。

郭　中端　かく・ちゅうたん

一九四九年福健省生まれ。一九七一年台北淡江大学建築学科卒業。一九八〇年早稲田大学理工学部建築学科博士課程修了。現在中冶環境設計代表、成功大学講師。
著書『中国人の街づくり』（共著、相模書房）、『アジアの都市と建築』（共著、鹿島出版会）他

冨井正憲　とみい・まさのり

一九八四年生まれ。神奈川大学建築学科卒業。ソウル大学客員研究員などを経て、現在、神奈川大学建築学科専任講師、韓国漢陽大学校大学院招聘教授、東京大学生産技術研究所協力研究員。博士（工学）。
著書『世界の歴史と文化韓国』『住宅I、II』（いずれも共著）、『韓国民の民族文化財、民家』（監訳）など。

※本データベースは、各都道府県史および各市区町村史、住宅開発に関する事業報告書、関連会社社史、鉄道史、新聞記事、分譲広告など、それに加えて学会誌・大学紀要等の論文を参照したのもである。規模や戸数などは広告記事に依拠しているものが多いため事業全体の正確な数値を反映できていない。
※住宅地事例の掲載は開発または分譲開始年順を原則としたが、資料の性格上、かならずしもこれに則っていない箇所もある。また同一開発主体の場合は、開発主体でまとめて表記し、その中で開発または分譲開始年順に並べた。特に京阪神は電鉄会社等社史及び大阪毎日新聞における初出広告掲載年による。
※開発主体は、鉄道・土地会社・組合・その他（企業、大学・軍、個人）の順に並べた。会社名（特に鉄道会社名）は開発当時の社名を用いたが、東急、阪急などのグループは一まとめにした。なお区画整理組合に関しては、地方の住宅地形成指向の顕著なもののみを掲載した。
※所在地は原則として現在の地名を用いた。政令指定都市の場合は〇〇市〇〇区〇〇、その他は〇〇県（都、府）〇〇市（町、村）〇〇と表記した。なお海外では旧名称をそのまま用いているものが多い。
※住宅地の規模は原則として面積および区画数を表示し、面積は坪、m^2、haなど資料に記載されている単位を用いた。企業の社宅については、棟数および戸数を表記した。

データベース作成者

[全体統括] 池上重康
[北海道・東北] 監修：池上重康　協力：若尾憲、角哲
[関東] 監修：藤谷陽悦、加藤仁美　協力：佐々木錬太郎、遠藤隆司、山崎隆行、山本大輔
[東海] 監修：堀田典裕　協力：藤田華子
[京阪神] 監修：角野幸博　協力：平成11年度武庫川女子大学角野ゼミ学生一同
[中国・四国・九州] 監修：砂本文彦、池上重康
[海外] 監修：西澤泰彦　協力：井潤裕、冨井正憲、郭中端

扉地図作成、デザイン（郊外住宅地年表・データベース）＝久世健

住宅地名称	開発主体	年代	所在地	規模
九州				
土地会社				
田の湯			大分県別府市	
野口			大分県別府市	
鶴水園			大分県別府市	
荘園文化村	別府観海寺土地(株)	1920	大分県別府市	文化村地区20区画、他152区画、91,000坪
荘園緑ヶ丘	国武(名)		大分県別府市	177区画、共同温泉付
雲雀ヶ丘	国武(名)		大分県別府市	共同温泉付
百花村	国武(名)		大分県別府市	共同温泉付
鶯谷	国武(名)		大分県別府市	
瀋陽台			大分県別府市	
陽春台			大分県別府市	
組合				
	福岡市西南部耕地整理組合	1922	福岡市	400ha
野間文化村	野間住宅組合	1923	福岡市南区多賀	13区画、10,872坪
その他				
八幡製鉄所高見社宅	八幡製鉄所	1907移築	北九州市八幡東区高見	158戸、倶楽部1棟(1914-16増築)
八幡製鉄所槻田社宅	八幡製鉄所	明治末	北九州市八幡東区高見	1,0013戸
八幡製鉄所久保社宅	八幡製鉄所	明治末	北九州市八幡東区大蔵	46戸
八幡製鉄所神田社宅	八幡製鉄所	明治末	北九州市八幡東区大蔵	170戸(大正期増築)
八幡製鉄所鬼ヶ原社宅	八幡製鉄所	明治末	北九州市八幡東区天神町	39戸(大正期増築)
八幡製鉄所門田社宅	八幡製鉄所	明治末	北九州市八幡東区天神町	84戸、下級職員倶楽部1棟
東洋製鉄小沢見社宅	東洋製鉄	大正	北九州市戸畑区沢見	154戸、倶楽部1棟
新別府	千寿吉彦	1914	大分県別府市	一区画300坪～
海外				
土地会社				
老虎灘	大連郊外土地(株)	1922	大連市春日町・若松台・桜花台・初音町・文化台・晴明台・青雲台・秀月台・鳴鶴台・平和台・臥龍台・桃源台	357,000坪、350戸
組合				
大連共栄住宅	大連共栄住宅組合	1922	大連	135棟、20,000坪
台中市大和村	大和村建築信用購買利用組合	1937	台中市後籠子	33,553坪
その他				
蒜頭社宅	台湾製糖	1910	台湾・台南州蒜頭	
大和(花蓮)	塩水港製糖(株)	1920	台湾・花蓮	
朝鮮銀行三坂社宅	朝鮮銀行	1921	ソウル市厚岩洞	23棟35戸
満鉄撫順炭坑職員宿舎	南満洲鉄道(株)	1908	撫順・千金寨	フラット
満鉄大連近江町社宅	南満洲鉄道(株)	1908	大連	28棟244戸
満鉄寺児溝社宅	南満洲鉄道(株)	1920	大連	46棟406戸
満鉄撫順炭坑社宅	南満洲鉄道(株)	1920-31	撫順・永安台	フラット139棟、二戸一82棟、戸建て10棟
満鉄奉天代用社宅	南満洲鉄道(株)	1933	奉天(瀋陽)	フラット109棟、二戸一30棟、戸建て4棟
満洲国政府集合住宅	満洲国政府		新京(長春)	16棟
三井紙料大泊工場社宅	三井紙料工場	1914	樺太大泊町	33棟188戸(昭和14年)
樺太工業泊居工場社宅	樺太工業(株)	1915	樺太泊居町	約60棟350戸(昭和13年)
樺太工業真岡工場社宅	樺太工業(株)	1919	樺太真岡町	48棟209戸(昭和11年現在)
樺太産業豊原工場社宅	樺太産業(株)	1916	樺太豊原町	89棟330戸(年代不詳)
樺太産業野田工場社宅	樺太産業(株)	1921	樺太野田町	54棟235戸(昭和16年)
大日本紙料落合工場社宅	大日本紙料(株)	1917	樺太落合町	124棟404戸(昭和15年現在)
王子製紙恵須取工場社宅	王子製紙(株)	1925	樺太恵須取町	59棟349戸(昭和15年現在)
富士製紙知取工場社宅	富士製紙(株)	1926	樺太知取町	86棟523戸(昭和8年現在)
日本人絹パルプ敷香工場社宅	日本人絹パルプ(株)	1935	樺太敷香町	182棟304戸(昭和16年現在)

住宅地名称	開発主体	年代	所在地	規模
その他				
鐘ヶ淵紡績・兵庫工場社宅	鐘ヶ淵紡績	1896		平屋50棟、2階建33棟
文化村	坂口磊石・吉村清太郎	1923	神戸市東灘区深江南1	約2,500坪、14棟
三宣莊	中川国之助・藤江鐵	1930	兵庫県芦屋市浜町	約1,000坪、11棟
東洋レーヨン滋賀工場社宅	東洋レーヨン	1926-28	滋賀県大津市	1級社宅6棟12戸、2級社宅9棟18戸、3級社宅8棟16戸、4級社宅7棟、5級社宅2棟
湖東紡績工場(現日清紡績能登川工場)社宅	湖東紡績	1919	滋賀県神崎郡能登川町	長屋9棟
大日本紡績貝塚工場社宅	大日本紡績	1934-35	大阪府貝塚市	1戸建4棟、2戸建7棟、4戸建15棟
中国・四国				
鉄道会社				
楽々園	広島瓦斯電軌(株)	1937	広島市佐伯区楽々園	50,000坪(うち、10,000坪が遊園地)
土地会社				
挿頭丘田園都市	南郊田園都市株式会社(琴平電鉄系)	1926-	香川県綾歌郡綾南町	約17,000坪
洛陽園	三興土地拓殖商事	1939	広島県呉市吉浦町	
朝日ヶ丘住宅地	大西拓殖(株)広島営業所	1939	広島県呉市落走	10,000坪
鶯の里住宅地	寺田商会拓殖部	1940	広島県呉市天応町	8,000坪
武智荘園		1940	広島県呉市焼山町	20,000坪
組合				
御野第一土地区画整理組合		1931	岡山県岡山市	161,000坪
御野第二土地区画整理組合		1931	岡山県岡山市	132,000坪
万成土地区画整理組合		1932	岡山県岡山市	19,000坪
内田第二土地区画整理組合		1932	岡山県岡山市	68,000坪
大供第二土地区画整理組合		1933	岡山県岡山市	56,000坪
平原土地区画整理組合		1930	広島県呉市平原町	13,000坪
その他(企業)				
住友・打除社宅	住友・別子銅山	1917-	愛媛県新居浜市端出場	31戸
住友・鹿森社宅	住友・別子銅山	1917-	愛媛県新居浜市端出場	276戸
住友・川口新田社宅	住友・別子銅山	大正末	愛媛県新居浜市角野新田町三丁目	575戸
住友・山根東社宅	住友・別子銅山	大正末	愛媛県新居浜市中筋町二丁目	
住友・山根西社宅	住友・別子銅山	大正末	愛媛県新居浜市西連寺町二丁目	
住友・梅林社宅	住友・別子銅山	大正末	愛媛県新居浜市角野新田町一丁目	70戸
住友・山田団地	住友・別子銅山	1927-40	愛媛県新居浜市星越町	約250戸(事業所長、外人技術者宅他)
住友・前田社宅	住友・別子銅山	1941-	愛媛県新居浜市前田町	
倉敷紡績・工場内分散寄宿舎	倉敷紡績(株)	1906		12,480坪、136戸
倉敷紡績・御崎社宅	倉敷紡績(株)	1907		4,060坪、76棟
倉敷紡績・萬壽工場分散寄宿舎	倉敷紡績(株)	1919		平屋52棟、甲号2棟、乙号8棟、丙号4棟、
倉敷紡績・倉敷濱田町社宅	倉敷紡績(株)	1920	倉敷市	12棟、306坪
倉敷紡績・南町職員住宅	倉敷紡績(株)	1922-24	岡山県倉敷市	38棟、778坪
その他(軍)				
海軍官舎(和庄)	旧帝国海軍	1912	広島県呉市青山町、幸町	8戸(参謀長、機関長、港務部長、経理部長、建築部長、鎮守府副官他)
海軍官舎(宮原)	旧帝国海軍	1912	広島県呉市青山町	4戸(工廠長、参謀長、工廠検査官、工廠副官)
海軍官舎(荘山田)	旧帝国海軍	1912	広島県呉市二河町	
海軍病院官舎	旧帝国海軍	1924-32	広島県呉市青山町	4戸(病院長他)
その他(個人)				
両城の階段住宅(高橋仙松借家)	高橋仙松	昭和初	広島県呉市両城一丁目	8戸
小田団地	小田玉一	1931-36	広島市南区段原	45区画(戦後区画整理により完全消滅)
吉見園	吉見新兵衛	1934	広島市佐伯区	

住宅地名称	開発主体	年代	所在地	規模
仁川駅東	壽土地(株)	1939	兵庫県宝塚市	
静香園	壽土地(株)	1939	兵庫県宝塚市	50,000坪
永和駅前	壽土地(株)	1940	大阪府東大阪市	45～70坪
阪急櫻井	壽土地(株)	1940	大阪府箕面市	
六甲篠原清眺園	吉田土地拓殖(名)	1938	神戸市東灘区	15,000坪
香里菅公渓	竹井工務店	1938	大阪府枚方市	
香里園	竹井工務店	1939	大阪府枚方市	23戸
千里丘	竹井工務店、日本不動産(株)	1940	大阪府吹田市	
妙見山荘	喜多川商会土地部	1939	兵庫県川西市	
守口、土居付近	幸生土地商事社	1939	大阪府守口市	300坪以上
生駒荘園	昭和商会土地部	1939	奈良県奈良市	
成合山荘	中西商店土地部	1939	大阪府高槻市	10数万坪
宝南荘	東洋土地建物(株)	1939	兵庫県宝塚市	16,000坪(第3回)
喜山荘	睦和商会(大阪市)	1939	大阪府枚方市	10,000坪(第1回)
昭陽園	興業土地	1939	神戸市垂水区	50坪以上(1口)
明石市明潮園	興業土地	1939	兵庫県明石市	25,000坪
朝陽園	興業土地	1939	兵庫県明石市	80坪以上(1口)
興亜荘園	興業土地	1940	大阪府羽曳野市	
阪和宝塚	大同商会	1939	兵庫県宝塚市	30,000坪
翠荘園	大同商会	1939	京都府宇治市	50坪以上
清桃園	上内商会土地部	1939	神戸市垂水区	40,000坪
清鉱園	上内商会土地部	1940	兵庫県明石市	20,000坪、100坪以上(1口)
櫻ヶ丘	日の本土地(株)	1939	大阪府交野市	20,000坪
芦屋	日の本土地(株)	1940	兵庫県芦屋市	150坪(土地)、100坪(土地)、50坪(土地)、40坪(家)
青山高原	生明土地(株)	1939	大阪府松原市	300,000坪
静閑荘	生明土地(株)	1939	奈良県奈良市	
高師ノ浜	生明土地(株)	1940	大阪府高石市	60坪以上
日興園	(名)日興土地	1940	神戸市垂水区	100坪以上(1口)
宝城台	塩田商店土地部	1940	兵庫県明石市	15,000坪(第2次)
北白川一乗寺	岩倉倉庫(株)(東京)	1940	京都市左京区	250坪
望海苑	阪神恒産、関西恒産	1940	神戸市垂水区	30,000余坪
春日台	山大商店土地部	1940	神戸市垂水区	20,000坪(第1回)
誠美園	出崎商店土地部	1940	奈良県北葛城郡王寺町	30,000坪(第1期)
住友荘園	昭和拓殖(株)	1940	大阪府茨木市	
常盤園	常盤園土地整理事務所	1940	兵庫県川西市	20,000余坪、100坪(1口)
茨木駅付近	新興土地商事営業所	1940	大阪府茨木市	40,000坪
菊水園	正和興業	1940	神戸市兵庫区	10,000坪(第1回)
清和園	大黒商事土地部	1940	奈良県生駒市	
城光台	大新土地	1940	兵庫県明石市	20,000坪、100坪～350坪
朝陽園	大富精脂工業所土地部	1940	大阪府茨木市	
甲陽園	長尾土地(株)	1940	兵庫県西宮市	
阪急三国駅	明治不動産(株)	1940	大阪市淀川区	16戸
舞子	明治不動産(株)	1940	神戸市垂水区	873坪
大久保町高岡	明治實業土地部	1940	兵庫県明石市	
黄金ヶ丘	山本工務店地所課	1940	大阪府柏原市	
向陽園	山本工務店地所課	1940	大阪府柏原市	
大軌国分	山本工務店地所課	1940	大阪府柏原市	339から1,121坪、
松濤台	信和土地(資)	1940	兵庫県明石市	20,000坪、100坪～500坪
松見ヶ里	信和土地(資)	1940	兵庫県明石市	
大久保荘園	信和土地(資)	1940	兵庫県明石市	5万坪、150坪内外(1口)
松葉の里	西島商事(株)	1940	大阪府高槻市	159坪、287坪、320坪、224坪、259坪
新芦屋	太陽拓殖土地部	1940	大阪府吹田市	440坪、40余坪(建坪)
巽ヶ丘	太陽拓殖土地部	1940	大阪府柏原市	20,000坪
浪速の里	太陽拓殖土地部	1940	奈良県橿原市	30,000坪
生駒山荘	東宝土地商会	1940	奈良県生駒市	
龍田ヶ丘	東宝土地商会	1940	奈良県生駒市	100坪以上(1口)
新舞子	日本不動産(株)	1940	大阪府泉南市	100坪～450坪

住宅地名称	開発主体	年代	所在地	規模
春日の丘	柴田土地建物(株)	1937	大阪府茨木市	20,000坪
緑水園	柴田土地建物(株)	1937	大阪府茨木市	300,000坪内20,000坪
羽曳野	柴田土地建物(株)	1938	大阪府羽曳野市	200,000坪
春日の丘第2春光園	柴田土地建物(株)	1938	大阪府茨木市	10,000坪(35,000坪)
第三松景園	柴田土地建物(株)	1939	大阪府茨木市	50,000坪100余戸
羽曳野翠松園	柴田土地建物(株)	1940	大阪府羽曳野市	20,000坪限り(第4回)
石橋美松園	南商店土地部	1936	大阪府池田市	
大軌生駒高台	南商店土地部	1936	奈良県生駒市	
あやめ池	南商店土地部	1937	奈良県奈良市	
香里紅葉ヶ丘	南商店土地部	1937	大阪府枚方市	50,000坪
松原花壇	南商店土地部	1937	大阪府松原市	15,000坪
香里園	南商店土地部	1938	大阪府枚方市	
香里不動尊前	南商店土地部	1938	大阪府枚方市	
阪和荘園	南商店土地部	1938	大阪府和泉市	
松原荘園	南商店土地部	1938	大阪府松原市	
生駒高台	南商店土地部	1938	奈良県生駒市	
石橋山荘	南商店土地部	1938	大阪府池田市	
三光園	南商店土地部	1939	奈良県奈良市	10,000坪(第2回)
星ヶ丘	南商店土地部	1940	奈良県奈良市	
武庫川	甲東土地(株)	1937	兵庫県西宮市	5,000坪
御影天神山	三菱信託(株)	1937	神戸市東灘区	
星が丘	朝日土地建物(株)	1937	大阪府枚方市	15,000坪
恵我之荘	大丸商会(アベノ橋大鉄南)	1937	大阪府羽曳野市	
高月殿	寶来土地商事(株)	1937	大阪府高槻市	
芦屋松濤園	寶来土地商事(株)	1939	兵庫県芦屋市	
高師ノ浜	寶来土地商事(株)	1939	大阪府高石市	
鶴ヶ丘	寶来土地商事(株)	1939	大阪府池田市	
常盤荘園	寶来土地商事(株)	1940	兵庫県宝塚市	
朝日ヶ丘	寶来土地商事社	1936	奈良県奈良市	
霊泉郷	中央土地拓殖(株)	1937	大阪府高槻市	
高槻中央	中央土地拓殖(株)	1938	大阪府高槻市	15,000坪
都ヶ丘	中央土地拓殖(株)	1938	大阪府枚方市	300戸
向陽園	中央土地拓殖(株)	1939	大阪府枚方市	30,000坪
朝陽ヶ丘	中央土地拓殖(株)	1939	大阪府枚方市	30,000坪
御所ノ内	中央土地(株)		京都市御所ノ内町	3,000坪
下高松	中央土地(株)		京都市高松町	1,000坪
芦屋翠公園	宝来土地商事(株)	1937	兵庫県芦屋市	15,000坪
夙川 福壽荘	宝来土地商事(株)	1937	兵庫県西宮市	
仁川山荘	宝来土地商事(株)	1937	兵庫県宝塚市	
池田猪名川荘園	宝来土地商事(株)	1937	大阪府池田市	20,000坪
甲子園	宝来土地商事(株)	1938	兵庫県西宮市	
松壽園	宝来土地商事(株)	1938	兵庫県芦屋市	
翠光園	宝来土地商事(株)	1938	兵庫県芦屋市	
猪名川荘園	宝来土地商事(株)	1938	大阪府池田市	
石切白萩荘付近	中原土地部	1937	大阪府東大阪市	20,000坪
千亀利ヶ丘	三和土地	1940	大阪府岸和田市	
甲子園口	加賀地所課	1938	兵庫県西宮市	40,000坪
芦屋朝日が丘	京竹商店	1938	兵庫県芦屋市	15,000坪
双葉山荘	共栄土地	1938	大阪府茨木市	
常盤花園	竹内商店土地部	1938	奈良県奈良市	20,000坪
六甲篠原伯母野山	島田辰五郎	1938	神戸市東灘区	3000坪
阪和荘園	南荘園土地部	1938	大阪府和泉市	
桜荘園	三井土地営業所	1938	大阪府松原市	22,000坪
瓢山荘園	三井土地営業所	1939	大阪府東大阪市	20,000坪
東光園	大宝土地商事社	1938	大阪府高槻市	35,000坪
観月台高級住宅地	山西土地拓殖(株)	1938	兵庫県宝塚市	
久寿川停留所前	山西土地拓殖(株)	1939	兵庫県西宮市	80坪〜(1口)
福壽荘	山西土地拓殖(株)	1939	大阪府寝屋川市	百坪内外(1口)
向陽園	壽土地(株)	1938	大阪府東大阪市	

住宅地名称	開発主体	年代	所在地	規模
六麓荘	六麓荘土地	1929	兵庫県芦屋市	51,338坪、197区画
待兼山受託分譲地	住友信託(株)	1929	大阪府池田市	100坪以上
南郷山	住友信託(株)	1931	兵庫県西宮市	100坪内外より4、500坪まで
正雀	住友信託(株)	1934	大阪府吹田市	分譲単位百坪内外より
西宮名次山	住友信託(株)	1936	兵庫県西宮市	
悲田院町	住友信託(株)	1937	大阪市阿倍野区	
伊丹町	伊丹住宅土地(株)	1929	兵庫県伊丹市	1口30坪以上
塚本・野里	伊丹住宅土地(株)	1938	大阪市西淀川区	
塚本駅西口付近	伊丹住宅土地(株)	1938	大阪市西淀川区	
宝塚	三善商会(大阪市)	1930	兵庫県宝塚市	不明
浜甲子園	大林組住宅部	1930	兵庫県西宮市	不明
黒鳥山荘	立石土地部	1930	大阪府和泉市	100坪内外
舞子霞ヶ丘荘園	霞ヶ丘経営所(神戸市)	1931	神戸市垂水区	
紫園	浪花土地(資)経営	1931	兵庫県宝塚市	20,000坪
豊乃荘	旭土地(株)	1931	兵庫県宝塚市	
中山荘園	旭土地(株)	1932	兵庫県宝塚市	
舞子聚楽荘	旭土地(株)	1939	神戸市垂水区	
金華園	旭土地(株)	1940	兵庫県明石市	150坪～500坪
武田尾温泉	旭土地(株)	1940	兵庫県宝塚市	100坪以上
舞子	旭土地(株)	1940	神戸市垂水区	
緑の里	旭土地(株)	1940	兵庫県明石市	
花屋敷山荘	村上商店土地部	1931	兵庫県宝塚市	100坪以上
月見ヶ丘	村上商店土地部	1931	兵庫県宝塚市	3,500坪限
百合野荘園	村上商店土地部	1931	兵庫県宝塚市	
宝塚 長寿ヶ丘	村上商店土地部	1931	兵庫県宝塚市	総面積1等1万坪
宝塚御殿山	村上商店土地部	1931	兵庫県宝塚市	
宝塚山荘	村上土地部	1931	兵庫県宝塚市	2,000坪(内5,000坪)
売布	村上商店	1934	兵庫県宝塚市	
雲雀ヶ丘	村上商店	1935	兵庫県宝塚市	
清松園	村上商店土地部	1940	兵庫県明石市	30,000坪
花屋敷	細原地所事務所	1932	兵庫県宝塚市	1万坪の内24坪
中山紫園	上野平治朗(浪花土地)	1932	兵庫県宝塚市	
緑ヶ丘保健住宅博覧会	日本建築協会	1932	兵庫県伊丹市	
垂水・旭ヶ丘	駒井土地部(垂水町)	1933	神戸市垂水区	約5,000坪
緑ヶ丘	緑丘土地建物(株)	1933	兵庫県伊丹市	10,000坪限
あやめ池	上村住宅土地事務所	1934	奈良県奈良市	5,000坪限
城北公園	城北土地(株)(大阪市)	1934	大阪市旭区	1口50坪より
藤ヶ丘	藤ヶ丘住宅地経営事務所	1934	大阪府吹田市	区割50坪
浜寺	浜寺土地(株)	1934	大阪府堺市	
助松	共栄社	1934	大阪府泉大津市	40坪位より
松籟園	共栄社	1934	大阪府豊中市	80坪前後より
童の里	共栄社	1934	大阪府泉大津市	1口50坪前後
農園	共栄社	1934	大阪府豊中市	70坪位より
曽根	共栄社	1935	大阪府豊中市	70坪位より
北野田	共栄社	1935	大阪府堺市	70坪前後より
山本	住友(資)	1934	大阪府八尾市	区割百坪
小阪	大西土地拓殖(株)	1935	大阪府東大阪市	20坪
東公園	大西土地拓殖(株)	1935	大阪府東大阪市	20坪
阪和久米田菊屋敷	大西土地拓殖(株)	1936	大阪府岸和田市	20,000坪
三島農苑	大西土地拓殖(株)	1936	大阪府高槻市	15,000坪
宝塚湯本土地分譲	大西土地拓殖(株)	1937	兵庫県宝塚市	17,000坪
山本住宅地	住友土地課大軌土地課	1936	大阪府八尾市	
清和山荘	清和山荘芦屋営業所	1936	兵庫県芦屋市	1口20,000坪
香里園松雪荘	千代田土地部	1936	大阪府枚方市	
天美荘園	南海土地建物(株)	1936	大阪府河内長野市	
豊津	兵庫大同信託(株)	1936	大阪府吹田市	30区50m^2
須磨百々の荘	兵庫大同信託(株)	1937	神戸市垂水区	5,000坪
梅が丘	兵庫大同信託(株)	1937	神戸市東灘区	
呉羽の里	柴田土地建物(株)	1937	大阪府池田市	

住宅地名称	開発主体	年代	所在地	規模
大美野田園都市	関西土地(株)	1931	大阪府堺市	400,000坪
助松臨海地	関西土地(株)	1932	大阪府泉大津市	
芦屋	関西土地(株)	1933	兵庫県芦屋市	45坪
新森小路	関西土地(株)	1934	大阪市旭区	30坪より分割
ちぬの浦	関西土地(株)	1936	大阪府東大阪市	
今津町	関西土地(株)	1936	兵庫県西宮市	
南方	関西土地(株)	1936	大阪市淀川区	
堺向陽町	関西土地(株)	1937	大阪府堺市	
能勢口駅前	関西土地(株)	1937	兵庫県川西市	
関目	関西土地(株)	1939	大阪市旭区	40坪以上(1口)
北白川小倉町	日本土地商事	1925	京都市左京区	19,600坪(第1回分譲約5,600坪、41区画)
新宝塚	関西恒産(株)	1925	兵庫県宝塚市	8,000坪
三田農園	関西恒産(株)	1939	兵庫県三田市	
仁川	関西恒産(株)	1939	兵庫県宝塚市	
加多乃荘	関西恒産(株)	1940	大阪府枚方市	100坪内外(1口)
向陽園	関西恒産(株)	1940	兵庫県宝塚市	
望海苑	関西恒産(株)	1940	神戸市垂水区	
旭ヶ岡果樹園	大鉄沿線開発(株)	1925	奈良県生駒市	
錦ヶ丘	大鉄沿線開発(株)	1939	大阪府富田林市	20,000坪
新田邊、田邊	大鉄厚生開発(株)	1939	大阪市東住吉区	20,000坪(第1期)
昭和園	大鉄厚生開発(株)	1940	大阪府松原市	20,000坪
南花荘園	大丸土地建物(株)	1938	大阪府松原市	
西大寺桐山御殿	敷島土地(株)	1925	奈良県奈良市	
花屋敷	敷島土地(株)	1939	兵庫県宝塚市	
桐山御殿跡	敷島土地(株)	1939	奈良県奈良市	
あやめ池公園	敷島土地(株)	1940	奈良県奈良市	
白鳥園翠月荘	名月土地住宅(株)	1925	大阪府羽曳野市	5,060坪
月ヶ岡	名月土地住宅(株)	1937	大阪府枚方市	15,000坪
尾浜新住宅地	名月土地住宅(株)	1937	兵庫県尼崎市	10,000坪
牧野	名月土地住宅(株)	1937	大阪府枚方市	15,000坪
生駒	名月土地住宅(株)	1938	奈良県奈良市	15,000坪
万來ヶ丘	名月土地住宅(株)	1938	奈良県生駒市	50,000坪
菫ヶ丘	名月土地住宅(株)	1938	奈良県奈良市	30,000坪
翠月荘	名月土地住宅(株)	1939	大阪府羽曳野市	10,000坪
万華之丘	名月土地住宅(株)	1939	奈良県奈良市	2,000坪
甲子園	阪神土地(株)	1926	兵庫県西宮市	50〜200坪、3,000坪売次第締切
桜ヶ丘模範住宅地	田村真築地所部	1926	大阪府箕面市	
阪急岡町	小谷工務店(株)	1927	大阪府豊中市	1口30坪、住宅10坪用
蛍ヶ池田園住宅地	小谷工務店(株)	1928	大阪府池田市	1口30坪(総坪5万内4万売約済)
諏訪ノ森	小谷工務店(株)	1928	大阪府堺市	50坪以上
布忍田園住宅地	小谷工務店(株)	1928	大阪府松原市	1万坪、1口30坪
豊中経営地櫻山荘園	小谷工務店(株)	1928	大阪府豊中市	30坪
松原田園住宅	小谷工務店(株)	1929	大阪府松原市	1口30坪
西宮住宅地	小谷工務店(株)	1929	兵庫県西宮市	1口30坪
西宮北口	小谷工務店(株)	1929	兵庫県西宮市	1口30坪
箕面東田園住宅地	小谷工務店(株)	1929	大阪府箕面市	1口60坪、角地90坪
塚口住宅	小谷工務店(株)	1930	兵庫県尼崎市	1口30坪
松原	小谷工務店(株)	1931	大阪府松原市	
西宮高台	小谷工務店(株)	1935	兵庫県西宮市	60,000余坪
南桜井	小谷工務店(株)	1936	大阪府箕面市	30,000坪内売り出し10,000坪
香里	小谷工務店(株)	1937	大阪府枚方市	150,000坪
石切山荘園	石切山荘地会社	1928	大阪府東大阪市	100坪以上
海塚町	大浜土地(株)	1929	大阪府貝塚市	
道明寺	丸富建具店	1929	大阪府東大阪市	50坪以上
彌刀新住宅	共同信託(株)大阪市	1929	大阪府東大阪市	50坪以上より
大阪南郊第二経営地	新那須興業	1929	大阪府堺市	100坪前後
白鳥園	白鳥園住宅(株)	1929	大阪府羽曳野市	100坪内外より
麗人荘	理想郷住宅(株)	1929	奈良県生駒市	194坪以上

住宅地名称	開発主体	年代	所在地	規模
仁川百合の荘	平塚土地(株)	1930	兵庫県宝塚市	
旭ヶ丘	平塚土地(株)	1931	兵庫県宝塚市	5,000坪限特売
御殿山	平塚土地(株)	1931	兵庫県宝塚市	
阪急宝塚南口	平塚土地(株)	1931	兵庫県宝塚市	5,000坪
南花屋敷	平塚土地(株)	1931	兵庫県宝塚市	
宝塚山荘	平塚土地(株)	1931	兵庫県宝塚市	
寿楽荘	平塚土地(株)	1932	兵庫県宝塚市	12,000坪限
上旭ヶ丘	平塚土地(株)	1932	兵庫県宝塚市	8,000坪限
仁川清風荘	平塚土地(株)	1933	兵庫県宝塚市	15,000坪
中州荘園	平塚土地(株)	1934	兵庫県宝塚市	3,000坪限 区割70坪より
茨木	茨木土地(株)	1920	大阪府茨木市	
桜井	桜井住宅土地	1920	大阪府箕面市	23,000坪
放出	大阪土地運河	1920	大阪市鶴見区	102920
助松	南浜寺土地建物	1920	大阪府泉大津市	14,676坪
浜寺公園	濱寺土地(株)	1920	大阪府堺市	150坪、120坪
芦屋城山	虎屋信託(株)	1920	兵庫県芦屋市	甲1,223坪9合2勺、乙750坪1合5勺
中山寺	虎屋信託(株)	1920	兵庫県宝塚市	107坪余
荒神	柏木信託部	1920	兵庫県宝塚市	760坪
桜井	柏木信託部	1920	大阪府箕面市	170坪
豊中	柏木信託部	1920	大阪府豊中市	120坪
関目	旭土地興業(株)	1920	大阪市旭区	
大坂国技館前通り	旭土地興業(株)	1937	大阪市旭区	
西島	大阪北港(株)	1921	大阪市此花区	10,000坪、248戸
春日出	大阪北港(株)	1922	大阪市此花区	6,615坪、197戸
八幡屋・田中・新池田	安治川土地(株)	1921	大阪市港区	274戸
雲雀ヶ丘	阿部荘園経営事務所	1921	兵庫県宝塚市	46、60、25坪
嵯峨野	京都セルロイド(株)	1921	京都市右京区	総坪数2,300坪
今津	今津棉業(株)	1921	兵庫県西宮市	1口50坪以上
花屋敷	新花屋敷温泉土地(株)	1921	兵庫県宝塚市	100－500坪
住吉公園	大正信託(株)	1921	大阪市住吉区	447坪
尼崎	帝国信託(株)	1921	兵庫県尼崎市	約1万坪、1口坪50－200坪
芦屋	大和屋商店地所部	1921	兵庫県芦屋市	100坪以上
吹田	大和屋商店地所部	1921	大阪府吹田市	100坪以上
千里山	大阪住宅経営(株)・北大阪電鉄	1922	大阪府吹田市	134,000坪
田口町松原	大阪住宅経営(株)	1922	大阪府東住吉区	15,000坪、220戸
住吉	住吉住宅(株)	1922	大阪市住吉区	100坪以上
服部	田中佐	1922	大阪府豊中市	846坪
豊中	攝津信託(名)	1922	大阪府豊中市	292坪
塚口	関西信託(株)	1922	兵庫県尼崎市	建物有建物なし、各種1区画100～300坪
新桜井	関西信託(株)	1924	大阪府箕面市	50坪より
北野	神戸女学院会計課	1923	神戸市中央区	800坪
垂水	垂水土地(株)	1923	神戸市垂水区	100-50坪(20万坪のうち5,000坪完成)
生駒	東大阪土地建物(株)	1923	奈良県生駒市	100坪以上
西宮	助野五左衛門	1924	兵庫県西宮市	50坪より
瓢箪山	東京土地(株)	1924	大阪府東大阪市	
百楽荘	関西土地(株)	1924	大阪府箕面市	50戸
南浜寺	関西土地(株)	1925	大阪府堺市	50坪より
森小路商業住宅地	関西土地(株)	1926	大阪市旭区	50坪位より
天下茶屋丸山荘園	関西土地(株)	1926	大阪市西成区	50坪以上分譲
丸山荘園	関西土地(株)	1927	大阪市阿倍野区	
高師浜	関西土地(株)	1927	大阪府高石市	50坪以上
市岡商業	関西土地(株)	1927	大阪市港区	25坪以上
助松	関西土地(株)	1927	大阪府泉大津市	不明
瓢山	関西土地(株)	1927	大阪府東大阪市	50坪以上
尼崎	関西土地(株)	1928	兵庫県尼崎市	34～90坪
平野	関西土地(株)	1929	大阪市平野区	50坪以上
額田山荘	関西土地(株)	1930	大阪府東大阪市	1口70～200坪

住宅地名称	開発主体	年代	所在地	規模
生駒市街地	大阪電気軌道	1938	奈良県生駒市	
上野芝向ヶ丘	阪和電鉄	1930	大阪府堺市	1口50坪以上
霞ヶ丘	阪和電鉄	1933	大阪府堺市	
富木の里	阪和電鉄	1940	大阪府高石市	
土地会社				
都賀浜材ノ内新在家	神戸ワイマークタムソン商会	1901	神戸市灘区	1323坪
葺合町	神戸ワイマークタムソン商会	1901	神戸市中央区	瓦葺平屋1棟22坪3合3勺
住吉	神戸ワイマークタムソン商会	1904	神戸市東灘区	1,088坪
東浜田	難波銀行破産清算事務所	1903	大阪市西成区	2反28歩
岡本	岸田酒造清算事務所	1904	神戸市東灘区	5畝14歩
芦屋	藤本ビルブローカー信託部	1905	兵庫県芦屋市	1,300坪
魚崎	藤本ビルブローカー信託部	1905	兵庫県西宮市	400坪
舞子	藤本ビルブローカー信託部	1905	神戸市垂水区	400坪
観音林	日本住宅(株)	1905	神戸市東灘区	
雲雀丘	日本住宅(株)	1917	兵庫県宝塚市	
仁川宝来園	日本住宅(株)	1924	兵庫県宝塚市	100、150坪
石橋	日本住宅(株)	1925	大阪府池田市	
丸山荘園	日本住宅(株)	1925	大阪市西成区	5,000坪
石橋荘園	日本住宅(株)	1926	大阪府池田市	
京都東山	日本住宅(株)	1926	京都市左京区	
東山九條山	日本住宅(株)	1926	京都市左京区	
瓢箪山	日本住宅(株)	1926	大阪府東大阪市	
松風山荘	日本住宅(株)	1928	兵庫県芦屋市	
昭和園	日本住宅(株)	1928	兵庫県西宮市	50坪
楽水荘	日本住宅(株)	1930	兵庫県宝塚市	
蹴上	日本住宅(株)	1930	京都市左京区	
鶴ヶ丘	日本住宅(株)	1930	兵庫県宝塚市	
今津	長澤綿店	1908	兵庫県西宮市	100坪
岡町住宅	岡町住宅経営	1912	兵庫県宝塚市	松林1帯7万余坪
嵯峨	中川源太郎内對嵐土地購売部	1913	京都市右京区	1口坪数20坪
十三橋西方新淀川の北岸	帝国土地(株)	1913	大阪市淀川区	1区割300坪以内
中山寺西手別荘地	梅香堂奥田梅尾	1913	兵庫県宝塚市	3段9畝14歩
武庫郡精道村笠ヶ塚	萬成舎	1913	兵庫県芦屋市	300坪の至1,500坪
京都都ホテル隣接地	萬成舎	1915	京都市左京区	10,000坪
南海線玉出	萬成舎	1916	大阪市阿倍野区	宅地163坪、借家6戸(畳建具共)
北畠姫松	東成土地建物(株)	1914	大阪市阿倍野区	
帝塚山付近	東成土地建物(株)	1916	大阪市阿倍野区	
南禅寺	京都商事(株)	1914	京都市左京区	
城東	大阪城東土地(株)	1916	大阪市城東区	
芦屋	関西農園	1917	兵庫県芦屋市	13,000坪
芦屋	神戸信託(株)	1917	兵庫県芦屋市	15,000坪
明石	兵庫県明石町役所	1917	兵庫県明石市	町有地4筆合計1,748坪
花屋敷	花屋敷土地	1918	兵庫県宝塚市	
甲陽園	甲陽土地(株)	1918	兵庫県西宮市	
大坂川口元居留地	小澤商事(名)	1918	大阪市西区	400坪が2ヶ所、門口20間
高石	日本土地信託	1918	大阪府高石市	34,392坪
夙川香櫨園	大神中央土地(株)	1918	兵庫県西宮市	約100,000坪
堺	大神中央土地(株)	1925	大阪府堺市	50－120坪
香露園夙川住宅地	大神中央土地(株)	1925	兵庫県西宮市	80－130坪
枚方水源地付近	京阪土地建物	1919	大阪府枚方市	85,582坪
香里園	香里園土地建物	1919	大阪府枚方市	70,000坪
苦楽園	西宮土地	1919	兵庫県西宮市	
石橋	石橋土地建物	1919	大阪府池田市	25,928坪
古市	日本家禽	1919	大阪府羽曳野市	477,477坪
中河内枚岡	瓢山土地建物	1919	大阪府東大阪市	75,041坪
下鴨	京洛土地(株)	1919	京都市左京区	約28,000坪
逆瀬川	平塚土地(株)	1921	兵庫県宝塚市	
仁川	平塚土地(株)	1929	兵庫県宝塚市	1口150坪以上
花屋敷	平塚土地(株)	1930	兵庫県宝塚市	

住宅地名称	開発主体	年代	所在地	規模
箕面	阪神急行電鉄	1934	大阪府箕面市	
塚口駅前	阪神急行電鉄	1935	兵庫県尼崎市	総面積10,000坪
新伊丹	阪神急行電鉄	1935	兵庫県伊丹市	総面積100,000坪、1区画80坪内外
仁川高台	阪神急行電鉄	1935	兵庫県宝塚市	総面積16,241坪
伊丹高台	阪神急行電鉄	1936	兵庫県伊丹市	
雲雀ヶ丘	阪神急行電鉄	1936	兵庫県宝塚市	総面積21,713坪
園田	阪神急行電鉄	1936	兵庫県尼崎市	総面積70,892坪
桜ヶ丘	阪神急行電鉄	1936	大阪府箕面市	
武庫之荘	阪神急行電鉄	1937	兵庫県尼崎市	総面積60,383坪
仁川池の端	阪神急行電鉄	1937	兵庫県宝塚市	
御影高台	阪神急行電鉄	1938	兵庫県神戸市東灘区	
仁川駅前	阪神急行電鉄	1939	兵庫県宝塚市	
緑ヶ丘	阪神急行電鉄	1939	兵庫県伊丹市	
西塚口	阪神急行電鉄	1941	兵庫県尼崎市	50.547坪
門戸駅前	阪神急行電鉄	1944	兵庫県宝塚市	23.869坪
仁川山手	阪神急行電鉄	1940	兵庫県宝塚市	総面積13,000坪
西向日	新京阪	1929	京都府向日市	17,000坪
相川	新京阪	1929	大阪府吹田市	40,000坪
高槻	新京阪	1929	大阪府高槻市	40,000坪
吹田市街	新京阪	1929	大阪府吹田市	1口50坪以上
神崎川	新京阪	1930	大阪府吹田市	1口50坪以上
垂水	新京阪	1930	大阪府吹田市	1口50坪以上
瑞光（上新庄）	京阪電鉄	1933	大阪府吹田市	60,000坪
花壇町	京阪電鉄	1935	大阪府吹田市	30,000坪
桜ヶ丘	京阪電鉄	1938	大阪府高槻市	30戸
千里山景勝邸宅地	京阪電鉄	1938	大阪府吹田市	10,000坪
千里山遊園	京阪電鉄	1939	大阪府吹田市	13戸
遊園駅前	京阪電鉄	1940	大阪府吹田市	家屋30～95坪、土地80～465坪
御影町山の手	阪神電鉄	1911	神戸市東灘区	
南甲子園	阪神電鉄	1925	兵庫県西宮市	
甲子園	阪神電鉄	1928	兵庫県西宮市	
尼崎経営地	阪神電鉄	1929	兵庫県尼崎市	
野田経営地	阪神電鉄	1929	大阪市	
浜甲子園	阪神電鉄	1930	兵庫県西宮市	1口54坪
六甲	阪神電鉄	1931	神戸市灘区	
上甲子園	阪神電鉄	1932	兵庫県西宮市	
南甲子園	阪神電鉄	1937	兵庫県西宮市	50,000坪
野里	阪神電鉄	1938	大阪市	
香里園	京阪電鉄	1928	大阪府枚方市	50坪より
野江	京阪電鉄	1937	大阪府大阪市	7,000坪
牧野	京阪電鉄	1938	大阪府枚方市	12,000坪
牧野平和郷	京阪電鉄	1939	大阪府枚方市	350,000坪（土地）、17坪（1口）
藤井寺	大阪鉄道	1928	大阪府藤井寺市	
高見ノ里園芸住宅地	大阪鉄道	1929	大阪府松原市	
恵我荘	大阪鉄道	1931	大阪府羽曳野市	
山本	大阪鉄道	1931	大阪府八尾市	
白鳥園	大阪鉄道	1931	大阪府羽曳野市	
矢田	大阪鉄道	1931	大阪市平野区	
あやめ池	大阪電気軌道	1930	奈良県奈良市	
霞ヶ丘荘園	大阪電気軌道	1930	奈良県生駒市	
生駒	大阪電気軌道	1931	奈良県生駒市	
額田山荘	大阪電気軌道	1933	大阪府東大阪市	
名張	大阪電気軌道	1933	三重県名張市	
高安山麓	大阪電気軌道	1936	大阪府八尾市	
生駒山上別荘地	大阪電気軌道	1936	奈良県生駒市	
あやめ池南園	大阪電気軌道	1938	奈良県奈良市	
信貴山口	大阪電気軌道	1938	大阪府八尾市	
信貴山上	大阪電気軌道	1938	奈良県三郷町	
生駒三勝園	大阪電気軌道	1938	奈良県生駒市	

住宅地名称	開発主体	年代	所在地	規模
桜土地区画整理組合	都市計画愛知地方委員会	1930	名古屋市南区	311,897m²
弥富南部土地区画整理組合	都市計画愛知地方委員会	1931	名古屋市瑞穂区	708,709m²
伊勝土地区画整理組合	都市計画愛知地方委員会	1931	名古屋市昭和区	745,299m²
上山土地区画整理組合	都市計画愛知地方委員会	1931	名古屋市瑞穂区	329,398m²
鍋野上野土地区画整理組合	都市計画愛知地方委員会	1932	名古屋市千種区	657,633m²
本星崎土地区画整理組合	都市計画愛知地方委員会	1933	名古屋市南区	1,065,050m²
児玉土地区画整理組合	都市計画愛知地方委員会	1934	名古屋市西区	486,997m²
弥富土地区画整理組合	都市計画愛知地方委員会	1936	名古屋市瑞穂区	1,456,204m²
瓶入土地区画整理組合	都市計画愛知地方委員会	1940	名古屋市千種区	99,811m²
東山土地区画整理組合	都市計画愛知地方委員会	1940	名古屋市千種区	443,834m²
その他（企業）				
岡崎紡績工場（現日清紡績針崎工場）社宅	岡崎紡績+日清紡績	1918	愛知県岡崎市	2戸建9棟、長屋7棟
日清紡績浜松工場	日清紡績	1926	静岡県浜松市	1戸建1棟、2戸建9棟、長屋25棟
日清紡績富山工場社宅	日清紡績	1931	富山県富山市	2戸建12棟、6戸建16棟
日清紡績美合工場社宅	日清紡績	1932	愛知県岡崎市	2戸建33棟、6戸建31棟
海浜住宅農神園	荒川ノーシン（資）	1930	愛知県知多郡内海町	数千坪、別荘向住宅16戸
浜名湖弁天島千鳥園、観月園、乙女園、蓬莱園	飛島土地部弁天島分譲事務所	1933	静岡県舞阪町	
三好住宅	（株）日本航空起業	1936	愛知県西加茂郡三好町	130,000坪
浜名湖弁天島中島航空機（株）社宅	中島航空機（株）	1943	静岡県舞阪町	
鈴木町	鈴木ヴァイオリン（株）		名古屋市昭和区	
その他（個人）				
松和花壇（島田住宅、松本住宅）	松本繁一	1926	名古屋市天白区	150,000坪、60区画（第1期分譲）
熊崎住宅	熊崎惣次郎	1928	名古屋市千種区	別荘向住宅20数戸
京阪神				
鉄道会社				
摂津鉄道池田停留所跡	阪鶴鉄道（株）	1901	大阪府池田市	
中山駅構内不要地	阪鶴鉄道（株）	1901	兵庫県宝塚市	
宝塚駅構内不要地	阪鶴鉄道（株）	1901	兵庫県宝塚市	
浜寺公園	南海	1910	大阪府堺市	
大美野田園都市住宅博覧会	南海	1932	大阪府堺市	敷地1戸に付100坪前後
初芝	南海	1936	大阪府堺市	
池田新市街（室町）	箕面有馬電気軌道	1910	大阪府池田市	総33,020坪、うち住宅27,000坪（207区画）
桜井	箕面有馬電気軌道	1911	大阪府箕面市	総面積55,000坪、建坪16～30坪
池田くれはの里	箕面有馬電気軌道	1911	大阪府池田市	
豊中	箕面有馬電気軌道	1914	大阪府豊中市	総面積50,000坪
桜ヶ丘	日本建築協会・箕面有馬電気軌道	1922	大阪府箕面市	約50,000坪、40区画、モデル住宅25戸
岡本	阪神急行電鉄	1921	神戸市東灘区	総面積18,000坪
仁川清風荘	阪神急行電鉄	1924	兵庫県宝塚市	130坪
武庫之荘	阪神急行電鉄	1925	兵庫県尼崎市	
稲野	阪神急行電鉄	1925	兵庫県伊丹市	総面積22,000坪
甲東園	阪神急行電鉄	1923	兵庫県西宮市	10,000坪
豊中	阪神急行電鉄	1926	大阪府豊中市	
桂	阪神急行電鉄	1927	京都市西京区	
西宮北口	阪神急行電鉄	1930	兵庫県西宮市	総面積25,000坪
苦楽園	阪神急行電鉄	1931	兵庫県西宮市	
曽根	阪神急行電鉄	1931	大阪府豊中市	
石橋温室村	阪神急行電鉄	1932	兵庫県伊丹市	13,500坪
東豊中	阪神急行電鉄	1933	大阪府豊中市	16,000坪（社史では210,000坪）
伊丹養鶏村	阪神急行電鉄	1933	兵庫県伊丹市	24,000坪
伊丹温室	阪神急行電鉄	1934	兵庫県伊丹市	1口2百坪より、36口
山下豊園村	阪神急行電鉄	1934	兵庫県川西市	
仁川	阪神急行電鉄	1934	兵庫県宝塚市	
西宮北口	阪神急行電鉄	1934	兵庫県西宮市	
石橋	阪神急行電鉄	1934	大阪府池田市	
塚口	阪神急行電鉄	1934	兵庫県尼崎市	24,000坪

住宅地名称	開発主体	年代	所在地	規模
鳴海ヶ丘中央住宅地	大西土地拓殖(株)名古屋営業所	1937	名古屋市緑区	15,000坪
河鹿郷別荘地	大西土地拓殖(株)名古屋営業所	1937	愛知県犬山市	1,000,000坪
有松園住宅地	大西土地拓殖(株)名古屋営業所	1937	名古屋市緑区	10,000坪
あけぼの住宅地	大西土地拓殖(株)名古屋営業所	1938	名古屋市千種区	25,000坪
知多観海健康地	大西土地拓殖(株)名古屋営業所	1938	愛知県知多市	20,000坪
尾張志貴郷	大西土地拓殖(株)名古屋営業所	1938	愛知県犬山市	260,000坪
富岡ひばりヶ丘	大西土地拓殖(株)名古屋営業所	1938	愛知県犬山市	
鵜沼駅東部住宅地	大西土地拓殖(株)名古屋営業所	1938	愛知県犬山市	
新有松豊明台住宅地	新有松豊明台土地分譲事務所、柴山事務所		愛知県豊明市	30,000坪、121区画（第1期分譲）
館ヶ丘住宅地	中京土地建物(株)		名古屋市緑区	13,000坪、72区画（第2期分譲）
緑ヶ丘分譲地	愛知信商(株)		名古屋市千種区	39区画
日ノ出ヶ丘分譲地	大治木材(株)土地部		名古屋市千種区	80区画（第1期分譲）
組合				
杉村町東杉耕地整理組合		1912	名古屋市北区	49,553m²
江西耕地整理組合		1912	名古屋市西区	275,166m²
東郊耕地整理組合	都市計画愛知地方委員会、東郊住宅(株)	1912	名古屋市昭和区、瑞穂区	3,099,676m²
東熱田北部耕地整理組合	都市計画愛知地方委員会	1916	名古屋市熱田区	404,558m²
千種西部耕地整理組合	都市計画愛知地方委員会	1918	名古屋市千種区	348,016m²
阿由知耕地整理組合	都市計画愛知地方委員会	1920	名古屋市昭和区	3,390,479m²
中須耕地整理組合	都市計画愛知地方委員会	1921	名古屋市中川区	243,735m²
千種耕地整理組合	都市計画愛知地方委員会	1921	名古屋市千種区	1,857,957m²
呼続耕地整理組合	都市計画愛知地方委員会	1922	名古屋市南区	1,404,776m²
桜田耕地整理組合	都市計画愛知地方委員会	1923	名古屋市南区	644,330m²
則武耕地整理組合	都市計画愛知地方委員会	1923	名古屋市中村区	1,668,039m²
旭耕地整理組合	都市計画愛知地方委員会	1923	名古屋市中村区	851,685m²
東起耕地整理組合	都市計画愛知地方委員会	1923	名古屋市中川区	728,538m²
八事耕地整理組合	都市計画愛知地方委員会	1923	名古屋市昭和区、瑞穂区	998,383m²
枇杷島耕地整理組合	都市計画愛知地方委員会	1923	名古屋市西区	893,018m²
瑞穂耕地整理組合	都市計画愛知地方委員会	1923	名古屋市瑞穂区	2,995,976m²
八事土地区画整理組合	都市計画愛知地方委員会	1925	名古屋市昭和区	2,200,945m²
栄生土地区画整理組合	都市計画愛知地方委員会	1925	名古屋市中村区、西区	810,388m²
南山耕地整理組合	都市計画愛知地方委員会	1925	名古屋市昭和区、瑞穂区	759,176m²
光音寺耕地整理組合	都市計画愛知地方委員会	1925	名古屋市北区	916,555m²
稲生耕地整理組合	都市計画愛知地方委員会	1925	名古屋市西区	913,520m²
下中耕地整理組合	都市計画愛知地方委員会	1925	名古屋市中村区	118,879m²
北押切土地区画整理組合	都市計画愛知地方委員会	1926	名古屋市西区	233,034m²
田幡土地区画整理組合	都市計画愛知地方委員会	1926	名古屋市北区	480,950m²
惟信土地区画整理組合	都市計画愛知地方委員会、惟信土地建物(株)	1926	名古屋市港区	967,537m²
音聞山土地区画整理組合	都市計画愛知地方委員会	1927	名古屋市天白区	568,062m²
石川土地区画整理組合	都市計画愛知地方委員会	1927	名古屋市瑞穂区	418,740m²
新屋敷土地区画整理組合	都市計画愛知地方委員会	1927	名古屋市南区	1,082,645m²
東宿土地区画整理組合	都市計画愛知地方委員会	1927	名古屋市中村区	1,000,968m²
西志賀土地区画整理組合	都市計画愛知地方委員会	1927	名古屋市北区	842,011m²
名西土地区画整理組合	都市計画愛知地方委員会	1927	名古屋市中村区	596,238m²
笠寺土地区画整理組合	都市計画愛知地方委員会	1927	名古屋市南区	742,185m²
広路耕地整理組合	都市計画愛知地方委員会	1927	名古屋市昭和区	1,749,689m²
城北耕地整理組合	都市計画愛知地方委員会	1927	名古屋市北区	1,144,717m²
中村土地区画整理組合	都市計画愛知地方委員会	1928	名古屋市中村区	181,583m²
上名古屋土地区画整理組合	都市計画愛知地方委員会	1928	名古屋市西区	403,317m²
名塚耕地整理組合	都市計画愛知地方委員会	1928	名古屋市西区	501,821m²
下山土地区画整理組合	都市計画愛知地方委員会	1929	名古屋市瑞穂区	59,2846m²
東千種土地区画整理組合	都市計画愛知地方委員会	1929	名古屋市千種区	206,181m²
田代土地区画整理組合	都市計画愛知地方委員会	1929	名古屋市千種区	4,162,094m²
日比津土地区画整理組合	都市計画愛知地方委員会	1929	名古屋市中村区	1,401,342m²
稲葉地土地区画整理組合	都市計画愛知地方委員会	1930	名古屋市中村区	1,134,115m²
南浜土地区画整理組合	都市計画愛知地方委員会	1930	名古屋市瑞穂区	385,771m²

住宅地名称	開発主体	年代	所在地	規模
麹町一番町	住友信託(株)	1932	千代田区一番町	
組合				
城南文化村	城南住宅組合	1924	豊島区向山3	約21,000坪、44区画
地蔵川避暑地	地蔵川避暑地組合	1925	長野県北佐久郡軽井沢町	
その他(企業・官公庁)				
神田三崎町	三菱	1890	千代田区神田三崎町2、3	22,746坪余
御殿場対山荘	対山荘(株)	1919	静岡県御殿場市西二の岡	38,538坪
高田町鬼子母神	高田農商銀行	1925	豊島区雑司が谷	
大泉学園	高田農商銀行	1925	練馬区大泉学園町	
芝區竹芝町埋立地	東京市役所	1928	港区芝浦	10,776.87坪、8区画
その他(個人)				
那須プランテーション別荘地			栃木県那須郡那須町	
肇耕社(三島牧場)		1880		1,037町
那須開墾社		1880		3,419町
加治屋開墾(大山・西郷牧場)		1881		500町
漸進社(天蚕場)		1881		373町
那須東原開墾社(埼玉開墾)		1881		985町
東肇耕社(青木牧場)				683町
青木開墾(青木牧場)		1881		582町
佐野開墾(三佐野牧場)		1881		128町
鍋島牧場		1882		233町
鍋島牧場		1883		254町
共墾社		1883		108町
品川開墾(傘松牧場)		1883		239町
豊浦農場		1885		906町
西片町	阿部家	1888	文京区西片1、2	62,000坪余
鵠沼別荘地	伊東将行	1889	神奈川県藤沢市	
鹿島の森	鹿島岩蔵	1899	長野県北佐久郡軽井沢町	
二の岡亜米利加村	R. S. バンディング	1899	静岡県御殿場市二の関	15,662坪
鵠沼土地	大給子爵	1906	神奈川県藤沢市	200,000坪
音羽町借家経営	荒川信賢	1908	文京区音羽1、2	22棟41戸
工場村	黒沢貞次郎	1912	大田区新蒲田1	
離山別荘地	野沢源次郎	1915	長野県北佐久郡軽井沢町	
日暮里渡辺町	渡辺治右衛門	1916	荒川区西日暮里4	30,000坪
二の岡万国村	R. S. バンディング	1918	静岡県御殿場市二の岡	
神山国際村	P. ノルマン	1921	長野県上水内郡信濃町	
大和郷	岩崎久彌	1922	文京区本駒込6	約54,000坪、285区画
山本町別荘楽園	山本庄太郎	1923	神奈川県藤沢市片瀬海岸	65,000坪
法政大学村	松室致	1923	長野県北佐久郡軽井沢町	30,000坪
盆栽村	清水利太郎ら	1924	埼玉県大宮市	30,000坪
雲雀ガ丘南澤学園町	羽仁夫妻	1925	東京都東久留米市・保谷市	約75,000坪
玉川学園町	小原国芳ほか	1925	東京都町田市玉川学園	300,000坪
片瀬西濱分譲地湘南之別荘地	山本信次郎	1930	神奈川県藤沢市片瀬海岸	約30,000坪
南平台	近藤栄蔵	1939	練馬区石神井町	
中部				
鉄道会社				
新舞子文化村	愛知電気鉄道(株)	1925	愛知県知多市	70区画(第1～3期分譲)
長浦海園住宅地	愛知電気鉄道(株)	1929	愛知県東海市	97区画(第1期分譲)
なるみ荘	愛知電気鉄道(株)	1929	名古屋市緑区	303区画(第4期分譲)
翠松園文化住宅地	瀬戸電気鉄道(株)	1929	名古屋市守山区	
小幡ヶ原文化住宅地	瀬戸電気鉄道(株)	1929	名古屋市守山区	
月ヶ丘文化住宅地	瀬戸電気鉄道(株)	1930	名古屋市守山区	
松ヶ丘文化住宅地	龍泉寺鉄道(株)、龍泉寺土地(株)	1929	名古屋市守山区	850区画
土地会社				
東海田園都市	東海田園都市(株)	1925	名古屋市千種区	
有松山王台住宅地	光正不動産(株)	1930	名古屋市緑区	
田園霞ヶ丘文化住宅地	光正不動産(株)	1930	名古屋市守山区	
碧翠園		1932	愛知県知多市	24区画(第2期分譲)
大府桃山	大府桃山土地分譲事務所	1936	愛知県大府市	66,000坪、141区画(第1期分譲)

住宅地名称	開発主体	年代	所在地	規模
代々水西原	三井信託(株)	1933	渋谷区西原2	3,237.7坪、31区画
麹町一番町	三井信託(株)	1933	千代田区三番町	10区画
麻布霞町	三井信託(株)	1933	港区西麻布1、六本木7	2,695坪、21区画
青山南町	三井信託(株)	1934	港区南青山2	762.6坪、6区画
西落合	三井信託(株)	1934	新宿区西落合3	1,822坪、16区画
西荻窪第一	三井信託(株)	1934	杉並区上荻4	3,093.5坪、23区画
西荻窪第二	三井信託(株)	1934	杉並区上荻4	2,470坪、21区画
小淀	三井信託(株)	1934	中野区中央1	13,420.1坪、48区画
中野宮前町	三井信託(株)	1934	中野区中央2	2,805.7坪、17区画
中根岸町	三井信託(株)	1935	台東区根岸3	21区画
高円寺2丁目	三井信託(株)	1936	杉並区和田3	838坪、9区画
池上洗足町	三井信託(株)	1936	大田区上池台2	866坪、7区画
沼袋駅前	三井信託(株)	1937	練馬区沼袋4	968.6坪、11区画
赤坂福吉町	三井信託(株)	1937	港区赤坂2	5,927.1坪、70区画
荻窪中通	三井信託(株)	1937	杉並区桃井2	942坪、10区画
品川御殿山	三井信託(株)	1938	品川区北品川5	1,933坪、12区画
淀橋拍木	三井信託(株)	1938	新宿区北新宿2	1,249坪、10区画
西落合	三井信託(株)	1938	新宿区西落合3	874.2坪、12区画
大塚駅上	三井信託(株)	1938	豊島区北大塚1、巣鴨3	16,196.3坪、198区画
下高井戸2	三井信託(株)	1938	杉並区下高井戸2	2,068坪、10区画
麻布材木町	三井信託(株)		港区六本木6、7	9区画
赤坂表町	三井信託(株)		港区赤坂4、7	2,000坪、10区画
永田町2丁目	三井信託(株)		千代田区永田町2	782坪、6区画
蒲田	三井信託(株)		大田区西蒲田6	1,425坪、14区画
霞町第一	三井信託銀行	1932-38	港区西麻布1、3	2,298坪、21区画
霞町第二	三井信託銀行	1932-38	港区西麻布1、3	2,278坪、21区画
小石川豊坂	三井信託銀行	1932-38	文京区目白台1、2	2,688坪、41区画
仙台坂上	三井信託銀行	1932-38	港区南麻布1	7,801坪、43区画
代田橋	三井信託銀行	1932-38	世田谷区世田ケ谷	2,618坪、18区画
湘南翠郷	三井信託銀行	1932-38	神奈川県逗子市逗子町	2,286坪
西荻窪善福寺	三井信託銀行	1932-38	杉並区西荻北345、善福寺12	3,798坪、18区画
西荻窪一	三井信託銀行	1932-38	杉並区西荻北345、善福寺12	2,796坪、18区画
西荻窪二	三井信託銀行	1932-38	杉並区上井草2、3井草5	2,107坪、18区画
鎌倉雪の下	三井信託銀行	1932-38	神奈川県鎌倉市雪の下	2,009坪、18区画
大森	三井信託銀行	1932-38	大田区大森北	4,501坪、18区画
麹町上二番町	三井信託銀行	1932-38	千代田区一番町	2,568坪、18区画
麻布永坂	三井信託銀行	1932-38	港区六本木5、麻布台	2,221坪、18区画
麻布仲ノ町	三井信託銀行	1932-38	港区六本木3	5,444坪、18区画
江古田駅前	三井信託銀行	1932-38	練馬区	3,632坪、18区画
代々木西原	三井信託銀行	1932-38	渋谷区西島1、2、3、本代々木町	2,942坪、18区画
戸越	三井信託銀行	1932-38	品川区戸越東戸越平塚荏原	8,557坪、18区画
目黒駅前	三井信託銀行	1932-38	目黒区下目黒、目黒	4,135坪、18区画
小淀	三井信託銀行	1932-38	中野区中央1	6,483坪、18区画
初台	三井信託銀行	1932-38	渋谷区初台、代々木西原	4,467坪、18区画
逗子翠郷	三井信託銀行	1932-38	神奈川県逗子市逗子町	11,427坪
八ツ山	三菱信託分譲地	1929	品川区北品川5、6	4,471坪
大島	三菱信託分譲地	1931	江東区大島町5	5,405坪
高円寺	三菱信託分譲地	1932	杉並区阿佐谷南1、高円寺南	8,533坪
鉢山	三菱信託分譲地	1933	渋谷区鉢山町	2,213坪
三軒茶屋	三菱信託分譲地	1933	世田谷区	3,595坪
余丁町	三菱信託分譲地	1933	新宿区余丁町	423坪
第二阿佐ケ谷	三菱信託分譲地	1933	杉並区阿佐谷南1、高円寺	1,991坪
第三阿佐ケ谷	三菱信託分譲地	1934	杉並区阿佐谷南1、高円寺南	3,239坪
中野	三菱信託分譲地	1934	中野区本町4、中央3、4	1,231坪
指ケ谷	三菱信託分譲地	1934	文京区白山4、5	941坪
五番町	三菱信託分譲地	1935	千代田区五番町	1,579坪
麻布東町	三菱信託分譲地	1935	港区南麻布1	782坪
王子	三菱信託分譲地	1936	北区王子、王子本町	2,401坪

住宅地名称	開発主体	年代	所在地	規模
鵠沼海岸薫風園	薫風園分譲地事務所	1940	神奈川県藤沢市鵠沼海岸	
房総上総湊富士見海岸	有岡土地(資)	1940	千葉県富津市上総湊	
白浜荘	合同土地拓殖社	1940	千葉市美浜区稲毛	
清風園	(有)福生商会	1940	北区赤羽	
小石川氷川町	(有)福生商会	1940	文京区白山	
東和台	東和不動産(資)	1940	豊島区池袋	
弥生町	東和不動産(資)	1940	埼玉県朝霞市	
壽町	相生土地開拓部	1940	千葉県松戸市	10,000坪
月見ヶ岡	相生土地開拓部	1940	千葉県松戸市	20,000坪
五香台住宅地	相生土地開拓部	1940		
景勝園	神野地所部	1940	静岡県伊東市宇佐美	30,000坪
国分寺小川台	新井不動産	1940	東京都国分寺市	20,000坪
松戸台町	加倉井土地部	1940	千葉県松戸市	
光生苑	朝日商会	1940	東京都日野市高幡	
鵠沼海岸	大和土地(資)	1940	神奈川県藤沢市鵠沼海岸	10,000坪
大和田駅前	名取商事分譲事務所	1940	千葉県八千代市大和田	25,000坪、88区画
向山　北仲町	五光土地開拓(資)	1940	千葉県松戸市	
松戸住宅地	五光土地開拓(資)	1940	千葉県松戸市	
壽山園	北陽産業(株)	1940	静岡県熱海市	12,000坪
海光台	田園土地住宅(名)	1940	静岡県熱海市	
信託				
新町分譲地(桜新町)	東京信託(株)	1913	世田谷区桜新町、深沢	71,000坪、147区画
麻布笄町	三井信託(株)	1926	港区西麻布4	8,097.4坪、53区画
中野桃園	三井信託(株)	1927	中野区中野3	11,835.1坪、61区画
仙台坂	三井信託(株)	1927	港区南麻布1、3	9,203.3坪、43区画
高田豊川町	三井信託(株)	1927	文京区目白台1	3,108.8坪、20区画
池袋	三井信託(株)	1927	豊島区池袋本町1	1,702.1坪、31区画
下根岸	三井信託(株)	1927	東京都町田市根岸	793坪、16区画
青山北町	三井信託(株)	1928	港区北青山2	863.5坪、6区画
永田町	三井信託(株)	1928	千代田区永田町2	1,701.1坪、5区画
大崎袖ケ埼	三井信託(株)	1928	港区白金台5	2,002.8坪、20区画
千光園	三井信託(株)	1928	練馬区栄町	4,066坪、63区画
渋谷衆楽	三井信託(株)	1928	渋谷区恵比寿西2	1,591.6坪、12区画
代田橋	三井信託(株)	1928	世田谷区羽根木2	2,843.8坪、18区画
雑司ケ谷	三井信託(株)	1928	豊島区雑司ケ谷3	1,415.1坪、13区画
上目黒	三井信託(株)	1929	目黒区上目黒	2,218坪、19区画
中目黒	三井信託(株)	1929	目黒区中目黒	1,544.8坪、13区画
大森源蔵ケ原	三井信託(株)	1929	大田区山王1	5,237坪、36区画
大森追加	三井信託(株)	1929	品川区西大井3	179.9坪、2区画
渋谷北谷	三井信託(株)	1929	渋谷区神南1	45区画
幡ケ谷	三井信託(株)	1930	渋谷区幡ケ谷1	3,918.8坪、9区画
代々木山谷	三井信託(株)	1930	渋谷区代々木3	965.3坪
仙台坂上	三井信託(株)	1930	港区元麻布	
上二番町	三井信託(株)	1930	千代田区二番町	
染井	三井信託(株)	1931	北区駒込4	632.3坪、4区画
渋谷向山	三井信託(株)	1931	渋谷区恵比寿南	2,143.5坪、22区画
上井草	三井信託(株)	1931	杉並区善福寺1、2	3,745.7坪、18区画
東中野	三井信託(株)	1931	中野区東中野4	520.8坪、14区画
代々木初台	三井信託(株)	1931	渋谷区代々木5	5,340坪、37区画
麻布桜田町	三井信託(株)	1931	港区西麻布	5,042.9坪、53区画
渋谷町豊分	三井信託(株)	1931	渋谷区広尾	10,219.4坪、67区画
和田堀	三井信託(株)	1932	杉並区和田1	1,321坪、8区画
麻布飯倉片町	三井信託(株)	1932	港区麻布台3	2,441坪、14区画
目黒駅前	三井信託(株)	1932	目黒区下目黒1	5,282.8坪、63区画
下落合	三井信託(株)	1932	新宿区中井2	1,100坪、9区画
戸塚町諏訪	三井信託(株)	1932	新宿区西早稲田2	393.1坪、7区画
戸越	三井信託(株)	1933	品川区豊町1、2	32,688坪、101区画
雑司が谷	三井信託(株)	1933	豊島区南池袋3	1,097.6坪、8区画
三田綱町	三井信託(株)	1933	港区三田2	893.4坪、8区画

住宅地名称	開発主体	年代	所在地	規模
暁光台	S土地拓殖(株)	1940	千葉県市川市本八幡	20,000坪
瑞穂台	S土地拓殖(株)	1940	千葉県市川市本八幡	
見晴台	鈴や不動産部	1939	千葉市美浜区稲毛	
羽林荘	共立土地(資)	1939	千葉県船橋市	15,000坪
船橋	共立土地(資)	1939	千葉県船橋市	
和光台	共立土地(資)	1940	千葉県市川市本八幡	30,000坪
東光台	共立土地(資)	1940	千葉県船橋市	
三光台	共立土地(資)	1940		10区画
清光台	共立土地(資)	1940	千葉県習志野市谷津	30区画
兎月苑	三全土地興業(資)	1939	板橋区成増	10,000坪
国光台	三全土地興業(資)	1940	横浜市戸塚区	
望翠園	三全土地興業(資)	1940	横浜市戸塚区	30,000坪
常盤台	常盤土地開発部	1940	千葉県松戸市	
櫻ヶ台	小澤事務所	1940	神奈川県足柄下郡湯河原町	
向ヶ丘	大成土地(資)	1940	千葉県市川市本八幡	15,000坪
和光台	大成土地(資)	1940	千葉県市川市本八幡	25,000坪
愛宕山	大成土地(資)	1940	埼玉県浦和市北浦和	10,000坪
新興都市住宅街建設	大成土地(資)	1940	埼玉県浦和市北浦和	10,000坪、88区画
大磯長者園	光正不動産(株)	1940	神奈川県中郡大磯町	
学園都市	光正不動産(株)	1940	東京都町田市玉川学園	
日の出台	大和土地(資)	1940	千葉県松戸市	3,000坪
鵠沼海岸	大和土地(資)	1940	神奈川県藤沢市鵠沼海岸	
城東ヶ丘	丸寛土地建物(資)	1940	千葉県市川市	
高台	厚生土地開拓(株)	1940	豊島区巣鴨	
豊光苑	厚生土地開拓(株)	1940	東京都町田市	
愛國自由ヶ丘	厚生土地開拓(株)	1940		40,000坪
松光園	大日本土地拓殖(名)	1940	千葉県船橋市中山	
熱海	大日本不動産(株)	1940	静岡県熱海市梅園	30,000坪、94区画
緑ヶ丘	丸山土地部	1940	千葉県市川市本八幡	
朝日ヶ丘	明治土地(名)	1940	千葉県船橋市津田沼	10,000坪
富士見ヶ丘	明治土地(名)	1940	千葉県船橋市	
武蔵境	明治土地(名)	1941	東京都武蔵野市境	4,885坪
栄町	松戸土地開拓(資)	1940	千葉県松戸市	10,000坪
大船駅前	第一拓殖社	1940	神奈川県鎌倉市大船	
観海郷	関東拓殖(株)	1940	神奈川県足柄下郡湯河原町	50,000坪
昭和台	立川土地(資)	1940	東京都立川市	
立川大工業地帝土地	立川土地(資)	1940	東京都立川市	30,000坪
立川	立川土地(資)	1940	東京都立川市	30,000坪
磯辺山	伊東磯辺山分譲地事務所	1940	静岡県伊東市	50,000坪
櫻ヶ岡	櫻岡土地分譲地事務所	1940	東京都町田市	
原町田	東海土地建物(株)	1940	東京都町田市	
白汀荘	東海土地事務所	1940	大綱	
岩松園	興亜拓殖地所部	1940	静岡県伊東市宇佐美	
逗子葉山海岸富浦	興亜土地拓殖(資)	1940	神奈川県三浦郡葉山町	
葉山海岸	興亜土地拓殖(資)	1940	神奈川県三浦郡葉山町	10,000坪
富浦海岸	興亜土地拓殖(資)	1940	千葉県安房郡富浦町	10,000坪
栄和荘	三恵土地(名)	1940	東京都国分寺市	
双葉台	三恵土地(名)	1940	東京都国分寺市	
成増台	金子商店地所部	1940	板橋区成増	6,000坪
温泉別荘地	(株)堀井商会	1940	静岡県熱海市網代	50,000坪
静ヶ浦	太陽土地(株)	1940	静岡県伊東市宇佐美	
南海荘	南海商事地所部	1940	静岡県伊東市	
恒春園	南海商事地所部	1940	静岡県伊東市	
瀧の沢台	新郊土地(株)	1940	東京都町田市	
保土ヶ谷住宅地	新郊土地(株)	1940	横浜市保土ヶ谷区	5,000坪
湘南片瀬山	新郊土地(株)	1940	藤沢市片瀬山	20,000坪
鵠沼海岸	新郊土地(株)	1940	藤沢市鵠沼海岸	5,000坪
歓光荘	新郊土地(株)	1940	静岡県伊東市	55区画
雪の下	相互殖産(株)	1940	神奈川県鎌倉市雪の下	

住宅地名称	開発主体	年代	所在地	規模
谷津大島台	相互土地(資)	1939	千葉県習志野市谷津	
新鴻の台	相互土地(資)	1939	千葉県船橋市中山	
萬松苑	相互土地(資)	1939	神奈川県茅ヶ崎市	
小岩	田中地所部	1939	江戸川区北小岩	10,000坪
松風台	八千代拓殖土地部	1939	千葉県船橋市	
鎌倉山	鎌倉山土地(株)	1930	神奈川県鎌倉市鎌倉山	500,000坪
新井薬師駅前	勝巳商店地所部	1939	中野区新井町	5,000坪
目白文化村	勝巳商店地所部	1940	新宿区落合中井	
陽光ヶ丘	東陽土地開拓(資)	1939	千葉県市川市本八幡	30,000坪
富陽ヶ丘	東陽土地開拓(資)	1939	千葉県市川市本八幡	90,000坪
初富台町	東陽土地開拓(資)	1939	千葉県市川市本八幡	50,000坪
弥栄台	東陽土地開拓(資)	1939	千葉県松戸市	20,000坪
朝陽ヶ丘	東陽土地開拓(資)	1939	千葉県松戸市	50,000坪
華城ヶ丘	東陽土地開拓(資)	1939	千葉県松戸市小金	50,000坪
春陽ヶ丘	東陽土地開拓(資)	1940	千葉県松戸市	30,000坪
常陽ヶ丘	東陽土地開拓(資)	1940	千葉県松戸市	30,000坪
中山台	湯浅地所部	1939	千葉県市川市下総中山	20,000坪
松壽台	湯浅土地部	1939	千葉県市川市	
長壽台	湯浅土地部	1939	千葉県市川市下総中山	
谷津袖ヶ浦海岸	湯浅土地部	1939	千葉県市川市下総中山	
壽台	湯浅土地部	1939	千葉県船橋市中山	10,000坪
旭ヶ丘	湯浅土地(名)	1940	千葉県船橋市中山	
自由ヶ岡	湯浅土地(名)	1940	千葉県市川市下総中山	
長壽台	湯浅土地(名)	1940	千葉県船橋市	10,000坪
汐見ヶ丘	湯浅土地(名)	1940	千葉県船橋市中山	
富士見ヶ丘	湯浅土地(名)	1940	千葉県市川市下総中山	
榮和台	湯浅土地(名)	1940	千葉県市川市下総中山	
中沢台町	東邦土地(資)八幡営業所	1939	千葉県船橋市中山	20,000坪
八幡台	東邦土地(資)八幡営業所	1939	千葉県市川市本八幡	50,000坪
錦ヶ丘	東邦土地(資)八幡営業所	1939	千葉県市川市本八幡	
緑ヶ丘	東邦土地(資)八幡営業所	1940	千葉県船橋市	
丸山	東邦土地(資)八幡営業所	1940	千葉県市川市本八幡	5,000坪
谷津海岸	東邦土地(資)八幡営業所	1940	千葉県船橋市津田沼	
梅屋敷街	第一土地部	1939	千葉県船橋市	
船橋八勝台	第一土地部	1940	千葉県船橋市	
白樺荘	開拓社	1939	長野県北佐久郡軽井沢町	300,000坪
小田原	開拓社	1940	神奈川県小田原市	
宮ノ下温泉	開拓社	1940	神奈川県小田原市	
茅ヶ崎	開拓社	1941	神奈川県茅ヶ崎市	
狭山ヶ丘	木勢商事地所部	1939	埼玉県狭山市	20,000坪
潮風台	丸武土地部	1939	千葉県船橋市	10,000坪
一光台	丸武土地部	1939	千葉県船橋市	
富士見台	(資)新郊土地商会	1939	神奈川県藤沢市鵠沼海岸	15,000坪
歓光荘	(資)新郊土地商会	1939	静岡県伊東市	
恒春園	(資)新郊土地商会	1939	静岡県伊東市	5,000坪
櫻山	(資)新郊土地商会	1940	横浜市保土ヶ谷区	10,000坪
鵠沼海岸	(資)新郊土地商会	1940	神奈川県藤沢市鵠沼海岸	
三景台	三共土地(資)	1939	千葉県船橋市	
稲毛海岸	三共土地(資)	1939	千葉市美浜区稲毛	
八光台	三共土地(資)	1939	千葉県市川市	
東光園	三共土地(資)	1940	千葉県船橋市藤原町3	
八洲台	三共商事(資)	1940	千葉市花見川区幕張	
稲毛海岸	千石土地部	1939	千葉市美浜区稲毛	
手賀沼湖畔湖月荘	S土地拓殖(株)	1939	千葉県我孫子市	15,000坪
松和台	S土地拓殖(株)	1939	千葉県船橋市津田沼	70,000坪
興亞台	S土地拓殖(株)	1939	千葉県市川市本八幡	20,000坪
湖水荘	S土地拓殖(株)	1940	千葉県我孫子市	
海光台	S土地拓殖(株)	1940	千葉県習志野市二宮町	
鷹ノ台	S土地拓殖(株)	1940	千葉県船橋市津田沼	10,000坪

住宅地名称	開発主体	年代	所在地	規模
大泉学園	東京不動産(株)	1938	練馬区大泉学園町	20,000坪
王子壽新町	東京不動産(株)	1939	北区王子	
新井薬師駅前	東京不動産(株)	1940	中野区新井5	
箱根壽園温泉地	東京不動産(株)	1941	神奈川県足柄下郡箱根町	
富士見公園	武蔵野土地(名)	1937		30,000坪
三鷹駅前	武蔵野土地(名)	1938	東京都三鷹市上連雀	
武蔵台	武蔵野土地(名)	1938	東京都武蔵野市境	
国立台	武蔵野土地(名)	1939	東京都国立市	
世田谷區赤堤町	東京近郊土地(資)	1938	世田谷区経堂	
三ツ澤黎明台	太平土地住宅社	1938	横浜市神奈川区三ツ沢	10,000坪
函南温泉郷	函南温泉郷建設事務所	1938	静岡県田方郡函南町	
東谷温泉	山田商事地所部	1938	静岡県熱海市	
南熱海	山田商事地所部	1939	静岡県熱海市	20区画
海光台	山田商事地所部	1940	静岡県熱海市	
梅園	山田商事地所部	1940	静岡県熱海市梅園	20区画
函南温泉	東名土地商会	1938	静岡県田方郡函南町	
小田原	東名土地商会	1940	神奈川県小田原市	
朝陽ヶ丘	東京土地(資)	1938	千葉県市川市	30,000坪
鴨川台	東京土地(資)	1939	埼玉県大宮市	20,000坪
夏見台	富国土地(株)	1938	千葉県船橋市	
雲雀ヶ丘	富国土地(株)	1939	千葉県船橋市	
新舞子	富国土地(株)	1939	千葉県船橋市	20,000坪
桃山	富国土地(株)	1939	千葉県船橋市	8,000坪
金風苑	富国土地(株)	1939	千葉県船橋市	
弥生ヶ丘	富国土地(株)	1940	千葉県船橋市中山	
津田沼潮見台	星野土地開拓(資)	1938	千葉県船橋市	
船橋螢が丘	星野土地開拓(資)	1938	千葉県鎌ヶ谷市	2,000坪
湘南敷島台	星野土地開拓(資)	1938	神奈川県藤沢市辻堂	15,000坪
鵠沼辻堂海岸	星野土地開拓(資)	1938	神奈川県藤沢市辻堂	20,000坪
津田沼あけぼの荘	星野土地開拓(資)	1938	千葉県船橋市	30,000坪
津田沼新嵐山	星野土地開拓(資)	1938	千葉県船橋市	20,000坪
松戸明石園	星野土地開拓(資)	1939	千葉県松戸市	
船橋緑ヶ丘	星野土地開拓(資)	1939	千葉県船橋市	20,000坪
市川旭ヶ丘	星野土地開拓(資)	1939	千葉県市川市	30,000坪
湘南春風園	星野土地開拓(資)	1939	神奈川県藤沢市辻堂	10,000坪
松戸緑風荘	星野土地開拓(資)	1939	千葉県松戸市	30,000坪
中山晴風園	星野土地開拓(資)	1939	千葉県船橋市	30,000坪
蕨百景台	星野土地開拓(資)	1939	埼玉県蕨市	10,000坪
相模発祥台	星野土地開拓(資)	1939	東京都町田市	20,000坪
明月園	星野土地開拓(資)	1939	千葉県松戸市	20,000坪
浦和旭ヶ丘	星野土地開拓(資)	1940	埼玉県浦和市	
藤沢望洋台	星野土地開拓(資)	1940	神奈川県藤沢市	30,000坪
金町黎明台	星野土地開拓(資)	1940	葛飾区金町	30,000坪
辻堂新明石台	星野土地開拓(資)	1940	神奈川県藤沢市辻堂	20,000坪
浦和観月荘	星野土地開拓(資)	1940	埼玉県浦和市	
新大泉学園	永福土地(名)	1938	練馬区大泉学園町	20,000坪
白樺荘	永福土地(名)	1938	長野県北佐久郡軽井沢町	1,000,000坪
吉祥寺富士見台	永福土地(名)	1939	東京都武蔵野市吉祥寺青葉小路	
双鶴園	永福土地(名)	1939	埼玉県入間市笠幡	
温泉土地	永福土地(名)	1940	静岡県伊東市宇佐美	12,000坪、10区画
朝日台	永福土地(名)	1940	静岡県賀茂郡河津町見高	
見晴台	永福土地(名)	1940	静岡県伊東市	
こかね台	帝都土地部	1939	東京都小金井市	
高井戸	帝都土地部	1939	杉並区高井戸	
小金井光風園	帝都土地部	1940	東京都小金井市	10,000坪
八景台	帝都土地部	1940	神奈川県藤沢市	
藤沢発祥台	相互土地(資)	1939	神奈川県藤沢市	
常春園	相互土地(資)	1939	神奈川県藤沢市辻堂	

住宅地名称	開発主体	年代	所在地	規模
大学町	郊外土地(資)	1937	東京都国立市	
旭ヶ丘	郊外土地(資)	1937	千葉県船橋市	20,000坪
八洲台1、2、3、5	郊外土地(資)	1938	神奈川県藤沢市	200坪
氷川台	郊外土地(資)	1938	練馬区大泉学園町	50,000坪
藤沢鵠沼	郊外土地(資)	1938	神奈川県藤沢市	20,000坪
松風台	郊外土地(資)	1938	千葉県船橋市津田沼	20,000坪
松籟荘	郊外土地(資)	1938	神奈川県藤沢市辻堂	20,000坪
清大園	郊外土地(資)	1938	埼玉県大宮市	30,000坪
常春園	郊外土地(資)	1939	神奈川県藤沢市辻堂	20,000坪
弥生が丘	郊外土地(資)	1939	埼玉県大宮市	60,000坪
常盤台	郊外土地(資)	1939	埼玉県浦和市北浦和	30,000坪
紅葉ヶ丘	郊外土地(資)	1939	埼玉県浦和市北浦和	20,000坪
富士見ヶ丘	郊外土地(資)	1939	東京都国分寺市	30,000坪
光ヶ丘	郊外土地(資)	1940	東京都国分寺市	20,000坪
湘南台	郊外土地(資)	1940	神奈川県藤沢市	20,000坪
城山台	郊外土地(資)	1940	埼玉県浦和市北浦和	20,000坪
瀧の澤台	郊外土地(資)	1940	東京都町田市	20,000坪
大泉学園	郊外土地(資)	1941	練馬区大泉学園町	
日の出ヶ丘	郊外土地(資)	1941		
小金井	郊外土地(資)	1941	東京都小金井市	
見晴台	郊外土地(資)	1941		
緑ヶ丘	郊外土地(資)	1941		
城山台	郊外土地(資)	1941	埼玉県浦和市北浦和	
光ヶ丘	郊外土地(資)	1941		
学校前	郊外土地(資)	1941		
藤沢	郊外土地(資)	1941	神奈川県藤沢市	
辻堂	郊外土地(資)	1941	神奈川県藤沢市辻堂	
大学町	郊外土地(資)	1941		
国立高台	郊外土地(資)	1941	東京都国立市	
国立	郊外土地(資)	1941	東京都国立市	
立川郊外	郊外土地(資)	1941	東京都立川市	
立川第二	郊外土地(資)	1941	東京都立川市	
立川第三	郊外土地(資)	1941	東京都立川市	
荻窪高台	郊外土地(資)	1941	杉並区荻窪	
学園都市第三	郊外土地(資)	1941		
湘南台	郊外土地(資)	1941	神奈川県藤沢市	
常春園	郊外土地(資)	1941		
鵠沼駅前	郊外土地(資)	1941	神奈川県藤沢市鵠沼	
小平武蔵野	大西土地拓殖(株)	1937	東京都東村山市	40,000坪
国分寺富士見台	大西土地拓殖(株)	1937	東京都国分寺市	
熱海温泉万華郷	大西土地拓殖(株)	1937	静岡県熱海市	
多摩向ヶ丘	大西土地拓殖(株)	1937	東京都多摩市関戸	30,000坪
下総橘鹿島臨海	大西土地拓殖(株)	1937	茨城県鹿嶋市	300,000坪
鎌ヶ谷愛國ヶ丘	大西土地拓殖(株)	1938	千葉県鎌ヶ谷市	130,000坪
手賀沼公園	大西土地拓殖(株)	1938	千葉県我孫子市	
板橋大泉学園	大西土地拓殖(株)	1938	練馬区大泉学園町	
武蔵野原久米川	大西土地拓殖(株)	1938	東京都東村山市久米川	
藤沢松原観海郷	大西土地拓殖(株)	1938	神奈川県藤沢市	50,000坪
星ヶ丘	大西拓殖(株)	1939	杉並区堀之内	
前箱根母の里別荘	大西拓殖(株)	1939	神奈川県小田原市	270,000坪
熱海大名ヶ丘別荘	大西拓殖(株)	1939	静岡県熱海市	400,000坪
浅間高原	大西拓殖(株)	1939	長野県北佐久郡軽井沢町	
熱海中央温泉別荘	大西拓殖(株)	1940	静岡県熱海市	100,000坪
熱海温泉別荘	大西拓殖(株)	1941	静岡県熱海市	53,888.32坪
伊東千種園別荘	大西拓殖(株)	1941	静岡県伊東市	20,099.55坪、72区画
熱海伊豆山林地	大西拓殖(株)	1941	静岡県熱海市	
箱根山林地	大西拓殖(株)	1941	神奈川県足柄下郡箱根町	
伊東重林地	大西拓殖(株)	1941	静岡県伊東市	
熱海桃山温泉	東京不動産(株)	1937	静岡県熱海市	10,000坪

住宅地名称	開発主体	年代	所在地	規模
京王松原	帝都土地(株)	1922	世田谷区赤堤町	
代々木	帝都土地(株)	1922	渋谷区代々木	5,000坪、18区画
新町田園都市近郊	帝都土地(株)	1923	世田谷区用賀	
府下代々幡町	帝都土地(株)	1923	渋谷区幡ヶ谷	9,000坪、53区画
世田ヶ谷	帝都土地(株)	1923	世田谷区池尻	
牛込區柳町	帝都土地(株)	1923	新宿区市谷	
麹町區中六番町	帝都土地(株)	1924	千代田区六番町	340坪
中野町	帝都土地(株)	1924	中野区中野	3,500坪
恵比須	帝都土地(株)	1924	渋谷区恵比寿	
澁谷	帝都土地(株)	1924	渋谷区	
鍋屋横丁	帝都土地(株)	1924	中野区鍋屋横町	5,000坪
国分寺	帝都土地(株)	1925	東京都国分寺市	
渋谷駅	帝都土地(株)	1926	渋谷区	
京王線代田	帝都土地(株)	1927	中野区鍋屋横町	23区画
柿生駅	帝都土地(株)	1928	川崎市麻生区上麻生	6,000坪
新鎌倉	大船田園都市(株)	1923	神奈川県藤沢市大船	約100,000坪、1区画108～350坪
小石川関口町	東京相互利殖(株)地所部	1924	文京区関口町	
高田町	共立土地建物(株)	1924	豊島区高田町	
左内町	第一土地建物(株)	1925	世田谷区下北沢	37,000坪、163区画
飯岡別荘地	大拓土地社	1925	千葉県海上郡飯岡町	100坪(1区画)
大森	都土地(株)	1925	大田区大森	
東調布町	大成(株)	1925	東京都調布市つつじヶ丘	
中野青山家土地	青山家地所部	1925	中野区	
矢指ヶ浦別荘地	米佐出張所	1925	千葉県銚子市	
小石川區丸山町	尾張屋土地建物(株)	1925	文京区千石	
代田橋櫻ヶ岡	安井地所部	1925	世田谷区代田	
保健住宅地	小岩田園都市(株)	1926	千葉県船橋市	
旭日丘	富士山麓土地(株)	1926	山梨県南都留郡山中湖村	1,800,000坪
温泉荘第一	仙石原地所(株)	1928	神奈川県足柄下郡箱根町	100,250坪、389区画
温泉荘第二	仙石原地所(株)	1928	神奈川県足柄下郡箱根町	294,000坪、107区画
栄和荘経営地	新興土地(株)	1928		300,000坪
新那須大温泉郷	新興土地(株)	1928	栃木県那須郡那須町	
鴻の巣臺	新興土地(株)	1929		300,000坪
常磐台	新興土地(株)	1940	横浜市	
芝白金今里町101番地	極東工業(資)	1928	港区白金台	
西荻窪	中央斡旋協会	1928	杉並区善福寺	7,000坪
国分寺	深沢商店	1928	東京都国分寺市	
松竹大船	松竹映画都市(株)	1935	神奈川県鎌倉市大船	70,000坪
上御代の台	板谷商船不動産部	1936	板橋区	50,000坪
伊東温泉	雄工社	1937	静岡県伊東市	12,146坪
蒲田	(株)サイトウ	1937	大田区蒲田	8,000坪、15区画
茅ヶ崎	(株)サイトウ	1939	神奈川県茅ヶ崎市	4,000坪、41区画
井之頭公園隣	井之頭田園土地(名)	1937	東京都武蔵野市吉祥寺	35,000坪
南井之頭	井之頭田園土地(名)	1937	東京都武蔵野市吉祥寺	28,000坪
富士見台町	井之頭田園土地(名)	1938	杉並区井草	12,000坪
富士見台櫻ヶ丘	井之頭田園土地(名)	1938	東京都小金井市	37,000坪
武蔵境富士見台	井之頭田園土地(名)	1938	東京都武蔵野市境	
日の丸台	井之頭田園土地(名)	1938	東京都武蔵野市境	
杉並區高台町	井之頭田園土地(名)	1938	杉並区高井戸	
日向台町	井之頭田園土地(名)	1938	東京都武蔵野市境	
東台町健康住宅地	井之頭田園土地(名)	1939	東京都武蔵野市境	
三宝寺公園	井之頭田園土地(名)	1939	練馬区石神井	
桜ヶ丘	井之頭田園土地(名)	1939	東京都武蔵野市境	8,000坪
原町田駅前	井之頭田園土地(名)	1939	東京都町田市原町田	15,000坪
立川西台町住宅地	井之頭田園土地(名)	1940	東京都日野市	25,000坪
花の小金井櫻堤	郊外土地(資)	1937	東京都小金井市	30,000坪
学園都市	郊外土地(資)	1937	東京都国分寺市	50,000坪
富士見台	郊外土地(資)	1937	東京都国分寺市	50,000坪
松壽台	郊外土地(資)	1937	東京都国分寺市	15,000坪

住宅地名称	開発主体	年代	所在地	規模
商業地分譲	箱根土地(株)	1923	渋谷区道玄坂	
大崎邸宅地	箱根土地(株)	1923	港区白金台	2,100坪
十二社	箱根土地(株)	1923	新宿区西新宿3	
牛込河田町	箱根土地(株)	1924	新宿区市ヶ谷河田町	19,100坪
麻布西町	箱根土地(株)	1924	港区元麻布	3,500坪、9区画
牛込喜久井町	箱根土地(株)	1924	新宿区喜久井町	
本郷弥生町	箱根土地(株)	1924	文京区弥生町1	
麹町區中六番町	箱根土地(株)	1924	千代田区六番町	340坪
小石川関口町	箱根土地(株)	1924	文京区関口町2	
建物売却	箱根土地(株)	1924	新宿区市谷河田町	11区画
商店地分譲	箱根土地(株)	1924	新宿区若松町	
大泉学園都市	箱根土地(株)	1924	練馬区東大泉1	500,000坪
国分寺大学都市	箱根土地(株)	1924	東京都国分寺市	
神泉谷	箱根土地(株)	1925	渋谷区神泉町	
小石川丸山町亀井伯爵邸	箱根土地(株)	1925	文京区本町1	
目白台	箱根土地(株)	1925	文京区間口	
下高輪	箱根土地(株)	1925	港区三田	
赤坂新坂町	箱根土地(株)	1925	港区赤坂8	
新国立	箱根土地(株)	1925	東京都国分寺市	
百軒店	箱根土地(株)	1925	渋谷区道玄坂2	
北国立	箱根土地(株)	1925	東京都国分寺市	
近衛町	箱根土地(株)	1925	新宿区下落合	20,000坪
国立大学町	箱根土地(株)	1925	東京都国立市	10,600,000坪、3,453区画
武蔵境	箱根土地(株)	1925	東京都武蔵野市	
小石川庭園住宅地	箱根土地(株)	1925	文京区	
麹町富士見町	箱根土地(株)	1926	千代田区	
新宿園	箱根土地(株)	1926	新宿区	48,367坪
新宿土地	箱根土地(株)	1926	新宿区新宿2	
千駄ヶ谷	箱根土地(株)	1927	渋谷区千駄ヶ谷3	48,367坪
徳川山	箱根土地(株)	1927	渋谷区南平台	116,170坪
大石邸	箱根土地(株)	1927	中野区中野2	10,000
島津山	箱根土地(株)	1928	品川区東五反田1	24,770坪
西郷山	箱根土地(株)	1928	渋谷区南平台、丸山町、神泉	285,000坪
芝區公爵別邸	箱根土地(株)	1928	港区白金町	
御殿場温泉別荘地	箱根土地(株)	1928	静岡県御殿場市	
東村山	箱根土地(株)	1929	東京都東村山市萩山	530,000坪
池田山	箱根土地(株)	1929	品川区東五反田5	57,433坪
向山別荘地	箱根土地(株)	1929		
守山園	箱根土地(株)	1935	世田谷区	27,273坪
目黒松風園	箱根土地(株)	1935	目黒区	21,212坪
小平学園町	箱根土地(株)	1938	東京都小平市学園東町、学園西町	510,000坪、1,234区画
国分寺学園	箱根土地(株)	1939	東京都国分寺市	
芝大久保山	箱根土地(株)	1940	港区高輪1	8,200坪
芝區白金山	箱根土地(株)	1940	港区白金町	4,800坪
麻布松方山	箱根土地(株)	1940	港区南麻布4	4,400坪
小石川沖町	箱根土地(株)	1940	文京区大塚4	3,200坪
代々木徳川山	箱根土地(株)	1940	渋谷区代々木西原	56,000坪
牛込若松町	箱根土地(株)	1940	新宿区若松町	2,800坪
五反田	箱根土地(株)	1943	品川区	9,250坪
東山野台	箱根土地(株)	1945	世田谷区	45,455坪
箱根強羅温泉付別荘	強羅土地(株)	1922	神奈川県足柄下郡宮城野村	
小田原の別荘地	東京土地住宅(株)	1922	神奈川県小田原市	10,000坪
青山	東京土地住宅(株)	1923	渋谷区神宮前	580坪
恵比須	東京土地住宅(株)	1923	渋谷区恵比寿	600坪
国分寺	東京土地住宅(株)	1924	東京都国分市	10,000坪
清瀬	東京土地住宅(株)	1924	東京都清瀬市	140,000坪
東村山	東京土地住宅(株)	1925	東京都東村山市	1,000,000坪
代々木明治神宮付近	帝都土地(株)	1922	渋谷区代々木	3,000坪

住宅地名称	開発主体	年代	所在地	規模
西新井駅周辺	東武鉄道(株)	1928	足立区西新井	8,500坪
堀切	東武鉄道(株)	1931	葛飾区堀切	
寺島	東武鉄道(株)	1931	墨田区	23,400坪
常盤台	東武鉄道(株)	1934	板橋区常盤台7丁目	24,300坪、540区画
徳丸	東武鉄道(株)	1934	板橋区徳丸	
梅島	東武鉄道(株)	1938	足立区	
竹の塚	東武鉄道(株)	1938	足立区	191,500坪
松陽ヶ丘	東武土地開拓部	1940	千葉県松戸市	20,000坪
松風園	東武土地開拓部	1940	千葉県松戸市	20,000坪
紅葉ヶ丘	東武土地開拓部	1940	千葉県松戸市	
東武荘	東武土地開拓部	1940	千葉県松戸市	10,000坪
海神台	京成電鉄(株)	1933	千葉県船橋市	18,830坪、67区画
千住	京成電鉄(株)	1934	足立区千住緑町2	62,000坪、823区画
稲毛海岸	京成電鉄(株)	1935	千葉市美浜区稲毛	
谷津保健	京成電鉄(株)	1936	千葉県習志野市	57,576坪
柴又	京成電鉄(株)	1936	葛飾区	30,303坪
お花茶屋	京成電鉄(株)	1937	葛飾区	57,576坪
小岩保健	京成電鉄(株)	1937	江戸川区	18,182坪
堀切	京成電鉄(株)	1938	葛飾区堀切	
青砥	京成電鉄(株)	1938	葛飾区青戸	
江戸川	京成電鉄(株)	1938	江戸川区江戸川	
市川國府臺	京成電鉄(株)	1938	千葉県市川市	
中山	京成電鉄(株)	1938	千葉県船橋市	
ひばりが丘住宅地	京王電鉄	1938	世田谷区南烏山、粕谷、上祖師谷	
大泉学園	武蔵野鉄道不動産課	1938	練馬区大泉学園町	
大泉勤労の家	武蔵野鉄道不動産課	1938	練馬区大泉	
市内大泉	武蔵野鉄道不動産課	1940	練馬区大泉	
富士見台	武蔵野鉄道不動産課	1941		
国分寺	武蔵野鉄道不動産課	1941	東京都国分寺市	
国分寺学園	武蔵野鉄道不動産課	1941	東京都国分寺市	
厚生の家	国分寺多摩湖電車	1938	東京都国分寺市	
国分寺台地	国分寺多摩湖電車	1939	東京都国分寺市	200,000坪、50区画
大仁温泉	駿豆鉄道	1940	静岡県大仁町	
土地会社				
青山宮益坂	東京建物(株)	1914	渋谷区渋谷1	10,000坪
小石川間口台町	東京建物(株)	1928	文京区小日向町	
軽井沢千ヶ滝別荘地	沓掛遊園地(株)・箱根土地(株)	1918	長野県北佐久郡軽井沢町千ヶ滝	2,000,000坪
南軽井沢別荘地	箱根土地(株)	1921	長野県北佐久郡軽井沢町	83,000坪
箱根強羅(別荘)	箱根土地(株)	1921	神奈川県足柄下郡宮城野村	
目白文化村	箱根土地(株)	1922	新宿区下落合、中落合	37,137坪
麻生桜田町	箱根土地(株)	1922	港区元麻布	3,300坪
麻布一本松	箱根土地(株)	1922	港区南麻布	4,500坪
麻布富士見町	箱根土地(株)	1922	港区南麻布	1,200坪
麻布	箱根土地(株)	1922	港区広尾町、南青山	17,328坪
麹町平河町(河瀬子爵邸)	箱根土地(株)	1922	千代田区平河町、紀尾井町	4,200坪
目黒小瀧園	箱根土地(株)	1923	目黒区下目黒3	12,000坪、105区画
小石川	箱根土地(株)	1923	文京区小石川	46,432坪
駒込神明町(木戸候爵別邸)	箱根土地(株)	1923	文京区本駒込	10,000坪
駒込林町	箱根土地(株)	1923	文京区	4,000坪
高輪北町(三宮男爵邸)	箱根土地(株)	1923	港区白金台	700坪
芝高輪車町三五	箱根土地(株)	1923	港区高輪3	10区画
麻布宮村町(井上候爵邸)	箱根土地(株)	1923	港区南麻布	3,000坪
麹町三番町	箱根土地(株)	1923	千代田区三番町	1,500坪、8区画
麻布広尾町	箱根土地(株)	1923	港区南麻布	4,000坪
赤坂一ツ木町	箱根土地(株)	1923	港区赤坂4、5	
久世山	箱根土地(株)	1923	文京区水道1、2	8,000坪
第一角筈	箱根土地(株)	1923	新宿区	

住宅地名称	開発主体	年代	所在地	規模
日吉(元住吉分)	東京横浜電鉄		横浜市港北区日吉	4,591坪
日吉村	東京横浜電鉄		横浜市港北区日吉	3,795坪
大綱村	東京横浜電鉄			10,472坪
旭村	東京横浜電鉄		横浜市鶴見区矢向	746坪
青木町	東京横浜電鉄			1,688坪
神奈川町平尾前	東京横浜電鉄			56坪
代官山	東京横浜電鉄田園都市課	1940	目黒区上目黒1	
南林間都市	東京横浜電鉄田園都市課	1940	神奈川県大和市	290区画
田園調布櫻坂	東京横浜電鉄田園都市課	1940	大田区田園調布	
三軒茶屋	東京横浜電鉄田園都市課	1940	世田谷区三軒茶屋	
箱根春山荘	東京横浜電鉄田園都市課	1940	神奈川県足柄下郡 箱根町仙石原	95,000坪
鶴屋町	東京横浜電鉄田園都市課	1941	横浜市西区	
世田ヶ谷新町	東京横浜電鉄田園都市課	1941	世田谷区新町1	
常盤橋	東京横浜電鉄田園都市課	1941	江東区常盤	
奥沢	目黒蒲田電鉄・東京横浜電鉄(借地)		世田谷区奥沢	1,407坪
多摩川台	目黒蒲田電鉄・東京横浜電鉄(借地)			211坪
九品仏	目黒蒲田電鉄・東京横浜電鉄(借地)		世田谷区奥沢	3,478坪
末広	目黒蒲田電鉄・東京横浜電鉄(借地)		大田区南久が原	4,582坪、26区画
自由ヶ丘	目黒蒲田電鉄・東京横浜電鉄(借地)	1927	目黒区自由ヶ丘	1,088坪、6区画
奥沢	目黒蒲田電鉄	1929	世田谷区奥沢	17,853坪
上野毛	目黒蒲田電鉄	1930	世田谷区上野毛	2,597坪
尾山台第1	目黒蒲田電鉄・東京横浜電鉄(借地)	1931	世田谷区尾山台	15,491坪、111区画
等々力	目黒蒲田電鉄	1932	世田谷区等々力	10,609坪
奥沢中丸山	目黒蒲田電鉄	1932	世田谷区奥沢	3,226坪
諏訪分(玉川町)	目黒蒲田電鉄	1933	大田区田園調布	18,698坪
蒲田	目黒蒲田電鉄	1933	大田区蒲田	1,237坪
尾山台第2	目黒蒲田電鉄・東京横浜電鉄(借地)	1933	世田谷区等々力	7,697坪、69区画
雪ヶ谷	目黒蒲田電鉄・東京横浜電鉄(借地)	1934	大田区	2,691坪、23区画
久ヶ原	目黒蒲田電鉄・東京横浜電鉄(借地)	1934	大田区久が原	4,440坪、44区画
鵜ノ木駅前	目黒蒲田電鉄・東京横浜電鉄(借地)	1934	大田区南久が原	5,555坪、52区画
大岡山	目黒蒲田電鉄	1935	目黒区大岡山	6,403坪
袖ヶ崎	目黒蒲田電鉄	1935	品川区東五反田	527坪
尾山台第3	目黒蒲田電鉄・東京横浜電鉄(借地)	1935	世田谷区等々力	4,002坪、37区画
尾山台第4	目黒蒲田電鉄・東京横浜電鉄(借地)	1935	世田谷区等々力	3,874坪、41区画
等々力ジートルンク構想	目黒蒲田電鉄	1935	世田谷区中町1	全30戸+クラブハウス
洗足南台	目黒蒲田電鉄	1936	大田区南千束1	7,351坪
洗足池畔	目黒蒲田電鉄	1936	大田区南千束2	2,955坪
池上	目黒蒲田電鉄	1936	大田区池上	12,957坪、81区画
武蔵小山	目黒蒲田電鉄	1936	品川区小山	4,117坪
新丸子	目黒蒲田電鉄・東京横浜電鉄(借地)	1936	川崎市中原区新丸子	1,977坪
上野毛	目黒蒲田電鉄・東京横浜電鉄(借地)	1936	世田谷区上野毛	4,983坪、57区画
戸越	目黒蒲田電鉄	1937	品川区戸越	5,317坪
雪ヶ谷	目黒蒲田電鉄	1938	世田谷区東玉川町	4,184坪
石川台	目黒蒲田電鉄	1938	大田区石川町	1,404坪
府立園芸学校前	目黒蒲田電鉄・東京横浜電鉄(借地)	1939	世田谷区深沢	6,744坪、67区画
祖師谷大蔵周辺	小田原急行(株)	1927	世田谷区祖師谷周辺	50,000坪、136区画
喜多見、狛江	小田原急行(株)	1927	世田谷区喜多見、狛江市	40,000坪
西生田周辺	小田原急行(株)	1927	川崎市麻生区	10,000坪
千歳船橋	小田原急行(株)	1928	世田谷区船橋	50区画
喜多見	小田原急行(株)	1928	世田谷区喜多見	24区画
狛江	小田原急行(株)	1928	東京都狛江市和泉	
南林間	小田原急行(株)	1929	神奈川県大和市南林間	224,000坪
成城学園	小田原急行(株)	1929	世田谷区砧	20,000坪
玉川学園	小田原急行(株)	1930	東京都町田市玉川学園	12区画
中央林間	小田原急行(株)	1931	神奈川県大和市中央林間	214,000坪
和泉多摩川	小田原急行(株)	1939	東京都狛江市	
稲田登戸	小田原急行(株)	1939	川崎市多摩区登戸	
東林間	小田原急行(株)	1940	神奈川県相模原市東林間	129,000坪

住宅地名称	開発主体	年代	所在地	規模
日本製鐵釜石小川地区	日本製鐵所釜石製鉄所	1940	岩手県釜石市小川町	152,000m²
その他(大学・軍関係)				
桑園博士町	北海道帝国大学	1909	札幌市中央区	4,400坪、12区画
旭ヶ丘	在郷軍人会札幌区分会	1923	札幌市中央区旭ヶ丘	約30,000坪、28区画(公園つき)
医学部文化村	北海道帝国大学	1923	札幌市北区	3,000坪、14区画
その他(個人)				
みどり町通り	渡邊熊四郎	1915	函館市杉並町、松陰町、時任町、人見町	33,000坪、約60区画
平和村	勝木照松	1920	函館市本町、杉並町	17,000坪
桜ヶ丘	渡邊熊四郎	大正末	函館市柏木町、川原町	85,000坪、一区画100～200坪
	安野直次郎	昭和初期	札幌市豊平区月寒	89区画
塗文三分譲地	塗文三	昭和初期	札幌市中央区堺川	約60,000坪、177区画(公園つき)
札幌市山鼻理想住宅地	松本秀荘	昭和初期	札幌市中央区	32区画、6,444.8坪
円山分譲地	宇野秀次郎	昭和初期	札幌市中央区	6,500坪、40区画
琴似本村住宅地	完戸吉蔵	昭和初期	札幌市西区琴似	13区画、1,946坪
関東				
鉄道会社				
箱根強羅別荘地	箱根登山鉄道	1912	神奈川県足柄下郡宮城野村	120,388坪、157区画
生麦分譲地	京浜軌道	1913	横浜市鶴見区生麦1	19,000坪、100区画
川崎住宅地	京浜軌道	1923	川崎市川崎区池田京町・平安町	151,500坪、940区画
洗足	田園都市(株)	1922	大田区洗足2丁目、小山7丁目	84,500坪、384区画
田園調布	田園都市(株)	1923	大田区田園調布	204,936坪
新丸子	田園都市(株)・東京横浜電鉄	1926	川崎市中原区新丸子町	18,143坪、180区画
日吉台	田園都市(株)・東京横浜電鉄	1926	横浜市港北区日吉町	135,615坪
小杉	東京横浜電鉄	1925	川崎市中原区小杉町	28,601坪
新神奈川	東京横浜電鉄	1926	横浜市神奈川区	3,914坪、45区画
大尾(大倉山)	東京横浜電鉄	1926	横浜市港北区方尾町	18,358坪
玉川等々力	東京横浜電鉄	1926	世田谷区等々力	11,347坪
玉川奥沢	東京横浜電鉄	1926	世田谷区奥沢	3,228坪
下沼部	東京横浜電鉄	1926	大田区田園調布南	628坪
綱島温泉	東京横浜電鉄	1926	横浜市港北区綱島東	17,892坪
元住吉	東京横浜電鉄	1926	川崎市中原区	24,589坪、216区画
菊名	東京横浜電鉄	1926	横浜市港北区菊名	23834坪
高島町	東京横浜電鉄	1926		256坪
白楽	東京横浜電鉄	1935	横浜市神奈川区	32239坪
目黒三田台	東京横浜電鉄	1936	目黒区三田	10093坪
祐天寺	東京横浜電鉄	1936	目黒区祐天寺	4,788坪
府立高校付近	東京横浜電鉄	1937	目黒区	1267坪
目黒区役所前	東京横浜電鉄	1937	目黒区中央町	11,386坪
豪徳寺前	東京横浜電鉄	1937	世田谷区豪徳寺	8,281坪
守山公園	東京横浜電鉄	1937	世田谷区下北沢	9,547坪
片瀬	東京横浜電鉄	1938		15,300坪
中目黒	東京横浜電鉄	1938	目黒区中目黒	689坪
新丸子(第2)	東京横浜電鉄	1938	川崎市中原区新丸子	11,494坪
三宿台(淡島)	東京横浜電鉄	1938	世田谷区淡島	5,532坪
宿山	東京横浜電鉄	1938		1,638坪
五反田	東京横浜電鉄	1938	品川区	605坪
代々木徳川邸跡	東京横浜電鉄	1938	渋谷区代々木上原	16,172坪、46区画
横浜駅前	東京横浜電鉄	1938	横浜市	4,358坪、49区画
伊東温泉	東京横浜電鉄	1938	静岡県伊東市岡	8,000坪、47区画
目黒競馬場跡	東京横浜電鉄	1939	目黒区	1,300坪
大倉山	東京横浜電鉄	1939	横浜市港北区	730坪
元住吉無花果園	東京横浜電鉄	1939	川崎市中原区木月住吉	1,070坪
祐天寺裏	東京横浜電鉄田園都市課	1939	目黒区祐天寺	2,228坪、18区画
目黒西郷邸外地	東京横浜電鉄田園都市課	1940	目黒区上目黒1	7,030坪
桜ヶ丘	東京横浜電鉄田園都市課	1940	渋谷区桜ヶ丘町	1,244坪、11区画
桜坂	東京横浜電鉄	1940	大田区田園調布	1,232坪、8区画
常盤橋他22ヶ所	東京横浜電鉄	1942		46,211坪

郊外住宅地データベース

住宅地名称	開発主体	年代	所在地	規模
北海道・東北				
土地会社				
札幌温泉土地分譲地	札幌温泉土地(株)	1922	札幌市中央区堺川	第1期30,000坪、約40区画、第2期40,000坪
伏見花園街	大正園、札幌市	1929	札幌市中央区	10,000坪、42区画
健康宅地桂丘	上山鼻桂丘分譲地	昭和初期	札幌市	152区画
札幌郊外文化住宅経営地	琴似文化市街建設期成会	昭和初期	札幌市西区琴似	51区画、3,851.7坪
幌西荘分譲地	新那須興業(株)札幌出張事務所	昭和初期	札幌市中央区	33区画、約6,000坪
札幌軍艦岬土地	(資)新開商会	昭和初期	札幌市中央区、南区	190区画、35,306.55坪
藻岩山麓高台住宅地	林事務所	昭和初期	札幌市中央区伏見	52区画
苗穂住宅地	苗穂住宅地分譲事務所	昭和初期	札幌市東区本町	53区画、9,213坪
札幌郊外河岸宅地	河岸郊外土地分譲事務所	昭和初期	札幌市豊平区水車町	48区画、5,849.51坪
札幌大学先キ宅地	札幌大学先キ宅地分譲事務所	昭和初期	札幌市北区	87区画、約35,000坪
組合				
文化村	函館住宅組合ほか	1921頃	函館市本町	
東新町		1922頃	函館市時任町	120戸
桜ヶ丘通り	函館平和住宅組合ほか	1923頃	函館市松陰町、人見町、柏木町、乃木町	59区画、一区画200～300坪
お役所町	十和住宅組合ほか	1924	函館市本町、千代台町	
小橋内文化住宅	室蘭住宅組合	1931	室蘭市港南町	9,000坪、35区画(公園付き)
函館第一区画整理組合	勝木照松	1933	函館市	32.8ha
東小樽区画整理組合	野口喜一郎、田中作平、渡辺徳郎	1934	小樽市桜	129.8ha(同心円放射状街区)
新旭川第一区画整理組合	前田善次	1936	旭川市東	113.4ha
函館第二区画整理組合	反能仁三郎	1937	函館市	76.0ha
留萌区画整理組合	対馬譪	1937	留萌市	293.2ha
大川町区画整理組合	山本儀三郎	1938	余市郡余市町大川町	6.6ha
釧路第一区画整理組合	沢田栄治	1938	釧路市	14.0ha
千歳第一区画整理組合	中川種次郎、渡辺栄蔵、山崎友吉	1942	千歳市	147.8ha
その他(企業・官公庁)				
帝国製麻札幌工場社宅	帝国製麻(株)		札幌市東区	
富士製紙江別工場旧社宅	富士製紙(株)	1908	江別市王子町	約22,000坪、職員住宅39棟70戸
王子製紙苫小牧中部1区社宅	王子製紙(株)	1908	苫小牧市王子町	約6,000坪、職員住宅13棟31戸
日本郵船手宮社宅	日本郵船(株)	明治末	小樽市末広町	支店長宅1棟、社宅3棟6戸
日本製鋼所茶津社宅	(株)日本製鋼所	1909	室蘭市茶津町	職員住宅44棟94戸
日本製鋼所新富社宅	(株)日本製鋼所	1912	室蘭市新富町	職員住宅23棟45戸
鹿ノ谷地区	北海道炭礦汽船(株)	1913	夕張市鹿ノ谷	職員住宅
三井鉱山砂川社宅	三井鉱山(株)	1914	空知郡上砂川町	
三菱鉱業室蘭社宅	三菱鉱業(株)	1918	室蘭市緑町	約1,000坪、職員住宅8棟
富士製紙釧路社宅	富士製紙(株)	1920	釧路市鳥取町	約70,000坪、職員住宅31棟52戸
北海道製糖帯広工場高台社宅	北海道製糖(株)	1920	帯広市稲田町	約2,400坪、職員住宅8棟21戸
明治製糖釧路工場西社宅	明治製糖(株)	1921	上川郡清水町	約3,000坪、職員住宅9棟27戸
三井鉱山美唄社宅(南、仲、山の手、東)	三井鉱山(株)	1930	美唄市南美唄町	職員住宅26棟26戸ほか
日本製鐵知利別社宅	日本製鐵(株)	1937	室蘭市知利別町	約60,000坪、職員住宅60戸
北ノ王鉱山社宅	北ノ王鉱山(株)	1937	北見郡生田原町	高級職員住宅11棟11戸ほか(設計:田上義也)
三陽国策パルプ社宅1区、2区	山陽国策パルプ(株)	1940	旭川市パルプ町	93棟297戸
三井東洋高圧日の出社宅	三井東洋高圧(株)	1941	砂川市日の出町	職員住宅82棟150戸
函館どつく築地社宅	函館どつく(株)	1943	室蘭市港南町	約1,500坪、職員住宅12棟19戸
釜石鉱山構内社宅	釜石鉱山田中製鉄所	1915	岩手県釜石市鈴小町	職工長屋約1000戸ほか
釜石鉱山鈴子地区	釜石鉱山田中製鉄所	1916	岩手県釜石市鈴小町	役宅54棟154戸
田中鉱山中妻地区	田中鉱山(株)	1917	岩手県釜石市中妻町	9,100m²
田中鉱山松原地区	田中鉱山(株)	大正	岩手県釜石市	350戸(終戦前に消滅)
田中鉱山向地区	田中鉱山(株)	大正	岩手県釜石市	80戸(終戦前に消滅)
田中鉱山桟橋地区	田中鉱山(株)	大正	岩手県釜石市	104戸(終戦前に消滅)
日本製鐵釜石上中島地区	日本製鐵所釜石製鉄所	1936	岩手県釜石市上中島町	186,000m²
日本製鐵釜石小佐野地区	日本製鐵所釜石製鉄所	1937	岩手県釜石市小佐野町	151,000m²

西暦	年号	郊外住宅地開発			社会背景
		関東圏	関西圏	その他	
1935	昭和10	[東京]**等々力ジートルンク構想**(目蒲電鉄)/[東京]守山分譲地(箱根土地)	[宝塚]平塚雲雀ヶ丘住宅地(平塚土地)/[伊丹]新伊丹住宅地(阪急電鉄)	呉市土地区画整理助成規定/名古屋都市美協会設立/愛知電鉄、名古屋鉄道と合併/[名古屋]『区画整理』創刊(土地区画整理連合会)	「ジートルンクについて」(ブルーノ・タウト)
1936	昭和11	[東京]新丸子・上野毛・池上・武蔵小山・洗足南台・洗足池畔(目蒲電鉄)/[東京]常盤台(東武鉄道)	[泉大津]ちぬの浦(関西土地)/[堺]健康住宅即売会(関西土地)/[尼崎]園田住宅地(阪急電鉄)/[宝塚]阪急雲雀ヶ丘住宅地(阪急電鉄)/[西宮]南甲子園住宅地(阪神電鉄)	[大府]大府桃山住宅地(大府桃山土地分譲事務所)/[西加茂郡]三好住宅(日本航空起業(株))	2.26事件
1937	昭和12	[東京]**赤坂福吉町分譲地**(三井信託会社)	関西土地(株)が関西不動産(株)に社名改称/[尼崎]武庫之荘住宅地(阪急電鉄)	[名古屋]八事保勝会を八事風致協会と改称/[室蘭]日本製鐵知利別社宅街/[名古屋]鳴海ヶ丘中央住宅地・有松園住宅地(大西土地拓殖)/[犬山]河鹿郷別荘地(大西土地拓殖)/[台湾/台中]大和村建設	日華事変/鉄鋼工作物築造許可規則/防空法/保健所法/長浦海園住宅展覧会(名古屋、愛知電鉄)
1938	昭和13		[堺]茶人村完成記念売出(関西不動産)/[宝塚]細原花屋敷住宅地(細原地所部)/[宝塚]南花屋敷住宅地(南花屋敷土地)/[神戸]六甲篠原清眺園(吉田土地拓殖)	(株)名古屋住宅協会設立/満洲房産(株)設立(満洲国政府)/[名古屋]あけぼの住宅地(大西土地拓殖)/[知多]知多観海健康地(大西土地拓殖)/[犬山]尾張志貴郷・富岡ひばりヶ丘・鵜沼駅東部(大西土地拓殖)	国家総動員法/厚生省設置
1939	昭和14	目黒蒲田電鉄、東京横浜電鉄を合併し新制の東京横浜電鉄となる/東京緑地計画		名古屋市風致地区指定/満洲房産株式会社「簡易住宅」建設開始	第二次世界大戦勃発
1940	昭和15	武蔵野鉄道が多摩鉄道を合併	関西不動産(株)が不動建築(株)に社名改称/南海鉄道、阪和電気鉄道を合併し南海山手線とする	名古屋市緑地指定/満洲国建築局「住宅臨時対策要綱」作成	大政翼賛会/部落会・町内会等整備要綱
1941	昭和16		大阪電気軌道が関西急行鉄道に改称	朝鮮住宅営団設立/「住宅建設対策要綱」(満洲国政府)/満洲国規格型住宅の設計開始	太平洋戦争勃発/同潤会解散、住宅営団発足
1942	昭和17	東京横浜電鉄、京浜電気鉄道と小田急電鉄を合併し、東京急行電鉄となる			
1943	昭和18	東京都制	関西急行鉄道が大阪鉄道を合併/阪神急行電鉄が京阪電気鉄道を合併し、京阪神急行電鉄と改称	[舞阪]浜名湖弁天島社宅(中島航空機(株))	国民住宅(日系適応住宅)設計懸賞募集(満洲国建築局)
1944	昭和19		『細雪』(谷崎潤一郎)/関西急行鉄道と南海鉄道が合併し、近畿日本鉄道と改称	「建築物戦時規格設計基準」決定(満洲国建築局)	
1945	昭和20	武蔵野鉄道、西武鉄道、食料増産鉄道の3社を合併して西武農業鉄道、翌年、西武鉄道と社名変更			

※事件/法制度/会社・組合などの組織(設立者)/交通・生活に関する都市基盤(鉄道の場合は区間)/博覧会・イベント・遊園地・別荘地など余暇施設(会場・開催地、開催主体など)/各種コンペ(主催)/著作物(著者、発行元など)を明朝体で表示した。[　]内は所在地を示す。
※住宅地事例はゴシック体で表示し、本書掲載事例は**太字**とした。[　]内は所在地を(　)内は開発主体をそれぞれ示す。なお、住宅事例の年代は分譲(開発)開始年年を原則とした。

西暦	年号	郊外住宅地開発			社会背景
		関東圏	関西圏	その他	
1928	昭和3	多摩湖鉄道(国分寺～萩山、萩山～村山貯水池)開通/[箱根]温泉荘分譲(仙石原土地)/[箱根]御殿場温泉別荘地(箱根土地)	新京阪鉄道(淡路～西院)開通/[西宮]**甲子園住宅地**(阪神電鉄)/[芦屋]松風山荘(日本住宅)	[名古屋]熊崎住宅(熊崎惣二郎)/[別府]**荘園緑ヶ丘、鷺谷、百科村、雲雀ヶ丘**(国武金太郎)/[別府]**鶴水園**	
1929	昭和4	武蔵野鉄道(飯能～吾野)開通/南武鉄道(川崎～立川)開通/小田原急行鉄道江ノ島線(相模大野～片瀬江ノ島)開通/[東京]赤羽・阿佐ヶ谷分譲住宅(同潤会)/[町田]玉川学園(小原国芳他)/[町田]林間都市(小田原急行土地)/[箱根]向山地区分譲(箱根土地)	北白川土地区画整理組合設立/阪和電鉄(天王寺～和泉府中)開通/[芦屋]**六麗荘経営地**(六麗荘)/[西宮]昭和園(日本ペイント)	長浦海園土地(株)設立(愛知電鉄)/[新居浜]住友・下部鉄道が鉱山専用鉄道から一般鉄道に/[札幌]伏見花園街分譲開始(札幌市・大正園)/[名古屋]松ヶ丘文化住宅地(龍泉寺土地、龍泉寺鉄道)/[名古屋]翠松園文化住宅地・小幡ヶ原文化住宅地(瀬戸電鉄)/[名古屋]**なるみ荘**(愛知電鉄)/[新居浜]**住友山田団地**(別子銅山)	世界大恐慌起/都市計画法施行令改正(土地区画整理の受益者負担制)/健康住宅コンペ(大阪毎日新聞社)/中小住宅コンペ(朝日新聞社)
1930	昭和5	[東京]西巣鴨・三河島アパート(東京市)/[鎌倉]鎌倉山住宅地(鎌倉山土地)/[藤沢]**片瀬西濱分譲地湘南之別荘地**(山本信次郎)	京阪電鉄が新京阪鉄道を合併/下鴨土地区画整理組合設立/阪和電気鉄道(天王寺～和歌山)開通/[奈良]あやめ池(大軌)/[東大阪]額田山荘(関西土地)/[西宮]西宮北口甲風園(阪急電鉄)/[西宮]**浜甲子園健康住宅地**(大林組)/[宝塚]平塚花屋敷住宅地(平塚土地)	住友・別子銅山が新居浜・端出場に事業本部を移転/この頃から呉市で海軍共済組合資金融通による住宅組合結成が促進される/[呉]平原土地区画整理組合設立/[名古屋]月ヶ丘文化住宅地(瀬戸電鉄)/[名古屋]田園霞ヶ丘住宅地・有松山王台住宅地(光正不動産)/[知多]海浜住宅農神園(荒川製薬)	帝都復興事業完成/大阪三越住宅建築部開設/なるみ荘住宅展覧会(名古屋、愛知電鉄)/婦人と住宅に関する展覧会(大阪、日本建築協会)/『不良住宅改良事業報告』(同潤会)
1931	昭和6	[東京]**麻布桜田町第一分譲地**(三井信託)/[軽井沢]南軽井沢(箱根土地)	神戸市区制/平井高原土地区画整理組合設立/[羽曳野]白鳥園(大鉄)/[堺]**大美野田園都市**(関西土地)/[西宮]西宮南郷山住宅地(住友信託)/[西宮]仁川旭ヶ丘(大西定商店)/[芦屋]三宜荘住宅(中川国之助)	名古屋土地区画整理連合会発足/[室蘭]小橋内文化住宅(室蘭住宅組合)/[広島]小田団地(小田玉一)	満州事変勃発/金輸出禁止/重要産業統制法/耕地整理法改正/神戸鈴蘭台生活改善住宅展(神戸、日本建築協会)/香里園改善住宅展覧会(枚方、京阪電鉄)
1932	昭和7	東京市市域拡張/東京横浜電鉄(高島町～桜村)開通/[東京]城南田園住宅組合土地整備完了/[東京]同潤会江戸川アパート着工	[宝塚]寿楽荘(平塚土地)/[池田]温室村(阪急電鉄)	『大名古屋の区画整理』出版(都市計画愛知地方委員会)/[知多]碧翠園/[名古屋]春田文化集合住宅/[岡崎]日清紡績美合工場社宅起工/満洲国集合住宅(満洲国最初の政府職員宿舎)・大同自治会館竣工	5.15事件/満州国建国/住み良い家の展覧会(大阪、日本建築協会)/大美野田園都市住宅博覧会(堺、関西土地)/緑ヶ丘・大美野住宅博覧会入選住宅展(大阪、日本建築協会)/緑ヶ丘保健住宅博覧会(伊丹、日本建築協会)/大美野田園都市住宅設計図案懸賞(日本建築協会)/実際に建ってる住宅設計コンペ(日本建築協会)
1933	昭和8	帝都電鉄(渋谷～井の頭公園)開通/[東京]**麻布桜田町第二分譲地**(三井信託)/[東京]**三田綱町分譲地**(三井信託)	[豊中]東豊中住宅地(阪急電鉄)/[伊丹]養鶏村(阪急電鉄)	大西土地拓殖(株)名古屋営業所/国武金太郎、別府観海寺土地を合資会社として再建/[舞阪]浜名湖弁天島千鳥園・観月園・乙女園・蓬莱園(飛鳥土地分譲事務所)/[富山]日清紡績富山工場社宅/[中国/瀋陽(奉天)]**満鉄奉天代用社宅**竣工	土地区画整理設計標準(内務省)/日本製鉄株式会社法/白木屋住宅部開設/上野芝住宅博覧会(堺、日本建築協会)/「安く住み良い住宅」の博覧会(千里、日本建築協会)/健康本位特選住宅展覧会(堺、関西土地)/阪和上野芝住宅コンペ(日本建築協会)
1934	昭和9	帝都電鉄(井の頭公園～吉祥寺)開通	[尼崎]塚口住宅地(阪急電鉄) [西宮]西宮今津健康住宅地(西宮市今津土地区画整理組合) [堺]初芝住宅地(南海電鉄) [生駒]生駒山別荘地(大軌)	朝鮮市街地計画令/函館大火、20,667戸焼失/三井鉱山(株)が日本製鉄(株)釜石製鉄所として発足/大徳不動産設立(満洲国政府)	室戸台風/日本製鉄株式会社設立

iv　郊外住宅地年表

西暦	年号	郊外住宅地開発			社会背景
		関東圏	関西圏	その他	
1922	大正11	[鎌倉]**大船「新鎌倉」**(大船田園都市)/[北安曇郡]木崎湖畔で学者村(京都大学・青柳栄治)			
1923	大正12	目黒蒲田電鉄(目黒～蒲田)開通/[東京]田園調布多摩川台地区(田園都市会社)/[東京]目白第二文化村(箱根土地)/[東京]市営古石場アパート/[藤沢]片瀬「山本町別荘楽園」計画(山本庄太郎)/[軽井沢]法政大学村(松室致)	帝国信託(株)が関西土地(株)に社名改称/新京阪鉄道が北大阪電鉄を合併/大阪鉄道(阿倍野橋～布忍)開通/[西宮]甲東園(阪急電鉄)	[札幌]**医学部文化村**/[札幌]旭ヶ丘宅地造成開始(在郷軍人会札幌区分会)/[名古屋]名古屋市耕地整理連合会発足/[名古屋]八事耕地整理組合設立/[中国/大連]大連共栄住宅組合設立	関東大震災/都市計画法、札幌など25市に適用/信託法・信託業法施行/工場法改正/第2回家庭博覧会(京都岡崎公園、京都市)/『都市計画及住宅政策』(渡辺鉄蔵)
1924	大正13	三井信託会社設立(米山梅吉)/目黒蒲田電鉄、武蔵電気軌道を傘下に収め東京横浜電鉄とする/東京市営乗合自動車営業開始/[大宮]**盆栽村**(鈴木重太郎ら)/[東京]大泉学園・目白第三文化村(箱根土地)/[東京]城南田園住宅組合設立/[東京]成城学園(小原国芳)/[東京]海軍村、仏禄園、庄内町/[小平]小平学園(箱根土地)	阪南土地区画整理組合設立認可(土地区画整理第1号)/[大阪]阪南第一耕地整理組合設立/阪急甲陽線(夙川～甲陽園)開通/阪神電鉄(千鳥橋～伝法)開通/阪神甲子園球場開場/[羽曳野]恵我之荘(近鉄)/[箕面]百楽荘(関西土地)/[西宮]仁川(日本住宅)/[芦屋]芦屋文化村住宅/[芦屋]精道村芦屋駅周辺(耕地整理)	[名古屋]都市計画街路網・運河網・用途地域決定/[釜石]田中鉱山(株)の経営を三井鉱山(株)に譲渡/[名古屋]『栄えある生活』創刊(後に『建築』に改題)/[呉]**海軍病院官舎**/[別府]**荘園文化村**(多田次平)	小作調停法/土地区画整理私案(内務省)/同潤会設立/アムステルダム国際都市計画会議/『住宅家具の改善』(生活改善調査会)
1925	大正14	玉川全円耕地整理組合設立/山手線環状運転開始/玉南電気鉄道(府中～八王子)開通/多摩川遊園地開園/『都市問題』創刊(東京市政調査会)/講演会「国立公園としての富士山麓の施設」(田村剛)/[東京]同潤会普通住宅/[東京]目白第四文化村(箱根土地)/[国立]国立学園都市(箱根土地)/[東久留米・保谷]**雲雀ガ丘南澤学園町**(羽仁夫妻)	南海鉄道(汐見橋～高野下)開通/新京阪鉄道(天神橋～淡路)開通、千里山線全通/大阪市第二次市域拡張/高野山電気鉄道設立/[京都]日本土地商事(株)設立/[京都]京都パラダイス跡地買収、一部土地を住宅地分譲(近江土地倉庫)/[京都]烏丸北大路花ノ木土地区画整理/『大大阪』創刊(大阪都市研究会)/『都市研究』創刊(兵庫都市研究会)/[伊丹]稲野(阪急電鉄)	愛知県土地区画整理施行規則/[名古屋]南山耕地整理組合・八事土地区画整理組合設立/[名古屋]東海田園都市(株)設立/[名古屋]鳴海土地(株)設立/[知多]新舞子文化村「松浪園」開園(愛知電鉄)/[名古屋]『都市創作』創刊(都市創作会)/[知多]**新舞子文化村**(愛知電鉄)/[名古屋]東海田園都市(東海田園都市)	普通選挙法/治安維持法/東京、大阪で用途地域指定/文化住宅展覧会(知多新舞子、愛知電鉄)
1926	大正15 昭和元	(株)富士山麓電気鉄道・富士山麓土地設立(堀内良平)/東京横浜電鉄(丸子多摩川～神奈川)開通/[東京]青山・中之郷・柳島アパートメントハウス(同潤会)/[東京]**麻布笄町**分譲開始(三井信託会社)/[山中湖]**山中湖畔「旭日丘」分譲地**(富士山麓土地)	阪和電気鉄道設立/[西宮]今津第一耕地整理組合設立/[大阪]住之江土地区画整理組合設立/[大津]東洋レーヨン滋賀工場社宅起工/[京都]**北白川小倉町**分譲開始(日本土地商事)/[箕面]牧落(関西土地)/[枚方]**香里園**(京阪電鉄)	[名古屋]公園網の計画決定・街路網の追加決定/[名古屋]松和花壇(松本繁一)	労働争議調停法/お茶の水文化アパートメント開設/「二つの花苑都市建設について」(大屋霊城)/「山林都市」(黒谷了太郎)
	昭和初期			[札幌]「円山分譲地」開発(宇野秀次郎)/[呉]**両城の階段住宅**(高橋仙松)	
1927	昭和2	東京信託、日本不動産(株)に改組/目黒蒲田電鉄、田園都市(株)を合併/箱根土地、武蔵野鉄道を傘下に/目黒蒲田電鉄(大井町～大岡山)開通/東京横浜電鉄(渋谷～丸子多摩川)開通/小田原急行鉄道小田原線(新宿～小田原)開通/[東京]**南麻布仙台坂分譲地**(三井信託会社)	洛北土地区画整理組合設立/[西宮]鳴尾村第一耕地整理組合設立/阪神国道電車(大阪～神戸)開通/[川西]桃園花屋敷住宅地(桃園温泉土地)/[藤井寺]藤井寺(大鉄)/[高石]高師浜(関西土地)/[生駒]瓢山(関西土地)/[宝塚]**新花屋敷住宅地**(新花屋敷温泉土地)/[宝塚]山林精常園(精常園)	[名古屋]音聞山土地区画整理組合設立	金融恐慌/不良住宅改良法/健康保険法施行/ワイゼンホーフ・ジートルンク(ドイツ工作連盟展覧会、シュトゥットガルト)/「都市計画の理論と実際」(飯沼一省)
1928	昭和3	京王電気軌道(新宿～八王子)開通/	奈良電気鉄道(京都～西大寺)開通/	[浜松]日清紡績浜松工場社宅/	見学会「大名古屋土地博覧会」(名古屋、都市創作会)

西暦	年号	郊外住宅地開発			社会背景
		関東圏	関西圏	その他	
1915	大正4	武蔵野鉄道（池袋～飯能）開通／[軽井沢]**離山付近で別荘地開発**（野沢源次郎）	南海鉄道、阪堺電気軌道を合併し阪堺線・平野線とする／[大阪]**鐘紡職工住宅**（大阪城東土地）	[函館]**みどり町通り分譲開始**（渡邉熊四郎）／[釜石]**構内に職工長屋を建設**（田中製鉄所）	『新少女』創刊（羽仁夫妻）／家庭博覧会（上野公園、国民新聞社）
1916	大正5	[東京]**日暮里渡辺町**（渡辺治右衛門）	[芦屋]精道村耕地整理組合設立／[宝塚]**雲雀丘**（阿部元太郎）	[釜石]**鈴子地区に職工長屋・役宅を建設**（田中製鉄所）／[八幡]**高見・槻田地区に鉱滓煉瓦造官舎を増築**（八幡製鉄所）	住宅改良会設立／改良中流住宅設計コンペ（住宅改良会）／『住宅』創刊（住宅改良会）／『現代都市之研究』（片岡安）
1917	大正6	井之頭公園開園	[京都]京津土地設立（藤井善助）／[京都]京洛土地（株）設立（長瀬傳三郎ら）／高野大師鉄道設立／花屋敷土地（株）設立（河崎助太郎）／[宝塚]**花屋敷**（花屋敷土地）	八幡市制施行／釜石鉱山田中製鐵所が田中鉱山（株）に改称／愛知電気鉄道（神宮～有松）開通／[釜石]**中妻地区に社宅建設**（田中鉱山）	日本建築協会設立／『戦後の田園都市』（C.B.パードム）
1918	大正7	田園都市（株）設立（渋沢栄一・秀雄）／玉川水道、入新井町・大森町に給水開始／東京で市街バス事業認可／[川崎]**川崎住宅地**（京浜電鉄）／[軽井沢]**千ヶ滝別荘地**（堤康次郎）／[御殿場]**二の岡万国村**（R.S.バンディング）	京都市市域拡張／浜寺土地会社設立／大神中央土地会社設立（加納由兵衛、宮崎弥作ら）／甲陽土地（株）設立（西尾謙吉、本庄京三郎ら）／箕面有馬電気軌道が阪神急行電鉄に改称／[西宮]**夙川香櫨園経営地**（大神中央土地）／[西宮]**甲陽園**（甲陽土地）	[札幌]北海道帝大設立（医学部・工学部新設）	米騒動／東京市区改正条例、京都・大阪・名古屋・神戸・横浜に準用／内務省に都市計画課・都市計画調査委員会設置／『戦後のニュータウン』（F.J.オズボーン）
1919	大正8	東京市に社会局設置／中央線（東京～中野）電車運転／小田原電気鉄道開通／[御殿場]**対山荘**（対山荘（株））	近江倉庫、京津土地を合併し近江土地倉庫（株）となる／香里園土地建物（株）設立／帝国信託（株）設立（竹原友三郎）／[京都]**下鴨**（京洛土地）／[神崎郡]**湖東紡績社宅**／[枚方]**香里園**（香里園土地建物）／[箕面]**箕面住宅地**（阪急電鉄）	名古屋市住宅会社設立／満鉄建築規則実施／[中国／大連]大連市建築規則施行／[中国／撫順]**撫順炭鉱（永安台）宿舎**起工（昭和3年竣工）	第一次住宅難／公営住宅建設開始／都市計画法・市街地建築物法／地方鉄道法／道路法／生活改善展覧会（東京教育博物館、文部省）
1920	大正9	東京市住宅協会設立（世田谷・笹塚・落合・平塚・東町）／東京地下鉄道設立／箱根土地会社設立（堤康次郎）	大阪住宅経営（株）設立（山岡順太郎）／西宮第一耕地整理組合設立／香里園土地建物（株）が帝国信託（株）に社名改称／花屋敷土地が新花屋敷温泉土地（株）に改組／阪急神戸線（梅田～神戸上筒井）開通／阪急伊丹線（塚口～伊丹）開通／[京都]遊園地「京都パラダイス」開園	[名古屋]東郊住宅（株）設立／[名古屋]名古屋桟橋倉庫（株）設立／[別府]別府観海寺土地（株）設立（多田次平）／[函館]**平和村分譲開始**（勝木照松）／[別府]**観海寺**（多田次平）	第一次大戦戦後恐慌／都市計画法、6大都市に適用／生活改善同盟会設立（文部省）／文化生活研究会設立（森本厚吉、吉野作造、有島武郎）／生活改造博覧会（大阪、大阪住宅経営（株））／『都市公論』創刊（都市研究会）
1921	大正10	あかぢ貯蓄銀行、東京渡辺銀行と改称／大船田園都市（株）設立（渡辺家）／[東京]**市営月島住宅着工**／[野尻湖]**神山国際村**（P.ノルマン）	阪急西宝線（西宮北口～宝塚）開通／北大阪電気鉄道（十三～千里山）開通／[吹田]千里山遊園地開園／[大阪]**西田辺住宅地**（大阪住宅経営会社）／[吹田]**千里山田園都市**（北大阪電鉄）／[神戸]**岡本住宅地**（阪急電鉄）	函館大火、1,200戸焼失／名古屋市市域拡張／函館住宅組合設立／福岡住宅組合設立／名古屋鉄道、軌道部（市内線）を名古屋市に譲渡／[朝鮮／ソウル]**朝鮮銀行三坂社宅**	軌道法／借地借家法／住宅組合法／月刊誌『文化生活』創刊（文化生活研究会）／「花園都市と都市計画」（関一）
1922	大正11	目黒蒲田電気鉄道設立（五島慶太）／井荻村耕地整理組合設立（大正15年井荻町土地区画整理組合と改組）／池上電気鉄道（池上～蒲田）開通／武蔵野鉄道（池袋～所沢）電化／中等階級住宅調査（東京市役所）／[東京]**大和郷土地整備着手**（岩崎久彌）／[東京]**目白第一文化村**（箱根土地）／[東京]**洗足田園都市**（田園都市会社）／	大阪都市計画区域公示／南海鉄道、高野大師鉄道と大阪高野鉄道を吸収／新京阪鉄道設立／[宝塚]**雲雀丘**（日本住宅）／[箕面]**箕面・桜ヶ丘住宅地**（田村真策）／[吹田]**千里山**（大阪住宅経営）	札幌・函館・小樽・室蘭・旭川・釧路に市制施行／名古屋市、都市計画区域決定／[札幌]札幌温泉土地（株）設立／[愛知]愛知電鉄が新舞子土地を吸収合併／[名古屋]名古屋市が名古屋電気鉄道市内軌道線を買収、市営化／[福岡]野間第二耕地整理組合設立／[朝鮮]朝鮮建築会設立／[福岡]**野間住宅組合**設立	内務省に都市計画局設置／平和記念東京博覧会「文化村」（上野公園、日本建築学会・生活改善同盟会）／桜ヶ丘住宅改造博覧会（箕面桜ヶ丘、日本建築協会）／婦人博覧会（名古屋、衛生的中流向住宅）

西暦	年号	郊外住宅地開発			社会背景
		関東圏	関西圏	その他	
1906	明治39	東京信託社が東京信託(株)となる/[藤沢]**鵠沼土地**(大給子爵)	箕面有馬電気鉄道設立(翌年箕面有馬電気軌道と名称変更)/京阪電気鉄道設立/神戸市街電車線工事開始/[京都]南禅寺付近別荘地開発(塚本與三次)	南満洲鉄道株式会社(満鉄)設立/関東都督府(中国/旅順)設立	鉄道国有法
1907	明治40	多摩川電気鉄道開通	大阪馬車鉄道が大阪電車鉄道を経て浪速電気軌道と改称/[宝塚]花屋敷温泉営業開始/[西宮]香櫨園(香野蔵治、櫨山慶次郎)/[芦屋]健康地(佐多愛彦)	函館大火、12,395戸焼失/札幌農学校が東北帝大農科大学に昇格/[室蘭]日本製鋼所設立/[室蘭]北海道炭鉱汽船(株)輪西製鐵場設立/満鉄本社大連に移転/愛知馬車鉄道(株)設立/瀬戸電気鉄道(大曽根~瀬戸)開通/[八幡]構内高見官舎を槻田に移築(八幡製鉄所)	日露戦争戦後恐慌/『田園都市』(内務省有志)
1908	明治41	[東京]下水道計画告示/[東京]音羽町借家経営(荒川信賢)	『市外居住のすゝめ』創刊(阪神電鉄)/「郊外生活ニュース」(大阪朝日、大阪毎日新聞社)	[中国/大連]**満鉄近江町社宅竣工**/[中国/撫順]**満鉄撫順炭坑(千金寨)宿舎竣工**	『婦人之友』創刊(羽仁夫妻)
1909	明治42	三井合名会社設立/山手線電車運転開始	[大阪]建築取締規則/南海鉄道が浪速電車軌道を合併し上町線とする/郊外沿線住宅地案内パンフレット(箕面有馬電気軌道)/[西宮]西宮駅前で借家経営(阪神電鉄)	韓国銀行(朝鮮銀行の前身)設立/[札幌]桑園博士町居住開始/[室蘭]日本製鋼所茶津社宅街/[別府]田の湯地区・野口地区	耕地整理法改正/あめりか屋設立(橋口信助)/『都市計画の理論と実践』(R.アンウィン)
1910	明治43	あかぢ貯蓄銀行設立(渡辺治右衛門)/武蔵電鉄設立	[兵庫]建築取締規則/奈良電気軌道(後の大阪鉄道)設立/京阪鉄道(天満~京都)開通/箕面有馬電気軌道(石橋~箕面、梅田~宝塚)開通/[大阪]今宮村第一耕地整理組合設立/[池田]**池田室町住宅地経営**(箕面有馬電気軌道)/[西宮]鳴尾村に住宅建設(阪神電鉄)	朝鮮総督府(朝鮮/ソウル)設立/[台湾/台南]**台湾製糖蒜南社宅**	日韓併合、朝鮮半島を植民地とする
1911	明治44	[東京]桜新町土地買収(東京信託)	[大阪]東成土地建物会社設立/南海鉄道、全線電化完了/阪堺電気軌道(恵比須町~大小路)開通/[箕面]桜井住宅地(箕面有馬電気軌道)/[神戸]御影で住宅分譲(阪神電鉄)	満鉄代用社宅制度開始/名古屋土地(株)設立/[名古屋]八事保勝会設立/瀬戸電気鉄道(堀川~大曽根)開通/[室蘭]日本製鋼所新富社宅街	工場法
1912	明治45 大正元	(株)富士身延鉄道設立(堀内良平)/[箱根]強羅別荘地(箱根登山鉄道)/[東京]工場村(黒沢貞次郎)	写真誌『山容水態』(箕面有馬電気軌道)/[京都]衣笠園(藤井岩次郎)	[愛知]新舞子土地(株)設立(手塚辰次郎・三輪喜兵衛)/愛知電気鉄道(神宮~大野)開通/尾張電気軌道(千早~八事興正寺)開通/名古屋電気鉄道(枇杷島橋~犬山)開通/[呉]**海軍官舎**	
1913	大正2	京成電気軌道開通/京王電気軌道開通/[東京]桜新町第1回、第2回売り出し、計147区画(東京信託)	能勢電気鉄道開業/[大阪]住吉第一耕地整理組合設立/[西宮]苦楽園開設(中村伊三郎)/月刊誌『山容水態』創刊(箕面有馬電気軌道)/[池田]池田町住宅(近江兄弟社)	[函館]電車「湯ノ川線」開通/名古屋土地(株)軌道部線(明治橋~中村公園)開通/下之一色電車軌道(尾頭橋~下之一色)開通/[夕張]鹿ノ谷地区開発(北海道炭鉱汽船)	日本結核予防会/家庭博覧会(宝塚、箕面有馬電鉄)
1914	大正3	東上鉄道開通/猪苗代発電所完成/[横浜]生麦住宅地(京浜電鉄)	大阪電気軌道(上本町六丁目~奈良)開業/月刊誌『郊外生活』創刊(阪神電鉄)/[京都]**南禅寺**(京都商事)/[豊中]豊中住宅地(箕面有馬電気軌道)	[小樽]富岡町に日本銀行・北海道炭鉱汽船社宅建設/[別府]新別府地区(千寿吉彦)	第一次世界大戦勃発/住宅法(戦時住宅建設のため)/『子供の友』創刊(羽仁夫妻)

郊外住宅地年表……………………………………………………編集：池上重康　協力：恒岡律子

西暦	年号	郊外住宅地開発			社会背景
		関東圏	関西圏	その他	
1872	明治5	官設鉄道(東京新橋～横浜桜木町)開通/[東京]西片町貸長屋許可願(阿部家)			
1874	明治7		官設鉄道(大阪～神戸)開通		
1880	明治13	[那須]政府高官華族による農場別荘の建設			
1881	明治14	日本鉄道会社設立			
1883	明治16	日本鉄道会社(上野～熊谷)開通	大阪紡績会社操業開始		
1885	明治18		阪堺鉄道(難波～大和川北詰)開通		
1886	明治19				造家学会設立
1887	明治20	鎌倉海浜ホテル創業/[箱根]箱根離宮	関西鉄道会社設立/大阪鉄道会社設立	釜石鉱山田中製鐵所設立	私設鉄道条例
1888	明治21	東京市区改正条例/横須賀線開通	阪堺鉄道(難波～堺)開通		市制・町村制
1889	明治22	[藤沢]鵠沼別荘地(伊東将行)	大阪市市制施行	呉鎮守府開庁/九州鉄道(株)設立	鉱業条例/東海道本線(東京～神戸)全通
1890	明治23	[東京]神田三崎町(三菱会社)	琵琶湖疎水第一期工事完了		米騒動/軌道条例
1891	明治24				濃尾大地震/日本鉄道(上野～青森)開通
1892	明治25				鉄道敷設法
1893	明治26		摂津鉄道(尼崎～池田)開通(後の阪鶴鉄道)	[新居浜]住友·下部鉄道開通	
1894	明治27	甲武鉄道開通、玉川砂利電気鉄道設立			日清戦争勃発/『日本風景論』(志賀重昂)
1895	明治28		南海鉄道設立/大阪城東線開通/京都電気鉄道開通	台湾総督府(台湾/台北)設立	日清講和条約調印、台湾を植民地とする
1896	明治29		高野鉄道設立/鐘ヶ淵紡績兵庫工場開業	名古屋鉄道設立	製鉄所官制
1897	明治30		大阪市第一次市域拡張/大阪馬車鉄道設立/阪鶴鉄道開通/南海鉄道(堺～尾崎)開通	官営八幡製鐵所設立	日清戦争戦後恐慌(第一次)
1898	明治31	『武蔵野』(国木田独歩)	南海鉄道、阪堺鉄道より事業譲渡を受ける/河陽鉄道(松原～古市)開通(後に河南鉄道を経て大阪鉄道)	名古屋電気鉄道開通	『明日――真の改革に至る平和な道』(E・ハワード)
1899	明治32	[軽井沢]鹿島の森(鹿島岩蔵)/[御殿場]二の岡亜米利加村(R.S.バンディング)		[八幡]構内に高見高等官舎建設	耕地整理法
1900	明治33		[神戸]村山龍平、**御影**に土地購入	台湾市区改正/[台湾/高雄]大日本製糖が新式の製糖工場を設立	日清戦争戦後恐慌(第二次)/下水道法
1901	明治34	[東京]舎人耕地整理組合設立		官営八幡製鐵所操業開始	
1902	明治35			台湾糖業奨励規則	『明日の田園都市』(E・ハワード)
1903	明治36	東京信託社設立(岩崎一)	大阪市営電気鉄道(花園橋～築港桟橋)開通/南海鉄道(難波～和歌山)開通/新淀川開通	名古屋電気鉄道(久屋町～千種)開通	『家庭之友』創刊(羽仁夫妻)
1904	明治37				日露戦争勃発
1905	明治38		阪神電気鉄道(大阪出入橋～神戸三宮)開通/打出浜海水浴場開設(阪神電鉄)/浜寺海水浴場開設(南海電鉄)/[神戸]この頃より阿部元太郎、**住吉村、観音林・反高林**で土地分譲開始	大連市家屋建築取締仮規則施行/[呉]呉海軍長官官舎新築	日露講和条約調印、関東州(遼東半島南部)を租借地とする

近代日本の郊外住宅地

発　行　二〇〇〇年三月三〇日　第一刷©
　　　　二〇〇六年六月一〇日　第三刷
編　者　片木篤＋藤谷陽悦＋角野幸博
発行者　鹿島光一
印　刷　図書印刷
製　本　富士製本
装　幀　田淵裕一
発行所　鹿島出版会　100-6006東京都千代田区霞が関三丁目2番5号
電話〇三(五五一〇)五四〇〇　振替〇〇一六〇-二-一八〇八八三

ISBN 4-306-07226-6　C 3052　Printed in Japan

本書の内容に関するご意見・ご感想は下記までお寄せください。
URL: http://www.kajima-publishing.co.jp
E-mail: info@kajima-publishing.co.jp

郊外住宅地の系譜

——東京の田園ユートピア——

山口 廣編
A5・284頁 定価(本体三八〇〇円+税)

明治初期から昭和初期にかけて計画された、東京の郊外住宅地の発展過程を、14の事例と共に紹介する。計画当初の地図、広告のチラシ、当時の町の風景を数多く盛りこみ、ヴィジュアルな形で、東京の近代住宅史を展開。

目 次